U0280990

小湾水电站工程关键技术丛书

高拱坝设计理论与工程实践

邹丽春 等 著

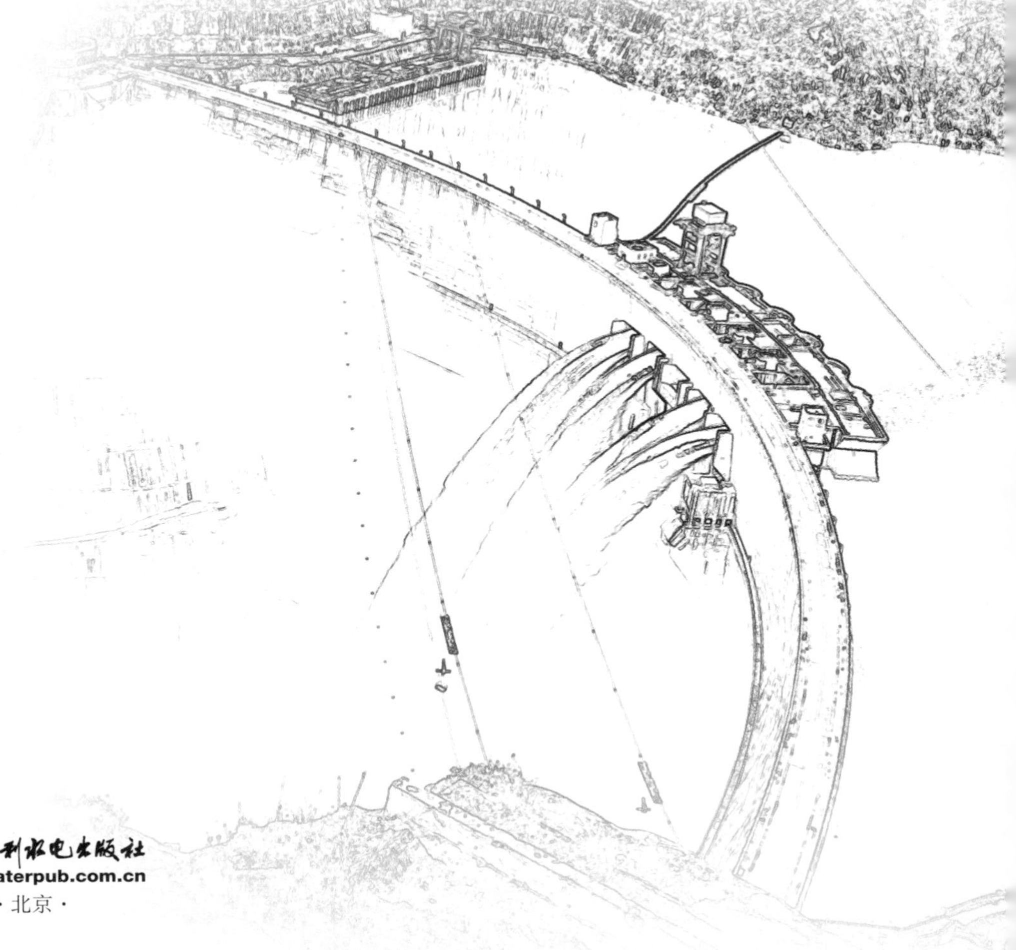

中国水利水电出版社
www.waterpub.com.cn
·北京·

内 容 提 要

本书在系统介绍高拱坝基本设计理论与分析方法的基础上，结合小湾特高拱坝的工程实践，重点阐述了坝基岩体及混凝土材料的物理力学特性、拱坝体形设计与综合优化、拱座稳定分析及工程处理、安全监测与安全监控、特高拱坝时空特性等。此外，还针对小湾拱坝出现的温度裂缝、坝基岩体开挖卸荷松弛、特高拱坝坝踵开裂风险防范等问题进行了专题论述。本书在传统设计方法的基础上有所突破和创新，提出了经过工程实践检验的、实用性较强的特高拱坝设计理念与方法。

本书可供从事拱坝设计的工程技术人员使用，也可作为相关领域科研人员及大专院校师生的参考用书。

图书在版编目（CIP）数据

高拱坝设计理论与工程实践 / 邹丽春等著. -- 北京：中国水利水电出版社，2017.4
（小湾水电站工程关键技术丛书）
ISBN 978-7-5170-5322-4

Ⅰ. ①高… Ⅱ. ①邹… Ⅲ. ①高坝－拱坝－设计－研究 Ⅳ. ①TV642.4

中国版本图书馆CIP数据核字(2017)第062224号

书 名	小湾水电站工程关键技术丛书 **高拱坝设计理论与工程实践** GAOGONGBA SHEJI LILUN YU GONGCHENG SHIJIAN
作 者	邹丽春 等 著
出版发行	中国水利水电出版社 （北京市海淀区玉渊潭南路1号D座 100038） 网址：www.waterpub.com.cn E-mail：sales@waterpub.com.cn 电话：(010) 68367658（营销中心）
经 售	北京科水图书销售中心（零售） 电话：(010) 88383994、63202643、68545874 全国各地新华书店和相关出版物销售网点
排 版	中国水利水电出版社微机排版中心
印 刷	北京纪元彩艺印刷有限公司
规 格	184mm×260mm 16开本 51.25印张 1216千字
版 次	2017年4月第1版 2017年4月第1次印刷
印 数	0001—1200册
定 价	**300.00**元

本书撰写人员

中国电建集团昆明勘测设计研究院有限公司

邹丽春　王国进　汤献良　赵志勇　解　敏
喻建清　杨光亮　刘东勇　吕大勇　胡灵芝
杨　梅　陈光明　冯汉斌

武汉大学

陈胜宏　傅少君　徐　青　汪卫明　何　吉

序

拱坝是通过拱的作用，将其所承载的巨大挡水推力传递到拱座的两岸岩体，其整体稳定取决于两岸拱座地基岩体的稳定性，其体积远较依靠自重维持稳定的重力坝小。拱坝坝体属高次超静定结构，局部超载后应力能自行调整，承载能力强，且其漫坝的风险远小于土石坝，因而是在有良好岩基条件下极具优势的坝型。近些年来，在我国水能资源集中的西部高山峡谷区，修建了一系列300m级特高拱坝，其中高达294.5m的小湾拱坝是当时世界最高的拱坝。小湾拱坝因其复杂的地质条件和高地应力导致的开挖后卸荷回弹松弛的坝基处理、700m复杂高边坡整治、高水头大流量的泄洪消能、大体积高强混凝土特性和温控措施、位于高地震烈度区等情况，而被公认为技术难度极大的高拱坝工程，在许多方面均超越了现行设计规程规范及以往的认知，堪称世界之最，极具挑战性。为应对众多当今世界性关键技术难题的严峻挑战，担当设计重任的昆明勘测设计研究院，会同有关科研机构和高等院校，在进行大量勘测、分析、试验、研究的设计过程中，取得了丰硕的科学研究和工程设计成果。为了使这些凝聚了广大设计人员和众多专家智慧和心血的宝贵经验供同行借鉴参考，也为了推动高拱坝工程建设技术和相关学科的进展，该院确定基于小湾拱坝工程实践的系统总结和提炼，编著出版“小湾水电站工程关键技术丛书”。我认为，这无疑是对我国乃至世界的高拱坝建设都是有重要意义的。

小湾拱坝工程于2008年12月下闸蓄水后，已历经7个汛期和4次达到正常蓄水位的考验。我很高兴，在小湾拱坝经过多年正常安全运行之际，看到该丛书在继2006年出版的《复杂高边坡整治理论与工程实践》后，《高拱坝设计理论与工程实践》又将付梓出版。该书内容在对高拱坝设计理论和分析方法进行系统总结的基础上，结合了小湾拱坝丰富的工程实践，重点论述了坝基岩体及混凝土材料的时空特性、坝型设计与综合优化、拱座稳定分析及工程处理措施、安全监测与安全监控、特高拱坝时空特性等颇具特色的内容。此外，还针对小湾拱坝在施工过程中出现的温度裂缝、特高拱坝的坝踵开裂风险防范、坝身大孔口应力集中等问题进行了深入的专题论述。其中提出的经过工程实践检验、实用性强的特高拱坝设计方法与安全评价体系，体现了设计和科研、监测的紧密结合，以及在传统的理念和方法基础上，有所突破和创新的诸多特点。例如：

该书指出了基于传统的经验安全系数的容许应力的设计方法不能真实全面地反映出高混凝土拱坝的实际抗力安全度，制约了设计水平的提高。需要在传统的经验基础上，紧密结合工程实际进行系统的探索研究，勇于以创新和开拓的思路，在分析理论、计算方法和手段等方面有所突破。

该书强调了为进行仿真分析，以及确定大坝实际抗力安全度，需要基于能反映大体积大坝混凝土材料破坏的全过程的本构关系。而大坝混凝土全级配试件与传统的湿筛试件在配合比、成型方法和尺寸效应等方面都存在显著差异。因此在小湾拱坝工程中，对全级配试件与湿筛试件的各项参数的时空特性进行了较全面、系统的比较分析。

小湾拱坝混凝土工程量大、强度等级高、浇筑块大，温控问题突出。基于现行规范和设计方法制定的温控措施，由于其对控制一期冷却后的温度回升及二期冷却时沿高程的同冷却范围及冷却梯度尚无明确规定，加上与现行按湿筛试件测定参数相应的温度应力及抗拉安全准则偏低等因素，导致小湾拱坝工程在其浇筑至中部高程时出现了温度裂缝。经过针对上述问题对裂缝成因机制的深入探讨并对温控措施进行相应的调整之后，成功地解决了温度裂缝问题。已有裂缝经处理后，多次蓄水至正常水位后大坝运行状态正常。小湾拱坝在温控和仿真分析的经验及教训为其后诸多特高拱坝的防裂提供了重要参考并取得了良好效果。

为了形成基于全方位、全过程、信息化动态监测设计理念及集中全面系统的监测项目布设、监测网络与数据采集、整理整编分析、信息反馈于一体的监测系统，与数值仿真计算系统紧密结合，建立了基于动态设计理念的设计参数库、坝体及坝基岩体的材料时空特性数据库、监测资料数据库等三大数据库，建立了基于有限元法而非传统的在平截面假定下的结构力学法的四大场域的分析模型，即应力应变场、温度场、渗流场、坝基岩体的包括开挖松弛影响的初始应力场，从而实现了以静态的“安全监测系统”向动态的“安全监控系统”转变的探索。实现了在施工过程中，通过实时监测数据与时空仿真计算的比较，达到了适当调整设计、及时监控指导施工的目标，迈出了以“数值小湾”进行工程质量和安全监控的关键步伐。

尽管上述创新性成果在具体的内容和方法上，将在今后更多的工程实践中继续不断地改进和完善，但无疑是体现了对高混凝土拱坝设计的传统理念和方法有所突破，使我国高拱坝建设上了一个新的台阶，促进了设计水平和施工质量的提高，确保了工程安全的正确方向和途径，对高坝工程的建设有着里程碑意义的重要启迪。

此外，小湾拱坝是我国首次在强震区建设的300m级高拱坝，其抗震安全备受关注。为此，结合小湾拱坝工程抗震设计要求的“300m级高拱坝抗震技术研究”，被列入了“九五”国家重点科技攻关项目，该书对项目研究成果在小湾拱坝工程抗震设计中的应用作了较详尽的阐述，包括：坝址地震动输入中的抗震设防水准框架、场地相关地震动参数及地震动输入机制，计入坝体横缝开合的更切合实际的大坝-地基-库水体系的地震响应非线性分析模型，拱坝体系整体失效的定量准则，高性能的并行计算技术在高坝抗震领域中的应用，拱坝-地基-库水体系的三向振动台动力模型试验，大坝混凝土的动态特性中的全级配试件的试验研究，抗震工程措施效果检验等。结合小湾工程所开创的高拱坝抗震安全的较全面系统的研究成果，已经在我国各高坝工程的抗震设计中广泛应用，并为国家标准《水工建筑物抗震设计规范》的编制提供了重要参考依据。

当前，我国已是世界一流高坝工程建设的大国，但迄今仍无200m以上高坝设计规范。通过阅读本书，我相信，基于我国各高坝工程都如小湾工程那样，对工程建设实践全过程中的不断深化研究和全面系统的总结，业界必将在突破传统、创新完善高混凝土坝的设计方面凝聚共识，尽快编制能被普遍引用的200m以上的高坝设计规范，使我国成为与高坝建设大国地位相适应的新规则制定者，以引领世界高坝建设创新潮流，当仁不让地为世界高坝建设做出应有的贡献。

中国工程院院士 陈厚群

2016年10月10日

前　言

拱坝是一种既经济又安全的坝型，尤其在高山峡谷地区，拱坝的优势十分显著。目前，全世界已建、在建的200m以上高坝共65座，其中拱坝31座，占47.7%。我国已建、在建的200m以上高坝共17座，其中拱坝7座，占41.2%。

近20余年来，随着社会经济的飞速发展，我国高拱坝建设进入鼎盛时期，先后建成了二滩、拉西瓦、构皮滩、小湾、溪洛渡、锦屏一级、大岗山7座坝高超过200m的特高拱坝，正拟建3座300m级和4座坝高超过200m的特高拱坝。我国的拱坝数量已占世界拱坝总数的一半以上，尤其是特高拱坝，无论是坝高还是数量均居世界首位，已从高拱坝建设大国，步入高拱坝建设强国，其建设水平从勘测、设计、科研、施工到运行管理堪称世界一流。

拱坝设计理论从应用简单的薄壁圆筒公式开始，随拱坝建设不断发展。世界上已成功建成并安全运行的众多拱坝实践经验表明，200m以下拱坝的设计理论及安全评价体系已逐渐成熟、安全可靠。但对于特高拱坝，由于尚缺乏对其真实工作性态的定量认识，尽管我国已建成多座特高拱坝，但还未形成相关的安全评价体系和规程规范，在特高拱坝设计中仍参考200m级以下拱坝的规程规范，存在一定的不确定性以及安全经济的合理性等问题，一些特高拱坝工程在施工和运行过程中或多或少地出现了未预计到或超出预计程度的问题。

拱坝属空间壳体结构，受实际地形地质条件、施工过程、蓄水周期、运行环境以及坝基岩体工程特性和坝体混凝土材料等因素的影响，时空效应显著，尤其对于承受巨大水推力的特高拱坝，传统的设计理论及计算方法已难以完全定量揭示特高拱坝的真实工作性态，亟待开展相关分析研究与探索，以期发展并完善特高拱坝的设计理论及安全评价体系。

我国水电领域的安全监测从20世纪50年代开始起步，进入90年代后得到广泛应用和飞速发展，从传统的“原型观测”逐步转向“安全监测”，取得了长足进步。但是，大量水电工程的监测设计与分析仍停留在单纯“就事论事”的阶段，监测项目及测点布设数量无法满足完整、全面地监控工程性态的要求，监测等级划分与预警机制研究等尚处于初级阶段，紧随工程建设和运行开展动态反馈与模型校验的研究成果十分少见，因而尚谈不上数值计算结果与监测成果匹配对应的问题，要实现对拱坝全过程的安全监控还有相当长的路要走。

小湾拱坝最大坝高 294.5m，坝顶中心线弧长 892.8m，总水推力高达 1800 万 t，地震基本烈度Ⅷ度，坝址区地形地质条件复杂，在许多方面均超越了现行规程规范及以往的认知，技术难度堪称世界之最。坝高、总水推力巨大、地震设防标准高、坝体混凝土浇筑周期长和需经历多年分期蓄水过程，是小湾拱坝的显著特点。拱坝的体形设计必须同时控制坝体在正常运行期、施工期以及地震工况下的应力水平，难度很大，极具挑战性。为此，小湾拱坝的设计建立了多拱梁法与有限元法相结合的理念，研究提出了高拱坝体形设计综合优化方法，综合考虑坝轴线选择、拱端嵌深、拱座稳定以及施工期和运行期的各种工况，既注重坝体应力满足规范控制标准的传统设计，又力求控制坝踵和坝趾的高拉压应力区以及坝体中上部高程的高动应力区，体形设计非常完美，充分发挥了双曲拱坝的受力特性，安全可靠、经济合理。为防范坝踵开裂风险，在坝体底部高程沿坝踵设置了一条结构诱导缝，并在坝前布设淤堵材料及坝面防渗体系。

为掌握这座世界顶级拱坝的真实工作性态，在坝基开挖后期，创造性地建立起由数值仿真分析系统与安全监控系统共同构建的“数值小湾”，成功解决了在拱坝建设过程中的一系列重大技术难题，主要包括坝基岩体开挖卸荷松弛、坝体混凝土温度裂缝成因机制与温控措施调整、坝体最大空库状态预警等；跟踪坝体浇筑、蓄水过程及正常运行周期，分析研究拱坝的时空特性演化机理，对拱坝的实际工作性态作出适时的分析评价，提出分期蓄水计划，实现了对拱坝建设全过程及正常运行周期实施安全监控的目的。

本书在系统介绍高拱坝基本设计理论与分析方法的基础上，结合小湾特高拱坝的工程实践，重点阐述了坝基岩体及混凝土材料的物理力学特性、拱坝体形设计与综合优化、拱座稳定分析及工程处理、安全监测与安全监控、特高拱坝时空特性等。此外，还针对小湾拱坝出现的温度裂缝、坝基岩体开挖卸荷松弛、特高拱坝坝踵开裂风险防范、坝身大孔口应力集中等问题进行了专题论述。各章相对独立，又相互关联。

本书的显著特点在于在传统的基础上，在分析理论、计算方法及计算手段等方面有所突破和创新，提出了经过工程实践检验、实用性较强的特高拱坝设计理念与方法。同时，基于“数值小湾”揭示的特高拱坝真实工作性态，针对建立特高拱坝安全评价体系、技术标准及规程规范，提出了一些独到见解和值得深入探讨的问题或研究方向，主要包括坝基开挖卸荷松弛岩体的处理与抗剪安全控制标准、拱坝变形规律与监测成果、特高拱坝体形设计与应力控制标准、特高拱坝应力分析方法与仿真计算、拱座稳定与地质缺陷处理、温度应力控制标准与温控措施、坝身孔口应力集中与工程措施、安全监测与安全监控等。

小湾工程作为当今世界技术难度最高的水电站工程之一，走在我国特高拱坝建设的前列，挑战传统，突破常规，所积累的经验和教训已成为我国水电界的共同财富，使我国高拱坝建设迈上了一个新台阶，处于世界领先水平。它的成功建成及投产安全运行，凝聚着我国众多专家的智慧与心血，充分体现了中国华能集团云南澜沧江水电有限公司卓有成效的组织管理水平及所有参建单位高质量的建设水平。在小湾工程建设中始终得到了以潘家铮院士为组长，谭靖夷院士、王柏乐工程设计大师为副组长的小湾水电站工程设计顾问组的指导与支持。

本书作为“小湾水电站工程关键技术丛书”的第二部专著，资料来源于中国电建集团昆明勘测设计研究院有限公司近50余年的勘测设计成果以及参与小湾工程科研工作的众多科研机构和高校的研究报告。潘家铮院士曾为本丛书的第一部《复杂高边坡整治理论与工程实践》作序。陈厚群院士对本书的撰写提出了许多指导性的意见并为本书作序。中国水利水电出版社为本书出版付出了辛勤劳动。谨此一并表示衷心感谢！

限于水平和经验，本书不妥之处，敬请读者批评指正。

作者

2016年10月

目　录

1 概　　论

1.1 高拱坝设计理论与工程实践现状

1.1.1 拱坝建造历程

拱坝是一种既经济又安全的坝型，尤其在高山峡谷地区，其优势十分显著。迄今为止，拱坝几乎没有因坝身问题而失事的，极少数拱坝失事，主要是由于坝基或拱座失稳所致。

人类修建拱坝具有悠久的历史，从公元前3世纪古罗马时期便开始建造拱形建筑物和拱坝，较早的拱坝为建于法国的 Vallon de Baume 拱坝，坝高12m，坝顶弧长18m，坝顶中心角73°，弧高比1.5，厚高比0.32，与现代拱坝不同，该拱坝坝上游、下游由两堵砌石拱墙形成，墙间用土料回填。至中世纪，在葡萄牙、土耳其、伊朗、西班牙及意大利修建了多座拱坝，较为典型的是伊朗的库里特拱坝，坝高达60m，1850年又加高了4m，坝高纪录保持了6个世纪，直至20世纪。这些坝无论从体形上还是材料上虽都不能用现代拱坝的观点去衡量，但它们是将拱作用用于水坝结构的萌芽，也是有记载的人类文明史上第一批拱坝。

早期的拱坝建造没有理论指导，也谈不上设计，仅在实践中摸索前进，不断积累经验。17世纪随着欧洲工业革命和工程力学的诞生，开始用简单的薄壁圆筒公式设计拱坝，虽然尚未计入拱圈之间的作用，但水平拱圈的效应得到了反映，代表性拱坝是法国的左拉坝（Zola Dam），坝高36m，坝顶弧长63m，1843年建成，至今运行状态良好。

从19世纪末至20世纪初，意大利、法国及美国的学者和工程师对固端拱法进行研究，固端拱法初步反映了坝肩对拱圈的约束作用，比圆筒法更接近实际受力状态，对拱坝的认识提高了一步。按固端法设计较为典型的拱坝为 Salmon 坝，坝高51m，1914年建成，是第一座变半径拱坝，并在坝内设置了3条径向横缝，表明已认识到温度荷载对拱坝的影响。4座具有卓越成就的拱坝结构——1804年印度的米尔阿勒姆坝（Meer Allum Dam）、1831年加拿大的琼斯瀑布坝（Jones Falls Dam）、1854年法国的左拉坝（Zola Dam）和1856年澳大利亚的帕拉马塔坝（Parramatta dam）相继建成。澳大利亚工程师开创了用混凝土作为筑坝材料的先河，标志着重大革新，为更灵活的设计拱坝体形提供了可能。

1884年美国建成的熊谷拱坝（Bear Valley Arch Dam）坝高18m，设计中开始考虑拱冠梁的作用。10多年后，拱冠梁法在多座拱坝的设计中得到应用，较为典型的是美国建造的布法罗比尔重力拱坝（Buffalo Bill Dam），坝高99 m。从1917年在瑞士建成的蒙特萨尔文斯拱坝（Montsalvens Dam）设计中将拱冠梁法发展为径向调整的多拱梁法，至

1930年通过试算求得拱梁变位一致的试载法诞生，拱坝设计逐步形成了较完整的现代结构力学分析方法。1936年，美国建成高221m的胡佛重力拱坝（Hoover Dam）。1935年法国建成高90 m的玛勒日拱坝（Marèges Dam）以及随后1939年意大利建成高75m的奥西列塔拱坝（Osiglietta Dam），对双曲拱坝的建设起到了很大的推动作用。

20世纪50年代以后，西欧各国和日本修建了许多双曲拱坝，在拱坝体形、复杂坝基处理、坝顶溢流和坝内开孔泄洪等重大技术上又有新的突破，从而使拱坝厚度减小、坝高加大，即使在比较宽阔的河谷上修建拱坝也能体现其经济性。进入70年代，随着计算机技术的发展，有限单元法和优化设计技术的逐步采用，使拱坝设计和计算周期大为缩短，设计方案更加经济合理。水工及结构模型试验技术、混凝土施工技术、大坝安全监控技术的不断提高，也为拱坝的工程技术发展和改进创造了条件。例如，1955—1960年，意大利修建拱坝90余座，其中包括著名的瓦依昂拱坝（Vajont Dam，坝高261.6m，坝底厚22.lm，厚高比0.084）、苏联的英古里双曲拱坝（Inguri Dam，坝高271.5m，坝底厚86m，厚高比为0.32）、瑞士的莫瓦桑拱坝（Mauvoisin Dam，坝高237m，坝底厚53.6m，厚高比为0.227）以及最薄的法国托拉拱坝（Tola Dam，坝高88m，坝底厚2m，厚高比为0.023）等代表性工程。这些双曲拱坝的建成，标志着拱坝的设计施工达到了一个新的水平。

这段时间修建的拱坝，既有成功的建造经验，也有惨痛的失事教训。

（1）胡佛坝（Hoover Dam）是美国综合开发科罗拉多河（Colorado）水资源的关键性工程，大坝系混凝土重力拱坝，坝高221.4m，底宽202m，顶宽13.6m，长379m，坝顶半径152m，中心角138°，坝体混凝土浇筑量为248.5万m^3。1931年4月开始动工兴建，1936年3月建成。该坝创造性地发展了大体积混凝土高坝筑坝技术，有些技术一直沿用至今。为了解决大体积混凝土浇筑的散热问题而采取把坝体分成230个垂直柱状块浇筑，并采用了预埋冷却水管等措施，成为大体积混凝土工程中的成功典型，对世界上混凝土坝施工技术的形成和发展有重大影响。

（2）格鲁吉亚英古里双曲拱坝（Inguri Dam），最大坝高272m，宽高比2.3，厚高比0.32，坝顶弧长758m，坝顶宽10m，坝底宽86.5m，采用周边缝结构。工程于1975年开工，1980年建成。

（3）法国马尔帕塞混凝土双曲拱坝（Malpasset Dam），最大坝高66.0m，大坝坝顶长222.7m，中心角为121°，坝的厚度从坝顶1.5m增至底部的6.78m，大坝体积4.76万m^3。大坝于1954年9月建成，1959年12月2日大坝突然溃决，造成人员伤亡和经济损失。

（4）意大利瓦依昂混凝土双曲拱坝（Vajont Dam），最大坝高262m，是一座双曲薄拱坝，坝顶长190m，坝顶宽3.4m，坝底宽22.6m。坝顶弧长190.5m。大坝体积35万m^3，水平拱圈为等中心角，中心角94.25°。1956年开工，1963年库区左岸发生体积2.7亿m^3的大滑坡，形成涌浪翻过大坝，造成重大人员伤亡和经济损失，大坝也因水库淤满而报废。

（5）奥地利柯恩布莱因坝（Kolnbrein Dam）是一座建造在U形河谷中高200m的双曲拱坝，坝顶长626m、厚7.6m，坝底厚36m，厚高比为0.18，坝体混凝土总量160万

m^3。工程于1972年开工，1977年建成，1978年水库蓄水位达到1860～1892m时，大坝上游坝踵出现裂缝，形成拉裂区，缝宽超过30mm，已发展到底部廊道，并由坝面贯穿到基础面；坝顶位移由-25mm增至110mm；渗漏量突增到200L/s；基础面扬压力值已达到水库全水头。1979年，采用水泥灌浆加固防渗帷幕、增打排水孔降低扬压力；1980—1981年，采用弹性树脂灌浆和人工冰冻阻水幕封闭开裂区；1981—1983年，坝前设置了铺有土工膜的混凝土铺盖；1989年，在坝体下游侧补建重力拱支撑坝（高70m，底厚65m，混凝土体积46万m^3）。支撑坝于1991年6月完成浇筑，由9行混凝土托座和613个氯丁橡胶垫块组成传力机构，库满时支撑坝承受传力，库水位降落时传力机构卸荷。

我国修建拱坝和拱桥的历史悠久，第一座拱坝——福建厦门的上里浆砌石拱坝建造于1027年。拱坝大规模建设是在中华人民共和国成立以后。1949年以前仅修建了两座高于15m的砌石拱坝。20世纪50年代第一座高拱坝为响洪甸重力拱坝，坝高87.5m，于1958年建成。第一座混凝土双曲拱坝为流溪河拱坝，坝高78m，1958年建成。1950—1970年为我国拱坝建设的起步阶段，建成20m以上的拱坝约80座。

从20世纪80年代起，我国的拱坝建设步入高速发展期。1971年建成高100.5m的群英砌石重力拱坝为世界最高砌石拱坝。自70年代末建成凤滩空腹重力拱坝（112.5m），80年代又相继建成白山（149.5m）和龙羊峡重力拱坝（178m）、东江双曲拱坝（157m）和紧水滩三心双曲拱坝（102m）4座坝高100m以上的混凝土拱坝，白山拱坝在1982年蓄水，后3座拱坝在1986年下闸蓄水，这种建设速度在我国拱坝建设史上是空前的。

进入20世纪90年代，我国先后建成东风抛物线双曲拱坝（162m）、隔河岩三心重力拱坝（151m）、李家峡双曲拱坝（165m）、二滩抛物线双曲拱坝（240m）等200m级高坝。

近20余年来，随着社会经济的飞速发展，我国高拱坝建设进入鼎盛时期，先后建成二滩、拉西瓦、构皮滩、小湾、溪洛渡、锦屏一级、大岗山7座坝高超过200m的特高拱坝，正拟建3座300m级和4座坝高超过200m的特高拱坝。我国的拱坝数量已占世界拱坝总数的一半以上，尤其是特高拱坝，无论是坝高还是数量均居世界首位，已从高拱坝建设大国，步入高拱坝建设强国，其建设技术从勘测、设计、科研、施工到运行管理堪称世界一流。

1.1.2 拱坝设计理论的发展与现状

拱坝属空间壳体结构，其几何形状尤其是边界条件极其复杂，加之坝身大型孔口及附属结构的影响，较其他坝型复杂，其分析计算及设计理论随工程实践进程，逐步发展。

(1) 拱坝最早的设计理论从应用简单的薄壁圆筒公式开始，适用于等截面的圆形拱圈，求出拱圈上切向应力（即截面正应力），不计温度应力、地震应力和地基等因素影响。随后，逐渐发展到纯拱法，假定坝体由若干层独立的水平拱圈叠合而成，不考虑梁的作用，荷载全部由拱圈承担，每层拱圈可作为弹性固端拱进行计算，忽略拱圈间相互作用，不能考虑基岩变形，只适用于修建在狭窄河谷段的薄拱坝。

(2) 从美国内政部垦务局最早提出“试载法”的手算开始，拱梁分载法的发展已有70余年历史，积累了丰富的实践经验，并建立了一套较完整的应力控制标准。拱梁分载法把复杂的弹性壳体问题简化为结构力学的杆件计算，假定拱坝由许多层水平拱圈和铅直悬臂梁组成，荷载由拱梁共同承担，按拱、梁相交点变位一致的条件将荷载分配到拱、梁两个系统上。梁是静定结构，其应力容易计算；拱的应力则按弹性固端拱进行，计算结果较为合理。随着近代电子计算技术的发展，可以通过求解节点变位一致的代数方程组来求得拱系和梁系的荷载分配，避免了繁琐的计算。

当前，拱梁分载法仍为国内外拱坝设计计算的基本方法，并已实现计算机程序化。该方法力学概念清晰、计算简便，在反映坝体整体应力水平及制定相应可操作的控制标准方面具有明显优势。我国电力和水利部门的拱坝设计规范均明确采用拱梁分载法作为拱坝应力分析的基本方法。但该方法的半无限伏格特地基假定以及将壳体简化为拱梁的方法，无法反映拱坝的真实工作性态，尤其对于坝基条件复杂的特高拱坝。

(3) 20 世纪 30 年代，托尔克提出了用薄壳理论计算拱坝应力的近似方法，该方法适用于薄拱坝。

(4) 有限元法目前在固体力学、流体力学等范畴取得较大进展。有限元方法将拱坝视为空间壳体或三维连续体，根据坝体体形选用不同的单元模型，能模拟拱坝逐级加载的施工过程，也能考虑多种坝体材料和复杂边界条件，基本消除了伏格特地基假定对计算结果的影响，较拱梁分载法有所发展，在拱坝体形优化及揭示拱坝-地基系统三维整体应力状态方面迈出了重要一步。但是，有限元法尚未形成一套与之匹配的应力控制标准，且计算结果在坝基面附近等部位容易出现角缘应力集中现象，即使对弹性有限元成果采取局部应力集中的等效换算方法，也仍难做出合理评判。

(5) 岩土边界条件对建筑物变形、应力分布等影响较大。在数值计算中客观模拟地基边界条件成为评判计算成果的主控因素。随着计算技术的迅速发展，数值计算对于模拟坝基岩体的空间分布状况已无大的制约，包括复杂地质构造及有关地质缺陷等方面的数值计算已取得很大进步。但对岩体单元，以往的数值计算仅采取简单的恒定参数赋值方式。

拱坝坝基的天然地应力场经历开挖卸载、固结灌浆、坝体混凝土浇筑和蓄水加载以及地质缺陷加固处理等逐渐发生变化，尤其是靠近建基面附近。这种变化的时效性明显，且持续时间往往较长，导致岩体单元的参数处于不断变化的动态过程，时空特性显著，仅采取简单的恒定参数赋值方式，存在岩体力学参数“给不准”的现象，是以往数值分析模型中普遍存在的主要问题之一。

(6) 拱坝建设过程中混凝土从拌和开始，经历一系列复杂的物理化学变化过程，其徐变、绝热温升、弹性模量、抗拉抗压强度等热学参数和力学参数随周边环境及龄期动态变化，时空特性显著。受限于试验条件（尺寸、龄期等）或工程检测样本（数量）制约，缺乏对混凝土材料时空特性的定量掌握，数值计算对混凝土的热学参数和力学参数只能采取恒定赋值或有限分步赋值的方式，形成混凝土材料参数“给不准”，也是以往数值分析模型中普遍存在的主要问题之一。

(7) 温度作用是拱坝的重要荷载之一。温度场时空效应显著，与筑坝材料、施工方法和工艺、温控措施以及蓄水进程和边界环境变化密切相关。在拱坝建设过程中坝内温度经历温升、温降变化过程，从不稳定到逐步循序准态稳定；在拱坝正常运行期，坝内温度随周边环境温度变化及库水上升下降而变化。数值模拟除了混凝土热学参数“给不准”问

题，还面临施工过程与环境因素的动态变化难以事先完全掌控的困难。以往的温度场计算或仿真分析往往限于单坝段或坝段群开展，个别进行整体全坝段温度仿真的研究由于缺乏丰富翔实的现场施工记录与检测监测成果数据支撑，不得不对浇筑层块、冷却信息等做出某些简化或处理，从而与实际情况难以吻合。

近年来，近似考虑建设过程主要因素影响和少量监测信息反馈的仿真分析研究在拱坝工程领域有所发展并取得一定成就，在客观认识拱坝实际工作性态方面有所进步。但受制于对现场施工记录、检测监测资料跟踪掌握的完整性和全面性，以及缺乏对混凝土时空特性的定量认识，计算出的温度应力往往与实际情况有所差别，尤其对于时空特性凸显的特高拱坝，导致依据计算成果和现行规范制定的温控措施不一定合适，拱坝施工过程中出现温度裂缝的情况时有发生。

（8）有别于土石坝、重力坝等厚重坝型，拱坝结构整体工作的时空特性十分显著。双曲拱坝特殊的倒悬度设计，决定了其建设过程中在自重作用下先向上游变形，蓄水后再向下游变形的特殊路径；横缝灌浆封拱的时机及效应对拱坝的应力、变形等特征效应影响重大，封拱区坝体结构呈整体工作性态，而未封拱区呈梁向独立悬臂工作性态。拱坝建设过程本身就是一个整体效应自下而上不断形成的动态变化过程，建设周期长的拱坝，还存在施工期分期蓄水问题，从而使这一动态建设与运行过程更加复杂化。封拱、蓄水等重要影响因素，在开始、结束及动态变化过程中均会在拱坝-地基系统中形成不同的初始应力和变形状态。这些积累和赋存下来的初始应力、变形路径会影响拱坝-地基系统的永久工作状态。传统常规的一次加载计算模式或有限的分步加载模式，难以反映拱坝的这一时空效应，尤其对于施工工期长，在施工期需分期蓄水的特高拱坝，数值计算结果必然有所失真。

（9）渗透稳定是评价拱坝安全的主要指标之一。拱坝工程的建设与运行，受到固、液、气三相环境介质的影响。库水及其渗流场对坝体、坝基裂隙岩体的影响是全方位的，一方面水体渗入介质影响相应的物理力学参数，渗压直接以力的方式作用于相关介质；另一方面，渗流场与介质应力之间存在耦合关联关系，相互影响和作用。鉴于渗流场研究的复杂性，以往的渗流计算远未发展到类似应力场的仿真反馈阶段，部分进行计算与监测对比的工程项目，可比性较差，其吻合程度远低于变形和应力。因而，传统常规的数值计算尚未将渗流场纳入总体模型分析研究中。

（10）拱座稳定与拱坝结构相比，研究对象要复杂得多，计算分析也困难得多。拱座岩体的物理力学参数及其空间展布、时间演化等均有其特殊性，抗滑稳定的边界条件存在定位、半定位及更多的随机块体；稳定分析的静动力荷载条件受自身及拱坝结构数值模拟结果及其精度制约；地下水作用要么采用尚不成熟的渗流分析成果，要么采用规范方法进行假定和简化，使得拱座抗滑稳定安全评估具有很大的不确定性。

拱坝安全事故多与拱座稳定有关，拱座稳定分析是拱坝设计的关键。拱座稳定研究的对象是复杂的天然岩体，受限于地勘工作的局限性，准确进行拱座稳定分析和安全评价难度较大，主要体现在地质环境赋存与边界条件、力学参数、外部作用等“给不准”，以及分析模型难以真实模拟地质原型、需作相应简化和概化，岩体结构不连续、传统的均质连续介质理论不能完全揭示岩体内部真实的受力状态及破坏机制，加载方式模拟的合理性等。时至今日，拱座稳定分析手段，无论抗滑稳定还是变形稳定，或地质力学模型试验，均只能对拱座安全度做出粗略和近似的评估，最终尚需根据工程实际情况，由有经验的工程师和专家系统衡量分析依据和基本假定，分析各种因素变异可能产生的敏感性，做出符合当时认识水平的相对客观的判断与评价。

（11）我国水电领域的安全监测从20世纪50年代开始起步，进入90年代后得到广泛应用和飞速发展，从传统的“原型观测”逐步转向“安全监测”，取得了长足进步，并逐步朝着“安全监控”方向发展。但是，大量水电工程的监测设计与分析仍停留在“就事论事”的单纯阶段，监测项目及测点布设数量无法满足完整、全面监控工程性态的要求，监控等级划分与预警机制研究等尚处于初级阶段，紧随工程建设和运行开展动态反馈与模型校验的研究成果十分少见。因而尚谈不上数值计算结果与监测成果匹配对应的问题，要实现对拱坝全过程的安全监控还有相当长的路要走。

综上所述，拱坝设计理论随拱坝的建设不断发展，世界上已成功建成并安全运行的众多拱坝实践经验表明，200m以下拱坝的设计理论及安全评价体系已逐渐成熟、安全可靠。但对于特高拱坝，鉴于其显著的时空特性，涉及影响因素众多，而这些因素相互作用，忽略或摒弃其中一方面的影响因素都可能导致其他方面的失真或偏差，传统的设计理论及计算方法已难以完全定量揭示特高拱坝的真实工作性态，亟待开展相关分析研究与探索，以期发展并完善特高拱坝的设计理论及安全评价体系。

1.2 小湾特高拱坝的设计与建造

1.2.1 枢纽总布置

小湾水电站位于澜沧江中游河段，以发电为主兼有防洪等综合利用效益。水库为中下游河段的“龙头水库”，总库容149亿m^3，具有不完全多年调节性能，电站总装机容量4200MW，多年平均年发电量188.9亿kW·h，保证出力1854MW。

坝址区河段长约2300m，枯水期河面宽80～120m，深4～10m。两岸岸坡陡峻，山体雄厚，河谷深切呈V形，谷高比2.74，相对高差达1000余m。大部分地段基岩裸露，岩性主要为致密坚硬的片麻岩类，微风化岩石坚硬，湿抗压强度达90MPa以上，岩层产状横河分布，陡倾倾向上游。工程区地震基本烈度为Ⅷ度，大坝按100年超越概率2%地震动的基岩水平峰值加速度0.313g设防。

枢纽建筑物由混凝土双曲拱坝、坝身泄洪表中孔、坝后水垫塘及二道坝、左岸一条泄洪隧洞、右岸地下引水发电系统组成（图1.2-1和图1.2-2）。最大坝高294.5m，坝顶中心线弧长892.8m，坝顶及坝底高程分别为1245 m和950.5 m，正常高水位1240m。地下厂房长323m、宽30.6m、最大高度82m，安装6台700 MW的混流式发电机组，两条尾水隧洞长分别约900m和700m，进水口为岸塔式，宽144m。泄洪建筑物由坝身5个表孔、6个中孔和左岸一条泄洪隧洞组成，泄洪隧洞长1542m。两条导流隧洞布置于左岸，长约1000m。

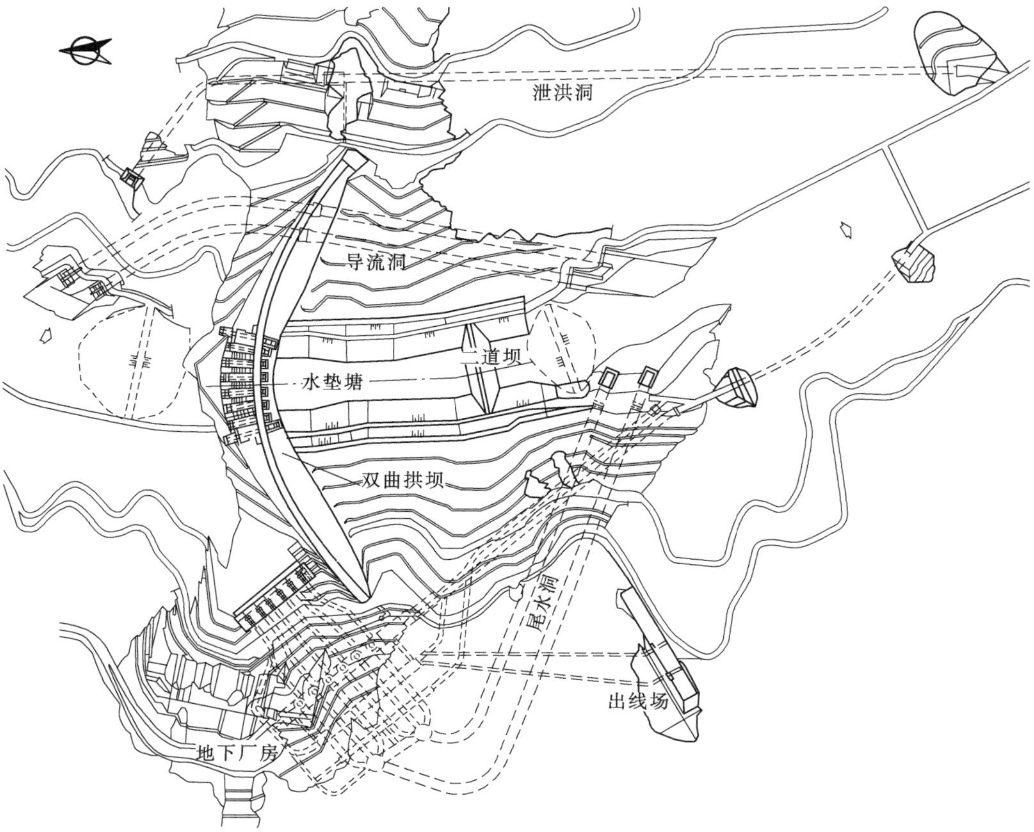

图 1.2-1 小湾水电站工程枢纽布置平面

1.2.2 工程建设及运行

2002 年初工程开工建设，比原计划提前一年于 2004 年实现大江截流。首台机组提前一年于 2009 年 9 月投产发电，2010 年 8 月 6 台机组全部投产发电。至 2016 年年底，水库蓄水位连续 5 年达到正常蓄水位 1240.00m，拱坝连续 5 年承受 289.5m 高水头考验，运行状态良好。2014 年和 2016 年汛期，坝身表、中孔及泄洪洞成功进行联合泄洪，泄洪消能达到预期效果。泄洪期间，泄洪建筑物、坝体、引水发电系统、两岸工程边坡及其他枢纽建筑物安全稳定。

1.2.3 拱坝设计

坝高、总水推力巨大（约 1800 万 t）、地震设防标准高、坝体混凝土浇筑周期长和需经历多年分期蓄水过程，是小湾拱坝的显著特点。拱坝的体形设计必须同时控制坝体在正常运行期、施工期以及地震工况下的应力水平，难度很大，极具挑战性。为此，研究提出高拱坝体形设计综合优化方法，建立分载位移法与有限元法相结合的理念，综合考虑坝轴线选择、拱端嵌深、拱座稳定以及施工期和运行期的各种工况，既注重坝体应力满足规范

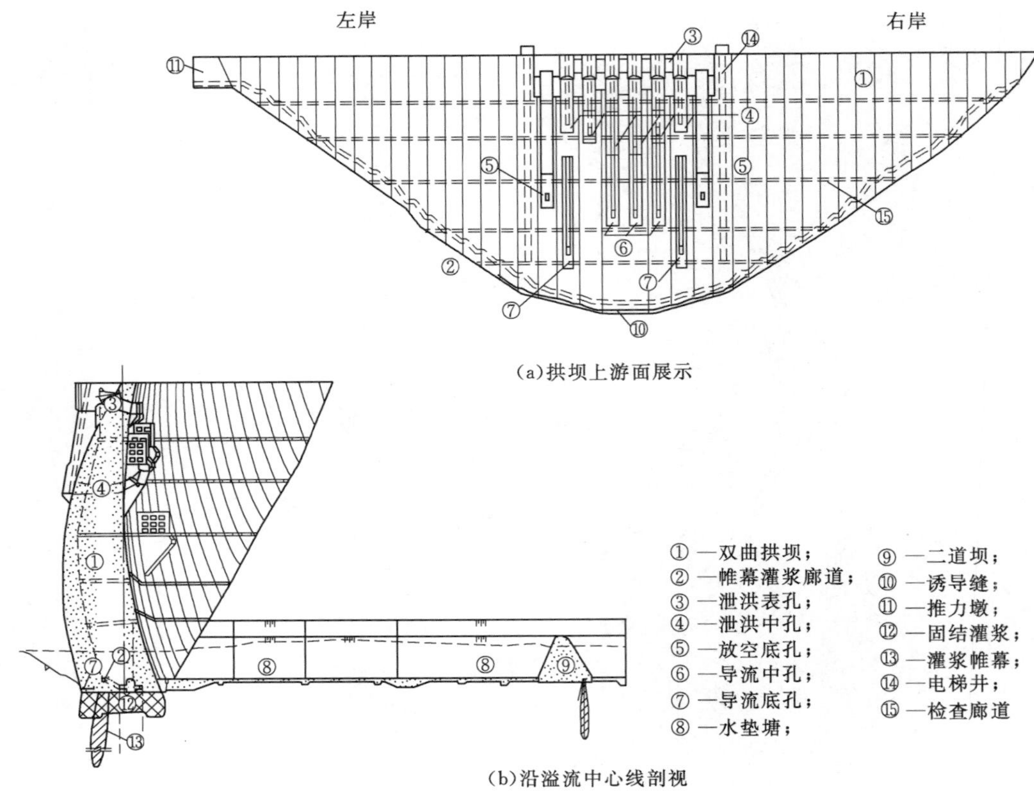

图 1.2-2 小湾拱坝上游立视及坝体剖面

控制标准的传统设计，又力求控制坝踵和坝趾的高拉压应力区以及坝体中上部高程的高动应力区，取得了良好效果。实施的拱坝体形最大坝高 294.5m，坝顶中心线弧长 892.8m，拱冠梁顶宽 12m、底宽 73.1m，弧高比 3.035，厚高比 0.248。

针对目前规范尚未涉及的高拱坝坝踵开裂风险问题，采用国内外最新发展起来的多种分析方法，从不同角度做了深入研究。以此为基础，研究并提出防止或降低坝踵开裂风险的工程措施，在坝踵设置了一条结构诱导缝，并在坝前布设淤堵材料及坝面防渗体系。

在体形优化中将拱坝抗震问题作为一个重要因素加以考虑，并在坝体动力反应较大的顶部拱冠区和拱端采用高强度混凝土，中上部高程横缝采用具有结构变形性能的三道止水。重点围绕强震时坝体中上部高程横缝可能张开的问题，采用多种分析方法和模型试验进行分析研究，沿拱向及梁向布设了抗震钢筋，对其作用机理和效果进行了深入的数值分析和模型试验研究。

为掌控这座世界顶级拱坝的真实工作性态，在坝基开挖后期，创造性地建立起由数值仿真分析及安全监控系统共同构建的“数值小湾”，成功解决了在拱坝建设过程中的一系列重大技术难题，包括坝基岩体开挖卸荷松弛、坝体混凝土温度裂缝成因机制、温控措施调整、坝体最大空库状态控制等问题；跟踪坝体浇筑及蓄水过程，分析研究拱坝的时空特性演化机理，对拱坝的实际工作性态做出实时的分析评价，提出分期蓄水规划，实现了对

拱坝建设全过程及正常运行周期实施安全监控的目的。

1.2.4 拱座处理

在拱座范围分布有一些地质缺陷。尽管枢纽布置、坝线选择以及拱坝体形设计均以确保拱座岩体质量和拱端嵌深为前提，但鉴于拱端推力巨大，且这些地质缺陷又位于距坝较近的区域，很有必要对其进行工程处理。为此，开展大量的数值计算及模型试验研究，从不同角度深入分析研究拱座岩体抗滑稳定、变形稳定以及超载安全度。在此基础上，采取一系列有针对性的工程处理措施，包括地下洞井塞置换、高压固结灌浆、完善的渗控系统、坡面保护和坝后锚固等综合处理措施。在实施过程中，密切跟踪开挖情况，并结合仿真分析，及时进行优化调整，提高了处理措施的针对性和有效性，尽量减少了对围岩的扰动。

坝基部位赋存较高地应力，尤其在河谷底部（实测 σ_1 达到 35MPa）。随着坝基开挖下切（最大水平切深 109m，最大垂直深度 112m），建基面岩体逐渐出现开挖卸荷松弛现象，当开挖至河床底部时，这一现象更为显著，为国内外工程所罕见。为此，开展大量的检测与监测，运用“数值小湾”分析研究松弛岩体的力学特性及空间展布；分析计算坝基浅层稳定性，探讨与之配套的抗剪安全性评价指标与控制标准。基于定量的分析计算成果及安全性评价，采取严格清基、部分清挖、加强固结灌浆和排水、适当锚固、诱导缝高程以下坝体与上下游贴角整体浇筑的综合工程处理措施。坝基岩体经严格清基和高压固结灌浆后，声波波速平均超过 5000m/s，达到建基岩体的质量要求。

连续跟踪多年水库水位达正常蓄水运行的“数值小湾”成果表明，左右岸坝体应力及变形基本对称，坝体应力分布均匀过渡，其时空特性及规律正常，整体处于三向受压状态；在正常高水位作用下，坝趾处最大主压应力小于混凝土抗压强度，并具有一定的安全裕度，底部高程坝踵局部受拉，诱导缝铅直向应力基本处于拉压临界状态；坝基及拱座岩体渗漏量较小；坝基剪切变形也较小；拱端应力扩散明显，均匀向两岸拱座岩体传递，传至地质缺陷洞井塞置换部位的应力已较小。

总之，小湾拱坝体形设计，充分发挥了双曲拱坝的受力特性，体形设计非常完美，做到既安全可靠又经济合理；拱座工程处理措施得当；诱导缝除起到释放拉应力的作用外，尚在一定程度上防止其下混凝土可能出现的裂缝向上游面发展，在降低坝踵开裂风险方面发挥双重作用，对确保小湾拱坝安全至关重要。

1.2.5 拱坝混凝土特性与温控措施

小湾拱坝混凝土工程量大（851 万 m^3）、强度等级高（$C_{180}40W_{90}14F_{90}250$）、最大浇筑块长近 100m，混凝土材料及温控问题突出。结合混凝土原材料优选及设计，对混凝土的配合比及其特性开展大量试验研究，确定拱坝混凝土的综合性能为：高强度、高极拉值、中等弹模、低发热量、不收缩。突破现行规范开展混凝土长龄期绝热温升实验研究，揭示了在高掺粉煤灰、低温浇筑条件下混凝土的发热趋势。系统地进行了全级配混凝土试验研究，并与湿筛混凝土试验结果做对比分析，揭示了湿筛混凝土试验成果与实际混凝土特性之间存在的差别。就高拱坝而言，依据湿筛混凝土试验确定设计参数，现行拱坝规范建议的抗裂安全系数偏小。

在前期勘测设计阶段以及开工建设后，基于传统方法的分析计算成果及现行规程规范，并借鉴国内已建拱坝经验，制定了相关温控措施。当大坝浇筑至近中部高程时相继出现温度裂缝，逐渐查明的裂缝空间分布表明，裂缝在水平面上基本沿横河方向展布，部分贯穿多个坝段，在铅直方向上接近于垂直分布，部分贯穿多个横缝灌区。按照以往拱坝建设经验，出现此类裂缝的几率应该很小。为此，突破传统和现行规范，探索运用新的理论和计算方法及手段，通过“数值小湾”全过程仿真混凝土浇筑过程，计算分析大坝实际温度场和应力场的时空性态以及两者之间的相关关系，研究大坝混凝土的实际抗拉强度，探讨裂缝的成因机制，以此提出对温控措施的调整。在成功控制不再产生新的温度裂缝的同时，揭示了我国特高拱坝在温控技术方面值得进行深入探讨的诸多问题，使我国的高拱坝温控技术和数值仿真分析计算水平上了一个新的台阶。其经验及教训已成为水电工程界的宝贵财富，在建的特高拱坝相继及时调整了相关设计并付诸实施，收到良好效果。

运用“数值小湾”，模拟裂缝的形成以及化学灌浆处理效果，分析评价在施工期及蓄水后裂缝及其灌浆处理对大坝工作性态的影响以及裂缝自身稳定性。结果表明，裂缝对大坝整体变形及应力影响较小，经化学灌浆处理后，大坝整体性得到恢复，但裂缝局部存在压剪屈服的风险；随着蓄水水位上升，裂缝逐渐压紧，下端应力强度因子也有减小趋势，裂缝整体处于稳定状态。自水库蓄水至今的安全监控体系表明，裂缝稳定、大坝运行状态良好。

1.2.6 复杂高边坡整治

坝址区两岸岸坡陡峻，呈现沟梁相间的地貌形态。卸荷作用强烈，山坡表层顺坡剪切裂隙发育，部分冲沟地段分布有深厚的第四系堆积层，水文及地质条件复杂。为满足建筑物、交通及施工场地布置，在枢纽区约 $3km^2$ 范围内形成较多高陡工程开挖边坡，边坡衔接变异大，开挖体形复杂，特别是两岸需人工处理边坡高达700m。其工程处理难度之大，在国内外水电建设乃至其他行业工程建设中尚属罕见。

右岸坝肩边坡分布有深厚堆积体及风化、卸荷、破碎岩体，岩体结构复杂，岩质边坡失稳模式复杂多样。采取以锚索加固为主的工程处理措施，在深入研究边坡变形失稳机制和基于变形失稳模式的稳定计算分析方法的基础上，分析锚索加固的作用机理和施加时机，从理论上解决锚索加固的有效性问题；建立信息化动态治理理念，密切跟踪、分析开挖揭示的实际地质条件以及施工情况，适时调整和优化开挖及锚索布置，增强设计方案的针对性和适应性；开展锚索施工工艺改进试验，探索出在深厚覆盖层、风化卸荷、破碎岩体中进行预应力锚索施工的新工艺，解决锚索施工困难问题。在确保边坡稳定和工期的同时，降低了工程造价。

左岸坝肩边坡分布有饮水沟堆积体（约540万 m^3）以及风化、卸荷严重的岩体，范围广、体积大，成因及物质组成复杂，无论是“强开挖、弱支护”还是“弱开挖、强支护”，工程量与工期和传统意义的安全控制指标之间的矛盾十分突出。经多方案研究比较，采取强开挖、视监测成果择机实施加固措施的方案。边坡开挖至坝顶高程附近时，堆积体开始出现整体蠕滑变形迹象，其变形特征表现为渐进性、自下而上牵引式的逐步扩展，并

随时间推移有加速发展的趋势。在密切跟踪开挖揭示的实际地质条件和分析不同部位监测成果并深入研究堆积体失稳机制的基础上，及时提出针对性分区、分期抢险加固及综合治理措施，包括预应力锚索（最深达92m）、底拱基础-上部挡墙-锚固约束、锚索-桩（4m×7m）-板墙联合阻滑结构及反压、抗滑刚架桩（3m×5m，深达80m）及较完善的地表和地下排水体系等。随着抢险加固措施逐步实施，边坡变形逐渐趋于收敛，抢险加固与综合治理取得成功。

小湾工程特高边坡问题的成功解决，所积累的经验和探索出的方法，为后续工程处理类似问题提供了借鉴。

1.2.7 高水头大流量泄洪消能

小湾坝身泄洪流量和泄洪功率分别达20745m^3/s和46000MW。坝址区河谷狭窄，岸坡陡峻，泄洪消能区处于坝肩抗力岩体范围，其设施在布置上受到限制；坝高、泄洪水流落差大，高速水流问题突出；坝身泄洪表、中孔纵向尺寸受限，存在泄洪水流径向集中和入水单宽流量大等问题。为此，开展了大量的数值分析和模型试验，深入研究泄洪消能建筑物布置、坝身孔口体形、泄洪振动对坝体的影响、坝后消能工形式及高速水流掺气减蚀措施等。基于研究成果，采用坝身表、中孔与岸边泄洪洞三套设施联合泄洪方式，在泄量分配上，3套泄洪设施互为备用，确保枢纽泄洪安全。按照“纵向分层拉开，横向单体扩散，总体入水归槽，表、中孔联合运行空中碰撞消能”的原则，对坝身孔口体形进行优化，使其既能达到良好的泄洪消能效果，又能保证运行安全稳定。

基于已建工程泄洪雾化观测资料，建立估算泄洪雾化降雨纵向边界与降雨强度分布规律的经验关系式，对水舌碰撞工况提出相应的处理办法。在此基础上，采用多种数值分析方法对枢纽区泄洪雾化开展定量预测研究，得到泄洪雾化降雨强度的等值线分布图。据此进行下游岸坡防护设计，确保边坡及拱座岩体的长期运行稳定。

2014年和2016年汛期，坝身表、中孔及泄洪洞成功进行联合泄洪，迄今为止高水头、大流量的泄洪功率创世界第一，泄洪消能达到预期效果。泄洪期间，泄洪建筑物、坝体、引水发电系统、两岸工程边坡及其他枢纽建筑物安全稳定。特高拱坝高水头、大流量泄洪消能的研究成果，在近20年后得到实践的检验，表明分析研究的理论及方法正确，泄洪消能建筑物布置及设计合理。

1.2.8 超大型地下洞室群

地下引水发电系统规模大，主副厂房、主变室、尾水调压及闸门室平行布置，地下洞室群围岩稳定问题突出。通过带机组的水力过渡过程模型实验研究，尾水调压室采用上部连通的两个圆筒阻抗式调压井（开挖内径36m，高89.5m），既避免了长廊式布置在端部易产生立轴漩涡、尾水出流条件差的问题，又减轻了维持三大洞室围岩稳定的难度，降低了工程造价。

密切跟踪开挖揭示的实际地质条件和监测成果，结合三维非线性弹塑性有限元围岩稳定分析，采取合理分层、分区开挖步序及针对性、实效性较强的支护措施，确保了大型洞室群在整个开挖过程及长期运行中围岩的安全稳定。基于对尾水调压室底部多洞室立体五岔口围岩稳定性的深入分析研究，精心设计开挖顺序及相应的支护措施，确保了该部位围岩的稳定及工期。

2008年9月，首台机组投产发电，经过近8年的正常运行表明，引水发电系统布置合理，尤其是尾水调压室采用圆筒阻抗式，运行安全灵活，尾水出流顺畅。

1.2.9 高水头大容量水轮发电机组

水轮机运行水头高（最大水头251m）、单机容量大（700MW）、机组转速高（150r/min），是目前世界上该水头段单机容量最大的机组。同时，由于电站水头变幅大（87m），机组在系统中担任调峰、调频和事故备用，对水轮机运行稳定性要求高。为此，水轮机稳定性研究始终贯穿于设计、制造、生产、安装和运行的整个过程。基于模型试验研究，尽量提高水轮机额定水头、增加吸出高度以及增加发电机额定电压。建立水轮机数学模型，采用先进的CFD等设计手段，合理选择水轮机模型的水力参数，尽可能地避免在转轮叶片进口产生“撞击”涡流，使转轮运行区内不产生叶道涡和卡门涡，并将尾水管涡带和压力脉动幅值控制在较小的范围，在数学模型取得满意成果后再用模型予以验证，反复进行研究，直到达到预期的要求。

蜗壳采用保压浇混凝土的方法，保压值达1900kPa，是目前单机容量为700MW级电站保压值最高的电站。

发电机每极容量19.45MVA、发电机机械难度（额定容量×飞逸转速）22.245×10^4（MVA·r/min）和推力轴承制造难度系数（推力轴承负荷×额定转速）42.05×10^4均为世界之最，定子铁芯长度3.65m，超过空冷机组$H\leqslant3.5$m的此前业内极限。基于大量的分析研究，发电机冷却采用全风冷方式，定子绕组、定子铁芯的最高允许温度115℃、温升限制为75K。从实测的发电机运行温度值看，定子绕组、定子铁芯的温度及温升具有较大的裕度。

从首台机组发电至今，水轮发电机组已经历了8年的运行考验，各项性能指标均达到了预期的目标和要求，安装顺利、运行安全稳定。其中4号机组的投产发电使我国水电装机容量突破2亿kW，被国家能源局和中国电力企业联合会命名为中国水电装机容量突破2亿kW时的标志性机组。

1.2.10 高水头大型金属结构

孔口大、高水头、高流速、大泄流量的金属结构设计、制造和安装以及大孔口、高水头闸门的结构抗振、止水、支承、门槽水力学、抗气蚀等均为世界级难题。如坝身放空底孔工作闸门（5m×7m），设计水头160m，总水压力达108000kN，其事故检修闸门（5m×12m）为承压水头160m的平面链轮门，总水压力达107000kN。经过深入分析和模型试验研究，成功地解决了相关设计问题。

导流底孔、导流中孔、放空底孔和泄洪中孔的高水头工作弧门依次顺利投入运行，各闸门均能按运行指令平稳开启与关闭，无有害振动。闸门挡水时均能有效封水，甚至多数闸门均达到了滴水不漏。2014年和2016年汛期，坝身及泄洪洞泄洪，坝身表、中孔闸门及泄洪洞闸门在全开及局开状态下均启闭正常，闸门最高运行水头已超过200m，运行安

全稳定。

1.2.11 导截流工程

施工导流流量大、运行水头高、导流建筑物规模大、运行期长、坝址段河床堆积渣层厚、地质条件较复杂、围堰基础防渗处理困难及布置空间狭小。针对这些特点，结合实施过程中的具体情况，及时进行动态跟踪、反馈分析及信息化设计，采用风险分析方法，将初期导流标准降低为30年洪水重现期；采取超前支护与支护及时跟进相结合的方法，确保了导流洞（断面为16m×19.5m）开挖顺利跨越Ⅱ断层F_7；针对围岩条件较好的洞段顶拱（长约900m，占隧洞总长度约49%），优化采用不衬砌方式；采用土石加筋技术成功解决了上游围堰背水坡稳定问题，较好地协调了在狭小空间内布置围堰与大坝基坑开挖的矛盾；运用“幕、墙、膜”三位一体的复合防渗结构和水泥浆液灌浆、膏状浆液可控灌浆及化学灌浆3种防渗灌浆技术综合进行围堰防渗，取得良好防渗效果，确保了大坝基坑的顺利开挖和大坝混凝土正常浇筑。

1.2.12 监测与检测体系

小湾工程诸多技术问题在水电工程界实属罕见，探索与研究贯穿于前期勘察设计、实施过程以及初期运行的始终，监测设计及其分析反馈在支撑和评价这些研究成果的同时，也伴随着自身的挑战与探索。为此，按照全方位、全过程、信息化动态设计理念，突破传统意义上的监测设计，建立了一个覆盖整个工程、具有时空关联关系、监控分级及数据采集、整理编辑与分析功能的完整监控体系。其鲜明的特色在于首创性地采用监控分级、动态监测设计，将被监测对象的特性及时空关系与建筑物等级、监测项目、仪器选型、观测频次、信息反馈速度和深度等因素一一对应，从而形成一个真正意义的动态闭合监测体系。已安装埋设各类监测仪器9000多支（点、个），仪器存活率超过95%。将监测体系与数值反馈分析和工程的分析研究与判断紧密结合，共同构成“数值小湾”，及时解决了施工过程中的一系列重大技术问题，并在安全分级监控体系建立方面进行了有益探索，有所创新和突破，使高拱坝工程的安全监测水平上了一个新台阶。

采用具有机理严密、方法先进、快速便捷、经济高效等特点的超声波技术替代传统的拉拔试验，实现了锚杆施工质量无损检测和定量化。为监测坝基岩体质量，系统布设声波检测孔对开挖爆破前、后进行声波检测，并进行长期监测。坝基岩体出现开挖卸荷松弛问题后，引进全孔壁数字成像检测技术，开展大规模测试。利用测试成果并结合监测成果和地质分析判断，定量描述出坝基岩体开挖卸荷松弛程度的空间分布规律以及时空效应特性，尤其是真实记录了坝基二次扩挖后，岩体松弛圈下移及松弛程度和时效性更加明显的特征。在测试体系的建立及成果综合分析方法方面均有所创新，已在相继施工的多座大型水电站工程中得到推广。

1.2.13 临建设施

两座砂石料加工系统的布置均巧妙利用地形地质条件，尽量减少边坡开挖与支护，在有限的空间内各设施之间的衔接及料物传输达到顺畅、高效、节能，凸显了在高山峡谷地区布设大型砂石料加工系统独特的设计理念。两座系统的工艺改造在传统的基础上均有所突破，提高了产品的质量及效率。

1.3 结语

小湾工程作为当今世界技术难度最高的水电站工程之一，走在我国特高拱坝建设的前列，它挑战传统，突破常规，使我国高拱坝建设迈上了一个新台阶。它的成功建成投产凝聚着我国众多专家及水电建设者的智慧和心血，所积累的经验和教训已成为我国水电建设界的共同财富，造就的大批人才在我国的水电建设中正发挥着日益重要的作用。

参　考　文　献

[1] 黎展眉．拱坝［M］．北京：水利电力出版社，1982.
[2] 美国垦务局．拱坝设计［M］．拱坝设计翻译组译．北京：水利电力出版社，1984.
[3] 潘家铮．论试载法［A］\\水工结构分析文集．北京：电力工业出版社，1981.
[4] 潘家铮，何璟．中国大坝 50 年［M］．北京：中国水利水电出版社，2000.
[5] 潘家铮，何璟．中国水力发电工程：水工卷［M］．北京：中国电力出版社，2000.
[6] 赵纯厚，朱振宏，周端庄．世界江河与大坝［M］．北京：中国水利水电出版社，2000.
[7] 林继镛．水工建筑物［M］．4 版．北京：中国水利水电出版社，2006.
[8] 彭程．21 世纪中国水电工程［M］．北京：中国水利水电出版社，2006.
[9] 朱铁铮．20 世纪中国河流水电规划［M］．北京：中国电力出版社，2009.
[10] 周建平，党林才．水工设计手册：第 5 卷 混凝土坝［M］．2 版．北京：中国水利水电出版社，2011.
[11] 贾金生．中国大坝建设 60 年［M］．北京：中国水利水电出版社，2013.
[12] 陈胜宏，陈敏林．水工建筑物［M］．2 版．北京：中国水利水电出版社，2014.

2 坝基岩体工程特性

2.1 研究坝基岩体工程特性的意义

岩体工程特性是指自然状态下岩体的物理、水理、力学性质在工程因素（工程行为和工程正常运行）作用下的发展演化趋势，包括演化过程和结果。因此研究岩体工程特性包括以下几方面内容：岩体在自然状态下物理、水理、力学特性（基本属性），工程因素作用的过程和特点，岩体基本属性在工程因素作用下的发展演化趋势（工程属性）。

岩体的基本属性主要取决于岩体结构特征及后期改造作用和赋存环境。岩体结构特征包括组成岩体的结构体特征、结构面特征及其组合特征；后期改造作用是岩体在近代的改造，包括岩体的风化、卸荷和蚀变；赋存环境包括地形环境、岩体赋存的地应力场和渗流场环境。与大坝相互作用的一般是河谷岸坡岩体。受天然物理地质、岸坡应力、新构造运动等作用，河谷或沟谷侧蚀、向下切蚀和溯源侵蚀。如果布设一些表面变形或深部变形监测仪器，就会发现岸坡存在向临空方向的缓慢变形（谷幅变形），岸坡浅表岩体处于缓慢变形状态，其变形程度由表及里逐渐减弱，岩体风化、卸荷松弛程度亦是逐渐减弱并过渡到新鲜、结构紧密的岩体，随时间增长，变形逐步加剧。因此，岸坡岩体特性在天然状态下，处于缓慢的动态变化过程，具有时空效应。

工程因素主要包括工程行为和工程正常运行。对于一个大坝工程，工程行为包括开挖卸载、支护、地基改良和大坝建造；工程正常运行主要是大坝完建后正常运行，包括承受库水压力、泥沙压力、风荷载、地震力等。在这一过程中地基岩体直接体现在承受卸载和加载，本质是导致岩体中地应力场和渗流场发生了改变。

岩体工程特性是研究岩体在上述工程因素作用下，可能导致岩体结构特征、岩体中应力场、渗流场发生改变的过程和程度，从而影响岩体的基本属性向坏的方向（劣化）或向好的方向（恢复或更好）发展过程和结果。大坝工程的建设，经历坝基（肩）开挖、基础处理、大坝填筑或浇筑、水库蓄水和正常运行过程。工程行为和工程荷载的作用会导致坝基岩体工程特性发生改变。在工程开挖卸载过程中，常常可以观察到浅表层岩体裂隙张开、扩展，岩块明显松动，布置一些声波、变形等监测检测仪器，可以观测到建基面以下一定深度范围内的岩体波速明显降低、有向上的抬动变形、裂隙张开等现象；随着大坝的填筑或浇筑，向上抬动变形速率逐渐减小，至一定高度后转向向下的压缩变形，进行固结灌浆后，岩体波速明显提高，离散性减小等。因此，在大坝工程建设过程中，岩体工程特性随之变化，时空效应明显。

据前文所述，地应力场和渗流场是影响岩体工程特性的两个重要因素。地应力一般包括构造残余应力、新构造运动应力、自重应力和岸坡应力、结构应力、温度应力等。河谷岸坡地应力场的应力状态、大小、方向分布往往极其复杂，局部或者一定深度内还会有应力集中区域，甚至出现张拉应力区域。地应力场的存在使岩体变形强度特性复杂。地应力适中，且主应力差值较小，岩体处于一种较好的围压状态，对岩体强度和变形特性和稳定有利；地应力较低、甚至局部出现拉应力，岩体结构松弛，岩体变形特性较差，强度较低；地应力过高或主应力差值过大，在开挖扰动下，由于应力重分布，可能产生严重的松弛和新生变形破裂现象，且时效特征明显，这些现象的发生和发展，使岩体的变形特性劣化，强度显著降低，影响岩土体的长期稳定性。渗流场对岩体工程特性的影响主要包括：对软弱岩带可能的软化和泥化作用，对软弱岩带的水岩化作用和管涌变形和破坏；同时渗流场也影响岩体中应力场的分布。

评价岩体工程特性的一个重要手段是进行岩体质量分级。传统的地质勘查一般只注重研究自然状态下的岩体质量，依据岩体结构特征和赋存条件对岩体质量进行评价和分级，往往忽视研究岩体质量在工程因素作用下的演化过程，或者说由于对岩体质量的评价在一般情况下都留有一定富裕度，岩体质量的动态特性对工程影响轻微，没有引起重视。但对于位于高地应力区或软岩地区的大坝工程，研究岩体质量随工程建设的动态变化是非常重要的。

兴建大坝工程，首先需根据场地工程地质条件的适用性，选择安全可靠、经济合理的坝型（当地材料坝、混凝土重力坝、拱坝）。一旦坝型确定，则需深入研究评价坝基岩体的变形稳定、抗滑稳定及渗透稳定等问题。为解决工程岩体的稳定问题，首先必须查明岩体在自然状态下的岩体结构特征及后期改造作用、岩体赋存环境，确定岩体的基本属性，结合工程因素作用的过程和特点，评价岩体由于赋存环境改变、可能导致岩体结构基本属性的演化过程和结果。拱坝，尤其是特高拱坝，对坝基岩体质量要求高，不仅包括岩体的承载能力、强度和均一性、两岸拱座岩体的对称性等，同时还需特别关注工程在建设过程、蓄水过程中大坝及地基的应力和变形，而岩体的工程特性对大坝及地基岩体的应力和变形均有较大影响，因此研究岩体的工程特性是解决岩体稳定问题的前提和基础。为确保大坝的顺利建造、稳定和安全运行，研究岩体的工程特性具有十分重要的意义。

2.2 工程地质勘探与岩土试验

2.2.1 工程地质勘察的任务及原则

现行相关规程规范对工程地质勘察工作的开展做了较详细的规定，但它一般只适用于坝高小于 200m 的勘察工作，对超过 200m 的特高大坝的工程地质勘察工作，仅对地震安全性有明确规定，在 GB 50287—2006《水力发电工程地质勘察规范》中以强制性条文的形式明确规定：坝高大于 200m 或库容大于 200 亿 m^3 的大（1）型工程或地震基本烈度为Ⅶ度及以上地区的坝高大于 150m 的大（1）型工程，应进行地震安全性评价……因此，对坝高超过 200m 的工程，勘察工作不能仅满足现行规程规范的要求，还应根据工程特点及重大工程地质问题开展专门性、针对性强的工程地质专题研究工作，如岩体长期强度、高压压水试验等专题勘探及试验研究工作。

2.2.1.1 任务

坝基岩体工程勘察的目的和任务是采用一切可能的先进和有效手段，充分认识坝址区客观存在的地质环境，研究岩体在自然状态下工程特性，分析预测岩体在工程因素作用下演化过程和趋势，进而评价坝基岩体变形稳定、抗滑稳定和渗透稳定，为大坝建造提供必要的基础资料，主要任务如下：

（1）对场地进行地震安全性评价。收集区域地质资料，调查分析影响区域构造稳定的地质环境、背景资料、断层活动性、地震活动规律等，评价场地的稳定性，提出坝址区地震动参数、并进行地震次生灾害分析评价。对于场地地震安全性评价，目前国家已正式出版 1：400 万地震动参数区划图，对于一般工程，可以直接查图获取；而对于特高大坝和高地震基本烈度区应进行专题论证。

（2）坝基岩土体工程特性和稳定性评价。采用先进可行的手段查明控制坝基岩体质量的主要内在因素、外部因素和边界条件，为选择坝轴线位置和适合的坝型提供坚实的基础资料。研究坝基岩体在自然状态下的工程特性和在工程因素作用下的演化过程和趋势。结合工程建筑物特点对岩体进行稳定性评价，提出工程处理措施的建议。

2.2.1.2 原则

工程地质勘察应按相关规程规范进行，且应遵循以下原则：

（1）有效性。勘察工作的目的在于查明岩土体在自然状态下的工程属性和预测在工程作用过程和长期荷载作用下岩土体力学特性的发展演化趋势。因此，工程地质勘察在于采取适合的手段和先进的方法查明基本地质条件、岩体特征及其赋存环境和在自然状态下的物理力学特性。在勘探布置上以地质调查和测绘为基础，紧密结合工程布置方案和建筑物作用特点及岩体特征，选择适合的勘探和试验手段、方法，确保勘探和试验布置方案的有效性。

（2）普遍性和针对性相结合。前期阶段主要开展普遍性工作，为选择坝址、坝线提供基础资料，仅针对制约问题开展针对的勘探、试验工作。后期阶段针对具体的工程布置方案和岩体特征开展专门性勘探工作，评价工程地质问题，提供基础性论据，随着勘察设计阶段的深入，以评价问题为导向，逐步加密勘探点。

（3）综合性。强调勘探的综合利用，如勘探钻孔与物探综合测井、地应力测试以及钻孔弹模测试孔相结合，平洞与现场试验、岩体声波测试和洞体间地震穿透（地震 CT）相结合等。充分体现一孔多用及一洞多用，既节约勘探成本又达到勘察目的。

（4）勘探方法适应性。根据具体的地质特征并结合工程建筑物对地基的要求选择适合的勘探和试验手段和方法。如小湾工程，为查明软弱岩带的性状、结构特征，采用平洞与物探结合的方法；为查明较大范围内岩体的宏观特性采用地震或电磁波 CT 方法；查明深厚覆盖层的厚度、结构特性可采用钻孔和物探方法，如为查明堆积体结构特征，采用瑞雷波测试等。

（5）专门性及特殊性。为研究一些专门性问题，必须开展一系列专门性的工作，这些专门性的工作主要包括专门的专题研究、专门性的勘探、专门的特殊试验、测试及监测。如小湾工程，为了解岩体的透水特性、各向异性，进行三段压水、定向压水试验；为了解软弱岩体的可灌性，则开展固结灌浆试验；为了解岩体和软弱岩体的长期强度特性，开展流变试验工作；为了解断层及岸坡的变形特征，开展 F_7 断层二维及三维变形监测工作；为了解坝基岩体的动力特征，开展了坝址强震监测工作等。

（6）新方法和新技术的应用。对于一些大型、特大型工程，勘察周期长，可达三四十年。在勘测周期内可能遇到规程规范的修编，工程地质勘察技术飞速发展，工程地质勘察应执行新的规程规范，并不断地采用新方法和新技术，始终站在新方法、新技术应用的最前沿。如小湾工程，经历从手工制图到计算机成图技术，从人工解译遥感航片到 3S 技术的应用，从人工管理资料到数据库管理，从二维成图技术到到三维设计；率先采用地震安全危险性评价方法进行地震动参数的确定，开展区域稳定数值模拟；采用路线精测及测线方法进行结构面的量测及建立结构面网络模型研究岩体结构面连通率，采用斜面摄影成图技术等。

2.2.2 工程地质测绘

工程地质测绘是指将测区实地调查收集的各项地质资料、经过分析整理后按一定比例绘制在地理基础底图或地形图上的工作。工程地质测绘包括平面地质测绘和剖面地质测绘，其主要目的和任务是调查收集坝基所处地段的地形地貌特征、地层岩性、地质构造以及物理地质现象和水文地质现象，初步分析、评价测绘地段的工程地质条件和可能存在的主要工程地质问题，为确定勘探布置方案、枢纽建筑物的初步布置提供基础资料。

测绘范围应大于研究区域，最好应包括明显的地形地貌突变点，且随勘察设计阶段的深入，测绘比例尺逐渐加大。坝址地段最终测绘比例尺一般为 1∶500～1∶1000，对重大专门问题最大可达 1∶200。比例尺应根据场地的复杂程度选用。如小湾坝基地段在可行性研究阶段平面地质测绘精度为 1∶1000，剖面地质测绘精度达到 1∶500，坝基岩体质量预测平面图比例尺为 1∶500。施工详图阶段开挖展示图比例尺为 1∶200～1∶50。

工程地质调查是人们认识自然的一个重要手段，主要包括：区域地形、地貌的调查（如河流阶地、剥夷面等）、古滑坡、变形失稳边坡、泥石流等的调查统计。其方法主要是对宏观和微观地貌特征进行详细的观察、测量和统计，对一些地质灾害发生时的环境因素向当地居民进行详细访问和了解。通过这些专门的地质调查可获取以下有益的信息：

（1）斜坡的形成和发展过程。

（2）自然地质灾害发生时的环境背景条件，即影响边坡稳定的主导因素，边坡可能的变形失稳型式及主要边界条件。

（3）由于斜坡的地貌形态是在漫长的地质历史时期有各种内外因素综合作用的表现，其也预示着在对这些自然边坡改造时，边坡可能的变形失稳型式、边界条件及主要影响因素等。

2.2.3 勘探技术

勘探应在充分分析研究地质测绘和专门地质调查成果的基础上进行，以确保勘探工作的针对性、有效性和适应性，以最小的经济代价获取满足各阶段精度要求的地质资料，为客观、准确地认识工程地质条件、合理评价工程地质问题提供坚实的基础资料。

勘探的布置应主次分明，重点突出，必须要有主勘探剖面和一定的辅助勘探剖面，重

要工程部位或主要地质缺陷部位应加密勘探。勘探点间距应根据场地地质条件的复杂程度和研究阶段来确定。控制性勘探的深度应满足对场地基本地质条件控制的要求。

勘探从作用目的方面划分为普查性勘探、控制性勘探和专门性勘探。普查性勘探一般在规划和预可行性研究阶段进行，其目的主要在于了解场地的基本地质条件，了解有无控制场地稳定性的主要工程地质问题，评价场地的适宜性。控制性勘探主要为控制场地的基本地质条件，针对场地可能存在的主要工程地质问题而进行的勘探，其目的在于评价建筑物结构型式的适宜性、重大程地质问题的稳定性及工程措施的可行性和经济性。专门性勘探是针对特定的专门工程地质问题而进行的勘探，如追索断层、软弱岩带和对稳定起控制作用的缓倾角断层、裂隙的空间展布特征、性状等，为专门、特定的工程地质问题评价提供坚实的基础资料。

勘探的手段主要有地球物理勘探（以下简称物探）、常规勘探（平洞勘探、钻孔勘探以及竖井、坑槽探）等。勘探手段的选用应根据其自身特点因地制宜综合使用，以期达到经济合理，手段先进。在物性差异大的地段宜尽量优先采用地球物理勘探。

2.2.3.1 常规勘探

（1）勘探平洞。揭露的地质现象直观、真实。一般适应于陡立岩层地区探明基本地质条件，查明断层、软弱岩带的空间分布特征、性状的分布特征、对稳定有影响的中缓倾角结构面的特征。并可利用平洞开展现场岩体力学试验。如针对小湾工程特点，在拱坝坝基（肩）部位，一般按 40m 高差控制查明该部位的工程地质条件，在局部断层和蚀变岩带分布相对集中部位，加密到 20m 左右，并在洞中布置支洞追索它们的性状和空间分布特征。

（2）勘探钻孔。揭露的地质现象相对直观，其真实性在一定程度取决于钻探的工艺水平。一般适宜于中缓倾角岩层地区探明其基本地质条件。查明岩体渗透性特征和开展专门水文地质试验如压水试验、抽水试验、注水试验等，如在小湾工程，专门开展了高压压水试验、定向压水试验和三段压水试验。

（3）坑槽探。一般主要配合工程地质测绘而开展。主要用于揭露各地质界线在地表的出露部位和性状以及浅表部覆盖层厚度和性状。

（4）竖井勘探。揭露的地质现象真实、客观。一般适宜于平缓岩层区域和地形平缓地段。

2.2.3.2 地球物理勘探及在小湾工程中的应用

地球物理勘探是水电工程地质勘察的重要手段之一，具有快速轻便、信息量大的特点。它是一种间接勘探方法，以探测地质体物性差异来勘查有关地质问题。近年来，工程物探技术取得了飞速的发展，集中体现在根据弹性波理论、电磁波理论和电学原理发展而来的各种工程物探技术。这些新技术已被广泛应用于国民经济中各行各业的工程建设项目上，解决了诸多以前用传统勘察方法无法解决的岩土工程技术难题。工程物探作为一种新的、有效勘探、检测手段被越来越多的岩土工程、设计人员所接受。但是，各种工程物探方法的有效性取决于它对探测对象物性的适用性，对物性条件的适用性越强，可靠性越大。因此，为了有效地解决某些岩土工程复杂的技术难题，必须多种工程物探手段联合使用，互相补充、互相验证，使多解性逐步唯一化。另外，在物探成果的解释过程中要须充分利用已有地质和其他勘探资料，以提高物探的解释效果。

(1) 物探技术。

1) 地震勘探。地震勘探通过人工激发的地震波在地下岩层中遇到弹性和密度不同的地质界面，在界面上将引起波的反射、折射和绕射等传播现象，在地面上用地震仪把反射和折射的地震波接收记录下来，测定其到达地面各接收点的时间和振动特征，经过分析解释就可以确定地下的地质构造、地层界面或测定岩土力学参数等。根据地震波的传播方式及探测原理，可将地震勘探分为直达波法、折射波法、反射波法和瑞雷波法。

地震波的传播实际上是介质中弹性应变的传播，包括两种基本应变——体变和切变。与体变相对应的波称为纵波（以符号 P 表示），与切变相对应的波称为横波（以符号 S 表示），瑞雷波的传播速度与横波的传播速度具有相关性。根据广义胡克定律及牛顿第二定律建立的波动方程可以得出

$$V_P=\sqrt{\frac{E(1-\mu)}{\rho(1+\mu)(1-2\mu)}} \tag{2.2-1}$$

$$V_S=\sqrt{\frac{E}{2\rho(1+\mu)}} \tag{2.2-2}$$

$$V_R=\frac{0.87+1.12\mu}{1+\mu}V_S \tag{2.2-3}$$

式中：E 为杨氏弱性模量；μ 为泊松比；ρ 为密度；V_P 为纵波速度；V_S 为横波速度；V_R 为瑞雷波速度。

地震波 CT 检测是利用孔间、洞间及临空面等施测条件，在被测区域采用一发多收的扇形观测系统，即在一侧单点发射，另一侧进行多点排列接收，并按观测系统设计逐点进行扫描观测，构成致密交叉的射线网络。然后根据射线的疏密程度及成像精度划分规则的成像单元，运用弯曲射线追踪理论，采用特殊的反演算法形成被测区域的波速图像，并以此来划分岩体的质量，确定地质构造及软弱岩带的空间分布。孔间、洞间 CT 可采用两边观测系统。对探洞、钻孔及自然临空面所构成的区域进行地震波 CT 检测时，采用扇形扫描方式，射线分布均匀，交叉角度不宜过小，扇形扫描的最大角度以不产生明显断面外绕射为原则。

2) 电磁波层析成像技术。电磁波层析成像技术（以下简称电磁波 CT）研究的是电磁波在有损耗介质空间传播的规律。根据电磁波在岩体中的衰减、波的反射规律，探测岩体的特性，尤其是不良地质体如断层、软弱岩带的分布特征和岩体的均一性问题。

钻孔电磁波通常使用半波偶极子天线。这种天线在空间某点的场强，可被视为天线上许多电流元产生的场的叠加结果。由麦克斯韦方程推导出电偶极子辐射场，再从电偶极子辐射场推出半波天线的辐射场为

$$E=E_0\,\frac{\mathrm{e}^{-\beta r}}{r}f(\theta) \tag{2.2-4}$$

式中：E 为观测场强值；E_0 为与发射条件及介质性质有关的初始场强，当这些条件固定时 E_0 是常数；r 为发射点到观测点的距离；β 为电磁波传播介质的吸收系数；$f(\theta)$ 为天线的方向因子。

由式（2.2-4）可得

$$\beta r=\ln\left[\frac{E_0}{E}\frac{1}{r}f(\theta)\right] \tag{2.2-5}$$

其中
$$f(\theta)=\cos[(\pi/2)\cos\theta]/\sin\theta$$

从式（2.2-5）可以看出，当电磁波穿越不同介质时，由于不同介质对电磁波吸收存在差异，因此在高吸收介质中接收到的电磁波场强小得多，从而出现负异常，人们就是利用这一差异来推断目标地质体的结构和形状的。

由于电磁波在地下岩体中的波长要比空气中缩短若干倍，当波长与探测的规模相当或小于目的体截面的限度时，电磁波便有较好的分辨率。频率高，分辨率高，但实际工作中必须考虑到电磁波的能量大小。

3）平洞声波测试及钻孔综合测井。利用勘探平洞采用地震法和声波发射法进行岩体波速测试。地震法首先进行不同收发距离的对比试验工作，合理选择收发距离，然后沿平洞侧壁按选择的合理收、发距离逐一测试，获得沿洞壁的地震波波速连续曲线，对岩体质量进行评价。声波发射法则是在平洞一定高度处等距离布置同等深度钻孔，利用一孔等距离发射声波、一孔相同距离接收声波，可以获得沿洞壁的距洞壁不同距离的声波波速连续曲线和两孔间岩体沿孔深的连续波速曲线，对岩体质量、平洞开挖爆破影响深度等进行分析评价。

对钻孔进行综合测井，测井方法主要包括自然电位差法、视电阻率法和声波法以及自然 γ 法等，获得沿孔深某一方法的连续曲线，它们相互验证与校核，并结合钻孔岩芯资料对岩体质量进行综合评价。

（2）岩体质量检测、监测技术。岩体质量检测是在坝基岩体开挖前后以及混凝土浇筑前后和坝基岩体固结灌浆前后一定时段内定期检测岩体纵波速度，以评价岩体质量在人类工程活动中的变化和演化趋势。一般多以单孔声波测试和跨孔弹性波检测或孔间声波 CT 探测为主，当孔间距离大而声波无法检测时，采用地震波法代替声波法进行。

1）测试原理。由于岩体结构面的切割和不同岩石建造的组合，波在岩体中传播具有不均一性、各向异性和不连续性，弹性波在岩体内的传播规律与在完整均一的弹性介质中有所不同。当弹性波穿透裂隙岩体时，岩体中的节理、裂隙、断层破碎带将对弹性波的传播产生断面效应，往往会引起不同程度的折射、反射和绕射，这种散射现象与结构面的发育程度、组合形态、裂隙宽度及充填物质有着密切关系，它不仅对弹性波起到消能的作用，还将影响波的行程，导致弹性波的动力学和运动学特征发生明显变化。依据被测区域的纵波、横波速度、泊松比、动弹模量、剪切模量及波的振幅、相位、频率的变化规律来判断岩体质量，这就是岩体弹性波测试的前提。

坝基开挖质量检测所应用的主要是单孔声波测试、跨孔声波测试和跨孔地震波穿透 3 种，其依据均为弹性波理论，在检测中把坝基岩体均视为弹性介质。对于弹性介质，当动应力不超过介质的弹性极限时，则产生弹性波，波的传播符合弹性波物理基本理论。据弹性动力学理论，从应力应变的角度可以推导出均匀各向同性完全弹性介质中波的运动方程。

$$\rho\frac{\partial^2 u}{\partial t^2}=(\lambda+\mu)\frac{\partial\theta}{\partial x}+\mu\nabla^2 u+\rho F_x \tag{2.2-6}$$

$$\rho\frac{\partial^2 v}{\partial t^2}=(\lambda+\mu)\frac{\partial\theta}{\partial y}+\mu\nabla^2 v+\rho F_y \tag{2.2-7}$$

$$\rho\frac{\partial^2 w}{\partial t^2}=(\lambda+\mu)\frac{\partial\theta}{\partial z}+\mu\nabla^2 w+\rho F_z \tag{2.2-8}$$

$$\nabla^2=\frac{\partial^2}{\partial x^2}+\frac{\partial^2}{\partial y^2}+\frac{\partial^2}{\partial z^2} \tag{2.2-9}$$

$$\theta=\frac{\partial u}{\partial x}+\frac{\partial v}{\partial y}+\frac{\partial w}{\partial z} \tag{2.2-10}$$

式中：u、v、w 为位移的 3 个分量；F_x、F_y、F_z 为体力的 3 个分量；∇^2为拉普拉斯算符；θ 为体变系数。

考虑到纵波和横波的特点，由式（2.2-6）～式（2.2-8）可分别导出纵波速度 V_P 和横波速度 V_S 的表达式。

$$V_P=\sqrt{\frac{\lambda+2G}{\rho}}=\sqrt{\frac{E(1-\mu)}{\rho(1+\mu)(1-2\mu)}} \tag{2.2-11}$$

$$V_S=\sqrt{\frac{G}{\rho}}=\sqrt{\frac{E}{2\rho(1+\mu)}} \tag{2.2-12}$$

式中：ρ 为介质密度；λ 为拉梅系数；G 为剪切模量；μ 为泊松比；E 为杨氏模量。

由上述公式可见，介质的纵波、横波传播速度取决于介质的弹性参数和密度。相反，若实测出波的传播特征则可对介质的弹性性能作出相应的评价。

当坝基岩体局部存在节理、裂隙、软弱夹层、断层等，或混凝土坝体中存在缺陷时，不连续的介质内往往被空气、水分等其他物质充填，由于波阻抗差异较大，弹性波通过复杂的波阻抗面时，必然会发生散射和绕射。因此，与完整的坝基岩体相比，在存在地质缺陷的坝基岩体中，弹性波的传播速度偏低，接收信号的首波振幅低，波形发生畸变。加之，岩石和混凝土的抗压强度与弹性波的传播速度之间存在着良好的统计相关性，因此根据弹性波的传播速度、首波振幅以及波形的畸变等参数就可综合评定出坝基岩体质量。

2）单孔法声波检测方法与技术。单孔法主要是指声波测井法，它是用单孔声波探头在钻孔中每间隔 20cm 测试一点孔内的声波速度，从而得到指定时刻声波速度随深度变化的曲线。该方法测出的波速主要反映孔壁附近岩体弹性波纵波速度，据此即可评价指定时刻的岩体质量。通过检测爆破前后和灌浆前后以及与任意指定时刻波速随孔深的变化曲线的对比分析，即可准确判断爆破影响深度和程度、固结灌浆质量和岩体质量随时间的变化情况。

单孔声波测试原理如下：将收、发换能器置于同一钻孔中，发射换能器 F 一般采用圆管形压电陶瓷发射声波脉冲，散射半角为 θ_1，其大小与发射换能器中压电陶瓷圆管的高度 h 有关。选择适当高度 h 的圆管，按斯奈尔定律，第一临界角 $i=\arcsin V_R/V_0$，其中 V_R 为岩体波速，V_0 为水的波速。当 $\theta_1>i$ 时，将有一束声波通过井液，以临界角 i 射入岩体中，在孔壁产生滑行纵波。根据惠更斯原理，沿孔壁的滑行波每一点都成为新的波源，又以临界角 i 的声波束折射到钻孔中，并被换能器 S_1 和 S_2 接收，见图 2.2-1（a）。

换能器 F 与 S_1、S_2 之间的距离应设计成使沿孔壁传播的波比经水中的直达波先到达 S_1 和 S_2，同时 F 与 S_1、S_2 换能器之间的连接物应采用隔声橡胶或做成网格状，以阻断

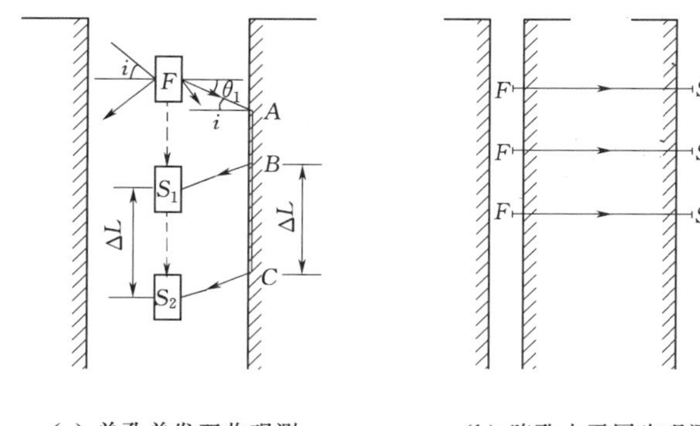

(a) 单孔单发双收观测　　(b) 跨孔水平同步观测

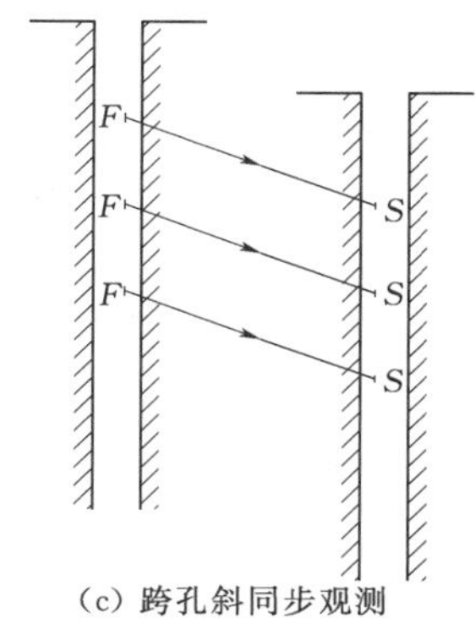

(c) 跨孔斜同步观测

图 2.2-1 钻孔声波测试观测方式

F—发射换能器；S—接收换能器

或延迟经连接物传播的直达波，从而使声波仪测试的首波就是沿孔壁传播的滑行波。由于 F、S_1、S_2 处在水中相似的位置，所以声波在水中的 FA、BS_1、CS_2 各段的传播时间相等，当分别测得声波从 F 发射，到达 S_1、S_2 的时间为 t_1、t_2 时，BC 段的声波速度可按 $V_p=\Delta L/(t_2-t_1)$ 计算；式中 ΔL 为两接收换能器间的距离。记录点位置在两个接收换能器之间，当保持测试点间距等于两个接收换能器间距时，即可取得连续的声波速度曲线。

3）跨孔声波测试方法与技术。跨孔声波测试目的在于了解孔间的岩体质量。测试原理如下：将收、发换能器分别置于两个钻孔中，发射换能器 F 激发的声波穿透岩体到达接收换能器 S，通过声波仪读出首波的到达时间 t。由于 F、S 在孔中的位置已知，根据 F、S 点坐标，算出两点间的空间距离，便可得出两点之间岩体的声波速度，然后再根据声波速度评价两孔之间的岩体质量。

$$V_P=\sqrt{(X_1-X_2)^2+(Y_1-Y_2)^2+(Z_1-Z_2)^2}/t \tag{2.2-13}$$

式中：X_1、Y_1、Z_1 和 X_2、Y_2、Z_2 分别为 F、S 点的坐标。

跨孔声波测试有水平同步穿透和斜同步穿透两种观测方式，见图 2.2-1（b）和图 2.2-1（c），可根据具体场地条件和地质条件需求选择。

测试孔距应根据地球物理条件、仪器分辨率、激发能量来确定，结合坝基声波检测具体要求，一般可取深孔孔距为 10m、浅孔孔距为 5m 左右。为了适应大孔距跨孔声波测试，采用超磁致大功率发射探头和具有前置放大功能的接收探头。

4）全孔壁数字成像测试方法与技术。钻孔电视是一种能直接观察钻孔孔壁图像的检测设备。它以视觉获取地下信息，具有直观性、真实性等优点，现已广泛应用于地质勘探和工程检测中。用它可以划分岩性，查明地质构造，确定软弱泥化夹层，检测断层、裂隙、破碎带，观察地下水活动状况等。

全新的 JD-1 型钻孔全孔壁数字成像系统是利用井下摄像探头，通过锥形反光镜摄取孔壁四周的连续图像，利用图像采集和处理系统，通过计算机自动控制采集孔壁图像，并进行展开、拼接处理，形成钻孔全孔壁柱状剖面连续图像。该系统采集的图像清晰度高，后期处理功能强，可提供全孔壁展开图、岩芯柱状图和素描图。可利用罗盘方位测量裂隙产状，根据图像步长计算裂隙宽度。针对 $\phi 90$ 的测试孔设定每幅图像步长为 18mm，即图像中横道线的间距为18mm。图像展开时以N方向为起止点。由测试结果可得到不同孔深裂隙发育状况，并作定量描述，统计卸荷松弛裂隙发育规律，为建基岩体质量评价提供依据，见图2.2-2。

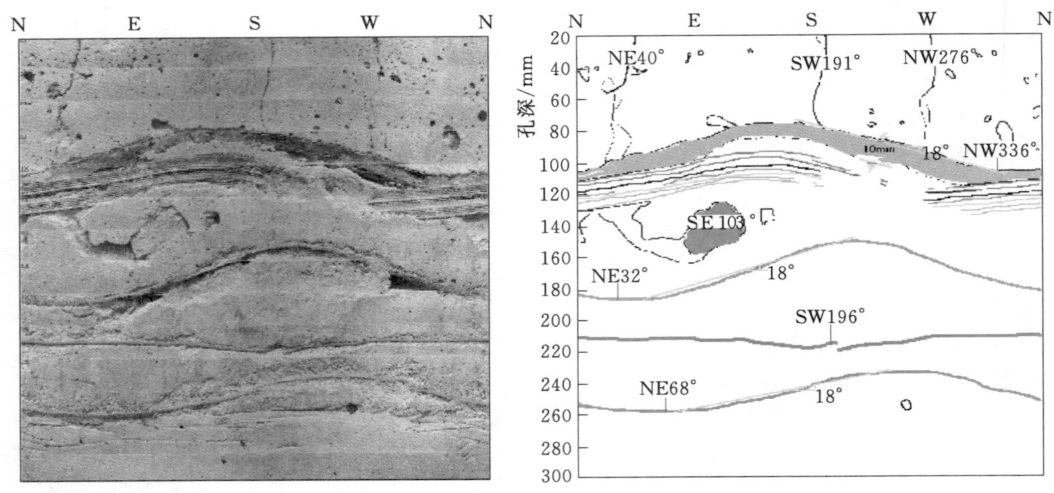

图2.2-2　钻孔全孔壁数字成像成果示意图

5）钻孔变形试验方法与技术。钻孔变形试验是利用钻孔弹模仪内部的4个活塞推动两块刚性承压板对钻孔壁岩体施加一对称的条带载荷，通过分析钻孔岩体在荷载作用下的变形确定其弹性模量值。实际测试过程中，通过在承压板上安装的LVDT线性差动变压器式位移传感器测量钻孔孔壁岩体在加载时的径向变形，用压力表及安装在活塞上的测力计直接测定出力。通过测试不同压力下的变形，根据下式可计算出测试部位的岩体变形模量或弹性模量E(GPa)

$$E=AHDT(\mu,\beta)\Delta Q/\Delta D \tag{2.2-14}$$

式中：A为三维问题的影响系数，一般取0.92；H为压力修正系数，一般取0.96；D为钻孔直径，$D=91\sim95$mm；ΔQ为压力增量，MPa；ΔD为变形增量，mm；$T(\mu,\beta)$为与岩体泊松比和承压板接触孔壁的圆周角大小有关的系数。

当$\mu=0.25$，$\beta=22.5°$时，$T(\mu,\beta)=2.141$。钻孔弹模$T(\mu,\beta)$参数见表2.2-1。

计算岩体的弹性模量时，式中的ΔQ、ΔD取压力变形曲线高压部分的线性段增量值。计算变形模量时，式中的ΔQ、ΔD取压力变形曲线起始点以上全过程的增量值。

表2.2-1　　钻孔弹模$T(\mu,\beta)$参数表

β/(°) \ μ	0.00	0.05	0.10	0.15	0.20	0.25	0.30	0.35	0.40	0.45	0.50
15.0	2.728	2.720	2.697	2.661	2.611	2.547	2.469	2.377	2.272	2.153	2.010
22.5	2.286	2.280	2.262	2.233	2.193	2.141	2.077	2.003	1.916	1.819	1.709

（3）小湾工程应用。

1）地震法。利用浅层初至折射波法、浅层地震反射波法、瞬态瑞雷面波勘探法查明

左、右岸坝前堆积体和河床冲积层厚度、密实程度。在左岸坝前堆积体部位共完成的主要物探工作量有：浅层地震反射法5364m/21条剖面，浅层折射法770m/7条剖面，面波勘探933m/7条剖面。用物探并结合其他勘探手段，查明了堆积体部位的岩土体结构特征和水文地质条件。根据地震法勘探成果，堆积物地震波纵波速度一般为700～1350m/s，横波速度一般为300～500m/s。堆积体厚度一般为30.0～37.0m，最大为58.0m。基岩面的总体形态是：在横剖面上，南北两侧相对陡峻，中间为平缓的槽地；在纵剖面上，基岩面向河床及饮水沟方向倾斜（图2.2-3）。

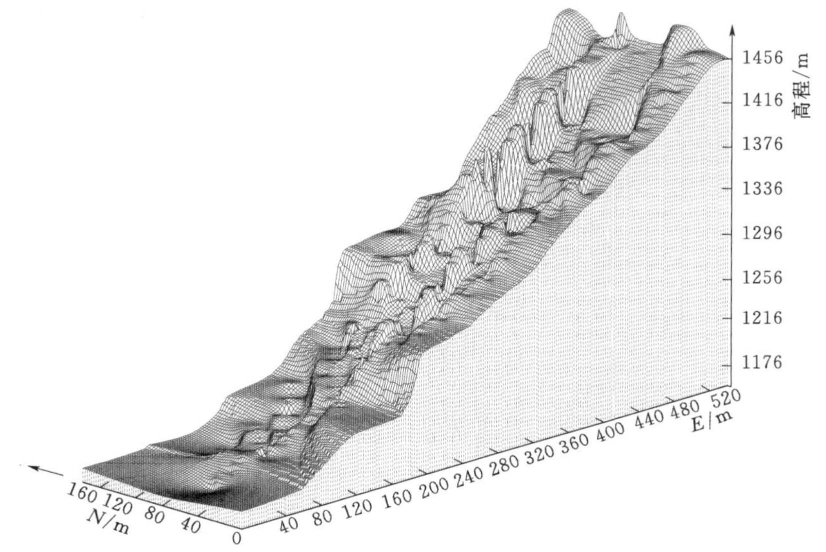

图2.2-3　根据地震法成果绘成的堆积体基岩面三维图

利用地震反射法对平洞进行测试，并对两岸9个平洞采用地震CT技术技术，成果见图2.2-4，查明了两岸岩体地震波速度、岩体的均一性和对称性条件。地震勘探成果表明，强风化强卸荷岩体地震波速一般小于2000m/s，弱风化、弱卸荷岩体地震波速一般为2500～3500m/s，微风化卸荷岩体地震波速一般为3500～4500m/s，微风化和新鲜岩体地震波速一般大于5000m/s。地震CT成果表明，两岸深部岩体地震波速一般较高，大于4500m/s，两岸岩体质量从地震波速分析总体对称，但也存在部分低波速带，结合钻孔、平洞及地质测绘资料分析，右岸低波速地段其主要影响因素受蚀变岩体E_1、E_4+E_5和断层F_{11}、F_{10}的影响，局部洞壁附近的低波速带主要受一条宽5cm左右的近SN向陡倾角卸荷裂隙的影响。左岸低波速带部位主要分布在4号山梁深卸荷岩体部位和断层F_{11}、E_8和F_{20}交汇部位。

2）电磁波层析成像技术。在右岸布置两个钻孔，左岸布置一个钻孔，3个孔基本呈等边三角形布置，孔深大于边长，采用电磁波层析成像方法进行探测，电磁波层析成像观测系统是在两钻孔间进行，在一钻孔或坑道内以适当间距激发电磁波，在另一钻孔或坑道内接收电磁波。从而在两钻孔间或坑道间形成一个射线网络（图2.2-5），把两钻孔间或坑道间的平面网格化，利用接收到的电磁波，按一定的地球物理方法通过计算机反演得到

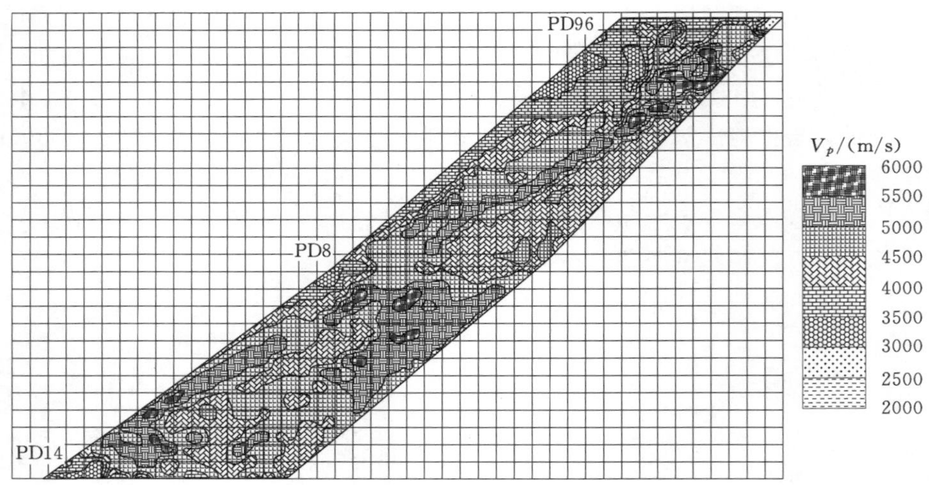

图 2.2-4 平洞地震 CT 成果

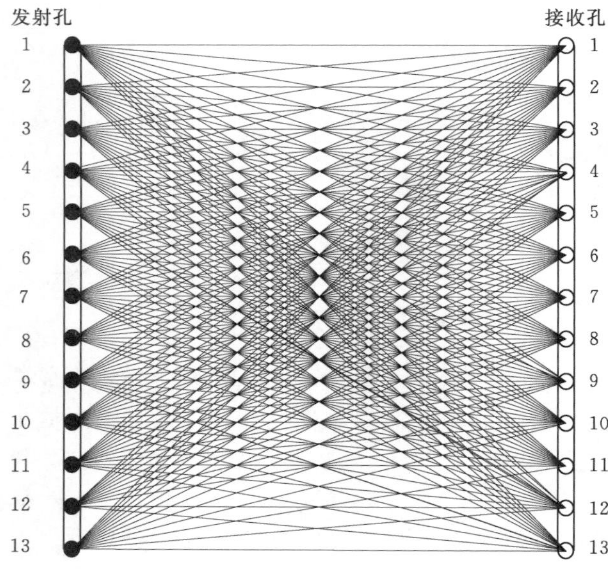

图 2.2-5 CT 射线网络示意图

各网格内的电磁波衰减系数，然后根据一定方法进行圆滑处理得到两钻孔间或坑道间的电磁波衰减系数图像，见图 2.2-6。根据图像所提供的信息进行地质解释，成果表明，河床部位不存在明显的低吸收率区域，岩体完整性较好，结合河床部位钻孔资料和岸边对穿河床钻孔资料，河床部位不存在大的顺河断层和较大的软弱岩带。

3）平洞声波测试及钻孔综合测井。在坝基地段选择部分有代表性的勘探平洞采用地震法和声波发射法进行测试。地震法首先进行不同收发距离的对比试验工作，最终选择收发距 3m；声波发射法则是在平洞高 1m 处进行 2m 深水平钻孔，一孔发射一孔接收。测试成果表明：两种方法波速在不同的风化卸荷带中在数值上存在一定差异，一般情况下，在强风化、强卸荷岩体中地震法波速低于发射法波速，其差值在 800～1500m/s，在弱风化带中差值在 500m/s 左右，在微风化和新鲜岩体中，二者基本一致。

对部分主要钻孔进行综合测井，主要包括自然电位差法、视电阻率法和声波法，部分钻孔并开展了自然 γ 法等，测试成果表明，深部岩体完整性好，与钻孔岩芯资料进行了相互验证。

4）岩体质量检测、监测技术。工程物探在小湾工程坝基（肩）岩体质量检测方

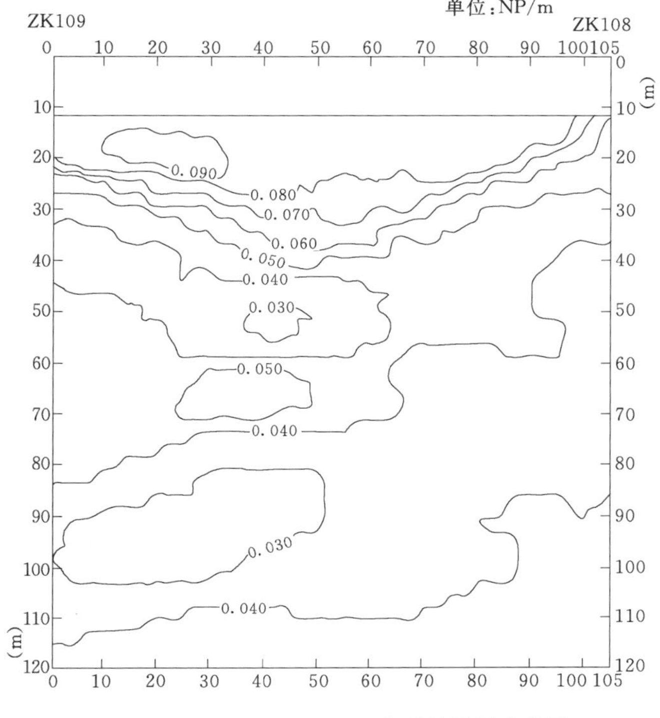

图 2.2-6 ZK109-ZK108 电磁波层析成像图

面的应用主要包括开挖爆破对岩体质量影响检测、坝基岩体质量检测、开挖后坝基岩体质量时效特征监测、固结灌浆岩体质量检测和混凝土盖重对岩体质量的影响检测等。

a. 开挖爆破对岩体质量影响。在确定进行检测的部位，超前布置一定数量声波检测孔，在开挖爆破前、后进行单孔和孔间声波测试，通过同高程部位声波波速的对比分析，以确定开挖爆破对岩体质量的影响程度和深度。采用声波衰减率（η）衡量对岩体质量影响程度，同时根据不同孔深的 η 值判断对岩体质量的影响深度和扰动岩体的质量类别。

$$\eta=(V_{1h}-V_{0h})/V_{0h}\times 100\% \qquad (2.2-15)$$

式中：V_{1h} 为开挖爆破后距建基面深度 h 处的岩体纵波速度，m/s；V_{0h} 为开挖爆破前距建基面深度 h 处的岩体纵波速度，m/s。

根据小湾大量的检测资料进行统计分析，将按 η 值对岩体质量影响程度进行分级，见表 2.2-2 和图 2.2-7。小湾工程通过有效地控制爆破，其严重影响的深度一般控制在距建基面 1m 范围内，局部可达到 2m 左右。一般影响深度在距建基面 1.5m 范围内，以下为轻微影响岩体。

表 2.2-2　　开挖爆破对岩体质量影响程度分级表

声波衰减率 η	$\eta\geqslant 10\%$	$10\%>\eta\geqslant 2\%$	$\eta<2\%$
影响程度分级	严重影响	一般影响	轻微影响

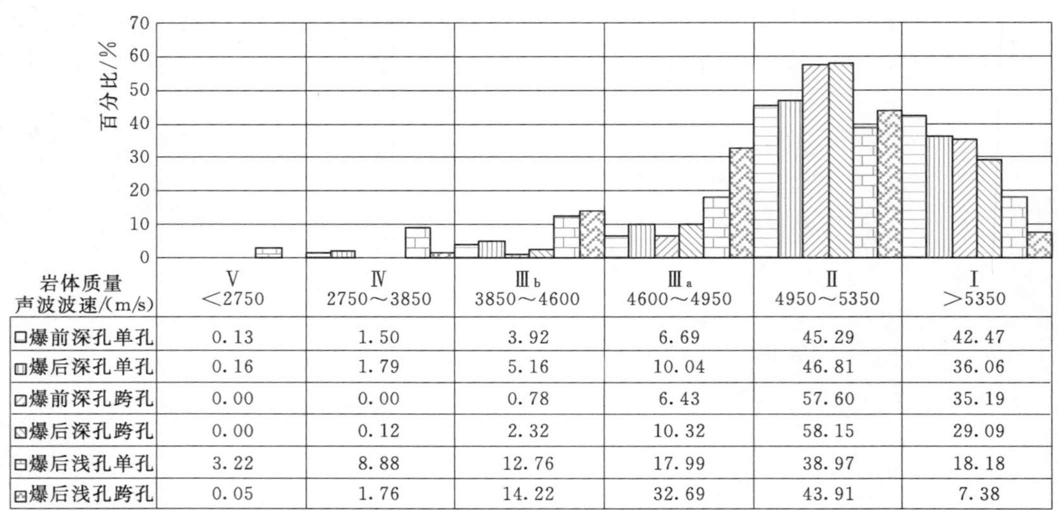

岩体质量 声波波速/(m/s)	Ⅴ <2750	Ⅳ 2750～3850	Ⅲb 3850～4600	Ⅲa 4600～4950	Ⅱ 4950～5350	Ⅰ >5350
□爆前深孔单孔	0.13	1.50	3.92	6.69	45.29	42.47
□爆后深孔单孔	0.16	1.79	5.16	10.04	46.81	36.06
□爆前深孔跨孔	0.00	0.00	0.78	6.43	57.60	35.19
□爆后深孔跨孔	0.00	0.12	2.32	10.32	58.15	29.09
□爆后浅孔单孔	3.22	8.88	12.76	17.99	38.97	18.18
□爆后浅孔跨孔	0.05	1.76	14.22	32.69	43.91	7.38

图 2.2-7　坝基爆前爆后、深孔浅孔、单孔跨孔声波速度与岩体质量概率分布图

声波测试资料统计结果表明：爆前Ⅰ类、Ⅱ类、Ⅲa 类、Ⅲb 类、Ⅳ类、Ⅴ类各类岩体所占比例分别为 42.47%、45.29%、6.69%、3.92%、1.50%、0.13%，其中Ⅰ类、Ⅱ类岩体占 87.76%；爆后各类岩体所占比例分别为 36.06%、46.81%、10.04%、5.16%、1.79%、0.16%，其中Ⅰ类、Ⅱ类岩体占 82.87%。由于爆破开挖的影响，使坝基浅表部岩体受到不同程度的损伤。宏观分析，爆后与爆前相比，在孔深所涉及的范围内，Ⅰ类、Ⅱ类岩体所占比例约下降 5%，而Ⅲa 类、Ⅲb 类、Ⅳ类、Ⅴ类各类岩体所占比例略有上升，主要集中在坝基浅表部。

b. 判断建基面附近岩体均一性。根据单孔声波纵波速度和相邻孔声波平行穿透（斜穿）法声波纵波速度的对比分析，确定岩体质量的均一性。当各个方向的纵波速度基本一致时，岩体各向同性；当各个方向的纵波速度存在差异时，岩体各向异性，根据差异性的方向结合前期地勘成果，判断岩体各向异性的地质影响因素和空间展布特征。通过物探检测，进一步查明了 F_{11} 断层、蚀变岩体、卸荷带岩体对岩体均一性的影响。

c. 复核建基面岩体质量。根据超前测孔岩体纵波速度资料，结合前期岩体质量分级成果，包括前期建立的 V_p（纵波速度）与 E_0（岩体变形模量，也可是弹性模量）相关性曲线，对建基面岩体质量进行预测评价，确定低波速度带的空间分布，结合前期地质勘探成果，进一步判明地质缺陷体的性质和空间展布，为建基面优化和地质缺陷体的处理提供可靠的基础资料。通过物探检测，进一步查明了 F_{11} 断层、蚀变岩体、卸荷带岩体的性状和空间展布特征，为对它们的处理方案提供了重要依据。

为全面反映坝基岩体质量，利用深孔和浅孔单孔声波测试资料及静动对比关系，绘制了坝基岩体距建基面 0～5m 和 5～30m 单孔声波速度与变形模量分区平面等值线图，见图 2.2-8～图 2.2-10。

从坝基岩体距建基面 0～30m 单孔声波速度与变形模量分区剖面图结合地质资料分析：Ⅲb 类及其以下岩体主要分布在坝基 5m 之内的浅表部，其中 5 号、12 号、21 号、24

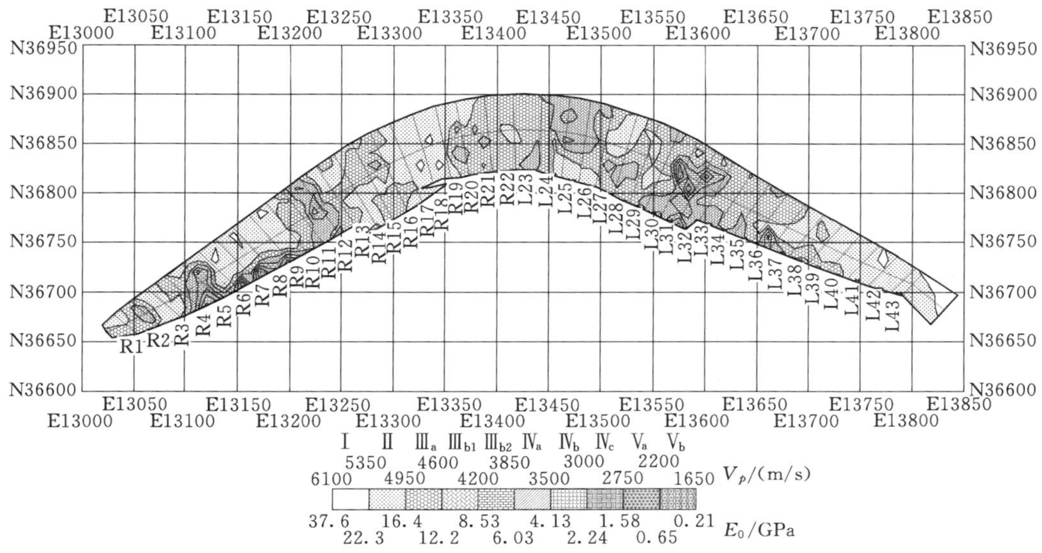

图 2.2-8 坝基岩体 0～5m 单孔声波速度与变形模量分区平面等值线图

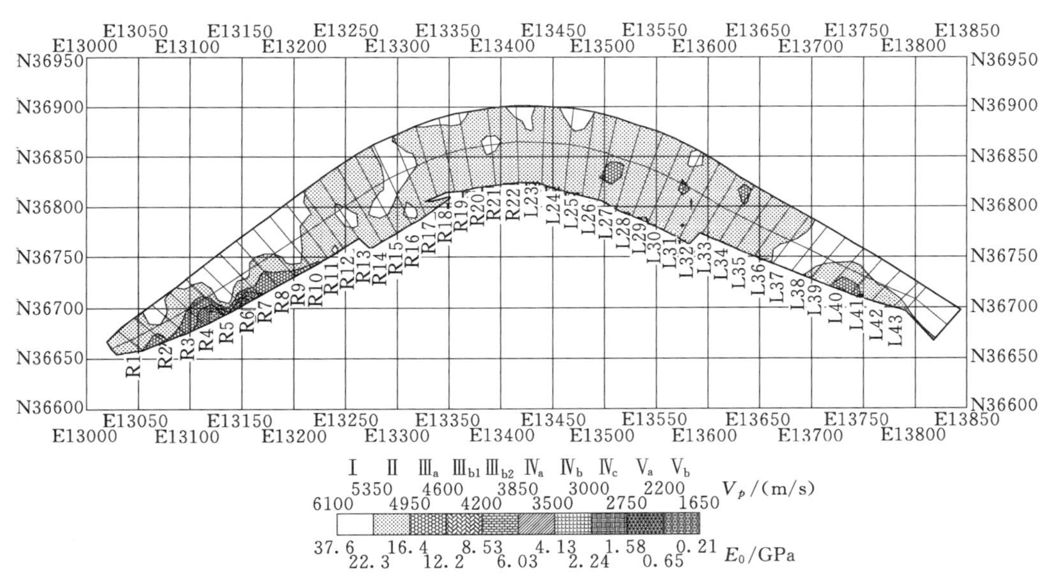

图 2.2-9 坝基岩体 5～30m 单孔声波速度与变形模量分区平面等值线图

号、26～28 号、31～33 号坝段岩体质量较差。Ⅲ$_a$ 类可利用岩体一般分布在 5m 以内，超出 5m 的有 1 号、2 号、4 号、5 号、12 号、20～27 号、31～36 号坝段。其中 1 号、4 号、5 号坝段由于受 E_{4+5} 和 E_1 蚀变带的影响，纵向延伸超过 10m；20～27 号坝段处于河床部位，卸荷松弛严重，导致岩体质量变差；31～36 号坝段受 f_{64-1} 等Ⅳ级结构面的影响，变形模量较低。除此之外，整个坝基在 30m 测试深度范围内均属Ⅰ类、Ⅱ类岩体，其中Ⅱ类岩体所占比例较大。

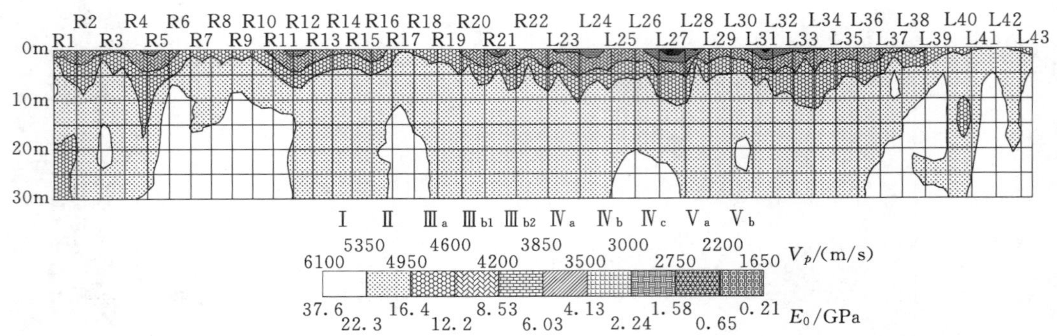

图 2.2-10　坝基岩体 0～30m 单孔声波速度与变形模量分区剖面等值线图

为了解坝基岩体质量纵向变化情况，根据岩体质量分类的声波速度标准，将爆前、爆后深孔和爆后浅孔单孔声波测试资料，分别按 5m 和 1m 分段进行统计，形成爆前、爆后深孔和爆后浅孔各孔段坝基声波速度与岩体质量概率分布图，见图 2.2-11～图 2.2-13。

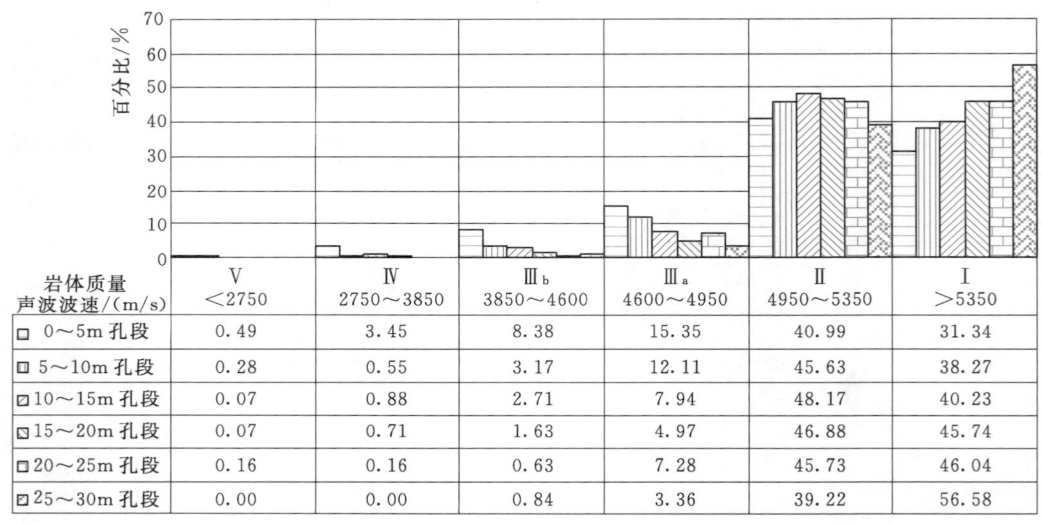

岩体质量 声波波速/(m/s)	Ⅴ <2750	Ⅳ 2750～3850	Ⅲb 3850～4600	Ⅲa 4600～4950	Ⅱ 4950～5350	Ⅰ >5350
0～5m 孔段	0.49	3.45	8.38	15.35	40.99	31.34
5～10m 孔段	0.28	0.55	3.17	12.11	45.63	38.27
10～15m 孔段	0.07	0.88	2.71	7.94	48.17	40.23
15～20m 孔段	0.07	0.71	1.63	4.97	46.88	45.74
20～25m 孔段	0.16	0.16	0.63	7.28	45.73	46.04
25～30m 孔段	0.00	0.00	0.84	3.36	39.22	56.58

图 2.2-11　坝基爆前深孔单孔声波速度与岩体质量概率分布图

爆前、爆后深孔单孔声波速度与岩体质量概率分布表明：声波速度概率密度集中分布在 4950～5350m/s 之间，属Ⅱ类岩体；波速大于 5350m/s 的Ⅰ类岩体占很大比例，并随孔深增加呈递增趋势；波速小于 4950m/s 的Ⅲa 类及其以下各类岩体所占比例依次减少，随孔深增加呈递减规律。

按爆前、爆后深孔单孔声波速度与岩体质量概率分布进行对比分析，与爆前相比，爆后各类岩体概率分布的变化趋势为Ⅰ类岩体所占比例有所降低，Ⅱ类岩体变化不大，Ⅲa 类及其以下岩体所占比例有所增加。尤其在 0～5m 孔段的浅表部岩体表现突出，Ⅰ类岩体爆后比爆前下降 12.87%，Ⅱ类岩体下降 3.63%，Ⅲa 类岩体上升 6.24%，Ⅲb 类岩体上升 7.06%，Ⅳ类岩体上升 2.87%，Ⅴ类岩体上升 0.33%。爆后与爆前相比，5m 以下孔段各类岩体所占比例变化不甚明显，Ⅰ类、Ⅱ类岩体所占比例略有下降，Ⅲa 类及其以下

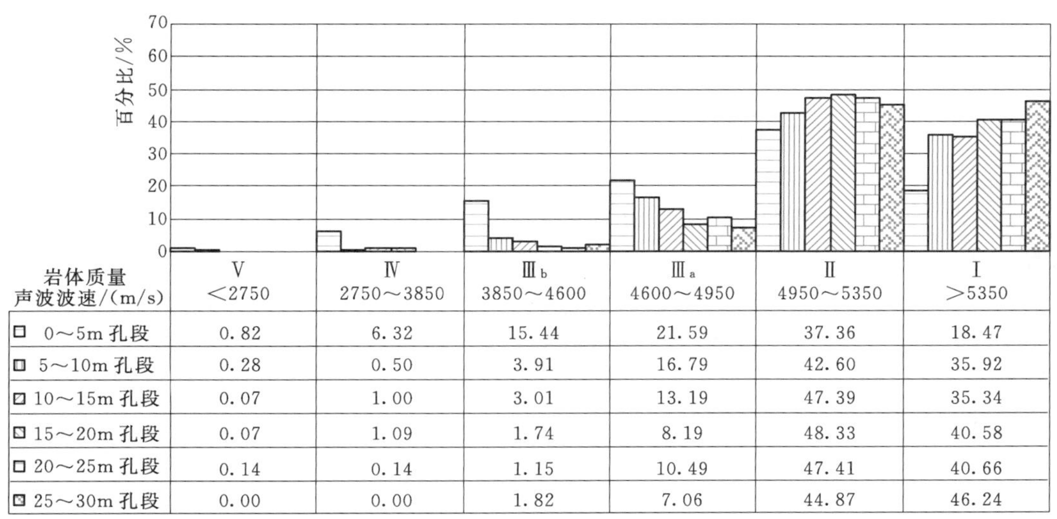

岩体质量 声波波速/(m/s)	Ⅴ <2750	Ⅳ 2750～3850	Ⅲ$_b$ 3850～4600	Ⅲ$_a$ 4600～4950	Ⅱ 4950～5350	Ⅰ >5350
0～5m 孔段	0.82	6.32	15.44	21.59	37.36	18.47
5～10m 孔段	0.28	0.50	3.91	16.79	42.60	35.92
10～15m 孔段	0.07	1.00	3.01	13.19	47.39	35.34
15～20m 孔段	0.07	1.09	1.74	8.19	48.33	40.58
20～25m 孔段	0.14	0.14	1.15	10.49	47.41	40.66
25～30m 孔段	0.00	0.00	1.82	7.06	44.87	46.24

图 2.2-12 坝基爆后深孔单孔声波速度与岩体质量概率分布图

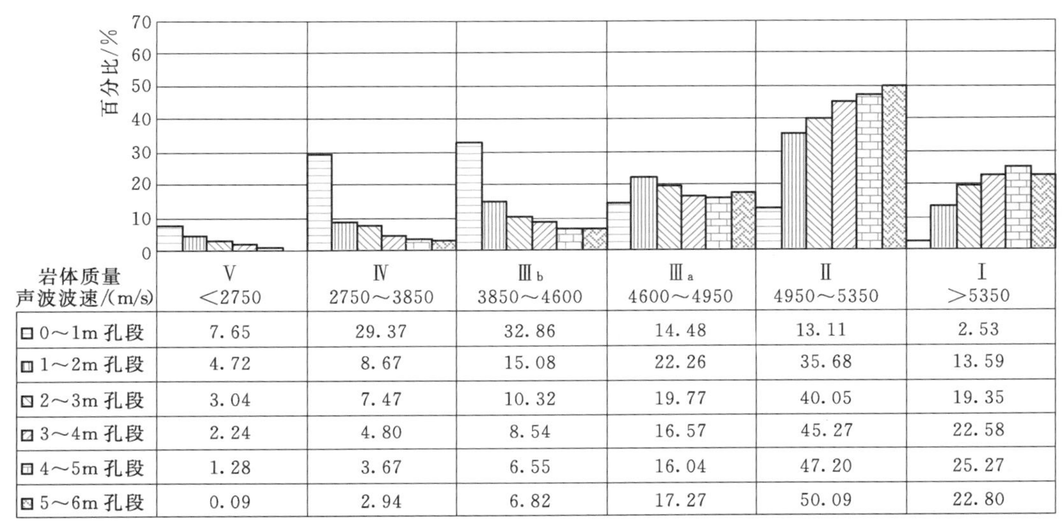

岩体质量 声波波速/(m/s)	Ⅴ <2750	Ⅳ 2750～3850	Ⅲ$_b$ 3850～4600	Ⅲ$_a$ 4600～4950	Ⅱ 4950～5350	Ⅰ >5350
0～1m 孔段	7.65	29.37	32.86	14.48	13.11	2.53
1～2m 孔段	4.72	8.67	15.08	22.26	35.68	13.59
2～3m 孔段	3.04	7.47	10.32	19.77	40.05	19.35
3～4m 孔段	2.24	4.80	8.54	16.57	45.27	22.58
4～5m 孔段	1.28	3.67	6.55	16.04	47.20	25.27
5～6m 孔段	0.09	2.94	6.82	17.27	50.09	22.80

图 2.2-13 坝基爆后浅孔单孔声波速度与岩体质量概率分布图

各类岩体有所提高。

从爆后浅孔单孔声波速度与岩体质量概率分析，随着孔深的增加，Ⅲ$_b$类及其以下岩体所占比例呈递减趋势，Ⅲ$_a$类岩体概率分布持平，Ⅰ类、Ⅱ类岩体所占比例呈递增规律。概率统计结果表明：0～1m 孔段，声波速度概率密度峰值分布在 3850～4600m/s 之间，所占比例为 32.86%，相当于Ⅲ$_b$类岩体，其变形模量为 6～12GPa。声波速度在 2750～3850m/s 的Ⅳ类岩体也占较大比例，变形模量仅为 1.5～6GPa，这部分表层岩体主要是受爆破开挖和卸荷松弛的影响，岩体质量变差。1～6m 孔段，声波速度概率密度峰值均集中在 4950～5350m/s 之间，Ⅱ类岩体所占比例为 35.68%～50.09%，1m 以下各孔段呈现随孔深增加岩体质量逐渐提高的趋势。

d. 监测岩体质量的动态特征。开挖到设定建基面后，对声波测试孔纵波速度的长期定期检测。一般是在开挖后1个月内，3d检测一次；开挖后1个月到3个月内，1周检测1次；以后每1个月检测1次；当有工程措施作用时段内加密检测，如坝基岩体固结灌浆、大坝混凝土浇筑、水库蓄水初期。绘制同一位置纵波速度随时间的变化曲线，见图2.2-14。从纵波速度的变化分析，随着建基面岩体暴露时间的增长，同一位置处的波速逐渐衰减，且随距建基面深度的增加，波速衰减有向深部发展的趋势，但衰减率明显减小。同一位置处，一般是在暴露后30～60d内衰减最快，60～180d内衰减速度逐渐减小，180～360d波速衰减率逐渐趋近于0。从深度变化曲线分析，一般是距建基面2～3m范围内衰减率较大，随着深度的增加，衰减率逐渐减小，在深度10～15m，衰减率趋近于0。在坝基岩体固结灌浆后，岩体波速增加。随着大坝混凝土浇筑，盖重的增加，波速也有逐渐增大的趋势。因而从岩体波速长期监测资料分析，揭示了岩体质量随时间变化而变化的空间特性。

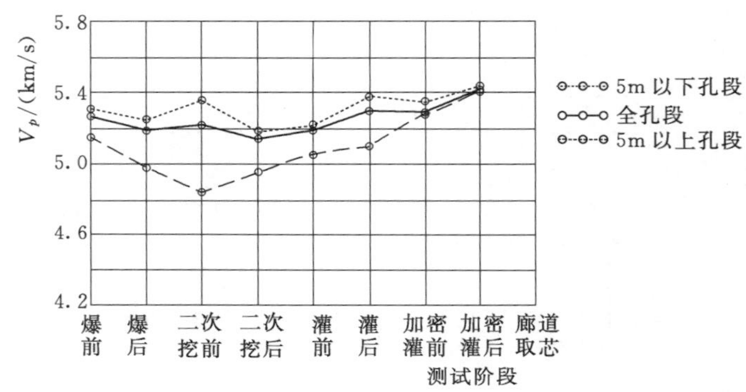

图2.2-14　22号坝段岩体纵波速度随时间的变化曲线

2.2.4　岩土测试技术及在小湾工程中的应用

岩土物理、水理、力学测试的目的在于研究自然状态下赋存的岩土体物理、水理、力学属性，模拟或部分模拟在工程荷载作用下岩土体物理、水理、力学特性，为分析研究岩土体在工程施工过程和工程荷载作用下岩土体属性的发展演化趋势，进行评价岩土体的稳定性。岩土工程测试技术是研究岩土体物理力学强度特性的一个重要手段。一般可分为物理性、水理性测试、力学参数测试和水文地质试验。物理、水理性质测试主要包括内容有比重、密度、孔隙率、饱水率、含水率、软化系数等。岩土体力学强度参数主要有室内试验和现场试验，室内试验主要包括岩石抗压强度、压缩变形模量、抗剪强度参数等；现场试验主要试验内容有变形试验、岩体、混凝土/岩体、结构面抗剪强度试验、载荷试验、现场模拟试验等。水文地质试验主要包括压水试验、抽水试验、渗透试验等。另外还有环境因素测量如地应力测量、地温、测年、有害气体检测等。岩土测试技术近年来得到飞速发展，尤其是在模拟工程荷载和赋存条件工况得到进一步加强，使其试验成果更加趋近于工程实际，主要体现在以下几方面：

（1）常规岩土体物理力学试验工况由原来的加载工况，逐渐重视岩土体在卸载工况性岩土体属性的演化趋势。

（2）对岩土体长期强度的研究，包括室内试验和现场试验，其研究的内容主要包括岩体（石）的变形强度和抗剪强度特性。

（3）软弱结构面的原状样取样技术和在 MTS 伺服控制刚性中型剪力仪进行剪切强度研究。

（4）由常规的静力工况研究，发展到岩（土）体在动力荷载条件下岩体强度研究。

（5）试验由单向受压或受拉强度研究，逐渐重视在围压状态下岩体强度特性的研究，并取得实质性进展。

（6）模型试验和反馈分析，模型试验包括物理模拟和数字模拟，将实际地质条件按相似原理进行概化，研究岩土体强度和变形破坏特性，如针对节理化岩体抗剪强度破坏路径和强度等。另外随着监测技术的飞速发展和人们在工程中的高度重视，充分利用监测的应力、应变资料和当时工程荷载工况反演分析岩土体强度指标。

（7）岩土体尤其是特定软弱岩土体在高围压和高压渗流状态下的水理和力学性质的研究，小湾针对特定的蚀变岩体开展了高围压、渗压高达 10MPa 的可溶解性和强度试验研究。

由于岩土体测试技术方法众多，各类手册、试验规程均有详细的介绍和规定，以下仅结合小湾工程实践对相关方法和试验成果进行扼要介绍。

2.2.4.1 岩石物理力学试验

（1）常规物理力学试验。在坝址区共进行岩石物理力学性质室内常规试验 106 组，并开展了 20 组三轴抗剪试验。岩样大多取自钻孔岩芯。为研究岩石的各向异性，取样钻孔除有铅垂孔外，还在平洞内布置与片麻理（片理）垂直和平行的钻孔，以实现加载方向分别垂直和平行片麻理（片理）。同时还开展了少量岩块的卸荷试验。

试验成果表明：新鲜完整的片麻岩和片岩均属坚硬-极坚硬的岩石，具有抗压强度高、密度大、吸水率低和弹性模量中等偏高等特点；黑云花岗片麻岩和角闪斜长片麻岩弹性模量的各向异性均不明显，而片岩类岩石则具有各向异性；三轴试验岩石变形和破坏全过程线反映出典型的脆性岩石破坏特性。

岩石由于其建造条件差异及后来改造作用，在岩石内部形成各种类型的空隙、微裂隙及肉眼可见的各种缺陷，它们直接影响岩石的物理力学性质。因此，岩体尺寸大小的不同，常表现出其力学性质的差异，即所谓尺寸效应或比例尺效应。试验表明：当岩石样品尺寸超过一定的数值后，岩石的尺寸效应对岩石的力学性质影响很大。针对尺寸效应问题，自 20 世纪 30 年代以来，许多学者和工程师开始试验研究。单向抗压强度试验所用尺寸最大达 276mm，如 Bieniawski（203mm）、Pratt（276mm）、Jabns（100mm）及 Natau（70mm），刘宝琛等针对沉积岩做了几组试验，并在分析总结前人资料的基础上提出一个尺寸效应公式

$$\sigma_c=\gamma_c+\alpha_c\exp(-\beta_c D) \tag{2.2-16}$$

式中：σ_c 为岩样的单轴抗压强度，MPa；D 为受力断面边长（长方柱岩样）或受力断面直径（长圆柱岩样），cm；α_c、β_c、γ_c 为取决于岩石性质及其中天然缺陷状态的待定系数。

图 2.2-15 单轴试验破坏示例

按此思路，对小湾试样试验结果与尺寸的关系进行统计分析，通过曲线拟合，得出的小湾坝基岩石单轴抗压强度在小范围内随尺寸变化的公式为

$$\sigma_c = 82.41031 + 115.5925e^{-20.73306D} \tag{2.2-17}$$

其相关系数为 0.98575。按照式（2.2-15），当岩块尺寸增大时，其最终的饱水单轴抗压强度为 82.41MPa。

小湾单轴试验破坏示例见图 2.2-15。

（2）结构面中型剪切试验。结构面中型剪切试验既可在室内进行，也可在现场进行。对于结构面由于原状样取样难度大，一般均是取扰动样进行试验。采用中国水利水电科学研究院夏万仁教授通过多年的探索和经验总结探索出的原状样取样技术，取 f_{63} 原状样并在 MTS 伺服控制刚性中型剪力仪上进行中型剪切试验，试验在 MTS 伺服控制刚性中型剪力仪上进行。该仪器由剪力框架、伺服加载系统和量测系统 3 部分组成，它具有能有效消除弯矩、测定试样中孔隙水压力、伺服控制及连续加载，并能在浸水状态下进行慢剪试验等特点。试验采用了饱和固结慢剪的试验方法，测定其有效抗剪强度指标。试验中将法向应力分为 5 级，分别为 0.15MPa、0.30MPa、0.45MPa、0.60MPa、0.80MPa。将试样的最大法向荷载分为 5 级，逐级加压。在每级荷载下当 10min 内的变形量不超过 0.05mm 时，认为已达稳定，再施加下级荷载。当达到预定最大荷载后，除达到上述标准外，再稳压 1.5h，使其充分固结排水，才开始剪切试验。试验从剪切开始至剪应力达到峰值稍后这一段时段，采用比 0.02mm/min 慢一级的 0.01mm/min 剪切速率，当确认剪应力超过峰值并稳定一段时间后，采用较高的剪切速率直到试验结束。试验成果见图 2.2-16。

（3）岩石长期强度试验。岩石全自动三轴流变伺服系统见图 2.2-17，该系统由河海大学、法国国家科研中心（CNRS）、法国里尔科技大学（USTL）共同开发研制。设备由加压系统、恒定稳压装置、液压传递系统、压力室装置、水压系统以及自动数字采集系统组成。其中控制围压、偏压和孔压的 3 个高精度高压泵，可以实现各项压力的自动自补偿。

采用同一岩样分级加载的方法来做室内流变试验，见图 2.2-18，对黑云花岗片麻岩、角闪斜长片麻岩和蚀变岩开展了各 3 组流变试验。试验成果表明以下几点：

1）较为坚硬的黑云花岗片麻岩和角闪斜长片麻岩在外荷载长期作用下发生的蠕变变形较小，衰减蠕变阶段历时较短，主要以稳态蠕变为主，稳态蠕变速率较小；蚀变岩在低应力水平长期作用下的蠕变变形较大，且呈现较为显著的衰减蠕变阶段和稳态蠕变阶段，蠕变速率较大，总体的蠕变变形量大。

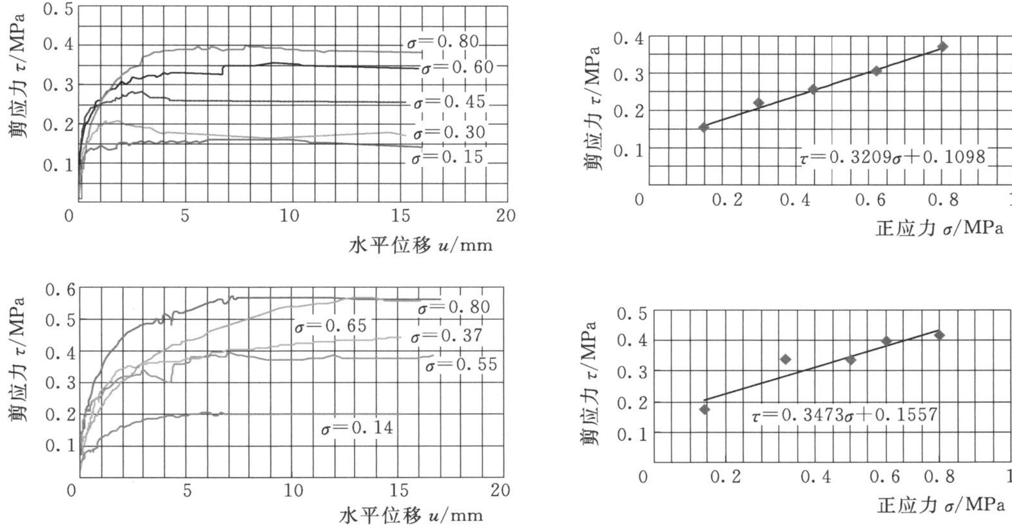

图 2.2-16 结构面原状样中型剪切试验成果图

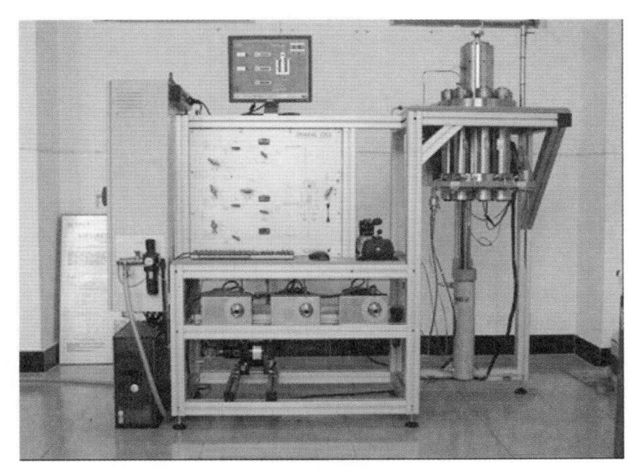

图 2.2-17 岩石全自动三轴流变伺服仪

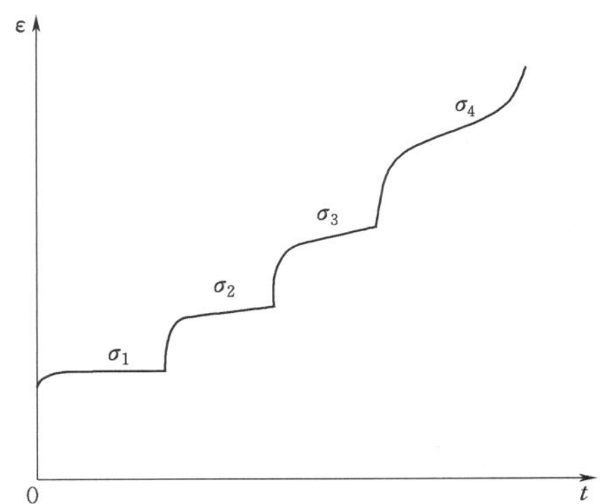

图 2.2-18 分级加载蠕变曲线示意图

2）试验表明黑云花岗片麻岩的长期强度为瞬时强度的 78.9%～82.2%；长期凝聚力 34.0MPa 为瞬时凝聚力的 88.0%，长期内摩擦角 54.4°为瞬时内摩擦角的 94.9%。

角闪斜长片麻岩的长期强度为瞬时强度的 75.3%～85.0%；长期凝聚力 18.1MPa 为瞬时凝聚力的 86.6%，长期内摩擦角 51.8°为瞬时内摩擦角的 94.7%。

蚀变岩的长期强度为瞬时强度的 71.2%～78.9%；长期凝聚力 8.6MPa 为瞬时凝聚力的 85.8%，长期内摩擦角 42.3°为瞬时内摩擦角的 87.7%。

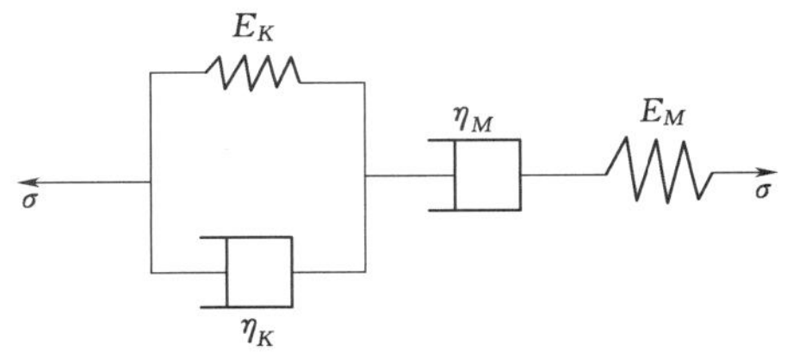

图 2.2-19 伯格斯黏弹性流变模型

3）基于试验实测得到的流变力学曲线，采用伯格斯流变本构模型对三轴流变试验曲线进行拟合（图 2.2-19），并得到相应的流变参数（表 2.2-3），结果表明模型与试验曲线拟合精度较高，伯格斯能较好地反映小湾坝基岩石的流变特性，适合用来进行三维流变数值分析。

表 2.2-3 岩石流变力学参数

伯格斯流变力学参数 岩石类型	E_M/GPa	η_M/(GPa·d)	E_K/GPa	η_K/(GPa·d)
黑云花岗片麻岩	22.50	4.58×10^{11}	6.60×10^{2}	5.60×10^{2}
角闪斜长片麻岩	20.00	3.93×10^{11}	6.30×10^{2}	5.20×10^{2}
蚀变岩	4.50	3.20×10^{2}	0.05×10^{2}	9.00×10^{2}

（4）软弱岩体流变试验。采用分级加载方式（陈氏加载法）施加轴向荷载。分级加载量值参照同类岩样单轴抗压强度，取其单轴抗压强度的80%作为流变加载的总荷载，将总荷载分为5级，然后逐级加载。在试验过程中，室内保持恒温恒湿，试验通过空调和除湿器来保持恒定的温度与湿度。压缩蠕变试验是在成都理工大学地质灾害防治与地质环境保护国家重点实验室与四川大学联合研制的岩石直剪流变试验系统上进行的。该系统由试验机（A）、试验机（B）、试验机（C）3台主机（图2.2-20）以及高压泵站、六通道高精度液压稳压器、荷载及位移测量系统、计算机数据采集系统构成（图2.2-21）。由六通道高精度液压稳压器控制3台主机的压力，同时可进行3个试件的蠕变试验，试件允许的最大尺寸为30cm×30cm×30cm的立方体。轴向荷载和位移均由计算机自动全程采集。整套系统精度高，稳定性好。

图 2.2-20 压缩蠕变试验系统的试验机

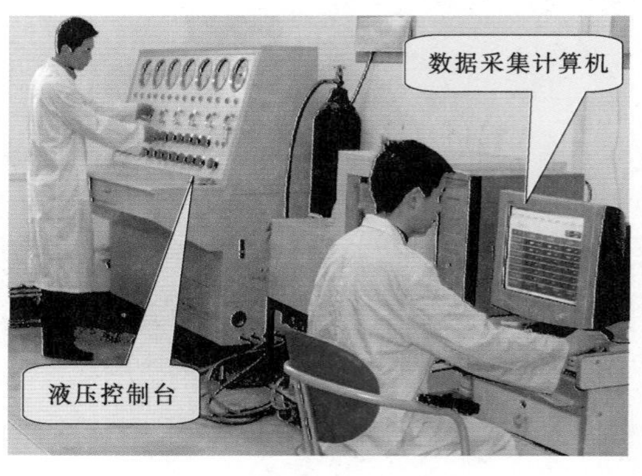

图 2.2-21 数据采集及液压控制系统

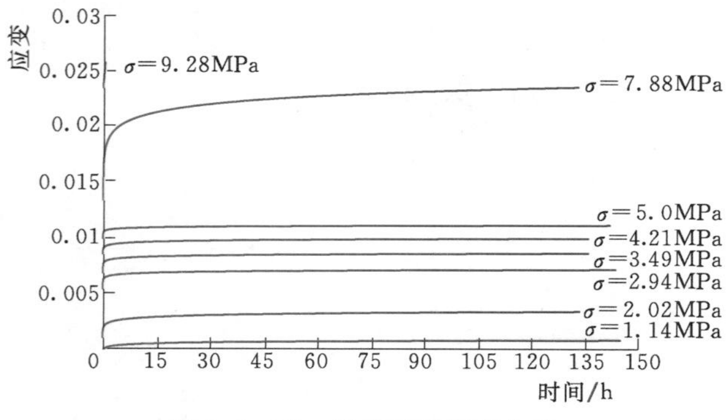

图 2.2-22 天然试样蠕变曲线

蚀变岩有15个试样，其中强蚀变、强风化蚀变岩5组共10个试样（其中断层F_{10}影响带有2个样），强蚀变、弱风化蚀变岩2组共4个试样，强蚀变、微风化蚀变岩1组共1个试样。试验状态设置了天然和饱水两类。其中天然状态共9个试样，饱水状态共8个样。蠕变曲线见图2.2-22和图2.2-

24，应力-应变等时曲线见图 2.2－23 和图 2.2－25，应力-应变速率曲线根据蠕变曲线见图 2.2－26。

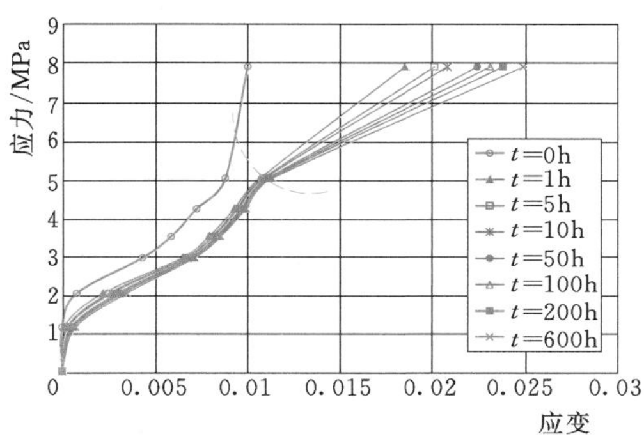

图 2.2－23 应力-应变等时曲线（一）

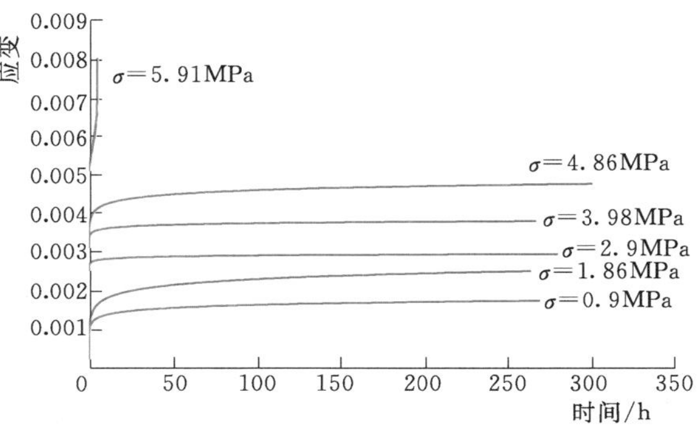

图 2.2－24 饱水试样蠕变曲线

试验成果表明以下几点：

1）强蚀变、强风化蚀变岩天然状态下长期强度在 2.37～7.16MPa 之间，平均为 4.83MPa；饱水状态下，在 1.93～4.83MPa 之间，平均为 3.35MPa。强蚀变、弱风化蚀变岩天然状态下长期强度在 7.18～9.38MPa 之间，平均为 8.28MPa；饱水状态下，在5.12～9.11MPa，平均为 7.12MPa。强蚀变、微风化蚀变岩饱水长期强度为 29.66MPa。蚀变岩的长期软化系数分别为 0.695、0.86。断层 F_{10} 影响带岩体的饱水长期抗压强度为 22.59MPa。

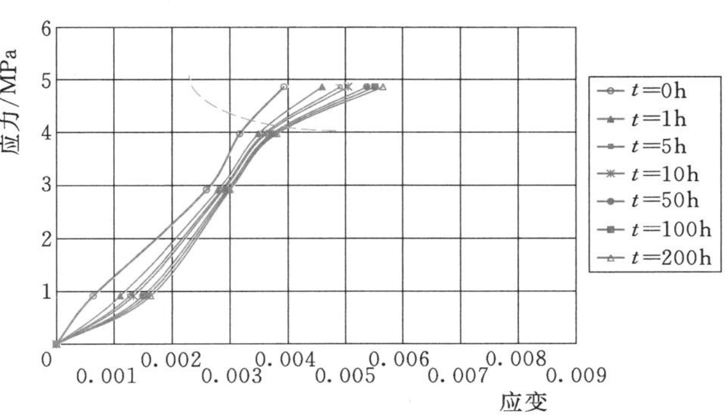

图 2.2－25 应力-应变等时曲线（二）

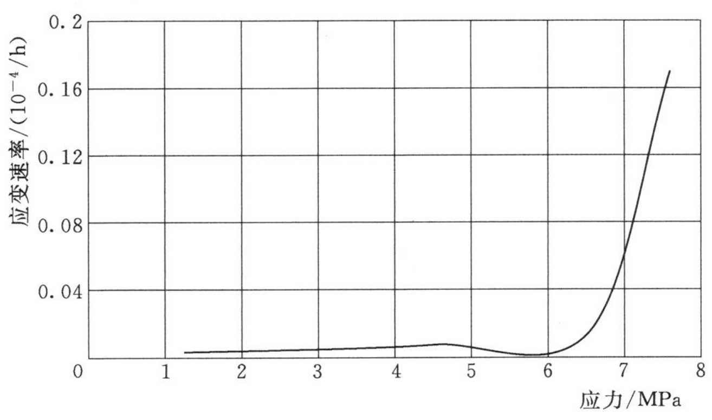

图 2.2－26 A1－2 号试样（天然）应力-应变速率曲线

2）与瞬时抗压强度相比，蚀变岩长期强度有明显降低。饱水状态下，各类蚀变岩降低幅度分别为 51.6%、70.3%和 29.3%；而天然状态下，蚀变岩降低幅度分别为 52.5%

和 77.9%。

3）蚀变岩的蠕变曲线符合统一流变模型，以统一流变模型对不同阶段蠕变曲线进行分段拟合，获得不同蠕变阶段蚀变岩流变参数。建立了蚀变软岩及蚀变较软岩的分段式统一本构方程。其中蚀变软岩的统一本构方程为：

当 $\sigma<4.5\text{MPa}$ 时 $\varepsilon(t)=1.885-0.702e^{-0.257t}$

当 $\sigma>4.5\text{MPa}$ 且 $0<t\leqslant165\text{h}$ 时 $\varepsilon(t)=6.46+0.32(1-e^{-0.098t})+8\times10^{-4}t$

当 $\sigma>4.5\text{MPa}$ 且 $t>165\text{h}$ 时 $\varepsilon(t)=1.73+1.59(1-e^{-0.007t})+6.19\times10^{-6}[e^{10^{2}(t-165)}-1]$

蚀变岩在低应力水平长期作用下的蠕变变形较大，且呈现较为显著的衰减蠕变阶段和稳态蠕变阶段，蠕变速率较大，总体的蠕变变形量大。

（5）高压渗流试验。对于高坝和超高坝来说，由于坝前、坝后巨大的水头差，导致坝基岩体中出现高压渗流。但目前在水电工程建设中，对高渗压下岩体，尤其是其中的软弱岩体的演化特征、机制及规律研究甚少，其主要原因之一就是没有相应的试验设备。结合小湾坝基软弱岩体物理力学性质研究项目的需要，成都理工大学地质灾害防治与地质环境保护国家重点实验室开发研制了大型岩石高压渗透试验仪（图 2.2-27），专门用于研究高水压环境下岩石的力学性质变化、渗透特性变化以及岩石的破坏机理。试验成果表明以下几点：

图 2.2-27　岩石高压渗透试验系统

1）蚀变岩为低渗透岩，具有非达西渗流特征。

2）在围压升高时，渗透系数总体呈下降的趋势，当围压回降时，岩石渗透系数有回升，但低于初始值。在有围压试验条件下，蚀变岩岩块试样在裂隙压密及弹性变形阶段渗流系数逐渐减小；而从非线性变形阶段开始，渗透系数开始逐渐增大，渗透系数最大值均发生在破坏后阶段。试验表明，岩石应力峰值强度后其渗透性增加量有限，且达到峰值

后，即便发生很大的轴向应变，渗透系数也基本保持不变，渗透系数最大值一般不超过 10^{-5}cm/s。

3）所研究的蚀变岩中渗透系数均在 10^{-6}cm/s 量级左右。

4）高渗压下蚀变岩强度特征试验研究取得如下成果：

高渗压条件对岩石（体）的黏聚强度有较大影响，而对内摩擦角影响不大。

高渗压单试样多级加载试验成果表明，高渗压下蚀变岩的内摩擦角在 39.27°～44.83°，凝聚力变化较大，在 2.52～15.32MPa 之间。相对一般饱水条件，高渗压下蚀变岩的凝聚力有所降低。

高渗压下的三轴压缩试验表明，蚀变岩的凝聚力为 9.7～7.68MPa，内摩擦角 47.98°～36.81°；相对一般饱水条件，高渗压下蚀变岩的凝聚力有所降低。

高孔隙水压力对岩石强度影响明显。

2.2.4.2 岩体现场试验

（1）岩体变形试验。针对各代表性岩体类型进行了大量的刚性承压法（包括建基面上）、柔性承压板法，钻孔弹模测试。考虑到蚀变岩体及断层开挖后易卸荷松弛的特点，试验方法上采取预加正应力和考虑有侧向约束的试验工况，为了研究深部未扰动岩体的变形特性，开展了大量的钻孔弹模测试。为研究岩体变形模量与岩体纵波速度的关系，同时在变形试验体周围 4 角钻孔开展了单孔和声波穿透法测试，进行回归分析，初步建立了 V_p-E_0 关系。

（2）岩体抗剪强度试验。针对坝基岩体开展了各种典型类型的混凝土/基岩、岩体/岩体（图 2.2-28）、结构面抗剪试验。考虑到坝基部位部分应力值较高，专题开展了 2 组

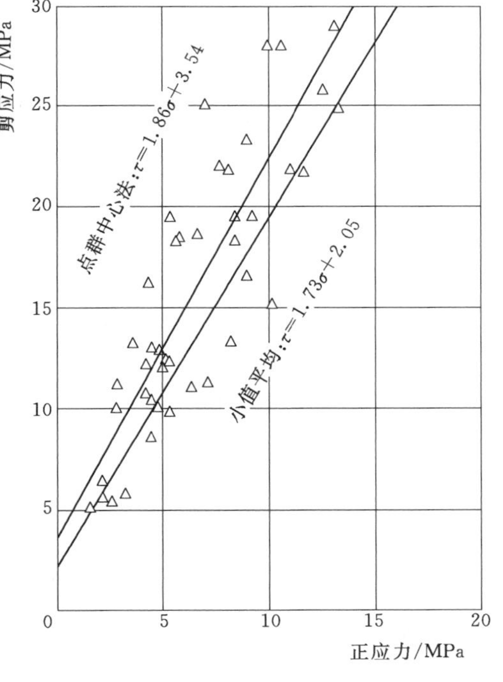

(a) 点群中心法

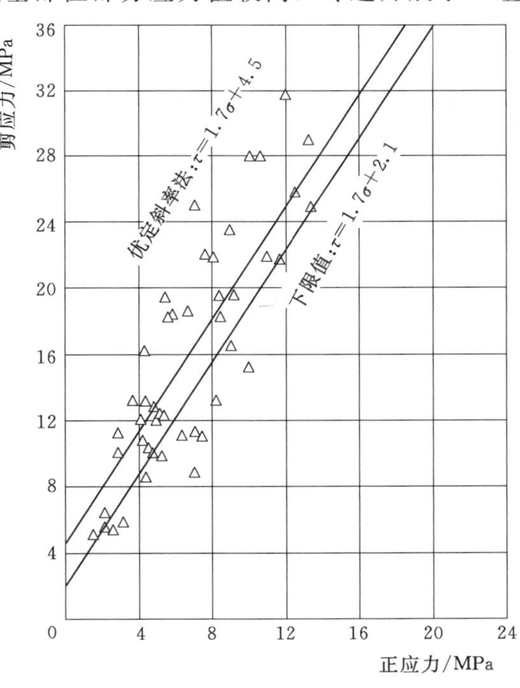

(b) 优定斜率法

图 2.2-28 Ⅱ类岩体抗剪断试验 τ-σ 关系曲线

岩体/岩体最大正应力值达 13MPa 的岩体剪切试验，其成果表明，提高正应力后岩体的抗剪强度总体有所提高，主要表现在 c 值的增加。

2.2.4.3 地应力测试

岩体的应力测试一般是先测出岩体的应变值，再根据应变与应力的关系计算出应力值。测试方法通常有应力解除法、应力恢复法和水压致裂法等。应力解除法中常用的有孔壁应变法、孔径变形法和孔底变形法 3 种。不论采用何种方法测试地应力，其理论假定均认为岩体呈连续的各向同性体，依据弹性理论广义胡克定理求算地应力。

空间地应力测量则采用孔径应变法（三孔交汇）或孔底应变法（单孔）测出岩体 6 个应力分量，通过应力分量作用的大小及方向，求解出岩体的 3 个主应力及其方向，而对测试区域的地应力分布状态进行研究。空间主应力计算公式为

$$\sigma_1 = 2\cos\frac{\omega}{3}\sqrt{-\frac{P}{3}} + \frac{1}{3}J_1 \tag{2.2-18}$$

$$\sigma_2 = 2\cos\frac{\omega + 2\pi}{3}\sqrt{-\frac{P}{3}} + \frac{1}{3}J_1 \tag{2.2-19}$$

$$\sigma_3 = 2\cos\frac{\omega + 4\pi}{3}\sqrt{-\frac{P}{3}} + \frac{1}{3}J_1 \tag{2.2-20}$$

$$\alpha_i = \arcsin n_i \tag{2.2-21}$$

$$\beta_i = \beta_0 - \arcsin\frac{m_i}{\sqrt{1-n_i^2}} \tag{2.2-22}$$

式中：σ_1、σ_2、σ_3 为岩体空间主应力，MPa；α_i 为主应力 σ_i 的倾角，(°)；β_0 为大地坐标系 x 轴方位角，(°)；β_i 为主应力 σ_i 在水平面上投影线的方位角，(°)；J_1 为计算中应力替代量；m_i、n_i 为序号 i 测试钻孔坐标系各轴对于大地坐标系的方向余弦。

平面地应力测量的研究对象是垂直于钻孔轴线平面的地应力。通过对安装有应变量测元件的岩体进行套钻解除，测读岩芯发生的弹性恢复变形，进而利用弹性理论公式求出岩体平面应力的大小及方向。平面主应力计算公式为

$$\sigma_1 = \frac{1}{2}\left[(\sigma_x + \sigma_y) + \sqrt{(\sigma_x - \sigma_y)^2 + 4\tau_{xy}^2}\right] \tag{2.2-23}$$

$$\sigma_2 = \frac{1}{2}\left[(\sigma_x + \sigma_y) - \sqrt{(\sigma_x - \sigma_y)^2 + 4\tau_{xy}^2}\right] \tag{2.2-24}$$

$$\alpha = \frac{1}{2}\arctan\frac{2\tau_{xy}}{\sigma_x - \sigma_y} \tag{2.2-25}$$

式中：α 为 σ_1 与 x 轴的夹角，(°)。

在坝址地段不同部位、高程、深度和不同岩体中进行了大量的地应力测试工作，应力测试包括平面应力测试、深孔平面应力测量、浅孔应力测量、空间应力场测量和部分岩块地应力测量。空间和平面应力测试主要采用有应力解除法，浅孔应力测量方法为水压劈裂法，岩块应力测量采用 kiss 法。通过上术方法的应力测试基本掌握了坝基地段岩体应力场的空间分布特征。坝址区整体属中高地应力场，部分地段存在应力集中现象。

2.2.4.4 专门水文地质试验

（1）高压压水试验。裂隙岩体由于裂隙发育程度、水压力不同而表现出不同的渗透特

性，为测定裂隙岩体在高压水头下的渗透特性、渗透稳定性及其结构面张开压力，通过钻孔高压压水试验对压力 P 与流量 Q 的关系进行研究。考虑到高压试验表层岩体抬动、安全等因素，在孔深 60m 以下才开始高压试验。采用下式计算透水率

$$q_n=\frac{Q_n}{P_nL} \tag{2.2-26}$$

式中：q_n 为在 nMPa 压力下的透水率，Lu；Q_n 为在 nMPa 压力下的流量，L/min；P_n 为试段内实际压力，MPa；n 为压力阶段。

基本方法：①试段长一般为 5m，流量太大不能升压则缩短试段至 3.0m 左右；②每一试段试验过程分为升压和减压，全过程为 0.3MPa→0.6MPa→1.0MPa→1.5MPa→2.0MPa→3.0MPa→4.0MPa→3.0MPa→2.0MPa→1.5MPa→1.0MPa→0.6MPa→0.3MPa；③水位测量与稳定标准按 SL 25—1992《水利水电工程钻孔压水试验规程》执行，超过 1.0MPa 后的高压试验阶段则其观测间隔时间延长至 5min。

在坝基部位、河谷底部岸边布置一个铅直孔，岩性为黑云花岗片麻岩；在左岸、右两岸相当于坝肩中部高程处各布置一铅直孔，岩性为角闪斜长片麻岩。试段长一般为 5m，每一试段试验全过程为 0.3MPa→0.6MPa→1.0MPa→1.5MPa→2.0MPa→3.0MPa→4.0MPa→3.0MPa→2.0MPa→1.5MPa→1.0MPa→0.6MPa→0.3MPa；共进行了 47 段高压压水试验，采用式（2.2-26）计算透水率。

试验成果表明：在右岸坝基中部高程孔深 127.00m 以上，当试段压力超过 3.0MPa 时，裂隙具有明显扩张的扩张现象，岩体渗透性明显增大；裂隙岩体透水性弹性恢复有滞后现象，降压试验时当降至同级压力，其流量相对升压时流量显著增大，多数试段要降至 2.0MPa 左右裂隙透水性才能恢复原状，个别试段要降至 1.0MPa 或更小才能恢复；在 2.0MPa→3.0MPa→4.0MPa→3.0MPa→2.0MPa 试验阶段，$P-Q$ 曲线类型为冲蚀型。降至 2.0MPa 后，相对同级压力流量多减少，$P-Q$ 曲线类型多表现为充填型。河谷下部岸坡孔在孔深 70m 以下、高压状态下未发现扩张现象；裂隙岩体渗透性未发生变化。裂隙扩张现象与地质条件密切相关，岩体裂隙发育则扩张现象明显，如一个孔在孔深 128.20～130.25m 顺层节理发育，该段高压试验资料显示具有明显的扩张现象；而在总体有裂隙扩张现象的深度范围内，有少数岩体完整性较好试段在高压状态下未发生扩张变化现象。

（2）定向压水试验。采用常规压水试验方法，钻孔方向与某一裂隙组裂隙面垂直，针对该组裂隙进行压水试验，根据 $P-Q$ 关系来求得该组裂隙的渗透系数。当试段位于地下水位以下，透水性较小（<10Lu）、$P-Q$ 曲线为 A（层流）型时，采用下式计算透水率

$$K=\frac{Q}{2\pi Hl}\ln\frac{l}{r_0} \tag{2.2-27}$$

式中：K 为岩体渗透系数，m/d；Q 为压入流量，m^3/d；H 为试验水头，m；l 为试段长度，m；r_0 为钻孔半径，m。

基本方法：①试段长度一般为 5m；②压水试验一般按 3 级压力 5 个阶段进行，3 级压力分别为 0.3MPa、0.6MPa 和 1.0MPa。

坝基地段建基面附近主要有近 SN 向、近 EW 向两组陡倾角节理发育。在距地表不同深度布置 4 组定向压水试验，每组共两个孔，分别垂直近 SN 向、近 EW 向节理组，试验部位均为微风化至新鲜。共进行 75 段压水试验，资料分析表明：水平埋深 60～120m，发育近 SN 向节理组的裂隙岩体透水率一般为 5～8Lu，最大 54Lu，$P-Q$ 曲线类型层流型、紊流型共占 50%，其余类型占 50%，表明多数裂隙岩体的裂隙没有发生变化。水平埋深 70～100m，发育近 EW 向节理组的裂隙岩体透水率一般 1.0～2.2Lu，最大 12Lu，$P-Q$ 曲线类型层流型、紊流型共占 75%，其余各型占 25%，表明大多数裂隙岩体的裂隙未发生改变。发育近 SN 向节理组的裂隙岩体透水率较大，变化幅度亦较大，平均约为发育近 EW 向节理组裂隙岩体的 3～10 倍。

试验点水平埋深 340～390m 压水成果表明：深部Ⅱ类、Ⅲ类、$Ⅳ_b$ 类裂隙岩体透水性均微弱，近 SN 向节理组与近 EW 向节理组的裂隙岩体透水性无明显差异。透水率为 0 的试验段占该区压水试验总数的 50%；其余试验段透水率一般 0.15～1.5Lu，最大 3.4Lu，$P-Q$ 曲线类型为层流型、紊流型。

所有试验表明裂隙岩体透水率与埋深的关系：由浅部至深部岩体透水率由大变小。

(3) 三段压水试验。三段压水试验是法国学者路易斯（Louis）1972 年提出的，并在一些工程中实际应用。如法国阿尔卑斯大麦森（Grand Maison）坝址的水文地质调查研究，以及国内黄河小浪底、拉西瓦等水利枢纽工程中应用。

针对岩体中存在的 3 组正交或近正交的裂隙组，在研究某一组裂隙的渗透性时，尽可能地排除其他裂隙组的影响。为了达到这个目的，需要在压水孔周围的渗流场中把其他裂隙组对水流的影响隔离开。

对于单组裂隙的渗透性研究，则垂直该组裂隙打孔，然后采用特制的三段压水设备。该设备由 3 个压水段组成，中间为主压水段，在其上下为两个辅助段的试验水压力与主压水段一样，流量则由两套管路分别送入；保持主压水段周围形成一个径向流的流场。另打一个观测孔，安装同主孔。

路易斯（Louis）1972 年给出了单组裂隙中钻孔压水试验的解析解。图 2.2-29 所示裂隙组，其平均渗透系数为

$$K=\frac{Q}{2\pi L}\times\frac{\ln r-\ln r_0}{h_0-h-x\sin\alpha} \tag{2.2-28}$$

式中：h_0、h 为压水段和观测段水头；r_0 为压水孔半径；r 为观测孔与压水孔距离；L 为主压水段长度；α 为裂隙面倾角；x 为观测孔与压水孔在裂隙面倾向方向的斜距。

压水试验假定试段为浅源，渗流是径向的，不计两端绕渗的影响，而这种绕渗实际上是存在的，且与止水段长度有关。中水东北勘测设计研究有限责任公司为此做过电拟试验，当止水栓塞长度超过 7～10 倍孔径后，绕渗量接近某一恒定值。进一步加长栓塞，绕渗量减少变慢。

三段压水试验有上、下辅助段存在，试验时主压水段与辅助段的压力是相等的，实际上，绕渗量只有在压力有差异时才会产生，但为了对比试验（主压水段与辅助压水段分别做常规压水试验），栓塞长度设计为 69cm，约为孔径的 9 倍。

管路压力损失计算方法有公式计算和现场率定两种。工作管内径一致，内壁光滑程度

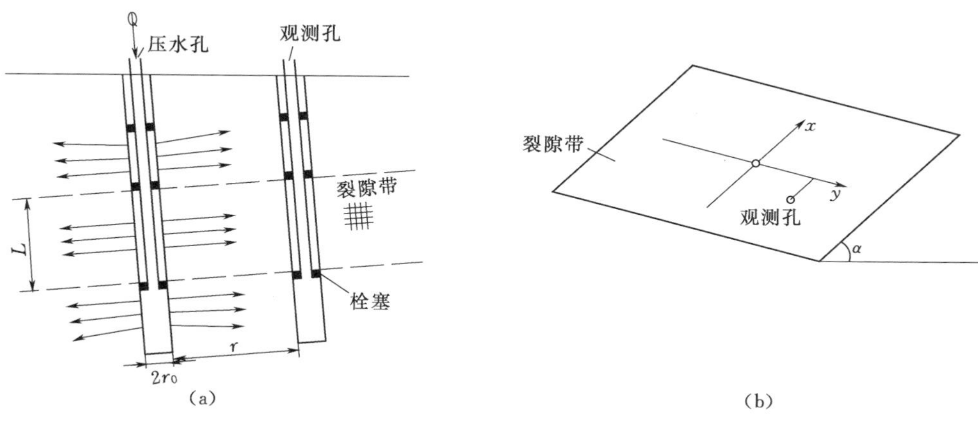

图 2.2-29 三段压水试验示意图

变化不大，采用 SL 25—1992《水利水电工程钻孔压水试验规程》推荐的公式计算

$$P_s=\lambda \frac{L}{d}\frac{v^2}{2g} \tag{2.2-29}$$

式中：P_s 为管路压力损失，MPa；L 为工作管长度，m；d 为工作管内径，m；v 为管内流速，m/s；λ 为摩阻系数，$\lambda=(2\sim4)\times10^{-4}$MPa/m。

此次试验管材为新管材，无锈蚀，光滑程度变化不大，取 $\lambda=2.5\times10^{-4}$MPa/m。

上、下辅助段过水断面为环状，压力损失计算仍用上式；用水力半径 R 代替 $d/4$。

$$R=A/\chi \tag{2.2-30}$$

式中：R 为水力半径；A 为过水断面的面积；χ 为湿周、即过水断面边界上水流与固定边界的接触长度。

即有

$$R=\frac{1}{2}\frac{D_1^2-D_2^2}{D_1-D_2} \tag{2.2-31}$$

式中：D_1、D_2 分别为外管内径和内管外径。

针对坝基部位一组近 SN 向节理密集带开展了三段压水试验。该组节理密集带产状为：N20°～30°E，NW∠70°～90°，钻孔方向 S70°E，倾角 10°；主孔节理密集带在孔深 8.67～13.41m 处；主试段位置 8.68～13.51m；上、下辅助段位置分别在 5.67～7.99m、14.20～16.20m。观测孔与主孔平行，在主孔以南 1.44m 处；安装与主孔大体相同；为不致人为影响岩体的渗透性，上部辅助观测段适当延长。压力分级为 0.3～0.6～1.0～0.6～0.3MPa。稳定标准：在保持压水孔压力不变的前提下，观测孔每一级压力稳定 4～8h。每 30min 观测 1 次，波状变化不大视为稳定。

从表 2.2-4 中可以看出，主试段渗透性随压力阶段的升高有变小的趋势，而辅助段渗透性有变大趋势；取各压力阶段的平均值来确定其渗透性。主试段与辅助段渗透系数相差一个数量级。需要说明的是，两辅助段渗透性系数仍按三段压水公式（Louis 1972）计算，边界条件略有差异。

3 段压水试验结束后，又分别对主试段与辅助段做了常规压水试验，成果如下。

表 2.2-4　　三段压水试验成果表

主试段			上、下辅助段			渗透系数/(m/d)			
压 /m	流量 /(L/min)	观测管压力 /m	压力 /m	流量 /(L/min)	观测管压力 /m	主压段		辅助段	
						阶段值	平均值	阶段值	平均值
32.93	34.16	13.47	33.33	3.75		0.303			
61.85	62.75	24.81	62.7	5.59	3.47	0.292		0.018	
99.16	91.67	38.09	102.93	8.4	4.47	0.259	0.275	0.0165	0.019
61.94	58.12	22	62.63	5.63	4.3	0.251		0.0186	
33.18	32.1	12.52	33.01	3.48	2.72	0.268		0.0222	

主试段：$q_{1.0}=19\text{Lu}$，$P-Q$ 曲线为层流曲线；

辅助段：$q_{1.0}=2.2\text{Lu}$，$P-Q$ 曲线为层流曲线。

按 SL 25—1992《水利水电工程钻孔压水试验规程》推荐的公式 $K=\left(\frac{Q}{2\pi HL}\right)\ln\frac{L}{r_0}$（$H$ 为试验水头，其余同前），计算辅助段的渗透系数为 0.021m/d，主试段的渗透系数为 0.164m/d，与三段压水公式计算的结果接近。

2.2.5　工程地质勘探及试验技术的改进与发展

工程地质学是一门相对独立又和其他学科存在千丝万缕联系的属于岩土工程范畴的综合性自然科学，涉及地质学、结构、力学、水文、气象、测量、材料、信息化技术等诸多学科。工程地质学科作为一门独立学科在我国始于 20 世纪 20 年代丁文江所进行的建筑材料的地质调查，至今也仅 90 多年的历史。水利水电工程地质则源于 1937 年李学清等开展的长江三峡和四川龙溪河坝址的地质调查。新中国成立后，随着各类工程项目的实施，地质学家一方面自主地把地质学知识用于广泛的工程实践，另一方面引进学习苏联工程地质学知识（此时，苏联已形成包括土质学、工程动力地质学和区域工程地质学组成的工程地质学科体系）。在水利水电工程方面，治淮水利工程、三门峡工程、官厅和密云水库、黄河流域与南水北调工程规划，以及丹江口、拓溪、刘家峡、新安江、乌江渡的理论与实践，在认识工程地质条件、分析工程地质问题与工程地质评价过程中，形成了丰厚的科学积累，创立并不断发展具有中国区域特色的工程地质学理论、方法与技术体系，确立了“以工程地质条件研究为基础，以工程地质问题分析为核心，以工程地质评价为目的，以工程地质勘察为手段”的工程地质理论框架。20 世纪 70 年代末期以后，随着工程地质学和地球科学各分支学科的成熟与学科间交叉渗透的兴起，以及现代观测、探测、试验技术与信息技术的发展与广泛应用，一批高坝大坝水利水电工程如葛洲坝、漫湾、二滩、龙羊峡、李家峡、天生桥、三峡、小浪底等水利水电工程的建设，编制了《水利水电工程地质手册》和一大批勘测规程规范，不仅使已形成的中国工程地质学理论、方法和技术得到广泛应用，并向纵向发展；而且随着可持续发展观的认同与共识，工程地质学进入了环境地质学境界，开拓了区域地壳稳定性、地质灾害与防治、地质工程研究领域；特别是工程地质工作从寻求适宜建筑物场所走向适宜和营造适宜的建筑环境，从过程认识向过程控制方

向发展。进入20世纪90年代后期以后，水利水电建设工程规模越来越大，且多处于高山峡谷地区，地震构造背景、工程地质条件复杂，各种坝型的建筑高度越来越大，如小湾、溪洛渡、锦屏等近300m级高拱坝的建设，跨流域调水工程的实施，水工建筑物对地基的要求高。所有这些预示着工程勘测、设计、施工和运行不仅需要所有时空尺度的地质知识与技术，而且还需要发展长时间的质量控制的监测技术和评价方法，以及与开挖同时进行的工程地质勘测、预报技术和稳定性保障。对地表复杂的自然过程和工程地质过程及其相互作用的理解与描述，不仅依赖于地球科学和工程技术科学最新研究成果的支持及其知识的交叉融合，而且还需要不断吸收环境、生态科学知识，并将现代数学、力学成就和有关非线性理论、系统论、控制论融入工程地质学。中国工程地质学正跨入复杂性研究与创新阶段。

小湾工程地质勘察工作始于20世纪70年代末期，到首台机组投产发电，历经30余年，也正是我国工程地质勘察技术迅速发展的年代。在工程地质勘察过程中，始终坚持勘探和试验布置方案的有效性；坚持普遍性和专门性勘探相结合，以评价问题为导向，逐步加密勘探点间距；强调勘探的综合利用，如勘探钻孔与物探综合测井、地应力测试以及钻孔弹模测试孔相结合，平洞与现场试验、岩体声波测试和洞体间地震穿透相结合等；坚持针对特殊的问题开展专题研究、专门性的勘探、专项的特殊试验、测试及监测；在严格执行工程地质勘察规程规范的基础上，不断采用新方法和新技术，始终站在新方法、新技术应用的最前沿。成功查明了岩体结构特征和后期改造、岩体赋存环境，确定了岩体在自然状态下的基本特性，为评价岩体的工程特性、解决小湾工程实践中的主要工程地质问题提供了扎实的基础资料，同时并为我国工程地质学科理论和技术的发展提供了大量的富有成效的研究成果。同时也充分认识到目前工程地质勘探和岩土测试技术在以下几方面存在需进一步改进和发展的必要。

（1）工程地质勘探技术。工程地质勘察技术是采用工程地质测绘与调查、钻探、坑槽探、洞探与井探、地球物理勘探以及遥感遥测等手段，从所研究的地质体原型直接获取有关地质环境等相关地质信息的技术。勘察手段从早期的“地质三件宝”，以地面测绘为主，经过测绘、钻探、坑槽探、井探、洞探、辅以物探，发展到以小湾工程为代表的常规勘探与物探并举的阶段，逐步走向精细的地质测绘、重型勘探和高精度物探及遥感遥测技术相结合的阶段；未来将向常规勘探与物探高度融合的方向发展，以达到提高勘测精度，加深对自然环境中存在的特殊地质现象认识的目的。

（2）工程地质测试与试验技术。岩土工程地质测试与试验技术方面与国际上出现了新技术紧密衔接，并在不断引进、消化吸收、创新中发展。小湾工程测试与试验技术主要包括测年、岩土成分分析、岩土物理力学参数室内和原位试验、地下水测试分析、模型试验、岩体应力测试技术等。除常规的试验外，尚开展了对岩体在高正应力状态下岩体的强度特性、岩石的卸载试验研究、岩石及软弱岩体的长期强度、高压（包括高围压）渗流下软弱岩体的物理、水理、强度特性和水-岩作用试验、原状样中型剪切试验、现场有侧限变形试验和模拟地应力状态（预加压）的原位变形试验等，为确定岩土体在自然状态下的基本属性和预测岩体工程特性提供了依据。开展了高压压水试验、定向压水试验和三段压水试验，揭示了岩体的渗透特性。

目前岩土体测试、试验技术多侧重于岩石（体的）加载试验、瞬时强度试验、静力状态下的岩土体试验，而且在试验方法上未解决真实地应力状态下的岩体强度试验研究，为确定岩土体真实的基本属性带来很大的难度。未来测试和试验应是加载与卸载、静力与动力、瞬时与长期强度试验并重，切实解决高地应力状态下岩体的真实强度特性的试验方法和技术。随着数值技术和岩石（体）断裂损伤力学理论的发展，一些现在必须进行的试验可能通过数值模拟技术实现。

（3）工程地质监测技术。在小湾工程开展了坝址区微震监测、断层位移监测、岩体质量监测。通过这些监测揭示了一些重要现象。如：坝址区微震监测到了在坝址区震级 M_L 为 4.6 级的 3 个地震序列，见图 2.2-30。经分析认为：各地震依次沿北西和北北东方向的几条地震线展布，互相交切，组成一对共轭面。地震线与宏观震中分布方向一致，处于澜沧江断裂北段往南东的自然延长线上，表现出澜沧江断裂北段南东端有“一定程度的应力集中”现象，并有继续向东南方向扩展的趋势，是区域构造应力场作用下地质体深部微破裂的反映，处于正常波动范围。

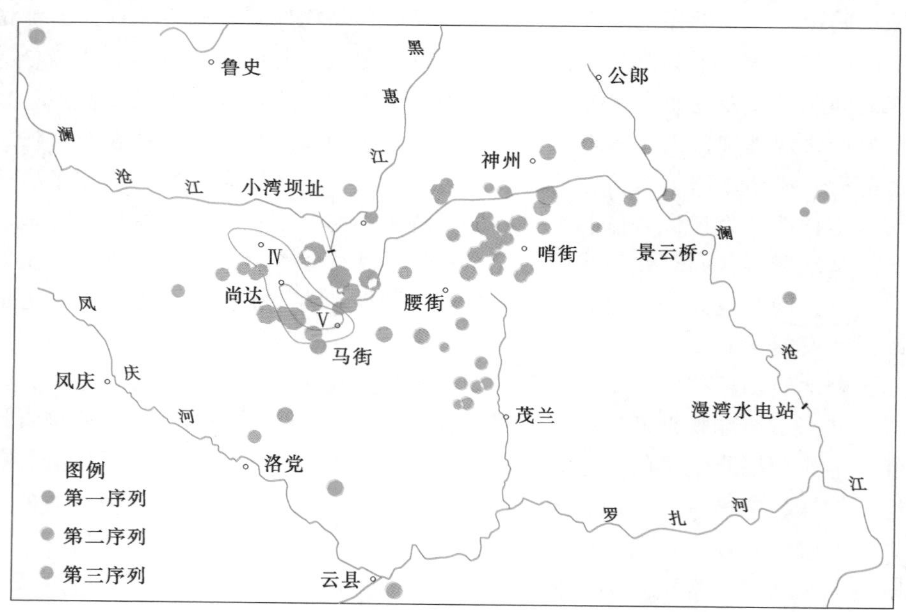

图 2.2-30　坝址区地震系列震中分布图

断层位移监测成果表明：结果显示 F_7 在观测期间未见构造活动迹象，同时证实处于两岸一定深度范围内的岩体存在谷幅变形；同时监测到姚安发生 6.5 级地震时 PD70 断层监测点产生跳跃式微量变形，随后变形大部分恢复，但仍出现了微量塑性变形的现象，由此证实了地震时地震波的传播可能诱发断层发生位错的认识，在高地震烈度、当基础下有断层分布的重要结构，从结构上考虑对断层位错变形的适应性极为重要。岩体质量监测揭示了坝基岩体质量在工程因素作用过程中具显著的时空特性。

鉴于坝址区工程环境背景的复杂性、认识手段的有限性和人们认识自然的局限性，在前勘察设计阶段和工程实施过程和正常运行过程中，开展岩土体特性、稳定监测将是人们

认识自然的一个十分重要的、不可替代的手段。

（4）工程地质信息技术。信息技术是集通信、计算机和控制技术为一体，其内容包括信息接收技术、信息传递技术、信息处理技术和信息控制技术。信息化技术在工程地质学科中将得到广泛应用，包括：利用信息技术建立工程地质数据库和专家库，并在 GIS 平台上建立和开发地震监测预报预警系统、岩土体稳定监测预警、评价系统等；利用工程地质测绘成果、勘探资料，运用计算机技术，在三维环境下将空间信息管理、地质解译、空间分析和预测、地学统计、实体内容分析以及图形可视化等工具结合越来，并用于工程地质分析；虚拟现实技术在大型水电工程建设、环境规划的虚拟漫游、成果汇报演示系统、综合地质信息系统等。

2.3 小湾工程地质环境

2.3.1 区域构造背景

小湾坝址濒临印度板块与欧亚板块相互碰撞汇聚接触带的东侧边缘，在大地构造上属于环球特提斯构造的一部分。位于著名的“三江褶皱系”的腹部，横断山脉南端。大地构造属于扬子准地台、唐古拉-兰坪-思茅褶皱系和冈底斯-念青唐古拉褶皱系。晚新生代以来受喜马拉雅运动的剧烈影响，地壳强烈抬升。北部属于青藏高原，南部属云贵高原，河流深切呈高山峡谷地貌。新构造运动以大面积整体间歇性急速抬升、大断裂为边界的断块间差异运动、块体的侧向滑移和块体的相对转动等特点为主，区域应力场复杂。中国大陆地壳运动速度场显示了地壳差异运动的轮廓，西部地区速度场大致以两种顺时针旋转的叠加进行描述：①围绕喜马拉雅东部构造结的挤出式流滑；②大致围绕青藏高原东南角的整体“刚性”旋转。在青藏高原东南角的川滇地区，应变强烈并且方向变化复杂，大致以东西向的扩散拉张和南北向的挤出式压缩为基本特征。

三江褶皱系的东侧边界是金沙江断裂带（南部为红河断裂带），西侧边界为怒江断裂带，三江褶皱系内部主要发育澜沧江断裂带，是兰坪-思茅拗陷与澜沧江褶皱带两个二级构造单元的界线，与工程有密切关系的二级构造单元即为兰坪-思茅拗陷与澜沧江褶皱带两个二级构造单元的结合部位。

坝址区属滇西纵谷山原区范畴，地势北高南低，沟谷深切、山峰陡峻，地面高程变化在 1000.00～4112.00m 之间。区内发育澜沧江和红河两大水系，并分布有 6 级剥蚀面和多级阶地。山脉、水系走向以 NNW、NW 和近 SN 方向为主。

区内出露地层较全，自元古界至新生界均有出露。岩浆活动具有多期活动性，晋宁期-喜山期均有不同程度的岩浆活动，其中以晚华力西期-印支期活动最为强烈。变质作用较普遍，构成苍山、哀牢山、高黎贡山、崇山和澜沧江变质岩带。地层分布及沉积建造、岩浆活动、变质作用均受断裂构造控制。

区内断裂褶皱发育。主要断裂自东至西有程海断裂、红河断裂、景东-江城断裂、无量山断裂、澜沧江断裂、柯街断裂、南汀河断裂和耿马-澜沧断裂等（图 2.3－1），以上断裂均经受过多次构造运动的加强和改造，多具压扭性质，而且大多属活动断裂，在历史时期沿断裂带某段有不同强度的地震发生。

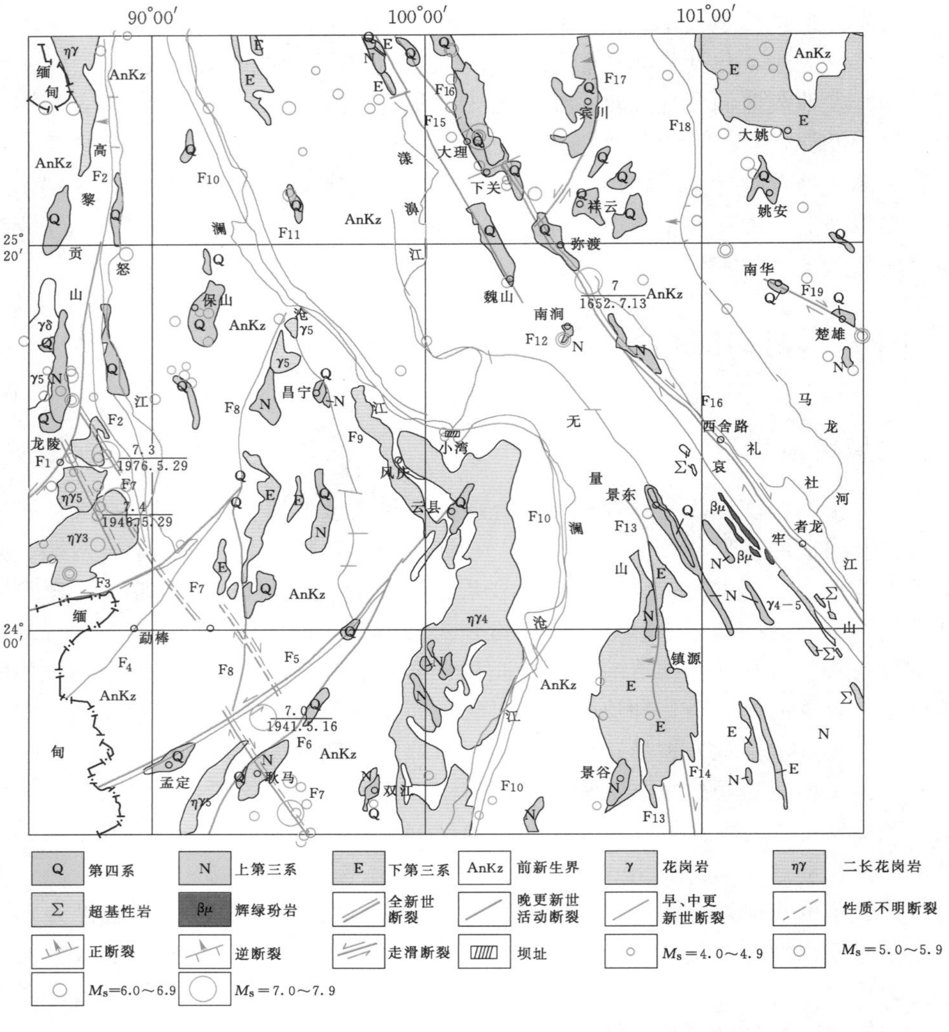

图 2.3-1 澜沧江小湾水电站区域地震构造图

F_1—龙陵-瑞丽断裂；F_2—怒江断裂带；F_3—蚌冬-畹町断裂；F_4—杀马沟-根基断裂；F_5—南汀河西支断裂；F_6—南汀河东支断裂；F_7—龙陵-澜沧断裂带；F_8—柯街断裂；F_9—昌宁断裂；F_{10}—澜沧江断裂；F_{11}—水井-功果桥断裂；F_{12}—无量山断裂；F_{13}—思茅-南塔断裂；F_{14}—镇源-普洱断裂；F_{15}—维西-巍山断裂；F_{16}—红河断裂带；F_{17}—宾川盆地东缘断裂；F_{18}—新民-杨家堡断裂；F_{19}—南华-楚雄断裂

2.3.1.1 现今构造应力场

坝址区经受多期构造活动，其中，以最早的近 SN 向挤压和现今的 NNW 向主压应力场的影响最为深刻。前者奠定了工程区地质构造的基本格局，后者使各类构造形迹呈现出现有的力学特征。

基于震源机制，区域构造应力场的主要特点表现在以下两个方面：

（1）最大主应力（σ_1）作用方向的分区性和复杂性。区域最大主应力作用大致以红河

断裂带和怒江断裂带为界分为3个区域。红河断裂带以东地区，最大主应力优势方向为NNW-NW向，在不同的构造部位有一定程度的偏转；怒江断裂带以西地区，最大主应力作用方向以NE为主；介于上述两大断裂带之间的中部地区（即坝址区所在地区），最大主应力作用方向以近SN向为主，在不同的构造部位可偏转为NNE及NNW向。在上述规律明显的分区背景下，最大主应力作用方向仍表现出一定的复杂性。由强震震源机制和小震综合节面解表现出的主应力方向与当地最大主应力优势方向有较大的偏差，这种现象极有可能与构造活动引起的局部应力调整有关。

（2）震源错动节面均比较陡立，最大主应力（σ_1）与最小主应力（σ_3）作用轴近于水平，中间主应力（σ_2）较陡立。区域地震活动均是在此地应力场条件下断裂水平剪切错动所引起的。

2.3.1.2 区域构造稳定

坝址所处区域的地震地质环境复杂，虽属于地震活动微弱的地区，但其外围有多个强震发生带，为泸水-龙陵强震带、中甸-大理强震带、永胜-宾川强震带、耿马-澜沧强震带及思茅-普洱强震带所包围。自886年有地震记载以来至1989年，区内共发生不小于5级地震49次，其中不小于6级地震13次，不小于7级地震4次。自886年至1998年7月31日，共记录到不小于0.6级地震9157次，不小于4.0级地震共有218次。历史上对工程影响较大的地震有9次，它们对工程区的影响烈度均为Ⅴ度和Ⅵ度。

在区域、近场和坝址区地质构造、断裂活动性与地震活动性等研究基础上，对区内潜在震源区进行分析，小湾工程坝址区地震动参数是本底地震和澜沧江断裂带近SN和近EW交会带段和南汀河断裂带北东端段潜在震源区地震共同作用的结果，采用地震危险性概率分析方法确定的50年和100年不同超越概率水平的基岩水平向加速度见表2.3-1。

表2.3-1　坝址场地不同超越概率水平基岩水平峰值加速度

周期	50年63%	50年10%	50年5%	50年2%	100年2%
PGA/g	0.065	0.166	0.205	0.268	0.313

2.3.2 岩体赋存环境

2.3.2.1 地形地貌

坝址位于澜沧江与其支流黑惠江汇合口以下3.5km处。坝段内河流总体流向由北向南，枯水期河水面高程约990.00m。河谷基本呈V形，两岸山体雄厚，岸坡陡峻。左岸正月十五山峰顶高程2168.70m，右岸秀山峰顶高程2086.80m。相对高差达1000余米。在高程1600.00m以下，两岸岸坡平均坡度约40°，局部地段为悬崖峭壁；高程1600.00m向上地形渐变平缓，平均坡度约30°。两岸横向冲沟发育，其切割深度多在十米至数十米，呈现出沟梁相间的地貌形态。山梁部位风化、卸荷强烈，变形破裂现象发育，岩体松动；山沟部位多有第四系崩、坡积碎石土堆积。工程区范围内从上游至下游，左岸有饮水沟、②号山梁、龙潭干沟、④号山梁、F_5沟、⑥号山梁等，见图2.3-2。右岸有大椿树沟、①号山梁、③号山梁、豹子洞干沟、⑤号山梁、修山大沟等。此外，工程区内还发育数条长度较短、切割深度也较浅的冲沟。

天然山坡在漫长的地质历史时期，经过各种内外营力综合作用，产生滑坡、崩塌、倾倒等变形破坏现象，形成了横向呈阶梯状、纵向凹凸相间的地形特点。

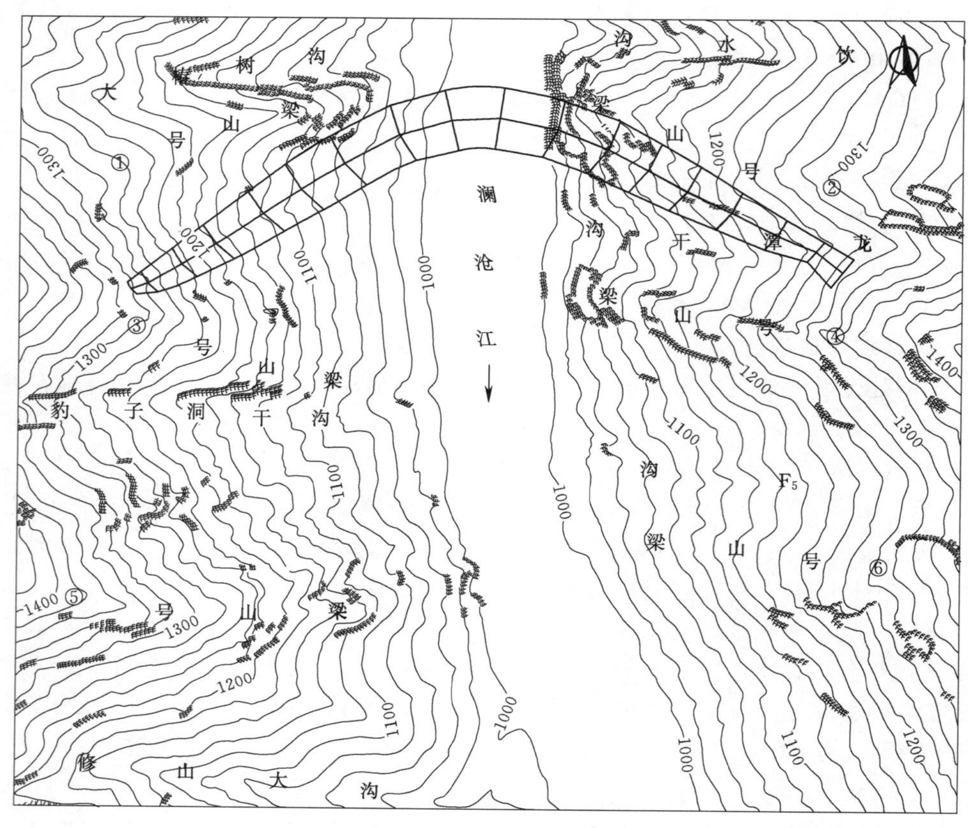

图 2.3-2　坝址区地形简图

2.3.2.2　地应力

以近 EW 向Ⅱ级结构面（F_7）、Ⅲ级断层（F_5、F_{10}、F_{11}）的主要构造线和以 NWW 走向的陡倾角小断层、挤压面等次级构造线，共同构成了地质构造的基本格局，这一格局也决定了坝址区地应力的分布形态。

坝址区山高谷深，区域构造挤压强烈，地应力较高。地应力以各种不同的表现形式产生释放现象。在前期勘探过程中，部分钻孔出现饼状岩芯，少数平洞在开挖时有轻微岩爆现象。进水口施工过程中，进水口间岩柱开挖后，因应力释放产生了近水平裂隙；坝基开挖后，同样是应力的释放，导致建基面岩体浅表部分存在较明显的开挖卸荷松弛现象，其表现形式主要有：沿已有裂隙张开、卸荷松弛“回弹”“葱皮”现象和岩爆现象。

（1）平面地应力。在坝址区先后 3 次共进行了 26 点平面地应力测量，获得了地应力大小、方向及分布规律有关清晰可靠的数据，为分析坝区地应力场的分布规律提供了坚实的基础。

根据实测成果，坝址河谷横剖面的平面地应力的特征及分布规律主要表现有以下几方面：

1）在近岸水平埋深 30m 左右，由于卸荷的影响，实测最大主应力 σ_1' 基本小于 2MPa，在 40～100m 范围内，除个别测点外，大多数测点 σ_1' 在 5～15MPa 范围，而埋深大于 100m 的测点 σ_1' 基本在 15MPa 以上。浅部测点的最大主应力方向与岸坡近于平行，随着测点埋深的增加，最大主应力方向与岸坡的夹角逐渐增大，表明地应力分布状态明显受地形的影响，这一特征与岸坡剪切裂隙的发育特点相吻合。坝区平面应力分布见图 2.3－3 和图 2.3－4。

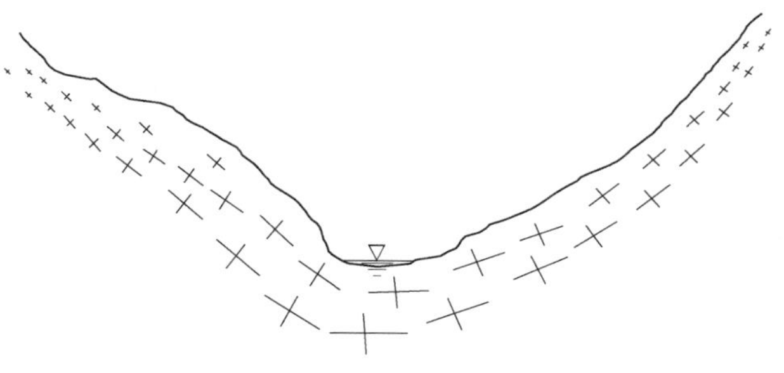

图 2.3－3　坝区 EW 剖面平面地应力分布示意图

2）最大主应力一般随测点水平埋深而增加，在同一水平深度 σ_1' 一般随高程的增加而减小。

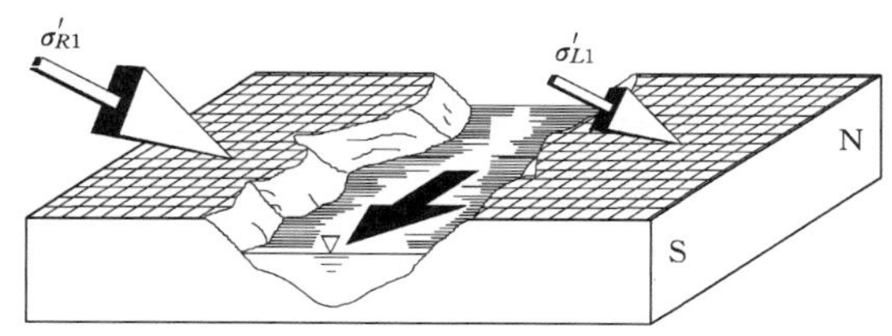

图 2.3－4　坝区两岸 SN 向剖面最大主应力趋势图

3）所有测点的最大主应力 σ_1' 均为正值，即表现为压应力，而最小应力 σ_2' 除在浅部 30m 左右和处于构造带附近的测点外，均出现负值（即拉应力）。

4）右岸 PD7 的 100m 深度左右，平行和垂直于该区最发育节理面（即 SN 向）的 σ_1' 分别为 15MPa 和 20MPa，而在该洞 63m 和 80m 处实测的垂直最发育节理面的 σ_1' 均为 5.2MPa。形成这种状态可能与坝区构造应力方向及该区最发育的节理走向（近 SN 向）和埋藏深度有直接关系。

为了解河谷深部的平面地应力的状态，两岸高程 1004.00m 附近各布置了一个垂直深孔平面地应力测试，最大测试深度 86m。根据两深孔平面应力测量成果（图 2.3－5），其主要特征及规律如下：

1）在孔深 50m 左右以上，两孔的实测水平最大主应力 σ_1' 大小基本接近，多在 20～30MPa 之间；方位角在浅部变化较大，但在孔深 50m 以下趋于一致，为 N50°～70°W 范围。

2）两测孔在 85m 左右深度均出现饼状岩芯，左岸测孔在出现饼状岩芯附近的完整岩体中，实测最大主应力 σ_1' 达 57.37MPa；河谷深部应力集中区显现。而右岸测孔因节理裂隙发育，实测的 σ_1' 相对于左岸低些，且离散性较大。

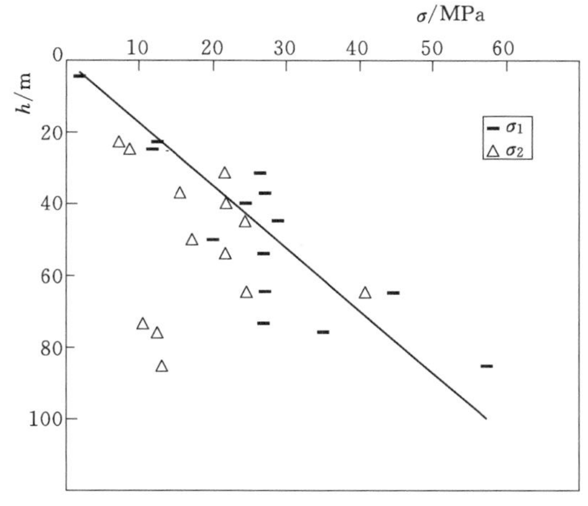

图 2.3－5　左岸深孔 σ'-h 关系图

3）由于坝区两岸山体雄厚，V 形河谷

深切，河谷受底部应力集中的影响较大，故右岸测孔离地表较近的测点水平应力 σ_1' 方向（N50°～70°E）与构造应力场（SN）相差较远，这反映了河谷地形对应力状态的影响。

综上所述，在坝区河谷岸坡附近的地应力分布明显受到岸坡地形的影响；同时，坝区构造带的作用也是不可忽略的。

（2）空间地应力（图 2.3－6）。坝址区共完成 9 组（27 孔）空间地应力测量，其中除针对 F_{11} 断层的 10 个空间测量点由于岩石较为破碎采用孔底法外，其余均采用孔径法。

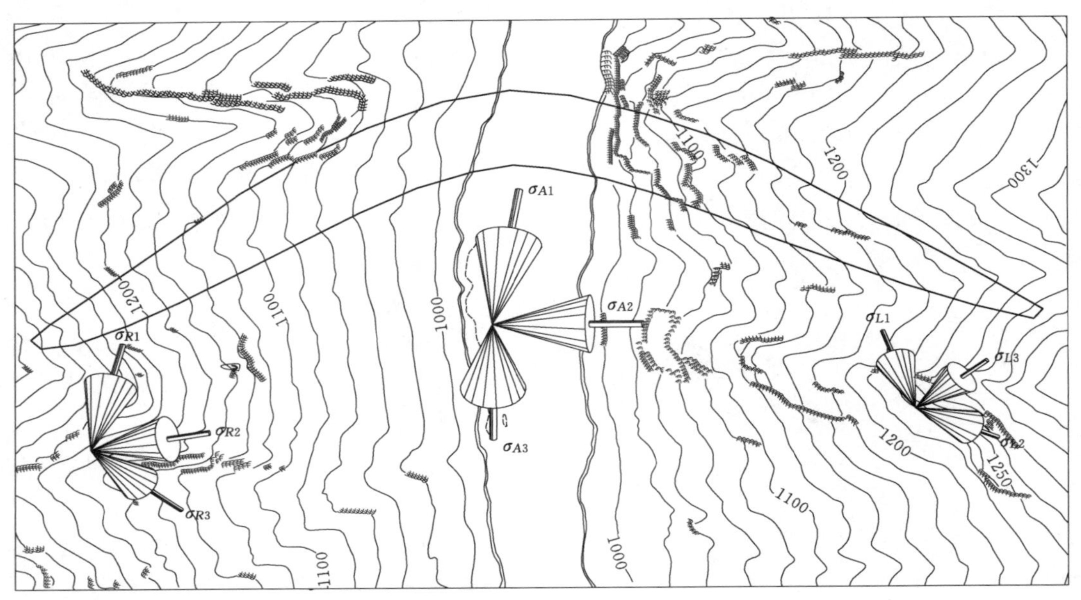

图 2.3－6　坝址区空间地应力分布图

根据实测成果，坝址区空间地应力有以下几个方面的特征：

1）地应力值及其与垂直埋深的关系。在坝址两岸水平埋深 100～125m 的实测最大主应力 σ_1＝8.2～17.2MPa，σ_2/σ_1＝0.176～0.638，σ_3/σ_1＝0.036～0.582。水平埋深 225～480m 的深部岩体，实测最大主应力值 σ_1＝16.4～28.0MPa，σ_2/σ_1＝0.521～0.708，σ_3/σ_1＝0.211～0.53，总的来说，3 个主应力值随垂直埋深的增加而增加，但以 σ_1 的规律性最好。最大主应力与垂直埋深的关系见图 2.3－7。

2）地应力值与测点所在高程的关系。水平埋深接近的测点，高高程测点的 σ_1 低于低高程的测点。

3）地应力值与地质构造的关系。地质因素对地应力的影响较大，岩体完整性差、节理发育地段的 σ_1 值低，一般为 2.4～4.7MPa。F_{11} 断层两侧地应力仍为压应力，σ_1＝10.9～20.69MPa，方位角表现为 NE 向，倾角一般小于 10°。

4）不同部位测点最大主应力方位角的变化规律。坝址浅部岩体的空间地应力 σ_1 的方位角表现为 NE 或 NEE 向，而处于深部岩体的厂房洞三组的 σ_1 方位角为 296°～311°，均表现为 NW 向，表明小湾坝址区的最大主应力方位角，由浅部的 NE 或 NEE 向，向逆时针偏转，即从 S13°E 逐渐偏转至 N64°W，见图 2.3－8。

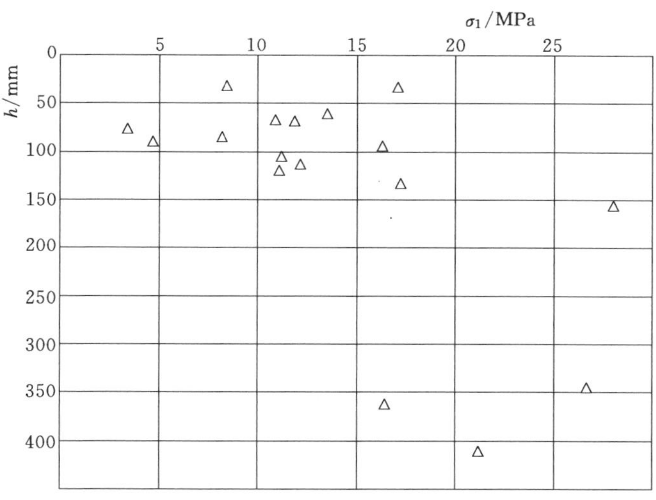

图 2.3-7 最大主应力随垂直埋深 h 变化

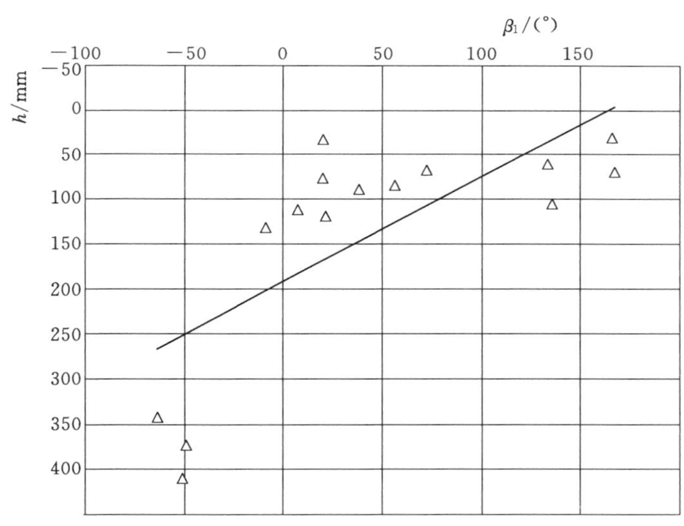

图 2.3-8 最大主应力 σ_1 方位角随埋深 h 变化曲线

5）地应力作用方式。最大主应力倾角为 1°～61°，平均为 24.9°；厂房洞三组的倾角为 49°～53°，平均为 51.3°，综合各测量部位最大主应力倾角平均值为 29.4°。表明坝址区的地应力作用方式是水平构造应力和上覆岩体自重应力叠加的结果。

6）实测竖向应力 σ_z 和上覆岩体自重产生的竖向应力 γH 的关系。坝址测点的 $\sigma_z/(\gamma H)$＝0.85～4.65，平均值为 2.52，厂房部位 $\sigma_z/(\gamma H)$＝1.40～2.14，平均值为 1.68，$\sigma_z/(\gamma H)$ 的总平均值为 2.35，表明实测竖向应力 σ_3 大于上覆岩体自重产生的竖向应力。

7）水平应力与竖向应力的关系。水平应力 σ_x、σ_y 与竖向应力的关系用 $n_1\sigma_x/\sigma_z$、$n_2\sigma_y/\sigma_z$ 来表示。坝址 n_1＝0.44～1.50，n_2＝0.42～3.67，水平应力平均值与竖向应力之比 $K(\sigma_x+\sigma_y)/(2\sigma_z)$＝0.38～2.3，平均 1.12；地下厂房的 n_1＝0.81～0.92，n_2＝0.73～0.89，K＝0.77～0.90，

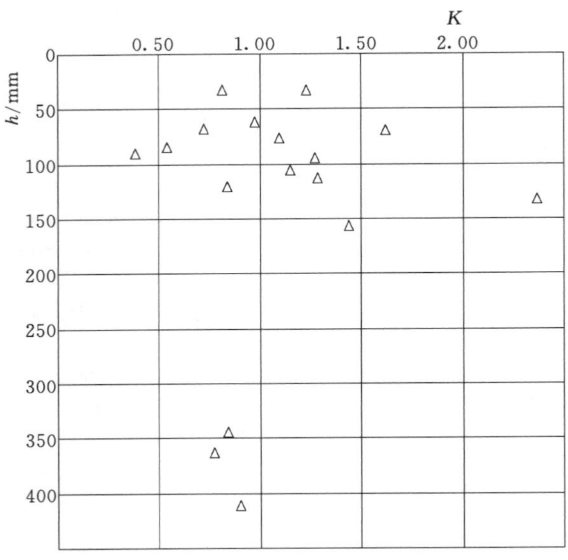

图 2.3-9 平均水平应力与垂直应力的比值 K 随深度变化曲线

平均 0.84。表明小湾坝址区岩体，总的来说是处于三向不等压应力状态。在浅部岩体，平均水平应力与竖向应力比较接近；对于深部岩体，垂直应力略大于水平应力。平均水平应力与垂直应力的比值 K 随深度 h 的变化规律见图 2.3-9。

8）n_1、n_2 与侧压力系数 λ 的关系。坝址区的 $n_1/\lambda=1.25\sim3.10$，$n_2/\lambda=1.19\sim10.44$；厂房洞 $n_1/\lambda=2.31\sim2.60$，$n_2/\lambda=2.08\sim2.54$，表明地质构造运动是不可忽视的重要因素。

（3）地应力场回归分析。由于岩体的非均质性和地质构造的复杂性，处在不同深度、不同构造部位、不同岩性的测点所测得的主应力大小及其产状都有一定的局限性，各自不能代表枢纽区的应力场总体作用方式，为此，根据实测值，用数值分析的手段进一步了解坝址的平面地应力场和枢纽区的空间地应力场的特征及分布规律。

地应力场回归分析分两部分，坝址 EW 剖面的二维地应力场回归分析和枢纽区的三维地应力场回归分析。根据坝址区的地形地质条件，平面地应力场和空间地应力场主要由岩体自重和地质构造作用两部分叠加构成，而忽略了如地下水、温度等次要因素。

对于二维地应力场的回归方程式为

$$\sigma_k=b_{\gamma H}\sigma_{k\gamma H}+b_u\sigma_{ku}+ek \tag{2.3-1}$$

对于三维地应力场的回归方程式为

$$\sigma_k=b_{\gamma H}\sigma_{k\gamma H}+b_{u1}\sigma_{ku1}+b_{u2}\sigma_{ku2}+b_{u3}\sigma_{ku3}+ek \tag{2.3-2}$$

式中：$b_{\gamma H}$ 为岩体自重待定回归系数；b_u、b_{u1}、b_{u2}、b_{u3} 为构造应力待定回归系数；$\sigma_{k\gamma H}$ 为自重应力分量；σ_{ku}、σ_{ku1}、σ_{ku2}、σ_{ku3} 为构造应力分量；ek 为误差估值。

二维地应力场回归计算所用的数据为平洞的 21 个测点和两个深孔平面测点的实测资料。三维地应力场回归计算所用的数据为 9 个空间应力点和两个深孔平面应力的实测资料。根据有限元计算结果进行多元回归分析，获得二维地应力与三维地应力的回归方程分别为：

二维地应力回归方程

$$\sigma_k=1.061\sigma_{k\gamma H}+0.388\sigma_{ku} \tag{2.3-3}$$

三维地应力回归方程

$$\sigma_k=1.29783\sigma_{k\gamma H}+1.00764\sigma_{ku1}+1.8483\sigma_{ku2}+2.7683\sigma_{ku3} \tag{2.3-4}$$

二维或三维的回归效果都较显著，表明初拟岩体自重和地质构造因素作为形成小湾枢纽初拟的地应力场的主要因素是符合实际的。但由于二维问题和三维问题计算分析中的边

界条件和所施加的力源条件不同，地应力场所表现的特征有所不同。

通过二维初始地应力场回归分析可知：①在一定深度范围内，地应力分量 σ_x、σ_y 值随埋深增长近似线性增加，一般 σ_y 的递增速度远大于 σ_x 的递增速度。②在剖面河谷两岸大致可划分为 3 个应力区，即应力释放区、应力增高区和应力平稳区。应力释放区 σ_x = 1.5～5MPa；应力增高区 σ_x = 4～8.8MPa；应力平稳区 σ_x = 4.5～6.0MPa。③回归分析结果表明自重贡献大于构造贡献，表明小湾坝址横剖面的地应力场是以自重应力场为主、构造应力次之。④根据回归计算结果，除受卸荷带，断层影响的测点外，σ_1 与水平面的交角一般在 8°～90°之间，交角变化较大。埋深较浅的 σ_1 与岸坡交角较小，基本是顺坡向分布，而深部的 σ_1 交角则较大。随着垂直埋深的增加，σ_1 的方向逐渐趋于垂直，其轨迹呈扇形分布。河谷附近第一主应力的轨迹均平行于河谷，谷底局部存在一定的应力集中现象。

根据对坝址区三维初始地应力场回归分析可知以下几点：

1）地应力的成因。根据构造应力或自重应力在实测、回归中所占的比重判别准则，第一不变量比值：I_1(构)/I_1(回)＝0.522～0.701，均值为 0.615，I_1(构)/I_1(实)＝0.412～1.097，均值为 0.736。除局部的 I_1(构)/I_1(实)比值小于 50%外，其余均大于 50%，基本上说明构造应力是形成地应力的控制因素。

根据第一主应力倾角 α_1 大小的判别准则，若 $\alpha_1 < 45°$，表明地质构造因素在地应力中起控制作用，实测值的 α_1 多小于 45°。

根据水平应力均值与竖向应力的比值判别准则，实测的$(\sigma_x+\sigma_y)/(2\sigma_z)$＝0.38～2.37，平均 1.12，回归的$(\sigma_x+\sigma_y)/(2\sigma_z)$＝1.19～1.946，均值为 1.525，二者比值基本大于 1，说明地应力主要受地质构造因素所制约。

综上所述，坝址区地应力场是以地质构造运动为主导的地应力场。

2）地应力场分布规律。竖向应力 σ_z 随深度呈线性增加，由于水平构造作用力的侧向效应，其值比上覆岩体自重产生的竖向应力 γH 有所增大。

水平应力 σ_x、σ_y 均是随深度渐增向上凸的曲线，增加速率上部大于 σ_z，下部小于 σ_z，其值由构造作用与岩体自重产生的侧向应力叠加而得。

$\sigma_1-\sigma_2$、$\sigma_1-\sigma_3$、$\sigma_2-\sigma_3$ 的差值曲线基本形成中间小，向上（浅部）差值稳定在一定的量值，向下（深部）逐渐增大的曲线，其最小部位相当于竖向应力分量等于水平应力分量。因此，该点以上显示以构造应力为主导的地应力场的岩体变形和破坏机制特点，以下则显示以岩体自重为主导的地应力场的岩体变形和破坏机制特点。

对于深切河谷，由于地形（势）的作用，一般可分为 3 个应力分区，即应力释放区（表层卸荷带）、应力集中区（河谷底部）和应力平稳区（即原岩应力区）。

应力释放区，即地表卸荷带，在小湾坝区最大主应力 σ_1 一般为 1～15MPa，局部出现主拉应力（σ_3）。

应力平稳区最大主应力 σ_1 约为 20～30MPa，与实测结果一致。

坝址变形场方向，由于经受多期构造运动，导致了本地区地质条件的复杂性，回归后的最大主应力方向为 NW45.3°，与区域构造分析结论 SN～NNW 向相比，向西偏转 45°～20°左右，这是深切河谷地形（势）和断裂构造共同作用的结果。

坝址区的地应力经多次构造运动演变，分布状态十分复杂；而且周围数百千米范围内，多有地震点，无疑会增加难以确定的因素。对小湾坝址区多次的应力测量成果表明：虽然坝址区构造复杂，但在较长一段时间内，坝址区地应力场的最大主应力仍然主要受SN构造作用力的控制。

综上所述，坝址区的初始应力场由自重应力和构造应力叠加而成。在坝址的平面应力场中，以自重为主、构造为次，而空间应力场则以构造运动居主导地位。小湾坝址区浅部岩体的地应力值属中等应力区，σ_1 在5～17MPa之间；而在深部（垂直埋深225m以下），岩体的 σ_1 在20～30MPa之间，属中等略偏高应力区。实测的最大主应力方向，浅部为NE或NEE向，而深部则表现为NW向。

2.3.2.3 水文地质

坝址区属亚热带气候区，干、湿季节分明，多年平均年降雨量为987.2mm，月最大降雨量达477.2mm，77.3%的降雨量集中在6—10月。坝段多年平均年蒸发量为1126.7mm，河流多年平均流量为1210m^3/s。

澜沧江是本地区地表水及地下水的最低排泄基准面。澜沧江河道在坝址上游与黑惠江汇合后由北向南流经坝址，在坝下游约3.5km处流向骤变成由西向东，然后转成由南向北，形成U形河道。坝址东侧河间地块宽约4.2km，分水岭最高峰为正月十五山，高程为2168.70m。根据分水岭两侧泉水分布情况和钻孔地下水位实测资料，河间地块间存在高于水库正常蓄水位的地下水分水岭。

（1）地下水类型。地下水类型按埋藏条件及含水空间性质划分，主要为基岩裂隙潜水，局部存在脉状裂隙承压水，其次为第四系中的孔隙潜水和上层滞水等。

裂隙潜水分布广泛，赋存于基岩裂隙中。岩体透水性主要取决于结构面的发育程度和性状，结构面愈发育、连通性愈好，岩体透水性就愈强。坝址区近SN向陡倾角结构面与近EW向陡倾角结构面交切，加上顺坡中缓倾角结构面，形成了地下水网格状活动网络。一般而言，完整新鲜岩体节理密闭，岩体透水性弱，且水量较贫乏，为相对隔水层；而在卸荷及应力松弛岩体中，岩体透水性相对较好，水量相对较丰富，局部富集。

各节理裂隙组的透水性与富水程度存在差异：

1）近EW向陡倾角结构面属压性结构面，并受现今构造应力场作用，多闭合，裂隙率低，透水性相对较弱。钻孔定向压水试验资料表明，在一定深度范围内顺片麻理面节理组的渗透性比近SN向陡倾角节理组的渗透性低3～10倍。近EW向断层的透水性也弱，F_7 断层破碎带单位吸水量 ω 值为0.005～0.006L/(min・m・m)，但其影响带因岩体破碎，透水性较强。在平洞中 F_5 断层附近做三段压水试验时，见 F_5 断层上盘影响带中的滴水量显著增加，在距 F_5 断层7～11m范围内的渗水流量 Q 为0.5～1.0L/min；此外，在平洞中顺 F_5 等断层影响带多见滴水、渗水现象，而远离断层滴水较少。

2）近SN向陡倾角结构面属张性兼扭性结构面，走向与河谷平行，与现今地应力场的最小压应力方向及岸坡卸荷方向近垂直，故该方向的节理裂隙易松弛，裂隙开度普遍较大，连通性较好，透水性较强。平洞中多见顺结构面渗水或涌水，在平洞16上游支洞中顺 f_{29} 断层涌水，涌水量3.0～5.0 L/min。

3）岸坡卸荷拉张裂隙、剪切裂隙一般张开，成为导水途径，平洞17上游支洞中，沿

产状为N5°E，SE∠45°的裂隙涌水，涌水量为0.5～1.0 L/min。

综上所述，裂隙潜水主要有以下几个特点：①裂隙潜水在近SN向组与近EW向组结构面中作网格状运动；②岩体透水性极不均匀，在一定深度范围内，沿近SN向组构造带裂隙潜水活动强烈，而近EW向组构造带活动相对较弱，具各向异性的特点；③裂隙含有大量的碳酸钙成分，角闪斜长片麻岩中潜水出露处多见钙质沉淀物（钙化）。

河谷下部的岸坡和河床的某些部位，由于裂隙发育和透水性的不均一性，当地下水仅活动在少数裂隙中，且这些含水裂隙只与高处的含水裂隙连通时，则会出现局部脉状裂隙承压水。坝址区共有20个钻孔揭露有脉状裂隙承压水。

孔隙潜水主要分布在河床冲积层、山坡地段的坡积层、崩积层、洪积层等第四系松散层中。河床冲积层具强透水性（渗透系数K为78.6～196.5m/d），山坡上分布的第四系松散层具中等-强透水性。

上层滞水主要分布在第四系松散层及松散层底部与基岩分界的附近。饮水沟堆积体地段，在基岩接触面上分布有厚薄不一的接触带土体，因其局部隔水作用而形成上层滞水，水层厚度一般为0.43～4.2m。

坝址区的澜沧江水、裂隙承压水、孔隙潜水和上层滞水对混凝土不具任何侵蚀性。有约65%的沟水水样、约50%的泉水水样、约30%的裂隙潜水水样对混凝土有溶出性侵蚀，空间分布均无明显规律性。

（2）地下水补排、水位形态及动态特征。地下水补给来源主要为大气降水，在基岩裂隙中以潜水或承压水的型式作网格状流动，最终排向澜沧江。

坝址区两岸地下水位线受地形影响，水力坡度略缓于地形坡度，右岸略缓于左岸。右岸地下水面平均坡度约30°，左岸地下水面平均坡度为30°～32°，在两岸地面高程1300.00m附近地下水位已接近正常蓄水位。基岩裂隙潜水埋藏较浅，一般为40～70m，局部地段可达130m。

坝址区地下水动态明显受大气降水控制，雨季地下水位上升，旱季则下降。地下水位的年变幅、滞后大气降水的时间与地下水类型相关，见图2.3-10。

裂隙潜水动态类型主要有两类：①降雨后，地下水位快速上升，到达峰值后，缓慢消落。该类观测孔一般位于高程1130.00m以上部位，历年最大变幅一般大于20m。表明地下水补给条件较好，排泄条件较差。②地下水位变化缓慢。该类观测孔一般位于高程1130.00m以下部位，历年最大变幅一般小于10m。表明地下水补给、排泄量均较稳定。

脉状裂隙承压水位一般高出当地潜水位11.84～44.12m。承压水水位平均年变幅一般为11.02～15.5m，最小为2.15m。随着降水量增加，脉状裂隙承压水水位上升快，而消落较慢，表明其补给条件较好而排泄条件较差，可见区内承压水多为浅循环水。

上层滞水：含水层主要为第四系块石、碎石夹粉土，孔隙率较大，透水性较好，属强透水层，地下水位不易抬升。地下水位平均年变幅为1.82～3.67m，地下水位上升和下降均较快，表明地下水的补给和排泄条件均较好。

（3）地表水、地下水化学类型。澜沧江江水为重碳酸钙镁型、重碳酸硫酸钙钠型，支流黑惠江江水为重碳酸钙型、重碳酸钙镁型，属中性-弱碱性软淡水。江水对混凝土无任何腐蚀性。

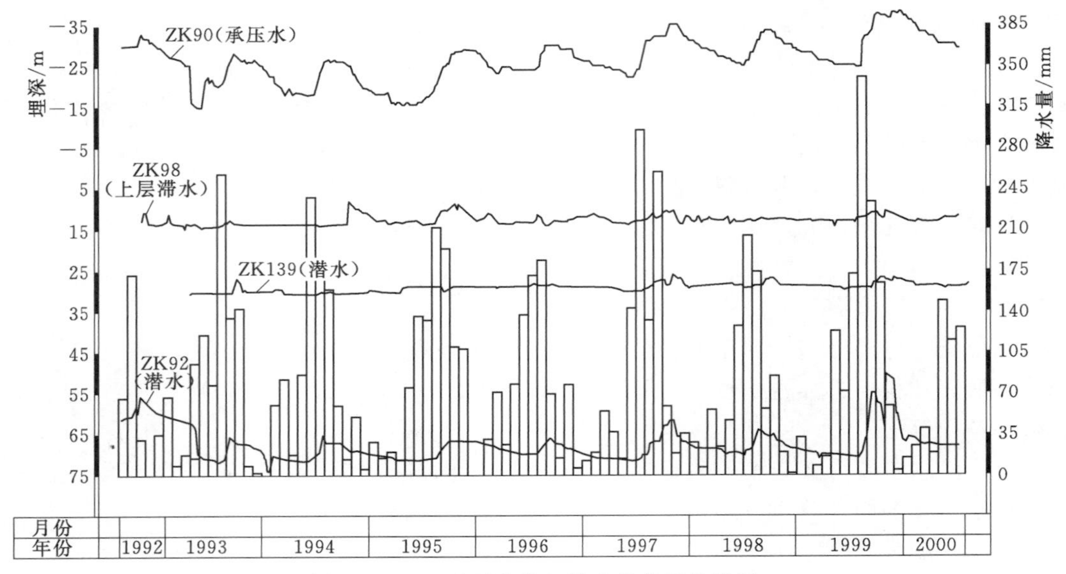

图 2.3-10 地下水位与降水量关系曲线图

沟水为重碳酸钙钠型或重碳酸钠钙型，属中性-弱碱性软淡水。地下水天然露头（泉水）为重碳酸钙型、重碳酸钙钠型，属中性-弱碱性软淡水。裂隙潜水为重碳酸钙型、重碳酸钙钠型属中性-弱碱性软-微硬淡水。裂隙承压水为重碳酸钙钠型，属中性一弱碱性软淡水。上述水样对混凝土基本无腐蚀性，仅有个别水样具弱腐蚀性。

2.4 天然状况下小湾岩体质量及评价

2.4.1 岩体基本要素

岩体是在一定工程范围内，由包含软弱结构面的各类岩石组成的具有不连续、非均匀性和各向异性的地质体，岩体的基本要素为结构体和结构面。

2.4.1.1 结构体特征

坝址区基岩岩性以黑云花岗片麻岩和角闪斜长片麻岩为主，并分布有少量片岩（图 2.4-1）。新鲜完整的片麻岩和片岩均属坚硬-极坚硬的岩石。

(a) 黑云花岗片麻岩　(b) 角闪斜长片麻岩　(c) 片岩

图 2.4-1 坝址区基岩主要岩性

黑云花岗片麻岩：灰白色，中粗粒鳞片粒状变晶结构，片麻状构造，局部眼球状构造。主要矿物成分为石英、斜长石及少量黑云母。抗风化能力强，其分布地段多为裸露基岩，且多见陡壁。岩体中常见有高岭石化等蚀变现象，规模较大的蚀变带均分布在黑云花岗片麻岩中，蚀变岩体结构疏松多孔，较原岩强度有显著降低。

角闪斜长片麻岩：深灰、表灰色，中细粒鳞片粒状变晶结构，片麻状构造。主要矿物成分为斜长石、角闪石及少量黑云母。抗风化能力较黑云花岗片麻岩弱，其分布地段地形相对平缓，往往表现为负地形。

片岩：主要包括云母角闪片岩和角闪云母片岩。云母角闪片岩呈青灰色，粒状鳞片变晶结构，片状构造，主要矿物成分为角闪石及少量黑云母。角闪云母片岩呈黑灰色，鳞片变晶结构，片状构造，主要矿物成分为黑云母及少量角闪石。片岩多呈薄层或透镜状产出，厚度变化大，连续性差，分布不均匀，中间常含有片麻岩、石英条带或透镜体。抗风化能力差，易风化软化。片岩一般厚 0.1～0.4m，个别厚达 7m，在黑云花岗片麻岩中平均发育间距约 4m，平均厚度约 0.35m；在角闪斜长片麻岩中平均发育间距约 20m，平均厚度约 0.2m。

覆盖层分布广泛，按成因类型可分为冲积层（Q^{al}）、坡积层（Q^{dl}）、崩积层（Q^{col}）和洪积层（Q^{pl}）。

冲积层（Q^{al}）：主要分布在河床及河漫滩部位，铅直厚度一般为 16～31m，由卵石、砾石、砂及少量的漂石组成，分选性和成层性差，中等密实，具强-极强透水性。

坡积层（Q^{dl}）：主要分布在两岸缓坡地段，主要为碎石质砂土、粉土夹块石，结构一般较松散，厚度一般为 2～5m，局部厚 5～10m。

崩积层（Q^{col}）：主要分布在冲沟地段及两岸陡坡下的山坳地带，崩积物以黑云花岗片麻岩块石、大块石为主，并常以其为骨架，间隙中一般被碎石质粉土充填。崩积层厚度变化较大，其中左岸饮水沟堆积体规模最大，其厚度一般为 30～37m，最大为 60.63m。右岸大椿树沟堆积体厚度一般为 20～30m，最厚达 50.70m；左岸 4 号山梁下游 F_5 断层沟附近坡、崩积层厚度一般为 10～25m。右岸高程 1130m 以下山坡部位坡、崩积层厚度一般为 5～25m。

洪积层（Q^{pl}）：主要分布在修山大沟沟口，厚度约 21m。分选性差，主要由大块石及砂组成，并夹少量粉土，属强透水层。

2.4.1.2 破裂结构面特征

（1）结构面分级及特征。根据破裂结构面发育规模及对工程的影响程度将结构面进行分级，具体见表 2.4-1。

表 2.4-1 枢纽区结构面分级表

级序	分级依据及主要特征	工程地质意义	代号、代表类型	查明程度
Ⅰ	延伸长达数十千米，破碎带宽度 10～30m 的断层（F），断层泥厚达 5m	对山体及建筑物稳定起控制作用；可成为地下水活动带		无
Ⅱ	延伸长达数千米，破碎带（包括碎块岩）宽度 18～37m 的断层（F），有连续的断层泥	可对山体及建筑物稳定起控制作用；可成为地下水活动带	F、F_7	查明

续表

级序	分级依据及主要特征	工程地质意义	代号、代表类型	查明程度
Ⅲ	延伸长达数百米至千米左右，破碎带宽度为0.5～4m的断层（F），有连续或断续的断层泥	对山坡、坝基、地下洞室围岩及边坡的整体稳定及变形可有较大影响	F、F_5、F_2	查明
Ⅳ	延伸长数十米至数百米，破碎带宽0.1～0.5m的小断层（f）；破碎带宽<0.1m的挤压面（gm）；延伸长、有明显错动并有软弱充填物的EW和SN向节理和节理密集带（Jm）	对坝基、地下洞室和边坡局部地段的稳定有影响	f、gm、Jm、f_9、gm_1、Jm_1	坝基及抗力岩体部位基本查明，其余地段已掌握其发育规律
Ⅴ	延伸长几十厘米至数米不等，成组出现的节理和随机节理	影响岩体的完整性	J	统计发育规律

坝基面上出露有1条Ⅲ级断层F_{11}和若干条Ⅳ级结构面（f、gm），见图2.4-2。F_{11}：在右岸高程1245.00～1207.00m之间坝趾附近出露，向东延伸逐渐远离坝基，至高程1110.00m距坝趾约20m。总体产状为N85°～90°W，NE∠75°～90°。波状起伏，断层破碎岩带宽约4m。主裂面主要由碎裂岩、糜棱岩及碎块岩组成，影响带岩体相对破碎。受F_{11}影响，其上游侧宽约10～12m范围内岩体较破碎，发育多条顺层挤压面及次生结构面，结构面多见高岭土膜。

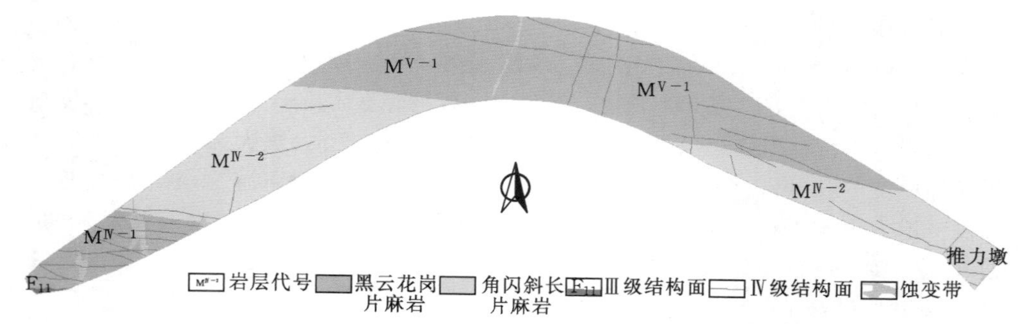

图2.4-2 建基面地质简图

属Ⅳ级破裂结构面的小断层（f）、挤压面（gm）发育，主要为陡倾角，按走向可分为近EW向和近SN向两组，左岸主要有f_{17}、f_{19}、f_{92-1}、gm_{102-2}、gm_{bz15}、gm_{bz27}、gm_{bz31}、gm_{bz32}等，右岸主要有f_8、f_7、f_{12}、f_5、f_{by1}、gm_{by5}、gm_{by7}等。近SN向陡倾角结构面，左岸主要有f_{30}、f_{64-1}、gm_{bz34}、f_{bz6}、f_{bz7}等，右岸主要有f_{7-1}等。

Ⅳ级结构面的一般特征如下。

近EW组（N70°～85°W）：陡倾角，属顺层错动性质，大部分顺片岩类夹层发育，局部有切层现象，同一条结构面在不同地段宽度和性状不尽相同。破碎带特征一般是在两壁附近有数厘米厚连续分布岩屑夹泥或泥夹岩屑的软弱物质，其他部分为片状岩、碎块岩夹岩屑或泥膜，部分沿结构面有蚀变现象。局部地段沿结构面有夹层或囊状风化现象。该组结构面在左岸坝基平均发育间距约5～15m；右岸坝基高程1100.00m以上平均发育间距

约 4.5m（受 F_{11}影响），高程 1100.00m 以下发育间距约 15～30m。

近 SN 组（N10°W～N20°E）：陡倾角，破碎带宽度一般小于 20cm，主要由碎块岩组成，有少量糜棱岩和不连续泥膜，沿破碎带常伴有不同程度的蚀变现象。沿走向延伸常受近 EW 向结构面或片岩限制，呈间断或类似尖灭侧现现象在另一侧错位出现。多具张扭性，透水性相对较好。该组结构面在左岸坝基高程 1080.00～1210.00m 未发育，高程 1080.00m 以下发育间距约 30～70m，右岸坝基高程 1100.00m 以上不发育，高程 1100.00m 以下发育间距约 20～60m，但多数受近 EW 向结构面限制延伸不长。

中缓倾角Ⅳ级结构面不发育，左岸有 gm_{bz45}一条，右岸建基面上出露有 gm_{by8} 和 gm_{by30} 两条，受近 EW 向陡倾角结构面限制，出露迹线长仅 10m 左右。

属Ⅴ级结构面的节理发育，按产状主要可分为“两陡一缓”3 组：①近 SN 向陡倾角节理组，产状近 SN，⊥；②近 EW 向陡倾角节理组，产状一般为 N70°～85°W，NE∠75°～90°；③顺坡中缓倾角节理组，高程 1020.00m 以上左岸产状近 SN，W∠32°～45°，右岸产状近 SN，E∠32°～45°，高程 1020.00m 以下倾角逐渐变缓为 10°～25°，至河床部位产状近水平。

统计结构面产状，以半径方向表示结构面倾向方位，半径长度表示结构面数量比例，绘制在圆图上，构成形似极点图的图形，见图 2.4－3。该图除包含了结构面产状的各种要素外，还可统计不同产状的结构面所占比例。

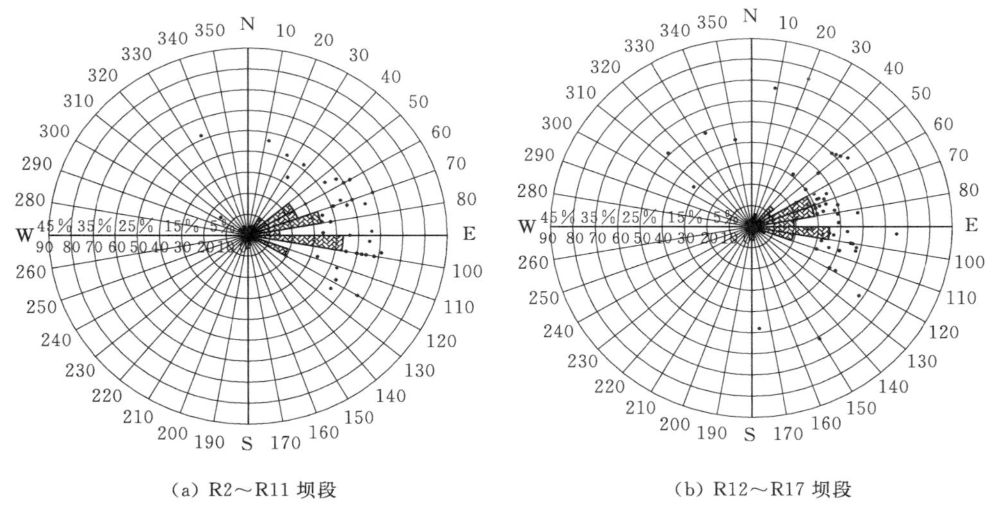

(a) R2～R11 坝段　　(b) R12～R17 坝段

图 2.4－3　结构面产状统计图

（2）结构面性状。岩体中结构面本身性状就其制约岩体抗剪强度的因素而言，主要指其粗糙度、被蚀变程度、充填物特征及面嵌合程度等，但对硬质结构面来讲，最主要的应是面粗糙度和被蚀变程度。

借鉴巴顿 Q 系统分类方法中，以结构面粗糙度系数 J_r 与蚀变度系数 J_a 之比来表征结构面性状，它较全面地反映了结构面对岩体抗剪性的影响。工程区岩体各级结构面特征及划分见表 2.4－2。

表 2.4-2　　　　工程区岩体结构面性状分级表

级序	结构面性状分级		特征描述	代表性结构面	粗糙度系数 J_r	蚀变度系数 J_a	节理性状系数 $J=J_r/J_a$
Ⅰ	起伏粗糙面	硬质（性）结构面	面粗糙，呈阶坎状起伏，不连续，闭合或有方解石充填，偶见蚀变	缓倾角裂隙	4	0.75～1	5.3～4
Ⅱ	波状起伏面		呈波状延伸，面稍粗糙，延续性差，微蚀变或偶有泥膜	张扭性结构面	3	0.75～2	4～1.5
Ⅲ	平直稍起伏面		呈舒缓波状，延伸性好，面平直微起伏，闭合或有方解石充填，微蚀变-蚀变	片理，近 EW、SN 向陡倾节理陡倾节理	2	0.75～4	2.5～0.50
Ⅳ	破碎结构面	软性结构面	主要由角砾岩、糜棱岩或片状破碎岩及岩屑、岩粉组成，其强度和变形特性主要受破碎物性状、厚度控制，岩石有较强蚀变	Ⅲ类结构面多属此类	1	4	0.25
Ⅴ	破碎夹泥结构面		破碎带中除上述破碎软弱物质外，在其间还有数十毫米的断层泥，其强度受断层泥控制，岩石强烈蚀变	Ⅰ类、Ⅱ类结构面多属此类	0.5	4	0.125

根据对坝址区经岩体结构面精测网测定，并过大量的统计计算后，分别提出了 3 个高程段（即高程 1050.00m 以下、高程 1050.00～1150.00m 和高程 1150.00m 以上）各种结构面的平均间距及连通率，见表 2.4-3。从结构上分析，近 EW 和 SN 向陡倾结构面的平均连通率较高，在 63%～90%之间，而相应缓倾坡外结构面的平均连通率则小些，在 52%～68%之间。

表 2.4-3　　　　工程区各高程岩体结构面连通率统计表

高程/m	优势方位	平均间距/m	平均连通率/%
<1050	N6°E，NW∠86°	0.42	82.3
	N10°W，NE∠30°	0.42	67.8
	N120°E，SE∠26°	0.24	57.85
	N7°E，SE∠87°	0.32	71.78
1050～1150	N10°E，NW∠83°	0.34	80.48
	N83°W，NE∠80°	0.43	90.02
	N14°E，SE∠30°	0.23	52.93
	N70°E，SE∠87°	0.26	63.21
>1150	N10°E，NW∠83°	0.33	77.70
	N83°W，NE∠80°	0.39	86.37
	N21°E，SE∠28°	0.25	54.03
	N70°E，SE∠87°	0.26	63.21

2.4.2 岩体的后期改造作用

2.4.2.1 岩体风化

坝址地段岩体风化以表层均匀风化为主，在断层带、节理密集带、蚀变带和较厚的云母片岩夹层分布部位见有囊状风化和夹层风化现象。风化层厚度主要受岩性、构造和地形

控制。片岩抗风化能力较弱，角闪斜长片麻岩次之，黑云花岗片麻岩抗风化能力最强。地形凸出的山脊部位风化厚度大。山坳、冲沟地段的风化层相对较薄，这是由于风化层不断被剥蚀掉的原因。在山坡顶部和角闪斜长片麻岩分布地段的地形较平缓部位利于风化物质的残留，其风化厚度一般较大。卸荷作用常促使岩体加速风化。

全风化岩体的岩块已全部变色，结晶矿物光泽消失，岩石的组织结构完全被破坏，岩石呈土状、手捏即碎，岩体结构呈散体状。全风化岩体主要分布在地形平缓的角闪斜长片麻岩分布地段，铅直厚度一般小于 10m。

强风化岩体的岩块大部分变色，除石英外结晶矿物大部分风化蚀变，岩石的组织结构大都被破坏，锤击声暗哑，基本无回弹。片岩类岩石多软化，部分泥化。风化裂隙发育，普遍张开，有锈膜等次生充填物。坝址区强风化岩体铅直厚度一般为 10～20m，右岸局部可达 26m，高高程部位及地形平缓地段厚度相对较大，河床部位一般无强风化岩体分布，在地势陡峻的黑云花岗片麻岩分布地段，强风化岩体铅直厚度较小，一般不超过 10m。

弱风化岩体岩石坚硬，结晶矿物仅表面有蚀变现象，失去部分光泽，岩石的组织结构基本无变化，片岩类岩石多软化。风化裂隙较发育，一般微张或保持原有的胶结状态，部分节理面上有锈膜等次生矿物充填，节理面附近岩块强度有所降低。坝址区弱风化岩体铅直厚度一般为 40～50m，局部超过 70m，河床部位一般为 23～32m。

微风化至新鲜岩体的岩石保持新鲜光泽，片岩类夹层为坚硬岩石，节理闭合或保持原有的胶结状态，结构面上偶见氧化物充填或浸染，地下水仅在构造带附近活动。

2.4.2.2 岩体卸荷

坝址地段河谷深切，相对高差达 1000 余米，岸坡陡峻，两岸山坡岩体卸荷作用强烈，卸荷裂隙发育。卸荷裂隙按产状和成因机制可分为 3 组：陡倾角的卸荷拉张裂隙，产状以近 SN 向陡倾角为主；顺岸坡地形倾斜的中缓倾角剪切裂隙，产状以近 SN 向倾向澜沧江的中缓倾角为主；河床近水平差异回弹裂隙。

（1）卸荷剪切裂隙，见图 2.4-4。斜坡形成过程中，在临空面附近的坡体内形成平

图 2.4-4　右岸豹子洞干沟顺坡中缓倾角剪切裂隙

行坡面的剪切应力集中带，岸坡越高陡，则剪切应力越大，在这一应力作用下，使坡体内形成与坡面近平行的剪切裂隙，统称为岸边剪切裂隙。坝址区的岸边剪切裂隙一般迁就原有近SN向的剖面X型构造节理发育。其发育特点如下：

1）剪切带内，剪切破裂面间距大小不等，一般0.5～5.0cm，岩体被切割成薄片状、薄板状或碎块状。在黑云花岗片麻岩中剪切带较窄，带中破裂面间距较大，岩石被切割成碎块状，而在角闪斜长片麻岩中，剪切带较宽，破裂面间距小，岩石被切割成薄片状。

2）剪切裂隙面平直、粗糙，顺坡倾斜，倾角一般在30°～45°范围内变化，个别倾角50°左右。

3）剪切带大多分布在强风化带及弱风化带上段岩体中，裂隙多呈张开状。少量分布在弱风化下段，裂隙微张。个别在微风化和新鲜岩体中，裂隙一般呈闭合或裂纹状。但在个别凸出的山梁部位，微风化带内的剪切裂隙仍有张开现象，最大张开可达2cm。据平洞统计，在地形凸出的山梁部位，剪切裂隙发育的密度和深度都较平缓山坳地段大。坝址区以左岸4号山梁部位发育深度最大（距地表水平深度约160m），6号、3号山梁次之（6号山梁水平深度约120m，3号山梁水平深度约85m）。左右两岸剪切带发育最深的部位均出现在高程1170m附近。

4）在不同的风化带内，剪切带延伸和连通情况不一。在山坡表部的强风化带岩体中，剪切带可见延伸长度沿走向或倾向一般超出15m；在弱风化上段岩体中，可见最大延伸15m；弱风化下段可见最大延伸为7m；微风化带中延伸一般2～3m。

5）剪切裂隙受近EW向结构面和软弱夹层控制，在走向和倾向方向延伸长度有很大差异，特别是在强风化强卸荷带岩体中表现更突出，在该类岩体中走向方向延伸长度一般2～5m，倾向方向延伸长度一般5～15m。

（2）卸荷拉张裂隙，见图2.4-5。坝址区发育的卸荷拉张裂隙多沿陡倾角节理（特别是SN向陡倾角节理）产生，在冲沟两侧，则多沿近EW向陡倾角结构面张开，其发育特点如下：

图2.4-5　左岸2号山梁坡面近SN向倾角拉张裂隙

1）卸荷拉张裂隙主要迁就与岸坡近于平行的近SN向陡倾角节理发育（冲沟两侧则迁就近EW向陡倾角节理产生）。在空间上它们常与中缓倾角剪切裂隙呈阶梯状组合。

2）由地表向深部拉张裂隙发育的密度和张开度总趋势是由大转小。但在深部，卸荷岩体中拉张裂隙很不均匀，常间隔成带状分布。上述带与带之间岩体，外表看似完整，但其片岩夹层已普遍软化。

3）在浅表部位的（如强风化带中）卸荷裂隙一般张开几厘米至几十厘米，充填岩块、岩屑和次生泥。深部（弱、微风化带中）卸荷裂隙一般张开几毫米至几厘米，仅有细粒次生泥充填，局部张开可达30余厘米，呈架空状或有岩块和次生泥充填，一般出现在卸荷裂隙倾角陡、缓转折部位。

4）卸荷拉张裂隙发育深度一般小于卸荷剪切裂隙发育的深度。各地段的具体情况与前述卸荷剪切裂隙大致相同。

5）拉张裂隙沿走向延伸长度10～20m，沿走向如果遇到片岩或NWW向断层等即尖灭或"错位"出现。顺倾向的延伸长度一般大于上述长度，特别是在强风化带中更为明显。现场一些地表陡坎的高度可表明拉张裂隙的深度。

（3）近水平裂隙，图2.4-6。

图2.4-6　河床坝段近水平裂隙

两岸坝基大致在高程1020.00m以下开始出现倾角小于30°的近SN向顺坡缓倾角节理，至河床部位缓倾节理逐渐表现为近水平的卸荷回弹裂隙。大量的实测及数值分析表明，深切河谷河床部位最大主应力近于水平，河床两侧山体内，最大主应力缓倾向河谷；河床部位处于河谷高地应力集中区。河谷下切过程中，河床部位岩体在压剪应力作用下卸荷"回弹"，岩体内产生近水平的差异回弹裂隙。其发育特点如下：

1）岩体呈现"似层状"结构特征。参照DL/T 5185—2004《水利水电工程地质测绘规程》中的"层状岩层单层厚度分级"标准，把这些被切割的层状岩体分为以下四种：厚层状，单层厚度为200～60cm；中厚层状，单层厚度为60～20cm；薄层状，单层厚度为20～6cm；极薄层状，单层厚度小于6cm。河床部位基岩浅表部岩体以中厚层状、薄层状为主，局部存在极薄层状。

2）河床近水平差异回弹裂隙在河床中部产状近水平，靠两岸低高程地段走向近SN，倾向河床，倾角一般为10°～25°。

3）在黑云花岗片麻岩中回弹裂隙多呈刚性面，在卸荷带底界附近多闭合；而在角闪

斜长片麻岩中，回弹裂隙类似岸坡剪切带，岩石被切割成薄片状，且在卸荷带中沿回弹裂隙的夹层风化明显，部分呈全强风化状。

4）随深度不同，回弹裂隙延伸和连通情况不一。在河床基岩浅部岩体中，回弹裂隙可见延伸长度沿走向或倾向可达10余米，向下至未卸荷岩体中延伸一般2～5m，且多表现为微裂隙或裂纹。延伸常受近EW和近SN向结构面、片岩等限制，常呈台坎状。

5）前期勘探压水试验成果表明，卸荷底界附近岩体天然状态下多属微透水岩体，裂隙多闭合-微张。

(4) 卸荷裂隙形成机理。天然岸坡在河流下切之前，中缓倾角结构面和南北向陡倾角裂隙的发育状态是断续延伸的，两相邻节理之间存在着相对完整的“岩桥”，随着河流下切，岸坡形成，一方面在靠近临空面附近的坡体内形成一平行坡面的剪切应力集中带，岸坡愈高、愈陡，则剪切应力愈大；另一方面，由于岸坡应力释放，岩体产生向临空方向的回弹变形，相对完整的“岩桥”部位必产生较之连通段的裂隙部位更为强烈的弹性恢复，从而导致沿结构面产生非均匀“弹性膨胀”或差异回弹，结果势必在对应差异回弹分界的裂隙端点部位出现残余拉应力。因此，这一带是坡体中应力差和剪应力最高的部位，形成一最大剪应力增高带，在该带中，由于拉应力、剪应力的联合作用，使原有顺坡结构面得到加强，并在裂隙端点部位出现应力集中，岩桥被剪裂拉断，从而造成各断续延伸的节理裂隙相互连通，使谷坡浅表部位形成基本贯穿的中缓倾角结构面、陡倾角的拉张裂隙和近水平差异回弹裂隙。应该说裂隙本来存在，但是卸荷使之强化和连通率大大增加了。

(5) 岩体卸荷程度分带。根据卸荷裂隙发育的强弱及卸荷作用对岩体结构的影响程度，将卸荷岩体划分为强卸荷裂隙发育带和卸荷裂隙发育带（以下简称强卸荷带和卸荷带）。坝址右岸地震透射层析成像波速色谱图见图2.4-7，排除因构造带、蚀变带等影响而产生的低波速异常区外，在弱风化、卸荷岩体底界线可看到顺坡向的相对低波速带。

强卸荷带：卸荷拉张裂隙和剪切裂隙发育，张开宽度较大，一般大于2cm，有泥及岩屑、岩块充填或架空，并可见到明显的松动或变位错落。带内构造节理大部分张开，地震物探测定的V_p值一般低于2500m/s。强卸荷带发育深度一般不大于强风化带深度，但个别地段也有超过强风化底界的现象。

卸荷带：卸荷裂隙和剪切裂隙张开宽度一般为0.2～2cm，局部（如4号山梁）可达20～30cm，一般不与地表直接连通，仅有细粒软泥充填，带中卸荷裂隙分布不均匀，常间隔成带状发育，带与带之间岩体完整，地震纵波速（V_p）值一般为3000～4000m/s，也就是说岩体卸荷具有局部化特征。

除4号山梁部位发育深度相对较大（距地表水平深度约160m）外，其余地段岩体卸荷深度发育一般规律是：在山脊部位明显大于冲沟部位，高高程部位大于低高程部位。山脊部位强卸荷深度一般为10～20m，卸荷深度一般为40～90m；冲沟部位强卸荷深度一般为3～20m，卸荷深度一般为15～55m。低高程部位强卸荷深度一般为3～10m，卸荷深度一般为15～40m；高高程部位强卸荷深度一般为15～40m，卸荷深度一般为55～90m。

2.4.2.3 岩体蚀变

变质岩在低温热液和后期风化作用下，在沿热液活动通道附近产生局部岩石的次生蚀变。坝址区的岩体蚀变类型有高岭石化、绿泥石化、碳酸盐化、硅化、石英钠长石化、黄

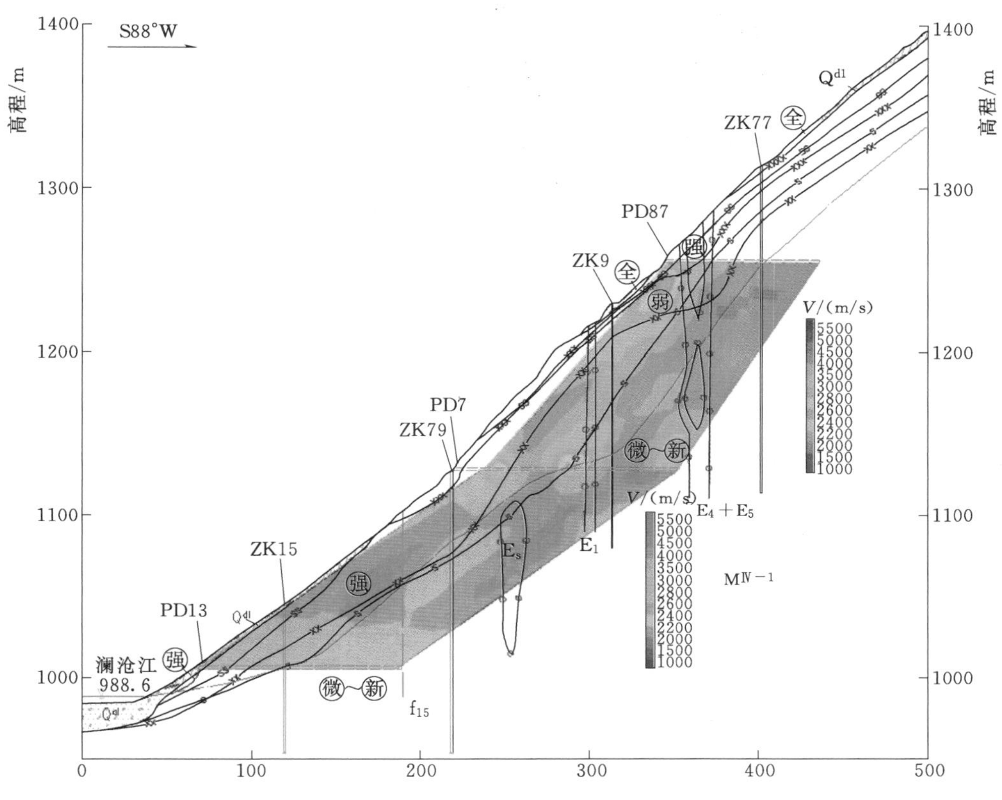

图 2.4-7 地震透射层析成像波速色谱图

铁矿化等，其中以高岭石化伴随黄铁矿化最为普遍，且使岩石强度明显变低。蚀变岩体宏观上呈不规则的带状沿某个构造方向延伸，但各个具体蚀变岩体的形态可呈透镜状、树枝状或鸡窝状。高岭土化常伴有黄铁矿化、碳酸盐化，并主要发生于黑云花岗片麻岩层中，蚀变岩体结构变得疏松多孔，强度大幅度降低，例如变形模量降至2～4GPa，最差者仅0.62GPa。据平洞洞壁地震波测试表明，蚀变岩体开挖后易松弛。根据岩体蚀变程度将其划分为强烈蚀变、中等蚀变和轻微蚀变，分类标准详见表2.4-4。

表 2.4-4　　岩体蚀变分类标准

蚀变类型	主要地质特征
强烈蚀变	岩石全部变色，光泽消失。岩石的组织结构完全破坏，呈疏松的砂状。岩块强度显著降低。除石英颗粒外，其余矿物大部分风化蚀变成为次生矿物，锤击有松软感，地质锤可挖动
中等蚀变	岩石大部分变色，只有局部岩块保持原有颜色。岩石的组织结构大部分已破坏。岩块强度明显降低。除石英外，长石、云母等已风化蚀变。锤击哑声，部分呈疏松的砂状，易碎，坚硬部分需爆破
轻微蚀变	岩石表面或裂隙面大部分变色，但断口仍保持新鲜岩石色泽。岩石原组织结构清楚完整。岩块强度有所降低。长石等矿物变得浑浊、模糊不清。锤击声较脆，开挖需爆破

蚀变岩体与地质构造关系密切，它们的空间延伸方向与当地主要断裂构造线的方向相同，为近SN和EW方向，陡倾角。已发现的蚀变带有10条，它们的性状不一致，其中

以 E_2、E_8 强度最低。在同一个蚀变带中各部位的情况也不完全相同，存在不均一性。与坝基及坝后抗力岩体相关的主要为 E_1、E_4、E_5、E_8、E_9、E_{10}。

2.4.3 岩体结构特征

岩体结构特征是结构面和结构体的组合特征。坝址区岩体因构造破坏所占比例很小，其破碎宽度占整个工程区的比例约 1%。因此各种断层及贯通性结构面的存在也仅控制了岩体局部地段的完整性，岩体绝大部分是完整及较完整的。

（1）岩体结构类型。按构造对岩体的切割破碎程度，岩块大小、形状及组合方式，将坝址区岩体可分成完整结构、块状结构、次块状-裂隙块状结构、镶嵌-碎裂结构、散体结构等类型，具体特征见表 2.4－5。表中的岩体结构系数 $T=\frac{J}{J_v}=\frac{J_r}{J_aJ_v}$ 可理解为：岩体结构强度与结构面性状成正比，与体积节理数成反比。

表 2.4－5　工程区围岩岩体结构分级

级别	岩体结构类型	岩体特征	结构面性状 $J=J_r/J_a$	体积裂隙数 J_v	岩体结构系数 $T=J/J_v$	岩石质量指标 RQD/%
Ⅰ	完整及完整块状结构	坚硬完整，新鲜，局部微风化，结构面不发育，有Ⅴ级结构面存在，偶见Ⅳ级结构面，裂隙间距大于1.0m。多属硬质结构面，闭合，延伸不长，裂隙中多充填方解石脉。此类岩体强度高，在荷载作用下变形量小，完全可满足高拱坝地基的要求	>3	<7	>0.43	>90
Ⅱ	块状结构	坚硬较完整，微风化，局部含弱风化下段岩体，Ⅳ级结构面较为发育，裂隙间距 0.6～1.0m，多闭合或充填少量方解石、岩屑。岩体强度有所下降，但仍可满足高拱拱坝地基的要求	3～1.5	7～10	0.43～0.15	90～75
Ⅲ	次块状-裂隙块状结构	岩质较坚硬，弱风化中、下段，完整性较差。Ⅳ级结构面发育，裂隙间距 0.2～0.6m。除充填方解石外大部分充填岩屑或泥质物，岩块间彼此咬合紧密，由于受风化、卸荷影响，岩体强度有较大幅度降低，一般情况下不易作为高水头水工建筑物地基，若不大荷载作用，此类岩体也需经专门处理方可采用	1.5～1	10～15	0.15～0.07	75～55
Ⅳ	镶嵌-碎裂结构	强风化及弱风化上段卸荷松弛带内岩体，及在围压状态下的断层影响带中碎裂岩体，具不连续介质特征，岩块间咬合力差，透水性强。整体强度低，在荷载作用下，易变形滑动，不宜做拱坝坝基	1～0.1	15～20	0.07～0.005	55～25
Ⅴ	散体结构	全风化松散岩体及断层破碎带岩体，卸荷条件下呈松散塑性状态，强度极低，在荷载作用下极易变形，此类结构岩体对工程稳定起控制作用，是工程研究处理的重点	<0.1	>20	<0.005	<25

（2）岩体弹性波速。岩体弹性波速的高低，主要取决于岩体完整性、岩石强度、围压状态、风化卸荷及岩体含水性等因素，比较而言，又与岩体的完整性（岩体结构类型）关系最为密切，故它是一项表征岩体质量的综合指标。由于它真实地反映野外岩体所处实际

状态，尤其对工程区岩体均属硬质岩，岩性也不复杂，故用波速对岩体进行质量分级是相当有效的方法。根据野外地震波波速测试结果，坝址区岩体绝大部分的波速大于 4500m/s，最高者可达 5800m/s，表明绝大部分岩体岩体质量较好。按岩体洞壁波速 V_p 将坝址区岩体分为 5 级（表 2.4-6）。

表 2.4-6　　坝址区岩体地震纵波波速分级

级别	洞壁波速 V_p（m/s）	完整性系数 K_v	岩体完整性
Ⅰ	>5000	>0.74	很完整
Ⅱ	5000～4300	0.74～0.55	完整
Ⅲ	4300～3500	0.55～0.36	完整性较差
Ⅳ	3500～2000	0.36～0.12	破碎
Ⅴ	<2000	<0.12	极破碎

注　新鲜完整岩石波速值 V_p=5800m/s，即洞壁地震纵波速度实测最高值。

2.4.4　岩体强度

岩体强度特征包括岩石的坚固性和结构面的抗剪性两方面，其中岩石坚固性可以用单轴抗压强度表征，而结构面的抗剪性又与其本身粗糙度（起伏差）和蚀变程度密切相关。关于结构面性状已由前述，在此仅简要叙述岩石单轴抗压强度的特点。

前已提及，坝址区出露岩石均属坚硬变质岩类，新鲜-微风化岩石的湿抗压强度平均值在 100～170MPa 之间。除全、强风化岩及部分弱风化岩石由于岩性差异而表现出强度差异较明显外，微风化-新鲜带中的各种岩性岩石强度无明显区别。从坝址区各平洞近 200 多组点荷载试验结果，对其岩石强度作划分，见表 2.4-7。

表 2.4-7　　坝址岩石强度分级表

级别	点荷载所得单轴抗压强度 R/MPa	风化程度
Ⅰ	>130	新鲜、局部微风化
Ⅱ	100～130	微风化
Ⅲ	50～100	弱风化中、下段
Ⅳ	30～50	弱风化上段、强风化
Ⅴ	<30	强风化-全风化

2.4.5　坝基岩体质量分级及强度参数

岩体质量的优劣不仅与岩体结构和强度特性有关，还受控于它的赋存环境条件，即主要为渗流场和地应力场。渗流场对岩体质量的影响主要取于岩石的水理性质和岩体的渗透特征，工程区岩性对水敏感的主要是风化、卸荷岩体和蚀变岩体。应力场则在一定条件下控制下了岩体的变形特性和强度参数，由于研究的对象在一般情况下是近地表的岩体，地应力与岩体的风化卸荷作用密切相关，在一定意义上说岩体的风化和卸荷作用可以反映岩体赋存的地应力条件。因此根据岩体中结构结构面发育程度、性状，块体嵌合情况，岩体

蚀变、风化、卸荷作用程度、渗透性特征等因素，对坝区岩体进行质量分级，共划分为5个大类、10个亚类，详见表2.4-8。根据现场试验成果，按规范方法确定的岩体变形模量和抗剪强度建议值见表2.4-8。

表2.4-8　　　　小湾水电站坝基岩体质量分类

<table>
<tr><th colspan="2">岩体质量分类</th><th rowspan="3">结构类型</th><th colspan="2">岩体基本质量</th><th rowspan="3">声波纵波速度 V_p /(m/s)</th><th rowspan="3">地质特征</th><th colspan="4">岩体力学指标建议值</th></tr>
<tr><th rowspan="2">类别</th><th rowspan="2">亚类</th><th rowspan="2">RQD /%</th><th rowspan="2">湿抗压强度 /MPa</th><th rowspan="2">泊松比</th><th rowspan="2">变形模量 /GPa</th><th colspan="2">岩体抗剪断强度[①]</th></tr>
<tr><th>f'</th><th>c'/MPa</th></tr>
<tr><td>Ⅰ</td><td></td><td>整体结构</td><td>>90</td><td>≥90</td><td>≥5250</td><td>微风化-新鲜片麻岩、夹少量片岩，片麻理、片理面结合力强。无Ⅳ级及Ⅳ级以上结构面。Ⅴ级结构面组数不超过2组，延伸短，闭合，或被长英质充填胶结呈焊接状，面粗糙，无充填，刚性接触，间距大于100cm，岩体呈整体状态，地下水作用不明显</td><td>0.2～0.23</td><td>22～28</td><td>$\frac{1.3\sim1.6}{1.48}$</td><td>$\frac{2.0\sim2.5}{2.2}$</td></tr>
<tr><td>Ⅱ</td><td></td><td>块状结构</td><td>75～90</td><td>≥90</td><td>≥4750</td><td>微风化-新鲜片麻岩、夹片岩，片麻理、片理面结合力强。少见Ⅳ级结构面。Ⅴ级结构面一般有2～3组，以近EW向、近SN向陡倾角节理为主，闭合或被长英质充填胶结，粗糙，无充填或有后期热液变质矿物充填，刚性接触，间距50～100cm。可见少量滴水</td><td>0.23～0.28</td><td>16～22</td><td>$\frac{1.3\sim1.5}{1.43}$</td><td>$\frac{1.5\sim2.0}{1.7}$</td></tr>
<tr><td rowspan="3">Ⅲ</td><td>Ⅲ$_a$</td><td>次块状结构</td><td rowspan="3">50～75</td><td rowspan="3">≥60</td><td>4750～4250</td><td>大部分弱风化中、下段岩体、完整性较差的微风化-新鲜岩体。片麻理、片理面结合稍弱，片岩夹层仍较坚硬。Ⅳ级结构面较发育。Ⅴ级结构面一般有3组以上，间距30～50cm，近EW向和近SW向陡倾角节理延伸较长。结构面微张，并有高岭土化的铁、锰次生矿物充填，可见有滴水</td><td rowspan="3">0.28～0.30</td><td>12～16</td><td>$\frac{1.1\sim1.3}{1.2}$</td><td>$\frac{1.1\sim1.5}{1.3}$</td></tr>
<tr><td>Ⅲ$_{b1}$</td><td>次块状-块状结构</td><td>4250～4000</td><td>卸荷的微风化岩体，岩石保持新鲜色泽，岩体块度大，具一定的完整性，节理一般闭合或保持原有的胶结状态，以剪切裂隙（顺坡中缓倾角剪切裂隙）发育为主，一般闭合-微张，无充填或少量片状岩块充填，岩块较坚硬，结构面仍表现为刚性面。片岩夹层大部分仍坚硬，少部分具软化现象</td><td>8～12</td><td>$\frac{1.1\sim1.3}{1.15}$</td><td>$\frac{0.9\sim1.1}{1.0}$</td></tr>
<tr><td>Ⅲ$_{b2}$</td><td>次块状结构</td><td>4000～3750</td><td>完整性较差的卸荷微风化岩体，卸荷剪切裂隙和卸荷拉张裂隙均有发育，一般微张，局部有岩屑和次生泥充填。片麻理、片理面结合力稍弱，片岩夹层多见软化现象。裂面高岭土化岩体，完整性较差，一般分布于Ⅲ级、Ⅳ级结构面附近，岩体中近EW向和近SN向节理裂隙发育，局部密集发育，多呈张性，普遍有高岭土充填，高岭土多潮湿，呈软塑状</td><td>6～8</td><td>$\frac{1.0\sim1.1}{1.1}$</td><td>$\frac{0.7\sim0.9}{0.75}$</td></tr>
</table>

续表

岩体质量分类		结构类型	岩体基本质量		声波纵波速度 V_p/(m/s)	地质特征	岩体力学指标建议值			
类别	亚类		RQD/%	湿抗压强度/MPa			泊松比	变形模量/GPa	岩体抗剪断强度① f'	岩体抗剪断强度① c'/MPa
	Ⅳa	裂隙块状结构	25~50	30~60	3750~2500	弱风化上段、完整性较差及卸荷的弱风化中、下段岩体和轻微蚀变岩体。作为夹层的片岩已大部分风化成软岩，部分泥化。Ⅳ级、Ⅴ级结构面发育，结构面微张或张开，为泥和碎屑物所充填，节理间距15~30cm，岩体强度仍受结构面控制。雨季普遍滴水		5~10② / 4~6	1.0~1.1 / 1.0	0.5~0.7 / 0.6
Ⅳ	Ⅳb	镶嵌结构	<25	30~60		断层影响带、节理密集带及中等-强烈蚀变岩带。Ⅳ级、Ⅴ级结构面很发育，不规则，裂隙微张，多有泥膜充填，岩体间咬合力强。地下水活动强烈	0.30~0.35	2~4② / 1.5~3	0.9~1.0 / 0.9	0.4~0.5 / 0.5
	Ⅳc	碎裂结构	5	<40		断层带中的碎裂岩带及部分性状较差的蚀变岩带和劈理带。结构面很发育，充填碎屑和泥，岩块间咬合力差		0.5~2	0.8~0.9 / 0.8	0.3~0.4 / 0.3
Ⅴ	Ⅴa	松弛结构	<25	<30	2500~1500	强风化、强卸荷岩体，片岩夹层已全部泥化。结构面很发育，张开为泥和碎屑物充填，或为空隙，因风化和地下水的软化和泥化作用，常形成夹泥裂隙。岩体已呈松弛状态，强度受夹泥裂隙控制				
	Ⅴb	散体结构	<25			泥化的构造岩、片岩及全风化岩体。其性状接近于黏土和砾质土				

① 横线上方为范围值，下方为建议值定值。

② 横线上方数字指平行 SN 向结构面施压，下方数字指垂直 SN 向结构面施压。

2.5 工程作用下小湾坝基岩体特性

2.5.1 随开挖卸载岩体质量的演化

岩体的力学性能在加载与卸载条件下有本质的区别，一般来说，岩石本身在这两种力学状态下差别不大，但在含节理、裂隙等结构面的岩体中，由于卸载产生拉应力（实际上加载也会产生拉应力），使结构面的力学性能发生本质变化，岩体质量迅速劣化，在高地应力区表现尤为明显，其力学特性不再符合以往加载情况下的研究结果。

岩体中的应力一般来自于自重体积力和构造应力，岩体卸荷的本质是应力场在工程或者自然作用后发生了变化。应力场的变化特征无疑可用每一点应力状态的变化来描述。这应该包括最大、最小主压应力轨迹取向发生的变化，或者是应力值的变化，抑或兼而有之。岩土体开挖虽然被叫做“卸载”，但和塑性力学中的“卸载”不是一个概念，开挖的时候有可能最大最小主应力之差是增大的，这实质上是一个加载过程；也有可能是最大、最小主应力都减小，而安全裕度丧失，趋势是向着破坏方向发展。

材料体在外载荷作用下发生塑性变形时，其变形由塑性变形和弹性变形两部分组成。当作用在材料体上的外载荷解除之后，材料体保存塑性变形而使物体形状变化，不能恢复到原来形状。但材料体的弹性部分都发生与加载变形时伴随每点位移方向相反的变化，这种现象称之为回弹。回弹后，材料体由于已经发生了部分塑性变形，加载时储存在材料体中的应变能也就不能完全释放，这部分能量只占加载过程中外力所做的功的一部分。回弹现象实际上是外载荷去除后，材料体中势能（或应变能）转化为动能过程中的伴随现象。

相对而言，岩体的卸荷是一个比较模糊的概念。在经典塑性力学理论中，可以将加载分成 3 种类型：加载、中性变载和卸载。本质上这是一个应力历史的问题。事实上，不可能把岩土材料的应力历史都考虑到，只要考虑目前工程状态下对岩土材料体的影响就可以了，正如不可能将地质体在历史上所有的塑性应变都考虑进来然后估计它对地质体力学参数的影响一样。

综上所述，岩体卸荷引起的现象本质上是工程岩体对应力场变化的力学响应。从这一基本观点出发，选用数值模拟的方法研究坝基应力场变化导致的岩体卸荷现象及其特征，并解析相关现象发生的机理。

岩体中的应力一般由自重体积力和构造应力共同作用产生，应力场是空间上各点应力状态的集合，应力场的变化可用工程岩体范围内一些点最大最小主应力轨迹的变化和这些点应力值上的增减来表示。

图 2.5－1 为坝基边坡体开挖前后主应力矢量叠置图，表示了边坡体不同点主压应力

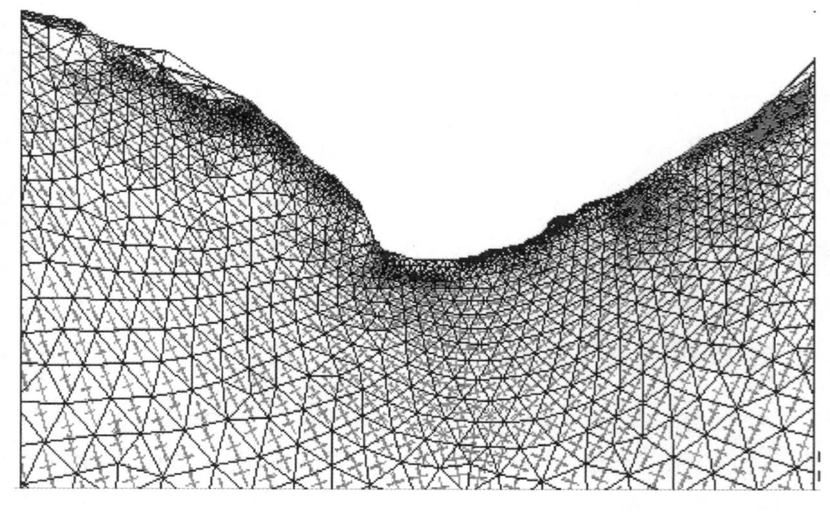

图 2.5－1　坝基边坡体开挖前后主压应力场的变化

红色—开挖后；蓝色—开挖前

的变化情况。图中蓝色线条为开挖前最大和最小主压应力，红色线条为开挖后的最大和最小主压应力。从图中可以看出，坝基边坡开挖后，浅表部位最小主应力垂直坝基面，最大主应力与坡面平行；在河谷部位，坝基开挖面高程 953.00m 以下一定范围内最大、最小主应力重叠，显示了开挖前后最大、最小主压应力的取向没有发生明显的变化，而最小主压应力值明显降低；河谷部位高程 800.00m 以下最大、最小主压应力偏转较大；相对而言，深部岩体开挖前后主压应力取向变化微小。

2.5.1.1 应力场调整

（1）主压应力偏转。斜坡岩体开挖前后的主压应力角度，其变化值即为主压应力取向的变化值，计算结果见图 2.5－2。受开挖影响，两岸坝基岩体主压应力偏转角度等值线大致呈蝶形分布特征，总体特征是边坡浅部变化大，谷底变化小。左岸建基面高程 970.00m 附近偏转角度 10°～20°，影响深度可达 40～70m；两岸高程 980.00～1160.00m 建基面浅表部位应力偏转大于 45°，其中表层单元应力偏转可达 80°，因等值线不连续，在图中未能标出；两岸高程 1200.00～1400.00m 以上陡坡附近及邻近区域零星分布有应力轨迹偏转较大的区域；河谷部位偏转角度小于 10°；深部岩体应力方向的变化基本不受开挖影响。需要注意的是：左岸坡脚部位（高程 953.00～970.00m）应力偏转在量值上要高于右岸对应位置。以上说明了边坡开挖引起主压应力方向的变化。

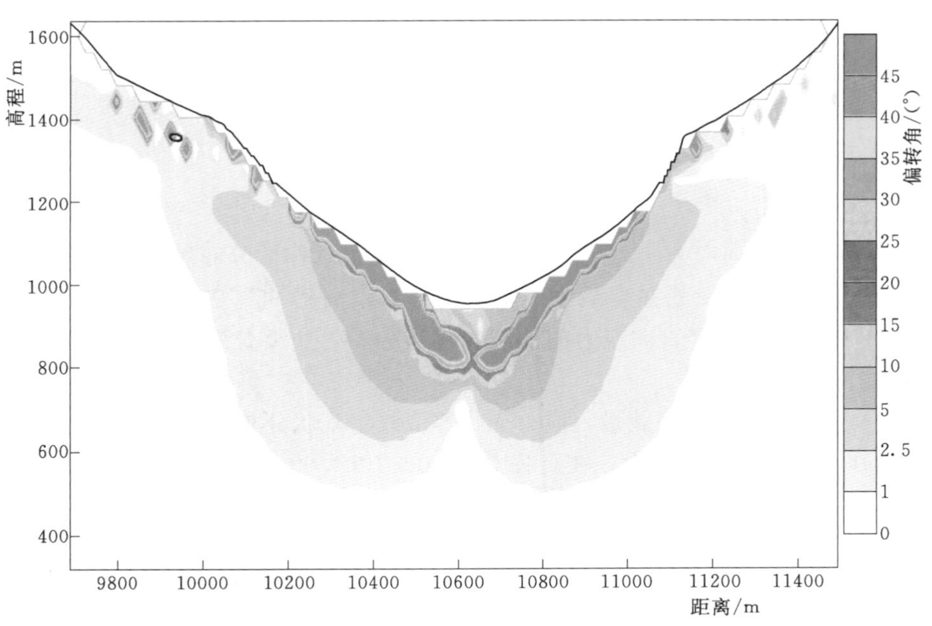

图 2.5－2 开挖前后最大主压应力方向变化云图

（2）边坡各部位变载程度。根据计算结果得出坝基边坡体开挖前后应力的变化值。各个部位的变化值就代表了它的卸载量，或者是加载量。这里所说的加载、卸载是一个比较模糊的概念，因此使用变载的说法。

图 2.5－3 为不考虑卸荷弱化的水平向应力 σ_x 变载量（所谓变载量，就是某方向应力变化的幅度），图中可以看出，变载程度比较高的部位在两岸高程 1100.00～1200.00m 之

间的浅表部位，变载量在 0.5～1MPa，在此深度以下变载程度逐渐降低；右岸高程 1000.00m 附近水平向应力变载程度很小；值得注意的是在河谷附近，在偏左岸的地段高程 970.00m 以下，水平向应力变化幅度很大，降低数值在浅表位置可达到 1MPa 以上。总体来讲，基本呈现为左右对称的分布特征，稍偏左岸。在河谷位置水平向应力变化表现为减小，在边坡上为增加。

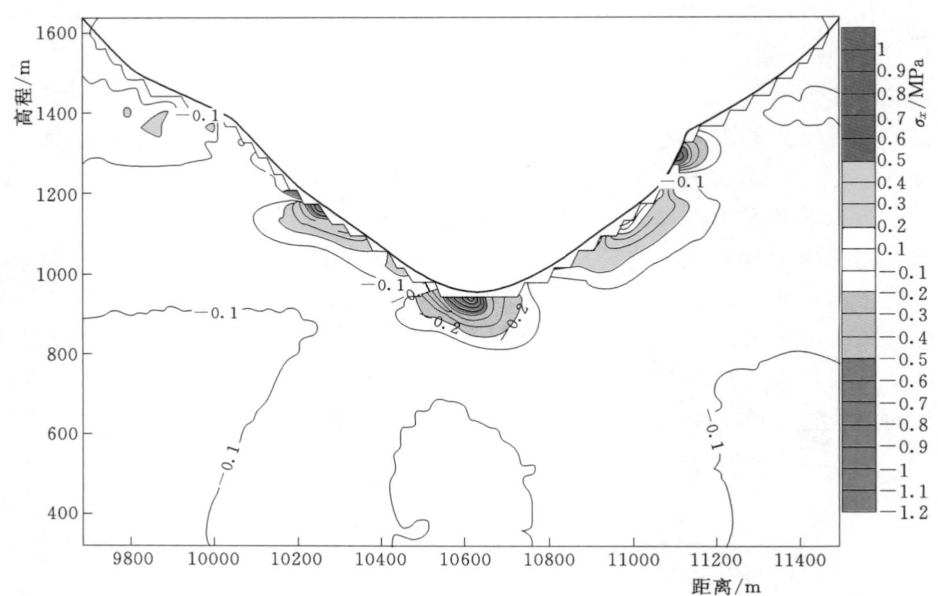

图 2.5-3 水平向应力 σ_x 变载量（不考虑软化）

图 2.5-4 为竖直向应力 σ_z 变载量，也呈现出左右对称的分布特征，但是偏向左岸。河谷部位竖直向应力 σ_z 变载幅度最大，呈囊状分布；高程 953.00～1000.00m 应力降低 2MPa 以上。边坡局部有竖直向应力的加载，零星分布，主要位置在右岸高程 1200.00～1300.00m 之间。

图 2.5-5 为剪应力 τ_{xz} 变载量，应力变化等值线呈耳状分布，左岸剪应力变化影响范围宽泛，而在右岸集中程度较大。在高程 953.00～1000.00m，剪应力在坝基边坡浅表部位变化明显。

(3) 坝基斜坡部位应力变化特征。高边坡开挖是一个典型的变载过程，从岩体开挖引起应力场变化的观点出发，将小湾坝基高边坡开挖计算模型应用于卸荷分析，揭示边坡岩体的应力场变化及相应地引起卸荷破损区的分布规律。这也是采用合理的坝基边坡加固处理措施的基础。

坝基高边坡开挖后，建基面浅表部位应力场变化明显，应力场变化最为显著的部位在左岸高程 953.00～970.00m 附近。由此，选择该位置处的一条纵向剖面，从不同深度位置上各单元的主压应力的变化来理解开挖引起卸荷的基本特征。

表 2.5-1 为左岸高程 965.00m 坡表以下最大、最小主压应力数据，从表中可见，位于浅表部位的单元，在开挖变形稳定后最大、最小主压应力均大幅度降低，最小主压应力

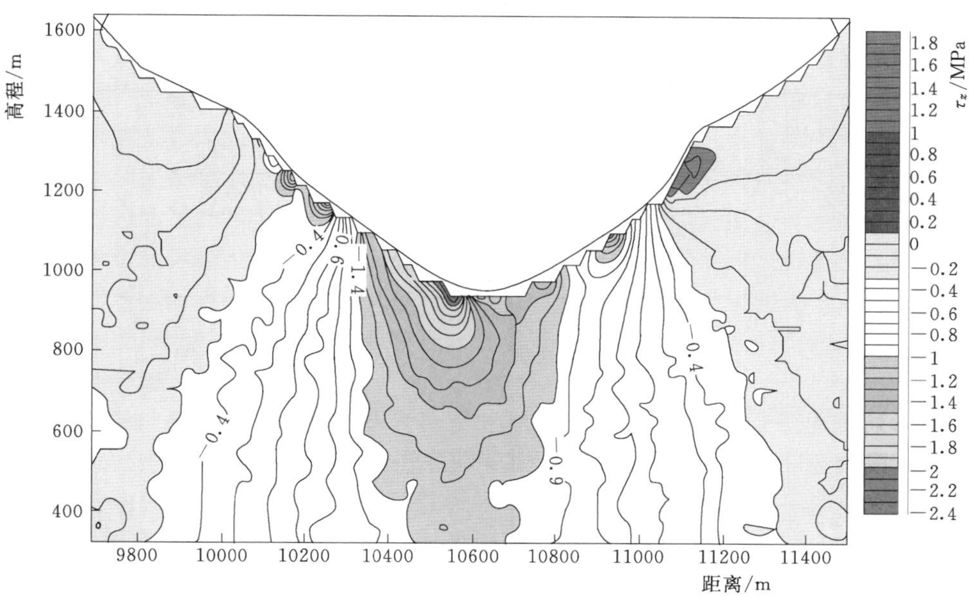

图 2.5-4 竖直向应力 σ_z 变载量（不考虑软化）

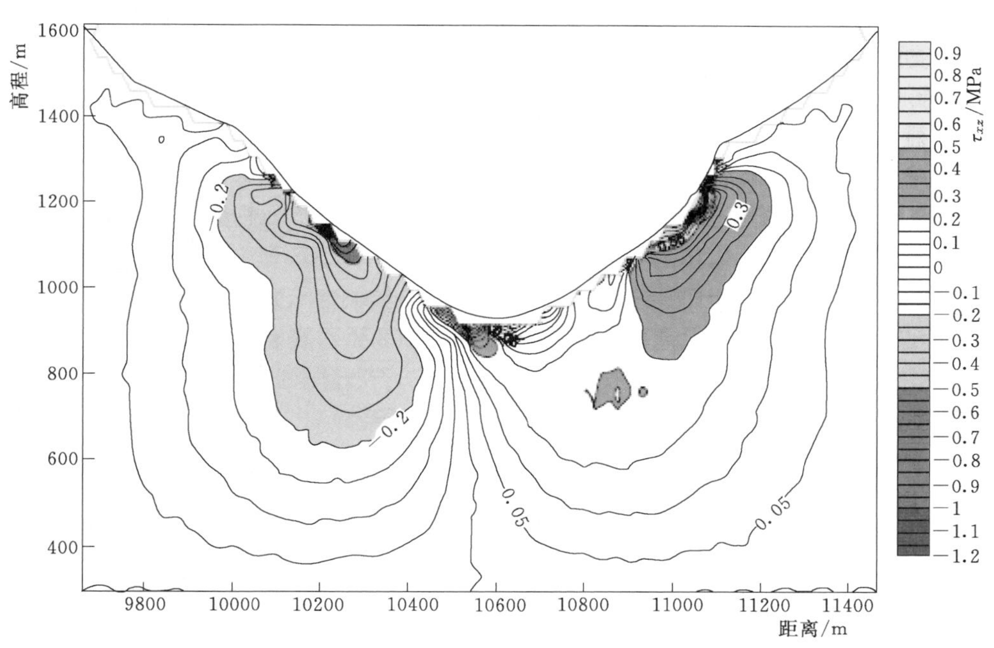

图 2.5-5 剪切应力 τ_{xz} 变载量（不考虑软化）

甚至趋近于 0（边坡表部为 0）；向深部变化程度逐渐降低。

（4）应力场演化过程及松弛变形机理。岩体在大规模开挖的条件下，总体要表现出显著的黏性。一般来说，它与岩体中弱面和间断面的力学效应（尤其是剪切和摩擦作用）、岩石本身的流变特性、岩石中水的作用以及被开挖岩体几何条件和容重等条件决定的外力

等因素有关。即使岩体中所有的间断面之间没有任何可以发生黏性变形的物质存在，并且

表 2.5-1 左岸高程 965m 坡表以下最大、最小主压应力数据

单元号	高程/m	开挖后主应力状态		开挖前应力状态		最小主应力差	最大主应力差
		σ_3/MPa	σ_1/MPa	σ_3/MPa	σ_1/MPa	$\Delta\sigma_3$/MPa	$\Delta\sigma_1$/MPa
3925	965	0.0173	3.01	1.25	7.32	−1.2327	−4.31
3926	966	0.128	3.09	1.16	7.27	−1.032	−4.18
4515	956	0.288	3.63	1.67	6.44	−1.382	−2.81
4688	948	0.659	3.98	1.82	6.32	−1.161	−2.34
5181	930	1.06	4.53	1.94	6.12	−0.88	−1.59
5329	921	1.29	4.88	2.08	6.35	−0.79	−1.47
5604	902	1.49	5.12	2.27	6.42	−0.78	−1.3
5855	880	1.86	5.66	2.55	6.89	−0.69	−1.23
6086	856	2.18	6.14	2.8	7.35	−0.62	−1.21
6313	831	2.5	6.64	3.07	7.97	−0.57	−1.33

间断面外的岩石也不具有任何黏性，只要岩体在变形和破坏的过程中伴随着岩壁间的摩擦作用，在某种程度上，仍会呈现出对开挖事件的时效特征。受开挖影响岩体的变形和破坏，是由新的开挖面开始从近向远逐渐向外发展的，岩体的变形也是一个渐进过程。因此，某一点在每一时刻所测得的位移，在很大程度上取决于该时刻以前一段时间开挖历史的演变过程。

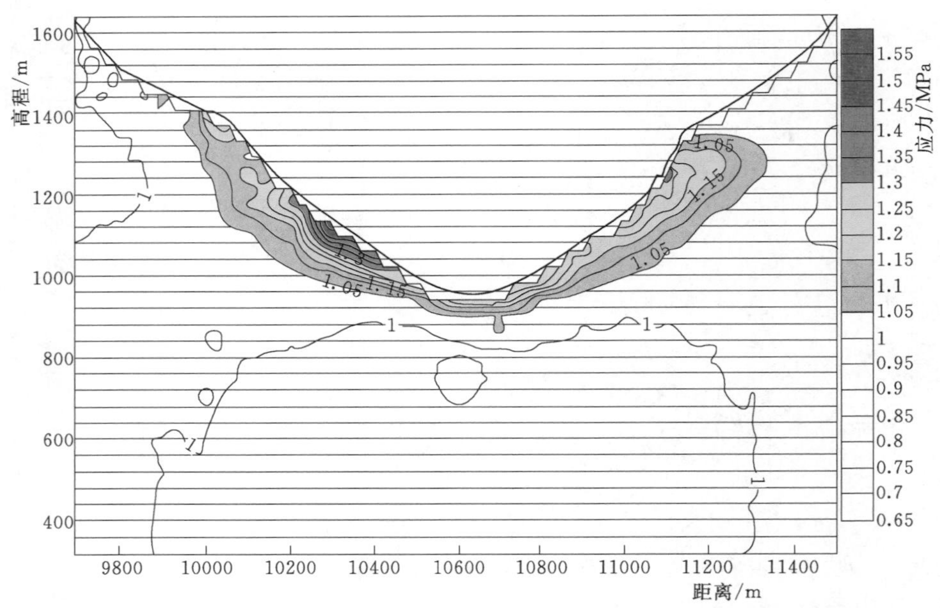

图 2.5-6 开挖卸荷引起的应力状态的变化

岩体的卸荷是一个非常复杂的变载过程（图 2.5-6），且是一个与时间有关的过程，

在这个过程中，一个点应力状态随时间的变化轨迹非常复杂，岩体开挖引起的卸荷往往会引起一些区域发生破坏，开挖影响到的区域都要多少发生变形或松动。岩体的变形和破坏对每一个相关的开挖事件的时间效应现象，不仅表现在变形开始显现相对于开挖开始时间上的滞后，也表现在开挖停止后变形和破坏还要持续相当长的时间；在空间上还要按原来移动、变形趋势发展到某种程度后才会停止下来。然而无论是地表开挖还是地下开挖，当开挖事件影响到观测点后，变形对开挖滞后的时间与开挖规模有关系：开挖越深，牵涉的岩土体范围越大，岩土体的势能转化为变形功（主要是塑性功）耗费的时间越长，变形延时越长；反之则越短。

变形的时效特征其实是应力的重新调整驱动变形的过程，包括应力大小和方向的调整，也就是说应力的变化也存在一个时间过程问题，见图 2.5－7。开挖后，开挖面附近最小主应力迅速降至最小值，最大主应力则由于岩体变形调整可能出现两种情况：

1）最大主应力随着时间逐渐减小，见图 2.5－7（a），应力状态由原来的大圆（实线圆）变化为图中所示的最大的虚线圆，趋于破坏；其后，再随着变形的调整，最大主应力逐渐减小，最后趋于一稳定值，成为图中的小实线圆。

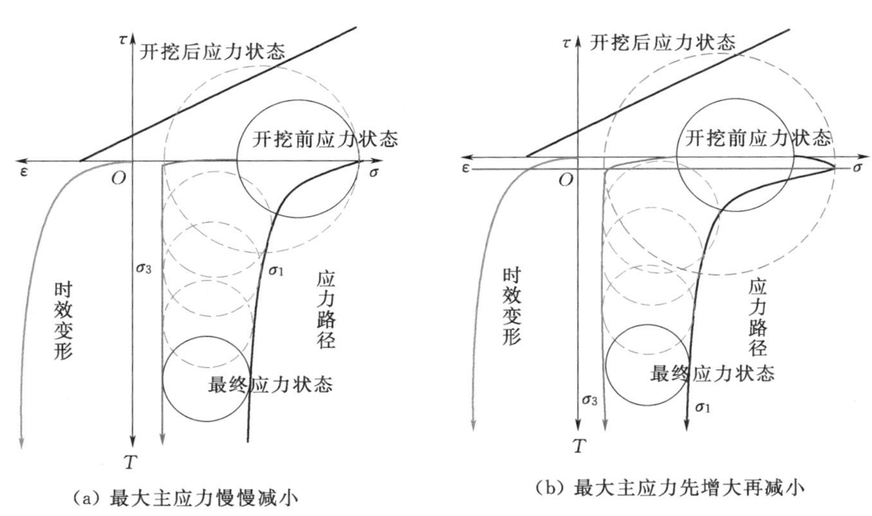

图 2.5－7　卸荷状态下应力-应变时间过程示意图

2）开挖面或附近点的最大主应力先增加，应力圆迅速增大，趋于破坏，与之相应的变形响应表现为比较剧烈的模式，如岩爆等；随着时间的延长，最大主应力上升到最高值后再逐渐减小，最后应力圆趋于最终的小实线圆。

因此，岩体开挖引起的应力状态在时间上的改变过程分为两个阶段，开始是一个应力差增加的过程，其后是应力差逐渐减小。与这个应力路径相对应，它所产生的变形也就是一个时效过程，在应力差增加时，变形响应表现为剧烈的模式，有可能引发岩体的破坏；在应力差降低时，变形响应方式为岩体松动、流变等。

2.5.1.2　岩体松弛

（1）宏观变形破裂迹象。坝基开挖采用控制爆破，逐层开挖，因而坝基开挖的作用主要包括两个方面：一是开挖卸荷作用；二是爆破作用。开挖以后，坝基面浅表部位岩体开

始变形破裂、松弛现象明显，尤其是处在高应力区的低高程坝基。根据对坝基开挖面和排水洞的调查，这些变形破裂既有在已有结构面基础上发育起来的，也有因岩体松弛而新产生的。松弛岩体中的张开裂隙在开挖暴露初期均无充填。从建基面岩体松弛现象观察，松弛岩体主要有以下几种表现形式：

1）沿已有裂隙错动、张开和扩展的现象。坝基岩体中的结构面包括各类原生结构面、构造结构面和浅表生结构面。从前期勘探成果可知，这些结构面在微风化未卸荷岩体中一般闭合，中缓倾角节理在微风化-新鲜岩体一般延伸短小，即坝基建基面附近岩体中的节理裂隙在未开挖的天然状态下大多是闭合的，随坝基开挖后岩体松弛，在部分地段可观察到沿已有节理裂隙显现（排除爆破震裂原因）的现象，不同方位和性状的结构面，其松弛现象不同。

两岸的近SN向中缓倾角裂隙，主要倾向坡外，倾角一般小于开挖面坡角。沿该组结构面的松弛现象主要为上盘岩体向临空方向发生由表及里的滑移，因岩体回弹导致的张开，岩体不均匀卸荷变形导致的沿其错动；其结果会导致局部块体失稳、裂隙进一步扩展、张开和剪胀松弛等，见图2.5-8。河床底部的已有缓倾角结构面近于水平，沿其发生的松弛现象包括张开、扩展以及差异回弹导致的剪切错动，在此过程中，缓裂会进一步扩展。但由于岩体中近EW向陡倾结构面的存在，其顺河向（近SN）的扩展会受到限制，并因此总体上导致缓裂起伏程度的提高。

图2.5-8 右岸高程963m坝基中心线下游侧沿缓倾角节理卸荷张开

近EW向陡倾角结构面松弛现象包括错动、拉张和挤压。其原因主要有：①作为两侧岩体不均匀卸荷变形的调整边界面，这种调整包括两侧岩体向临空面方向不均匀变形而发生剪切错动，以及发生压缩变形或拉张；②当坝基面出现局部加深，如缺陷槽开挖、清撬以及排水洞施工等，该组结构面作为侧向边界张开、错动，在一定程度上可以限制卸荷向深处发展。总体上，近EW向结构面的存在，使得岩体松弛程度在空间上表现为相当的差异性。

沿近SN向陡节理的松弛现象包括张开、扩展，并因此在一定程度上可以抑制松弛向

深部发展。

2）“葱皮”现象（图 2.5－9）。“葱皮”现象是一种表层的卸荷破坏现象，常见于较完整的块状岩体的表层，主要有如下特征：①由卸荷裂隙切割的薄层岩片呈叠瓦式分布于完整或块状为微风化和新鲜岩体表层，薄层岩片厚度一般在 0.5～5cm；裂隙倾向坡外，倾角稍缓于坡角，总体走向一般与坡面走向一致；走向长度常受炮孔限制，一般为几厘米到 100cm；裂缝向坡内的延伸长度不大，一般在 20～30cm 以内；裂隙两端常常向上弯曲，影响深度不大，一般在 20～30cm 以内。②一般都是新生裂缝，没有破坏滞后现象；裂隙多呈闭合-张开状或微张开状，其最大张开度一般不超过 5mm，部分有岩粉充填。从裂面特征看，一般可以分为上下两段，下段起伏粗糙，显示张性破坏，上段相对较缓，较为平直，显示张剪性破坏特征。推测形成机制为：下段是在控制爆破形成的爆炸拉应力作用下张裂而成，但由于坡面附近最大主应力为顺坡向，并略缓于开挖坡面，张裂缝向坡内扩展时相对较缓，在岩体张裂破坏的同时，上盘岩体向坡外卸荷回弹，导致上段裂缝具有不强的剪切破坏特征。③主要分布在河床建基面两侧一定高程范围内，开挖较深的上游侧较下游侧发育；总体上低高程较高高程明显。这说明“葱皮”现象的发育具有一定的应力量级条件和岩体质量条件。

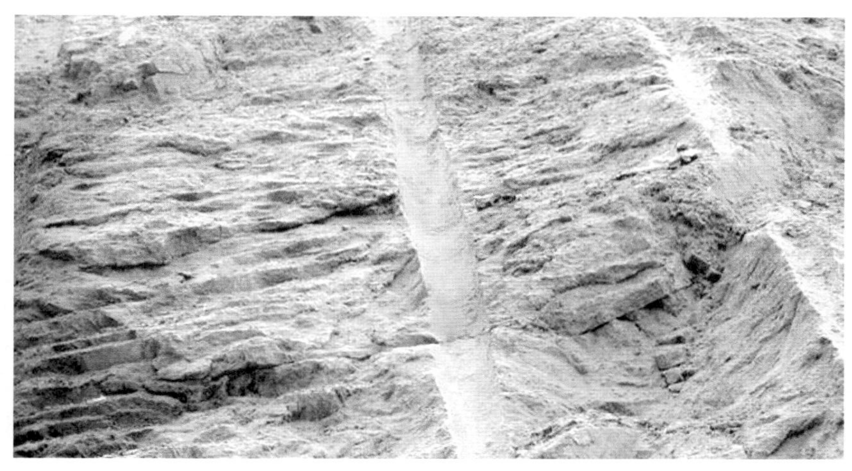

图 2.5－9　左岸建基面高程 1180～1190m 的“葱皮”现象

3）“板裂”现象。在低高程坝基开挖过程以及清撬过程中，常常可见岩体“板裂”现象：岩体被近平行坡面的缓裂切割呈板状。“板裂”现象大体可以分为两类：新生裂隙导致岩体“板裂”和沿原有隐裂纹导致的“板裂”。

新生裂隙导致岩石板裂：这类“板裂”现象的产生有两种情况：①当开挖面平顺时（图 2.5－10），新生裂隙切割的岩板较薄，一般 3～20cm，裂面较平直，总体产状与开挖面一致，但倾角一般总是略小于开挖坡角；裂面平直粗糙，或在裂面下部（临空面附近）有轻微倾向错动擦痕；一般在开挖过程中产生，无明显时间效应；主要出现在河床坝基面表层，其影响深度一般也不大。②当坝基面有局部横向临空条件时，高应力导致的岩体卸荷回弹，产生缓倾坡外的张剪裂隙，将岩体切割成厚板状；裂隙走向与开挖坡面总体产状基本一致，其倾角与坡角基本一致；一般临空面一侧（裂面下段）张开明显，裂面较平直，其上可见倾向擦痕，显示差异回弹特征；而坡内侧（裂面上段）主要显示张性，但张开度不大，裂面起伏不平，无倾向擦痕。这类裂隙向坡内的发育深度不大，一般 2～4m，走向上由于受近 EW 向陡倾结构面的限制，迹长也不大。其形成一般在开挖完后开始，有一定的时间效应，但时间较短，一般 1～2d。产生这类板裂的部位有缺陷槽后侧陡坡和大坝浇筑前的局部清撬边坡等。

图 2.5-10　右岸高程 997m 以下建基面的"板裂"现象

沿原有隐裂纹导致的板裂：坝基面内较大规模的缺陷槽周围近直立陡坡、排水洞洞口段等部位，岩体或者被缓倾角结构面切割成中厚层岩板，或者形成了规模较大的中厚中层松弛块体。从其形成发展的过程看，开挖完成后岩体完整，然后开始逐步松弛，时间效应很明显。从松弛裂隙特征看，有新生的，但亦有追踪原有隐裂纹而发展的。追踪已有隐裂纹扩展是岩体松弛明显时间效应的根本原因。

4）差异回弹和蠕滑现象。差异回弹和蠕滑是坝基岩体松弛的常见现象。由于坝基开挖导致岩体应力平衡状态被破坏，岩体发生向临空方向回弹、剪切变形，同时进行着岩体内的应力调整。岩体卸荷回弹程度的差异性是由岩体结构的空间差异性、开挖面上岩体原始应力状态的差异以及开挖面的规则程度及临空条件的差异所决定的。差异回弹的表现形式包括：岩石在天然状态下储存的弹性变形量释放；产生新生的剪切、张开裂隙；沿已有结构面的差异错动和挤压；已有结构面张开、扩展等。

由差异回弹导致的岩体松弛到一定程度，岩体将发生沿结构面的蠕滑松弛，导致较大范围的表层岩体产生松动。

差异回弹现象在河床部位坝基表现最为明显，开挖后建基面浅部岩体中的缓倾角-水平裂隙卸荷松弛"回弹"张开，在坝基岩体声波检测孔测试过程中孔口段普遍有漏水现象，这说明建基面附近裂隙有明显张开，这些裂隙在开挖前应为闭合-微张状态。

根据全孔壁数字成像成果分析，基坑部位坝基岩体中发育的缓倾角-近水平节理裂隙按发育的程度、形态等划分主要有以下几种类型：①缓倾裂隙带状集中发育，呈片状、薄片状，薄片厚度一般 1～5cm，孔壁局部有掉块现象，发育深度一般较浅；②缓倾裂隙带状发育，但岩体受挤压破碎，多呈碎块状，孔壁有明显的掉块现象，发育深度一般较浅；

③在一定孔段范围内仅发育一条缓倾裂隙，孔壁一般较完整，较深的孔段也有发育（多闭合）。

5）岩爆现象。在高应力集中区，若压应力过大，岩体的应力释放就会以突然的形式爆发，并常伴有响声和（或）岩片（块）弹出，就称之为岩爆。坝址区属中高地应力区，在河谷底部有高应力集中区，河床部位坝基岩体开挖后局部可见岩爆现象，如2005年7月18日下午5时左右，右岸坝基高程962.00m中心线上游侧发生了岩爆，可听见“叭”的声响，面积约2～3m^2，有部分岩块弹出，见图2.5-11。开挖过程中还发生过类似的小规模岩爆现象。

图2.5-11　20号坝段建基面中心线上游侧高程962m附近发生岩爆现象

（2）表观时空分布规律。

1）两岸坝基开挖后均存在松弛现象，左岸松弛现象较普遍且较右岸明显。

2）同一岸不同高程的松弛现象亦有差别，总体上是低高程部位较高高程明显，尤其是河谷底部更为显著。

3）同一高程不同部位的松弛现象也有所不同，一般坝踵部位（上游段）较坝趾部位（下游段）明显。

4）松弛现象与岩体的完整性有明显的关系，在天然状态下较完整的坝基岩体往往集蓄了较高的应力，松弛现象主要位于较完整的岩体中，而在结构面发育、岩体较破碎的岩体中松弛现象不明显。

5）河谷底部基岩中存在高应力集中区，局部有岩爆现象。

6）不同岩性松弛表现也有差异，硬脆的黑云花岗片麻岩与有一定韧性的角闪斜长片麻岩相比松弛现象表现更为明显。

7）开挖体型较复杂的部位常有明显的松弛现象，主要表现在灌浆洞、排水洞、置换洞等洞口附近、地质缺陷槽挖凸出的转角部位和陡壁附近。

8）采用锁口锚杆、超前锚杆和预应力锚杆等锚固措施对限制岩体松弛变形有一定的抑制作用。

总之，岩体的松弛程度、深度与原岩地应力状态、岩体结构特征、岩性的差异、开挖

体型、临空条件以及支护差异等密切相关。

（3）声波波速 V_p 检测。声波波速沿孔深的概率分布图（图 2.5－12）则反映不同波速段的测点数在不同孔深的分布概率，也即各孔段不同波速测点的分布比例。

等值线图是利用空间上若干离散点的属性数据（如测试孔的声波波速），通过内插法生成一系列光滑曲线即等值线，同一条等值线上所代表的属性值是处处相等的，见图 2.5－13。由等值线图可看出某一深度不同区域波速分布的特征，主要用于反映不同孔段坝基岩体波速的平面分布特征。

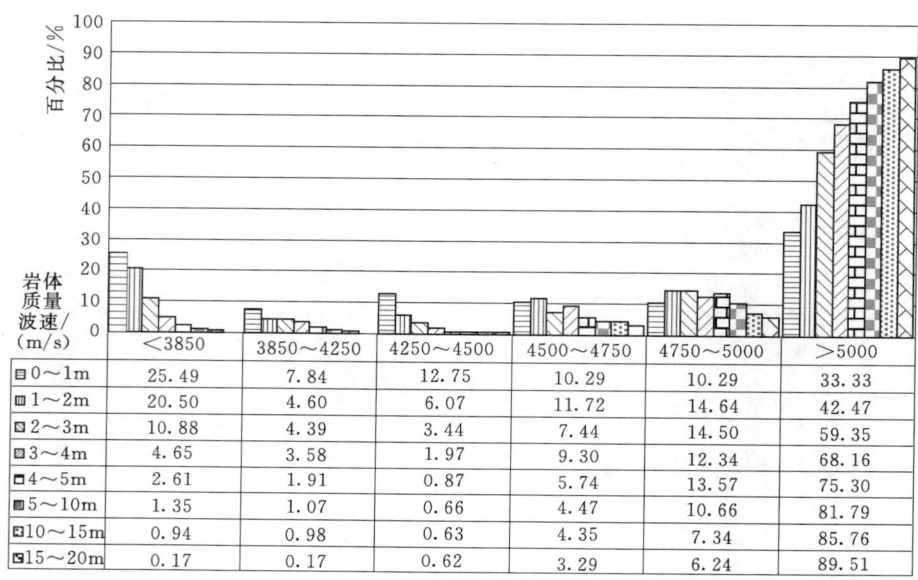

岩体质量波速/(m/s)	<3850	3850～4250	4250～4500	4500～4750	4750～5000	>5000
0～1m	25.49	7.84	12.75	10.29	10.29	33.33
1～2m	20.50	4.60	6.07	11.72	14.64	42.47
2～3m	10.88	4.39	3.44	7.44	14.50	59.35
3～4m	4.65	3.58	1.97	9.30	12.34	68.16
4～5m	2.61	1.91	0.87	5.74	13.57	75.30
5～10m	1.35	1.07	0.66	4.47	10.66	81.79
10～15m	0.94	0.98	0.63	4.35	7.34	85.76
15～20m	0.17	0.17	0.62	3.29	6.24	89.51

图 2.5－12　声波速度沿孔深的概率分布图

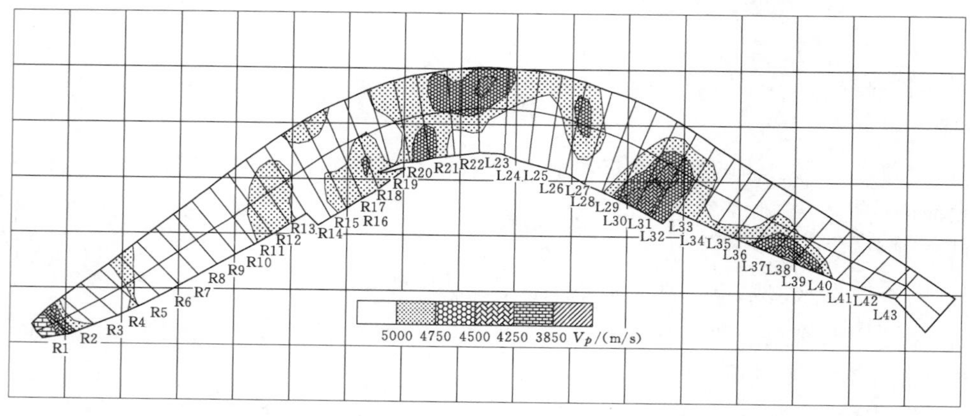

图 2.5－13　声波速度平面等值线

利用坝基声波长期观测资料，计算原位测试点的波速与爆前相比波速衰减率。随时间推移波速衰减率沿孔深会有变化，取爆后波速衰减率为 5%的测点深度，观察随时间增长 5%衰减率在孔内的深度变化情况，根据多次观测结果绘制出波速衰减率 5%对应的孔深

随时间的变化曲线，见图 2.5-14。统计结果表明，观测时间较长的坝段一般具有该典型曲线所示的变化特征。

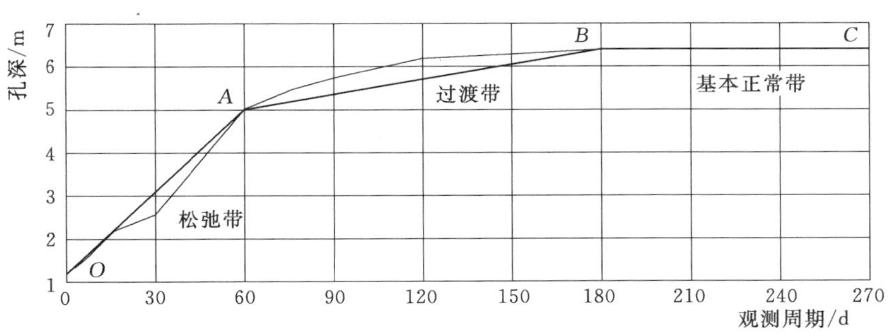

图 2.5-14 坝基岩体长观 5%波速衰减率对应的孔深随时间变化特征典型图

由该曲线变化特征可以粗略判断坝基岩体松弛带、过渡带和基本正常带的深度：①松弛带（图中 OA 段，岩体波速衰减快），从曲线上表现为斜率最大的一段，曲线斜率一般大于 0.02，该段主要反映爆破影响和应力快速释放对岩体带来的松弛影响；②过渡带（图中 AB 段，岩体波速衰减较慢），曲线上斜率较小的一段，曲线斜率一般在 0.01～0.02 之间，主要是反映爆破后一段时间内岩体应力调整导致的岩体松弛；③基本正常带（图中 BC 段，岩体波速基本不衰减），该段曲线基本平稳或波动很小，曲线斜率一般小于 0.01，表明岩体基本不受松弛影响或影响很小。

利用最近一次观测资料与爆破前相比计算波速衰减率，绘制波速衰减率沿孔深的变化曲线，见图 2.5-15。

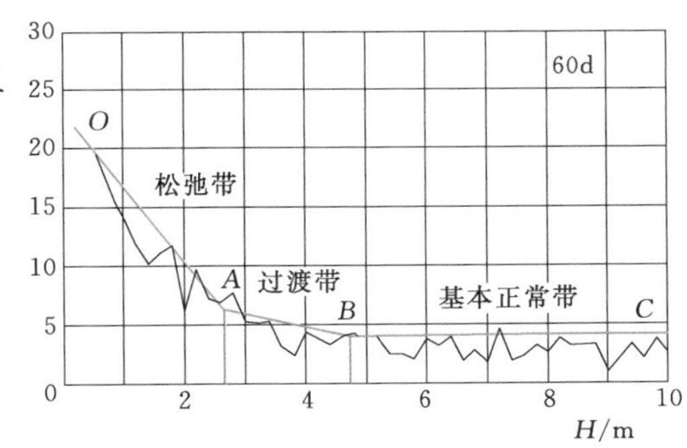

图 2.5-15 长观孔波速衰减率沿孔深的变化特征典型曲线

分析该曲线变化特征，可大体划分出 3 个带：①松弛带（曲线上 OA 段，曲线斜率大），一般在孔口段，可反映爆破和应力快速释放对坝基岩体的影响；②过渡带（曲线上 AB 段，曲线斜率较小），在一段时间内随时间推移应力释放对坝基岩体的影响；③基本正常带（曲线上 BC 段，曲线斜率很小或无变化），波速衰减率沿孔深无大变化或围绕一个值上下小幅波动，应力释放对该深度以下的岩体无大影响或基本无影响。

总之，岩体弹性波速的高低，主要取决于岩体完整性、岩石强度、围压状态、风化卸荷及岩体含水性等因素，比较而言，又与岩体的完整性（岩体结构类型）关系最为密切，故它是一项表征岩体质量的综合指标。开挖后表层岩体松弛，受岩体完整性下降、围压降低甚至解除、岩体暴露失水等因素影响，岩体波速较天然状态明显下降，强松弛带岩体基本脱离母岩，甚至可表现为干燥状态的岩石波速特征。根据测试结果表明，黑云花岗片麻岩饱水岩芯比原位孔壁声波速度平均降低 17.8%。干燥岩芯比饱水岩芯声波速度平均降

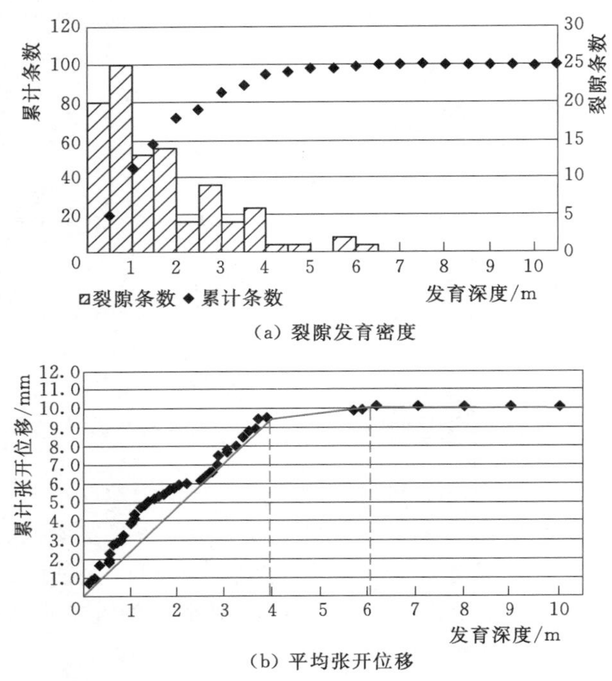

(a) 裂隙发育密度

(b) 平均张开位移

图 2.5-16 缓倾裂隙发育密度及平均张开宽度累计统计图

低 22.5%。

(4) 全孔壁数字成像检测。坝基岩体全孔壁数字成像测试孔为铅直孔，通过测试获得各孔段裂隙发育条数，并可观察到裂隙张开、闭合、缓倾、陡倾以及充填等性状，在图形处理系统中可测量裂隙产状和张开宽度，见图 2.2-2。

统计不同孔段缓倾裂隙发育的条数、张开宽度和累计条数，根据得到裂隙发育条数、缓倾裂隙累计平均张开位移随深度的变化情况，绘制缓倾裂隙发育密度及平均张开宽度累计统计图，以此来反映整个坝基岩体松弛张开裂隙发育密度及平均张开位移的变化情况，从而为松弛岩体垂直分带提供依据，见图 2.5-16。

将测试孔裂隙发育底界孔深以不同直径的圆圈表示，圆圈越大则发育深度越深，裂隙发育条数以圆圈内充填的阴影表示，按实际测试孔的坐标绘制在坝基平面图上，以此反映裂隙发育深度和密度在坝基浅表部的分布特征，见图 2.5-17。该图包含 3 个方面的信息：①裂隙发育底界深度；②裂隙发育条数（密度）；③裂隙发育在坝基浅表部的分布情况。

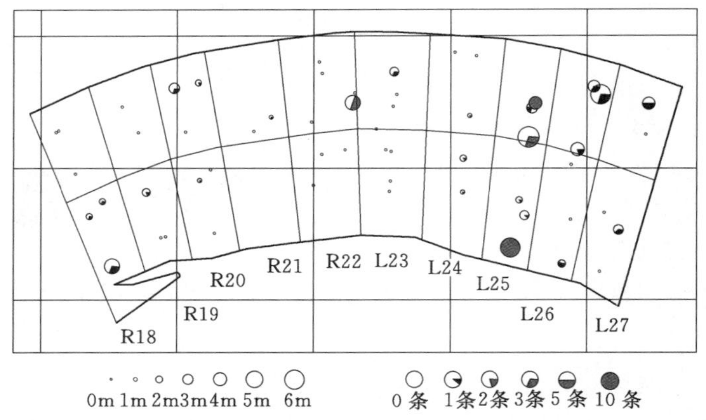

图 2.5-17 裂隙发育密度、深度在坝基浅表部的分布特征图

统计测试孔裂隙产状，以半径方向表示裂隙倾向方位，半径长度表示裂隙数量比例，绘制在圆图上，构成形似极点图的图形，见图 2.5-18。该图除包含了裂隙产状的各种要素外，还可统计不同产状的裂隙所占比例。

将测试孔的漏水深度用不同直径的圆圈表示，圆圈越大则漏水深度越深。按实际测试孔的坐标绘制在坝基平面图上，以此反映测试孔漏水深度在坝基平面位置上的分布特征，见图 2.5-19。

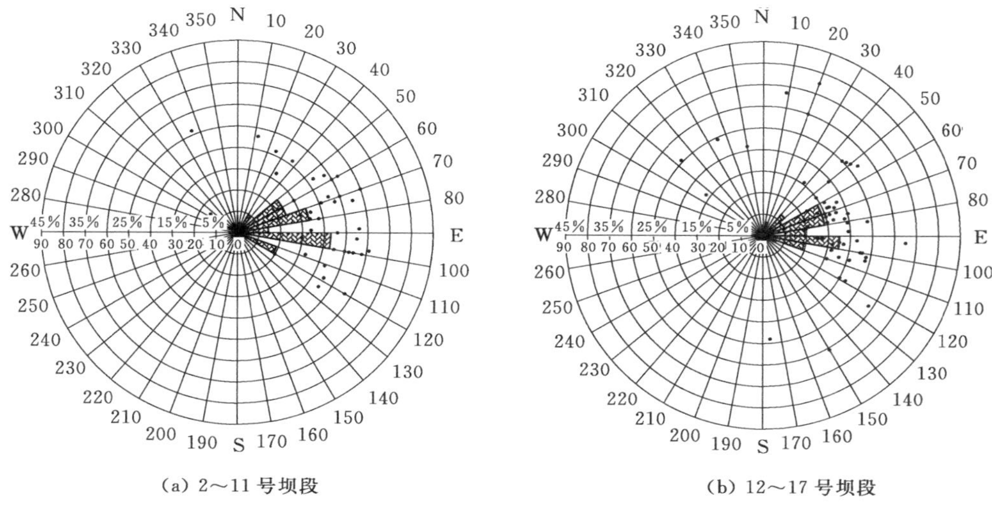

(a) 2～11 号坝段　　(b) 12～17 号坝段

图 2.5-18　裂隙产状统计图

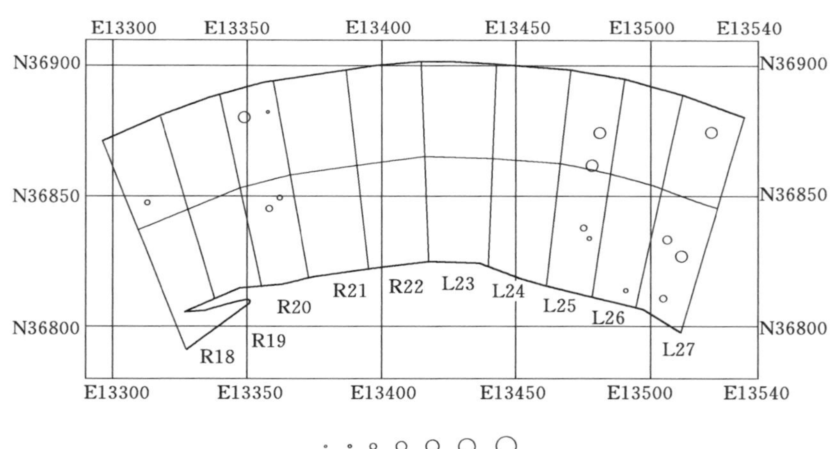

图 2.5-19　漏水深度在坝基面上的分布特征图

（5）变形监测。在左岸共埋设了 3 套多点位移计和 1 个滑动测微计孔。埋设于高程 1200.10m 的多点位移计初始观测时间为 2004 年 11 月 9 日，在其开始观测时坝肩槽已开挖至高程 1100.00m 以下，坝基开挖卸荷回弹变形已大部分释放，加之其钻孔方向为水平向坡内，测值仅为建基面回弹变形的后续部分，故监测到的变形很小，最外侧测点的绝对变形小于 0.5mm。埋设于高程 1171.00m 的多点位移计初始观测时间为 2004 年 7 月 21 日，基于和 C2A-3CQ-M-01 相同的原因，变形测值也较小，最深侧测点的绝对变形小于 1mm。第 3 个多点位移计埋设时间、孔底高程与坝基开挖方面结合相对及时，钻孔方位也有利于监测坝基卸荷回弹变形，故其较好地反映了左岸坝基开挖卸荷回弹的变形规律，其各测点典型时段绝对位移见表2.5-2，各测点位移-时间曲线见图2.5-20。

埋设于左坝肩槽的滑动测微计孔深27.0m，自观测以来距建基面以下10m内有卸荷松弛回弹现象，但量值不大，8个多月累计位移约为-2.55mm，其相对和累计位移-时间曲线见图2.5-21。

表2.5-2　多点位移计C2A-3CQ-M-04各测点典型时段的绝对位移成果表

仪器编号	观测日期	位移量/mm				
		（测头）5号	4号	3号	2号	1号
		（埋深）28m	26m	22m	17m	4m
C2A-3CQ-M-04	2004-7-21	0.00	0.00	0.00	0.00	0.00
	2004-10-8	1.03	1.06	0.82	0.80	0.13
	2004-12-29	1.98	1.93	0.99	1.01	0.24
	2005-2-23	2.14	2.07	1.07	1.11	0.26
	2005-3-18	2.20	2.22	1.17	1.19	0.29
	2005-4-28	3.66	3.53	1.88	1.83	0.24
	2005-6-29	4.09	4.02	1.82	1.9	0.19

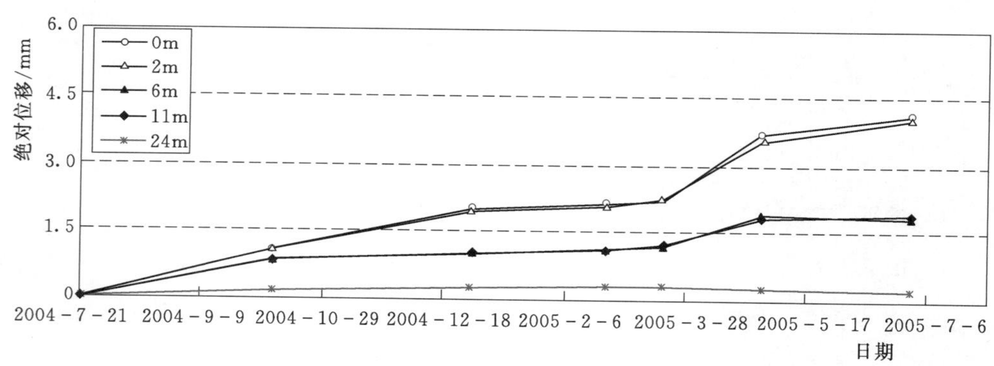

图2.5-20　C2A-3CQ-M-04多点位移计不同深度的位移-时间变化曲线

在右岸共埋设了6套多点位移计和2个滑动测微计孔。有两套多点位移计孔底高程分别位于高程1153.50m和高程1063.50m，均为垂直于建基面埋设，初始观测时间分别为2004年5月3日和2004年7月25日，埋设时间均基本超前于建基面开挖，其最外侧测点绝对位移相差不大，均在3～4mm之间，受缺陷槽开挖处理影响，靠近建基面附近局部测点变形较大，其各测点典型时段绝对位移见表2.5-3～表2.5-5，典型测孔各测点位移-时间曲线见图2.5-22。

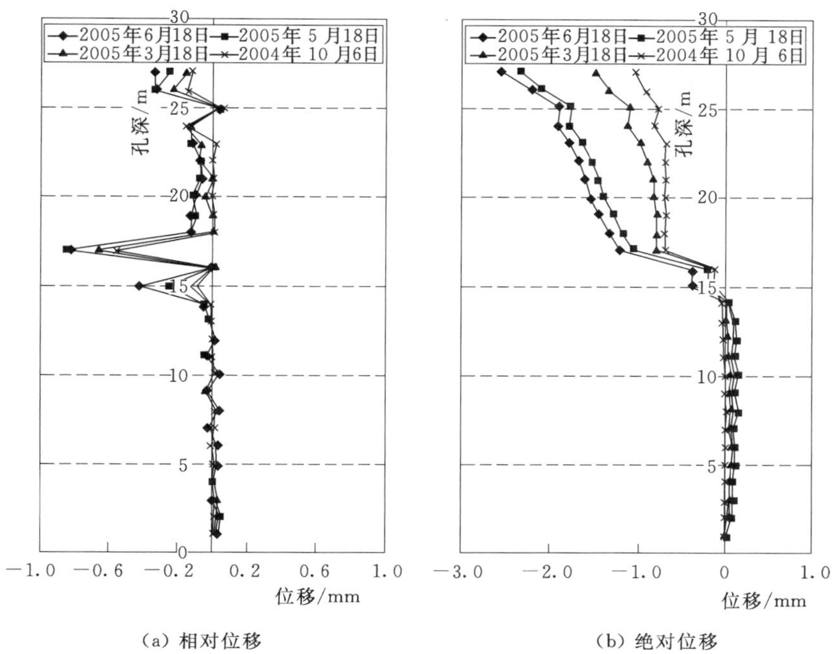

图 2.5-21 C2A-3CQ-HV-01 相对位移、累计位移-孔深-时间曲线

表 2.5-3　　多点位移计 C2B-3CQ-M-03 各测点典型时段绝对位移成果表

仪器编号	观测日期	位移量/mm				
		（测头）5号	4号	3号	2号	1号
		（埋深）23m	21m	18m	13m	3m
C2B-3CQ-M-03	2004-5-3	0.00	0.00	0.00	0.00	0.00
	2004-8-31	−0.10	0.62	0.49	0.57	−0.04
	2004-10-20	−0.09	0.70	0.68	0.63	0.03
	2004-12-13	−0.06	0.85	0.88	0.86	0.15
	2005-2-24	−0.07	1.51	1.65	1.47	0.38
	2005-3-29	−0.09	1.65	1.89	1.57	0.37
	2005-4-28	−0.09	2.15	2.03	1.74	0.35
	2005-5-29	−0.11	2.80	2.56		0.33
	2005-6-27	−0.12	6.18	3.05		0.27

表 2.5-4　　多点位移计 C2B-3CQ-M-06 各测点典型时段绝对位移成果表

仪器编号	观测日期	位移量/mm		
		（测头）3号	2号	1号
		（埋深）23m	21m	18m
C2B-3CQ-M-06	2004-8-24	0.00	0.00	0.00
	2004-10-25	0.60	0.57	0.43

续表

仪器编号	观测日期	位移量/mm		
		(测头)3号	2号	1号
		(埋深)23m	21m	18m
C2B-3CQ-M-06	2004-12-25	0.86	0.73	0.53
	2005-2-24	0.90	0.81	0.61
	2005-3-29	1.10	1.00	0.79
	2005-4-28	1.19	1.08	0.86
	2005-5-29	1.27	1.14	0.90
	2005-6-27	4.14	4.00	3.73

表2.5-5　多点位移计C2B-3CQ-M-07各测点典型时段绝对位移成果表

仪器编号	观测日期	位移量/mm				
		(测头)5号	4号	3号	2号	1号
		(埋深)25m	23m	20m	15m	5m
C2B-3CQ-M-07	2004-7-25	0.00	0.00	0.00	0.00	0.00
	2004-9-15	1.68	1.81	1.13	0.79	0.33
	2004-10-25	2.40	2.52	1.96	1.28	0.49
	2004-12-25	2.72	3.05	2.60	1.43	0.52
	2005-2-24	3.02	3.05	2.16	1.71	0.53
	2005-3-29	3.03	3.07	2.13	1.73	0.53
	2005-4-28	3.18	3.21	−0.23	1.95	0.53
	2005-5-29	3.61	3.48	−0.23	2.19	0.53
	2005-6-27	3.91	3.75	−0.24	2.17	0.53

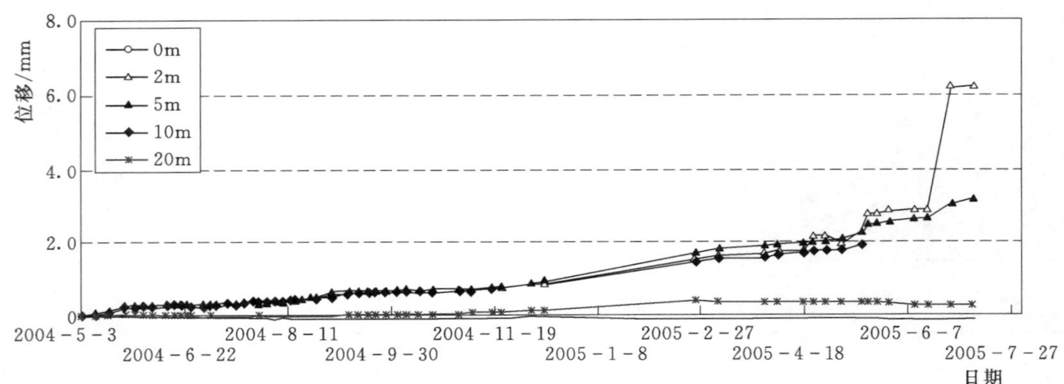

图2.5-22　C2B-3CQ-M-03多点位移计不同深度位移-时间变化曲线

右坝肩槽一个滑动测微计孔深24.0m，自观测以来相对位移变化较小，现累计位移约为−2.15mm，其相对和累计位移-时间曲线见图2.5-23。另一个滑动测微计孔深27.0m，在建基面

以下 9m 内沿孔深有位移变化，尤其是建基面以下 2～4m 范围内开挖卸荷回弹变形较为明显，临近坝肩槽面的最大位移为－8.267mm，其相对和累计位移-时间曲线见图 2.5－24。

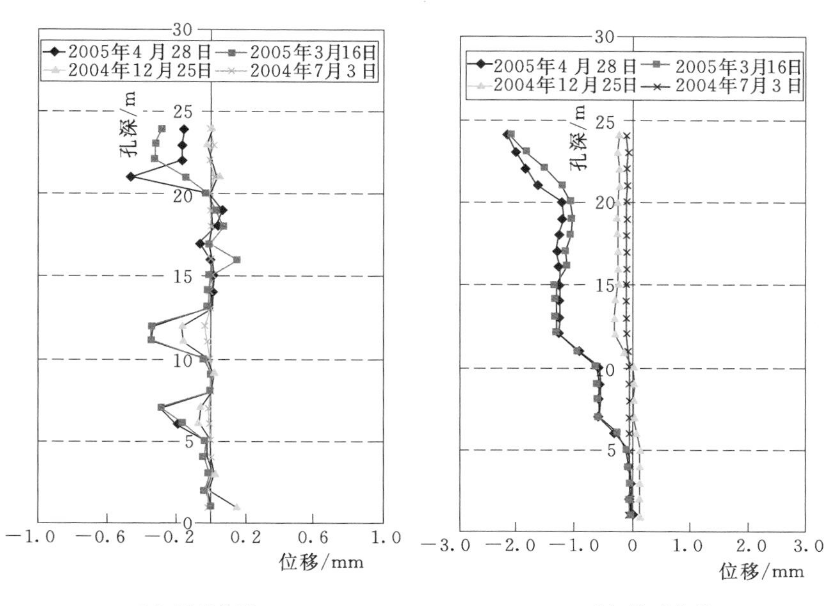

图 2.5－23 C2B－3CQ－HV－01 相对位移、累计位移-孔深-时间曲线

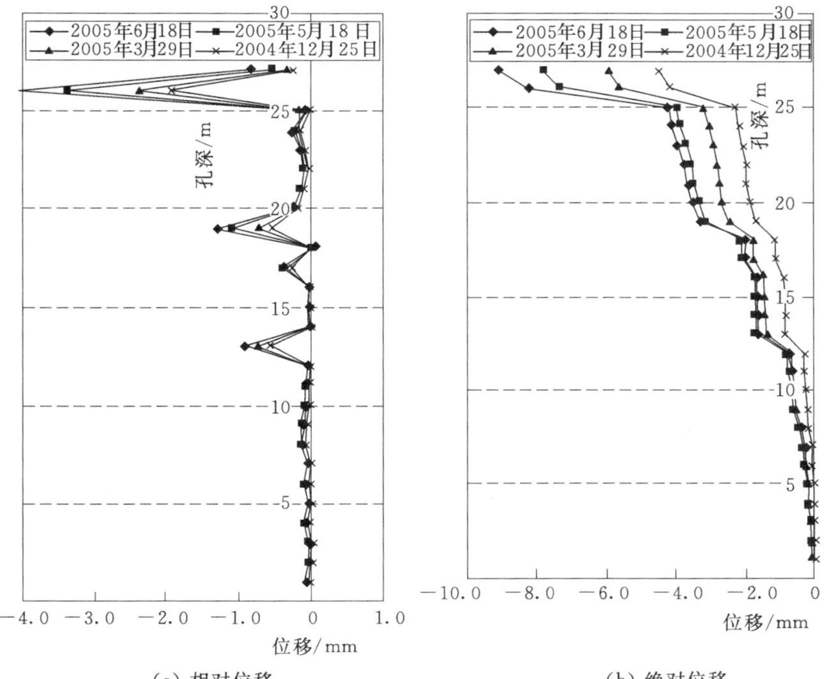

图 2.5－24 C2B－3CQ－HV－03 相对位移、累计位移-孔深-时间曲线

从左右岸坝肩槽多点位移计监测成果分析，各测点之间呈拉伸变形，变形主要集中在建基面以下 5m 左右，左岸建基面绝对位移在 4mm 左右，右岸建基面绝对位移在 4～6.5mm 之间。

从左右岸建基面的 3 支滑动测微计的监测资料可以看出，随着两岸坝肩槽的下挖，开挖槽面以下的岩体都有不同程度的回弹，右岸的回弹量在 3～9mm，左坝肩槽在 3mm 以内。回弹量在开挖面以下 5～10m 厚岩体内几乎占了一半以上，回弹主要集中在几个深度，初步分析认为是该深度岩体裂隙张开的结果。把回弹量 Δs 划分成 $\Delta s \leqslant 3$mm、3mm＜Δs＜6mm 和 $\Delta s \geqslant 6$mm，相应的卸荷回弹岩体深度见表 2.5-6。

表 2.5-6　　滑动测微计变形量级和岩体深度对应表

回弹量 Δs/mm	卸荷回弹岩体深度范围/m	
	左槽	右槽
$\Delta s \leqslant 3$	5～10	＜10
3＜Δs＜6		5～10
$\Delta s \geqslant 6$		2～5

从左右岸坝肩槽多点位移计和滑动测微计的变形历时曲线可以看出，坝肩槽面开挖至仪器埋设部位 5～6 个月后历时曲线趋向平缓，变形趋于稳定，部分仪器靠近建基面测点受缺陷槽和抗力体洞井塞洞口段开挖影响，变形有一定的增加。

右岸坝肩槽有一个多点位移计与滑动测微计平行布置，位于右岸高程 1150.00m 排水洞 RDA4 号内，从多点位移计的历时曲线可以看出，它的最大回弹量出现在埋深 13～21m 的 2 号、3 号和 4 号测头，而不是在最深的 5 号测头，而从滑动测微计沿孔深的位移曲线看出，在孔深 10m 和 20m 存在着裂缝，正是裂缝的张开造成孔深 10～12m 段和 20～22m 段回弹量的突然增大，这和多点位移计观测成果吻合。

2.5.1.3　坝基二次扩挖后岩体松弛特征

坝基开挖至高程 953.00m（原设计方案已开挖完成）后，针对高程 975.00m 以下岩体严重的开挖松弛现象，采取了二次规则性开挖方式，将河床坝段整体挖至高程 950.50m，并沿该高程面向两侧伸入 10m 左右后顺势向上放坡，左岸接原高程 975.00m 顺坡下挖约 6m（垂直深度）坡面，右岸接原高程 975.00m 坡面。二次扩挖后、坝基岩体松弛特性如下：

（1）表观现象。左岸、右岸坝踵部位缓倾角裂隙产状变化较大，部分裂隙面弯曲，主要表现为片岩两侧缓倾角裂隙倾向相向；坝基中心线附近及坝趾部位缓倾角裂隙产状相对稳定。开挖卸荷松弛回弹现象表现明显（图 2.5-25）。建基面上的台坎多为缓倾角裂隙切割的岩板截断所致（图 2.5-26），下部缓倾角裂隙均有不同程度的张开现象，部分裂隙面上可见预锚充填的水泥结石。近 SN 向、近 EW 向节理裂隙拉张（图 2.5-27），同时还存在因回弹差异而产生的错台现象，部分延伸长度达 10 余米。开挖后浅部缓倾角节理裂隙上部岩体存在"蠕滑"错动现象（图 2.5-28）。

高程 950.50m 平台缓倾角-近水平节理裂隙发育，产状（主要是走向）变化较大。表层岩体部分有明显错动、抬动等开挖卸荷松弛现象，节理裂隙有明显张开现象，低凹处沿

图 2.5-25 左岸坝基下游缺陷槽底部某孔壁缓倾裂隙明显回弹张开

图 2.5-26 21 号坝段中部缓倾角裂隙发育且部分张开

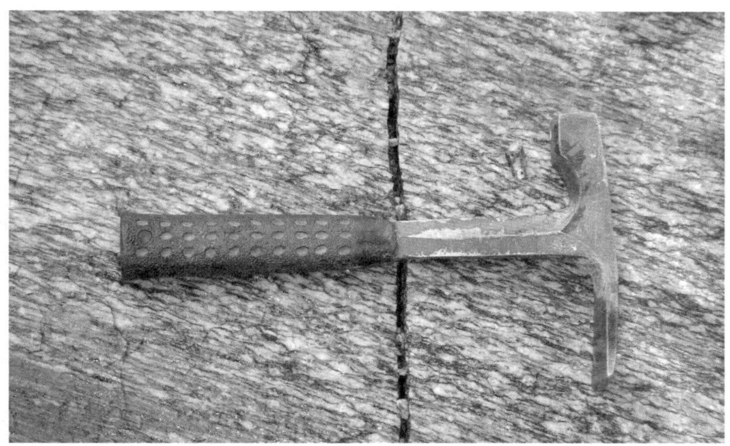

图 2.5-27 21 号坝段局部近 SN 向裂隙张开

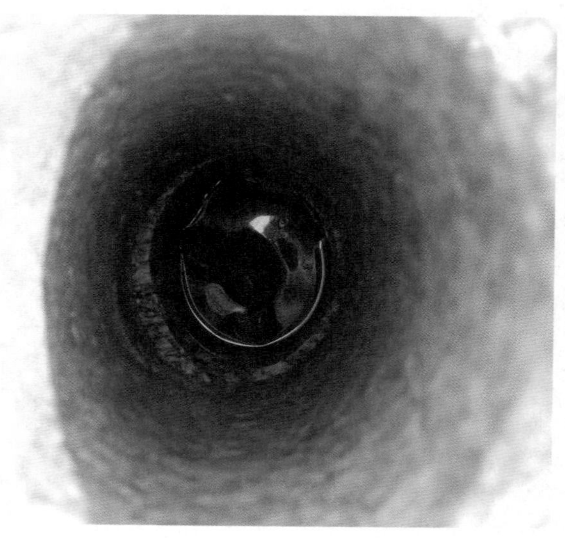

图 2.5-28 高程 953m 建基面声波测试孔 R22D-1 孔壁错位

裂隙有涌水现象。

(2) 物探检测。根据单孔声波测试结果统计分析，岩体波速大于 5000m/s 主要出现在 5m 深以下孔段，孔深 3.5m 以上波速一般为 3500～4000m/s，河床坝段浅表层波速相对更低，局部仅 2750m/s 左右。

(3) 全孔壁数字成像。各孔缓倾裂隙发育，裂隙张开多无充填，部分裂隙呈碎裂条带，局部孔段孔壁破碎。总的看，左岸裂隙发育数量较多且发育孔深差异较大。左岸 24～27 号坝段裂隙沿孔深发育密度见图 2.5-29，主要在 4.0m 以上孔段集中发育，累计 56 条，4.0m 以下孔段只在 6.0m 左右出现 3 条裂隙。河床 22 号和 23 号坝段裂隙沿孔深发育密度统计成果见图 2.5-30，裂隙主要在 1.0m 以上孔段发育，累计 11 条，1.0m 以下孔段裂隙零星分布，只有 2 条。右岸 18～21 号坝段裂隙沿孔深发育密度统计成果见图 2.5-31，裂隙主要在 2.0m 以上孔段发育，累计 26 条，2.0～4.5m 孔段裂隙零星发育，只有 4 条。

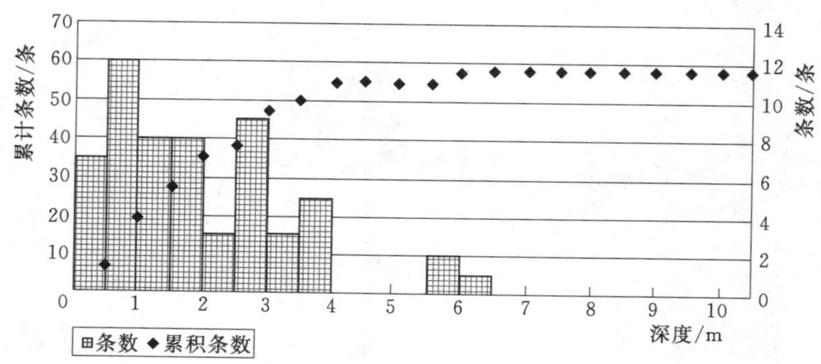

图 2.5-29 左岸 24～27 号坝段裂隙沿孔深发育密度统计图

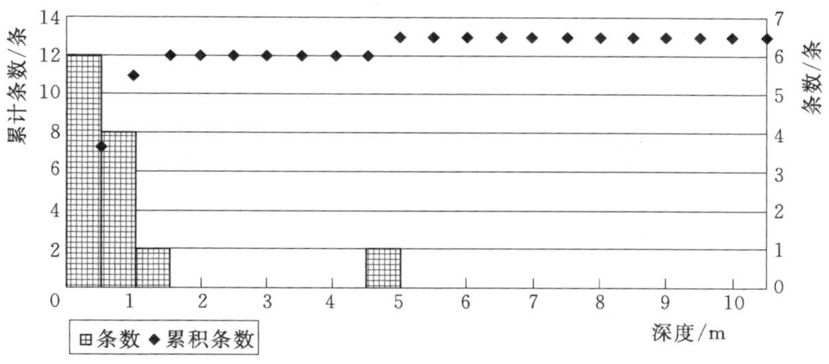

图 2.5-30 河床 22 号和 23 号坝段裂隙沿孔深发育密度统计图

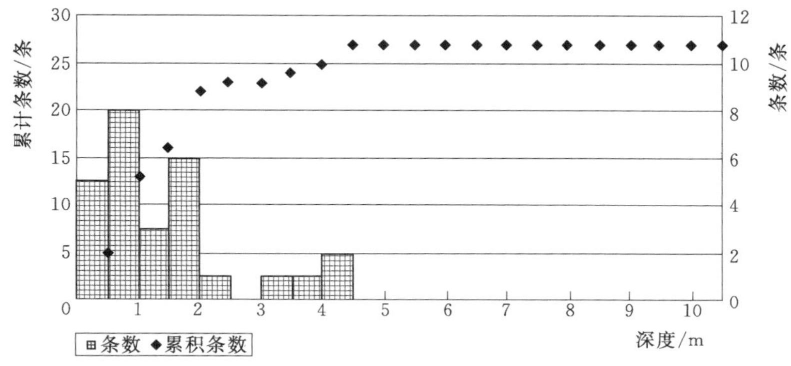

图 2.5-31 右岸 18～21 号坝段裂隙沿孔深发育密度统计图

测试过程中部分坝段测试孔因漏水而导致孔口段无测值，漏水孔深在一定程度上反映了岩体卸荷和张性裂隙发育的情况。各坝段漏水孔深分布情况见图 2.5-19，最大漏水孔深度左岸可达 3.5m、右岸 3.6m。

综上所述，虽然二次扩挖前采取了严格的锚固措施，但扩挖过程中坝基岩体仍出现新一轮的松弛，其程度及时效性较第一次开挖严重得多。此外，在锚固造孔过程中发现，造完孔后必须立即下锚杆，否则由于钻孔变形、位错，锚杆不能达到预定深度，且在原无裂隙的孔段出现了新增裂隙（图 2.5-32）。

由此说明，在地应力较高、岩体坚硬完整的地区，采取规则性扩挖方式对松弛岩体进行处理，尽管可以在一定程度上挖出已严重松弛的岩体，但开挖爆破对位于原松弛岩体以下较完整的岩体造成新的损伤，且越往下挖，地应力越高，导致产生更为严重的新一轮岩体卸荷松弛。

2.5.1.4 建基面岩体质量分区、分带

根据建基面岩体的地质条件、空间分布特征及松弛程度发展情况，结合物探、监测、压水、灌浆等资料，按松弛岩体特征及程度将坝基按建基面高程宏观分为高程 1245.00～1050.00m、高程 1050.00～975.00m、高程 975.00～950.50m、高程 950.50m 4 个区 7 个亚区，各区具体特征见表 2.5-7。总体上高高程部位松弛岩体松弛深度虽然较大，松弛程度却较小；低高程部位（尤其是河床部位）松弛岩体松弛深度相对较少，但松弛强度大。

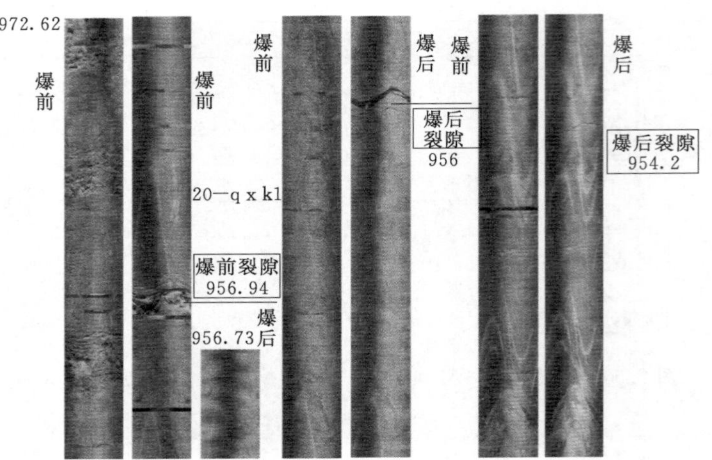

图 2.5-32 二次扩挖前后同孔全孔壁数字成像成果对比图

表 2.5-7 **建基面松弛岩体分区表**

分区高程及代号		松弛岩体特征	近似对应的坝段
1245～1050m A区	左岸 AL 区	顺坡中缓倾角节理裂隙倾角为 32°～45°，较坝基缓，相对不发育，开挖后松弛表观现象主要表现为“葱皮”现象和节理裂隙向临空方向的张开变形，松弛程度较低，物探、监测、压水、灌浆等资料表明，由于开挖暴露时间长，松弛深度大	33～43 号
	右岸 AR 区		1～11 号
1050～975m B区	左岸 BL 区	顺坡中缓倾角节理裂隙倾角在该区渐变，从 32°～45°逐渐过渡到 10°～25°，略缓于坝基坡度，“葱皮”现象普遍，可见沿已有裂隙错动、张开和扩展的现象，在低高程可见明显的新生裂隙，左岸较右岸明显，松弛程度及深度较大	28～32 号
	右岸 BR 区		12～17 号
975～950.5m C区	左岸 CL 区	顺坡中缓倾角节理裂隙倾角为 10°～25°，与坝基近平行，较发育，“板裂”及蠕滑现象明显，有岩爆现象，仅局部有“葱皮”现象，松弛程度较大	24～27 号
	右岸 CR 区		18～21 号
950.5m D区		顺坡中缓倾角节理裂隙倾角为 5°～15°，部分水平，与坝基近平行，较发育，“板裂”现象较强烈，差异回弹现象明显，基本无“葱皮”现象，松弛程度最大，松弛深度相对较小	22～23 号

不同部位岩体松弛程度不尽相同，同一部位距开挖面越近岩体松弛程度越强。根据松弛强度、岩体松弛特征等将坝基松弛岩体分为 3 带：松弛带、过渡带和基本正常带。各带地质特征见表 2.5-8。

表 2.5-8 **岩体松弛程度分类标准**

分带		松弛岩体特征	参考指标			
			松弛强度 $/10^{-3}$	平均波速 V_p/(km/s)	V_p 衰减率 /%	透水率 q/Lu
松弛带	强松弛带	岩体基本脱离母岩，有明显位移，一般无实测声波值，该带各具体部位厚度差异较大，清基时已清除				

续表

分带		松弛岩体特征	参考指标			
			松弛强度 $/10^{-3}$	平均波速 $V_p/(\mathrm{km/s})$	V_p 衰减率 /%	透水率 q/Lu
松弛带	松弛带	岩体结构明显松弛、节理裂隙明显回弹张开，伴有错动、抬动、局部岩爆等现象，随时间推移松弛程度增加，裂隙有贯穿趋势，施工造孔过程中，常可见到周边孔和裂隙喷水、冒气现象。位于开挖面浅表，由于岩体结构特征、初始应力条件、开挖体型、临空条件以及支护等差异，岩体的松弛程度和深度有空间的差异性	>1	<4.5	10～20，个别可达30	>10，部分大于100
过渡带		岩体中张开裂隙有少量分布且不集中，大部分裂隙微张，部分隐微裂隙已显现出来	1～0.1	4.5～5.2	<10	<3
基本正常带		岩体基本不受施工影响，其中的节理裂隙大多闭合或为不明显的隐微裂隙，偶见微张裂隙	<0.1	5.2～5.5	<5	<1

为评价岩体的松弛程度，利用全孔壁数字成像技术，统计坝基物探长期观测孔、检测孔等孔内中缓倾角裂隙的位置及其张开宽度，并进行统计分析，得到单位深度内的累计张开位移等于结构面累计张开位移的导数，数值上即为曲线的斜率（图 2.5-33），称之为松弛强度。松弛强度反映了岩体松弛的强烈程度，松弛强度越大表明岩体松弛越强烈。

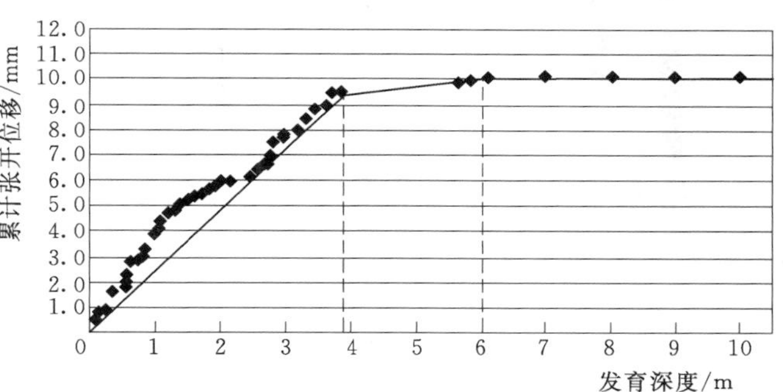

图 2.5-33　24～27 号坝段结构面随深度累计平均张开位移统计图

$$I=\frac{\mathrm{d}T}{\mathrm{d}h}=\lambda\bar{\bar{t}} \tag{2.5-1}$$

式中：I 为松弛强度，是单位深度内的累计张开位移，等于结构面累计张开位移的导数；λ 为张开裂隙的法向密度；$\bar{t}$为裂隙平均张开位移。

松弛强度不仅包含了裂隙的数量信息，而且还包含了裂隙的张开位移信息，较为全面、直观地反映了岩体松弛情况，为松弛岩体分带的主要参考指标。在进行数据统计时，钻孔越少，所能得到的数据越少，则裂隙张开位移的累计曲线的波动越大；而钻孔越多，所得到的数据越多，则累计曲线越光滑。因此，为了便于松弛分带，根据相似性将一定范围内坝段的钻孔一起进行统计分析。统计结果见表 2.5-9 和图 2.5-34。

统计成果表明：松弛带位于坝基浅表部位；河床部位由于地应力高，松弛现象明显，松弛强度较大，但松弛深度较小；两岸过渡带深度虽然较河床部位大，但松弛强度差别小；两岸开挖暴露时间长，松弛深度较大，但松弛强度较小，河床部位松弛强度较大，但松弛深度较小。

表 2.5-9　　松弛深度及松弛强度统计表

坝段号	松弛深度/m		累计平均张开/mm		松弛强度/10^{-3}	
	松弛带	过渡带	松弛带	过渡带	松弛带	过渡带
2～11	3.6	14	4.5	8	1.25	0.34
12～17	2	9.4	5	9.4	2.50	0.59
18～21	1.8	4.3	7.3	8	4.06	0.28
22～23	1	2.5	7	7.8	7.00	0.53
24～27	3.9	6	9.5	10	2.44	0.24
28～32	4.1	8.5	11	14.3	2.68	0.75
34～42	2.2	12.2	2	3.8	0.91	0.18

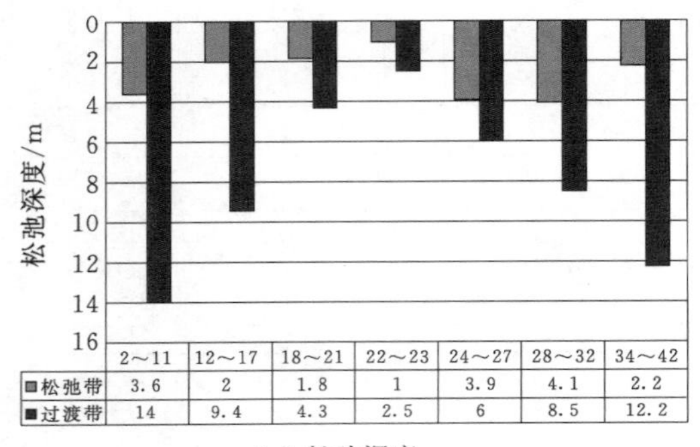

(a) 松弛深度　　　　(b) 松弛强度

图 2.5-34　坝基松弛深度及松弛强度柱形图

2.5.1.5　岩体质量劣化时效特性及规律

(1) 时效特性。坝基岩体开挖后应力重新分布，随时间推移岩体进一步松弛，见图 2.5-35。

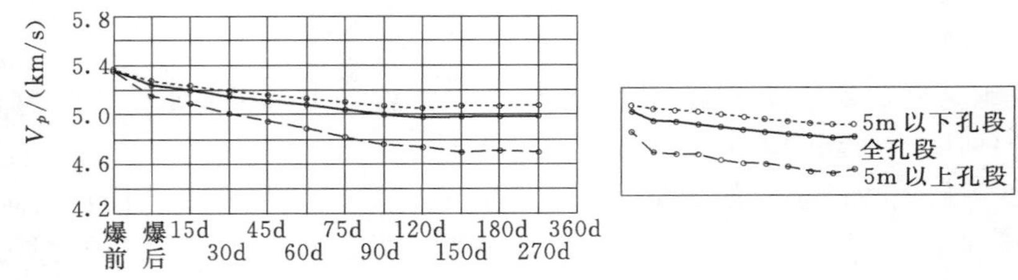

图 2.5-35　坝基开挖岩体波速特征变化典型曲线图

沿裂隙的扩展、"板裂"、蠕滑等现象在开挖初期的一定时段内有明显变化，如左岸高程 975.00m 排水洞口下游壁缓倾裂隙发育情况，前后相差不足两个月，裂隙明显增大、增多（图 2.5-36）。

多点位移计、滑动测微计、声波长期测试等成果表明，主要的松弛变形量发生在开挖后 60d 或 90d 以内，90～180d 之间松弛变形量相对较小，180d 以后基本趋于平稳，仍有缓慢的松弛变形。

图 2.5-36 左岸高程 975m 排水洞口下游壁缓倾裂隙

声波测试、变形监测成果分析表明，坝基岩体松弛深度随时间推移有所加深，深度增加的幅度各坝段大小不一，总体增幅不大。声波长期测试孔后期测试时漏水孔深增加，说明随松弛发展较深部位岩体中也出现张开裂隙。

（2）松弛岩体变形特性。坝基岩体出现明显的松弛现象后，在坝基部位开展了变形试验工作，成果见表 2.5-10，试验成果表明，岩体松弛后其变形模量总体大幅度降低。

表 2.5-10　建基面岩体变形试验成果汇总表

试点编号	试验点位置	岩性	试验压力/MPa	变形模量/GPa		声波测试/(m/s)
				单点值	算术平均值	
E1	38 号坝段	黑云花岗片麻岩，次块状结构	6.135	11.67	10.66	4738
E2	37 号坝段	黑云花岗片麻岩，次块状结构	4.829	11.70		4873
E3	37 号坝段	黑云花岗片麻岩，次块状结构	6.037	8.60		4624
E4	39 号坝段	角闪斜长片麻岩，次块状结构	6.037	19.45	25.87	5070
E5	37 号坝段	角闪斜长片麻岩，块状结构	4.908	31.18		5385
E6	37 号坝段	角闪斜长片麻岩，次块状结构	6.135	15.65		5055
E1′	37 号坝段	角闪斜长片麻岩，块状结构	5.081	33.18		
E2′	37 号坝段	角闪斜长片麻岩，块状结构	5.081	29.89		
E13	28 号坝段	黑云花岗片麻岩，次块状结构	10.226	11.14	13.77	4615
E14	29 号坝段	黑云花岗片麻岩夹角闪斜长片麻岩，次块状结构	6.135	8.35		4551
E3′	27 号坝段	黑云花岗片麻岩，块状结构	2.888	20.36		
E4′	27 号坝段	黑云花岗片麻岩，块状结构	5.000	16.74		
E5′	26 号坝段	黑云花岗片麻岩，块状结构	5.081	12.28		
E7	21 号坝段	黑云花岗片麻岩，镶碎结构	6.037	0.86	1.11	2891
E10	22 号坝段	黑云花岗片麻岩，碎裂结构	10.141	1.72		3300
E12	27 号坝段	黑云花岗片麻岩，镶碎结构	6.135	0.96		2645
E15	21 号坝段	黑云花岗片麻岩，镶碎结构	10.226	0.89		2921
E8	23 号坝段	强烈蚀变岩	7.727	0.66	1.06	2933
E9	23 号坝段	强烈蚀变岩	7.727	1.45		3103

续表

试点编号	试验点位置	岩性	试验压力/MPa	变形模量/GPa		声波测试/(m/s)
				单点值	算术平均值	
E11	22号坝段	片岩夹层	6.008	1.17		3106
E16	6号坝段	块状岩体，中等蚀变岩	5.113	7.53	6.23	4258
E19	5号坝段	黑云花岗片麻岩，次块状，轻微蚀变	5.113	6.75		4249
E18	5号坝段	黑云花岗片麻岩，次块状，轻微蚀变	5.113	4.40		4231
E17	6号坝段	黑云花岗片麻岩，次块状结构，表面强烈卸荷	5.113	1.67		3603
E20	5号坝段	F_{11}断层带	5.113	0.70		3455
E21	9号坝段	角闪斜长片麻岩，次块状结构	5.113	5.55	3.52	4258
E22	9号坝段	角闪斜长片麻岩，镶碎结构	5.113	1.48		3805

松弛岩体受松弛的影响，在抗变形性能方面较原岩有较大幅度的降低。主要表现在以下几个方面：

1）坝基开挖后使岩体结构松弛，裂隙扩展、位错，并形成了新裂隙。

2）应力释放，围压解除，体变形增加，密度减小。对固结灌浆检查孔及芯样进行原位声波测试与饱水岩芯、干燥岩芯声波测试对比，波速平均值分别为5270m/s、4330m/s、3350m/s，干燥岩芯比饱水岩芯声波速度平均降低22.5%，饱水岩芯比原位孔壁声波速度平均降低17.8%。

3）原位纵波测试成果表明，松弛岩体波速较原岩的大幅度降低，见图2.5-37。

松弛岩体变形试验成果与原岩试验成果对比表明：松弛岩体的变形模量更加离散；应力-变形曲线主要表现为上凹型，普遍出现了较明显的压密阶段。

（3）抗剪强度。松弛岩体抗剪强度较原岩力学性能的改变主要表现如下：

1）岩体强度由整体块状结构劣化为次块状、似层状结构或者为裂隙岩体强度，其岩体变形破坏机理也随之改变。

2）应力重分布改变了原有的应力状态，岩体结构松弛，强度降低，据相关研究成果，松弛岩体较原岩 f'降低一般在5%～10%，c'降低可达30%～50%。

3）裂隙张开和位错，且部分裂隙已被污染，劣化了结构面强度。

综上所述，随坝基开挖，岩体质量劣化，并随裸露时间的延长，岩体质量劣化程度加剧，劣化深度增大，岩体的抗变形性能和抗剪强度降低明显。具时空特性。

2.5.2 岩体质量随大坝初期浇筑及灌浆的演化

2.5.2.1 灌浆及锚固

松弛岩体具有较好的可灌性，固结灌浆单位注入率、透水率随灌浆次序的增加和孔深增加而递减，浅表层岩体中大部分缓倾角裂隙已被充填，浅表层岩体的 V_p 值得到一定程度的提高，低波速带的岩体波速值明显提高，离散性减小，通过固结灌浆，岩体的均一性得到明显改善。由于张开裂隙已被高强度的水泥充填，结构面抗剪强度明显提高。因此，固结灌浆总体是使岩体向恢复方向演化。

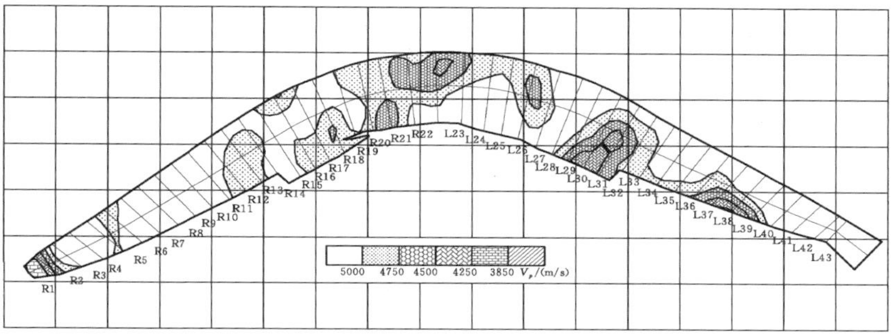

(a) 原岩 0～1m 孔段

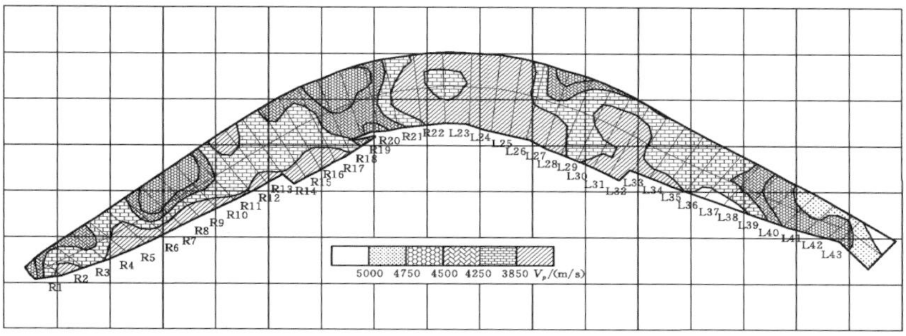

(b) 松弛后 0～1m 孔段

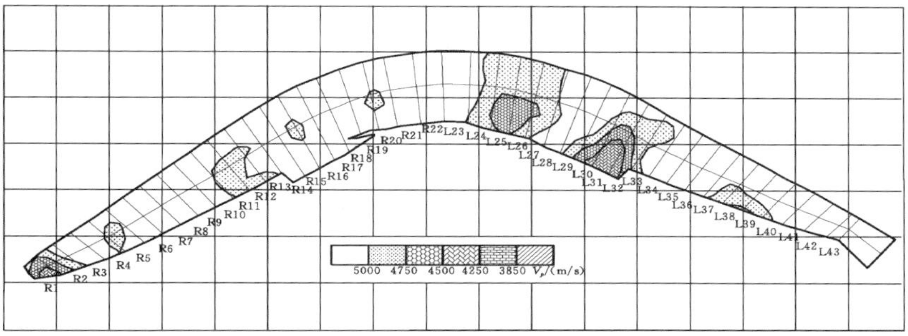

(c) 原岩 1～2m 孔段

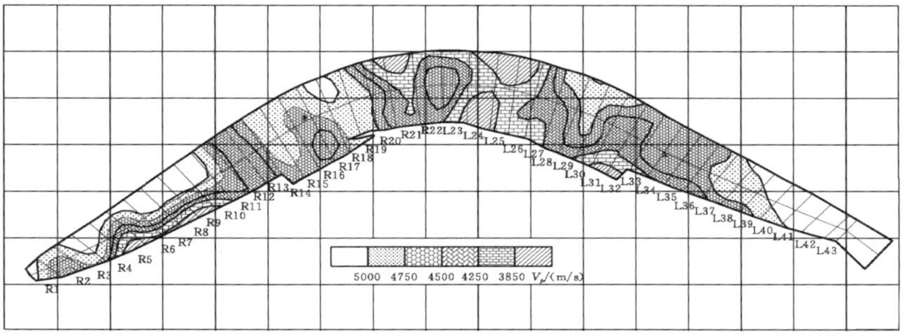

(d) 松弛后 1～2m 孔段

图 2.5-37　坝基岩体松弛前后单孔声波速度分区平面等值线

对坝基开挖面采用锁口锚杆、超前锚杆预锚和预应力锚杆等锚固措施对限制岩体松弛变形有一定的抑制作用，对限制松弛变形量有利；利用固灌孔下锚筋锚固，以提高岩体综合抗剪强度；在坝趾设置预应力锚索，调整坝基岩体应力状态，改善岩体整体抗变形和抗剪性能。

2.5.2.2 大坝混凝土浇筑

从坝基滑动测微计孔典型时段-累计（相对）位移-孔深曲线和孔口累计位移-混凝土浇筑高程-固结灌浆过程曲线（图 2.5-38 和图 2.5-39），可以看出以下几点：

（1）在观测孔坝段和相邻坝段施工初期固结灌浆过程中，受其影响坝基回弹变形量有一定程度增加，灌浆过程结束后，回弹变形增量减小，表明固结灌浆对坝基回弹变形有所影响。

（2）随着大坝混凝土浇筑高程的逐渐增加，混凝土压重对抑制坝基卸荷回弹变形作用较为明显。从滑动测微计实测资料分析，河床坝段的大坝混凝土压重层厚约 10m 即可抑制坝基岩体继续回弹；在岸坡坝段由于斜坡原因，其上大坝混凝土压重层厚约 20～30m 才能抑制坝基岩体继续回弹。

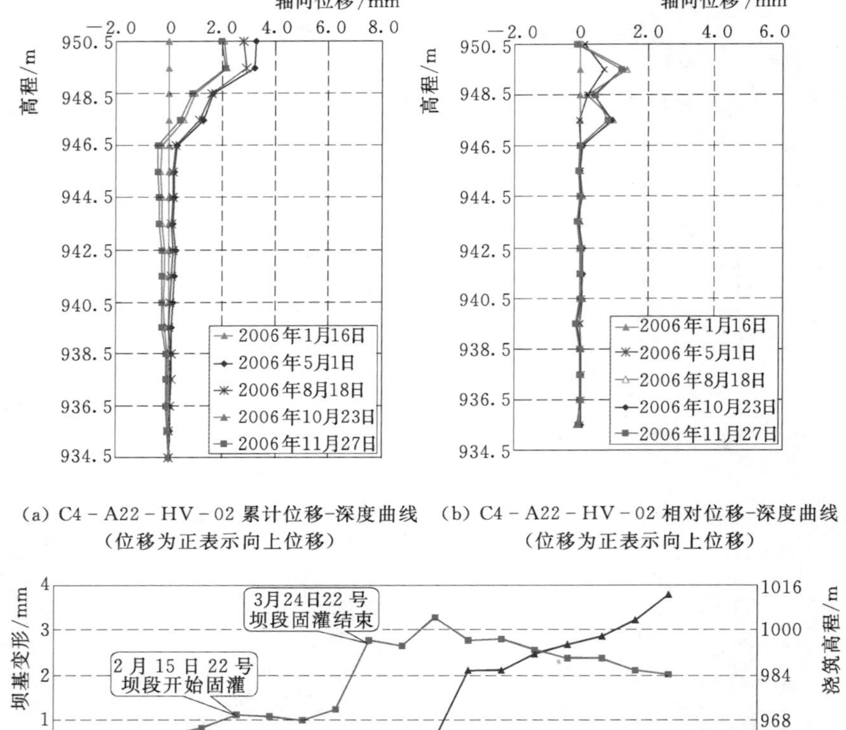

图 2.5-38 22 号坝段滑动测微计测孔不同时间-累计（相对）位移-深度曲线

（3）坝基主要松弛岩体深度一般在建基面 3～5m 范围内，20 号坝段主要受灌浆影响，其建基面以下约 10m 处裂隙张开，其松弛影响深度略深。

（4）多点位移计监测成果表明，松弛岩体主要分布在建基面以下 5m 范围内，位移约在 1～3mm 之间，5m 以下变形一般在 0.5mm 以内。随着大坝混凝土浇筑高度的增加，

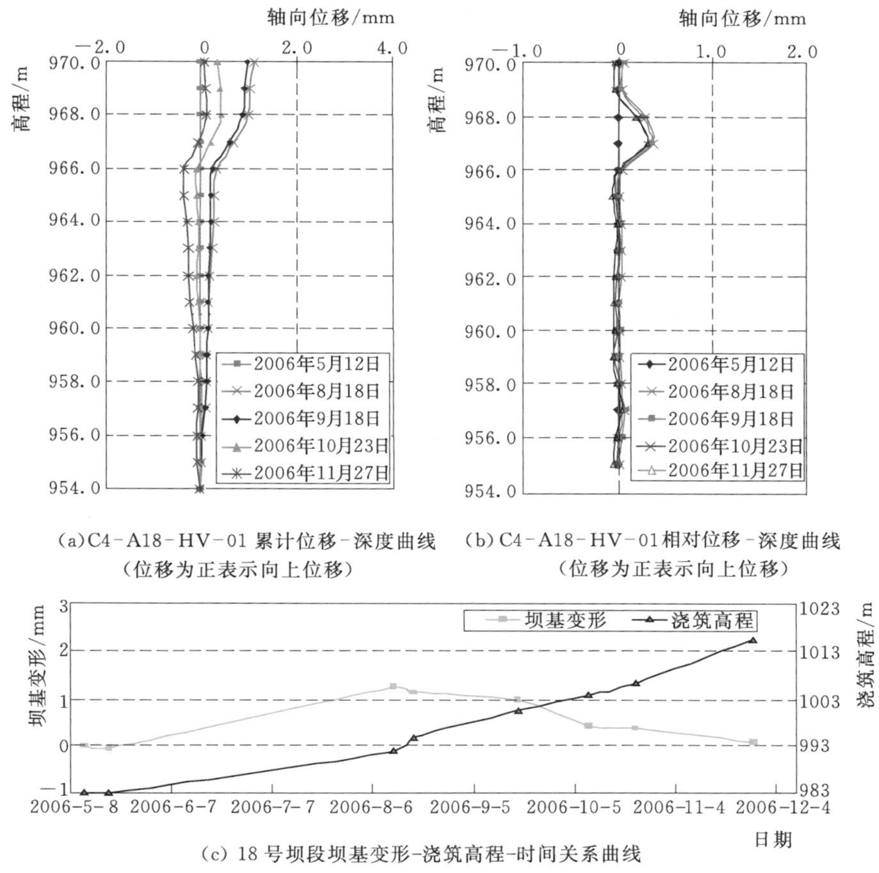

图 2.5-39 18号坝段滑动测微计测孔不同时间-累计（相对）位移-深度曲线

大坝混凝土压重层厚约 30～40m，孔口位移开始呈现压缩趋势。

监测成果表明（图 2.5-40）：坝基卸荷回弹主要在建基面浅部岩体，随着大坝混凝土浇筑达到一定高度，孔口位移开始呈现压缩趋势，随坝体浇筑高度继续增加，压缩位移趋缓，坝踵压缩较坝中及坝址明显。

建基面单向测缝计开合度-水位-时间曲线见图 2.5-41。结合建基面压应力监测成果表明：蓄水过程对河床坝段坝体与基岩的接缝开合度表现为：坝踵开合度呈压缩变形减小趋势，坝趾开合度呈压缩变形增加趋势，与建基面压应力计变化一致。

建基面应力。蓄水前和坝前水位为 1037.69m 时，从时间上看，随混凝土浇筑，坝基压应力持续增加，由于坝体向上游倒悬，坝踵压应力增加幅度较大，坝趾压应力变化不大，当坝前库水位为 1037.69m 时，坝踵最大压应力为－8.94MPa（15 号坝段，坝体浇筑高度约 208m），坝趾最大压应力为－1.16MPa（22 号坝段，坝体浇筑高度约 252m）；从空间上看，取决于坝段浇筑高度和坝体倒悬度，无论是坝踵还是坝趾压，压应力呈河床坝段向两岸坝段递减的趋势；同一坝段受坝体倒悬影响，坝踵压应力明显大于坝趾压应力（图 2.5-42 和图 2.5-43）。

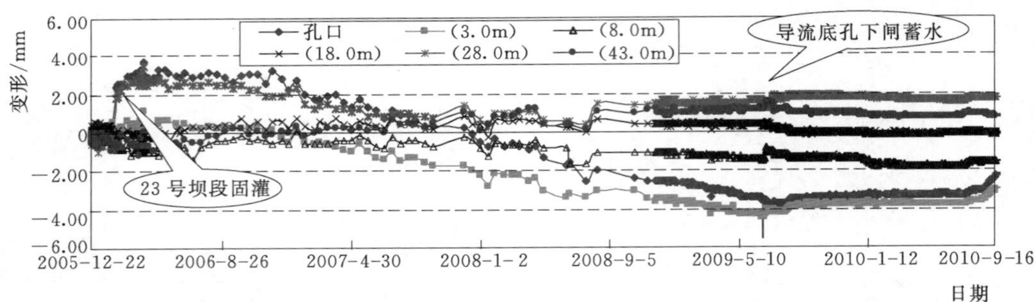

(a) 多点位移计 C4-A23-M-02 不同深度测点绝对位移-时间曲线

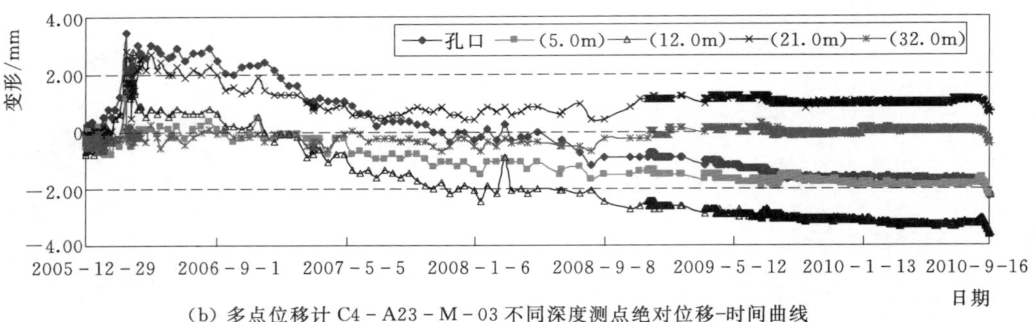

(b) 多点位移计 C4-A23-M-03 不同深度测点绝对位移-时间曲线

图 2.5-40 典型多点位移计各测点位移-时间曲线

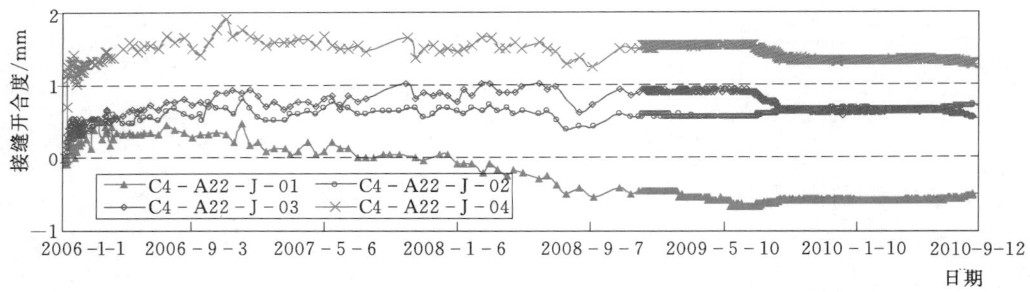

图 2.5-41 22号坝段建基面单向测缝计开合度-水位-时间曲线

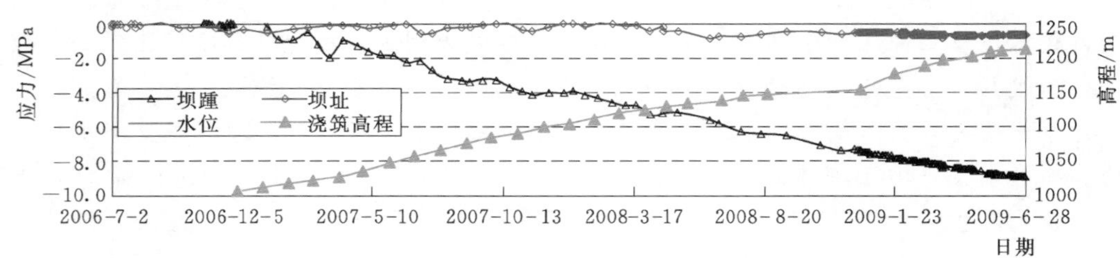

图 2.5-42 蓄水前15号坝段坝基压应力历时曲线

大坝混凝土浇筑后盖重增加，岩体应力得到部分恢复，张开裂隙被压密，有盖重固结灌浆处理之后，松弛岩体波速也有相应的提高。坝基岩体质量是一个从好（天然）→劣化

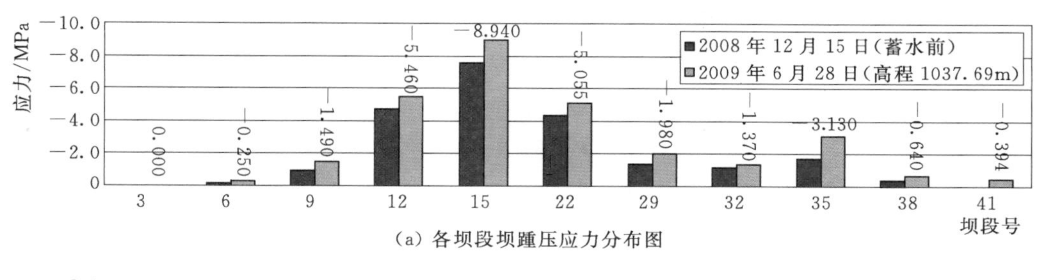

(a) 各坝段坝踵压应力分布图

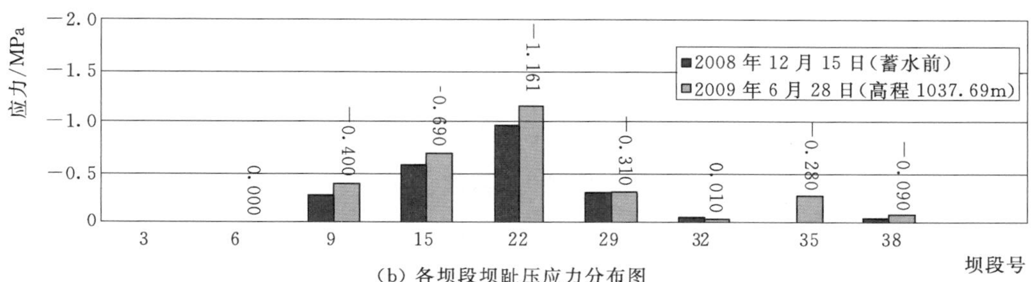

(b) 各坝段坝趾压应力分布图

图 2.5-43 蓄水前坝基坝踵坝趾压应力分布图

（开挖）→较好（浇筑及处理后部分恢复）的过程，见图 2.5-44。

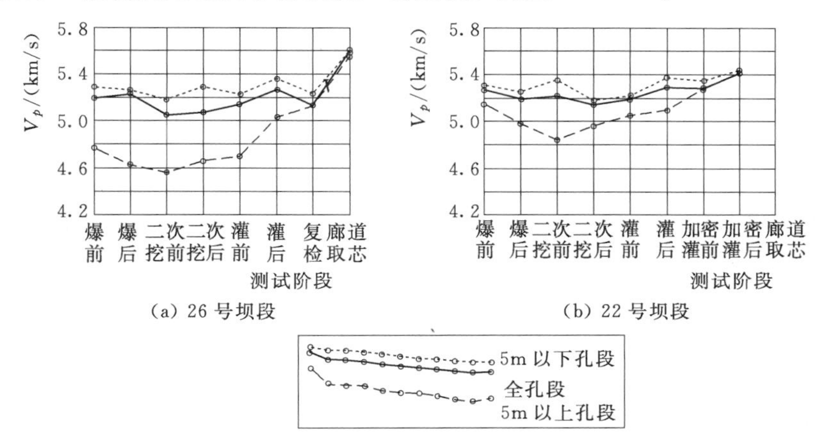

图 2.5-44 坝基岩体不同施工阶段波速特征典型曲线图

在盖重作用下浅表部松弛岩体被压密，并且使坝基应力得到部分恢复。随着大坝混凝土浇筑高程的逐渐增加，混凝土压重对抑制坝基卸荷回弹变形作用较为明显。

变形监测表明，河床坝段的大坝混凝土压重层厚约为10m即可抑制坝基岩体继续回弹；在岸坡坝段由于斜坡原因，其上大坝混凝土压重层厚为20～30m才能抑制坝基岩体继续回弹；随着大坝混凝土浇筑高度的增加，压重层厚为30～40m，位移开始呈现压缩趋势。根据后期大坝廊道内及坝后贴角部位钻孔成果，基岩面以下5～10m左右有应力集中现象，出现饼状岩芯，说明随压重增加，坝基浅表层岩体应力得到一定程度的恢复。

建基面压应力计应力-混凝土浇筑-时间曲线见图 2.5-45，随混凝土压重增加压应力持续增加，坝踵至坝趾呈依次减小，主要受坝体倒悬影响。

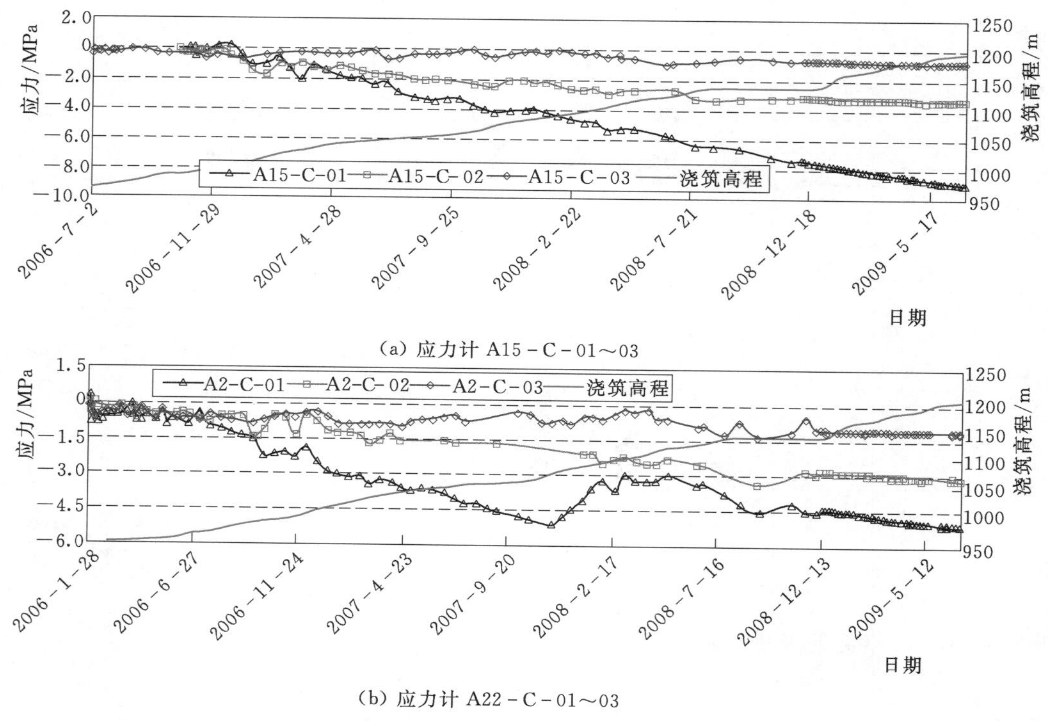

图 2.5-45 建基面压应力计应力-混凝土浇筑-时间曲线

综上所述，坝体上升初期，对松弛岩体有明显的压密作用，整体岩体质量逐步向恢复方向演化。随着坝体的进一步上升（到达一定高度后），坝踵压应力逐步增加，主应力差减小，岩体质量进一步向恢复方向演化；而坝趾压应力逐渐减小，甚至局部出现拉应力，主应力差增大，岩体质量趋于向劣化方向演化。

2.5.3 随大坝继续浇筑及水库蓄水岩体质量的演化

坝基开挖卸荷回弹主要表现在建基面浅部岩体，随着大坝混凝土浇筑达到一定高度，孔口位移开始呈现压缩趋势（图 2.5-40）。随坝体浇筑高度继续增加，坝基压应力持续增加，由于坝体向上游倒悬，坝踵压应力增加幅度较大，坝趾压应力变化不大，施工期典型坝基压应力时程曲线见图 2.5-46。

随水库蓄水，从时间上看，坝踵压应力持续减小，坝趾压应力持续增加，至正常蓄水

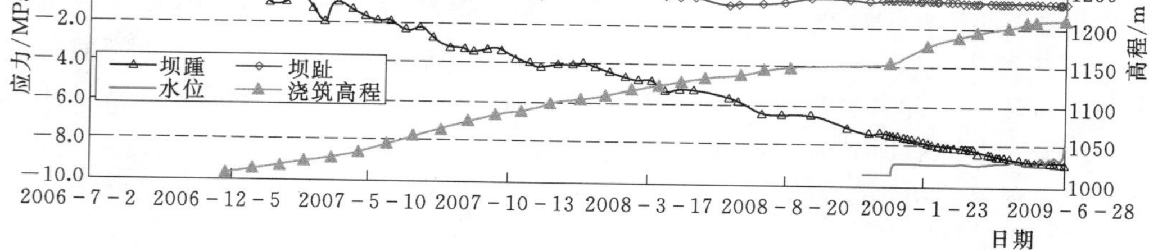

图 2.5-46 蓄水前典型坝基压应力历时曲线

位，15号坝段坝踵压应力降至－2.90MPa，9号坝段坝坝趾最大压应力升至－3.91MPa；从空间上看，至正常蓄水位，坝踵压应力河床两侧坝段比河床坝段小，岸坡坝段压应力已小于－1.0MPa，坝趾压应力河床坝段及两侧坝段较大，岸坡坝段较小，见图2.5－47。由于建基面坝体与上下游贴角连为一个整体浇筑，应力扩散作用明显，在正常蓄水位下同一坝段坝踵坝趾压应力相差不大，坝趾压应力略大于坝踵。

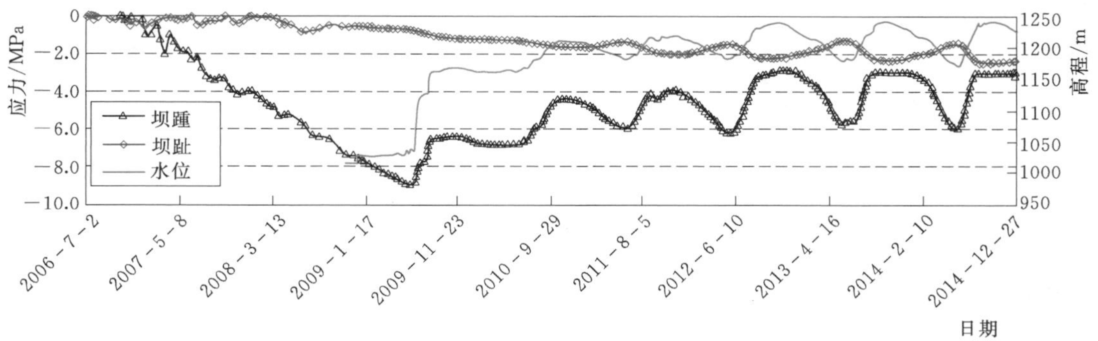

图2.5－47　典型坝基压应力历时曲线

截至水库首次蓄水至正常高水位，从时间上看，坝踵压应力持续减小，坝趾压应力持续增加，至正常蓄水位，15号坝段坝踵压应力降至－2.90MPa，坝趾最大压应力升至－3.91MPa（9号坝段）；从空间上看，至正常蓄水位，坝踵压应力河床两侧坝段比河床坝段小，坝趾压应力河床坝段及两侧坝段较大，岸坡坝段较小，见图2.5－48。

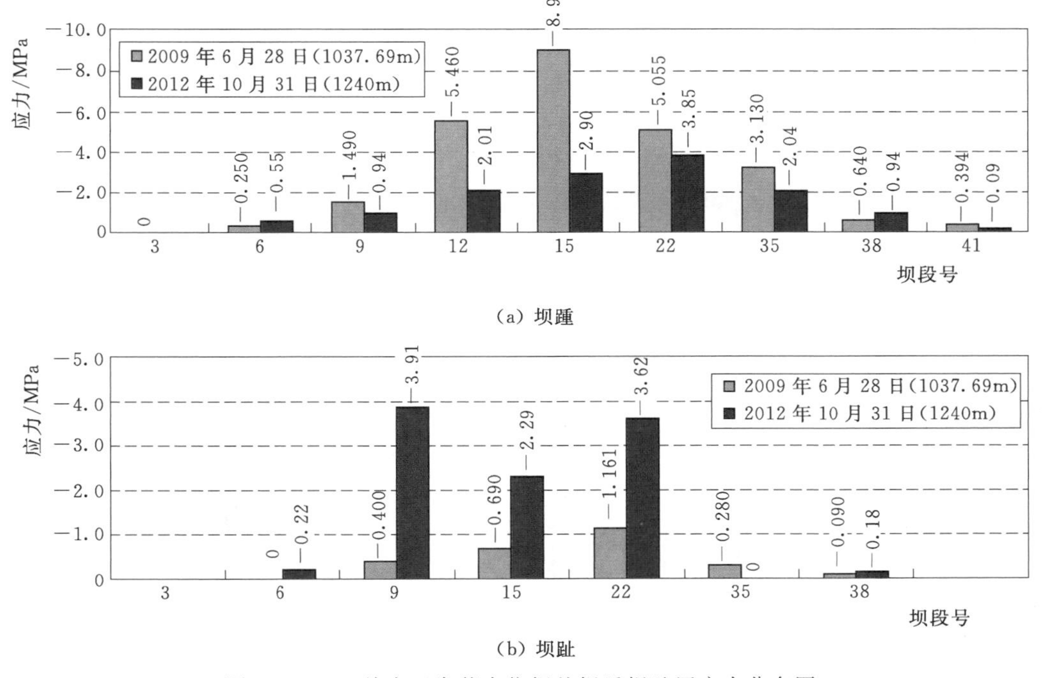

图2.5－48　首次正常蓄水位坝基坝踵坝趾压应力分布图

初期坝踵压应力较大，坝趾压应力较小，甚至局部出现拉应力，随蓄水高度的增加，坝踵部位压应力逐渐减小，而坝趾部位压应力逐渐增加。进入正常运行期，两次达到正常蓄水位时，坝基压应力规律与首次达正常蓄水位一致，每次达到正常蓄水位时应力差异很小，其中水位下降期间的压应力与水位上升期间的同水位压应力测值差异相对要大一些。这些应力状态的改变，也影响岩体质量随之转变，岩体强度也会发生变化。虽然岩体质量有劣化趋势，但因坝基岩体主要为硬岩到极坚硬岩，处于有围压状态，这些小范围的波动不会对坝基岩体产生本质影响，对坝基岩体质量影响小，仍维持在以Ⅱ类岩体为主的水平，坝基岩体质量满足拱坝长期安全和正常运行要求。

2.5.4 岩体质量长期演化预测

坝基岩体在大坝运行过程中，长期承受坝体荷载及裂隙水的渗流作用。这些作用主要是改变了岩体的赋存环境，包括应力场和渗流场。

2.5.4.1 应力场影响分析

根据水库蓄水至2014年10月（已3次蓄水到正常高水位）的应力-渗流仿真分析成果（图2.5-49和图2.5-50），坝基岩体主要为压应力，在高程1010.00m处，最大主应力约为－1MPa，最小主压力约为－9MPa。坝基建基面压应力计监测值显示建基面基本处于受压状态，见图2.5-51。坝体浇筑过程中，坝基压应力逐渐增大，且坝踵压应力大于坝趾，见图2.5-52；蓄水过程中，随着水位上升（下降），坝踵压应力减小（增加），坝趾压应力增加（减小）。2014年10月6日，1240.00m水位时，15号、22号、29号靠近坝踵测点的压应力量值总体上比靠近坝趾测点量值小。15号坝段坝踵处压应力约为3.07MPa、坝趾处压应力约为2.54MPa；22号坝段坝踵处压应力约为3.75MPa、坝趾处压应力约为4.01MPa；29号坝段坝踵处压应力约为3.21MPa、坝趾处压应力约为3.32MPa。

图2.5-49 高程1010m平切第一主应力等值线图

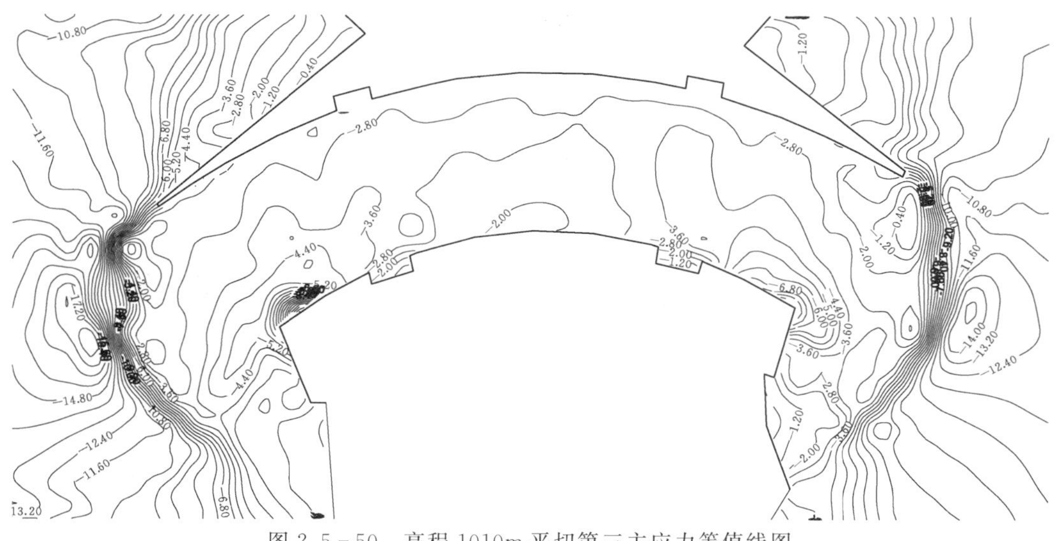

图 2.5-50　高程 1010m 平切第三主应力等值线图

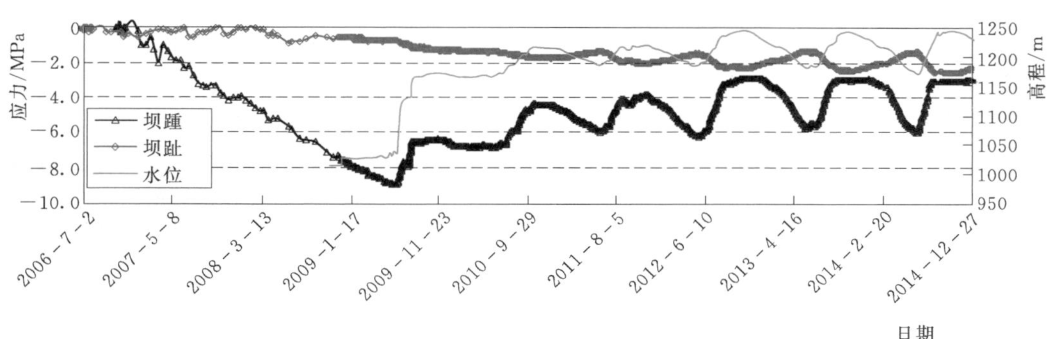

图 2.5-51　建基面压应力计监测典型过程线

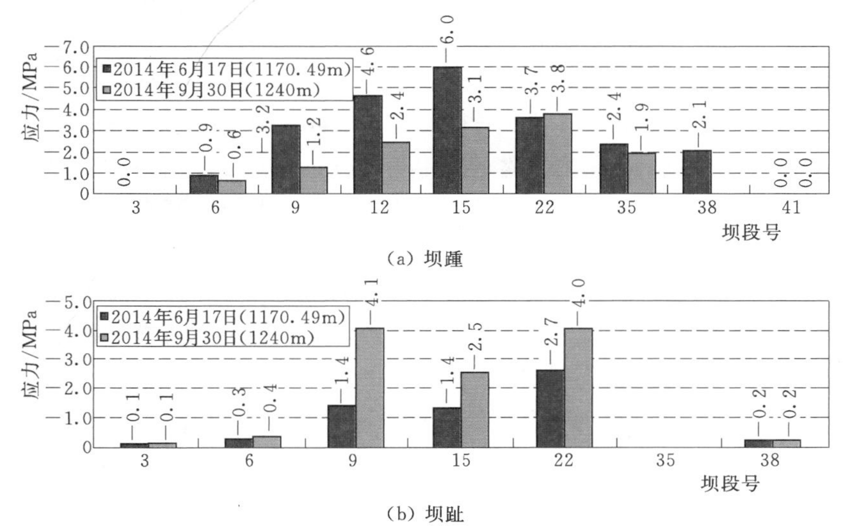

图 2.5-52　2014 年正常蓄水位建基面压应力计压应力分布图

倒垂线监测、正垂线监测及坝体表面点监测成果表明：蓄水前，坝体切向位移受坝基向河床因素在混凝土自重作用下，变形基本指向河床方向。随水库蓄水及坝体混凝土继续浇筑，坝体切向向两岸变形增加，总体呈现高程愈高向两岸的变形愈大的特征，见图 2.5－53。

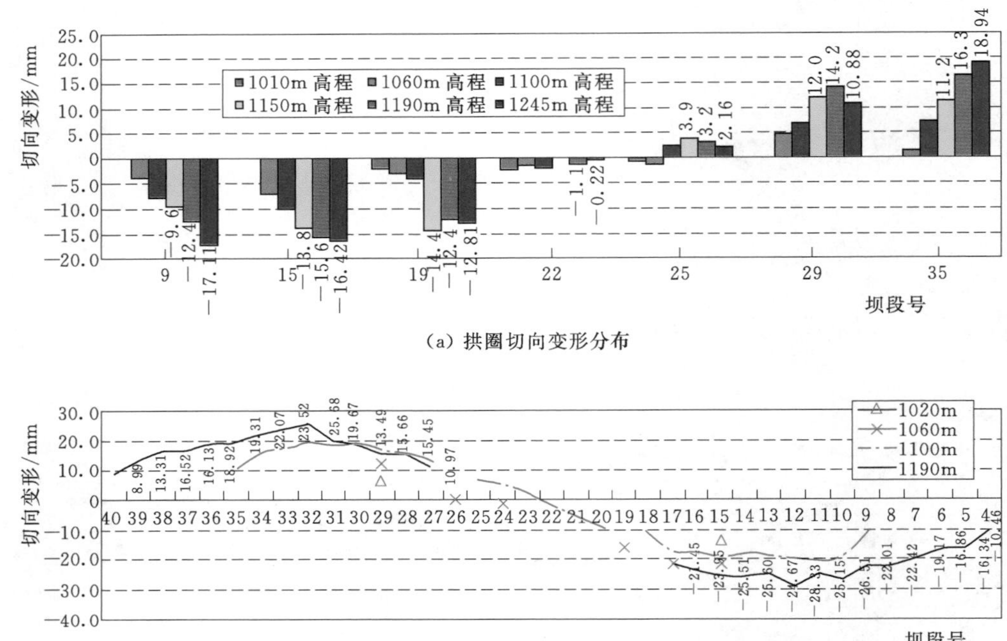

(b) 坝后桥切向变形分布

图 2.5－53 首次正常蓄水位各拱圈正垂线\表面变形监测点切向变形分布图

随蓄水时间的增长，在正常工作状态下，受水库水位周期性变化影响，应力场也将会在一定范围内波动，基于小湾坝基岩体主要为硬岩到极坚硬岩，且在此时段内处于三向受压状态，这些小范围的波动对岩体质量影响较小。

2.5.4.2 渗流影响分析

考虑渗流/应力应变的耦合作用，进行渗流场分析，从等水头线分布（图 2.5－54）可以看出，帷幕防渗效果明显，帷幕附近等水头线分布较密集；主副排水幕、水垫塘和二道坝排水幕围成的抽排区域水头明显降低，说明排水效果明显；蓄水后上游坝基应力水平降低，上游坝基裂隙开度增加，渗透力朝下游集中。

渗流场随水库长期运行渐趋稳定，仅随库水位周期变化，在近坝部位小范围周期性波动。渗流对岩体的影响主要包括 3 个方面：一是对软弱岩带可能的软化和泥化作用；二是对软弱岩带的化学作用；三是影响岩体中应力场的分布。

水一岩化学作用研究表明，小湾水质整体呈弱碱性，有利于岩体的稳定性；在高围压、高孔隙水压力渗流作用条件下水-岩相互作用并不强烈。岩石的渗透性随浸泡时间的增长呈下降趋势。

软弱岩带主要处于坝后，泥类软弱物质薄且少量，分布不连续，这些部位均处于三向受压状态，根据相关研究成果，在一定围压下泥化软化的可能性极小。

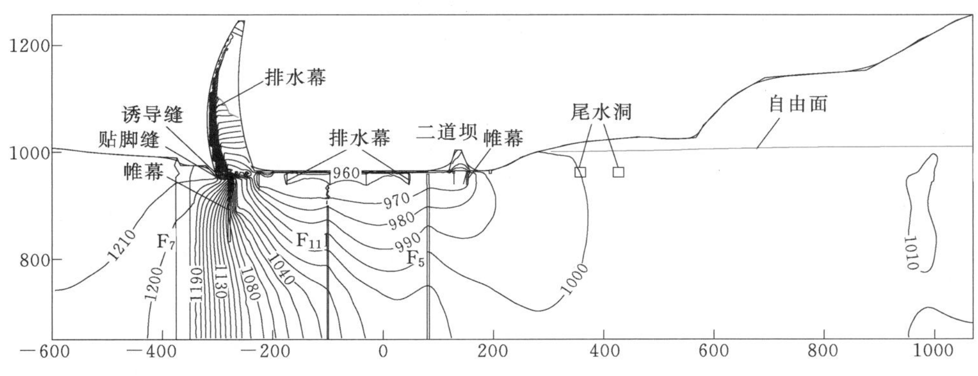

图 2.5-54 河床纵剖面（$x=16.0$m）处等水头线分布

因此，从渗流方面的分析研究表明，坝基岩体在渗流水的长期作用下，可以保持力学上和化学上的稳定性，岩体质量不会产生明显变化。

2.5.4.3 岩石长期强度试验

岩石长期强度试验表明，较为坚硬的黑云花岗片麻岩和角闪斜长片麻岩在外荷载长期作用下发生的蠕变变形较小，衰减蠕变阶段历时较短，主要以稳态蠕变为主，稳态蠕变速率较小。强烈蚀变岩在低应力水平长期作用下存在一定蠕变效应，且呈现较为显著的衰减蠕变阶段和稳态蠕变阶段，蠕变速率较大，总体的蠕变变形量大。但强烈蚀变岩在微风化-新鲜岩带中呈囊状、团块状分布，坝基及抗力体已对其进行专门处理。因此，其长期强度对工程影响有限。

2.5.4.4 岩体质量预测

到目前为止，大坝经受了正常高水位的多次和相应变幅库水荷载的考验，坝体监测资料表明，坝基岩体总体处于三向受压状态，大坝处于弹性工作状态，大坝变形符合拱坝一般变形规律，也说明坝基岩体及抗力岩体受力正常，未出现影响大坝工作状态的异常局部应力集中和明显的不均匀变形。

坝基岩体在电站正常运行过程中，长期承受坝体荷载作用、拱推力作用及裂隙水的渗流作用，软弱岩体可能会产生一些流变效应，但分布局限且已进行专门工程处理。其长期强度对工程影响有限。

蓄水过程中小范围的应力波动不会对坝基岩体产生本质影响，对坝基岩体质量影响小。

因此，在电站正常运行期内，坝基及抗力岩体范围的岩体质量总体处于稳态，不会产生本质的劣化现象，岩体质量满足大坝长期安全和正常运行要求。

2.5.5 坝基岩体质量演化规律

综合前期勘探资料、施工超前声波检测资料资料分析，天然状态下建基面岩体质量以Ⅱ类岩体为主，占89.3%。

由于开挖卸载，岩体中地应力场调整，导致建基面及其附近岩体中出现明显的松弛现象，且随开挖暴露时间的增长，松弛变形继续发展，松弛深度逐渐增加，但松弛速率逐渐减小，岩体质量随时间推延、逐渐劣化。大坝混凝土浇筑前，建基面岩体原Ⅱ类岩体部位，在强松弛区，岩体已劣化到$Ⅳ_a$类岩体水平；松弛带岩体劣化到介于$Ⅲ_{b1}$、$Ⅲ_{b2}$类岩体间的水平；过渡带岩体劣化到$Ⅲ_{b1}$类岩体的水平；基本正常带岩体略有劣化，基本处于Ⅱ类岩体的下限水平或$Ⅲ_{b1}$类岩体的上限水平。这一阶段岩体虽然整体处于劣化状态，但不同部位和不同深度，其劣化程度存在明显差异。

经过严格清基处理后浇筑大坝混凝土，浇筑至一定高度，建基面回弹变形逐渐得到抑制，岩体也由二维应力状态转化为三向受压状态；随着坝体浇筑高度继续上升，第三主应力逐渐增加，主压力差值减小，岩体强度得到提高并逐渐趋于稳定。尤其在完成高质量的有盖重固结灌浆后，建基面浅表层岩体声波波速明显提高，混凝土下厚度2m范围内的波速一般大于4750m/s，以下的波速一般大于5000m/s，离散性明显减小，这一阶段岩体质量逐渐恢复到$Ⅲ_a$类岩体过渡到Ⅱ类岩体水平。由于拱坝特殊的体型，大坝上升到一定高度后，随坝体高度的继续上升，坝踵部位压应力进一步增加，而坝趾部位压应力逐渐减小，浇筑完成并进行初期蓄水后，坝踵、坝趾部位均处于压应力状态，这一阶段岩体质量在坝踵部位仍在向进一步恢复方向发展，而坝趾部位有向劣化方向发展（$Ⅲ_a$类岩体）的趋势。

水库开始蓄水至一定高度后，随库水位的上升，坝趾部位压应力增加、主应力差值减小，坝踵部位压应力明显减小、主应力差值增加，但总体仍为压应力，坝踵部位岩体质量总体存在向劣化方向演化的趋势，而坝趾部位则进一步恢复，总体处于Ⅱ类岩体水平。

水库正常运行后，库水位周期性变化而导致应力场、渗流场周期性调整，即对坝基岩体反复的加载、卸载，坝基岩体以坚硬岩为主，流变效应不显著，在正常工作状态下，对岩体质量的影响较轻微。渗流场对岩体质量的影响主要表现在水对岩体软化、泥化作用，坝基岩体坚硬，软化系数大，软弱岩带由于所处围岩应力较高，产生泥化的可能性极小。因此在水库蓄水和正常运行期间，岩体质量总体仍是在Ⅱ类岩体的范围内波动。

综上所述，坝基开挖卸载——大坝浇筑、固结灌浆、水库蓄水和正常运行，坝基岩体质量随之发生劣化、恢复和再劣化或进一步恢复，是一个动态变化过程。其直接因素是工程作用，本质是岩体赋存环境（应力场和渗流场）改变所致。在同一时段，不同部位、不同深度劣化和恢复程度存在明显差异，且还存在劣化和恢复现象在不同部位并存的情况。因此，岩体质量随工程作用具有明显的四维时空特性。

2.6 岩体质量动态评价体系

工程作用下岩体质量动态评价体系应包括3个方面内容：一是预测方法；二是岩体质量劣化程度和恢复程度的标准；三是岩体质量的动态评价标准。三者有机结合，形成在工程因素作用下的岩体质量动态评价体系。

2.6.1 表征岩体质量变化程度的指标

岩体质量的动态过程，其诱因是工程因素作用，本质是应力场、渗流场的变化而导致岩体质量向劣化和部分恢复的方向发展和变化的过程。为了定量评价岩体质量劣化和恢复的程度，采用劣化系数β、恢复系数δ和离差系数η来衡量。其具体表达式为

$$\beta=\frac{V_{p_1}-V_{p_2}}{V_{p_1}} \tag{2.6-1}$$

$$\delta=\frac{V_{p_3}-V_{p_2}}{V_{p_1}-V_{p_2}} \tag{2.6-2}$$

$$\eta=\frac{\sqrt{\frac{1}{N}\sum_{i=1}^{N}(V_{p_i}-\overline{V_p})^2}}{\overline{V_p}} \tag{2.6-3}$$

式中：V_{p1}为自然状态下岩体纵波速度，m/s；V_{p2}为劣化后岩体纵波速度，m/s；V_{p3}为恢复后岩体纵波速度，m/s。划分标准见表2.6-1，据此可以对岩体劣化程度和恢复程度进行平面分区和剖面分带，确定其空间分布规律。

表2.6-1　　岩体质量劣化和恢复程度划分标准

劣化程度划分标准			恢复程度划分标准		
劣化程度	β	η	恢复程度	δ	η
强烈	≥0.15	≥0.15	良好	≥0.95	≤0.05
中等	0.15～0.05	0.15～0.05	中等	0.95～0.85	0.1～0.15
轻微	≤0.05	≤0.05	差	≤0.85	≥0.15

2.6.2 岩体质量动态分级

2.6.2.1 岩体质量评价方法的发展

20世纪70年代后，岩体质量分类的研究由定性到定量、由单因素向多因素方向发展。1973年Bieniawski提出了RMR分类系统，即“岩体评分”，又称地质力学系统，早期主要用于隧洞等地下洞室围岩分类，目前也被逐渐推广至边坡、坝基等工程的岩体分类，在国内外得到了广泛的应用。它给出了一个总的岩体评分值（RMR）作为衡量岩体工程质量的“综合特征值”，原理是通过对6个参数对岩体质量的贡献的综合进行分类：岩石的单轴抗压强度，岩石质量指标，结构面间距，结构面状况，地下水状况，结构面方位。在具体评价时，因为不同参数对岩体综合质量的重要性不同，所以对不同的参数及其每一参数不同的变化值范围赋予了不同的权值，评分值越好，则岩体质量越好。RMR分类方法没有考虑高地应力、高外水压力。

1980年，Hoek-Brown提出了著名的节理化岩体的破坏准则，即

$$\sigma_1=\sigma_3+(m\sigma_c\sigma_3+s\sigma_c^2)^{0.5} \tag{2.6-4}$$

式中：σ_1为岩体破坏时的最大主应力；σ_3为岩体破坏时的最小主应力；σ_c为组成岩体的完整岩块的单轴抗压强度；m、s为岩体的物性常数。

该准则已在世界范围的工程项目咨询中包括边坡岩体工程、水利水电工程、隧道等工程中付诸应用。近年来，Hoek-Brown准则的原创者对该准则重新作了定义和扩展。考虑岩体的地质环境，Hoek-Brown提出了地质强度指标（geological strength index，GSI），该指标与岩体的结构特性和表面风化程度、表面粗糙性等特性有关。推广修正后的Hoek-Brown准则为

$$\sigma_1=\sigma_3+\sigma_c\left(m_b\frac{\sigma_3}{\sigma_c}+s\right)^\alpha \tag{2.6-5}$$

$$m_b=m_i\exp\left(\frac{GSI-100}{28}\right) \tag{2.6-6}$$

式中：σ_1 为岩体破坏时的最大主应力；σ_3 为岩体破坏时的最小主应力；σ_c 为组成岩体的完整岩块的单轴抗压强度；m_b 为岩体的 Hoek－Brown 常量；m_i 为组成岩体的完整岩块的 Hoek－Brown 常数；s、α 为取决于岩体特性的常数，对于 $GSI>25$ 的岩体，$s=\exp\left(\frac{GSI-100}{9}\right)$，$\alpha=0.5$，对于 $GSI<25$ 的岩体，$s=0$，$\alpha=0.65-GSI/200$；GSI 为岩体的地质强度指标。

1994 年，挪威学者巴顿提出的 Q 系统法，用岩石质量指标 RQD、节理组数、节理面的粗糙度系数、节理蚀变度系数、节理水折减系数、应力折减系数等 6 项参数计算岩体质量指标 Q 值，将岩体质量分为 5 个级别。Q 系统的发展总是与施工技术、支护技术相联系的。20 世纪 70 年代，隧洞埋藏深度较浅且跨度较小，支护方法主要是素喷混凝土、挂网喷混凝土、混凝土拱衬砌等。20 世纪 80 年代初开始，用水拌和、钢纤维喷混凝土加锚杆的支护成为挪威洞室永久支护的主要方法。经过十多年的实践，这种支护概念下的混凝土技术和经验得到了明显改进。格姆斯坦德（Grimstad）、巴顿于 1993 年、1994 年对地应力影响系数 SRF 进行了修正，修正后的 Q 系统不但适用于浅埋隧洞，也适用于深埋及超深埋隧洞。

2002 年，巴顿又在此基础上对 Q 参数的取值进行了修改和补充说明。主要对以下内容进行了修改和补充：对 J_r、J_a 的取值进行了说明，并认为最脆弱节理或不连续介质无论从方向上还是抗剪强度上都是对稳定性最不利的；对 J_w、SRF 的取值提出了建议，建议不必将它们都设为 1.0；对开挖影响范围与 J_w、SRF 的取值进行了补充说明，并开始探索有效应力、水对岩石的软化效应对 Q 值的影响，以及静弹性模量、地震波速与影响范围的关系；对软弱破碎岩石挤压作了补充说明，认为当埋深 $H>350Q^{1/3}$ 时，岩石可能会被挤出；对支护类型、不喷混凝土区的锚杆间距也作了一些调整，缩小了不喷混凝土区的锚杆间距等；给出了新的 Q 值与 RMR 的对应关系。

我国学者也相继提出了一些方法。1978 年，杨子文等提出岩体质量指标（M）分类，以岩石质量、岩体完整性、岩石风化及含水性作为分级因子，通过各因子组合进行岩体分级；1979 年，谷德振、黄鼎成提出岩体质量系数 Z 分级，用岩体完整性系数、结构面抗剪强度特性和岩块坚强性来计算岩体质量系数 Z，根据 Z 值将岩体分为 5 种类型；孙万和、孔令誉（1984 年）分别提出的以岩体结构为指导思想的工程岩体分类及评价方法等很多方法，但都没有得到很广泛的推广。

20 世纪 90 年代，我国制定了 GB 50218—1994《工程岩体分级标准》，先用岩体基本质量作为岩体初步分类的指标，然后根据地下水情况、结构面产状和初始应力状态 3 个因素对岩体质量进行修正，对各类型工程岩体作详细定级。该标准适用于各类型岩石工程的岩体质量分级，是一种通用的岩体质量分类方法，作为工程岩体分级的国家标准推广执行。该标准规定：工程岩体分级，应采用定性与定量相结合的方法，分两步进行，先确定岩体基本质量 BQ，再结合具体工程的特点确定岩体级别。该标准中的岩体质量分类方法简称为 BQ 分类。BQ 分类岩体基本质量分级，应根据岩体基本质量的定性特征和岩体基

本质量指标 BQ 两者综合确定。

1999 年发布的 GB 50287—1999《水利水电工程地质勘察规范》，针对水电行业的特点，提出了坝基和围岩工程地质的分类方法。另外，目前在我国大型水利水电工程项目中，各单位结合国标坝基岩体工程地质分级标准、根据工程特点提出特定工程的岩体分级标准。

2.6.2.2　小湾岩体质量动态分级标准

（1）动态分级标准。如前文所述，岩体质量在工程因素作用下具显著的时空效应，如何评价各特征时段、特征部位的岩体质量是一大难题。从导致岩体质量动态特性的主要原因出发，就应研究各特征时段、特征部位的地应力状态，在岩体质量评价时加大对地应力状态的评价权重。在目前阶段如何将地应力状态符合实际的引入到岩体质量评价体系难度极大，且由于地应力场的复杂性、测试手段的局限性、样本数量的有限性等，以及数学回归分析法单元的有限性、边界条件的复杂性等制约，获得天然状态下岩体中真实地应力场的难度大，获得岩体中真实地应力场与开挖应力场、工程作用力应力场、渗流场之间耦合作用下的真实应力场难度更大。因此从快速、简单易行的角度出发，只能从“因”导致的“果”来动态评价岩体质量。岩体质量动态变化其“果”就是结构体强度的变化、结构面性状态的变化，结构体强度的变化则主要是岩块中孔隙的扩容和微裂隙的逐步显现，导致强度降低、空隙率增大等，它的特征指标可考虑用岩石强度；结构面状态的变化主在表现在裂隙的张开扩展、产生新的裂隙，并有可能对结构面产生新的污染，有次生物质填充等，它的特征指标可考虑用岩体的完整性系数替代。在目前常的岩体质量评价体系中 RMR 系统主要考虑了岩石强度、岩体完整性、结构面间距、性状和地下水特征进行评价。BQ 系统主要考虑岩石强度和完整性系数（K_v），通过测绘和简易测试获取不同时刻的 RMR 值和 BQ 值，能反映岩体质量的动态特性，进行岩体质量动态评价，且此两类分级评价方法的参数在岩体质量动态变化过程中较易获得。因此，以天然状态下的岩体质量分级标准为基础，引入 RMR 和 BQ 系统动态评价岩体质量的动态过程，形成坝基岩体质量动态分级标准，具体见表 2.6-2。

表 2.6-2　　小湾水电站坝基岩体质量（动态）分级表

岩体质量分类		结构类型	岩体基本质量				声波纵波速度 V_p /(m/s)	地质特征
类别	亚类		RQD /%	湿抗压强度 /MPa	地质力学分级 RMR	岩体基本质量分级 BQ		
Ⅰ		整体结构	>90	≥90	81～100	>550	≥5250	微风化-新鲜片麻岩、夹少量片岩，片麻理、片理面结合力强。无Ⅳ级及Ⅳ级以上结构面。Ⅴ级结构面组数不超过 2 组，延伸短，闭合，或被长英质充填胶结呈焊接状，面粗糙，无充填，刚性接触，间距大于 100cm，岩体呈整体状态，地下水作用不明显
Ⅱ		块状结构	75～90	≥90	61～80	550～451	≥4750	微风化-新鲜片麻岩、夹片岩，片麻理、片理面结合力强。少见Ⅳ级结构面。Ⅴ级结构面一般有 2～3 组，以近东西向、近南北向陡倾角节理为主，闭合或被长英质充填胶结，粗糙，无充填或有后期热液变质矿物充填，刚性接触，间距 50～100cm。可见少量滴水

续表

岩体质量分类		结构类型	岩体基本质量				声波纵波速度 V_p /(m/s)	地质特征
类别	亚类		RQD /%	湿抗压强度 /MPa	地质力学分级 *RMR*	岩体基本质量分级 *BQ*		
	Ⅲ$_a$	次块状结构					4750～4250	大部分弱风化中、下段岩体、完整性较差的微风化-新鲜岩体。片麻理、片理面结合稍弱，片岩夹层仍较坚硬。Ⅳ级结构面较发育。Ⅴ级结构面一般有3组以上，间距30～50cm，近东西向和近南北向陡倾角节理延伸较长。结构面微张，并有高岭土化的铁、锰次生矿物充填，可见有滴水
Ⅲ	Ⅲ$_{b1}$	次块状～块状结构	50～75	≥60	41～60	450～351	4250～4000	卸荷的微风化岩体，岩石保持新鲜色泽，岩体块度大，具一定的完整性，节理一般闭合或保持原有的胶结状态，以剪切裂隙（顺坡中缓倾角剪切裂隙）发育为主，一般为闭合-微张，无充填或少量片状岩块充填，岩块较坚硬，结构面仍表现为刚性面。片岩夹层大部分仍坚硬，少部分具软化现象
	Ⅲ$_{b2}$	次块状结构					4000～3750	完整性较差的卸荷微风化岩体，卸荷剪切裂隙和卸荷拉张裂隙均有发育，一般微张，局部有岩屑和次生泥充填。片麻理、片理面结合力稍弱，片岩夹层多见软化现象。裂面高岭土化岩体，完整性较差，一般分布于Ⅲ级、Ⅳ级结构面附近，岩体中近EW向和近SN向节理裂隙发育，局部密集发育，多呈张性，普遍有高岭土充填，高岭土多潮湿，呈软塑状
Ⅳ		裂隙块状结构	25～50	30～60	21～40	350～251	3750～2500	弱风化上段、完整性较差及卸荷的弱风化中、下段岩体和轻微蚀变岩体。作为夹层的片岩已大部分风化成软岩，部分泥化。Ⅳ级、Ⅴ级结构面发育，结构面微张或张开，为泥和碎屑物所充填，节理间距15～30cm，岩体强度仍受结构面控制。雨季普遍滴水
Ⅴ		松弛结构	<25	<30	0～20	≤250	2500～1500	强风化、强卸荷岩体，片岩夹层已全部泥化。结构面很发育，张开为泥和碎屑物充填，或为空隙，因风化和地下水的软化和泥化作用，常形成夹泥裂隙。岩体已呈松弛状态，强度受夹泥裂隙控制

表2.6-2中，$BQ=90+3R_c+250K_v$，使用时，应遵守下列限制条件：①当$R_c>90K_v+30$时，应以$R_c=90K_v+30$和K_v代入计算BQ值；②当$K_v>0.04R_c+0.4$时，应以$K_v=0.04R_c+0.4$和R_c代入计算BQ值。

（2）动态强度参数。

1）动静关系的建立。通过对具有代表性的试点进行加权拟合，将前期各阶段进行过声波对比试验的50组资料中较具代表性的20组数据与施工期22组数据一起进行拟合，可得到变模M与声波波速V_p的关系式，拟合曲线见图2.6-1。

$$M=0.012586e^{0.001438V_p} \tag{2.6-7}$$

该关系式相关系数为 0.946，标准差 σ 为 2.632GPa，说明此次动静对比得到的关系式代表性较高，可作为小湾水电站坝址区岩体声波预测变模值的关系式。该关系式适用范围：V_p=3000～5400m/s，当 V_p>5400m/s 时，按 M=28GPa 考虑。根据不同时段的 V_p 值即可获得岩体的变形模量。

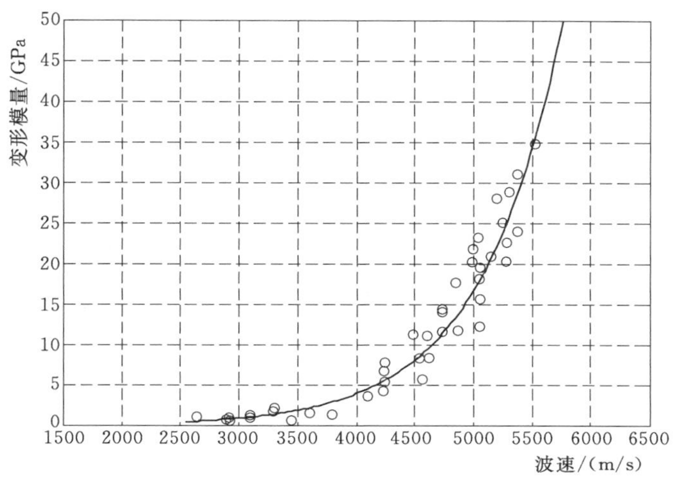

图 2.6-1　坝址区岩体变模与声波波速关系曲线

按岩体质量分类的声波速度标准，利用整个坝基爆前爆后、深孔浅孔、单孔跨孔声波测试资料，形成声波速度概率分布图，见图 2.6-2。

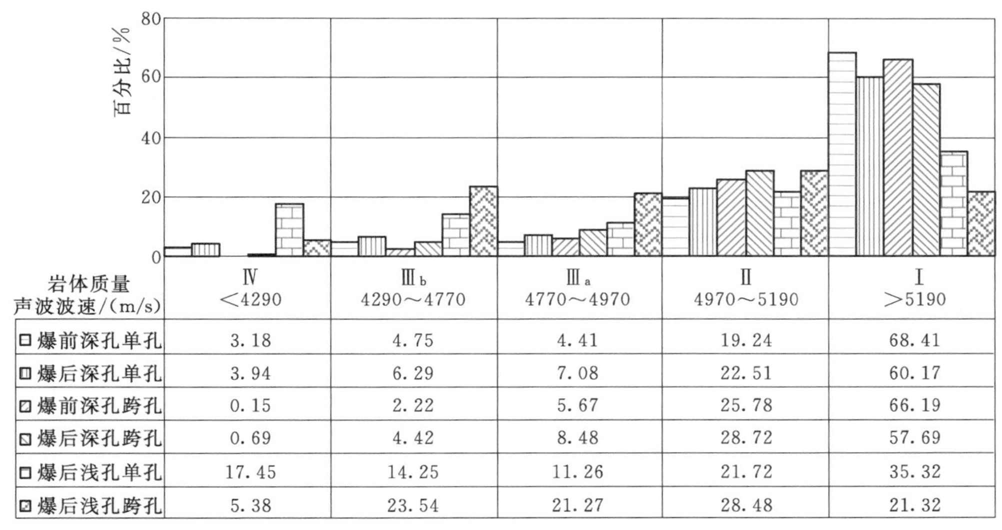

岩体质量 声波波速/(m/s)	Ⅳ <4290	Ⅲb 4290～4770	Ⅲa 4770～4970	Ⅱ 4970～5190	Ⅰ >5190
爆前深孔单孔	3.18	4.75	4.41	19.24	68.41
爆后深孔单孔	3.94	6.29	7.08	22.51	60.17
爆前深孔跨孔	0.15	2.22	5.67	25.78	66.19
爆后深孔跨孔	0.69	4.42	8.48	28.72	57.69
爆后浅孔单孔	17.45	14.25	11.26	21.72	35.32
爆后浅孔跨孔	5.38	23.54	21.27	28.48	21.32

图 2.6-2　坝基爆前爆后、深孔浅孔、单孔跨孔声波速度与岩体质量概率分布图

利用上述静动对比关系式及深孔和浅孔单孔声波测试资料，绘制坝基岩体距建基面0～5m 和 5～30m 单孔声波速度与变形模量分区平面等值线图，见图 2.2-8～图 2.2-10。

RMR：
Y=2.10102+1.25064X
SMR：
Y=1.07648+0.69538X
CSMR：
Y=0.87027+0.51034X
剪应力/MPa
法向应力/MPa

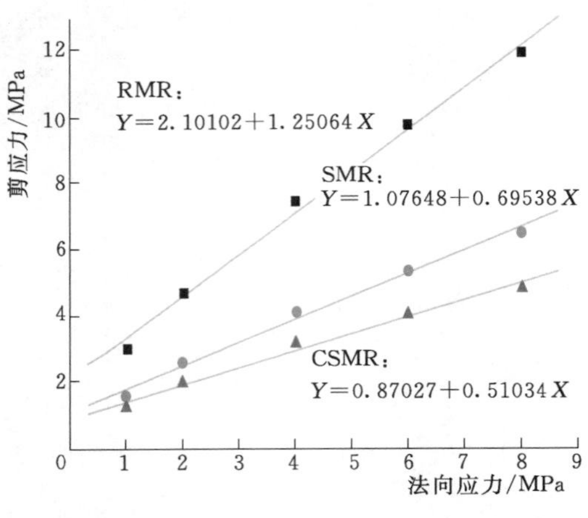

图 2.6-3 角闪斜长片麻岩

2）基于 Hoek-Brown 准则的强度参数估算。坝基主要发育 3 组结构面，2 组结构面为陡倾角，1 组为顺坡向缓倾角，由于陡倾角结构面发育间距较大，且一般结合紧密，对于岩体的强度影响较小，故主要考虑缓倾角节理，并针对缓倾结构面进行 RMR 值的估算。

依据实测的资料给左岸坝基岩体用 RMR、SMR 及 CSMR 评价方法，对岩体进行强度参数估算，可以获得任一时刻的岩体力学参数，结果见图 2.6-3 和图 2.6-4。

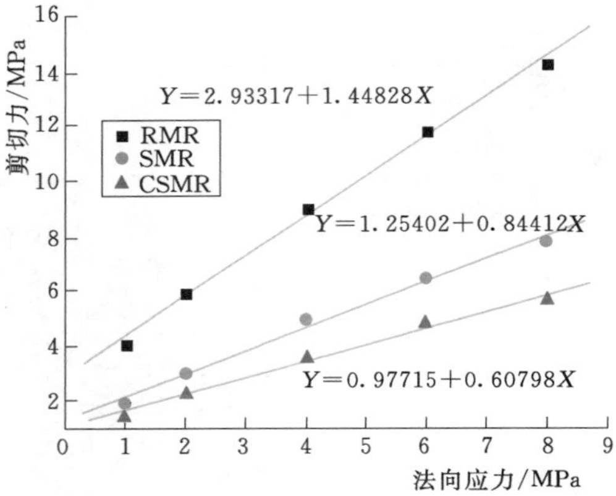

Y=2.93317+1.44828X
RMR
SMR
CSMR
Y=1.25402+0.84412X
Y=0.97715+0.60798X
剪切力/MPa
法向应力/MPa

(a) 数据 1(松弛)

Y=3.42417+1.5242X
RMR
SMR
CSMR
Y=1.33605+0.90592X
Y=1.02024+0.64729X
剪切力/MPa
法向应力/MPa

(b) 数据 2(微风化)

Y=1.66931+1.08502X
RMR
SMR
CSMR
Y=0.94736+0.57955X
Y=0.78868+0.43829X
剪切力/MPa
法向应力/MPa

(c) 数据 3(微风化松弛)

RMR
SMR
CSMR
Y=2.18825+1.2767X
Y=1.09815+0.71432X
Y=0.88322+0.52202X
剪切力/MPa
法向应力/MPa

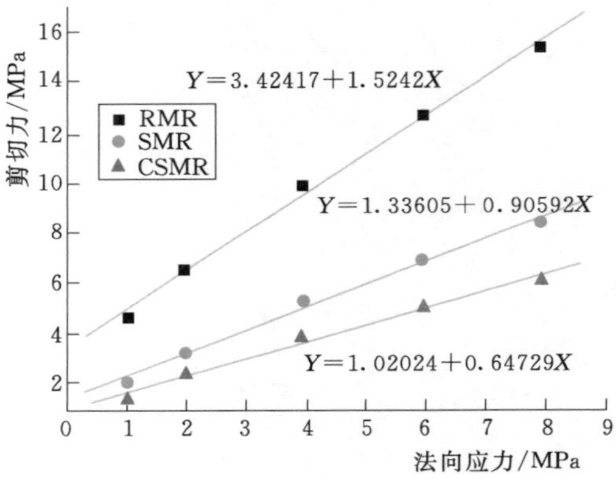

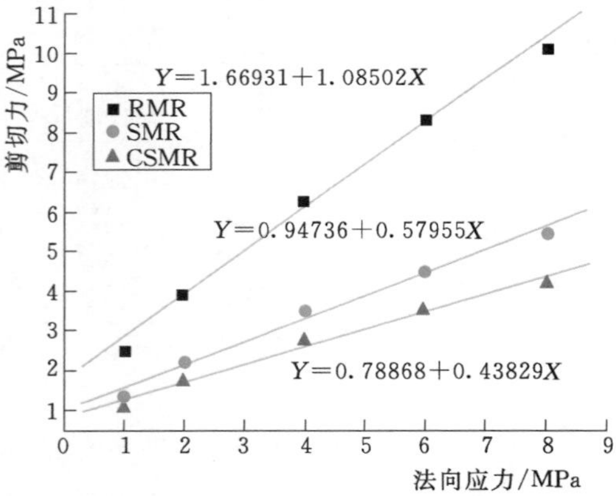

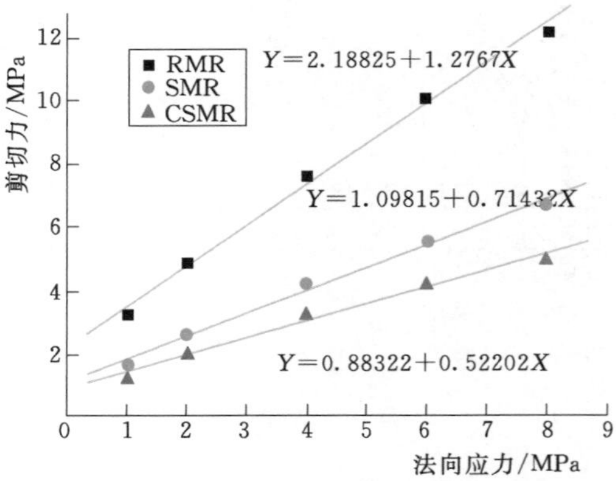

(d) 数据 4(微风化)

图 2.6-4 黑云母花岗片麻岩

表 2.6-3　　依据 Hoek-Brown 方法确定小湾坝基左岸岩体的抗剪强度数

岩性	风化及松弛	RMR			SMR			CSMR		
		评分	c /MPa	φ /(°)	评分	c /MPa	φ /(°)	评分	c /MPa	φ /(°)
角闪斜长片麻岩	微风化	71.2	2.1	51.4	45.075	1.08	34.8	33.46	0.87	27.2
黑云母花岗片麻岩	微风化松弛	75.9	2.93	55.4	49.775	1.25	40.2	36.68	0.98	31.3
	微风化	77.9	3.42	56.7	51.775	1.34	42.2	38.05	1.02	32.9
	微风化松弛	66.0	1.67	47.3	39.875	0.95	30.1	29.9	0.79	23.7
	微风化	72.0	2.19	51.9	45.875	1.1	35.5	34.01	0.88	27.6

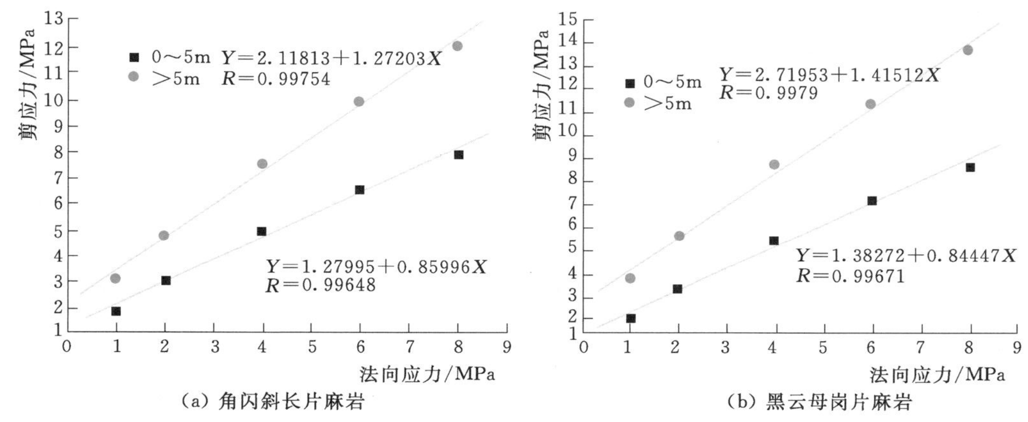

图 2.6-5　松弛岩体 RMR 值的岩体强度参数估计

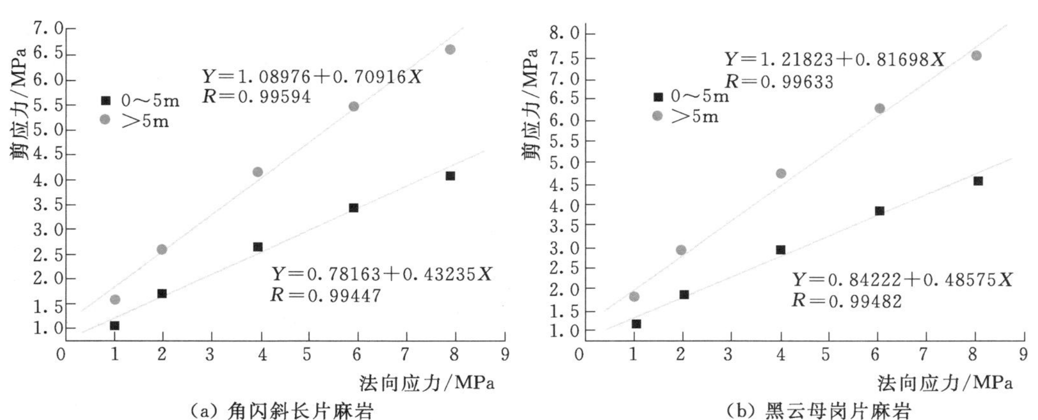

图 2.6-6　松弛岩体 SMR 值的岩体强度参数估计

表 2.6-4　　松弛岩体 RMR 值的岩体强度的经验估计

岩性	角闪斜长片麻岩				黑云母花岗片麻岩			
深度	0～5m		>5m		0～5m		>5m	
参数	c/MPa	φ/(°)	c/MPa	φ/(°)	c/MPa	φ/(°)	c/MPa	φ/(°)
RMR	1.28	40.7	2.12	51.8	1.39	43.4	2.72	54.8
SMR	0.78	23.4	1.09	35.3	0.84	25.9	1.22	39.2

从图2.6-5、图2.6-6和表2.6-3、表2.6-4可以得出以下3点结论：①建基面下0～5m岩体松弛后，强度明显劣化。表2.6-3中的角闪斜长片麻岩凝聚力为1.28MPa，内摩擦角为40.7°；黑云母花岗片麻岩的凝聚力为1.39MPa，内摩擦角为43.4°。②建基面5m以下松弛岩体，强度有一定的劣化。表2.6-3和表2.6-4中用RMR方法估算的角闪斜长片麻岩的凝聚力分别为2.1MPa和2.12MPa，内摩擦角分别为51.4°和51.8°，十分接近；黑云母花岗片麻岩凝聚力的均值分别为2.56MPa和2.72MPa，内摩擦角均值分别为52.8°和54.8°，也很接近。出现了岩体强度参数略高的情况，主要原因是当时为了便于试验而选择了条件较好的场地，故评价的RMR值较其他部位值高。③通过上述的对比，可以看出用Hoek & Brown方法评价松弛岩体力学参数可信，SMR方法由于重复性地考虑了开挖对岩体强度的影响，故得到的结果偏低，尤其是上面5m范围的岩体，在RMR评分时已经考虑了松弛对岩体质量的影响，再用SMR方法的估算结果只能是参数偏低。

2.6.3 岩体松弛程度预测方法探讨

无论是在高地应力区还是低地应力区域，由于开挖卸载，岩体的松弛都不可避免地发生，漫湾水电站坝基开挖时，在卸载后可以见到回弹裂隙张开宽度随卸载时间延长明显加大的现象和大朝山水电站坝基开挖台阶棱角圆化的现象。锦屏、二滩水电站虽属于高地应力区，由于坝基开挖未触及应力集中区域，岩体松弛现象不显著，小湾坝基由于开挖触及了高应力区域，产生了显著的松弛现象。

在前期勘测设计阶段如何预测一个工程由于开挖导致岩体的松弛程度，尚是一个难题。对岩体松弛程度的定性判别则主要是勘探过程中揭示的高地应力集中现象、地应力测试成果，结合工程开挖设计情况进行初判。数字分析技术从理论上虽然能模拟坝基岩体松弛伴随工程开挖过程，岩体应力释放表现为岩体变形回弹、应力调整，导致岩体向临空面方向产生松弛现象。工程开挖过程中，由于应力调整而产生塑性区，部分表层岩体强烈松弛形成破坏区，可采用有限元法，通过模拟工程开挖过程，获得每一步开挖对应的塑性区范围。对于岩体开挖松弛效应的分析，一般存在弹性指标和强度指标的变化，具体体现为弹模（E）、摩擦角（φ）、凝聚力（c）的降低和泊松比（μ）的升高。弹性松弛过程多为瞬时发生，主要体现为位移的突变；而岩体强度指标变化（塑性松弛）一般需经历较长时间才能达到稳定状态，即不再产生明显的松弛位移。为了准确地反映岩体开挖松弛效应，首先须对已经发生的松弛过程进行追踪，然后利用反演的松弛参数进行计算，从而实现对松弛过程的长远预测。但是由于边界条件的复杂性、地应力场的复杂性以及地应力测试成果的可靠性，其成果也常常存在较大的偏差。

影响岩体纵波波速的因素主要有以下几个方面：①岩石的完整性越好，波速越高；②岩体中裂隙或夹层越多，波速越低，弹性波在岩体中传播时，裂隙中无充填物则弹性波不能通过，而是绕过裂隙传播，充水裂隙有少量可以通过，若充填物为固体物质，则弹性波可部分或完全通过；③岩体的风化程度越高波速越小；④岩体中发育有软弱结构面、中等-强烈蚀变带的波速较低；⑤岩体所受应力越大，波速越大，随应力增大，波速在开始阶段增加较快，然后增幅逐渐减小；⑥波速与岩体各向异性性质有关，受夹层、结构面、

地应力等影响，岩体存在各向异性，弹性波在岩体中的传播、岩体弹性模量等也表现出各向异性特征。在工程实际中，可通过综合分析判断，确定松弛范围，岩体松弛，应力低，波速小；反之，岩体完整，应力高，波速大，近天然状态部位，波速正常。根据波速沿孔深的变化趋势，可以确定松弛程度和范围。

小湾前期常规岩石物理力学性试验成果见表 2.6－5，从表中可看出，完整岩石纵波速度远低于现场岩体波速。

表 2.6－5　　　室内岩石物理力学试验成果表（不同岩性）

岩石名称	比重	密度 /(g/cm^3)	孔隙率 /%	最大吸水率 /%	干抗压 /MPa	湿抗压 /MPa	软化系数	纵波速 /(m/s)	横波速 /(m/s)	静弹模 E_0 /GPa	泊松比 μ_0	动弹模 E_d /GPa	动泊松比 μ_d
黑云花岗片麻岩	2.69	2.63	2.23	0.4	171.6	169.8	0.81	4300	2400	38.0	0.27	36.0	0.27
角闪斜长片麻岩	2.98	2.89	3.12	0.24	127.2	95.7	0.75	3700	2050	33.9	0.29	31.8	0.28
角闪片岩	2.91	2.88	1.02	0.17	133.2	122.9	0.92			42.2	0.25	36.0	0.29

根据变形试验成果，试验点岩体纵波速大多在 4500～5600m/s 之间，而岩块纵波速为 3700～4300m/s，主要原因是岩块围压解除所致。

在 17～28 号坝段固结灌浆检查孔中，每个坝段取 3 个岩芯试件，共 37 件。岩芯加工后，试件长度一般为 20～50cm，个别长达 1.025m，岩芯直径为 7.0cm 左右。采用直透法在非受力状态下进行测试，分别取得干燥或饱水状态下 2 组声波速度测试数据，并与原位孔壁声波速度对比分析。

在 37 个岩芯试件中有黑云花岗片麻岩 34 个，角闪斜长片麻岩 2 个，片岩 1 个。黑云花岗片麻岩试件中有一个试件无原位孔壁波速，角闪斜长片麻岩和片岩样本太少，为此，只利用 33 个黑云花岗片麻岩试件与原位孔壁波速分别对饱水与干燥、原位与饱水试件的声波速度及其衰减率的概率分布进行了统计分析，见图 2.6－7。

（1）黑云花岗片麻岩 33 个试件原位孔壁声波速度变幅为 4600～5600m/s，波速平均值为 5270m/s。

（2）饱水岩芯声波速度变幅为 3330～5490m/s，波速平均值为 4330m/s，比原位孔壁波速降低幅度为 0.02%～37.1%，平均降低 17.8%。

（3）干燥岩芯声波速度变幅为 2310～4570m/s，波速平均值为 3350m/s，比饱水岩芯降低幅度为 5.0%～32.6%，平均降低 22.5%。

岩体或岩芯的声波速度与孔隙、裂隙含水状况有密切关系，饱水的岩体或岩芯波速高，而干燥的岩体或岩芯声波速度显著降低。测试结果表明，黑云花岗片麻岩岩芯长期存放后，孔隙水已蒸发，干燥岩芯比饱水岩芯声波速度平均降低 22.5%。

岩体或岩芯声波速度与其受力条件有密切关系，钻孔声波速度是在地应力围压条件下测试的，波速一般较高，而饱水岩芯是在非受力状态下测试的，波速普遍降低。测试结果表明，饱水岩芯比原位孔壁声波速度平均降低 17.8%。

岩芯试件测试结果统计分析表明：在原位取芯前提下，岩体完整程度、含水状况基本

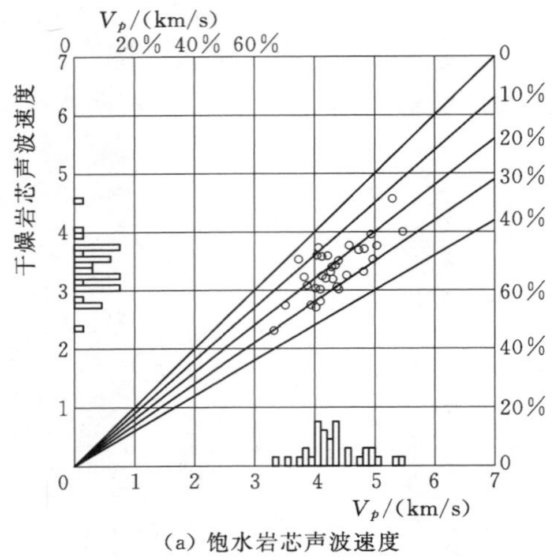

(a) 饱水岩芯声波速度

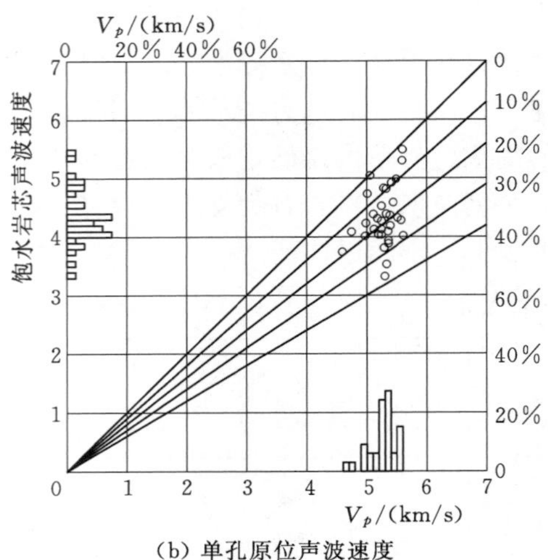

(b) 单孔原位声波速度

图 2.6-7 17～28 号坝段固结灌浆检查孔岩芯试件声波速度及衰减率概率分布图

相同，之所以造成较大的波速差异，主要因素是岩芯脱离原岩后，受应力释放的影响，导致声波速度降低。

此外，在锦屏等高地应力区域的电站也出现了岩石波速小于现场岩体波速的现象。它们在一定程度上反映了围岩地应力状态对波速的巨大影响，反过来说，在一定程度上也可能可以通过二者波速的差异来判别地应力的高低和开挖可能导致岩体的松弛程度。通过对小湾工程各部位现场岩体波速与岩石波速比值的对比分析，可以采用二者的比值对岩体松弛程度进行预测和判别。即

$$\delta = V_{p岩体}/V_{p岩石} \tag{2.6-8}$$

式中：δ 为岩体松弛程度系数；$V_{p岩石}$、$V_{p岩体}$ 分别为岩石、岩体纵波速度。

根据室内试验和岩芯波速测试成果，黑云花岗片麻岩岩石纵波波速取 4300m/s，角闪斜长片麻岩岩石纵波波速取 3700m/s。为降低松弛张开裂隙对判断结果的影响，岩体纵波波速一般取 1m 孔段（或相邻 5 个测值）波速测值平均值。

依据岩体松弛程度系数可预测岩体的松弛程度，并将岩体松弛程度分为强烈松弛、松弛和轻微松弛，具体见表 2.6-6。

表 2.6-6　松弛程度分级标准

松弛程度	岩体松弛程度系数	定性描述
强烈松弛	>1.20	各种松弛现象均可能出现，岩体中新生破裂现象明显，具明显的时效变形特征，松弛深度较大
松弛	1.20～1.05	主要表现为沿已有裂隙的张开，新生破裂现象不明显，具有一定的时效特征，主要发生在开挖面的浅部
轻微松弛	<1.05	主要表现岩体的松弛，没有新生破裂现象，时效特征不明显，主要发生在开挖面表部

综上所述，由于开挖卸载，可能导致岩体松弛，但由于地应力场和岩体结构的差异，

在松弛程度和表现形式上不同。在前期勘测设计阶段如何预测由于开挖导致岩体的松弛程度，数字分析技术从理论上虽然能模拟坝基岩体伴随工程开挖岩体应力调整及导致的松弛变形。但是由于边界条件、地应力场的复杂性以及地应力测试成果的可靠性等，其成果也常常存在较大的偏差。同时也可通过一些勘察过程中揭示的异常现象，并抓住这些异常现象的本质进行深入研究，采用一两个特征指标的变化规律进行岩体松弛程度的预测。小湾通过岩体波速大于甚至远大于室内完整岩芯波速这一现象，开展了一系列的波速检测，通过系统分析研究、归纳总结，采用岩体波速与完整岩芯波速比值对岩体松弛程度进行预测，被证明是一个简单易行、行之有效的方法。

2.7　小湾坝基及拱座岩体结构与稳定

对于一个拱坝工程而言，岩体稳定是指坝基及拱座岩体在工程因素或工程荷载作用下岩体的稳定性，一般包括抗滑稳定、变形稳定和渗透稳定 3 个方面的稳定问题。

2.7.1　影响抗滑稳定的因素

控制岩体抗滑稳定的主要因素包括岩体结构特征、岩体强度、工程荷载（地震荷载）和地下水渗透压力，其中岩体结构特征和岩体强度是内在因素，工程荷载（地震荷载）、地下水渗透压力是外因。

2.7.1.1　岩体结构

小湾拱坝岩体以近 SN 向的各类陡倾角破裂结构面、蚀变岩带为侧向切割面（或侧滑面）；顺坡向中缓倾角节理组为底滑面。上游拉裂面为走向 NWW 陡倾角的顺层错动面和节理组；下游临空面除考虑地形临空面外，尚应考虑下游近 EW 向断层被压缩变形的可能影响。

侧滑面边界分两类，一类为成组发育的近 SN 向陡倾角节理，另一类为规模较大的近 SN 向陡倾角断层或近似产状的蚀变带、挤压面等特定的结构面或软弱岩带，这些特定的软弱岩带，左岸有 E_8、f_{30}与 F_{20}组成的综合软弱岩带以及 f_{34}、f_{64-1}等；右岸有 E_4 与 E_5 组成的条带以及 E_1、E_9 和 f_{7-1}、f_{7-2}等。结合上述特定结构面或软弱岩带的产状、分布部位、物质组成及延伸规模等分析后，选取其中对拱座抗滑稳定起控制作用的侧面边界进行复核分析，左岸以 E_8、f_{30}与 F_{20}组成的综合软弱岩带和 f_{64-1}为代表，右岸以 E_4 与 E_5 组成的条带和 f_{7-1}为代表。

根据边界条件，可能滑块组合：左岸有 f_{30}大块体、f_{64-1}小块体、大台阶，右岸有 E_4 大块体、f_{7-1}小块体、大台阶等。

从岩体结构特征分析可知，构成岩体抗滑稳定边界条件的结构面，其上游侧拉裂面主要为层面节理裂隙，其贯通性相对较好，强度低；侧滑面主要为近 SN 方向展布的 F_{20}及蚀变岩带和Ⅳ级结构面和节理，贯通性相对一般。岩体各个方向的强度取决于软弱岩带的强度和这些结构面、岩桥强度和贯通性。而底滑面是一组在工程区弱、微风化带岩体中并不发育的顺坡中缓倾角节理，其强度在很大程度上取决于结构面连通性和强度。

2.7.1.2 结构面连通性

（1）顺坡中缓倾角结构面形成机制与发育规律。

1）形成机制。坝址区平洞探明，新鲜完整的深部岩体中发现有与表部顺坡中缓倾角结构面平行的节理。绝大多数呈隐微裂纹状态，另外在岸坡两岸不同深度也发现有走向大致相同倾向相反的中缓倾角节理，由此中缓倾角节理是坝址区发育的一组剖面上呈X形的共轭节理，是早期在近EW向压应力作用下产生的剪切破裂面，在未经表生改造前多呈隐微裂纹状态和短小节理存在。两岸顺坡中缓倾角结构面的发育程度随着距坡面距离的增加而减弱，这是岸坡岩体表生改造的典型表现。其成因机制是：河流下切之前，中缓倾角结构面的发育状态是断续延伸的，两相邻节理之间存在着相对完整的岩桥，随着河谷下切，岸坡形成，一方面在靠近临空面附近的坡体内形成一平行坡面的剪切应力集中带，岸坡越高、越陡，则剪切应力越大；另一方面，由于岸坡应力释放，岩体产生向临空方向的回弹变形，相对完整的岩桥部位必然产生较之连通段的裂隙部位更为强烈的弹性恢复，从而导致沿结构面产生非均匀弹性膨胀或差异回弹，结果势必在对应差异回弹分界的裂隙端点部位出现残余拉应力。因此，这一带是坡体中应力差和剪应力最高的部位，形成一最大剪应力增高带，在该带中，由于拉应力、剪应力的联合作用，使原有顺坡结构面得到加强，并在裂隙端点部位出现应力集中，岩桥被剪裂拉断，从而造成各断续延伸的节理裂隙相互连通，使山坡表浅部位形成基本贯穿的中缓倾角结构面。

2）发育规律。形成机制和数值模拟分析均表明，岩体回弹变形具有由边坡向里逐渐减弱的特点，残余拉应力也同样向里逐渐减小，从而导致中缓倾角结构面表现为岸坡表浅部位发育密度大，延伸较长，向里均逐渐减弱，至岸坡一定深度后，基本呈现原有的构造节理状态特征。另外，根据现场调查结果，山脊部位中缓倾角剪切裂隙发育深度明显大于非山脊部位，这是由于山脊三面临空，有利于坡体应力释放所致。由于河谷下部应力集中，低高程部位中缓倾角结构面相对发育。

根据坝肩及抗力岩体部位平洞、钻孔及平面地质测绘成果资料，在坝肩及抗力岩体部位未发现有对坝肩抗滑稳定不利的Ⅳ级（f、gm）及以上顺坡中缓倾角结构面，已揭露的延伸相对较长的主要为顺坡中缓倾角剪切带、卸荷裂隙。

顺坡中缓倾角结构面近岸坡表部发育密度大、延伸长、连通率高，向坡体内部均逐渐减弱。另外，顺坡中缓倾角节理的发育呈非均匀分布，据平洞和测线法统计资料，在局部地段发育密度相对较大，间距仅20～50cm；而在部分在地段，发育间距很大，可达10余米。延伸相对较长的顺坡中缓倾角结构面多分布在靠近地表的卸荷带中，常密集发育而形成岸边剪切带。据现场调查，顺坡中缓倾角结构面往往呈带状分布而并非均匀地分布在坡体内。延伸长的中缓倾角结构面一般分布在强风化带和弱风化带上段，山脊部位可延伸到微风化带。左岸分布的水平深度一般为35～50m，山脊部位分布较深，最深可达160m；右岸分布的水平深度一般为30～55m，山脊部位分布深度达85m。

3）剪切带的发育特征。斜坡形成过程中，在临空面附近的坡体内形成一平行坡面的剪切应力集中带，在这一应力作用下，使坡体内形成与坡面近于平行的剪切裂隙，由于剪切裂隙常成带出现，因此又称岸边剪切带（以下简称剪切带）。剪切带一般迁就原有的近SN向剖面X形构造节理发育。其发育特点是：①剪切带内，剪切破裂面间距大小不等，

一般为0.5～5cm，岩体被切割成薄片状、薄板状或碎块状。②不同的岩性中其表现不同。在角闪斜长片麻岩中，剪切带较宽，破裂面间距小，岩石被剪切成薄片状，一般薄片厚约0.5～2cm，面上多有岩石剪切破坏时形成的有一定厚度的次生软弱物质——粉末状云母。发育深度相对较小；在黑云花岗片麻岩中，剪切带较窄，带中破裂面间距一般相对较大，岩石被切割成碎块状，破裂面一般呈张开状，靠近地表或与地表有间接联系者充填有细粒软泥。发育深度相对较大。③剪切裂隙较平直、粗糙，顺坡倾斜，倾角一般在30°～50°范围内，个别倾角50°左右。④剪切带大多分布在强风化带和弱风化带上段岩体中，由于后期卸荷的影响，裂隙多呈张开状。少量分布在弱风化下段，裂隙微张。个别分布在微风化和新鲜岩体中，裂隙一般呈闭合状或裂纹状。但在个别山梁部位（4号山梁），微风化带内的剪切裂隙仍有张开现象，最大开度可达2cm。⑤在不同的风化带内，剪切带延伸长度和连通情况不一。在浅表部位的强风化岩体中，剪切带可见延伸长度一般超过15m，在2号山梁龙潭干沟上游壁部位沿倾向可见其延伸长度超过50m；在弱化上段岩体中，可见最大延伸长15m；弱风化带下段可见最大延伸长为7m，但在山梁部位的角闪斜长片麻岩中，其延伸长度大，如6号山梁PD88上游支洞中，支洞深度49.4m，整个支洞位于剪切带中，连通率几乎可达100%，剪切裂隙贯通整个支洞；微风化带中延伸长一般为2～3m，局部延伸长，如PD13上支洞深41～67.6m段，剪切裂隙基本贯通，单条长可达10～15m。⑥在地形凸出的山梁部位，剪切裂隙发育的密度和深度都较平缓山坳地段大。坝址区剪切带发育深度一般为30～55m，山梁部位发育较深，以左岸4号山梁部位发育深度最大，距地表最大水平深度约160m，6号山梁次之，水平深度约120m；右岸3号山梁部位发育深度约85m。左、右两岸卸荷剪切裂隙发育最深的部位均出现在高程1170.00m附近。

（2）节理连通率统计方法及成果分析。结构面的连通率问题一直是工程地质界感到较为棘手的问题之一，限于手段的局限性，该问题一直没有得到较圆满的解决，但这恰恰又是工程地质所必须解决的问题。小湾水电站采用了两种较为通行并切合实际的办法：第一种方法是对现有的SN向平洞洞壁进行地质素描，然后采用投影法统计分析得出连通率（以下简称实测法）；第二种方法是通过对坝址区平洞进行节理（产状、迹长、间距等）统计（测线法或统计窗法），然后输入计算机建立地质模型进行网络模拟研究，最后获得连通率（以下简称网络模拟法）。

1）实测法及成果。实测法主要选择坝址区（尤其是坝基及抗力岩体部位）近SN向平洞，在平洞洞壁（靠山坡外侧壁）的1m高处设置一条中线，对其上、下各0.5m范围内顺坡中缓倾角结构面进行素描。顺坡中缓倾角结构面素描的产状范围为：左岸，N5°W～N20°E，倾河床，倾角小于35°；右岸，N5°E～N20°W，倾河床，倾角小于35°。然后根据素描图将中线上下0.1m、0.2m、0.3m、0.4m及0.5m距离范围内的顺坡中缓倾角结构面垂直投影到中线上，量测投影段（不计垂直及重叠部分）累计长度，其占整个中线长度的百分比，即代表剪切带宽度为0.2m、0.4m、0.6m、0.8m及1.0m的顺坡中缓倾角结构面沿走向方向的连通率。假定该组结构面在岩体中的空间形态是一个圆盘，那么该值也代表顺坡中缓倾角结构面沿倾向方向的连通率。各类岩体剪切带宽度为1.0m时加权平均法求得的连通率统计成果见表2.7-1。

表 2.7-1 实测各类岩体（剪切带宽度 1.0m）连通率统计表（加权平均法）

岩体类别	Ⅱ	Ⅱ（高程 1010m 附近）	Ⅱ（高程 1010m 以上）	$Ⅲ_a$	$Ⅲ_b$	$Ⅳ_a$	$Ⅳ_b$	$Ⅴ_a$
统计长度/m	1053.85	489.10	564.75	26.00	180.40	55.90	30.00	26.70
连通率/%	34.0	42.7	26.5	13.6	32.2	30.4	28.7	74.5

2）网络模拟法及成果。网络模拟法是在现场平洞底板附近拉一水平测线，在一定的统计高度范围内收集交于测线上的每一条结构面的产状、延伸长度（高度）、张开宽度、充填情况等资料。将资料输入计算机，应用蒙特卡洛原理，建立结构面产状、间距、迹长等的概率模型，确定这些几何参数的均值、标准差，应用岩体结构面网络模拟原理，在计算机中生成现场节理岩体的仿真模拟图像；考虑节理和岩桥的复杂组合形式和相应的强度及破坏机制，在网络图中沿某一剪切方向，应用动态规划原理，搜索节理-岩桥组合形成的破坏路径和抗剪强度，据此计算岩体结构面的连通率和综合抗剪强度。

通过对坝址区主要平洞的节理测线法量测，获得了 14000 多条节理几何参数的实测资料，然后进行分区分带统计，确定了节理在各区带中的概率模型和几何参数的均值和标准差，其顺坡中缓倾角节理组的几何参数见表 2.7-2。

表 2.7-2 顺坡中缓倾角结构面几何参数

岩体风化程度	几何参数	左岸		右岸	
		均值	标准差	均值	标准差
强风化	倾向/(°)	222	21	99	21
	倾角/(°)	35	7	37.5	4.5
	间距/m	0.43	0.68	0.42	0.94
	迹长/m	2.34	1.49	1.8	1.5
弱风化	倾向/(°)	270	19	91	9
	倾角/(°)	40	9	45	7
	间距/m	0.6	0.74	0.47	0.86
	迹长/m	2.08	1.41	1.83	1.20
微风化	倾向/(°)	267	12	91	12
	倾角/(°)	41	8	39	10
	间距/m	0.73	2.13	0.52	1.65
	迹长/m	1.46	1.05	0.81	0.7

将参数输入计算机进行仿真模拟。节理几何参数见表 2.7-2，模拟有效长度和宽度为 40m×40m，模拟方向主要为节理走向和倾向，剖面倾角为 0°和 90°（垂直剖面）。岩体力学参数见表 2.7-3。

表 2.7-3　　网络模拟中岩体力学参数

类型	岩体力学参数	强风化卸荷带	弱风化卸荷带	微风化、新鲜岩带
结构面	f'	0.45	0.50	0.65
	c'/MPa	0.0	0.05	0.08
岩桥	f'	1.20	1.4	1.55
	c'MPa	1.0	2.5	3.0
	σ_t/MPa	1.0	3.0	3.5

3）各类岩体连通率一般值的确定。随着剪切带宽度的增加，其连通率也相应增加（表 2.7-4），因此，选择合适的剪切带宽度对确定其连通率十分重要。小湾两岸抗力岩体部位地形坡角平均为 42°～45°，而顺坡中缓倾角均值在 40°左右（按实测产状范围所确定的平均倾角为 31°），拱坝坝肩嵌深较大。如沿其倾向方向剪切，其与近 SN 向陡倾角结构面组合，剪切带宽度如果较宽，则连通率较高的剪切带倾角较大，可能不会在下部出露，上部连通率虽高了，但下部需剪断较多的岩体，其破坏面才可能出露，因此，剪切带的宽度不能过大。从漫湾水电站左岸边坡塌滑的实际资料看，顺倾向方向其剪切带宽度仅 60cm 左右，顺走向方向的剪切带宽度仅在断层 F_{326} 处有高 2～3m 的陡坎，如剔除此处不计，则其剪切带宽度亦不会超过 60cm。因此，从定性分析和其他工程的实际资料分析，其剪切带宽度不宜取得过大。

为合理确定剪切带宽度，对实测Ⅱ类岩体各剪切带宽度（W）的连通率（k）平均值进行回归分析，Δk 和 W 的关系属负指数分布型式，成果见表 2.7-5。

表 2.7-4　　Ⅱ类岩体不同剪切带宽度的实测连通率值统计表

统计带宽度/m		0.2	0.4	0.6	0.8	1.0
全部	统计长度/m	1053.85				
	连通率/%	8.0	18.1	25.1	30.3	34.0
高程 1010m 附近	统计长度/m	489.10				
	连通率/%	15.2	25.3	33.6	39.6	42.7
高程 1010m 以上	统计长度/m	564.75				
	连通率/%	5.8	11.9	17.7	22.3	26.5

表 2.7-5　　Δk 和 W 关系回归成果表（实测资料）

W	Ⅱ类岩体（全部）		Ⅱ类岩体（高程 1010m 附近）		Ⅱ类岩体（高程 1010m 以上）	
	k_i/%	Δk_i/%	k_i/%	Δk_i/%	k_i/%	Δk_i/%
0.2	8.0	10.10	15.2	10.10	5.8	6.1
0.4	18.1	7.00	25.3	8.30	11.9	5.8
0.6	25.1	5.20	33.6	6.00	17.7	4.6
0.8	30.3	3.70	39.6	3.10	22.3	4.2
1.0	34.0		42.7		26.5	
回归成果	$c=13.829$，$d=-1.655$ $r=0.999$		$c=16.526$，$d=-1.934$ $r=0.962$		$c=7.168$，$d=-0.676$ $r=0.969$	

续表

据回归成果预测各剪切带宽度连通率值						
W	Ⅱ类岩体（全部）		Ⅱ类岩体（高程 1010m 附近）		Ⅱ类岩体（高程 1010m 以上）	
	$k_i/\%$	$\Delta k_i/\%$	$k_i/\%$	$\Delta k_i/\%$	$k_i/\%$	$\Delta k_i/\%$
0.2	8.0	9.978	15.2	11.225	5.8	6.262
0.4	17.978	7.166	26.425	7.625	12.062	5.471
0.6	25.144	5.147	34.05	5.179	16.861	4.779
0.8	30.291	3.696	39.229	3.518	21.036	4.175
1.0	33.987	2.655	42.747	2.389	24.683	3.647
1.2	36.642	1.907	45.136	1.623	27.869	3.186
1.4	38.549	1.369	46.759	1.102	30.652	2.783
1.6	39.918	0.984	47.861	0.749	33.084	2.432
1.8	40.902	0.706	48.61	0.509	35.208	2.124
2.0	41.608	0.507	49.119	0.345	37.064	1.856
2.2	42.115	0.364	49.464	0.235	38.685	1.621
2.4	42.479	0.262	49.699	0.159	40.101	1.416
2.6	42.741	0.188	49.858	0.108	41.338	1.237
2.8	42.929	0.135	49.966	0.074	42.419	1.081
3.0	43.064	0.097	50.04		43.363	0.944
3.2	43.161				44.188	0.825

注 回归公式为 $\Delta k=ce^{dw}$。

Ⅱ类岩体（全部）：$\Delta k=13.892e^{-1.655w}$，相关系数 $r=0.999$。

Ⅱ类岩体（高程 1010.00m 附近）：$\Delta k=16.526e^{-1.934w}$，相关系数 $r=0.962$。

Ⅱ类岩体（高程 1010.00m 以上）：$\Delta k=7.168e^{-0.676w}$，相关系数 $r=0.969$。

用网络仿真模拟法求该组节理不同剪切带宽度的连通率，从 0.2m 开始，每隔 0.2m 模拟一次，一直模拟到 2.0m，利用该资料进行回归分析（表 2.7-6）：$\Delta k=13.247e^{-1.432w}$，相关系数 $r=0.974$。

网络仿真模拟法的原理是通过仿真模拟，寻找一条最低强度路线，而获得路径连通率。由于其寻找的是最低强度路线，则有部分结构面可能不入选，因此，它的负指数分布型式，可以认为是一种符合实际的反映。如果认为 $\Delta k<0.1$ 时，认为基本是不变的，取剪切带宽度为 1.0m 时的连通率，其值相当于最大值的 75%～80%。

表 2.7-6　　Δk-W 关系回归成果表（模拟资料）

W/m	$k_i/\%$	$\Delta k_i/\%$	回归成果
0.2	17.0	11.210	$c=13.274$ $d=-1.432$ $r=0.974$
0.4	28.21	7.220	
0.6	35.43	5.650	
0.8	41.08	3.320	
1.0	44.40	3.380	
1.2	47.78	2.200	
1.4	49.98	1.900	
1.6	51.88	1.880	
1.8	53.76	0.800	
2.0	54.56		

续表

根据回归成果预测连通率值					
W/m	k_i/%	Δk_i/%	W/m	k_i/%	Δk_i/%
0.2	17.0	9.968	2.2	54.738	0.568
0.4	26.968	7.485	2.4	55.306	0.427
0.6	34.453	5.621	2.6	55.733	0.320
0.8	40.074	4.221	2.8	56.053	0.241
1.0	44.295	3.169	3.0	56.294	0.181
1.2	47.464	2.380	3.2	56.475	0.136
1.4	49.844	1.787	3.4	56.611	0.102
1.6	51.631	1.342	3.6	56.713	0.076
1.8	52.973	1.008	3.8	56.789	
2.0	53.981	0.757			

Ⅰ类、Ⅱ类岩体实测统计长度达 1053.85m，数据量较大，能代表实际情况。高程 1010.00m 附近平洞的实测值均较高，而以上高程的连通率值较其明显为低，这与现场实际情况是相符的。因此，在考虑该类岩体的连通率的一般值时，将高程 1010.00m 附近当特殊情况对待，故对该类岩体又分高程 1010.00m 附近及其以上分开进行统计，成果见表 2.7-4。高程 1010.00m 以上的实测统计长度仍可达 564.75m，数据量仍较大，能代表实际情况。因此，Ⅰ类、Ⅱ类岩体连通率一般值的选择即以实测资料为基本依据。从表中可以看出，剪切带宽度为 1.0m 时，连通率为 26.5%；据表资料，如按剪切带宽度 1.0～1.2m 时连通率的增量为 3.647，则剪切带宽度为 1.2m 时，连通率值为 30.147%。因此，Ⅰ类、Ⅱ类岩体连通率一般值取为 25%～30%。

其他各类岩体的实测统计总长度仅为 319m（其中$Ⅲ_a$类岩体实测长度 26m，$Ⅲ_b$类岩体实测长度 180.4m，$Ⅳ_a$类岩体实测长度 55.9m，$Ⅳ_b$类岩体实测长度 30m，$Ⅴ_a$类岩体实测长度 26.7m），其数据量过小，代表性差，难以代表实际情况。因此，对这些岩体类别连通率一般值的确定，不能以实测资料为基本依据。根据网络法获得的Ⅰ类、Ⅱ类岩体连通率值与实测值相近或者说与最发育部分的连通率基本一致的结论，因此，对其他岩体类别连通率一般值的取值主要依据模拟法成果。提出的各类岩体连通率一般值的建议值见表 2.7-7。

表 2.7-7　　各类岩体连通率一般值的建议值

岩体类别	Ⅰ+Ⅱ	$Ⅲ_a$	$Ⅲ_b$	$Ⅳ_a$	$Ⅴ_a$
连通率建议值/%	25～30	30～40	40～60	60～70	80～100

各代表性平切高程部位连通率根据平洞揭露的顺坡中缓倾角节理、剪切裂缝发育程度和对各类岩体连通率一般建议值进行修正，之后确定的各代表性平切高程各类岩体中顺坡中缓倾角节理的连通率建议值见表 2.7-8。

4）陡倾角节理连通率建议值，见表 2.7-9。

表 2.7-8　各代表性平切高程各类岩体中顺坡中缓倾角节理连通率建议值

岸别	高程/m	连通率建议值/%				
		Ⅰ+Ⅱ	$Ⅲ_a$	$Ⅲ_b$	$Ⅳ_a$	Ⅴ
左岸	1010	45		55		90
	1050	30		50	65	90
	1090	35		50	65	90
	1130	33	40	50	65	90
	1170	30		50	65	85
	1210	25	35		65	85
	1245	25	35	50	65	80
右岸	1010	40		50	65	100
	1050	30	40	50	65	100
	1090	27		40	65	95
	1130	25		40	60	90
	1170	25	35	40	60	85
	1210	25		40	60	85
	1245	25	35	40	60	80

注　空格表示抗力体可能滑移破坏部位无此类岩体。

表 2.7-9　近 SN 向和近 EW 陡倾角节理连通率建议值（一般值）

岩体质量类别	Ⅰ+Ⅱ	$Ⅲ_a$	$Ⅲ_b$	$Ⅳ_a$	$Ⅴ_a$
连通率建议值/%	50	60	70	80	100

5）顺坡中缓倾角节理起伏角。坝址地段顺坡中缓倾角节理暴露在地表成为顺坡岩面，对其进行起伏角量测统计，沿走向的一级起伏角（近似于走向偏差角）范围值为 5°～10°，二级起伏角为 6.5°～9.33°；顺倾向的二级起伏角为 7.43°～17.4°。

6）力学参数建议值。Ⅱ类岩体中节理面粗糙、闭合、无充填，刚性接触；$Ⅲ_a$ 类岩体中节理微张并有高岭土化的次生矿物充填；$Ⅲ_b$ 类岩体中节理一般闭合-微张，无充填或少量片状岩块充填，结构面仍表现为刚性面；$Ⅳ_a$ 类岩体中节理微张或张开，为泥和碎屑物所充填；$Ⅴ_a$ 类岩体中节理张开为泥和碎屑物充填，或为空隙。根据各类岩体中顺坡结构面性状顺坡节理抗剪强度建议值见表 2.7-10。

表 2.7-10　抗力岩体部位各类岩体中顺坡节理抗剪强度建议值

岩体质量类别	峰值强度	
	f'	c'/MPa
Ⅱ类岩体	0.6～0.7	0.1～0.13
$Ⅲ_a$ 类岩体	0.55～0.65	0.08～0.1
$Ⅲ_b$ 类、$Ⅳ_a$ 类岩体	0.50～0.55	0.05～0.07
$Ⅴ_a$ 类岩体	0.35～0.45	0.035～0.04

2.7.2　影响变形稳定的因素

在坝基建基面岩体质量选择和拱坝嵌深确定时，大坝建基面岩体和抗力体核心区域部位岩体主要为Ⅰ类、Ⅱ类岩体，但在右岸坝基高高程坝趾处分布有断层 F_{11}，蚀变岩带 E_1、E_4+E_5、E_9 蚀变岩体；河床部位分布有 E_{10} 蚀充岩体；两岸坝趾处局部分布有弱风化和荷岩体以及开挖后坝基浅表部普遍出现的松弛岩体。抗力体部位：左岸在高程 1130.00m 以上 4 号山梁部位存在深卸荷岩体和断层 F_{20}、F_{11} 和蚀变岩体 E_8，右岸有Ⅲ级断层 F_{11}、F_{10}、F_5，蚀变岩体 E_1、E_4、E_5、E_9，另外在两岸均分布成组出现的近 EW 和 SN 陡倾角Ⅳ级结构面。它们的强度相对较低、抗变形性能相对较差，对大坝变形稳定有一定影响。为此，在前期勘测设计阶段对此进行了重点研究，这些研究包括：采取有效的勘探手段查明其性状和空间展布；研究其围岩地应力状态，强度特性研究包括长期强度研究等。

2.7.2.1　两岸岩体对称性

（1）地质特征。左右两岸基岩岩性均为黑云花岗片麻岩和角闪斜长片麻岩，它们在微风化和新鲜岩体中均为坚硬到极坚硬岩石，但黑云花岗片麻岩强度更高，但在其间节理尤其是近 SN 向陡倾角节理更为发育、且延伸相对较长，沿该组节理常伴生有长石高岭土化现象。黑云花岗片麻岩出露地段强风化岩体薄而少见，而角闪斜长片麻岩出露地段强风化岩体一般较厚，甚至分布有全风化岩体，但岩体完整性较好。左岸以黑云花岗片麻岩为主，右岸分布的部位角闪斜长片麻岩略多且主要分布在低高程坝趾部位，因而从岩体结构分析，两岸总体基本对称。

左右两岸普遍发育的Ⅳ级结构面总体产状、性质、发育密度基本一致。但左岸分布的主要是下游 4 号山梁深卸荷岩体和断层 F_{20} 与 E_8、近 SN 向陡倾角软弱岩带和 F_{11} 等；右岸主要有 F_{11}、F_{10} 和近 SN 方向展布的蚀变岩体 E_1、E_4+E_5 和 E_9。两岸分布的主要地质缺陷类型存在明显差异。

（2）地震法勘探成果。针对主要地质缺陷在左岸、右岸共布置了共 14 组地震 CT 测试工作。典型测试成果见图 2.2－6 和图 2.4－7。测试成果表明以下几点：

1）右岸构造带（F_{11}、Ⅳ级结构面及节理密集带等）、蚀变带（E_4、E_5、E_1、E_9）等影响而产生明显的低波速异常区，在弱风化、卸荷岩体底界线可看到顺坡向的相对低波速带，属于$Ⅲ_a$类、$Ⅲ_b$类岩体，$Ⅲ_a$类岩体地震波波速值为 4500～4000m/s，$Ⅲ_b$类岩体地震波波速值为 3500～4000m/s。Ⅰ类、Ⅱ类岩体地震波速一般在 4500m/s 以上。

2）左岸 PD8 高程以上，卸荷岩体的分布范围和深度较大，存在明显的低波速带，低波速分布与卸荷裂隙分布关系密切；PD8 高程以下地段，卸荷带分布深度较小，随着距地表距离的增加，波速值增加，越靠近洞底岩体完整性越好。

3）对比同高程、同深度岩体地震波速的分布，在坝肩核心抗力体部位波速总体基本一致，一般在 4500m/s 以上。但左岸 PD8 以上 4 号山梁部位波速值相对略小。

综上所述，两岸从岩体结构上分析，岩体质量总体对称；左、右两岸主要地质缺陷类型存在明显差异，但从地震波层析成果分析，在一定深度范围以里波速基本一致。因此两岸岩体质量基本对称，但由于左岸 4 号山梁部位卸荷深度大，且紧临坝趾，其岩体质量略差于右岸。

2.7.2.2 拱端位置及嵌入深度

根据规范规定，结合小湾坝址区岩体风化、卸荷特征及岩体质量情况，从岩体质量好、坏的角度出发，建基面应Ⅰ类、Ⅱ类岩体为主，对局部存在的Ⅲ类岩体（尤其是$Ⅲ_b$类岩体）和随断层陡倾角分布的$Ⅳ_b$＋$Ⅳ_c$类岩体应加强固结灌浆或置换处理；对高高程部位可适当降低要求。

根据建基面岩体质量和岩体稳定要求等因素，综合确定的拱端位置及嵌入深度：左岸2号山梁部位埋深较大，最大铅直埋深位于左岸2号山梁地面高程1110.00m附近，约120.00m，见图2.7－1；最大水平埋深位于左岸2号山梁高程1070.00m附近，近100m。

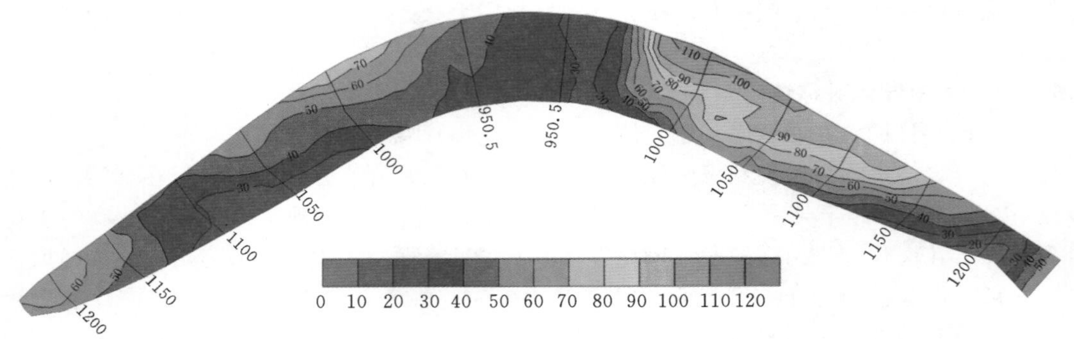

图2.7－1 坝基铅直埋深等值线图（单位：m）

左岸地面高程1200.00m以下，坝基主要布置于2号山梁南坡，高程1200.00m以上坝趾部位穿过龙潭干沟，推力墩置于4号山梁北坡。因龙潭干沟切割，在高程1070.00m附近，坝后地形几乎和坝轴线平行，建基面埋深差别明显。坝踵部位的铅直开挖深度一般50～100m，最大位于2号山梁部位约118m，最小位于龙潭干沟部位约28m；坝趾部位的铅直开挖深度一般25～50m，最大位于②号山梁地面高程1100m附近约64m，最小位于龙潭干沟部位约14m。

右岸地面高程1130.00m以下，坝基布置于1号、3号山梁之间的凹地，高程1130.00m以上坝趾部位逐渐进入3号山梁北坡。坝踵部位的铅直开挖深度一般50～70m，最大位于1号山梁部位约80m，最小位于1号、3号山梁之间的凹地约41m；坝趾部位的铅直开挖深度一般25～50m，最大位于3号山梁部位约57m，最小位于1号、3号山梁之间的凹地约23m。

2.7.2.3 坝基岩体质量

建基面岩体以微风化岩体为主，仅坝趾部位局部分布有弱风化岩体。左岸坝基建基面在下述3个部位有少量弱风化岩体：①高程960.00m附近近坝趾部位，呈长条形分布；②高程1210.00m附近近坝趾部位，呈三角形分布；③推力墩基础（高程1210.00m）靠近下游侧部位，呈三角形分布。右岸坝基建基面在下述两个部位有少量弱风化岩体：①高程1183.00～1200.00m坝趾部位沿近EW向结构面和E_{4+5}蚀变带呈三角形分布；②高程1115.00～1128.00m坝趾部位沿近EW向结构面有夹层风化现象。建基面岩体质量类别

分布见图 2.7-2。

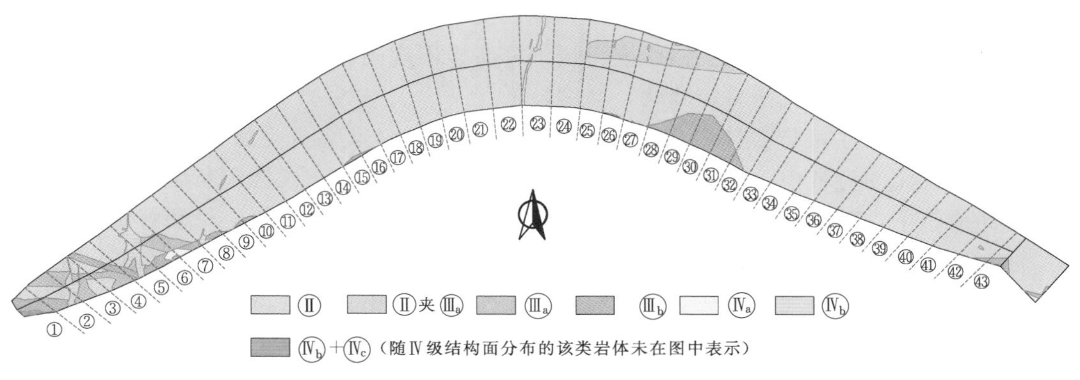

图 2.7-2 建基面岩体质量类别分布图

建基面仅在局部坝趾部位分布有卸荷岩体。左岸坝基建基面在下述 3 个部位分布有少量卸荷岩体：①左岸推力墩基础上（1210m）靠近下游侧部位，呈三角形分布，最大宽度约为 8m（建基面上沿径向方向，下同）；②左岸高程 1210.00m 附近近坝趾部位，呈三角形分布，最大宽度约为 9m；③左岸高程 1050.00～953.00m 之间近坝趾部位，呈长条形分布，最大宽度约为 10m。右岸坝基建基面在下述两个部位分布有卸荷岩体：①高程 1146.00～1076.00m 之间近坝趾部位，呈长条形分布，最大宽度约为 10m；②高程 1010.00m 近坝趾部位，呈长条形分布，最大宽度约为 3m。

坝基部位分布有相对较大的蚀变带 6 条，左岸有 E_8，右岸有 E_1、E_4、E_5、E_9，河床部位有 E_{10}。延伸方向均以近 SN 向为主，局部追踪近 EW 向结构面发育（如 E_4 与 F_{11} 交汇处、E_1 与 f_{12} 交汇处等部位沿结构面有追踪蚀变现象），对坝肩抗滑和变形稳定均有一定影响。右岸坝基开挖出露 E_4+E_5、E_1、E_9 蚀变带，以中等蚀变为主。左岸推力墩部位开挖出露 E_8 蚀变带，呈条带状，以中等-强烈蚀变为主，河床部位坝基开挖出露的 E_{10} 蚀变带，呈条带状，以中等为主。左岸低高程坝基中心线上游部位部分岩体中也有蚀变现象，主要表现为沿近 SN 向陡倾角节理的蚀变现象，在局部地段发育相对集中，主要为轻微蚀变岩体，局部夹中等蚀变岩体。

断层 F_{11}、蚀变岩带以及建基面出露的Ⅳ级结构面，多属Ⅳ$_b$ 类岩体，随断层破碎带出露的糜棱岩和断层泥属Ⅳ$_c$ 类岩体。根据前期勘探资料、施工超前声波检测资料和建基面实测资料分析，天然状态下建基面岩体质量以Ⅱ类岩体为主，按各类岩体平面投影面积百分比统计，Ⅱ类岩体占 89.3%、Ⅲ$_a$ 类岩体占 3.0%、Ⅲ$_b$ 类岩体占 5.4%、Ⅳ$_a$ 类岩体占 0.3%、Ⅳ$_b$ 类岩体占 1.8%、Ⅳ$_b$+Ⅳ$_c$ 类岩体占 0.2%。岩体质量随工程因素作用的演化已在 2.5 节中详细介绍，此处不再论述。

2.7.2.4 软弱岩带特征

软弱岩带主要是指断层带和蚀变岩体或二者的交会带。

（1）物质结构特征。近 EW 向断层破碎带总体宽 50～500cm，主要由碎块岩、碎裂岩及少量片状岩、角砾岩、糜棱岩组成，沿破碎带局部可见中等-强烈蚀变现象。

近 SN 向断层主要由碎块岩、碎裂岩、糜棱岩及少量片状岩、角砾岩组成，部分地段以节理密集带形式出现，沿破碎带可见中等-强烈蚀变现象。

蚀变带与围岩呈不规则状接触；带内岩体蚀变程度极不均匀，强、弱、微蚀变岩体和未蚀变岩体呈团块状、条带状交错镶嵌出现，分布极不规则。蚀变强烈者，呈灰白色，几乎不含暗色矿物，结构疏松呈蜂窝状，强度较低。

（2）软弱岩带性状与岩体风化、卸荷关系。断层破碎带物质受后期次生改造作用明显，在岩体风化卸荷带中，破碎带宽度大，结构松弛，有泥化糜棱岩和断层泥分布。在微风化未卸荷带中，破碎带宽度较小，结构紧密，断层泥薄分布不连续，呈硬塑状态。

蚀变岩体性状在强风化强卸荷带中，以强烈蚀变岩体为主，结构疏松。在弱风化卸荷带中，以中等蚀变岩体为主。在微风化和新鲜岩带中，以中等到轻微蚀变岩为主，强烈蚀变岩体呈透镜状、团块状分布在带内。

（3）断层围压应力状态。为研究断层附近围岩的地应力状态，对 F_{11} 两侧不同距离钻孔进行地应力测试。地应力测试成果分析（测试成果见表 2.7-11），F_{11} 断层两侧岩体完整性较好，因而较好地保存了原始地应力，其中最大主应力量值一般为 11～18MPa。在此地应力作用下，断层带及两侧岩体挤压紧密，但在开挖暴露、围压解除后岩体易松弛，变形模量较之在天然围压状态下大幅降低。

表 2.7-11　F_{11} 两侧围岩地应力测试（孔底法）成果汇总表

编号	测点位置	最大主应力 σ_1			中间主应力 σ_2			最小主应力 σ_3		
		大小/MPa	方位/(°)	倾角/(°)	大小/MPa	方位/(°)	倾角/(°)	大小/MPa	方位/(°)	倾角/(°)
PD13-1	F_{11}上盘⊥F_{11}	13.81	19	−13	6.43	95	45	4.80	121	−12
PD13-2	F_{11}下盘 1.4m	11.71	122	4	4.27	26	55	3.27	36	34
PD13-3	F_{11}下盘 4.7m	17.30	83	−10	6.30	5	47	4.97	164	41
PD13-4	F_{11}下盘 9.7m	2.40	52	4	1.47	131	−69	1.09	144	21
PD57-1	F_{11}下盘 6.3m	16.50	36	1	9.22	119	−50	7.80	121	40
PD57-3	F_{11}下盘 3.6m	10.90	80	51	6.72	18	−21	0.79	121	−31
PD57-4	F_{11}下盘 0.7m	17.95	170	−11	11.63	76	−21	5.47	106	66
PD57-5	F_{11}上盘 1m	18.42	12	1	9.35	103	22	6.84	99	−68
PD57-6	F_{11}上盘 8m	20.69	6	−4	12.25	93	40	6.51	101	−49

注　1. 应力倾角以水平面向上为正，向下为负。
2. 应力方位以 N 为起点，顺时针旋转。

另外在近 SN 向节理密集带部位平面应力为 $\sigma_1'=5.20$MPa，$\sigma_2'=-0.35$MPa，局部出现了拉应力。

应力测试成果表明：在近 EW 向软弱岩带存在较高的围压状态，三向应力均处于压应力状态，近 SN 向软弱岩带围压相对较低，局部出现了拉应力。

（4）变形试验成果。现场针对断层和蚀变带岩体共开展了刚性承压板法试验 21 组。断层泥和糜棱岩变形模量一般为 0.7～1.2GPa。碎裂岩、碎块岩带一般为 3.5～5.8GPa。强烈蚀变岩 0.6～2.0GPa，中等蚀变岩一般为 3.6～7.5GPa。同时也与成都理工大学合作

开展了进一步的研究，主要结论如下：

1）对于弱蚀变岩体，在较大压力范围内（6～15MPa），其水平变形模量为2.63～3.6GPa，是逐渐增加的，平均值为3.15GPa，其垂向变形模量为2.19～2.51GPa，平均值为2.33GPa，水平与垂向之比为1.35。岩体具有一定的各向异性特征。在逐级循环荷载作用下，岩体的变形模量和弹性模量均有较明显提高，变形-压力曲线呈上凹形，具有应变强化现象。

2）对于强蚀变岩体，在较大压力范围内（6～15MPa），在强蚀变带内裂隙不发育，且相对均质，围岩地应力高，抗变形能力相对提高，水平变形模量为4.93～6.24GPa，平均值为5.49GPa。在蚀变带内发育断层，岩体结构相对疏松，围岩地应力较低，因而抗变形能力较低。其水平变形模量为1.9～2.23GPa，平均值为2.08GPa。

3）断层F_{11}的变形参数随断层破碎带的性状、应力环境的差异，相差明显。断层破碎带为含砾岩屑，局部夹断层泥，虽然结构致密，但性状相对较差，卸荷较充分，其包络线模量为1.08GPa；卸荷微弱情况，其水平法向变形模量平均值为3.35GPa。断层破碎带为挤压紧密的裂隙密集带，围岩地应力较高，其水平切向变形模量平均值为10.81GPa，抗变形能力明显有所提高。

（5）长期强度。蚀变岩三轴压缩各级应力水平的流变参数见表2.7-12。

表2.7-12　蚀变岩各级应力水平下的流变参数

岩样编号	围压/MPa	应力水平/MPa	伯格斯			
			E_M/GPa	η_M/(GPa·d)	E_K/GPa	η_K/(GPa·d)
XW-3-04	2	30	10.59	3.84×10^2	9.27×10^4	7.49×10^2
		35	10.90	1.14×10^3	1.22×10^3	5.04×10^{-1}
		40	11.27	9.64×10^2	7.61×10^2	2.33×10^2
		45	11.44	7.12×10^2	9.30×10^2	6.22
		50	11.63	1.50×10^3	4.96×10^2	1.08×10^2
		57.5	11.88	4.42×10^3	1.57×10^2	6.40×10^1
XW-3-06	5	45	16.84	2.02×10^4	6.27×10^4	1.76×10^4
		50	17.12	3.29×10^3	1.56×10^3	4.78×10
		55	17.26	2.40×10^3	1.96×10^3	2.08×10
		60	17.73	1.47×10^4	8.33×10^2	4.52×10^2
		65	17.73	3.41×10^3	1.18×10^3	1.11×10
		67.5	17.54	8.25×10^3	4.29×10^2	3.69×10^2
		70	16.94	1.77×10^3	8.98×10^2	5.04×10^2
		72	16.46	2.40×10^2	3.50×10^4	1.09×10^4
XW-3-07	8	50	20.63	5.39×10^3	5.28×10^4	1.47×10^2
		55	20.98	7.12×10^3	1.31×10^3	9.57×10
		60	20.99	1.64×10^3	4.57×10^3	3.77×10

续表

岩样编号	围压/MPa	应力水平/MPa	伯格斯			
			E_M/GPa	η_M/(GPa·d)	E_K/GPa	η_K/(GPa·d)
XW-3-07	8	65	20.90	1.36×10^4	7.09×10^2	6.36×10
		70	20.91	8.76×10^3	4.43×10^2	7.28×10
		72.5	20.08	1.96×10^4	6.29×10^3	1.45×10^{-5}
		75	20.11	1.72×10^3	5.76×10^3	5.48×10^3
		77.5	19.67	5.73×10^3	4.58×10^2	1.29×10^3
		80	19.10	9.79×10^3	6.73×10^2	5.28×10^2
		82.5	18.69	4.39×10^2	2.44×10^4	1.69×10^4

蚀变岩在低应力水平长期作用下的蠕变变形较大，且呈现较为显著的衰减蠕变阶段和稳态蠕变阶段，蠕变速率较大，总体的蠕变变形量大。其详细成果见 2.2.4.1 节。

2.7.2.5 坝基典型卸荷岩体

根据坝肩槽开挖揭露情况，在拱坝坝趾部位局部分布有微风化卸荷岩体及裂面高岭土化岩体，即Ⅲ$_b$类岩体（图 2.7-3），根据性状差异，又可分为Ⅲ$_{b1}$类和Ⅲ$_{b2}$类岩体，结合前期勘探平洞及地下排水洞开挖等揭露的情况分析，其主要地质特征如下：

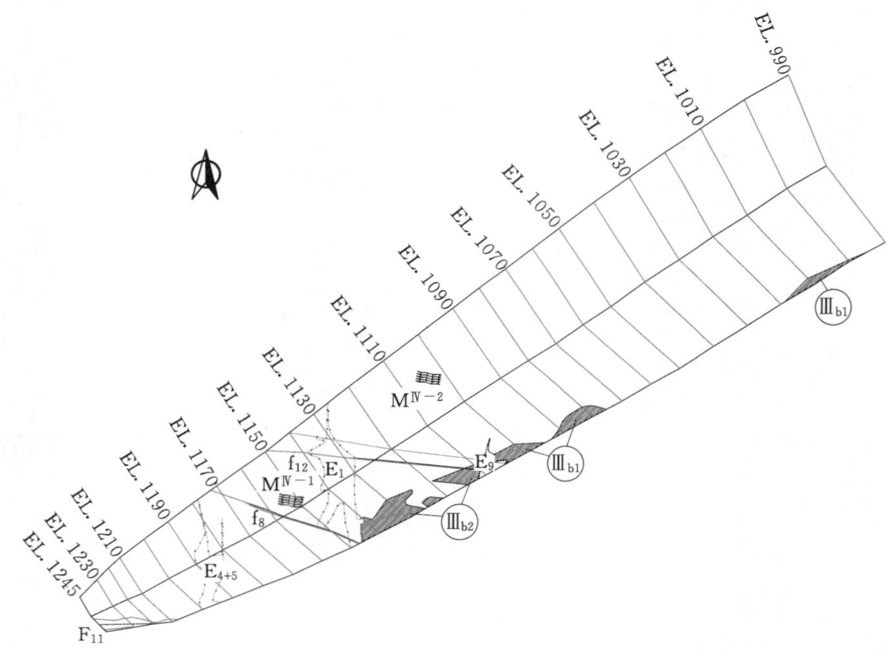

图 2.7-3 拱坝右岸建基面Ⅲ$_b$类岩体分布图

（1）Ⅲ$_{b1}$类岩体工程地质特征。卸荷的微风化岩体，岩石保持新鲜色泽，岩体结构呈次块状-块状，岩体块度大，具一定的完整性，节理一般闭合或保持原有的胶结状态，以剪切裂隙（顺坡中缓倾角剪切裂隙）发育为主，一般闭合－微张，无充填或少量片状岩块

充填，岩块较坚硬，结构面仍表现为刚性面。片岩夹层大部分仍坚硬，少部分具软化现象。地震波测定纵波速度的一般值4000～3500m/s。

右岸坝基建基面上在下列两个部位分布有Ⅲ$_{b1}$类岩体：①高程1105.00～1075.00m之间近坝趾部位，在建基面上的出露宽度为3～5m，最大厚度约3～5m，对高程1090.00～1105.00m的卸荷岩体已结合E_9蚀变岩体开挖基本挖除，对高程1075.00～1090.00m的卸荷岩体留待后期固结灌浆处理；②高程1010.00m近坝趾部位，呈长条形分布，建基面上的分布宽度为0～3m（沿径向方向），最大厚度约2m，已进行开挖处理。

坝趾部位补充声波检测有3个孔位于该类岩体中（图2.7-4），单孔测试最高声波波速为5.88km/s，最低为1.80km/s，平均为4.21～4.71km/s，跨孔测试最高声波波速为5.80km/s，最低为4.44km/s，平均为5.10km/s。

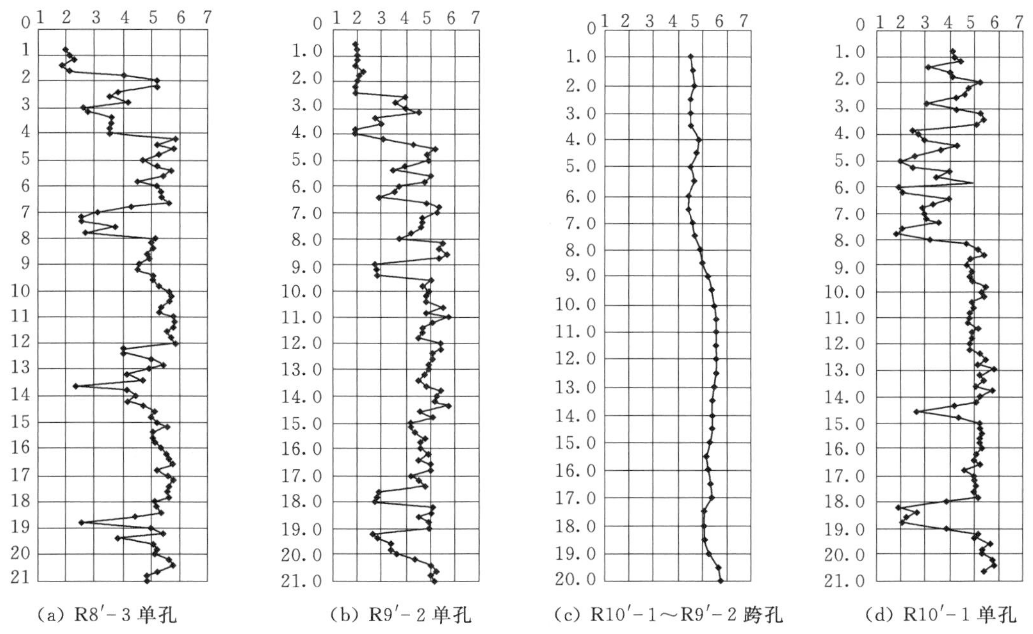

图2.7-4 右岸建基面Ⅲ$_{b1}$类岩体典型声波检测成果

(2) Ⅲ$_{b2}$类岩体工程地质特征。

1) 完整性较差的卸荷微风化岩体，岩体结构呈次块状，卸荷剪切裂隙和卸荷拉张裂隙均有发育，一般微张，局部有岩屑和次生泥充填。片麻理、片理面结合力稍弱，片岩夹层多见软化现象。

右岸坝基建基面高程1146.00～1105.00m之间近坝趾部位分布有Ⅲ$_{b2}$类岩体，在建基面上的出露宽度为5～10m，最大厚度约5m，已结合E_1、E_9蚀变岩体开挖处理基本挖除。

坝基声波检测孔有3组6个浅孔布置于该类岩体中，单孔测试最高声波波速为5.86km/s，最低为2.78km/s，平均为4.36～5.23km/s，跨孔测试最高声波波速为5.22km/s，最低为4.17km/s，平均为4.39～5.01km/s。坝趾部位补充声波检测有2个孔位于该类岩体中（图 2.7－5），单孔测试最高声波波速为 5.56km/s，最低为 2.00km/s，平均为 3.35～4.59km/s，跨孔测试最高声波波速为 4.92km/s，最低为 3.92km/s，平均为 4.45km/s。

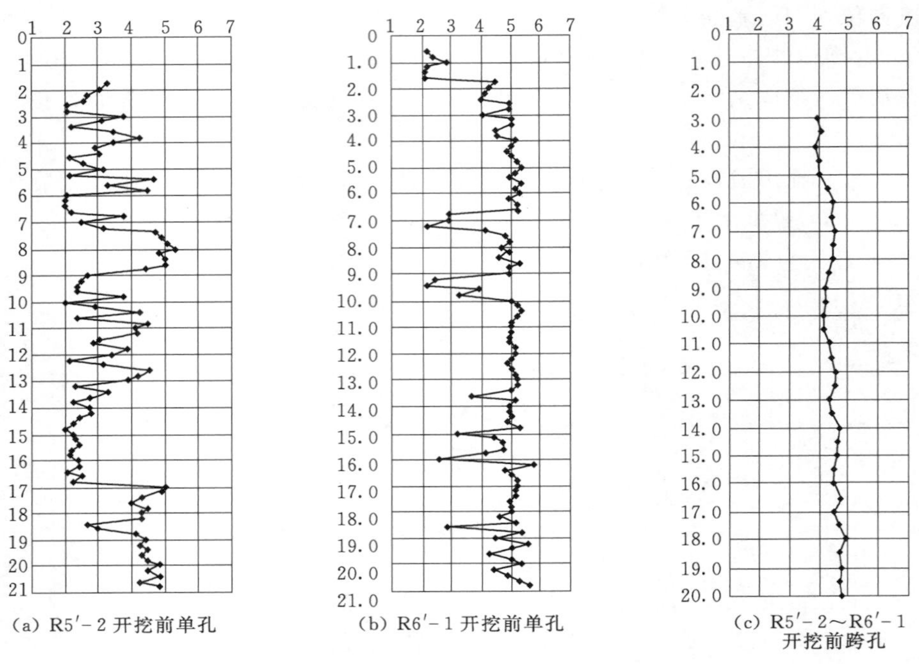

图 2.7－5 右岸建基面Ⅲ$_{b2}$类岩体典型声波检测成果

2）裂面高岭土化岩体，完整性较差，一般分布于较大的Ⅲ级、Ⅳ级结构面附近，岩体中近 EW 向和近 SN 向节理裂隙发育，局部密集发育，多呈张性，普遍有高岭土充填，高岭土多潮湿，呈软塑状。

裂面高岭土化岩体主要分布在右岸建基面高程 1190.00～1235.00m F_{11} 上游侧约 6～10m 范围，受构造影响近 EW 向次生结构面和近 SN 向节理裂隙发育。节理裂隙面上普遍有 1～2mm 厚的高岭土，局部厚度近 1cm。建基面上开挖揭露出的高岭土多潮湿，呈软塑状，岩体中未见其他蚀变现象。结合 F_{11} 置换开挖已部分挖除。

坝基声波检测孔有 3 个浅孔位于裂面高岭土化岩体中，单孔测试最高声波波速为 6.06km/s，最低声波波速为 2.06km/s，平均声波波速为 4.43～5.08km/s。

2.7.3 影响渗透稳定的因素

渗透稳定是指在渗流对岩体作用下产生的稳定问题，一般包括以下两方面的内容：①渗透压力对岩体抗滑稳定的影响；②岩体在渗流作用下产生管涌（包括机械管涌和化学管涌）破坏的可能性。对于渗透压力对抗滑稳定的影响，一般是在研究岩体渗流特性的前提下采取有效的排水措施和高质量的帷幕灌浆（详见有关章节）。对于管涌问题主要需研究软弱岩带的空间展布特征、物质组成、结构特点和临界水力坡降以及在环境水作用下的可溶蚀性。

2.7.3.1 岩体渗透特征

坝址地段河流流向近 SN 向，岩层倾角陡立，走向与河道近正交。顺层结构面和近 SN 向陡倾结构面发育，互相交切，加上顺坡卸荷裂隙，形成地下水网格状活动网络。

防渗排水地段岩性主要为角闪斜长片麻岩和黑云花岗片麻岩。该地段无Ⅰ级结构面通过。Ⅱ级结构面 F_7 从右岸灌浆洞、右岸高程 1245.00m 以上排水洞通过，总体产状近 EW，N∠74°～90°（局部倾 S），断层面呈舒缓波状，沿走向和倾向产状均有变化。其破碎带总宽 18.6～37m，其中主裂带宽度一般为 0.8～2.5m，主要由灰白色断层泥和泥化糜棱岩组成，部分地段发育有两个主裂带，主裂带两侧主要为碎块岩及碎裂岩。根据钻孔压水试验，F_7 断层的碎块岩及碎裂岩带具弱透水性（$q=1\sim10$Lu），主裂带一般具微透水性（$q<1$Lu）。从灌浆洞通过的Ⅲ级结构面有 F_3、F_{11}，从排水洞通过的Ⅲ级结构面有 F_{11}、F_{10}、F_5、F_{27}，F_{11} 在右岸建基面高程 1170.00m 以上斜穿坝基。Ⅳ级结构面，以近 EW、倾 N、倾角 65°～90°为主，宽一般小于 20cm，主要由片状岩、碎块岩组成；其中斜穿帷幕的Ⅳ级结构面主要有 f_5、f_7、f_8、f_{12}、f_{26}、f_{31}、f_{34} 等，除 f_{34} 的走向为近 SN 向外，其余均为顺层挤压断层。Ⅴ级结构面主要发育近 SN 向陡倾节理、近 EW 向陡倾节理，局部分布有中缓倾角节理。

在微风化-新鲜岩体中，透水性具各向异性特征，断层和节理密集带透水性差异较大，其中近 SN 向陡倾结构面属张扭性结构面，普遍具一定开度，连通性较好，透水性较强；顺层结构面属压性结构面，多闭合，透水性相对较弱。据定向压水试验资料，近 SN 向陡倾结构面的透水率约为顺层结构面的 3～10 倍。根据两岸高压压水试验资料，深度 127～150m 以上岩体，在 2～3MPa 的压力作用下，裂隙出现扩张现象，岩体透水性加大；在深度 150m 以下，裂隙扩张现象不明显。

坝址区两岸地下水补给来源丰富。地下水位埋藏浅，在正常蓄水位高程处埋深一般为 40～76m，年变幅为 8～26m。地下水力坡度为 30°～32°。

岩体透水性在铅直方向上大致可分为三带：强透水带、中等透水至弱透水带、微透水带。强透水带：冲积层、崩积层、浅表部位的全强风化带岩体和表层强卸荷岩体属此带，透水率 $q>100$Lu。中等透水至弱透水带：河床部位底界埋藏深度在基岩面以下约 40～50m；两岸坡部位（高程 1130.00m 处）约 130m。中带岩体透水性不均一，具中等-弱透水性，$q=100\sim1$Lu。微透水带：埋藏较深的新鲜完整岩体，属微透水岩体，$q<1$Lu，地下水仅活动在个别裂隙中。

2.7.3.2 管涌问题分析与评价

（1）机械管涌。坝基地段不存在顺河向断层，仅在河床坝段展布有顺河向 E_{10}，右岸展布有 E_1、E_4、E_5 和 E_9，以中等蚀变为主，顺河向Ⅳ级结构面有 6 条，宽度一般为 2～10cm，破碎带物质主要为碎裂岩、碎块岩及少量不连续糜棱岩，未贯通坝基上、下游，故不存在机械管涌问题。

（2）蚀变岩体产生化学管涌的可能性。水-岩化学作用在自然界广泛存在，它不仅导致化学元素在岩石与水之间重新分配，而且会导致岩石细微观结构的改变，这两者的变化都可能导致岩石的渗透性和力学性质等发生明显改变。尽管这种反应的时间可能会很漫长，但对一些使用期限很长的永久性的工程结构或承载地质体，探讨这种反应的结果仍然是有意义

的。另外，坝基岩体中，地下水始终处于渗流当中，水压力和地应力水平也因部位不同，差别较大，因此，需要关注其对蚀变岩的影响程度，这也是本次试验研究的主要原因。

1）常温常压条件下水岩化学作用研究。试验对象以强蚀变岩为主，按9个不同取样位置共分11组，每组做两个平行试验，并选其中一组试样进行酸、碱滴定，以保持在一定的酸性或碱性条件下进行浸泡对比试验。所有试样均被敲碎，并经筛分取小于10mm的岩屑。每组样1kg，装在有3000mL小湾江水的试验水桶中进行浸泡，浸泡时间的长达171d。在浸泡过程中，为确保水-岩充分接触，使水在岩屑间缓慢运移，利用电磁式空气泵从岩屑底部连续吹气，并定时用玻璃棒对每桶试样进行均匀搅拌。试验过程中尽量防止水分蒸发。试验期间按32d、16d、32d、31d、60d间隔取水样做水质分析。考虑蚀变岩体中石英含量较多，在常规水化学简分析的基础上，加做了H_2SiO_3浓度测定。

浸泡试样的水为从小湾取的水样，未做处理。从5次取样测试结果看，各取样点各种离子浓度变化趋势相似，见图2.7-6。

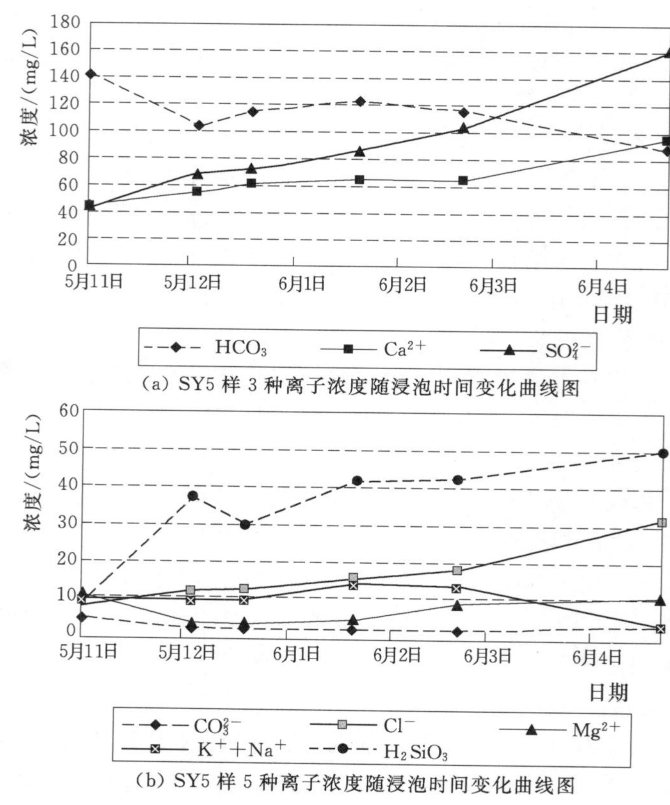

(a) SY5样3种离子浓度随浸泡时间变化曲线图

(b) SY5样5种离子浓度随浸泡时间变化曲线图

图2.7-6 SY5样各离子浓度随浸泡时间变化曲线图

综合试验最终测试结果（表2.7-13），可见：Cl^-和SO_4^{2-}浓度最终测试结果最大值分别为40.87mg/L和160.74mg/L，5个多月内的最大增加量分别仅为32.32mg/L和116.74mg/L，变化量很小，不会对钢筋、混凝土产生明显腐蚀性影响。

总体上各离子浓度的变化量很小，这说明常压下浸泡岩样，对岩样的化学成分改变很

弱，水-岩间化学作用并不强烈。

表 2.7-13 最终不同点位化学溶液分析结果

野外编号	pH 值	CO_3^{2-}	HCO_3^-	Cl^-	Ca^{2+}	Mg^{2+}	SO_4^{2-}	$K^+ + Na^+$	H_2SiO_3
SY5	8.11	3.92	87.80	31.55	95.39	10.21	160.74	4.74	49.81
SY7	8.21	3.92	97.11	26.07	74.55	8.75	118.90	11.34	44.91
SY9	8.00	2.62	101.10	40.87	86.57	13.61	150.79	13.72	25.39
SY11	8.25	5.23	102.43	18.86	52.10	11.18	78.65	11.56	22.27
SY13	8.20	5.23	91.79	27.02	69.74	11.18	109.46	7.36	26.53
SY15	8.20	6.54	98.44	17.12	52.10	8.75	73.50	12.06	20.31
SY17	8.35	13.08	142.34	26.95	60.92	23.34	119.68	24.40	21.49
SY19	8.25	6.54	107.75	24.57	49.70	17.31	104.16	21.65	26.25
SY21	8.25	7.85	135.68	22.85	60.92	17.99	103.52	17.60	21.82
平均值	8.20	6.11	107.16	26.21	66.89	13.59	113.27	13.82	28.75

注 前 5 点浸泡 171d，后 4 点浸泡 156d。

2）酸性和碱性条件下测试结果分析。为对比分析，进行了酸性和碱性条件下的对比试验。小湾江水由于受充气及水-岩相互作用影响，酸碱度总是在一定幅度内变化，需要每天进行滴定调试，因此，受加酸、加碱的影响，酸性条件下 Cl^- 浓度人为增加，CO_3^{2-}、HCO_3^- 浓度人为减小；而碱性条件下 CO_3^{2-}、HCO_3^-、$K^+ + Na^+$ 浓度人为增加。试验结果表明：①在酸性条件下，除 SO_4^{2-} 浓度外，其余各离子浓度较常规条件下均有较为明显的增大（表 2.7-14）。其中 Ca^{2+} 的浓度有明显的随浸泡时间有继续增大的趋势（图 2.7-7）。②在碱性条件下，除 Ca^{2+} 浓度较常规浸泡下明显降低外，其他各离子浓度几乎不受碱性条件的影响。由此说明，碱性条件有利于水-岩化学作用的稳定，而酸性条件则会使水-岩化学作用加剧，从而对蚀变岩体产生溶滤作用，这将会增大岩体的渗透性，并使其力学强度降低。

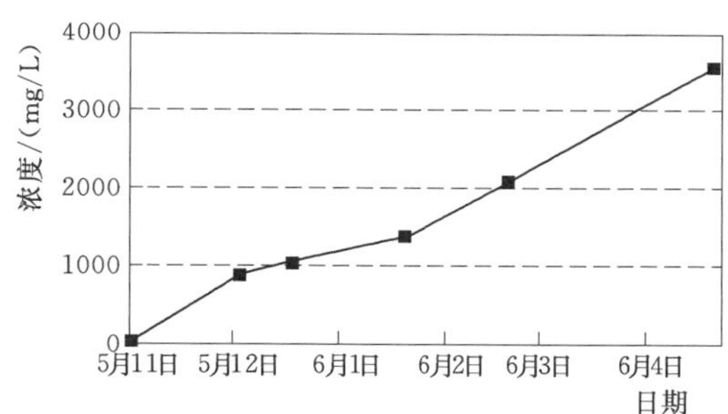

图 2.7-7 酸性条件 Ca^{2+} 浓度随浸泡时间变化曲线图

表 2.7-14 浸泡 171d 后不同条件下各离子浓度统计表 单位：mg/L

条件＼离子	Cl^-	Ca^{2+}	Mg^{2+}	SO_4^{2-}	$K^+ + Na^+$	H_2SiO_3
碱性条件	28.98	9.62	8.75	152.42	未测试	53.71
酸性条件	未测试	3591.17	116.69	175.25	98.83	87.59
常规	31.55	95.39	10.21	160.74	4.74	49.81

3）高围压、高渗透压条件下水-岩化学作用研究。试验采用小湾当地水样，首先取原

始水样进行水化学分析，在保证围压 10MPa，进水口水压 3.1MPa，渗透压差 1.5MPa 基本不变的条件下进行水-岩相互作用研究，实际按 50h、86h、86h、113h 时间间隔取水样进行水质分析。

水质分析的分析结果见表 2.7-15；溶液中不同时刻各离子的总质量为各相应时间段总渗出溶液体积与相应各离子浓度相乘（表 2.7-16）；把计算得到的各离子溶质质量，减去原始溶液中相应离子的总质量，可得到各时刻水-岩相互作用中实际各离子溶质的增减量（表 2.7-17）。图 2.7-8 是根据表 2.7-17 得到的各离子溶质绝对变化量-时间关系曲线。

表 2.7-15　不同时刻水样中各离子浓度分析成果　单位：mg/L

分析项目 \ 取样时间	0	50h	136h	222h	335h
$K^+ + Na^+$	15.12	35.50	28.33	24.00	22.39
Ca^{2+}	44.58	46.24	46.36	45.12	44.93
Mg^{2+}	10.52	10.02	7.51	8.12	8.01
Cl^-	16.00	14.54	16.10	16.01	14.76
SO_4^{2-}	22.99	71.64	46.52	33.24	28.47
HCO_3^-	168.71	161.68	163.39	166.80	166.02
H_2SiO_3	12.19	18.98	34.01	24.30	20.64
游离 CO_2	8.71	13.94	13.94	13.12	12.20
CO_3^{2-}	0.00	0.00	0.00	0.00	0.00

表 2.7-16　不同时刻总渗出水溶液各离子溶质的总质量　单位：mg

分析项目 \ 取样时间	50h	136h	222h	335h
$K^+ + Na^+$	145.56	288.93	434.40	588.78
Ca^{2+}	189.57	472.92	816.67	1181.76
Mg^{2+}	41.06	76.62	147.03	210.73
Cl^-	59.61	164.21	289.78	388.14
SO_4^{2-}	293.73	474.49	601.64	748.79
HCO_3^-	662.88	1666.62	3019.08	4366.37
H_2SiO_3	77.82	346.90	439.83	542.83
游离 CO_2	57.15	142.19	237.47	320.86

表 2.7-17　各离子溶质含量相对原始水样溶质含量的增减量　单位：mg

分析项目 \ 取样时间	50h	136h	222h	335h
$K^+ + Na^+$	83.59	134.76	160.82	191.25
Ca^{2+}	6.77	18.15	9.68	9.17

续表

分析项目 \ 取样时间	50h	136h	222h	335h
Mg^{2+}	−2.05	−30.65	−43.32	−65.85
Cl^-	−5.98	1.05	0.25	−32.56
SO_4^{2-}	199.49	240.04	185.60	144.26
HCO_3^-	−28.82	−54.20	−34.54	−70.65
H_2SiO_3	27.84	222.56	219.19	222.24
游离 CO_2	21.44	53.35	79.82	91.79

图中可以看出，$K^+ + Na^+$、SO_4^{2-}、H_2SiO_3、Ca^{2+} 等离子溶质含量最初增多，表示水-岩相互作用使试样中该离子成分溶解进入渗透溶液中。而 Mg^{2+}、HCO_3^- 离子溶质含量呈下降趋势，说明该离子沉淀、吸附到试样中。从图中可以看出，各离子溶质增减量基本趋于稳定，各离子溶质变化量不大，总的趋势离子溶解量大于吸附量，但水-岩相互作用并不强烈。

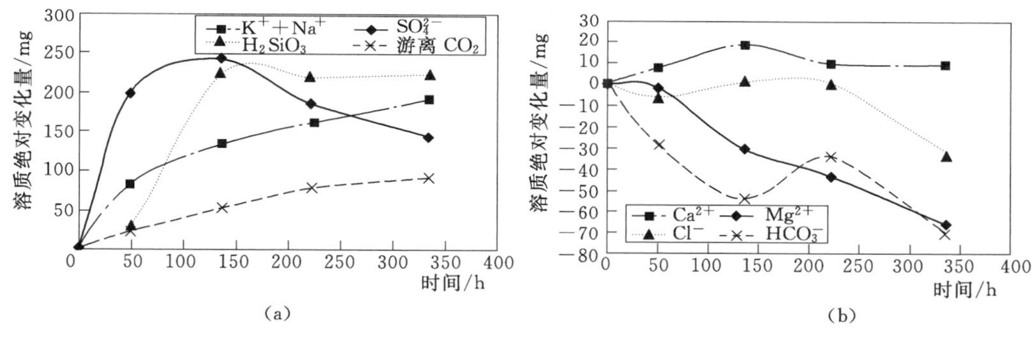

图 2.7-8 各离子溶质绝对变化量-时间关系曲线

按每天的渗透性测试结果，得到渗透系数与浸泡时间关系曲线（图 2.7-9）。从图可以看出，渗透系数随浸泡时间的增长而呈下降趋势，但下降速度在减慢，这说明水-岩相互作用反而使试样的渗透性变弱了，即水-岩相互作用不会增大坝体蚀变岩的渗透性。

总之，试验成果表明：①常温、常压下浸泡试验结果说明，蚀变岩与小湾江水的化学作用微弱，对岩体力学性质影响较小，水质对坝体钢筋、混凝土等不会产生腐蚀性影响。②碱性条件更有利于水-岩化学作用的稳定性，而酸性条件则会使水-岩相互作用加剧，从而加剧蚀变岩体的溶滤作用，增大岩体的渗透性，并使其力学强度降低。而小湾水质整体呈碱性，有利于岩体的稳定性。③在高围压、高孔隙水压力渗流作用条件下

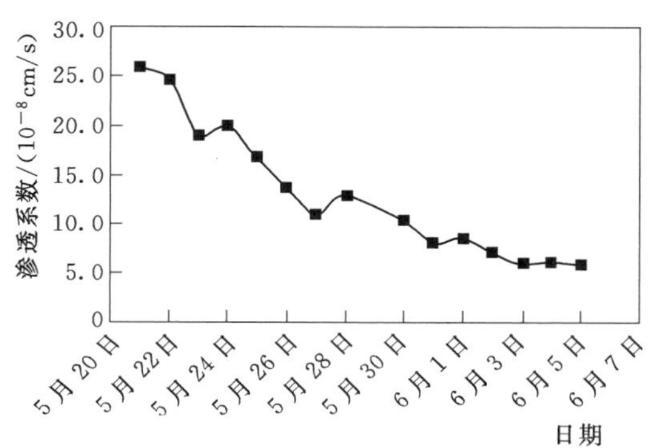

图 2.7-9 渗透系数与浸泡时间的关系曲线

进行了水-岩相互作用试验研究，从各离子溶质多少的改变量入手，进行了水化学分析。试验成果还表明，总体上离子的溶解量大于吸附量，但离子交换量小，水-岩相互作用并不强烈。岩石的渗透性随浸泡时间的增长呈下降趋势，说明水-岩相互作用并没有明显增强岩体的渗透性。总体上，水库蓄水后对蚀变岩的渗透性影响不大，蚀变岩中渗流水溶液不会对坝体钢筋、混凝土产生腐蚀性影响。

因此，蚀变岩不会产生化学管涌问题，其蚀变岩地段分布的地下水也不会对混凝土结构有侵蚀性。

2.8 有关问题讨论

2.8.1 工程地质勘察方法与技术

我国的工程地质勘察规程规范从20世纪70年代的第1版（试行）开始，历经多次修编，尽管已渐趋完善，但仅局限于200m级以下的大坝工程，对于200m级以上的高坝，除在场地地震安全性研究评价方面有明确规定外，一般要求进行专门性研究。高坝，尤其是特高拱坝，对坝基岩体质量要求高，而坝址往往又位于高山峡谷区，岸坡陡、新构造活动强烈、地震地质及地质环境极其复杂，采用传统常规的勘探试验手段和分析评价方法已难以满足对诸多工程地质问题的掌控，必须探求先进的、适宜的方法与技术。

（1）关于坝址场地安全性评价方法。区域构造稳定性研究是随大型工程建设逐渐发展起来的工程地质学科，我国侧重从构造、地震、活动断裂、地应力场、地质灾害和岩土工程等方面综合研究坝址区场地稳定性。对于一些高地震烈度区的特大型水电工程，宜在上述工作的基础上，根据区域构造和现代应力场开展必要的数值模拟，研究区域断裂的稳定性，并在坝址区开展必要的地震监测，包括微震和强震监测，同时对坝址区规模较大的断层或重要性断层开展必要的断层活动性监测。

（2）关于岩体的渗透特性研究。目前，规范常规压水试验最大试验压力为1MPa，对于一些高坝大库，坝前作用水头远大于常规压水试验最大压力，为研究在高水头作用下岩体的渗透特性应开展高压压水试验压水，从安全角度考虑，试验最大压力可取坝前水头的1.2～1.5倍。对于特高坝，取值偏向高限、且帷幕线上的所有钻孔均应按此试验压力开展压水试。

为确定软弱岩带在高压渗流下的水理性质、力学强度特性、水-岩化作用，可开展高围压状态下的渗流试验，其围压应根据地应力场应力状态确定，试验用水宜采用工程区研究对象部位的地下水。

（3）关于岩体强度试验。在高地应力区无论是进行室内试验或是现场原位试验，在一定程度上反映的均是岩体（岩石）松弛后的强度参数。为此，针对断层现场变形试验，依据试验部位的地应力测试成果、按试验方向先预加相同的应力，然后再正常进行试验，在一定程度上可获得相对较为真实的岩体变形参数。对软弱岩带需考虑其侧限效应对强度的影响，可在现场开展软弱岩体的有侧限变形试验。

库仑定律只适应一定的正应力范围，对于特高大坝，岩体承受的局部应力往往超出该

范围，在岩体抗剪强度试验时，施加正应力的最大值应按岩体承受的工程作用应力的一般范围确定或再考虑一定的安全裕度。

(4) 岩土工程监测的必要性。对地质环境复杂的地区，由于勘探控制的有限性、认识自然的局限性，在前期勘测设计阶段，结合工程特点，针对需重点关注的问题开展必要的岩土体专项监测工作是岩土工程师进一步认识岩体工程特性不可替代的重要手段之一。

(5) 工程地质勘察发展方向。采用勘探、监测、试验、物理模拟与数学模拟等手段，以不同时空尺度地质环境的自然演化和工程因素作用下地质体的演变为重点，把工程建设与地质环境视为统一的整体，研究两者间的联系及相互作用，是工程地质勘察的发展方向。

2.8.2 岩体质量时空特性及演化规律

目前，岩土体工程特性研究主要是针对自然状态下岩土体结构的特征及物理力学强度特性，给出的岩体质量分级和强度指标基本为“定值”，致使预测处于稳定状态的岩土体失稳、而处于不稳定状态的却稳定的现象时有发生。事实上，岩土体的工程特性在人类工程活动中，由于赋存环境条件（应力状态、渗流场）的改变，其结构特征、强度参数、稳定条件均会随之变化，如何评价岩土体这一动态特性是岩土工程界需要研究解决的问题。

在高地应力、岩体坚硬完整地区，坝基岩体质量随开挖卸载、大坝浇筑、固结灌浆、水库蓄水和正常运行发生劣化、恢复和再劣化或进一步恢复，是一个动态变化过程。其直接因素是工程作用，本质是岩体赋存环境（应力场和渗流场）改变所致。在同一时段，不同部位、不同深度劣化、恢复程度存在明显差异，且还存在劣化和恢复现象在不同部位并存的情况，岩体质量随工程作用具有明显的四维时空特性。高拱坝，尤其是特高拱坝的工作性态受制于这一特性，从前期勘测设计阶段开始就必须给予高度重视。

2.8.3 岩体质量评价体系

传统的地质勘查一般只注重研究自然状态下的岩体质量，依据岩体结构特征和赋存条件对岩体质量进行评价和分级，往往忽视研究岩体质量在工程因素作用下的演化过程，但对于位于高地应力区的大坝工程，研究岩体质量随工程建设的动态变化则显得非常重要。

对于工程作用下岩体工程特性的质量评价体系包括 3 个方面内容：一是预测方法；二是岩体质量劣化程度和恢复程度的标准；三是岩体质量的动态评价标准。三者有机结合，形成在工程因素作用下的岩体质量评价体系。

在高地应力区，可根据岩体波速大于完整岩芯波速这一特殊现象，采用其比值对岩体松弛程度进行预测，也可采用其他反映高地应力状态的特殊现象进行预测。

采用不同时段、不同部位的岩体声波波速和自然状态下岩体波速的关系确定劣化程度系数、恢复程度系数和离差系数，评价相应时段和部位岩体质量的劣化程度和恢复程度。

RMR 系统主要考虑了岩石强度、岩体完整性、结构面间距、性状和地下水特征进行评价，BQ 系统主要考虑岩石强度和完整性系数 Kv，通过测绘和简易测试获取不同时刻的 RMR 值和 BQ 值，能反映岩体质量的动态特性。因此可以在常规质量分级标准的基础上引入 RMR、BQ 值，对岩体质量进行动态评价。

2.8.4 松弛岩体特性与处理

松弛岩体主要特征是结构明显松弛、节理裂隙回弹张开、扩展，伴有错动、抬动，岩体的抗变形性能和抗剪强度降低明显。随时间推移松弛程度加剧，岩体的抗变形性能和抗剪强度进一步劣化，渗透性增大，具时空效应明显。

由开挖卸载引起岩体松弛，说明开挖已进入高地应力区域，从应力场的分布规律可知，再继续进行规则性扩挖，触及区域的地应力不会低，只可能更高，其必然结果是岩体依然会松弛，且松弛程度会进一步加剧。因此，对松弛岩体的处理不宜采用规则性扩挖。有效的处理措施应为：严格清除表层强烈的松弛岩体，确保松弛岩体不被次生污染；对松弛岩体采用高质量的固结灌浆，用高强度的水泥结石对裂隙进行填充，恢复其抗变形性能和部分恢复抗剪强度，减小渗透性；采取适当的锚固，有利于岩体抗变形性和抗剪强度的恢复或提高；选择松弛岩体在减速蠕变向渐趋稳定蠕变时段及时覆盖大坝混凝土，以抑制岩体继续回弹，但又不致引起覆盖混凝土开裂。

参 考 文 献

[1] [英] E. Hock，J. Bray 著．岩石边坡工程 [M]. 卢世宗，等译．北京：冶金工业出版社，1983.
[2] 伍法权．统计岩体力学理论 [M]. 武汉：中国地质大学出版社，1993.
[3] 常士骠．工程地质手册 [M]. 4 版．北京：中国建筑工业出版社，2006.
[4] 彭土标．水力发电工程地质手册 [M]. 北京：中国水利水电出版社，2011.
[5] 梅锦山，侯传河，司富安．水工设计手册：第 2 卷 规划、水文、地质 [M]. 2 版．北京：中国水利水电出版社，2014.

3　拱坝混凝土特性

3.1　混凝土的发展及实践

3.1.1　混凝土的发展

混凝土的出现可以追溯到古老的年代，其所用的胶凝材料为黏土、石灰、石膏、火山灰等。自19世纪20年代出现了波特兰水泥后，混凝土是以水泥（或水泥加适量活性掺合料）为胶凝材料，与水、骨料等材料按适当比例配合拌制成拌和物，再经浇筑成型硬化后得到的人造石材，至今已有约160年的历史。早期混凝土成分简单（水泥＋砂＋石子＋水），强度等级低，施工劳动强度大，靠人工搅拌或小型自落式搅拌机搅拌，施工速度慢，质量控制粗糙。随着科学技术的进步，混凝土的配制技术从经验逐步发展到理论、施工技术从手工发展到机械化、强度不断提高、性能不断改善、品种不断增多，对混凝土的研究也从宏观到细观及微观不断地深入。进入20世纪以来，高性能混凝土外加剂的广泛应用成为混凝土发展史上的一座里程碑，外加剂不但能够减少混凝土配制用水量、实现大流动性，使混凝土施工变得省力、省时、经济，而且还能保证混凝土强度和耐久性；外加剂大大改善了混凝土的性能，使混凝土泵送成为可能，是混凝土生产、运输、浇筑施工的一场革命；且原料易得、造价较低而被广泛应用，已经成为各种工程建设中的一种主要建筑材料。

混凝土是现代土建工程上应用最广、用量极大的建筑材料，无论是工业与民用建筑、给水与排水工程、水利工程、交通工程以及地下工程、国防建设等都广泛地应用混凝土。其主要优点是具有较高的强度及耐久性，可以调整其配合成分，使其具有不同的物理力学特性，以满足各种工程的不同要求。混凝土拌和物具有可塑性，便于浇筑成各种形状的构件或整体结构，能与钢筋牢固地结合成坚固、耐久、抗震且经济的钢筋混凝土结构。然而，一直困惑人们的是由水泥水化产生的水化物，既带来了混凝土所需要的强度，又带来了水泥水化释放出的热量，引起混凝土内部微裂纹的产生，造成混凝土的天然缺陷。为了降低水泥初凝时的水化热，提高混凝土的抗裂性能，人们总是试图通过在混凝土中掺矿物细掺料来减少水泥熟料的用量，改善水泥水化热性能；这些措施的确使混凝土耐蚀性提高，水化热性能有了明显改善，但随之而来的早期强度发展缓慢、易碳化及抗冻表面易剥落等缺陷也给人们带来了忧虑。混凝土的主要缺点是抗拉强度低，一般不用于承受拉力的结构；在温度、湿度变化的影响下，容易产生裂缝。此外，混凝土原材料品质及混凝土配合比成分的波动以及混凝土运输、浇筑、养护等施工工艺，对混凝土质量有很大影响，施工过程中需要严格控制。

作为工程形态的混凝土结构已有100多年的发展历史，但作为结构物理学的混凝土结构理论依然年轻。20 世纪初，水灰比等学说初步奠定了混凝土强度理论的基础。20 世纪 30 年代前，由于采用容许应力的设计思想，混凝土结构理论实质上是弹性力学理论的应用；20 世纪 40 年代，以苏联的一批工程结构专家为代表，基于极限强度理论设计的思想得以发展；至 20 世纪 60 年代，极限状态设计思想的形成，又进一步推动了结构构件裂缝、刚度与变形的研究：比较突出的研究工作是混凝土结构受力全过程研究和混凝土结构非线性本构关系的建立，围绕这些研究内容，几十年来，两个领域的研究工作在不断地深入进行，一方面是考虑混凝土内部损伤演化过程，引入断裂力学、损伤力学等新的视角，建立更加合理的混凝土本构模型；另一方面，不断提高试验水平，积累复杂应力状态下混凝土力学性能的试验数据，支撑理论模型的进一步发展。近 20 年来，计算机技术的飞速发展，极大地推动了混凝土计算理论的快速发展，将现代材料科学的微观、细观理论有效地应用在混凝土材料的研究中，逐步揭示出混凝土这种非均质多相混合材料的本质特点，为混凝土材料的大规模实际应用提供了理论基础。

20 世纪末至今的许多知名土木建筑工程多为混凝土或钢-混凝土结构，著名的中国三峡大坝便是混凝土浇筑工程量最大的工程；世界第一高楼阿联酋的哈利法塔（Burj Khalifa Tower）是钢-混凝土高层结构的经典；钢筋混凝土结构的中国青岛海湾大桥是目前世界上已建成的最长的跨海大桥；世界最长的钢筋混凝土衬砌隧道是瑞士的圣哥达（Gotthard tunnel）铁路隧道。

在水利水电工程中，挡水建筑物的种类和型式多样，而拱坝是一种既经济又安全的坝型，因此发展历史悠久。早期修建的拱坝主要用砌石一类的圬工材料，坝高较低，多为圆筒形结构。使用混凝土建造拱坝的历史大约从 19 世纪中叶开始。此后，世界范围相继修建的众多拱坝，多为混凝土拱坝，尤其是坝高超过 100m 的拱坝，无一例外均为混凝土拱坝。

3.1.2 拱坝混凝土特性

混凝土是一种由多相介质组成的复合材料，具有不连续性、非均质性的特点，在荷载作用下，其力学性质、变形和破坏机理有很大离散性，并存在试件的尺寸效应，这也正是大体积混凝土材料特性研究的困难所在。

大体积混凝土易产生裂缝是一个普遍存在的问题，长期以来一直受到国内外工程师们的关注。拱坝局部拉应力超过控制标准并不会导致大坝立即失效，只要裂缝是稳定的，大坝仍能安全运行；但大坝混凝土裂缝的发展与扩张，不仅影响工程外观，更重要的是影响建筑物的耐久性与安全运行，从而直接影响工程效益的发挥。近代高拱坝建设发展趋势表明，坝越来越高，拱圈越来越平，坝体断面越来越薄，混凝土浇筑强度日益加大，浇筑仓面面积也不断增加，所有这些变化都使坝体混凝土浇筑块的应力增高，混凝土产生裂缝的可能性及裂缝扩展的危险性亦加大。为了降低大体积混凝土裂缝产生的可能性，通常从两方面着手：一是提高混凝土材料本身的抗裂特性；二是减小作用力（外力、温度、约束等）在结构内部产生的效应。改善混凝土材料本身抗裂特性首先应研究混凝土各组分对抗裂特性的影响，通过对混凝土各组分的品种与质量选择以及最佳掺量、最佳组合、最佳配合比等项目的确定，达到提高混凝土材料自身抗裂能力和变形性能的目的。因此，需改变

目前混凝土配合比主要以强度、抗渗为目标的设计方法，提出以抗裂为核心，全面改善混凝土各种物理力学性能的配合比优化设计方法，以适应高拱坝建设的各种特殊要求。

从细观分析，混凝土由于各种原因，内部总是存在一些细微裂隙和缺陷，这些细微裂隙本质上是不连续的，是随机偶然发生的，在外界环境改变（如温度、湿度、荷载、动力等）及基础沉降等作用下，就会发展、扩大、贯通，直到产生宏观断裂失稳。混凝土的破坏过程，实际上就是这些内部裂隙的萌生、发展、扩张、贯通直至失稳的过程，是一种局部应力现象。对设计而言，既然高拱坝开裂较难避免，重要的就是判断裂缝扩展的可能性、扩展条件、扩展后果以及如何防止扩展等，并加以严格控制。三维非线性有限单元法提供了开裂分析的手段，损伤-断裂力学提供了裂缝扩展行为及其发展过程的分析方法，但分析成果的可靠性又依赖于对材料所作假定的本构模型，如何在实际工程设计中进行应用分析，这在国内外都只是处于起步阶段。因此，开展拱坝大体积混凝土特性研究，是正确评价大坝安全性和耐久性的重要途径。应着重配合比优化研究、动态强度特性研究、全级配混凝土特性研究及损伤-断裂特性研究，目的在于改善混凝土性能，尽可能地消除不利影响。

与工业或民用混凝土不同，大坝混凝土的早期强度不是要求的重要指标。对于混凝土大坝结构，承受全部荷载时，混凝土龄期都较长，强度一般没问题。但这类结构因其体积庞大，内部水化热散发困难，容易导致混凝土开裂。为此，除了要采取一些工程措施（如埋设冷却水管进行通水冷却、混凝土骨料预冷降温等）来控温防裂外，还需要对混凝土拌和物材料进行特殊要求，如改变水泥矿物成分与水泥细度，即尽量减少水泥成分中的铝酸三钙含量，提高硅酸二钙含量；尽量使用粗颗粒的水泥等；另外，在保证混凝土后期强度不变的条件下，在混凝土中掺入一定比例的粉煤灰、矿渣、火山灰或其他掺合料，可以降低水泥用量及水化热上升速度，掺入外加剂也可以延长混凝土半熟龄期，从而达到降温防裂效果。

相对于重力坝，当河谷较窄、河谷宽高比较小时，拱坝承受的水荷载主要依靠拱的作用传递到两岸基岩，拱坝应力水平较高，坝体厚度主要取决于允许压应力和允许拉应力，这就要求拱坝混凝土强度较一般混凝土重力坝要高，尤其是特高拱坝对混凝土强度要求更高。高拱坝对混凝土材料的特殊要求在于：一方面要求混凝土材料具有较高强度；另一方面又要控制水泥水化热温升温度和速率，同时还希望混凝土具有适度的“柔性”。由于高拱坝具有水头高、受力复杂、坝身薄等特点，所以高拱坝要求混凝土的综合性能表现为中高强度、高极拉值、中等弹模、中低发热量、小量收缩或微膨胀，混凝土的耐久性和抗裂能力是拱坝混凝土研究的重点，因此在选材时也应着重考虑材料这两个方面的性能。

自修建坝高221m的胡佛大坝时，美国就开始了全级配混凝土的研究，研究人员首次采用坝体所用骨料最大粒径为152mm的混凝土制成全级配混凝土大尺寸试件，并对其性能进行了全面的试验，取得了突破性的进展。随后，美国垦务局在1977年颁布的混凝土重力坝和拱坝的设计准则中明确规定：大坝混凝土的强度、弹性模量等材料参数的测定必须采用包括全部骨料的全级配混凝土，同时规定试件最小尺寸必须大于骨料粒径的3倍；以全级配混凝土试验所得到的混凝土性能参数作为大坝设计的依据。

经过多年的研究，各国对大坝的设计建立了各自相应的准则和方法，美国大坝委员会

(USCOLD)、土木工程师协会(ASCE)、垦务局(USBR)等研究机构对全级配大坝混凝土的强度都进行了研究，但截至目前，美国针对大坝混凝土强度的设计并没有统一的设计准则，美国现行的大坝混凝土设计中依然同时采用试件尺寸为ϕ45cm×90cm的全级配圆柱体大尺寸试件和试件尺寸为ϕ15cm×30cm的湿筛圆柱体小尺寸试件这两种方法进行强度定义；日本的大坝强度设计准则是采用尺寸为ϕ15cm×30cm的试件在龄期为90d时的强度来反映大体积混凝土强度；苏联对大坝强度设计采用极限状态的思路进行，设计龄期通常取90d；意大利多以建薄坝闻名于世，设计方法主要采用水平弹性拱法，或是直接把模型试验成果作为依据，通常采用ϕ25cm×20cm的圆柱体试件在龄期90d的强度作为设计标准。

混凝土是水电工程的主要材料，使用量巨大，其基本力学性能对大坝的安全有着决定性的影响。同时，大坝混凝土在配合比、施工工艺、施工环境等方面较普通混凝土都有着自己的特点，长期以来研究人员针对大坝混凝土的特性开展了大量的试验研究与理论分析。近20年，随着大体积混凝土高坝的大量兴建，我国也加强了对全级配混凝土的研究工作，但由于试验设备、环境条件和试验周期等的局限性，目前大坝混凝土的设计、施工和验收主要依据现行试验规程规定的湿筛法的试验结果，即混凝土抗压强度标准值由标准方法制作养护的边长为150mm立方体试件，由标准试验方法测得的具有80%保证率的抗压强度确定。同样，大坝混凝土的其他性能参数均是在把大于40mm的粗骨料从已拌好的混凝土中筛除，将湿筛处理后的混凝土成型为标准试件，并以这些标准试件的试验结果来表示的。上述方法使得粗骨料含量大幅减少，胶凝材料含量显著提高，改变了混凝土的配比，从而影响了混凝土的试验准确性。

随着科学技术的不断进步，混凝土大坝越来越高，且断面越来越薄(如双曲拱坝)，全级配混凝土作为大坝建设过程中应用最广泛的混凝土材料，其基本热力学性能备受研究者的关注，越来越多的研究人员结合工程实际主要就全级配与湿筛混凝土的试件尺寸、骨料级配、成型条件、试验方法等方面开展了更加深入的研究，进一步验证了湿筛试件与全级配试件存在的尺寸效应以及其他方面的差异。因此，采用更大尺寸的全级配混凝土试验来较为真实地表示这些坝体混凝土的性能显得越来越重要，一方面可为设计提供可靠的全级配混凝土性能参数；另一方面通过与湿筛二级配混凝土的对比，探索了解两者之间的相关关系。

3.2 混凝土原材料性能

3.2.1 水泥

3.2.1.1 影响水泥性能的主要因素

水泥是混凝土中最重要的胶凝材料，与其他组成材料相比，对混凝土性能影响最大。影响水泥性能的主要因素包括水泥颗粒级配、细度、水泥的矿物成分、比表面积、烧失量、氧化镁含量、碱含量、三氧化硫含量等。

(1) 颗粒级配、细度对水泥性能的影响。关于水泥颗粒分布对水泥性能影响的研究至

少已有70余年的历史。长期以来，人们比较重视的是不同粒径对水泥强度的影响。很早就有人提出，水泥中0～30μm的颗粒对强度起主要作用，其中0～10μm的颗粒提高早期强度，10～30μm的颗粒提高后期强度。后有一些学者又进一步明确提出，水泥中3～30μm的颗粒对强度起主要作用，其重量比例应占65%以上，尤其16～24μm的颗粒更应多些，小于3μm的颗粒应在10%以下。水泥颗粒越细，比表面积越大，颗粒分布越窄，水泥强度也越高。

细度影响水泥安定性、需水量、凝结时间及强度。硅酸盐水泥比表面积应大于$300m^2/kg$，普通水泥80μm方孔筛筛余不得超过10.0%。

（2）矿物成分对水泥性能的影响。水泥的矿物成分影响水泥的凝结时间、水化速度、早期强度、后期强度、水化热、安定性等性能。硅酸盐水泥主要由硅酸三钙（C_3S），硅酸二钙（C_2S）、铝酸三钙（C_3A）和铁铝酸四钙（C_4AF）4种矿物组成，一般硅酸盐水泥熟料中这4种矿物组成占95%以上，其中硅酸盐矿物C_3S和C_2S约占60%～90%，C_3A和C_4AF约占10%～20%，此外还有少量煅烧时未反应的游离氧化钙（f-CaO）、氧化镁（MgO）及含碱矿物。C_3S水化反应速度快，水化放热量较高，是决定水泥强度（尤其是早期强度）最重要的矿物；C_2S水化反应速度较慢，水化放热量低，早期强度低，但后期稳定增长；C_3A水化反应速度快，水化放热量高，但强度值不高，后期也几乎不增长，且干缩变形大；C_4AF水化反应速度较快，早期强度较高，仅次于C_3S，与C_3S不同的是后期强度也较高，水化热较C_3A低；f-CaO水化生成$Ca(OH)_2$时体积膨胀较大，强度降低，严重时引起安定性不良；MgO水化生成$Mg(OH)_2$时体积膨胀率大于f-CaO，导致体积安定性不良，但其膨胀的严重程度与其含量、晶体尺寸等有关，当晶体小于1μm，含量5%以下时，只引起轻微膨胀。

（3）烧失量对水泥性能的影响。原料烧失量表征原料加热分解的气态产物（如H_2O，CO_2等）和有机质含量的多少，可以判断原料在使用时是否需要预先对其进行煅烧，使原料体积稳定。控制水泥中的烧失量，实际上就是限制石膏和混合材的掺入量，以保证水泥质量。要控制水泥烧失量首先要控制熟料的烧失量，保证熟料质量，毕竟熟料占比例最大。虽然混合材掺入比例不大，但烧失量受其影响更直接，因此还应特别关注石膏和混合材的掺量对水泥烧失量变化的影响。普通水泥中烧失量不得大于5.0%。

（4）氧化镁对水泥性能的影响。水泥中的氧化镁来自水泥生产所使用的原料中的碳酸镁，显然石灰石中一定量的碳酸镁是其主要来源。氧化镁的存在能改善生料的易烧性，但过多的氧化镁会以方镁石晶体形式存在于熟料中，影响水泥的后期安定性；氧化镁是一种矿化剂，会降低液相出现温度、降低液相黏度，促进熟料的烧成，因此在生料中会保持适量的氧化镁。鉴于此，我国规定了水泥中氧化镁的含量不宜超过5.0%。如果水泥经过压蒸安定性合格，则水泥中氧化镁的含量允许放宽到6.0%。

（5）碱含量对水泥性能的影响。碱含量就是水泥中碱物质的含量，用Na_2O合计当量表达。碱含量主要从水泥生产原材料带入。尤其是黏土中带入。碱含量高有可能产生碱-骨料反应。混凝土碱-骨料反应是指来自水泥、外加剂、环境中的碱在水化过程中析出NaOH和KOH与骨料（指砂、石）中活性SiO_2相互作用，形成碱的硅酸盐凝胶体，致使混凝土发生体积膨胀呈蛛网状龟裂，导致工程结构破坏。混凝土的碱-骨料反应是材料中的碱与骨料中的活性成分之间发生的化学反应，其产物呈胶体状态，不仅减弱了骨料与水泥石之间的界面黏结强度，而且遇水后发生不均匀膨胀，使混凝土内部产生较大的内应力而导致混凝土结构体开裂。碱-骨料反应有3种类型，即：碱-硅反应、碱-碳酸盐反应和碱-硅酸盐反应。

(6) 三氧化硫对水泥性能的影响。水泥中的三氧化硫主要是在生产水泥过程中掺入3%左右的石膏或是煅烧水泥熟料时加入石膏矿化剂带入的，如掺量超过一定限量，在水泥硬化后，它会继续水化并膨胀，导致硬化的水泥破坏，因此三氧化硫也是引起水泥安定性不良的原因，但不会与水反应发生腐蚀。三氧化硫主要影响水泥的凝结速度，对其他指标影响不大。三氧化硫含量越高，水泥的凝结速度越快，但过高则影响强度。影响安定性的主要物质是游离氧化钙结晶体，与三氧化硫关系不大。

综合以上影响因素，对于拱坝，尤其是特高拱坝，由于其结构的特殊性和复杂性，为了获得抗裂性能好的混凝土，水泥应稍粗一些；为了降低水泥水化热，要求硅酸三钙（C_3S）的含量在50%左右，铝酸三钙（C_3A）含量小于4%；水泥熟料的碱含量控制在0.5%以内；一般情况下，氧化镁（MgO）含量不宜大于5.0%。

3.2.1.2 小湾混凝土水泥性能

小湾混凝土水泥的研究主要包括：专供中热水泥开发研究、掺合料品种及掺量选择、骨料特性及混合比例研究、人工砂石骨料生产性试验、水泥细度及三氧化硫影响试验研究、水泥及粉煤灰质量跟踪检测、混凝土外加剂品质鉴定和复合外加剂优选试验、抗冲磨混凝土性能研究、混凝土配合比及其特性试验研究、全级配混凝土性能试验研究和氧化镁对混凝土长期安定性影响等工作，在此基础上，提出“高强度、高极拉值、中等弹模、低发热量、不收缩”的拱坝混凝土设计原则，并以此作为混凝土原材料选择的最终判据，以混凝土耐久性和抗裂性为研究核心，提出较优的混凝土配合比及原材料技术指标。

(1) 水泥细度。细度是指水泥颗粒的粗细程度，是检定水泥品质的主要指标之一。水泥颗粒的粗细直接影响水泥的凝结硬化及强度。这是因为水泥加水后，开始仅在水泥颗粒的表层进行水化作用，而后逐步向颗粒内部发展，且是个长期的过程。显然，水泥颗粒越细，水化作用的发展就迅速充分，凝结硬化的速度加快，早期强度也就越高。

以细度为主调指标，分为0～1%、1%～2%、2%～3%、3%～4%、4%～5%、5%～6%、6%～7%、7%～8%、8%～9%、9%～10%等10个级别，进行比表面积、颗粒级配、胶砂强度及水泥水化热指标检测。再以比表面积为主调指标，分为250～300m^2/kg、300～350m^2/kg、350～400m^2/kg 3个级别，进行细度、颗粒级配、胶砂强度及水泥水化热指标检测，以掌握水泥细度、比表面积、颗粒级配等指标与强度、水化热的关系。试验结果表明以下几点：

1）水泥细度越小，比表面积越大，水泥的水化就越充分，水泥胶砂强度越高。

2）随着水泥细度逐渐减小，比表面积逐渐增大，水泥中粒径小于32μm的颗粒含量逐渐增大，粒径在32～80μm范围内颗粒含量逐渐减少，水泥胶砂强度和水化热逐渐增高；不同粒径的水泥颗粒对水泥胶砂强度及水泥水化热的影响不同，其中粒径小于3μm颗粒含量对水泥胶砂强度及水泥水化热的影响最为明显，粒径在32～80μm范围内颗粒含量的影响次之，粒径在3～32μm范围内颗粒含量的影响最小，水泥水化热受颗粒级配的

影响较大。

3）水泥凝结时间随细度增大呈延长趋势，随比表面积增大呈缩短趋势。

(2) 体积安定性。水泥的体积安定性，是指水泥在凝结硬化过程中，体积变化的均匀性。如果水泥中的氧化镁及三氧化硫含量过多时，会产生不均与的体积变化，导致安定性不良。氧化镁产生的危害原因与游离氧化硅相似，但水化作用比游离氧化硅更为缓慢。

氧化镁在混凝土中具有延迟膨胀的特性，正好符合了大体积混凝土散热慢、降温收缩变形迟缓的特点，而且由于混凝土在晚龄期弹性模量高、徐变度低，单位膨胀量可以提供较高的预压应力，不容易被松弛，因而提高了混凝土膨胀能的储存效率。膨胀变形可以作为一种潜能存在坝内，若干年后，大坝温度缓慢低降到稳定温度，出现最大收缩变形之前，这种潜在的膨胀能在缓慢地释放，抵消温度收缩，将收缩变形控制在混凝土极限拉伸范围之内，混凝土就不致开裂。

利用熟料中氧化镁膨胀的特点，在中热硅酸盐水泥的基础上，把熟料中的氧化镁提高到4.0%左右使之产生延迟性微膨胀，来补偿混凝土在水化硬化过程中体积收缩，而不对混凝土结构产生不利影响。但水泥实际生产中，随着氧化镁含量的增加，熟料烧成温度降低，从而影响到了熟料的性能，表3.2-1给出一组熟料氧化镁含量与水泥物理性能的对应结果。基于熟料氧化镁与水泥物理性能的对应性，随熟料中氧化镁含量的增加，28d抗压强度逐渐降低，凝结时间有缩短的趋势，水泥生产中将氧化镁控制在4.0%～4.2%左右，不低于3.8%。

表3.2-1　　水泥熟料氧化镁含量对水泥物理性能的影响

样品编号	氧化镁含量/%	比表面积/(m^2/kg)	凝结时间/min		抗折强度			抗压强度/MPa		
			初凝	终凝	3d	7d	28d	3d	7d	28d
1	3.79	360	124	184	5.3	7.2	8.6	24.2	36.2	50.6
2	4.04	359	120	175	4.8	7.1	8.1	22.1	33.2	49.1
3	4.14	341	120	183	5.2	6.7	7.9	22.2	32.5	47.6
4	4.30	345	113	168	5.0	6.5	7.6	22.1	34.2	46.2
5	4.56	357	56	124	4.6	6.4	7.2	21.8	33.2	44.8

(3) 凝结时间。水泥的凝结时间有初凝与终凝之分。自加水时起至水泥浆的塑性开始降低所需要的时间，称为初凝时间；自加水时起至水泥浆完全失去塑性所需的时间，称为终凝时间。水泥的凝结时间在施工中具有重要的意义。初凝不宜过快，以便有足够的时间在初凝之前完成混凝土各工序的施工操作；终凝也不宜过迟，使混凝土在浇筑完毕后，尽早完成凝结并开始硬化，具有一定的强度，以利下一步施工工作的进行。

水泥的凝结时间可以通过加入石膏进行调节，石膏的主要成分为SO_3。理论上SO_3的含量越高凝结时间越长，但SO_3含量的增加会使水泥的强度降低，因此作为水泥调凝成分的石膏的掺量应通过试验确定。

为分析水泥中SO_3含量对水泥性能的影响程度和与外加剂的适应性情况，选择不同SO_3含量的水泥及不同掺量的粉煤灰样品，开展净浆物理性试验及强度指标检测等工作，试验用外加剂则在优选试验结果的基础上，选择4～6种复合外加剂，外加剂掺量按优选试验推荐掺量。试验分以下两部分进行：①对水泥及粉煤灰样品进行化学全分析、含碱量、烧失量、SO_3 含量、表观密度、细度、比表面积、水泥胶砂强度测定，并以此为基准。②以水泥中 SO_3 含量为主调指标，分为 0.5%～1%、1%～1.5%、1.5%～2%、2%～2.5%、2.5%～3% 5 组，分别进行 2 种粉煤灰、4 个掺量下的净浆物理性、胶砂需水量比及抗压、抗折强度比试验。试验结果表明以下几点：

1）当 SO_3 含量低于 1%时，水泥初、终凝时间分别为 13min、37min，不满足规范要求；当水泥中 SO_3 含量在 1.4%～3.0%之间时，其凝结时间、安定性、强度均满足小湾专供中热水泥性能指标要求。

2）在不同 SO_3 含量的水泥中掺入 20%～30% Ⅰ级粉煤灰，胶凝材凝结时间均有所延长，但水泥中 SO_3 含量小于 1%时，掺入粉煤灰后胶凝材凝结时间过短，不能满足施工要求。

3）水泥中 SO_3 含量对采用萘系复合外加剂的混凝土凝结时间较为敏感，当 SO_3 含量低时，混凝土初凝较快，终凝时间过长。故当混凝土采用萘系复合外加剂时，水泥中 SO_3 含量不宜低于 1.5%。当混凝土采用聚羧酸盐类复合外加剂时，变化 SO_3 含量，混凝土凝结时间变化不大，但初凝与终凝间隔时间较短。

此外，还进一步研究了水泥中 SO_3 含量对水泥水化热和抗折、抗压强度的影响，试验数据见表 3.2-2。SO_3 与 3d、7d 水化热的关系见图 3.2-1，SO_3 与 28d 抗压强度的关系见图 3.2-2。

表 3.2-2　SO_3 与水化热、强度的试验数据

SO_3 /%	细度 /%	比面积 /(m^2/kg)	水化热 /(kJ/kg)		稠度 /%	安定性	凝结时间 /min		抗折强度/MPa			抗压强度/MPa		
			3d	7d			初凝	终凝	3d	7d	28d	3d	7d	28d
1.39	2.8	350	267	291	22.0	合格	128	191	4.4	6.9	8.6	19.8	33	56.6
1.83	2.6	357	246	296	22.0	合格	117	175	5.1	7.0	9.2	23.4	36.3	58.7
1.82	2.8	355	260	299	22.2	合格	117	176	5.1	7.0	9.0	22.8	35.6	58.4
2.30	2.7	355	249	282	22.4	合格	122	175	5.3	7.4	9.1	24.3	37.0	60.0
2.45	2.2	360	241	297	22.4	合格	129	180	5.3	7.4	9.4	24.1	36.4	58.1
2.68	1.9	355	251	298	22.4	合格	134	184	5.5	7.4	9.3	24.4	36.6	59.1
3.00	1.6	355	246	300	22.6	合格	129	187	5.2	7.1	9.0	23.6	36.2	56.0
3.06	1.2	352	237	299	22.6	合格	137	192	5.0	7.2	9.2	23.9	36.2	54.2
3.45	2.1	341	250	303	22.4	合格	142	206	4.8	7.3	9.4	23.3	35.7	52.6

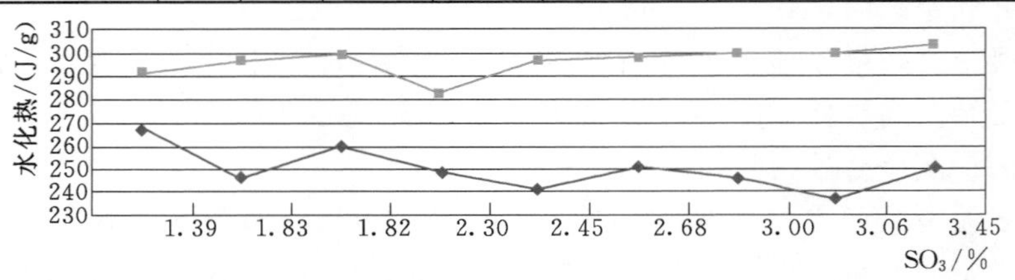

图 3.2-1　SO_3 与 3d、7d 水化热的关系

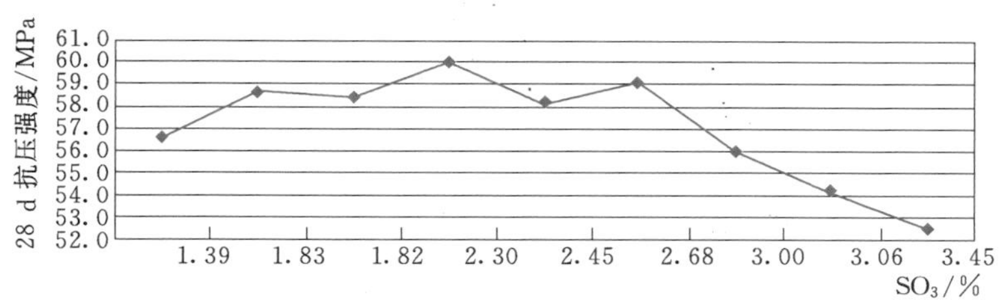

图 3.2-2 SO_3 与 28d 抗压强度的关系

(4) 水泥颗粒级配。水泥的颗粒状态对强度、凝结时间、水化热、用水量以及混凝土坍落度损失影响较大。水泥必须磨细才具有胶凝性，水泥的磨细程度长期以来采用两个参数来表征：一个是 0.080（即 80μm）方孔筛筛余百分数；另一个是比表面积。在一定的粉磨条件下，这两个参数控制水泥质量简单易行，但还不够科学。随着测试手段的进步，发现水泥的颗粒级配、颗粒形貌、堆积密度等即水泥的颗粒状态，与混凝土性能存在更密切的关系。经国内外长期实验研究，得出基本公认的水泥最佳颗粒级配为：3～32μm 颗粒对水泥强度增长起主要作用；16～24μm 的颗粒对水泥性能尤为重要，含量越多越好；小于 3μm 的细颗粒，易结团，对混凝土强度作用很小，反而造成较大的收缩，不宜超过 10%。

20 世纪 90 年代人们又开始研究水泥颗粒形貌对水泥性能的影响。日本一家惟俊等实验表明，水泥颗粒圆度系数愈大需水量愈小，水泥砂浆和混凝土的流动性愈好。中国建筑材料科学研究院王昕等实验表明，圆度系数值从 0.65 提高到 0.73 时，水泥需水量明显减少，水泥 28d 和 60d 抗压强度可提高 20%以上，但由于检测条件等因素的限制，颗粒圆度系数还不具备控制生产的条件。

1) 颗粒级配与比表面积的关系。对不同比面积的水泥试样进行颗粒级配分析，结果见表 3.2-3。由表可知，比面积与小于 16μm 含量分布相关性最好。因此，欲控制比面积稳定，应通过对水泥粉磨工艺参数调整，使小于 16μm 颗粒含量相对稳定。

表 3.2-3　　不同比表面积水泥试样的颗粒级配

试验编号	比表面积 /(m^2/kg)	颗粒级配/%						
		≤3μm	16μm	24μm	32μm	3～32μm	63μm	80μm
ZX-2	291	0.903	18.146	33.124	46.803	45.900	83.747	94.095
ZX-3	302	1.263	21.46	38.069	52.077	50.814	89.436	97.476
ZX-4	328	1.713	23.902	40.508	54.509	52.796	90.62	97.809
ZX-5	335	0.527	25.819	43.385	57.033	56.506	92.24	98.296
ZX-6	350	1.994	27.642	44.703	58.722	56.728	92.788	98.423
ZX-7	369	0.725	29.545	46.948	60.454	59.729	93.589	98.637
ZX-8	380	0.903	31.728	48.828	62.153	61.25	94.073	98.751

2) 颗粒级配与水化热的关系。对不同水化热的水泥试样（熟料矿物相同）进行颗粒级配分析，结果见表 3.2-4。由表可知，水化热与小于 16μm 的分布相关性最好，生产控

制中须通过水泥粉磨工艺参数的调整使小于16μm颗粒含量尽量减少。

表3.2-4　　不同水化热水泥试样（熟料矿物相同）的颗粒级配

试验编号	3d水化热/(J/g)	颗粒级配/%						
		≤3μm	16μm	24μm	32μm	3～32μm	63μm	80μm
ZX-2	231	0.903	18.146	33.124	46.803	45.900	83.747	94.095
ZX-3	249	1.263	21.46	38.069	52.077	50.814	89.436	97.476
ZX-4	256	1.713	23.902	40.508	54.509	52.796	90.62	97.809
ZX-5	276	0.527	25.819	43.385	57.033	56.506	92.24	98.296
ZX-6	280	1.994	27.642	44.703	58.722	56.728	92.788	98.423
ZX-7	285	0.725	29.545	46.948	60.454	59.729	93.589	98.637
ZX-8	302	0.903	31.728	48.828	62.153	61.25	94.073	98.751

3）颗粒级配与水泥28d强度的关系。为探索提高28d强度的有效途径，进行了一组28d抗压强度与颗粒分布的实验，结果见表3.2-5。由表可知，仍然是32μm以下分布相关性最好。

表3.2-5　　28d抗压强度与颗粒级配

编号	抗压强度/MPa	颗粒级配/%					
		3μm	16μm	24μm	32μm	64μm	80μm
ZL-2	39.6	0.225	19.96	33.249	45.348	80.888	91.597
ZL-3	43.0	0.414	20.153	33.749	46.092	81.504	92.112
ZL-4	42.9	0.207	21.993	34.917	46.481	82.191	92.369
ZL-5	44.0	4.060	29.160	41.058	51.894	84.233	92.976
ZL-6	44.5	1.660	25.693	39.630	51.514	85.577	94.351
ZL-7	43.2	2.194	22.943	36.285	47.848	81.698	92.183
ZL-8	47.7	2.693	26.782	40.846	52.625	85.641	94.38
ZL-9	50.0	2.091	32.424	47.080	58.080	89.649	96.379
ZL-10	47.1	1.343	31.510	46.343	58.087	89.691	96.412

（5）水泥比表面积。对57个编号的出厂水泥进行统计，分析比表面积与细度（0.080方孔筛筛余百分数）的关系（表3.2-6）。由于3μm以下颗粒对水泥比表面积影响较大，细度与比表面积两者之间并无明显的对应关系，为防止水泥粉磨得过细，生产中细度指标控制大于1.5%为宜。

表3.2-6　　57个编号的出厂水泥统计情况

项　目	平均	最大	最小
比表面积/(m^2/kg)	340	378	304
细度/%	2.7	4.7	0.6

通过以下试验（表3.2-7）分析水泥比表面积对水化热、28d抗压强度的影响。其结

果表明，降低比表面积，28d 抗压强度明显降低。

表 3.2-7　　比表面积与水化热、强度试验数据

编号	细度/%	比面积/(m^2/kg)	水化热/(kJ/kg)		稠度/%	凝结时间/min		抗折强度/MPa			抗压强度/MPa		
			3d	7d		初凝	终凝	3d	7d	28d	3d	7d	28d
ZX-2	4.8	291	231	280	23.8	135	199	5.7	7.2	8.5	26.2	37.1	46.4
ZX-3	4.5	302	249	296	23.4	130	195	5.5	7.5	8.5	26.6	37.9	47.9
ZX-4	3.8	328	256	302	23.6	122	195	5.6	7.7	8.6	27.2	39.0	50.3
ZX-5	3.2	335	276	324	23.2	120	188	6.0	7.9	9.0	28.8	40.1	50.5
ZX-6	3.2	350	280	330	23.4	115	165	6.0	8.1	9.0	28.7	40.9	52.4
ZX-7	2.9	369	289	333	23.6	108	173	6.6	8.1	8.9	30.2	42.0	52.6
ZX-8	2.7	380	282	320	23.6	106	178	6.2	7.9	8.8	30.0	41.7	52.1

3.2.1.3　小湾混凝土水泥

（1）技术指标。特高拱坝混凝土对原材料尤其是水泥提出了较高要求，选用普通硅酸盐水泥拌制的混凝土，性能难以满足小湾拱坝混凝土的要求，需开发研究满足拱坝特性要求的水泥。在满足国家标准对 42.5 级中热硅酸盐水泥要求的前提下，以水泥的 28d 抗压、抗折强度、比表面积和氧化镁含量为主要控制指标，指导水泥厂进行技术改进及多次试生产，研制满足拱坝要求的专供中热水泥，主要性能指标如下：

1）水泥中氧化镁含量不低于 3.8%，且不大于 5.0%。

2）水泥熟料中游离氧化钙（f-CaO）含量不超过 0.8%。

3）水泥熟料粉磨时应加入二水石膏。

4）比表面积不高于 340m^2/kg，且不低于 250m^2/kg。

5）碱含量（Na_2O+0.658 K_2O）不超过 0.6%。

6）各龄期的抗压强度和抗折强度不低于表 3.2-8 中的数值。

表 3.2-8　　水泥各龄期强度　　单位：MPa

品种	强度等级	抗压强度			抗折强度		
		3d	7d	28d	3d	7d	28d
小湾专供中热水泥	42.5	12.0	22.0	46.5	3.0	4.5	7.5

其他指标均按 GB 200《中热硅酸盐水泥、低热硅酸盐水泥、低热矿渣硅酸盐水泥》中对 42.5 级中热硅酸盐水泥的要求执行。

（2）水泥的性能。从开浇第一仓混凝土起至拱坝浇筑完成，共浇筑混凝土约 851 万 m^3，使用小湾专供水泥约 145 万 t。在水泥连续生产的整个过程中，对水泥质量进行了长期的跟踪检测。水泥连续生产 1 年或超过 1 年时，每月取样 1 次；连续生产 4～6 个月，每月取样两次；连续生产 1～3 个月，每一编号取样 1 次；连续生产不足 1 个月时，每批成品取样 1 次，每半年进行 1 次水化热及胶砂干缩率测定，检测项目有水泥化学成分、物理性能、强度等级、水化热及水泥胶砂干缩等。检测结果表明：小湾专供中热水泥具有强度高、水化热低、碱含量低、后期微膨胀等稳定的性能。水泥矿物组成、化学成分、物理性能见表 3.2-9～表 3.2-11。

表 3.2-9　专供中热水泥熟料矿物组成

矿物组成	f-CaO	C_3S	C_2S	C_3A	C_4AF
百分率/%	0.6	48.72	22.31	2.68	19.74

表 3.2-10　专供中热水泥化学成分

化学成分	SiO_2	Al_2O_3	Fe_2O_3	CaO	MgO	SO_3	K_2O	Na_2O	R_2O
百分率/%	20.5	5.2	6.49	61.2	4.47	0.23	0.59	0.12	0.51

表 3.2-11　专供中热水泥物理性能品质

项目	密度/(g/cm^2)	比表面积/(m^2/kg)	抗压强度/MPa			抗折强度/MPa			水泥水化热/(kJ/kg)		
			3d	7d	28d	3d	7d	28d	1d	3d	7d
控制标准		250～340	≥12.0	≥22.0	≥46.5	≥3.0	≥4.5	≥7.5		≤251	≤293
检测值	3.20	326	22.7	33.1	51.6	4.81	6.20	8.20	172.7	240.7	275.4

检测结果表明，早期水泥水化热变化幅度较大，后期趋于稳定。施工建设期水泥水化热变幅一般 3d 在 230～251 kJ/kg 之间，7d 在 260～293kJ/kg 之间，满足控制指标要求。水泥胶砂干缩变化趋势为早期收缩较大，60d 后逐渐趋于平缓，120d 趋于稳定。

3.2.2 掺合料

3.2.2.1 常用掺合料及其性能

为了节约水泥、改善混凝土的性能及调节混凝土强度等级，在混凝土拌制时掺入掺量大于水泥质量 5%的天然的或人工的矿物粉末，称为混凝土掺合料。掺用的有粉煤灰、粒化高炉矿渣、硅粉及各种天然的火山灰质材料粉末（如凝灰岩粉、沸石粉）等，近年来一些工程还掺入适量的石灰岩粉、尾矿粉等，以改善混凝土的和易性，提高混凝土的密实性及硬化混凝土的某些性能。在这些掺合料中以粉煤灰、粒化高炉矿渣、火山灰类物质应用最为普遍。

混凝土掺合料分活性掺合料和非活性掺合料两类，活性掺合料为含有一定数量的氧化钙、氧化铝和氧化硅等玻璃态矿物，如粉煤灰、粒化高炉矿渣、火山灰质材料（包括火山灰、沸石岩、凝灰岩、硅藻土、煅烧页岩、煅烧黏土和硅粉等）。这些矿物在常温含水的条件下能与硝石灰或水泥水化时析出的 $Ca(OH)_2$ 或 $CaSO_4$ 作用，生成具有胶凝性质的稳定化合物。活性掺合料在掺有减水剂的情况下，能增加新拌混凝土的流动性、黏聚性、保水性、改善混凝土的施工性能，并提高硬化混凝土的强度和耐久性；以此配制的普通、高强、高性能混凝土，可节约水泥，提高混凝土工作性、强度和耐久性，并可显著降低大体积混凝土水化热，满足不同工程的施工技术要求。非活性掺合料为不含或含极少的玻璃态矿物，如磨细石灰岩粉和砂岩粉。在混凝土（砂浆）中起填充作用，以改善混凝土的和易性。

（1）粉煤灰。粉煤灰是从燃煤电厂煤粉炉烟道气体中收集到的颗粒粉末。按其排放方式的不同，分为干排灰和湿排灰两种。湿排灰含水量大，活性降低较多，质量不如干排灰。干排灰按收集方法的不同，有静电收尘和机械收尘两种。静电收尘灰颗粒细、质量好；机械收尘灰的颗粒较粗、质量较差。为改善粉煤灰的品质，可对粉煤灰进行再加工，经磨细处理的称为磨细灰；采用风选处理的，称为风选灰；未经加工的称为原状灰。

粉煤灰的矿物组成主要为铝硅玻璃体，呈实心或空心的微细球形颗粒，称为实心微珠或空心微珠（简称飘珠）。其中实心微珠颗粒最细，表面光滑，是粉煤灰中需水量最小、活性最高的有效成分。粉煤灰中还含有多孔玻璃体、玻璃体碎块、结晶体及未燃尽碳粒等。未燃尽的碳粒颗粒较粗，会降低粉煤灰的活性，增大需水性，是有害成分之一，可用烧失量来评定。多孔玻璃体等非球形颗粒，表面粗糙，粒径较大，会增大需水量，当其含量较多时，使粉煤灰的品质下降。

粉煤灰在混凝土中，具有火山灰活性作用，它吸收氢氧化钙后生成硅酸钙凝胶，成为胶凝材料的一部分；微珠球状颗粒，具有增大砂浆及混凝土流动性、减少泌水、改善混凝土和易性的作用，若保持混凝土流动性不变，则可减少混凝土用水量；粉煤灰的水化反应很慢，它在混凝土中相当长时间内以固体微粒形态存在，具有填充骨料空隙的作用，可提高混凝土密实性。

粉煤灰用来做混凝土的掺合料，不仅可以节约水泥，更重要的是改善混凝土的性能。概括地说，粉煤灰在水泥混凝土中有 3 种效应，从而产生 3 种势能，改善混凝土的性能。3 种效应产生的 3 种势能是：颗粒形态效应产生减水势能，火山灰活性效应使粉煤灰具有活性势能，微集料效应造成致密势能。粉煤灰多呈球形，粒径很小，表面比较光滑，掺入混凝土中，可提高混凝土的和易性，减少用水量。粉煤灰的颗粒一般很小，在混凝土中可起微集料作用，充填在微小的孔隙中，同时，还可受激发而在表面生成胶凝物质，物理充填和水化反应物充填共存，比惰性微集料单纯的机械充填效果更好，可使混凝土更加致密。由于粉煤灰的品质不断提高，特别是Ⅰ级粉煤灰，其含碳量低、颗粒细、球形颗粒含量高，使形态效应、微集料效应和火山灰活性效应得以充分发挥，起到了固体减水剂的作用，与高效减水剂配合使用，可有效地降低单位体积用水量，使混凝土性能得到全面改善，提高了混凝土的抗裂性和耐久性，为配置高性能大体积混凝土奠定了基础。但是，由于粉煤灰的效应主要表现在后期，在掺量较大的情况下，混凝土的早期强度发展缓慢，影响其早期的抗裂性。粉煤灰作为一种人工火山灰掺合料，掺入混凝土中，还可以抑制碱-骨料反应等，降低水泥水化热温升，简化温控措施。

我国标准按粉煤灰的细度、烧失量、需水量及三氧化硫等含量，把粉煤灰分为Ⅰ级、Ⅱ级、Ⅲ级 3 个等级，分别使用于不同性质的混凝土：Ⅰ级粉煤灰的品位最高，一般为静电收尘灰，其火山灰效应及减水作用均较突出，可用于普通钢筋混凝土工程以及后张法预应力混凝土和小跨度先张法预应力混凝土构件等；Ⅱ级粉煤灰主要用于普通钢筋混凝土及无筋混凝土等，目前我国多数电厂的机械收尘灰属于Ⅱ级标准。Ⅲ级粉煤灰主要用于中低强度等级的无筋混凝土或以代砂方式掺用的混凝土工程，大多数机械收尘的原状灰、含碳量较高或颗粒较粗者属Ⅲ级灰。仅为改善混凝土和易性所掺加的粉煤灰，不受上述规定的限制。粉煤灰掺合料应用广泛，尤宜配制泵送混凝土、大体积混凝土、抗渗结构混凝土、

抗硫酸盐和抗软化水浸蚀混凝土、水下混凝土等。混凝土中掺入粉煤灰的效果，还与粉煤灰的掺入方式有关，常用的方式有等量取代水泥法、粉煤灰代砂（外加法）及超量取代水泥法。

（2）粒化高炉矿渣粉。粒化高炉矿渣由高炉冶炼时排出的熔融渣经水或空气急冷而成，经干燥、粉磨、达到相当细度且符合相当活性指数的粒化高炉矿渣粉具有比粉煤灰更高的活性和极大的表面能，而且品质和均匀性更易保证，是一种优质的混凝土掺合料，其主要化学成分为 SiO_2、Al_2O_3、CaO、MgO 等。矿渣粉掺入混凝土中不仅可以节约水泥，降低胶凝材料水化热，而且可以显著提高混凝土的强度，提高其抗渗性及对海水、酸及硫酸盐等的抗化学侵蚀能力，具有抑制碱一骨料反应效果，满足配制不同性能要求的高性能混凝土的需求。

当采用高强度等级水泥及优质粗、细骨料并掺入高效减水剂时，掺入矿渣粉的混凝土可收到以下几方面的效果：可配制出高强混凝土及 C100 以上的超高强混凝土；可配制出大流动性且不离析的泵送混凝土；所配制出的混凝土干缩率大大减小，抗冻、抗渗性能提高，混凝土的耐久性显著改善；矿渣粉的比表面积一般大于 $450m^2/kg$，可等量取代15%～50%的水泥，获得显著的经济效益。但磨细后的矿渣粉颗粒形状不及粉煤灰光滑、匀整，对改善混凝土的和易性效果不明显。

（3）硅粉。硅粉也称硅灰或冷凝硅烟尘，是冶炼工业硅或硅铁合金时从烟气中回收的副产品。其 SiO_2 含量占 85%～98%，颗粒呈极细的玻璃质球状，颗粒粒径为水泥的 1/50～1/100，比表面积为 $20000cm^2/g$，松散密度为 $250～300kg/m^3$。硅粉掺入混凝土后能大幅度提高混凝土的强度和节约水泥，改善混凝土拌和物的和易性，改善混凝土的孔隙结构，提高混凝土耐久性，减少混凝土的回弹量，提高喷射混凝土的施工性能。与高效减水剂配合使用，可配制早强混凝土、高强混凝土、高抗渗混凝土及高流动性混凝土。20 世纪 70 年代，美国、加拿大、丹麦、挪威等国已有使用，我国于 80 年代开始研究和应用硅粉，并在上海黄浦江隧道等工程中应用。硅粉是一种较好的改善混凝土性能的掺合料，但由于产量较低，价格较贵，目前较多用于有高强度、高抗渗等特殊要求的混凝土工程中。

混凝土中掺入硅粉后，可取得以下效果：

1）改善混凝土拌和物和易性。由于硅粉颗粒极细，比表面积大，需水量为普通水泥的 130%～150%，混凝土流动性随硅粉掺量增加而减小。为了保持混凝土流动性，必须掺用高效减水剂。硅粉的掺入，显著地改善了混凝土黏聚性及保水性，故适宜配制高流态混凝土、泵送混凝土及水下灌注混凝土等。

2）配制高强混凝土。硅粉的活性很高，当与高效减水剂配合掺入混凝土时，硅粉与 $Ca(OH)_2$ 反应生成水化硅酸钙凝胶体，填充水泥颗粒间的空隙，改善界面结构及黏结力，可显著提高混凝土的强度。

3）改善混凝土的空隙结构，提高耐久性。混凝土中掺入硅粉后，虽然水泥石的总孔隙与不掺时基本相同，但其大孔减少，超微细孔隙增加，改善了水泥石的孔隙结构。因此，掺硅粉混凝土耐久性显著提高。

4）提高混凝土抗冲磨性。硅粉混凝土的抗冲磨性随硅粉掺量的增加而提高，适用于水工建筑物的抗冲刷部位及高速公路路面等。

5）提高混凝土抗侵蚀性，适用于要求抗溶出性侵蚀及抗硫酸盐侵蚀的工程。

6）硅粉还具有抑制碱骨料反应及防止钢筋锈蚀的作用。

（4）沸石粉。沸石岩是一种经天然煅烧后的火山灰质铝硅酸盐矿物，沸石粉由天然沸石岩磨细而成。沸石粉含有一定量的活性二氧化硅和活性三氧化铝，能与水泥水化析出的氢氧化钙作用，生成胶凝物质。用沸石粉配制混凝土，可取代10％～20％的水泥；沸石粉具有很大的内表面，掺入混凝土中可明显改善混凝土拌和物的黏聚性，减少泌水；用于配制泵送混凝土，可避免混凝土离析及堵泵等现象发生；配制轻骨料混凝土可减少轻骨料的上浮；用沸石粉与减水剂等外加剂复合使用，可制备各种不同性能要求的混凝土。

3.2.2.2 小湾混凝土掺合料

基于坝址区所处的特定地质环境及交通运输条件，经大量的品质鉴定和混凝土配合比及性能试验对比研究，采用粉煤灰作为拱坝混凝土的掺合料，并选定宣威电厂和曲靖电厂生产的分选Ⅰ级粉煤灰，利用粉煤灰所具有的火山灰效应、形态效应和微集料效应，改善混凝土的和易性，减少混凝土中水泥用量，降低绝热温升，削弱和延缓水化热峰值。粉煤灰质量控制标准按GB/T 1596—2005《用于水泥和混凝土中的粉煤灰》的要求执行。为了进一步掌握粉煤灰质量随发电负荷变化波动的情况及不同发电机组生产的粉煤灰质量差异，从大坝混凝土浇筑前至浇筑完成，对粉煤灰进行了长期质量跟踪检测。

粉煤灰质量跟踪检测按每月取样1次，每次取两个样品（白班和夜班各取1个）；发电量低于额定量的75％时，每星期取样1次，每次取两个样品（白班和夜班各取1个），每次取样均注明该粉煤灰样品由哪台机组生产及取样时机组的发电负荷。检测项目有粉煤灰化学成分、粉煤灰及掺粉煤灰的水泥物理性能、掺粉煤灰水泥胶砂物理力学性能、掺粉煤灰的水泥水化热、掺粉煤灰的水泥胶砂干缩等，其物理化学品质检测结果见表3.2－12和表3.2－13。

表3.2－12　粉煤灰的化学成分　％

项目	SiO_2	Al_2O_3	Fe_2O_3	CaO	MgO	SO_3	K_2O	Na_2O	R_2O	LOSS
控制标准						≤3			≤1.5	≤5
宣威灰检测值	59.5	23.0	7.5	2.75	1.70	0.15	0.75	0.15	0.65	1.5
曲靖灰检测值	53.5	26.5	8.0	3.00	1.85	0.52	0.85	0.24	0.8	3.25

表3.2－13　粉煤灰物理性能品质

项　目	密度/(g/cm^2)	比表面积/(m^2/kg)	细度/％	含水量/％	粉煤灰掺量/％	需水量比/％	活性指数/％			水化热/(kJ/kg)		
							7d	28d	90d	1d	3d	7d
控制标准			≤12	≤1								
小湾专供中热水泥					0	100	100	100	100	172.7	240.7	275.4
宣威灰检测值	2.39	327	6.85	0.03	30	94	71	80	88	116.7	173.2	217.7
曲靖灰检测值	2.38	365	7.8	0.1	30	94.4	70	79	90	127.7	188.6	227.7

粉煤灰长期跟踪检测情况如下：

（1）宣威电厂、曲靖电厂两厂生产的Ⅰ级粉煤灰品质满足要求；产能均能满足小湾工程用量，且地理位置、煤源相近，供应互补性强。

（2）粉煤灰的掺入对水泥水化热、净浆标准稠度和凝结时间均有有利的影响。

（3）两厂粉煤灰均表现出较好的后期活性，曲靖灰的28～90d龄期的活性指数增长率略大于宣威灰。

（4）粉煤灰质量与电厂发电负荷有密切相关：要收集满足要求的Ⅰ级粉煤灰，需要求单机发电负荷大于25kW。

3.2.3 骨料

3.2.3.1 常用骨料及性能

骨料质量的好坏，在很大程度上影响到混凝土的性能，合理选择骨料对提高混凝土的质量具有重大意义。混凝土使用的骨料应根据优质、经济、就地取材的原则进行选择，骨料应质地坚硬、清洁、不含杂质。骨料占混凝土总体积的70%～80%，其主要作用是：在混凝土中形成坚强的骨架，可减小混凝土的收缩；改变混凝土的性能，通过选用适当的骨料品种或骨料级配，可以配制出具有特殊功能的混凝土，如轻骨料混凝土、防辐射混凝土、耐热混凝土、防水混凝土等；良好的砂石级配还可节约混凝土中的水泥用量。

骨料的强度在很大程度上影响到混凝土的强度。骨料的强度取决于其矿物组成、结构致密性、质地均匀性、物理性能稳定性等。优质骨料是配置优质混凝土的重要条件。骨料孔隙率的大小在一定程度上会影响混凝土的吸水性、拌和物的用水量，同样也会影响混凝土的强度和耐久性。因此，骨料孔隙率是骨料最基本的物理特性之一。骨料级配对水灰比及灰骨比有影响，关系到混凝土的和易性和经济性。良好的骨料级配，可使骨料间的空隙率和总表面积减少，降低混凝土的用水量和水泥用量，改善拌和物的和易性及抗离析性，提高混凝土的强度和耐久性，并可获得良好的经济性。粗骨料的级配原理就是为了获得最小的空隙率和总表面积，以减少混凝土中的用水量，增加混凝土的密实度，减少水泥用量，降低其发热量，防止混凝土裂缝。

人工骨料的原岩按岩石的地质成因分类，可以分成火成岩、沉积岩和变质岩。大部分的火成岩都是优良的骨料原料，沉积岩变化范围较大，变质岩则介于火成岩和沉积岩之间。

（1）岩浆岩。岩浆岩是由高温熔融的岩浆在地表或地下冷凝形成的岩石，也称火成岩，如花岗岩、流纹岩、玄武岩、正长岩、闪长岩、安山岩、辉绿岩等。常用作拱坝混凝土骨料的岩浆岩有花岗岩、玄武岩和辉绿岩等。

花岗岩主要由石英、长石和少量云母所组成，有时还含有少量的暗色矿物如角闪石、辉石等。花岗岩是全晶质或斑状结构，呈块状构造。花岗岩按结晶颗粒大小不同，分为细粒、中粒、粗粒、斑状等不同种类。结晶颗粒细而均匀的花岗岩比粗粒、斑状的花岗岩强度高，耐久性好。花岗岩的表观密度为2500～2800kg/m^3，干抗压强度为80～250MPa。

玄武岩主要由斜长石、辉石及橄榄石组成，呈玻璃质或隐晶质结构，常存在气孔及块状或杏仁状构造。致密玄武岩的表观密度可达到2900～3300kg/m^3，抗压强度因构造不同而波动较大，约为100～500MPa，致密玄武岩的强度和耐久性都很好，但硬度高、脆性

大，难以加工。

辉绿岩是由长石、辉石或橄榄石等矿物组成，为全晶质的中粒或细粒结构，呈块状构造。其表观密度为2500～3000kg/m^3，抗压强度为150～250MPa，吸水率小于1%，抗冻性能良好。

（2）沉积岩。沉积岩是在地表条件下由风化作用、生物作用和火山作用的产物经水、空气和冰川等外力的搬运、沉积和成岩固结而形成的岩石，如石灰岩、白云岩、砾岩和角砾岩、砂岩、泥岩等。常用作拱坝混凝土骨料的有石灰岩、砾岩和角砾岩、砂岩等。

石灰岩简称灰岩，其主要化学成分由碳酸钙组成，矿物成分以结晶的细粒方解石为主，其次含少量的白云石等矿物。颜色多为深灰、浅灰，质纯石灰岩呈白色。含硅质、白云质的纯石灰岩强度高，是良好的建筑材料。灰岩分布广、硬度低，开采加工容易，且具有良好的变形性能，广泛用于水电工程筑坝中。

角砾岩由50%以上直径大于2mm的颗粒碎屑组成。角砾岩大多数都是由于带棱角的岩块或碎石搬运距离不远即沉积胶结而成。砾岩则多经过较长距离的搬运后沉积胶结而成。砾岩成分可由矿物组成，也可以是由岩石碎块组成。胶结物常为泥质、钙质、硅质和铁质，硅质砾岩抗压强度高，泥质砾岩胶结不牢固，铁质砾岩易风化。胶结物的成分与胶结类型对砾岩的物理力学性质有很大的影响。

砂岩是由石英砂经天然胶结物胶结而成，有时在其中也有长石、云母和其他矿物颗粒。砂岩一般为颗粒状结构，并呈层状构造。砂岩常根据胶结物的不同而命名，如氧化硅胶结的称硅质砂岩；碳酸钙胶结的称灰质砂岩；氧化铁胶结的称铁质砂岩；黏土胶结的称黏土质砂岩等。灰质砂岩加工较易，其强度可达60～80MPa，是砂岩中最常用的一种。

（3）变质岩。变质岩是由岩浆岩、沉积岩经变质作用而形成的岩石，如片麻岩、大理岩、石英岩、板岩、片岩、千枚岩等。常用作拱坝混凝土骨料的变质岩有片麻岩、大理岩等。

片麻岩原岩若是岩浆岩变质而来的，则称正片麻岩；若原岩是沉积岩变质而来的，则称为副片麻岩。正片麻岩的矿物成分与其相应的岩浆岩相似，最常见的是与花岗岩成分一致的片麻岩；与闪长岩、辉长岩及其喷出岩相应的片麻岩，其主要成分为斜长石、石英、角闪石、黑云母和辉石等。在正片麻岩中副矿物成分有磁铁矿、石榴子石、绢云母等；副片麻岩除含有石英、长石、云母外，还含有沉积岩形成时的变质矿物，如硅线石、蓝晶石和石墨等。

片麻岩可根据成分进一步的分类和命名，如角闪石片麻岩、斜长石片麻岩、正长石片麻岩等。片麻岩具有典型的片麻构造，变晶结构。一般抗压强度达120～200MPa。若云母含量增多，则强度降低。由于具有片理结构，故较易分化。沿片理较易开采加工，但在冻融循环作用下易成层剥落。优质花岗片麻岩用途与花岗岩基本相同。

大理岩是由石灰岩或白云岩变质而成的，主要矿物成分仍是方解石和白云石。经变质后，结晶颗粒直接结合，构造致密，所以强度增大，可达120～300MPa。大理岩硬度不大，易于加工及磨光，是良好的建筑装饰材料。

石英岩是由石英砂岩和硅质岩变质而成，矿物成分主要为石英，其次为云母、磁铁矿和角闪石。石英一般呈白色，含铁质氧化物时呈红褐色或紫褐色，油脂光泽，具有变晶粒

状构造、块状构造，是一种最坚硬且抗风化力很强的岩石，坚硬的石英岩岩块抗压强度可达 350MPa 以上。石英岩硬度大，开采加工困难，常以不规则的块状石料应用于建筑物中。

3.2.3.2 小湾混凝土骨料

高拱坝多建于地质条件较好的深山峡谷中，由于缺乏充足的天然骨料资源，一般考虑利用当地天然岩石经加工形成的混凝土人工骨料。选择性能优良的人工骨料是保证拱坝大体积混凝土具有良好的耐久性能及高抗裂能力的先决条件。人工骨料原岩的选择应充分考虑如下因素：岩石应具有适度的强度（一般为所配制混凝土强度的 1.5～2.0 倍），节理和解理少，岩石呈厚层、较少夹层充填和岩脉充填；岩石组织致密，不等粒结晶（含细粒和微粒），结构完整或很少裂隙次生充填胶结；岩石的化学组成均匀、变化小且无有害物质等。

对坝址区周围半径约 20km 范围内可能的石料场分布情况进行调查，经全面工程比选，拱坝混凝土骨料采用黑云花岗片麻岩及角闪斜长片麻岩混合人工砂石料，选定孔雀沟石料场Ⅲ料区为石料场（图 3.2-3）。

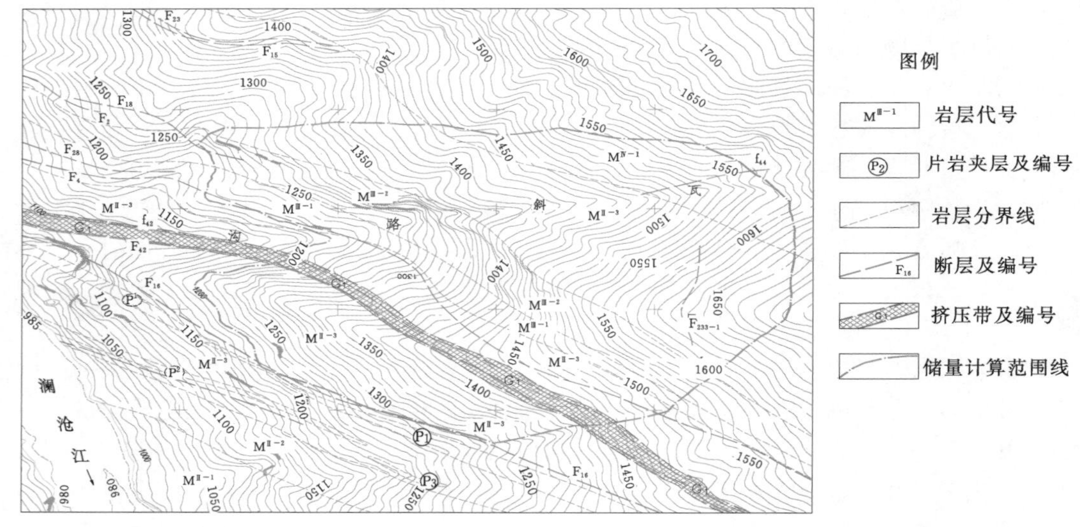

图 3.2-3 孔雀沟石料场Ⅲ料区地质简图

石料场基岩为时代不明变质岩系，岩性主要为黑云花岗片麻岩（主要矿物成分为条纹长石、斜长石、石英和少量黑云母等）和角闪斜长片麻岩（主要矿物成分为斜长石、角闪石、黑云母和石英等），其间均有薄透镜状云母片岩、角闪云母片岩夹层分布。料源岩性复杂，其比重、孔隙率、云母含量及加工后的骨料粒型都存在差异，影响混凝土配合比。

料区无Ⅱ级以上断层分布，Ⅲ级及以下的次级破裂结构面发育，并以近 EW 向中陡倾角层间挤压性质的断层、节理密集的破碎岩带和节理组为主。料区发育有一条宽度较大的层间挤压破碎带 G_1，厚度变化较大，一般厚度为 40～60m，带内节理发育，岩体较破碎，并有岩体蚀变现象，结构面上见锈膜及高岭土，岩体风化层相对较深，表现为夹层风化现象。带中分布有厚度较大的多条中等-强烈蚀变岩带和较多的断层及挤压面等软弱岩

带，为不可用料，软弱岩带之间的微风化岩体破碎，岩块强度与原岩相比有所降低，但仍较坚硬，为可用料，G_1 挤压带料源质量变化较大，且不均一，其分布对料场料源质量有较大的影响。

岩体风化以表层均匀风化为主，风化程度主要受地形、构造、岩性和卸荷等因素的控制，在片岩和构造发育的岩体中有夹层和囊状风化现象，局部形成风化槽，开采过程中易影响料源质量。

料区岩体中部分岩体有不同程度的蚀变现象，主要表现为轻微的硅化及高岭石化蚀变，强烈蚀变岩体一般规模较小。轻微蚀变岩体，岩石颜色变浅，较致密，强度较原岩有所降低，其强度仍能满足混凝土骨料的要求；局部分布的不规则中等-强烈蚀变岩体，影响料源质量。

岩石室内试验成果表明：弱风化的花岗片麻岩、角闪斜长片麻岩湿抗压强度为 73～140MPa，软化系数多在 0.8 以上，个别为 0.7，满足作为人工骨料的要求；强风化的花岗片麻岩、角闪斜长片麻岩湿抗压强度小于 60MPa，软化系数小于 0.6，不满足人工骨料的要求。

孔雀沟石料场的片麻岩均为非活性骨料，且人工砂骨料中云母含量均未超过规范要求，石料场弱风化、微风化及新鲜的花岗片麻岩、黑云花岗片麻岩及角闪斜长片麻岩作为拱坝混凝土人工骨料，其质量符合要求。

对骨料开展碱活性、云母含量、混合比例等试验研究，表明该骨料具有以下特性：

（1）采用岩相法、化学法、砂浆长度法、快速压蒸法和砂浆棒快速法对骨料进行了碱活性检测，均评定为非活性骨料。在使用时，为了提高混凝土的耐久性，要求控制混凝土中总碱量不超过 2.5kg/m^3。

（2）骨料人工砂云母含量未超过规范要求。采用选矿法检测显示，解离云母主要存在于 0.25～0.08mm 粒径范围的人工砂中，可以通过控制砂的石粉含量来控制砂中解离云母的含量。

（3）黑云花岗片麻岩表观密度为 2.61～2.64g/cm^3，角闪斜长片麻岩表观密度为 2.91～2.95g/cm^3；采用黑云花岗片麻岩骨料的混凝土单位用水量较采用角闪斜长片麻岩骨料的混凝土单位用水量低约 10%～17%；采用黑云花岗片麻岩骨料的混凝土与采用角闪斜长片麻岩骨料的混凝土相比，前者极限拉伸值略高、弹性模量略低、绝热温升值低约 1.2℃，且前者自生体积变形早期呈微量膨胀，后者则为少量收缩。表明黑采用云花岗片麻岩骨料的混凝土抗裂能力相对较好。为此，要求骨料中角闪斜长片麻岩骨料的比例不大于 50%。

3.2.4 外加剂

3.2.4.1 外加剂类型及性能

在拌制混凝土过程中掺入的不超过水泥质量的 5%（特殊情况除外），且能使混凝土按需要改变性质的物质，称为混凝土外加剂。外加剂是混凝土五大元素之一，对于混凝土的性能改善起着重要作用。

在混凝土中加入外加剂后，由于品种不同，产生的作用也各异：有的吸附于水泥粒子

表面形成吸附膜，改变电位，产生不同的吸力或斥力；有的会破坏絮凝结构，提高水泥扩散体系的稳定性，改善水泥水化的条件；有的能形成大分子结构，改变水泥粒子表面的吸附状态；有的会降低水的表面张力和表面能等；还有少数直接参与化学反应，与水泥生成新的化合物。

最初使用外加剂，仅仅是为了节约水泥，随着建筑技术的发展，掺用外加剂已成为改善混凝土性能的主要措施。由于有了高效减水剂，大流动度混凝土、自密实混凝土、高强混凝土得到应用；由于有了增稠剂，水下混凝土的性能得以改善；由于有了缓凝剂，水泥的凝结时间得以延长，才有可能减少坍落度损失，延长施工操作时间；由于有了防冻剂，溶液冰点得以降低，或者冰晶结构变形不致造成冻害，才可能在零下环境条件下进行施工。

混凝土外加剂的种类很多，根据国家标准，混凝土外加剂按主要功能来命名，按其主要作用可分为以下 4 类：①改善混凝土拌和物流变性能的外加剂，包括各种减水剂、引气剂及泵送剂。②调节混凝土凝结硬化性能的外加剂，包括缓凝剂、早强剂及速凝剂等。③改善混凝土耐久性的外加剂，包括引气剂、防水剂、阻锈剂等。④改善混凝土其他特殊性能的外加剂，包括引气剂、膨胀剂、黏结剂、着色剂、防冻剂等。

概括起来讲，外加剂在改善混凝土的性能方面具有以下作用：①可以减少混凝土的用水量，或者不增加用水量就能增加混凝土的流动度。②可以调整混凝土的凝结时间。③减少泌水和离析，改善和易性和抗水淘洗性。④可以减少坍落度损失，增加泵送混凝土的可泵性。⑤可以减少收缩，加入膨胀剂还可以补偿收缩。⑥延缓混凝土初期水化热，降低大体积混凝土的温升速度，减少裂缝发生。⑦提高混凝土早期强度，防止负温下冻结。⑧提高强度，增加抗冻性、抗渗性、抗磨性、耐腐蚀性。⑨控制碱-骨料反应，阻止钢筋锈蚀，减少氯离子扩散。⑩制成其他特殊性能的混凝土。⑪降低混凝土黏度系数。

随着技术的发展，外加剂已由过去的单剂型向复合型的方向发展。水工大体积混凝土常用的外加剂主要为减水剂和引气剂，在气温较高的地区常使用兼具减水和缓凝的复合外加剂，如缓凝型高效减水剂等，其主要目的是改变了混凝土水化的物化机理，使水泥的自身收缩减小。

（1）减水剂。减水剂是在混凝土坍落度基本相同的条件下能减少拌和用水量的外加剂。减水剂多为亲水性表面活性剂，按减水能力及兼有的功能分为：普通减水剂、高效减水剂、早强减水剂及引气减水剂等。

水泥加水拌和后，形成絮凝结构，流动性很低。掺有减水剂后，减水剂分子吸附在水泥颗粒表面，其亲水集团携带大量水分子，在水泥颗粒周围形成一定厚度的吸附水层，增大了水泥颗粒间的滑动性。当减水剂为离子型表面活性剂时，还能使水泥颗粒表面带上同性电荷，在电性斥力作用下，水泥粒子相互分散，使水泥浆体呈溶胶结构，混凝土流动性可显著增大。这就是减水剂对水泥粒子的分散作用。

混凝土掺用减水剂后可以产生以下 3 方面的效果：在配合比不变的条件下，可增大混凝土拌和物的流动性，且不致降低混凝土的强度；在保持流动性及水灰比不变的条件下，可以减少用水量及水泥用量，以节约水泥；在保持流动性及水泥用量不变的条件下，可以降低水灰比，使混凝土的强度与耐久性得到提高。

目前常用的减水剂有木质素系、萘系、树脂系、糖蜜系及腐殖酸系等几种。当与其他外加剂复合时，还可制成引气减水剂、早强减水剂及缓凝减水剂等。

（2）引气剂。在混凝土拌和过程中能引入大量均匀分布的、稳定而封闭的微小气泡的外加剂，称为引气剂。引气剂吸附在水-气界面上，显著降低表面张力，在搅拌力作用下产生大量气泡；引气剂分子定向排列在泡膜内水分子的移动，增加了泡膜的厚度及强度，使气泡不易破灭；水泥等微细颗粒吸附在泡膜上，水泥浆中的氢氧化钙与引气剂作用生成的钙皂沉积在泡膜壁上，也提高了泡膜的稳定性。

引气剂能改善混凝土拌和物的和易性：混凝土拌和物中引入大量气泡，相当于增加了水泥浆体积，可提高混凝土流动性；大量微细气泡的存在，还可显著地改善混凝土的黏聚性和保水性。引气剂还能显著地提高混凝土耐久性：由于气泡能隔断混凝土中毛细管通道，以及气泡对水泥石内水分结冰时所产生的水压力的缓冲作用，故能显著地提高混凝土抗渗及抗冻性。此外，气泡还可使混凝土弹性模量有所降低，这对提高混凝土抗裂性也是有利的。

主要引气剂品种有松香热聚物、松脂皂引气剂等，其中以松香热聚物的效果较好，最常使用。混凝土掺入引气剂的主要缺点是使混凝土强度及耐磨性有所降低。当保持水灰比不变，掺入引气剂时，含气量每增加1%，混凝土强度约下降3%～5%。

3.2.4.2 小湾混凝土外加剂

外加剂选择应根据混凝土性能要求和施工需要，结合工程选定的混凝土原材料进行适应性试验。经可靠性论证和技术经济比较后，选择合适的外加剂种类和掺量，有抗冻性要求的混凝土应掺用引气剂。小湾采取分步骤比选的方法，开展了初选、详查及优选试验工作，通过对外加剂本体检测、与掺合料适应性检测、复合外加剂气泡结构检测和混凝土配合比复核试验检测，从混凝土用水量、和易性、耐久性等技术指标，结合外加剂性价比等综合比较，最终选择减水引气效果较优、与其他材料适应性较强的外加剂品种。

（1）外加剂比选试验工作分为以下7个步骤进行：

1）对国内外加剂厂进行普查、预审及初步筛选工作，选择一定范围的厂家开展后续工作。

2）对初选合格的外加剂厂开展调研、取样工作，主要了解生产厂家生产外加剂的品种、生产规模、产品特性、价格、质量保证体系、产品研发能力以及产品在工程中的使用情况等。

3）对所选外加剂按GB 8076《混凝土外加剂》的要求进行本体检测，筛选出较优的减水剂和引气剂品种。

4）对优质减水剂及引气剂进行复合试验，从中选出减水率高、和易性好、力学性能优的复合外加剂用于坝体混凝土试验工作。

5）进行复合外加剂与水泥、粉煤灰的适应性试验，试验用粉煤灰为曲靖电厂和宣威电厂的Ⅰ级粉煤灰，按$C_{180}40$四级配混凝土的配合比参数进行调整拌和，检测复合外加剂的综合减水效果，比较混凝土拉压强度比是否得到改善。

6）进行坝体混凝土配合比复核试验，根据试验确定的复合外加剂最佳掺量，对初拟的复合外加剂进行混凝土配合比、物理力学性能试验，复核混凝土各项指标是否满足要求。

7）掺入最终确定的复合外加剂后，对硬化混凝土的气泡结构及稳定性进行试验，在硬化状态下，检测混凝土中的气泡含量、形状、大小及其分布情况，以此分析复合外加剂的相容性及耐久性。

通过上述7个步骤，依据试验成果，对坝体混凝土外加剂进行多因素综合分析和评价，逐步筛选出既能满足各项设计要求，又能节约工程建设投资的外加剂产品，最终提出适应性好的6种复合外加剂品种。

（2）复合外加剂的性能体现如下：

1）相对于单掺减水剂的混凝土，减水率显著提高，其减水率均大于27%；掺用复合外加剂的混凝土单位用水量在82～87kg之间。

2）混凝土拌和物中，采用不同复合外加剂，混凝土和易性略差异，但和易性均较好。

3）所有掺复合外加剂混凝土的泌水率检测值均为零，混凝土拌和物的泌水性能得到较好地改善。

4）在减水率大于27%的复合外加剂中，混凝土28d抗压强度均大于38.0MPa，劈拉强度大于3MPa，混凝土28d拉压比为6.3%～7.4%，90d拉压比为6.6%～7.1%，同等条件下拉压比得到一定的提高。

5）所有复合外加剂混凝土28d龄期干缩率比均小于135%，说明复合外加剂有抑制混凝土后期干缩的特性。

6）混凝土28d相对耐久性指标均达到或超过F200。

7）掺复合外加剂后硬化混凝土中的气泡分布在水泥砂浆中多呈封闭的圆形及椭圆形，气泡半径在0.009～0.018cm之间，气泡间距系数在0.012～0.037cm之间，气泡含量与混凝土拌和物含气量实测值相比相差约1.5%，说明气泡含量、形态、大小及分布状况良好。

对比复合外加剂混凝土物理力学试验结果及硬化混凝土的气泡检测结果可以看出：在满足混凝土强度的条件下，保持上述研究确定的混凝土含气量，可以确保混凝土的耐久性能。

3.3 混凝土配合比及性能

混凝土是由水泥、粗细骨料、水、矿物掺合料和外加剂组成的多相非均匀材料，合理的原材料选择和科学的配合比设计是保证混凝土具有高性能的基础。

在原材料选择上，以往大坝混凝土普遍使用中热硅酸盐水泥，近期低热硅酸盐水泥也得以广泛应用，同时根据工程具体情况对水泥会提出一些特殊要求，如水泥细度要求以及硅酸三钙、铝酸三钙及氧化镁含量限制等。在混凝土中掺入粉煤灰的做法已有几十年的经验，近些年由于Ⅰ级粉煤灰的大量生产，粉煤灰由过去仅作为混凝土填充料使用变为如今作为混凝土功能材料使用。Ⅰ级粉煤灰由于其含碳量低、颗粒细、球形颗粒含量高，使形态效应、微集料效应和火山灰效应得以充分发挥，起到了固体减水剂的作用。另外高效减水剂、具有某些特殊功能的外加剂及优质引气剂的广泛使用，不仅降低了混凝土的单位用水量，而且使混凝土的耐久性得以大幅提高。

在混凝土配合比方面，除了考虑混凝土强度外，混凝土的抗裂能力和耐久性成了设计人员要考虑的重点因素。目前多采用“降低水胶比，掺用Ⅰ级粉煤灰，适当加大粉煤灰掺量，掺高效减水剂和引气剂，严格控制水泥熟料的碱含量与混凝土中的总碱量”的技术方针。实践证明，高效减水剂、引气剂和Ⅰ级粉煤灰联合使用，可使混凝土的单位用水量降低30%左右，这是提高混凝土质量的关键，也是大体积混凝土向配制高性能化方面迈进的重要一步。

3.3.1 常规试件混凝土

3.3.1.1 常规试件混凝土试验方法

大体积混凝土的特性参数是大坝结构设计和工程施工的基本依据，而大坝混凝土特性参数往往是通过试验来确定的。通常情况下，对大体积混凝土材料特性参数的确定，均是把大于40mm的粗骨料从已拌好的混凝土中筛除，将湿筛处理后的混凝土成型为标准试件，并以这些标准小试件的试验结果来表示大坝混凝土的特性参数。

但湿筛混凝土在筛除40mm以上的全部粗骨料后，大大增加了混凝土中胶凝材料的比例，使混凝土的力学特性及相应的结构关系发生了较大的变化。因此，用湿筛混凝土的性能指标来评价全级配混凝土的有关特性，只是一种相对评价标准，而不能较为真实地反映全级配混凝土的相关特性，这是因为，混凝土是一种多层次的复合材料：在厘米量级上，混凝土可视为由砂浆作为基体、骨料作为分散相的复合材料；在毫米量级上，砂可视为由水泥浆作为基体、砂作为分散相的复合材料；在微米量级上，水泥净浆可视为由C-S-H作为基体、$Ca(OH)_2$作为分散相的复合材料。骨料在混凝土中的作用是多方面的，它不仅仅起到填充作用，同时也起骨架的作用，很多情况下有利于混凝土性能的改善。

3.3.1.2 小湾常规试件混凝土

混凝土配合比的确定，是在原材料优选的基础上，围绕高强度、高极拉值、中弹模、低热、不收缩的原则，开展湿筛混凝土配合比及性能试验研究，其核心问题是研究混凝土的耐久性及抗裂性。开展基础配合比设计，在不同水胶比（0.35～0.55）、不同粉煤灰掺量（0～40%）、不同骨料比例以及不同外加剂条件下，进行混凝土水胶比与强度、耐久性关系试验，进而对拱坝混凝土配合比进行优化及开展混凝土力学、变形、热学及耐久性等性能试验。

小湾拱坝混凝土分为A、B、C 3个分区（图3.3-1），设计参数见表3.3-1。

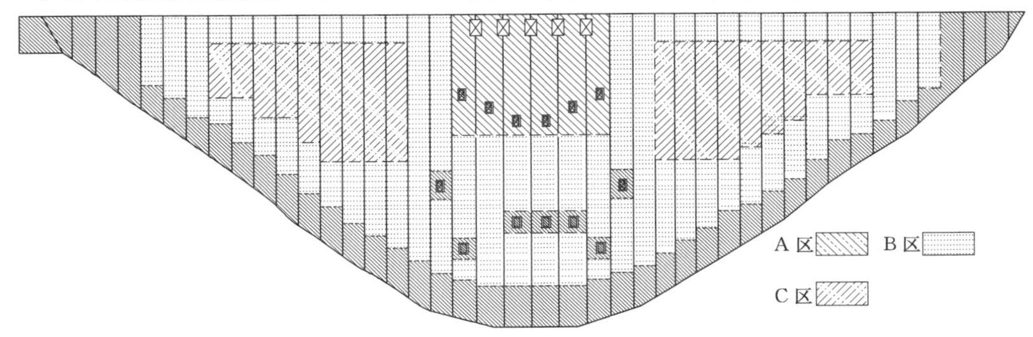

图3.3-1 拱坝混凝土材料分区图

表 3.3-1　　拱坝混凝土主要设计参数

拱坝分区	混凝土强度等级	强度保证率/%	极限拉伸值/10^{-6}			抗渗等级	抗冻等级	工程量/万 m^3	占总工程量的百分比/%
			7d	28d	90d				
A	$C_{180}40$	≥90	≥85	≥95	≥100	$W_{90}14$	$F_{90}250$	352.7	41.4
B	$C_{180}35$	≥90	≥80	≥90	≥95	$W_{90}12$	$F_{90}250$	372.5	43.8
C	$C_{180}30$	≥90	≥70	≥85	≥88	$W_{90}10$	$F_{90}250$	125.8	14.8

混凝土试验分以下 3 个阶段进行：

（1）第 1 阶段首先进行了 5 个水胶比、1 种水泥、2 种单一骨料、不同粉煤灰掺量二级配混凝土的配合比设计，确定了坝体混凝土最大水胶比及粉煤灰掺量，并以此为基础分别对黑云花岗片麻岩和角闪斜长片麻岩各 100%、宣威电厂或曲靖电厂的Ⅰ级粉煤灰、2 种复合外加剂、2 个级配、2 种水泥、4 个强度等级，共计 64 组混凝土进行了配合比设计及性能试验。

（2）第 2 阶段进一步对两种岩性、不同骨料混合比例对拱坝混凝土性能的影响进行了试验研究，即骨料混合比例分别为 7.5∶2.5 及 5∶5、Ⅰ级粉煤灰、2 种复合外加剂（同上）、1 种水泥、2 个级配、4 个强度等级，共计 36 组混凝土进行了配合比及其性能试验。此外，还补充了 $C_{180}45$ 高强混凝土的配合比及其性能试验。

（3）第 3 阶段针对国内粉煤灰掺合料料源供应情况，对云南宣威电厂、曲靖电厂Ⅱ级粉煤灰进行了 1 种复合外加剂、2 种骨料级配、1 种水泥、3 个强度等级的混凝土配合比设计及性能试验。

与此同时还针对坝体混凝土关键指标采取 2 个或 3 个试验单位平行试验的方法进行了复核，确保试验成果的可靠性。

基于上述全面深入的比选试验，以角闪斜长片麻岩不超过 50% 为极限控制，确定的坝体混凝土施工配合比列于表 3.3-2，混凝土性能试验研究成果见表 3.3-3 和表 3.3-4，自生体积变形见图 3.3-2。由图 3.3-2 知，各强度等级混凝土的变形趋势为先收缩后膨胀，然后趋于稳定，最终变形值在 $\pm20\times10^{-6}$ 左右，混凝土基本不收缩，表明水泥熟料中的氧化镁具有抑制混凝土硬化过程中体积收缩的作用。

表 3.3-2　　坝体混凝土施工配合比

分区	配合比主要参数						混凝土各材料用量/(kg/m^3)									
	水胶比	级配	粉煤灰掺量/%	砂率/%	ZB-1A减水剂掺量/%	FS引气剂掺量/‰	水	水泥	粉煤灰	砂	小石	中石	大石	特大石	ZB-1A	FS
A	0.4	四	30	25	0.7	2	89	156	67	539	334	334	501	501	1.561	0.0446
B	0.45	四	30	26	0.7	2	89	139	59	567	334	334	500	500	1.386	0.0396
C	0.5	四	30	26	0.7	2	89	125	53	580	336	336	504	504	1.246	0.0356

表 3.3-3　　混凝土性能试验成果（1）

分区	骨料比例	粉煤灰掺量/%	水胶比	用水量/(kg/m³)	胶凝材料用量/(kg/m³)	抗压强度/MPa				抗拉强度/MPa			
						7d	28d	90d	180d	7d	28d	90d	180d
A	5∶5	30	0.4	92	230	19.7	30.5	42.9	48.6	1.91	2.49	3.33	4.09
B		30	0.45	92	204	16.6	27.3	39.1	44.1	1.70	1.95	3.08	3.15
C		30	0.5	92	184	15.8	26.6	38.8	43.8	1.28	1.85	2.63	2.91

表 3.3-4　　混凝土性能试验成果（2）

分区	极限拉伸值/10^{-6}				弹性模量/GPa				绝热温升/℃		抗渗等级	抗冻等级
	7d	28d	90d	180d	7d	28d	90d	180d	28d	最终		
A	125.7	127.1	135.9	140.3	18.61	23.81	27.31	30.63	26.05	28.22	>W14	>F250
B	103.1	110.9	115.3	126.8	16.99	23.55	26.62	30.60	25.58	27.03	>W14	>F250
C	78.8	95.3	105.7	117.5	16.36	21.25	26.14	30.31	24.12	25.61	>W14	>F250

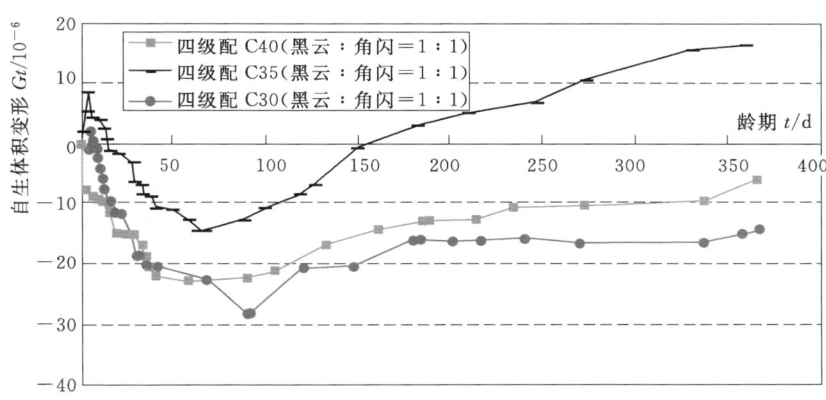

图 3.3-2　混凝土自生体积变形曲线

湿筛混凝土研究成果表明混凝土各项指标较理想，满足既定的拱坝混凝土的设计原则要求，具体如下：

（1）混凝土强度性能显示，宣威电厂、曲靖电厂粉煤灰的活性作用在 90d 后才显现，水胶比分别为 0.4、0.45、0.5 时，180d 龄期混凝土强度分别为 48.6MPa 、44.1MPa、43.8MPa，分别满足拱坝 A 区、B 区、C 区混凝土的要求；进一步研究表明当水胶比大于 0.5 时，抗冻等级不能满足 F250 设计要求，因此混凝土配合比设计时，最大水胶比为 0.5。

（2）两种岩性骨料按 5∶5 混合时，混凝土单位用水量均控制在较低水平，四级配为 92kg/m³，三级配为 110kg/m³；骨料中黑云花岗片麻岩比例的增加单位用水量随之降低；新拌混凝土黏聚性较好，不出现泌水、泌浆的现象，和易性较好，坍落度和含气量均能满足施工要求。

（3）由于采用了Ⅰ级粉煤灰和复合外加剂，硬化混凝土中的气泡多呈规则的圆形及椭圆形，半径在0.009～0.016cm之间，气泡间距为0.012～0.037cm，分布均匀。对改善混凝土的和易性，增加韧性、抗折强度以及提高耐久性有利。

(4) 混凝土具备了大极拉值的特性，180d达到117×10^{-6}～140×10^{-6}，各龄期检测值为设计指标的1.12～1.48倍；混凝土平均劈拉压比为7.4%，平均轴拉压比为6.5%，平均弯压比为11.0%，弯压比略低于14%～20%的水平。

(5) 混凝土具有中等弹性模量，7d弹性模量约为17GPa，至180d增长到约30GPa；随着混凝土龄期的增加，弹强比从0.85×10^3下降到0.70×10^3，表现出较好的柔性特征。

(6) 混凝土绝热温升属较低水平，当胶凝材料总量为184～230kg/m³时，绝热温升终值在25.6～28.2℃范围内，平均热强比为0.61℃/MPa。

(7) 混凝土自生体积最终变形值在$\pm20\times10^{-6}$左右，基本不收缩。变形形态为先收缩后膨胀，然后趋于稳定。表明水泥熟料中的氧化镁含量适当提高，可以改善混凝土收缩性态。

(8) 混凝土徐变度随着强度等级的升高而降低；7d、28d、90d、180d龄期混凝土持荷360d，徐变度分别在$(51.9\sim66.5)\times10^{-6}$/MPa、$(34.6\sim46.7)\times10^{-6}$/MPa、$(20.1\sim23.7)\times10^{-6}$/MPa、$(15.3\sim20.1)\times10^{-6}$/MPa之间，徐变度较大。

除对混凝土进行了全面研究外，还对基础填塘微膨胀混凝土及抗冲耐磨混凝土开展了试验工作。基础填塘微膨胀混凝土性能实验，分别采用专供水泥掺膨胀剂、小湾专供水泥外掺氧化镁和低热微膨胀水泥作胶凝材进行了二级配、三级配常态及泵送混凝土配合比及其性能试验。抗冲磨混凝土则在选择相关材料及性能试验的基础上，进行了混凝土抗冲磨性、抗冲击韧性、抗空蚀性等方面的研究，提出了推荐混凝土配合比。

3.3.2 全级配混凝土

3.3.2.1 全级配混凝土试验方法

全级配混凝土最大骨料粒径为150mm（四级配），其试件最小断面为450mm×450mm。由于试件尺寸大，性能试验较困难，因而目前中国大坝混凝土的设计、施工和质量检测均是将全级配混凝土经过湿筛除去大于40mm的骨料颗粒后成型小试件，用小试件的检测数据表征全级配混凝土的性能。全级配混凝土中粗骨料含量约为混凝土总量的60%～70%，与其对应的湿筛混凝土中的粗骨料含量大约只占原骨料含量的20%～40%，因此湿筛后混凝土中砂浆含量非常丰富，它所表现出的性能特性与全级配混凝土有明显差异。另外，试件成型方法、尺寸效应的影响也使二者的试验结果存在差异。

3.3.2.2 小湾全级配混凝土

在已确定的坝体混凝土配合比的基础上，开展大坝全级配混凝土性能试验研究。混凝土强度等级分别为$C_{180}40$、$C_{180}30$，配合比与湿筛的相同，在全级配混凝土性能试验时均同时对应进行湿筛二级配混凝土性能试验，分别对混凝土抗压强度、抗拉强度、抗弯强度、弹模、极限拉伸值、自身体积变形、线膨胀系数、干缩、徐变、泊松比、抗渗性能等进行了试验检测及对比研究。

(1) 抗压强度。采用两种方案开展试验对比分析。方案一：全级配混凝土分别采用450mm×450mm×450mm立方体试件（图3.3-3）及ϕ450mm×900mm圆柱体试件（图3.3-4），湿筛二级配混凝土分别采用150mm×150mm×150mm立方体试件及ϕ150mm×300mm圆柱体试件；方案二：全级配及湿筛二级配分别采用450mm×450mm×450mm和150mm×150mm×150mm立方体试件。试验成果分别列于表3.3-5和表3.3-6。

图3.3-3 全级配混凝土450mm×450mm×450mm立方体试件

图3.3-4 全级配混凝土ϕ450mm×900mm圆柱体试件

表 3.3-5　全级配及湿筛二级配混凝土抗压强度（方案一）

设计强度等级	龄期/d	湿筛二级配		全级配					
		15cm×15cm×15cm 立方体		ϕ15cm×30cm 圆柱体		45cm×45cm×45cm 立方体		ϕ45cm×90cm 圆柱体	
		抗压强度/MPa	尺寸效应系数	抗压强度/MPa	尺寸效应系数	抗压强度/MPa	尺寸效应系数	抗压强度/MPa	尺寸效应系数
$C_{180}40$	28	35.0	1.00	27.4	1.00	40.5	1.16	31.7	1.16
	180	58.4	1.00	46.7	1.00	61.4	1.05	48.3	1.03
$C_{180}30$	28	25.5	1.00	20.1	1.00	29.7	1.17	22.4	1.11
	180	43.3	1.00	34.2	1.00	45.2	1.04	36.0	1.05

表 3.3-6　全级配混凝土和湿筛二级配混凝土的抗压强度（方案二）

设计强度等级	龄期/d	抗压强度/MPa		全湿比	全湿比比值总平均
		全级配	湿筛二级配		
$C_{180}40$	7	19.3	21.6	0.89	0.88
	28	28.5	35.8	0.89	
	180	45.8	54.2	0.85	
$C_{180}30$	7	17.5	19.3	0.91	0.88
	28	25.8	27.8	0.86	
	180	39.5	45.9	0.86	

方案一试验结果表明，在同体形、同龄期的条件下，全级配大试件混凝土的抗压强度比均比小试件湿筛混凝土的高（尤其是在早龄期），且尺寸效应系数有一定的差异。随着龄期的增加大小试件的抗压强度趋于一致。

方案二试验成果表明，全级配大试件立方体与小试件湿筛混凝土立方体抗压强度比较，$C_{180}400$ 混凝土 7d、28d、180d 抗压强度比值平均为 0.88，$C_{180}300$ 混凝土 7d、28d、180d 抗压强度比值平均为 0.88，$C_{180}400$ 和 $C_{180}300$ 湿筛二级配混凝土抗压强度均高于全级配混凝土的强度约 12%，且随着龄期的增加，比值有减小趋势。

两个方案的试验结果有一定差异，为了进一步论证小湾坝体全级配混凝土抗压强度的特性，再次对 28d 龄期 150mm×150mm×150mm、300mm×300mm×300mm、450mm×450mm×450mm 3 种立方体的混凝土抗压强度性能进行了对比，其结果列于表 3.3-7。

表 3.3-7　全级配混凝土与湿筛混凝土抗压强度对比表

设计强度等级	水胶比	拌和物骨料最大粒径/mm	28d 抗压强度/MPa		
			15cm×15cm×15cm 立方体	30cm×30cm×30cm 立方体	45cm×45cm×45cm 立方体
$C_{180}40$	0.40	40（湿筛二级配）	35.0		
		80（湿筛三级配）		40.0	
		150（全级配）			40.3
		尺寸效应系数	1.00	1.143	1.151

续表

设计强度等级	水胶比	拌和物骨料最大粒径/mm	28d 抗压强度/MPa		
			15cm×15cm×15cm 立方体	30cm×30cm×30cm 立方体	45cm×45cm×45cm 立方体
$C_{180}30$	0.50	40（湿筛二级配）	24.6		
		80（湿筛三级配）		29.0	
		150（全级配）			29.1
		尺寸效应系数	1.00	1.179	1.183

由表 3.3－7 可见，随着混凝土试件的增大，其 28d 抗压强度也随之增大，当试件尺寸增至 300mm 时全级配和湿筛三级配混凝土 28d 的抗压强度较为接近，且二者均高于湿筛二级配混凝土。基于上述试验及成果分析得出以下认识：

1）全级配大试件与湿筛二级配小试件除了考虑试件尺寸效应外，还需考虑混凝土中砂浆界面与骨料界面的缺陷，包括混凝土配合比不一致的因素。小湾大坝全级配混凝土 40mm 以上的粗骨料占混凝土总体积的 36%左右，前者粗骨料的比表面积要比后者小。这样在早龄期时水泥砂浆强度低，全级配混凝土骨料界面缺陷较湿筛二级配小试件相对较少，抵偿了尺寸效应这一因素，从而出现湿筛二级配混凝土强度低于全级配的现象。随着混凝土龄期的增长，水泥砂浆强度增强，减少了界面缺陷，全级配混凝土与湿筛二级混凝土抗压强度趋于一致。

2）湿筛二级配混凝土含气量控制在 4.5%～5.5%之间，小试件成型在频率为 50Hz±3Hz、空载台面中心振幅 0.5mm±0.1mm 的标准振动台进行；全级配混凝土大试件采用高频插入式振捣器振实，其消泡效果（特别是消除对混凝土强度影响较大的大气泡）优于标准振实台振实的混凝土。因此，全级配混凝土的密实度大于湿筛二级配混凝土。“八五”攻关项目“二滩拱坝全级配混凝土研究”成果也证实了这一点，即当混凝土中含气量大于 3%时，全级配混凝土早期的抗压强度较湿筛二级配混凝土的小试件的抗压强度高，尺寸效应系数随混凝土龄期的增长而减小。

3）在混凝土抗压强度试验时，无法实现在混凝土内部某一最小体积内保持受力状的均一性，这是因为除混凝土本身是非均质体外，还因为混凝土试件与压力机钢板接触表面引起混凝土试件应力场的畸变。而在接触面上，混凝土的横向变形通常大于钢材的 5 倍左右，加之钢压板的面积较混凝土试件的受压面积大，故两者的横向变形差距更大，致使混凝土表面受钢板约束直至影响到试件内部。从二滩拱坝的试验成果（表 3.3－8）来看，未采用减磨垫板混凝土同龄期实测抗压强度大试件均高于小试件。

表 3.3－8　　二滩拱坝混凝土抗压强度

试件编号	抗压强度/MPa							
	20cm×20cm×20cm 立方体				45cm×45cm×45cm 立方体			
	28d	91d	182d	182d①	28d	91d	182d	182d①
E51	18.1（1.00）	32.7（1.00）	39.6（1.00）	28.9（1.00）	22.7（1.25）	31.3（0.96）	41.2（1.04）	27.6（0.96）
E53	22.8（1.00）	41.4（1.00）	50.3（1.00）	37.7（1.00）	28.1（1.23）	41.7（1.01）	52.0（1.04）	36.4（0.97）

注　表中抗压强度为试验结果，括号中数值为对应龄期强度比值（尺寸效应系数）。

①　抗压强度为减磨试验结果。

(2) 立方体与圆柱体抗压强度形态效应。从一般规律来说，立方体与圆柱体抗压强度的差异随着试件体积增大而增大。混凝土立方体与圆柱体的抗压强度形态效应见表 3.3-9。湿筛二级配混凝土 ϕ15cm×30cm 圆柱体与 150mm×150mm×150mm 立方体抗压强度比值平均为 0.79，全级配混凝土 ϕ45cm×90cm 圆柱体与 450mm×450mm×450mm 立方体抗压强度比值平均为 0.78，差别很小。表明相同骨料级配的混凝土，试件尺寸在满足不小于 3 倍骨料粒径的条件下，强度主要随试件高径比的增加而降低，与其形态关系甚微。

表 3.3-9　　混凝土抗压强度形态效应对比表

设计强度等级	龄期/d	湿筛二级配			全级配		
		抗压强度/MPa		圆柱体与立方体比值	抗压强度/MPa		圆柱体与立方体比值
		15cm×15cm×15cm 立方体	ϕ15cm×30cm 圆柱体		45cm×45cm×45cm 立方体	ϕ45cm×90cm 圆柱体	
$C_{180}40$	28	35.0	27.4	0.78	40.5	31.7	0.78
	180	58.4	46.7	0.80	61.4	48.3	0.79
$C_{180}30$	28	20.1	20.1	0.79	29.7	22.4	0.75
	180	43.3	34.2	0.79	45.2	36.0	0.80
平均值				0.79			0.78

图 3.3-5　全级配混凝土 ϕ450mm×1350mm 圆柱体试件

(3) 抗拉强度。采用相同试件尺寸，由两家单位分别进行试验。混凝土劈拉强度采用 450mm×450mm×450mm 立方体试件，轴拉强度试验采用 ϕ450mm×1350mm 圆柱体试件（图 3.3-5）；湿筛二级配混凝土体劈拉强度试验采用 150mm×150mm×150mm 立方体试件，轴拉强度试验采用断面为 100mm×100mm 的试件，两家单位试验成果分别列于表 3.3-10 和表 3.3-11。

两家单位试验成果均表明，全级配混凝土的抗拉强度低于湿筛混凝土，全级配混凝土与湿筛混凝土比较，$C_{180}40$ 混凝土劈拉强度比值为 0.83～0.89，轴拉强度比值为 0.51～0.69；$C_{180}30$ 混凝土劈拉强度比值为 0.78～0.89，轴拉强度比值为 0.50～0.58。分析全级配混凝土与湿筛二级配混凝土抗拉强度试验成果，可得出以下认识：

表 3.3-10　　全级配及湿筛混凝土抗拉强度（试验一）

设计强度等级	龄期/d	劈拉强度/MPa		全湿比	轴拉强度/MPa		全湿比
		15cm×15cm×15cm立方体	45cm×45cm×45cm立方体		湿筛	全级配	
$C_{180}40$	28	2.40	2.12	0.88	2.75	1.41	0.51
	180	3.50	3.10	0.89	3.56	1.96	0.55
$C_{180}30$	28	2.11	1.64	0.78	2.20	1.09	0.50
	180	3.00	2.65	0.88	3.29	1.77	0.54

表 3.3-11　　全级配及湿筛混凝土抗拉强度（试验二）

设计强度等级	龄期/d	劈拉强度/MPa		全湿比	全湿比比值总平均	轴拉强度/MPa		全湿比	全湿比比值总平均
		全级配	湿筛二级配			全级配	湿筛二级配		
$C_{180}40$	7	1.41	1.64	0.86	0.84	1.06	2.04	0.52	0.58
	28	2.11	2.50	0.84		1.53	2.56	0.69	
	180	3.14	3.80	0.83		1.84	3.57	0.52	
$C_{180}30$	7	1.27	1.43	0.89	0.85	0.75	1.48	0.51	0.54
	28	1.61	1.94	0.83		1.08	1.85	0.58	
	180	2.58	3.11	0.83		1.58	3.01	0.52	

1）在同配合比的条件下，对贫胶凝材料的水工混凝土而言，胶凝材料的用量是影响混凝土抗拉强度的主要因素，尽管全级配混凝土中含气量较小，但湿筛混凝土提高了胶凝材料的相对比例，因而湿筛二级配混凝土抗拉强度高于全级配混凝土。

2）全级配混凝土中 40mm 以上骨料占粗骨料总量的 60%左右，30mm 以上骨料占粗骨料总量的 70%左右。相对湿筛混凝土粗骨料总表面积减小，从而骨料间黏结力下降，导致混凝土抗拉强度降低。

3）由于所采用的两种片麻岩解理裂隙较为发育的骨料，且全级配大骨料界面裂纹较湿筛混凝土的多，这些原生界面裂纹对抗拉强度的影响大大超过对抗压强度的影响。从轴拉试验结果反映，全级配混凝土的轴心拉伸强度仅为湿筛混凝土的 50%左右，说明大骨料的解理裂隙是导致全级配抗拉强度偏低的一个因素。

（4）劈拉与轴拉强度性态效应。两家单位混凝土劈拉强度与轴拉强度的对比列于表 3.3-12。从对比结果可以看出，湿筛混凝土轴心抗拉强度较劈拉强度略有增高，而全级配混凝土则成反比，前者轴拉强度与劈拉强度比值平均为 1.08 和 1.02，后者平均值均为 0.66，表明全级混凝土中的大骨料对混凝土抗拉强度的降低起到重要的作用。

（5）抗弯强度。全级配混凝土的抗弯强度试件尺寸为 450mm×450mm×1700mm（图 3.3-6），湿筛混凝土试件尺寸为 150mm×150mm×550mm，抗弯断裂及断裂后破坏情况见图 3.3-7 和图 3.3-8，两家单位试验结果分别列于表 3.3-13 和表 3.3-14。结果表明，全级配混凝土的抗弯强度明显低于湿筛混凝土，约为湿筛混凝土的 73%～76%。

表 3.3-12　　混凝土抗拉强度形态效应对比表

设计强度等级	龄期/d	湿筛			全级配			试验
		抗拉强度/MPa		轴拉/劈拉	抗拉强度/MPa		轴拉/劈拉	
		劈拉	轴拉		劈拉	轴拉		
$C_{180}40$	28	2.40	2.75	1.15	2.12	1.41	0.67	试验一
	180	3.50	3.56	1.02	3.10	1.96	0.63	
$C_{180}30$	28	2.11	2.20	1.04	1.64	1.09	0.66	
	180	3.00	3.29	1.10	2.65	1.77	0.67	
平均值				1.08			0.66	
$C_{180}40$	7	1.64	2.04	1.24	1.41	1.06	0.75	试验二
	28	2.5	2.56	1.02	2.11	1.53	0.73	
	180	3.8	3.57	0.94	3.14	1.84	0.59	
$C_{180}30$	7	1.43	1.48	1.04	1.27	0.75	0.59	
	28	1.94	1.85	0.95	1.61	1.08	0.67	
	180	3.11	3.01	0.97	2.58	1.58	0.61	
平均值				1.02			0.66	

图 3.3-6　全级配混凝土 450mm×450mm× 1700mm 长方体试件

（6）弹性模量。全级配混凝土静压弹模采用 ϕ450mm×900mm 圆柱体试件，湿筛混凝土采用 ϕ150mm×300mm 圆柱体试件，两家单位试验结果分别列于表 3.3-15 和表 3.3-16，由表可得出以下认识：

图 3.3-7 全级配混凝土抗弯试验断裂情况

图 3.3-8 全级配混凝土抗弯断裂后破坏情况

表 3.3-13　　全级配与湿筛混凝土抗弯强度试验结果（试验一）

设计强度等级	龄期/d	抗弯强度/MPa		全湿比	全湿比比值总平均
		全级配	湿筛二级配		
$C_{180}40$	28	2.71	3.62	0.749	0.73
	180	3.89	5.46	0.712	
$C_{180}30$	28	2.53	3.41	0.742	0.734
	180	3.26	4.49	0.726	

表 3.3-14　　全级配与湿筛配混凝土抗弯强度试验结果（试验二）

设计强度等级	龄期/d	抗弯强度/MPa		全湿比	全湿比比值总平均
		全级配	湿筛二级配		
$C_{180}40$	7	2.33	3.19	0.73	0.76
	28	2.85	3.62	0.79	
	180	4.37	5.53	0.79	
$C_{180}30$	7	1.90	2.73	0.70	0.74
	28	2.58	3.29	0.78	
	180	3.79	4.71	0.80	

1）在同龄期的条件下，全级配混凝土抗压弹模稍大于湿筛二级配的抗压弹模，总体无较大差异。试验一所得抗压弹模全湿比为1.01～1.06，试验二所得抗压弹模全湿比为1.0～1.01。从试验结果分析可知，混凝土抗压弹性模量的增长率主要取决于水泥砂浆的弹性模量增长率，粗骨料自身弹模影响甚微。

2）试验一所得抗拉弹模全湿比为1.05～1.16，在同龄期的条件下，全级配混凝土抗拉弹模大于湿筛二级配的抗拉弹模；试验二所得抗压弹模全湿比为1.01～1.03，全级配混凝土抗拉弹模与湿筛二级配的抗拉弹模基本相同。

表 3.3-15　　全级配与湿筛混凝土弹性模量试验成果（试验一）

强度等级	龄期/d	抗压弹模/(10^4MPa)		全湿比	抗拉弹模/(10^4MPa)		全湿比
		湿筛	全级配		湿筛	全级配	
$C_{180}40$	28	2.383	2.412	1.01	2.972	3.437	1.16
	180	3.040	3.146	1.03	3.665	3.837	1.05
$C_{180}30$	28	2.131	2.261	1.06	2.655	2.997	1.13
	180	2.791	2.971	1.06	3.388	3.844	1.13

表 3.3-16　　全级配与湿筛混凝土弹性模量试验成果（试验二）

设计强度等级	龄期/d	抗压弹性模量/(10^4MPa)		全湿比	抗拉弹性模量/(10^4MPa)		全湿比
		全级配	湿筛二级配		全级配	湿筛二级配	
$C_{180}40$	7	1.99	1.98	1.01	2.27	2.24	1.01
	28	2.64	2.31	1.01	2.86	2.78	1.03
	180	3.15	3.15	1.00	3.15	3.08	1.02
$C_{180}30$	7				2.24	2.21	1.01
	28				2.55	2.48	1.03
	180				3.10	3.07	1.01

（7）极限拉伸值。全级配混凝土极限拉伸值采用ϕ450mm×1350mm圆柱体试件，湿筛混凝土采用100mm×100mm×550mm棱柱体试件，抗拉断裂面破坏情况见图3.3-9，两家单位试验结果分别列于表3.3-17和表3.3-18。混凝土极限拉伸值均随龄期的增长

而增大，全级配混凝土极限拉伸值较湿筛二级配混凝土小，试验一所得全级配混凝土极限拉伸值为湿筛二级配混凝土的74%~78%，试验二结果为65%~71%，小湾工程的全湿比高于二滩工程。

图3.3-9 全级配混凝土抗拉断裂面破坏情况

表3.3-17　　全级配与湿筛混凝土极限拉伸值（试验一）

设计强度等级	龄期/d	极限拉伸值/10^{-6}			全湿比
		技术指标	湿筛	全级配	
$C_{180}40$	28	≥95	123.9	97.0	0.78
	180	≥100	139.9	107.3	0.77
$C_{180}30$	28	≥85	114.2	89.8	0.78
	180	≥88	128.2	94.8	0.74
平均值					0.77

表3.3-18　　全级配与湿筛混凝土极限拉伸值（试验二）

设计强度等级	龄期/d	极限拉伸值/10^{-6}		全湿比
		湿筛	全级配	
$C_{180}40$	7	110	73	0.66
	28	118	82	0.69
	180	136	97	0.71
$C_{180}30$	7	100	66	0.66
	28	112	73	0.65
	180	132	87	0.66
平均值				0.67

(8) 自生体积变形。全级配混凝土自生体积变形采用 ϕ450mm×900mm 圆柱体钢试模，湿筛二级配试件尺寸为 ϕ200mm×600mm，成型后均静置于温度 20℃±1℃的环境中养护并定期观测，试验结果列于表 3.3-19 和表 3.3-20。

表 3.3-19　　全级配混凝土自生体积变形试验结果（试验一）

自生体积变形/10^{-6}												
设计强度等级	1d	2d	3d	4d	5d	6d	7d	8d	9d	10d	11d	12d
C_{180}40	-3.820	-2.420	-0.477	2.198	2.502	2.948	2.744	2.336	3.273	3.035	3.035	3.82
C_{180}30	-9.720	-9.355	-7.952	-8.662	-9.195	-9.594	-11.031	-11.297	-12.566	-15.182	-15.098	-15.364
设计强度等级	14d	22d	27d	34d	43d	50d	56d	60d	76d	83d	90d	96d
C_{180}40	2.599	-0.261	-4.861	-4.861	-5.065	-6.676	-7.474	-7.806	-11.429	-11.171	-9.830	-9.252
C_{180}30	-16.544	-20.393	-26.557	-26.512	-26.642	-26.376	-25.028	-24.486	-25.450	-26.704	-27.574	-26.952
设计强度等级	106d	112d	120d	127d	135d	141d	148d	150d	164d	177d	188d	
C_{180}40	-9.832	-9.376	-7.623	-6.183	-2.785	-1.965	-3.942	-4.044	-1.342	1.376	0.478	
C_{180}30	-26.730	-25.684	-25.861	-24.957	-24.642	-23.387	-21.404	-21.493	-21.315	-20.176	-19.040	

表 3.3-20　　C_{180}40 混凝土自生体积变形试验结果（试验二）

级配	自生体积变形/10^{-6}													
	3d	5d	10d	15d	28d	45d	60d	90d	105d	120d	135d	150d	165d	180d
全级配	1.4	0.5	-8.8	-11.5	-18.6	-24.2	-27.9	-31.9	-33.1	-30.8	-31.9	-29.8	-28.7	-26.6
湿筛	1.1	-0.7	-2.1	-4.3	-11.9	-21.0	-24.0	-27.1	-26.7	-27.5	-25.9	-23.4	-22.5	-20.5
全湿比	1.33	-0.78	4.31	2.67	1.56	1.15	1.16	118	1.24	1.12	1.23	1.27	1.28	1.30

试验一的成果表明，C_{180}40 全级配混凝土在 12d 龄期前呈微量膨胀变形，随后至 76d 为收缩阶段，最大收缩变形值为 -11.43×10^{-6}，而后转为微膨胀变形，177d 混凝土基本处于不收缩的状态；C_{180}30 全级配混凝土自生体积变形为收缩型，88d 前为收缩变形阶段，最大收缩值为 -27.57×10^{-6}，88d 后逐渐转为微膨胀变形，188d 自生体积变形值为 -19.04×10^{-6}。总体上看，小湾拱坝全级配混凝土自身体积变形膨胀收缩值均小于 30×10^{-6}，基本满足了坝体混凝土不收缩的设计要求。

试验二对 C_{180}40 混凝土分别进行了全级配与湿筛二级配的自生体积变形试验，其自生体积变形均为收缩型，120d 后全级配和湿筛二级配的自生体积变形均有收缩减小的趋势。全级配混凝土比湿筛二级配混凝土收缩略大，180d 的自生体积变形为 $-26.6\mu\varepsilon$，与湿筛二级配混凝土的变形比值，去除早龄期个别不稳定点，全湿比平均值为 1.25。

(9) 干缩。干缩采用 ϕ450mm×900mm 圆柱体钢试模，湿筛二级配试件尺寸为 ϕ200mm×600mm。C_{180}40 全级配混凝土和湿筛二级配混凝土的干缩变形列于表 3.3-21，可以看出，全级配混凝土干缩变形与湿筛二级配混凝土干缩变形均随时间延长而增大，但干缩率远小于湿筛二级配混凝土。全级配混凝土 180d 的干缩率仅为湿筛二级配混凝土的 35%～40%。

表 3.3-21　**C_{180}40 混凝土干缩率**　10^{-6}

项目		龄期										
		3d	5d	7d	15d	28d	45d	60d	90d	120d	150d	180d
全级配	千分表	6.11	14.43	21.65	42.18	74.37	93.1	109.34	137.36	148.19	162.62	175.10
	应变计	13.83	22.27	27.53	44.14	63.34	80.48	95.08	120.67	140.58	154.72	152.14
湿筛	千分表	86.51	110.42	132.23	201.86	292.24	344.46	377.34	412.86	422.35	431.85	440.29
全湿比	表/表	0.07	0.13	0.16	0.21	0.25	0.27	0.29	0.33	0.35	0.38	0.40
	计/表	0.16	0.20	0.21	0.22	0.22	0.23	0.25	0.29	0.33	0.36	0.35

(10) 徐变。对 C_{180}40 混凝土分别进行了全级配及湿筛二级配的徐变试验，全级配混凝土采用 ϕ450mm×900mm 圆柱体钢试模，湿筛二级配试件尺寸为 ϕ200mm×600mm。试验结果列于表 3.3-22。从试验成果可得出以下认识：

1) 全级配混凝土各加荷龄期的徐变变形随持荷时间的延长而增长，随加荷龄期的推迟而减小，对于 7d、28d 和 180d 龄期加荷的试件，持荷到 90d 时的徐变分别是 34.6×10^{-6}/MPa、25.5×10^{-6}/MPa 和 12.1×10^{-6}/MPa。

2) 湿筛二级配混凝土各加荷龄期的徐变变形随持荷时间的延长而增长，随加荷龄期的推迟而减小，对于 7d、28d 和 180d 龄期加荷的试件，持荷到 90d 时的徐变分别是 61.0×10^{-6}/MPa、33.7×10^{-6}/MPa 和 15.6×10^{-6}/MPa。

3) 加载龄期为 7d 的全级配徐变较小，为湿筛二级配混凝土徐变的 57%～64%，平均为 60%。

4) 加荷龄期为 28d 的全级配混凝土徐变仍比湿筛二级配混凝土徐变小，但全湿比大于 7d 加载龄期，为 74%～94%，平均比值为 82%，且随着龄期的延长比值有逐渐减小的趋势。

5) 加荷龄期为 180d 的全级配混凝土徐变比湿筛二级配混凝土徐变小，全湿比大于 7d 加载龄期，与 28d 加载龄期相近，为 77%～88%，平均为 83%。

表 3.3-22　**C_{180}40 混凝土徐变实测值**　单位：10^{-6}/MPa

项目		加载龄期	持荷时间								
			1d	3d	7d	10d	15d	30d	45d	60d	90d
徐变实测值 /(10^{-6}/MPa)	全级配	7d		16.51	21.5	24.34	24.86	29.74	32.27	34.18	34.58
		28d		13.27	16.4	16.91	19.05	21.21	23.74	23.68	25.46
		180d		6.2	7.9	9.0	9.4	10.4	10.9	11.1	12.1
	湿筛二级配	7d	20.4	27.8	34.1	38.0	42.7	48.8	53.4	57.4	61.0
		28d	9.6	14.1	19.0	20.0	22.6	26.4	29.7	31.8	33.7
		180d	5.9	7.6	9.4	10.2	10.7	12.3	13.9	14.4	15.6
全湿比		7d		0.59	0.63	0.64	0.58	0.61	0.60	0.60	0.57
		28d		0.94	0.86	0.85	0.84	0.80	0.80	0.74	0.76
		180d		0.82	0.84	0.88	0.88	0.85	0.78	0.77	0.78

(11) 泊松比。全级配混凝土与湿筛二级配混凝土分别采用 ϕ450mm×900mm 和 ϕ150mm×300mm 圆柱体试件。$C_{180}40$ 泊松比试验结果见表 3.3-23 全级配混凝土的泊松比为 0.17，湿筛二级配混凝土的泊松比为 0.21，全湿比为 0.81，湿筛二级配混凝土泊松比值偏大，可能与混凝土时间本身的弹性模量较低，变形较大有关。

表 3.3-23　　$C_{180}40$ 混凝土泊松比

级配	泊松比	级配	泊松比
全级配	0.17	全湿比	0.81
湿筛二级配	0.21		

(12) 抗渗性能。全级配混凝土采用 ϕ450mm×450mm 圆柱体试件，湿筛二级配试件用上口直径 175mm，下口直径 185mm，高 150mm 的锥形钢模成型。按照 DL/T 5150—2001《水工混凝土试验规程》逐级加压法进行。$C_{180}40$ 全级配混凝土和湿筛二级配混凝土配合比的抗渗性能试验结果列于表 3.3-24。

表 3.3-24　　全级配混凝土和湿筛混凝土的抗渗试验结果

级配	抗渗等级	渗水高度	相对渗透系数
全级配	＞W14	3.93cm	7.74×10^{-7}m/s
湿筛二级配	＞W14	3.19cm	5.11×10^{-7}m/s
全湿比		1.23	1.51

湿筛二级配混凝土在经历 1.5MPa 逐级水压后的渗水高度为 3.2cm，全级配混凝土的渗水高度为 3.9cm，渗水高度全湿比为 1.23；相对渗透系数湿筛二级配混凝土为 5.11×10^{-7}m/s，全级配混凝土为 7.74×10^{-7}m/s，全湿比为 1.51。混凝土的渗水高度均远小于抗渗试件高度 15cm 和 45cm，说明全级配混凝土在水胶比 0.4、粉煤灰掺量 30%的配合比条件下，抗渗性能完全满足 W14 的设计要求指标。

3.3.2.3 其他工程全级配混凝土

近些年来，研究人员开展了较多的对比试验，揭示了全级配试验与湿筛试验的诸多差异。

表 3.3-25 为东江、二滩、三峡等工程全级配混凝土与湿筛混凝土性能试验结果统计对比。通过比较可以看出，因混凝土材料不同，不同工程的全级配混凝土和湿筛混凝土性能全湿比有一定差别；全级配混凝土的抗压强度约为湿筛混凝土（标准试件）的 85%～117%，劈拉强度约为湿筛混凝土的 78%～95%，轴拉强度约为湿筛混凝土的 50%～80%，极限拉伸值约为湿筛混凝土的 55%～78%，7～180d 加载时全级配混凝土徐变为湿筛混凝土的 50%～98%，弹性模量约为湿筛混凝土的 95%～127%。全级配混凝土的劈拉强度、轴拉强度、极限拉伸值和徐变均比湿筛混凝土低，抗拉弹性模量比湿筛混凝土高，故全级配混凝土较湿筛混凝土的抗裂性能差。就小湾工程而言，与标准条件按现行规范计算的安全系数相比较，考虑徐变影响计算所得的混凝土抗裂安全系数降低约 13%；按照全级配与湿筛混凝土劈拉强度比为 0.85 和全级配与湿筛混凝土轴拉强度比为 0.55 计算时，计算所得安全系数降低约 45%；考虑徐变与全级配的综合影响因素，安全系数平均减小约 52%，可见高拱坝设计时，影响混凝土的实际抗裂能力的上述因素不容忽视。

表 3.3-25　　全级配混凝土与湿筛混凝土性能对比表（全湿比）

工程	项目					
	抗压强度	劈拉强度	轴拉强度	极限拉伸	徐变	抗拉弹性模量
东江			0.60～0.65	0.55～0.60		1.1
二滩	1.04～1.13	0.89～0.95	0.68～0.73	0.65		1.03～1.27
三峡（长科院）	0.90	0.85	0.75～0.80	0.70～0.75		0.95
三峡（水科院）	1.08	0.86	0.61～0.62	0.56～0.60	0.5～0.98	1.13～1.22
小湾（水科院）	0.85～0.91	0.83～0.89	0.52～0.60	0.65～0.71	0.60～0.83	1.01～1.03
小湾（昆明院）	1.03～1.17	0.78～0.89	0.50～0.55	0.74～0.78		1.05～1.16

注　表中的括号内文字为试验单位简称，其余同。“长科院”指长江科学院，“水科院”指中国水利水电科学研究院，“昆明院”指中国电建集团昆明勘测设计研究院有限公司。

3.4　混凝土长龄期绝热温升

现行试验规程规定的水泥水化热仅测试前 7d，混凝土绝热温升试验龄期也仅为 28d，缺乏长龄期试验数据，导致对混凝土后期发热量及放热发展趋势无法准确判断。对于高拱坝而言，混凝土长龄期绝热温升问题不容忽视，需开展此方面的试验研究，以分析温度回升机理和规律。

根据小湾拱坝浇筑初期的实测资料统计，坝体混凝土一冷结束至二冷开始之间温度存在较大回升，最大回升值为 9.20℃，平均约为 4.23℃，多数在 3～5℃之间。坝体混凝土二冷结束、横缝接缝灌浆完成后，坝体混凝土温度仍继续缓慢回升，6 个月温度回升值为 3～5℃，平均约为 4.7℃。国内其他工程混凝土通水冷却后，也存在一定的温度回升现象，但像小湾工程这样温度回升程度大，混凝土发热龄期长的并不多见。考虑到后期温度回升对大坝施工期和运行期的整体应力带来的影响，开展了长龄期混凝土绝热温升试验，对温度回升的机理和规律进行研究。

小湾拱坝混凝土长龄期绝热温升试验，采用 $C_{180}35$ 强度等级混凝土进行，混凝土初始温度分别采用 17℃、11℃，实际试验中由于设备精度有限，采用每 5d 温升小于 0.1℃（原要求每天温升小于 0.02℃）作为停止试验的条件。根据试验成果分别采用双曲表达式和指数Ⅱ型表达式对试验结果进行拟合计算，结果列于表 3.4-1、图 3.4-1～图 3.4-4；混凝土长龄期绝热温升与 28d 龄期绝热温升对比曲线见图 3.4-5。

表 3.4-1　　混凝土绝热温升拟合表达式

表达式类型	强度等级	初始温度/℃	绝热温升计算值/℃		绝热温升与龄期关系
			28d	最终	
双曲表达式	$C_{180}35$	17	25.44	39.06	$\theta(t)=\frac{39.0625t}{t+14.9883}$
指数Ⅱ型表达式	$C_{180}35$	17	27.42	39.23	$\theta(t)=39.225(1-e^{-0.3368t^{0.3814}})$
双曲表达式	$C_{180}35$	11	31.34	37.17	$\theta(t)=\frac{37.1747(t-0.705)}{t+4.3731}$
指数Ⅱ型表达式	$C_{180}35$	11	30.55	39.06	$\theta(t)=39.0617(1-e^{-0.5266t^{0.3214}})$

注　$\theta(t)$ 为绝热温升，℃；t 为历时，d。

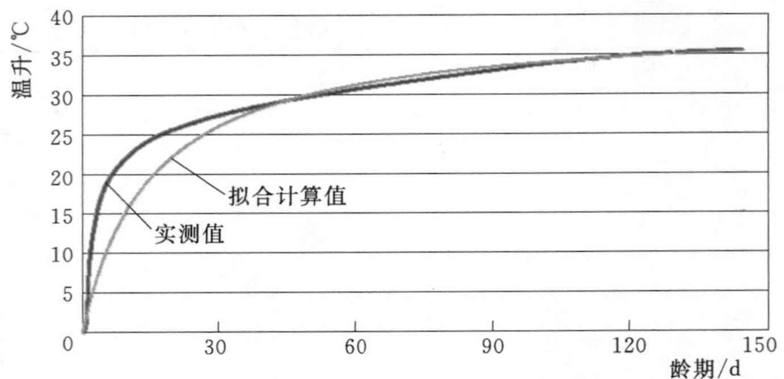

图 3.4-1 混凝土绝热温升双曲表达式拟合曲线（初温 17℃）

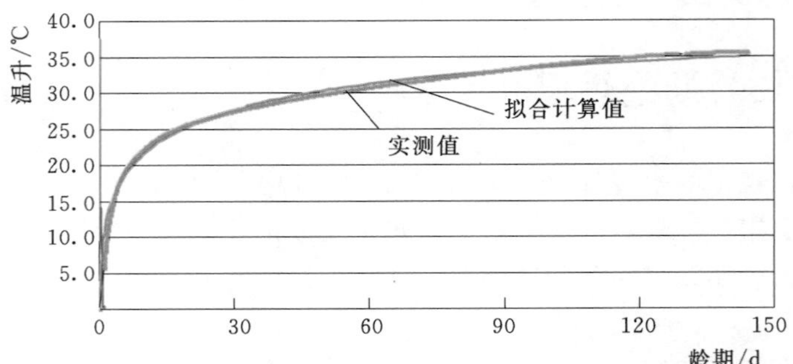

图 3.4-2 混凝土绝热温升指数Ⅱ型表达式拟合曲线（初温 17℃）

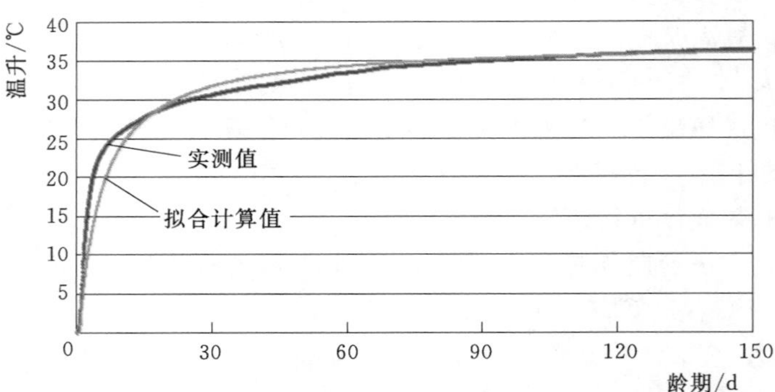

图 3.4-3 混凝土绝热温升双曲表达式拟合曲线（初温 11℃）

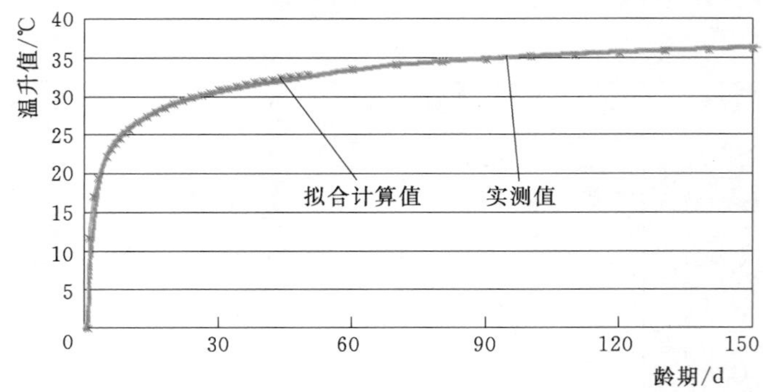

图 3.4-4 混凝土绝热温升指数Ⅱ型表达式拟合曲线（初温 11℃）

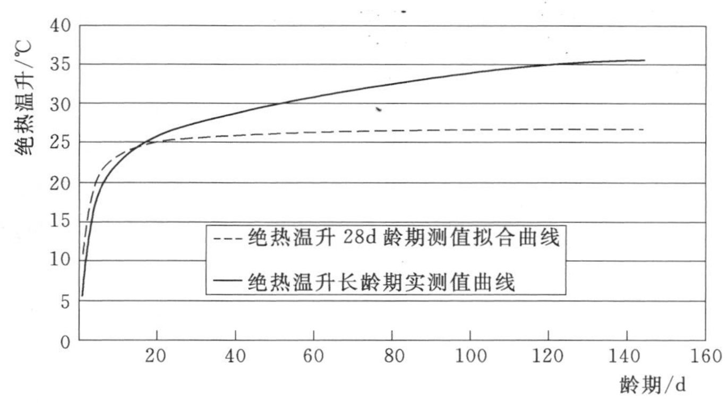

图3.4-5 混凝土长龄期绝热温升与28d龄期绝热温升对比曲线

由试验成果可知以下几点：

(1) 混凝土初始温度为17℃，龄期达到144d时实测绝热温升35.54℃并趋于稳定；混凝土初始温度为11℃，龄期达到155d时实测绝热温升36.42℃并趋于稳定。

(2) 在两种初温条件下，分别采用双曲线表达式和指数Ⅱ型表达式对试验结果进行拟合计算，采用双曲表达式计算的温升值与试验值差别较大，而采用指数Ⅱ型表达式计算的温升值与试验值差别较小，分别为39.23℃和39.06℃。

(3) 两种初温条件下拟合的绝热温升终值与其28d龄期实测值（27.24℃和30.44℃）相比，分别增长了约44%和28%；与按现行规范测得的28d龄期绝热温升试验值（拟合终值为27.03℃）相比，最终绝热温升值增长约45%；如此之大的后期发热量，将对拱坝施工期和运行期应力带来不容忽视的影响。

混凝土的水化放热过程与其自身温度变化及混凝土原材料品质密切相关，小湾拱坝混凝土后期温度回升较大的原因主要有以下几方面：①施工采用的低温浇筑方案导致混凝土水化反应放缓，抑制了坝体混凝土的早期水化放热。②粉煤灰的二次水化反应龄期较为滞后，且工程采用的较高粉煤灰掺量使混凝土后期发热现象更加明显。③目前国内采用的混凝土绝热温升试验设备限于仪器测试精度和设备周转等原因，无法准确跟踪混凝土中后期缓慢的发热过程，因此相关试验方法及手段还有待进一步研究。

3.5 氧化镁对混凝土长期安定性影响

混凝土中存在的氧化镁主要来自水泥熟料、水泥混合材料和混凝土掺合料以及外掺的氧化镁，其中对混凝土性能影响最大是以方镁石晶体存在的氧化镁；这是因为方镁石在常温下的水化非常缓慢，水化过程伴随着显著的体积膨胀，这种延迟膨胀性是导致混凝土安定性不良的一个重要因素。这种膨胀机理起因于氢氧化镁晶体的形成和生长，氢氧化镁的吸水肿胀压力和结晶生长压力是膨胀的驱动力。影响氧化镁混凝土膨胀的因素很多，其中最主要的是氧化镁的性质和掺量、养护温度、掺合料种类及用量。值得注意的是氧化镁的存在并非对混凝土没有好处，近些年来，人们提出了应用氧化镁产生的体积膨胀可以补偿混凝土坝后期冷却产生的拉应力，可以适当地简化混凝土

坝施工中的温控措施。

对于混凝土中的氧化镁是否安定，目前公认的做法是通过测定水泥中氧化镁的安定性来判断，如果水泥安定性合格的则一般认为混凝土中的氧化镁是安定的。对于氧化镁在实际浇筑完成的大坝混凝土中的水化过程、水化程度以及安定性则知之甚少。在此背景下，鉴于小湾拱坝的重要性，设计人员提出采用微观分析对实际浇筑混凝土中的氧化镁水化规律进行研究，并参考水泥安定性的测试方法，对拱坝芯样混凝土进行安定性测试，以对小湾拱坝混凝土的氧化镁长期安定性做出评价。

小湾拱坝要求混凝土具备高强度、高极限拉伸值、中等弹模、低热、不收缩的良好性能。为使混凝土不收缩，最有效而直接的方法是通过提高混凝土中氧化镁膨胀源的含量，利用可控的氧化镁水化膨胀有效补偿混凝土的收缩，与此同时，还需对这种延迟膨胀的长期安定性做出评价。研究主要分两步进行：①研制开发满足混凝土性能要求的小湾专供中热硅酸盐水泥。水泥研发的重点之一便是对氧化镁的掺入方式（内含还是外掺）以及氧化镁含量范围的深入研究。②在专供中热水泥性能满足工程要求的前提下，开展氧化镁对混凝土的长期安定性影响试验研究：采用多种检测手段和方法，对水泥及其熟料中的氧化镁含量与分布状态、水泥浆体中的氧化镁水化反应程度与微观结构、大坝芯样混凝土中的氧化镁水化反应程度与微观结构以及混凝土中氧化镁的安定性等进行试验检测，探索混凝土中氧化镁安定性评定依据和方法，并对小湾拱坝混凝土的氧化镁长期安定性进行最终评定。

微观分析的主要技术内容为：①采用X射线衍射分析、选择性化学分析和扫描电子显微分析等技术确定大坝混凝土用水泥熟料和水泥中的方镁石含量及分布状态。采用X射线衍射分析、热分析和扫描电子显微分析确定在25℃、30℃、35℃、40℃和变温条件下养护、掺30%粉煤灰水泥浆体中方镁石的水化程度。采用压汞、N_2吸附和扫描电子显微分析确定水泥浆体的微观结构。②采用X射线衍射分析、热分析和扫描电子显微分析确定在25℃、30℃、35℃、40℃和变温条件下养护的$C_{180}35$和$C_{180}40$芯样混凝土中方镁石的水化程度。采用压汞、N_2吸附和扫描电子显微分析确定$C_{180}35$和$C_{180}40$混凝土的微观结构。采用应变计测定$C_{180}35$和$C_{180}40$芯样混凝土在25℃、30℃、35℃、40℃和变温条件下的应变，确定芯样混凝土的残余应变。③在80℃水蒸气条件下养护$C_{180}40$和$C_{180}35$芯样混凝土，测定其变形和劈裂抗拉强度，并采用X射线衍射分析、热分析和扫描电子显微分析测定芯样混凝土中方镁石的水化，采用光学显微分析和电子显微分析确定芯样混凝土的微观结构。依据方镁石基本水化后芯样混凝土的变形、劈裂抗拉强度和微观结构参数，判定混凝土芯样的氧化镁安定性。

主要研究成果如下：

(1) 采用X射线衍射分析和选择性化学分析方法均可测定熟料和水泥中的方镁石含量。其中，X射线衍射分析表明熟料中方镁石含量为3.4%～4.0%，水泥中的方镁石含量为2.8%～3.5%；选择性化学分析方法测定的熟料方镁石含量为2.7 %～3.0%，水泥中的方镁石含量为2.4%～2.9%。后者测定得到的同一样品中的方镁石含量要低一些。采用扫描电子显微分析能观察到的水泥熟料的典型结构，结果表明方镁石为黑色颗粒状，粒径2～8μm，分散分布在水泥熟料的其他矿物之间，见表3.5-1和图3.5-1。

表 3.5-1　　SEM 背散射分析测定得到的熟料中方镁石尺寸

样品	方镁石尺寸/μm	样品	方镁石尺寸/μm
滇西熟料 1	3～8	祥云熟料 1	2～7
滇西熟料 2	4～7	祥云熟料 2	3～8
滇西熟料 3	3～7	祥云熟料 3	4～8

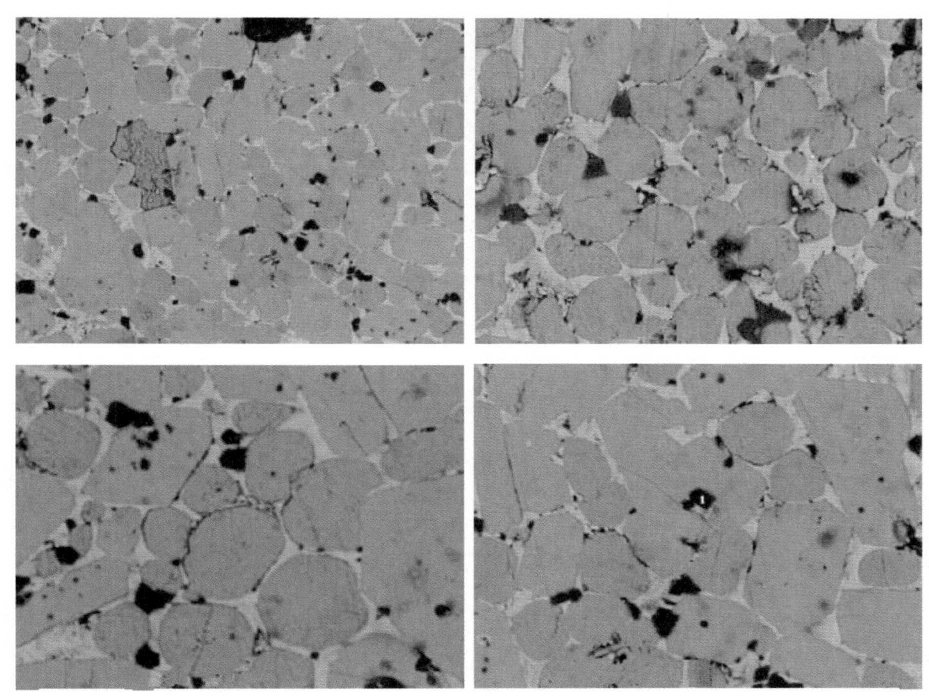

图 3.5-1　水泥熟料中方镁石晶体的背散射扫描电镜分析和能谱分析结果

(2) 随着养护龄期的延长，方镁石的水化程度增大；随着养护温度的升高，方镁石的水化加快。总体而言，水泥浆体中方镁石的水化程度较低，在 28d 时，水化程度小于 3%，至 180d 时，在 40℃养护条件下掺加 30%粉煤灰的水泥浆体中方镁石的水化程度为 8%～10%，至 450d 时，40℃养护条件下方镁石的水化程度为 16%～18%，水化深度为 0.8～1.4μm，见图 3.5-2。

(3) 采用压汞、N_2 吸附方法分析水泥浆体微观结构表明：水泥浆体中方镁石水化生成 $Mg(OH)_2$ 对水泥浆体的孔隙率和孔分布无明显影响。三维约束对掺 30%粉煤灰的水泥浆体的孔分布和孔隙率无显著影响。相同养护条件下不同水泥浆体的孔分布无明显差异。扫描电子显微镜观察表明：水泥浆体中未显见微裂纹，方镁石的水化未使水泥浆体产生开裂破坏。

(4) 在 25℃、30℃、35℃、40℃恒温养护和模拟大坝变温养护 360d 时，X 射线衍射分析在 $C_{180}35$ 和 $C_{180}40$ 芯样混凝土砂浆中检测出未水化的方镁石，未明显检测到 $Mg(OH)_2$。采用热分析法（DSC-TG），各龄期的 $C_{180}35$ 和 $C_{180}40$ 芯样混凝土砂浆中均未显著检测到方镁石的水化产物 $Mg(OH)_2$。电子显微分析表明，未经试验室养护的 $C_{180}35$

图 3.5-2　40℃养护条件下水泥浆体中的方镁石的水化情况

和 $C_{180}40$ 芯样混凝土中方镁石的水化深度分别约为 0～1μm 和 0～2μm，平均水化程度分别约为 7%和 8%；在 25℃养护 360d 的 $C_{180}35$ 和 $C_{180}40$ 芯样混凝土中方镁石的水化程度约为 12%；在 40℃养护 360d 的 $C_{180}35$ 和 $C_{180}40$ 芯样混凝土中方镁石的水化程度均约为 20%。可见，在试验室养护 360 后芯样混凝土中还有大量的方镁石未水化，图 3.5-3 为 40℃养护条件下芯样混凝土中方镁石的水化情况。

（5）压汞孔结构测定结果表明，$C_{180}35$和 $C_{180}40$ 芯样混凝土在 25℃、30℃、35℃、40℃恒温和模拟大坝变温继续养护 28～300d 后砂浆总孔隙率变化不大，砂浆的最可几孔径均为 10～20nm。N_2 吸附试验结果表明，不同坝段芯样混凝土的孔体积有一些差异，同一芯样混凝土砂浆的孔体积与养护龄期之间无相关性。砂浆中孔的最可几孔径约为 25nm，不同温度条件下养护不同时间的芯样混凝土砂浆的最可几孔径相近，见表 3.5-2。

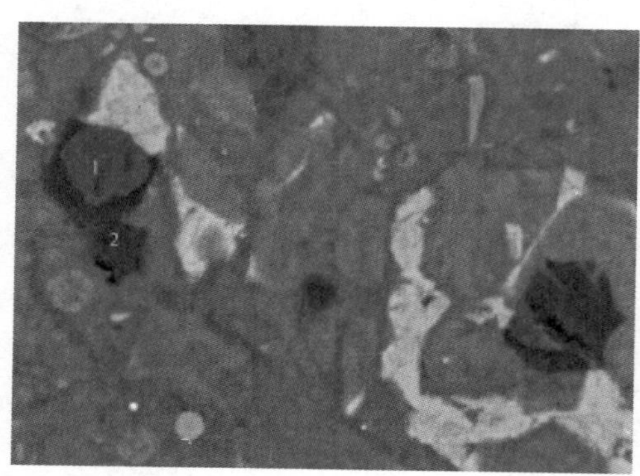

(a) $C_{180}35$

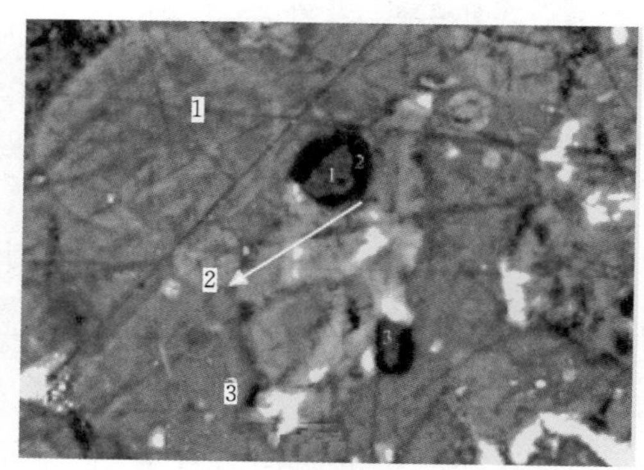

(b) $C_{180}40$

图 3.5-3　40℃养护条件下芯样混凝土中方镁石的水化情况

表 3.5-2　　芯样混凝土中砂浆的孔体积（N_2 吸附法）

混凝土样品	养护温度/℃	孔体积/(cm³/g)				
		28d	60d	90d	180d	360d
$C_{180}35$	25	0.023	0.027	0.032	0.029	0.030
$C_{180}35$	30	0.036	0.030	0.029	0.030	0.032
$C_{180}35$	35	0.016	0.022	0.023	0.021	0.024
$C_{180}35$	40	0.023	0.023	0.018	0.024	0.032
$C_{180}40$	25	0.025	0.022	0.024	0.020	0.023
$C_{180}40$	30	0.028	0.029	0.032	0.027	0.034
$C_{180}40$	35	0.017	0.024	0.018	0.021	0.019
$C_{180}40$	40	0.027	0.021	0.028	0.021	0.032

(6) 在25℃、30℃、35℃、40℃恒温和模拟大坝变温养护的芯样混凝土 $C_{180}35$ 和 $C_{180}40$ 在90d前有一定的膨胀，随后趋于稳定。$C_{180}35$ 和 $C_{180}40$ 芯样混凝土在360d内的变形为14～26$\mu\varepsilon$，见图3.5-4。

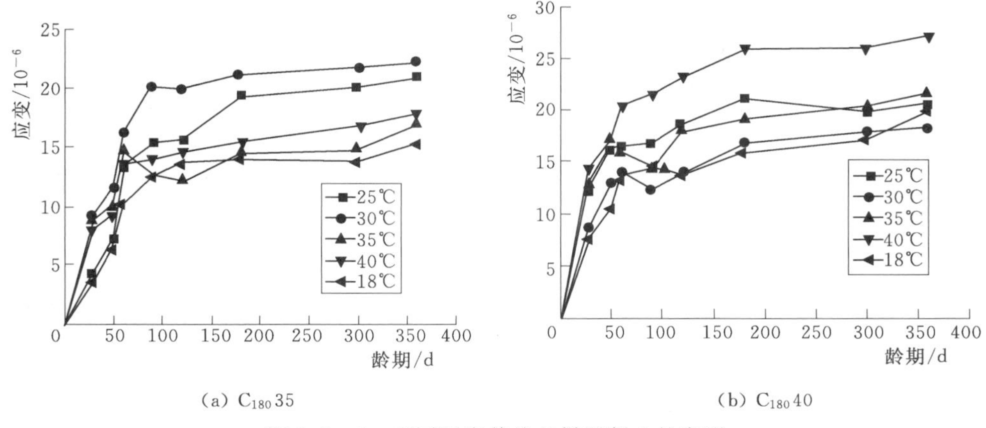

(a) $C_{180}35$　　(b) $C_{180}40$

图3.5-4　不同温度养护芯样混凝土的变形

(7) 芯样混凝土在80℃的高温压蒸釜中养护，经养护360d后 $C_{180}35$ 和 $C_{180}40$ 芯样混凝土中的方镁石基本上水化生成了水镁石，少数大颗粒方镁石中还有少量方镁石未水化，方镁石水化情况见图3.5-5。

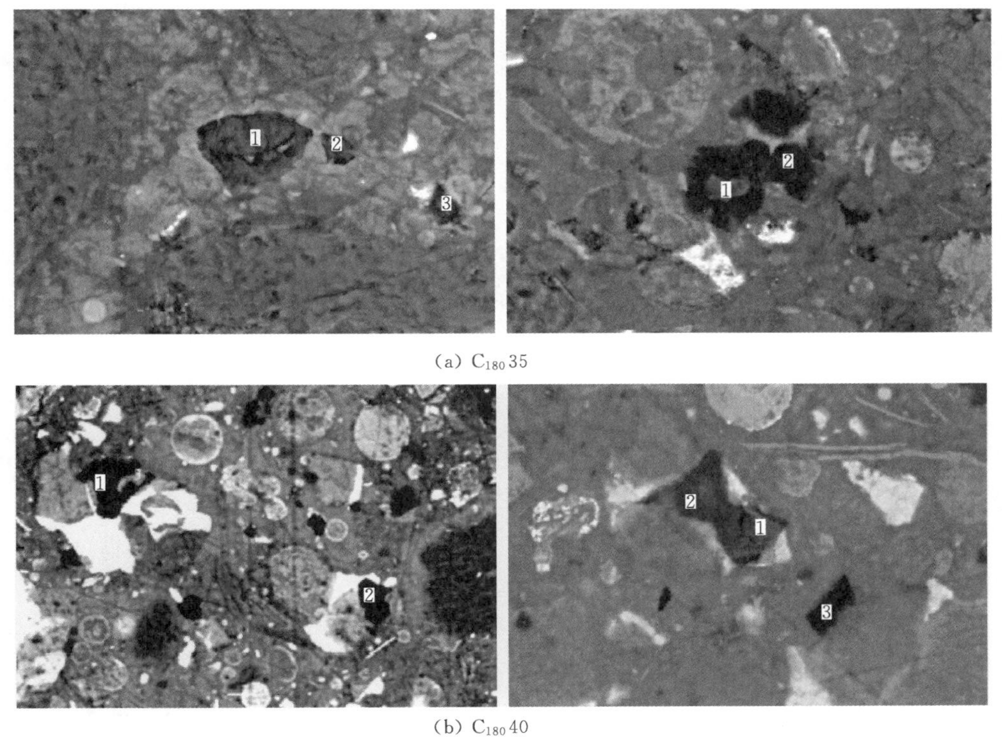

(a) $C_{180}35$

(b) $C_{180}40$

图3.5-5　80℃水蒸气养护条件芯样混凝土砂浆中的方镁石水化情况

(8) 在80℃水蒸气养护360d时，$C_{180}35$ 和 $C_{180}40$ 芯样混凝土变形为－0.001%～0.001%。经80℃养护的芯样混凝土比未经试验室养护的芯样混凝土的劈裂抗拉强度有较大的提高，混凝土中方镁石的水化未导致混凝土强度劣化。光学显微分析和电子显微分析表明，混凝土中的方镁石水化成水镁石未引起混凝土开裂，混凝土完好，见图3.5－6和图3.5－7。

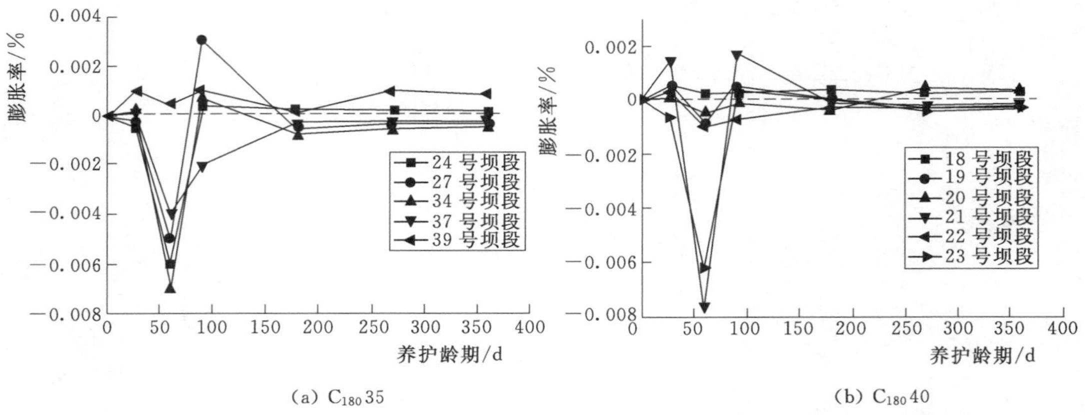

(a) $C_{180}35$ (b) $C_{180}40$

图3.5－6 80℃水蒸气中养护时芯样混凝土的变形

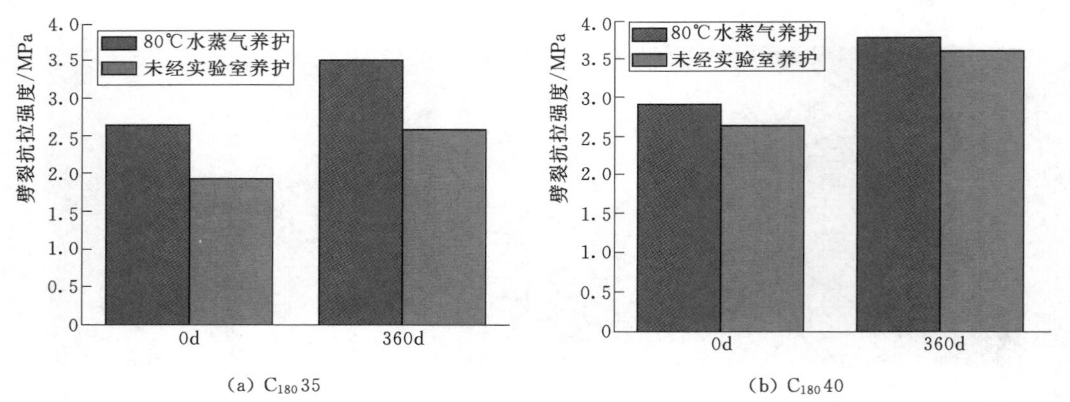

(a) $C_{180}35$ (b) $C_{180}40$

图3.5－7 未经试验室养护和80℃湿空气养护时芯样混凝土的劈裂抗拉强度

综上所述，对混凝土的芯样采用压蒸法进行安定性加速试验，360d后氧化镁基本上水化生成了 $Mg(OH)_2$，氧化镁的水化未导致混凝土强度劣化且变形极小，也未引起混凝土内部出现微裂缝。采用芯样混凝土膨胀值、劈拉强度和微观结构3个参数进行综合评定认为：小湾拱坝混凝土中的氧化镁是长期安定的。

小湾工程深化研究了氧化镁的延迟性微膨胀性能，寻找混凝土中氧化镁合理可控的掺量，并开展常规安定性试验以外的微观检测分析，研究微细条件下混凝土中氧化镁的水化规律，对拱坝混凝土长期安定性进行评定，进一步补充和完善了小湾拱坝混凝土试验体系。该项研究具有如下创新性：①按照熟料→水泥→掺粉煤灰水泥净浆→混凝土芯样的顺序，对水泥及其熟料中的氧化镁含量与分布、水泥净浆和混凝土芯样中氧化镁的水化程度

和微观结构以及混凝土的氧化镁安定性进行了系统的全过程试验研究；②采用选择性化学分析法、X射线衍射定量分析法、X射线衍射内标法、热分析法（DSC-TG）、扫描电子显微分析法、芯样压蒸加速试验等多种先进的手段和方法互相验证，确保了试验结果的可靠性；③突破性地对混凝土的芯样采用压蒸法进行安定性加速试验，在国内尚属首次；④同时采用膨胀值、劈拉强度和微观结构3个参数作为混凝土氧化镁安定性评定依据的方法，为国内首次提出。

3.6　拱坝混凝土性能时空特性

固体材料的温度及温度应力原理和相应数理方程是比较成熟的，关键是如何合理应用以求解拱坝中复杂分布的实际温度及温度应力，并对温度裂缝进行有效控制。根据近几十年研究与工程实践的总结，仅就混凝土材料特性和参数而言，在混凝土温度及温度应力分析中涉及一些混凝土的热力学特性参量，如抗压强度、抗拉强度、弹性模量、极限拉伸值、徐变、绝热温升、导温系数、导热系数、表面散热系数等，这些参数均具有很强的空间分布特性和时间效应特性。

混凝土空间分布特性主要指在工艺上为均一的混凝土升层内部或不同升层之间参数的变异特性。不同升层之间由于混凝土龄期的不同，形成参数的空间分布差异，同时这种变异还会源于混凝土生产和施工过程中不可预测或控制的随机因素，以及在混凝土浇筑后各部位养护成熟条件的差异，如温度、湿度、风速等。

混凝土时间效应特性主要表现为混凝土热学和力学性能的发展。事实上这种发展不仅与混凝土龄期有关，还与水泥品种、自身温度和湿度等养护条件有关。为满足设计的需求，已有常规的试验提供参数与龄期的关系；但是我国近年来高拱坝建设的实践已经表明常规试验不足以满足材料结构和施工过程复杂、承受的水荷载特别巨大、渗流、温度、应力耦合作用明显、徐变和湿胀变形荷载影响显著的大体积混凝土的需求。近年来，为了更好地对混凝土的温度和温度应力进行分析，考虑到基于龄期的混凝土水化发热过程和力学模型并不能准确反映混凝土的物理和化学特性，国内外学者分别采用水化度（degree of hydration）和成熟度（maturity）两种概念进行研究。

在拱坝的施工过程中，影响混凝土温度和温度应力的因素很多，而现场实际的混凝土热学和力学参数很难确定，有必要借助现场试验和监测以及先进的数值分析手段，对某些控制性参数进行反演识别，以求获得和工程现场尽可能匹配的参数取值，提高数值计算的精度和可靠度。在此基础上，对大坝结构的运行状况做出判断，预测大坝的变化趋势，为动态设计和信息化施工提供依据。

20世纪80年代开始我国相继建成龙羊峡重力拱坝（高178m）、李家峡双曲拱坝（高165m）、东江双曲拱坝（高157m）、东风双曲拱坝（高162m）、二滩双曲拱坝（高240m），在设计和施工技术上获得了里程碑式的成功。进入21世纪，我国高拱坝建设进入新阶段，已建成多座高200m以上的高拱坝，但由于每座高混凝土坝的设计和建设都还存在其独特的技术难点，一些工程的施工过程中还是出现了不同程度、不同类型的裂缝。这些问题表明，混凝土大坝的裂缝机理还远没有被彻底掌握，甚至还有许多混凝土材料热学和力学特性的应用问题还未被很好地揭示，有待于设计者进一步深入探讨。

小湾拱坝混凝土湿筛混凝土各项指标较理想，性能符合拱坝混凝土的设计原则，是品质较优的混凝土，但若考虑全级配与湿筛混凝土的性能差异，混凝土实际最小抗裂安全系数小于1.0，且采用现行规范检测值与混凝土实际发热过程有较大差异；因此，就高拱坝而言，依据湿筛混凝土试验确定设计参数带来的影响不容忽视，同时还应充分考虑高掺粉煤灰、低温浇筑等施工条件对拱坝中后期应力的影响（详见第10章）。

3.7 有关问题讨论

（1）高拱坝混凝土水泥指标。为使混凝土具备“高强度、高极拉值、中等弹模、低发热量、不收缩”的性能，在满足国标对42.5级中热硅酸盐水泥要求的前提下，以水泥的28d抗压、抗折强度、比表面积和氧化镁含量为主要控制指标，研制出的小湾拱坝中热水泥，其指标为：氧化镁含量不低于3.8%、且不大于5.0%，水泥熟料中游离氧化钙（f-CaO）含量不超过0.8%，比表面积不高于340m^2/kg、且不低于250m^2/kg，熟料中铁铝酸四钙不低于15%，熟料中铝酸三钙不超过3%，SO_3含量宜控制在1.5%～3%。此种水泥的性能不但满足国家标准要求，而且优于国家标准要求，值得在高拱坝混凝土设计研究中推广应用。

（2）湿筛混凝土与全级配混凝土。基于对小湾拱坝湿筛混凝土和全级配混凝土性能的全面、系统试验研究，以及与二滩、三峡等工程全级配试验成果进行对比分析，全级配混凝土的劈拉强度、轴拉强度、极限拉伸值和徐变均比湿筛混凝土低，抗拉弹性模量比湿筛混凝土高。因此，对于高拱坝，尤其是特高拱坝，不能忽视全级配混凝土实际抗裂能力与湿筛混凝土的差异。

（3）混凝土长龄期绝热温升。拱坝混凝土在高掺粉煤灰、低温浇筑条件下，后期发热量较大。长龄期绝热温升值与常规的28d龄期绝热温升试验值比较，拟合的绝热温升终值约增长40%，采用现行规范检测的混凝土绝热温升发展过程与实际发热过程存在较大差异，导致对拱坝混凝土后期发热量及放热发展规律判断不准确。施工期采用低温浇筑方案导致混凝土水化反应放缓和粉煤灰的二次水化反应龄期较为滞后且采用的粉煤灰掺量较高，是小湾拱坝混凝土后期温度回升较大的主要原因。

（4）高拱坝混凝土时空特性。混凝土材料由粗（细）骨料、水泥、水和外掺料等组成，从拌和浇筑开始，一方面经历复杂的物理化学反应过程；另一方面受拱坝特定环境的约束，是在浇筑、封拱、承载过程形成强度的，其热学性能和力学性能随之持续变化，具有显著的时空特性，与试验环境条件下得出的恒定结果存在非常大的差异。显然，用某一特定龄期的热学、力学指标来控制拱坝混凝土，尤其是特高拱坝混凝土的强度设计及温度控制措施是欠合理的。因此，开展混凝土热学及力学特性的时空演化规律以及微细条件下混凝土中氧化镁的水化规律和长期安定性等问题的研究，是高拱坝混凝土研究的一个发展方向。

（5）我国拱坝结构设计采用的经验安全系数设计法，要求坝体最大应力小于某一容许应力值，容许应力等于某一标准混凝土试件在预定龄期的极限强度（拉、压）除以一个经

验安全系数。经验安全系数 K 是随标准试件的尺寸和形状不同而异，也随着科技水平及施工水平的变化而变化。因此，采用容许应力法进行拱坝设计，用经验安全系数评价大坝的强度安全是一种单一的、粗略的经验评价方法，并不能全面地反映大坝混凝土的真实抗裂安全度，只能是一种数值上的安全感，它束缚了拱坝设计水平的提高。目前，对大坝安全度的评价的趋势是向半经验、半理论的设计方法过渡，用正常使用极限状态的平稳条件来评价大坝的安全。大坝强度破坏准则是控制在使大坝产生大变形或坝体裂缝开始扩展时，即大坝失效定义于材料（混凝土、岩基）产生塑性开裂、裂缝扩展，或是材料处于累积损伤状态。材料的极限容许使用强度，只能是其极限强度（峰值强度）的某一分数限值。因此，仿真的破坏全过程研究、材料的本构关系以及定义于大体积混凝土正常工作状态失效的极限容许使用强度的确定，就成为大坝安全评价必不可少的基本参数。

（6）我国高拱坝大多拟建于西南、西北地区，而这两个地区均属我国强震多发区，因此开展对混凝土材料在地震作用下的应力应变特性研究，制定切合实际的高拱坝抗震安全度评价准则，是高拱坝建设所急待解决的一项关键技术。国内对混凝土材料强度与变形的动参数研究不多，且处于起始阶段，动载作用下混凝土材料的本构关系与断裂特性研究尚属空白，通常用于高拱坝的一些材料动参数的合理性也难以通过工程实践来验证。以往用通过湿筛处理后的混凝土小试件试验资料推出的混凝土材料的本构关系，难以仿真大体积混凝土受载的性态。因此，开展对全级配混凝土试件强度和变形特性的宏观研究，建立大小试件之间在破坏过程中各种特征点，如线弹性点、屈服点、峰值点的函数对比关系，也就显得特别重要。

参　考　文　献

[1] 李亚杰．建筑材料［M］．北京：中国水利水电出版社，2001.
[2] 曹泽生，徐锦华．氧化镁混凝土筑坝技术［M］．北京：中国电力出版社，2003.
[3] 李金玉，曹建．水工混凝土耐久性的研究和应用［M］．北京：中国电力出版社，2004.
[4] 杨华全，李鹏翔，李珍．混凝土碱骨料反应［M］．北京：中国水利水电出版社，2010.
[5] 管学茂，杨雷．混凝土材料学［M］．北京：化学工业出版社，2011.
[6] 孙伟，缪昌文．现代混凝土理论与技术［M］．北京：科学出版社，2012.
[7] 姜福田．水工混凝土性能及检测［M］．郑州：黄河水利出版社，2012.
[8] 白俊光，张宗亮，索丽生，刘宁．水工设计手册：第4卷 材料结构［M］．2版．北京：中国水利水电出版社，2013.
[9] 黄国兴，陈改新，纪国晋，等．水工混凝土技术［M］．北京：中国水利水电出版社，2014.
[10] 陆采荣，戈雪良，梅国兴．变化条件下水工混凝土特性［M］．北京：中国水利水电出版社，2014.

4 拱坝结构分析理论与方法

4.1 结构分析方法类别

拱坝在两岸山体及河床基础的约束下，受到自重、水、温度等荷载作用，在坝体内部形成应力场并产生相应的变形，当应力处于筑坝材料允许强度范围内时，坝体处于弹性工作状态；当局部应力超过筑坝材料强度时，坝体局部进入塑性状态或出现破坏，但坝体整体仍处于正常工作状态；当塑性区或破坏区逐渐扩大，达到坝体断面无法承受荷载作用时，坝体将出现整体破坏。分析研究拱坝这一作用效应的分析手段和方法很多，总的来说，作用效应分析方法可以分为三大类：物理模拟方法、数学模拟方法和安全监测分析方法。它们各有优势和适应性，在拱坝的结构分析中不可替代，互为补充，相互验证。

结构物理模型试验能够模拟建筑物及其地基的工作状态，能给人以直观的结果和深刻的印象，是拱坝作用效应分析的基本手段。数学模拟具有模型易于构建、能突出建筑物本质特征、仿真施工和运行过程、易于进行敏感性分析等优点，已经成为拱坝作用效应分析的常规手段。水工建筑物安全监测融水工结构学、仪器学、计算机学、现代数学等于一体，大数据及信息学等是水工建筑物学科中的一个重要分支。安全监测所获得的数据实际上就是 1∶1 的模型实验结果，非常珍贵。通过安全监测资料的分析，一方面可了解和反映真实地质、施工、运行环境等因素影响下拱坝的时空特性，对已建拱坝的真实工作机理进行探讨，以完善设计理论并改进施工方法；另一方面可对施工期和完建后的拱坝可能发生的问题进行预测，必要时对原设计和施工方案进行调整优化。

4.1.1 物理模型试验方法

拱坝脆性材料结构模型试验是一种被广泛应用的试验力学方法，包括线弹性模型试验、结构模型破坏试验、抗滑稳定模型试验和地质力学模型试验等。随着计算机计算技术的发展，很多原本需要用物理模型试验才能模拟的问题逐渐为计算机模拟所取代，如线弹性模型试验现在已经很少做了，但对于开裂和滑动等破坏性问题，纯粹用数学方法模拟还不能满足实际的要求。地质力学模型试验是 20 世纪 70 年代发展起来的一种破坏试验方法，具有很强的生命力，国内外大量的拱坝均进行过地质力学模型试验。

模型试验由模型、加载系统、量测系统和控制系统组成。其中模型是试验的主体，加载系统和量测系统则附着在模型上，然后和计算机相连。加载系统由计算机控制，量测数据通过连线传到计算机作进一步的整理和分析。

拱坝工程中常用的混凝土、石料等均属脆性材料，坝基岩体也多属此类。为了与原型材料物性相似，通常采用石膏类、石膏硅藻土类混合材料或混凝土（包括水泥浮石混凝土和微粒混凝土等）一类的脆性材料，按照相似理论要求制作模型进行试验，以研究结构及

其地基的应力、变形和稳定等。脆性材料结构模型可用来研究拱坝静力学和动力学方面的问题。

20 世纪 60 年代中期以来，为了更细致地研究地基本身及其对上部拱坝的影响，出现了地质力学模型试验。这种试验是在模型中模拟坝基岩体的重力及地质构造，包括断层、结构面、软弱夹层和裂隙节理等，使之尽量接近实际情况，从而研究坝基的变形状态、稳定状况及其对坝体结构性能的影响。

4.1.2 数学模拟分析方法

数学模拟是拱坝作用效应分析的又一个重要手段。数学模拟根据拱坝结构和受力特点，建立数学物理方程，构成数学模型，模拟初始条件和边界条件，求解作用效应。

20 世纪 70 年代前，拱梁分载法是计算拱坝应力的主要方法，由于手算的工作量十分浩大，中小型拱坝基本采用拱冠梁法，重要的大型工程进行多拱梁径向调整。20 世纪 70 年代末，李新民、王开治从模型破坏试验和数值计算入手首先将结构塑性极限分析理论引入拱梁分载法。20 世纪 80 年代初，随着计算机技术的发展，拱梁分载法开始从 3 向调整向 4 向及 5 向调整发展，计算精度进一步提高。时至今日，拱梁分载法仍然是拱坝的基本设计方法。

借助计算机技术的发展，数学模拟方法正在快速地发展，具有代表性的有：

（1）差分法。对于模型的数学物理方程，用差分运算代替微分运算，是近似的解法。用于求解结构物的力学问题时优点不明显，应用较少；但在水力学中仍是主要的算法，已逐步从科学研究的手段成长为工程实用的算法。

（2）有限元法。有限元法是用离散的有限单元体逼近模拟连续体，在力学模型上是近似的，但在数学解法上是严格的。有限元法发展迅速，不仅能求解位移场、应力场，也可以求解温度场和渗流场；不仅能解决弹性问题，也可以解决弹塑性问题、动力学问题或岩体力学问题，在水工设计中的应用日趋广泛。专用软件使设计工作中大量的繁重计算由电脑完成，提高了工作效率。

（3）边界元法。边界元法的基本思想是用积分方程解微分方程，该思想可以追溯到 20 世纪初。边界元法是在综合有限元法和经典边界积分方程方法的基础上发展起来的，它把有限元的离散技巧引入经典的边界积分方程方法中，通过一个满足场方程的奇异函数——基本解作为权函数，将区域积分化为边界积分，并在边界上进行离散处理。其主要优点是：①将问题的维数降低一阶，从而使得数据准备工作量及求解自由度大为减少；②由于离散仅在边界上进行，故误差只产生在边界上，区域内的物理量仍由解析公式求出，因此它拥有较高的计算精度；③计算域内物理量时，无需一次全部求得，只需要计算给定点的值，从而避免了不必要的计算，提高了效率；④对应力集中、无限域等问题，该方法尤为适用。该方法也存在一些缺点：①得出的线性方程组的系数矩阵是一个满的、不规则的矩阵，不便于应用已在有限元中发展成熟的处理稀疏对称阵的线性代数方程组的一系列有效解法；②当问题的规模较大时，占内存较多，效率相对较低；③应用边界元法必须事先知道所求问题的控制方程的基本解，但从目前来看，非线性问题的基本解不易得出；④当物体严重不均质时将会大大影响边界元法的应用范围和效果。

(4) DDA法。非连续变形分析方法(DDA)是平行于有限元的方法，但所有单元是被事先存在的不连续面所包围的块体。DDA法的单元或块体可以是任何凸或凹形状，甚至可以是带孔的多边形；而有限元法限定只能用标准形状的单元。此外，在DDA法中，当块体接触时，库仑定律可用于接触面，而联立平衡方程式是对每一荷载或时间增量来选择和求解的。在有限单元法的情况下，未知数是所有节点的自由度之和。在DDA法的情况下，未知数是所有块体的自由度之和。

(5) 流形方法。数值流形方法是利用现代数学——“流形”的有限覆盖技术建立起来的一种新数值方法。有限覆盖是由物理覆盖和数学覆盖所组成，它可以处理连续问题和非连续问题。有限元在流形方法中只有一个单一的物理覆盖，它覆盖了全部的数学覆盖；DDA在流形方法中，则有许多物理覆盖，它们各自覆盖一部分数学覆盖。这两种方法在数值流形方法中只是两个特殊的例子。在数值流形方法中，只要用不同覆盖组合，就可以解决比有限元和DDA更普遍的复杂问题。

(6) 块体单元法。常规的块体单元方法还假定岩石块体单元为刚体，只考虑结构面的变形和强度特性。在这些基本假定的基础上，通过建立块体单元系统的整体平衡方程、结构面的变形与块体单元位移的几何相容方程以及结构面的非线性本构方程，即可推导出求解块体单元系统的位移与稳定的基本方程。该法假定块体单元之间为面-面结触，主要是基于以下考虑：①坝基或坝肩岩体作为结构物，在正常工作极限状态一般不允许出现点-面接触或点-点接触变形；②工程设计提供的结构面变形和强度参数也都是在面-面结触假定下获取的。块体单元法已经形成包括块体识别与前处理、应力应变分析、渗流分析、危险破坏块体组合识别、可靠度分析、加固分析等功能的实用化方法体系，具有处理块体数量巨大、块体形状不限、使用简便、参数与安全度定义明确等优点。

(7) 复合单元法。大量不同尺度结构面的存在是坝基岩体的重要特性，这些结构面控制了坝基岩体的变形、渗流与稳定性；坝身混凝土的施工层面则导致结合不良和温度场梯度不连续问题。在工程实践中，锚杆和锚索也被广泛用于岩体的加固，包含排水孔在内的渗控体系则常常是改善岩体稳定条件的首选；坝身还埋设了大量冷却水管作为重要的温控防裂手段。在应力应变、渗流、温度场的数值分析中，对结构面、层面和锚杆、排水孔、冷却水管的模拟方式可以分为两类：①等效模型，即将结构面、层面和锚杆、排水孔、冷却水管的影响计入材料的物理力学模型，并在对应的物理力学参数中加以体现，而对其具体位置不予关注；②离散模型，即用特殊的单元来精确描述结构面/层面和锚杆/排水孔/冷却水管。从工程应用者的角度来看，离散模型的主要难点在计算域的离散前处理，根源是目前使用的特殊单元在结构面、锚杆和排水孔分布方向上的节点是固定的，而且其中的一些节点要与周围的结构或岩体单元共用。这些困难连同分析对象本身的复杂性使得在进行前处理的时候，即使有一些功能强大的商业软件的帮助，也费时、费力。

复合单元法把结构面、锚杆和排水孔含于单元内部，既可使计算过程简化，同时又可保持离散模型对细节模拟的能力。复合单元法的实质是把复杂的前处理工作转化成复杂的计算工作，前处理简单了，但计算程序复杂了，计算时间也更长。在计算机技术快速发展的今天，这种研究颇具吸引力。

在以上典型数值方法中，由于有限元方法可以考虑复杂坝肩坝基岩体、坝体孔口、裂

缝、分期施工、温度场、渗流场以及非线性等复杂条件和影响因素，近二三十年来得到了迅速的发展，并取得了很好的效果。大型有限元计算商用软件如 ANSYS、FLAC 等已经在实际工程中得到大量应用。21 世纪初，本书作者主要基于有限元方法并局部辅以复合单元方法，在小湾拱坝中实现了将拱坝、坝基坝肩作为整体的全坝段、全过程多场耦合动态仿真反馈预报分析，为指导工程设计、优化施工方案提供了重要的技术支撑，并首次提出了基于监测信息、数值仿真反馈分析、工程判断等的“数值小湾”理念。

4.1.3　安全监测分析方法

对于已建或正在建设的拱坝，大量的先进仪器埋设其中，以监控拱坝的运行状态，从而帮助工程技术人员了解拱坝实际效应，如温度、变位、渗流、应力以及裂缝等。安全监测分析以观测资料为基础，通过定性和定量分析，了解拱坝的工作性态，从而达到对其进行实时安全监测的目的。

安全监测主要包括监测仪器、监测设计、监测施工、监测数据采集、监测资料整理分析、安全评价、安全监控等环节，它们构成了一个相互联系、相互制约的完整的安全监测系统。其中，监测仪器是安全监测的基础，监测设计是安全监测的关键，监测施工和监测数据采集是安全监测的保证，监测资料整理分析是安全监测的手段，安全评价与监控是安全监测的最终目的。

监测资料分析是安全监测的重要内容，一般采用定性分析和定量分析方法。其中定量分析主要采用安全监测数学模型。安全监测数学模型是针对拱坝效应量监测值而建立起来的、具有一定形式和构造的、用以反映效应量监测值定量变化规律的数学表达式。目前常用的主要有监测统计模型、监测确定性模型和监测混合模型这三大类传统监测数学模型。这三类监测数学模型已在实际工程中得到检验，应用效果良好。

4.2　结构力学方法——拱梁分载法

拱坝是一个空间壳体，其几何形状和边界条件都很复杂，难以用严格的理论计算求解坝体应力状态。在工程设计中，常作一些必要的假定和简化，使计算成果能满足工程需要。拱坝应力分析常用的结构力学方法有圆筒法、纯拱法、拱梁分载法、壳体理论计算方法等。

拱梁分载法是拱坝应力分析的基本方法，该法将拱坝看作由一系列的水平拱圈和铅直梁所组成，荷载由拱和梁共同承担，分别计算拱和梁的变位。第一次分配的荷载不会恰好使拱和梁的共轭点的变位一致，必须再调整荷载分配，继续试算，直到变位一致为止。由于早期的拱梁分载法都采用试荷载法确定荷载分配，故国外文献称拱梁分载法为试载法。

试载法就其原理来讲适用于各种类型的拱坝。通常此法只给出近似的结果，并不是由于原理上的问题，而是由于在计算中采取了一些近似简化，例如平面法截面假定、用伏格特（Vogt）公式计算地基变形以及边界条件的近似假定等。

关于用试载法分析拱坝的基本依据是什么？在力学概念上是否严谨？对这些问题曾有过不同的看法。一些文献通过薄壳理论来近似阐述此法原理。潘家铮（1981）对这个问题

作了较全面的论述，认为试载法虽然将原来完整的结构人为地视为由两套独立的系统组成，而且用类似杆件结构的公式计算两者变位，再从变位协调条件来确定荷载分配，表面上看似不够严谨，但这种做法是具有明确的力学概念的。如果将拱坝分别切割为拱系及梁系，并且在各切面上施加某种内力系，调整这些内力系，使拱及梁两套系统在外载和内力系作用下，变位处处一致，则根据弹性力学中唯一解原理可知，其所加的内力系一定代表切割面上真正应力的影响，所求出的拱梁应力及变位就是拱坝的真实解答。

理论上要求切取无穷多个梁、拱进行计算，且要求坝体拱、梁两个系统的变位处处一致，但这样计算工作量相当大。实际设计时往往只选择有代表性的几层拱圈和几根悬臂梁进行计算，使其交点（称共轭点或节点）的变位一致或接近一致，就认为是拱梁变位处处一致了。如果拱坝是近乎对称的，则只需分析半边拱坝，一般可取5～7个拱单元和5～7个梁单元就可以了。如果拱坝是非对称的，则需要对整个拱坝进行分析，一般可取5～7个拱单元和9～13个梁单元。梁和拱圈的数目应相适应，使共轭点分布较均匀，能控制整个坝体。即拱圈的个数为 n，梁的个数为 m，实际工程中常选 $m=2n-1$（为使梁立于拱端从而便于地基变形计算）。图4.2-1中，选择了7个拱单元13个梁单元。在河谷断面变化显著的地方，尚需增加拱梁的数目。

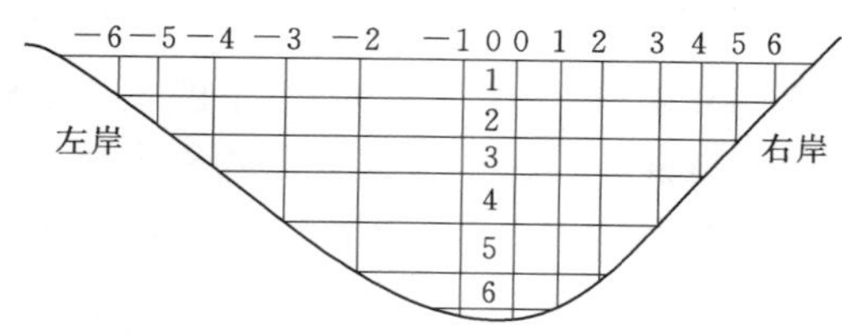

图4.2-1　拱梁系统布置图

根据选定好的拱梁系统进行荷载分配计算，然后再进行拱、梁的应力计算。选择若干个拱和若干个梁的计算方法称为多拱梁法，对于不十分重要的工程或进行初步设计时，可只采用最大坝高断面处的一个梁和几个拱圈系统来计算，称为拱冠梁法。

从20世纪70年代以来，我国开发研制了不少多拱梁法计算程序。小湾拱坝的应力计算主要采用的是中国水利水电科学研究院（以下简称水科院）结构所开发的ADASO程序。为进行对比分析，还选择了由成都勘测设计研究院（以下简称成勘院）、浙江大学、河海大学、北京勘测设计研究院（以下简称北京院）4个单位开发的程序进行计算。计算结果表明，坝体上游面拉应力，浙江大学程序计算结果最大，水科院和北京院程序计算结果居中，成勘院和河海大学程序计算结果最小；坝体下游面压应力，河海大学和北京院程序计算结果最大，水科院程序计算结果居中，成勘院和浙江大学程序计算结果最小。总体来看，水科院程序计算的拉压应力居中。

4.2.1　拱梁变位协调条件的选择

每个拱梁交点上的变位有6个分量（图4.2-2），即3个线变位和3个角变位，按其重要性依次为：①径向变位分量 v；②切向变位分量 u；③绕竖向轴的角变位分量 θ_z；④绕切向的角变位分量 θ_t；⑤竖向变位分量 w；⑥绕径向轴的角变位分量 θ_r。

相应地，在拱或梁上的荷载也有6种，即径向荷载 p、切向荷载 q、竖向荷载 s、水平力矩 m_z、垂直力矩 m_t 和另一个竖向力矩 m_r。从完整的角度上讲，应考虑①～⑥ 6个分量，且通过每个节点6个变位分量的协调条件来建立协调方程以确定未知量，即为6向全调整。实际计算中可以考虑6个内力系之间的关系，选择考虑分量①～③作为独

立变量，其余 3 个分量由这 3 个独立分量表示，通过 3 个变位分量的协调条件求解 3 个独立变量，即为 3 向调整。选择考虑分量①～④作为独立变量，增加绕切向的角变位协调条件即为 4 向调整。选择考虑分量①～⑤作为独立变量，增加竖向变位协调条件即为 5 向调整。

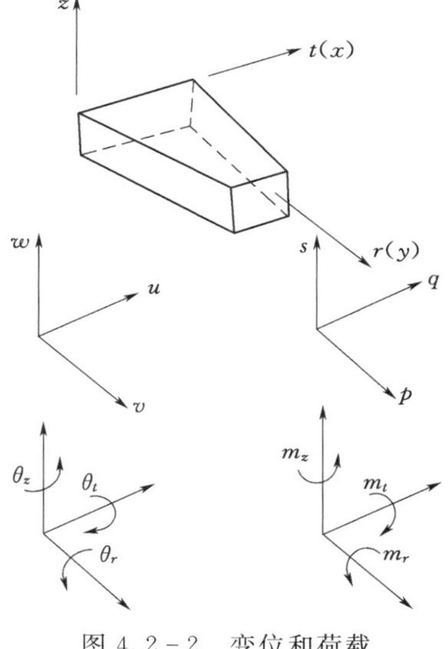

图 4.2-2　变位和荷载

混凝土拱坝设计规范所规定的应力控制标准主要是利用 3 向或 4 向调整的分析软件，对已建工程进行校验分析制定。因此，采用拱梁分载法进行应力分析时，应结合地形、地质条件，合理布置拱梁网格体系，在应力梯度变化较大处，宜加密网格。对于高坝，宜采用不少于 4 向变位调整的拱梁分载法软件进行计算。

4.2.2　荷载

4.2.2.1　荷载划分

施加到梁、拱单元系统上的荷载，就其性质而言，可分为外荷载和内荷载两部分。

(1) 外荷载。对于拱坝横缝灌浆以前施加的外荷载，如坝体混凝土的重量和当时已存在的少量水压力，应由悬臂梁单独承受，由此而引起的梁的变位不参加梁拱的变位协调。但计算梁的总应力时，应将其产生的应力作为悬臂梁的初始应力计入。对于封拱灌浆以后作用于坝体的各种外荷载，采用不同的施加方式由梁拱分担，由这些外荷载而引起的变位参加拱梁的变位协调，所产生的拱梁应力为拱坝的后期应力，后期应力与初始应力叠加得到总应力。

封拱以后作用于拱坝的外荷载按施加方式不同，可分为 3 类：① 外荷载可先施加于梁上或拱上，然后根据变位协调的原则，把荷载分配给梁和拱。这类荷载有水平水压力和泥沙压力等。② 外荷载应同时施加到梁和拱两个系统上，分别计算其所引起的变位，并列入变位协调方程，但不需要再分配。这类荷载主要是温度荷载。③ 外荷载只能施加到梁上，计算其所引起的变位，作为梁的初始变位列入变位协调方程。这类荷载有自重、坝顶集中力、竖向水压力和竖向泥沙压力等。

(2) 内荷载。通常称为自平衡荷载，因为这些荷载总是成对出现，其数值相等、方向相反，一个作用在梁上，另一个作用在拱上。从物理意义上讲，这些内荷载代表拱圈和悬臂梁之间的相互作用的力。

4.2.2.2　荷载分配

上述各种荷载中，只有外荷载中的第①类荷载要进行再分配。第②、第③类外荷载施加后不需要再分配，但不再分配并不意味着不由拱梁分载，如第 3 类外荷载虽是全部施加到梁上，但通过满足变位协调条件，实质上是通过内力平衡将一部分外荷载转移到了拱上，故从本质上看还是拱梁分载，只不过是通过不同的途径实现这个分载而已。

建立变位协调方程时，拱和梁都采用单位荷载作为分析的手段。单位荷载的数量必须与节点数相适应，而且为方便计，都规定取用以下的标准三角形分布形式：在每个节点上荷载强度取 1（或 1000），线性减小到相邻节点处为 0。如果该节点为边界节点，则单位荷载呈直角三角形的形状（图 4.2-3）。将这种标准荷载乘以各节点的实际荷载强度值并线性组合起来，可以近似地反映任何荷载分布曲线，即以一条折线来反映曲线，节点越密，逼近程度越高。变位协调方程必须在每个节点上建立。

为充分简化计算工作以达到实用的程度，在试载法中计算拱和梁的变位时，采用了一个基本假定：拱的法向截面在变形后维持为平面。这个假定相当于壳体理论中的法截面维持平面假定或杆件系统中的正截面维持平面假定。拱坝中的拱和梁，不是一根独立的杆件，而是从空间结构中切取的一片，处于 3 向应力状态下。严格地说，它的变位公式与独立的杆件有所不同（如存在泊松比影响，而独立杆件就无此问题），应该另行推导。但是，进一步分析后可以发现，忽略一些次要因素后，拱坝中拱梁变位的计算公式和相应的杆件的公式基本一致，所以可以直接用材料力学公式计算拱、梁变位。但如要深入研究某些问题，就须注意到上述区别。例如计算梁的扭转时，扭转刚度采用 $2EI$，便是考虑到梁是从连续壳体中切取的一个截条，而不是一根普通的悬臂梁。

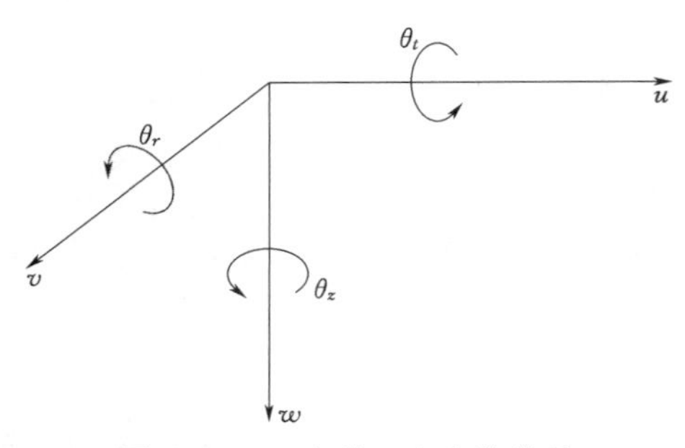

图 4.2-3 点的 6 个变位分量

试载法要通过拱和梁在同一点上变位协调条件来解算梁和拱所承受的荷载。一点上的变位有 6 个分量（图 4.2-3）：3 个线变位 u（切向）、v（径向）、w（竖向）和 3 个转动角 θ_z（绕 z 轴的水平扭角）、θ_t（绕 t 轴或 x 轴的垂直扭角）、θ_r（绕 r 轴或 y 轴的垂直扭角）。相应地在拱或梁上的荷载也有 6 种：径向荷载 p、切向荷载 q、竖向荷载 s、水平扭载 m_z、竖直扭载 m_t 以及另一竖向扭载 m_r。因此，从最完整的角度讲，应设置 6 个未知的内力函数，且通过每个节点上 6 个变位分量的协调条件来建立方程以确定未知值，即所谓六向全调整。但一般来讲，只需进行三向调整便可获得问题的解答。通常选取以下 3 种荷载为独立变量：①径向荷载 p；②切向荷载 q；③水平扭载 m_z。变位协调条件也仅核算相应的 3 个：①径向变位 v；②切向变位 u；③水平转角 θ_z。

这里必须强调的是，仅选用 p、q、m_z 为未知量，并不意味着在拱和梁上仅需施加这 3 种荷载。恰巧相反，在拱和梁上必须施加全部 6 种荷载，仅仅是另外 3 种荷载可以用 p、q、m_z 表示而已。同样，在计算 3 种变位 v、u、θ_z 时，必须算出在 3 种荷载作用下的这些变位，并非只计算在 p、q、m_z 作用下的这些变位。由此可见，采用 3 向调整，未知元素数量虽少了，计算步骤则要曲折一些，这是因为在计算变位时，要计及另外 3 种荷载的影响，而这另外 3 种荷载又须设法用选定的 3 种荷载来表示。在许多实际问题中，那些被视为非独立量的荷载（s、m_t、m_r）中的一部分对需核算的变位分量（v、u、θ_z）并无影响，或影响很小，因此可忽略，不必全部计及，从而使三向调整大为简化。但应注意，这些非独立变量中至少有一部分的影响是不能忽略的，对于某种拱坝（如薄双曲拱坝）甚至全部不能忽略。

对于一般的拱坝，只有垂直扭载 m_t 对梁变位的影响不能忽略，其余均可不计。故采用三向调整分析一般的拱坝时，只在计算悬臂梁的各种变形时须同时考虑 p、q、m_z 和 m_t 4 者影响。

要在计算中考虑 m_t 的影响，可以先将 m_t 以 m_z 表示。也可采用迭代法解算，即将垂

直扭载的影响作为迭代修正项处理。或者采用吉林大学数学系提出的 $2m$ 法，就是说，垂直扭矩的影响可以用拱上水平扭矩乘以 2 来代替。最根本的方法是直接将 m_t 作为独立变量，相应地增加垂直扭转角的变位协调条件，这就变为四向调整，但计算量增大。无论采用何种方法，应该得到相同的解答。当需要更精确地考虑各种次要影响时，如仍采用三向或四向调整，就会不够方便，而宜采用五向调整。

4.2.3　拱梁杆件分析

从本质上说，拱梁杆件属于同一类构件，只不过一个曲率大，一个曲率小。在网格划分较密时，它们之间的差别就很小了，都可以认为是直杆。因此，为简单起见，对它们同等看待。坐标规定见图 4.2-4，拱梁杆件的每端有 6 个位移，对应的自由度为 $[x' \quad y' \quad z' \quad \theta'_x \quad \theta'_y \quad \theta'_z]^T$，相应的力为 $[Q' \quad N \quad Q \quad M \quad T \quad 0]^T$，且依次为切向剪力、轴力、剪力、弯矩和扭矩，最后一项不用考虑，表示侧向无矩。

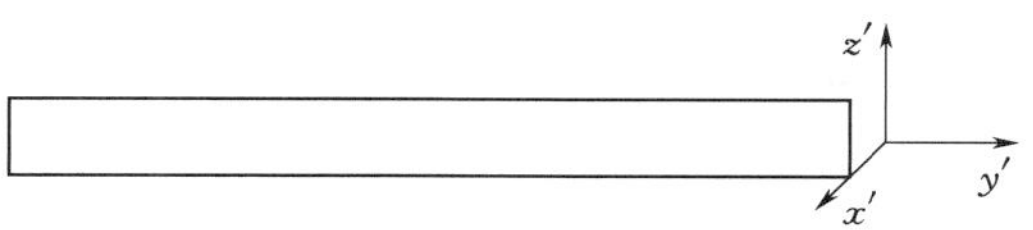

图 4.2-4　杆件的坐标规定

(1) 刚度矩阵。内力与位移的关系为

$$\{Q\}=[K]\{x\} \tag{4.2-1}$$

其中

$$\{Q\}=[Q'_1 \quad N_1 \quad Q_1 \quad M_1 \quad T_1 \quad Q'_2 \quad N_2 \quad Q_2 \quad M_2 \quad T_2]^T$$
$$\{x\}=[x'_1 \quad y'_1 \quad z'_1 \quad \theta'_{1x} \quad \theta'_{1y} \quad x'_2 \quad y'_2 \quad z'_2 \quad \theta'_{2x} \quad \theta'_{2y}]^T$$

$$[K]=\begin{bmatrix}
\frac{GA}{L} & & & & & & & & & \\
0 & \frac{EA}{L} & & & & \text{对} & & & & \\
0 & 0 & \frac{12EI}{L^3}\xi_1 & & & & & & & \\
0 & 0 & \frac{6EI}{L^2}\xi_1 & \frac{4EI}{L}\zeta_1 & & & & \text{称} & & \\
0 & 0 & 0 & 0 & \frac{2GI}{L} & & & & & \\
-\frac{GA}{L} & 0 & 0 & 0 & 0 & \frac{GA}{L} & & & & \\
0 & -\frac{EA}{L} & 0 & 0 & 0 & 0 & \frac{EA}{L} & & & \\
0 & 0 & -\frac{12EI}{L^3}\xi_1 & -\frac{6EI}{L^2}\xi_1 & 0 & 0 & 0 & \frac{12EI}{L^3}\xi_1 & & \\
0 & 0 & \frac{6EI}{L^2}\xi_1 & \frac{2EI}{L}\eta_1 & 0 & 0 & 0 & -\frac{6EI}{L^2}\xi_1 & \frac{4EI}{L}\zeta_1 & \\
0 & 0 & 0 & 0 & -\frac{2GI}{L} & 0 & 0 & 0 & 0 & \frac{2GI}{L}
\end{bmatrix}$$

$$\left.\begin{aligned}\xi_1&=\frac{1}{1+\phi}\\ \zeta_1&=\frac{1+\phi/4}{1+\phi}\\ \eta_1&=\frac{1-\phi/2}{1+\phi}\\ \phi&=\frac{12kEI}{GAL^2}\end{aligned}\right\}$$

式中：ξ_1、ζ_1、η_1 和 ϕ 为考虑剪切影响的修正系数；E 为弹性模量；G 为剪切模量；L 为杆件长度；A 为杆件截面面积；I 为截面惯性矩；k 为考虑截面形状的不均匀系数。

(2) 荷载计算。

1) 均布轴力（图 4.2-5）。

$$N_A=N_B=\frac{1}{2}ql \tag{4.2-2}$$

2) 三角形分布轴力（图 4.2-6）。

$$\left.\begin{aligned}N_A&=\frac{1}{3}ql\\ N_B&=\frac{1}{6}ql\end{aligned}\right\} \tag{4.2-3}$$

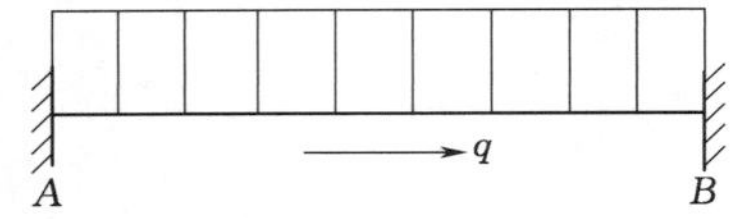

图 4.2-5　均布轴力

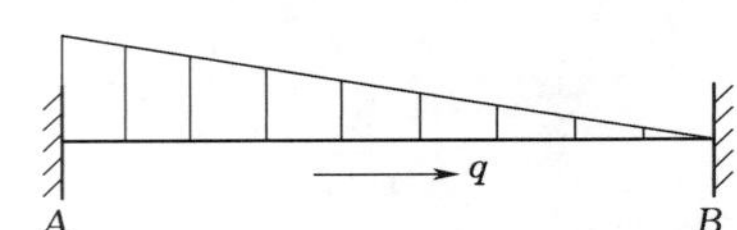

图 4.2-6　三角形分布轴力

3) 均布剪力（图 4.2-7）。

$$\left.\begin{aligned}Q_A&=\frac{1}{2}ql\\ Q_B&=\frac{1}{2}ql\end{aligned}\right\} \tag{4.2-4}$$

$$\left.\begin{aligned}M_A&=\frac{1}{12}ql^2\\ M_B&=-\frac{1}{12}ql^2\end{aligned}\right\} \tag{4.2-5}$$

4) 三角形剪力（图 4.2-8）。

$$\left.\begin{aligned}Q_A&=\frac{7}{20}\left(1-\frac{\psi}{21}\right)ql\\ Q_B&=\frac{3}{20}\left(1+\frac{\psi}{9}\right)ql\end{aligned}\right\} \tag{4.2-6}$$

$$\left.\begin{aligned}M_A&=\frac{1}{20}\left(1-\frac{\psi}{6}\right)ql^2\\ M_B&=-\frac{1}{30}\left(1+\frac{\psi}{4}\right)ql^2\end{aligned}\right\} \tag{4.2-7}$$

$$\psi=\frac{\phi}{1+\phi}, \quad \phi=\frac{12kEI}{GAL^2}$$

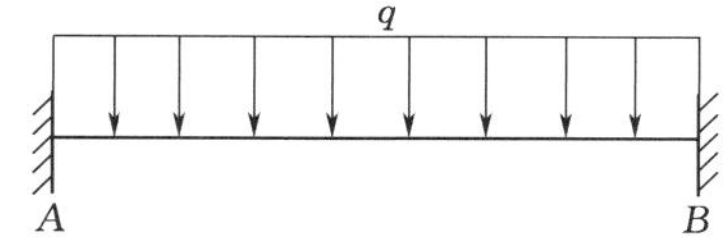

图 4.2-7 均布剪力

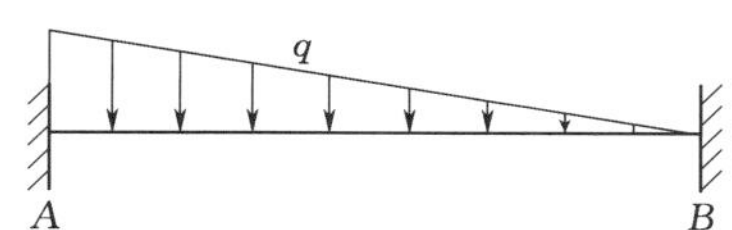

图 4.2-8 三角形分布剪力

5）均匀温升 ΔT。

$$N_A=-N_B=-EA\alpha\Delta T \quad (4.2-8)$$

6）线性温升 ΔT。线性温升是指上表面温度上升 ΔT，下表面温度下降 ΔT，见图 4.2-9。

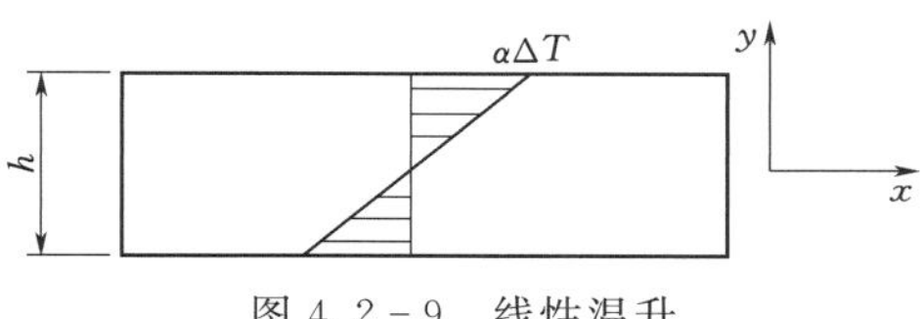

图 4.2-9 线性温升

$$M_A=-M_B=2\alpha\Delta TEI/h \quad (4.2-9)$$

$$\begin{aligned} M_A &= \int_{-h/2}^{h/2} E\alpha\Delta T\,\frac{y}{h/2}by\,\mathrm{d}y \\ &= \frac{E\alpha\Delta Tb}{h/2}\int_{-h/2}^{h/2} y^2\,\mathrm{d}y \\ &= \frac{E\alpha\Delta Tb}{h/2}\,\frac{h^3}{12} \\ &= 2\alpha\Delta TEI/h \end{aligned}$$

（3）应力计算。

1）正应力计算。

$$\sigma=\frac{N}{A}\pm\frac{M_x}{I_x}z \quad (4.2-10)$$

2）剪应力计算。

$$\tau=\frac{Q}{A}\mp\frac{T_y}{I_x}z \quad (4.2-11)$$

4.2.4 拱梁整体分析

（1）单元规定。拱梁单元见图 4.2-10。实际的板壳向中面简化，于是在 4 个角点有对应的角位移和线位移。角点顺时针编号，先确定拱和梁的方向为对应面的中心点的连线方向。

$$\vec{v}_a=\vec{c}_2-\vec{c}_1$$

$$\vec{v}_b=\vec{c}_4-\vec{c}_1$$

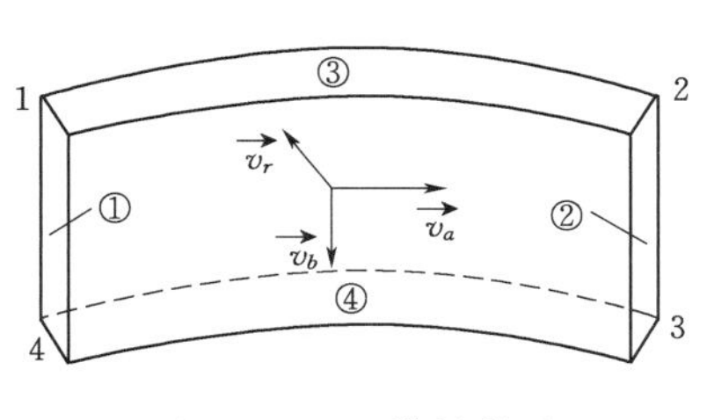

图 4.2-10 拱梁单元

于是径向为

$$\vec{v}_r=\vec{v}_a\times\vec{v}_b$$

从而得到正交的局部坐标系统。

（2）整体方程的建立。假设 4 个角点在整体坐标下的位移为 $\{\delta\}_{ab}$，则拱向的位移可表示为

$$\{\delta\}_a=[H]_a\{\delta\}_{ab} \quad (4.2-12)$$

梁向的位移可表示为

$$\{\delta\}_b=[H]_b\{\delta\}_{ab} \tag{4.2-13}$$

其中

$$\begin{cases}[H]_a=\dfrac{1}{2}\begin{bmatrix}I & 0 & 0 & I\\ 0 & I & I & 0\end{bmatrix}\\ [H]_b=\dfrac{1}{2}\begin{bmatrix}I & I & 0 & 0\\ 0 & 0 & I & I\end{bmatrix}\end{cases} \tag{4.2-14}$$

式中：$[H]_a$ 和 $[H]_b$ 分别为从角点位移到拱向和梁向位移（为相邻角点的平均值）的转换矩阵。再将拱向位移和梁向位移转换到拱或梁的局部坐标，即

$$\{\delta\}'_a=[T]_a\{\delta\}_a=[T]_a[H]_a\{\delta\}_{ab} \tag{4.2-15}$$

$$\{\delta\}'_b=[T]_b\{\delta\}_b=[T]_b[H]_b\{\delta\}_{ab} \tag{4.2-16}$$

式中：$[T]_a$ 和 $[T]_b$ 为整体坐标下的位移到拱或梁局部坐标下位移的转换矩阵。

根据所规定的局部坐标的方向，有

$$[T]_a=[-\vec{v}_b\quad \vec{v}_a\quad \vec{v}_r\quad -\vec{v}_b\quad \vec{v}_a]^{\mathrm{T}}$$

$$[T]_b=[\vec{v}_a\quad \vec{v}_b\quad \vec{v}_r\quad \vec{v}_a\quad \vec{v}_b]^{\mathrm{T}}$$

在拱向和梁向分别有刚度方程

$$\{f\}'_a=[K]'_a\{\delta\}'_a \tag{4.2-17}$$

$$\{f\}'_b=[K]'_b\{\delta\}'_b \tag{4.2-18}$$

式中：方向 $\{f\}'_a$ 和 $\{f\}'_b$ 分别为拱和梁承担的荷载所转化成的集中力。这些集中力还需要转换到角点上。对拱向来说，由虚功不变性，有

$$\{\delta\}^{\mathrm{T}}_{ab}\{f\}_a=\{\delta\}'^{\mathrm{T}}_a\{f\}'_a=([T]_a[H]_a\{\delta\}_{ab})^{\mathrm{T}}\{f\}'_a=\{\delta\}^{\mathrm{T}}_{ab}[H]^{\mathrm{T}}_a[T]^{\mathrm{T}}_a\{f\}'_a \tag{4.2-19}$$

因此得到

$$\{f\}_a=[H]^{\mathrm{T}}_a[T]^{\mathrm{T}}_a\{f\}'_a \tag{4.2-20}$$

同理，对梁向来说，有

$$\{f\}_b=[H]^{\mathrm{T}}_b[T]^{\mathrm{T}}_b\{f\}'_b \tag{4.2-21}$$

将拱向和梁向的荷载合成起来就是总的荷载，即

$$\begin{aligned}\{f\}_{ab}&=\{f\}_a+\{f\}_b\\ &=[H]^{\mathrm{T}}_a[T]^{\mathrm{T}}_a\{f\}'_a+[H]^{\mathrm{T}}_b[T]^{\mathrm{T}}_b\{f\}'_b\\ &=[H]^{\mathrm{T}}_a[T]^{\mathrm{T}}_a[K]'_a[T]_a[H]_a\{\delta\}_{ab}+[H]^{\mathrm{T}}_b[T]^{\mathrm{T}}_b[K]'_b[T]_b[H]_b\{\delta\}_{ab}\\ &=([H]^{\mathrm{T}}_a[T]^{\mathrm{T}}_a[K]'_a[T]_a[H]_a+[H]^{\mathrm{T}}_b[T]^{\mathrm{T}}_b[K]'_b[T]_b[H]_b)\{\delta\}_{ab}\end{aligned}$$

可写为

$$\{f\}_{ab}=[K]_{ab}\{\delta\}_{ab} \tag{4.2-22}$$

其中

$$[K]_{ab}=[H]^{\mathrm{T}}_a[T]^{\mathrm{T}}_a[K]'_a[T]_a[H]_a+[H]^{\mathrm{T}}_b[T]^{\mathrm{T}}_b[K]'_b[T]_b[H]_b \tag{4.2-23}$$

式（4.2-23）是整体坐标系下的平衡方程。

从更准确的角度来说，拱向和梁向不应只用等效的一条拱或梁来代替，而应划分为无数

的拱或梁，将拱向的所有拱片进行积分，才是真正的等效拱，同样，将梁向的所有梁片进行积分，才能更准确的表示梁的作用，见图 4.2-11。

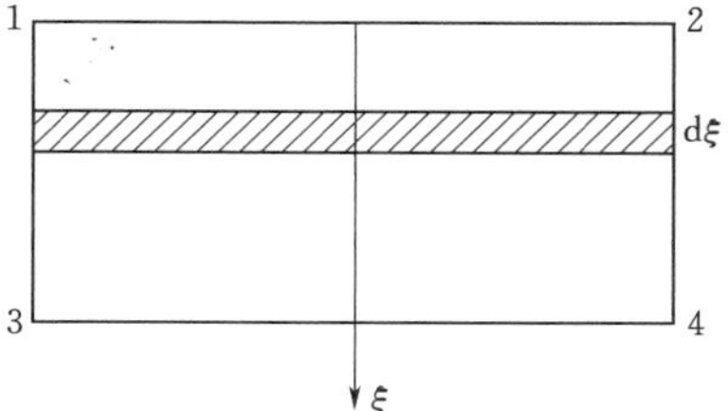

图 4.2-11　拱向积分示意图

以拱向为例，对一条拱段，两端的节点位移用拱梁单元的角点位移来表示

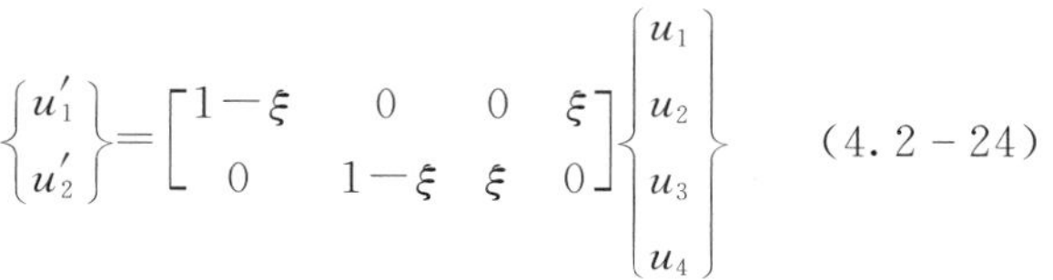

$$\begin{Bmatrix} u_1' \\ u_2' \end{Bmatrix} = \begin{bmatrix} 1-\xi & 0 & 0 & \xi \\ 0 & 1-\xi & \xi & 0 \end{bmatrix} \begin{Bmatrix} u_1 \\ u_2 \\ u_3 \\ u_4 \end{Bmatrix} \tag{4.2-24}$$

即拱向端点的位移假设为相邻角点位移的线性插值，联系矩阵为

$$[H] = \begin{bmatrix} 1-\xi & 0 & 0 & \xi \\ 0 & 1-\xi & \xi & 0 \end{bmatrix} \tag{4.2-25}$$

于是，对应于拱梁单元节点的刚度矩阵为

$$[K]_{ab} = [H]^{\mathrm{T}}[K]_{ab}'[H] = \begin{bmatrix} (1-\xi)^2K_{11}' & (1-\xi)^2K_{12}' & \xi(1-\xi)K_{12}' & \xi(1-\xi)K_{11}' \\ (1-\xi)^2K_{11}' & (1-\xi)^2K_{11}' & \xi(1-\xi)K_{22}' & \xi(1-\xi)K_{21}' \\ \xi(1-\xi)K_{21}' & \xi(1-\xi)K_{22}' & \xi^2K_{22}' & \xi^2K_{21}' \\ \xi(1-\xi)K_{11}' & \xi(1-\xi)K_{12}' & \xi^2K_{12}' & \xi^2K_{11}' \end{bmatrix} \tag{4.2-26}$$

式 (4.2-26) 是一个拱段转换成的刚度矩阵，积分后得到整体的拱的作用。由于在拱段的刚度系数表达式中，不管是面积 A 还是惯性矩 I 都是 $\mathrm{d}\xi$ 的线性函数，即

$$A = hb\mathrm{d}\xi = A_0\mathrm{d}\xi \tag{4.2-27}$$

$$I = \frac{1}{12}b\mathrm{d}\xi h^3 = I_0\mathrm{d}\xi \tag{4.2-28}$$

因此，最后的刚度系数中只是多了一项积分表达式，而其余部分则是整条拱的对应刚度系数。可以看出，这些积分表达式只有两种取值：

$$\int_0^1 (1-\xi)^2\mathrm{d}\xi = \int_0^1 \xi^2\mathrm{d}\xi = \frac{1}{3}[\xi^3]_0^1 = \frac{1}{3} \tag{4.2-29}$$

$$\int_0^1 \xi(1-\xi)\mathrm{d}\xi = \int_0^1 (\xi-\xi^2)\mathrm{d}\xi = \frac{1}{2} - \frac{1}{3} = \frac{1}{6} \tag{4.2-30}$$

直观地说，可以先计算整条拱的刚度系数，然后将它们分配到各个节点上。若位移是自身节点引起的，分配系数为 1/3；若是由邻边节点引起的，分配系数为 1/6。

在荷载计算时，可以把总荷载都加在梁上或拱上，这与把一部分荷载加在拱上，另一部分荷载加在梁上，作用是等效的。因为根据位移协调的关系，它们之间的荷载会自行调节。需要注意的是，温度荷载对拱向和梁向都同时作用，因此需要同时施加，实际上就是拱向和梁向都同时变形。

4.2.5　应力控制指标

拱坝的应力控制指标涉及筑坝材料强度的极限值和有关安全系数的取值。其中材料强度的极限值需由试验确定。而安全系数则是坝体材料强度的极限值与容许应力的比值，其取值与拱坝的重要性、荷载性质等有关，是控制坝体尺寸，保证工程安全和经济性的一项重要指标。

拱坝的应力控制指标还与应力计算方法有关，不同的计算方法其应力控制指标也有所不同。本节论述的应力控制标准仅针对拱梁分载法。

（1）容许压应力。混凝土的容许压应力等于混凝土的极限抗压强度除以安全系数。对于基本荷载组合，1 级、2 级拱坝安全系数采用 4.0，3 级拱坝安全系数采用 3.5；对于非地震情况特殊荷载组合，1 级、2 级拱坝安全系数采用 3.5，3 级拱坝安全系数采用 3.0。关于容许压应力，有时要注意坝高的因素。对于中低坝，由于拱坝的总水压不大，其坝体尺寸主要受施工条件，或拱的受压弹性稳定问题控制，即使容许压应力定得较高，坝体也不会很薄，故容许压应力宜为 2～4MPa。对于高坝、坝体总水压力很大的拱坝，如果容许压应力不予提高，则坝体将很厚大，技术经济指标不好。就中国特高拱坝而论，容许压应力宜在 8.0～10.0MPa 内。其他高度的拱坝，容许压应力建议在上述两组数字中间采用。当然，在具体确定这个数据时，还应充分考虑混凝土所用材料的质量和实际施工条件的可靠性。

（2）容许拉应力。由于混凝土的抗压强度较高，拱坝断面往往受拉应力控制，而拉应力较大部位常出在坝踵或坝趾（取决于水库运行工况），实际上这些部位的拉应力稍有超过并不危险，尤其对于高拱坝。因为拱坝具备较强的应力调整能力，即使梁底开裂，应力随即自行调整，裂缝发展到一定程度便会终止，而水平拱承载的潜力仍很大。因此，可以适当地提高梁底上游面的允许拉应力值。

中国多数拱坝设计容许拉应力值大致控制在 0.5～1.5MPa 之间。水利行业规范 SL 282—2003《混凝土拱坝设计规范》规定：对于基本组合，容许拉应力为 1.2MPa。对于特殊组合，容许拉应力为 1.5MPa。当考虑地震荷载时，容许拉应力可适当提高，但不得超过 30%。

随着拱坝建设的发展和人们对客观事物认识的深化，有提高容许应力、减小安全系数的趋向。如美国垦务局 1977 年《拱坝设计准则》规定，对于正常荷载组合，抗压安全系数为 3.0，容许压应力为 10.58MPa；对于非常荷载组合，抗压安全系数为 2.0，容许压应力为 15.68MPa。在正常荷载组合时，允许出现拉应力，但不大于 1.06MPa；在非常荷载组合时，拉应力不大于 1.57MPa。

4.2.6　小湾拱坝应力计算

4.2.6.1　荷载组合

考虑以下 12 种荷载组合。

持久组合①：正常蓄水位＋坝体自重＋泥沙压力＋温降＋水垫塘水位。

持久组合②：正常蓄水位＋坝体自重＋泥沙压力＋温升＋水垫塘水位。

持久组合③：多年平均消落水位＋坝体自重＋泥沙压力＋温降＋水垫塘水位。

持久组合④：多年平均消落水位＋坝体自重＋泥沙压力＋温升＋水垫塘水位。

短暂组合①：死水位＋坝体自重＋泥沙压力＋温升＋水垫塘水位。

短暂组合②：正常蓄水位＋坝体自重＋泥沙压力＋温降＋水垫塘检修。

短暂组合③：正常蓄水位＋坝体自重＋泥沙压力＋温升＋水垫塘检修。

偶然组合①：校核洪水位＋坝体自重＋泥沙压力＋温升＋下游校核尾水位。

偶然组合②：持久组合①＋地震荷载。

偶然组合③：持久组合②＋地震荷载。

偶然组合④：持久组合③＋地震荷载。

偶然组合⑤：持久组合④＋地震荷载。

4.2.6.2 计算模型

计算模型按8拱17梁模型进行建模，各特征高程分别为：1245.00m、1210.00m、1170.00m、1130.00m、1090.00m、1050.00m、1010.00m、970.00m、950.50m。计算网格见图4.2-12。

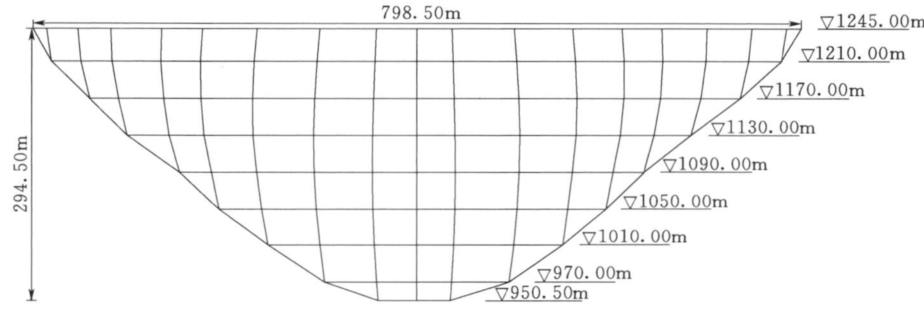

图4.2-12 实施体形计算网格图

4.2.6.3 应力控制标准

考虑到小湾拱坝施工期长、拱坝蓄水受水荷载时间长，并参考国内二滩工程经验，拱坝混凝土设计龄期采用180d。拱坝静力工况应力控制标准见表4.2-1。

表4.2-1 拱坝静力工况应力标准

荷载组合	持久组合			偶然组合（无地震）		
		混凝土强度等级	应力/MPa		混凝土强度等级	应力/MPa
主压应力	压应力安全系数4.0	$C_{180}40$	10.0	压应力安全系数3.5	$C_{180}40$	11.4
		$C_{180}35$	8.75		$C_{180}35$	10.0
		$C_{180}30$	7.5		$C_{180}30$	8.6
主拉应力/MPa	上游面1.2，下游面1.5			1.5		

4.2.6.4 综合变模

鉴于多拱梁法计算中仅能输入各高程拱座基础的综合变模，为反映基础沿深度方向的变形模量变化，首先从基本地质参数计算出基础综合变模，再采用考虑加固措施后复杂地基有限元计算成果，按与地质基本划分区域的平均应力占整个抗力体平均应力的比例作为权重系数，加权平均后计算出最终的综合变模。由于有限元分析中，离建基面越近的基础应力越大，离建基面越远的基础应力越小，因此计算出的不同基础深度变模权重系数反映了该规律，此规律也符合常规。

综合变模计算基于以下假定：

（1）根据有限元分析成果，在坝基约 1～1.5 倍拱端厚范围内的抗力体对坝体应力和变位有较大影响。因此综合变形模量的计算范围采用一倍拱端厚度的抗力体。

（2）假定计算分层内岩体平均变位与平均应力成比例，以各分层范围内平均应力为权重，计算综合变模。

按上述基本参数及假定，将各高程拱端抗力岩体（各高程拱圈拱端厚）分为 4 个区域（0～5m、5～10m、10～20m、20m 至各高程 1 倍拱端厚），采用考虑加固措施后复杂地基有限元计算成果，截取各高程抗力岩体范围内的应力等值线，分别计算 4 个区域内平均应力，4 个区域平均应力的加权平均值视为抗力岩体内的平均应力，以不同区域平均应力占整个抗力岩体平均应力的比例作为权重系数，用不同区域的基本变形模量加权平均计算出拱梁分载模型所需综合变形模量，为便于多拱梁法计算，对计算出的综合变形模量进行了适当归并（按 0.5 的倍数舍入），各高程权重系数见表 4.2－2，多拱梁分析所采用的综合变形模量见表 4.2－3。

表 4.2－2　　各高程拱端权重系数分布

高程/m	右岸					左岸				
	范围 1	范围 2	范围 3	底线	合计	范围 1	范围 2	范围 3	底线	合计
	0～5m	5～10m	10～20m	拱端厚		0～5m	5～10m	10～20m	拱端厚	
1245.00	0.341	0.334	0.325	0.000	1	0.362	0.340	0.298	0.000	1
1210.00	0.267	0.367	0.200	0.167	1	0.256	0.410	0.205	0.128	1
1170.00	0.384	0.397	0.164	0.055	1	0.403	0.388	0.164	0.045	1
1130.00	0.348	0.420	0.192	0.040	1	0.439	0.386	0.151	0.024	1
1090.00	0.364	0.396	0.200	0.041	1	0.391	0.400	0.178	0.030	1
1050.00	0.444	0.342	0.179	0.035	1	0.371	0.391	0.198	0.040	1
1010.00	0.504	0.305	0.157	0.034	1	0.435	0.348	0.177	0.040	1
970.00	0.464	0.339	0.161	0.036	1	0.475	0.335	0.158	0.032	1
950.50	0.364	0.425	0.182	0.028	1	0.367	0.404	0.202	0.028	1

表 4.2－3　　各高程岩体综合变形模量

高程/m	950.50	970.00	1010.00	1050.00	1090.00	1130.00	1170.00	1210.00	1245.00
右岸/GPa	15	15	16.5	16.5	17	14.0	16.0	13.5	6.5
左岸/GPa	15	15	18.5	17.5	17.5	17.0	16.5	16.5	7.5

4.2.6.5　计算结果及分析

根据计算出的综合变模，共进行 12 个工况的应力应变分析，不同工况变位应力最大值见表 4.2－4。

静力工况，在正常蓄水位及校核洪水位下，坝体主拉应力均满足控制标准，但下游面主压应力出现一定程度超标，最大超标幅度为 7.3%，超标压应力均出现在高程 1090.00m 及高程 1010.00m 下游拱端附近。在死水位工况下，坝体压应力均满足控制标准，但下游面主拉应力超出了应力控制标准，最大超标幅度为 11.3%，超标拉应力出现

在高程 1090.00m 及 1010.00m 下游拱端附近。

表 4.2-4　　不同工况径向变位及应力最大值

工况		径向变位/cm	上游面主应力/MPa		下游面主应力/MPa	
			主拉应力	主压应力	主拉应力	主压应力
持久组合①	数值	16.70	−0.93	6.96	−1.29	10.40
	部位	高程 1210m 拱冠	高程 1090m 右拱端	高程 1050m 拱冠	高程 970m 拱冠偏左	高程 1090m 右拱端
持久组合②	数值	16.05	−1.04	7.06	−1.16	10.50
	部位	高程 1210m 拱冠	高程 1090m 右拱端	高程 1245m 拱冠	高程 970m 拱冠偏左	高程 1090m 右拱端
持久组合③	数值	7.80	−0.60	8.28	−1.19	6.04
	部位	高程 1090m 拱冠	高程 1090m 右拱端	高程 950.5m 右拱端	高程 1090m 左拱端	高程 1010m 左拱端
持久组合④	数值	7.64	−0.73	8.25	−1.11	6.12
	部位	高程 1090m 拱冠	高程 1090m 右拱端	高程 950.5m 右拱端	高程 1090m 左拱端	高程 1010m 左拱端
短暂组合①	数值	6.26	−0.72	8.81	−1.67	5.26
	部位	高程 1090m 拱冠	高程 1090m 右拱端	高程 950.5m 右拱端	高程 1090m 左拱端	高程 1010m 左拱端
短暂组合②	数值	16.74	−0.91	7.01	−0.69	10.41
	部位	高程 1210m 拱冠	高程 1090m 右拱端	高程 1050m 拱冠	高程 970m 拱冠偏左	高程 1090m 右拱端
短暂组合③	数值	16.09	−1.02	7.06	−0.57	10.52
	部位	高程 1210m 拱冠	高程 1090m 右拱端	高程 1245m 拱冠	高程 950.5m 右拱端	高程 1090m 右拱端
偶然组合①	数值	16.57	−1.10	7.36	−1.24	10.73
	部位	高程 1210m 拱冠	高程 1090m 右拱端	高程 1245m 拱冠	高程 970m 拱冠偏左	高程 1090m 右拱端
偶然组合②	数值	25.90	−3.04	12.32	−3.38	13.86
	部位	高程 1245m 拱冠偏右	高程 1170m 拱冠	高程 1245m 拱冠偏右	高程 970m 右拱端	高程 1090m 右拱端
偶然组合③	数值	24.86	−3.09	12.65	−3.25	13.95
	部位	高程 1245m 拱冠偏右	高程 1130m 左拱端	高程 1245m 拱冠偏右	高程 970m 右拱端	高程 1090m 右拱端
偶然组合④	数值	14.25	−4.26	10.16	−4.10	8.47
	部位	高程 1245m 拱冠偏右	高程 1245m 拱冠偏右	高程 950.5m 右拱端	高程 1090m 右拱端	高程 1090m 右拱端
偶然组合⑤	数值	13.26	−3.90	10.14	−3.98	8.56
	部位	高程 1245m 拱冠偏右	高程 1245m 拱冠偏右	高程 950.5m 右拱端	高程 1090m 右拱端	高程 1090m 右拱端

注　正号为压应力，负号为拉应力。

地震工况下，上下游面拉压应力均满足控制标准。

偶然组合④、⑤工况下，上游面最大主拉应力−4.26MPa，发生在高程 1245.00m 坝顶。下游面最大主拉应力−4.10MPa，发生在高程 1090.00m 右拱端。

4.2.6.6　比较分析

为了分析网格划分对多拱梁法计算结果的影响，将拱坝加密至 20 拱 41 梁进行计算

（表 4.2-5）。计算结果表明，网格加密后，坝体变位及应力均有所变化，但变化幅度很小。因此，就控制坝体最大应力而言，采用 8 拱 17 梁便可满足精度要求。

表 4.2-5　　坝体最大应力及最大变位差值

项目		持久组合①	持久组合②	偶然组合①	短暂组合①
上游面	主压应力/MPa	0.56	0.09	0.57	0.14
	主拉应力/MPa	0.01	−0.19	0.0	−0.30
下游面	主压应力/MPa	0.47	0.19	0.42	0.07
	主拉应力/MPa	0.60	0.28	0.66	0.05
径向变位/cm		1.21	0.20	0.0	0.0

注　表中数值为 20 拱 41 梁结果减去 8 拱 15 梁结果。

4.3　有限单元法——静力分析

4.3.1　基本方程

把连续介质转化为离散介质（单元）的组合，各单元通过节点联系，单元内位移由节点位移用形函数插值获得，通过变分或虚功原理建立求解节点位移的联立方程，然后再用节点位移计算单元内应变，最后计算单元内应力。采用时步增量型格式，第 n 时步（或时间 t）的节点位移增量 $\{\Delta\delta\}_t^e$（或记为 $\{\Delta\delta(t)\}^e$、$\{\Delta\delta\}_n^e$）与单元内部位移增量 $\{\Delta u\}_t$（或记为 $\{\Delta u(t)\}$、$\{\Delta u\}_n$）为

$$\{\Delta\delta\}_t^e=[\Delta u_1 \quad \Delta v_1 \quad \Delta w_1 \quad \Delta u_2 \quad \Delta v_2 \quad \Delta w_2 \quad \cdots]^{\mathrm{T}} \tag{4.3-1}$$

$$\{\Delta u\}_t=[\Delta u \quad \Delta v \quad \Delta w]^{\mathrm{T}} \tag{4.3-2}$$

单元内部的位移增量可以由节点位移增量通过形函数插值得到

$$\{\Delta u\}_t=[N]\{\Delta\delta\}_t^e \tag{4.3-3}$$

式中：$[N]$ 为单元形函数矩阵。

按小变形假定，单元内部的应变增量为

$$\{\Delta\varepsilon\}_t=[B]\{\Delta\delta\}_t^e \tag{4.3-4}$$

按弹性理论，有

$$\{\Delta\sigma\}_t=[D]\{\Delta\varepsilon\}_t=[S]\{\Delta\delta\}_t^e \tag{4.3-5}$$

$$[S]=[D][B]$$

式中：$[B]$ 为应变矩阵；$[S]$ 为应力矩阵。

面力、体力等外荷按静力等效的原理分配到相关节点上

$$\begin{aligned}\{\Delta F\}_t^e &= [\Delta F_{1X} \quad \Delta F_{1Y} \quad \Delta F_{1Z} \quad \Delta F_{2X} \quad \Delta F_{2Y} \quad \Delta F_{2Z} \quad \cdots]^{\mathrm{T}} \\ &= \iiint\limits_{\Omega_e}[N]^{\mathrm{T}}\{\Delta V\}\mathrm{d}\Omega+\iint\limits_{\Gamma_e}[N]^{\mathrm{T}}\{\Delta p\}\mathrm{d}\Gamma+[N]^{\mathrm{T}}\{\Delta q\}\end{aligned} \tag{4.3-6}$$

式中：$[N]$ 为单元形函数矩阵；$\{\Delta V\}$、$\{\Delta p\}$ 和 $\{\Delta q\}$ 分别为体力、面力和集中力增量向量。

根据虚功原理，可推出平衡方程

$$\iiint_{\Omega_e}[B]^{\mathrm{T}}\{\Delta\sigma\}_t\mathrm{d}\Omega=\{\Delta F\}_t \tag{4.3-7}$$

把式（4.3-5）代入单元平衡方程式（4.3-7），得到单元节点力与节点位移之间的关系

$$[K]^e\{\Delta\delta\}_t^e=\{\Delta F\}_t^e \tag{4.3-8}$$

$$[K]^e=\iiint_{\Omega_e}[B]^{\mathrm{T}}[D][B]\mathrm{d}\Omega \tag{4.3-9}$$

式中：$[K]^e$ 为单元刚度矩阵。

利用式（4.3-8）通过绕节点组合，即可给出全体节点位移增量与全体节点荷载增量的关系

$$[K]\{\Delta\delta\}_t=\{\Delta F\}_t \tag{4.3-10}$$

式中：$[K]$ 为整体刚度矩阵；$\{\Delta\delta\}_t$ 为整体位移向量；$\{\Delta F\}_t$ 为整体荷载向量。

由式（4.3-10）解出位移增量，然后由式（4.3-4）计算各单元内部的应变增量，再由式（4.3-5）计算各单元内部应力增量。以上各量分别叠加后，即可得出在某一时步下结构的节点位移、单元应变和应力总量 $\{\delta\}_t$、$\{\varepsilon\}_t$、$\{\sigma\}_t$。

在不引起误会的情况下，式（4.3-1）～式（4.3-10）中各物理力学量的代表时步的下标 n（或时间 t）都可略去。

4.3.2 非线性问题

非线性问题可分为以下两类：

（1）几何非线性。又称大变形问题，在数学上表现为式（4.3-4）中的$[B]=[B(\{u\},\{\Delta u\})]$，是位移的函数。

（2）物理非线性。弹塑性是典型的物理非线性问题，此时式（4.3-5）中的$[D]=[D^{ep}(\{\sigma\},\{\Delta\sigma\})]$，是应力的函数。

4.3.2.1 弹塑性问题

当应力产生一无限小增量时，总应变增量可分解成弹性和塑性两部分，即

$$\{\Delta\varepsilon\}=\{\Delta\varepsilon^e\}+\{\Delta\varepsilon^p\}$$

弹性应变增量与应力增量是线性关系，可写成

$$\{\Delta\sigma\}=[D]_e(\{\Delta\varepsilon\}-\{\Delta\varepsilon^p\}) \tag{4.3-11}$$

式中：$[D]_e$ 为弹性矩阵。

$$d\{\sigma\}=\left[[D]_e-\frac{[D]_e\dfrac{\partial\bar{\sigma}}{\partial\{\sigma\}}\left\{\dfrac{\partial\bar{\sigma}}{\partial\{\sigma\}}\right\}^{\mathrm{T}}[D]_e}{H'+\left\{\dfrac{\partial\bar{\sigma}}{\partial\{\sigma\}}\right\}^{\mathrm{T}}[D]_e\dfrac{\partial\bar{\sigma}}{\partial\{\sigma\}}}\right]\{\Delta\varepsilon\}$$

即

$$[D]_p=\frac{[D]_e\dfrac{\partial\bar{\sigma}}{\partial\{\sigma\}}\left\{\dfrac{\partial\bar{\sigma}}{\partial\{\sigma\}}\right\}^{\mathrm{T}}[D]_e}{H'+\left\{\dfrac{\partial\bar{\sigma}}{\partial\{\sigma\}}\right\}^{\mathrm{T}}[D]_e\dfrac{\partial\bar{\sigma}}{\partial\{\sigma\}}} \tag{4.3-12}$$

$$[D]_{ep}=[D]_e-[D]_p \tag{4.3-13}$$

于是得到增量形式的弹塑性应力应变关系

$$\{\Delta\sigma\}=[D]_{ep}\{\Delta\varepsilon\} \tag{4.3-14}$$

式中：$[D]_{ep}$为弹塑性矩阵。

（1）初应力法。对于弹塑性问题，增量形式的应力-应变关系可以定义为

$$\{\Delta\sigma\}=[D]_e\{\Delta\varepsilon\}+\{\Delta\sigma_0\}$$

而

$$\{\Delta\sigma_0\}=-[D]_p\{\Delta\varepsilon\}$$

$[D]_p$由式（4.3-12）计算。对某单元开始进入塑性以后的每次加载，用增量代替微分

$$\left.\begin{aligned}\{\Delta\sigma\}&=[D]_e\{\Delta\varepsilon\}+\{\Delta\sigma_0\}\\\{\Delta\sigma_0\}&=-[D]_p\{\Delta\varepsilon\}\end{aligned}\right\} \tag{4.3-15}$$

位移增量$\{\Delta\delta\}$应满足的平衡方程是

$$[K_0]\{\Delta\delta\}=\{HF\}+\{R(\{\Delta\varepsilon\})\} \tag{4.3-16}$$

由于式（4.3-15）第一式中的系数阵$[D]_e$为弹性矩阵，式（4.3-16）中的刚度矩阵$[K_0]$就是弹性计算中的刚度矩阵。而

$$\{R(\{\Delta\varepsilon\}^e)\}=\iiint_{\Omega_e}[B]^{\mathrm{T}}[D]_p\{H\varepsilon\}\mathrm{d}\Omega$$

是与初应力$\{\Delta\sigma_0\}$等值的节点载荷，它是不平衡的矫正载荷。

可以看出，式（4.3-16）中的矫正载荷决定于应变增量$\{\Delta\varepsilon\}$，而$\{\Delta\varepsilon\}$在求解前是未知的，因此对每个增量载荷步，一个迭代过程是必需的，以便同时求出位移增量和应变增量。

第k次增量载荷的迭代公式是

$$[K_0]\{\Delta\delta\}_k^{j+1}=\{\Delta F\}_k+\{R\}_k^j\qquad j=0,1,2,\cdots \tag{4.3-17}$$

第1次迭代是在$\{\Delta\delta\}_0=\{\Delta\varepsilon\}_0=\{\Delta\sigma_0\}=0$下作纯弹性计算。以后的迭代是根据前次迭代求出的$\{\Delta\varepsilon\}_k^j$和加载前的应力水平计算$\{R\}_k^j$，然后按式计算$\{\Delta\delta\}_k^{j+1}$。逐次进行迭代，直至收敛。

值得注意的是，对于过渡单元，初应力的计算不应计及总应变增量$\{\Delta\varepsilon\}$中在进入屈服之前的部分，即矫正载荷应用下式计算

$$\{R^e\}=\iiint_{\Omega_e}[B]^{\mathrm{T}}[D]_p(1-m)\{\Delta\varepsilon\}\mathrm{d}\Omega \tag{4.3-18}$$

（2）初应变法。对于弹塑性问题，增量形式的应力-应变关系可定义为

$$\{\Delta\sigma\}=[D]_e(\{\Delta\varepsilon\}-\{\Delta\varepsilon_0\}) \tag{4.3-19}$$

而

$$\{\Delta\varepsilon_0\}=\{\Delta\varepsilon^p\}$$

由式（4.3-11）和式（4.3-12），有

$$\{\Delta\varepsilon_0\}=\{H\varepsilon\}_p=\Delta\bar{\varepsilon}_p\frac{\partial\bar{\sigma}}{\partial\{\sigma\}}=\frac{1}{H'}\frac{\partial\bar{\sigma}}{\partial\{\sigma\}}\left\{\frac{\partial\bar{\sigma}}{\partial\{\sigma\}}\right\}^{\mathrm{T}}\{\Delta\sigma\} \tag{4.3-20}$$

用增量代替微分，将式（4.3-18）和式（4.3-19）线性化

$$\left.\begin{aligned}&\{\Delta\sigma\}=[D]_e(\{\Delta\varepsilon\}-\{\Delta\varepsilon_0\})\\&\{\Delta\varepsilon_0\}=\{\Delta\varepsilon\}_p=\frac{1}{H'}\frac{\partial\bar{\sigma}}{\partial\{\sigma\}}\left\{\frac{\partial\bar{\sigma}}{\partial\{\sigma\}}\right\}^{\mathrm{T}}\{\Delta\sigma\}\end{aligned}\right\}\tag{4.3-21}$$

此时位移增量应满足的平衡方程为

$$[K_0]\{\Delta\delta\}=\{\Delta F\}+\{R(\{\Delta\sigma\})\}\tag{4.3-22}$$

式中：$[K_0]$ 为弹性计算中的刚度矩阵。

$$\begin{aligned}\{R(\{\Delta\sigma\}^e)\}&=\iiint_{\Omega_e}[B]^{\mathrm{T}}[D]\{\Delta\varepsilon\}_p\mathrm{d}\Omega\\&=\iiint_{\Omega_e}\frac{1}{H'}[B]^{\mathrm{T}}[D]_e\frac{\partial\bar{\sigma}}{\partial\{\sigma\}}\left\{\frac{\partial\bar{\sigma}}{\partial\{\sigma\}}\right\}^{\mathrm{T}}\{\Delta\sigma\}\mathrm{d}\Omega\end{aligned}\tag{4.3-23}$$

是与初应变等价的节点载荷，或称为矫正载荷。

由于矫正载荷与应力增量 $\{\Delta\sigma\}$ 有关，而 $\{\Delta\sigma\}$ 本身又是待确定的量，因此求解方程组式（4.3-22）必须采用迭代方法。

第 k 次增量载荷步的迭代公式为

$$[K_0]\{\Delta\delta\}_k^{j+1}=\{\Delta F\}_k+\{R\}_k^j\quad j=0,1,2,\cdots\tag{4.3-24}$$

每一次加载时，首先取 $\{\Delta\sigma\}_0=0$ 作一次弹性计算，以后的迭代用上次迭代的结果和加载前的应力水平计算 $\{R\}_k^j$，逐次进行迭代，直至收敛。

4.3.2.2 弹黏塑性问题

根据弹黏塑性势理论，在时刻 t，应变增量为

$$\{\Delta\varepsilon\}=\{\Delta\varepsilon^e\}+\{\Delta\varepsilon^{vp}\}\tag{4.3-25}$$

式中：$\{\Delta\varepsilon^e\}$ 为弹性应变增量；$\{\Delta\varepsilon^{vp}\}$ 为黏塑性应变增量。

根据弹黏塑性势理论，式（4.3-25）可改写成

$$\{\Delta\sigma\}=[\hat{D}](\{\Delta\varepsilon\}-\{\dot{\varepsilon}^{vp}\}\Delta t)\tag{4.3-26}$$

或

$$\{\Delta\varepsilon\}=([\hat{D}])^{-1}\{\Delta\sigma\}+\{\dot{\varepsilon}^{vp}\}\Delta t\tag{4.3-27}$$

其中的隐式弹性矩阵和粘塑性应变率表为

$$\left.\begin{aligned}&[\hat{D}]=([D]^{-1}+[C])^{-1}\\&[C]=\Theta\Delta t[H]\\&[H]=\left[\frac{\partial\{\dot{\varepsilon}^{vp}\}}{\partial\{\sigma\}}\right]\\&\{\dot{\varepsilon}^{vp}\}=\gamma\langle F\rangle\left\{\frac{\partial Q}{\partial\sigma}\right\}\end{aligned}\right\}\tag{4.3-28}$$

式中：Δt 为时间步长；$[D]$ 和 $[H]$ 分别为弹性矩阵和隐式矩阵；γ 为流动参数；F 为屈服函数；Q 为势函数；Θ 为隐式参数。

当 $F=Q$ 时，称黏塑性流动是关联的，否则为非关联。

当 $\Theta\geqslant0.5$ 时，时步离散格式为无条件稳定。当 $\Theta=0$ 时，称时步离散格式为显式，

此时

$$[\hat{D}]=[D] \tag{4.3-29}$$

而式（4.3-26）则退化为

$$\{\Delta\sigma\}=[D](\{\Delta\varepsilon\}-\{\dot{\varepsilon}^{vp}\}\Delta t) \tag{4.3-30}$$

显格式简单，但有稳定条件的限制，时间步长 Δt 过大会引起计算发散。

根据 Owen 和 Hinton（1980）等人的研究，若流动参数 γ 可由室内外试验确定，则可利用弹黏塑性计算推求应力应变随时间变化的实际过程，并求出最终的稳态应力应变；当流动参数 γ 无条件确定时，可取 $\gamma=1$，由此计算的应力应变过程为虚拟过程，但最终求得的稳态应力应变与弹塑性解一致。

另据朱伯芳的研究，用弹塑性增量理论计算时，结构的荷载-位移曲线变化平缓，相应于失稳的一段曲线对荷载增量灵敏度不高，不易准确地求出安全系数。而采用弹黏塑性势理论计算可避免这个缺点。

基于以上理由，在进行计算岩体力学研究时，一般都采用弹黏塑性势理论。

弹黏塑性势理论问题可用初应变法或初应力法求解。把式（4.3-26）代入单元平衡方程式（4.3-21），代替弹性问题的式（4.3-24），有

$$[K]\{\Delta\delta\}=\{\Delta F\}+\{\Delta F^{vp}\} \tag{4.3-31}$$

式（4.3-31）中右端增加了由黏塑性引起的等效荷载增量 $\{\Delta F^{vp}\}$，由各单元的等效荷载增量 $\{\Delta F^{vp}\}^e$ 通过绕节点组合而成。$\{\Delta F^{vp}\}^e$ 的计算式为

$$\{\Delta F^{vp}\}^e=\iiint_{\Omega_e}[B]^{\mathrm{T}}[D]\{\Delta\varepsilon^{vp}\}\mathrm{d}\Omega \tag{4.3-32}$$

4.3.2.3 弹性徐变温度应力问题

由于混凝土弹模 E 和徐变度都随时间而变化，不能采用常规的方法，可以采用增量法计算，把时间 τ 划分为一系列时段 $\Delta\tau_n$（$n=1, 2, \cdots, n$），见图 4.3-1。

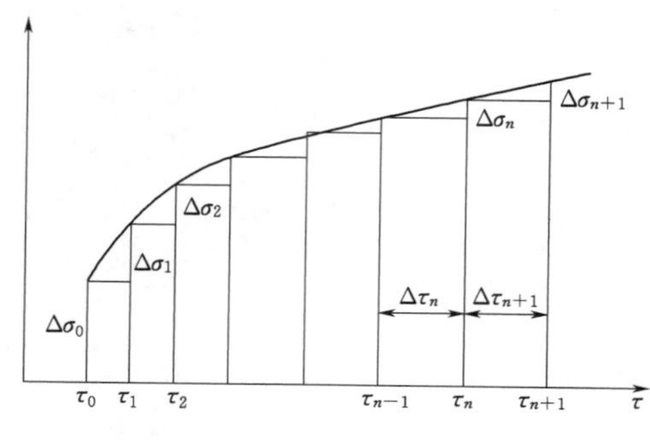

图 4.3-1 应力增量图

$$\Delta\tau_n=\tau_n-\tau_{n-1} \tag{4.3-33}$$

在时段 $\Delta\tau_n$ 内产生的应变增量为

$$\{\Delta\varepsilon\}_n=\{\Delta\varepsilon^e\}_n+\{\Delta\varepsilon^c\}_n+\{\Delta\varepsilon^T\}_n+\{\Delta\varepsilon^g\}_n+\{\Delta\varepsilon^s\}_n \tag{4.3-34}$$

式中：$\{\Delta\varepsilon^e\}_n$ 为弹性应变增量；$\{\Delta\varepsilon^c\}_n$ 为徐变应变增量；$\{\Delta\varepsilon^T\}_n$ 为温度应变增量；$\{\Delta\varepsilon^g\}_n$ 为自生体积应变增量；$\{\Delta\varepsilon^s\}_n$ 为干缩应变增量。

隐式解法假定在 $\Delta\tau_n$ 内应力速率 $\dfrac{\partial\sigma}{\partial\tau}$ 为常量，得到弹性应变增量 $\{\Delta\varepsilon^e\}_n$ 为

$$\{\Delta\varepsilon^e\}_n=\frac{1}{E(\bar{\tau}_n)}[Q]\{\Delta\sigma\}_n \tag{4.3-35}$$

式（4.3-35）中 $E(\bar{\tau}_n)$ 为时段中点 $\bar{\tau}_n=\dfrac{\tau_{n-1}+\tau_n}{2}$ 的弹模，对于空间问题 $[Q]$ 可写为

$$[Q]=\begin{bmatrix}1 & -\mu & -\mu & 0 & 0 & 0\\ -\mu & 1 & -\mu & 0 & 0 & 0\\ -\mu & -\mu & 1 & 0 & 0 & 0\\ 0 & 0 & 0 & 2(1+\mu) & 0 & 0\\ 0 & 0 & 0 & 0 & 2(1+\mu) & 0\\ 0 & 0 & 0 & 0 & 0 & 2(1+\mu)\end{bmatrix} \tag{4.3-36}$$

徐变应变增量 $\{\Delta\varepsilon^c\}_n$ 可由下式计算

$$\{\Delta\varepsilon^c\}_n=\{\eta\}_n+C(t,\bar{\tau}_n)[Q]\{\Delta\sigma\}_n \tag{4.3-37}$$

其中

$$\{\eta\}_n=\sum_s(1-\mathrm{e}^{-r_s\Delta\tau_n})\{\omega_s\}_n \tag{4.3-38}$$

$$\{\omega_s\}_n=\{\omega_s\}_{n-1}\mathrm{e}^{-r_s\Delta\tau_{n-1}}+[Q]\{\Delta\sigma\}_{n-1}\Psi_s(\bar{\tau}_{n-1})\mathrm{e}^{-0.5r_s\Delta\tau_{n-1}} \tag{4.3-39}$$

应力增量和应变增量关系为

$$\{\Delta\sigma\}_n=(\overline{D}_n(\{\Delta\varepsilon\}_n-\{\eta\}_n-\{\Delta\varepsilon^T\}_n-\{\Delta\varepsilon^g\}_n-\{\Delta\varepsilon^s\}_n) \tag{4.3-40}$$

其中

$$[\overline{D}]_n=\overline{E}_n[Q]^{-1} \tag{4.3-41}$$

$$\overline{E}_n=\frac{E(\bar{\tau}_n)}{1+E(\bar{\tau}_n)C(t,\bar{\tau}_n)} \tag{4.3-42}$$

单元节点力增量由式（4.3-43）计算

$$\{\Delta F\}^e=\iiint_{\Omega_e}[B]^{\mathrm{T}}\{\Delta\sigma\}\mathrm{d}\Omega \tag{4.3-43}$$

式中：$[B]$ 为几何矩阵。

把式（4.3-40）代入式（4.3-43），有

$$\{\Delta F\}^e=[K]^e\{\Delta\delta\}_n^e-\iiint_{\Omega_e}[B]^{\mathrm{T}}[\overline{D}]_n(\{\eta\}_n+\{\Delta\varepsilon^T\}_n+\{\Delta\varepsilon^g\}_n+\{\Delta\varepsilon^s\}_n)\mathrm{d}\Omega \tag{4.3-44}$$

单元刚度矩阵为

$$[K]^e=\iiint_{\Omega_e}[B]^{\mathrm{T}}[\overline{D}]_n[B]\mathrm{d}\Omega \tag{4.3-45}$$

式（4.3-45）右边第二项代表非应力变形引起的节点力，把它们改变符号，即得到非应力变形引起的单元载荷增量

$$\{\Delta F^c\}_n^e=\iiint_{\Omega_e}[B]^{\mathrm{T}}[\overline{D}]_n\{\eta\}_n\mathrm{d}\Omega \tag{4.3-46}$$

$$\{\Delta F^T\}_n^e=\iiint_{\Omega_e}[B]^{\mathrm{T}}[\overline{D}]_n\{\Delta\varepsilon^T\}_n\mathrm{d}\Omega \tag{4.3-47}$$

$$\{\Delta F^g\}_n^e = \iiint_{\Omega_e} [B]^{\mathrm{T}} [\overline{D}]_n \{\Delta\varepsilon^g\}_n \mathrm{d}\Omega \tag{4.3-48}$$

$$\{\Delta F^s\}_n^e = \iiint_{\Omega_e} [B]^{\mathrm{T}} [\overline{D}]_n \{\Delta\varepsilon^s\}_n \mathrm{d}\Omega \tag{4.3-49}$$

式中：$\{\Delta F^c\}_n^e$ 为徐变引起的单元节点载荷增量；$\{\Delta F^T\}_n^e$ 为温度引起的单元节点载荷增量；$\{\Delta F^g\}_n^e$ 为自身体积变形引起的单元节点载荷增量；$\{\Delta F^s\}_n^e$ 为干缩引起的单元节点载荷增量。

把节点力和节点载荷用编码法加以集合，得到整体平衡方程

$$[K]\{\Delta\delta\}_n = \{\Delta F^L\}_n + \{\Delta F^c\}_n + \{\Delta F^T\}_n + \{\Delta F^g\}_n + \{\Delta F^s\}_n \tag{4.3-50}$$

式中：$[K]$ 为整体刚度矩阵；$\{\Delta F^L\}_n$ 为外载荷引起的节点载荷增量；$\{\Delta F^c\}_n$ 为徐变引起的节点载荷增量；$\{\Delta F^T\}_n$ 为温度引起的节点载荷增量；$\{\Delta F^g\}_n$ 为自身体积变形引起的节点载荷增量；$\{\Delta F^s\}_n$ 为干缩引起的节点载荷增量。

解出各节点的位移增量 $\{\Delta\delta\}_n$ 后，由式（4.3－40）即可得到各单元应力增量 $\{\Delta\sigma\}_n$，累加后即得到各单元应力

$$\{\sigma\}_n = \{\Delta\sigma\}_1 + \{\Delta\sigma\}_2 + \cdots + \{\Delta\sigma\}_n \tag{4.3-51}$$

4.3.2.4　岩体松弛准则与效应评价问题

（1）松弛准则。开挖卸载和爆破均可导致岩体松弛和损伤。爆破损伤主要是指在爆破温度、压力、振动的作用下，出现新的裂隙，其影响深度一般较小，且可通过改进爆破技术和提高爆破质量进行控制。开挖卸载导致的应力应变调整主要使岩体内原有裂隙错动及扩张，其影响深度一般较大，有时可达 20～30m。当岩体松弛发展到一定程度时，表面呈现不稳定趋势。在特定的地质条件下，可能出现岩爆等快速小范围解体现象，也可能出现因变形局部化引起的延伸范围较大且与开挖面大体平行的张性裂隙，导致浅层岩体质量劣化。本书主要研究由于岩体应力场的调整所产生的松弛行为或现象。

开挖损伤松弛形成的破裂面一般与最大主应力方向成一个较小的角度，与卸荷方向成近 90°夹角。用于建立岩体松弛判断准则的物理量有位移、应力、应变、点安全度等。尽管都能认识到这些指标的劣化预示着损伤松弛风险的增加，但要据此建立判断准则却并不容易。不同于诸如温度应力、结构应力等引起的垂直于坡面的裂缝，损伤松弛裂隙的产生是因为在某个方向（一般为与坡面成大角度方向）上的应变超过了材料的极限拉伸应变，从而出现垂直于该方向的层状裂缝，属“微张拉层裂”现象。如果这种层裂微裂隙在基岩应力进一步调整过程中继续扩展，将会导致局部岩体结构损坏。因此，岩石材料的极限拉伸应变可作为反映开挖损伤松弛的指标。

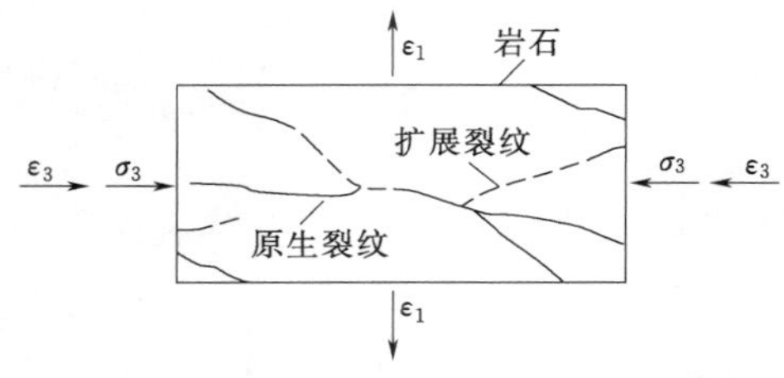

图 4.3－2　含多条微裂纹的岩体

考察图 4.3－2 所示的单轴试验，在主压应力 σ_3 作用下，由于泊松效应，试件横向产生拉应变 ε_1，其中包含微裂隙扩展的部分。假如可以通过实验测定试件破坏时的岩石极限拉伸应变值，则可用式（4.3－52）作为岩体可能发生以张裂纹扩展为特征的松弛破坏准则

$$\varepsilon_1 > \varepsilon_l \tag{4.3-52}$$

式中：ε_1 为主拉应变；ε_l 为岩石的极限拉伸应变。

岩石的极限拉伸应变可以通过试验获得，但目前此类试验主要用于混凝土材料，针对岩石材料的极限拉伸应变测试试验极少。但极限拉伸应变和抗拉强度与弹模的比值之间存在很强的正比规律，即 ε_l 与 σ_t/E 存在较为一致的正相关性。根据部分抗拉强度试验数据以及相应变形模量分析得到 ε_l，结果列于表 4.3-1。

表 4.3-1　　岩石材料的 ε_l 与 σ_t/E 对照表（$\times10^{-5}$）

岩石	石英岩	玄武岩	砾岩	砂岩	页岩	花岗片麻岩（小湾）
ε_l（均值）	11.66	17.5	8.07	9.0	12.03	20.0
σ_t/E（均值）	15.4	21.3	14.5	23.4	10.5	15.8

（2）松弛效应分析。在坝基岩体的开挖中，由于开挖损伤松弛效应的影响，岩体中会出现新生裂隙、原有裂隙也会扩展，从而引起岩体宏观力学参数的降低，使基岩发生附加的应力与位移调整。如果上述力学参数的劣化过程可由现场试验获得，则可利用该劣化规律在常规弹黏塑性理论框架内建立岩体松弛效应的有限元算法。

采用主拉应变准则作为松弛判据，并考虑了力学指标的劣化，对有限元程序 core-FEM 进行了改编。其中：对于弹性指标变化产生的弹性松弛效应，采用“约束-松弛”算法进行模拟；而对于强度指标变化导致的塑性松弛效应，则采用常规非弹黏塑性算法即可。具体流程见图 4.3-3。

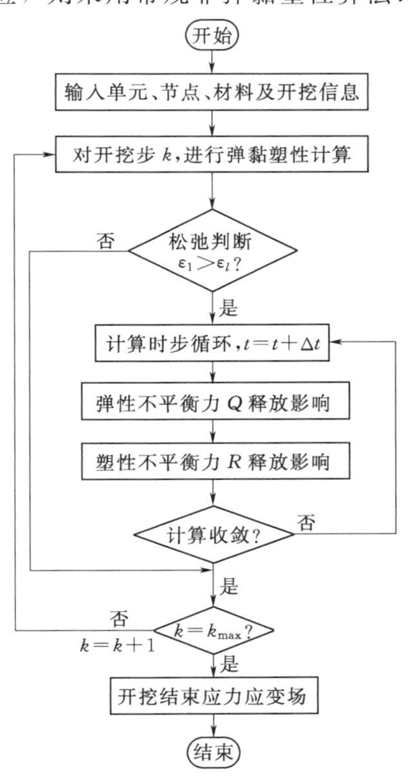

图 4.3-3　松弛效应的有限元算法流程图

在图 4.3-3 中，不平衡力 Q 和 R 释放影响分别对应岩体开挖松弛中弹性指标和强度指标的变化：弹性指标的变化，需进行弹性松弛分析，建立约束-松弛算法如下。

1）计算无应变变化时岩体松弛后的应力。记 t 时刻岩体的应变 $\{\varepsilon\}_t$ 为

$$\{\varepsilon\}_t=[D]_t^{-1}\{\sigma\}_t \tag{4.3-53}$$

式中：$[D]_t$ 为 t 时刻岩体弹性参数所形成的弹性矩阵；$\{\sigma\}_t$ 为该状态下的应力。

若在时间步长 Δt 后，岩体弹性矩阵由 $[D]_t$ 变化到 $[D]_{t+\Delta t}$，则岩体在无应变变化情况下的应力为

$$\{\sigma\}'_{t+\Delta t}=[D]_{t+\Delta t}\{\varepsilon\}_t \tag{4.3-54}$$

将式（4.3-53）代入式（4.3-54），可得

$$\{\sigma\}'_{t+\Delta t}=[D]_{t+\Delta t}[D]_t^{-1}\{\sigma\}_t \tag{4.3-55}$$

2）计算不平衡力的释放影响。图 4.3-4（a）表示边坡岩体的某一单元在 t 时刻的受力状态，P_t 为周边单元对它的作用力；图 4.3-4（b）表示图 4.3-4（a）中单元在 $t+\Delta t$ 时刻的受力状态，$P_{t+\Delta t}$ 为周边单元对它的作用力；图 4.3-4（c）表示由图 4.3-4（a）所示状态变至图 4.3-4（b）所示状态时该单元

所受的等效节点力 $\{Q\}_{t+\Delta t}$，即为不平衡力。

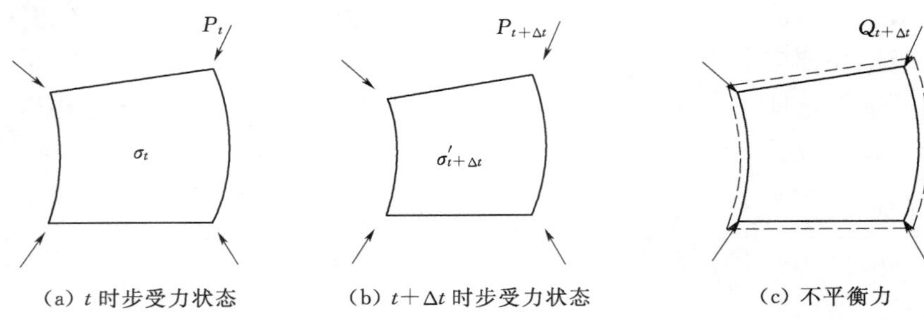

图 4.3-4 不平衡力计算简图

由图 4.3-4 可看出，不平衡力 $\{Q\}_{t+\Delta t}$ 可由边坡岩体在 t 时步应力 $\{\sigma\}_t$ 与无应变变化时的应力 $\{\sigma\}'_{t+\Delta t}$ 之差计算，即

$$\{Q\}_{t+\Delta t}=\int_v [B]^{\mathrm{T}}(\{\sigma\}_t-\{\sigma\}'_{t+\Delta t})\mathrm{d}v \tag{4.3-56}$$

以此不平衡力作为荷载，进行有限元分析，得到应力增量 $\{\Delta\sigma\}_{t+\Delta t}$ 与应变增量 $\{\Delta\varepsilon\}_{t+\Delta t}$，则 $t+\Delta t$ 时刻岩体的应力应变分别为

$$\{\sigma\}_{t+\Delta t}=\{\sigma\}'_{t+\Delta t}+\{\Delta\sigma\}_{t+\Delta t} \tag{4.3-57}$$

$$\{\varepsilon\}_{t+\Delta t}=\{\varepsilon\}_t+\{\Delta\varepsilon\}_{t+\Delta t} \tag{4.3-58}$$

强度指标的变化可采用常规非线性有限单元法分析。若采用弹黏塑性理论，则 Δt 时间步的应变增量为（为表示简洁，以下符号均省略与时间步有关的下脚标 t）

$$\{\Delta\varepsilon\}=\{\Delta\varepsilon^e\}+\{\Delta\varepsilon^{vp}\} \tag{4.3-59}$$

式中：$\{\Delta\varepsilon^e\}$ 为弹性应变增量；$\{\Delta\varepsilon^{vp}\}$ 为黏塑性应变增量。

根据弹黏塑性势理论，Δt 时步内弹性应变增量产生的应力增量为

$$\{\Delta\sigma\}=[D](\{\Delta\varepsilon\}-\{\dot{\varepsilon}^{vp}\}\Delta t) \tag{4.3-60}$$

应变增量 $\{\Delta\varepsilon\}$ 由 t 时刻弹性矩阵 $[D]$ 产生的应力为

$$\{\Delta\sigma\}'=[D]\{\Delta\varepsilon\} \tag{4.3-61}$$

由于 Δt 时步迭代调整后应力必在屈服面上，故该迭代步需转移的应力即为黏塑性应变 $\{\Delta\varepsilon^{vp}\}$ 由 t 时刻弹性矩阵 $[D]$ 产生的应力，则不平衡力 $\{R\}$ 为

$$\{R\}=\int_v [B]^{\mathrm{T}}[D]\{\Delta\varepsilon^{vp}\}\mathrm{d}v=\int_v [B]^{\mathrm{T}}[D]\{\dot{\varepsilon}^{vp}\}\Delta t\mathrm{d}v \tag{4.3-62}$$

其中

$$\{\dot{\varepsilon}^{vp}\}=\gamma\langle F\rangle\left\{\frac{\partial Q}{\partial\sigma}\right\} \tag{4.3-63}$$

式中：$\{\dot{\varepsilon}^{vp}\}$ 为黏塑性应变率；γ 为流动参数；F 为屈服函数；Q 为势函数。

4.3.3 混凝土与岩体的本构模型

4.3.3.1 本构关系

近年来，关于混凝土与岩体本构关系的研究成果很多，归纳起来主要分为线弹性、非线弹性、弹塑性以及其他（基于内时理论模型、断裂损伤力学模型）等几类。实践中应用

较为成熟和广泛的本构模型仍是以德鲁克-普拉格模型、奥托森模型、谢-廷-陈四参数模型、威拉姆-沃恩克模型等为代表的弹塑性本构模型。

4.3.3.2 拱坝分缝、裂缝及岩体节理模拟

坝体产生裂缝后会破坏坝体的整体性，影响大坝的使用寿命，严重的裂缝甚至会危及大坝的安全。因此，拱坝设计中常预先设置横缝、纵缝、周边缝、诱导缝等可以控制、便于处理的“人工分缝”，取代不规则的可能产生的裂缝。目前，有限元分析模拟缝的模型主要分为弥散型、离散型和断裂力学模型。选用合适的模型用于实际结构分析取决于有限元分析的对象以及重点关注的问题。如果重点考察结构的宏观力学效应（如结构的荷载位移特性曲线），可以选择弥散裂缝模型；如果需研究结构局部特性，则采用离散裂缝模型更为适合；对于某些特殊类型的问题，采用基于断裂力学原理的开裂模型也许更为方便。

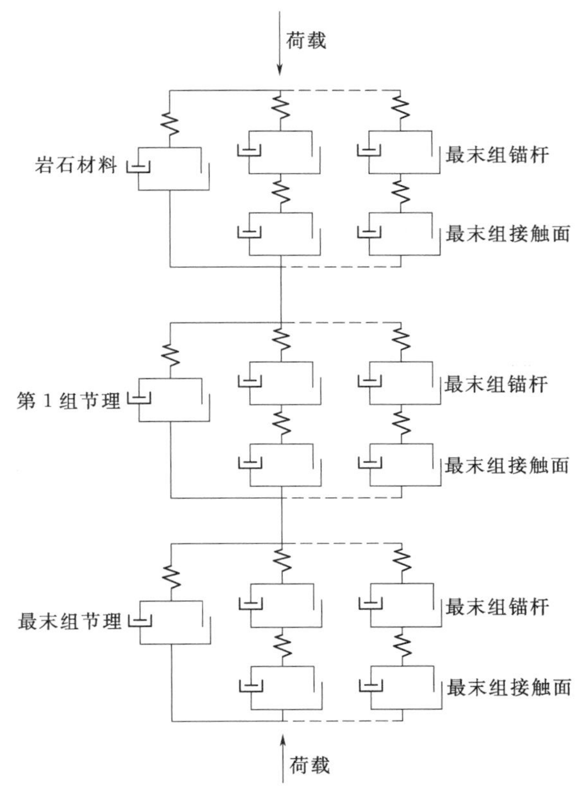

图 4.3-5 加锚节理岩体的流变模型

图 4.3-5 所示的流变模型的能很好地模拟岩体及混凝土介质中锚杆（或钢筋）加固的节理（或裂缝）。该模型隐含以下 4 条基本原则：

（1）应变叠加原则。加锚节理岩体的应变增量等于加锚岩块与各组加锚节理的应变增量之和。

（2）应力分担原则。加锚岩块中的应力增量由岩块和各组锚件共同分担；加锚节理中的应力增量由节理和锚杆共同承担。

（3）应力一致原则。加锚节理岩体、加锚岩块及各组加锚节理的应力增量相等。

（4）应变一致原则。加锚岩块中锚杆的应变与岩块的应变相等；加锚节理中锚杆的应变与节理的应变相等。

首先建立各组分的隐式弹黏塑性本构关系，然后按流变模型的四原则进行组合，即可建立加锚节理岩体的隐式弹黏塑性本构关系。

如将上述 4 个原则中的岩块考虑为混凝土块、节理考虑为裂缝、锚杆考虑为钢筋，则适用于分析含有裂缝的钢筋混凝土结构；如不考虑锚杆或者钢筋，则可分析一般的大体积素混凝土结构；该模型可同时进行弥散等效模拟和离散模拟。

4.3.3.3 施工过程、结构面和加固体系模拟

施工过程一般包括开挖和回填，为了正确模拟施工或回填过程，在进行有限元建模和

网格剖分时，必须考虑各个施工步骤的情况和结构特征。每一步开挖，即将对应开挖部位的单元作为空单元；而回填的施工，则是把该部分混凝土对应的单元重新赋予混凝土材料的参数。应用这种施工模拟过程的分析方法，可以对不同的施工方案进行对比研究，以确定最优施工步序。

岩体的重要特性是含有结构面（节理裂隙，软弱夹层和断层等），这些结构面控制了岩石边坡的变形与稳定性。锚杆和锚索被广泛用于岩体的加固处理。为模拟这些结构面和加固体系，传统的用于结构分析的有限单元方法需进行改进，按照其对结构面和加固体系的模拟方式，这种改进可以分为两类：①等效方法，该法将结构面和加固或渗控体系的影响计入应力应变本构关系或渗透张量中，而对其具体位置则不予关注；②离散方法，即用特殊的单元来精确描述结构面和加固体系。实际应用时，应该对特别重要部位的结构面、加固件进行离散模拟，而对其他结构面、加固件进行等效模拟，以突出重点，降低计算工作难度。

4.3.4 成果整理与应用

4.3.4.1 点安全系数

将有限元应力直接结果代入 D-P 屈服准则

$$\left.\begin{aligned}&F_R=\alpha I_1+\sqrt{J_2}-k=0\\&\alpha=\sin\phi_R/[3(3+\sin^2\phi_R)]^{1/2}\\&k=\sqrt{3}c_R\cos\phi_R/\sqrt{3+\sin^2\phi_R}\end{aligned}\right\}\qquad(4.3-64)$$

得各点的安全系数

$$K=(-\alpha I_1+k)/\sqrt{J_2}\qquad(4.3-65)$$

4.3.4.2 等效应力

等效内力为节点径向对应的单位单元上的内力。单位单元定义为拱圈中心线宽度为 1 的梁截面，单位高度为拱径向拱截面及上下游面共同组成的体单元。作用在该单元上的内力通过局部坐标下的有限元应力沿厚度积分而得。局部坐标为计算层拱圈中心线上的柱坐标。

梁截面内力包括梁的竖向力、弯矩、切向剪力、径向剪力和扭矩，计算公式为

$$\left.\begin{aligned}W_b&=\int_{-t/2}^{t/2}\sigma_z(1+y/r)\mathrm{d}y\\M_b&=\int_{-t/2}^{t/2}(y-y_0)\sigma_z(1+y/r)\mathrm{d}r\\Q_b&=\int_{-t/2}^{t/2}\tau_{zx}(1+y/r)\mathrm{d}y\\V_b&=\int_{-t/2}^{t/2}\tau_{zy}(1+y/r)\mathrm{d}y\end{aligned}\right\}\qquad(4.3-66)$$

式中：y_0 为梁截面形心坐标；x、y、z 分别为切向、径向、竖向坐标，坐标原点在拱圈中心线上；r 为拱中心线半径；t 为拱坝的厚度。

拱截面内力包括切向推力、径向弯矩、径向剪力，计算公式为

$$
\left.\begin{aligned}
H_a &= \int_{-t/2}^{t/2} \sigma_x \mathrm{d}y \\
M_a &= \int_{-t/2}^{t/2} \sigma_x y \mathrm{d}y \\
V_a &= \int_{-t/2}^{t/2} \tau_{xy} \mathrm{d}y
\end{aligned}\right\} \tag{4.3-67}
$$

利用上述拱和梁的内力，按材料力学方法可以求得截面的等效应力，从而达到消除应力集中的影响（应力以压为正、拉为负）。

4.3.4.3　应力控制标准

在距坝基交界面较远处，有限单元法和拱梁分载法的结果接近，而在交界面附近，两者的结果相差较大，主要原因是有限元结果在坝基面附近有应力集中，具有明显的局部效应。为了消除有限元结果的局部应力集中现象，中国学者提出了弹性有限元的等效应力法，其基本思想是：拱梁分载法的应力是通过截面内力来计算的，其特征是正应力沿坝圈径向为线性分布，因此不会产生应力集中；如果将有限元法算得的应力先合成与其静力等效的截面内力，然后用该等效截面内力计算等效应力，则由于其沿沿坝圈径向为线性分布，而消除了应力集中。

DL/T 5346—2006《混凝土拱坝设计规范》中规定混凝土强度用混凝土抗压强度标准值表示，定义为：混凝土抗压强度标准值应由标准方法制作养护的边长为 150mm 立方体试件，在 90d 龄期，用标准试验方法测得的具有 80%保证率的抗压强度确定。混凝土抗拉强度标准值可取 0.08 倍抗压强度标准值。同时，DL/T 5346—2006 的条文说明中规定：为了简化混凝土的温控措施，为提高混凝土质量，并使混凝土具有足够的早期强度，坝体混凝土可采用 85% 的强度保证率，180d 龄期的混凝土。因为抗震计算分析属于偶然工况，因此不需考虑混凝土的早期强度，仅需分析其在设计龄期 90d 下 80%保证率的混凝土强度进行评价。

DL/T 5346—2006 第 9.3.2 条规定：拱坝应力按承载能力极限状态设计的分项系数表达式进行控制，采用下列表达式

$$
\left.\begin{aligned}
&\gamma_0 \psi S(\cdot) \leqslant \frac{1}{\gamma_{d1}} R(\cdot) \\
&R = \frac{f_k}{\gamma_m}
\end{aligned}\right\} \tag{4.3-68}
$$

整理后得

$$
S(\cdot) \leqslant \frac{1}{\gamma_0 \psi \gamma_{d1} \gamma_m} R(\cdot) = \frac{1}{K_0} R(\cdot) = \sigma_0 \tag{4.3-69}
$$

式中：σ_0 为名义应力控制指标；γ_0 为结构重要性系数，本书取 1.1；ψ 为设计状况系数，对应于持久状况、短暂状况和偶然状况分别取 1.0、0.95 和 0.85；γ_{d1} 为 结构系数，拱梁分载法时抗压取 2.0、抗拉取 0.85，有限元等效法时抗压取 1.6、抗拉取 0.65；f_k 为坝体混凝土强度等级；γ_m 为材料性能分项系数，取 2.0。

SL 282—2003《混凝土拱坝设计规范》规定采用有限元法分析的应力控制指标见表 4.3-2。

表 4.3-2 拱坝容许主应力控制指标（等效有限元法成果）

容许主压应力控制指标		水利行业规范
		控制标准与拱梁分载法相同
容许最大拉应力控制指标 MPa	基本组合（持久情况）	1.5
	基本组合（短暂情况）	2.0
	施工期未封拱坝段	0.5
	特殊组合（校核洪水）	2.0

如坝面个别点拉应力不满足表 4.3-2 要求，应研究坝体可能开裂范围，评价裂缝稳定性和对坝体的影响。任何情况下开裂不能扩展到坝体上游帷幕线，并须对可能出现的裂缝预先采取必要的防渗排水措施。

4.3.5 小湾拱坝应力计算

本节仅论述按照常规有限元方法分析计算出的小湾拱坝的应力状态，关于有限元仿真计算内容见第 10 章。

4.3.5.1 模型建立

边界范围：左右岸方向取 1103m，上下游方向取 735m，铅直向下取到高程 703.00m，模型顶面高程为 1245.00m（图 4.3-6）。

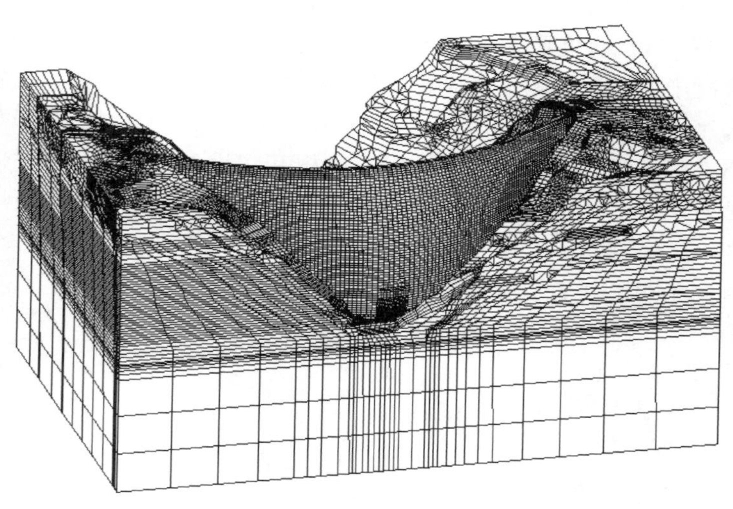

图 4.3-6 有限元模型图

网格剖分：根据地形地质条件、工程措施、拱坝结构特征以及坝基、坝肩等关键部位的要求，划分网格时尽可能控制尺度大小及形状，坝基、坝肩部位单元尺度大都在 5m 以内。单元总数为 503660 个，其中坝体 89016 个，节点总数为 235627 个。

岩体材料按以下几种情况进行模拟。

Ⅰ类岩体：弱风化或卸荷岩体底界（以埋深最深的底界线为准）以里 100m 及更深部的岩体，按一种材料考虑，不区分岩性。

Ⅱ类岩体：按埋藏深度及岩性划分为4种材料：①黑云花岗片麻岩中弱风化或卸荷岩体底界以里50～100m的Ⅱ类岩体；②黑云花岗片麻岩中弱风化或卸荷岩体底界以里0～50m的Ⅱ类岩体；③角闪斜长片麻岩中弱风化或卸荷岩体底界以里50～100m的Ⅱ类岩体；④角闪斜长片麻岩中弱风化或卸荷岩体底界以里0～50m的Ⅱ类岩体。

$Ⅲ_a$类岩体：未卸荷的弱风化岩体。

$Ⅲ_{b1}$类岩体：卸荷的微风化岩体，主要表现为卸荷裂隙微张无充填，主要分布于左岸高程1090.00m以下。

$Ⅲ_{b2}$类岩体：卸荷的微风化岩体，主要表现为卸荷裂隙局部有少量岩屑充填，主要分布于左岸高程1070.00m以上。

$Ⅳ_a$类岩体：卸荷的弱风化岩体。

断层带：考虑距大坝较近的Ⅲ级以上结构面，包括F_7、F_{11}、F_{10}、F_5、F_{20}等，因F_{11}从右坝肩通过，坝后部分距坝基较近，根据岩体的风化卸荷情况分3种材料考虑：①微风化未卸荷岩体中；②弱风化卸荷岩体中；③强风化强卸荷岩体中。材料参数按垂直平行结构面（各向异性）提供，根据受力情况等综合选用。

蚀变带：包括E_4、E_5、E_1、E_9、E_8，一般不做专门网格划分，单元材料按以下3种材料考虑：①蚀变岩体占所在单元的75%以上，则该单元按相应的蚀变岩体考虑；②蚀变岩体占所在单元的25%～75%，则该单元按该部位相应的蚀变岩体及岩体类别各占50%考虑；③蚀变岩体占所在单元的25%以下，则该单元按该部位相应的岩体类别考虑。

坝基岩体：考虑坝基岩体开挖卸荷松弛情况，拱端以里0～10m、10～20m单独划分单元，且同一高程拱端上下游按不同材料划分单元。高程953.00m以下坝基按0～2.0m、2.0～6.0m、6.0～20.0m分别考虑。

4.3.5.2 计算分析路线

考虑的荷载有自重（不考虑施工填筑过程）、上下游水压力、泥沙压力、温度。自重以体力形式施加，上下游水压力、泥沙压力以面力形式施加。对于温度荷载，首先将多拱梁法的温度结果（均匀温差、线性温差）插值到有限元模型的各个节点上，然后再计算温度荷载。只进行弹性计算，不涉及非线性问题。

4.3.5.3 计算成果

在荷载持久组合①工况下，拱端应力见表4.3-2（未做等效处理），拱端特征点位移见表4.3-3，坝体主应力分布见图4.3-7～图4.3-9。坝体最大主拉、主压应力均出现在拱端角点处。由于为线弹性计算，角点处的拉应力非常大，尤其是坝体底部高程，尽管这些高拉应力实际上并不存在，属于“视

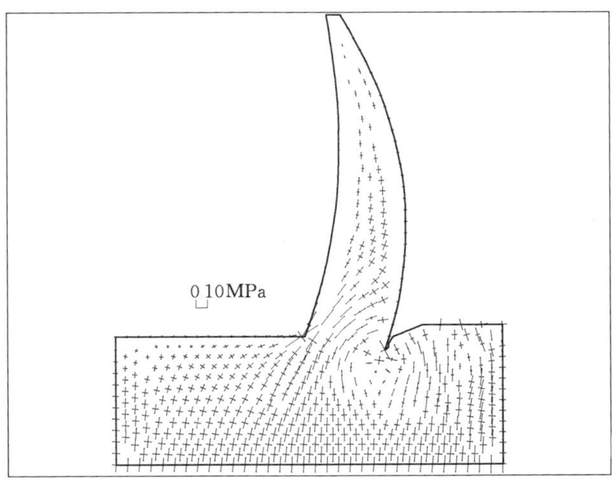

图4.3-7　拱冠梁剖面应力矢量图

应力”，是有限元计算的角点应力集中问题，但也表明坝体拉应力水平较高，坝踵存在开裂风险。

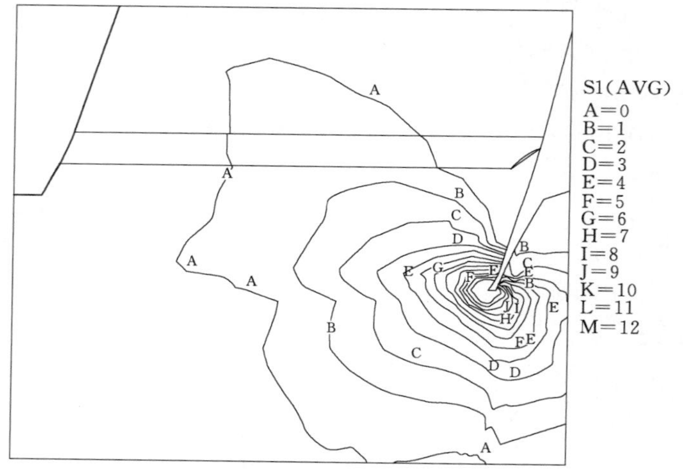

图 4.3-8 拱冠梁剖面坝踵第一主应力等值线图（单位：MPa）

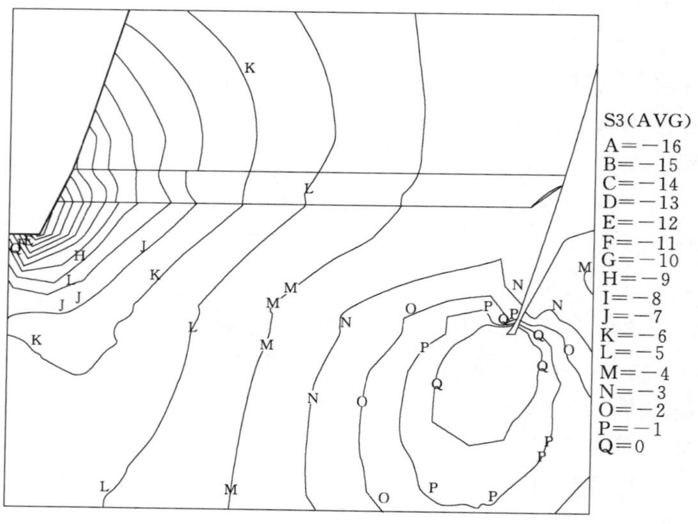

图 4.3-9 拱冠梁剖面坝踵第三主应力等值线图（单位：MPa）

坝体应力左右岸基本对称，较大压应力出现在坝体中下部高程（表 4.3-3），最大主压应力为-14.31MPa，位于右拱端高程 1010.00m。坝基点安全度均大于 1.0，基本接近 2.0（表 4.3-4）。

坝体变位左右岸基本对称，拱端较大顺河向变位出现坝体中下部高程，见表 4.3-5，最大值为-16.0mm；较大竖向变位出现在坝体底部高程，最大值为-24.3mm。

从计算结果可以看出，坝体变位及应力基本对称，坝体压应力在混凝土抗压强度允许范围内，且具有一定的安全裕度。但坝踵拉应力水平较高，存在开裂风险，为确保大坝运行安全，需采取适当的工程措施，加以防范。

表 4.3-3 拱端特征点应力

高程/m	左拱端主应力/MPa		右拱端主应力/MPa	
	坝踵主拉应力	坝趾主压应力	坝踵主拉应力	坝趾主压应力
1245	0.367	−0.225	0.789	−0.471
1230	0.197	−0.596	0.412	−1.319
1210	0.165	−1.030	−0.039	−1.889
1190	0.162	−1.927	−0.114	−2.228
1170	0.527	−2.507	0.267	−3.010
1150	1.905	−4.999	1.061	−5.733
1130	1.681	−8.586	0.698	−6.546
1110	2.105	−8.076	1.834	−7.700
1090	3.437	−10.538	3.515	−9.274
1070	2.643	−9.575	2.837	−11.681
1050	6.122	−11.084	5.139	−11.037
1030	5.636	−10.036	4.467	−10.869
1010	7.761	−13.286	9.826	−14.306
990	11.751	−13.865	9.834	−13.000
975	11.405	−9.010	12.642	−12.421
965	11.141	−7.520	23.059	−8.525
958	12.372	−7.533	29.710	−7.867
950.5	16.126	−6.178	15.558	−6.351

表 4.3-4 坝基 D-P 准则点安全度（坝趾）

项目	高程/m	安全度
左拱端	950.50（坝基面）	1.922
	948.50	1.813
	946.50	1.885
	965.00	1.71
	975.00	1.781
	1010.00	2.124
	1050.00	1.865
拱冠	950.50（坝基面）	1.925
	948.50	1.732
	946.50	1.849
	965.00	1.782
右拱端	950.50（坝基面）	1.868
	948.50	1.813
	946.50	1.854
	965.00	2.499
	975.00	1.638
	1010.00	1.987
	1050.00	1.781

表 4.3-5　　拱端特征点位移

高程/m	左拱端坝趾变位/mm			右拱端坝趾变位/mm		
	横河向	顺河向	竖向	横河向	顺河向	竖向
1245.00	−1.2	−0.5	−5.4	1.1	0.6	−4.9
1230.00	−0.6	−1.4	−5.8	0.3	−0.5	−5.6
1210.00	0.2	−2.4	−6.1	−0.4	−1.6	−6.2
1190.00	1.2	−3.8	−7.5	−1.2	−2.9	−7.9
1170.00	2.1	−5.4	−9.0	−2.0	−4.6	−9.5
1150.00	3.2	−7.4	−11.1	−2.9	−6.4	−11.4
1130.00	4.4	−9.6	−13.5	−3.8	−8.0	−13.1
1110.00	5.7	−12.2	−16.0	−4.2	−11.0	−16.1
1090.00	6.4	−14.1	−17.9	−5.2	−13.6	−18.9
1070.00	7.3	−16.0	−20.6	−5.8	−15.5	−20.7
1050.00	7.8	−15.7	−21.5	−6.1	−15.5	−21.9
1030.00	8.1	−15.1	−22.9	−6.0	−16.0	−23.4
1010.00	8.3	−15.1	−24.0	−6.7	−13.8	−23.7
990.00	7.3	−14.0	−24.0	−6.6	−13.2	−24.2
975.00	5.8	−12.7	−23.1	−5.4	−13.3	−24.3
965.00	4.4	−12.6	−22.5	−3.6	−12.7	−24.2
958.00	2.9	−12.1	−22.5	−2.3	−11.7	−23.1
950.50	1.5	−11.5	−22.0	−1.4	−11.2	−22.0

4.4　有限单元法——动力分析

4.4.1　基本方程

水工结构除了承受静荷载外，往往还承受动力荷载，如爆破冲击、波浪压力、地震作用等。尤其是地震作用，对水工建筑物的安全影响很大。

用有限单元法解水工结构地震动力响应问题时，首先将结构划分成若干单元，然后根据达朗贝尔原理，建立以矩阵形式表示的节点动力平衡方程

$$[M]\{\ddot{u}(t)\}+[C]\{\dot{u}(t)\}+[K]\{u(t)\}=-[M]\{\ddot{u}_g(t)\} \tag{4.4-1}$$

式中：$[M]$ 为结构的质量矩阵；$[C]$ 为结构阻尼矩阵，如假设为瑞利（Rayleigh）阻尼，则$[C]=\alpha_0[M]+\alpha_1[K]$，$\alpha_0$、$\alpha_1$ 为常数；$[K]$ 为结构刚度矩阵；$\{u(t)\}$、$\{\dot{u}(t)\}$、$\{\ddot{u}(t)\}$ 分别为结构的位移列阵、速度列阵、加速度列阵；$\{\ddot{u}_g(t)\}$ 为地震时地面加速度列阵。

可用时程分析法、振型分解法等求解方程（4.4-1）。

时程分析法是由结构基本运动方程输入地震加速度纪录进行积分，求得整个时间历程

内结构地震作用效应的方法。此法对线性、非线性、单自由度、多自由度结构都能应用，适应性好，但工作量大。

振型分解法是先求解结构对应其各阶振型的地震作用效应后，再组合成结构总地震作用效应的方法。此法适用于多自由度弹性结构的动力分析。各阶振型效应用时程分析法求得后直接叠加的称振型分解时程分析法，用反应谱法求得后再组合的称振型分解反应谱法。

4.4.2 自振频率及振型

采用反应谱法需要知道结构的自振频率和振型。实际上，结构的自振特性（自振频率和振型）本身也是结构抗震研究的重要内容之一，计算经验表明，结构的阻尼对自振特性的影响很小，在求结构的自振特性时，可略去阻尼的影响。

在基本方程（4.4－1）中，令 $[C]$ 和 $\{\ddot{u}_g(t)\}$ 为零，可得到结构无阻尼自由振动方程，即

$$[M]\{\ddot{u}(t)\}+[K]\{u(t)\}=\{0\} \tag{4.4-2}$$

设结构作自由振动时的特解为

$$\{u(t)\}=\{\delta\}\sin(\omega t+\gamma) \tag{4.4-3}$$

式中：$\{\delta\}$ 为振幅列阵。

式（4.4－3）表示各质体作同频率 ω 和同初相角 γ 的简谐振动。求出 $\{\ddot{u}(t)\}$、$\{u(t)\}$ 代入式（4.4－2），两边同除以 $\sin(\omega t+\gamma)$，得

$$-[M]\omega^2\{\delta\}+[K]\{\delta\}=\{0\} \tag{4.4-4}$$

$$([K]-\omega^2[M])\{\delta\}=\{0\} \tag{4.4-5}$$

式（4.4－5）为齐次线性代数方程组，$\{\delta\}$ 有非零解的条件是

$$|[K]-\omega^2[M]|=0 \tag{4.4-6}$$

如结构有 n 个节点，则将式（4.4－6）展开可得 ω^2 的 $3n$ 次方程，称为特征方程。解该方程，可得 $3n$ 个频率 ω 值，称为特征值。再把这 $3n$ 个 ω 值依次代入式（4.4－5），便可解出 $3n$ 组振幅 $\{\delta\}$，即特征向量。但 $\{\delta\}$ 中各个元素只表示相对值，通常设 $\{\delta\}$ 中的最大一个元素为 1，从而可以定出 $\{\delta\}$ 中其他元素的值。要求全部的特征值和特征向量，可用 Jacobi 法，但通常只需求前几阶或十几阶自振频率和振型，因此可用迭代法或子空间迭代法。

4.4.3 振型叠加法

（1）振型分解反应谱法。当求出 s 个结构的自振频率 ω_1、ω_2、…、ω_s 和 s 个振型 $\{\delta\}$、$\{\delta\}_2$、…、$\{\delta\}_s$ 后，将结构的位移按振型展开，得

$$\{u(t)\}=Y_1(t)\{\delta\}_1+Y_2(t)\{\delta\}_2+\cdots+Y_s(t)\{\delta\}_s \tag{4.4-7}$$

式中：$Y_1(t)$、$Y_2(t)$、…、$Y_s(t)$ 为待求的主坐标。

由式（4.4－7）得出 $\{\ddot{u}(t)\}$，将 $\{\ddot{u}(t)\}$ 和 $\{u(t)\}$ 代入式（4.4－1），并利用振型正交条件，可将动力方程式（4.4－2）分解成一组关于主坐标 $Y_i(t)$ 的非偶合微分方程，其中第 i 个方程为

$$\ddot{Y}_i(t)+2\omega_i\xi_i\dot{Y}(t)+\omega_i^2Y_i(t)=-[\eta_{x_i}\ddot{u}_{g_x}(t)+\eta_{y_i}\ddot{u}_{g_y}(t)+\eta_{z_i}\ddot{u}_{g_z}(t)] \tag{4.4-8}$$

$$\eta_{x_i}=\frac{\{\delta\}_i^T[M]\{I_x\}}{\{\delta\}_i^T[M]\{\delta\}_i} \quad \{I_x\}=[1 \quad 0 \quad 0 \quad 1 \quad \cdots]^T \tag{4.4-9}$$

$$\eta_{y_i}=\frac{\{\delta\}_i^T[M]\{I_y\}}{\{\delta\}_i^T[M]\{\delta\}_i} \quad \{I_y\}=[0 \quad 1 \quad 0 \quad 0 \quad \cdots]^T \tag{4.4-10}$$

$$\eta_{z_i}=\frac{\{\delta\}_i^T[M]\{I_z\}}{\{\delta\}_i^T[M]\{\delta\}_i} \quad \{I_z\}=[0 \quad 0 \quad 1 \quad 0 \quad \cdots]^T \tag{4.4-11}$$

$$\xi_i=\frac{\alpha_0}{2\omega_i}+\frac{\alpha_1\omega_i}{2} \tag{4.4-12}$$

式中：η_{x_i}、η_{y_i}、η_{z_i}为振型参与系数；ξ_i 为阻尼比。

对结构基本处于弹性状态的情况，各国都根据本国的实测数据并参考别国的资料，按结构类型和材料分类给出了供一般分析采用的所谓典型阻尼比的值。阻尼比根据结构的振动试验测定。根据国内外几十个坝体的实际振动观测资料，拱坝的阻尼比为3%～5%，小湾拱坝取 $\xi_i=5\%$。用式（4.4-11）计算阻尼系数 α_0、α_1 时的两个频率点分别取为基频（小湾约为1Hz）和高频率门槛值，高于该值的地震波能量已很小（小湾约为12Hz）。通常不考虑有阻尼和无阻尼的自振频率的区别。

式（4.4-8）和单质点体系强迫振动的方程完全一致，其右部反映了地震的作用。该式的解 $Y_i(t)$ 就是自振频率为 ω_i，阻尼比为 ξ_i 的单质点体系的地震反应。由式（4.4-7），结构的动力位移为

$$\{u(t)\}=\sum_{i=1}^{s}Y_i(t)\{\delta\}_i \tag{4.4-13}$$

$Y_i(t)$ 的大小反映了第 i 阶振型在强迫振动中所占成分的大小，如果地震作用与阻尼都相同，而以不同的 ω_i 值代入式（4.4-8），解出的 $Y_i(t)$ 则不同，所以 $Y_i(t)$ 的大小主要取决于 ω_i。在一定的阻尼下，以 ω_i 为横坐标，$Y_i(t)$ 为纵坐标，可做出一系列离散的分布，这些点的全体称位移反应谱。如以 $\dot{Y}(t)$、$\ddot{Y}(t)$ 为纵坐标，以 ω（或 $T=\frac{2\pi}{\omega}$）为横坐标，同样可以分别做出“速度反应谱”和“加速度反应谱”。但 $Y(t)$、$\dot{Y}(t)$、$\ddot{Y}(t)$ 本身都是时间的函数，对于不同的时刻有不同的数值，由此做出的反应谱对于每个时刻都不一样，而工程上所需要的是最大的地震反应。所以，工程上以 $Y_{i\max}$、$\dot{Y}_{i\max}$、$\ddot{Y}_{i\max}$ 为纵坐标，以 ω（或 T）为横坐标，分别做出各种反应谱。有了反应谱，就不需要求解式（4.4-8）的常微分方程，可直接从各种反应谱中找出相应于第 i 阶振型的反应谱值 $Y_{i\max}$、$\dot{Y}_{i\max}$、$\ddot{Y}_{i\max}$，再按振型叠加后，就可得到结构最大的地震反应（位移、速度、加速度等）。

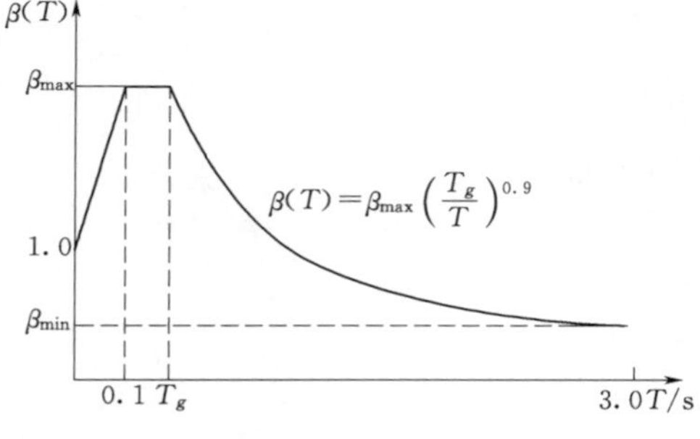

图 4.4-1　设计反应谱曲线

DL 5073—2000《水工建筑物抗震设计规范》提供了水工建筑物动力法计算的设计反应谱曲线，见图4.4-1。图中 $\beta(T)$ 为动力系数，其原始定义为单质点弹性体系在水平地

震作用下水平反应绝对加速度最大值与地面最大水平加速度之比。

设计加速度反应谱是重要的地震动参数，其形状及有关参数与所在场址的场地岩土类别，以及场址离地震震中的远近有关。图 4.4-1 中，β_{max}为设计反应谱最大值的代表值，按表 4.4-1 选取；T_g 为设计反应谱特征周期，与地基类别有关，岩石地基取 0.2s，一般非岩石地基取 0.3s，软弱地基取 0.7s。设计烈度不大于 8 度且基本自振周期大于 1.0s 的结构，特征周期宜延长 0.05s；β_{min}为设计反应谱下限值，β_{min}应不小于设计反应谱最大值的代表值的 20%。

表 4.4-1　　设计反应谱最大值的代表值 β_{max}

建筑物类型	重力坝	拱坝	水闸、进水塔及其他混凝土建筑物
β_{max}	2.00	2.50	2.25

根据设计反应谱，相应于第 i 阶振型的位移为

$$\{u\}_i=\frac{\eta_i}{\omega_i^2}ca_h\beta_i\{\delta\}_i \tag{4.4-14}$$

式中：c 为综合影响系数，也称为地震作用效应折减系数（即拟静力法的系数 ξ），既反映结构弹塑性带来的抗震潜力和结构对地面的抑制，也包括施工质量和运行条件等因素，一般取 $c=\frac{1}{4}\sim\frac{1}{3}$，重要结构取 $c=\frac{1}{2}\sim\frac{2}{3}$；$a_h$ 为水平向设计地震加速度；β_i 为根据第 i 阶周期 T_i，可由图 4.4-1 中曲线查出。

各阶振型应力为

$$\{\sigma\}_i=[D][B]\{u\}_i \tag{4.4-15}$$

由于各阶振型最大值反应一般不在同一时刻出现，因而存在各阶振型反应如何组合的问题。常用平方和方根法组合（即 SRSS 法），得总的动力应力为

$$\{\sigma\}=\left\{\sqrt{\sum_j\sigma_j^2}\right\} \tag{4.4-16}$$

当两个振型的频率差的绝对值与其中一个较小的频率之比小于 0.1 时，地震作用效应宜采用完全二次型方根法组合（即 CQC 法）。

$$S_E=\sqrt{\sum_i^m\sum_j^m\rho_{ij}S_iS_j} \tag{4.4-17}$$

$$\rho_{ij}=\frac{8\sqrt{\zeta_i\zeta_j}(\zeta_i+\gamma_w\zeta_j)\gamma_w^{3/2}}{(1-\gamma_w^2)^2+4\zeta_i\zeta_j\gamma_\omega(1+\gamma_\omega^2)+4(\zeta_i^2+\zeta_j^2)\gamma_\omega^2} \tag{4.4-18}$$

式中：S_E 为地震作用效应；S_i、S_j 分别为第 i 阶、第 j 阶振型的地震作用效应；m 为计算采用的振型数；ρ_{ij} 为第 i 阶和第 j 阶振型的相关系数；ζ_i、ζ_j 分别为第 i 阶、第 j 阶振型的阻尼比；γ_ω 为圆频率比，$\gamma_\omega=\frac{\omega_j}{\omega_i}$；$\omega_i$、$\omega_j$ 分别为第 i 阶、第 j 阶振型的圆频率。

地震作用效应影响不超过 5%的高阶振型可略去不计。采用集中质量模型时，集中质量的个数不宜少于地震作用效应计算中采用的振型数的 4 倍。

(2) 振型分解时程分析法。将单自由度体系振动方程式（4.4-8），采用杜哈美（Duhamel）积分，即把方程式（4.4-8）右端项代表的激振力分解成一系列连续的微冲

量，再分别求出微冲量响应。

$$Y_i(t)=-\frac{1}{\overline{\omega}_i}\int_0^t[\eta_{x_i}\ddot{u}_{g_x}(t)+\eta_{y_i}\ddot{u}_{g_y}(t)]\mathrm{e}^{-\xi\overline{\omega}_i(t-\tau)}\sin\overline{\omega}_i(t-\tau)\mathrm{d}\tau+\mathrm{e}^{-\xi\overline{\omega}t}(a_i\sin\overline{\omega}_it+b_i\cos\overline{\omega}_it)$$

(4.4-19)

$$\overline{\omega}_i=\omega_i\sqrt{1-\xi^2}$$

式中：a_i、b_i 为常数，由问题的初始条件（位移、速度）求出。

$$\left.\begin{aligned}a_i&=Y_i(0)\\b_i&=\frac{\dot{Y}(0)+\xi\overline{\omega}_iY_i(0)}{\overline{\omega}_i}\end{aligned}\right\}\qquad(4.4-20)$$

由线性叠加原理式（4.4-13）可求得结构的动力响应。

4.4.4 时程分析法

在有限元分析中，将研究对象（例如，坝体及有限范围的地基）进行离散化，离散化模型中的节点分为内点和人工边界节点。采用集中质量的有限元模型可建立内点的节点运动方程。人工边界是在对无限连续介质进行有限离散时在原连续介质中设置的一种虚拟的边界，因为在人工边界处，原连续介质本质上完全连续，所以，在设置人工边界时，要实现对原连续介质中波动的精确模拟，必须保证波在人工边界界面处的传播性质与在原连续介质中的一致，即波通过人工边界界面时无反射效应，而是发生完全透射。透射边界正是直接在人工边界上模拟波的这一传播特性的指导思想下发展起来的一种人工边界处理方法。将有限元的内点运动方程与人工边界节点的外推方法结合起来，便可用有限的计算模型模拟无限介质中的波动过程。

4.4.4.1 集中质量显式有限元的内点计算方法

集中质量显式有限元的实质是从当前时刻的节点运动方程推求下一时刻节点的运动，它不需要进行刚度、质量、阻尼阵的总装，其右端项的形成只需在单元一级水平上根据每个单元对有效荷载向量的贡献累加而成，这样整个计算基本上在单元一级水平上进行，因此就只需要很小的高速存储区，计算效率较高。尤其是当一系列单元的刚度阵、质量阵、阻尼阵相同时，就不需要重复计算，效率更高。

将式（4.4-2）改写为

$$[M]\{\ddot{u}\}_t+[C]\{\dot{u}\}_t+\{F\}_t=\{R\}_t\qquad(4.4-21)$$

式中：$[M]$ 为质量阵；$[C]$ 为阻尼阵；$\{\ddot{u}\}_t$、$\{\dot{u}\}_t$ 为 t 时刻单元节点处介质的运动加速度和速度；$\{F\}_t$、$\{R\}_t$ 为 t 时刻的恢复力和外荷载。

利用中心差分可将速度及加速度离散化为

$$\{\dot{u}\}_t=\frac{1}{2\Delta t}(\{u\}_{t+\Delta t}-\{u\}_{t-\Delta t})\qquad(4.4-22)$$

$$\{\ddot{u}\}_t=\frac{1}{\Delta t^2}(\{u\}_{t+\Delta t}-2\{u\}_t+\{u\}_{t-\Delta t})\qquad(4.4-23)$$

于是

$$\{\ddot{u}\}_t=\frac{2}{\Delta t^2}(\{u\}_{t+\Delta t}-\{u\}_t)-\frac{2}{\Delta t}\{\dot{u}\}_t \tag{4.4-24}$$

将式（4.4-24）和式（4.4-22）代入式（4.4-21），可推导出

$$\{u\}_{t+\Delta t}=\frac{1}{2}\Delta t^2[M]^{-1}(\{R\}_t-\{F\}_t)+\{u\}_t+\left(\Delta t[I]-\frac{1}{2}\Delta t^2[M]^{-1}[C]\right)\{\dot{u}\}_t \tag{4.4-25}$$

式中：$[I]$为单位方阵。

基于 Newmark 常平均加速度法的基本思想，可建立速度反应计算的递推式

$$\{\dot{u}\}_{t+\Delta t}=-\{\dot{u}\}_t+\frac{2}{\Delta t}(\{u\}_{t+\Delta t}-\{u\}_t) \tag{4.4-26}$$

式（4.4-25）与式（4.4-26）组成一个求解有限自由度有阻尼体系动力方程式（4.4-24）的自起步显式差分格式。反应的加速度可采用下式确定

$$\{\ddot{u}\}_{t+\Delta t}=-\{\ddot{u}\}_t+\frac{2}{\Delta t}(\{\dot{u}\}_{t+\Delta t}-\{\dot{u}\}_t) \tag{4.4-27}$$

4.4.4.2 人工边界点的计算原理

由于地基是半无限体，有限元分析中须将感兴趣的部分人为地切割出来进行离散化，切割面上的离散节点就称为人工边界点。人工边界实际上在原连续介质中并不存在，因此，设置的人工边界要反映波动能量在原无限连续介质中的辐射现象，必须保证波动从切割区内部穿过人工边界时无反射效应。

国内外的研究成果表明，地震动能量向无限地基的逸散（辐射阻尼）会给拱坝的动力特性及动力反应带来重要影响，根据对小湾拱坝的计算结果，地基辐射阻尼使得大坝的动力反应大致降低20%～40%左右。另外，从帕科依玛拱坝在1971年和1994年两次遭受强烈地震，常规结构应力分析结果表明其最大拉应力达5.2MPa，但大坝坝体本身并未造成严重损害的具体事例来看，进一步表明上述复杂因素对大坝地震反应的影响可能非常重要。现行规范所规定的动力分析方法未能体现上述复杂因素的影响。对于小湾拱坝，开展考虑地基辐射阻尼影响的深入分析，更为实际、合理地分析研究大坝地震动力反应，进一步评价大坝的抗震强度安全，具有特别重要的现实意义。

对于地震作用下拱坝-地基的动力相互作用问题，长期以来，地基的模拟采用的是无质量弹性地基，地震荷载则采用的是传统的均匀输入的地震作用模型。然而，实际地基是有质量的半无限体，地震波动能量将向无穷远处逸散，也即无限地基的辐射对散射地震波动能量将起到一种吸能作用。并且，对建于深山峡谷中、基底延伸很长、上下高差显著的高拱坝坝址，沿坝基交界面的地震动幅差和相差明显，忽略这种不均匀性对于空间整体作用效应明显的高拱坝也将难以反映坝体的实际地震反应。

针对这一问题，近20年来，国内外学者进行了大量的研究工作，取得了一些大的进展。如 Chopra、Dominguez、张楚汉和金峰等采用边界元及无限边界元等模拟无限地基，以考虑远场无限地基的辐射阻尼效应。但这类方法在空间和时间上是非局部的，在频域中确定地基动力刚度阵时要求解巨型方程组，近似拟合集中参数，需要求解河谷自由场地震输入，计算工作量相当大，并且原则上讲仅适合于频域分析，难以适用于基岩介质中存在有可能进入非线性的节理裂隙、断层和软弱夹层情况和坝体中构造缝和施工缝的接触非线性情况。近场波动数值模拟的解耦方法是一种很有发展前途的波动分析方法，由于解耦特征，此方法处理简单，精度可控，特别是克服了上述频域分析方法难以用于非均匀、非线性介质波动问题的困难，因此，越来越引起人们的重视。

采用近场波动数值模拟的解耦方法进行研究时，计算模型需分为可能进入非线性反应的近场计算区和线性介质的人工边界计算区。

由于透射边界是一种具有精度可控性的时域局部人工边界，随着所采用的透射公式的阶数的增加，透射边界模拟连续介质中波动的精度显著增加。

透射边界引起的数值计算失稳问题是其应用于波动数值模拟的一个主要障碍。人工边界高频失稳的机理是人工边界对高频行波的放大效应以及放大的误差波动在有限网格内的多次反射和多次放大。为了稳定地在数值模拟中实现透射边界条件，必须采用适当措施消除这些无意义的高频波动，比如采用了在计算中增加与应变速度成正比的黏性阻尼方法以消除透射边界的高频失稳。

透射边界的另一种失稳现象是计算反应飘移失稳。为此，可对人工边界条件式进行修正，即适当地加一微量（正数），便可保证零频和零波数条件下透射边界稳定。

4.4.4.3 非线性体系的静动组合计算方法

分析非线性体系综合反应的静动组合方法有多种，增量法是其中之一。对于坝体-地基系统而言，增量法首先将坝体自重、静水压力及淤沙压力等静力荷载引起的反应作为计算的初始条件，然后求解地震动增量荷载产生的增量位移，依此逐步进行分析计算。为了保证静动组合方法不仅适用于材料非线性情形，也适用于接触非线性一类包含边界条件突变的非线性问题，而且能与显式有限元-局部透射人工边界方法结合使用，可将静力荷载以阶跃函数的形式施加到坝体-地基系统中的方法进行计算，待静位移稳定后，地震波便可由基岩输入，对体系进行波动反应分析。

4.4.4.4 坝体缝面接触数值模拟的动接触力模型

在许多实际工程问题中，需要模拟接触缝面的开合运动。例如，将拱坝和地基作为整体分析求解坝肩抗震稳定时，在坝肩附近存在各种构造面，这些构造面相互切割而形成可能滑动块体，可能滑动块体的边界面必为接触缝面。坝体内设置的伸缩横缝，经过高压灌浆和蓄水后的静水压力的作用，伸缩横缝才被相互压紧。但在强烈地震作用下，坝体上部可能产生较高的拉应力，当这一拉应力超过静水压力引起的压应力时，就可能使接缝张开。另外，施工期温度应力产生的温度缝，在地震作用下，接缝不断处于开闭交替状态，其结果是降低了拱坝的整体性和刚度，延长了自振周期，并引起显著的应力重分布，具有明显的接触非线性特征，影响到拱坝的抗震安全。

为了较为合理地考虑坝和地基（包括可能滑动块体不连续面的影响）的相互作用，接触缝隙的数值模拟极为重要。

接触缝隙在地震作用下的开合属于接触非线性问题，这是区别于材料非线性和几何非线性的第 3 类非线性问题，即边界条件非线性。对这一问题的研究始于 100 年前 Hertz 对二次曲面挤压问题的研究。起初，采用的是解析方法，近 30 年来，随着计算机技术的发展，接触问题的数值解法受到了众多研究者的关注，发展了各种求解接触问题的数值计算方法，包括以拉格朗日乘子为未知量的各类拉格朗日乘子或修正的拉格朗日乘子方法、罚

函数方法、线性补偿方法、接触单元方法、动接触力方法等。其中，LDDA（lagrange discontinous deformation analysis）是在接触界面上采用拉格朗日乘子，而接触判断使用DDA（discontinous deformation analysis）规则，在块体内部进行有限元细分的DDA方法。

不连续变形分析（DDA）是由石根华博士提出的，主要是用来求解岩石介质中不连续体的变形和运动。DDA理论体系较完整，常用于计算边坡的滑动、岩石块体的倾覆和隧洞洞室的崩塌，其主要缺点是：①在接触缝面应用了压缩弹簧以模拟接触刚度，而弹簧常数不易确定；②因使用块体单元，块体元内部的应力是常应力，应力精度不高。LDDA是对DDA的改进，接触缝面上使用了拉格朗日乘子，其物理意义代表接缝法向和切向接触力，另外，块体内部使用常规有限元离散，应力精度较高。接缝张开时，拉格朗日乘子为0，接缝闭合时，真实的接触力即为拉格朗日乘子的值，因此，LDDA方法对接缝的处理更真实、更自然。LDDA对全部接触力进行平衡迭代，因此，所求出的动接触力精度较高。

水科院工程抗震研究中心在众多研究者工作的基础上，在完成国家“八五”“九五”重点科技攻关项目期间，广泛吸纳、完善、发展目前工程结构抗震的最新学术理论和科研成果，结合高拱坝抗震问题的特点，成功地开发完成可考虑实际工程存在的、传统分析方法难以模拟的复杂地质地形条件、以人工透射边界描述地震动能量向无限远处逸散的所谓地基辐射阻尼的影响、以三维动接触理论模拟坝体伸缩横缝非线性影响、应用完全解耦的时域有限元波动分析技术的拱坝系统三维动力分析程序。

4.4.5 库水与坝体的耦合

库水对混凝土坝动态性能有重要影响。坝体-库水流固耦合问题的关键在于对库水可压缩性的考虑。已有研究表明，只有当坝体的自振频率，库水的共振频率以及地震动加速度的卓越频率）三者相互接近时，库水可压缩性导致的共振才有实质性的意义。陈厚群研究认为：对高度超过100m的拱坝，库水共振难以发生，特别对中国众多的多泥沙河流更是如此。实际上，在现场测振试验和大坝地震震例中，也还从未见库水共振的报导。所以，从工程观点看，库水可压缩性可以忽略，从而库水地震动水压力以坝面的附加质量形式体现。陈厚群提出：将按Westergaard对刚性平面坝面公式换算得的附加质量折半，作为拱坝坝面附加质量进行计算的结果，无论是坝体前几阶满库频率和振型或坝面动水压力值都能和实测及用有限元模拟库水的结果较好地吻合。

利用附加质量矩阵$[M_P]$，动力方程式（4.4-1）可改写为

$$([M]+[M_P])\{\ddot{u}(t)\}+[C]\{\dot{u}(t)\}+[K]\{u(t)\}=-([M]+[M_P])\{\ddot{u}_g(t)\} \tag{4.4-28}$$

其求解过程和方法与式（4.4-1）相同。

4.4.6 地震动输入机制研究

地震动输入机制对于混凝土坝的地震响应有很重要的影响。结构抗震分析和设计的合理性依赖于对输入地震动描述的合理程度。强震观测结果显示，地震动过程具有明显的非

平稳特性。首先，从一个地震记录的外形或包线来看，所有地震记录都有一个从开始震动，逐步增强，然后再衰减而趋于零的过程，一般将该现象称为地震地面运动的强度非平稳性。其次，即使是在同一个地震加速度记录上，不同时段的周期特性也有所不同。一般来讲，在加速度记录的开始一段，高频分量比较多，后面一段，即振动衰减而趋于零的一段，低频分量比较多，振动最强烈的一段，中频分量比较多。这说明强震加速度记录不仅在外形上具有强度的不平稳性，在周期或频谱特性上也具有不平稳性。

自 1947 年 Housner 首次合成人工地震波至今，已有多种人工地震波的合成方法，可归纳为 3 种：自然回归法、随机脉动法和三角级数法，它们都能产生满足给定功率谱的平稳地面运动。在过去的 30 年时间里，世界各国地震工程研究者已经对强烈地震动非平稳特性进行了大量的工作，由于快速傅里叶变换技术的发展，使三角级数法在工程上得到了广泛应用，经过诸多学者的不断研究，该方法日臻完善。

合成人工地震动常用的方法是把地面加速度时程概括为一个被称为均匀调制或平稳化随机过程的数学模型。该模型将地震动过程 $a(t)$ 表示为一个确定的时间函数 $f(t)$ 与一个平稳随机过程的乘积，即

$$a(t)=f(t)x(t) \tag{4.4-29}$$

式中：$f(t)$ 为考虑非平稳性的外包线函数；$x(t)$ 为具有零均值和（单边）功率谱密度函数的高斯平稳随机过程。

按照式（4.4－29）模型，先构造一个平稳的高斯过程

$$x(t)=\sum_{0}^{N}C_k\cos(w_k t+\varphi_k) \tag{4.4-30}$$

式中：φ_k 为（0，2π）内均匀分布的随机相位角。

式（4.4－30）中三角级数的各幅值分量 C_k 通过反应谱和功率谱密度函数给定，其相互关系为

$$\left.\begin{aligned}
&C_k=\sqrt{4S(\omega_k)\Delta\omega}\\
&S(\omega_k)=\frac{\xi}{\pi\omega_k}[S_a^T(\omega_k)]^2\ \frac{1}{\ln\left[\dfrac{-\pi}{\omega_k T_d}\ln(1-P)\right]}\\
&\Delta\omega=\frac{2\pi}{T_d}\\
&\omega_k=\Delta\omega k\quad(k=1,2,\cdots,N)
\end{aligned}\right\} \tag{4.4-31}$$

式中：$S_a^T(\omega_k)$ 为给定的目标加速度反应谱；ξ 为阻尼比；P 为反应超过反应谱值的概率，$P\leqslant15\%$；$S(\omega_k)$ 为平稳高斯过程的密度函数；T_d 为随机过程 $a(t)$ 的总持续时间。

按上述方法得到的人工地震波的反应谱与给定的目标反应谱有一定差距，为了提高精度，通常还需要进行多次迭代调整。

4.4.7　应力控制标准

Abrams 在 1917 年对混凝土进行动载和静载压缩试验时发现混凝土抗压强度存在速率敏感性。以后，陆续有人对混凝土材料的各种力学性质进行动载试验研究。

Watstein（1953）对 ϕ76mm×152mm 素混凝土圆柱体试件进行了应变速率从 10^{-6}/s 到 10/s 的单轴压缩试验。用落锤进行高应变速率的试验，研究了名义强度分别为 17.4MPa 和 45.1MPa 两种试件。试验结果表明两种试件的强度分别增加了 84%和 85%。

Cowell（1960）比较了抗压强度为 27.1MPa 和 51.4MPa 的湿混凝土和抗压强度为 33.3MPa 和 60.41MPa 的干混凝土组成的 ϕ76mm×229mm 的圆柱体试件的动力试验的结果。当应变速率为 0.3/s 时，湿混凝土中弱强两种混凝土的强度增加百分比分别为 37%和 34%，干混凝土中则为 28%和 20%。当应变速率变为 0.03/s 时，强度的相对增加量在湿混凝土中变为 22%和 19%，而在干混凝土中变为 14%和 11%。

Atchley 和 Furr 在应力率从 0.05MPa/s 到 18055MPa/s 或应变速率从 5×10^{-6}/s 到 5/s 时，试验了 60 根由名义强度分别为 17.4 MPa 、25.7 MPa 和 34.7MPa 的混凝土组成的 ϕ15mm×2305mm 圆柱体试件。结果表明随着加载速率的增加，混凝土的抗压强度和吸能能力相应的增加了。与此同时，在达到最大动强度以前，强混凝土比弱混凝土具有更大的抵抗高应变速率荷载的能力。同时也发现，在冲击荷载作用下这种混凝土的特性并没有显著的不同。

20 世纪 50—60 年代，日本人建设了上椎叶拱坝等一批混凝土坝，并进行了大坝频率和振动模态的现场实测，发现混凝土的动弹性模量一般高于静弹性模量。1960 年野正进行了混凝土的动态强度试验，他发现混凝土的强度和弹性模量均随试件加载至破坏时间的长短而变化。据此，他认为地震作用下混凝土的强度约可提高 30%。

Sparks 和 Menzies（1973）试验了 48 根由不同刚度骨料组成的 102mm×102mm×203mm 的矩形混凝土棱柱试件。骨料刚度变化较大、有强刚度的卵石石灰石和弱刚度的粉煤灰陶粒骨料 3 种骨料组成的混凝土 28d 立方体抗压强度分别为 30MPa、30MPa 和 20MPa。当经历加载速率为 3～10MPa/s 的快速荷载时，弱刚度的粉煤灰陶粒骨料混凝土的强度增加 16%，而强刚度石灰石骨料混凝土的强度比静强度仅增加了 4%。

1984 年，美国垦务局 Rapheal 对 5 座混凝土坝钻孔取样获得的试件进行混凝土动力试验，在 0.05s 的时间内加载到极限强度（相当于大坝 5Hz 的振动频率），得出混凝土的单轴动力抗压强度比静力强度平均提高 31%；直接拉伸强度平均提高 66%，劈拉强度平均提高 45%。

Bischoff（1991）认为混凝土动态强度及变形特性之间与影响应变率关系的因素很多，除了外部的原因，如试验设备、加载条件和方式外，也有混凝土内部的原因，如混凝土的湿度条件、混凝土质量、水灰比、骨料尺寸与形式、养护条件和龄期等。

DL 5073—2000《水工建筑物抗震设计规范》于 2000 年 1 月 1 日实施，小湾拱坝 2001 年项目可行性评估、招标设计和施工详图设计各阶段抗震设计均按此规范进行。依据以上实验成果（主要是 Rapheal 的试验结果），DL 5073—2000 规定：“除水工钢筋混凝土结构外的混凝土水工建筑物的抗震强度计算中，混凝土动态强度和动态弹性模量的标准值可较其静态强度提高 30%；混凝土动态抗拉强度的标准值可取为动态抗压强度标准值的 10%”。具体要求拱坝应力按分项系数表达式进行控制，采用下列表达式

$$\gamma_0 \psi s(\gamma_G G_K, \gamma_Q Q_k, \gamma_E E_K, a_K) \leqslant \frac{1}{\gamma_d} R\left(\frac{f_k}{\gamma_m}, a_K\right) \tag{4.4-32}$$

整理后得

$$S(\gamma_G G_K, \gamma_Q Q_k, \gamma_E E_K, a_K) \leqslant \frac{1}{\gamma_0 \psi \gamma_d \gamma_m} R(\cdot) = \sigma_0 \tag{4.4-33}$$

$$\sigma_0 = \frac{R(\cdot)}{\gamma_0 \psi \gamma_d \gamma_m}$$

式中：σ_0 为名义应力控制指标；γ_0 为结构重要性系数，取 1.1；ψ 为设计状况系数，地震偶然工况取 0.85；$S(\cdot)$ 为作用效应函数；γ_E 为作用的分项系数，取 1.0，其他作用分项系数亦取 1.0；E_K 为地震作用的代表值；a_K 为几何参数的标准值；$R(\cdot)$ 为结构及构件抗力函数；γ_d 为结构系数，小湾拱坝拱梁分载法计算地震时采用动力法计算，抗压取 1.3，抗拉取 0.7；γ_m 为材料性能分项系数，取 1.5；f_k 为材料性能的标准值，根据 DL 5073—2000《水工建筑物抗震设计规范》规定，在抗震强度计算中，混凝土动态抗压强度和动态弹性模量的标准值按 1.30 倍静态标准值取值，混凝土动态抗拉强度标准值按静态抗压强度标准值的 10%取值。

4.4.8　小湾拱坝动应力分析

小湾拱坝坝体高，又位于区域地震活动性强烈的云南西部地区，地质构造条件复杂，设计地震动加速度高，大坝抗震安全是工程设计的关键技术问题之一。为此，针对拱坝的抗震安全性开展了一系列研究，从坝址地震动输入入手，分析计算在设计地震作用下，坝体-地基-库水体系的地震响应以及材料动态抗力，据此提出抗震工程措施。此外，还研究了在坝址极限地震作用下，不致发生严重次生灾变的安全裕度。

4.4.8.1　坝址地震动输入

重大工程场址地震动输入是大坝抗震安全性评价的前提，其主要内容包括抗震设防水准框架、场地相关地震动参数及地震动输入机制的确定。

（1）抗震设防水准框架。对作为甲类抗震设防重大工程的小湾拱坝，在抗震设防水准框架中，增设在“最大可信地震”作用下，防止库水失控下泄次生灾变的要求。

对于拱坝，场地相关地震动参数主要为地震动峰值加速度和设计反应谱。按 DL 5073—2000《水工建筑物抗震设计规范》，对甲类抗震设防工程，其设计地震动峰值加速度应由专门的场址地震危险性分析确定。小湾拱坝工程场址地震危险性分析最初依据的是 1988 年完成的《澜沧江小湾水电站地震安全性评价综合研究》报告（在第三代《全国地震烈度区划图》以前）。2004 年，按照制定《中国地震动参数区划图（2001）》的数据和原则，对库区断层活动性、主要潜在震源划分、震级上限确定、衰减关系模型选取等重新进行论证、调整和比较，并按新区划图的数据和要求，进一步确定了小湾拱坝工程场址设计地震和最大可信地震相应的地震动参数。

（2）场地相关地震动参数。鉴于传统沿用的地震动峰值加速度（peak ground acceleration，PGA）时程中，个别高频脉冲型最大峰尖对结构地震响应影响不大，《中国地震动参数区划图（2001）》已采用了与地震动加速度反应谱对应的有效峰值加速度（effective peak acceleration，EPA）。为此，基于对美国西部 154 个基岩强震加速度记录反应谱的统计分析结果，得出不同震级和距离的加速度记录反应谱峰值 $S_{a\max}(T)$ 对应的周期 T 和放大系数 $\beta_{\max}$ 基本上分别为 0.2s 和 2.5，定义小湾拱坝工程地震动参数的有效峰值加速度

(EPA) 为 $S_a(0.2)/2.5$。

DL 5073—2000《水工建筑物抗震设计规范》要求，对于重大工程，需要在对工程场址作专门的地震危险性分析的基础上，求取场地相关的设计反应谱。目前国内外多有采用基于地震危险性分析的“一致概率反应谱”作为场地相关设计反应谱。由于这类反应谱所反映的是各潜在震源区的综合影响，其短、长周期成分分别由近震小震群及远震大震群周期成分控制，具有包络性质，致使与设计峰值加速度对应的中长周期的反应谱值被显著夸大，并不反映与场地相关的实际地震动频谱特性，难以为工程界所接受。为此，在确定小湾拱坝工程地震动参数中，首次采取综合概率法和确定性法的设定地震（scenario earthquake)，以确定场地相关设计反应谱。即在坝址地震危险性分析基础上，以在场址产生设计地震动峰值加速度为前提，从对有贡献的少数潜在震源中，在沿其主干断裂的各可能震中间，按发生概率最大的原则，选定设定地震的震级（M）和震中距（R），按反应谱衰减关系确定坝址实际可能发生的场地相关设计反应谱。

马宗晋认为，中国大陆和北美大陆在构造、地壳组成、现代应力状态及地震成因、地震活动特点等方面都有一定的相似性，具可比性。两个地区地震记录的相互借用具有一定的构造基础。因此，在当前我国尚缺乏强震记录的情况下，直接使用由美国 Abrahamson 等归纳的加速度反应谱衰减关系，较之由烈度转换得到的反应谱衰减公式可能更为合理。

最大可信地震是依据工程场址的地震地质条件，评估场地实际可能发生的最大地震。目前国内外常有将其取为重现期为 1 万年的地震的，实际这与最大可信地震并不相应。对于小湾拱坝，选取对坝址地震动贡献最大的潜在震源，以沿其主干断裂距坝址最近处（R_{min}）的地震作为设定地震，取该潜在震源的震级上限（M_u）为其震级，以确定性方法更合理地确定最大可信地震的地震动参数。

表 4.4-2 给出了小湾拱坝设计地震、重现期为 1 万年的地震和最大可信地震相应的 PGA 和 EPA 值。图 4.4-2 给出小湾拱坝坝址的一致概率反应谱、以设定地震确定的场地相关设计反应谱和 DL 5073—2000《水工建筑物抗震设计规范》中标准设计反应谱的比较。

表 4.4-2　　小湾拱坝坝址地震动峰值加速度　　单位：gal

设防水准	PGA	EPA
600 年超越概率 10%的设计地震	338.4	300.2
100 年超越概率 1%的地震	382.6	339.4
最大可信地震（M=6.5，R=3km）	435.0	408.0

4.4.8.2　地震动输入机制

鉴于当前在地震动输入概念上的混淆，往往导致同一工程中不同方案或同一方案中不同单位，其成果间难以比较。为此，在对小湾拱坝的抗震分析中，对地震动输入机制的基本概念进行了澄清，明确工程场区地震危险性分析给出的地震动是：工程场地所在地区，在作为理想弹性介质均质岩体半无限空间中传播的、满足标准波动方程的平面定型波，在平坦自由地表的、最大水平向地震动峰值加速度。既未考虑工程场地实际的地形条件和岩体具体的地质条件，也不涉及在该场址要建造的工程结构类型。

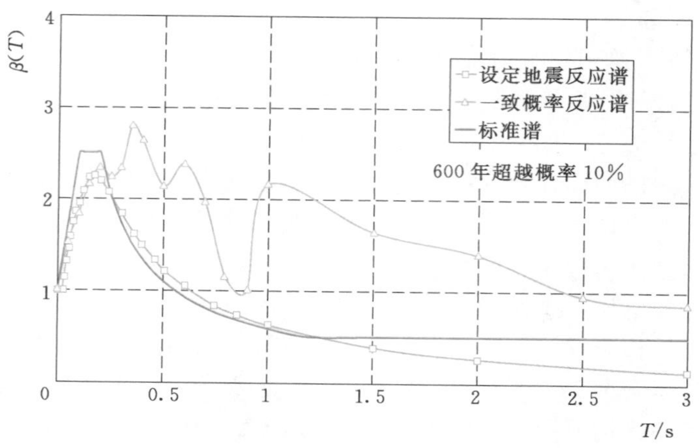

图 4.4-2 小湾拱坝坝址反应谱的比较

输入方式与结构体系地震响应分析方法及其数学模型相关。考虑动态相互作用的坝体结构体系必须作为开放系统的波动问题求解。对目前考虑辐射阻尼常用的人工透射边界及黏滞阻尼边界必须采用与之相应的不同输入机制方式，前者从边界直接输入三维自由场入射地震位移波，后者需同时输入以在入射自由场输入波作用下的自由场应力、位移和速度表征的近、远域地基间的动态相互作用力。

4.4.8.3 拱坝体系地震响应分析

（1）分析模型。突破难以反映实际的传统拱坝设计概念和方法，首次建立了更贴近实际的大坝-地基-库水整个体系的地震响应分析模型（图 4.4-3）。其中，同时全面考虑各项关键影响因素，诸如：拱坝-地基-库水动力相互作用、坝体横缝动态接触非线性、地基的质量和能量向远域地基逸散的“辐射阻尼”效应、近域地基地形和包括潜在滑动岩块在内的各类地质构造、沿坝基地震动输入空间不均匀性等。成功应用人工透射边界模拟辐射阻尼效应，其后又和采用黏滞阻尼边界、模拟辐射阻尼效应的结果进行了相互验证。基于动接触力理论模拟坝体横缝和坝体和地基中的各项接触面，研发了相应的在时域内作为非线性波动问题显式求解的方法和应用软件。

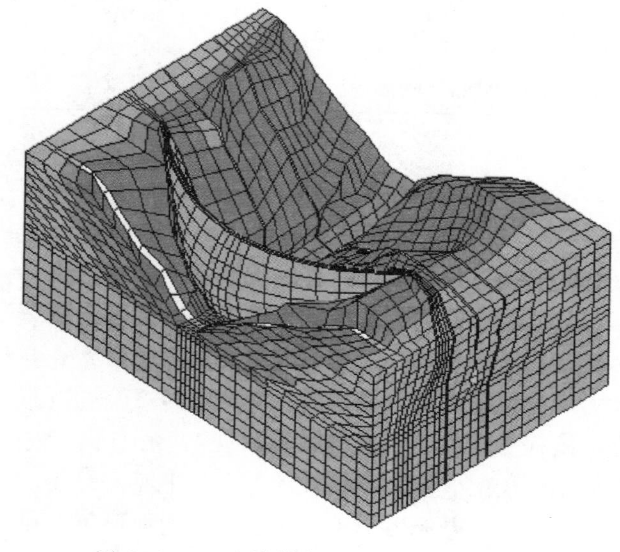

图 4.4-3 小湾拱坝地震相应分析模型

（2）整体失效定量准则。拱坝是高次超静定结构，由坝体将荷载传递到两岸拱座岩体。对坝体的局部损伤开裂可通过应力重分布进行调整，但拱座岩体的失稳可能导致工程失效。因此，高拱坝的拱座岩

体稳定是工程抗震安全评价的关键。传统的拟静力的刚体极限平衡法，不能计入坝体与拱座岩体之间的动态变形耦合影响和岸坡岩体本身的地震动态放大效应，因而不能反映在强震作用下高拱坝抗震稳定的实际性态。在地震波的往复作用下，坝肩岩体的瞬时极限状态并不一定导致其最终失稳，但即使拱座岩块尚未整体失稳，其局部开裂和滑移产生的与坝体的耦合变形，也可能使坝体严重受损。

岩体失稳是局部变形、开裂、错动、应力重新调整导致工程最终失效的发展过程。为此，基于所研发的更贴近实际的拱坝体系分析模型，提出“以整个体系的位移反应随地震作用加强而出现突变的状况，作为评定拱坝损伤已由量变到质变、呈现整体失效的定量准则”的新概念。据此，求出可导致大坝整体失效的极限地震峰值加速度，由与此极限地震峰值加速度的比值，给出拱坝在 600 年超越概率 10%的设计地震、100 年超越概率 1%的地震和（$M=6.5$，$R=3\text{km}$）的最大可信地震时，其抗震超载的安全裕度分别为 1.8、1.6、1.3。图 4.4-4 显示了拱坝极限地震时的位移响应突变。

（3）坝体应力控制标准。根据 DL/T 5057—1996《水工混凝土结构设计规范》，混凝土轴心抗压强度标准值为混凝土立方体抗压强度的 0.66，通过计算各种设计强度混凝土的地震工况应力控制指标见表 4.4-3。

表 4.4-3　　地震工况下拱坝拉压应力控制指标

控制指标	$C_{180}30$	$C_{180}35$	$C_{180}40$
抗压强度/MPa	14.13	16.49	18.84
抗拉强度/MPa	2.62	3.06	3.50

按 DL/T 5346—2006《混凝土拱坝设计规范》和 DL 5073—2000《水工建筑物抗震设计规范》取用的分项系数汇总见表 4.4-4。

表 4.4-4　　坝体抗压、抗拉应力极限状态各分项系数取值表

<table>
<tr><td colspan="3">结构重要性系数 γ_0</td><td colspan="2">1.1</td></tr>
<tr><td rowspan="3">设计状况系数 ψ</td><td colspan="2">持久状况</td><td colspan="2">1</td></tr>
<tr><td colspan="2">短暂状况</td><td colspan="2">0.95</td></tr>
<tr><td colspan="2">偶然状况</td><td colspan="2">0.85</td></tr>
<tr><td rowspan="3">结构系数 γ_d</td><td rowspan="2">无地震情况</td><td>拱梁分载法</td><td>抗压 2.00</td><td>抗拉 0.85</td></tr>
<tr><td>有限元法</td><td>抗压 1.60</td><td>抗拉 0.65</td></tr>
<tr><td>地震情况</td><td>拱梁分载法</td><td>抗压 1.30</td><td>抗拉 0.70</td></tr>
<tr><td rowspan="2">材料性能分项系数 γ_m</td><td colspan="2">无地震情况</td><td colspan="2">2</td></tr>
<tr><td colspan="2">地震情况</td><td colspan="2">1.5</td></tr>
</table>

按 DL/T 5346—2006《混凝土拱坝设计规范》和 DL 5073—2000《水工建筑物抗震设计规范》取用的分项系数计算出的拱坝应力控制指标汇总见表 4.4-5。

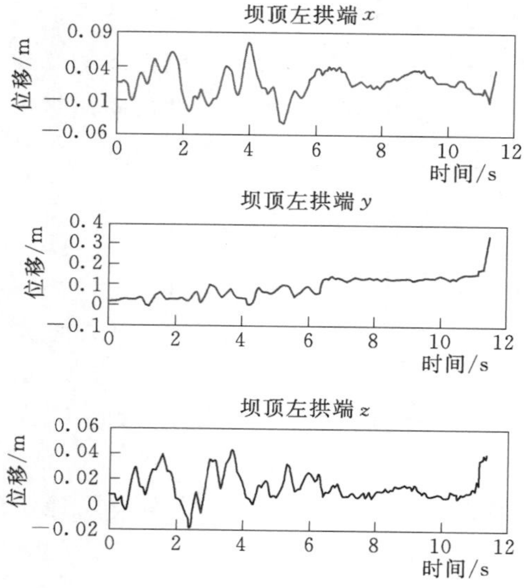

(a) 左坝肩

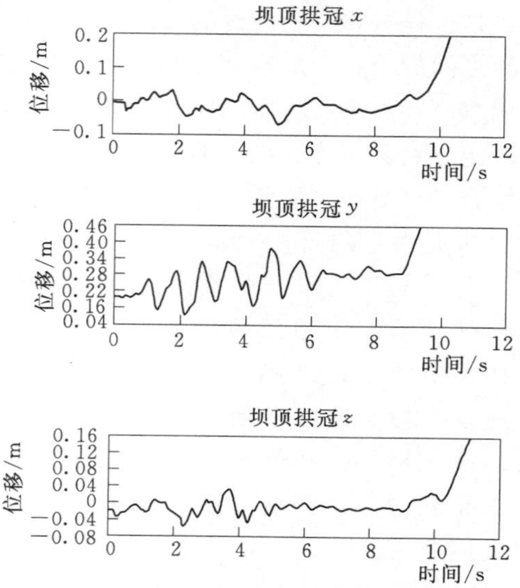

(b) 拱冠坝顶

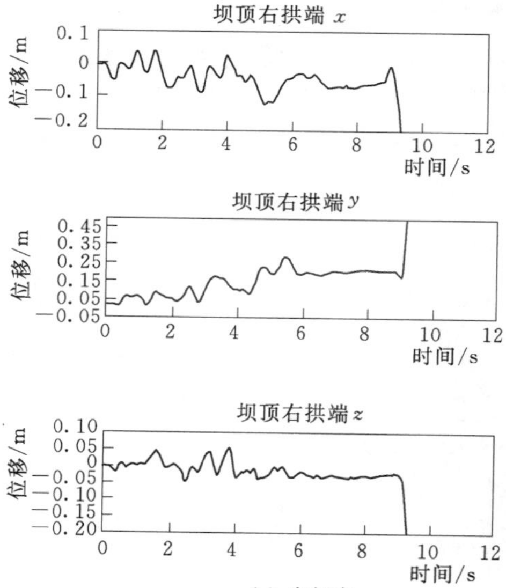

(c) 右坝肩

图 4.4-4　小湾拱坝极限地震时的位移响应突变

表 4.4-5　**坝体抗压、抗拉强度控制标准**　单位：MPa

混凝土抗压强度标准值		$C_{180}30$		$C_{180}35$		$C_{180}40$	
设计状况	计算方法	主压应力	主拉应力	主压应力	主拉应力	主压应力	主拉应力
持久状况	拱梁分载法	6.82	1.20	7.95	1.20	9.09	1.2
	有限元法	8.52	1.50	9.94	1.50	11.36	1.5
短暂状况	拱梁分载法	7.18	1.35	8.37	1.58	9.58	1.80
	有限元法	8.97	1.77	10.47	2.06	11.96	2.36

续表

混凝土抗压强度标准值			$C_{180}30$		$C_{180}35$		$C_{180}40$	
偶然状况	校核洪水情况	拱梁分载法	8.02	1.51	9.36	1.76	10.70	2.01
偶然状况	校核洪水情况	有限元法	10.03	1.97	11.70	2.30	13.37	2.63
偶然状况	地震情况	拱梁分载法	14.13	2.62	16.49	3.06	18.84	3.50

注 1. 混凝土抗拉强度取抗压强度的8%。
2. 混凝土动态抗压强度较其静态标准值提高30%，动态抗拉强度为静态抗压强度的10%。

4.4.8.4 抗震工程措施

鉴于地震作用和拱坝地震破坏机理十分复杂，现有复杂的分析模型及其参数选择存在一定的不确定性，对小湾这类高拱坝更缺乏经受强震的检验。为此，在分析计算和模型试验研究（见4.10.8节）的基础上，对设置有效抗震工程措施开展了一系列的深入研究。

（1）跨横缝抗震钢筋的布设。苏联的英古里拱坝为尽量保持坝体在地震作用下的整体性，采取在坝体布设抗震钢筋的主要抗震工程措施。在小湾拱坝设计中，通过数值分析和钢筋拉拔试验，对此开展了系统研究，得出对抗震工程措施有重要指导性作用的以下几点结论：

1）布设抗震钢筋的作用机理。高拱坝在强震作用下，坝体上部会产生很大的拱向拉应力，而拱坝各坝段间的灌浆横缝，基本不具有抗拉强度，在地震过程中横缝必然会反复开合。布设跨横缝抗震钢筋，可限制横缝的张开度，以免坝体止水结构被破坏，但并不能有效调整坝体应力，对维持坝体的整体性作用不大。

2）在坝段间设置跨越横缝的抗震钢筋，对施工影响较大，因而应尽量优化钢筋布设的部位，并最大限度减少其数量。抗震钢筋对横缝最大张开度的约束作用，随其数量的增加而渐减小，故过多布筋作用效果不大，宜在坝体上部约1/3坝高部位的上游面、下游面，沿整个拱圈布设数层钢筋。实际上，地震时横缝张开从坝顶向下逐渐尖灭，地震后又重新闭合，而止水结构位于坝体上游坝面处。因此，只需在邻近坝顶部位的上游面布筋。

3）为使抗震钢筋在其屈服强度内有一定变形，横缝两端的钢筋必须预留脱离混凝土的自由段。坝体混凝土在冷却至灌浆前稳定温度期间产生的拉应力，将抵消约42%的抗震钢筋屈服强度。因此，提高钢筋的屈服强度能有效地减少其数量，宜采用价格适中、屈服强度高的HRB500含钒钢筋。

4）为研究钢筋对坝体局部混凝土的往复拉拔影响及钢筋在各坝段混凝土中必要的锚固长度，开展了多种方案的钢筋动态拉拔试验及相应的有限元计算分析。其结果表明：钢筋的黏结力在锚深20cm处最大，但在1m处已渐趋零；钢筋端部预留不小于20cm长的自由段，即可使靠近端部的混凝土内部应力集中得到疏散、减弱，明显地改善混凝土的受力状态。因此，采用含钒钢筋，钢筋的间距不小于60cm，锚固深度不小于1m，穿缝的自由段长度不小于40cm，混凝土等级不低于C20时，混凝土便具有足够的锚固力，且其表部不致因钢筋拉拔受损。在设计地震作用下，抗震钢筋的最大滑移量仅0.35mm左右，对横缝张开度的影响很小。因此，坝段中部的钢筋作用有限，可以取消。

基于上述研究成果，在拱坝实施中，采用了“以含钒钢筋向横缝两边各延伸2m（其中自由段1m，埋深1m）的不连续布筋”方案，使钢筋量大为减少，并最大限度地降低了对施工的干扰影响。

（2）纵向抗震钢筋的布设。在地震工况下，坝体中上部纵、横动应力均较大。横缝处的抗拉强度基本为零，受拉后随即张开，横向应力得到释放，抗震措施的重点是控制横缝的张开度，避免止水破坏。而纵向拉应力过大，会导致坝体混凝土开裂，抗震措施的重点是尽量降低坝体的拉应力水平，采用布设纵向钢筋的方式，可沿纵向均化坝体拉应力，达到降低拉应力的目的。

沿坝体整个上游面，从坝顶至中部高程均布设了纵向抗震钢筋。

4.5　有限单元法——温度分析

4.5.1　热传导方程及定解条件

4.5.1.1　热传导方程

由热量的平衡原理，温度升高所吸收的热量必须等于从外界流入的热量与内部水化热之和，即

$$\frac{\partial T}{\partial \tau}=a\left(\frac{\partial^2 T}{\partial x^2}+\frac{\partial^2 T}{\partial y^2}+\frac{\partial^2 T}{\partial z^2}\right)+\frac{Q}{c\rho} \tag{4.5-1}$$

$$a=\frac{\lambda}{c\rho}$$

式中：T 为温度，℃；a 为导温系数，m^2/h；λ 为混凝土的导热系数；Q 为由于水化热作用，单位时间内单位体积中发出的热量，kJ/(m^3 · h)；c 为混凝土比热，kJ/(kg · ℃)；ρ 为密度，kg/m^3；τ 为时间，h。

由于水化热作用，在绝热条件下混凝土的温度上升速度为

$$\frac{\partial \theta}{\partial \tau}=\frac{Q}{c\rho}=\frac{Wq}{c\rho} \tag{4.5-2}$$

式中：θ 为混凝土的绝热温升，℃；W 为混凝土中的水泥用量，kg/m^3；q 为单位重量水泥在单位时间内放出的水化热，kJ/(kg · h)。

则式（4.5-1）的热传导方程将改写为

$$\frac{\partial T}{\partial \tau}=a\left(\frac{\partial^2 T}{\partial x^2}+\frac{\partial^2 T}{\partial y^2}+\frac{\partial^2 T}{\partial z^2}\right)+\frac{\partial \theta}{\partial \tau} \tag{4.5-3}$$

若温度 T 沿 Z 轴方向为常数，则温度场为两向的平面问题，热传导方程简化为

$$\frac{\partial T}{\partial \tau}=a\left(\frac{\partial^2 T}{\partial x^2}+\frac{\partial^2 T}{\partial y^2}\right)+\frac{\partial \theta}{\partial \tau} \tag{4.5-4}$$

若温度场不随时间变化，则称为稳定温度场。此时，$\frac{\partial T}{\partial \tau}=0$，$\frac{\partial \theta}{\partial \tau}=0$，根据式（4.5-3）热传导方程简化为

$$\frac{\partial^2 T}{\partial x^2}+\frac{\partial^2 T}{\partial y^2}+\frac{\partial^2 T}{\partial z^2}=0 \tag{4.5-5}$$

由于水泥及拌和料与水拌和以后会产生水化热，混凝土本身会释放热量，于是称混凝土温度场问题为有内热源的导热问题。把单位时间、单位体积导热物体的生成热量称为发

热率，用 q_i 来表示，有分布内热源的导热微分方程的形式为

$$\frac{\partial T}{\partial \tau}=a\left(\frac{\partial T}{\partial x^2}+\frac{\partial T}{\partial y^2}+\frac{\partial T}{\partial z^2}\right)+\frac{q_i}{c\rho} \tag{4.5-6}$$

比较式（4.5－3）和式（4.5－6），可得

$$q_i=\rho c\frac{\partial \theta}{\partial \tau} \tag{4.5-7}$$

式（4.5－7）将混凝土的发热率用混凝土的比热、密度和绝热温升对时间的导数表示出来，这样在得到了水泥水化热的资料以后，便可求出混凝土的发热率。

4.5.1.2 定解条件

（1）初始条件。初始条件为在初始瞬时物体内部的温度分布规律。

$$T(x,y,z,0)=T_0(x,y,z) \tag{4.5-8}$$

多数情况下，初始瞬时的温度分布可认为是常数，即当 $\tau=0$ 时，$T(x,y,z,0)=T_0$。

（2）边界条件。边界条件定义了混凝土表面与周围介质（如空气和水）之间的温度相互作用。温度场计算时的边界条件有以下 3 类：

1）第一类边界条件。第一类边界条件为混凝土表面的温度 T 是时间 τ 的已知函数，即

$$T(\tau)=f(\tau) \tag{4.5-9}$$

在实际工程中，属于第一类边界条件的情况是混凝土表面与水直接接触，这时可取混凝土表面的温度等于水温 T_b，即

$$T(\tau)=T_b \tag{4.5-10}$$

2）第二类边界条件。第二类边界条件为混凝土表面的热流量 q^* 是时间 τ 的已知函数，即

$$-\lambda\left(\frac{\partial T}{\partial n}\right)=q^*(\tau) \tag{4.5-11}$$

式中：n 为混凝土表面的法线方向；λ 为混凝土的导热系数。

若表面的热流量等于零，则第二类边界条件又称绝热边界条件，即

$$\frac{\partial T}{\partial n}=0 \tag{4.5-12}$$

如果结构的几何形状和边界条件都是对称的，则在对称面上热流量为零，满足绝热边界条件，此时只需取对称面一侧的结构进行分析。

3）第三类边界条件。当混凝土与空气接触时，经过混凝土表面的热流量为

$$q=-\lambda\frac{\partial T}{\partial n} \tag{4.5-13}$$

第三类边界条件表示了固体与流体（如空气）接触时的一种传热条件。即混凝土的表面热流量和表面温度 T 与气温 T_a 之差成正比

$$-\lambda\frac{\partial T}{\partial n}=\beta(T-T_a) \tag{4.5-14}$$

式中：β 为表面放热系数，kJ/(m^2·h·℃)。

对于第三类边界条件，由式（4.5－14）可知，当表面放热系数 β 趋于无限大时，$T=T_a$，从而转化为第一类边界条件；当表面放热系数 $\beta=0$ 时，$\frac{\partial T}{\partial n}=0$，又转化为绝热边界条件。

4.5.2 初始条件和边界条件的近似处理

（1）初始温度场的确定。坝体混凝土成形前，要经过拌和楼（站）出机，后经过运输、平仓、振捣的过程。混凝土经过平仓振捣后，在覆盖新的流态混凝土前的温度为浇筑温度。早期混凝土弹性模量很低，初始温差对于早期温度应力的影响不显著。因此，可以近似地选取浇筑温度作为确定混凝土初始温度场的依据，同时绝热温升的起始时间也以此算起。

（2）混凝土与空气接触。当混凝土与空气接触时，可以处理成真实的边界向外延拓一个虚厚度

$$d=\frac{\lambda}{\beta} \tag{4.5-15}$$

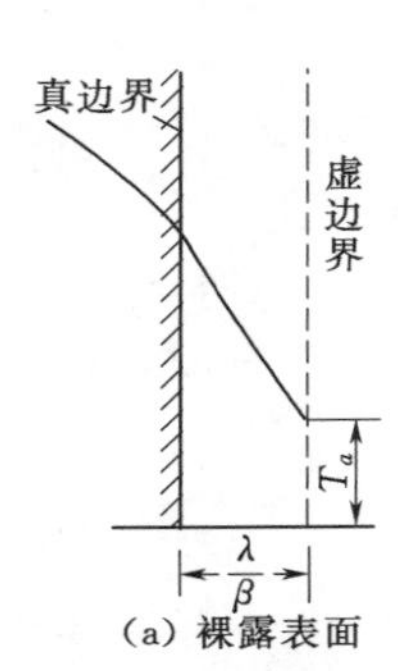

(a) 裸露表面

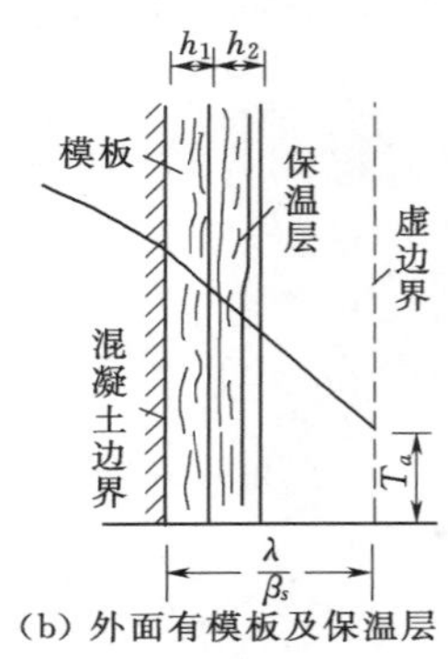

(b) 外面有模板及保温层

图 4.5－1 边界条件的近似处理

根据式（4.5－15）得到一个虚拟边界，见图 4.5－1（a），在虚边界上，混凝土表面温度等于外界温度。如物体真实厚度为 l，在温度计计算中采用的厚度为 $l'=l+2d$。

混凝土与空气接触时，β 与风速有密切关系。一般情况下，$\beta=(10\sim20)\times4.1868$[kJ/(m^2·h·℃)]，混凝土导热系数 λ 约为 2.0×4.1868[kJ/(m^2·h·℃)]，故虚厚度 $\lambda/\beta=0.1\sim0.2$m。当气温迅速变化时，如寒潮及日变化，虚厚度 0.1～0.2m 使混凝土表面温度与气温有显著差别。当气温变化缓慢时，如年变化，虚厚度 0.1～0.2m 影响不大，混凝土表面温度接近于气温，此时可忽略虚厚度，假定混凝土表面温度等于气温。为简化计算，一般可忽略虚厚度，直接按第一类边界条件处理。

（3）混凝土与水接触。混凝土与水接触时，表面放热系数 $\beta=(2000\sim4000)\times4.1868$[kJ/(m^2·h·℃)]，由式（4.5－15）可知虚厚度 $\lambda/\beta=0.5\sim1.0$mm，这在实际计算中完全可以忽略，可假定混凝土表面温度等于水温。

（4）混凝土与模板与保温层接触。混凝土表面的模板或保温层对温度的影响可用等效放热系数 β_s 来考虑。每层保温材料的热阻为 $R_i=\frac{h_i}{\lambda_i}$，其中，$h_i$ 为第 i 层保温材料的厚度，λ_i 为第 i 层的导热系数。

最外层模板或保温材料与空气接触，它们中间的热阻为 $1/\beta$，故总热阻为

$$R_s=\sum\frac{h_i}{\lambda_i}+\frac{1}{\beta} \tag{4.5-16}$$

由此可得到等效放热系数 β_s 及虚厚度 d 如下

$$\beta_s=\frac{1}{R_s},\quad d=\frac{\lambda}{\beta_s}=\lambda R_s \tag{4.5-17}$$

（5）水管冷却边界。工程实践经验表明，采用冷却水管进行通水冷却是降低混凝土最高温升、控制温度变化过程、减小温度应力的一项有效措施。水管冷却效应的计算总体上可分为两类：①解析法，不考虑混凝土表面与水管共同散热的单根水管的冷却问题，可用解析方法进行求解；②数值法，包括差分法和有限元法。

4.5.3 混凝土的热学性能

（1）基本参数。混凝土的热性能包括导热系数 λ、比热 c、导温系数 a 及密度 ρ，它们取决于骨料、水泥及水的特性。

一般工程可根据混凝土各种组成成分的重量百分比，按加权平均方法估算 λ 和 c，再按下式计算导温系数

$$\alpha=\frac{\lambda}{c\rho} \tag{4.5-18}$$

（2）水化热。水泥水化热是影响混凝土温度应力的一个重要因素，水泥水化热通常可用以下两种公式表示。

1）指数型公式。

$$Q(\tau)=Q_0(1-\mathrm{e}^{-m\tau}) \tag{4.5-19}$$

式中：$Q(\tau)$ 为在龄期 τ 时的累积水化热，kJ/kg；Q_0 为最终水化热；τ 为龄期；m 为常数，与水泥品种、比表面及养护温度有关。

2）双曲线型公式。

$$Q(\tau)=\frac{Q_0\tau}{n+\tau} \tag{4.5-20}$$

式中：n 为常数。

水泥水化热资料应通过试验求得，对于大体积水工混凝土，为满足低热要求，最好采用中热硅酸盐水泥。

（3）混凝土绝热温升。温度场计算中实际采用的是混凝土的绝热温升 θ。测定绝热温升通常有两种方法：一种是直接法，即用绝热温升试验设备直接测定；另一种方法是间接法，即先测定水泥的水化热，应同时测定掺合料水化热，再根据水泥的水化热及混凝土的比热、容重和水泥的用量计算绝热温升。

重要工程应通过试验取得绝热温升资料，然后用以下公式之一拟合混凝土的绝热温升（直接法）。

1）指数模型。

$$\theta(\tau)=\theta_0(1-\mathrm{e}^{-\alpha\tau^{\beta}}) \tag{4.5-21}$$

2）双曲线模型。

$$\theta(\tau)=\theta_0\tau^{\alpha}/(\beta+\tau^{\alpha}) \tag{4.5-22}$$

3）成熟度模型。

$$\tau_e=\int_0^{\tau}\exp R\left(\frac{1}{273+T_r}-\frac{1}{273+\theta}\right)\mathrm{d}t \tag{4.5-23}$$

$$\theta(\tau)=\theta_0(1-e^{-\alpha_1\tau_e^\beta}) \tag{4.5-24}$$

$$\theta(\tau)=\theta_0\tau_e^\alpha/(\beta+\tau_e^\alpha) \tag{4.5-25}$$

式中：τ_e 为相对于参考温度的混凝土成熟度等效龄期；T_r 为参考温度，一般取 20℃。

若缺乏实测资料的时候，可采用间接法，根据水泥水化热计算绝热温升

$$\theta(\tau)=\frac{Q(\tau)(W+kF)}{c\rho} \tag{4.5-26}$$

式中：W 为水泥用量，kg/m³；c 为混凝土比热，kJ/(kg·℃)；ρ 为混凝土密度，kg/m³；F 为混合料用量，kg/m³；$Q(\tau)$ 为水泥的水化热，kJ/kg；k 为折减系数，对于粉煤灰，可取 $k=0.25$。

对于工程中遇到的特殊现象，还可采用分段函数来模拟。如小湾水电站拱坝混凝土，第一次二冷结束前采用双曲线式 $\theta(\tau)=30.0\tau(3.9+\tau)$；第一次二冷结束后采用 $\theta(\tau)=\theta_0(1-e^{-m\tau})$ 函数形式来模拟温度回升问题；第二次二冷结束后仍为 $\theta(\tau)=\theta_0(1-e^{-m\tau})$ 形式，但相关参数不同（二冷产生温差较大时，可以分期二冷）。

4.5.4 日照影响

混凝土建筑物经常暴露于阳光之下，太阳辐射热对其温度场有重要影响。设单位时间内单位面积上太阳辐射来的热量为 S，其中被混凝土吸收的部分为 R，剩余被反射部分为 $S-R$，于是有

$$R=\alpha_x S \tag{4.5-27}$$

式中：α_x 为吸收系数，也称为黑度系数，混凝土表面 $\alpha_x\approx0.65$。

考虑日照后的边界条件为

$$-\lambda\frac{\partial T}{\partial n}=\beta(T-T_a)-R \tag{4.5-28}$$

或

$$-\lambda\frac{\partial T}{\partial n}=\beta\left[T-\left(T_a+\frac{R}{\beta}\right)\right] \tag{4.5-29}$$

比较式（4.5-29）和式（4.5-14），可见日照的影响相当于使周围空气的温度升高，即

$$\Delta T_a=\frac{R}{\beta} \tag{4.5-30}$$

坝体下游表面及上游表面的水上部分，受到日照影响，其表面混凝土温度将高于当时的气温。因此，日照对混凝土内部温度的影响深度计算可以参照气温影响深度相应的公式。

4.5.5 温度场的有限单元计算

4.5.5.1 基本算法

瞬态温度场的求解就是在初始条件［式（4.5-8）］下求得满足瞬态热传导方程［式（4.5-3）］及边界条件［式（4.5-9）～式（4.5-14）］的温度场函数 $T(x, y, z, \tau)$。

如果边界上的 $\overline{T}(\tau)$、$q(\tau)$、T_a 以及 θ 不随时间变化，则经过一定时间的热交换后，

物体内的温度场将不随时间变化，即$\dfrac{\partial T}{\partial \tau}=0$，瞬态热传导方程退化为稳态的热传导方程，$T$只与坐标有关。

根据最小位能原理，热传导微分方程式（4.5－3）可以转换为温度$T(x, y, z, \tau)$在$\tau=0$时给定初始温度$T_0(x, y, z)$，在边界C_1上满足给定边界条件$\overline{T}(\tau)$的泛函式（4.5－2）的极值问题

$$I(T)=\iiint_R\left\{\frac{1}{2}\left[\left(\frac{\partial T}{\partial x}\right)^2+\left(\frac{\partial T}{\partial y}\right)^2+\left(\frac{\partial T}{\partial z}\right)^2\right]+\frac{1}{a}\left(\frac{\partial T}{\partial \tau}-\frac{\partial \theta}{\partial \tau}\right)T\right\}\mathrm{d}x\mathrm{d}y\mathrm{d}z+\iint_{C_2}\overline{q}T\,\mathrm{d}s+\iint_{C_3}\left(\frac{\overline{\beta}}{2}T^2-\overline{\beta}T_aT\right)\mathrm{d}s \tag{4.5－31}$$

其中
$$\overline{\beta}=\beta/\lambda,\ \overline{q}=q/\lambda$$
式中：θ为混凝土绝热温升。

空间域和时间域不耦合，分别用有限元和差分进行离散计算，形成以下控制方程

$$\left([H]+\frac{2}{\Delta\tau_n}[R]\right)\{T\}_{n+1}+\left([H]-\frac{2}{\Delta\tau_n}[R]\right)\{T\}_n+\{F\}_{n+1}+\{F\}_{n+1}=0 \tag{4.5－32}$$

式中：$[H]$为热传导矩阵；$[R]$为热容矩阵；$\{F\}$为温度荷载列阵；$\{T\}$为节点温度列阵；下标n代表时间步。

4.5.5.2 水管冷却算法

（1）等效算法。混凝土与空气、水、岩石等介质的接触面都会传递热量，具有散热作用，工程中考虑水管冷却作用时，这一问题十分复杂，无法用理论方法求解，甚至也很难用有限元法精确求解，而只能近似求解：即将冷却水管看作负热源，在一般意义上考虑冷却水管的作用。设混凝土初温为T_0，绝热温升为$\theta_0 f(\tau)$，进口水温为T_w，则混凝土平均温度按下式计算

$$T(t)=T_w+(T_0-T_w)\Phi(t)+\theta_0\Psi(t) \tag{4.5－33}$$

由此可得混凝土等效热传导方程如下

$$\frac{\partial T}{\partial t}=a\nabla^2 T+(T_0-T_w)\frac{\partial \Phi}{\partial t}+\theta_0\frac{\partial \Psi}{\partial t} \tag{4.5－34}$$

根据这个方程，利用现有的有限元程序及计算网格，即可使问题得到极大的简化，近似地计算冷却水管与混凝土表面的共同散热作用。

式（4.5－34）中，Φ是表示水管冷却效果的函数，具体形式见式（4.5－35）和式（4.5－36）。

当$z=a\tau/D^2>0.75$时

$$\left.\begin{aligned}&\Phi=\mathrm{e}^{-b\tau^s}\\&b=k_1(a/D^2)^s\\&k_1=2.08-1.174\eta+0.256\eta^2\\&s=0.971+0.1485\eta-0.044\eta^2\\&\eta=\lambda L/(c_w\rho_w q_w)\end{aligned}\right\} \tag{4.5－35}$$

当$z\leqslant 0.75$时

$$\left.\begin{aligned}&\Phi=\mathrm{e}^{-b\tau}\\&b=ka/D^2\\&k=2.09-1.35\eta+0.32\eta^2\end{aligned}\right\}\tag{4.5-36}$$

式中：τ 为龄期；a 为混凝土导温系数；λ 为混凝土导热系数；c_w 为冷却水比热；ρ_w 为冷却水密度；q_w 为冷却水流量。

Ψ 是表示绝热温升效果的函数，可按以下 3 种情况分别分析。

1）指数形式。设绝热温升公式为

$$\theta(\tau)=\theta_0(1-\mathrm{e}^{-m\tau})\tag{4.5-37}$$

式中：θ_0 为最终绝热温升；m 为常数。

微分得

$$\frac{\partial\theta}{\partial\tau}=\theta_0 m\mathrm{e}^{-m\tau}$$

代入热传导方程积分，得

$$T(t)=\theta_0\Psi(t)\tag{4.5-38}$$

其中

$$\Psi(t)=\frac{m}{m-b}(\mathrm{e}^{-bt}-\mathrm{e}^{-mt})\tag{4.5-39}$$

式（4.5-39）中，b 见式（4.5-35）或式（4.5-36）。

2）双曲线式。设绝热温升公式为

$$\theta(\tau)=\theta_0\tau/(n+\tau)\tag{4.5-40}$$

式中：n 为常数。

微分得

$$\frac{\partial\theta}{\partial\tau}=n\theta_0/(n+\tau)^2\tag{4.5-41}$$

代入热传导方程积分仍得到式（4.5-39），而

$$\Psi(t)=nb\mathrm{e}^{-b(n+1)}\left\{\frac{\mathrm{e}^{bn}}{nb}-\frac{\mathrm{e}^{b(n+1)}}{b(n+1)}+E_i(bn)-E_i[b(n+t)]\right\}\tag{4.5-42}$$

式（4.5-42）中，指数积分 $E_i(bx)=\int\frac{\mathrm{e}^{bx}}{x}\mathrm{d}x$，参见函数手册；$b$ 见式（4.5-35）或式（4.5-36）。

3）任意绝热温升。设混凝土绝热温升为 $\theta(\tau)=\theta_0 f(\tau)$，其中 $f(\tau)$ 是任意函数。代入热传导方程仍得式（4.5-38），其中 $\Psi(t)$ 可用中点龄期 $\tau+0.5\Delta\tau$ 计算

$$\Psi(t)=\sum\mathrm{e}^{-b(t-\tau-0.5\Delta\tau)}\Delta f(\tau)\tag{4.5-43}$$

其中

$$\Delta f(\tau)=f(\tau+\Delta\tau)-f(\tau)$$

（2）精细算法。水管冷却问题实质上是一个空间温度场问题，但若采用三维有限单元法计算，其计算量十分庞大。从热传导理论可知，在固体中热波的传播速度与距离的平方成反比，在实际工程中，水管的间距通常为 1.5～3.0m，而水管的长度往往为 200m 以上，因此，混凝土浇筑块内部的热传导主要是在与水管正交的平面内进行的。平行于水管方向的混凝土温度梯度是很小的，故不妨忽略平行于水管方向的混凝土温度梯度，见图

4.5－2 和图 4.5－3，在与水管正交的方向，每隔 ΔL 切取一系列垂直截面，先按平面问题计算各截面的混凝土温度场，然后考虑冷却水与混凝土之间的热量平衡，求出冷却水沿途吸热后的温度上升，从而得到空间问题的近似解。

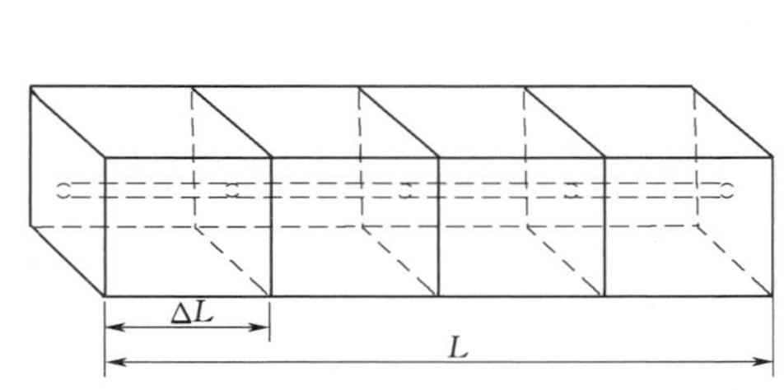

图 4.5－2　垂直于水管切取计算断面

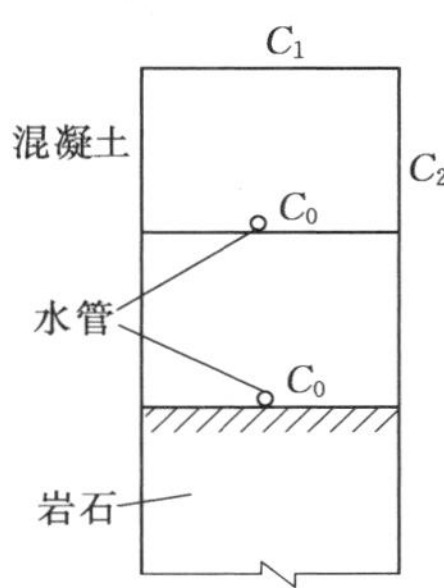

图 4.5－3　计算平面

对于图 4.5－3 所示的计算平面，热传导方程为

$$\frac{\partial T}{\partial \tau}=a\left(\frac{\partial^2 T}{\partial x^2}+\frac{\partial^2 T}{\partial y^2}\right)+\frac{\partial \theta}{\partial \tau} \tag{4.5-44}$$

在水管的外缘，对于非金属管，按第三类边界条件计算：

在 C_0 上

$$-\lambda\frac{\partial T}{\partial r}+k(T-T_w)=0 \tag{4.5-45}$$

其中

$$k=\frac{\lambda_1}{c\ln(c/r_0)}$$

式中：λ_1 为水管的导热系数；c 为水管的外半径；r_0 为水管的内半径；T_w 为水温。

若为金属水管，则按第一类边界条件计算。

在 C_0 上

$$T=T_w \tag{4.5-46}$$

在浇筑层面 C_1 上，按第三类边界条件计算。

在 C_1 上

$$-\lambda\frac{\partial T}{\partial y}+\beta(T-T_a)=0 \tag{4.5-47}$$

式中：T_a 为气温；β 为表面放热系数。

在对称面 C_2 上，按绝热边界处理。

在 C_2 上

$$\frac{\partial T}{\partial n}=0 \tag{4.5-48}$$

式中：n 为法线。

用有限元方法离散后，可得到相应的方程。在水管附近，因温度梯度大，应采用密集网格，见图 4.5－4。

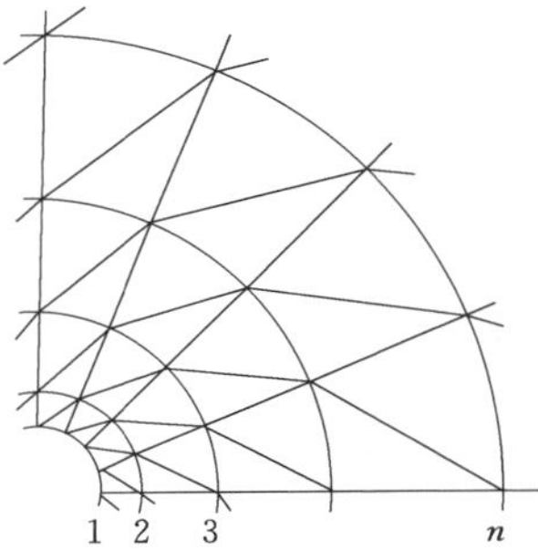

图 4.5－4　水管附近的计算网格

设在 ΔL 范围内水温的增量为 ΔT_w，则单位时间内水流在 ΔL 区间内所吸收的热量为

$$\Delta Q_1 = C_w \rho_w q_w \Delta T_w \tag{4.5-49}$$

假定在截面 i 与截面 $i+1$ 之间的混凝土温度等于截面 i 的温度，在 ΔL 区间内，单位时间内混凝土向水流放出的热量为

$$\Delta Q_2 = -\lambda \Delta L \int_{c_0} \left(\frac{\partial T}{\partial r}\right)_i \mathrm{d}s = -\lambda \Delta L \int_{C_0} \left[\left(\frac{\partial T}{\partial x}\right)_i \mathrm{d}y + \left(\frac{\partial T}{\partial y}\right)_i \mathrm{d}x\right] \tag{4.5-50}$$

式（4.5－50）右端的积分是沿着水管外缘 C_0 进行的。由热量的平衡，$\Delta Q_1 = \Delta Q_2$，从而得到 ΔL 区间内水温的增量为

$$\Delta T_{wi} = -\frac{\lambda \Delta L}{C_w \rho_w q_w} \int_{c_0} \left(\frac{\partial T}{\partial r}\right)_i \mathrm{d}s \tag{4.5-51}$$

因此，在截面 $i+1$ 的水温为

$$\Delta T_{w,i+1} = T_{w,i} + \Delta T_{w,i} \tag{4.5-52}$$

在第 1 个截面，$T_{w,1}$ 等于进口水温，是已知的。根据初始条件和边界条件，用有限元法求出平面温度场，由式（4.5－51）求出水温增量 $\Delta T_{w,1}$，由式（4.5－52）求出第 2 截面的水温 $T_{w,2}$，再根据初始条件和边界条件分析第 2 截面的温度，如此逐个截面地计算下去，直至把全部 n 个截面算完，就完成了第 1 个时段的计算。然后，把第 1 时段末的温度作为第 2 时段的初始温度，再重复上述计算，求出各截面在第 2 时段末的温度场。如此，逐个时段，重复计算，直至算至预定时间为止。截面间距可取为 $\Delta L = 10 \sim 30\text{m}$。

上述求解有一个假定：在截面 i 与截面 $i+1$ 之间，混凝土温度沿水管方向不变并等于截面 i 上的温度。实际上，在两个截面之间，混凝土温度是渐变的。为了提高水温的计算精度，应该考虑这一图素。困难在于：当计算完第 i 截面温度场时，第 $i+1$ 截面上的温度梯度 $\left(\frac{\partial T}{\partial r}\right)_{i+1}$ 尚不知道。

为了提高计算精度，朱伯芳提出了迭代算法。

假定在 i 和 $i+1$ 截面之间，积分 $\int_{c_0} \frac{\partial T}{\partial r} \mathrm{d}s$ 沿水管长度呈线性变化，于是

$$\Delta T_{wi} = \frac{\lambda \Delta L}{2 c_w \rho_w q_w} \left[\left(\int_{c_0} \frac{\partial T}{\partial r} \mathrm{d}s\right)_i + \left(\int_{c_0} \frac{\partial T}{\partial r} \mathrm{d}s\right)_{i+1}\right] \tag{4.5-53}$$

$$T_{w,i} = T_{w,1} + \sum_{j=1}^{i-1} \Delta T_{w,j} \quad i = 2,3,4,\cdots \tag{4.5-54}$$

在计算 $\Delta T_{w,i}$ 时，$\left(\frac{\partial T}{\partial r}\right)_i$ 已知，而 $\left(\frac{\partial T}{\partial r}\right)_{i+1}$ 尚属未知，故用式（4.5－53）和式（4.5－54）计算时，要采用迭代算法，方法如下：

第 1 次迭代，先用式（4.5－51）计算 $\Delta T_{w,i}$，甚至可以假定各截面的水温都等于进口水温，求出各截面的温度场，由式（4.5－52）和式（4.5－53）计算各截面的第一次近似水温 $T_{w,i}^{(1)}$。

第 2 次迭代，以 $T_{w,i}^{(1)}$ 作为各截面上的水温，求出各截面的温度场，由式（4.5－52）和式（4.5－53）求出各截面第二次近似水温 $T_{w,i}^{(2)}$。

如此重复计算，直至各截面的水温趋于稳定时，结束迭代计算。控制指标为

$$\max_i \left|\frac{T_{wi}^k - T_{wi}^{k+1}}{T_{wi}^{k+1}}\right| \leqslant \varepsilon \tag{4.5-55}$$

式中：k 为迭代次数；ε 为一指定的小数。

计算结果表明，当 $\varepsilon=0.01$ 时，迭代次数一般为 3～4 次。

施工中冷却水管实际为蛇形布置，在简化计算中，把水管拉直，按长度 L 的混凝土柱体计算。在采用迭代算法时，已不必作如此简化假定，可按照水管的实际布置进行计算，见图 4.5－5。

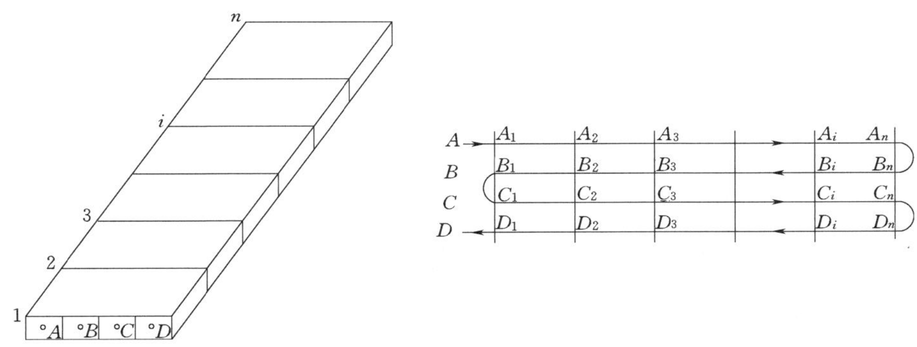

图 4.5－5　冷却水管实际布置图

A、B、C 等不同管段在各截面之间的水温增量仍用式（4.5－54）计算，但在计算各截面的温度场时，每一截面将同时出现 A、B、C 等多个水管边界，在图示情况下，假定 $T_{wAn}=T_{wBn}$，$T_{wB1}=T_{wC1}$ 等。用式（4.5－54）推算水温时，按 $A_1\rightarrow A_n\rightarrow B_n\rightarrow B_1\rightarrow C_1\rightarrow C_n\rightarrow D_n\rightarrow D_1$ 的顺序进行。

另外，迭代算法还可以计算冷却水流方向不断改变的情况。

4.5.6　温度应力的有限单元计算

物体的温度变化产生体积变形，当变形受到外部或内部约束时便产生温度应力。设三角形单元三个节点的温度变化为 ΔT_i、ΔT_j、ΔT_m，则单元的平均温度变化为

$$\Delta T=\frac{1}{3}(\Delta T_i+\Delta T_j+\Delta T_m)$$

在无约束条件下，由 ΔT 引起的初应变为

$$\{\varepsilon_0\}=\begin{Bmatrix}\varepsilon_{x0}\\ \varepsilon_{y0}\\ \gamma_{xy0}\end{Bmatrix}=\begin{Bmatrix}\alpha\Delta T\\ \alpha\Delta T\\ 0\end{Bmatrix} \tag{4.5-56}$$

式中：α 为线胀系数，约为 1.0×10^{-5}，1/℃。

在约束作用下，初应变 $\{\varepsilon_0\}$ 不能自由产生，设实际产生的应变为 $\{\varepsilon\}=[\varepsilon_x\quad\varepsilon_y\quad\gamma_{xy}]^{\mathrm{T}}$，则单元的温度应力为

$$\{\sigma\}=[D](\{\varepsilon\}-\{\varepsilon_0\})=[D][B]\{\delta\}^e-[D]\{\varepsilon_0\} \tag{4.5-57}$$

式中：$[D]$ 为弹性矩阵；$[B]$ 为应变矩阵；$\{\delta\}$ 为节点变位矩阵。

由虚功原理可得因温度变化产生的单元等效节点荷载为

$$\{\Delta F^T\}^e=\iint[B]^{\mathrm{T}}[D]\{\varepsilon_0\}tA\,\mathrm{d}x\mathrm{d}y \tag{4.5-58}$$

式中：t 为单元厚度，m；A 为单元面积，m^2。

对所有单元的将 $\{\Delta F^T\}^e$ 叠加，得到节点荷载列阵 $\{\Delta F^T\}$。求解

$$[K]\{\Delta\delta\} = -\{\Delta F^T\} \tag{4.5-59}$$

得到由温度引起的节点位移后，再由式（4.5－57）计算单元的弹性温度应力。若需同时考虑徐变、干缩、自生体积变形等因素，其应力计算见式（4.3－34）～式（4.3－51）。

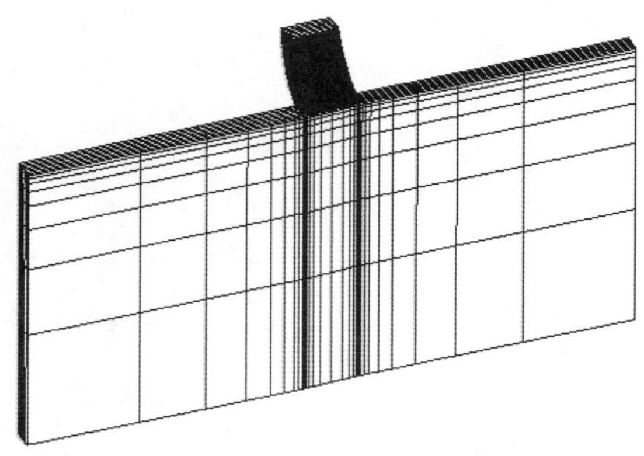

图 4.5－6　22 号坝段有限元计算模型

4.5.7　小湾拱坝温度计算

以 22 号坝段作为计算对象，模拟至基础面以上 100m，计算模型见图 4.5－6。所取基岩的底面及 4 个侧面为绝热面，基岩顶面与大气接触的为第 3 类散热面，坝体上下游面及顶面为散热面，两个侧面为绝热面；水管冷却作用采用等效算法模拟，即将冷却水管看作负热源，在平均意义上考虑冷却水管的作用。

（1）混凝土热学参数。设计阶段温度计算采用的混凝土热力学参数见表 4.5－1。

表 4.5－1　坝体混凝土热力学参数

强度等级	$C_{180}40$	$C_{180}35$	$C_{180}30$
绝热温升 θ_0/℃	$\theta_{(\tau)}=26\tau/(1.25+\tau)$	$\theta_{(\tau)}=24/(1.30+\tau)$	$\theta_{(\tau)}=23\tau/(1.30+\tau)$
导热系数 λ/[kJ/(m·h·℃)]	8.261	8.287	8.295
导温系数 a/(m^2/h)	0.00319	0.00320	0.00320
容重 γ/(kg/m^3)	2500	2500	2500
比热 c/[kJ/(kg·℃)]	1.036	1.036	1.036
热交换系数 β/[kJ/(m^2·h·℃)]	47.1		

（2）气温边界。根据小湾气象站多年实测资料，坝址区多年平均气温为 19.1℃，气温年变幅 5.35℃，拟合的气温函数为

$$T_a = 19.1 + 5.35\cos\left[\frac{\pi}{6}(\tau - 195)\right]$$

式中：τ 为时间，d。

（3）计算条件。典型坝段温度场计算条件列于表 4.5－2。

表 4.5－2　典型坝段温度场计算条件

项　　目	方　　案
浇筑层厚×层数	强约束 1.0×15，弱约束 1.5×14，脱离约束 3.0×10
间歇时间/d	强约束 5，弱约束 7，脱离约束 7

续表

项　　目	方　　　案
开浇时间	9 月
浇筑温度/℃	强约束 12，弱约束 12，脱离约束 13
水管间距（垂直×水平)/(m×m)	强约束 1.0×1.5，弱约束 1.5×1.5，脱离约束 3.0×1.5
通水冷却	一期 10℃制冷水 15d，二期制冷水 6℃
是否仓面喷雾及隔热保温	否

（4）计算结果。温度场计算结果见表 4.5－3，计算方案的坝段中面温度包络图和温度过程线见图 4.5－7 和图 4.5－8。

混凝土浇筑后内部温度随时间的变化规律为：混凝土浇筑后内部温度迅速上升，约在 3～5d 内达到最高温度，之后在一期通水冷却的作用下，温度逐渐降低，一期冷却结束至二期冷却开始期间，混凝土内部温度有一定回升。二期冷却过程中混凝土的温度显著降低，二期冷却之后坝体内部温度还存在一定幅度的回升，靠近基础部位的混凝土尤为明显。

表 4.5－3　　　　温度场计算结果

混凝土分区	浇筑时间	最高温度/℃
强约束区（0～0.2）L	9—11 月	26.7
弱约束区（0.2～0.4）L	9 月至次年 2 月	26.5
非约束区 0.4L 以上	2—4 月	31.2

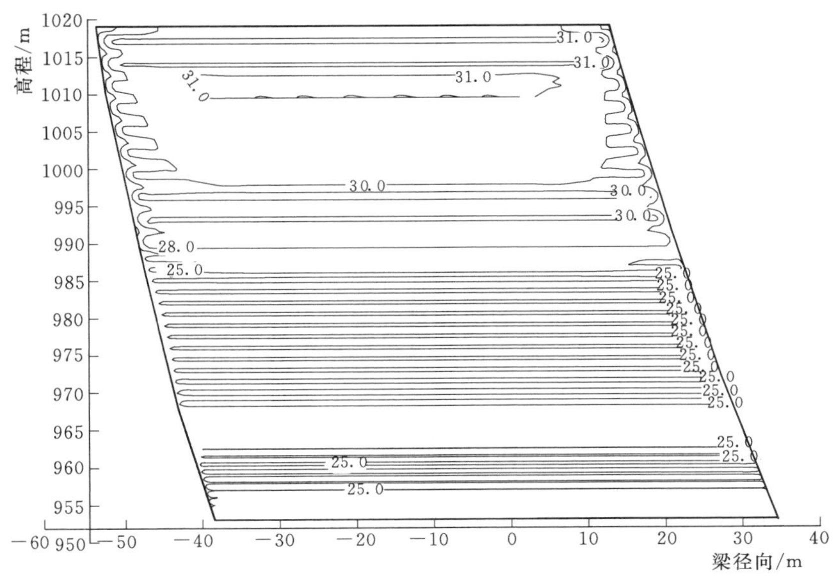

图 4.5－7　坝段中面温度包络图（单位：℃）

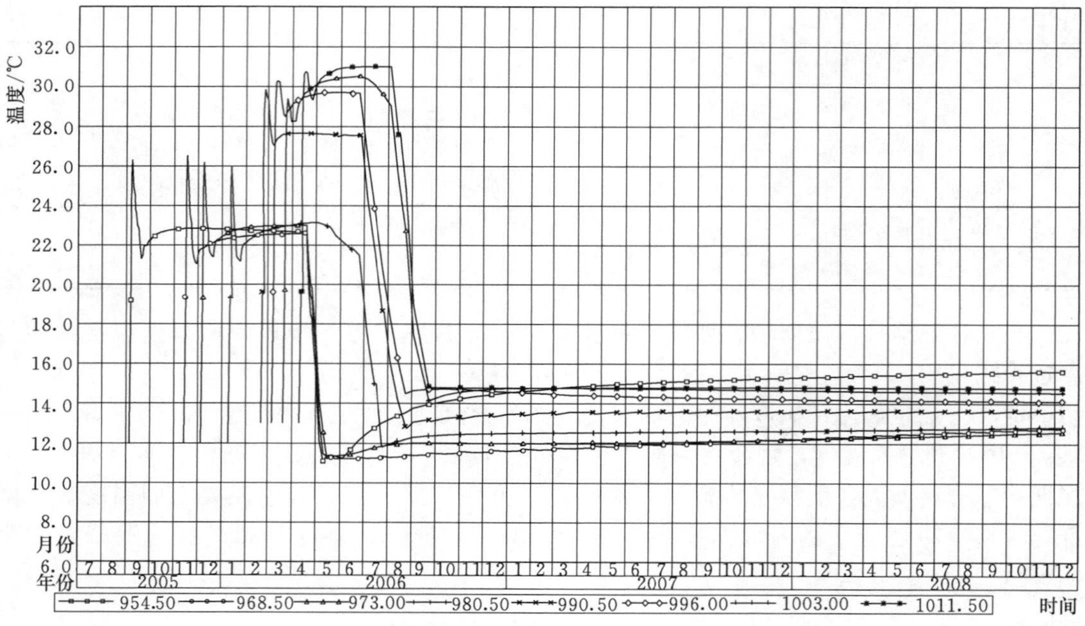

图 4.5-8 坝段中面中线温度过程线（单位：℃）

4.6 有限单元法——渗流分析

4.6.1 基本原理与分析方法

岩体的应力状态受多种因素影响，渗透水流是重要因素之一。进行渗流分析的主要目的就是求解渗流荷载，从而计算渗流荷载产生的应力场，分析其对大坝-坝基变形与稳定的影响。

（1）达西定律。达西定律的微分形式可表示为

$$\left.\begin{aligned} v_x &= -k_x \frac{\partial \phi}{\partial x} \\ v_y &= -k_y \frac{\partial \phi}{\partial y} \\ v_z &= -k_z \frac{\partial \phi}{\partial z} \end{aligned}\right\} \tag{4.6-1}$$

式中：k 为渗透系数；ϕ 为渗透水流的势函数。在水工结构工程中，势函数 ϕ 常常被称为水头，记为 h。

（2）连续性方程。连续性方程是质量守恒定律在渗流问题中的具体应用。当不考虑水和土体的压缩性时，渗流的连续性方程为

$$\frac{\partial v_x}{\partial x}+\frac{\partial v_y}{\partial y}+\frac{\partial v_z}{\partial z}=0 \tag{4.6-2}$$

当考虑水和土体的压缩性时，渗流的连续性方程为

$$\frac{\partial v_x}{\partial x}+\frac{\partial v_y}{\partial y}+\frac{\partial v_z}{\partial z}=-\rho g(\alpha+n\beta)\frac{\partial \phi}{\partial t} \tag{4.6-3}$$

式中：α 为骨架颗粒的压缩性系数，一般取 $\alpha=(1\sim6)\times10^{-5}\text{cm}^2/\text{kg}$；$\beta$ 为水的压缩性系数，一般取 $\beta=5\times10^{-5}\text{cm}^2/\text{kg}$；$\rho$ 为水的密度；n 为土体的孔隙率。

记

$$S_s=\rho g(\alpha+n\beta) \tag{4.6-4}$$

式中：S_s 为单位储存量，其物理意义是单位体积的饱和土体内，当下降 1 个单位水头时，由于土体的压缩（$\rho g\alpha$）和水的膨胀（$\rho gn\beta$）所释放出来的储存水量。不同的土体有着不同的 S_s 值。

（3）定解条件。水的每一流动过程都是在一定的空间流场内发生的，在这些流场边界起支配作用的条件称为边界条件，流场内开始时的流动条件称为初始条件，边界条件和初始条件合称为定解条件。定解条件通常由现场观测资料或试验确定，对渗流过程起着决定性作用。定解条件和微分方程组成描述渗流运动的数学模型。

通常边界条件分为 3 类：

1）第一类边界条件。在边界上给定位势函数或水头分布，也称为水头边界条件。例如，上游入渗面、下游逸出面及自由面、排水孔等均为第一类边界条件。可用公式表示为

$$\phi|_{\Gamma_1}=\phi_0(x,y,z,t) \tag{4.6-5}$$

式中：$\phi_0(x,\ y,\ z,\ t)$ 为第一类边界上的已知水头。

2）第二类边界条件。在边界上给定位势函数或水头的法向导数，也称为流量边界条件。可用公式表示为

$$k_n\frac{\partial \phi}{\partial n}\bigg|_{\Gamma_2}=q(x,y,z,t) \tag{4.6-6}$$

对三维各向异性渗透介质，在与渗透主方向重合的坐标系上，有

$$k_x\frac{\partial \phi}{\partial x}l_x+k_y\frac{\partial \phi}{\partial y}l_y+k_z\frac{\partial \phi}{\partial z}l_z=q(x,y,z,t) \tag{4.6-7}$$

式中：l_x、l_y、l_z 为第二类边界的外法线方向余弦；l_x、l_y、l_z 为主渗透系数；$q(x,\ y,\ z,\ t)$ 为边界上单位面积流入（出）的流量（流入为正，流出为负），$q(x,\ y,\ z,\ t)=0$ 时为不透水边界；k_n 为边界法向渗透系数。

恒定渗流时，流量补给或出流边界上的流量 q 为常数。对于不透水层面和恒定渗流的自由面，有$\frac{\partial \phi}{\partial n}=0$。

非恒定渗流时，变动的自由面边界除了应符合第一类边界条件外，还应满足第二类边界条件的流量补给关系。若以外法线方向为正，则当自由面降落时，由边界流入的单宽流量为 $q=\mu\frac{\partial \phi}{\partial t}\cos\theta$；当自由面上有降雨入渗时，$q=\mu\frac{\partial \phi}{\partial t}\cos\theta-w$。其中，$w$ 为入渗量；μ 为自由面变动范围的给水度；θ 为自由面法线与铅直线之间的夹角。

3）第三类边界条件。含水层边界的内外水头差和交换的流量之间保持一定的线性关系，也称为混合边界条件。可用公式表示为

$$\phi+a\frac{\partial \phi}{\partial n}=b \tag{4.6-8}$$

式中：a、b 均为此类边界各点的已知量。当排水孔处于部分淤堵状态时，即为此类边界条件。

（4）稳定/非稳定渗流微分方程。当含水层中各点的水头不随时间变化时，称为稳定流；否则，称为非稳定流。稳定渗流的理论由来已久，而非稳定渗流的理论则是从19世纪20年代末才开始发展起来的。

无内源稳定渗流的微分方程为

$$\frac{\partial}{\partial x}\left(k_x\frac{\partial \phi}{\partial x}\right)+\frac{\partial}{\partial y}\left(k_y\frac{\partial \phi}{\partial y}\right)+\frac{\partial}{\partial z}\left(k_z\frac{\partial \phi}{\partial z}\right)=0 \tag{4.6-9}$$

无内源非稳定渗流的微分方程为

$$\frac{\partial}{\partial x}\left(k_x\frac{\partial \phi}{\partial x}\right)+\frac{\partial}{\partial y}\left(k_y\frac{\partial \phi}{\partial y}\right)+\frac{\partial}{\partial z}\left(k_z\frac{\partial \phi}{\partial z}\right)=\rho g(\alpha+n\beta)\frac{\partial \phi}{\partial t} \tag{4.6-10}$$

式（4.6-10）既适用于承压含水层，也适用于无压渗流，只需代入各自的定解条件即可。

（5）饱和/非饱和渗流微分方程。岩土体中水的体积与全部孔隙（裂隙）体积的比值，称为饱和度，以 S_w 表示。当 $S_w=1$ 时，岩土体处于饱和状态；当 $0<S_w<1$ 时，岩土体处于非饱和状态。非饱和状态下的水力特性与饱和状态下的水力特性不同。饱和状态下，孔隙压力为正值；非饱和状态下，孔隙压力为负值。

无内源饱和/非饱和渗流在均质各向同性情况下的微分方程为

$$\frac{\partial}{\partial x}\left(k_x\frac{\partial \phi}{\partial x}\right)+\frac{\partial}{\partial y}\left(k_y\frac{\partial \phi}{\partial y}\right)+\frac{\partial}{\partial z}\left(k_z\frac{\partial \phi}{\partial z}\right)+\frac{\partial S_w}{\partial t}=0 \tag{4.6-11}$$

其中

$$\frac{\partial S_w}{\partial t}=\frac{\partial S_w}{\partial p}\frac{\partial p}{\partial t}=\gamma_w\frac{\partial S_w}{\partial p}\frac{\partial \phi}{\partial t} \tag{4.6-12}$$

式中：k_x、k_y、k_z 为非饱和渗透系数；S_w 为饱和度；γ_w为水容重。

非饱和渗流主要受地质结构的影响，同时受地形、地貌和气候等因素的影响。既可以体现为恒定的、缓变的非饱和渗流，也可以体现为过程的、瞬变的非饱和渗流。后者包括渗流边界条件变化的非饱和渗流、渗流介质结构变化的非饱和渗流、降雨入渗过程的非饱和渗流等。

在无压渗流分析中，通常将渗流自由面以下区域视为饱和区，将自由面以上区域视为非饱和区，即认为渗流自由面以下介质的不连续面中充满了水，而自由面以上介质的不连续面中则是水气混合存在。但近年来的研究表明，对于饱和区的认识并不完全符合岩土体渗流的实际情况。因为在自由面以下的岩土体介质中，由于不连续面开度等的不同，渗透性可能相差很大。一些孤立的不连续面或连通性差、开度小的不连续面可能因被空气充填而不导水，从而形成了自由面以下的非饱和区。因此，对自由面以下的渗流也需考虑其非饱和性。

在不考虑内源和降雨入渗的情况下，求解饱和/非饱和渗流水头势函数 $\phi(x,\ y,\ z,\ t)$ 的变分方程为

$$\begin{aligned}I(\phi)=&\iiint_{\Omega}\frac{1}{2}\left[(\{L\}\phi)^{\mathrm{T}}[k](\{L\}\phi)+S_w\phi\frac{\partial \phi}{\partial t}\right]\mathrm{d}\Omega\\&+\iint_{\Gamma_2}q\phi\mathrm{d}\Gamma+\iint_{\Gamma_3}\mu\phi\frac{\partial \phi}{\partial t}\cos\theta\mathrm{d}\Gamma=\min\end{aligned} \tag{4.6-13}$$

其中

$$\{L\}^{\mathrm{T}}=\left\{\frac{\partial}{\partial x} \quad \frac{\partial}{\partial y} \quad \frac{\partial}{\partial z}\right\}$$

空间域和时间域不耦合，用有限元进行离散计算，形成以下控制方程

$$[H]\{\phi\}+([S]+[P])\frac{\partial\{\phi\}}{\partial t}=\{Q\} \tag{4.6-14}$$

$[H]$、$[S]$、$[P]$ 和 $\{Q\}$ 由以下相应的单元矩阵组合而成

$$\left.\begin{aligned}
[H]^e &= \iiint_{\Omega_e}(\{L\}[N])^{\mathrm{T}}[k](\{L\}[N])\mathrm{d}\Omega \\
[S]^e &= \iiint_{\Omega_e}([N]^{\mathrm{T}}S_w[N])\mathrm{d}\Omega \\
[P]^e &= \iiint_{\Gamma_3}([N]^{\mathrm{T}}\mu\cos\theta[N])\mathrm{d}\Gamma \\
\{Q\}^e &= \iiint_{\Gamma_2}q[N]\mathrm{d}\Gamma
\end{aligned}\right\} \tag{4.6-15}$$

进一步用差分法对时间域进行离散，得到有限单元法非恒定渗流场计算的控制方程。

如果边界条件不随时间变化，则经过一定时间后，物体内的渗流场场将不随时间变化，即$\dfrac{\partial\phi}{\partial t}=0$，非恒定渗流方程退化为稳态的渗流方程，$\phi$ 只与坐标有关，式（4.6-15）简化为

$$[H]\{\phi\}=\{Q\} \tag{4.6-16}$$

4.6.2 无压渗流自由面求解

在渗流分析中，经常会涉及无压渗流自由面求解问题。自由面是渗流场特有的一个待求边界，这类问题由于包含可能逸出边界，从而使问题具有很强的非线性特征，使得渗流自由面和逸出点的位置难以准确求解，尤其是当问题包含多孔（洞）结构时，非线性特征更为突出。

无压渗流自由面问题求解方法通常有变网格法和不变网格法两种。变网格法是先假定自由面的位置，然后将自由面作为可变边界，按流速为零的边界条件进行分析，求得各节点的水头值，再校核在自由面边界上是否满足 $\phi=Z$，在迭代过程中反复修改自由面位置，网格也发生相应变形，直到自由面位置稳定为止。这一方法虽被成功应用于渗流分析中，但在应用中遇到不少难以解决的问题，方法本身也存在以下缺点：

（1）在每一步迭代中网格都要随自由面的变动而变动，总体传导矩阵要重新计算和分解，需要大量的计算机机时。

（2）当初始自由面与最终自由面相差较大时，网格将因过分变形而可能导致畸形，影响解题的精度，以致在计算过程中常需对网格重新进行剖分。

（3）若自由面附近渗流介质为不均匀介质，特别是有水平分层的不同渗流介质时，程序处理十分困难。

（4）渗流分析的主要目的是求出渗流荷载，以便计算渗流荷载的应力场，从而对滑坡的稳定性作出评价。应力分析既包括渗流自由面以下区域，也包括自由面以上区域，采用变网格法不能用同一网格连续进行渗流分析和应力分析，极大地增加了有自由面渗流场应力分析的工作量。

为解决变网格法存在的问题，不少学者进行了不变网格法研究。其中张有天等人提出的初流量法分析拱坝坝基渗流问题较为实用。该法利用高斯点的水头求出节点的初流量作为求解水头增量的右端项，避免了自由面与单元切割的计算。初流量法的计算步骤如下：

（1）对所研究的渗流域进行全域划分，根据式（4.6-16），求得水头的近似值 $\{\phi_r\}$。

（2）据 $\phi_r=Z$ 的条件，确定渗流自由面位置。根据高斯点的水头值进行判断：若 $\phi_r<Z$，则表明该高斯点位于自由面之上；若 $\phi_r>Z$，则表明该高斯点位于自由面以下。于是可以确定渗流自由面的初始位置。

（3）对每个包含自由面的单元，逐个计算高斯点水头，当 $\phi_r<Z$ 时，通过下式计算该高斯点对该单元节点流量之贡献

$$\{Q_r\}^e=-\iiint_{\Omega_e}[B]^{\mathrm{T}}[k][B]\{\phi_r\}^e\mathrm{d}\Omega \tag{4.6-17}$$

（4）依次对 $\phi_r<Z$ 的所有高斯点求得各节点的累计节点初流量 $\{Q_r\}$，以其为右端项，按下式求节点的水头增量

$$[H]\{\Delta\phi_r\}=\{Q_r\} \tag{4.6-18}$$

（5）则第 r 次迭代后的水头为

$$\{\phi_{r+1}\}=\{\phi_r\}+\{\Delta\phi_r\} \tag{4.6-19}$$

（6）若 $\{\Delta\phi_r\}$ 充分小，则停止迭代，否则令 $r=r+1$，转至步骤（2）。

当渗流计算问题包含较复杂的孔洞结构时，初流量法得到的自由面往往不合理。为了改善这一现象，本章采用变分不等式来加速并改善迭代的收敛性。变分不等式具有严格的理论基础，通过构造一个定义在固定区域上的新的边值问题，将自由面及其上的条件转化为内部边界条件。首先借鉴 Bathe 和 Khoshgoftaar 的调整渗透系数法的思想，将达西定律扩展到包含干区的整个区域 Ω，随后构造一个定义在 Ω 上的新的边值问题。在该问题中，为了确定逸出点的位置，令水头函数在可能逸出面上满足一 Signorini 型的边界条件，从而将原自由边值问题中自由面在二维空间中的不确定性转换为逸出点沿逸出边界的一维不确定性。为了便于数值求解，建立了等价的变分不等式方法。其非线性强度与 Brezis 的扩展压力法相当，但消除了逸出点的奇性。另外，为了克服调整渗透系数法的网格依赖性问题，在离散时，引入连续的折线型 Heaviside 函数来代替阶梯型 Heaviside 函数，可显著改善数值的稳定性。

4.6.3 等效渗透张量

岩体中的裂隙可分为充填裂隙和无充填裂隙两种。对于充填裂隙，裂隙介质的渗透系数 k_j 即为该介质沿裂隙面方向的渗透系数；对于无充填裂隙，裂隙介质的渗透系数 k_j 可根据由立方定理得到的水力传导系数换算。根据立方定理，假定有一条与 x 轴平行的裂隙［图（4.6-1）］，由两片光滑平行板构成，板内水流为层流，假定裂隙的隙宽为 a，裂

隙内沿 x 方向的水力坡降为 J_x，则裂隙内流速为

$$u_x=\frac{ga^2}{12\upsilon}J_x \tag{4.6-20}$$

于是裂隙的渗透系数（水力传导系数）可定义为

$$k_j=\frac{ga^2}{12\upsilon} \tag{4.6-21}$$

式中：υ 为运动黏滞系数；g 为重力加速度。

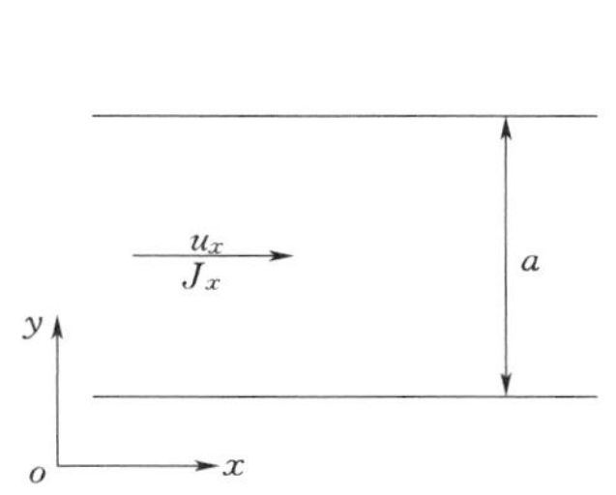

图 4.6-1 立方定理示意图

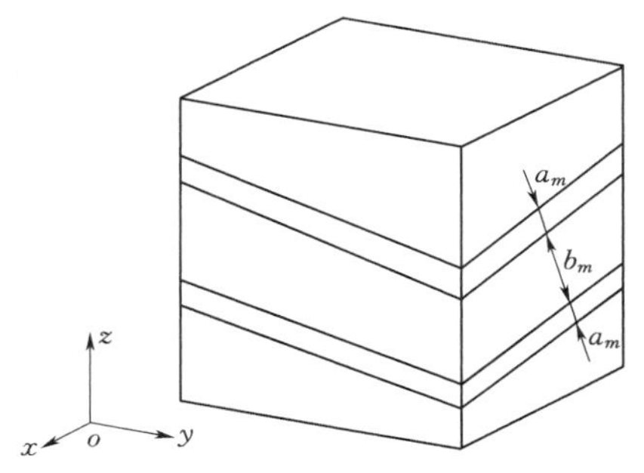

图 4.6-2 第 m 组裂隙空间分布示意图

当岩体中含有 n 组全连通裂隙（不论是充填裂隙还是无充填裂隙）时，若已知第 m 组裂隙的渗透系数为 k_j^m，隙宽为 a_m，间距为 b_m（图 4.6-2），其法线方向与 x 轴、y 轴、z 轴夹角的余弦分别为 n_x^m、n_y^m、n_z^m 同时假定岩块的渗透特性为各向同性，其渗透系数为 k_r，则岩体的等效渗透张量可表示为

$$[K]=\sum_{m=1}^{n}\frac{k_j^m a_m}{b_m}\begin{bmatrix}1-(n_x^m)^2 & -n_x^m n_y^m & -n_x^m n_z^m\\ -n_y^m n_x^m & 1-(n_y^m)^2 & -n_y^m n_z^m\\ -n_z^m n_x^m & -n_z^m n_y^m & 1-(n_z^m)^2\end{bmatrix}+\begin{bmatrix}k_r & & \\ & k_r & \\ & & k_r\end{bmatrix} \tag{4.6-22}$$

对于含不连续裂隙的岩体，式（4.6-22）将不再适用，需进行修正。对 Oda 提出的连通系数 ψ 重新定义，并将其取值范围定义为 0～1。将该连通系数引入含 n 组充填或无充填裂隙的岩体，则式（4.6-22）修正为

$$[K]=\sum_{m=1}^{n}\frac{\psi_m k_j^m a_m}{b_m}\begin{bmatrix}1-(n_x^m)^2 & -n_x^m n_y^m & -n_x^m n_z^m\\ -n_y^m n_x^m & 1-(n_y^m)^2 & -n_y^m n_z^m\\ -n_z^m n_x^m & -n_z^m n_y^m & 1-(n_z^m)^2\end{bmatrix}+\begin{bmatrix}k_r & & \\ & k_r & \\ & & k_r\end{bmatrix} \tag{4.6-23}$$

式中：ψ_m 为第 m 组裂隙的连通系数。

当裂隙为全连通时，$\psi_m=1$，此时式（4.6-23）即为式（4.6-22）。

到目前为止，还没有学者给出裂隙连通率与连通系数之间明确的转换关系。为了在等效渗透张量中合理地考虑岩体不连续性的影响，本研究推导并建立了连通率与连通系数之间的转换关系。

该转换关系基于以下基本假定：①设裂隙的连通率为 η（$0\leqslant\eta\leqslant100\%$），渗流在岩体中流过的总长度为 L，$L=\sum\limits_i L_{ji}+\sum\limits_i L_{ri}$，其中，$L_{ji}$ 为渗流在第 i 段裂隙中流过的长度，

L_{ri}为渗流在第 i 段岩石中流过的长度，则渗流在裂隙中流过的长度为 $L_j=\sum_i L_{ji}=\eta L$，在岩石中流过的长度为 $L_r=\sum_i L_{ri}=(1-\eta)L$，见图 4.6-3。②如果裂隙为充填裂隙，则沿裂隙面切向的渗透系数 k_j 即为充填介质沿裂隙面切向的渗透系数；如果裂隙为无充填裂隙，则沿裂隙面切向的渗透系数 k_j 满足立方定理，可用式（4.6-21）计算。③岩石的渗流特性为各向同性，其渗透系数为 k_r。④渗流仅沿裂隙面切向流动，即在图 4.6-4 中，渗流在裂隙中严格按照路径 1 流动。

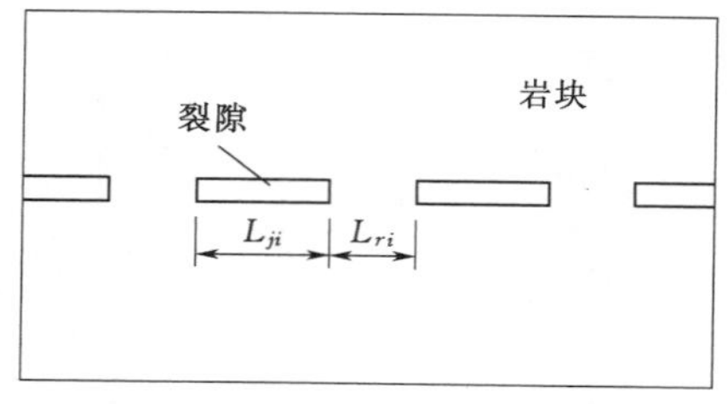

图 4.6-3　裂隙连通率示意图

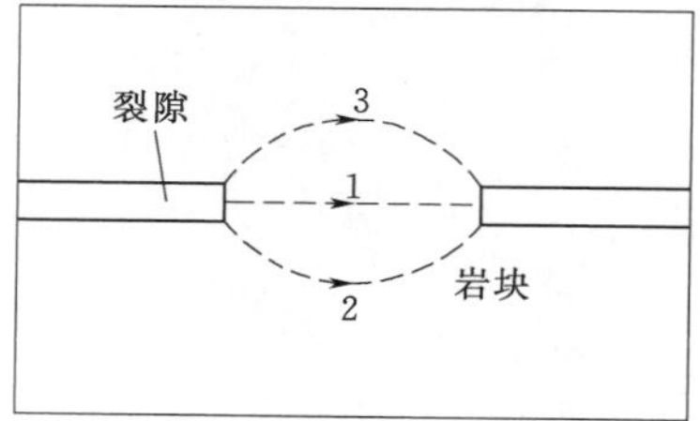

图 4.6-4　渗流路径示意图

渗流在裂隙中的流速为

$$u_j=k_j\frac{\Delta H_j}{L_j}=k_j\frac{\Delta H_j}{\eta L} \tag{4.6-24}$$

渗流在岩石中的流速为

$$u_r=k_r\frac{\Delta H_r}{L_r}=k_r\frac{\Delta H_r}{(1-\eta)L} \tag{4.6-25}$$

渗流在岩体中的等效流速为

$$u_{eq}=k_{eq}\frac{\Delta H_j+\Delta H_r}{L} \tag{4.6-26}$$

式中：ΔH_j 为裂隙中损失的水头；ΔH_r 为岩石中损失的水头；k_{eq} 为岩体考虑不连续性之后沿裂隙面切向的等效渗透系数。

由于假定渗流仅沿裂隙面切向（图 4.6-4 中路径 1）流动，因此可以认为渗流在岩块和裂隙中的过水断面面积相等，则 $u_{eq}=u_j=u_r$，结合式（4.6-24）～式（4.6-26），可以得到含单组裂隙岩体的等效渗透系数为

$$k_{eq}=\frac{k_r k_j}{\eta k_r+(1-\eta)k_j} \tag{4.6-27}$$

由式（4.6-27）和式（4.6-21）可推导出连通系数与连通率的转换关系为

$$\psi=\frac{k_r}{\eta k_r+(1-\eta)k_j} \tag{4.6-28}$$

式中：ψ 为连通系数；k_r 为岩块渗透系数；η 为裂隙连通率；k_j 为裂隙渗透系数，充填裂隙取充填材料沿裂隙面切向的渗透系数，无充填裂隙按式（4.6-21）求解。

4.6.4　裂隙岩体渗流/应力应变耦合模型

渗流场与应力场存在重要的耦合作用：应力场既受渗透荷载的影响，又反过来影响着

裂隙岩体的渗透特性。

岩体的变形大部分由裂隙产生，由于通过裂隙的流量与裂隙开度的 3 次方成正比，故裂隙的变形对岩体的渗流场有重大影响。又由于裂隙面上的法向应力引起裂隙闭合或张开相对显著，故小湾拱坝的渗流、应力应变耦合分析中仅考虑法向应力对裂隙渗透特性的影响。

采用交替迭代的算法，实现了裂隙岩体的渗流/应力应变耦合分析，计算流程见图 4.6-5。

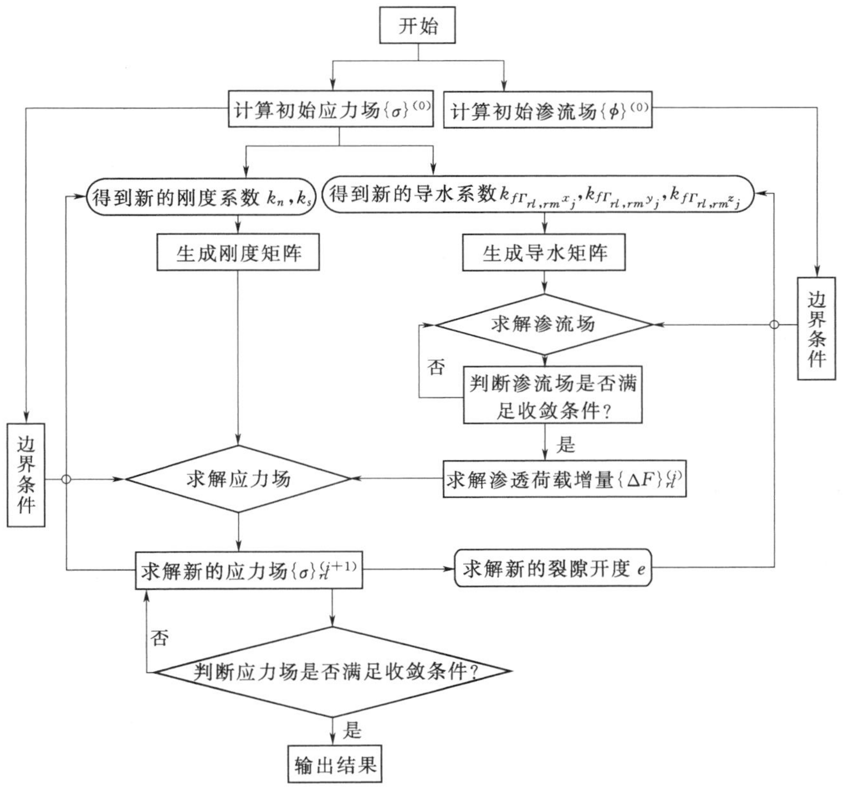

图 4.6-5 渗流与应力耦合分析流程

裂隙分有充填裂隙和无充填裂隙。无充填裂隙是通过表面大量的突起物相互接触，这些突起物可看作是具有高孔隙率的、夹在两平行岩壁之间的物质颗粒。据此，陈胜宏提出了充填模型，把裂隙视为一种具有变形和渗透特性的均匀的充填介质。

设图 4.6-6 中裂隙面受法向应力 σ_{zj} 和切向应力 τ_{zjxj}、τ_{zjyj} 作用。由于裂隙面开度很小，故其应变满足

$$\begin{cases}\varepsilon_{x_j}=\varepsilon_{y_j}=0\\ \gamma_{x_jy_j}=\gamma_{y_jx_j}=0\end{cases}$$

由此可得弹性本构关系为

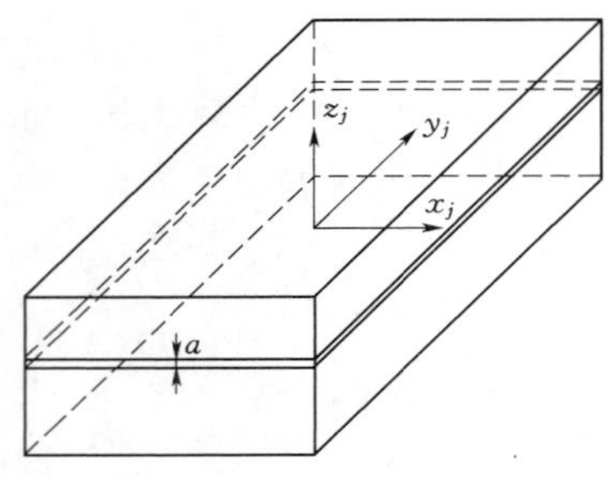

图 4.6-6 含一条裂隙的岩体

$$\begin{Bmatrix} d\sigma_{z_j} \\ d\tau_{z_j x_j} \\ d\tau_{z_j y_j} \end{Bmatrix} = \begin{bmatrix} \lambda+2G & 0 & 0 \\ 0 & G & 0 \\ 0 & 0 & G \end{bmatrix} \begin{Bmatrix} d\varepsilon_{z_j} \\ d\gamma_{x_j} \\ d\gamma_{y_j} \end{Bmatrix} \tag{4.6-29}$$

记相对位移为 u_{x_j}、u_{y_j}、u_{z_j}，则有 $a=a_0+u_{z_j}$，其中 a_0 为裂隙面的初始开度。于是式（4.6-29）可写为

$$\begin{Bmatrix} d\sigma_{z_j} \\ d\tau_{z_j x_j} \\ d\tau_{z_j y_j} \end{Bmatrix} = \begin{bmatrix} k_{nj} & 0 & 0 \\ 0 & k_{sj} & 0 \\ 0 & 0 & k_{sj} \end{bmatrix} \begin{Bmatrix} du_{z_j} \\ du_{x_j} \\ du_{y_j} \end{Bmatrix} \tag{4.6-30}$$

其中

$$\left.\begin{aligned} k_{nj} &= \frac{\lambda+2G}{a} \\ k_{sj} &= \frac{G}{a} \end{aligned}\right\} \tag{4.6-31}$$

式中：k_{nj}、k_{sj} 分别为裂隙面的法向和切向刚度系数。

由式（4.6-31）可知，即使假定 λ、G 为常数，由于开度 a 与法向变形 u_{z_j} 有关，而 u_{z_j} 又决定于法向应力 σ_{zj}，故 k_{nj}、k_{sj} 都是应力的函数。

由式（4.6-30）可得

$$d\sigma_{zj} = k_{nj}\, du_{z_j} = \frac{\lambda+2G}{a} du_{z_j} = \frac{\lambda+2G}{a_0+u_{z_j}} du_{z_j} \tag{4.6-32}$$

积分后可得

$$u_{z_j} = a_0\left[\exp\left(\frac{\sigma_{z_j}}{\lambda+2G}\right)-1\right] \tag{4.6-33}$$

引入耦合系数 ξ，令 $\xi=\dfrac{1}{\lambda+2G}$，则式（4.6-33）可写为

$$a = a_0 + u_{z_j} = a_0\exp(\xi\sigma_{z_j}) \tag{4.6-34}$$

考虑裂隙面水压力 $\sigma_w=\gamma_w\phi$，ϕ 为裂隙面上的水头，则裂隙面上的有效法向应力 $\sigma_n=\sigma_{z_j}+\gamma_w\phi$（拉为正，压为负）。

则式（4.6-34）可改写为

$$a = a_0\exp[\xi(\sigma_{z_j}+\gamma_w\phi)] \tag{4.6-35}$$

把式（4.6-36）代入式（4.6-31）中，得到法向和切向刚度系数与法向应力的关系为

$$\left.\begin{aligned} k_{nj} &= \frac{\lambda+2G}{a_0}\exp[-\xi(\sigma_{z_j}+\gamma_w\phi)] \\ k_{sj} &= \frac{G}{a_0}\exp[-\xi(\sigma_{z_j}+\gamma_w\phi)] \end{aligned}\right\} \tag{4.6-36}$$

记 $k_{nj0}=\dfrac{\lambda+2G}{a_0}$，$k_{sj0}=\dfrac{G}{a_0}$，则式（4.6-36）可写为

$$\left.\begin{aligned} k_{nj} &= k_{nj0}\exp[-\xi(\sigma_{z_j}+\gamma_w\phi)] \\ k_{sj} &= k_{sj0}\exp[-\xi(\sigma_{z_j}+\gamma_w\phi)] \end{aligned}\right\} \tag{4.6-37}$$

由式（4.6-35）～式（4.6-37）可以看出，裂隙面的开度、法向刚度系数和切向刚度系数都是应力的指数函数。

在小湾拱坝渗流-应力应变耦合分析中，仅考虑裂隙面开度随应力的改变而改变，并假定裂隙面的法向和切向刚度系数是恒定的。

裂隙面上法向应力发生改变，将引起裂隙开度发生改变，进而引起裂隙面导水系数发生改变，即裂隙面传导矩阵发生改变，使得裂隙面渗透特性发生改变，以致整个岩体渗流场发生改变。渗流场的改变又反过来影响应力场的改变。小湾拱坝的渗流/应力应变耦合分析即采用此耦合机理。

考虑耦合作用时，裂隙岩体的等效渗透张量为

$$[K]=\sum_{m=1}^{n}\frac{k_j^m a_{m0}\exp[\xi(\sigma_{z_j}+\gamma_w\phi)]\psi_m}{b_m}\begin{bmatrix}1-(n_x^m)^2 & -n_x^m n_y^m & -n_x^m n_z^m\\ -n_y^m n_x^m & 1-(n_y^m)^2 & -n_y^m n_z^m\\ -n_z^m n_x^m & -n_z^m n_y^m & 1-(n_z^m)^2\end{bmatrix}+\begin{bmatrix}k_r & & \\ & k_r & \\ & & k_r\end{bmatrix} \tag{4.6-38}$$

式中：a_{m0}为第m组裂隙的初始隙宽；ξ为耦合系数；σ_{z_j}为裂隙面的法向应力；γ_w为水的容重；ϕ为裂隙面上的水头；ψ_m为第m组裂隙的连通系数；b_m为裂隙间距；其余符号意义同前。

4.6.5　防渗帷幕与排水孔幕模拟

（1）防渗帷幕。防渗帷幕采用离散模拟。在小湾仿真有限元模型中，为使网格离散便利，建立有限元模型时，统一取帷幕网格厚度，采用流量相等原则，依据各帷幕的厚度将各帷幕渗透系数转换为等效渗透系数。由于帷幕灌浆质量及其他原因，如局部帷幕击穿等，实际上帷幕各处渗透系数并不相同，因此，在等效渗透系数的基础上，再依据监测资料及现场反馈信息，并经长期反演分析，逐步调整各坝段坝基和两岸岩体中帷幕的渗透系数。帷幕有限元模型见图4.6-7。

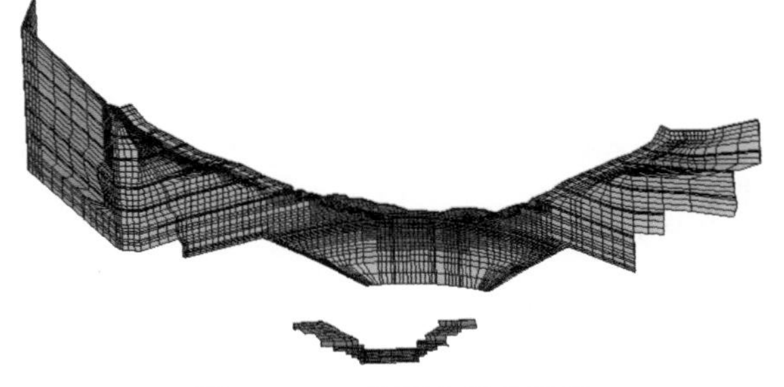

图4.6-7　帷幕有限元模型

（2）排水孔幕。排水孔幕采用等效模拟。在小湾仿真有限元模型中，将排水孔等效模拟为具有一定厚度的排水孔幕，以空气单元法理论（陈胜宏，2003）为基础，假定排水孔幕为均质材料。通过单坝段离散模拟和等效模拟数值结果比对、现场试验和渗压实时监测资料反演分析等手段，逐步调整并率定排水孔幕渗透系数。排水孔幕有限元模型见图4.6-8。

4.6.6　渗流量计算

求解任意过流断面的渗流量，目前主要方法有中断面法和等效节点流量法。

（1）中断面法。采用有限单元法求得渗流场水头函数ϕ后，对于任意八节点六面体等参数单元，选择其一对面之间4条棱的中点构成的截面，即中断面作为过流断面。有限单

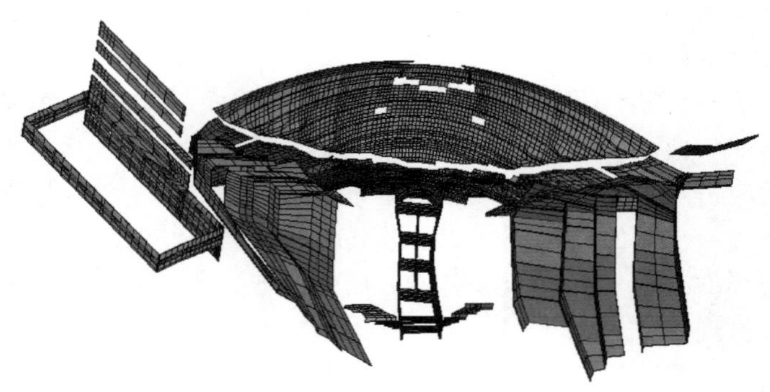

图 4.6-8 排水孔幕有限元模型

元法求得的水头函数数值解精度较高，一般能满足工程应用的要求；中断面法计算原理简单，容易通过程序实现。但由于水头函数的数值解为数值离散解，且实际选用的过流断面为各个单元的中断面，当计算域地质条件和材料分区复杂时，单元形状不规则，将使得单元的中断面成为极不规则的扭曲面，计算得到的渗流量的准确性降低，有时甚至不能满足工程要求。

(2) 等效节点流量法。等效节点流量法直接将任一过流断面上的渗流量表示成相关单元的传导系数与相应节点水头的乘积的代数和，在渗流量的计算中避免了对水头离散解的进一步求导运算，使渗流量的计算精度与节点水头解的精度同阶，解决了长期来一直困扰人们的渗流量计算精度不高的问题。

$$Q=-\sum_{i=1}^{N}\sum^{e}\sum_{j=1}^{M}k_{ij}^{e}\phi_{j}^{e} \tag{4.6-39}$$

式中：Q 为任一过流断面上的渗流量；N 为过流断面上的节点数；$\sum^{e}$ 表示对那些只位于过流断面一侧的环绕节点 i 的所有单元求和；M 为单元节点数。

4.6.7 渗透力计算

混凝土、土体和岩体都是透水材料，在上游水头作用下将发生稳定或不稳定渗流。根据对土体颗粒的静水压力或浮力，动水压力或渗透力之间转换关系的分析研究，渗透水压力是渗流场内由水流的外力转化为作用于土体的内力或体积力，或者说是由动水压力转化为作用于土体的体积力的结果。这个概念很重要，可以使人们不致忽略或重复考虑水流的作用力。单位土体沿渗流方向所受的渗透力为

$$f=\gamma_w \overline{J} \tag{4.6-40}$$
$$\overline{J}=-\text{grad}(\phi)$$

式中：$\overline{J}$为渗透坡降。

如果已知渗流场内的水头 $\phi(x,y,z)=z+\dfrac{p}{\gamma_w}$，则可导出空间位置 (x, y, z) 处的渗透体积力为

$$\left.\begin{aligned} f_x &= -\frac{\partial p}{\partial x} = -\gamma_w \frac{\partial \phi}{\partial x} \\ f_y &= -\frac{\partial p}{\partial y} = -\gamma_w \frac{\partial \phi}{\partial y} \\ f_z &= -\frac{\partial p}{\partial z} = -\gamma_w \frac{\partial \phi}{\partial z} + \gamma_w \end{aligned}\right\} \tag{4.6-41}$$

式中：f_x、f_y、f_z 分别为渗透体积力在各坐标轴向的分力，kN；γ_w 为水的容量，kN/m^3；p 为渗流压力，kN/m^3。积分后得到总渗透力

$$\overline{F} = \iiint_{\Omega} \gamma_w \overline{J} \mathrm{d}\Omega \tag{4.6-42}$$

需指出的是，式（4.6-41）中的第 3 式右边第 2 项即为渗流在铅直方向产生的浮托力。

4.7 有限单元法——反演分析

当材料的物理力学模型关系选定后，参数的正确选择是较为关键的一步工作。很多计算的失败来源于参数的错误选择。由于岩体与混凝土材料的复杂性，完全通过实验测试手段获得可靠的物理力学参数较为困难，而利用量测或监测数据进行参数的反演分析则是一个较好的补充途径，故近年来备受工程界的关注与重视，发展也很快。反演分析常被简称为反分析。

近年来，已有一些学者利用人工智能方法与有限单元法等数值分析方法相结合，建立量测或监测数据与影响稳定和变形的各种因素的联系，形成这些影响因素与水工建筑物稳定和变形之间的高度非线性映射模型，用来预测和评判其安全性，在此基础上给出岩土工程结构反馈和优化设计成果。目前，反分析的主要研究内容包括以下几点：

（1）初始地应力场。常用的方法是应力反分析法，分别用应力函数或内、外荷载来表示初应力场的不均匀性。位移反分析法也可用于初始地应力场的反演。

（2）岩体参数。通常指弹性、黏弹性和弹塑性模型中的有关参数。此外，与渗流和温度有关的参数反演研究也日趋活跃与成熟。

（3）反演计算的数学方法。常用解析方法和数值方法。数值方法是反分析方法的主要手段，目前应用较多的有有限单元法，本书重点加以讨论。

（4）求解方法。在建立了实测值与应力场或力学参数的关系后，根据实测值确定应力场及力学参数的方法有两类：逆算法和正算法。逆算法根据有限单元法的基本方程推导出测值和待求参数间的显式方程组，由实测值即可以一步求出待求参数。正算法普遍采用优化原理求解。使现场量测信息的总数大于待测参数的总数，利用最小二乘原理建立法方程组，选用的目标函数通常为

$$\phi = \sum_{i=1}^{n} (u_i - u_i^*)^2 \tag{4.7-1}$$

式中：n 为现场量测信息的总数；u_i 为计算值；u_i^* 为实测值。显然，使式（4.7-1）最小的参数是在假设条件下最可接受的优化反演计算值。

（5）模型辨识。以连续介质力学为基础建立反演计算法时，一般需先假设材料的性质符合某种模型。选择的模型不同，取得的反演计算结果也不同，故按常用的最小二乘法原理得出的结果，实际上并不一定是最优的解答。换句话说，以优化理论寻找误差最小的反演计算结果时，应该同时包括计算模型与材料实际性质是否达到最佳符合的检验。

（6）优化算法。数学上反演问题常被归结为最优化方法。然而，一般最优化方法要求目标函数必须是凸函数，而一个复杂函数的凸性通常很难验证，故在求解比较复杂的实际优化问题时常常只能建立实用算法。回归分析方法是较早被应用于反分析问题中的求解方法，近年来一些人工智能方法如人工神经网络方法、遗传算法等也被广泛使用。

当前，工程上应用需求强烈且相对成熟的反分析研究集中于初始地应力场和岩体力学参数方面，本章将作重点介绍。

4.7.1 初始地应力反分析

初始地应力不但影响岩体的力学性质，而且是当岩体所处环境条件发生改变时引起变形和破坏的重要力源之一。因此，初始地应力场的确定是计算岩体力学的一个重要课题。

近 20 多年来，随着岩石力学量测技术的发展，人们已能获得较为可靠的实测地应力值。因此，随之出现了许多以实测地应力为基础，然后依据某种数学模式来构造初始应力场的方法，主要有天津大学的地应力回归法、中国科学院岩土力学研究所的应力边界调整法、水科院的应力函数拟合法和武汉水利电力大学的应力函数与有限单元联合反分析法。其中天津大学的地应力回归法应用较为普遍。

4.7.1.1 回归计算基本思想

（1）根据确定的地形地质勘测试验资料，建立有限单元法的计算模式。

（2）把可能形成初始应力场的因素（如自重、构造运动等）作为待定因素，建立待定因素与实测资料之间多元回归方程。

（3）用统计分析方法，使残差平方和达到最小，即可求得回归方程中各自变量（待定因素）系数的唯一解，同时在求解过程中可对各待定因素进行筛选，贡献显著的引进，不显著的剔除。

4.7.1.2 有限单元法计算模式

首先根据地形地质勘测试验资料确定有限单元法计算模型，确定计算域，这一步和有限单元正算法完全一致，但计算域一般较常规结构分析时要大得多，以消除人工边界误差在所关心的结构部位的影响。

形成初始地应力场的因素有：岩体自重、地质构造运动、温度等。若不考虑温度因素，则岩体自重和地质构造运动因素可通过施加不同的边界条件来实现。自重的构成见图 4.7-1（a），计算中可采用岩体实测容重。构造运动作用力的构成见图 4.7-1（b）、图 4.7-1（c）、图 4.7-1（d），通过在边界上施加单位力 p 或位移 u 来体现，但反映构造运动作用力的最终值决定于 p 或 u 与相应的回归系数的乘积。p 和 u 的分布可以是均匀的、线性的、二次的，当计算域取得足够大时，计算结果表明，在河谷附近初始应力场的大小

和分布规律，只决定于 $\int_0^H p\mathrm{d}y$ 的积分值（H 为计算深度），而与 p（或 u）的分布形状关系不大。

从图 4.7-1 的几个模式中可以预测到：

（1）自重因素是独立的。

（2）图 4.7-1（b）、图 4.7-1（c）、图 4.7-1（d）三个模式都是反映地质构造运动的作用力，它们之间是相容的，即其中一个因素的引进，将造成其余两个因素退化。

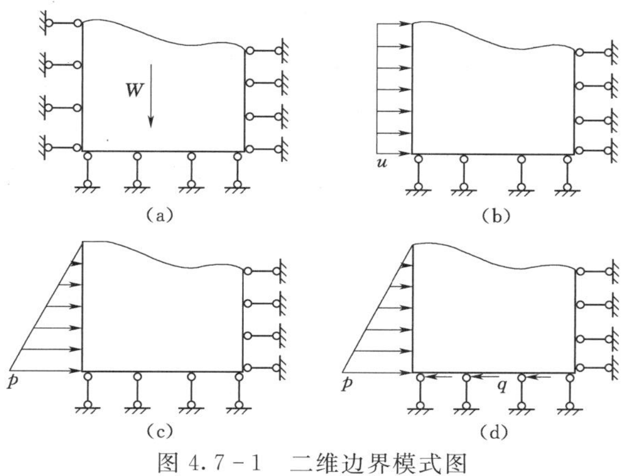

图 4.7-1 二维边界模式图

一般认为，初始应力场是以下形式的函数

$$\sigma = f(X, Y, Z, E, \mu, \gamma_r, \Delta, U, V, W, T, \cdots) \tag{4.7-2}$$

式中：σ 为初始应力值，二维问题代表三个应力分量，三维问题代表 6 个分量；X、Y、Z 为地形和地质体空间位置的坐标系；E、μ、γ_r 分别为岩体的弹性模量、泊松比和容重。

式（4.7-2）中的待定因素有：自重因素 Δ；地质构造作用因素 U、V、W；温度因素 T。确定这些待定因素的方法有回归分析方法、神经网络方法、遗传算法等。

4.7.2 物理力学参数反分析

物理力学参数反分析的主要依据是位移（或变形）、水头或温度的监测量。物理力学参数反分析从原理上可以分为逆算法和正算法。其中正算法分析过程可分为两大部分：第一部分是根据工程条件确定物理力学模型，假设一组参数 $\{x\}$，x 代表了各种待分析参数，如地应力参数、几何尺寸参数、材料的物理力学参数等，进行正算；第二部分将实测位移值（或水头、温度）与正算结果中对应位置的位移（或水头、温度）值进行比较，比较时选择一个目标函数作为两者贴近程度的标准。多次重复以上两部分计算，不断修改待分析参数，使目标函数取得最小值，即达到所谓的最优目标。这时，所假设的参数 $\{x\}$ 即为反分析所寻求的结果。目前提出的各种正算反分析法，在第一部分与一般力学计算没什么不同，关键是在第二部分，即如何使正分析计算得到的位移值与实测位移值有最大的拟合程度，并使计算次数最少，尽快达到最优化目标。

式（4.7-1）的目标函数可改写为

$$\phi(\{x\}) = \sum_{i=1}^{n} [f_i(\{x\}) - u_i]^2 \tag{4.7-3}$$

$$\{x\} = [E, \mu, c, \phi, \cdots, k_1, k_2, k_3, \cdots, a, \beta, \theta_0, T_0, \cdots]^{\mathrm{T}}$$

式中：$f_i(\{x\})$ 为计算值（收敛位移，水头，温度），通常是材料物理力学参数 $\{x\}$ 的函数；u_i 为实测值（收敛位移，水头，温度）；n 为位移量测值总数。

4.7.3 反分析的回归分析方法

回归分析方法是较早被应用于反分析中的一种求解方法。

考虑处于某一过程中的一些变量。这些变量虽然相互联系和互相影响，但由于种种原因，人们并不完全了解其中的原理和机制，因而无法以精确的数学表达式表示其关系。对于这类情况，可通过大量实验或观察，用统计方法寻找上述过程中变量间的统计规律性。这类统计规律通常称为回归关系，建立回归关系的过程则称为回归分析。线性回归模型是最简单的回归分析数学模型。

（1）数学模型。假设随机变量 y 与 m（$m\geqslant 2$）个自变量 x_1、x_2、…、x_m 之间存在相关关系，且满足

$$\left.\begin{array}{l} y=a+b_1x_1+b_2x_2+\cdots+b_mx_m+\varepsilon \\ \varepsilon\sim N(0,\sigma^2) \end{array}\right\} \tag{4.7-4}$$

即

$$y\sim N(a+b_1x_1+b_2x_2+\cdots+b_mx_m,\sigma^2) \tag{4.7-5}$$

式中：a、b_1、b_2、…、b_m、σ^2 为与 x_1、x_2、…、x_m 无关的未知参数；ε 为不可观测的随机变量。

式（4.7-5）称为 m 元线性回归模型。

（2）方法说明。已知 n 组观测数据（x_{1i}，x_{2i}，…，x_{mi}，y_i），$i=1$、2、…、n，根据最小二乘原理，为使

$$Q=\sum_{i=1}^{n}[y_i-(a+b_1x_{1i}+b_2x_{2i}+\cdots+b_mx_{mi})]^2 \tag{4.7-6}$$

达到最小，回归系数 a、b_1、b_2、…、b_m 应满足方程组

$$([C][C]^{\mathrm{T}})\begin{Bmatrix} a \\ b_1 \\ b_2 \\ \vdots \\ b_m \end{Bmatrix}=[C]\begin{Bmatrix} y_1 \\ y_2 \\ y_3 \\ \vdots \\ y_n \end{Bmatrix} \tag{4.7-7}$$

其中

$$[C]=\begin{bmatrix} 1 & 1 & 1 & \cdots & 1 \\ x_{11} & x_{12} & x_{13} & \cdots & x_{1n} \\ x_{21} & x_{22} & x_{23} & \cdots & x_{2n} \\ \vdots & \vdots & \vdots & & \vdots \\ x_{m1} & x_{m2} & x_{m3} & \cdots & x_{mn} \end{bmatrix} \tag{4.7-8}$$

求解方式（4.7-7），即可得到回归系数 a、b_1、b_2、…、b_m。

为了衡量回归效果，还要计算以下 5 个量。

1）偏差平方和 Q

$$Q=\sum_{i=1}^{n}[y_i-(a+b_1x_{1i}+b_2x_{2i}+\cdots+b_mx_{mi})]^2 \tag{4.7-9}$$

2）平均标准偏差 s

$$s=\sqrt{\frac{Q}{n}} \tag{4.7-10}$$

3）复相关系数 r

$$r=\sqrt{1-\frac{Q}{\mathrm{d}yy}} \tag{4.7-11}$$

其中

$$\mathrm{d}yy=\sum_{i=1}^{n}(y_i-\overline{y})^2 \tag{4.7-12}$$

$$\overline{y}=\sum_{i=1}^{n}\frac{y_i}{n} \tag{4.7-13}$$

当 r 接近于 1 时，说明相对误差 $\frac{Q}{\mathrm{d}yy}$ 接近于零，线性回归效果较好。

4）偏相关系数 V_j

$$V_j=\sqrt{1-\frac{Q}{Q_j}} \quad j=1,2,\cdots,m \tag{4.7-14}$$

其中

$$Q_j=\sum_{i=1}^{n}\Big[y_i-(a+\sum_{\substack{k=1\\k\neq j}}^{m}b_k x_{ki})\Big]^2 \tag{4.7-15}$$

当 V_j 越大时，说明 x_j 对于 y 的作用越显著，此时不可剔除 x_j。

5）回归平方和 u

$$u=\sum_{i=1}^{n}[\overline{y}-(a+b_1x_{1i}+b_2x_{2i}+\cdots+b_mx_{mi})]^2 \tag{4.7-16}$$

按上述方法进行回归分析时，需要通过分析计算结果中的偏相关系数 V_j 来考虑 x_j 对于 y 作用的显著性，以做出是否剔除 x_j 的判断。若做出剔除 x_j 判断，则还需对剩下的自变量再做多元线性回归分析，直到所有剩下的自变量对 y 作用均显著。因此，往往要进行多次多元线性回归计算，导致计算量大且步骤繁琐。

在实际操作中往往利用逐步回归分析方法进行多元回归分析，该法可较好地处理自变量的筛选工作，简化计算过程。另外，近年来出现的偏最小二乘回归方法，可以更好地解决多因变量对多自变量的问题以及消除多变量相关性的不良影响问题。

4.7.4 反分析的人工神经网络方法

4.7.4.1 基础知识

人工神经网络（artificial neural networks，ANN）基于生物学中神经网络的基本原理建立，是近几年发展起来的交叉学科，它涉及生物、电子、计算机、数学、物理等学科。由于人工神经网络在复杂非线性系统中有较高的建模能力及对数据的良好拟合能力，已在许多工程领域得到广泛应用。

简单模拟生物学神经网络的人工神经网络是形式神经元模型（图 4.7-2），该神经元通过晶枝接收到 n 个信息。

在图 4.7-2 中，w_i 为连接权，表示神经元对第 i 个晶枝接收到信息的感知能力。函数 $f(z)$ 称为输出函数或激活函数。采用激活函数的人工神经网络也称阈网络，其输出函

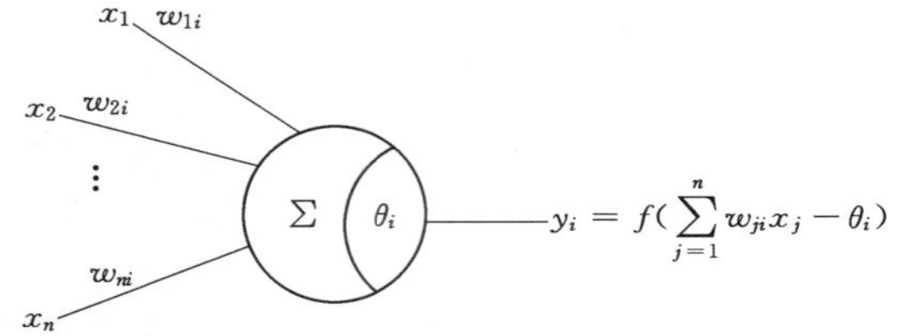

图 4.7-2　形式神经元模型

数定义为

$$y = f(z) = \mathrm{sgn}(\sum_{i-1}^{n} w_i x_i - \theta) \tag{4.7-17}$$

$$\mathrm{sgn}(z) = \begin{cases} 1, & z>0 \\ 0, & \text{其他} \end{cases} \tag{4.7-18}$$

式中：θ 为阈值。

当 w_i 为固定值时，对给定的一组输入 $(x_1, x_2, \cdots, x_n)^T$，由式（4.7-17）计算得到输出值。对给定的输入，为使式（4.7-17）的计算输出同实际值吻合，需确定合理的参数 w_i。人工神经网络方法的主要任务就是建立模型和确定 w_i 的值。

4.7.4.2　神经网络的学习与记忆

神经网络通过学习和回忆，建立输入变量与输出变量之间的非线性关系。

（1）神经网络的学习。神经网络的最重要特征之一就是学习（也称训练）。通过学习，调整参数 w_i，尽可能使式（4.7-17）的计算输出同实际值吻合。

给定 p 组学习样本

$$\{x_1, x_2, \cdots, x_n; T_1, T_2, \cdots, T_m\}^k \quad k=1,2,\cdots,p \tag{4.7-19}$$

其中

$$\{T_1, T_2, \cdots, T_m\}^k \quad k=1,2,\cdots,p \tag{4.7-20}$$

为相应的 p 个期望输出序列。在对网络进行训练前，先将连接权 w_i 赋初值，然后将第一组学习样本中的输入序列

$$\{x_1, x_2, \cdots, x_n\}^1 \tag{4.7-21}$$

以及相应的期望输出序列

$$\{T_1, T_2, \cdots, T_m\}^1 \tag{4.7-22}$$

输入网络，计算出网络输出

$$\{y_1, y_2, \cdots, y_m\}^1 \tag{4.7-23}$$

随后将余下的 $p-1$ 组学习样本依次输入神经网络，计算相应的网络输出。

定义网络输出与期望输出的误差为

$$E = \sum_{j=1}^{p}\sum_{i=1}^{m}(T_{ij} - y_{ij})^2 \tag{4.7-24}$$

通过训练调整网络内部连接权 w_i，使网络输出与期望输出的误差达到最小。

（2）神经网络的回忆。神经网络的训练完成后，即可进行回忆操作，即对网络输入向量 X，使网络给出系统真实输出序列 Y 的近似值序列 Y'。

从数学角度来看，神经网络是一组输入单元到输出单元的映射。若网络输入层有 n 个单元，输出层有 m 个单元，即有以下映射

$$F: R_n \rightarrow R_m, \{y\} = F(\{x\}) \tag{4.7-25}$$

对于样本集合输入 $\{x_i\}$ 和输出 $\{y_j\}$，可以认为存在某一映射 G，使得

$$\{y_j\} = G(\{x_i\}) \quad i=1,2,\cdots,n; j=1,2,\cdots,m \tag{4.7-26}$$

利用神经网络求解问题的实质即是求得一个映射 F，使得在某种意义下 F 是 G 的最佳逼近。1989 年，Robert Hecht Nielson 证明了对于任何在闭区间内的一个连续函数都可

以用一个隐层来逼近，因而一个3层的网络可以完成任意的n维到m维的映射。

4.7.4.3 BP网络

(1) BP网络的结构。神经网络按连接结构分为两大类，分层结构与相互连接结构。分层结构网络有明显的层次，信息的流向由输入层到输出层，即前向网络。相互连接型结构网络，没有明显的层次，任意两个处理单元之间都是可达的，具有输出到输入的反馈连接，故又称反馈网络。适合作反分析用途的均为前向网络。前向网络一般具有输入层、隐层和输出层。输入层没有处理功能，只能接收输入信号和分配输入信号。输出层则起着产生输出信号的作用。中间层又称隐层，具有处理功能，但不直接与外部环境打交道。BP网络是前向网络模型中使用最广泛的一类。图4.7-3为常规的3层BP网络结构，x_k表示输入层的输入，v_j表示隐含层的输出，y_i表示输出层的输出，w_{jk}表示从输入层单元到隐含层单元的连接权，w_{ij}表示从隐含层单元到输出层单元的连接权，输入层单元、隐含层单元和输出层单元的数量分别为n、l、m，其激活函数见式(4.7-27)。

$$f(x)=\frac{1}{1+e^{-x}} \tag{4.7-27}$$

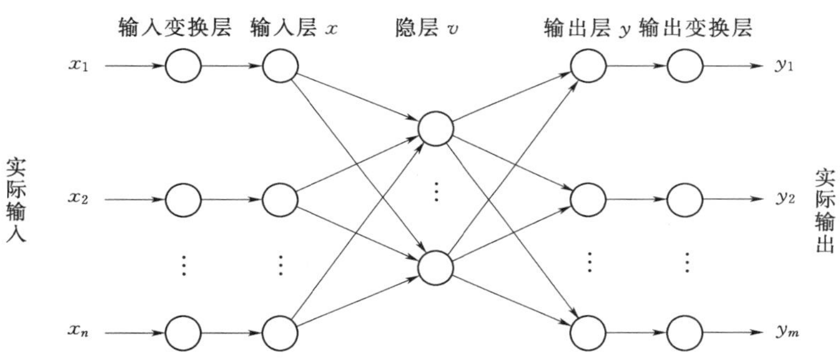

图4.7-3 BP网络结构图

(2) BP网络的学习算法。BP网络的学习过程由正向传播和反向传播组成。在正向传播中，输入信息从输入层经过隐含层作用函数的作用传向输出层，每一层的神经元的状态只影响到下一个神经元的状态。如果输出信号与期望输出信号有差别，则误差信号沿着原来的线路返回，通过修改神经网络连接权重，使得输出信号误差最小，即网络输出值与期望输出值之间误差最小。隐含单元与外界没有直接联系，但隐含单元的结构和状态影响输入输出之间的关系。

设有p组学习样本

$$S=\{s_1,s_2,\cdots,s_p\} \tag{4.7-28}$$

$$s=(x_1,x_2,\cdots,x_n;y_1,y_2,\cdots,y_m) \tag{4.7-29}$$

对给定的某个样本点，输入层单元的输入

$$h_k=x_k \tag{4.7-30}$$

输入层单元的输出

$$o_k=h_k \tag{4.7-31}$$

隐含层单元的输入

$$h_j = \sum_{k=1}^{n} w_{jk} o_k - \theta_j \tag{4.7-32}$$

隐含层单元的输出

$$o_j = f(h_j) \tag{4.7-33}$$

输出层单元的输入

$$h_i = \sum_{j=1}^{l} w_{ij} o_j - \theta_i \tag{4.7-34}$$

输出层单元的输出

$$o_i = f(h_i) \tag{4.7-35}$$

式中：θ_j、θ_i 分别为输入单元 j 及输出单元 i 的阈值；f 为节点的激励函数。

通常，把阈值也写入连接权中，即 $w_{j0}=\theta_j$、$w_{i0}=\theta_i$、$o_0=-1$，则隐含层单元的输入

$$h_j = \sum_{k=0}^{n} w_{jk} o_k \tag{4.7-36}$$

输出层单元的输入

$$h_i = \sum_{j=0}^{l} w_{ij} o_j \tag{4.7-37}$$

误差函数定义为

$$E = \frac{1}{2}\sum_{i=1}^{m}(y_i - o_i)^2 \leqslant \varepsilon \tag{4.7-38}$$

式中：ε 为允许误差。

在网络学习的过程中，不断调整网络中权值与阈值，使误差函数 E 趋于最小。E 相当于定义在权重 w_{jk} 构成的高维空间上的一个函数，求 E 值最小值的过程也就是求一个无约束的优化问题，可以用非线性规划中的最速下降法，使权重向量 w_{jk} 沿着误差函数 E 负梯度方向改变

$$w_{jk}(r+1) = w_{jk}(r) + \eta\left[-\frac{\partial E}{\partial w_{jk}(r)}\right] \tag{4.7-39}$$

式中：η 为学习率。

由于最速下降的特征只在 $w_{jk}(n)$ 的局部，所以 η 原则上应取得尽量小。但如果 η 太小，对 w_{jk} 的调整量就会很小，导致学习时间的增加。为使 η 的选取较容易一些，同时加快反传算法的收敛性，可增加一惯性项，用 n 步之前的修正量对第 n 步的修正进行综合。修正量表示为

$$\Delta w_{jk}(r+1) = \eta\left[-\frac{\partial E}{\partial w_{jk}(r)}\right] + \alpha \Delta w_{jk}(r-1) \tag{4.7-40}$$

式中：η、α 分别为学习率和动量因子，一般取值范围为（0，1）。

η 大，收敛快，但不稳定，可能出现振荡；η 小，收敛缓慢，需花费较长的学习时间。α 的作用与 η 正好相反。

根据式（4.7-40），式（4.7-39）可改写为

$$w_{jk}(r+1) = w_{jk}(r) + \eta\left[-\frac{\partial E}{\partial w_{jk}(r)}\right] + \alpha \Delta w_{jk}(r-1) \tag{4.7-41}$$

根据式（4.7－35）～式（4.7－37），有

$$-\frac{\partial E}{\partial w_{jk}}=-\frac{\partial E}{\partial h_j}\frac{\partial h_j}{\partial w_{jk}}=-\frac{\partial E}{\partial h_j}o_k=\left(-\frac{\partial E}{\partial o_k}\frac{\partial o_k}{\partial h_j}\right)o_k\doteq\left(-\frac{\partial E}{\partial o_j}\right)f'(h_j)o_k \tag{4.7-42}$$

$$-\frac{\partial E}{\partial o_j}=-\sum_{i=0}^{m}\frac{\partial E}{\partial h_i}\frac{\partial h_i}{\partial o_j}=\sum_{i=0}^{m}\left(-\frac{\partial E}{\partial h_i}\right)\frac{\partial}{\partial o_j}\sum_{j=0}^{l}w_{ij}o_j=\sum_{i=0}^{m}\left(-\frac{\partial E}{\partial h_i}\right)w_{ij}=\sum_{i=0}^{m}\delta_i w_{ij} \tag{4.7-43}$$

其中

$$\delta_i=-\frac{\partial E}{\partial h_i} \tag{4.7-44}$$

由式（4.7－42）～式（4.7－44）可知

$$\delta_j=f'(h_j)\sum_{i=0}^{m}\delta_i w_{ij} \tag{4.7-45}$$

又

$$\delta_i=-\frac{\partial E}{\partial h_i}=-\frac{\partial E}{\partial o_i}\frac{\partial o_i}{\partial h_i} \tag{4.7-46}$$

其中

$$\frac{\partial E}{\partial o_i}=-(y_i-o_i) \tag{4.7-47}$$

$$\frac{\partial o_i}{\partial h_i}=f'(h_i) \tag{4.7-48}$$

因此可得到

$$\delta_i=(y_i-o_i)f'(h_i) \tag{4.7-49}$$

由

$$f(h_i)=\frac{1}{1+\mathrm{e}^{-h_i}}=o_i \tag{4.7-50}$$

可得

$$f'(h_i)=f(h_i)[1-f(h_i)]=o_i(1-o_i) \tag{4.7-51}$$

于是有

$$\delta_i=(y_i-o_i)o_i(1-o_i) \tag{4.7-52}$$

所以对输出层可直接得到

$$w_{ij}(r+1)=w_{ij}(r)+\eta(y_i-o_i)o_i(1-o_i)+\alpha\Delta w_{ij}(r-1) \tag{4.7-53}$$

由式（4.7－30）～式（4.7－35）、式（4.7－41）、式（4.7－45）、式（4.7－50）、式（4.7－52）和式（4.7－53）构成了BP网络完整的算法。

（3）BP网络的训练。网络的训练过程如下：①输入、输出样本的归一化，即将样本的输入输出参数转化至区间［0，1］；②用［－1，1］之间产生的随机数给权值赋初值；③将样本中的自变量赋予输入层相应的节点，依权值和激励函数的作用在输出节点算得网络的输出值；④计算网络输出与期望值之间的均方差；⑤从输出层开始，将误差反向传播至第一层，按梯度法修正权值，转到第③步重新计算。

重复上述步骤，直至误差函数满足给定误差 ε 为止［式（4.7－38）］。

4.7.5　小湾坝基岩体初始应力场反演

4.7.5.1　坝址区实测地应力

现场测试均为应力解除法。二维地应力采用孔径法单孔测试，钻孔倾角 5°～8°。三维地应力采用孔径法三孔交汇测试，钻孔倾角 5°～8°。

根据地应力测试成果，最大主应力随埋深增大。其方位在上覆岩层较浅区域内呈 SN 向，随着埋深的增加而发生变化，地下厂房洞测得的最大主应力方位大致为 NWW 向，最大主应力量值为 10～25MPa（表 4.7－1、表 4.7－2 和图 4.7－4）。

表 4.7－1　　坝址区三维地应力测点位置

测点	坐标/m			埋深/m
	X 坐标	Y 坐标	Z 坐标	
σ_7	13079.8	36642.1	1127.5	134.4
σ_8	13743.2	36647.5	1125.7	94.4
σ_{104}	13864.3	36656.1	1214.4	100.7
σ_{13}	13228.7	36652.1	1005.0	91.9
σ_{14}	13624.3	36637.8	1007.6	135.6
PD15	13121.5	36454.8	1018.5	169.1
厂主 1	12905.0	36683.1	1018.5	395.5
厂主 2	12989.8	36581.9	1018.5	283.1
厂支	12879.0	36616.1	1018.5	407.4
PD13—1	13320.3	36644.2	1005.0	18.7
PD13－2	13290.4	36646.0	1005.0	43.0
PD13－3	13265.4	36647.4	1005.0	60.3
PD57－1	13240.9	36748.2	1039.8	40.1
PD57－3	13219.2	36735.7	1039.8	55.9
PD77	13219.1	36767.9	1047.8	41.6

表 4.7－2　　坝址区三维应力测量值

测点	应力分量/MPa					
	σ_x	σ_y	σ_z	τ_{xy}	τ_{yz}	τ_{zx}
σ_7	－2.90	－8.20	－6.60	3.60	2.80	－0.80
σ_8	－3.10	－3.90	－6.50	－0.90	1.70	2.60
σ_{104}	－6.10	－6.80	－5.60	0.10	－3.50	3.80
σ_{13}	－6.90	－14.40	－8.40	－0.40	－2.50	－3.30
σ_{14}	－4.80	－16.50	－4.50	－2.10	2.90	－1.50
PD15	－8.40	－27.60	－12.50	2.80	－0.80	3.70
厂主 1	－17.80	－15.60	－19.90	3.30	5.90	－7.10

续表

测点	应力分量/MPa					
	σ_x	σ_y	σ_z	τ_{xy}	τ_{yz}	τ_{zx}
厂主 2	−11.10	−10.00	−13.70	0.30	2.40	−2.80
厂支	−15.10	−14.70	−16.50	0.10	3.60	−4.10
PD13 - 1	−6.51	−6.09	−12.45	0.16	2.00	−2.53
PD13 - 2	−9.33	−3.99	−5.93	0.73	−0.08	3.66
PD13 - 3	−16.72	−6.27	−5.91	−2.16	−0.56	−1.47
PD57 - 1	−10.50	−8.62	−14.40	−0.53	−0.48	−3.55
PD57 - 3	−5.13	−7.67	−5.61	4.26	0.99	−2.22
PD77	−9.14	−6.59	−13.64	−1.02	0.91	−2.81

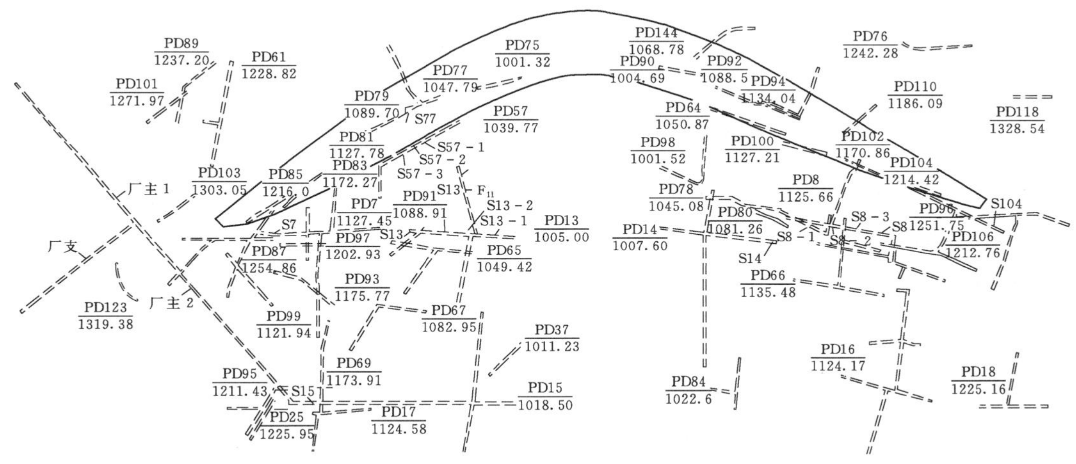

图 4.7 - 4　地应力测点的平面布置图

4.7.5.2　分析条件

（1）计算范围。分别取从 F_7、F_5 两侧（北侧、南侧）移动一定距离作为纵向边界。选取右岸一个大平台的山脊线作为横向西侧边界，而沿河谷与之对称的面作为横向东侧边界。底部边界离河床的高度为 1.5 倍坡体高度。

以上计算模型在垂直方向上，底部高程−300.00m，顶部高程 1900.00m。在平面上，东西向范围 3000m，南北向范围 6500m。X 轴正向为正东方向，Y 轴正向为正北方向，Z 轴正向为垂直向上。

（2）断层模拟。考虑了 F_5、F_7 两条较大的断层。

（3）边界条件。在模型的东侧和北侧边界提供 X 方向和 Y 方向的水平约束。底部边界提供 Z 方向的约束。在模型西侧和南侧施加呈线性增加的水平荷载，模拟构造应力，其量值由反演确定。

（4）物理力学参数。见相关章节。

（5）有限单元网格。有限单元网格见图 4.7 - 5，共 25000 个六面体等参数单元，总

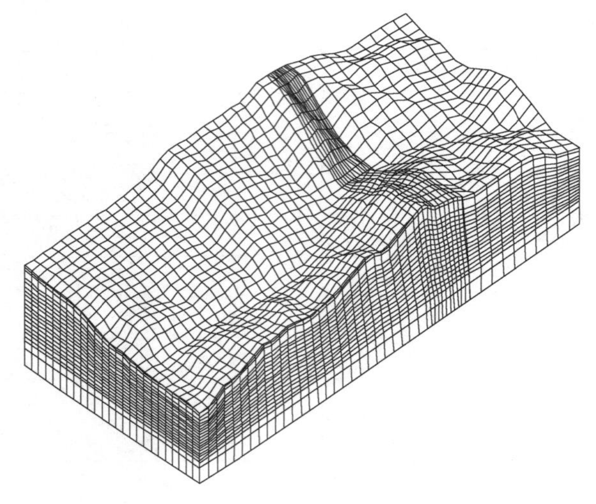

图 4.7-5　计算模型的三维消隐图

结点数为 27846。

4.7.5.3　主要成果与结论

坝址区地应力场反演的关键在于调整西侧和南侧边界上施加的荷载量值，使在测点上，计算应力与实测应力达到最佳拟合。反演时主要依据三维应力实测值，把二维应力实测值作为参考。

在反演过程中，主要考虑了实测点的 3 个正应力，并且选择其中的 8 个测点作为拟合目标，其余 7 个应力实测点有的误差较大，有的测点由于处于强风化带或微风化带，应力分布比较杂乱，故只用于参考。

反演结果为：重力因子 1.57，东西向构造应力 0.42MPa，南北向构造应力 7.02MPa。

根据表 4.7-3，用于拟合的点的平均相对误差为 18%。

表 4.7-3　　地应力反演计算值及与实测值的相对误差

测点	应力分量/MPa			相对误差		
	σ_x	σ_y	σ_z	σ_x	σ_y	σ_z
σ_7	−2.90	−8.43	−6.74	0.001	0.027	0.021
σ_{104}	−5.32	−6.79	−7.36	−0.128	−0.001	0.315
σ_{13}	−9.22	−13.09	−8.92	0.337	−0.091	0.062
PD15	−7.15	−11.82	−10.51	−0.149	−0.572	−0.159
厂主 1	−7.15	−13.18	−15.26	−0.598	−0.155	−0.233
厂主 2	−8.01	−12.81	−13.11	−0.279	0.281	−0.043
厂支	−7.62	−13.44	−16.77	−0.495	−0.086	0.017
PD57-3	−5.17	−7.81	−4.53	0.008	0.019	−0.192

图 4.7-6 和图 4.7-7 为坝轴线附近横河床剖面的主应力等值线图。

根据反演结果进行综合分析，表明小湾水电站河谷地应力场的分布有以下几个特征：

（1）现今构造应力为近南北向压应力场，东西向构造应力小。

（2）现今应力场受自重应力和构造应力的双重控制。在不同高程和部位，因其相对强弱不同而起着不同程度的控制作用，由此而导致地应力方向的变化。该区由地下深部到河谷两岸山体顶部，最大主应力方向从近东西向逐渐转为近南北向。

（3）由于澜沧江在坝址区下游流向的大转向，左岸山体基本是孤立的，其现今构造应力作用相对右岸要弱。河谷左右两岸无论从地应力量值还是方向上都有所差异，左右岸山体相应部位的最大主应力差值一般在 3～5MPa 左右。

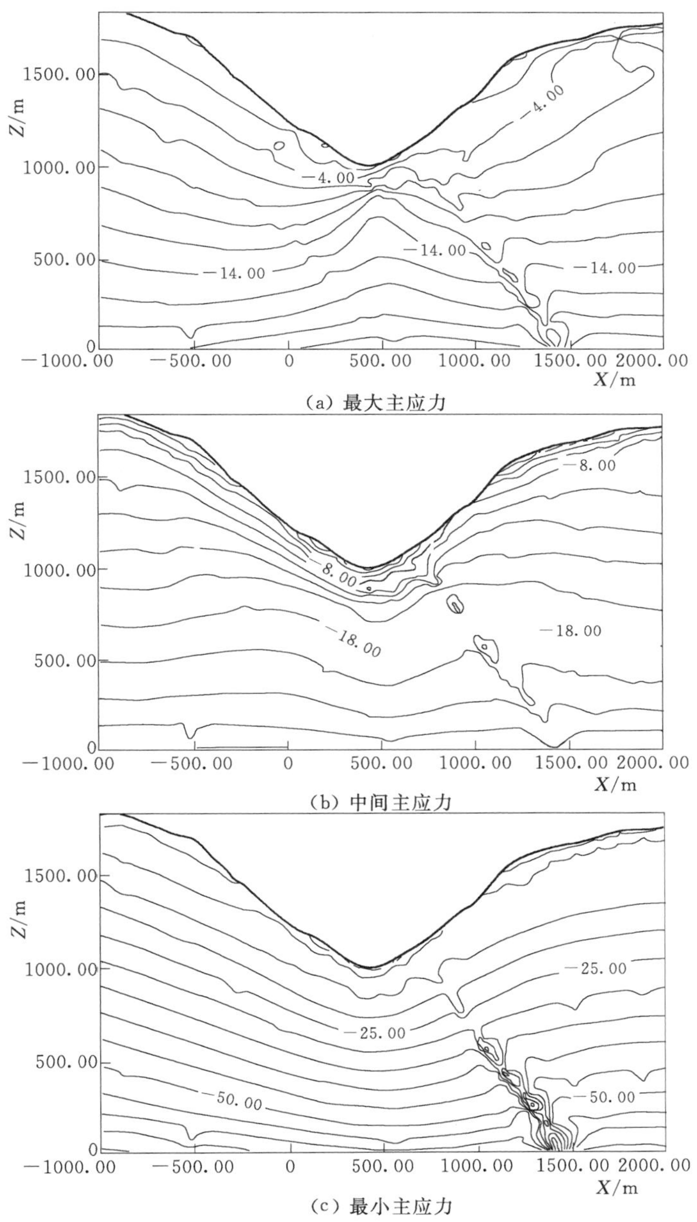

(a) 最大主应力

(b) 中间主应力

(c) 最小主应力

图 4.7-6 横向剖面 $Y=500$ 的应力各分量等值线（单位：MPa）

4.7.6 小湾坝基裂隙岩体等效渗透张量反演

4.7.6.1 坝址区压水实验

为研究坝基岩体的渗流特性，进行了一系列现场压水试验，其中有 3 个压水孔（定向压水孔 ZK13-3、ZK13-4 和常规压水孔 ZK107）位于右岸坝基，它们的相对位置见图 4.7-8。现场测试均为压水法。图 4.7-9 是一个钻孔单塞型实验的示意图，图中箭头表

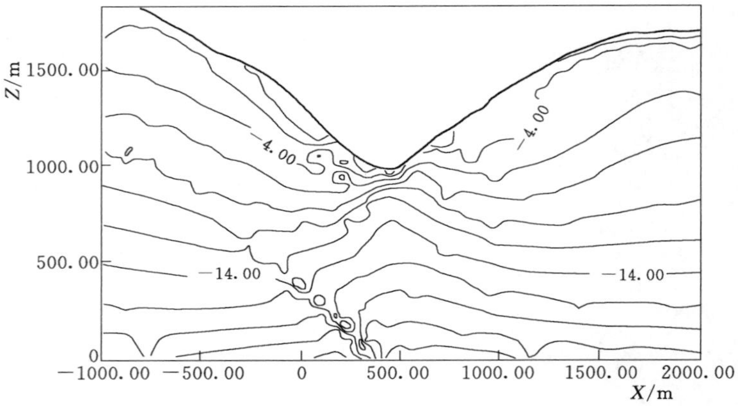

(a) 最大主应力

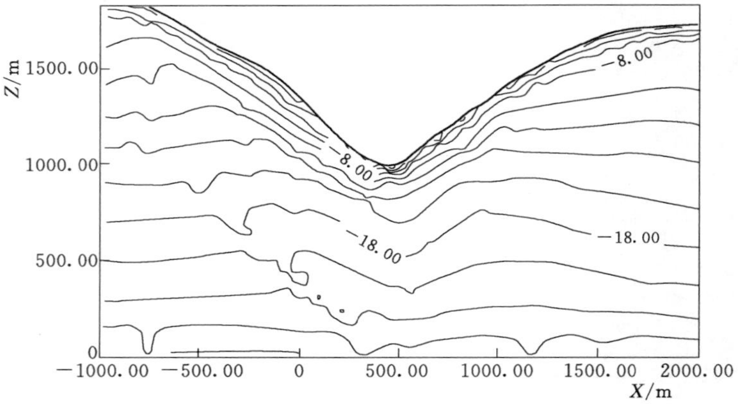

(b) 中间主应力

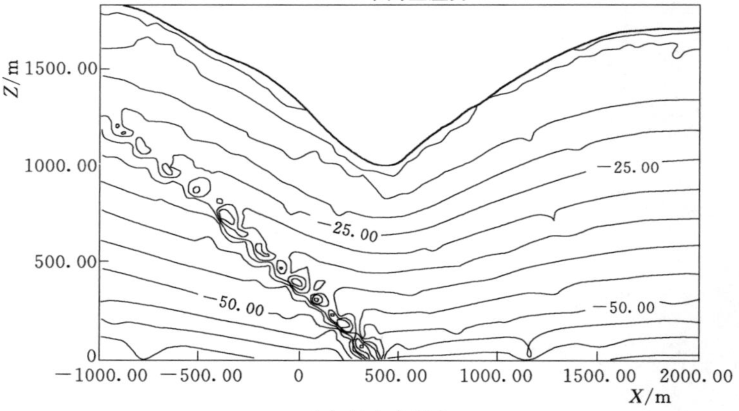

(c) 最小主应力

图 4.7-7 横向剖面 $Y=700$ 的应力各分量等值线（单位：MPa）

示定向孔的方向。

4.7.6.2 分析条件

反演分析的具体步骤如下：

(1) 根据待反演岩体中裂隙的组数挑选相应数量的压水孔，并确定其中合适的试验

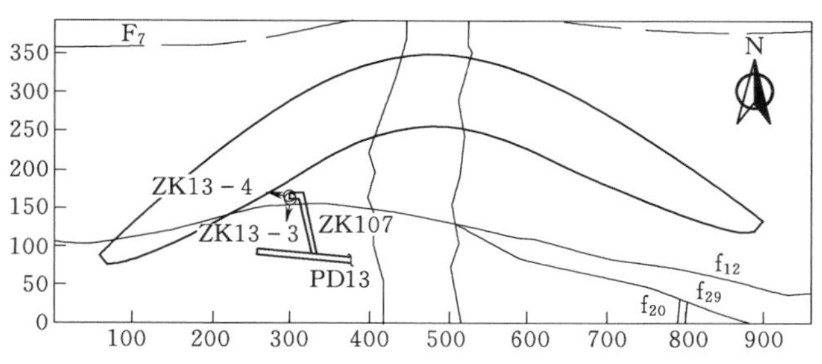

图 4.7－8 压水试验钻孔相对位置示意图（单位：m）

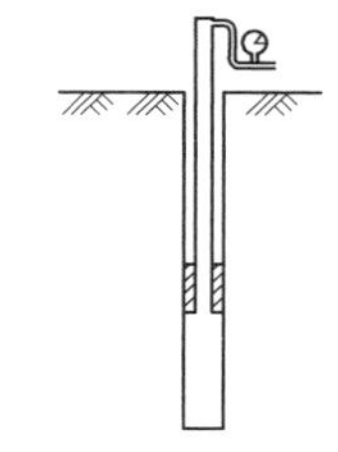

图 4.7－9 压水试验示意图（单塞型）

段。要求各孔的钻孔方向不同，同时试验段位于同一待反演岩体中，且实测 $P-Q$ 曲线类型为 A 型（层流型）。

（2）确定有限元模型及边界条件。根据各压水孔的孔深、孔径、倾向、倾角、压水段位置，分别建立有限元模型。如果待反演的岩体中含有 3 组裂隙，则选择 3 个压水孔建立有限元模型，见图 4.7－10。模型所在坐标系为 x 轴指向东，y 轴指向北，z 轴竖直向上，服从右手定理。计算域取沿孔径向外，自孔底向下均延伸一倍压水段长度。同时假定计算域渗透特性处处相同。

图 4.7－11 为渗流有限元计算边界条件示意图。图中 AFE 为压水孔内壁，GFE 为压水段。当地下水位在压水段以下时，GFE 处节点水头取为试验水头与 GF 中点的高程之和。AB、BC 为可能溢出边界。

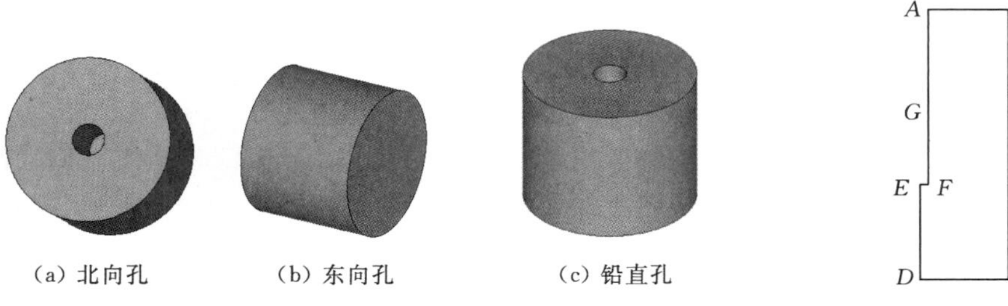

图 4.7－10 压水试验有限元模型示意图

图 4.7－11 有限元计算边界条件（压水孔中心断面）

（3）组织 BP 神经网络的训练样本。对于建立的每个压水孔有限元模型，选取多组不同的压力和连通修正系数依据均匀设计进行组合，用每一组合分别对各个压水孔进行渗流有限元计算，得到相应的压水流量。将各孔的压力、流量与各组裂隙的连通修正系数组成训练样本。

（4）训练 BP 神经网络。用训练样本中的压力、流量作为网络输入，连通修正系数作为网络输出，进行网络训练，直至达到允许误差或预期迭代次数。

（5）反演修正系数。将各个压水孔的实测压力、流量输入训练完成的 BP 神经网络，网络输出即为反演所得的各组裂隙的连通修正系数 ψ_m，即可由式（4.6－23）求得岩体相应的渗透张量。

4.7.6.3　主要成果与结论

除了3组裂隙的连通修正系数以外，其他各参数均可通过实测得到，因此通过反演方法拟合该连通修正系数即可得到含三组裂隙岩体的等效渗透张量。

根据压水孔的孔深、孔径、试验段所在位置分别建立3个有限元模型。为了使样本覆盖所有实测流量，样本中压力的取值范围为0.3～1.5MPa，连通修正系数的取值范围为200～4400，平均分为22个值，根据均匀设计中表组成22组数，分别代入3个有限元模型中计算，得到相应的66个流量，组成22个样本；神经网络中隐含层神经元个数取30，学习因子取0.2，动量因子取0.8，收敛误差取10^{-6}。

神经网络经过学习后，最终收敛。反演得到各组裂隙的连通修正系数然后计算岩体的渗透张量（表4.7-4）。

表4.7-4　勘探阶段连通修正系数及渗透张量反演结果

裂隙组	连通修正系数 ψ	渗透张量/(10^{-10}m/s)			主值/(m/s)	主轴方向	
						倾向/(°)	倾角/(°)
1	1645.78	778.33	−8.6463	−12.734	836	221.62	15.89
2	4166.01	−8.6463	7.193	−15.260	784	126.44	88.53
3	3674.66	−12.734	−15.260	830.29	760	36.02	74.18

根据这些反演的张量结合地质判断和工程类比，确定第10章渗流场分析中渗透张量的设计值。在工程蓄水开始后，还需进一步根据渗流场计算和监测的要素，多次进行反演调整，详见第10章。

4.8　有限单元法——不同网格间的数据传递

在温度场和应力应变场模型中不考虑排水管、排水洞和排水孔等渗控措施，而在渗流场和温度场模型中不考虑锚索等加固体系。因此，为满足有限元模型复杂、精细、动态变化的需求，温度、渗流、应力应变场的网格模型可以不一致。但温度场和渗流场分析的结果要提供给应力应变场分析使用，为此，需建立不同网格模型间物理力学量传递计算的高效、高精度方法。

传统上的传递方法为基于形函数的直接映射方法，效率高但精度不佳。即高效又具有高精度的数据传递应满足3个条件，相关数据满足本构（物理）关系，相关数据满足平衡（力或流量）条件，相关数据满足协调条件和边界条件。比较好的方法采用类似SPF的小片恢复法，将高斯点的参数按最小二乘拟合传递至节点，然后分别用有限单元形函数将参数进行节点到节点的传递，再由节点传递到高斯点。

为方便讨论，将需要传递的数据记为

$$\Lambda_h=(\{u\},\{\varepsilon\},\{\sigma\},\{q\},\{\phi\},\{T\}) \tag{4.8-1}$$

式中：$\{u\}$ 为位移；$\{\varepsilon\}$ 为应变；$\{\sigma\}$ 为应力；$\{q\}$ 为黏塑性内变量；$\{\phi\}$ 为水头势函数；$\{T\}$ 为温度；下标 h 为网格编号。

需要传递的数据通常分为两类：一类位于节点，如位移；另一类位于积分点，如应

力、黏塑性应变、黏塑性内变量。

数据传递有两部分工作

$$\left.\begin{aligned}\Lambda_{h+1}&=\Gamma_1\Lambda_h\\ \Lambda_{h+1}&=\Gamma_2\Lambda_h\end{aligned}\right\}\tag{4.8-2}$$

数据传递过程 Γ_1 仅涉及两个网格节点间数据的传递，较为简单。以下对数据传递过程 Γ_2 进行详细介绍。

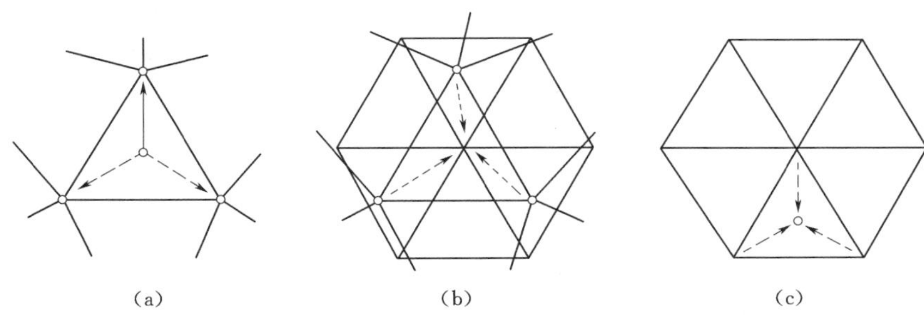

(a)　(b)　(c)

图 4.8-1　数据传递过程 Γ_2 的三步（三角形常应变单元）

位于高斯点的数据传递方法较多，其中较为流行的一种是先将数据从高斯点转移至单元节点，然后通过新单元节点传递至新单元高斯点，具体过程如下：

(1) 第 1 步。

$$\Lambda_h^N=\Gamma_2^1\Lambda_h^G\tag{4.8-3}$$

式 (4.8-3) 中，上标 N、G 分别表示节点与高斯点。这一步是将数据从高斯点转移至单元节点，见图 4.8-1 (a)，常采用类似 SPR 的小片恢复法。

(2) 第 2 步。

$$\Lambda_{h+1}^N=\Gamma_2^2\Lambda_h^N\tag{4.8-4}$$

这一步是将数据从旧单元节点传递至新单元节点，见图 4.8-1 (b)。

对于新网格 $h+1$ 中任一节点 j，其整体坐标为 $\{X_{h+1}\}_j$，首先需在旧网格 h 中找出其对应的 $\Omega_{h,e}$，使

$$\{X_{h+1}\}_j\in\Omega_{h,e}$$

然后求出节点 j 在 $\Omega_{h,e}$ 的局部坐标 $\{R_h\}_j$，且使

$$\{X_{h+1}\}_j=\sum_{i=1}^{m}[N_i(\{R_h\}_j)]\{X_h\}_i\tag{4.8-5}$$

最后通过形函数插值求出位于 j 节点的相应参数

$$\Lambda_{h+1}^N=\sum_{i=1}^{m}N_i(\{R_h\}_j)\Lambda_h^N\tag{4.8-6}$$

式中：m 为单元节点数；N_i 为单元形函数。

在该过程中，需要解决所谓单元识别的问题，即已知一点坐标 $\{X_{h+1}\}_j$，需要找到单元 $\Omega_{h,e}$，使 $\{X_{h+1}\}_j\in\Omega_{h,e}$，参见图 4.8-2，该问题可通过以下方法解决。

找出离点 j 最近的一点，并将所有与该点连接的单元作为候选单元。确定 j 相对每一候选单元的局部坐标 $\{R_h\}_j$，对于三角形（四面体），若 $0\leqslant R_{h,j}\leqslant 1$，对于四边形（六面

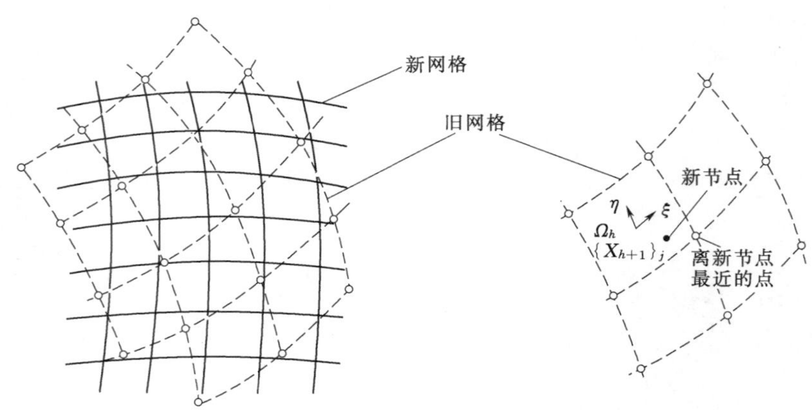

图 4.8-2 单元识别

体)，若$-1\leqslant R_{h,j}\leqslant 1$，则认为该候选单元为所寻找的单元。

局部坐标的寻找可通过一个小型的 Newton-Raphson 迭代实现，即

$$\{G\}=\{X_{h+1}\}_j-\sum_{i=1}^{m}[N_i(\{R_h\}_j)]\{X_h\}_i=0 \tag{4.8-7}$$

式中：m 为单元节点数；$\{X_h\}_i$ 为候选单元节点坐标；$N_i(\{R_{h,j}\})$ 为形函数。

(3) 第 3 步。新单元高斯点的参数利用形函数插值从新单元节点获得，见图 4.8-1。

$$\Lambda_{h+1}^{G}=\sum_{i=1}^{m}N_i(\{R_{h+1}^{G}\})\Lambda_{h+1}^{N} \tag{4.8-8}$$

第 1 步中经常用到类似 SPR 的小片恢复法，将高斯点的参数按最小二乘拟合传递至节点，第 2 步和第 3 步分别用有限单元形函数将参数由旧单元节点传递到新单元节点，再到新单元高斯点。

4.9 复合单元法

4.9.1 应力应变问题

(1) 锚杆。考察一个岩石单元 r（图 4.9-1），其中包含 nb 个锚杆子域（图 4.9-1 中 $nb=2$），对应的还有 ng 个砂浆子域。岩石 r 与砂浆 g 的接触面记为 $j_{r,g}$，砂浆 g 与锚杆 b 的接触面记为 $j_{g,b}$。该岩石单元便是复合单元，子域称为子单元。子单元不必是标准的常规有限单元。在子单元内的位移 $\{\Delta u\}_r$、$\{\Delta u\}_g$、$\{\Delta u\}_b$ 可由定义于复合单元节点上的位移插值求出（图 4.9-2），即

$$\left.\begin{aligned}&\{\Delta u\}_r=[N]\{\Delta\delta\}_r\\&\{\Delta u\}_b=[N]\{\Delta\delta\}_b\quad b=1,2,\cdots,nb\\&\{\Delta u\}_g=[N]\{\Delta\delta\}_g\quad g=1,2,\cdots,ng\end{aligned}\right\} \tag{4.9-1}$$

式中：$[N]$ 为定义于整个复合单元内的常规有限单元的形函数。

需要指出的是，由式 (4.9-1) 表达的插值公式仅在各自子单元内有效。作用于子单

元的荷载被转移到复合单元的节点上，根据虚功原理可推出该复合单元的平衡方程。求解出节点位移后，便可计算出每个子单元内的位移、应力和应变。

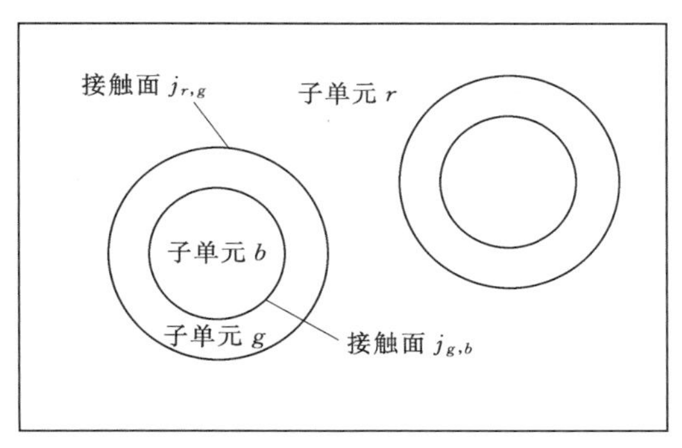

图 4.9-1　含锚杆的复合单元

$\{\Delta\delta\}=[\{\Delta\delta\}_r^T\cdots\{\Delta\delta\}_g^T\{\Delta\delta\}_b^T\cdots\{\Delta\delta\}_{ng}^T\{\Delta\delta\}_{nb}^T]^T$

$\{\Delta u\}_r$

$\{\Delta u\}_g$

$\{\Delta u\}_b$

图 4.9-2　含锚杆的复合单元内的位移插值

(2) 结构面。图 4.9-3 所示的是一个被两条结构面分割成 4 个子域的岩体单元，2 条结构面被相互分割成 4 个结构面段（节理段），这 4 个子域也成为子单元。同样，子单元不必是标准的有限单元。一般情况下，记 nr 为子单元的个数，j_{rlrm} 为子单元 rl 和 rm 之间的结构面，则子单元 rl 内位移 $\{\Delta u\}_{rl}$ 由复合单元的节点位移 $\{\Delta\delta\}_{rl}$ 插值得到（图 4.9-4）。

$$\{\Delta u\}_{rl}=[N]\{\Delta\delta\}_{rl}\quad rl=1,2,\cdots,nr \tag{4.9-2}$$

式中：$[N]$ 为常规有限元法中定义的形函数。

式 (4.9-2) 的插值表达式只对相应的子单元有效。子单元上的荷载应转换为复合单元的相应节点荷载，然后根据虚功原理建立平衡方程。解得节点位移后，每个子单元的位移、应变和应力即可求得。

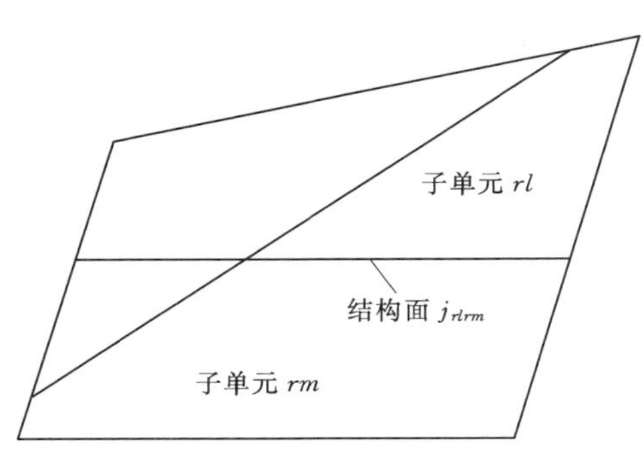

图 4.9-3　含结构面的复合单元

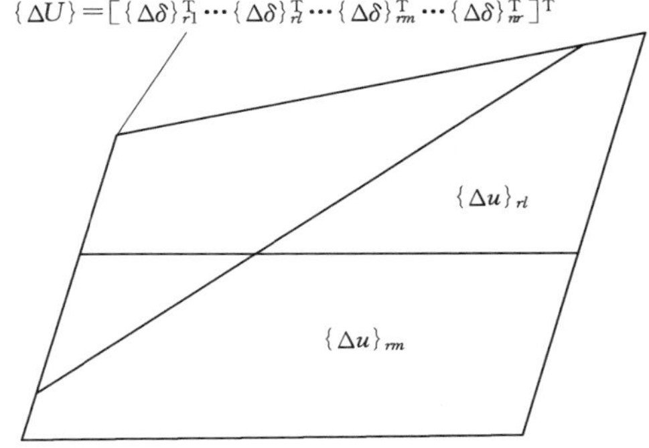

图 4.9-4　含结构面的复合单元内的位移插值

4.9.2 渗流问题

(1) 排水孔。对渗流分析的排水孔模拟问题，复合单元法为（图 4.9-5 和图 4.9-6）：假设有一岩体单元，其内含 nd 种具有不同渗流特征的子域。子域接触处用界面 $j_{r,d}$

表示二者之间渗透坡降不连续的特性。该单元便是复合单元，子域称为子单元。在复合单元上引入与常规有限单元一致的形状函数 $[N]$，复合单元内含各子单元水头由复合单元上对应的节点水头插值得到。

$$\left.\begin{array}{l}\phi_r=[N]\{\phi\}_r \\ \phi_d=[N]\{\phi\}_d \qquad d=1,2,\cdots,nd\end{array}\right\} \tag{4.9-3}$$

运用变分原理，可得到求解 $\{\phi_r\}$ 和 $\{\phi\}_d$ 的方程。

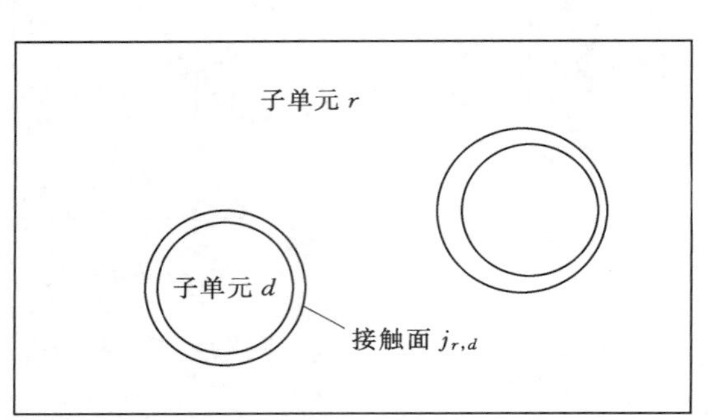

图 4.9-5　含排水孔的复合单元

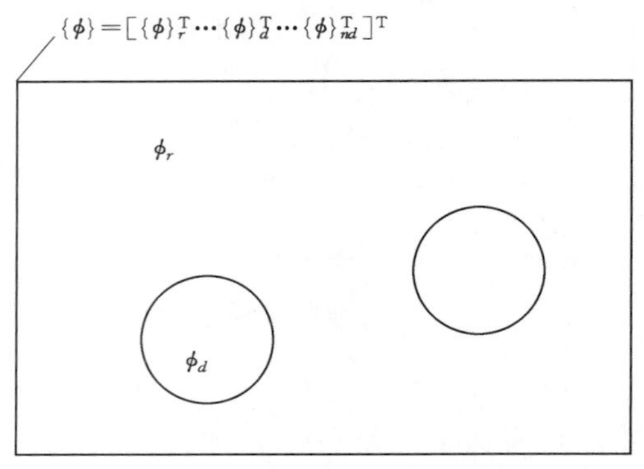

图 4.9-6　含排水孔的复合单元内的水头插值

(2) 结构面。现考虑含结构面的岩体渗流问题。仍用图 4.9-3 所示的岩体复合单元为例进行说明。每个子单元的水头 ϕ_{rl} 由复合单元的节点水头 $\{\phi\}_{rl}$ 插值得到（图 4.9-7）。

$$\phi_{rl}=[N]\{\phi\}_{rl} \quad rl=1,2,\cdots,nr \tag{4.9-4}$$

式 (4.9-4) 的插值表达式只对相应的子单元有效。运用变分原理，可得到求解 $\{\phi\}_{rl}$ 的方程。

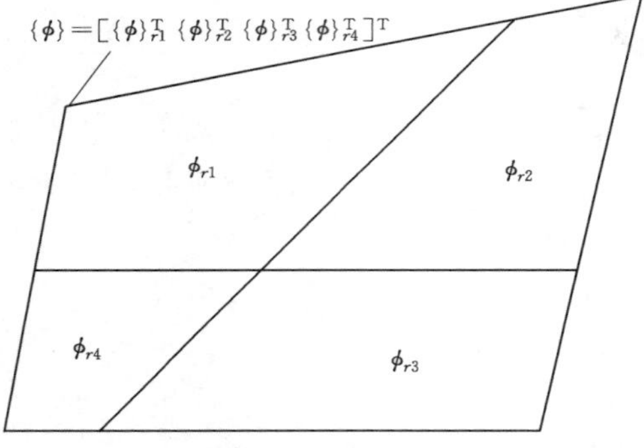

图 4.9-7　含结构面的复合单元内的水头插值

4.9.3　温度问题

(1) 冷却水管。图 4.9-8 所示为一混凝土区域，含单根水管。定义一个复合单元去覆盖整个区域，子域就称之为子单元。域 Ω_c 代表混凝土子单元，域 Ω_w 代表冷却水子单元，域 Ω_p 为水管。水管壁很薄，可视为混凝土子单元和冷却水子单元的接触面。则该复合单元节点上就有两套独立温度值 $\{T_c\}$ 和 $\{T_w\}$（图 4.9-9）。每个子单元内任一点的温度值 T_c 和 T_w（定义 T_c、T_w 为混凝土和水体温度）分别由复合单元的节点温度 $\{T_c\}$ 和 $\{T_w\}$ 插值得到

$$\left.\begin{array}{l}T_c=[N]\{T_c\} \\ T_w=[N]\{T_w\}\end{array}\right\} \tag{4.9-5}$$

水管温度可由混凝土和冷却水温度的平均值代表

$$T_p=(T_c+T_w)/2 \tag{4.9-6}$$

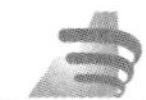

式中：[N] 为常规有限元法中定义的形函数，在整个复合单元上定义，但式（4.9-5）只对相应的子单元有效。根据变分原理建立控制方程，解得节点温度 $\{T_c\}$ 和 $\{T_w\}$，每个子单元的温度值即可求得。

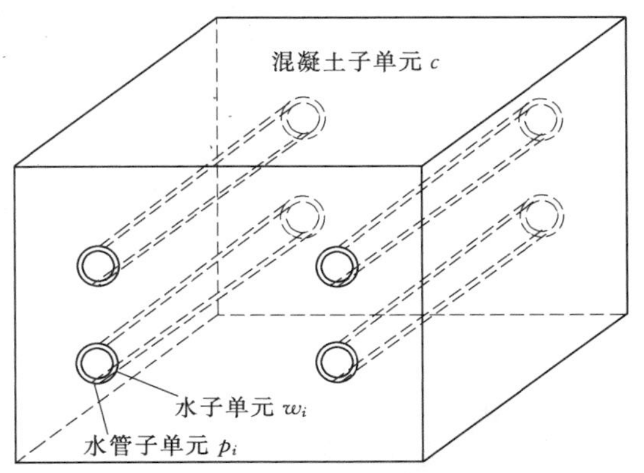

（2）层面。若某单元含有一条或多条层面，这部分单元称为复合单元，被层面划分的子域称为子单元（图 4.9-10）。

若某单元含一个层面，子单元 1 和子单元 2 为浇筑层单元，层面作为两个子单元的交界面处理，在层面上发生热量交换。每个子单元内的节点温度 T_{e1}、T_{e2} 由复合单元的节点温度 $\{T\}_{e1}$、$\{T\}_{e2}$ 插值得到（图 4.9-11），即

混凝土子单元 c
水子单元 w_i
水管子单元 p_i

图 4.9-8　含冷却水管的复合单元

$\{T\}=[\{T\}_c,\{T\}_{w1},\cdots\{T\}_{wi}\cdots\{T\}_{wn}]^T$
混凝土 T_c
水 T_{wi}
水管 T_{pi}

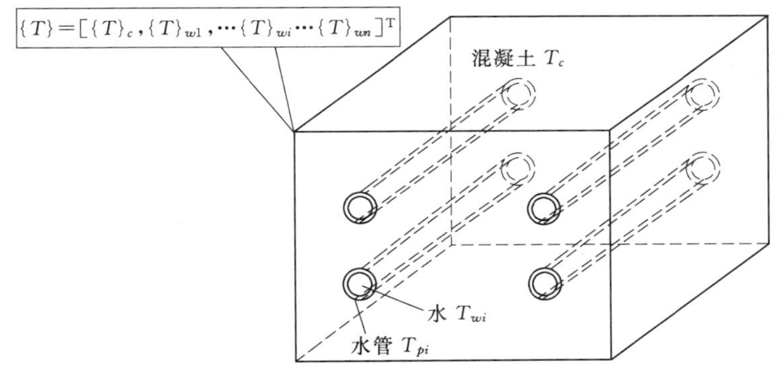

图 4.9-9　含冷却水管的复合单元内的温度插值

子单元 C_{nc}
…
子单元 C_{i+l}
子单元 C_i
…
子单元 C_l

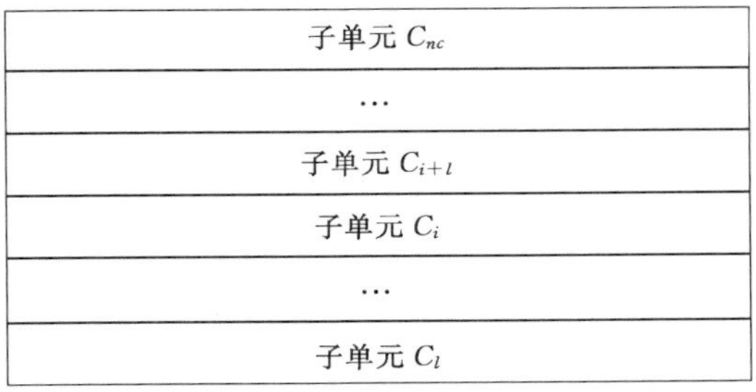

图 4.9-10　含层面的复合单元

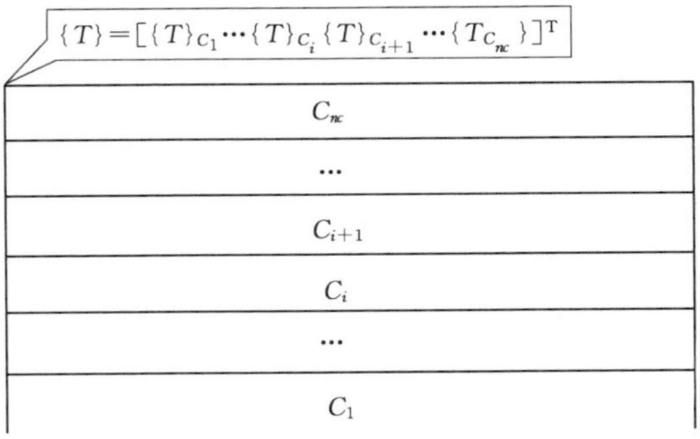

$\{T\}=[\{T\}_{C_1}\cdots\{T\}_{C_i}\{T\}_{C_{i+1}}\cdots\{T_{C_{nc}}\}]^T$
C_{nc}
…
C_{i+1}
C_i
…
C_1

图 4.9-11　含层面的复合单元内的温度插值

$$\left.\begin{aligned}T_{e1}&=[N]\{T\}_{e1}\\T_{e2}&=[N]\{T\}_{e2}\end{aligned}\right\}\qquad(4.9-7)$$

式中：[N] 为常规有限单元法中定义的形函数。

需指出的是，式（4.9-7）只在其对应的子单元中才有效。根据变分原理建立控制方

程，解得节点温度 $\{T\}_{e1}$、$\{T\}_{e2}$后，即可求出每个子单元的温度。

4.9.4　小湾拱坝温度计算

计算模拟22号坝段，模拟坝体高程950.50～1050.00m，模型坝基向下延伸50m，上下游方向延伸至贴角。单元总数为452760，节点总数为474057，其中水管复合单元数43846。模型选取横河向为 X 轴，指向左岸为正；顺河向为 Y 轴，指向上游为正；铅直方向为 Z 轴，向上为正。计算模型见图4.9-12，冷却分区中水管的布置见图4.9-13。

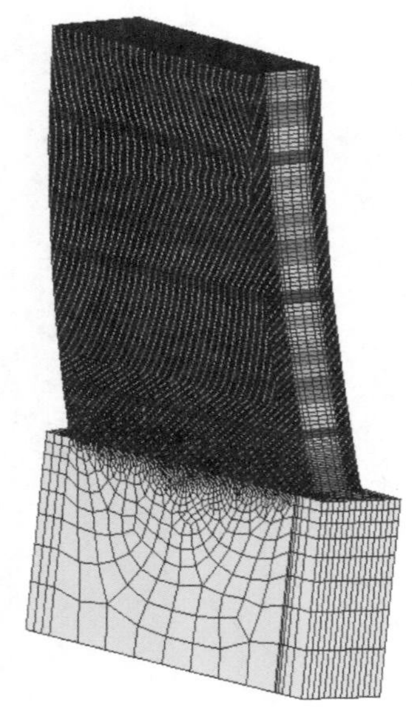

图4.9-12　22号坝段复合单元模型

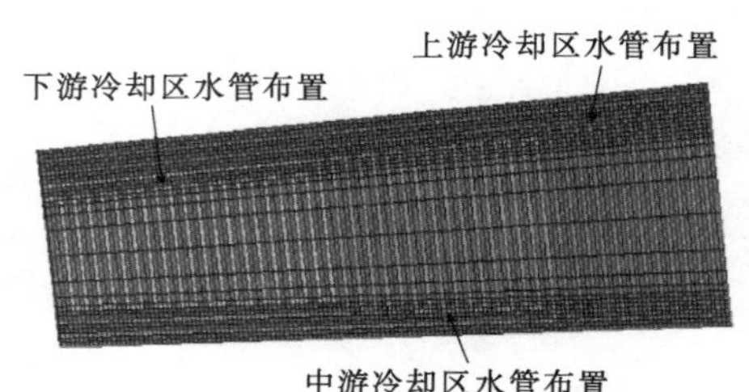

图4.9-13　冷却水管布置

根据室内试验结果和统计回归，拱坝混凝土热力学参数设计值列于表4.9-1。

表4.9-1　　坝体混凝土热力学参数

标号	绝热温升 θ /℃	导温系数 a /(m²/h)	比热 c /[kJ/(kg·℃)]	线膨胀系数 α /(10⁻⁶/℃)	热交换系数 β /[kJ/(m²·h·℃)]
C40	$\theta=30t/(3.8+t)$	0.00319	1.036	8.2	47.1
C35	$\theta=27t/(4.0+t)$	0.00320	1.036	8.2	47.1
C30	$\theta=25t/(4.0+t)$	0.00320	1.036	8.2	47.1

22号坝段混凝土的浇筑上升过程见图4.9-14。

坝址气象站的监测气温拟合的气温函数为

$$T=19.784+7.54\cos[0.0172(t-169)] \tag{4.9-8}$$

水管冷却的具体要求如下：

（1）冷却水管材料。冷却水管主要采用金属水管［导热系数为262.8kJ/(m·h·℃)］和塑料水管［导热系数为1.66kJ/(m·h·℃)］。

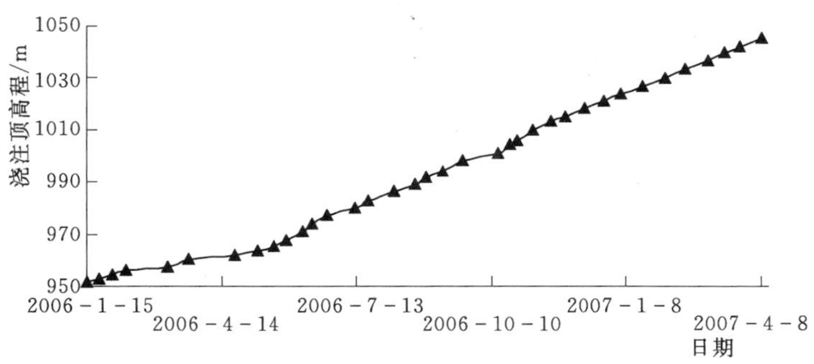

图 4.9-14　22 号坝段浇筑过程

(2) 冷却水管布置。冷却水管采用蛇形布置，冷却水管间距为：约束区 1.5m×1.5m（水平向×垂直向）；非约束区 1.5m×3.0m（水平向×垂直向）。

(3) 冷却蛇形管距离上下游坝面的距离采用 1.0～1.5m；距横缝的距离采用 0.8～1.5m。

(4) 单根冷却蛇形管冷却水流量控制在 1.3～1.5m^3/h 范围内；水流方向每 24h 变换一次。

(5) 一期冷却控制混凝土的最高温度不超过 29℃，一期冷却结束的目标温度为18～20℃，一冷时间控制在 15～25d。

(6) 一般应在接缝灌浆前 45d 开始二期冷却通水，二期通水温度为 6～8℃，通水流量 1.2～1.4 m^3/h。

为了能准确地对真实的温度场进行写实研究，结合监测值对相关参数进行反演研究。由于混凝土的绝热温升 θ_0、冷却水温 T_w、通水流量 q_w、通水时间 t 等参数最为敏感，故反演的策略是：先反演 θ_0，再依次反演 T_w、q_w、t。首先根据第 i 步的温度场监测值反演 θ_0、T_w、q_w、t，依次正算第 $i+1$ 步的温度并与监测值对比分析，如果不满足误差，根据监测值进行再一次的反演相关的参数。依次类推，直到温度的仿真计算值满足足够精度为止。相关的参数反演如表 4.9-2。

表 4.9-2　　热力学参数反演结果

标号	二冷前绝热温升 θ/℃	二冷后绝热温 θ/℃
C40	$\theta=30t/(3.8+t)$ 设计值	$\theta=6.0(1-e^{-0.006t})$
	$\theta=30.4t/(3.92+t)$ 反演值	

冷却参数的反演的总体结果如下：一期通水冷却，水温 7～9℃，冷却时间 18～22d；二期通水冷却水温 9～11℃，冷却时间 20～30d。

在 22 号坝段多个高程布置有监测点，选取典型高程 975.00m、1005.50m 和 1030.00m 等坝体表面、坝中冷却区的监测点进行对比分析（图 4.9-15～图 4.9-18）。

图 4.9-15～图 4.9-18 可以看出：3 个监测高程上复合单元法的计算结果和监测值吻合较好，规律和量值同监测结果都很接近。时程规律表现为：混凝土浇筑后，坝体温度迅速上升，并达到最高温度。由于一期通水冷却的作用，温度逐渐降低，一冷结束至二冷

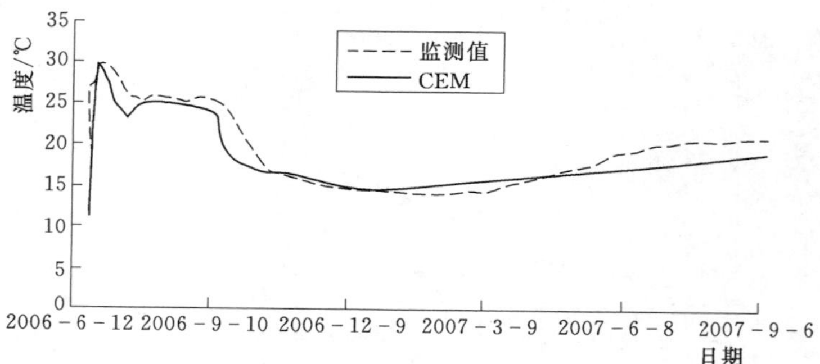

图 4.9－15 高程 975.00m 距上游面 0.1m 的监测对比

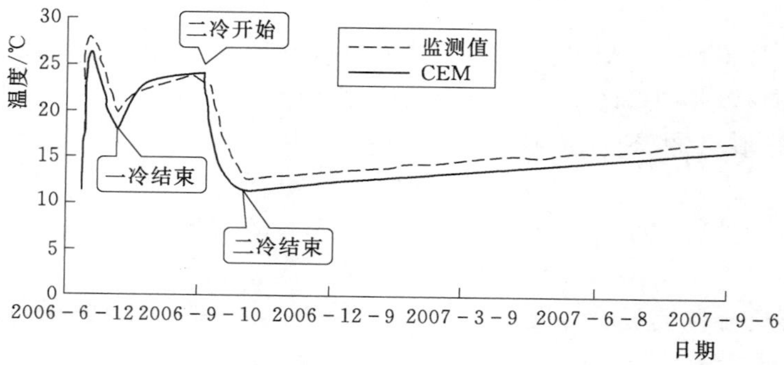

图 4.9－16 高程 975.00m 距上游面 31m 的监测对比

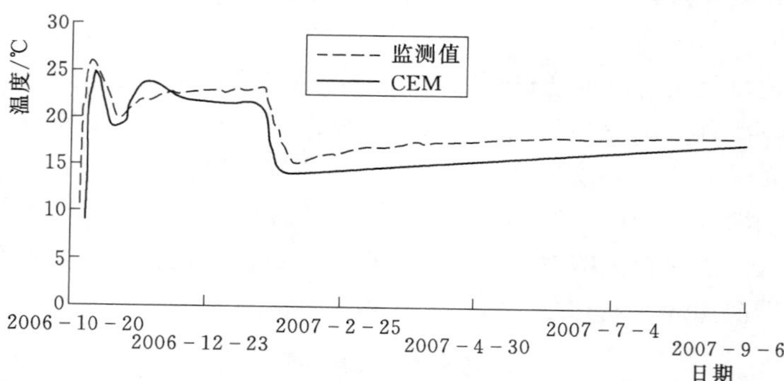

图 4.9－17 高程 1005.50m 距上游面 58m 的监测对比

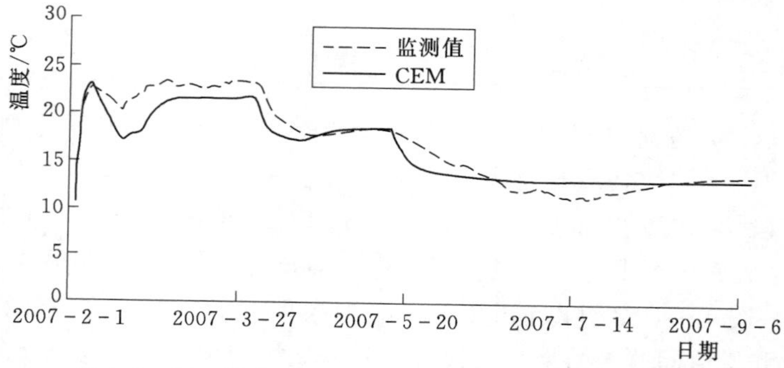

图 4.9－18 高程 1030.00m 距上游面 9.4m 的监测对比

开始期间，混凝土有小幅度的回升。二冷时，混凝土的温度显著降低，二冷之后，坝体温度还存在一定幅度的回升。

4.10 物理模型模拟方法

4.10.1 模型试验的目的和意义

物理模型试验，就是遵照一定的相似准则，将原型的几何形态、材料特性、受力条件、环境因素等在模型上进行反映，通过一些测试手段，了解模型试验过程中出现的各种物理现象，得到相应的物理量值，对这些物理量值进行换算和分析研究。物理模型能同时考虑多种因素，能模拟复杂的边界条件，可展现结构的屈服、开裂、破坏随时间的变化过程，在试验过程中，还可直观了解各物理量的变化规律、结构的受力变形状态、薄弱部位、破坏模式等，从而可研究结构的工作状态、性能衰变过程以及破坏机理，是数值计算分析的重要校核与补充，在工程设计和科学研究中具有十分重要的地位。物理模型试验的目的和意义，可以归纳为几个方面：

（1）研究探索新的理论体系或方法。

（2）验证已建立的理论方法中采用的一些假定，确立其适用条件，并研究参数的合理取值。

（3）提出经验公式，验证经验公式的可靠性、适用条件及参数取值等问题。

（4）验证数值计算编制的程序、采用的假定和简化以及计算成果的可靠性、合理性和适用性。

（5）验证实际工程结构的设计强度及安全度等，了解薄弱部位，预测结构的衰变及破坏过程，研究其破坏机理，评价结构抵御事故的能力及运行寿命。

（6）探索新型结构，研究新型结构的性能及适用条件。

4.10.2 模型试验的发展历程

水工结构模型试验通常包括线弹性静力学模型试验、破坏模型试验、地质力学模型试验、温度应力模型试验、水工水力学模型试验以及地下工程结构试验等。

早在18世纪初，欧美一些国家便建立起水工试验室，开展水工、河工、港工、船舶、水力机械等方面的模型试验研究。20世纪初期，开始运用模型试验方法对水工建筑物进行结构分析。1906年，美国威尔逊（Wilson）用橡皮材料制作重力坝断面，进行结构模型试验；1930年，美国垦务局采用石膏硅藻土制作胡佛重力拱坝模型，对坝体结构进行试验研究。

20世纪中期，坝工建设迅速发展，在模型材料、试验技术等方面取得突破，结构模型试验研究领域的深度和广度都得到进一步发展，使稳定试验、破坏试验以及地质力学模型试验均成为可能。1947年，葡萄牙里斯本建立国家土木工程研究所（LNEC），其特点是采用小比例尺模型，一般为1∶200～1∶500，该试验室是小比例尺结构模型试验的著名代表。1951年，意大利建立了著名的贝加莫（Bergamo）结构模型试验所（ISMES），

该所进行了大量的试验研究，其特点是采用大比例尺的模型，一般为1：20～1：80，该试验室是大比尺结构模型试验的著名代表。在此期间，许多国家（如法国、德国、英国、西班牙、南斯拉夫、苏联、澳大利亚、日本、中国等）相继开展了模型试验工作，并多次举行国际性的学术讨论会。例如，1959年6月在马德里举行的结构模型国际讨论会，全面讨论了结构模型的相似理论、试验技术及其实际应用。1963年10月在里斯本举行的混凝土坝模型讨论会，就混凝土坝的结构模型试验技术，包括破坏试验和温度应力试验等有关问题进行了讨论，其后又多次进行过专题性的讨论会。1967年，第九届国际大坝会议，以及同年举行的国际岩体力学会议，均提出了采用块体组合来模拟多裂隙介质岩体的设想。

20世纪70年代初，结构模型试验进入新的发展阶段，地质力学模型得到广泛应用，扩大了结构模型试验研究的领域，使其可用于研究坝体和坝基的联合作用、重力坝的坝基抗滑稳定、拱坝的坝肩稳定、地下洞室围岩的稳定等问题。1979年3月，在意大利贝加莫举行的地质力学物理模型国际讨论会，讨论了地质力学模型的试验技术及其实际应用问题。

我国于20世纪30年代初，在德国进行黄河治导工程模型试验，并开始酝酿引进西方水工模型试验技术，筹建国内水工试验室。1933年，天津建立我国第一个水工试验所；1934年，清华大学建成水力试验馆；1935年，在南京筹建中央水工试验所，后更名为南京水力试验处；之后，全国建立了更多的水工模型试验研究机构。

20世纪50年代，我国兴建了一批混凝土坝，为了研究大坝的结构特性、解决混凝土坝，特别是拱坝的应力分析问题，1956年，清华大学成立我国第一个水工结构实验室。广东流溪河拱坝（坝高78.0m）试验是我国第一个混凝土坝的结构模型试验，在清华大学水工结构实验室进行，主要研究大坝的结构特性，多个单位的科研技术人员参加了这一工作。1956年，水科院建立了结构模型试验室。此后，更多的水利水电科研单位和高等院校都相继建立了模型试验室，开展构模型试验研究工作。

20世纪60年代，模型试验中开始模拟坝基地质构造。水科院进行了拱坝和宽缝重力坝的结构模型破坏试验，清华大学开展了青石岭拱坝地质力学模型试验等。

自1972年开始，华北水利水电学院结合朱庄、双牌、大黑汀等工程，利用结构模型进行了具有软弱夹层的岩基重力坝抗滑稳定试验研究。此外，华东水利学院曾结合新安江、陈村和安砂等工程进行过纵缝对混凝土重力坝工作性态影响的试验研究。20世纪70年代中期，安徽省水利科学研究所在丰乐双曲拱坝结构模型试验中进行了坝体表面和坝基内部应变的测量工作。70年代后期，长江水利水电科学研究院开始进行地质力学模型材料的试验研究，并且进行了平面地质力学模型试验。20世纪80年代，清华大学、原武汉水利电力学院、四川大学等完成了流溪河、响洪甸、青石岭、紧水滩、东风、渔子溪、陈村、凤滩、铜头、安康、牛路岭、新丰江、龙羊峡、东江、漫湾、大花水、东江、二滩、李家峡、江垭、小湾、溪洛渡、锦屏、拉西瓦等结构模型及地质力学模型试验。

地震模拟振动台试验广泛应用于研究结构动力特性、设备抗震性能，以及检验结构抗震措施等方面。世界上最早建立地震模拟振动台的国家是日本和美国，我国地震模拟振动台建设始于20世纪60年代。1960年，国家地震局工程力学研究所建造了台面尺寸为

1.2m×3.3m 地震模拟振动台。

早期地震模拟振动台大部分是机械式振动台。主要优点是结构简单，运行费用低，其振幅和频率变化无关；主要缺点是频率范围小，运动行程小，高频时波形失真大，并且只能进行正弦波试验，激振方向只能是单向。20 世纪 70 年代开始出现电磁驱动方式振动台，由振动台台面、电磁线圈、功率放大器、电控系统组成。与机械驱动振动台相比，电磁振动台的突出优点是可以随意控制，波形失真小，最高频率可达到 3000Hz，但是要进行大位移试验难度较大，最大位移±25mm；大出力需要设备庞大，最大出力±200kN，因而只能用作小型地震模拟试验。

传统控制技术主要有两种：①以位移控制为基础的 PID 控制方式；②以位移、速度、加速度组成的三参量反馈控制方式。其中，加速度反馈可以提高系统阻尼，速度反馈可以提高液压油柱共振频率，运用三参量反馈控制方式对提高系统的动态特性和系统的频带宽度有很大的促进作用。

由于传统的 PID 控制方式和三参量反馈控制方式都是建立在假定地震模拟振动台和试验构件是线性模型的基础上的，亦即假设参数在试验的过程中是不变的。但地震模拟振动台控制的试验对象是非常复杂的，尤其是试验构件从弹塑性到破坏的过程中都将导致参数发生变化，这些变化将影响模拟输入地震信号的精确性。这是传统控制技术存在的最大局限性，由此发展了自适应控制技术，如自适应去谐波控制技术、自适应反函数控制技术以及自适应最小综合控制技术等。自适应控制技术能够实时调节控制器，因此能较好地解决模型的非线性问题。Bristol 大学和 Athens technical 大学在地震模拟振动台上运用自适应最小综合控制技术进行了试验，试验结果显示，运用自适应最小综合控制技术比传统控制技术显著提高了振动台性能，在有些试验中，纠正误差甚至超过 5dB。

20 世纪 70 年代之前，地震模拟振动台都是单向振动或者水平与垂直两向切换运动。1971 年，美国加州大学 Berkeley 分校（University of California，Berkeley）首先建造了 6.1m×6.1m 水平和垂直两向地震模拟振动台。1973 年，美国 CERL Champaign Illinois 建立了 3.65m ×3.65m 水平和垂直两向地震模拟振动台。1977 年，日本日立制作所为日立机械研究所成功研制了 1m×1m、载重 0.5t 的三向地震模拟振动台。1983 年，日本石川岛重工业公司建立了 4.5m×4.5m 三向地震模拟振动台。水科院建立了 5m×5m 三向地震模拟振动台。

4.10.3 模型试验的原理和方法

水利水电工程研究的主要对象是水工建筑物及其岩土地基。模型试验过程中不仅需要模拟建筑物及基岩的几何形状、作用荷载、材料的物理力学特性，而且需模拟地质构造、施工程序等。为使模型试验得到的结果能反映原型的特性，模型材料、几何形状、荷载大小、加载方式等必须遵循相似原理。相似原理是指在模型上重现的物理现象应与原型相似，即要求模型材料、模型形状和荷载等均须遵循一定的规律。

对于线弹性模型来说，可以从弹性力学的基本原理求出相似关系，即模型内所有

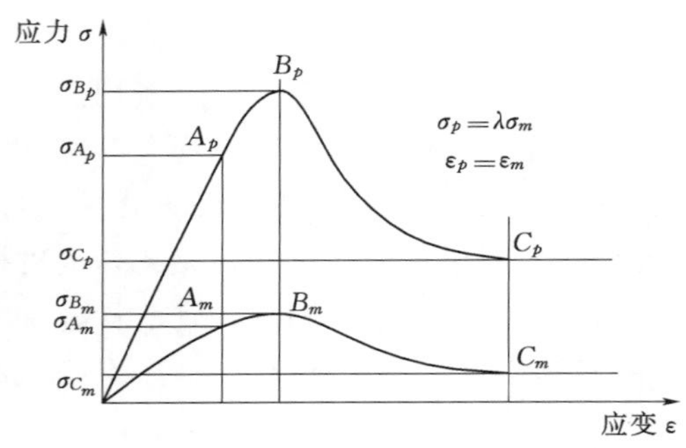

图 4.10-1　原型材料及模型材料的应力应变曲线

点均满足平衡方程、相容方程、几何方程、模型表面所有点应满足边界条件。把原型（p）和模型（m）间相同的物理量之比称为相似常数（C），对于破坏模型来说，不仅要求在弹性阶段的模型应力和变形状态与原型相似，还要求在超出弹性阶段后直至破坏为止，模型的应力和变形状态也应与原型相似。在超出弹性阶段之后，结构受到的荷载变形已非单调的了，此时还应满足残余应变相等的条件，即 $\varepsilon_p^0=\varepsilon_m^0$，$\varepsilon^0$ 为残余应变。有些情况还应包括时间因素的影响。图 4.10-1 为全过程相似的原型材料及模型材料的应力应变曲线。A 点为线弹性极限，B 点为峰值强度，C 点为残余强度。

水工物理模型试验通常包括线弹性静力学模型试验、破坏模型试验、地质力学模型试验、温度应力模型试验等。下面分别叙述各类模型试验应满足的相似原理。

4.10.3.1　线弹性静力模型的相似判据

原型和模型间的相似常数如下。

几何相似常数　$$C_L=\frac{L_p}{L_m} \tag{4.10-1}$$

应力相似常数　$$C_\sigma=\frac{\sigma_p}{\sigma_m} \tag{4.10-2}$$

应变相似常数　$$C_\varepsilon=\frac{\varepsilon_p}{\varepsilon_m} \tag{4.10-3}$$

位移相似常数　$$C_\delta=\frac{\delta_p}{\delta_m} \tag{4.10-4}$$

弹性模量相似常数　$$C_E=\frac{E_p}{E_m} \tag{4.10-5}$$

泊松比相似常数　$$C_\mu=\frac{\mu_p}{\mu_m} \tag{4.10-6}$$

边界应力相似常数　$$C_{\bar\sigma}=\frac{\bar\sigma_p}{\bar\sigma_m} \tag{4.10-7}$$

体积力相似常数　$$C_X=\frac{X_p}{X_m} \tag{4.10-8}$$

容重相似常数　$$C_\gamma=\frac{\gamma_p}{\gamma_m} \tag{4.10-9}$$

密度相似常数　$$C_\rho=\frac{\rho_p}{\rho_m} \tag{4.10-10}$$

为使模型与原型保持相似，各相似常数之间须满足的关系式称为相似判据。线弹性静力学模型的相似判据可以由弹性力学的平衡方程、几何方程、物理方程及边界条件方程推导得到，也可以由量纲分析方程推导得到。

由弹性力学可知，模型内各点应满足平衡方程，即

$$\left.\begin{aligned}\frac{\partial(\sigma_x)_m}{\partial x_m}+\frac{\partial(\tau_{xy})_m}{\partial y_m}+\frac{\partial(\tau_{xz})_m}{\partial z_m}+X_m=0\\ \frac{\partial(\tau_{yx})_m}{\partial x_m}+\frac{\partial(\sigma_y)_m}{\partial y_m}+\frac{\partial(\tau_{yz})_m}{\partial z_m}+Y_m=0\\ \frac{\partial(\tau_{zx})_m}{\partial x_m}+\frac{\partial(\tau_{zy})_m}{\partial y_m}+\frac{\partial(\sigma_z)_m}{\partial z_m}+Z_m=0\end{aligned}\right\}\tag{4.10-11}$$

满足相容方程，即

$$\left.\begin{aligned}&\frac{\partial^2(\varepsilon_x)_m}{\partial y_m^2}+\frac{\partial^2(\varepsilon_y)_m}{\partial x_m^2}=\frac{\partial^2(\gamma_{xy})_m}{\partial x_m\partial y_m}\\ &\frac{\partial^2(\varepsilon_y)_m}{\partial z_m^2}+\frac{\partial^2(\varepsilon_z)_m}{\partial y_m^2}=\frac{\partial^2(\gamma_{yz})_m}{\partial y_m\partial z_m}\\ &\frac{\partial^2(\varepsilon_z)_m}{\partial x_m^2}+\frac{\partial^2(\varepsilon_x)_m}{\partial z_m^2}=\frac{\partial^2(\gamma_{zx})_m}{\partial z_m\partial x_m}\\ &\frac{\partial}{\partial z_m}\left[\frac{\partial(\gamma_{yz})_m}{\partial x_m}+\frac{\partial(\gamma_{zx})_m}{\partial y_m}-\frac{\partial(\gamma_{xy})_m}{\partial z_m}\right]=2\frac{\partial^2(\varepsilon_z)_m}{\partial x_m\partial y_m}\\ &\frac{\partial}{\partial x_m}\left[\frac{\partial(\gamma_{zx})_m}{\partial y_m}+\frac{\partial(\gamma_{xy})_m}{\partial z_m}-\frac{\partial(\gamma_{yz})_m}{\partial x_m}\right]=2\frac{\partial^2(\varepsilon_x)_m}{\partial y_m\partial z_m}\\ &\frac{\partial}{\partial y_m}\left[\frac{\partial(\gamma_{xy})_m}{\partial z_m}+\frac{\partial(\gamma_{yz})_m}{\partial x_m}-\frac{\partial(\gamma_{zx})_m}{\partial y_m}\right]=2\frac{\partial^2(\varepsilon_y)_m}{\partial x_m\partial z_m}\end{aligned}\right\}\tag{4.10-12}$$

满足几何方程，即

$$\left.\begin{aligned}&(\varepsilon_x)_m=\frac{\partial u_m}{\partial x_m}\\ &(\varepsilon_y)_m=\frac{\partial v_m}{\partial y_m}\\ &(\varepsilon_z)_m=\frac{\partial w_m}{\partial z_m}\\ &(\gamma_{xy})_m=\frac{\partial v_m}{\partial x_m}+\frac{\partial u_m}{\partial y_m}\\ &(\gamma_{yz})_m=\frac{\partial w_m}{\partial y_m}+\frac{\partial v_m}{\partial z_m}\\ &(\gamma_{zx})_m=\frac{\partial u_m}{\partial z_m}+\frac{\partial w_m}{\partial x_m}\end{aligned}\right\}\tag{4.10-13}$$

满足边界条件，即

$$\left.\begin{aligned}(\bar{\sigma}_x)_m=(\sigma_x)_m\cos(x_m,n_m)+(\tau_{xy})_m\cos(y_m,n_m)+(\tau_{xz})_m\cos(z_m,n_m)\\ (\bar{\sigma}_y)_m=(\tau_{yx})_m\cos(x_m,n_m)+(\sigma_y)_m\cos(y_m,n_m)+(\tau_{yz})_m\cos(z_m,n_m)\\ (\bar{\sigma}_z)_m=(\tau_{zx})_m\cos(x_m,n_m)+(\tau_{zy})_m\cos(y_m,n_m)+(\sigma_z)_m\cos(z_m,n_m)\end{aligned}\right\}\tag{4.10-14}$$

式中：n 为边界的法线。

由于是线弹性静力学模型试验，因此模型材料还应满足胡克定律，即

$$\left.\begin{aligned}(\varepsilon_x)_m&=\frac{1}{E_m}\{(\sigma_x)_m-\mu_m[(\sigma_y)_m+(\sigma_z)_m]\}\\(\varepsilon_y)_m&=\frac{1}{E_m}\{(\sigma_y)_m-\mu_m[(\sigma_x)_m+(\sigma_z)_m]\}\\(\varepsilon_z)_m&=\frac{1}{E_m}\{(\sigma_z)_m-\mu_m[(\sigma_y)_m+(\sigma_x)_m]\}\\(\gamma_{xy})_m&=\frac{1}{G_m}(\tau_{xy})_m\\(\gamma_{yz})_m&=\frac{1}{G_m}(\tau_{yz})_m\\(\gamma_{zx})_m&=\frac{1}{G_m}(\tau_{zx})_m\end{aligned}\right\}\tag{4.10-15}$$

其中

$$G_m=\frac{E_m}{2(1+\mu_m)}\tag{4.10-16}$$

式中：E_m、μ_m 和 G_m 分别为模型材料的弹性模量、泊松比和剪切弹性模量。

将各相似常数代入式（4.10-11）～式（4.10-15），当相似常数满足以下关系时，原型与模型的平衡方程、相容方程、几何方程、边界条件及物理方程均恒等。

$$\frac{C_\sigma}{C_L C_X}=1\tag{4.10-17}$$

$$\frac{C_\varepsilon C_L}{C_\delta}=1\tag{4.10-18}$$

$$C_\mu=1\tag{4.10-19}$$

$$\frac{C_\varepsilon C_E}{C_\sigma}=1\tag{4.10-20}$$

$$\frac{C_{\bar{\sigma}}}{C_\sigma}=1\tag{4.10-21}$$

式（4.10-17）～式（4.10-21）即为线弹性模型的相似判据。其中，式（4.10-17）和式（4.10-18）是满足平衡方程、相容方程和几何方程的相似判据，式（4.10-19）和式（4.10-20）是满足物理方程的相似判据，式（4.10-21）是满足边界条件的相似判据。

对于混凝土坝，承受的主要荷载有上下游坝面的静水压力和自重。静水压力是面力，可表示为

$$\bar{\sigma}_m=\gamma_m h_m,\ \bar{\sigma}_p=\gamma_p h_p\tag{4.10-22}$$

式中：h 为水头；γ 为水的容重。

自重是体积力，可表示为

$$X_m=\rho_m g,\ X_p=\rho_p g\tag{4.10-23}$$

式中：g 为重力加速度。

利用式（4.10-17）～式（4.10-21），并将式（4.10-19）乘以式（4.10-17），同时考虑式（4.10-22）和式（4.10-23），可得到考虑自重及水压力作用时，混凝土坝线弹性结构模型试验还应满足如下相似判据

$$C_\gamma = C_\rho \tag{4.10-24}$$

$$C_\sigma = C_L C_\gamma \tag{4.10-25}$$

$$C_\varepsilon = \frac{C_L C_\gamma}{C_E} \tag{4.10-26}$$

$$C_\delta = \frac{C_L^2 C_\gamma}{C_E} \tag{4.10-27}$$

对于小变形结构，不严格要求变形后的模型与变形后的原型几何形状相似。

若表征物理现象的物理量之间的因数关系未知，但已知影响该物理现象的物理量时，可用量纲分析法模拟该物理现象。量纲分析的优点是可根据经验公式进行模型设计，但量纲分析法只适用于几何相似的结构模型。

4.10.3.2 破坏模型的相似判据

混凝土材料和岩土体都是弹塑性材料。进行模型破坏试验时，不仅要求在弹性阶段模型的应力和变形状态应与原型相似，而且要求在进入塑性阶段并直至破坏，模型的应力和变形状态也应与原型相似。

对于破坏试验，同样应遵循平衡方程、相容方程、几何方程和边界条件方程，同时，模型材料的物理方程和强度条件也应与原型相似。除上述已约定相似常数外，增加约定如下相似常数。

残余应变相似常数 $$C_{\varepsilon^0} = \frac{\varepsilon_p^0}{\varepsilon_m^0} \tag{4.10-28}$$

抗拉强度相似常数 $$C_{R^t} = \frac{R_p^t}{R_m^t} \tag{4.10-29}$$

抗压强度相似常数 $$C_{R^c} = \frac{R_p^c}{R_m^c} \tag{4.10-30}$$

极限拉应变相似常数 $$C_{\varepsilon^t} = \frac{\varepsilon_p^t}{\varepsilon_m^t} \tag{4.10-31}$$

极限压应变相似常数 $$C_{\varepsilon^c} = \frac{\varepsilon_p^c}{\varepsilon_m^c} \tag{4.10-32}$$

凝聚力相似常数 $$C_c = \frac{c_p}{c_m} \tag{4.10-33}$$

内摩擦系数相似常数 $$C_f = \frac{f_p}{f_m} \tag{4.10-34}$$

时间相似常数 $$C_t = \frac{t_p}{t_m} \tag{4.10-35}$$

简单加载时模型的物理方程为

$$\left.\begin{aligned}
(\sigma_x)_m - (\sigma_0)_m &= 2G'_m[(\varepsilon_x)_m - (\varepsilon_0)_m] \\
(\sigma_y)_m - (\sigma_0)_m &= 2G'_m[(\varepsilon_y)_m - (\varepsilon_0)_m] \\
(\sigma_z)_m - (\sigma_0)_m &= 2G'_m[(\varepsilon_z)_m - (\varepsilon_0)_m] \\
(\tau_{yz})_m &= G'_m(\gamma_{yz})_m \\
(\tau_{zx})_m &= G'_m(\gamma_{zx})_m \\
(\tau_{xy})_m &= G'_m(\gamma_{xy})_m
\end{aligned}\right\} \tag{4.10-36}$$

式中：$(\sigma_0)_m$ 为体积应力；$(\varepsilon_0)_m$ 为体积应变；G' 为剪切模量，采用幂次强化模型作为混凝土超出弹性极限的应力应变关系，则

$$G'=\frac{E[1-\omega(\varepsilon)]}{2(1+\mu)} \tag{4.10-37}$$

式中：$\omega(\varepsilon)$ 为应变 ε 的函数。

将相应的相似常数代入后，得到补充的破坏模型相似判据：

$$C_\varepsilon=1 \tag{4.10-38}$$

超出弹性阶段后，结构受到的荷载作用已非单调，此时还应满足残余应变相等的条件，即 $\varepsilon_m^0=\varepsilon_p^0$，$\varepsilon^0$ 为残余应变。残余应变中含有时间因素，需考虑时间相似常数 C_T。

归纳以上所述，弹塑性材料的相似判据为

$$\frac{C_\sigma}{C_X C_L}=1 \tag{4.10-39}$$

$$C_\mu=1 \tag{4.10-40}$$

$$C_\varepsilon=1 \tag{4.10-41}$$

$$\frac{C_E}{C_\sigma}=1 \tag{4.10-42}$$

$$\frac{C_\delta}{C_L}=1 \tag{4.10-43}$$

$$\frac{C_{\bar{\sigma}}}{C_\sigma}=1 \tag{4.10-44}$$

$$C_{\varepsilon^0}=1 \tag{4.10-45}$$

由式（4.10－41）和式（4.10－42）可知，弹塑性模型的应力应变关系曲线满足如下关系

$$\left.\begin{aligned}\varepsilon_m&=\varepsilon_p\\ \sigma_m&=\frac{E_m}{E_p}\sigma_p\end{aligned}\right\} \tag{4.10-46}$$

大量混凝土强度试验证明，在多轴应力作用下，混凝土强度基本服从莫尔-库仑强度理论或格利菲思强度理论。格利菲思强度理论把材料内部随机分布的缺陷视为椭圆形裂缝，并且认为一旦裂缝上某点的最大拉应力达到理论强度值，材料即从该点开始发生脆性断裂，其理论公式为

$$(\tau_{xy}^2)_m-4R_m^t[(\sigma_y)_m+R_m^t]=0 \tag{4.10-47}$$

式中：R_m^t 为模型材料的抗压强度。

当 $(\sigma_y)_m=0$ 时，式（4.10－47）变为$(\tau_{xy}^2)_m-4(R_m^t)^2=0$，$(\tau_{xy})_m$ 相当于模型材料的凝聚力 c_m。根据修正的格利菲思强度理论，可求出抗压强度和抗拉强度的关系如下

$$\frac{R_m^c}{R_m^t}=\frac{4}{\sqrt{1+f_m^2}-f_m} \tag{4.10-48}$$

式中：R_m^c 为模型材料的抗压强度；f_m 为模型材料的内摩擦系数。

将各相似常数代入式（4.10－47）和式（4.10－48）后，可得到破坏模型试验应满足的强度相似判据，即

$$\frac{C_\sigma}{C_{R^t}}=1 \tag{4.10-49}$$

$$\frac{C_\tau}{C_{R^t}}=1 \tag{4.10-50}$$

$$\frac{C_{R^c}}{C_{R^t}}=1 \tag{4.10-51}$$

$$C_f=1 \tag{4.10-52}$$

破坏模型试验还应满足材料变形相似判据，即

$$C_{\varepsilon^t}=1 \tag{4.10-53}$$

$$C_{\varepsilon^c}=1 \tag{4.10-54}$$

式中：C_{ε^t}、C_{ε^c}分别为模型材料的单轴极限拉应变和单轴极限压应变。

完全满足上述7个弹塑性材料相似判据［式（4.10-39）～式（4.10-45)］、4个强度相似判据［式（4.10-49）～式（4.10-51)］和2个变形相似判据［式（4.10-53）和式（4.10-54)］的模型称为完全相似模型，但在实际试验中，要得到完全相似的模型通常是不可能的，主要原因是模型材料的γ_m、ρ_m、E_m、μ_m、R_m^c、R_m^t、f_m、c_m、ε_m^c、ε_m^t等都是独立的物理量，当满足了某个或某几个相似判据后，就不一定能满足其他的相似判据。因此，实际模型破坏试验只能满足主要的相似判据，这样的模型称为基本相似模型。

4.10.3.3 地质力学模型的相似判据

地质力学模型试验属于破坏试验，因此，要求模型材料与原型材料之间在整个弹塑性阶段乃至发生破坏的全过程相似。水工建筑物地质力学模型试验的特点是将水工建筑物与基础岩体作为整体结构进行试验研究，因此，必须既满足建筑结构模型与原型的相似性，同时也要满足岩体模型与原型的相似性。

自然界的岩体历经多次地壳运动，被断层、节理、裂隙等各类软弱结构面切割，削弱了岩体的强度和完整性，形成复杂的非均质、各向异性体。由于模型比尺的限制，对岩体的完全真实模拟是不可能的，而能否合理地、较真实地模拟岩体，关系到试验成果的可信度。岩体模拟包括岩体的几何结构模拟、物理力学特性模拟、初始应力场模拟以及受力条件模拟等。

在地质力学模型试验中，岩体自重起着重要的作用，进行地质力学模型试验时，需模拟材料的自重。模型材料应满足相似判据

$$C_\gamma=1 \tag{4.10-55}$$

当考虑岩体的流变特性时，可采用开尔文或伯格斯的流变模型来表达，此时需引入时间参数t，应满足的相似判据为

$$C_t=(C_L)^{1/2} \tag{4.10-56}$$

4.10.3.4 线弹性动力模型的相似判据

需根据试验目的、原型结构特点等选择模型材料。

若试验目的是为了验证新型结构设计方法和参数的正确性时，研究范围只局限在结构的弹性阶段，则可采用弹性模型。弹性模型的制作材料不必与原型结构材料完全相似，只需在满足结构刚度分布和质量分布相似的基础上，保证模型材料在试验过程中具有完全的弹性性质，用有机玻璃制作的高层或超高层模型就属于这一类。

若试验的目的是探讨原型结构在不同水准地震作用下结构的抗震性能时，通常要采用强度模型。强度模型的准确与否取决于模型与原型材料在整个弹塑性性能方面的相似程度，微粒混凝土整体结构模型通常属于这一类。

振动台模型常用相似常数见表 4.10-1。

表 4.10-1　　振动台模型常用相似常数

类型	物理量	量纲	考虑重力模型	忽略重力模型
材料特性	弹性模量 E	FL^{-2}	C_E	C_E
	应变 ε		$C_\varepsilon=1$	$C_\varepsilon=1$
	应力 σ	FL^{-2}	$C_\sigma=C_E$	$C_\sigma=C_E$
	泊松比 μ		$C_\mu=1$	$C_\mu=1$
	密度 ρ	$FL^{-4}T^2$	$C_\rho=C_EC_L^{-1}C_a^{-1}=C_EC_L^{-1}$	C_ρ
几何特性	长度 L	L	C_L	C_L
	线位移 X	L	C_L	C_L
	面积 A	L^2	C_L^2	C_L^2
作用荷载	集中荷载 P	F	$C_P=C_EC_L^2$	$C_P=C_EC_L^2$
	线荷载 ω	FL^{-1}	$C_\omega=C_EC_L$	$C_\omega=C_EC_L$
	面荷载 q	FL^{-2}	$C_q=C_E$	$C_q=C_E$
	弯矩 M	FL	$C_M=C_EC_L^3$	$C_M=C_EC_L^3$
动力特性	质量 m	$FL^{-1}T^2$	$C_m=C_EC_L^2=C_\rho C_L^3$	$C_m=C_\rho C_L^3$
	刚度 k	FL^{-1}	$C_k=C_EC_L$	$C_k=C_EC_L$
	频率 f	T^{-1}	$C_f=(C_kC_m^{-1})^{1/2}=C_L^{-1/2}$	$C_f=(C_\rho C_L^2C_E^{-1})^{-1/2}$
	时间 t	T	$C_t=\dfrac{1}{C_f}=C_L^{1/2}$	$C_t=C_L(C_\rho C_L^{-1})^{1/2}$
	阻尼 C	$FL^{-1}T$	$C_C=C_mC_t^{-1}=C_EC_t^{3/2}$	$C_C=C_\rho^{1/2}C_E^{1/2}C_L^2$
	周期 T	T	$C_T=C_t$	$C_T=C_t$
	速度 v	LT^{-1}	$C_v=C_LC_t^{-1}=C_L^{1/2}$	$C_v=(C_L/C_\rho)^{1/2}$
	加速度 a	LT^{-2}	$C_a=1$	$C_a=C_L/C_t^2=C_E/(C_LC_\rho)$
	重力加速度 g	LT^{-2}	$C_g=1$	忽略

4.10.3.5　坝基岩体渗流模型的相似判据

坝基岩体通常处于水下，承受渗透体积力的作用。渗透体积力对坝基岩体的应力应变及稳定起着重要作用，渗流模型试验通常按照重力相似准则设计。

约定如下相似常数：

佛汝德数相似常数
$$C_{Fr}=\frac{Fr_p}{Fr_m} \tag{4.10-57}$$

流速相似常数
$$C_v=\frac{v_p}{v_m} \tag{4.10-58}$$

水力坡降相似常数
$$C_J=\frac{J_p}{J_m} \tag{4.10-59}$$

流量相似常数
$$C_Q=\frac{Q_p}{Q_m} \tag{4.10-60}$$

渗流模型试验应满足几何相似、运动相似、动力相似等。按照重力相似准则，坝基岩体渗流模型须满足以下相似准则

$$C_v=(C_L)^{\frac{1}{2}} \tag{4.10-61}$$

$$C_t=(C_L)^{\frac{1}{2}} \tag{4.10-62}$$

$$C_{Fr}=1 \tag{4.10-63}$$

$$C_J=1 \tag{4.10-64}$$

4.10.4 模型试验材料

通常采用的天然材料有石膏、石灰、石英砂、河砂、黏土、木屑等，人工材料有水泥、氧化锌、石蜡、松香、树脂等。水工模型试验包括建筑物（坝体）和基础岩体两部分，坝体与基岩的物理力学性质不同，所选用的模型材料及配比也不同。

对于弹性模型试验，模型材料应具有线性应力应变关系，卸载后材料可恢复到原来的状态。

对于破坏模型试验，为了能够反映破坏部位、破坏形式以及破坏过程，模型材料除应满足上述基本要求外，还要求模型材料与原型材料的力学变形特性自试验开始直至破坏阶段都保持相似。同时，为了保证模型和原型在相似荷载作用下有相同的破坏形式，材料的极限强度（拉、压、剪）也应有相同的相似常数。在单向、两向或三向应力状态中，都必须满足这一相似要求，否则模型和原型材料的莫尔强度包络线不能维持几何相似。

对于地质力学模型试验，自重占有重要的地位，要求模型材料和原型材料的容重大致相同。

（1）脆性材料。脆性材料是指抗压强度比抗拉强度大很多的材料，如混凝土、岩体等，石膏也具有此性质。

通常以材料的极限抗压强度 R_c 和极限抗拉强度 R_t 之比 n 来表示材料的脆性程度。一般地，混凝土 $n=10\sim15$，岩体还要大一些，石膏 $n=4\sim5$。

1）石膏及石膏混合料。石膏的性质和混凝土、岩体较为接近。石膏的抗压强度大于抗拉强度，泊松比约为 0.2，通过调节配合比可以得到弹性模量为 $(1\sim5)\times10^3$MPa 的模型材料。石膏材料成型方便，易于加工，性能较稳定，取材容易，价格较低，非常适合制作线弹性应力模型。但石膏的弹性模量可调节范围还不够大，极限抗压强度与抗拉强度的比值还较小（约为混凝土的 1/2），因此石膏的应用也受到一定的限制。

石膏混合料是以石膏为基本胶结材料，通过在石膏浆中加入不同的掺合料，并适当选择其配合比，使石膏混合料的弹性模量在 50～10000MPa 范围内，泊松比在 0.15～0.2 范围内，极限抗压强度与极限抗拉强度之比在 5～10 范围内。合适的掺合料可改善石膏模型材料的力学特性和变形特性，从而扩大了石膏模型的应用范围。掺合料可以是粉末状的，如硅藻土、各种岩粉、粉煤灰等；也可以是颗粒状的，如砂类、浮石、膨胀珍珠岩、橡皮屑、沥青炒锯木屑等。

2）水泥混合料。水泥混合料是以水泥为基本胶凝材料，加入浮石或炉渣混合料或水泥砂浆等，按适当配比制作而成。其中水泥浮石混合料应用较为广泛。

水泥浮石混合料是一种轻质混凝土，主要由水泥、不同粒径的浮石颗粒以及石灰石粉、膨润土、硅藻土等材料组成。泥浮石混合料弹性模量为通常为（0.2～1）$\times 10^4$MPa，极限抗拉强度为极限抗压强度的7%～9%，泊松比为0.185～0.2，与普通混凝土材料有很好的相似性。然而由于浮石强度低，水泥浮石混合料的莫尔圆包络线在高法向应力范围较混凝土材料稍显平坦。水泥浮石混合料既可用于弹性模型试验，也可用于破坏模型试验。

将水泥浮石混合料作为模型材料首先由意大利科学家奥伯梯（Oberti）提出并使用，是意大利贝加莫结构模型试验所（ISMES）开展破坏试验采用的主要模型材料。我国陈村重力拱坝、恒山拱坝、东江拱坝、湖南镇大头坝、新丰江支墩坝等模型试验中均采用了水泥浮石混合料，其组成包括不同粒径的浮石、水泥、石灰石粉、膨润土、硅藻土、白垩等。

水泥浮石混合料在干燥情况下，易失水产生裂缝，且材料性质的稳定性较差等，目前我国已很少使用水泥浮石混合料进行水工结构模型试验。

（2）地质力学模型材料。为了满足相似条件，地质力学模型材料除了满足一般性的要求外，还必须满足一些特殊要求，例如，①模型材料和原型材料的屈服应变及破坏应变应相等，即要求$C_\varepsilon=1$；②在测定结构承载能力的模型试验中，除E和μ外，还要考虑到与材料强度有关的各物理量的相似性；③在研究断层、破碎带、节理、裂隙等不连续结构面的强度特性时，除了满足摩擦系数相等以外，还必须满足材料的内摩擦角相等以及材料的抗剪强度相似。

进行地质力学模型试验时，需模拟材料的自重，要求模型材料满足容重相似，这是地质力学模型试验的一个重要特点。高容重、低强度、低弹模材料是地质力学模型试验中的关键技术问题。

意大利等国研究的模型材料大都是以铅氧化物（PbO或者Pb_3O_4）与石膏混合，有的掺入膨润土、砂子或钛铁矿粉以调节强度。这种材料的主要优点是与岩体的相似性较好，可达到较高的容重；改变配比，可使材料性能在较大范围内变化，是一类应用较为广泛的地质力学模型材料，但这类模型材料价格昂贵，而且铅氧化物有毒。

表4.10-2和表4.10-3是清华大学研究的两种以石膏为胶结料的地质力学模型材料的配比及试验结果，C_{43}是模拟的完好岩石，C_{63}是模拟的断层和破碎带。材料中没有掺入砂子，主要是为了满足小块体加工的需要。有些材料在拌和时加入适量熟淀粉浆液以调节其固结强度。

表4.10-2　　模型材料C_{43}、C_{63}配比及力学特性

材料编号	配比（重量比）					密度/(g/m³)	抗压强度/MPa	抗拉强度/MPa	变形模量/MPa	
	石膏	重晶石粉	水	甘油	淀粉				单个试件	块体组合
C_{43}	1	35	6.8	0.86	0.136	2.40	0.382	0.053	314	20.4～31.4
C_{63}	1	25	5.5	2.37		2.30	0.097		71	

注　表中变形模量为20%R_c时的变形模量，R_c为抗压强度。

表 4.10-3　　模型材料 C_{43} 和 C_{63} 的力学性能　　单位：MPa

材料	应力	0.1	0.2	0.3	0.4	0.5	0.6	0.8	1.0	1.5	2.0
C_{43}	弹性模量	589	588		571		521.7	485	442	330	230
	变形模量	530	526		488		395	314	247	147	90.9
C_{63}	弹性模量	286	190	157	100	69					
	变形模量	110	71	48	29	16					

（3）岩体软弱结构面模型材料。模拟破碎带、断层、节理等软弱结构面的方法很多，下面简单介绍几种。

在石膏硅藻土块体中间留出间隙，将硅橡胶和标准砂的混合物注入其中，在室温下固化后，可以模拟砂岩和页岩互层所导致的具有各向异性变形特性的岩体。

将明胶、甘油和水加热溶解注入模型，可以制备低弹性模量材料，适当掺加填料后可用来模拟岩体中的破碎带、软弱夹层等的变形特性。

有时为了模拟坝基岩体的力学变形特性，以块体堆砌体模拟拱坝坝肩岩体，用以进行承载能力的破坏试验。例如，日本黑部川第四水电站拱坝试验以砂、水玻璃、氟氢酸钠等组成固结砂来模拟断层、软弱带，以黏土质材料将石膏硅藻土制成的块体黏结堆砌成坝基岩体，做成有规则的结构面。

为模拟岩块之间的接触特性，可以将涂上石蜡的纸夹在模型中，模拟易滑动、易变形节理面的特性；也可以在模型中夹入云母片或其他材料来模拟节理、裂隙等构造面。例如，西班牙梅基南萨（Mequinenza）重力坝模型，用水泥浮石砂浆模拟石灰岩不同岩层厚度和相应的各向异性的变形特性；岩层之间嵌入浸泡过石蜡液的细丝石棉纸片，模拟褐煤和泥灰岩，并间断布置以模拟其不连续性。

4.10.5　模型试验加载系统

（1）试验程序。弹性静力学模型试验，主要研究结构处于弹性工作范围内的应力状态。应力、位移与荷载之间符合叠加原理，似乎与试验程序关系不大，但是试验程序中是否安排预备试验，是采用分别加载还是一次加载，不同的程序设计将得到不同的试验成果，都将影响到最终成果的数量与质量。国内外在常规静力模型试验的试验程序设计方面，基本一致，但不完全相同。例如，在正式试验之前，一般都安排有初步试验（或称为预备实验），但具体操作上有不同。中国多以正常荷载（或50%的正常荷载）进行反复预压，直至变形稳定作为控制标准；有的国家取正常荷载的10%～60%作为初步试验的循环荷载，直至变形稳定；还有的国家在进行常规模型破坏试验之前，要进行大荷载试验。

地质力学模型试验，主要研究建筑物及地基在超出弹性范围直至破坏阶段的应力和位移，以及裂缝的发生及发展过程。地质力学模型试验可按体积力模拟建筑物及其基岩的自重，可反映地基岩体的各种变形特性，可模拟各种地质构造，如断层、裂隙、破碎带等。地质力学模型试验不仅研究建筑物及其地基的应力应变，而且研究其破坏机理及安全性，因此，荷载的组合方案、加载次序以及加载方式等不同，试验结果则不同。

(2) 加载方式。水工结构物理模型试验必须且能够考虑的两种基本荷载是建筑物与地基的自重，作用于上下游坝面的静水压力。

自重由模型材料本身的容重来实现。上下游静水压力根据作用于模型上的液压容重 γ_{wm} 与作用于原型上的液压容重 γ_{wp} 相同的原则，在上下游坝面设置乳胶水袋，与水源及压力表连通，进行加载。加载装置见图 4.10-2。

水压可用气压加载自动控制系统进行加载，主要设备包括空压机、储气罐、计算机控制台以及气袋等。其工作原理是：由空压机产生 1.0MPa 左右的压缩空气作为压力源，通过止回阀输送到储气罐（止回阀的作用是防止空压机停机时储气罐中的压力倒灌），试验过程中保证储气罐的压力在 0.8MPa 以上，储气罐里的压缩空气通过两级过滤后，通过电/气转换器、可编程序控制器，输出压缩空气给气袋。

水压还可用分布式小千斤顶自动控制系统进行加载，每组千斤顶均与分油器相连。

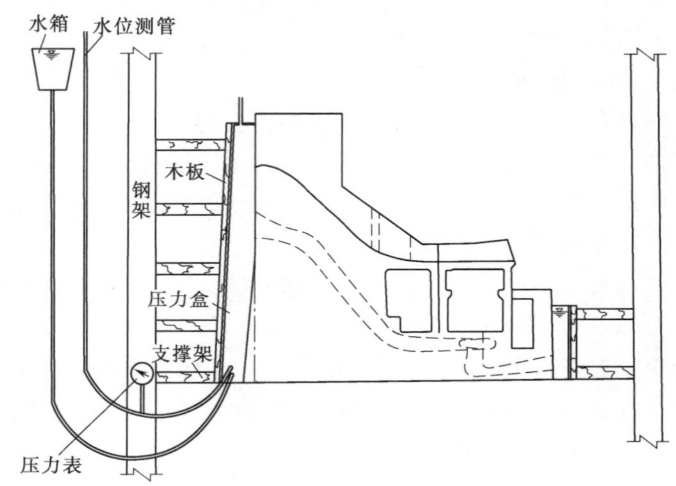

图 4.10-2 水压力加载装置

目前对高拱坝实验主要采用超载试验、强度储备法和综合法开展实验，并进行相应的安全评价。

超载法是在假定岩体力学参数不变的前提下，逐级增加水载荷使基础失稳，通过量测到的临界失稳载荷与正常工作载荷之比来推求安全系数，由此得到的系数为超载安全系数 K_P。

强度储备系数法主要认为岩体或结构面的抗剪切强度参数值具有一定的安全储备，将其降低 K_f 倍后基础失稳，则 K_f 为强度储备安全系数。在工程实践中，受地下水或渗透水等复杂因素的影响，以及高坝泄洪雾化作用的影响，岩体的强度参数可能降低，而且设计所采用的力学参数自身就有一定范围的浮动，因此强度储备法反映了一定的工程实际。

综合法是强度储备法与超载法的结合，理论上它既考虑可能出现的超载情况，又考虑运行期间，坝肩岩体可能出现强度降低的实际，以两方面因素结合进行试验。

超载阶段是地质力学模型试验的一个重要阶段，超载到一定程度，一些区域将出现屈服，变形不可逆，直至最终破坏。不同的超载过程设计，将对最终结果产生很大的影响。

通常采用的超载定义有 3 种，意义不同：①自重与水压同步超载；②自重不变，水压容重超载；③自重不变，水位超载。第一种超载方式反映材料的强度安全度，水压和自重荷载必须按比例同步增长，保持两者的比值始终不变；后两种超载方式反映建筑物和地基的稳定安全度以及极限承载能力。这里有一个问题，就是超载过程中的加载方式是采用一次逐级增长还是循环加载方式？如果试验目的是为了了解结构的承载能力及变形破坏形态，则加载采用一次逐级增长方式；如果试验目的是为了了解各阶段的弹性变形和永久变形，则加载采用一次循环加载方式，且循环次数也不尽相同，试验长达几十小时，甚至更长时间。

进行超载破坏试验一般有两种方式：增加液压容重和升高水位（即超水头超载方式）。超水头方式进行超载较增加液压容重方式进行超载应用更为广泛。超水头超载方式每次增加的荷载为一平行四边形压力图形，见图 4.10-3。若水位到达 H_y 时模型破坏，这时超载水头系数为 $K_H=H_i/H$，超载系数为

$$K_P=\frac{P_{H_i}}{P_H}=\frac{2H_i}{H}-1 \tag{4.10-65}$$

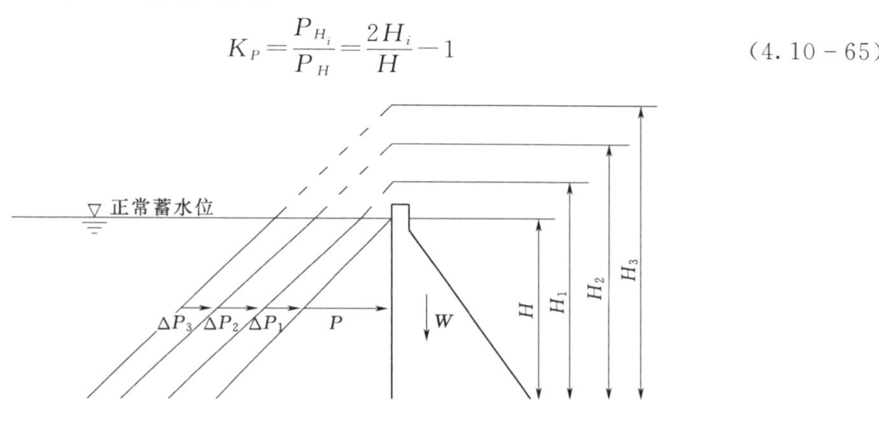

图 4.10-3　超水头加载方式

4.10.6　模型试验量测系统

为了监测模型在荷载作用下随时空的性态演变及其破坏过程，通常需要在模型上布置位移、应力、应变 3 套监测系统。当监测系统的实时跟踪记录出现有突变讯号时，在模型上找出相应的破坏位置，监测其发展进程，直到结构完全破坏为止。

水工结构物理模型试验所用的主要量测仪器设备有电阻应变片、应变量测系统、位移量测系统、位移传感器、拉压传感器、标准压力表等。通常，采用电阻位移计配合千分表进行超载过程的实时跟踪，采用常规的应变仪及自动跟踪记录仪两个系统对应变/应力进行实时跟踪。

4.10.7　小湾拱坝地质模型试验

小湾拱坝坝高，河谷较宽，总水推力大，坝址区地形地质条件复杂。一方面坝体应力水平较高；另一方面抗力岩体内分布有对坝肩变形稳定不利的软弱结构，分析研究拱坝的整体稳定性及安全裕度十分重要。随拱坝布置设计及体型优化进程，清华大学水电工程系先后开

展过多次地质力学模型试验，本节论述的是其中较为重要的一次试验（图 4.10-4）。

图 4.10-4 小湾拱坝地质力学模型

4.10.7.1 模型比尺及模拟范围

模型试验是在净空 4m×7m、高 2m 的钢筋混凝土试验槽中进行，比尺选定为 1∶250。模拟范围如下：

坝址上游取 175m，约为 0.6 倍坝高，超过分布于上游的 F_7 断层。

坝址下游取 550m，约为 1.9 倍坝高，超过分布于下游的 F_{22} 断层，部分区域已超过分布于下游的 F_{23} 断层。

基础取至河床部位坝基以下 250m，约为 0.9 倍坝高。

4.10.7.2 地质条件模拟

岩层分布按照Ⅰ、Ⅱ、Ⅲ、Ⅳ 4 个等级模拟。模拟了坝址区分布的主要断层及蚀变带，对于规模较大的 F_7 断层计入影响带，其余断层仅考虑断层本身的厚度。断层抗剪强度指标依据相似 $C_f=1$ 要求采用不同摩擦系数的纸张，用夹纸的方法模拟其 f 值；而剪切强度本身很小，再考虑比尺的影响，则在模型中几乎为零，仅采用黏结剂模拟；其变形模量按相似律推算也很小，仅采用脱水石膏模拟。

按照岩体不同类别及裂隙走向，确定裂隙模拟方法如下：

在Ⅰ类岩体区域内，主要模拟两组结构面，连通率按 60%，用 15cm×15cm×8cm 块体错位砌置。

在Ⅱ类、Ⅲ类岩体区域内，仍主要模拟两组结构面，连通率按 25%，用 10cm×5cm×5cm 块体错位砌置。

在强风化强卸荷带、弱风化卸荷带，主要模拟三组结构面。强风化带连通率为 80%，弱风化带为 50%。

4.10.7.3 加固措施模拟

坝址区地质条件复杂，分布有一些对坝肩稳定有一定影响的断层及弱弱结构面，为了提高坝肩稳定安全度，采取了一系列加固处理工程措施，包括扩大开挖和洞井塞混凝土置

换、固结灌浆以及在下游坝趾区布设预应力锚索等。

对于混凝土置换，均按相似要求采用相应变模的材料来模拟；对于锚索，考虑模型比尺的影响，模型中的一根锚索相当于原型中的3根，采用铁丝进行模拟。

4.10.7.4 模型材料

坝体混凝土选用以重晶石粉为骨料，掺入膨胀土、水等混合夯实成型。个别变模太低的部位还掺入含重硅粉的重晶石粉材料，有的部位因强度需要，加入微量107胶水。

4.10.7.5 荷载模拟

模型试验仪模拟水荷载，共分8层，形成近似于三角形荷载的图形。共用了82个专门自制的小千斤顶。每组千斤顶均与分油器相连，用近20个压力表来控制各层的油压。试验采用增大比重法加载，并采用逐级增量加压。在弹性状态下进行多次加载循环，到一定倍数后连续增压超载直至破坏。

4.10.7.6 量测系统

为分析研究坝体及基础在加载过程中的应力应变分布及破坏机制，系统布设了电阻片和位移计，位移计为专门自制的位移计。电阻片均与UCAM－8C万能数字自动测量仪相连，位移计与UCAM－5B相连，两种仪器均能自动打印出应变和位移值。具体布置如下：

（1）电阻片。在坝体上下游面对称布置113组，上游55组，下游58组。

（2）单个电阻片。在上下游面坝顶共布置21个。

（3）拐弯电阻片。为量测坝踵开裂状态，在上游面坝踵处布置6个拐弯电阻片。

（4）位移计。在坝体17个测点处布置38个位移计，在基础65个测点处布置133个位移计。

4.10.7.7 试验成果及分析

（1）坝体位移。在正常高水荷载作用下，坝体位移见表4.10－4。顺河位移最大值出现在坝顶拱冠处，为192mm，左岸略大于右岸；横河向位移中上部高程左右拱端均指向山里，仍然是左岸略大于右岸。

表4.10－4　　坝体下游面位移　　单位：mm

高程	右拱端		右拱		拱冠		左拱		左拱端	
	顺河向	横河向	顺河向	横河向	顺河向	横河向	顺河向	横河向	顺河向	横河向
1245m	14	7.2			192	－6.0			10	19.3
1210m			98	－12.0			107	－9.4		
1170m					185	－5.4				
1130m	25	7.0	76	－13.0			90	3.0	32	13.1
1090m					135	－4.5				
1050m	21	－5.2							36	3.8
1010m					62	－2.85				
975m	24	－2.5							29	－2.5
960m					30	－1.53				

注　横河向，拱端位移指向山里为＋，指向河床为－；坝体位移指向左－，指向右为＋。

（2）坝体应力。在正常高水荷载作用下，坝体应力见表 4.10－5。下游面最大主压应力为－12.83MPa，上游面最大拉应力为 1.83MPa。

表 4.10－5　　坝面特征应力值

位置	项　目	应力/MPa	位置	项　目	应力/MPa
上游面	坝踵最大拉应力	1.6	下游面	坝趾最大压应力	－9.78
	拱向最大压应力	－7.06		梁向最小压应力	1.1
	左拱端最大拉应力	1.83		左拱端最大压应力	－12.5
	右拱端最大压应力	1.2		右拱端最大压应力	－12.83

（3）坝体超载变形。上游河床部位坝踵在 $1.25P_0$ 时（P_0 为正常蓄水位时的水荷载）开始起裂，逐渐向左右两侧坝踵延伸，当荷载达 $(2\sim1.5)P_0$ 时，上游高程 1010.00m 以下的坝踵基本已全裂开，但其深度还尚未贯穿到下游。

当荷载达 $(2.5\sim3.0)P_0$ 时，下游河床部位坝趾开始起裂，也同样向左右两侧坝趾延伸。此时，高程 990.00m 以下坝趾已全部裂开，位移过大，导致下游拱冠梁完全开裂，拱作用丧失。

当荷载达 $(4.0\sim5.0)P_0$ 时，上游拱端已全部裂开，坝体变形过大，出现大量纵向裂缝。坝体中部高程右岸拱端受 F_{11} 断层的影响，开裂相对比左拱端早。而左岸在高程 1130.00m 以上，因受 E_8 蚀变带的影响，破坏比右岸早。

当荷载达 $(5.0\sim6.0)P_0$ 时，坝底面裂缝已全面贯通，但由于下游布设有大量锚索，不可能剪断，两坝肩变形突增，使坝体出现大量垂直向裂缝。当继续加载至 $(6.5\sim7.0)P_0$ 时，全坝丧失承载能力。此时，模型的上游坝踵处已向下变形 2.0cm 以上（相当于原型 5m 以上）。

4.10.8　小湾拱坝振动台动力模型试验

为对数值计算结果进行分析验证，在水科院工程抗震研究中心的大型三向六自由度模拟地震振动台上，对小湾拱坝进行 1∶300 比尺的动力模型试验。模型包括坝体、近域地基和长度为 2.6 倍坝高的库水，并模拟了关键部位的 7 条横缝，突破拱坝动力模型试验的一些关键性重大难题，例如：成功研制能基本满足混凝土抗拉强度相似要求的、经压制的加重坝体模型材料；为研究关键的拱座岩体稳定影响，在以满足“流固耦合”相似要求的加重橡胶模拟的地基中，模拟两岸潜在滑动岩块的滑移面及以喷砂模拟其抗滑参数；采用附加高分子黏液组成的黏滞边界近似模拟远域地基的辐射阻尼影响；以小型气压装置模拟作用在滑移面上的渗透压力；通过计算与模型地基底面相应的、在坝基范围内较为均匀分布的地震动加速度，确定振动台的三维地震动输入波；研制测定横缝张开度的装置，配置超小型加速度计和动水压力计及激光位移计。这些创新思路的实现，使拱坝动力模型试验跃上了一个新的台阶。

试验结果对数字计算分析得出的地震响应的规律性作了验证；揭示了左岸坝肩等抗震薄弱部位及其起裂峰值加速度约为设计值的 1.5 倍。同时，还定性地给出在更大超载时的

损伤过程和形态。图 4.10-5 为拱坝振动台模型试验照片。

图 4.10-5 拱坝振动台模型试验示意图

4.10.9 小湾拱坝渗流模型试验

4.10.9.1 模型比尺及模拟范围

小湾拱坝渗流模型试验在武汉大学水工结构试验大厅完成。取拱坝河床坝段及其坝基作为研究对象，原型坝高 294.5m，上游坝基范围取 1 倍坝高，下游取约 1.5 倍坝高，坝基深度方向取 1 倍坝高，见图 4.10-6。

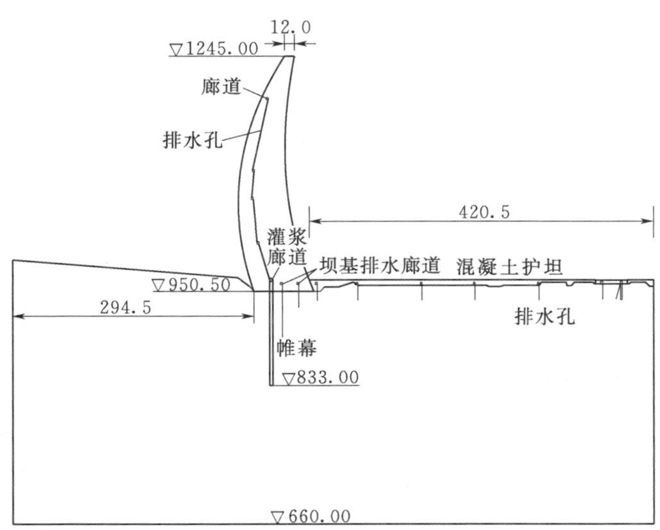

图 4.10-6 拱坝、坝基及渗控系统原型布置图（单位：m）

考虑试验场地、试验条件等因素，模型几何比尺 1：300，则模型坝体高 0.98m，坝基自建基面向下 0.82m，坝段厚度方向取为 0.3m，模型上下游方向长度 2.609m，帷幕、廊道、排水孔等按几何相似布置。

4.10.9.2　模型材料

为了模拟拱坝上下游曲面、坝体及坝基内排水孔和廊道等构造，且在较短的时间内使坝基和坝体达到饱和，要求模型材料既具一定的强度又具有一定的透水性。经过大量的材料试验研究，决定采用水泥砂浆作为模型材料。

试验前期，针对不同配合比、不同浇筑密度的水泥砂浆，进行了大量的渗透系数测定试验。材料试验结果显示：当灰砂比一定时，密度越大渗透系数越小；当浇筑密度一定时，随着灰砂比的增大，渗透系数减小。模型材料配比及渗透系数见表 4.10-6。

表 4.10-6　　材料配合比设计

材料	原型渗透系数/(cm/s)	模型		
		渗透系数/(cm/s)	水泥砂浆配合比/(砂：水泥：水)	浇筑密度/(g/cm³)
混凝土坝体	10^{-9}	10^{-6}	1：0.18：0.099	2.23
坝基	10^{-6}	10^{-3}	1：0.16：0.088	1.96
帷幕	10^{-7}	10^{-4}	1：0.16：0.088	2.10

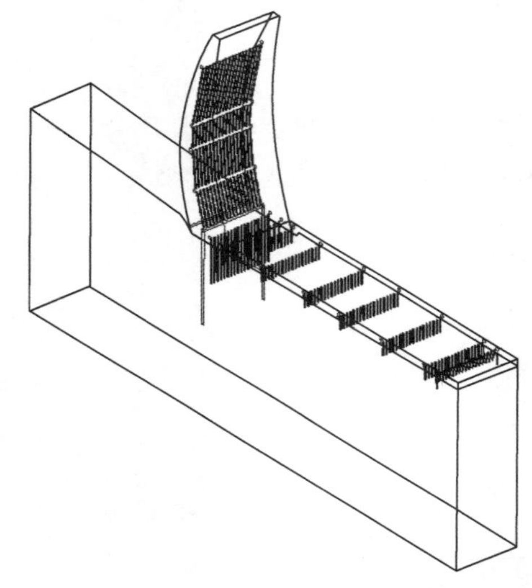

图 4.10-7　排水系统示意图

4.10.9.3　排水孔及廊道模拟

根据几何相似关系，原型排水孔直径 0.1m，模型应为 0.333mm；原型排水孔间距 3m，模型应为 10mm。按完全相似制作模型有一定的困难。因此，采用数值分析方法首先对排水孔直径和间距进行敏感性分析及等效性研究，结果显示，排水孔直径对排水效果影响较小，排水孔间距对排水效果有较大影响，最终确定模型排水孔直径为 4mm，间距为 17mm。模型廊道采用直径为 15mm 的圆管形式。排水系统布置见图 4.10-7。

试验中利用铁丝（ϕ4mm）形成排水孔、塑料管（ϕ15mm）形成廊道，待砂浆终凝并具有一定强度时，将铁丝或塑料管拔出即可，见图 4.10-8。

图 4.10-8　制作排水孔和廊道

4.10.9.4 测点和测压管布置

为了监测渗流场分布情况，在坝段左右两侧共对称布置 60 个测点，其中坝体 30 个、坝基 30 个。测点布置的原则是：选取现场测点及排水孔幕、帷幕附近的点；其他测点布置应尽量均匀，数量尽量多，且不影响施工浇筑。测点位置见图 4.10-9。

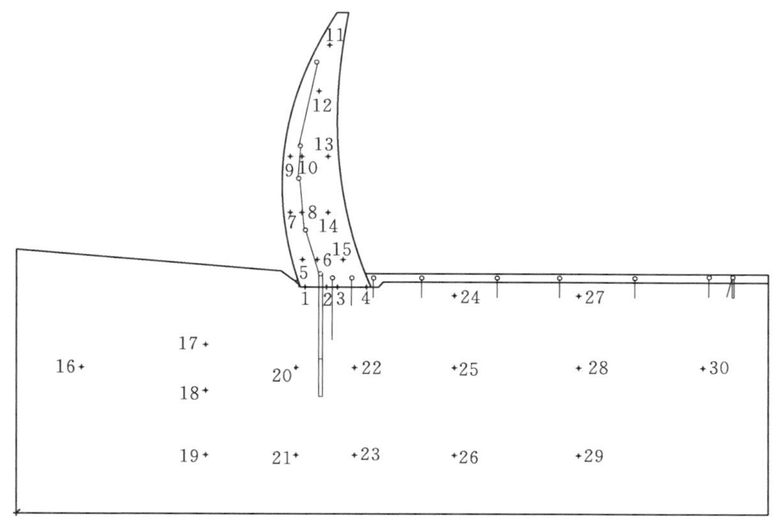

图 4.10-9 测点布置

测点位置确定后，以测点为中心钻孔，预设测压铜管，再进行模型浇筑。坝段左右两侧对称布置，共布置 60 根测压管。测压管一端通过胶乳管接在测压铜管末端，另一端接在测压排上，见图 4.10-10（a）；图 4.10-10（b）为防止箱体变形设置的加固筋。

(a) 预设的测压铜管

(b) 模型槽内部防变形加筋

图 4.10-10 复杂渗控系统细部结构实图

4.10.9.5 模型制作

首先分层浇筑坝基，再浇筑坝体，见图 4.10-11 和图 4.10-12，图中数字为浇筑分区及步序。按一下方法进行施工：①按照水平分层由低往高分层浇筑；②预先计算出各层厚度与浇筑质量，逐层铺料，人工夯实；③采用环刀取样进行夯实质量检测；④浇筑下一层前，对上一层进行表面刨毛处理；⑤整体浇筑完成后，待砂浆达到一定强度，拆除坝体上下游模板，养护；⑥安装监测设备，连接测压管至测压排。

完成后的模型见图 4.10－13。

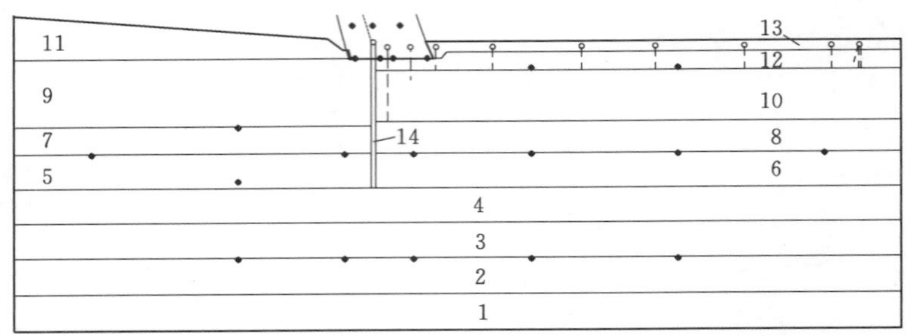

图 4.10－11　坝基浇筑分区示意

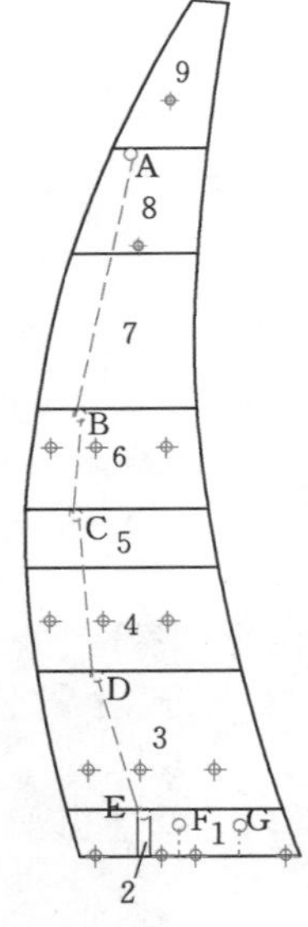

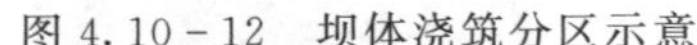
图 4.10－12　坝体浇筑分区示意

图 4.10－13　完成后的模型

4.10.9.6　试验结果分析

对模型渗流场变化过程的监测历时 30d，研究了两种工况下渗流场的分布规律。

工况 1：将所有廊道阀门关上，维持模型的上下游正常高水位稳定不变，并保证上下游入渗和出渗流量保持稳定，观察各测压管读数和流量计的变化情况。直至各测点的测压管和流量计读数基本不变，即各测点的水头和渗流量不再发生变化，认为达到了稳定渗流场状态。此时，排水孔及廊道中都处于充满水的状态，孔中水位都为对应最高廊道顶点的位置，防渗排水结构不起渗控作用。

工况 2：将所有廊道阀门全打开，保持上下游水位、入渗和出渗流量稳定，收集廊道

中渗水量，直至达到稳定渗流场状态。此时，排水孔和廊道部分为逸出边界，部分处于充满水的状态，渗控起到防渗排水的作用。

图 4.10-14 为上述两个工况下各测点的水头监测结果。可以看出：①由于物理模型试验存在较大的随机性和一些不可控因素，如模型侧壁渗漏、蒸发等，试验监测数据存在一定的离散性，个别监测点存在较大误差，但总体而言，由不同测点所在位置及水头值变化规律可以明显发现，水流从上游渗透到下游的过程中（如测点 4、测点 11 和测点 12），沿渗径方向水头不断损失，监测水头总体呈现下降的趋势。②对比图 4.10-14 (a) 和图 4.10-14 (b) 可以看出，当考虑渗控系统的作用时，各测点的水头值大大降低，尤其是排水孔附近的测点（如测点 7、测点 9 和测点 11），可见排水孔等结构的渗控效应非常明显。③比较数值分析和模型试验结果，大部分测点数据吻合较好。

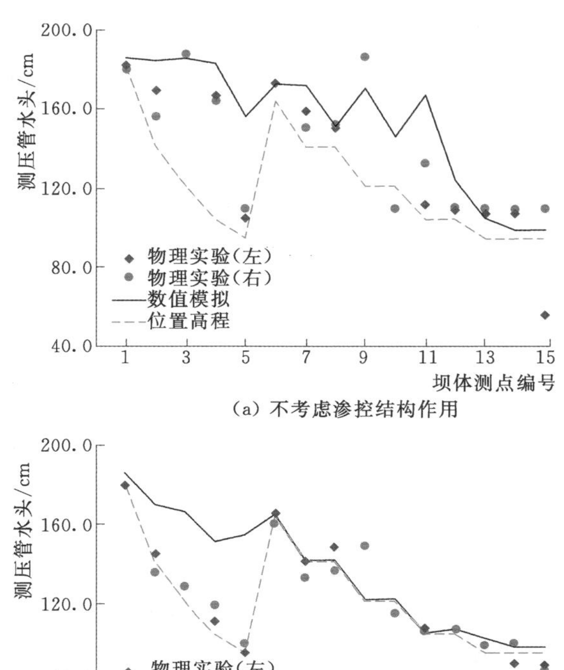

(a) 不考虑渗控结构作用

(b) 考虑渗控结构作用

图 4.10-14 物理与数值试验结果比对

4.11 安全监测分析方法

4.11.1 监测统计模型

监测统计模型是一种根据已取得的监测资料、以环境量作为自变量、以监测效应量作为因变量、利用数理统计分析方法而建立起来的、定量描述监测效应量与环境量之间统计关系的数学方程。统计模型以历史实测数据为基础，基本上不涉及水工建筑物的结构分析，因此它本质上是一种经验模型。

水工建筑物监测效应量主要有变形类、温度及应力应变类和渗流类。其中变形类监测效应量主要包括水平位移、垂直位移，接缝和裂缝开度，挠度和倾斜，固结等；温度及应力应变类监测效应量主要包括混凝土应力、应变，混凝土温度、基岩温度，土石坝的孔隙水压力、土压（应）力、动力监测等；渗流类监测效应量主要包括渗流量、绕坝渗流、混凝土坝的扬压力以及土石坝的浸润线、坝基渗水压力、导渗降压等。

4.11.1.1 模型的构造

监测统计模型应反映出影响监测效应量变化的主要因素，排除与监测效应量变化无关的因素。已有的水工建筑物知识和经验表明，水工建筑物上任一点在时刻t的变形、应力等效应量主要受上下游水位（水压）、温度及时间效应（时效）等因素的影响，因此监测统计模型主要由水压分量、温度分量和时效分量构成。其模型的一般表达式为

$$\hat{y}(t)=\hat{y}_H(t)+\hat{y}_T(t)+\hat{y}_\theta(t) \tag{4.11-1}$$

式中：$\hat{y}(t)$ 为监测效应量y在时刻t的统计估计值；$\hat{y}_H(t)$ 为 $\hat{y}(t)$ 的水压分量；$\hat{y}_T(t)$ 为 $\hat{y}(t)$ 的温度分量；$\hat{y}_\theta(t)$ 为 $\hat{y}(t)$ 的时效分量。

（1）水压分量的构成形式。通过对水工建筑物在水压作用下所产生的变形类、应力类效应量的分析表明，水压分量的构成一般取为上游水位、水深或上下游水位差的幂多项式，即

$$\hat{y}_H(t)=\sum_{i=0}^{w}a_iH^i(t) \tag{4.11-2}$$

式中：$H(t)$ 为t时刻作用在水工建筑物上的水压（上游水位、水深或上下游水位差），m；a_i 为回归系数，a_i 由回归分析确定；w 为水压因子个数，一般取 $w=3\sim4$（小湾拱坝取 $w=3$）。

当下游水位变化较大且上下游水位差不大时，应考虑下游水位变化对监测效应量的影响。此时应增加下游水位因子，即

$$\hat{y}_H(t)=a_0+\sum_{i=1}^{w}a_{1i}H_1^i(t)+\sum_{i=1}^{w}a_{2i}H_2^i(t) \tag{4.11-3}$$

式中：$H_1(t)$ 为t时刻的上游水位或水深，m；$H_2(t)$ 为t时刻的下游水位，m。

（2）温度分量的构成形式。温度分量取决于水工建筑物温度场的变化。因此，温度分量的构成形式与描述水工建筑物温度场的方式密切相关。当水工建筑物内埋设有足够多的温度测点且测点温度可以充分描述温度场的变化状态时，可采用各温度测点的实测温度值作为温度因子。此时温度分量的构成形式可表示为

$$\hat{y}_T(t)=b_0+\sum_{i=1}^{q}b_iT_i(t) \tag{4.11-4}$$

式中：$T_i(t)$ 为t时刻温度测点i的温度实测值，℃；b_0 为回归常数；b_i 为回归系数，b_0、b_i 均由回归分析确定；q 为温度因子数，此处q等于温度测点个数。

当采用测点温度作为温度因子时，可能会因为温度测点数量很多而导致温度因子数量过多，不利于模型的求解。考虑到水工建筑物温度场可以用若干个水平断面上的平均温度和这些断面上的温度梯度来描述，因此可采用平均温度和温度梯度作为温度因子。此时温度分量的构成形式可表示为

$$\hat{y}_T(t)=b_0+\sum_{i=1}^{q}b_{1i}\overline{T}_i(t)+\sum_{i=1}^{q}b_{2i}T_{ui}(t) \tag{4.11-5}$$

式中：$\overline{T}_i(t)$ 为t时刻水平断面i上的平均温度；$T_{ui}(t)$ 为t时刻水平断面i上的温度梯度；b_0 为回归常数；b_{1i}、b_{2i} 为回归系数，b_0、b_{1i}、b_{2i} 均由回归分析确定；q 为温度因子数，此处q等于水平断面个数。

如果水工建筑物内无温度监测资料，或虽有温度监测资料但不足以描述温度场变化，则无法采用实测温度因子形式。考虑到当水工建筑物温度场接近准稳定温度场时，其温度

场变化主要受外界气温变化的影响，因此可以用外界气温变化来间接地描述水工建筑物内部温度场的变化。由于水工建筑物内部温度变化对气温变化存在滞后效应，因而气温变化对监测效应量的影响也存在滞后效应。为此，可采用监测效应量观测日期前若干天气温的平均值作为温度因子。此时温度分量的构成形式可表示为

$$\hat{y}_T(t) = b_0 + \sum_{i=1}^{q} b_i T_{i(s-e)}(t) \tag{4.11-6}$$

式中：$T_{i(s-e)}(t)$ 为第 i 个温度因子，观测日（t）前第 s 天至第 e 天气温的平均值；q 为温度因子个数；b_0 为回归常数；b_i 为回归系数，b_0、b_i 均由回归分析确定；s、e 和 q 的确定，需要结合具体情况，经论证而定。

当有良好的水温实测资料时，可在式（4.11-6）中增加水温因子，形式与气温因子相同。

除上述 3 种温度因子构成形式外，还可以考虑用谐量分析的方法来确定温度因子的构成形式

$$\hat{y}_T(t) = b_0 + \sum_{i=1}^{q}\left[b_{1i}\left(\sin\frac{2\pi it}{365} - \sin\frac{2\pi it_0}{365}\right) + b_{2i}\left(\cos\frac{2\pi it}{365} - \cos\frac{2\pi it_0}{365}\right)\right] \tag{4.11-7}$$

式中：t 为监测日至始测日的累计天数；t_0 为计算时段起测日至始测日之间的累计天数；q 为温度因子个数，小湾拱坝取 $q=2$。

也可以根据具体情况采用上述若干种温度因子的组合形式。

（3）时效分量的构成形式。时效分量是一种随时间推移而朝某一方向发展的不可逆分量，它主要反映混凝土徐变、岩石蠕变、岩体节理裂隙以及软弱结构对监测效应量的影响，其成因比较复杂。时效分量的变化一般与时间呈曲线关系，可采用对数式、指数式、双曲线式、直线式等表示。在建立监测统计模型时，可根据具体情况预置一个或多个时效因子参与回归分析。时效因子一般可以采用如下八种形式的一种或几种来表示

$$\left.\begin{aligned} I_1 &= \ln(\theta+1) \\ I_2 &= 1-e^{-\theta} \\ I_3 &= \theta/(\theta+1) \\ I_4 &= \theta \\ I_5 &= \theta^2 \\ I_6 &= \theta^{0.5} \\ I_7 &= \theta^{-0.5} \\ I_8 &= 1/(1+e^{-\theta}) \end{aligned}\right\} \tag{4.11-8}$$

式中：θ 为相对于基准日期的时间计算参数，一般取 θ=（观测日序号－基准日序号）÷365。

因此，时效分量的构成形式可表示为

$$\hat{y}_\theta(t) = c_0 + \sum_{i=1}^{p} c_i I_i(\theta) \tag{4.11-9}$$

式中：c_0 为回归常数；c_i 为回归系数，c_0、c_i 均由回归分析确定；p 为所选择的时效因子

个数（小湾拱坝取 $p=1$、4）。

必须说明的是，式（4.11-1）所示的统计模型是针对变形类和应力应变类监测效应量而言的。对于渗流类监测效应量，特别是对于靠近河流两岸的水工建筑物，受降雨的影响比较明显，而受温度的影响较小，因此在渗流类监测效应量统计模型因子设置时，一般取为水压、降雨和时效3类因子。由于水压和降雨的变化对渗流类监测效应量的影响均存在滞后效应，因此水压和降雨因子的构成形式类似于式（4.11-6）。

4.11.1.2　模型的建立

监测统计模型的建立（求解）主要有两种方法：多元回归分析和逐步回归分析。其中逐步回归分析应用更为广泛。

多元回归方程的建立。水工建筑物监测效应量 $y(t)$ 可以看做是一种服从正态分布的多元连续型随机变量，其数学期望和方差分别记为 E 和 σ^2。设有 $n-1$ 个影响监测效应量 $y(t)$ （因变量）的环境因子（自变量，如前所述的水压、温度和时效因子），记为 $x_i(t)$（$i=1$，2，…，$n-1$）。若 $y(t)$ 与 $x_i(t)$（$i=1$，2，…，$n-1$）之间存在线性关系，则 $y(t)$ 的条件数学期望 $E\{y(t)\mid x_1(t),x_2(t),\cdots,x_{n-1}(t)\}$的理论回归方程为

$$E\{y(t)\mid x_1(t),x_2(t),\cdots,x_{n-1}(t)\}=\beta_0+\sum_{i=1}^{n-1}\beta_i x_i(t) \tag{4.11-10}$$

式中：β_i 为系数。

设 $x_1(t)$、$x_2(t)$、…、$x_{n-1}(t)$ 分别有 m 次实测值（子样），则根据这些实测值可建立回归方程

$$\hat{y}(t)=b_0+\sum_{i=1}^{n-1}b_i x_i(t) \tag{4.11-11}$$

式中：$\hat{y}(t)$ 为监测效应量 $y(t)$ 的回归值，它是对母体 $y(t)$ 在环境因子组合下的条件数学期望 E 的无偏估计；b_i（$i=0$，1，…，$n-1$）为回归系数，它是对母体参数 β_i（$i=0$，1，…，$n-1$）的估计。

当 $m<n-1$ 时，式（4.11-11）不可解。当 $m>n-1$ 时，式（4.11-11）有多个解。此时，为获得式（4.11-11）的最优拟合，可运用最小二乘法则，使实测值 $y(t)$ 与回归值 $\hat{y}(t)$ 的离差平方和 Q 为最小，即

$$\frac{\partial Q}{\partial b_i}=\frac{\sum_{i=1}^{m}[y(t)-\hat{y}(t)]^2}{\partial b_i}=0\quad(i=1,2,\cdots,n-1) \tag{4.11-12}$$

由此可得 $n-1$ 个正规方程。联立这 $n-1$ 个正规方程即可求解出回归系数 b_i（$i=1$，2，…，$n-1$），然后可求出回归常数项 b_0。按上述方法求出的 b_i（$i=0$，1，…，$n-1$）是对母体参数 β_i（$i=0$，1，…，$n-1$）的最小二乘估计，所得到的回归方程是在 $n-1$ 个因子、$m\times(n-1)$ 次实测值的条件下 $y(t)$ 的最优拟合回归方程。

由于式（4.11-11）中自变量 $x_i(t)$（$i=1$，2，…，$n-1$）的单位一般不一致，因此常需要对其进行无量纲处理，以便使回归方程中的各回归系数具有可比较性。

上述所建立的多元回归方程中包含了所有自变量（预置因子）。在这些自变量中，可能有些与因变量（监测效应量）之间没有显著关系，它们的存在将会降低回归方程的效果

和稳定性。因此必须在回归方程中剔除与因变量没有显著关系的自变量，建立最优回归方程。

逐步回归分析是一种建立最优回归方程的最简捷的统计分析方法。其基本思路是：先将和因变量相关程度最大的因子引入方程，再从余下的各因子中挑选和因变量相关程度最大的另一个因子进入方程。这样按自变量对因变量作用的显著程度，从大到小依次逐个地引入回归方程，直到没有显著的因子可再引入回归方程为止。引入新因子的每一步，都要对各因子作显著性检验，若先引入的因子由于后面引入的因子而变得不显著时，就应将它从方程中剔除。因此，引入和剔除因子都要进行显著性检验，以确保引入的每一个因子都经显著性检验合格。逐步回归分析最终得到的回归方程为

$$\hat{y}(t)=b_0+\sum_{i=1}^{k}b_ix_i(t) \tag{4.11-13}$$

式中：k 为最终入选回归方程的因子个数，$k\leqslant n-1$。

为了衡量回归效果，还要计算相关系数、剩余标准差、拟合残差等量，具体参见式（4.7-9）～式（4.7-16）。

4.11.2 监测确定性模型

监测确定性模型是一种数学方程，它先利用结构分析计算成果来分别确定环境量（自变量）与监测效应量（因变量）之间的确定性物理力学关系式，然后根据监测效应量和环境量实测值通过回归分析来求解修正计算参数误差的调整系数，从而建立定量描述监测效应量与环境量之间因果关系。

统计模型是一种基于历史监测资料的经验模型。当环境量超出了历史监测资料的环境量范围（如水库水位远大于建模的历史水位）时，按历史监测资料确定的统计模型将可能难以准确解释新的监测成果，也就是说统计模型的外延预报效果难以保证。因此，与统计模型相比，确定性模型具有更加明确的物理力学概念，能更好地与水工建筑物的结构特点相联系，能取得更好的预报效果。但确定性模型往往计算工作量大，对用作结构计算的基本资料有较高要求。

4.11.2.1 模型的构造

如前所述，水工建筑物上任一点在时刻 t 的变形、应力等效应量主要受水压、温度及时效等因素的影响，因此监测确定性模型也主要由水压分量、温度分量和时效分量构成。其模型的一般表达式为

$$\hat{y}(t)=\tilde{y}_H(t)+\tilde{y}_T(t)+\hat{y}_\theta(t) \tag{4.11-14}$$

式中：$\hat{y}(t)$ 为监测效应量 y 在时刻 t 的估计值；$\tilde{y}_H(t)$ 为$\tilde{y}(t)$ 的水压分量；$\tilde{y}_T(t)$ 为$\tilde{y}(t)$的温度分量；$\hat{y}_\theta(t)$ 为$\tilde{y}(t)$ 的时效分量。

在确定性模型中，水压分量和温度分量的构造形式一般由结构计算成果（如有限元计算成果）来确定，时效分量的构造形式则采用经验方式确定。

（1）水压分量的构成形式。取若干代表性水荷载（如坝前水深）H_1、H_2、…、H_m，根据物理力学理论关系，利用结构分析方法（如有限元法），分别计算在上述代表性水荷载作用下，水工建筑物上准备建立确定性数学模型的测点 k 的监测效应量值

y_{H_1}、y_{H_2}、…、y_{H_m}，从而得到 m 组对应的水位监测效应量理论计算值（H_j，y_{H_j}），（$j=1$，2，…，m）。

在水压作用下，水工建筑物上所产生的变形类、应力类效应量一般与水压（水深）的幂次方有关，即

$$y_H = \sum_{i=0}^{w} a_i H^i \tag{4.11-15}$$

式中：y_H 为理论计算效应量值；H 为水压（水深），m；a_i 为回归系数；w 为效应量与水压相关的最高幂次，一般取 $w=3\sim4$。

根据式（4.11-15）的结构形式，利用理论计算得到的 m 组水位-效应量值（H_j，y_{H_j}）（$j=1$，2，…，m），采用一元多项式回归分析方法，可以求得式（4.11-15）中的回归系数 a_i 和回归常数 a_0，从而得到确定性模型中水压分量的构造形式，即

$$\widetilde{y}_H(t) = \sum_{i=0}^{w} a_i H^i(t) \tag{4.11-16}$$

式中：$H(t)$ 为 t 时刻作用在水工建筑物上的水压（上游水位、水深或上下游水位差），m。

（2）温度分量的构成形式。水工建筑物上温度作用所引起的效应量值的理论计算一般采用有限元法进行。在水工建筑物有限元分析的计算网格上选择 q 个有温度监测值的节点，要求这些节点的温度变化足以描述整个水工建筑物温度场的变化。采用单位荷载法计算当代表性节点 i 温度变化 1℃而其他节点温度无变化时，在水工建筑物上准备建立确定性数学模型的测点处所产生的效应量值 y_{T_i}。当节点 i 的实际温度变化为 ΔT_i 而其他节点温度无变化时，它在测点处产生的效应量值为 $y_{T_i}\Delta T_i$。若所有 q 个具有温度测点的节点的实际温度变化分别为 ΔT_1、ΔT_2、…、ΔT_q 时，则测点处所产生的效应量值为

$$y_T = \sum_{i=1}^{q} y_{Ti} \Delta T_i \tag{4.11-17}$$

确定性模型中温度分量的构造形式可表示为

$$\widetilde{y}_T(t) = \sum_{i=1}^{q} y_{Ti} \Delta T_i(t) \tag{4.11-18}$$

式中：$\Delta T_i(t)$ 为 t 时刻测点 i 的实际温度变化。

（3）时效分量的构成形式。由于时效分量的成因较为复杂，一般难以用物理力学方法确定其理论关系式，因此，在确定性模型中，时效分量的构造形式仍然采用式（4.11-8）和式（4.11-9）的统计形式。

4.11.2.2　模型的建立

式（4.11-16）和式（4.11-18）是由理论计算确定的。在理论计算中，所选取的物理力学参数与工程实际情况一般是有差别的，因而按式（4.11-16）和式（4.11-18）计算出的水压分量和温度分量也与实际情况存在误差，需要对其进行调整。

假设水压分量的误差主要由水工建筑物及基岩的弹性模量取值不准而引起，可以用一个调整系数 Φ 来调整这种因弹性模量取值不准而引起的误差。这时，水压确定性分量的表达式为

$$\widetilde{y}_H(t) = \Phi\sum_{i=0}^{w}a_iH^i(t) \tag{4.11-19}$$

同理，也可假设温度分量的误差主要来源于水工建筑物及基岩的线膨胀系数取值不准，则定义一个调整系数 Ψ，将温度确定性分量的表达式改写为

$$\widetilde{y}_T(t) = \Psi\sum_{i=1}^{q}y_{Ti}\Delta T_i(t) \tag{4.11-20}$$

综合上述分析，监测确定性模型可表示为

$$\begin{aligned}\hat{y}(t) &= \widetilde{y}_H(t) + \widetilde{y}_T(t) + \hat{y}_\theta(t) \\ &= \Phi\sum_{i=0}^{w}a_iH^i(t) + \Psi\sum_{i=1}^{q}y_{Ti}\Delta T_i(t) + \sum_{i=1}^{p}c_iI_i(t)\end{aligned} \tag{4.11-21}$$

在式（4.11－16）中，调整系数 Φ、Ψ 和回归系数 c_i 均为未知，需要根据实际监测资料，采用多元回归分析或逐步回归分析来确定。为保证在模型中水压和温度分量均能得到反映，多采用多元回归分析。

4.11.2.3 模型的检验与校正

确定性模型的检验和校正，同样可以采用统计模型中介绍的复相关系数 R 检验、剩余标准差 S 检验以及拟合残差正态性检验等检验方法。此外，由于在确定性模型中引入了调整系数 Φ、Ψ，因此 Φ、Ψ 的合理性也是检验确定性模型质量的重要指标。

由于调整系数 Φ、Ψ 主要反映的是理论计算时物理力学参数取值与实际情况的误差，因此，合理的 Φ、Ψ 值应该在1.0左右。如果 Φ、Ψ 值出现明显的不合理，如 Φ、Ψ 值太大或太小，则说明所建立的模型质量不佳，需要查找原因（如理论计算时物理力学参数的取值是否有严重偏差、有限元计算方法是否合理、时效分量形式选择是否合适等），然后重新建立确定性模型。

4.11.3 监测混合模型

监测混合模型是一种利用结构分析计算成果来确定某一环境量（自变量）与监测效应量（因变量）之间的确定性物理力学关系式、利用数理统计原理及经验来确定其他环境量与监测效应量之间的统计关系式、然后根据监测效应量和环境量实测值通过回归分析来求解调整系数及其他回归系数、从而建立定量描述监测效应量与环境量之间的关系的数学方程。

混合模型从一定程度上克服了统计模型外延预报效果不佳和确定性模型计算工作量大的缺点，是一种同时具有解释和预报功能的较好的监测数学模型。

混合模型主要有以下两种：

一种是水压分量确定性的混合模型，即水压分量的构造形式由结构分析计算成果来确定，温度分量和时效分量的构造形式由数理统计原理及经验来确定，其模型可表示为

$$\hat{y}(t)=\widetilde{y}_H(t)+\hat{y}_T(t)+\hat{y}_\theta(t) \tag{4.11-22}$$

式（4.11－22）中，水压分量确定性模型 $\widetilde{y}_H(t)$ 按式（4.11－19）来确定，温度分量统计模型 $\hat{y}_T(t)$ 视具体情况按式（4.11－4）、式（4.11－5）、式（4.11－6）或（4.11－7）来确定，时效分量统计模型 $\hat{y}_\theta(t)$ 按式（4.11－8）及式（4.11－9）来确定。因此，

式（4.11-22）可表示为

$$\hat{y}(t) = \Phi\sum_{i=0}^{w} a_i H^i(t) + \hat{y}_T(t) + \sum_{i=1}^{p} c_i I_i(t) \tag{4.11-23}$$

式中：符号意义同前。

另一种是温度分量确定性的混合模型，即温度分量的构造形式由结构分析计算成果来确定，水压分量和时效分量的构造形式由数理统计原理及经验来确定，其模型可表示为

$$\hat{y}(t) = \hat{y}_H(t) + \tilde{y}_T(t) + \hat{y}_\theta(t) \tag{4.11-24}$$

式（4.11-24）中，温度分量确定性模型 $\tilde{y}_T(t)$ 按式（4.11-18）来确定，水压分量统计模型 $\hat{y}_H(t)$ 视具体情况按式（4.11-3）来确定，时效分量统计模型 $\hat{y}_\theta(t)$ 仍按式（4.11-8）及式（4.11-9）来确定。因此，式（4.11-24）可表示为

$$\hat{y}(t) = \sum_{i=0}^{w} a_i H^i(t) + \Psi\sum_{i=1}^{q} y_{Ti}\Delta T_i(t) + \sum_{i=1}^{p} c_i I_i(t) \tag{4.11-25}$$

式中：符号意义同前。

在式（4.11-23）和式（4.11-25）中，回归系数 c_i 和调整系数 Φ 或 Ψ 为未知，因此需要根据实际监测资料，采用多元回归分析或逐步回归分析来确定。

由于建立温度与监测效应量之间的确定性关系式的计算工作量一般很大，而且要求水工建筑物内具有足够数量的能反映其温度场的温度监测点，因此，在实际工程中，较少建立温度确定性的混合模型，而主要是建立水压分量确定性的混合模型。

混合模型的检验和校正，仍主要采用复相关系数 R、剩余标准差 S、拟合残差的正态性以及调整系数 Φ 或 Ψ 的合理性等检验指标来进行。

上述所介绍的统计模型、确定性模型和混合模型是3类传统的基本监测模型，也是目前应用最为广泛的3类监测模型。这3类传统监测模型具有以下特点：

（1）所建立的均是以环境变量为自变量、以监测效应量为因变量的因果关系模型。

（2）所建立的均是单个测点的单种监测效应量的数学模型。

（3）在因子选择时，均以传统的水压、温度（或降雨）和时效因子为基本因子。

（4）3类模型的主要区别在因子构造形式的确定方式上，但模型的求解均以数理统计理论中的最小二乘法回归分析为基础。

近年来，不断有新的监测数学模型出现，如以时间序列分析为基础的时间序列监测模型，以灰色系统理论为基础的灰色系统分析监测模型，以模糊数学理论为基础的模糊聚类分析监测模型，以神经网络理论为基础的神经网络监测模型，在传统监测模型中引入测点位置变量的、可以将多个测点联系起来进行分析的多测点（分布）监测模型，以及以系统工程理论为基础的、可以将多个测点多种监测效应量联系起来进行分析的综合评价监测模型等。

4.11.4　小湾拱坝监测资料分析与模型

根据拱坝的特点，并考虑初始值的影响，得到大坝位移的统计模型为

$$\begin{aligned}\hat{y}(t) &= \hat{y}_H(t) + \hat{y}_T(t) + \hat{y}_\theta(t)\\ &= a_0 + \sum_{i=1}^{3} a_i[H_1^i(t) - H_0^i(t)]\end{aligned}$$

$$+\sum_{i=1}^{2}\left[b_{1i}\left(\sin\frac{2\pi it}{365}-\sin\frac{2\pi it_0}{365}\right)+b_{2i}\left(\cos\frac{2\pi it}{365}-\cos\frac{2\pi it_0}{365}\right)\right]$$

$$+c_0(t-t_0)+c_1(\ln t-\ln t_0)$$

(4.11-26)

对高程 1190m 垂线测值进行回归分析，共计垂线测点 3 个，建模时资料序列从 2009 年 8 月 10 日至 2012 年 12 月 31 日，对上述测点的测值序列对坝体的径向位移，用逐步回归分析法，建立各点回归模型。

（1）精度分析。由表 4.11-1 可见，3 个垂线测点径向复相关系数 R 均为 0.97 以上，模型精度高。

表 4.11-1　　垂线测点径向位移统计模型计算成果表

系数 \ 测点	高程 1190m		
	A29-PL-02	A22-PL-02	A15-PL-02
a_0	4.20	2.42×10	5.54×10^{-1}
a_1	2.40×10^{-1}	0.00	0.00
a_2	0.00	5.91×10^{-3}	2.50×10^{-3}
a_3	3.12×10^{-5}	0.00	2.47×10^{-5}
b_{11}	0.00	0.00	0.00
b_{12}	−3.51	−4.33	−3.22
b_{21}	0.00	0.00	0.00
b_{22}	0.00	0.00	0.00
c_1	0.00	2.11	0.00
c_2	−1.43	−3.62	0.00
R	9.97×10^{-1}	9.96×10^{-1}	9.95×10^{-1}
S	1.35	2.30	1.92
F	3.85×10^{4}	2.35×10^{4}	2.97×10^{4}

（2）各影响因素分析。各年度径向位移年变幅模型分离结果见表 4.11-2，典型测点径向位移实测值、拟合值、各分量及残差过程线见图 4.11-1，由图表可见，库水位变化是影响坝体径向位移变化的最主要因素。水位与位移为正相关，即库水位上升，位移增加（向下游方向变形），水位下降，位移减小（向上游方向变形）。在坝体径向位移年变幅中，随水位抬升，水压分量逐年提高，2012 年度水压分量约占径向位移年变幅的 76%～78%，表明高水位运行对径向位移影响相对较大。该时段主要处于蓄水期，尽管温度变化对坝体径向位移有一定的影响，但明显小于库水位的影响程度。温度与位移总体上呈负相关，即温度升高，位移减小（向上游方向变形），温度降低，位移增加（向下游方向变形）。在坝体径向位移年变幅中，随水位抬升，温度分量逐年递减，2012 年度温度分量约占径向位移年变幅的 7%～8%。大坝变形时效影响还未收敛稳定。在坝体径向位移年变幅中，随水位抬升和时间的延长，时效分量逐年递减，2012 年度时效分量约占径向位移年变幅的 14%～16%。

表 4.11－2　　各年度径向位移年变幅模型分离结果

年份	测点编号	实测值/mm	拟合值/mm	水压（拟合）/mm	温度（拟合）/mm	时效（拟合）/mm	水压/%	温度/%	时效/%
2009	A29－PL－02	16.68	15.82	8.13	1.99	5.70	51.37	12.60	36.03
	A22－PL－02	22.61	24.22	13.25	2.53	8.44	54.70	10.45	34.85
	A15－PL－02	12.79	12.90	6.18	1.61	5.12	47.89	12.45	39.67
2010	A29－PL－02	36.17	37.64	24.72	3.70	9.21	65.69	9.84	24.47
	A22－PL－02	50.45	52.86	35.89	5.04	11.93	67.89	9.54	22.57
	A15－PL－02	33.80	35.56	22.94	3.56	9.06	64.50	10.02	25.49
2011	A29－PL－02	39.69	42.66	29.27	4.04	9.36	68.60	9.46	21.94
	A22－PL－02	56.46	63.80	45.12	6.00	12.68	70.72	9.40	19.88
	A15－PL－02	39.74	42.48	28.89	4.11	9.48	68.01	9.67	22.32
2012	A29－PL－02	66.83	68.59	52.86	4.96	10.77	77.07	7.23	15.70
	A22－PL－02	94.82	98.04	76.76	7.25	14.03	78.29	7.39	14.31
	A15－PL－02	68.74	70.26	54.04	5.17	11.06	76.91	7.36	15.74

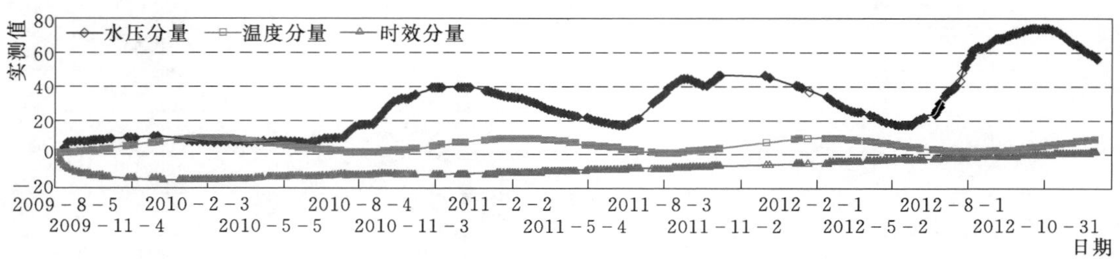

图 4.11－1　测点径向位移实测值、拟合值、各分量及残差过程线

参　考　文　献

[1]　朱伯芳，王同生，丁宝瑛，等．水工混凝土结构的温度应力与温度控制［M］．北京：水利电力出版社，1976.

[2]　陈兴华，等．脆性材料结构模型试验［M］．北京：水利电力出版社，1984.

[3]　杜延龄，许国安．渗流分析的有限元法和点网络法［M］．北京：水利电力出版社，1992.

[4]　张光斗，王光纶．水工建筑物［M］．北京：水利电力出版社，1992.

[5]　张立明．人工神经网络的模型及其应用［M］．上海：复旦大学出版社，1993.

[6]　杨林德，等．岩土工程问题的反演理论与工程实践［M］．北京：科学出版社．1995.

[7]　李珍照．大坝安全监测［M］．北京：中国电力出版社，1997.

[8]　潘家铮．水工结构分析与计算机应用［M］．北京：北京科技大学出版社，1998.

[9]　毛昶熙，段祥宝，李祖贻，等．渗流数值计算与程序应用［M］．南京：河海大学出版社，1999.

[10]　王惠文．偏最小二乘方法及其应用［M］．北京：国防工业出版社，1999.

[11]　邢文训，谢金星．现代优化计算方法［M］．北京：清华大学出版社，1999.

[12]　朱伯芳，大体积混凝土温度应力与温度控制［M］．北京：中国电力出版社，1999.

[13] 冯夏庭．智能岩石力学导论［M］．北京：科学出版社，2000.
[14] 王世夏．水工设计的理论和方法［M］．北京：中国水利水电出版社，2000.
[15] 吴中如．水工建筑物安全监控理论及其应用［M］．北京：高等教育出版社，2003.
[16] 张有天．岩石水力学与工程［M］．北京：中国水利水电出版社，2005.
[17] 陈胜宏．计算岩体力学与工程［M］．北京：中国水利水电出版社，2006.
[18] 段祥宝，谢兴华，速宝玉．水工渗流研究与应用进展［M］．郑州：黄河水利出版社，2006.
[19] 顾冲时，吴中如．大坝与坝基安全监控理论和方法及其应用［M］．南京：河海大学出版社，2006.
[20] 林继镛．水工建筑物［M］．4版．北京：中国水利水电出版社，2006.
[21] 朱伯芳．有限单元法原理与应用［M］．3版．北京：中国水利水电出版社，2009.
[22] 林皋．大坝抗震技术的发展［M］．北京：中国电力出版社，2010.
[23] 刘志明，王德信，汪德爟．水工设计手册：第1卷 基础理论［M］．2版．北京：中国水利水电出版社，2011.
[24] 周建平，党林才．水工设计手册：第5卷 混凝土坝［M］．2版．北京：中国水利水电出版社，2011.
[25] 陈厚群，吴胜兴，党发宁．高拱坝抗震安全［M］．北京：中国电力出版社，2012.
[26] 张楚汉，金峰，王进廷，等．混凝土坝非线性特性与地震安全评价［M］．北京：清华大学出版社，2012.
[27] 陈胜宏，陈敏林．水工建筑物［M］．2版．北京：中国水利水电出版社，2014.
[28] 徐青，李桂荣．水工结构模型试验［M］．武汉：武汉大学出版社，2015.
[29] 中国水利水电科学研究院．陈厚群院士文集［M］．北京：中国水利水电出版社，2015.

5 拱坝体形设计与综合优化

拱坝体形设计或优化的宗旨就是在满足挡水功能的前提下，综合考虑坝体应力水平、坝基拱座稳定性及枢纽总布置等因素，寻求安全经济的体形。

5.1 体形设计与优化

5.1.1 体形分类

拱坝体形总体可分为两大类：单曲拱坝和双曲拱坝。单曲拱坝沿竖向没有曲率，只沿水平向有曲率，悬臂梁的上游面均为一条直线，上游面、下游面各高程的圆心在同一条垂线上，一般单曲拱坝多为重力拱坝。双曲拱坝沿竖向和水平向均具有曲率，上游面凸向上游，下游面往往略呈凹形，它实际上是介乎等半径和等中心角拱坝之间的一种体形。

从理论上讲，定义拱坝几何形状的方法很多，但在实际工程中，往往都是通过对全坝段最高的拱冠梁（铅直）剖面和各层拱圈（水平）的描述来实现的。分别用一个多项式确定拱冠梁的上游面（或梁中心线）曲线、拱冠梁的厚度以及拱圈上游面（或拱中心线）半径沿高度的变化。

世界上早期建造的拱坝，水平拱圈多为简单的单心圆，随着筑坝技术的进步及坝高的增加，逐步采用双心圆、三心圆、抛物线、椭圆、对数螺旋线、混合曲线以及统一二次曲线等。

5.1.2 影响体形设计的主要因素

5.1.2.1 地形地质条件

拱坝一般建造在峡谷河段，河谷宽高比越小，拱作用就越大，拱坝的优越性就越明显。相反，宽高比越大，拱坝相对于重力坝的优越性就越小。目前，世界上已建拱坝的宽高比大多介于1～3。

两岸山体雄厚、山顶高于坝顶、可利用基岩等高线呈向上游开口的喇叭形、地形基本对称，这些都是布设拱坝最理想的地形条件。但由于受河流规划及枢纽布置等因素的制约，可选择的坝址往往难以达到理想，这就需要调整拱坝布置及体形设计以适应实际地形地质条件。对于两岸山体单薄的坝址，需控制拱向曲率，采用较小的中心角，减少拱作用，加大梁作用，坝体尽量扁平，以维持坝肩稳定；当两岸地形不够高或上部地形比较开阔时，需要修建重力墩或副坝；对于两岸可利用基岩等高线略呈向下游开口的倒喇叭形的坝址，可采取加大拱端嵌入深度或减小中心角，以确保具有足够的抗力岩体；当两岸地形不对称时，首先应考虑用不对称的拱坝体形来适应不对称的地形，例如，拱圈形式采用对

数螺旋线 $\rho=\rho_0 e^{k\theta}$，调整对数螺旋线的几何参数 ρ 和 k，使两岸的中心角和受力状态大致相等，也可在一岸修建重力墩或重力坝；当河谷很窄、宽高比很小、两岸较对称时，可采用简单的单心圆拱。一般情况下，以非圆形变曲率变厚度拱为有利。

在所有的坝型中，拱坝对地质条件的要求最高，巨大的水推力通过坝体传至两岸拱端及坝基，要求与坝体接触的整个边界及两岸抗力岩体需具有足够的刚度及强度，基岩的变形模量一般宜在 10GPa 以上。此外，坝基、拱座岩体的完整性特别值得关注，断层、节理裂隙、软弱结构面等会破坏岩体的完整性，一方面可在坝址选择中尽量避开这样的地质缺陷；另一方面可在体形设计中调整各高程拱端推力的方向及大小，使其有利于维持坝肩稳定并减少传递至地质缺陷的应力。在尽量调整布置和拱坝体形以适应地质条件的基础上，辅以一些有针对性的工程处理措施，以确保坝基、拱座的抗滑稳定及变形稳定。

5.1.2.2 枢纽布置

在选择较理想的坝址地形地质条件的同时，需综合考虑枢纽布置，主要是引水发电系统、泄洪消能设施及导截流建筑物。在地形地质条件较好，拱坝设计不受枢纽布置制约的情况下，体形设计主要是以尽量节省混凝土方量为目标进行优化。而当受制于地形地质条件及枢纽布置时，体形设计或优化的主要目标是调整拱坝的纵向曲率、水平向曲率及拱厚变化，以满足坝体应力控制标准及拱座稳定，节省混凝土方量成为次要因素，尤其对于特高拱坝，拱坝的安全与稳定是首要的。

混凝土拱坝的优点是可以通过坝身泄洪，但与重力坝相比，拱坝的溢流前沿较短，对泄量有一定的控制。当泄洪流量较小、坝体高度一般小于 80m、坝体较薄时，可采用坝顶自由跌落溢流，洪水通过坝顶后直接跌入河床，这种方式结构比较简单，对坝体参数如中心角、半径、厚度等基本没有影响，但需控制坝体的纵向曲率，尽量使落水点远离坝趾，以避免泄洪对坝趾附近基岩的淘刷；当泄洪流量较大、河谷狭窄、坝体较厚时，可采用坝面溢流，溢流面下游坡度一般不宜陡于 1：0.44，这种方式对体形设计影响较大。一般情况下，宜采用坝身孔口泄洪，在坝体中上部设置孔口，洪水经挑流坎挑至下游，这种方式孔口对坝体应力的影响只是局部的，对坝体整体设计基本没有影响。但当坝高、孔口较多、河谷相对较窄时，布设孔口高程的拱圈形式应综合考虑各孔口的辐射角，以有利于泄洪消能。

5.1.2.3 应力控制标准

我国现行的拱坝设计规范，应力控制标准取为定值，与坝高及分布高程或部位无关。在静力工况下，坝体上部，因承受的水头较小、厚度相对较薄、温度变化较大，通常压应力较小，拉应力较大，往往压应力不起控制作用，而拉应力起控制作用；坝体中部，往往压应力比较均匀，基本无拉应力，这一部位的坝体应力一般不起控制作用；坝体下部，拉压应力均较大，尤其是特高拱坝，拉压应力都有可能起控制作用。在地震工况下，坝体中上部高程动力反应较大，其应力往往起控制作用。在施工期，坝体的梁向应力往往起控制作用，坝体的纵向曲率影响较大，尤其对于特高拱坝。因此，在体形设计中需综合考虑动静力工况及施工工况，反复调整各体形参数，在确保坝体应力在各种工况下均满足应力控制标准的前提下，力求使坝体应力均匀、对称，充分发挥拱坝应力在时空上具备自调整能力的优势，优化坝体体形，节省坝体混凝土方量。

5.1.2.4　筑坝材料

在拱坝体形设计中，应适当考虑筑坝材料。对于混凝土拱坝，一般采用较复杂的体形，以节省混凝土方量。对于浆砌石拱坝，多采用较简单的体形。对于碾压混凝土拱坝，往往也宜采用较简单的体形，以方便施工。

5.1.3　体形设计方法

拱坝体形设计就是确定拱坝的体形参数，包括拱坝类型、水平拱圈型式、铅垂剖面型式、拱圈中心角及拱厚等。

5.1.3.1　体形设计步骤

拱坝体形设计就是在满足枢纽布置及拱座稳定的前提下，力求使坝体应力在各种工况，包括施工期、蓄水期及长久运行期，或地震工况下，满足应力控制标准，反复修改调整各体形参数的过程。

（1）根据河谷形状、宽高比、对称性、基岩地质条件、工程规模、枢纽布置、筑坝材料等相关因素，首先选定拱坝的类型是单曲拱坝还是双曲拱坝。

（2）初步选择坝顶中心角及各水平拱圈中心角。

（3）初步确定坝体铅垂剖面型式及拱厚。

（4）比选拱圈型式。

（5）以初步选定的体形参数为基础，采用结构力学方法（拱梁分载法）、有限元法、物理力学模型试验进行综合优化，确定最终采用的坝体各体形参数。

5.1.3.2　拱坝中心角

水平拱圈的中心角是一个十分重要的参数，它对坝体应力、坝肩稳定和工程造价都有重要影响。概括起来，中心角的选择应考虑以下因素：

（1）在只考虑应力条件的情况下，拱的最优中心角是比较大的，大致为130°～140°；按照圆箍理论，最优中心角为133.56°；按照弹性圆拱理论，最优中心角约为140°。

（2）在同时考虑坝体应力及坝肩稳定的情况下，拱的最优中心角一般为稳定条件所控制，其数值取决于地质条件。在实际工程中，拱坝顶部的中心角一般为90°～110°，在地质条件不利时，顶拱中心角往往只采用75°～80°，最优中心角通常小于130°。

（3）为了最大限度减少坝体方量，宜采用坝肩稳定条件所允许的最大中心角。

5.1.3.3　拟定拱冠梁剖面形状

在过去的拱坝设计中，往往用一段或几段圆弧表示拱冠梁剖面的上游面、下游面曲线。随着计算机技术的发展，目前多用竖向坐标 z 的多项式描述梁的剖面形状。例如上游面曲线可用以下公式表示

$$y=a_1z+a_2z^2+\cdots+a_nz^n \tag{5.1-1}$$

在初步拟定剖面时，可取 $n=2$；在确定最终剖面时，可取 $n=3$；在特殊情况下，也可取 $n=4$；在重复修改剖面时，只要确定 $3n$ 个上游面坐标值，由式（5.1-1）反算，即可得到系数 $a_1\sim a_n$。

控制拱冠梁上游面的倒悬度，一般不宜超过0.3。

坝体厚度可表示为

$$t=b_0+b_1z+b_2z^2+\cdots+b_nz^n \tag{5.1-2}$$

在初步拟定剖面时，可取 $n=1$；在确定最终剖面时，可取 $n=3$；在特殊情况下，也可取 $n=4$；在重复修改剖面时，只要确定 $n+1$ 个厚度 t_i，即可由式（5.1-2）建立 $n+1$ 个联立方程求解系数 $b_0\sim b_n$。

对于高拱坝，也可以在坝体上部和下部分别采用两个多项式，或利用样条函数拟合。

5.1.3.4　各层拱圈剖面

由于拱坝体形设计涉及参数众多，工作量比较大，尤其对于特高拱坝。因此，在各层拱圈的设计中，往往是根据已有的经验和具体条件，先选择一种拱圈型式，初步确定一个能协调满足枢纽布置并兼顾考虑坝肩稳定条件的拱坝基本体形，在此基础上，再进一步比选其他拱圈型式。

各层拱圈内缘切线与可利用基岩线的交角不宜小于 30°，拱座下游应有足够厚实的岩体，不能过于单薄，尤其对于特高拱坝。

5.1.3.5　体形综合优化

（1）结构力学方法优化。拱坝体形结构力学方法优化，就是利用数学规划方法求出给定条件下拱坝的最优体形，是从 20 世纪 70 年代开始发展起来的一项新技术。国外不少国家，如英国、德国、苏联和葡萄牙等都对拱坝体形优化开展了研究，但实际应用实例比较少。与国外相比，我国的拱坝体形优化研究特别重视与工程应用相结合，经过多年的研究实践，拱坝体形优化技术在数学模型、求解方法和工程应用等方面均取得了重大突破，实现了从单目标优化到双目标、多目标优化，从静力优化到动力优化，开发的程序广泛应用于拱坝设计，取得了很好的效果。

高拱坝的设计与 70m 以下或者 100m 以下的拱坝设计有很大不同，体形受制于更多的因素，影响体形的边界条件极其复杂，除地形地质条件、枢纽总布置、拱座稳定因素外，还需考虑加密的多拱多梁分析、静力多工况、动力多工况、分期施工、分期蓄水以及坝基开挖和处理等，既要保持坝体在各种工况下各部位处于理想的应力状态，又要力求经济合理的体积。优化设计在很多情况下已超出常规，需要考虑多个执行程序的联合求解，以及拱梁分载法与有限元法的共同运用等。由于计算机技术的快速发展及高拱坝的建设需要，开发并应用高拱坝体形设计的综合优化技术、智能化的体形设计决策支持系统既是可行的，也是必要的。

经过多年发展，多拱梁法以其明确的力学概念及便捷的计算方法，在拱坝体形设计中具有不可替代的作用。为此，高拱坝体形设计的综合优化仍然以拱梁分载法为基础。拱坝的几何形状完全取决于一组变量 X_1、X_2、X_3、…、X_n，称为设计变量，以坝体方量等作为目标函数、以允许应力等作为约束条件，然后即可用罚函数法、序列二次规划法等确定体形。

为使高拱坝体形设计有一个比较好的初始方案，采用满应力法与罚函数法等的循环迭代，用多因素综合评估方法一般有比较好的效果。初始方案产生的框图见图 5.1-1。

多因素综合评价方法包括主因素决定型、主因素突出型和加权平均型等，可以采用应力水平度等概念作为统一的比选标准。在高拱坝设计中，因多工况分析、加密网格分析、不同拱端嵌深敏感分析等，致使不同拱圈线型的敏感性差别很大（应力水平高、强约束条

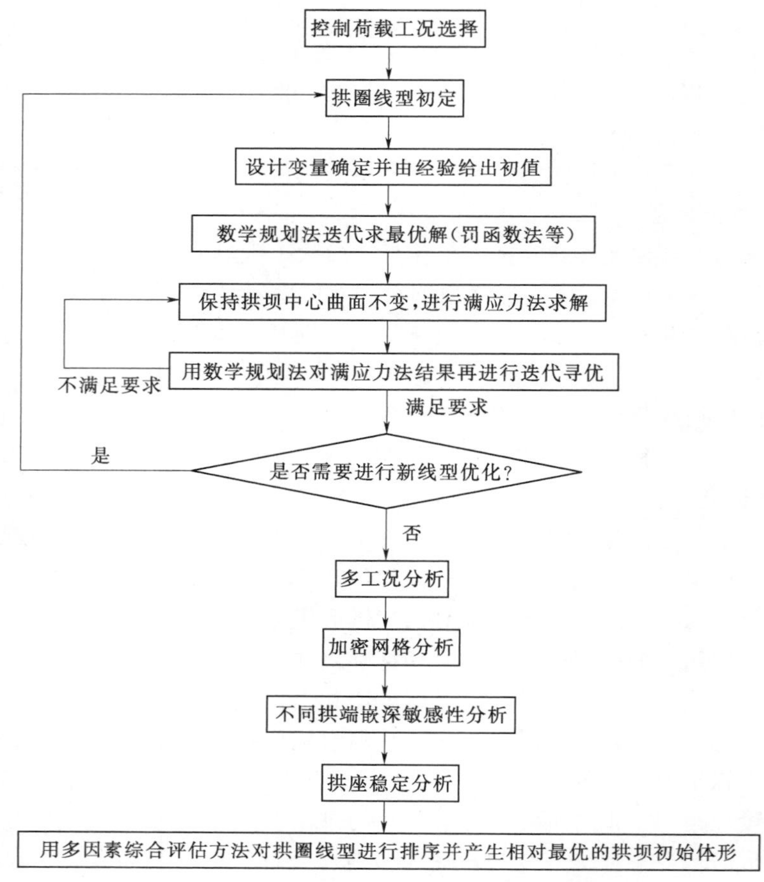

图 5.1-1　初始方案产生框图

件多)，往往需要选择相对敏感性低的拱圈线型作为综合优化的初始方案。由于拱坝体形优化的复杂性，数学规划方法仍很难一步寻到全局最优解，因此满应力优化方法有很好的效果。

满应力优化是在坝体中面（或上游面）形状已确定的情况下，利用满应力条件确定坝体厚度。拱坝是连续介质，坝内应力是连续变化的、非均匀的，所以要求拱坝内部每点的应力都达到允许应力是不可能的。但可以要求在某些控制点上的应力同时达到允许应力，这种点称为满应力点。一般来说，满应力点越多，坝体方量越少。

在高拱坝的体形优化过程中，需对上千个方案进行应力分析。为了减少应力重分析时间，考虑到结构的内力是与荷载保持平衡的，荷载基本保持不变，因此内力的变化不大。基于这一原理，在程序 ADASO 优化时采用的是内力一阶展开或准二阶展开，即把控制点的内力 $F(X)$（包括轴力、剪力、弯矩、扭矩等）展开，在优化过程中，对于任何一个新的设计方案，不必进行坝体的应力分析，而是计算控制点的内力，然后由材料力学公式计算各控制点的应力。由于内力的变化比较平稳，线性展开的精度较高，通常不需要二阶展开即可满足迭代要求。杆端力准二阶展开的公式如下。

对整体平衡方程$[B]\{\xi\}=\{P\}$求偏导可得

$$\frac{\partial[B]}{\partial x_j}\{\xi\}+[B]\frac{\partial\{\xi\}}{\partial x_j}=\frac{\partial\{P\}}{\partial x_j} \tag{5.1-3}$$

式中：x_j为设计变量。

平衡方程中未知量可以为位移，也可以是位移与分载的混合。

用向前差分表示式（5.1-3）中的导数，可得

$$\frac{[B_{x_j+\Delta x_j}-B_{x_j}]}{\Delta x_j}\{\xi_{x_j}\}+[B_{x_j}]\frac{\{\xi_{x_j+\Delta x_j}\}-\{\xi_{x_j}\}}{\Delta x_j}=\frac{\{P_{x_j+\Delta x_j}\}-\{P_{x_j}\}}{\Delta x_j}$$

进一步整理可得

$$[B_{x_j}]\{\xi_{x_j+\Delta x_j}\}=[B_{x_j}]\{\xi_{x_j}\}+\{P_{x_j+\Delta x_j}\}-[B_{x_j+\Delta x_j}]\{\xi_{x_j}\}+[B_{x_j}]\{\xi_{x_j}\}-\{P_{x_j}\} \tag{5.1-4}$$

因为 $$\{P_{x_j}\}=[B_{x_j}]\{\xi_{x_j}\}$$

故得

$$\{\xi_{x_j+\Delta x_j}\}=[B_{x_j}]^{-1}(\{P_{x_j+\Delta x_j}\}-[B_{x_j+\Delta x_j}]\{\xi_{x_j}\})+\{\xi_{x_j}\} \tag{5.1-5}$$

同理，有

$$\{\xi_{x_j-\Delta x_j}\}=[B_{x_j}]^{-1}(\{P_{x_j-\Delta x_j}\}-[B_{x_j-\Delta x_j}]\{\xi_{x_j}\})+\{\xi_{x_j}\}$$

有了$\{\xi_{x_j}\}$、$\{\xi_{x_j+\Delta x_j}\}$和$\{\xi_{x_j-\Delta x_j}\}$，就可方便地求出相应的$F_i(x_j)$、$F_i(x_j+\Delta x_j)$和$F_i(x_j-\Delta x_j)$，这里的F_i表示计算网格中任一节点的杆端内力。

那么，杆端力的准二阶展开公式即可表达为

$$\left.\begin{aligned}F_i(x)&=F_i(x^0)+\sum_{j=1}^{n}\frac{\partial F_i}{\partial x_j}(x_j-x_j^0)+\sum_{j=1}^{n}\frac{1}{2}\frac{\partial^2 F_i}{\partial x_j^2}(x_j-x_j^0)^2\\ \frac{\partial F_i}{\partial x_j}&=\frac{F_i(x_j+\Delta x)-F_i(x_j-\Delta x)}{2\Delta x}\\ \frac{\partial^2 F_i}{\partial x_j^2}&=\frac{F_i(x_j+\Delta x)+F_i(x_j-\Delta x)-2F_i(x_j)}{\Delta x^2}\end{aligned}\right\} \tag{5.1-6}$$

上述杆端力计算精度很高，如厚度类设计变量作倒变换后，按式（5.1-6）求准二阶展开公式，厚度变化为10%，应力重分析时，所得应力的误差一般小于3%，效果很好。

由于工况非常多，约束非常多，对每一节点都作所有设计变量的内力展开，并且对每一点都作应力重分析以及约束分析显然既不经济，效率又低。为此，提出约束筛选及准二阶展开的办法。即首先根据当前状态，对所有约束按种类挑选出强约束项并适度扩大范围作准二阶展开，然后进入数学规划法优化求解，按新的设计变量重新计算所有约束，重复上述步骤。采用这一方法，优化所需的时间和内存量比通常的做法都要少得多，考虑到约束随设计变量的变化是逐步变化的，具有一定的稳定性，因此，该方法行之有效。这一方法是实现多程序，尤其是分期施工、分期蓄水工况体形优化的关键，实际工程计算中证实是行之有效的。

利用数学规划方法求出给定条件下的最优体形设计，以坝体体积为目标函数进行单目标优化，可得到一个最经济的体形；以坝体的最小安全系数为目标函数进行单目标优化，可得到一个在给定条件下的最安全体形；以坝体体积和安全度作为目标函数，则可采用双目标优化模型；在需要考虑除坝体体积和安全度以外的一些其他因素，如地基承载力、高

应力范围等的情况下，可采用多目标优化。

（2）有限元法及物理力学模型优化。对于低拱坝或一般中等规模的拱坝，采用多拱梁法进行优化后，便可确定最终的坝体各体形参数，体形设计到此完成。但对于高拱坝，尤其是特高拱坝，需采用有限元法对综合优化的体形作进一步分析计算，揭示坝体的拉应力及高压应力状态；采用物理力学模型试验分析研究坝体的超载安全度或在降强情况下的安全度。对于需作抗震设计的拱坝，还应进行动力分析计算，分析研究坝体应力能否满足抗震要求，据此确定是否需要对拱坝体形作适当的调整。

依据有限元法和物理力学模型试验结果调整坝体体形参数后，需再次用结构力学方法进行综合优化，协调考虑各种因素，满足应力控制标准，最终确定拱坝的体形参数。

5.1.4 体形设计经验性评估

拱坝体形设计由于受上述各种因素的影响，可以说“千变万化”，目前世界上已建的拱坝体形差别较大。当然，拱坝的体形主要是依据坝体应力及坝肩稳定条件决定，但除了应力和稳定计算外，在拱坝设计中，往往还要与已建的拱坝进行类比，以便对拱坝的安全性和经济性进行综合总体评判。

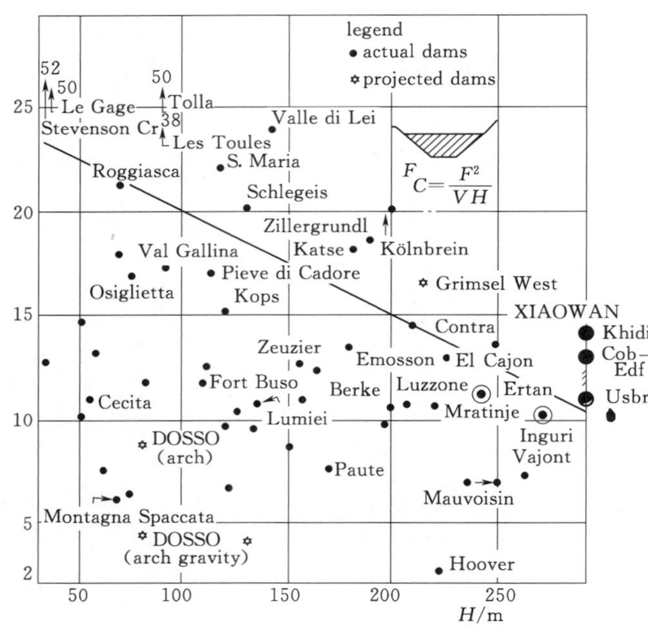

图 5.1-2 世界上已建拱坝的柔度系数

5.1.4.1 柔度系数

瑞士著名坝工专家龙巴迪（Lombardi）提出用柔度系数 C 对拱坝体形作经验性评估。

$$C=\frac{A^2}{VH} \tag{5.1-7}$$

式中：A 为拱坝中曲面面积；V 为拱坝体积；H 为最大坝高。

显然，柔度系数 C 是一个无量纲数。一些世界上已建拱坝的柔度系数见图 5.1-2。对于相同的坝高 H 来说，体积越大，C 越小；中曲面面积 F 越小，C 也越小。因此，对于相同的坝高，C 越小，坝越安全。

5.1.4.2 应力水平系数

拱坝坝体和基础内的应力水平，既与柔度系数 C 有关，又与坝高 H 成正比，朱伯芳提出取系数 D 为

$$D=CH=A^2/V \tag{5.1-8}$$

系数 D 代表拱坝的应力水平（包括坝体及坝基），因此可称为应力水平系数。一些已建拱坝的应力水平系数见图 5.1-3。

应力水平系数 D 近似代表了一座拱坝的应力水平，包括坝体及坝基内拉应力、压应

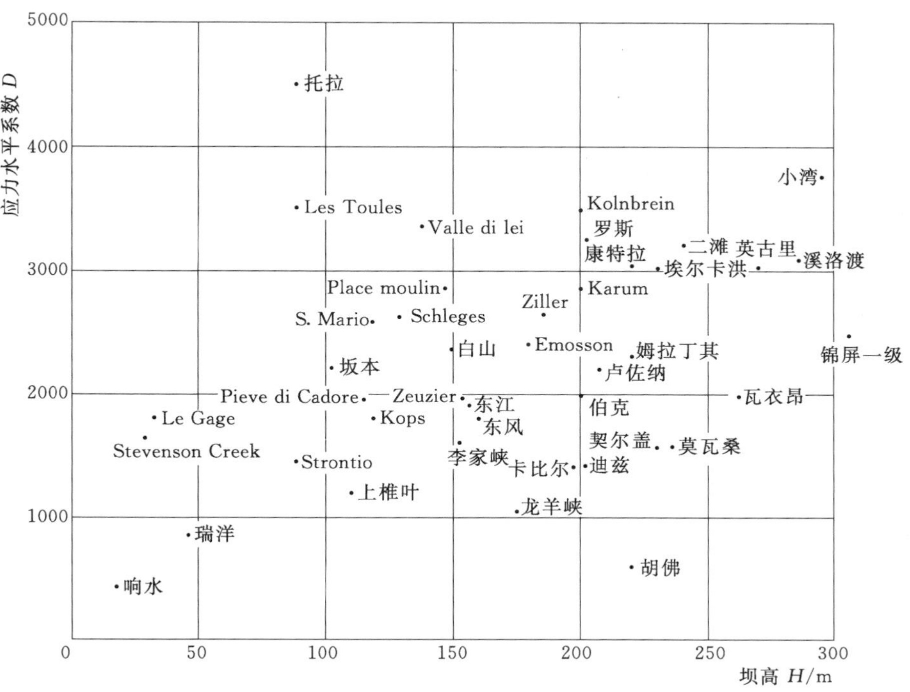

图 5.1-3 已建拱坝的应力水平系数 D

力和剪应力的水平。在拱坝设计中，当确定了初步体形后，计算它的应力水平系数 D，并与图 5.1-3 中其他已建拱坝的应力水平系数相比较，就可以看出该体形大致的应力水平了。当然，在衡量拱坝安全度时，除了考虑应力水平系数外，还要考虑坝体混凝土强度、施工质量及基岩的抗压和抗剪强度。两座应力水平系数 D 相同的拱坝，为了具有相近的安全度，它们还必须具有相近的混凝土强度、施工质量和基岩抗压及抗剪强度。

坝体和坝基的开裂、压碎、滑动都是由于坝体及坝基中拉应力、压应力和剪应力超过了抗拉、抗压和抗剪强度所导致的。用应力水平系数 D 来作为拱坝安全度的经验性判据，比柔度系数更合理，用它来衡量坝的安全度时，可以与众多已建拱坝相比，从而借鉴已建工程的实际经验，这是其重要优点。但它毕竟只是一个经验性的系数，实际上拱坝是否安全，除了混凝土体积及基岩强度外，还与设计水平有关。从拱坝优化的理论和实际工程经验可以看到，用相同体积的混凝土来建造一座拱坝，经过等体积优化，其应力水平可以降低，安全度可以提高，而应力水平系数无法反映设计水平。此外，对于寒冷地区的特别薄的拱坝，温度影响较大，柔度系数和应力水平系数都不能充分考虑温度的影响。

5.1.4.3 安全水平系数

应力水平系数 D 代表坝体和坝基的应力水平，考虑到坝的安全不仅与应力水平有关，还与坝体和基础的强度有关。因此，朱伯芳提出拱坝安全系数如下

$$J=100R/D=100RV/A^2 \tag{5.1-9}$$

式中：J 为拱坝安全系数；R 为坝体和基础的强度；D 为应力水平系数；V 为坝体的体积；A 为拱坝中曲面的面积。

在式（5.1-9）中，右端乘以 100 是为了使 J 值在 1 附近，否则因 D 值较大，R/D 将是很小的小数。一些已建拱坝的安全水平系数见表 5.1-1。

表 5.1-1　　已建拱坝安全水平系数

名称	小湾	二滩	东风	东江	龙羊峡	李家峡	白山	瑞洋	溪洛渡	锦屏一级
安全水平系数	0.95	1.05	1.69	1.82	2.39	1.55	1.08	2.33	1.13	1.44

表 5.1-1 是根据坝体混凝土标号计算的，若要考虑基础的影响，则应在式中采用基础的抗压或抗剪强度。必须指出的是，由式（5.1-9）计算的安全水平系数只代表各工程的相对安全度，并不是绝对意义的安全系数。

总之，应力水平系数和安全水平系数比柔度系数更有意义。但由于实施工程的坝体混凝土和基础的强度不易获得，而坝体几何尺寸较易获得，因此，应力水平系数较易求得。

5.2　小湾拱坝体形设计与综合优化

5.2.1　坝段选择

在澜沧江中游河段规划的可选坝段内，首先比选了 3 个坝段：小湾坝段、大湾子坝段及明通坝段（图 5.2-1），经枢纽布置综合比较，选定小湾坝段。

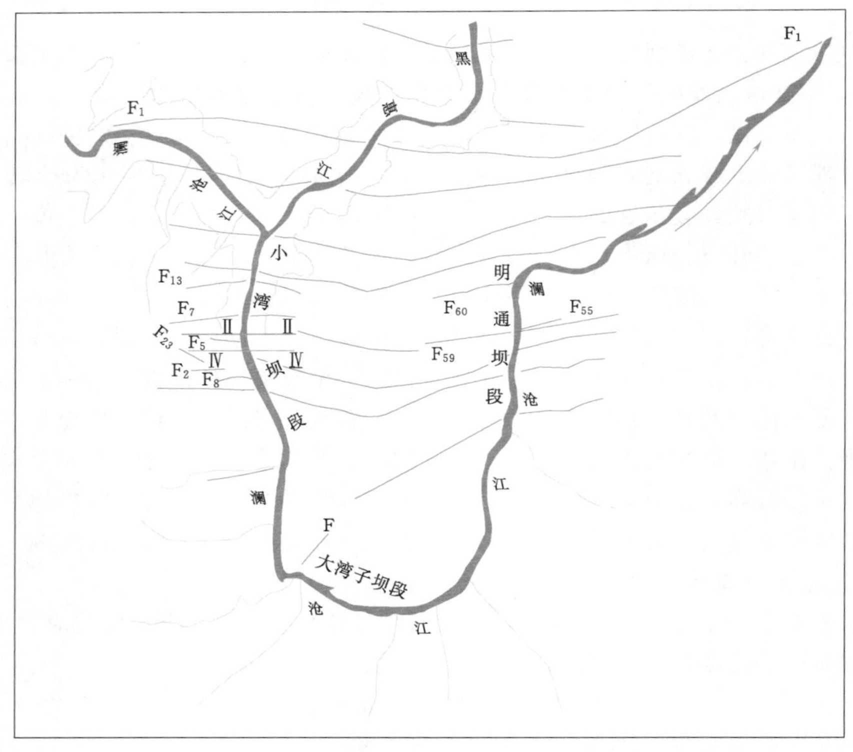

图 5.2-1　小湾坝段示意图

5.2.2 坝址选择

在小湾坝段选择上、中、下3个坝址进行比选。从3个坝址的工程地质条件、枢纽布置及坝型的灵活性和工期方面综合分析，选定较优的中坝址。中坝址河段长约2300m，枯水期河面宽80～120m，深4～10m。枢纽区位于高山峡谷地区，两岸岸坡陡峻，高程一般为1000.00～2000.00m，高程1600.00m以下平均坡度为40°～42°，高程1600.00m以上地形逐渐变缓，为典型的V形河谷，呈现沟梁相间的地形地貌。

5.2.3 坝型选择

中坝址的地形、地质条件适宜修建堆石坝和拱坝。为此，在中坝址进行了堆石坝和混凝土拱坝两种坝型的枢纽布置方案比选，见表5.2-1及图5.2-2。

表5.2-1　泄洪消能条件对照表

项　目	堆石坝方案		双曲拱坝方案		差值
校核洪水标准 P/%	P.M.F		0.01		
校核洪水入库流量/(m^3/s)	25900		23600		2300
设计洪水标准 P/%	0.05		0.2		
设计洪水入库流量/(m^3/s)	19900		16700		3200
最大下泄流量/(m^3/s)	溢洪道	14088	坝身中表孔	12448	1640
	溢洪洞	9240	泄洪洞	7734	1506
	合计	23328	合计	20182	3146
最大下泄功率/MW	泄洪道	32212	坝身中表孔	28134	4078
	溢洪洞	21127	泄洪洞	17480	3647
	合计	53339	合计	45614	7752

从泄洪消能角度看，两种坝型的泄洪消能均属当今世界水平，难度较大。

从施工难易程度看，堆石坝方案左岸上游、下游施工面需设置多层出渣、上坝运输道路，溢洪道开挖与大坝填筑平行作业相互干扰大，但外运材料量少，仅为双曲拱坝的43%。双曲拱坝方案由于缆机平台开挖量大，增加了施工准备期的工作量和施工干扰；大坝及泄洪建筑物对混凝土质量要求高，因而对混凝土质量要求十分严格。但双曲拱坝由于枢纽布置较为集中紧凑，施工面相对集中，施工布置相对简单。总之，两种坝型的施工难易程度无明显差异。从施工工期保证率来看，两种坝型的第1台机组投产期相等，但总工期双曲拱坝短6个月。由于双曲拱坝方案导流洞、运输洞、交通洞、尾水洞长度均比堆石坝方案短，导流洞断面也小，如果施工强度相同，则双曲拱坝截流、第一年度汛、第一台机组的投厂期的保证率均比堆石坝要高。

从投资及效益看，两种坝型相差不大，双曲拱坝静态总投资比堆石坝少2.68亿元、动态总投资少14.35亿元。双曲拱坝由于坝体上升较快，比堆石坝提前14个月完建，因而可使小湾下游梯级电站获得多发电71.74亿kW·h的效益。

综上所述，依据坝址区自然条件，修建堆石坝和双曲拱坝均是可行的，两种坝型各有

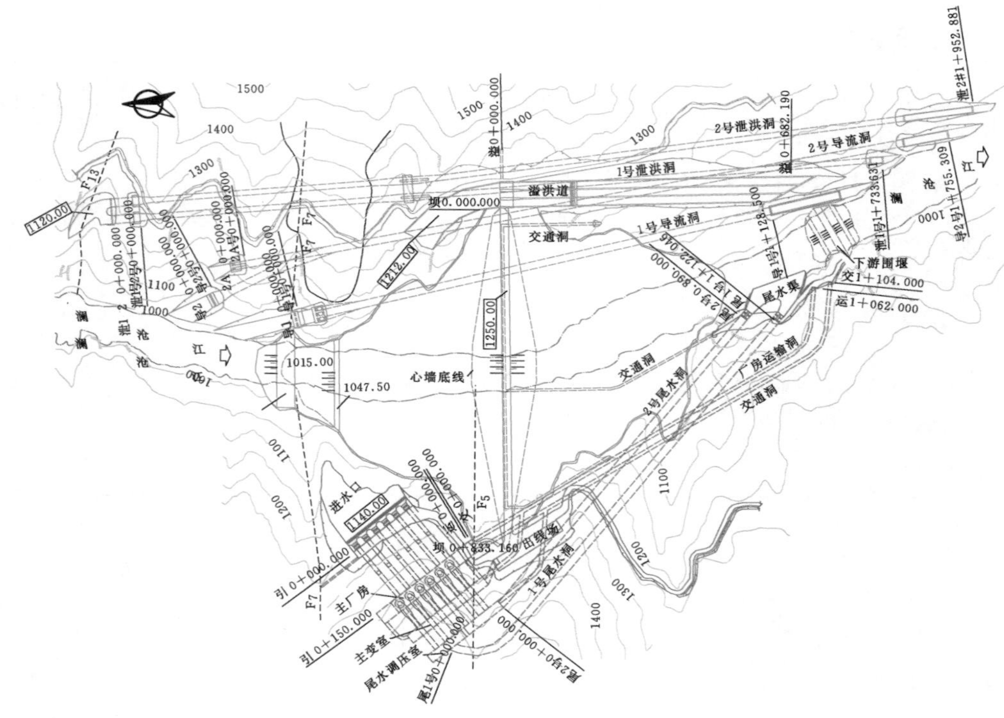

图 5.2-2 中坝址堆石坝方案枢纽图

其优缺点，但从泄洪消能、建设工期的把握性、节约投资和取得较好效益看，双曲拱坝方案的条件要好一些。为此，选择小湾坝型为双曲拱坝。

5.2.4 坝线及枢纽总布置方案选择

在坝址、坝型确定后，首先要解决的问题是坝线和枢纽布置。考虑到拱坝高近 300m，相关技术难度大，提出以优选坝线为主线，围绕坝线合理布置泄洪、引水发电和导流建筑物的方针。枢纽布置方案见表 5.2-2 及图 5.2-3～图 5.2-6。

表 5.2-2 枢纽布置方案（初选）特征表

方案	坝线	厂房位置	泄 洪 方 式	导流洞位置
2	Ⅱ	左岸地下	坝身 5 表孔、4 中孔和右岸两条洞	右岸
3	Ⅱ	右岸地下	坝身 5 表孔、6 中孔和左岸两条洞	左岸
4	Ⅱ	左岸地下	坝身 5 表孔、4 中孔和右岸滑雪道	右岸
5	(Ⅱ-Ⅳ)-1	右岸地下	坝身 5 浅孔、6 中孔和左岸两条洞	左岸
6	(Ⅱ-Ⅳ)-2	右岸地下	坝身 5 浅孔、6 中孔和左岸两条洞	左岸
7	Ⅳ-1	右岸地下	坝身 5 表孔、4 中孔和左岸两条洞	左岸
8	Ⅳ-1	左岸地下	坝身 5 表孔、4 中孔和右岸两条洞	右岸
9	Ⅳ-1	左岸地下	坝身 5 表孔、4 中孔和右岸滑雪道	右岸
10	Ⅳ-2	右岸地下	坝身 5 表孔、4 中孔和左岸两条洞	右岸

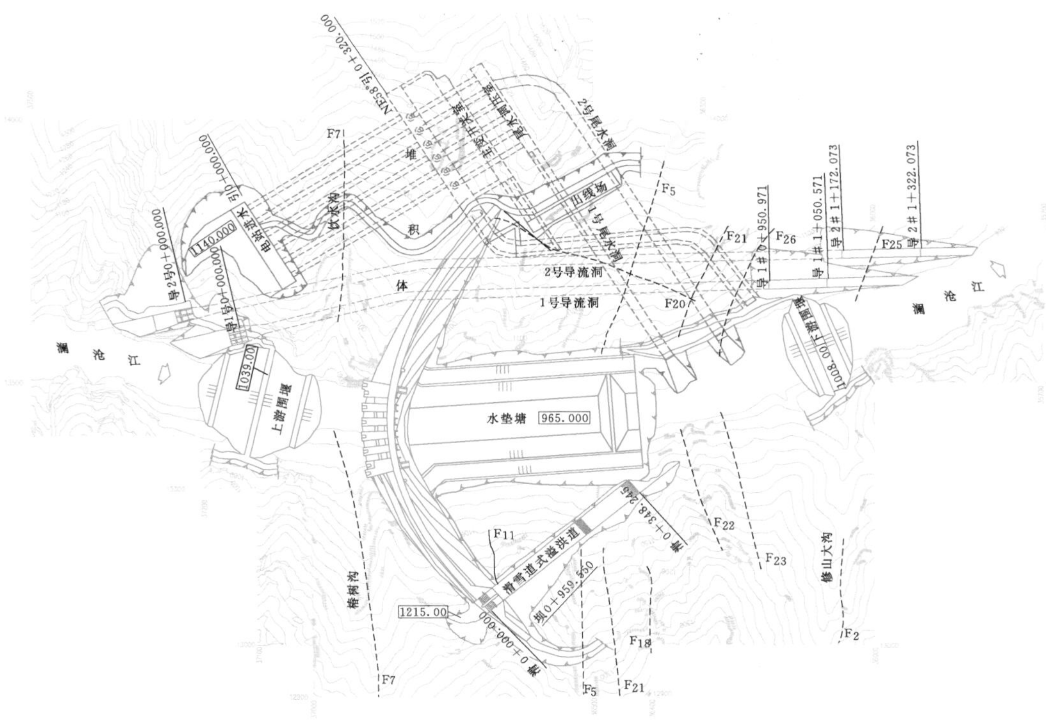

图 5.2-3 Ⅱ线左岸地下厂房方案

在选定的小湾坝段中坝址，上起 F_7 断层，下至修山大沟长约 1.0km 的范围内布置了 5 条坝线，配合坝线选择分别布置了左岸、右岸地下厂房，左岸、右岸泄洪洞、右岸滑雪道，结合坝身泄洪组合成 10 个枢纽布置方案。通过对各方案的工程量、施工工期和投资估算等初步分析比较，选出 3 条坝线（Ⅱ线、Ⅱ-Ⅳ线、Ⅳ线），并针对 3 条坝线的具体情况，布置了相应的地下厂房、泄洪建筑物及导流洞，组合成 4 个枢纽布置方案。所研究的 3 条坝线中，以Ⅱ坝线弦长最短，下游有一定抗力岩体相对较好，坝基岩体质量相对较好，避开了主要断层，通过坝基的Ⅲ级、Ⅳ级断层和蚀变岩带较少，是 3 条坝线中地形最窄且地质条件最好的坝线。相应地，Ⅱ坝线坝体体积最小，坝肩抗滑稳定条件较好，与之配套的泄洪消能及导截流建筑物布置紧凑、协调，泄洪安全能够得到保证、运行灵活。其他两条坝线的地形、地质条件总体不如Ⅱ坝线，坝体体积较大，坝基及坝肩处理工程量大、难度高，泄洪消能建筑物的布置、泄洪安全、运行灵活性等均不如Ⅱ坝线。为此，选择Ⅱ坝线作为拱坝坝线。

Ⅱ坝线左岸、右岸厂房比较表明，右岸地下厂房综合较适宜。为此，最终选定Ⅱ坝线右岸地下厂房、左岸泄洪隧洞、左岸导流洞方案为枢纽总布置方案。

5.2.5 坝轴线及拱端嵌入深度选择

5.2.5.1 地形地质条件

在Ⅱ坝线范围，左岸坝体主要坐落于 2 号山梁上游侧、坝头插于龙潭干沟沟底左侧，右岸坝体主要坐落于 1 号、3 号山梁间的山坳内，坝头下游邻近豹子洞干沟（图 5.2-7）。

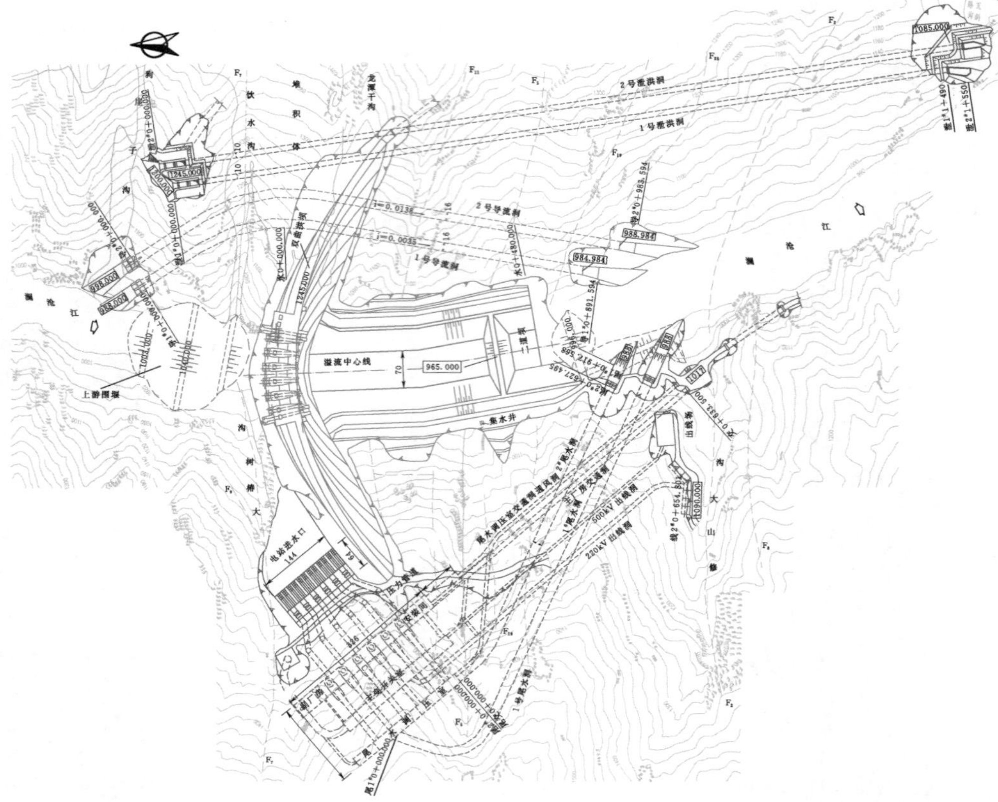

图 5.2-4 Ⅱ线右岸地下厂房方案

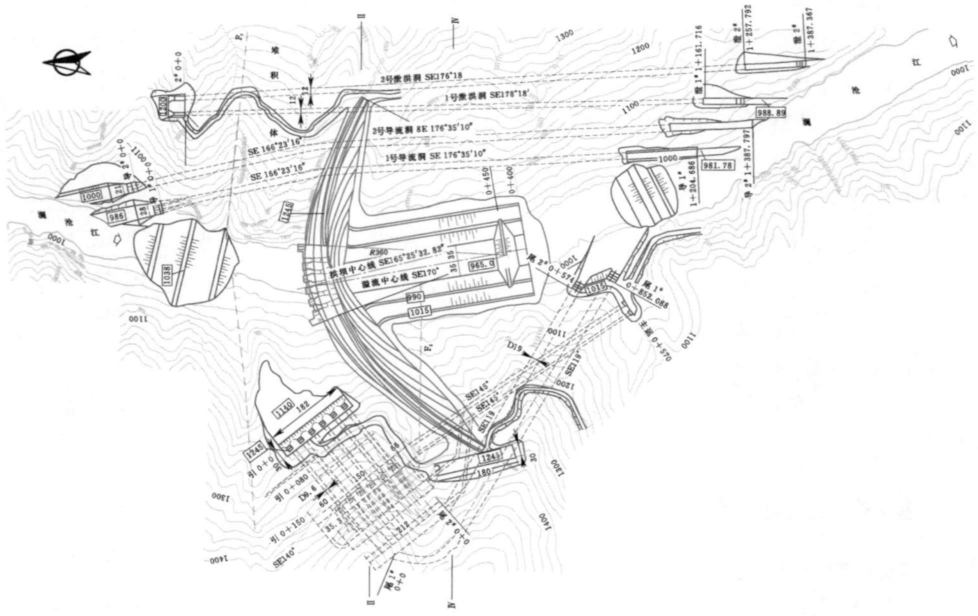

图 5.2-5 Ⅱ-Ⅳ线右岸地下厂房枢纽方案

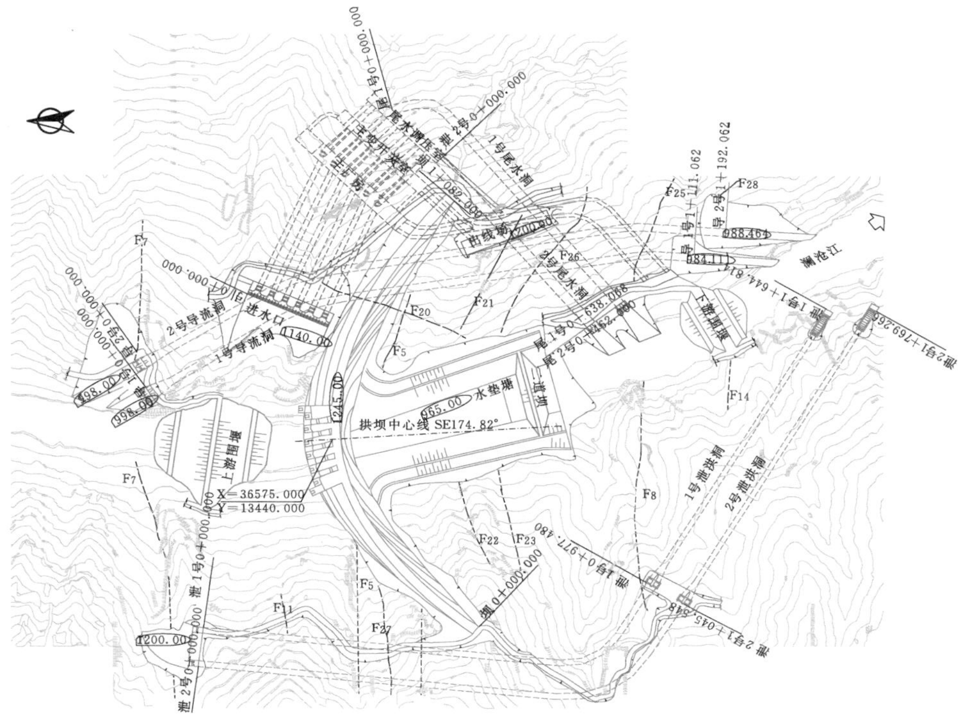

图 5.2-6 Ⅳ线左岸地下厂房方案

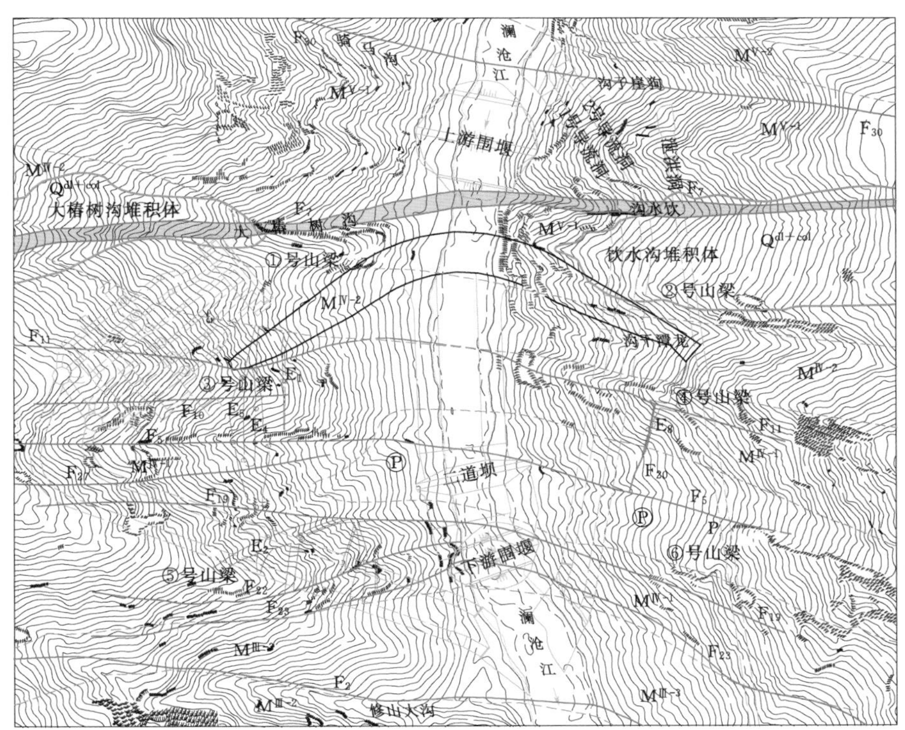

图 5.2-7 Ⅱ坝线地质简图

坝基及坝后抗力体部位主要岩性为黑云花岗片麻岩及角闪斜长片麻岩，均夹片岩。微风化-新鲜岩体均属坚硬-极坚硬岩石。

坝址区岩层呈单斜构造，岩层及主要地质构造横河分布，陡倾上游，唯一的Ⅱ级断层F_7，位于上游，离坝踵最近距离约50m。Ⅲ级断层F_5位于坝轴线下游，通过或邻近坝基的Ⅲ级断层和软弱岩带有F_{10}、F_{11}、F_{20}、E_8、E_1及E_4+E_5等（图5.2-8）。

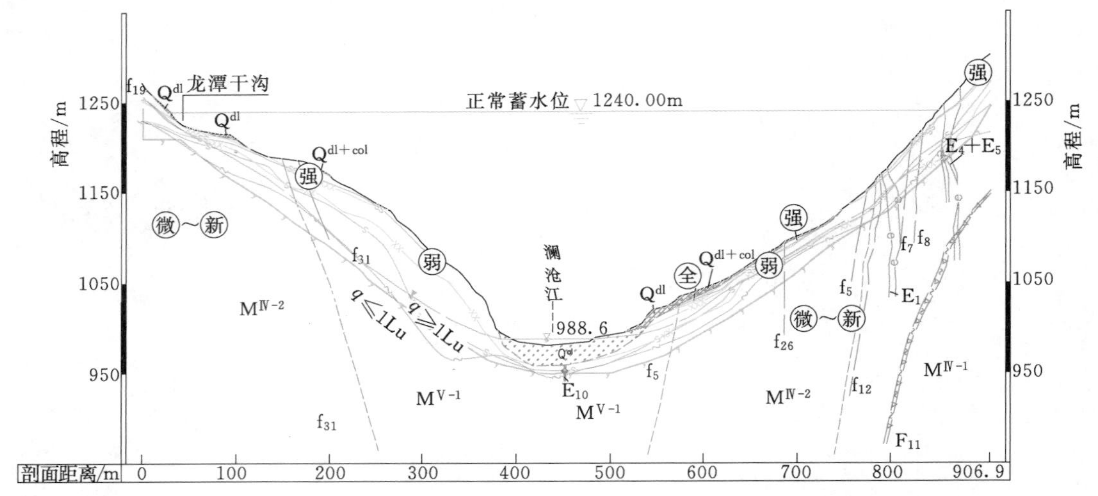

图5.2-8 Ⅱ坝线沿拱坝中心线剖面地质简图

两岸岩体风化以表层风化为主。卸荷作用较强烈，卸荷岩体水平深度一般为30～50m，左岸坝下游的4号山梁部位，最大水平卸荷深度达160m。卸荷带以下岩体质量好，以Ⅱ类岩体为主。

5.2.5.2 坝线及拱端嵌入深度比选

在Ⅱ坝线布置拱坝的限制条件：上游宜避开F_7断层、左岸坝基开挖边坡尽量少触及堆积体、右岸不影响进水口布置，下游宜远离左岸4号山梁的卸荷岩体、右岸F_5断层及豹子洞干沟。在Ⅱ坝线范围内布置了20个方案，通过分析比较选出有代表性5个方案，对拱坝轴线的具体位置、方位及拱端嵌入深度进行详细比较（图5.2-9及表5.2-3）。

表5.2-3 拱坝位置比选方案

坝线	Ⅱ-1	Ⅱ-6	Ⅱ-10	Ⅱ-18	Ⅱ-20
方位角	SE176°	SE175°	SE175°	SE175°	SE178°
距F_7最短距离/m	56	100	42	72	58
顶拱中心线弦长	823.69	878.00	852.00	804.00	826.00
顶拱中心角/(°)	93.51	75.82	75.90	82.71	82.71
最大中心角/(°)	95.00	84.61	89.86	90.84	91.14
拱冠梁底宽/m	63.06	65.50	64.00	67.93	69.49
拱冠梁顶宽/m	12.0	13.0	13.0	13.0	13.0

续表

坝线	Ⅱ-1	Ⅱ-6	Ⅱ-10	Ⅱ-18	Ⅱ-20
最大拱端厚度/m	65.55	74.00	73.00	72.15	73.00
坝体体积/万 m^3	657.66	731.14	729.30	705.60	715.00
开挖量/万 m^3	277.29	477.55	532.86	404.99	452.22

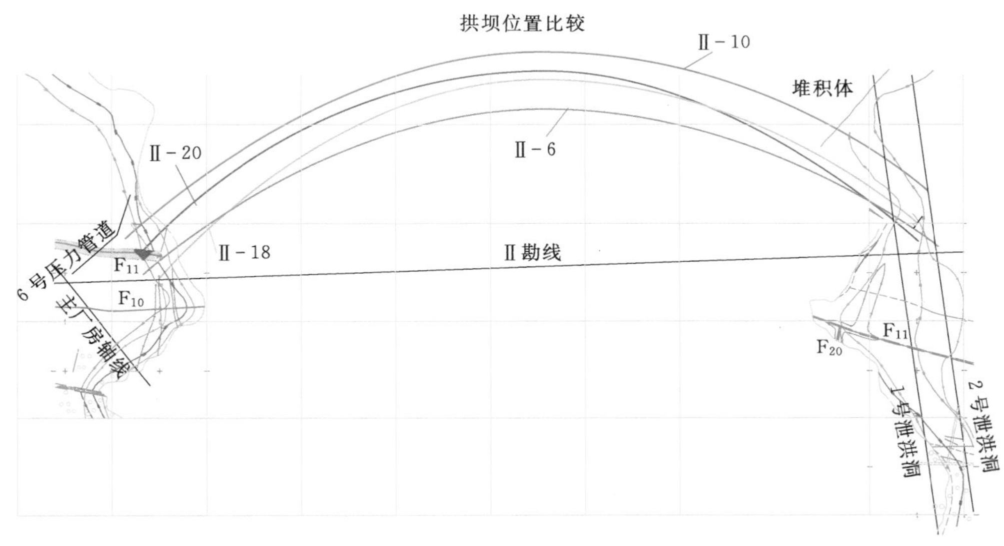

图 5.2-9 坝轴线及拱端嵌入深度比较图

Ⅰ-1 方案由于顶部拱圈中心角较大，左岸在高程 1170.00～1245.00m 距 4 号山梁较近，在高程 975.00～1130.00m 拱端嵌入深度不够。

Ⅱ-6 方案将坝轴线尽量扁平，坝踵距 F_7 断层为 100m，两岸拱端比Ⅰ-1 方案上移，右岸比Ⅰ-1 方案远离了进水口，左岸坝基开挖边坡未触及堆积体。但由于坝趾下移，受下游修山大沟限制，给水垫塘、电站尾水出口以及导流洞出口的布置带来较大的困难。

Ⅱ-10 方案将坝轴线尽量上移，坝体中心角适当加大，左右岸拱端分别避开了 4 号山梁和 F_5 断层，为坝肩稳定创造了较好的条件。但坝踵距 F_7 断层只有 42m，给电站进水口和压力钢管道布置带来困难，且左岸坝体在高程 1170.00～1210.00m 大面积穿过堆积体，开挖量太大。

Ⅱ-18 方案将坝轴线布置在Ⅱ-6 与Ⅱ-10 之间，拱坝中心线方位角为 SE175°，坝踵距 F_7 断层只有 70m。该方案右岸比Ⅱ-10 方案远离电站进水口，坝体混凝土量相对较小，左岸拱端较好地避开了 4 号山梁，水垫塘、电站尾水出口、导流洞出口有足够的布置空间。

Ⅱ-20 方案在Ⅱ-18 方案的基础上，将拱坝中心线方位角调整为 SE178°，在不影响电站进水口和压力管道布置的前提下，使右拱端上移了 20～30m，比Ⅱ-18 方案远离了豹子洞干沟，适当改善了右坝肩的稳定条件。在拱坝中心线方位角偏转的情况下，为维持左拱端不至于下移太多，将坝的整体坐标上移了 10m，且在左岸上部高程适当地增加了嵌入深度，故该方案左岸坝肩的稳定条件基本与Ⅱ－18方案保持一致。

经过上述一系列的比较，选择坝体应力状态及坝肩稳定条件较适宜的Ⅱ－20为拱坝坝轴线及拱端初步嵌入深度。

选择的是Ⅱ－20坝线（图5.2－10～图5.2－12），将拱坝插入右岸大椿沟和左岸龙潭干沟，左右岸拱座分别为雄厚的3号山梁和左岸4号山梁；上游坝踵尽量远离了F_7断层（最近距离约53m），且为上游围堰及导流洞布置留有足够的空间；左岸坝基开挖边坡基本未触及堆积体，下游受力较大的拱座避开了4号山梁的卸荷岩体；右岸电站进水口有足够的布置空间，拱端远离了F_5断层及豹子洞干沟；二道坝及水垫塘布置及坝身表中泄洪归槽顺畅。如此巧妙地利用地形地质条件，既为拱坝受力及拱座稳定提供了有利条件，又很好地协调了枢纽总布置，为整个工程的顺利建设及确保拱坝长期安全稳定运行奠定了坚实的基础，这对于特高拱坝来说是至关重要的。可以说，坝线的选择在诸多限制条件下，达到了完美。

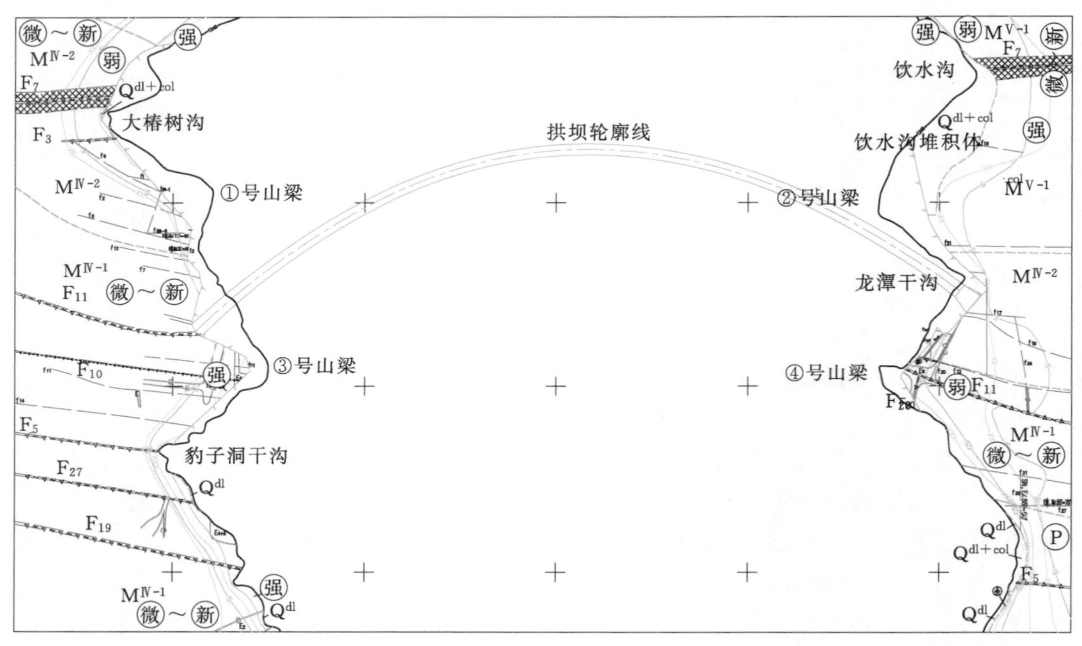

图5.2－10　Ⅱ－20方案高程1245m地质平切图

5.2.6　体形综合优化

在上述坝轴线位置选择及初定拱端嵌入深度中，协调解决了拱坝位置与枢纽总布置之间、拱端位置和拱推力方向与坝肩稳定之间的关系，确定了Ⅱ－20坝轴线、各高程拱端的相对位置、嵌入深度以及二次曲线型双曲拱坝坝型。

鉴于坝高，总体推力巨大，且又位于强地震区，坝体在高水位作用下，坝踵拉应力和坝趾压应力均较大，而在动力荷载作用下，坝体上部动应力较大。Ⅱ－20体形仅仅只是作为坝轴线比选阶段的体形，在此基础上，在确定的坝轴线位置对拱坝体形进行一系列优

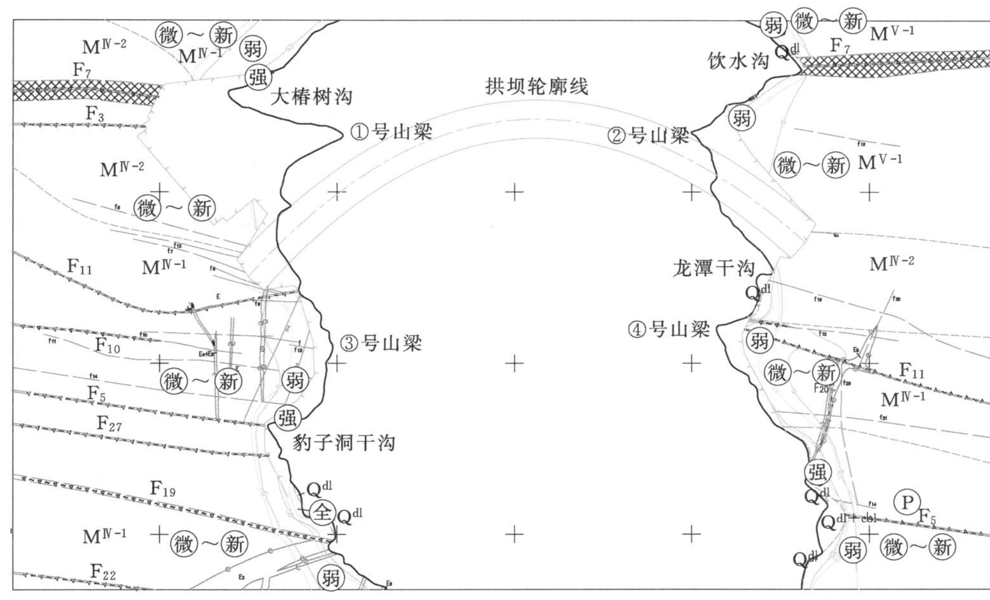

图 5.2-11　Ⅱ-20 方案高程 1150m 地质平切图

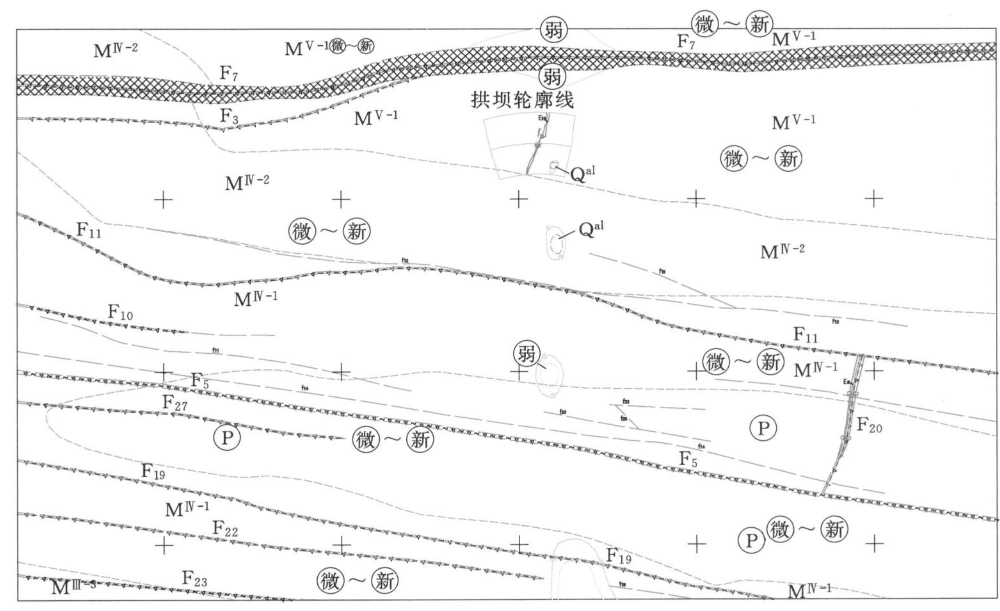

图 5.2-12　Ⅱ-20 方案高程 953m 地质平切图

化。首先，采用多拱梁法对坝体体形进行综合优化。随后，分别采用厚壳单元法、有限元法及地质力学模型试验作进一步比选。

5.2.6.1 多拱梁法优化

各高程岩体综合变模见表 5.2-4，各岩体及结构面物理力学指标见表 5.2-5，坝基岩体条件及岩体力学参数详见第 2 章。

表 5.2-4 各高程岩体综合变模

高程/m	953	975	1010	1050	1090	1130	1170	1210	1245
左岸/(10^4MPa)	2.2	2.2	2.0	2.0	1.8	1.8	1.8	1.5	1.2
右岸/(10^4MPa)	2.2	2.0	2.0	2.0	1.8	1.8	1.8	1.5	1.2

表 5.2-5 各岩体及结构面物理力学指标

岩　类	变形模量/(10^4MPa)	泊松比	抗剪参数	
			f	c/MPa
Ⅰ岩体	2.5	0.22	1.5	2.3
Ⅱ岩体	2.0	0.25	1.4	1.8
Ⅲ类、Ⅳa类岩体	0.9	0.265	1.2	0.9
位于Ⅰ类、Ⅱ类岩体内的 F_5 断层	0.35	0.3	1.0	0.6
位于Ⅰ类、Ⅱ类岩体内的 F_{10} 断层	0.35	0.3	1.0	0.6
位于Ⅰ类、Ⅱ类岩体内的 F_{11} 断层	0.35	0.3	1.0	0.6
位于Ⅰ类、Ⅱ类岩体内的 F_{20} 断层	0.35	0.3	1.0	0.6
位于Ⅰ类、Ⅱ类岩体内的 F_7 断层	0.2	0.3	1.0	0.5
位于Ⅲ类、Ⅳa类岩体内的 F_5 断层	0.14	0.31	0.8	0.3
位于Ⅲ类、Ⅳa类岩体内的 F_{10} 断层	0.14	0.31	0.8	0.3
位于Ⅲ类、Ⅳa类岩体内的 F_{11} 断层	0.14	0.31	0.8	0.3
位于Ⅲ类、Ⅳa类岩体内的 F_{20} 断层	0.14	0.31	0.8	0.3
位于Ⅲ类、Ⅳa类岩体内的 F_7 断层	0.102	0.31	0.8	0.3
蚀变带	0.3	0.3	1.0	0.45

为确保拱坝安全可靠，遵循在体形设计中留有适当余地的原则，允许应力参考现行拱坝规范，确定的应力控制标准见表 5.2-6。

表 5.2-6 应力控制标准

应力	基本组合		特殊组合
	上游面	下游面	无地震
主压应力	10	10	10
主拉应力	1.5	1.5	1.5

在拟定多个方案进行分析计算的基础上，提出一个（1-9）抛物线型方案、一个对数螺旋线型（FG1）方案、两个统一二次曲线型（SK1、SK2）方案及一个混合线型（ZD3）方案。各方案体形参数见表 5.2-7，体形见图 5.2-13 和图 5.2-14。

表 5.2-7　　　　各方案拱坝体形参数表

拱坝体形方案	Ⅱ-20	FG1	1-9	ZD3	SK1	SK2
顶拱中心角/(°)	82.71	83.37	84.57	83.26	95.37	93.12
最大中心角/(°)	91.14	94.44	93.00	91.03	96.00	96.01
拱冠梁底宽/m	69.49	74.85	72.91	72.00	66.49	61.88
拱冠梁顶宽/m	13.00	12.00	12.00	12.00	12.97	13.07
最大拱端厚度/m	73.00	79.45	72.00	75.00	77.02	79.74
厚高比	0.238	0.256	0.250	0.247	0.228	0.212
顶厚/底厚	0.187	0.160	0.165	0.167	0.195	0.211
上游平均倒悬度	0.0470	0.0628	0.0616	0.0358	0.0349	0.0520
凸点的相对高度	0.426	0.360	0.370	0.340	0.420	0.380
凸度	0.159	0.220	0.190	0.140	0.160	0.170
单位坝高柔度系数	13.19	13.00	12.72	13.05	13.40	12.94
坝体体积/万 m^3	705.77	724.0	746.96	754.0	697.17	723.79

考虑到总水推力巨大，拱座稳定至关重要，在拱坝体形方案比选中，适当地增加了坝体的水平向整体曲率、顶拱中心角及最大中心角，各方案均比Ⅱ-20有所增大。顶拱中心角最大为SK1（95.37°），最大中心角最大为SK2（96.01°）。

为尽量减小坝踵拉应力水平，各方案的凸点相对高度均比Ⅱ-20有所降低，最低为ZD3（0.34）；凸度ZD3减小，其余均有所增加，最大为FG1（0.22）；上游平均倒悬ZD3、SK1小于Ⅱ-20，其余均大于Ⅱ-20，最大为FG1（0.0628）。由此可见，ZD3、SK1的纵向曲率小于Ⅱ-20，而其余方案均大于Ⅱ-20，其中FG1的纵向曲率最大。

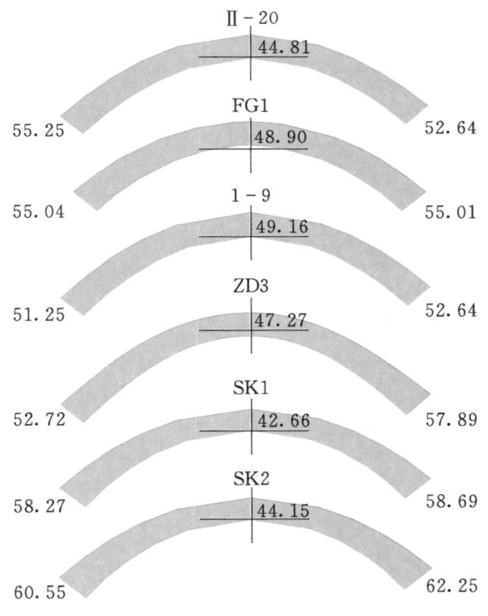

图 5.2-13　各方案高程1130m拱圈平面图

拱冠梁顶宽SK1、SK2接近Ⅱ-20，FG1、1-9和ZD3比Ⅱ-20小；拱冠梁底宽变化较大，FG1最大，接近75.0m，SK2最大，为61.88m；最大拱端厚度1-9比Ⅱ-20减少，其余均比Ⅱ-20大，最大为FG1和SK2，接近80m。从坝体厚度看，FG1、ZD3减小了顶部厚度，增加了中下部厚度；1-9减小了顶部厚度，增加了中下部拱冠梁的厚度；SK1、SK2增加了从顶部至底部的拱端厚度，减小了拱冠梁厚度。

坝体体积，SK1比Ⅱ-20略有减少，其余均比Ⅱ-20有所增加，最大为ZD3（754.0万 m^3）。与坝体体积相对应得单位坝高柔度系数，SK1略比Ⅱ-20大，ZD3接近Ⅱ-20，

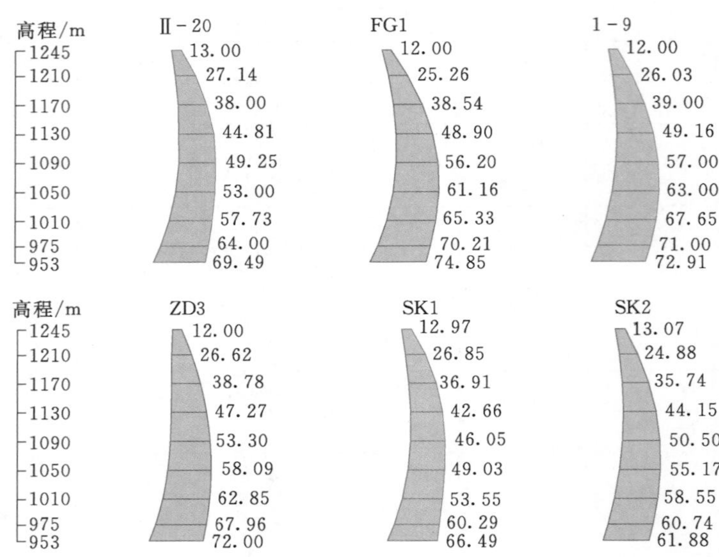

图 5.2-14 各方案拱冠梁剖面

其余均比Ⅱ-20小，最小为1-9（12.72）。

各方案在正常蓄水位工况下的应力计算成果见表5.2-8。各方案控制性的上游面最大拉应力明显比Ⅱ-20有所降低，SK2最小，仅为1.1MPa，下游面最大主压应力也有所降低，就拉应力而言，1-9、SK1、SK2较好。总之，各方案在不同程度上均降低了坝体的应力水平，尤其是减小了坝踵区的拉应力，尽管拱梁分载法反映出减小的幅度不大，但这很重要，意味着进一步的有限元分析得出的该部位的拉应力数值及分布范围将会明显减少。

表5.2-8 **各方案坝体应力** 单位：MPa

拱坝体形方案	上游面		下游面	
	最大主压应力	最大主拉应力	最大主压应力	最大主拉应力
Ⅱ-20	-7.02（高程1090m拱冠）	1.37（高程1050m右拱端）	-9.99（高程1050m左拱端）	0.25（高程975m右拱端）
FG1	-6.15（高程1130m拱冠）	1.40（高程1050m左拱端）	-10.20（高程1050m左拱端）	0.61（高程975m左拱端）
1-9	-6.04（高程1130m拱冠）	1.28（高程1050m右拱端）	-9.96（高程1050m右拱端）	0.64（高程975m左拱端）
ZD3	-5.78（高程1130m拱冠）	1.37（高程975m左拱端）	-9.76（高程1010m左拱端）	
SK1	-8.06（高程1090m拱冠）	1.19（高程1050m右拱端）	-10.0（高程975m右拱端）	0.66（高程975m右拱端）
SK2	-7.46（高程1130m拱冠）	1.10（高程1090m左拱端）	-9.30（高程1010m左拱端）	0.67（高程975m右拱端）

5.2.6.2 厚壳单元法比选

厚壳单元法，即运用壳体理论，类似于将拱梁分载法中的拱和梁之间的块体作为厚壳单元，拱圈的水平层数与拱梁分载法相同，仍采用伏格特（Vogt）地基假定，自重考虑

由梁单独承担，温度荷载按规范公式计算。

应力计算结果见表5.2－9。正常蓄水位工况下，各方案上游面最大主压应力均比Ⅱ－20略有减小，虽然最大主拉应力基本接近Ⅱ－20，但坝踵区主拉应力明显降低，Ⅱ－20坝踵最大主拉应力达2.46MPa，并且在高程953.00m上游面均出现大于1.0MPa的拉应力，其他方案坝踵最大拉应力接近1.0MPa，且上游面的拉应力仅出现在边缘，拱冠处甚至出现了压应力。各方案下游面的最大主压应力均比Ⅱ－20减少，最小为1－9（－11.02MPa）。

表5.2－9　　各方案厚壳单元法坝体应力　　单位：MPa

拱坝体形方案			Ⅱ－20	FG1	1－9
正常蓄水位	上游面	最大主压应力（部位）	－8.45（高程1130m拱冠）	－7.80（高程1130m拱冠）	－7.41（高程1130m拱冠）
		最大主拉应力（部位）	2.48（高程1010m左端）	2.40（高程1030m左端）	2.35（高程1010m左端）
		主拉应力（高程953m）	2.46	1.00	0.90
	下游面	最大主压应力（部位）	－12.46（高程1030m左端）	－11.30（高程1090m左端）	－11.02（高程1030m右端）
		主压应力（高程953m）	－10.73	－10.90	－10.02
自重作用	上游面	最大主压应力（部位）	－11.58（高程953m拱冠）	－11.80（高程953m拱冠）	－13.46（高程953m拱冠）
	下游面	最大拉应力（部位）	2.66（高程1030m左拱端拱冠）	2.40（高程1010m左拱端）	3.69（高程975m左拱端）
		主拉应力（起点高程）	1.38（高程1170m右端）	1.70（高程1090m左端）	0.97（高程1170m左端）

在自重单独作用下，各方案上游面最大主压应力均比Ⅱ－20增大，这对于抵消蓄水后产生的拉应力是有利的。下游面主拉应力的起点高程FG1最低，起点处的拉应力1－9最低，这将有助于降低施工期下游面的拉应力水平。

从厚壳单元法计算成果看，在正常蓄水位工况下，各方案坝踵区拉应力的数值和范围明显降低，在拱冠处甚至出现压应力，就这方面而言，1－9较好。在自重单独作用下，FG1下游面的拉应力起点高程低，拉应力出现的范围小，就施工期的拉应力而言，FG1较好。

5.2.6.3 有限元法比选

采用常规的有限元分析方法进行计算，首先用一套相同的数学模型和相同的网格形式——模型①，对各方案进行统一的整体三维有限元静力分析；然后，采用另一套网格形式——模型②，对Ⅱ－20、FG1、1－9进行动力和静力分析。

模型①。模拟范围：顺河向800m，横河向1420m，竖向300m，基岩底部高程653.00m。模拟了F_7、F_5、F_{11}、F_{10} 4条主要断层和E_4、E_5、E_8 3条主要蚀变带，断层及蚀变带参数见表5.5，岩体变形模量2.2×10^6MPa，泊松比0.25。

单元形式为8节点块体单元，单元总数3270个，其中，坝体512个，沿坝体梁向划

分 4 层单元，沿拱向划分为 16 层单元，沿高度方向划分为 8 层单元。

计算成果见表 5.2-10 和图 5.2-15、图 5.2-16。在正常蓄水位工况下，各方案拱冠处的最大主拉应力均比Ⅱ-20 小，最小为 ZD3（2.0MPa）。拱冠处沿铅直方向的主拉应力大于 1.0MPa 的范围Ⅱ-20 与 SK1 基本相同，约为 45m，ZD3 最小，约为 25.0m。各方案拱冠处沿水平向拉应力大于 0.88MPa 的范围均比Ⅱ-20（36.42m，约占底厚的 52.03%）小，1-9、SK1、FG1 基本相当，约为 30m，所占底厚的比例 1-9 最小，为 41.1%；ZD3 的范围最小，约为 25m，仅占拱冠梁底厚的 34.7%。

表 5.2-10　　　　各方案拱冠处主拉应力（模型①）

拱坝体形方案	最大值/MPa	≥1MPa 范围	≥0.88MPa 范围	
		垂直向	水平向	占底宽比/%
Ⅱ-20	7.0	45.31	36.42	52.03
FG1	4.0	27.09	31.20	41.68
1-9	4.0	26.75	30.00	41.10
ZD3	2.0	20.00	25.00	34.70
SK1	6.0	45.00	30.70	46.17
SK2	5.0	36.00	28.73	46.30

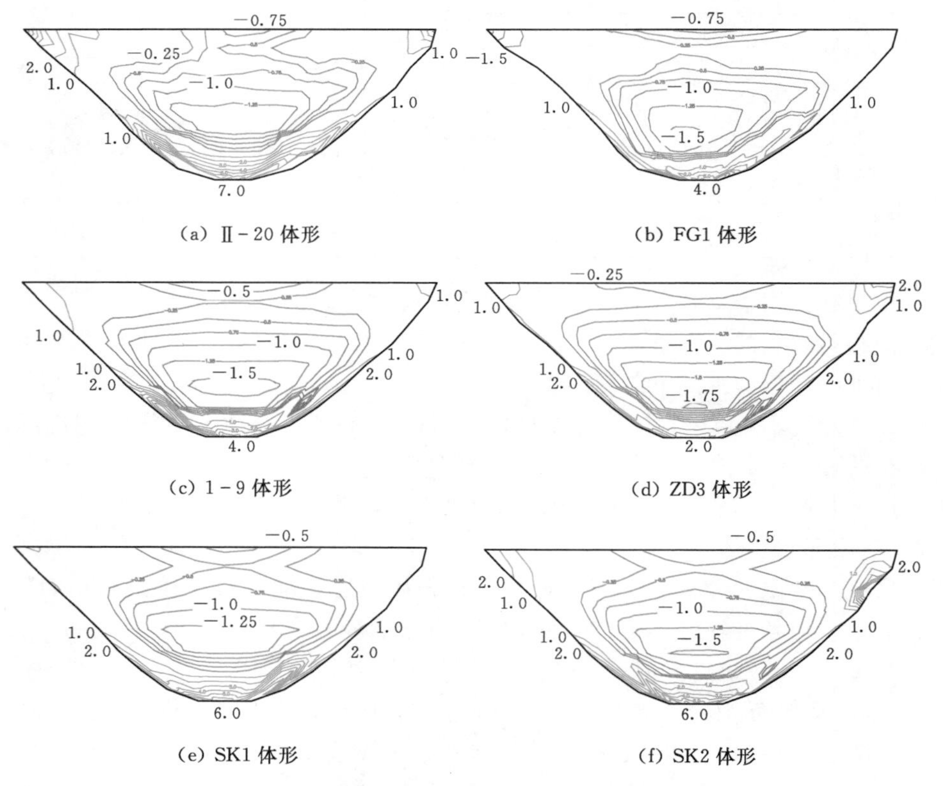

图 5.2-15　模型①各方案上游面第一主应力

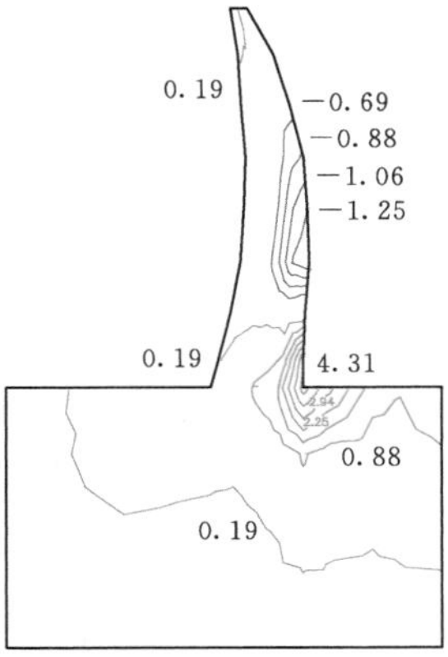

(a) Ⅱ-20 体形

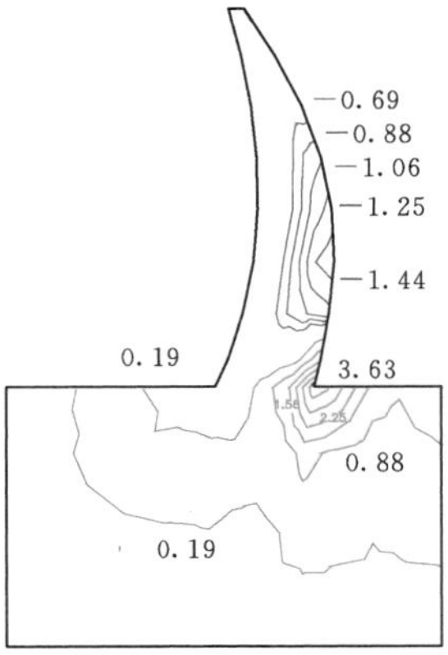

(b) FG1 体形

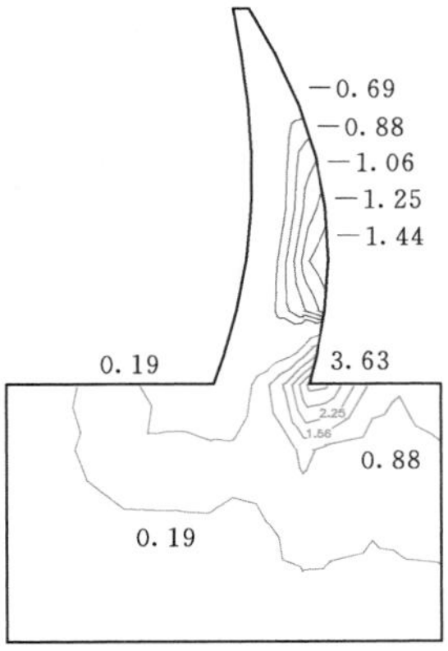

(c) 1-9 体形

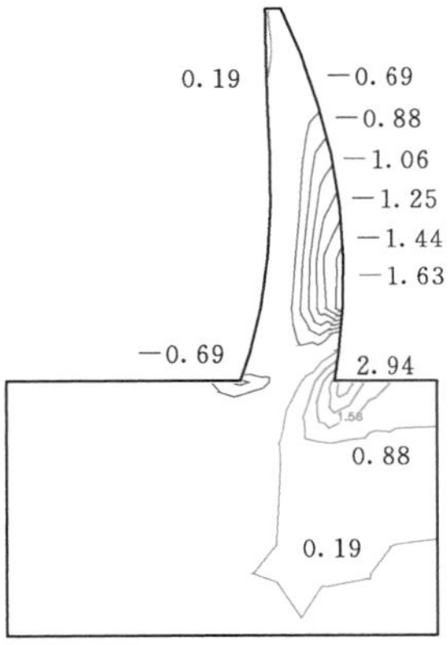

(d) ZD3 体形

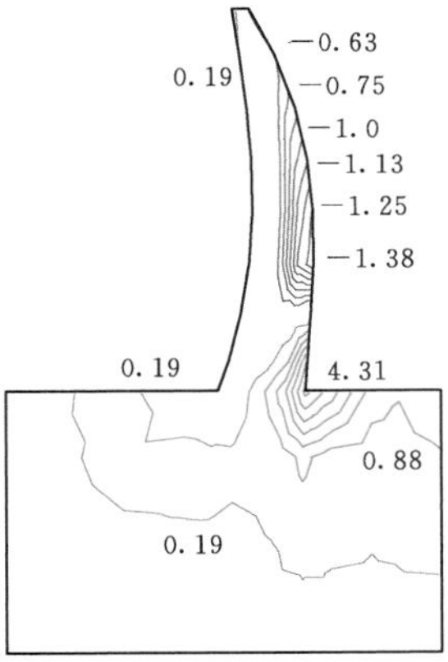

(e) SK1 体形

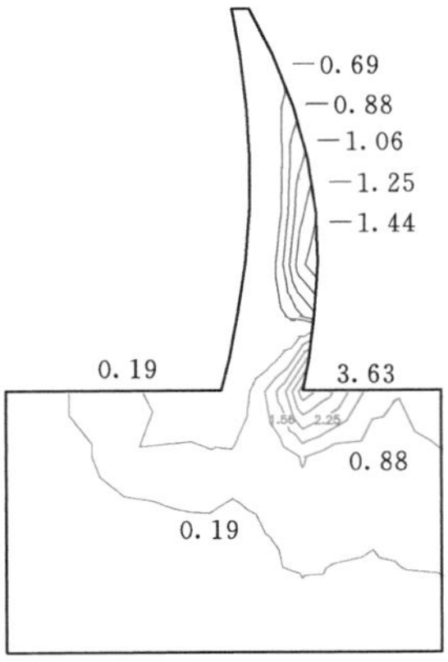

(f) SK2 体形

图 5.2-16 模型①各方案拱冠梁第一主应力

模型②。模拟范围与模型①相同，地基网格为均匀网格，没有考虑坝基岩体中的软弱结构面。岩体变模 2.2×10^{6}MPa，泊松比 0.25，不计温度荷载。单元形式及坝体单元数与模型①相同，基础单元总数 2008 个。

静力计算成果见表 5.2-11 和图 5.2-17。在正常蓄水位工况下，各方案拱冠处的最大主拉应力均比Ⅱ-20 小，最小为 1-9（6.10MPa）；拱冠处沿铅直方向的主拉应力大于 1.0MPa 的范围均比Ⅱ-20（45.33m）小，最小为 1-9（29.78m）；拱冠处沿水平向拉应力大于 1.0MPa 的范围均比Ⅱ-20 小（39.72m，约占底厚的 57.16%），1-9 最小，约为 40.46m，占底厚的 55.42%。

表 5.2-11　　各方案拱冠处主应力和坝体最大径向变位（模型②）

拱坝体形方案		Ⅱ-20	FG1	1-9
最大主拉应力/MPa		7.70	6.10	5.65
主拉应力不小于 1.0MPa 范围	垂直向/m	45.33	39.5	29.78
主拉应力不小于 1.0MPa 范围	水平向/m	39.72	41.65	40.46
	占底厚比/%	57.16	55.61	55.42
最大径向位移/cm		21.17	20.68	18.09
最大主压应力/MPa		−11.70	−10.65	−12.77

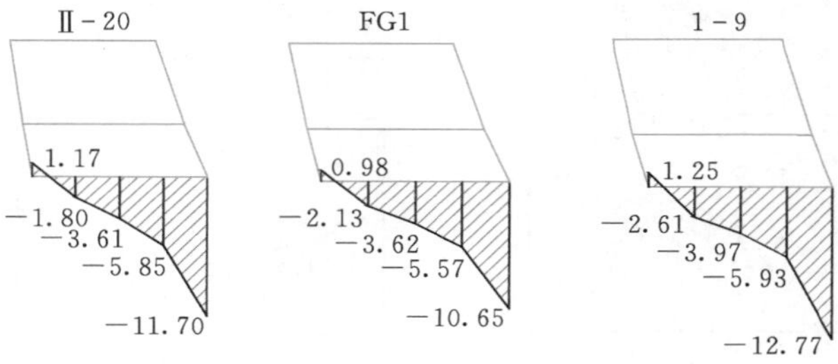

(a) 坝底拱冠处第三主应力分布

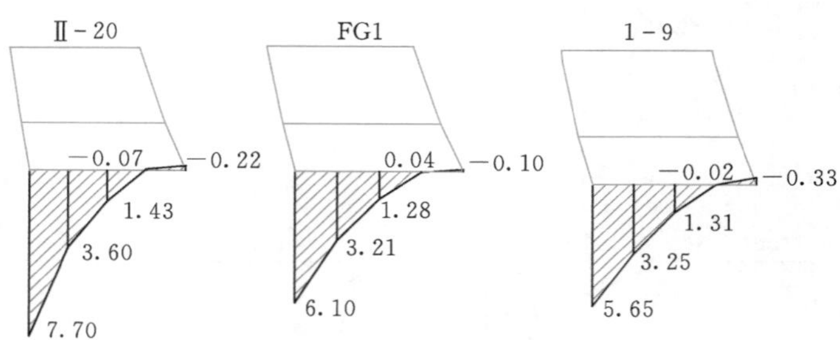

(b) 坝底拱冠处第一主应力分布

图 5.2-17　模型②坝底拱冠处主应力分布

虽然模型②没有考虑基础中的软弱结构面以及地形条件，得出的各方案的拉应力要比模型①大，但两种程序两个模型得出的结论是一致的：经过优化，各方案的拉应力数值及拉应力范围均明显比Ⅱ-20 减小，其中，1-9 体形变位较小，应力状态最好，尤其是上游面主拉应力的数值及范围均较小。

动力分析仅采用振型分解反应谱法，且不考虑动水作用，基础视为无质量地基，只计坝体的惯性力（参见第 4 章）。反应谱采用规范给定的标准加速度反应谱，地震主震周期 T_g 取 0.2s，最大地震加速度反应谱值 $\beta_{max}=2.5$，地震作用效应由各振型反应按平方和方根法组合，振型属取前 20 阶。同时计入水平向和竖向地震作用，三向地震作用效应按平方和方根法组合，竖向峰值加速度为水平向的 2/3。计算结果见表 5.2－12～表 5.2－14。

表 5.2－12　各方案坝体自振频率　单位：Hz

阶　数	Ⅱ－20	FG1	1－9
1	1.2350	1.3246	1.2770
2	1.2725	1.3736	1.3537
3	1.8116	1.9954	1.8490
4	2.6520	2.6416	2.4389
5	2.9320	2.6796	2.6932

表 5.2－13　各方案坝体最大动应力　单位：MPa

拱坝体形方案		Ⅱ－20	FG1	1－9
上游面	拱向应力（部位）	4.31（高程 1245m 拱冠）	4.61（高程 1245m 拱冠）	4.57（高程 1245m 拱冠）
	梁向应力（部位）	3.20（高程 1190m 拱冠）	3.30（高程 1170m 拱冠）	3.50（高程 1170m 拱冠）
下游面	拱向应力（部位）	3.86（高程 1245m 拱冠）	4.61（高程 1245m 拱冠）	4.09（高程 1245m 拱冠）
	梁向应力（部位）	3.63（高程 1170m 拱冠）	4.35（高程 1170m 拱冠）	3.50（高程 1170m 拱冠）

表 5.2－14　各方案坝体中上部动静最大综合应力　单位：MPa

拱坝体形方案			Ⅱ－20	FG1	1－9
特殊组合（3）	上游面	拱向应力（部位）	－2.33（高程 1245m 拱冠）	－2.57（高程 1245m 拱冠）	－2.49（高程 1245m 拱冠）
		梁向应力（部位）	0.81（高程 1210m 拱冠）	1.75（高程 1210m 拱冠）	0.80（高程 1210m 拱冠）
	下游面	拱向应力（部位）	－1.51（高程 1245m 拱冠）	－1.20（高程 1245m 拱冠）	－1.75（高程 1245m 拱冠）
		梁向应力（部位）	2.88（高程 1170m 右岸）	2.65（高程 1170m 右岸）	2.58（高程 1170m 右岸）
特殊组合（4）	上游面	拱向应力（部位）	2.13（高程 1245m 拱冠）	2.09（高程 1245m 右岸）	2.38（高程 1245m 拱冠）
		梁向应力（部位）	1.22（高程 1210m 拱冠）	2.77（高程 1245m 拱冠）	1.58（高程 1210m 拱冠）
	下游面	拱向应力（部位）	2.94（高程 1245m 拱冠）	2.47（高程 1245m 右岸）	2.82（高程 1245m 拱冠）
		梁向应力（部位）	2.28（高程 1170m 右岸）	2.61（高程 1170m 左岸）	2.23（高程 1170m 右岸）

FG1 和 1－9 的基频均比Ⅱ－20（1.235Hz）有不同程度的提高，最大为 FG1（1.3246Hz）。由此说明两方案的坝体刚度均得到增强。

3 个体形上游面的动应力基本接近，下游面动应力 FG1 最大，而 1－9 下游面拱向及梁向的动应力相对较小。在正常蓄水位遇地震工况下，3 个体形上游、下游面坝体中上部拱向均为压应力，而上游、下游面梁向均出现拉应力，其中 1－9 的最小。在多年平均消落水位遇地震工况下，3 个体形上游、下游面坝体中上部拱向变为拉应力，且数值普遍比梁向大，除下游面 FG1 的梁向拉应力较大外，其余应力状态 3 个体形基本相近。

总之，无论是动应力还是动静综合，1－9 体形应力均较小。

综上所述，多拱梁法、厚壳单元法、有限元法得出的坝体整体应力水平及分布规律是一致的。多拱梁法和厚壳单元法得出坝体最大拉压应力较大的体形，有限元法结果也较大。反之，多拱梁法和厚壳单元法得出坝体最大拉压应力较小的体形，有限元法结果也较小，尤其是对于拉应力。由此说明，尽管多拱梁法得出最大应力值并非坝体的真实应力，但体现了坝体的整体应力水平，在采用多拱梁法作体形优化中控制住最大拉压应力，也就意味着能够控制住坝体的整体应力水平。从这个意义上讲，无论是一般拱坝还是特高拱坝，以多拱梁法制定配套的应力控制标准基本合理，且易于设计人员实际操作和掌控。

鉴于常规有限元计算存在角缘应力集中现象，而拱坝最大应力均出现在沿坝基周边，这些应力应看做是“视应力”，尤其是拉应力严重失真。采用统计单元或节点应力来评判坝体的最大应力状况是不合理的；采用等效方法处理，由于涉及单元划分及形式等因素，也存在不确定性。采用上述统计拉应力区的方式，不失为有限元法评判坝体拉应力水平的一种有效途径，尤其对于体形设计和优化。

5.2.6.4 地质力学模型试验比选

地质力学模型试验的特点在于对地质构造的模拟和地质力学的模拟，使用破坏试验的手段来探讨大坝的破坏机制和安全储备能力。模型采用小块重力石膏按地质构造砌置而成，按照力学相似原理来模拟各种构造的力学指标。在大坝上加千斤顶，用超载法（即采用模拟超水容重的体积力方法）做破坏试验，用位移计和应变计自动跟踪观测大坝的破坏过程和安全度。

尽管地质力学模型试验存在一定的局限性，对水库蓄水加载的模拟及对超载的模拟均也有所失真，但作为相对评价大坝的安全度很有意义。我国已建和拟建的高拱坝基本上都开展了地质模型试验，其成果在评价拱坝的整体安全度方面发挥了重要作用。

在小湾拱坝体形比选中，针对Ⅱ－20 和 1－9 体形，进行过两次地质力学模型试验。试验是在净空为 4m×7m、高 2m 的钢筋混凝土试验槽中进行，模拟比例为 1∶250。上游模拟 175m，超过 F_7 断层，约 0.6 倍坝高，下游模拟 550m，超过 F_{20} 断层，约 1.9 倍坝高，坝体基础以下模拟 250m，越 0.9 倍坝高。模拟了地形、岩体风化界线、主要断层、蚀变带、节理裂隙等软弱结构。

试验仅模拟水荷载，共分成 8 层，形成近似三角形荷载分布。共用了 82 各自制的小千斤顶。每组千斤顶均与分油器相连，用近 20 个压力表控制各层的油压。试验采用增大比重法加载，并采用逐级增量加压。在弹性状态下进行多次加载循环，到一定倍数后连续增压超载直至破坏。试验成果见图 5.2－18 和图 5.2－19。

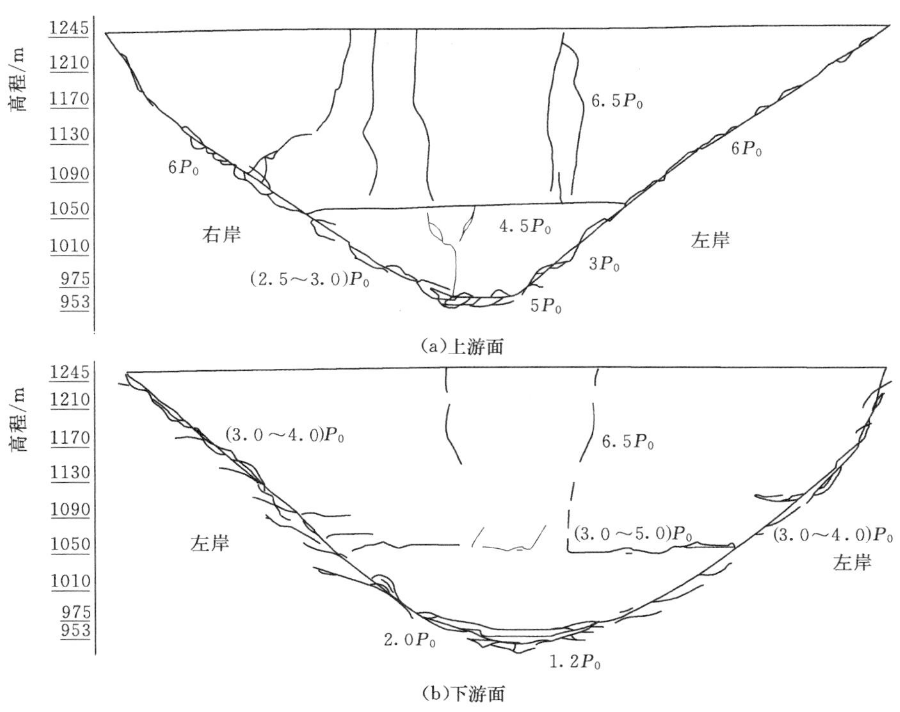

(a)上游面

(b)下游面

图 5.2-18 Ⅱ-20 体形地质力学模型试验超载破坏图

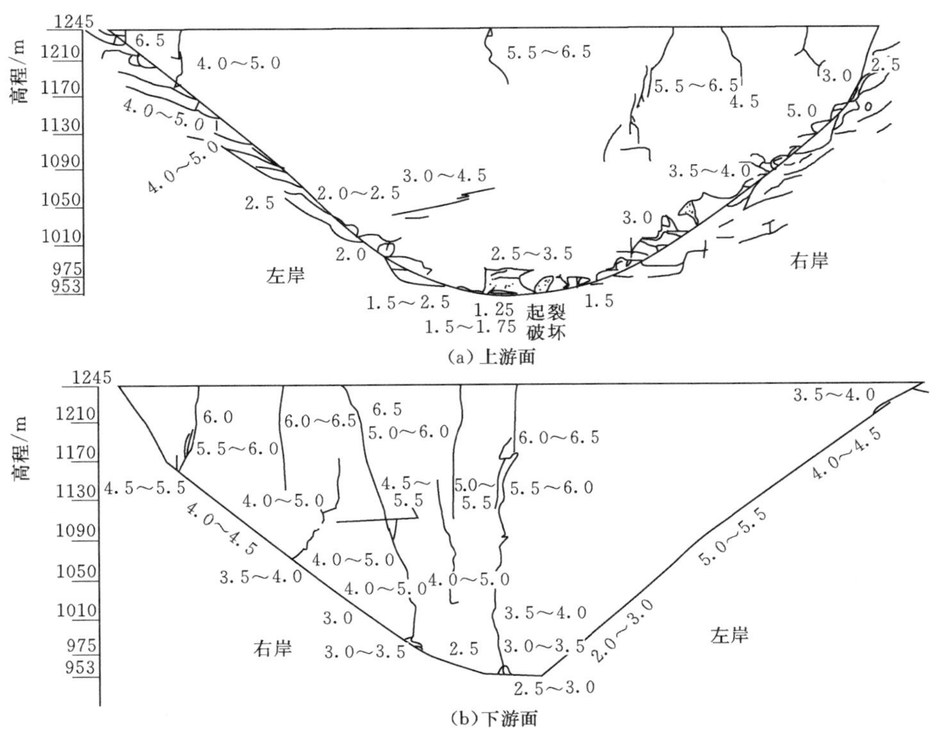

(a)上游面

(b)下游面

图 5.2-19 1-9 体形地质力学模型试验超载破坏图

Ⅱ-20 体形。坝体上游坝踵在 $1.2P_0$ 时（P_0 为正常蓄水位水载）开始拉裂，在 $1.5P_0$ 时拉开 10m 左右；下游拱端位于高程 970.00m 附近，在 $(2\sim3)P_0$ 时起裂；坝体下部高程在 $5P_0$ 时裂缝沿横向及拱厚方向贯通，将坝体分为两个拱坝；上部高程在 $6.5P_0$ 时崩溃，出现纵向裂开，整个坝体散失承载能力。

1-9 体形。坝体上游坝踵在 $1.25P_0$ 时开始拉裂，逐渐向左右两侧坝踵延伸，在 $(2.0\sim2.5)P_0$ 时上游高程 1010.00m 以下的坝踵基本已全部开裂，但尚未贯穿到下游；下游坝趾在 $(2.5\sim3.0)P_0$ 时起裂，也同样向两侧延伸，由于高程 990.00m 以下坝趾已全部开裂，位移过大，导致下游拱冠开裂，拱作用大大减弱；当荷载到 $(4.0\sim5.0)P_0$ 时上游拱端已全部裂开；当荷载到 $(5.0\sim6.0)P_0$ 后，地面裂缝已全面贯通；当荷载达 $(6.5\sim7.0)P_0$ 时，坝体出现纵向裂缝，整个坝体散失承载能力。

两个体形相比，1-9 能承受得起裂荷载及崩溃荷载均比Ⅱ-20 有所提高，特别值得关注的是，Ⅱ-20 体形在承受 $5P_0$ 荷载时，在下部高程出现了沿横向贯通整个坝面、沿拱厚方向从上游面延伸至下游面的贯通裂缝，将坝体分为了两个拱坝，说明Ⅱ-20 体形中下部梁向刚度相对较弱。而 1-9 体形坝体整体刚度有所改善，尤其是增强了中下部高程的梁向刚度，在承受超载，直至散失承载能力过程中，坝体整体性保持完好，均未出现拱向贯穿性裂缝。

总之，从地质力学模型试验成果看，1-9 体形坝体的安全性优于Ⅱ-20 体形。

5.2.6.5　综合比选

在Ⅱ-20 体形的基础上，对抛物线型方案 1-9、对数螺旋线型 FG1 方案、统一二次曲线型 SK1、SK2 方案及混合线型 ZD3 方案，通过拱梁分载法优化，厚壳单元法、有限元法、地质力学模型试验比选，得出以下结论：

（1）FG1 方案大幅度地增加了坝体的纵向曲率和水平向曲率，降低坝体倾向上游的凸点高程，以充分利用坝体上部的水体压重和下部的倒悬。与此同时，还增加了坝体底部的整体厚度，从而有效地降低了高水位工况下坝踵区的拉应力数值及其范围。由于加大了坝体上部倾向下游的曲率，施工期坝体下游面的拉应力状况也有所改善。从静力角度看，该方案是一个比较好的方案。但是，该方案由于坝体纵向曲率较大，在自重作用下上游面中上部已出现拉应力、下游面中上部拱冠梁附近的压应力较小、坝体上部厚度较薄，刚度较弱，从而导致坝体中上部动力反应较大，动静应力叠加后，坝体在该部位拱冠梁附近的梁向拉应力较大。从动力角度看，该方案在各方案中属于较差的，比Ⅱ-20 体形差。

（2）1-9 方案也增加了坝体的纵向曲率和水平向曲率、降低了倾向上游的凸点高程，但幅度没有 FG1 大。1-9 方案的凸点较低（略比 FG1 方案高），同时还增加了拱冠梁中下部的厚度，使高水位工况下的坝踵拉应力水平低于 FG1 方案，在所有方案中静力状态是最好的，动应力和动静叠加应力也较小，比Ⅱ-20 体形改善许多，但施工期拉应力比 FG1 方案差。从地质力学模型试验成果看，1-9 体形的整体安全度比Ⅱ-20 体形有所提高。

（3）ZD3 方案的纵向曲率虽然比Ⅱ-20 体形的小，但水平向曲率非常大，远大于其他方案。由于水平向曲率增大，为维持拱端嵌入深度和坝肩稳定条件基本不变，只有将坝轴

线顶点坐标往上游移动约30m。这样一来，坝踵距F_7断层的距离变得相当近，在高程953.00m仅约为20m，背离了拱坝布置应尽量远离F_7断层的原则，即，在小湾坝址特定的地形地质条件下，拱坝的水平向曲率不宜过大。就拱坝结构而言，坝体水平向曲率的增加，会使拱作用得到增强，坝体的应力状态由此将得以改善，但在坝高、河谷较宽的情况下，随着水平向曲率的增加，坝体受水面积也随之增加。从ZD3方案中便可看出，坝踵的应力水平虽然有所降低，但降低幅度并不大。而且，虽然坝体体积显著增加，但受水面积也随之增加，其结果单位坝高柔度系数并没有降低，仅次于Ⅱ-20体形，即坝体的整体安全度并没有提高。由此说明，鉴于小湾拱坝坝高、河谷较宽，承受的水荷载量级巨大，其受力状况有自身的特性，增加水平向曲率，坝体应力状态的改善有限，与增加的坝体积相比，收效不明显。

（4）SK1和SK2方案较大幅度地加大了坝体的水平向曲率和从底至顶的拱端厚度，坝体的纵向曲率也有所增加，坝体的静力状态比Ⅱ-20体形得到一定改善。但相比之下，改善的程度不如其他方案。

综上所述，多种分析方法得出的结论是一致的，各方案在Ⅱ-20体形的基础上，从3个方面（水平向曲率、纵向曲率和坝体厚度）优化调整坝体的体形参数，均在不同程度上达到了降低坝体应力水平的目的。1-9方案在正常运行期和地震工况下，坝体的动静应力状态均相对最好，整体安全度最高。但施工期在最大空库工况下，坝体下游面拉应力水平比FG1方案高。考虑到为确保拱坝长期运行安全，选择1-9方案作为综合优化方案，而对于施工期坝体的应力的状态，则采取控制最大空库浇筑高度的方式来加以解决。

5.2.7 拱坝体形的最终确定

5.2.7.1 体形进一步优化

在上述坝体体形综合优化中，尽管选定的1-9方案比Ⅱ-20体形坝体的动静应力状态均得到了改善，整体安全度也有所提高，但考虑到坝高、承受的水压力巨大、坝址区地震烈度高的特点，在体形设计上应留有余地，以确保拱坝安全。为此，从降低坝踵区拉应力和加强坝体抗震性能出发，调整应力控制标准（表5.2-15），从严控制上游面最大拉应力，将荷载基本组合下的上游面允许拉应力从1.5MPa降至1.2MPa，在1-9体形的基础上，又作了如下进一步的优化调整，形成ZBTX体形。

表5.2-15　应力控制标准　单位：MPa

应力	基本组合		特殊组合
	上游面	下游面	无地震
主压应力	10	10	10
主拉应力	1.2	1.5	1.5

（1）增加了高程1170.00m以上拱端的厚度，将坝顶拱端厚度由12m增加到16m。

（2）基于深入的地质勘探成果，将坝底高程953m拱圈由85m缩窄到55m。

（3）在选定的坝轴线左岸坝肩分布有发育较深的卸荷岩体，尤其在上部高程，拱端

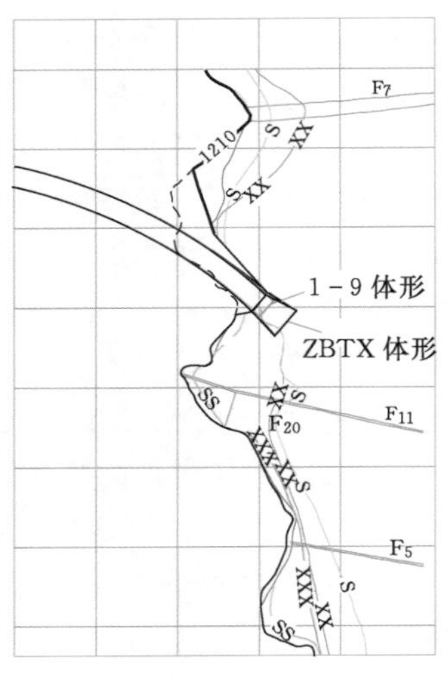

图 5.2-20　推力墩示意图

距卸荷岩体较近，坝体上部高程对左岸坝肩变形稳定有一定影响。为尽量避开该卸荷岩体，1-9 体形加大了左岸上部高程拱端的嵌入深度。从数值计算分析及地质模型试验成果（图 5.2-15 和图 5.2-16）可以看出，1-9 体形左岸变形大于右岸，超载情况下，右岸出现较多的竖向裂缝，说明左岸坝肩岩体的刚度小于右岸。为此，在高程 1210.00m 拱圈以上，沿拱向设置长 20m 的推力墩（图 5.2-20），一方面改善坝体在此部位左右岸的对称性，另一方面减小拱端传至拱座岩体的拱向推力，增强拱座岩体的稳定性。

ZBTX 体形与 1-9 体形参数见表 5.2-16，可以看出，调整后的 ZBTX 体形对称性更好，单位坝高柔度系数由 12.72 降至 12.42，拱坝整体安全度有所提高。

表 5.2-16　　　ZBTX 体形与 1-9 体形参数比较表

项　目	ZBTX	1-9
坝顶中心线弦长/m	798.50	832.00
坝顶中心线弧长/m	892.786	934.77
顶拱中心角/(°)	82.863	84.57
最大中心角/(°)	93.146	93.00
拱冠梁底宽/m	72.91	72.91
拱冠梁顶宽/m	12.00	12.00
最大拱端厚度/m	72.00	72.00
弧高比	3.058	3.201
厚高比	0.250	0.250
顶厚：底厚	0.165	0.165
上游平均倒悬度	0.0616	0.0616
相对高度	0.370	0.370
凸度	0.190	0.190
单位坝高柔度系数	12.42	12.72
坝体体积/万 m^3	753（包括推力墩）	746.96

多拱梁法计算成果（表 5.2-17 和表 5.2-18）表明，在静力工况下，坝体上游面最大主拉应力由 1.28MPa 降至 1.219MPa，其余工况上游面最大主拉应力也均有所降低；在地震工况下，坝体上下游面最大主拉、主压应力均有所降低。总之，ZBTX 体形的拉应力水平比 1-9 体形有所降低，调整后的体形达到了降低坝体拉应力的目的。

表 5.2-17　　静力工况下 ZBTX 体形与 1-9 体形坝体最大应力及变位

项目		ZBTX				1-9			
		基本组合		特殊组合		基本组合		特殊组合	
上游面	主压应力/MPa	-6.46	-7.22	-6.56	-7.77	-6.04	-8.28	-6.23	-8.77
	部位	高程 1130m 拱冠	高程 975m 右拱端	高程 1245m 拱冠	高程 975m 右拱端	高程 1130m 拱冠	高程 975m 右拱端	高程 1130m 拱冠	高程 975m 右拱端
	主拉应力/MPa	1.22	1.05	1.37	1.02	1.28	1.08	1.41	1.05
	部位	高程 1090m 右拱端	高程 1050m 右拱端	高程 1090m 右拱端	高程 1150m 右拱端	高程 1050m 右拱端	高程 1050m 右拱端	高程 1050m 右拱端	高程 1150m 右拱端
下游面	主压应力/MPa	-9.99	-5.65	-10.30	-4.83	-9.97	-5.65	-10.28	-4.87
	部位	高程 1050m 右拱端	高程 1090m 左拱端	高程 1050m 右拱端	高程 1050m 左拱端	高程 1050m 右拱端	高程 1010m 左拱端	高程 1050m 右拱端	高程 1010m 左拱端
	主拉应力/MPa	0.34	1.14	0.34	1.66	0.64	1.10	0.58	1.63
	部位	高程 953m 左拱端	高程 1130m 左拱端	高程 975m 左拱端	高程 1130m 左拱端	高程 975m 左拱端	高程 1130m 左拱端	高程 975m 左拱端	高程 1130m 左拱端
径向变位/cm		16.62	7.08	16.65	5.76	15.87	6.97	15.90	5.86
部位		高程 1210m 拱冠	高程 1090m 拱冠	高程 1210m 拱冠	高程 1090m 拱冠	高程 1210m 拱冠	高程 1130m 拱冠	高程 1210m 拱冠	高程 1090m 拱冠

表 5.2-18　　动力工况下 ZBTX 体形与 1-9 体形坝体最大应力　　单位：MPa

项　目		ZBTX		1-9	
		特殊组合（3）	特殊组合（4）	特殊组合（3）	特殊组合（4）
上游面	主压应力/MPa	-11.47	-9.55	-11.88	-10.25
	部位	高程 1245m 拱冠	高程 975m 左拱端	高程 1245m 拱冠	高程 975m 右拱端
	主拉应力/MPa	3.99	3.87	4.18	4.05
	部位	高程 1170m 拱冠	高程 1245m 拱冠	高程 1170m 拱冠	高程 1245m 拱冠
下游面	主压应力/MPa	-13.26	-8.19	-13.13	-8.32
	部位	高程 1050m 左拱端	高程 1050m 左拱端	高程 1050m 左拱端	高程 1010m 左拱端
	主拉应力/MPa	2.83	3.42	3.40	3.41
	部位	高程 975m 左拱端	高程 1090m 左拱端	高程 975m 左拱端	高程 1090m 左拱端

采用有限元法对 ZBTX 和 1-9 体形的动静应力状态作进一步分析比较，分别建立两套模型，模拟范围：顺河向上游取 200m，下游取 600m，共 800m；横河向左右各 600m，共 1200m；竖向 300m，基岩底部高程 653.00m。作为体形比较计算，两模型水荷载均按正常蓄水位 1240.00m 计算。

模型①：均匀地基，坝体网格数从顶至底相同，沿梁向分 4 层，沿拱向分 16 层，沿高度方向分 8 层。

模型②：复杂网格，模拟了地形、地质条件，其中模拟了 F_7、F_5、F_{11}、F_{10} 4 条主要断层和 E_4、E_5、E_8 3 条主要蚀变带。基岩近似分为 3 个区域，Ⅰ类岩体为第一区，Ⅱ类岩体为第二区，Ⅲ类、Ⅳ类岩体为第三区。坝体沿高度方向按加密的地质平切图划分，厚度方向在高程 1245.00～1110.00m 划分为 2 层单元，在高程 1090.00～953.00m 划分为 4 层单元，单元总数 10484 个。

模型①计算结果见表5.2-19和表5.2-20。ZBTX体形与1-9体形相比，在静力工况下，拱冠梁底部拉应力明显减小，主压应力也有所减小。ZBTX体形的自振频率较1-9体形有所提高，一阶频率由1.26提高到1.28，说明坝体的整体刚度得到加强，抗震性能有所提高。虽然两个体形的最大动应力基本接近，但ZBTX体形上部高程左拱端无论是梁向还是拱向，其动应力均有所减少，左右拱的动力反应趋于对称，说明在左岸设置推力墩对改善坝体上部高程的对称性、增强坝体的抗震性是有效的。

表5.2-19　ZBTX体形及1-9体形拱冠梁底板节点应力（模型①）

体形	第一主应力/MPa				
	上游节点	中间节点			下游节点
ZBTX	3.72	2.31	0.82	−0.13	−0.25
1-9	4.80	2.70	0.97	0.01	−0.37
体形	第三主应力/MPa				
	上游节点	中间节点			下游节点
ZBTX	0.85	−2.46	−3.87	−5.81	−11.44
1-9	1.22	−2.44	−3.80	−5.70	−12.0

表5.2-20　ZBTX体形及1-9体形前10阶自振频率（模型①）

体形	1	2	3	4	5	6	7	8	9	10
ZBTX	1.28	1.37	1.85	2.45	2.70	2.96	3.15	3.47	3.58	3.95
1-9	1.26	1.34	1.83	2.42	2.66	2.90	3.11	3.43	3.52	3.92

模型②计算结果显示：ZBTX体形横河向变形较1-9对称，其他方向变形略有增加，但增幅不大；拱冠梁底板主拉应力不小于1.0MPa区域与底厚之比，ZBTX体形较1-9减少了9.55%。再次表明，ZBTX体形的拉应力水平得到降低、对称性得到改善。

总之，在1-9体形基础上所作的优化调整，形成的ZBTX体形，降低了坝踵区的拉应力水平、改善了坝体在上部高程的对称性、增强了坝体的抗震性。

5.2.7.2 拱端嵌深局部调整

随着地勘工作及现场岩石力学实验的深入开展，进一步揭示了坝址区岩体的实际状况。据此对坝基岩体的风化卸荷界限作了局部调整，特别是对975.00m及1010.00m低高程部位进行了调整。鉴于高程1050.00～975.00m是拱推力最大部位，为确保抗力岩体及建基面的安全稳定，对拱端嵌深也作了相应调整。

结合地质平切图的调整，在ZBTX体形的基础上，初步拟定若干方案进行比选，从中选出相对较优的5个方案（JSTX、JSTX1、JSTX2、JSTX3、BJTX）开展更深入的比较。各方案高程975.00m平切面拱圈见图5.2-21。

JSTX：在ZBTX的基础上，对高程975.00m、1050.00m拱端嵌深进行了较大调整，使这两层的左右拱端均位于新鲜岩体内；对高程1010.00m拱端作顺势调整，但左右拱端下游尚处于风化卸荷岩带内；高程1050.00m以上的拱端基本维持ZBTX体形不变。

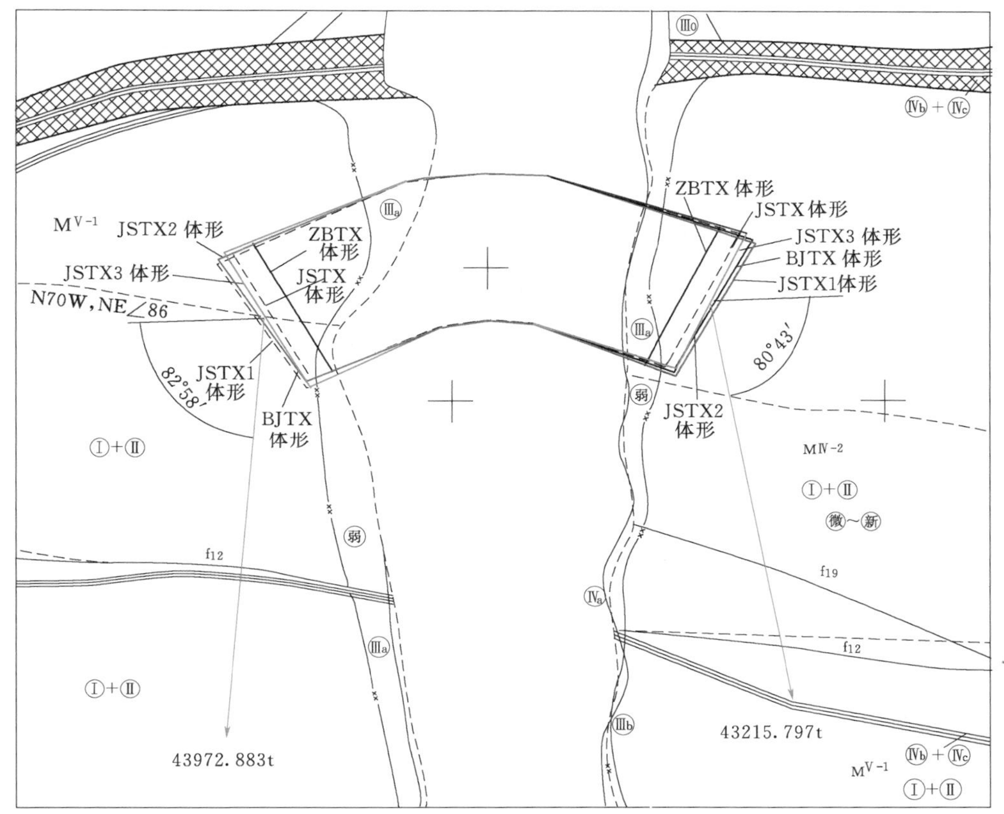

图 5.2-21　各方案高程 975m 平切面拱圈

JSTX1：在 JSTX 的基础上，将左右岸高程 975.00m 拱端再嵌入深约 5m；高程 1010.00m 右拱端再嵌入深约 6m，左拱端再嵌入深约 12m；使高程 1010.00m 左右拱端全部进入新鲜岩体内。

JSTX2：在保持 JSTX1 方案的高程 975.00m、1010.00m 拱端嵌深基本不变的情况下，加深高程 1050.00～1130.00m 左拱端的嵌入。该方案在左岸高程 1050.00～1130.00m 挖出了较多新鲜岩体。

JSTX3：该方案介于 JSTX1 和 JSTX2 之间。在 JSTX 的基础上，左右拱端在高程 975.00m 再嵌入约 3m；高程 1010.00m 左拱端再嵌深约 3m，右拱端基本保持不变；其余高程基本与 JSTX 相同。

BJTX：将高程 975.00m、1010.00m 的拱端全部嵌入新鲜岩体内，与 JSTX1 基本相同，而左岸高程 1210.00～1050.00m 嵌深比 JSTX2 稍大，且右岸高程 1210.00～1050.00m 拱端嵌深均比其他方案大。

荷载基本组合①工况下，拱梁分载法计算结果见表 5.2-21～表 5.2-25。

JSTX1 最大主拉应力达 1.49MPa，超出允许应力约 24%，其他方案应力水平基本相当。

表 5.2-21　　基本组合①坝体最大主应力比较表　　单位：MPa

比较方案		ZBTX	JSTX	JSTX1	JSTX2	JSTX3	BJTX
上游面	最大主压应力	6.46	6.49	6.54	6.46	6.54	6.27
	最大主拉应力	－1.21	－1.22	－1.49	－1.22	－1.22	－1.22
下游面	最大主压应力	9.8	10.02	10.23	9.99	10.0	9.88
	最大主拉应力	－0.33	－0.30	－0.52	－0.28	－0.29	－0.41

各方案左右岸最大拱推力基本出现在高程 975.00m，其中 ZBTX 方案的最大，左右岸均比高程 1010.00m 大 8000 多吨，比高程 953.00m 大近 30000t，且右岸拱推力大于左岸。JSTX3 方案将高程 975.00m 的拱推力降至最低，左岸只比 1010.00m 大 2000 多吨，比高程 953.00m 大近 20000t，而右岸比高程 1010.00m 还小约 1600t，比 953m 大近 20000t，且使左右岸共推力基本接近。即，JSTX3 方案的拱推力沿高程趋于均匀、左右岸趋于对称。

表 5.2-22　　基本组合①左岸拱推力比较　　单位：t

高程	ZBTX	JSTX	JSTX1	JSTX2	JSTX3	BJTX
1245m	2961.92	3025.53	3059.88	3146.10	3039.40	3180.72
1210m	5528.0	5636.74	5693.93	5862.94	5674.30	5804.69
1170m	12758.41	13021.95	13258.79	13903.33	13294.77	13446.33
1130m	23502.15	23523.48	23894.66	22067.67	23728.63	22364.27
1090m	31769.48	33190.65	33909.96	31427.65	32500.19	32953.78
1050m	37937.76	35611.0	36475.43	38462.71	36564.22	38642.81
1010m	39769.24	42148.19	35383.11	39413.96	40691.90	35778.11
975m	48095.95	43103.52	47867.61	48294.07	43215.80	49945.14
953m	20746.33	21637.7	22112.60	22013.99	21890.45	21827.15

表 5.2-23　　基本组合①右岸拱推力比较　　单位：t

高程	ZBTX	JSTX	JSTX1	JSTX2	JSTX3	BJTX
1245m	3243.51	3312.86	3371.85	3353.13	3288.10	3491.60
1210m	5912.95	6029.66	6125.38	6101.77	6068.28	6211.37
1170m	13547.81	13785.82	13988.58	13981.75	13689.26	13955.45
1130m	19354.97	19584.06	20199.56	20034.29	19627.04	19571.73
1090m	34322.30	34925.88	33818.13	33754.77	34858.64	35300.41
1050m	38140.31	36989.68	37415.03	37455.39	37171，63	37321.37
1010m	43130.88	45318.33	44059.97	44573.80	45587.12	44573.25
975m	51906.26	45645.66	46003.22	46398.87	43972.88	47198.69
953m	20872.38	21749.97	22233.96	22137.81	22012.70	21773.71

BJTX 方案左右岸各高程的拱端推力角均比其他方案约大 1.5°，JSTX3 方案左右岸各

高程的拱端推力角相对较小，这对坝肩稳定较为有利。

表 5.2-24　　基本组合①左岸拱推力角比较　　单位：(°)

高程	ZBTX	JSTX	JSTX1	JSTX2	JSTX3	BJTX
1245m	41.16	41.05	40.97	40.85	40.79	41.78
1210m	50.65	50.37	50.19	49.83	49.98	51.01
1170m	61.99	61.74	61.24	62.27	61.27	63.42
1130m	70.39	69.97	69.26	69.58	69.61	71.05
1090m	74.38	74.88	74.67	74.95	74.33	76.63
1050m	75.96	74.95	75.54	77.07	75.15	78.46
1010m	77.93	78.54	76.92	78.76	78.09	78.72
975m	81.24	80.69	81.54	81.93	80.71	82.92
953m	87.05	87.43	87.67	87.82	87.39	88.88

表 5.2-25　　基本组合①右岸拱推力角比较　　单位：(°)

高程	ZBTX	JSTX	JSTX1	JSTX2	JSTX3	BJTX
1245m	43.87	43.82	43.79	43.77	43.23	44.75
1210m	52.62	52.39	52.08	52.10	51.95	53.18
1170m	65.58	65.17	64.69	64.89	64.69	66.52
1130m	70.53	70.05	70.10	70.24	69.78	71.36
1090m	78.46	78.29	77.71	77.88	78.07	79.47
1050m	78.82	77.87	78.00	78.10	77.76	78.89
1010m	80.96	81.09	80.96	81.12	81.05	81.32
975m	84.13	83.28	83.15	83.22	82.97	83.39
953m	88.23	88.48	88.68	88.54	88.66	88.39

各方案在 ZBTX 方案的基础上均增加了拱端嵌深和总水推力（包含泥沙压力），坝体混凝土方量（表 5.2-26）均有所增加，BJTX、JSTX2 方案增加量较大，JSTX 方案最小，JSTX3 次之。其中，各方案总水推力增加较为明显。由此说明，由于小湾拱坝河谷较宽，拱端嵌深加大（尤其是中下部高程），受水面积随之增加，导致总水推力急剧增大，在改善坝肩稳定条件的同时恶化了坝体受力条件，且增加的坝体混凝土方量较多。因此，就位于宽河谷的高拱坝而言，仅以加大拱端嵌深来改善坝肩稳定条件的方式需慎重，不宜过于强调，可采取加固处理、设置贴角等综合措施。

表 5.2-26　　各方案总水推力及坝体混凝土增量比较

比较方案	ZBTX	JSTX	JSTX1	JSTX2	JSTX3	BJTX
总水推力/万 t	1821	1840	1866	1882	1846	1881
混凝土增量/万 m^3	0.0	7.50	15.9	23.9	9.12	23.50

综合以上分析，可得出以下结论：

（1）JSTX方案基本上仅加大了高程975.00m和高程1050.00m的拱端嵌深，总水推力及坝体混凝土方量均增加不多，坝体应力变化不大，拱端推力的均匀性及推力角改善效果不明显，且高程1010.00m左右拱端下游尚处于风化卸荷岩带内。

（2）JSTX1方案在JSTX的基础上，进一步加深了高程975.00m及高程1010.00m拱端嵌深，使高程1010.00m左右拱端全部进入新鲜岩体内，总水推力及坝体混凝土方量均有所增加，坝体应力水平显著增加，基本组合①工况下，最大主拉应力达到1.49MPa，超出允许应力约24%；拱端推力的均匀性及推力角基本没有得到改善。

（3）JSTX2及BJTX方案在保持JSTX1方案高程975.00m、1010.00m拱端嵌深基本不变的情况下，加深了中上部高程的拱端嵌入深度。尽管坝体的最大拉压应力控制在允许范围内，但由于总水推力增大，坝体高拉压应力区有所扩大，坝体混凝土方量显著增加，且拱端推力的均匀性及推力角也没有得到明显改善。

（4）JSTX3方案的拱端嵌深介于JSTX1和JSTX2方案之间，总水推力及坝体混凝土方量也介于这两个方案之间，坝体应力状态较好，拱端推力的均匀性及推力角改善较明显。综合比较，该方案最优，选定作为拱坝体形。

5.2.7.3　最终（实施）体形

坝址区赋存较高地应力，随坝基开挖下切，建基面岩体逐渐出现开挖卸荷松弛现象，当开挖至河床底部时，这一现象尤为显著，为国内外坝工工程所罕见。

结合对开挖卸荷松弛岩体的处理开展了一系列的研究（详见第2章），提出两个方案，见图5.2-22。方案一：保持拱坝体形JSTX3不变，对松弛岩体进行局部清挖、回填混凝土；方案二：从高程975.00m开始进行规则性二次扩挖，将河床坝段整体下挖2.5m，至

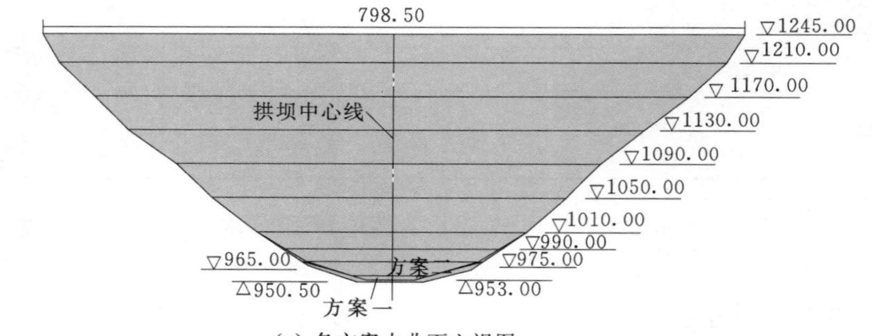

（a）各方案中曲面立视图

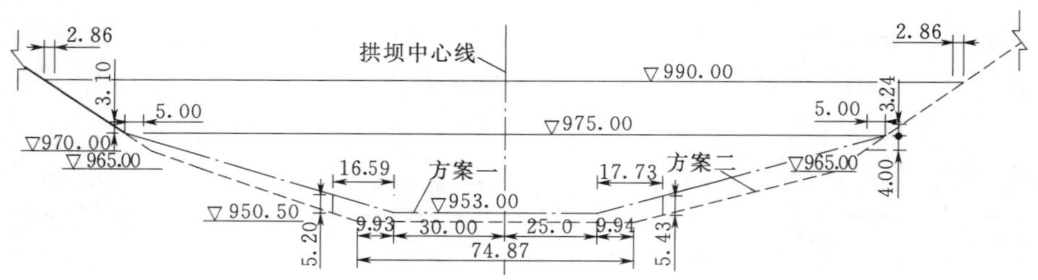

（b）各方案下部中曲面立视图

图5.2-22　扩挖方案

高程 950.50m，且在该高程向左右两侧扩挖 10m，顺势向上放坡至高程 975.00m。

对这两个方案分别采用多拱梁法和有限元法进行计算。计算结果表明，方案二由于坝高增至 294.5m，坝底中心线处弦长增加 20m，坝体在左右岸高程 975.00～950.50m 约增高 6m，总水推力约增加 27 万 t（其中，高程 975.00m 以下的水推力比方案一约增加 29%），坝体自重增加 19 万 t，致使坝体底部高程拉应力普遍增加、点安全度降低、屈服区增大，坝体的最大拉应力超过允许应力。

实施中选择了规则性二次扩挖。扩挖后，尽管已采取了系统锁口和及时锚固措施，但坝基岩体仍出现了新一轮的卸荷松弛，其程度及速度甚至还有所加剧（因越深切，地应力越高，且变形空间增大）。大坝混凝土在浇筑高度达 10～30m 以后，才抑制住坝基岩体继续回弹，浇筑高度达 30～40m 后，松弛岩体才开始呈现压缩趋势（详见第 2 章和第 9 章）。由此说明，坝基岩体卸荷松弛程度极为严重，且时效性非常显著，规则性二次扩挖，非但未解决岩体松弛问题，反而由于坝体增高、底部扩宽、水推力增大，加剧了坝体底部本来就较高的拉压应力水平，得不偿失，值得总结。

5.2.8 拱坝体形优化评价与认识

拱坝属于高次超静定结构，具有很强的应力自调节能力，体形优化空间很大，尤其是特高拱坝。小湾拱坝的体形设计和优化，随坝段、坝址、坝型、坝线及枢纽总布置比选不断深入，综合考虑坝轴线选择、拱端嵌深、拱座稳定以及施工期和运行期的各种工况，同步采用多拱梁法、厚壳单元法、常规有限元法及地质力学模型试验进行分析计算，既注重坝体应力满足规范控制标准的传统设计，又力求控制坝踵和坝趾的高拉压应力区以及坝体中上部高程的高动应力区，取得良好效果。“数值小湾”揭示的拱坝真实工作性态表明，体形设计充分发挥了双曲拱坝的优势，非常完美（详见第 10 章）。

通过小湾拱坝的一系列体形优化得到以下认识：

（1）对于河谷较宽的特高拱坝，由于承受的水荷载量级巨大，其受力状况有自身的特点。增加水平向曲率，受水面积随之增加，对坝体应力状态的改善有限，反而会恶化拱座稳定条件并带来坝体混凝土方量的增加。充分发挥坝体纵向曲率的作用非常重要，可以利用下部高程的倒悬和上部高程的水体压重，降低坝踵区的拉应力和坝趾区的压应力水平，但需控制坝体在施工期的最大空库应力状态，对于有抗震要求的拱坝，还需控制中上部高程坝体拱冠附近的动应力水平。

（2）加大拱端嵌深（尤其是中下部高程），可以改善局部拱端的稳定条件，但受水面积随之增加，导致总水推力剧增，恶化坝体受力条件，且增加的坝体混凝土方量较多。因此，就位于宽河谷的特高拱坝而言，采用加大拱端嵌深来改善拱座稳定条件的方式需慎重，不宜过多强调，可采取加固处理、设置贴角等综合措施。

（3）尽管多拱梁法、厚壳单元法、常规有限元法及地质力学模型试验均存在一定的假定、简化或概化，揭示的并非是拱坝的真实工作性态，但在拱坝体形相对比选中，这些方法的计算结果能够相互印证，反映出拱坝整体应力水平及总体分布规律，得出的结论是一致的。同步采用这些方法对比选体形进行应力分析，可作为特高拱坝体形设计和优化的基本方法。

参 考 文 献

[1] 李瓒，陈兴华，郑建波，等．混凝土拱坝设计［M］. 北京：中国电力出版社，2000.

[2] 朱伯芳，高季章，陈祖煜，等．拱坝设计与研究［M］. 北京：中国水利水电出版社，2002.

[3] 刘志明，王德信，汪德爟．水工设计手册：第1卷 基础理论［M］. 2版．北京：中国水利水电出版社，2011.

[4] 周建平，党林才．水工设计手册：第5卷 混凝土坝［M］. 2版．北京：中国水利水电出版社，2011.

6 坝基及拱座稳定与工程处理

6.1 建基面选择及坝基处理

6.1.1 建基面选择

6.1.1.1 建基面选择原则及步骤

影响建基面的因素众多，既有坝基岩体工程特性与工作条件的因素，又有上部结构与工作环境的因素；既有技术因素，又有经济因素。建基面选择是否合理，关系到工程的安全和经济。因此，优选建基面成为坝工设计和岩体工程中十分重大的课题。

建基面选择首先面临的是坝基岩体的可利用问题。拱坝坝基岩体的利用较为复杂，涉及面广，与诸多因素有关，包括：对地质构造、岩体结构、卸荷发育深度、岩体风化以及岩体可能改造程度的把握，工程规模和建筑物的型式，地应力水平及坝基开挖爆破方法，岩体质量标准以及检测手段等。

在 20 世纪 70 年代，我国对坝基岩体的要求是达到新鲜完整，没有明确的岩石物理力学指标要求。随着大坝高度的不断增加及岩石力学的发展，不再把岩体笼统地划分为新鲜岩体和风化岩体，而是细分为全风化、强风化、弱风化、微风化和新鲜岩体。70 年代至 80 年代中期，我国尚无专门的拱坝设计规范，建基面的确定主要参照重力坝规范进行，其中高坝应挖到新鲜或微风化下部岩体。1985 年国内首部混凝土拱坝设计规范要求“一般高坝应尽量开挖至新鲜或微风化的基岩”。SL 282—2003《混凝土拱坝设计规范》要求“拱坝地基除应满足整体性、抗滑稳定性、抗渗和耐久性等要求外，还应根据坝体传来的荷载、坝基内的应力分布情况、基岩的地质条件和物理力学性质、坝基处理的效果、工期和费用等，综合研究确定。根据坝址具体情况，结合坝高，选择新鲜、微风化或弱风化中、下部的基岩作为建基面”。DL/T 5346—2006《混凝土拱坝设计规范》要求“坝基的开挖深度，应根据岩体的类别和质量分级、基岩的物理力学性质、拱坝对基础的承载要求、基础处理的效果、上下游边坡的稳定性、工期和费用等，经技术经济比较研究确定”“高坝应开挖至Ⅱ类岩体，局部可开挖至Ⅲ类岩体”。总体呈现由单一要求向综合要求过渡以及逐步、适当放宽要求的趋势。同时这些规范所规定的建基面确定原则只适用于坝高 200m 级以下的拱坝，对于 200m 级以上的特高拱坝，建基面的确定需进行专门研究。

随着世界坝工技术的进步和岩石力学的发展，国际坝工界对混凝土坝坝基岩体的利用标准和开挖深度的认识已发生明显的变化。总体趋势是从最初的高度谨慎开始，随工程实践的不断验证和认识提高，对岩体质量的要求由单一因素过渡到综合因素，并有所放宽，尽量减少坝基开挖量，优先考虑以处理措施代替深挖。苏联有关规范甚至规定：坝基开挖，应考虑地基加固措施，并在坝的强度和稳定计算论证基础上使之达到最小；地基变形模量小、透水性大，不能作为挖除坝基岩体的理由。美国垦务局认为，坝基岩石开挖的标准，不用或仅施加少量辅助爆破，用带犁耙的大马力推土机直接开挖，开挖爆破对基岩的影响大大减轻，从而简化基础开挖的设计和施工，提高基岩利用率。此外，美国、日本和苏联均未明确提出按基岩风化程度确定坝基开挖深度。

一般认为，坝基嵌入深度越大，基岩完整性越好，其承载力越高，对坝体的应力和变形越有利，大坝安全度越高。然而，当基岩完整性越好时，基础的刚度也越大，会促使坝基上游大面积拉力区的扩展。另外，坝基嵌入深度越大，坝体受水面积随之增加，坝体承受的水推力也越大。可见，最佳的嵌入深度是由一些相互矛盾的要求决定的。高拱坝多建在深山峡谷地区，嵌入深度过大，还会带来高边坡稳定、高地应力引起的岩体开挖松弛等问题。在保证工程安全的前提下，建基面浅嵌可显著减少坝基开挖和大坝混凝土工程量，缩短工期，节省投资。

综合国内外相关要求及研究成果，高拱坝建基面应选择在地质条件相对较好、岩性相对均匀的较完整-完整的坚硬岩体上，确保基础具有足够的强度、刚度，满足坝基与拱座抗滑稳定和拱坝整体稳定以及基础抗渗性和耐久性的要求。对于特高拱坝，建基面的确定，尤其是Ⅲ类岩体的利用，需要进行专门论证。

建基面开挖形状应平顺规则，两岸形状大致对称，岸坡角变化平缓，避免周边有过大的突变。局部地质缺陷造成的超挖、欠挖，需进行回填或平顺开挖。局部明显的地质缺陷，如较大的软弱带、断层等，应采取混凝土置换处理，确保拱坝建基面有良好的受力工作条件。

高拱坝合理建基面的确定，主要设计思路与工作步骤如下：

（1）通过勘探及岩体物理力学试验，确定坝址各级岩体的分布，查清主要地质缺陷，评价坝基岩体质量，进行坝基岩体工程地质分类，研究确定各类岩体物理力学特征与参数建议值。

（2）研究地质缺陷的处理方法，借鉴类似工程经验，评价岩体固结灌浆提高岩体整体性和抗变形能力的幅度及其物理力学特性的改善程度，并确定工程设计的相关参数及取值。

（3）根据建基面确定的基本要求，拟定数个建基面比选方案，参照规范方法分析拱坝应力、拱座抗滑稳定，开展各设计参数的敏感性分析及拱坝对地基条件的适应性分析，初步评价建基面方案的合理性与可行性。

（4）对局部明显的地形、地质缺陷，根据其对拱坝受力状态及安全性影响的不同，研究采用针对性的地基处理措施，确保大坝地基稳定安全，最大限度减少大面积、大范围开挖。

（5）开展拱坝整体稳定分析与安全评价，开展基础处理措施效果分析，深入评价高拱坝建基面设计的可行性。

（6）在完成上述各项研究及相关方案安全分析评价的基础上，综合技术经济比较，最终合理选择建基面。

6.1.1.2　建基面适应性分析

受地质勘查工作的局限性及分析样本数量制约，实际的坝基开挖质量可能偏离前期预

测情况，无论优劣，当偏离程度大时将影响到拱坝-地基系统的安全性。因此，在前期设计阶段，必须对坝基岩体质量的可能变化范围进行敏感性分析，并侧重从拱座稳定和拱坝应力两方面使相关指标处于安全受控状态。高拱坝建基面的适应性分析主要包括以下几个方面：

（1）力学参数变化的适应性。此项分析对应坝基开挖体形不变，考虑坝基岩体质量与前期预测有劣化或提高的情况。

对于拱坝应力而言，影响最大的参数当属坝基变形模量和坝体弹性模量。在采用与规范配套的拱梁分载法计算时，需要指出的是，敏感性分析计算应考虑地基变模取值对半无限均值弹性伏格特地基模型的假定和转换。地基变模的变化，一般应考虑沿高程或两岸的局部或整体变化，高地应力地区还应考虑可能的坝基浅层开挖松弛变化。

对坝基和拱座稳定而言，影响最大的参数当属潜在滑面的抗剪断或抗剪参数。敏感分析应考虑控制性不利结构连通程度的可能上限及力学参数的可能变化范围。

（2）几何参数变化的适应性。此项分析对应开挖过程中坝基岩体质量好于预测，提前结束开挖（即建基面抬高）或岩体质量差于预测，需继续加深开挖（即建基面加深）的情况。

几何参数敏感分析，往往伴随着作用荷载的变化以及力学参数的可能变化。部分场址还需考虑不良地质体及软弱构造分布范围、力学参数变化对工程的影响，开展相应的地质条件适应性敏感分析；对于建设期较长、分期蓄水等拱坝工程，需要时还应考虑对封拱时机变化、蓄水过程调整等适应性进行敏感分析。

6.1.2 建基面开挖支护及保护

6.1.2.1 开挖规划

建基面开挖设计，除考虑地形地质条件和上部结构工作特性、明确建基利用标准外，还应考虑开挖形状、地应力条件、支护或保护手段对工程的影响。

坝基开挖总伴随不同程度的围压解除，坝基原岩所受作用主要为爆破损伤和应力解除的回弹松弛。理论上，建基面开挖，无论横河向的拱肩槽纵剖面还是顺河向的拱肩槽横剖面，能够形成反拱剖面都将非常有利于减免开挖回弹效应和保护原岩，尽管受开挖施工不便所限，也应尽可能地采用接近双向反拱状的开挖体形，尤其是当坝址区地应力较高时。

综合考虑施工条件影响，对于两岸建基利用岩面，宜开挖成全径向面，以利于坝体和拱座的应力传递和稳定条件。如果拱座厚度较大，径向开挖导致边坡开挖过高、工程量过大，或因其他因素，不能全断面开挖成径向时，也可采用非全径向开挖。非全径向开挖包括上游非径向和下游非径向，多数拱坝采用上游非径向开挖。

坝基开挖宜两岸对称。河床部分利用岩面的上游、下游高差不应过大，宜略向上游倾斜。两岸开挖后的坝基利用岩面纵坡，应该和缓平顺，避免突变，不宜开挖成台阶。

6.1.2.2 支护及保护设计

高拱坝坝基开挖至全面覆盖混凝土，一般会经历一段较长时间，尤其是特高拱坝。受岩体特性影响，外界环境因素包括风化营力、降雨、气温变化等均会不同程度地改变岩体质量。高地应力地区，开挖后的岩体回弹和松弛变形持续时间往往较长，是影响岩体质量的内在因素。

坝基开挖保护设计，需要考虑岩性及构造特点，结合施工工期安排，研究是否需要预留保护层开挖的方式。坝基预留保护层开挖，将增加施工难度及干扰、影响施工进度，但有助于保护建基利用岩体、降低开挖松弛影响效应。同时，可在预留岩面上实施超前锚固措施，限制开挖松弛效应。在工期分析时，应充分考虑不留保护层开挖可能带来的松弛问题处理工期。

对于不留保护层开挖方式，因硬岩的抗风化能力较强，对暴露面不必进行喷混凝土保护，但硬岩的开挖松弛效应相对较强，对开挖暴露面宜采取一定程度的锚固或预应力锚固抑制措施，以减少清基处理等工作量。条件许可时，还应研究在最后爆除岩体开挖梯段工作面上设置超前锚固体系的可行性及必要性。

对于不留保护层开挖方式，因中-软岩的抗风化能力弱，对开挖暴露面可以采取喷混凝土保护措施。同时，中-软岩的开挖松弛效应相对较弱，喷混凝土保护结合局部的锚杆抑制措施，可以达到减免开挖松弛的防护效果。缺点是，在混凝土开仓浇筑前，需要凿除喷层混凝土。

6.1.3 坝基岩体开挖松弛分析评价及工程处理

6.1.3.1 岩体开挖松弛效应

岩体开挖松弛问题主要是指由于岩体应力场的调整所产生的松弛行为或现象，其定义可以理解为由于开挖卸荷作用引起岩体应力场的调整，在开挖面附近的一定区域或范围内，其应力水平急剧降低，或解除、或释放、或变化至某一新的平衡的应力水平，该区域即称之为岩体开挖损伤松弛区（或松弛带）。岩体开挖损伤松弛的现象主要表现为岩体开挖面的回弹变形、裂面的张开与扩展、岩体或土体的松动等基本物理现象，以及新裂隙的产生、塑性区的形成或扩展和边坡的局部或整体破坏解体等衍生出的破坏结果。通常，爆破损伤和开挖卸载导致的应力应变调整是岩体松弛的主要原因。

爆破损伤主要是指在爆破温度、压力、震动的作用下，岩体出现新的裂隙，其影响深度一般为0～2m。一般地，爆破损伤影响深度小，且可通过爆破技术和爆破质量进行控制。

开挖卸载导致的应力应变调整主要导致岩体内原有裂隙错动及扩张，其影响深度一般为0～5m，有时达20～30m，影响深度受岩体及岩体结构特征、开挖深度及地应力等多种因素控制。开挖卸载导致的应力应变调整影响深度大，当岩体松弛发展到一定程度时，表面呈现不稳定趋势。在特定的地质条件下，可能出现岩爆等快速小范围解体现象，也可能出现变形局部化导致的、延伸范围较大的、与开挖面大体平行的张性裂隙，导致浅层岩体质量降级，对结构物的安全带来影响，处理复杂而且耽误工期。由于应力释放，岩体向临空面方向发生卸荷回弹变形，能量的释放导致浅表一定范围岩体内应力的调整，浅表部位应力降低，而更深部位产生更大程度的应力集中。由于表部应力降低导致岩体回弹膨胀、结构松弛，破坏岩体的完整性，并在集中应力和残余应力作用下产生卸荷裂隙。

一般来说，由于施工爆破影响所产生的岩体表层松弛对坝体-地基系统的安全影响有限，而由于地应力集中而致开挖松弛回弹作用产生的时效性松弛则将对坝体-地基系统安

全造成较大影响。

拱坝属于空间壳体结构，其几何形状尤其是边界条件极其复杂，坝基开挖松弛会直接改变拱坝的边界条件，必然对拱坝-坝基系统的工作性态产生影响。松弛裂隙的存在，将降低拱坝的地基刚度，削弱基岩的整体性，使坝体的变形增大。松弛岩体影响坝体的变形、应力、稳定以及渗流状况，严重的将导致承载能力降低，使拱坝结构安全度减小。从松弛岩体裂隙对拱坝应力的影响看，近水平裂隙会降低坝体梁向作用，拱向负担增加，使拱梁荷载重新分配；近铅直裂隙则会使拱圈的应力减小，增大梁向荷载。这些松弛岩体裂隙的存在削弱了大坝的整体性，对拱坝的动力特性也会产生影响，在拱坝已存在松弛岩体的情况下，拱坝遭遇强震时会使松弛裂隙进一步发展，严重的将会造成地基开裂，甚至使浅层地基失稳。

岩体开挖松弛的主要问题集中在坝基浅层稳定性和帷幕安全性方面，并可能由于坝基变形模量的变化导致坝体应力的超标，主要影响如下：

（1）松弛带裂隙可能成为岩体渗漏区域或通道。上游坝踵区基岩松弛，深入松弛裂隙内的水压力可能使岩体裂隙逐步扩宽和发展，一旦裂隙上游、下游贯通，将使拱坝坝基产生渗漏，削弱水库蓄水功能，较大渗漏的结果会使裂隙进一步扩张发展，增大坝基扬压力，降低浅层稳定安全性。

（2）变形模量的改变影响拱坝-地基系统的应力重分布。坝基岩体松弛后，相应部位的基岩变形模量将有不同程度的降低，从而出现与原设计计算变形模量不相吻合的情况。拱坝地基系统变形模量分布情况的改变，会直接导致整个拱坝-地基系统承载后的应力重分布，失控时将可能出现坝体应力超标的可能性，增大坝体开裂风险，甚至拱座失稳。

（3）强度参数的降低存在坝基浅层稳定安全性问题。开挖松弛部位的坝基岩体，原有的隐微裂隙刚性接触等状态被张裂甚至破坏，岩桥作用减弱。施工期间相应的裂隙面还可能受到污水等杂物进入的污染。裂隙结构面性能劣化，从而使松弛岩体的抗剪强度等参数降低，可能带来坝基浅层稳定安全性不足甚至失稳破坏。

（4）坝基帷幕安全。坝基帷幕的设置位置主要基于开挖松弛前的计算分析结果。坝基岩体松弛后，基岩变形模量分布情况的改变将伴随着帷幕部位应力工作状态的变化，可能出现松弛后的坝基帷幕将处于拉应力区工作的特殊不利情况，或者帷幕线上岩体安全度降低至不能接受的状态。

6.1.3.2 岩体开挖松弛评价方法

高拱坝往往建于深山峡谷地区，这些坝址常处于中高地应力区，岩性坚硬，围压解除后，坝基开挖可能带来的松弛效应需提前考虑并拟定相应的处置对策。工程前期阶段，宜对建基面深开挖后可能带来的松弛效应问题进行专门研究，可结合地应力测试成果、岩体结构特征及开挖卸压情况进行定性和定量的数值分析，根据研究成果设计相应的保护方案。

（1）评价基础资料获取。为了有效地分析开挖松弛的量化效应并提出合理可行、针对性强的工程措施，监测系统无疑具有不可替代的特殊“眼睛”作用。为此，监测系统应作为处理坝基开挖松弛问题的重要组成部分而提前考虑或布设实施。

坝基开挖前，应超前安排及加快通向和靠近建基面部位的灌浆、排水等洞室的施工，在靠近建基面部位超前埋设多点位移计等变形监测仪器，取得连续、宝贵的监测数据，及时分析先期开挖的上部高程建基面松弛效应，预测估计中下部坝基可能开挖松弛的程度，提出相应部位超前锚固措施实施的效果及必要性。

坝基开挖后，及时在有关部位埋设精度较高的滑动测微计、岩石应力计，锚杆应力计、测力计，测缝计、渗压计和测压管等监测仪器，可为分析评价坝基开挖松弛的时间效应提供评价基础资料。

坝基开挖前后及时布设声波检测孔，可用于分析评价爆前爆后、灌前灌后及施工与蓄水运行过程中的建基岩体特性变化情况。

（2）评价内容。坝基开挖松弛的影响范围主要集中在建基面以下一定深度内，主要松弛区域位于坝基浅表部。除坝基岩体变形模量空间分布变化导致整体性的拱坝应力与拱座稳定条件变化外，建基岩体强度降低的影响属于局部化影响。

坝基开挖松弛后，可能带来拱坝梁向作用的减弱和拱向作用的加强，力系改变意味着拱座潜在滑块稳定性、拱坝应力分布等的改变。除开展常规的拱坝应力与拱座稳定敏感分析或复核工作外，对平面曲率较小且岸坡较缓或岸坡有顺坡节理等复杂地质构造的高拱坝，尚应复核坝基浅层稳定安全性，重点补充开展顺河向的坝基浅层稳定安全性研究及评价工作，包括局部稳定和整体稳定以及帷幕线的安全性。有关分析研究和评价内容主要如下：

1）建立拱梁分载数值计算模型，根据坝基开挖松弛前后的地基变形模量分别开展拱坝应力计算与对比分析工作，研究相应部位的应力分布变化及极值差异情况，提出坝基松弛效应对拱向、梁向作用分配及应力分布的影响。

2）鉴于地基力学参数难以准确量化，提出地基变形模量的可能变化范围，在此范围内对拱梁分载法计算的拱坝应力分布进一步做敏感性分析，将结果列表或制作曲线进行对比分析，研究相应部位的应力分布变化及极值差异情况，提出地基变形模量微量变化时对拱向、梁向作用分配及应力分布的影响。

3）在采取拱梁分载模型计算拱坝应力的同时，将坝基松弛后的有关拱推力计算结果替代松弛前的成果，相应地开展拱座稳定的刚体极限平衡分析，对比松弛前后的拱座稳定安全系数变化情况，提出坝基开挖松弛对拱座稳定的影响程度。

4）复核坝基浅层稳定安全性，重点补充开展顺河向的坝基浅层稳定安全性研究及评价工作，包括局部稳定和整体稳定，以及帷幕线的安全性。

前三项评价内容可参照现行拱坝设计规范中的有关方法和控制指标进行，而最后一项在国内外均较少见，需对坝基开挖松弛的浅层稳定安全性分析评价方法和控制指标等开展专门研究。

（3）评价思路。岩体强度指标的降低，最直接的变化就是相应部位岩体摩擦系数与凝聚力的降低，从而在拱坝建基面周边以下一定深度范围内形成力学参数偏低的U形或V形层状化弱面。该弱面位于上部拱坝结构与下部正常岩体之间，类似夹层效应，尤其是河床及近河床底部高应力集中区的局部松弛夹层性能最差，使拱坝力系在该处出现局部“屏蔽”或“穿靴”效应。这些部位的坝基浅层稳定安全性客观降低，但缺乏相应的分析评价方法及控制标准。

可供参考的文献仅有水利行业设计规范 SL 282—2003《混凝土拱坝设计规范》在7.2.4条文说明中对有关坝肩三维有限元计算有所涉及。该条文说明如下：

针对坝肩特定软弱结构面，采用以下公式计算抗滑稳定安全系数，其结果在基本荷载组合下宜满足表6.1-1规定的相应要求，若按前两个公式计算个别点安全系数不满足要求时，可根据具体情况分析研究是否需要采取工程措施。

表6.1-1　SL 282—2003规范说明中的点、面抗滑稳定控制标准

计算公式	K_{p1}	K_{p2}	K_{f1}	K_{f2}
稳定控制指标 K	1.5	1.1	2.5	1.5

$$\left.\begin{aligned} K_{p1}&=\frac{\sigma_i f_i+c_i}{\tau_i}\\ K_{p2}&=\frac{\sigma_i f_i}{\tau_i}\\ K_{f1}&=\frac{\sum\sigma_i f_i A_i+\sum c_i A_i}{\sum\tau_i A_i}\\ K_{f2}&=\frac{\sum\sigma_i f_i A_i}{\sum\tau_i A_i}\end{aligned}\right\}\qquad(6.1-1)$$

式中：K_{p1}、K_{p2}为特定软弱结构面上计算点的稳定安全系数，简称点安全系数；K_{f1}、K_{f2}为特定软弱结构面的抗滑稳定安全系数，简称面安全系数；f_i、c_i为计算点处软弱结构面的抗剪强度参数；σ_i为计算点处软弱结构面的法向压应力；τ_i为计算点处软弱结构面的剪应力在滑动方向上的分量；A_i为计算点所代表的软弱结构面面积。

受此启发，可将该计算理念移植到处理坝基开挖松弛问题上。

首先，坝基开挖松弛形成的浅表夹层厚度有限，可视为软弱结构面对待；其次，拱坝-地基系统正常运行时总体处于弹性工作状态，静力分析时上述表达式的对应项取为相应的弹性计算成果即可，并可推广到动力条件或者采用拱梁分载法成果来进行类似的分析评价。

因而，只要解决好有关计算结果的整理和技术处理，使得基于拱梁分载或有限元的法向、切向应力计算成果来开展刚体极限平衡的稳定分析评价成为可能；同时，局部稳定的宏观评价指标可选取相应部位的面安全度指标，对于帷幕线等特殊位置则可考察相应的沿线安全度情况。对比松弛前后的各项指标，即可量化松弛问题对主要控制因素的影响程度。

问题研究的关键，一是如何合理选用本构关系和屈服准则；二是对拱坝特殊工作状态进行特殊的匹配对应解决，如整体抗滑与局部抗剪及其潜在失稳的方向性等问题。

拱坝坝基开挖松弛后，因地基强度参数变化而导致对拱坝-地基系统的局部化影响，主要体现在坝基浅层稳定和帷幕安全性两大方面，影响分析评价方法和指标缺乏，需专门研究解决。

其中，对于帷幕安全性影响，可对帷幕线及其附近的松弛岩体，同时开展D-P准则和M-C准则的点安全度分析验算。D-P准则的优点在于物理及力学意义明确，但无法计入扬压力开展分析；M-C准则可以在指定截面的选取点上进行是否计入扬压力的分析计算，但单点指定方向的抗剪性能不具备实际的物理意义，工程评价价值有限。

（4）评价方法及指标设定。评价地基稳定性的常用指标是基于刚体极限平衡分析的抗滑稳定安全系数。由于拱坝是个整体空间结构，其工作状态不同于重力坝，原则上不存在沿建基面或坝基浅表的滑动条件，在无坝基开挖松弛问题存在的条件下，均不会开展相应的稳定分析工作。

拱坝各梁、各拱是有机联系、紧密结合在一起共同工作的，相互影响、牵制和协调，对该系统开展单纯的梁系或拱系平面抗滑稳定分析都不科学，并难于作出客观评价。

因此，进行拱坝坝基浅层稳定分析，需要研究和解决以下重要工程技术问题。

1）抗剪验算的概念。拱坝坝基浅层安全性，在技术上十分复杂，又关系到既安全可靠又经济合理，国内外研究不多，设计规范中也无明确规定。同时，已建拱坝多未进行过相关验算工作。①拱坝-地基滑动需要具备相应的边界切割及临空条件。拱坝坝基部位作用力系分布复杂，尤其是剪力方向在各坝段、各面及各点均不一致，且松弛严重的薄弱部位主要集中在河床部位，基槽后部还有阻滑抗力岩体，因此两岸及河床均难以形成整体性的临空失稳条件，导致坝基浅层不存在客观的潜在滑动面。②与此类似，在钢筋混凝土杆件结构中，支座净跨边界位置是剪力分布最大处，尽管其潜在失稳破坏无滑动屈服模式，但对其采取截面抗剪验算方式来确保其稳定安全性，该技术处理方式值得岩体结构借鉴。

河床部位拱坝坝基，既是拱坝梁向作用集中、剪力分布较大的位置，也是开挖松弛效应最严重、岩体力学参数劣化最显著位置，处于稳定验算的关键部位，开展坝基松弛稳定性研究，无疑应首先研究相应部位的抗剪安全性。

但由于拱坝作用的整体性，一方面不能类似重力坝采用单坝段或单位宽度截面的力系平衡关系来求解稳定安全系数；另一方面各坝段、各单位宽度直至各点的剪力分布方向不尽相同，且向两岸发展近似呈向心趋势，其绝对量的抗剪稳定性带有方向性特征。

因此，研究拱坝坝基开挖松弛岩体的浅层稳定安全性，首先应该明确采用什么样的力系计算结果？研究什么方向的抗剪安全性？

2）关于力系。毋庸置疑的是必须采用空间力系计算的分布成果来研究局部化的稳定安全性才有客观实际意义。

拱梁分载方法和弹性有限元计算均能直接给出拱坝-地基系统在正常弹性工作状态下的基面或地基岩体内的压应力、剪应力分布状况，提供给刚体极限平衡开展稳定分析。其中，拱梁分载法给出的应力分布在建基面上，分析坝基岩体内的稳定性时，需要将该力系作用于基面上，向下传递并换算到相应的验算截面上；而弹性有限元计算则能直接给出相应验算截面的应力分布状况，直接用于刚体极限平衡分析，相比较而言更为简捷。

3）关于稳定验算方向。有两个方向需要考虑：一是验算对象的最大剪力方向；二是拱坝拦河挡水的主要承载方向。

由于拱坝为空间结构，整体协同工作，坝基浅层各点、各面的最大剪力方向不尽相同，两岸岸坡基面的剪力有向心趋势，稳定上存在牵制和相互抵消的效应，从而使针对独立单元最大剪力方向的验算成果失去潜在失稳的物理意义，不宜选作验算方向。

由于拱坝建设主要用于拦河挡水，顺河方向的稳定安全首当其冲。水库蓄水后，水体

作用于坝体上游曲面上，进行顺河、横河及竖向分解后，一般而言在横河方向的作用力基本能够平衡，即使存在相对少量的不平衡力，其横河向稳定条件受两岸山体约束能够全面得到保证；竖向力系分解的结果，作用向下，地基的纵深截面远能抵抗和消化该方向的作用力。坝基底部宽度尺寸在拱坝结构的3个方向中最小、顺河方向也最靠近河谷临空面，因而拱坝坝基开挖松弛的稳定性验算，应该考虑的方向为顺河方向。这样，各坝段、各单位宽度及各验算点才能形成统一的失稳验算方向条件，不会左右抵消或彼此不能形成协调。

4）验算截面选取。明确基于拱梁分载或弹性有限元计算应力，采用刚体极限平衡方法开展坝基浅层顺河方向稳定安全性验算后，紧接着需要考虑的问题就是验算的范围或位置，即如何选取验算截面？

地基的稳定性包括整体稳定和局部稳定两个大类。通常所说的拱座稳定即属于整体稳定性质，左右任何一岸的拱座整体失稳都会导致拱坝-地基系统首先旋转，进而全面溃坝。

针对坝基浅层岩体松弛问题，在指定进行顺河方向稳定安全性分析条件下，由于具备了指定方向的协同工作机制，使得沿拱坝周边浅层的地基岩体开展刚体极限平衡分析计算成为可能。一旦假设坝基上游的陡倾结构面张开，并将坝肩槽后部的抗力岩体考虑在内后，即可近似形成U形或V形包络面的抗滑稳定边界条件。

但是，拱坝坝基不出现开挖松弛问题时，各工程均不会开展此类抗滑稳定验算（上游张裂/下游有抗力岩体）；即使发生了开挖松弛现象，不同高程段、不同部位的松弛程度也存在较大差异，力学强度参数的明显劣化往往集中在底高程河床部位，中上部高程段相对轻微，客观实际上难以形成真正意义上的潜在整体滑动包络面。相应地，在抗剪验算（上游不张裂/下游不计抗力岩体）截面选取时，应该重点关注的是力学强度参数明显劣化的局部区域以及由各抗剪稳定性较差的各验算单元包络形成的复合截面。

拱坝坝基开挖松弛后，各部位、不同深度条件的岩体松弛程度及力学参数降低并不一致。一般而言，河床部位因地应力集中程度高而松弛程度明显高于两岸，并向上部高程递减，浅表地基受开挖影响大，地质力学参数降低幅度大于深部岩体。因此，拱坝坝基开挖松弛的地基浅层稳定性验算，原则上应按地基松弛程度划分验算单元或部位，不必与坝段分布情况挂钩，如河床坝基岩性相同、松弛效应接近时可以统一划分为一个验算单元，两岸单独划分验算单元并向上部高程根据松弛程度的变化分别计取数个验算单元即可（也可按30～50m左右高程段计取不同验算单元），一般地，靠近河床的验算单元宜密分而向上部发展则可疏分。针对不同的验算单元，结合松弛的深度变化规律或松弛分带情况，在各自单元内选取自浅而深的2～3个验算截面进行验算，通常是最靠近浅表的截面为控制性界面。

为更好地掌握不同高程段的松弛岩体稳定程度，还可将前述局部稳定的验算截面单元进行复合包络，形成自下而上不同高程段的抗剪稳定验算包络面开展验算。当包络面向上全面覆盖坝基时，该U形或V形松弛圈连同坝肩槽后抗力岩体在内，就基本回到和形成此前所述的拱坝“穿靴”效应的近似抗滑稳定验算情况。

拱坝坝基浅层截面的松弛岩体抗剪强度验算，是一种类似钢筋混凝土结构抗剪验算的工程安全性储备核算，与抗滑稳定验算在边界条件上有明显区别。

（5）计算公式与安全控制标准。

1）计算公式。工程师普遍熟悉和接受 M－C 准则，主要原因在于工程计算中需要大量开展基于刚体极限平衡原理的稳定计算。针对拱坝坝基开挖松弛问题的量化影响分析评价，选择开展面抗剪稳定验算，采用 M－C 准则较简单实用。由于岩体凝聚力离散性大、不易把握，欧洲各国普遍采用纯摩公式计算抗滑稳定性；主要鉴于浅层裂隙面的大小性状很难全面掌握，而其对拱坝坝基开挖松弛的浅层稳定性影响大，按纯摩公式计算更方便可行。同时，凝聚力项在计算得到的拉应力区域还需扣除相应的面积和稳定效应贡献，流程相对复杂。

截面抗剪验算采用 M－C 准则的纯摩公式，坝基浅层稳定的面安全系数为

$$K_s=\frac{f(F_n-U)}{F_s} \tag{6.1-2}$$

式中：F_n 为验算截面法向总压力；U 为作用于验算截面的扬压力；F_s 为验算截面顺河向总剪切力；f 为验算截面的抗剪断摩擦系数。

帷幕安全性验算采用 D－P 准则计算屈服安全系数，并辅以 M－C 准则的纯摩公式分析。根据计算出的坝基浅表部位岩体剪切应力 σ_s 和法向正应力 σ_n（压为正），计算出该部位的点安全度。沿帷幕沿线控制点的点安全系数为

$$K_f=\begin{cases}0 & \sigma_n\leqslant 0\\ \dfrac{f(\sigma_n-u)}{\sigma_s} & \sigma_n>0\end{cases} \tag{6.1-3}$$

2）安全控制标准。拱坝是个空间结构，局部区域或个别坝段的面抗剪安全度低并不一定意味有严重问题。研究的目的在于了解和掌握相应部位的局部抗剪安全储备性能，做到心中有数，在此基础上研究加强和提高安全储备的措施。

“七五”国家科技攻关报告《高混凝土坝设计计算方法与设计准则》提出的拱座整体抗滑稳定相应的控制标准为：对 1 级、2 级、3 级拱坝，在基本荷载组合下，纯摩计算的允许安全系数分别为 1.43、1.37 和 1.30；现行规范的纯摩安全系数控制标准则不超过 1.30。考虑到高拱坝坝基开挖松弛后，一定程度上弱化了拱的作用，梁向作用强化，且坝高、水推力巨大，为安全计抗滑稳定标准可考虑按纯摩 1.5 控制。

在开展 M－C 准则分析拱坝坝基浅层稳定安全性的基础上，有条件的工程项目可同时采用 D－P 准则计算相应的面安全系数和点安全系数，进行对比分析和评价。需要指出的是，采用 D－P 准则计算，现阶段仍缺乏相应的安全控制标准与评价体系，得到的点安全系数小于 1 时，也并不一定意味有严重问题。

此外，在确定进行工程处理后的安全控制标准时，点、面安全系数还有两个方面可以参考：①松弛前在相应位置或附近的安全度指标，若无松弛效应，不会研究该问题，因此不能强求工程处理后达到或超过原有安全度；②混凝土与基岩接触面的安全度指标，接触面以下浅层岩体，进行工程处理后若安全度超过混凝土与基岩接触面，则其上部的接触面甚至混凝土层面又将成为新的薄弱面。这样，松弛前相应位置和混凝土与基岩接触面对应位置的安全度，均可供确定控制标准的上限作参考。

基于以上分析，参考国内现行规范及国外有关拱座抗滑稳定安全系数控制指标情况，

并考虑国内外对地质力学参数取值的差异因素，以及拱梁分载计算与弹性有限元计算结果的应力偏离程度，初步提出拱坝坝基浅层稳定验算的纯摩计算安全系数控制标准，见表6.1-2。

表6.1-2　　拱坝坝基开挖松弛浅层稳定验算纯摩安全系数控制标准表

计算方法 \ 计算内容	整体抗剪（U/V形包络面）	局部抗剪（单面/包络面）	点抗剪（帷幕等关键位置）
拱梁分载＋极限平衡	1.50	1.30	1.10
弹性有限元＋极限平衡	1.80	1.50	1.10
验算判据准则	M-C	M-C	D-P和M-C

（6）技术路线。以工程师熟悉的拱梁分载和传统三维有限元计算成果为基础，应用刚体极限平衡原理计算分析拱坝坝基开挖松弛后的浅层稳定性；采用纯摩公式计算弱面抗剪和帷幕部位安全性，结合工程横向和纵向类比，推出坝基“浅层弱面抗剪安全性”和“防渗帷幕安全性”双控标准，并分析研究其合理性及科学性。

研究表明，拱坝坝基开挖松弛对拱坝应力及拱座稳定的整体性影响，主要受坝基岩体的变形模量控制，可依据松弛前后的坝基变形模量变化情况基于现有标准体系进行影响分析的量化评价；对坝基浅层稳定性的局部化影响，主要受松弛岩体的力学强度参数控制，可开展松弛前后顺河方向的浅层截面抗剪安全性以及帷幕沿线松弛岩体点安全度的对比量化分析评价，其中截面验算宜采用M-C准则进行纯摩分析，点安全度验算宜以M-C准则为主、D-P准则为辅。

主要技术路线如下：

1）采用拱梁分载模型，侧重评价开挖松弛后地基变形模量变化对拱坝应力分布的整体性影响；分析拱端推力及相应的推力变化，研究拱向、梁向作用在不同高程段的强化或弱化效应；结合刚体极限平衡分析，对比坝基松弛前后的强度参数变化，评价开挖松弛对拱座稳定的整体性影响和坝基浅层稳定的局部化影响。

2）采用三维弹性有限元模型，侧重评价开挖松弛后地基强度参数变化对坝基浅层稳定的局部影响效应；通过弹性有限元计算的等效应力，评价开挖松弛后的坝体应力是否满足控制指标要求。具体流程见图6.1-1。

6.1.3.3　工程处理

（1）“内科治疗”。对于较接近建基岩体质量要求的一般性松弛部位，应以“内科治疗”为主要工程措施，具体如下：

1）固结灌浆。固结灌浆是岩石地基处理的主要手段，对坝基开挖松弛岩体也不例外。工程实践表明，固结灌浆能够有效地填充松弛岩体裂隙，提高其纵波波速等整体性指标，改善松弛岩体的变形模量，有利于拱坝应力等指标控制。同时，固结灌浆也能一定程度地提高岩体的力学强度参数，可作为相应的安全储备增强开挖松弛岩体的稳定安全性。

当需要较大幅度提高地基的力学强度参数或防渗性能时，可局部或全面采用化学灌浆措施加以解决。针对拱坝坝基开挖松弛岩体的地基灌浆设计，应关注以下主要方面：①为保证灌浆质量，提高灌浆处理效果，灌前应针对地基污染及裂隙充填情况，通过钻孔加强

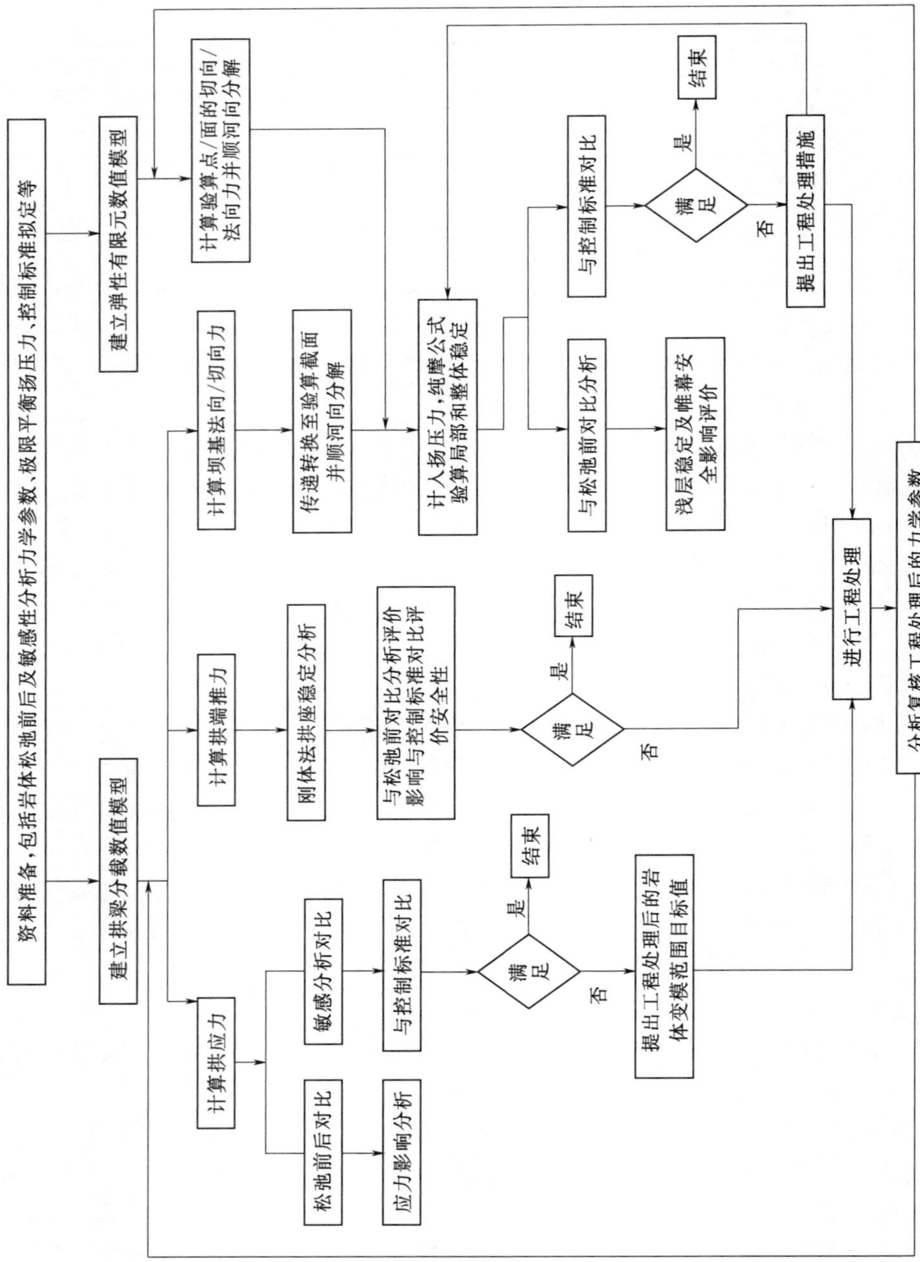

图 6.1-1 拱坝坝基开挖松弛的分析评价方法与体系流程图

对灌浆对象的群孔冲洗和清洁，清洗可用高压水或高压风进行。②尽量采用较高灌浆压力，以提高固结灌浆质量，优先选用有盖重固结灌浆。③固结灌浆后的岩体声波波速检测及压水试验检查等标准，应区分不同部位、不同区段，结合计算分析结果，按各部位所需的变模或防渗要求综合制定。其中，沿孔深方向的验收标准分段，在浅表部宜取密至1～2m，向下则可逐步取疏。④针对灌浆中出现的具体情况，应对灌浆参数和灌浆材料进行适应性调整，如不同灌浆分序取用不同的有效水灰比施灌。⑤对于不够理想的固结灌浆效果，应采取加密补灌等措施进行加强，直至满足相应要求。加密补灌材料可以考虑磨细水泥。⑥为最大限度提高坝基安全性，可在普通水泥灌浆的基础上增布化学灌浆措施，进一步提高岩体裂隙充填的抗剪强度参数或防渗性能。其中，侧重提高抗剪强度参数时，宜选用环氧类灌浆材料；侧重改善防渗性能时，宜选用聚氨酯类灌浆材料。

2）防渗排水。由于坝基松弛岩体中存在中缓倾角裂隙，将岩石分割成层状，在开挖后产生卸荷回弹，使得浅表层岩体裂隙相互贯通，连通率过高。虽然进行固结灌浆及帷幕灌浆，将张开的裂隙封堵住，但蓄水后坝踵的拉应力仍可能作用于坝基上，致使坝基浅表层的帷幕可能被拉裂，而原有靠坝基上游侧的裂隙相应会张开，导致坝基浅表层产生渗漏，影响拱坝安全运行。因此，设置有效的坝基封闭抽排系统对于最大限度降低坝基扬压力、进而提高松弛岩体安全性至关重要。

需要注意的是，地基排水孔应在有关灌浆及锚固措施完成后再实施，若工序相反则相关注浆浆液将充填或堵塞排水体系，降低地基排水效果甚至使排水失效。

3）锚固。在岩石中设置锚杆或锚筋桩，能够一定程度地提高坝基的抗剪安全度及抗滑稳定性。坝基开挖松弛开展固结灌浆处理后，可以利用灌浆钻孔布设成束锚筋桩，结合开挖及清基过程中设置的超前锚固措施，综合增强松弛岩体的浅层稳定性，应重点关注以下方面：①锚杆、锚筋桩或灌注桩的设置深度应达到基本正常岩带，并留足相应的锚固长度，将下部完整岩体和上部坝体结构紧密联结协同工作。②锚杆或锚筋桩应留有相应的锚固长度伸入坝体混凝土内，使坝体-地基系统共同工作，进一步增强其抗剪阻滑性能，需要时可以将原有露头接长，或者以L形锚入混凝土内。③坝踵和坝趾部位是受力关键区域，锚固布置密度应适当加密。④有条件时，宜对锚桩设置一定数量的监测仪器，以利后续反馈分析和研究。

(2)“外科手术”。当开展相关调查研究和检测分析后，确认松弛后的建基面浅层岩体即使采取固结灌浆等“内科治疗”手段也不足以恢复至建基承载要求时，可采取适当的开挖等“外科手术”。

由于开挖松弛在坝基各部位、各深度范围的严重程度不一，再次开挖应综合相应区域的受力特点和岩体质量要求进行针对性的精心设计，结合建基面开挖体形的平顺过渡及减免应力集中效应，确定最小的再次开挖规模。开挖是把“双刃剑”，既可达去除劣质岩体的效果，又会对周边完好岩体引发新的开挖松弛问题，尤其对高地应力区的坝基而言更需慎重，尽量避免大面积规则性再次开挖。

再次开挖设计必须配套设计超前锚固体系，以减免原有开挖松弛现象和程度的再次发生和无法达到预期效果的情况出现。超前锚固体系可采用普通砂浆锚杆，在现有建基工作面造孔至新的建基面以下一定深度范围，孔深设置穿透预计的可能松弛圈，结合现场钢筋的供料长度设置适宜的锚杆长度，拟爆除部分岩体留设为空孔（不插杆、不注浆）。这样，在开挖爆破后，提前设置的锚杆将在新的建基面开挖形成时即同步开始工作，发挥抑制再次岩体松弛及回弹变形的作用；同时，所实施的锚杆系统对于坝基浅层稳定还能提供相应的永久抗剪效应。

（3）清基。对松弛岩体原则上应采取非爆破方式的机械或人工清挖手段予以解除，局部可以小炮解爆。清基设计应关注以下方面：

1）坝基清基应以机械为主，辅以人工撬挖和局部浅孔小炮加以清除。应配备撬挖清理设备，如冲击锤、风镐、反铲等。

2）清除油污、碎屑、焊渣、泥土，撬除松动岩块，对光滑岩面凿毛，清除岩体表面的钙膜、水锈等。

3）对明显松弛、裂隙张开组合切割岩体全面清除。

4）对于陡坎、尖角岩体，应将其顶部处理成钝角或弧形状，保证基面平顺。

5）岩体裂隙较发育、卸荷岩体块度较大部位，为保证施工安全和减少清理后的卸荷松弛情况，可先进行锚固，再沿明显张开的裂隙清除下部岩体。

6）建基面清基后，为尽量改善尖角突起引起的应力集中现象，限制和避免坝基灌浆引起混凝土开裂，需对部分建基面布设钢筋网以改善施工及运行工作条件，尤其对超过1m的陡坎突出部位应铺设表层钢筋网。

7）清基及其保护措施完成后，应尽快浇筑混凝土逐步形成盖重效应，进一步制约松弛问题的发展，降低松弛时效效应。

（4）结构措施。若坝基浅层稳定距离达标还存在差距或需进一步提高其安全性时，可以采取将上游、下游贴角与坝体基本体形一起浇筑混凝土、共同形成整体工作效应的措施。上游贴角与坝体形成整体后，可以增加贴角面上的水体压重，一定程度增加坝基浅层稳定安全度，减少坝踵梁向拉应力区范围而提高帷幕安全度；下游贴角与坝体形成整体后，可以加厚坝基底宽，一定程度增加坝基浅层稳定安全度，增强坝趾高压应力区的点安全度。

在坝趾贴角部位设置倾向上游的预应力锚固措施，一方面可以逆顺河向直接提供潜在失稳方向的加固力；另一方面主动施加坝基浅层的正压应力而相应增强松弛弱面的抗剪稳定性和坝趾高压应力区的岩体点安全度。此外，侧向主动约束效应的施加，有助于增强松弛岩体的围压效应，间接提高坝基松弛岩体的整体性及刚度。

极端情况下，一旦分析研究表明相关工程措施的采用不足以满足工程安全要求时，有必要研究在坝后设置一定高度范围的结构性支撑体系，加厚坝体及地基来达到所需工程安全度的大型加固方案。

（5）监测。在进行工程处理设计并付诸实施的同时，需要同步设置相应的监测系统，以跟踪分析松弛发展与抑制特征、工程处理效果和质量以及施工进程和蓄水运行后的松弛岩体工作状况，为动态开展工程反馈分析和安全复核研究工作奠定基础。

由于坝基变形一般属微量级，监测仪器应侧重选用小量程、高精度的设施，如垂线系统、滑动测微计和多点位移计等。

针对坝基松弛岩体还可通过岩石应力计、锚杆应力计及预应力锚索测力计等来直接或

间接地反映其相应工程阶段的工作性态，结合坝基量水堰、测压管、渗压计等监测信息和数值模型反馈成果，动态地综合评价和预测工程安全性。

6.1.4 坝基工程处理措施

6.1.4.1 固结灌浆

（1）灌浆目的。

1）改善坝基裂隙岩体的力学性能，增强基岩的整体性，缓解不均匀变形，提高基岩的变形模量。

2）降低坝基岩体的渗透性。防渗帷幕部位基岩可借固结灌浆提高帷幕灌浆压力和加强浅表层帷幕防渗性能。

3）断层破碎带及其两侧影响带固结灌浆后，提高其变形模量和抗渗性。

固结灌浆设计应根据开挖后坝基岩体工程地质条件、受力条件、坝基及拱座的变形控制及稳定要求，对灌浆范围、钻孔布置、孔深、灌浆方法、灌浆压力、裂隙冲洗方式、灌浆材料、检测方法与标准等进行专门研究和设计。

（2）灌浆范围。

1）拱坝作用于基础岩体上的荷载较大，且较集中。因此，多数拱坝，尤其是高拱坝，宜采取全坝基固结灌浆。

2）结合开挖后的地质条件或根据灌浆时的吸浆情况，在断层破碎带及其两侧影响带、裂隙密集带等区域加密加深固结灌浆孔。

3）拱端及坝踵、坝趾等高应力区或坝基上游、下游边缘存在软弱构造带的部位，一般向坝基面外扩大固结灌浆的范围或加深加密固结灌浆孔。

4）当两岸坝肩存在不利于变形稳定和抗滑稳定的破碎岩体和较大规模构造带时，除采取置换回填混凝土和锚固措施外，有时也采取深孔固结灌浆进行处理。

5）在坝基混凝土置换回填的周围，一般布置固结灌浆，以提高处理效果。

（3）灌浆深度。固结灌浆分为浅孔（孔深5～8m）、中孔（孔深8～15m）和深孔（孔深15m以上）。固结灌浆的孔深应根据坝基应力分布情况、开挖后岩石破碎程度、裂隙产状、夹泥等地质条件，参照灌浆试验成果确定。孔深一般宜采用5～8m，孔排距宜采用2～4m。若基岩比较破碎，坝基应力较高，或在帷幕附近区域需固结灌浆加强帷幕作用时，应加深固结灌浆，孔深可达8～15m。对于高拱坝以及地基中有特殊加固要求的情况，也可以研究采用深孔，固结灌浆深度可达20～30m。

（4）灌浆压力。按照灌浆压力，固结灌浆可分为普通固结灌浆和高压固结灌浆两类。普通固结灌浆用于固结坝基开挖后形成的松弛层，灌浆压力不大于2MPa，灌浆孔通常布置成梅花形或方格形。高压固结灌浆应结合断层破碎带、软弱岩层、软弱夹层及裂隙密集带的分布进行布置，灌浆最大压力可达2.0～5.0MPa。

除普通固结灌浆外，在以下几种情况下，可研究采用深孔高压固结灌浆：

1）坝基内断层破碎带、软弱夹层、裂隙密集带等规模较大、影响极为不利时，通常采用混凝土置换等措施进行处理。但如果规模不大，如仅数厘米且基本无泥，影响有限，一般采用深孔高压固结灌浆即可。

2）当断层破碎带、软弱夹层、裂隙密集带等规模较大，在采取置换洞塞、传力洞塞后，常采用深孔高压固结灌浆对置换洞塞、传力洞塞周围以及没有被置换的断层破碎带、软弱夹层、裂隙密集带进行补强。

3）对近坝基础内特定的破碎区域进行深孔高压固结灌浆。

值得注意的是，高压固结灌浆施工中，容易造成坝体和岩体抬动变形以及浆液扩散范围过大，因此，多数情况下，尤其是对于缓倾角裂隙发育的基岩，应根据灌浆试验确定灌浆压力。

多数情况下，深孔高压固结灌浆通常可以由地表打深孔进行。当地表不具备施工条件时，可以利用附近已有的各种天然勘探或施工洞进行钻灌，也可开设专门的灌浆廊道进行灌浆。对于地下传力结构中附近的深孔高压固结灌浆，通常在传力结构中预留永久灌浆廊道，或临时灌浆廊道，灌浆结束后再封堵。

6.1.4.2 地质缺陷处理

地质缺陷一般承载能力和抗变形能力较差，变形模量常仅数百兆帕至 2000MPa 间。坝基有软弱层带分布时，坝基综合变形模量降低，可能导致坝体应力条件恶化，坝体变形不对称，降低坝体承载安全度；顺软弱层带形成可能滑裂面，常常是控制坝基坝肩稳定的主要因素；软弱层带一般渗透性强，沿软弱层带形成集中渗漏通道，渗透稳定性也差。

对于坝基坝肩一定范围内的软弱层带，应根据其所在部位、产状、宽度、组成物质以及有关特性，通过相应的计算分析或模型试验，研究其对坝体和坝基的应力、变形稳定、抗滑稳定、渗透稳定的影响程度，参考已有的工程经验制定处理方案。

（1）处理目的和要求。

1）使软弱岩层和断层破碎带、软弱夹层等不利结构面性状改善。

2）使坝基有足够的整体性、均匀性和刚度，以满足结构应力的要求和减少不均匀沉降。

3）使大坝抗滑稳定满足要求。

4）保证软弱岩层和断层破碎带、软弱夹层等不利结构面有足够的防渗性能，满足渗透稳定的要求。

（2）处理措施。软弱层带的处理应根据其特性、规模、位置及对工程的影响程度等因素，选择固结灌浆、高压固结灌浆、化学灌浆、断层塞、混凝土置换、抗剪（抗滑）或传力混凝土结构、锚固等处理措施或综合处理措施。

1）对于坝基倾角较陡（大于 60°）的一定规模的软弱层带，宜采用以下处理措施：①组成物为胶结良好、质地坚硬的构造岩，如角砾岩、片状岩、碎块岩等，对整个坝基的传力、稳定和变形的影响较小时，可加强固结灌浆，或进行高压固结灌浆即可，也可进行混凝土塞局部置换处理，并进行固结灌浆，如有必要可对两侧及深层岩体进行高压固结灌浆。②软弱层带规模不大，但组成物质为糜棱岩、断层泥等软弱构造岩，对整个坝基的强度、稳定和变形有一定影响时，宜进行混凝土塞局部置换处理，如有必要可对两侧及深层岩体进行高压固结灌浆。③软弱层带规模较大，组成物质为糜棱岩、断层泥等软弱构造岩，对整个坝基的强度、稳定和变形有较明显影响时，应在坝基一定范围内进行混凝土置换、高压水泥灌浆、高喷冲洗灌浆等处理，必要时可增加化学灌浆处理（例如环氧类

浆材）。

采用置换法处理软弱层带，开挖时应注意减少对完好岩体的损伤，开挖后应及时回填混凝土，并应加强回填灌浆、接触灌浆和固结灌浆。

2）对于坝基中缓倾角软弱层带（小于60°），应根据其部位、工程特性、对坝体应力和坝基变形以及对稳定性的影响程度，采取处理措施。对于埋藏较浅的部位一般予以挖除；对于埋藏较深的部位，应根据其对坝体应力和坝基变形以及对稳定性的影响程度，研究是否需要处理及处理措施，通常顶部可以采用混凝土置换塞，对下面埋深较深的部分，处理方法主要有以下几种：①斜井（孔）。沿软弱层带走向，间隔一定距离，顺层面打斜井，再回填混凝土，并在井壁进行浅孔固结灌浆。对于薄层的软弱带，也可顺层面打斜孔，进行强力冲洗，尽量把软弱夹层冲掉，然后灌浆或回填细骨料混凝土，并在高压下把残留的软弱物质挤紧。②平洞。在不同深度，顺破碎带走向打平洞，再回填混凝土，沿洞壁进行灌浆。③当软弱层带延伸很长，充填物软弱，影响带宽，上部结构荷载影响很大时，可考虑联合采用斜井与平洞。

对于两岸拱座岩体内存在的断层破碎带、层间错动带等软弱结构面，影响拱座稳定安全时，必须对其采取相应的加大处理措施。如抗滑键、传力洞、传力墙、高压固结灌浆等。

当坝基内的软弱层带有可能成为相对集中的坝基渗漏通道或可能发生局部渗透破坏时，应根据具体情况、作用水头、库水侵蚀性等因素进行专门的防渗处理，如高压冲洗置换处理、防渗井塞等。

（3）混凝土置换（混凝土塞）。混凝土置换塞是软弱层带表部处理最常见的基础处理手段，一般应用情况见图6.1-2。

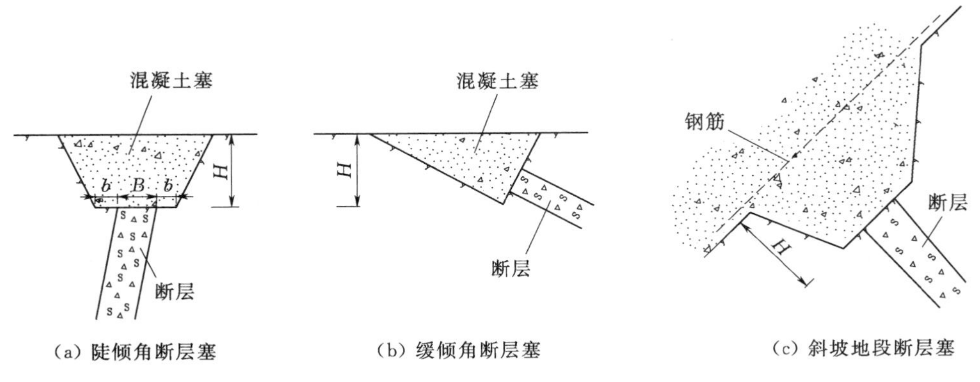

图6.1-2 基础表面混凝土塞

软弱层带表部做混凝土塞的主要目的，是使塞体附近的坝体，不因软弱层带的存在而过分恶化其工作条件，同时也可以使坝基水力梯度最大部分的渗流条件有所改善。在图6.1-2（a）中，一般情况下，b值可取0.5～1.0m，塞体两侧应开挖成斜坡，坡度可为45°～60°，坡度太陡塞体工作条件不好，太缓则混凝土塞作用降低，工程量增加较多。对于贯穿坝基上、下游面的断层破碎带中，应在坝基范围以外，上游、下游处扩大断层破碎带处理范围，扩大范围长度一般为（1～2）B，其深度与坝基部位相同。

混凝土塞设计的关键是确定塞的深度，以确定塞的尺寸。对于一般规模的软弱层带混凝土塞的深度可为1.0～1.5倍断层破碎带的宽度B。对于规模较大的断层，则需进行仔细研究。理论上讲，混凝土塞深度越大，处理效果越好，但处理过深，不仅工程量及施工难度大大增大，且所增加的效果愈来愈小，再考虑到开挖时对基础总有一定的损害以及回填混凝土的温度和收缩应力等因素，过深的置换是不可取的。一般情况下，主要从混凝土塞应力、稳定、坝基防渗3个方面分析确定混凝土塞深度。

（4）软弱岩带深部处理。在坝基软弱岩带处理措施中，表层固结灌浆、混凝土塞等属于表部处理措施。在软弱岩带深部进行开挖，设置各种各样的地下混凝土或钢筋混凝土置换传力结构和防渗结构，并辅以灌浆和必要的岩锚属于深层处理措施。对存在大规模软弱岩带的工程，一般均采取深层处理措施进行处理。

6.1.5 小湾建基面选择及坝基处理

6.1.5.1 建基标准及坝基开挖

建基面按照以微风化-新鲜的Ⅰ类、Ⅱ类岩体为主，局部利用Ⅲ类岩体，对少量地质缺陷通过置换、灌浆等处理后可满足300m级高拱坝建坝要求的原则进行选择。

为降低坝基上游侧边坡开挖高度和处理难度，减少开挖和回填量，结合规范要求拱坝上游非径向开挖角度$\alpha \leqslant 30°$的要求，研究了多种非径向开挖方案，各方案非径向开挖角度总体取值见表6.1-3。

表6.1-3　　拱坝上游非径向开挖角度总体取值表

特征高程/m	方案1（径向）	方案2	方案3	方案4	方案5	方案6
1245、1230、1210、1010	0°	10°	15°	20°	25°	30°
990	0°	10°	15°	20°	25°	20°
975	0°	5°	7.5°	10°	12.5°	10°
953	0°	0°	0°	0°	0°	0°

针对方案1～6，采用Ansys程序建立三维模型进行了分析。模型范围横河向两岸各取600m，共1200m；顺河向上游取300m，下游取600m，共900m；竖向从高程1245.00m到高程653.00m，共592.00m。模型按无质量均匀地基考虑，坝体沿高度方向按20m拱圈的地质平切图划分，厚度方向在高程1245.00～1150.00m间划分了2层单元，在高程1130.00～953.00m间划分了4层单元，整个模型共有6842个节点，5530个单元。

基本工况：正常蓄水位（1240.00m）＋坝体自重＋泥沙压力＋下游水垫塘水位（1004.00m）。

泥沙压力：淤沙高程为1097.00m、淤沙浮容重为0.95t/m^3、淤沙内摩擦角为24°。

坝体混凝土：容重为24kN/m^3、弹性模量为2.10×10^{4}MPa、泊松比为0.18。

坝基弹性模量为2.20×10^{4}MPa、泊松比为0.22。

计算成果表明，基面拉应力方面，径向开挖方式的基面从上游到下游拉应力分布较为平缓，非径向开挖在坝体上游面的拉应力集中现象相对明显，非径向开挖角度越大，拉应力集中现象越明显；非径向开挖角度达到规范上限值时，拉应力集中现象尤为明显；压应力方面，非径向开挖将适当降低坝趾压应力水平但不明显。基面典型应力分布见图 6.1-3～图 6.1-6。总体而言，坝基各种非径向角度开挖对小湾拱坝整体应力与变位没有引起较大变化，坝基非径向开挖主要引起坝体上游基面附近的应力集中现象增大，左右岸的集中程度基本一致，坝趾压应力水平稍有降低但不明显。15°非径向开挖方案的拱坝整体应力状态与径向开挖方案相近，类比其他工程经验，确定拱坝上游非径向角度为 15°（局部 7°）。此外，左岸设置了推力墩将上部受力避开深卸荷带向深部完整岩体传递（详见 5.2.6 节）。

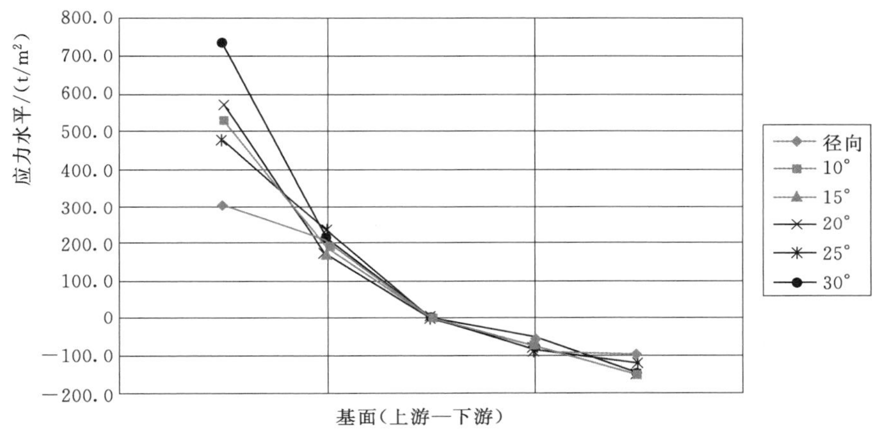

图 6.1-3 高程 1010m 右岸基面第一主拉应力分布

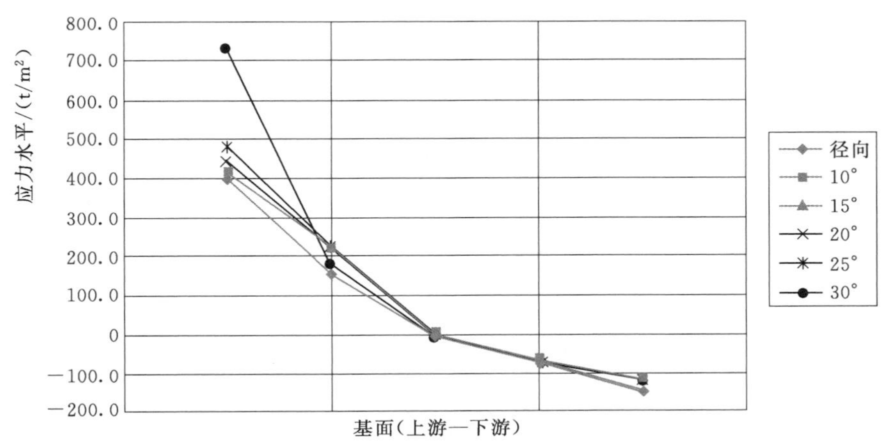

图 6.1-4 高程 1010m 左岸基面第一主拉应力分布

实施的拱坝体形左岸、右岸各控制高程拱端水平开挖深度见表 6.1-4，各类岩体在建基面的平面投影面积百分比统计如下：建基面以Ⅱ类岩体为主，Ⅱ类岩体占 89.3%、$Ⅲ_a$类岩体占 3.0%、$Ⅲ_b$类岩体占 5.4%、$Ⅳ_a$类岩体占 0.3%、$Ⅳ_b$类岩体占

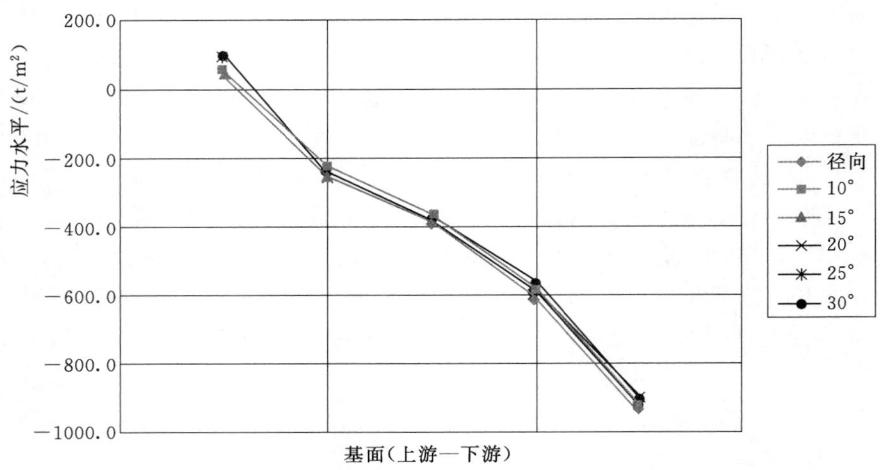

图 6.1-5　高程 1010m 右岸基面第三主压应力分布

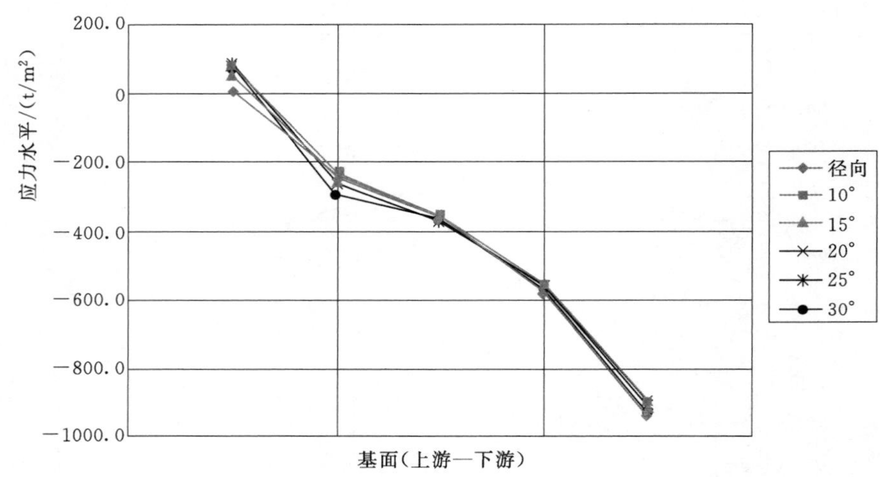

图 6.1-6　高程 1010m 左岸基面第三主压应力分布

1.8%、$Ⅳ_b$+$Ⅳ_c$类岩体占 0.2%。对局部存在的Ⅲ类岩体（尤其是$Ⅲ_b$类岩体）和随断层陡倾角分布的$Ⅳ_b$+$Ⅳ_c$类岩体采取了加强固结灌浆或置换处理。建基面岩体质量类别见图2.7-2。

表 6.1-4　　各控制高程拱端水平开挖深度统计　　单位：m

高　程	左　岸		右　岸	
	上游侧	下游侧	上游侧	下游侧
1245	26	23	48	43
1230	42	35	52	46
1210	38	18	60	52
1190	51	19	51	41

续表

高 程	左 岸		右 岸	
	上游侧	下游侧	上游侧	下游侧
1170	64	25	47	39
1150	70	25	48	39
1130	82	32	54	38
1110	87	34	51	35
1090	90	31	53	30
1070	95	34	67	33
1050	95	41	74	36
1030	86	45	84	37
1010	83	51	90	45
990	61	35	109	56
975	45	22	62	15
最大嵌深	95	51	109	56
最小嵌深	26	18	47	15
平均嵌深	75.7	35.9	73.7	43.7

6.1.5.2 地质缺陷处理

(1) 主要地质缺陷。左岸建基面分布有 E_8 蚀变带、Ⅲ$_b$ 类岩体及 SN 向Ⅳ级结构面 f_{64-1}，见图 6.1-7。E_8 蚀变带出露于高程 1210.00～1245.00m 推力墩基础部位，以中等-强烈高岭石化蚀变为主，宽 1～4m；Ⅲ$_b$ 类卸荷岩体主要有：高程 953.00～1050.00m 之间近坝趾部位，呈长条形分布，建基面上的分布宽度为 0～9.85m（沿径向方向），属Ⅲ$_{b1}$类岩体；左岸高程 1210m 附近近坝趾部位，呈三角形分布，建基面上的分布宽度为 0～9.00m（沿径向方向），属Ⅲ$_{b2}$类岩体；左岸推力墩基础上（高程 1210m）靠近下游侧部位，呈三角形分布，建基面上的分布宽度为 0～7.90m，属Ⅲ$_{b2}$类岩体。

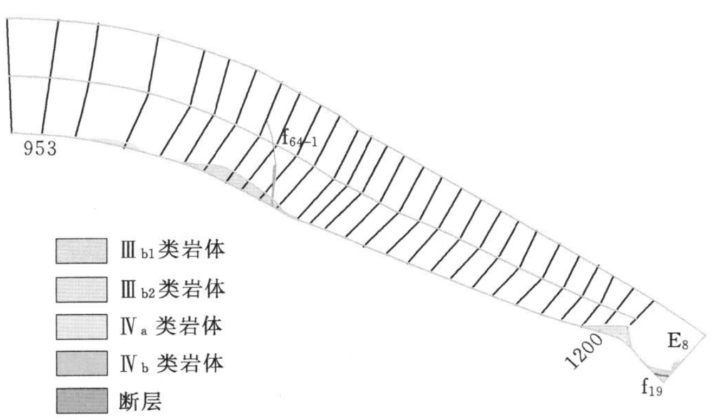

图 6.1-7 左岸建基面主要地质缺陷示意图

右岸建基面分布有Ⅲ级断层 F_{11}、蚀变带 E_1、E_{4+5}、E_8、E_9 以及坝趾附近的部分Ⅲ$_b$类岩体，见图 6.1-8。F_{11} 出露于高程 1207.00～1245.00m 之间坝趾附近的建基面上及下游侧坡上，断层破碎带总宽约 4m，性状较差，距离拱端较近；E_1 蚀变带出露于高程 1150.00～1120.00m 之间，以中等-强烈蚀变为主；E_{4+5} 蚀变带出露于高程 1170.00～1200.00m 之间，以中等高岭石化蚀变为主，宽度 5～10m；E_9 蚀变带出露于高程 1103.00～1112.00m 之间坝趾附近，宽度 4～10m；Ⅲ$_b$ 类岩体主要有：高程 1190.00～1235.00m 呈长条形分布宽度约 6～10m 的Ⅲ$_{b2}$ 类岩体，高程 1105.00～1146.00m 呈长条形分布宽度约 5～10m 的Ⅲ$_{b2}$类岩体，高程 1075.00～1105.00m 分布宽度约 3～5m 的Ⅲ$_{b1}$ 类岩体，高程 1010.00m 附近呈长条形分布宽度约 0～3m 的Ⅲ$_{b1}$ 类岩体。

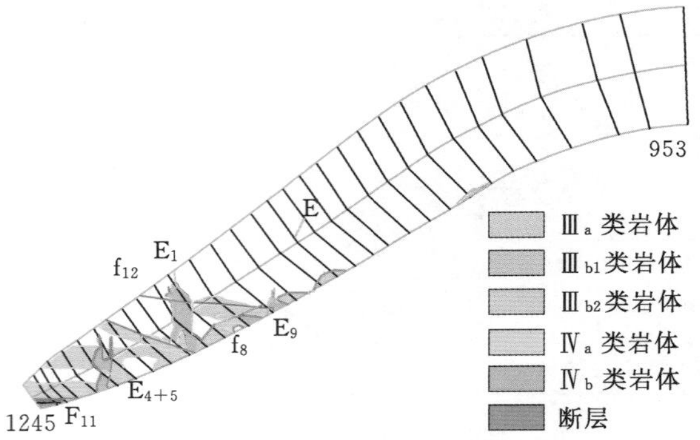

图 6.1-8　右岸建基面主要地质缺陷示意图

河床部位高程 953.00m、23 号坝段基面出露 E_{10} 蚀变带，见图 6.1-9，近 SN 向分布，以中等蚀变为主，部分轻微蚀变或强烈蚀变。其中强烈蚀变分布呈团块状，局部延伸较长部位其宽度一般不超过 2m，且强烈蚀变部分分布位置主要在坝基中心线上游侧。

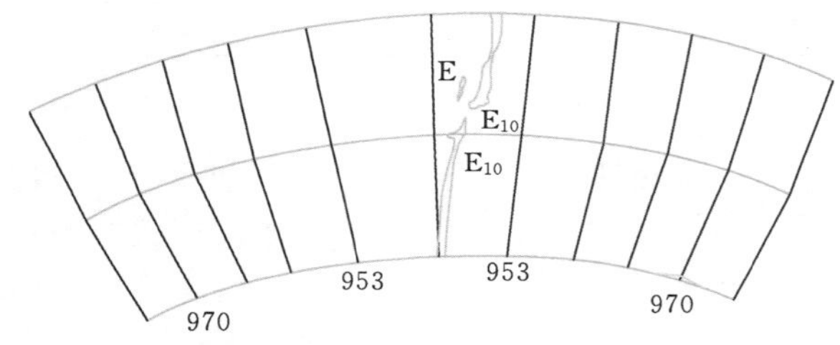

图 6.1-9　河床部位建基面主要地质缺陷示意图

（2）处理原则。较大地质缺陷处理：进行专门性分析后确定开挖体形，采用钢筋混凝土进行置换，利用多拱梁应力成果，按弹性地基上文克尔有限长梁模型进行内力配筋分析。

一般地质缺陷处理：50cm 以上的Ⅳ级结构面，原则上进行槽塞置换处理，置换开挖深度在 1.5 倍宽度左右；50cm 以下的Ⅳ级结构面，原则上不进行置换，配置钢筋网通过。

坝基开挖后出现的规模较小的卸荷回弹松弛岩体结合坝基清理进行撬除，规模较大的卸荷回弹松弛岩体进行专项设计处理。

（3）置换处理。左岸高程 1210.00m 推力墩基础坝趾部位的Ⅲ$_b$ 类岩体进行槽挖处理，槽挖宽度 10.0～13.8m，深度 10m。高程 982.00～1050.00m 坝趾部位的Ⅲ$_b$ 类岩体，以挖除拱端区域的Ⅲ$_b$ 类岩体为原则，使拱推力通过混凝土垫座直接传于微新岩体上，开挖深度 8～10m，上游至坝基中心线，下游至坝基外 15m 处。

右岸 E_1 蚀变带高程 1130.00m 坝趾附近以中等-强烈蚀变为主，此部位最大竖直开挖深约 25m，E_{4+5}蚀变带在高程 1190.00m 坝趾附近以中等蚀变为主，最大竖直开挖深度约 20m。总体上，结合 F_{11} 断层置换开挖和便于施工要求，在高程 1210.00m、1171.50m、1151.50m 和 1129.00m 蚀变带集中分布区和 F_{11} 断层破碎带宽度较大区域设置平台开挖，

E_9 蚀变带区域垂直开挖深度为 10m，槽底宽 14m，上游按 1∶1 放坡，下游按 1∶0.5 放坡，其余断层、蚀变带影响区及坝趾Ⅲ$_b$类岩体区域竖直开挖深度约 10m。开挖宽度上游放坡顶点线尽量不超过坝基中心线，下游距离坝趾轮廓线 5～10m 按 0.3～0.5 的陡坡开挖。在 E_1 蚀变带处，由于其向上游延伸较远，开挖区域向上游延伸至基本上接近拉应力分布的区域。经置换开挖后高程 1090.00m 以上坝基范围表层分布的蚀变带、断层和Ⅲ$_b$类岩体基本挖除，见图 6.1-10。

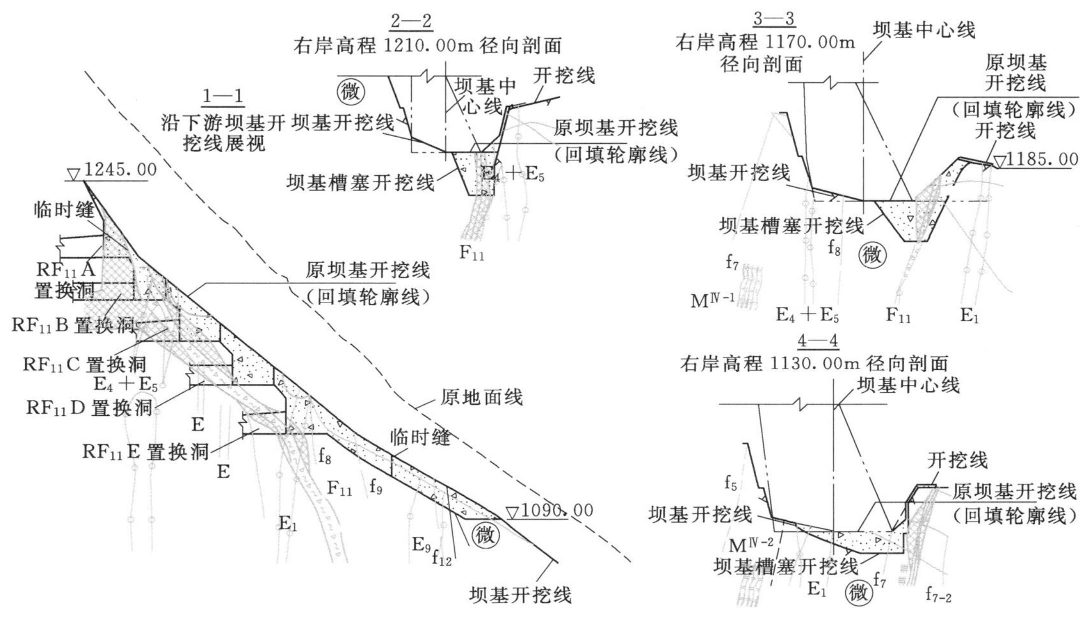

图 6.1-10 右岸建基面上部地质缺陷处理简图

对于高程 980.00～1030.00m 坝趾区域分布的Ⅲ$_b$类岩体，以挖除拱端区域的Ⅲ$_b$类岩体为原则，使拱推力通过混凝土垫座直接传于微新岩体上，由此确定开挖深度 10～15m，上游放坡至坝基中心线处，下游距离坝趾 10～15m 进行陡坡开挖。

河床坝段 E_{10} 蚀变带部位以梁向受力为主，基面主要承受竖向应力，且以坝趾处压应力最大，相对而言在强烈蚀变出露部位的应力水平不高。结合二次开挖对其进行了部分挖除，由于该蚀变带向上游延伸进入库区，对坝基防渗影响稍大，对其进行了针对性的加强灌浆处理。

对于缺陷槽，均采用钢筋混凝土进行置换，利用多拱梁应力成果，按弹性地基上文克尔有限长梁模型进行内力配筋分析后设置钢筋。对缺陷槽混凝土浇筑的施工临时缝进行接缝灌浆，缺陷槽混凝土与基岩接触面布置钢筋网片跨越。

6.1.5.3 坝基岩体开挖松弛及处理

坝址区地应力较高，坝基开挖后，在开挖爆破及应力卸荷双重作用下，建基面浅层岩体出现不同程度的松弛，特别是低高程及河谷底部岩体松弛强烈，表层裂隙和片岩夹层张开现象普遍（详见第 2 章），对拱坝沿浅层稳定性造成一定的影响。为此，进行了专项研究论证及处理。

（1）松弛岩体分区及力学参数。开挖后形成的松弛岩体，主要不利影响是在坝基岩体浅表层形成卸荷裂隙带，降低了岩体的变形模量和抗剪强度。高程 975.00m 以上，松弛带主要在 5.0m 以内，高程 975.00m 以下，主要集中在深度 2.0m 以内。根据建基面松弛岩体特征，将其按高程宏观分为 4 个区 7 个亚区，按松弛程度将其分为：松弛带、过渡带和基本正常带（详见第 2 章）。

为便于模拟分析、简化计算模型，对松弛带、过渡带和基本正常带深度进行概化，高程 975.00m 以上按拱端以里 0～5.0m、5.0～10.0m、10.0～20.0m 水平深度分带，高程 975.00m 以下按建基面以下 0～2.0m、2.0～6.0m、6.0～20.0m 垂直深度分带。

岩体物理力学参数取值：高程 975.00m 以下坝基岩体 3 个分带的裂隙连通率分别按 90%、60%、30%计算，岩桥采用Ⅱ类岩体抗剪断参数（岩桥 $f'=1.4$，$c'=1.8$MPa；裂隙 $f'=0.7$，$c'=0.1$MPa）；变形模量按Ⅲ类岩体拟定中值，并考虑一定的范围值。按上述 3 个分带的连通率及强度参数建议值，自上而下各带的综合强度指标分别为：$f=0.77$，$c=0.27$MPa；$f=0.98$，$c=0.78$MPa 和 $f=1.19$，$c=1.29$MPa。若同混凝土与基岩接触面抗剪断强度建议值对比，分别相当于混凝土与Ⅳ_a类下限、Ⅳ_a类上限和Ⅲ_a类岩体接触面的强度。很明显，坝基下浅层松弛带是控制层。

（2）工程处理。

1）锚固保护及清挖。坝基开挖采取“先支护，再开挖；边开挖、边锚固”的总体思路，重点锚固范围为坝基中心线上游 2/3、下游 1/3 的半坝厚区域，其上、下游作为随机锚固区。保护区具体布置：

高程 1170.00～1245.00m，布置 ϕ32 的随机锚杆，长度为 6.0m 或 9.0m。

高程 1110.00～1170.00m，布置普通砂浆锚杆 ϕ32@3m×3m（间距×高差），梅花形布置，长度为 6.0m。

高程 1070.00～1110.00m，按“1 排预应力锚杆＋4 排普通砂浆锚杆＋1 排预应力锚杆”的间隔顺序与原则布设。锚杆间距 3.0m，高差 3.0m，梅花形布置，长度为 9.0m。

高程 975.00～1070.00m，系统布置 450kN 级预应力锚杆，间距 3.0m，高差 3.0m，梅花形布置，长度为 18.0m。

左岸高程 953.00～975.00m 分为 A 区、B1 区、B2 区、B3 区进行清挖，A 区为坝基中心线约 1/3 坝宽范围，B1 区高程 966.00～972.00m 上游坝踵区域，B2 区为高程 960.00m 以上坝趾区域，其余为 B3 区，清挖以机械和人工清撬为主，在 975.00m 高程附近首先实施锁口锚杆，各区域清挖前布置超前锚杆，并在清挖后整个基面布置系统砂浆锚杆，局部区域布置系统锚筋桩。对右岸 21 号坝段开挖卸荷岩体，先实施 ϕ32 锁口锚杆，间排距 2.0m×2.0m，孔深为 10.0m，梅花形布置，待锚杆注浆 3d 后进行清挖处理。

预应力锚杆和普通砂浆锚杆的方向均垂直建基面。除缺陷槽开挖区域外，共布设了预应力锚杆 533 根，普通砂浆锚杆 609 根。但是，实际仅实施了预应力锚杆约 154 根，普通砂浆锚杆约 443 根，预应力锚杆实施量为 30%，普通砂浆锚杆实施量为 70%。从现场调查情况来看，及时布设了预应力锚杆的左岸中下部高程部位，其卸荷松弛状况明显好于未

实施部位，包括“葱皮”现象及裂隙张开程度，说明采取锚固保护措施，能在一定程度上抑制岩体松弛的发展。

2）二次规则性扩挖。针对坝基岩体严重的卸荷松弛，采取对高程 975.00m 以下的坝基进行全面的规则性二次扩挖，将河床 22 号、23 号坝段整体挖至高程 950.50m，并沿该高程面两侧伸入 21 号和 24 号坝段 10m 左右后顺势向上放坡，左岸接原高程 975.00m 顺坡下挖约 6m（垂直深度）坡面，右岸接原高程 975.00m 坡面，见图 6.1－11。

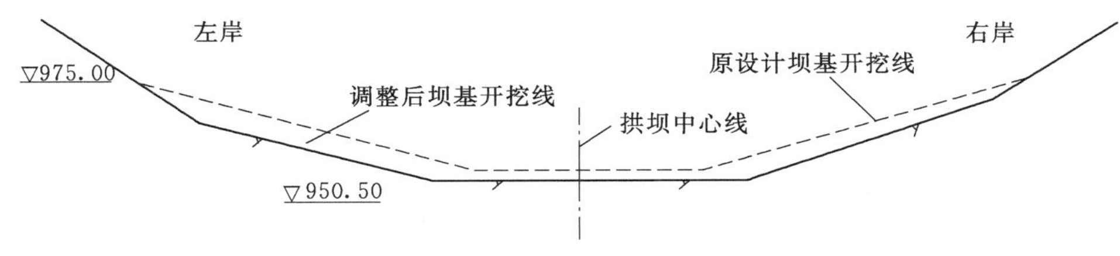

图 6.1－11　河床坝基二次扩挖示意图

二次开挖前，在左岸 975.00m 高程以下坝基上游侧在布设超前锚筋桩 3ϕ32、L＝9.0m 支护，间排距 2.0m×2.0m。下游缺陷槽高程 982.00m 以下开挖后采用 200kN 级预应力锚杆进行支护，锚杆长度 4.5m。右岸坝基高程 975.00m 以下在开口线附近布置了两排共 24 根 450kN 级预应力锚杆进行锁口，锚杆长度 9.0m。

每个梯段爆破开挖清理完后，及时进行预应力锚固，锚杆采用 ϕ32 的Ⅱ级钢筋，长度 4.5m，间排距 2m×2m，设计张拉力 125～150kN。爆破开挖采用保护层开挖方式进行，保护层及其以上开挖均采用手风钻造孔，实施小药量密孔爆破。保护层岩体自上而下分梯段进行开挖，梯段高度左岸按 5m 控制，右岸按 8m 控制，并专门进行爆破设计，严格控制爆破药量。本梯段进行预应力锚固措施后方可进行下一梯段开挖钻爆。

扩挖后，尽管已采取了上述预应力锚杆锁口、超前和及时锚固、严格控制爆破和预留保护层等措施，但坝基岩体仍出现了新一轮的卸荷松弛，其松弛程度及时效性均比首次开挖时强烈（详见第 2 章）。为此，对基面除了清除油污、碎屑、焊渣、泥土，撬除松动岩块，凿毛光滑、附有钙膜、水锈岩体的常规处理措施外，还采取了普遍清挖，清挖厚度平均约 1m，其中，缺陷槽周边与排水洞、灌浆洞洞口部位等松弛强烈部位，局部清挖深度达 3m 左右。

为尽量改善尖角突起引起的应力集中现象，限制和避免坝基灌浆引起混凝土开裂，对部分建基面采取了布设钢筋网的措施。

虽然对基面进行了普遍清挖处理，但下部一定深度范围的岩体仍然存在不同程度的松弛，卸荷裂隙普遍处于微张-闭合状态。为此，在卸荷作用明显且对拱坝应力和稳定影响较大区域结合固结灌浆孔设置锚筋桩，以提高坝基的抗剪安全性。在 12～32 号坝段有盖重固结灌浆孔内均设置 3ϕ32 锚筋桩，长度 12.0m，入岩 9.0m，对接焊，焊接接头错开 0.5m。共布设锚筋桩 3066 根。在 12～32 号坝段坝趾贴角部位固结灌浆孔内累计布设了 1654 根锚筋桩，锚筋桩采用 3ϕ32，长度 12.0m，入岩 9.0m，留置于坝体混凝土内 3.0m。

6.1.5.4 坝基浅层稳定及帷幕安全性分析

（1）分析模型。分别采用多拱梁及有限元按6.1.3.2节方法进行分析评价。

1）多拱梁模型。针对河床坝基二次扩挖的实施体形，按9拱19梁模型（图6.1-12）计算。

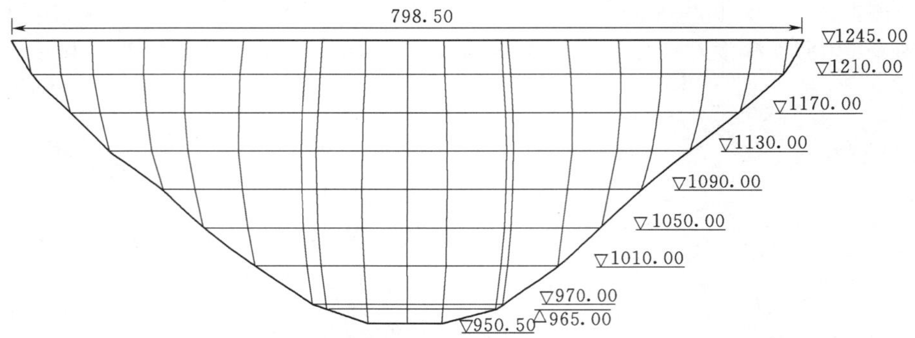

图6.1-12 二次开挖后实施体形多拱梁计算网格图（单元：m）

2）有限元模型一。建立复杂三维模型，采用弹性-弹塑性有限元数值分析方法进行分析。模型范围：顺河向935m，横河向1425m，铅垂方向下至高程660.00m（距原建基面293m），上至坝顶高程1245.00m。模型约束：左右岸边界面施加X向的法向约束，上下游边界面施加Y向的法向约束，底面施加Z向的法向约束。考虑的地质构造：Ⅲ级以上断层，F_7、F_{11}、F_{10}、F_5 4条主要断层，以及主要蚀变带E_4、E_5、E_9、E_1、E_{10}、E_8，同时还模拟了对坝基坝肩稳定有重要影响的Ⅳ级结构面，如f_{34}、f_{30}、f_{19}、f_{17}、f_{12}、f_{11}、f_{10}。剖分有限元网格时对于高程930.00～1245.00m间核心区域靠近坝肩、坝基20m范围内的开挖卸荷松弛岩体，根据松弛程度进一步分为2～3层精细剖分网格，单元形式为8节点六面体单元及其退化单元，模型见图6.1-13（a），单元总数为245688个，其中坝体85520个，节点总数为149260个。抗剪验算中模型计入规范扬压力，正常不计坝基锚筋桩，另对计入坝基锚筋桩进行了对比分析。

3）有限元模型二。采用三维有限单元法对坝体浇筑、温度应力、水库蓄水的全过程进行仿真，仿真至2014年10月6日（对应正常蓄水位1240.00m），模拟坝体裂缝、贴角缝、诱导缝、横缝的开合，坝基渗流/应力两场分别考虑不耦合和耦合。模型范围：左右岸方向分别取约738m和715m，上下游方向取935m，铅直向下取到高程650.00m，模型顶高程左岸为1477.00m，右岸为1626.00m。模型约束：左右岸边界面施加X向的法向约束，上下游边界面施加Y向的法向约束，底面施加Z向的法向约束。模型中考虑的主要地质条件及坝体结构缝包括：岩层；3组主要节理：横河向陡倾角节理、顺河向陡倾角节理和顺河向中缓倾角节理（河床部位近水平）；风化及卸荷分界；主要断层F_7、F_{11}、F_5、F_{10}、F_{20}；蚀变带E_4、E_5、E_9、E_1、E_{10}、E_8；高程930.00～1245.00m坝基部位岩体开挖卸荷松弛（深度为20m，按3级考虑）；坝肩抗力岩体处理实施方案（包括推力墩、地下洞井塞、建基面槽塞、固结灌浆）；坝体横缝；坝体诱导缝；坝体温度裂缝；坝踵坝趾贴角混凝土与基岩接触缝。模型见图6.1-13（b），单元总数为1661347、节点总数为

1046547，其中地基单元总数为466979、坝体单元总数为1194368。模型中不计规范扬压力而直接考虑渗流场影响，未计坝基锚筋桩。

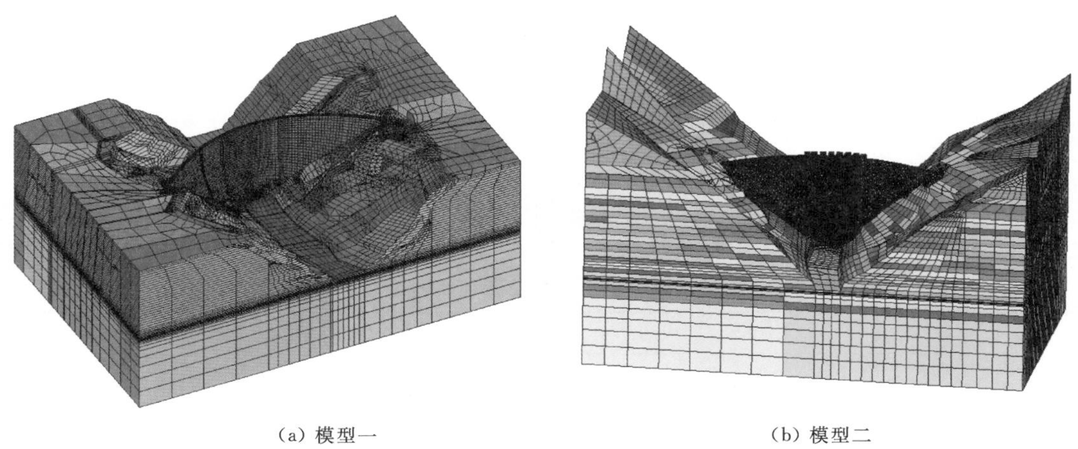

(a) 模型一　　(b) 模型二

图 6.1-13　有限元模型示意图

(2) 验算面。验算面分为两种：一种为指定截面的单面；另一种为由单面及其坝后抗力体组合形成的包络面（图 6.1-14）。稳定验算中的潜在失稳方向均指定为顺河方向。抗剪验算单面分布情况见表 6.1-5，抗滑验算复合包络面情况见表 6.1-6。

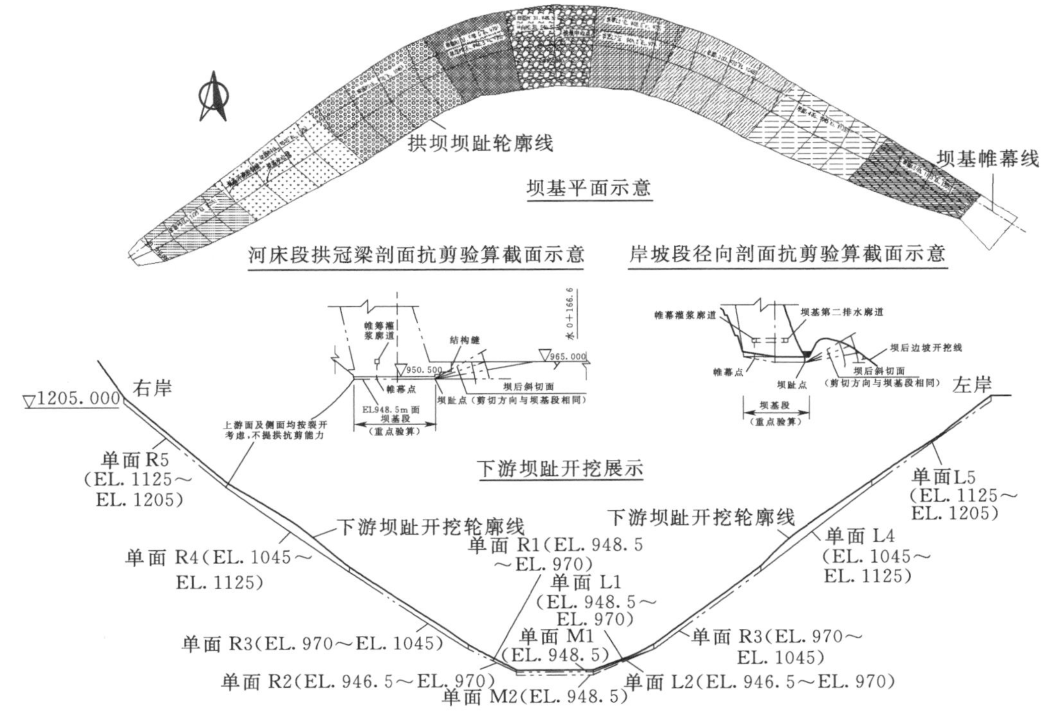

图 6.1-14　拱坝坝基浅层顺河向局部稳定抗剪验算单元截面及复合包络面示意图

表 6.1-5　坝基浅表层抗剪验算截面简表

部位	编号	分布高程/m	部位	编号	分布高程/m
河床坝段	M1	948.50	河床坝段	M2	946.50
左岸岸坡坝段	L1	948.50～970.00	右岸岸坡坝段	R1	948.50～970.00
	L2	946.50～970.00		R2	946.50～970.00
	L3	970.00～1045.00		R3	970.00～1045.00
	L4	1045.00～1125.00		R4	1045.00～1125.00
	L5	1125.00～1205.00		R5	1125.00～1205.00

表 6.1-6　坝基浅表层抗滑验算复合包络面组合表

编号	组　合	分布高程/m
P1	由单面 M1、L1、R1 和坝后抗力体组成	948.50～970.00
P2	由单面 M2、L2、R2 和坝后抗力体组成	946.50～970.00
P3	由单面 M1、L1、L3、R1、R3 和坝后抗力体组成	948.50～1045.00
P4	由单面 M2、L2、L3、R2、R3 和坝后抗力体组成	946.50～1045.00
P5	由单面 M1、L1、L3、L4、L5、R1、R3、R4、R5 和坝后抗力体组成	948.50～1210.00
P6	由单面 M2、L2、L3、L4、L5、R2、R3、R4、R5 和坝后抗力体组成	946.50～1210.00

（3）验算参数。单面及复合包络面纯摩验算参数见表 6.1-7。

表 6.1-7　纯摩验算参数

纯模参数	低　值	中　值	高　值
高程 975.00m 以下	0.75	0.78	0.80
高程 975.00～1050.00m	0.84	0.95	1.01
高程 1050.00 以上参数	0.84	0.95	1.01
Ⅱ类岩体		1.14	

（4）计算成果分析。多拱梁法及有限元法计算成果见表 6.1-8～表 6.1-10。

表 6.1-8　坝基单面抗剪稳定安全系数成果汇总表

计算方法		L5	L4	L3	L2	L1	M1	M2	R1	R2	R3	R4	R5
多拱梁法		2.24	2.17	2.10		1.81	1.28		1.65		2.07	2.14	2.22
模型一（传统）	线弹性不计锚筋桩	3.77	4.07	2.36	2.22	2.08	1.43	1.80	2.48	2.63	2.48	3.37	3.80
	线弹性计锚筋桩						1.61	1.92					
	弹塑性	3.76	3.53	1.84	1.38	1.32	1.05	1.18	1.34	1.40	1.77	2.90	3.74
模型二（仿真）	弹塑性-不耦合	2.02	2.79	2.46	1.94	1.81	1.56	1.62	1.86	2.13	2.58	2.22	2.23
	弹塑性-耦合	2.14	3.08	2.85	2.30	2.17	2.08	2.19	2.22	2.52	2.97	2.56	2.33

表 6.1-9　　坝基复合包络面抗滑稳定安全系数成果汇总表

计算方法		P1	P2	P3	P4	P5
多拱梁法		1.60		1.92	1.99	2.04
模型一（传统）	线弹性有限元	1.73	1.92	2.15	1.96	
	弹塑性有限元	1.26	1.35	1.74	1.51	
模型二（仿真）	弹塑性-不耦合	1.74	1.88	2.14	2.22	2.22
	弹塑性-耦合	2.16	2.33	2.56	2.64	2.57

表 6.1-10　　特征点抗剪安全度成果汇总表

部位		高程/m	模型一		模型二	
			线弹性	弹塑性	弹塑性-不耦合	弹塑性-耦合
拱冠处距坝踵 20m		948.50	0.11	受拉	0.52	1.64
		946.50	0.19	受拉	0.43	1.46
坝趾	左拱端	948.50	1.44	4.19	4.00	1.12
		946.50	1.65	3.66	3.54	1.34
	拱冠	948.50	1.03	2.61	2.61	0.78
		946.50	1.18	2.25	2.25	0.94
	右拱端	948.50	1.56	5.09	4.38	1.48
		946.50	1.76	4.47	4.06	1.68

拱坝坝基浅层稳定安全标准尚无规范可依，在 SL 282—2003《混凝土拱坝设计规范》的条文说明 7.2.4 中列点抗剪安全度 1.1，面抗剪安全度 1.5 控制标准供设计参考借鉴。关于帷幕区的点抗剪安全度，以 M-C 准则作为评价的依据较为合理，鉴于拱坝帷幕处于压应力较小的区域，按常规方式计算，其点安全度（M-C）很难达到 1.0 以上，对点安全度可以考虑不作强制性要求。

从多拱梁法和线弹性有限元计算成果分析，单截面 M1，即河床坝段高程 948.50m 为最不利面，其他单面和复合包络面安全度均大于 1.5，包络面的范围越大、安全度越高。多拱梁法计算的 M1 面抗剪安全度为 1.30 左右（不计锚筋桩）；线弹性有限元计算其面抗剪安全度，不计锚筋桩为 1.43，计锚筋桩后为 1.61。计算表明锚筋桩对坝基浅表部的抗剪作用较为明显，坝基浅层松弛岩体在布置锚筋桩后，浅层验算截面的抗剪安全系数比无锚筋情况有所提高。

仿真计算成果表明，考虑施工与蓄水过程影响后，整个坝基的应力水平更加均匀化，具体表现为所有验算面抗剪安全度均有所增加。坝基渗流/应力场不耦合情况下，各弱面抗剪安全系数均大于 1.5；坝基渗流/应力场耦合情况下，各弱面抗剪安全系数全都大于 2.0，在帷幕线附近的抗剪点安全度约为 1.5，坝趾处的点安全度小于 1.10 的部位已设置预应力锚索加强。

对比表 6.1-2 所拟拱坝坝基开挖松弛浅层稳定验算纯摩安全系数控制标准，坝基浅层的整体抗剪验算结果，无论拱梁分载、线弹性有限元还是仿真耦合方法，均能全部满足

要求；局部抗剪验算结果中，拱梁分载法结果 1.28 略小于控制的 1.30、可算基本满足，线弹性有限元和仿真方法均能满足；帷幕等关键位置点安全度验算结果，则采用传统方法计算时均未能满足 1.10 的控制指标要求，只有仿真计算结果能够满足表 6.1-2 的要求。

截至 2016 年，拱坝已连续 6 年经受蓄水到达正常高水位的考验，实测坝基顺河变形不足 2cm、渗漏量小于 3L/s，说明处理措施有效并处于安全受控状态。同时说明针对拱坝坝基开挖松弛问题所提出的影响分析评价方法、安全控制标准基本合适并有一定安全裕度。在工程实践样本不多的当前情况下，拱坝坝基开挖松弛后的整体和局部抗剪安全性，可按表 6.1-2 的标准偏安全地进行控制；点抗剪安全度，在采用传统方法验算时则可不作强制性要求，有条件时对帷幕等关键位置点抗剪安全度，可采用仿真分析成果按表 6.1-2 进行控制。

6.1.5.5 坝基灌浆

（1）固结灌浆。根据坝基面各区域的具体地质情况及坝基面应力分布特点和使用灌浆材料的差别，坝基固结灌浆主要分为以下 6 个区：

A 区：6 号坝段至左岸推力墩，位于坝基中间部位，灌浆孔深 10～15m，均采用普通水泥。

B 区：位于 17～28 号坝段上游坝踵部位，灌浆孔深 15m 左右。Ⅲ序、Ⅳ序孔采用了磨细水泥。

C 区：右岸位于 5～16 号坝段，左岸位于 29 号坝段至左岸推力墩的上游坝踵部位，灌浆孔深 10～15m。Ⅲ序、Ⅳ序孔采用了磨细水泥。

D1 区：主要位于下游坝趾高应力区拱坝基本剖面内，灌浆孔深 10～20m。Ⅲ序、Ⅳ序孔采用了磨细水泥。

D2 区：主要位于下游坝趾高应力区拱坝基本剖面以外贴角部位，在贴角上施工，不干扰拱坝混凝土施工。灌浆孔深 15～20m。Ⅲ序、Ⅳ序孔采用了磨细水泥。

E 区：位于右岸 1～5 号坝段，有 F_{11} 断层和 E_4+E_5 蚀变带，灌浆孔深 20～25m。Ⅲ序、Ⅳ序孔采用了磨细水泥。

F 区：位于两岸坝顶部位，对拱座进行灌浆处理。

G 区：坝趾贴角以外高程 1020.00m 以下扩大固结灌浆区。

坝基固结灌浆分区见图 6.1-15。

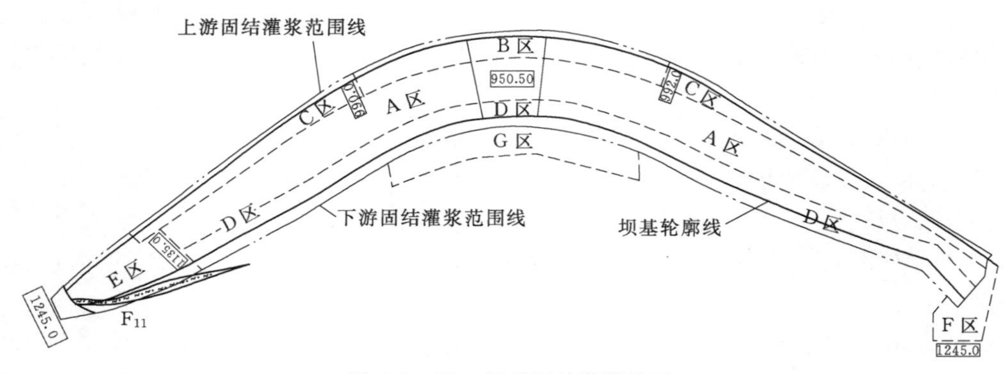

图 6.1-15 坝基固结灌浆分区

均采用有盖重固结灌浆，河床坝段混凝土厚度不小于5.0～6.0m；岸坡坝段最小厚度不小于4.5m，固结灌浆按排间分序、排内加密的原则施工，一序排排内分两序施工（即Ⅰ序、Ⅱ序孔），二序排排内亦分两序施工（即Ⅲ序、Ⅳ序孔），即共分四序施工。

针对灌浆中出现的具体情况，对灌浆参数和灌浆材料进行适应调整，如对Ⅰ序、Ⅱ序压水试验不起压不回水的固结灌浆孔段采用0.6∶1单一水灰比的普通水泥浆液施灌，Ⅲ序、Ⅳ序采用1∶1、0.8∶1、0.6∶1三级水灰比施灌。

坝基轮廓线范围内（A、B、C、D1区）的有盖重灌浆压力见表6.1-11。

表6.1-11　坝基轮廓线范围内（A、B、C、D1区）有盖重灌浆分段与灌浆压力

灌浆段序	1	2	3及以下
灌浆段长/m	2	3	5
先灌排Ⅰ序、Ⅱ序孔灌浆压力/MPa	0.8	1.2	1.6
后灌排Ⅲ序、Ⅳ序孔压力/MPa	1.0	1.5	2.0
检查孔压水试验压力/MPa	0.6	0.8	1.0

下游坝趾贴角部位固结灌浆在相应部位混凝土浇筑完成和横缝接缝灌浆完成后进行，混凝土盖重较厚。1～5号坝段坝基存在F_{11}断层和E_4+E_5蚀变带地质缺陷。该两部位采用较高灌浆压力，灌浆压力见表6.1-12。

表6.1-12　下游坝趾贴角部位（D2区）及1～5号坝段有盖重灌浆压力

灌浆段序	1	2	3及以下
灌浆段长/m	2	3	5
先灌排Ⅰ序、Ⅱ序孔灌浆压力/MPa	1.0	1.5	2.0～2.5
后灌排Ⅲ序、Ⅳ序孔灌浆压力/MPa	1.5	2.0～2.5	2.5～3.5
检查孔压水试验压力/MPa	0.8	1.0	1.0

固结灌浆初期，17号、18号、21号、22号、23号、27号、28号坝段检查成果表明，固结灌浆效果特别是孔口段固结灌浆效果不理想，对这些坝段进行了加密补灌。加密补灌材料一律采用42.5级普通硅酸盐磨细水泥，浆液水灰比采用2∶1、1∶1、0.8∶1三级水灰比灌注，且要求先灌排加密孔应先施工两侧组的加密固灌孔，再施工中间组的加密固灌孔，后灌排先施工中间组的加密固灌孔，再施工两侧组的加密固灌孔。加密补灌灌浆压力和压水检查压力结合检测情况针对性制定，见表6.1-13。

表6.1-13　加密补灌灌浆压力及压水检查压力

灌浆段序	先灌排	后灌排	Ⅰ序孔	Ⅱ序孔	检查孔
灌浆压力/MPa	3	4	3	4	4

固结灌浆质量检查，主要采用压水试验、测量岩体波速、孔内数字成像和钻孔弹模测试，并结合灌浆资料对灌浆质量进行综合评定，固结灌浆质量验收标准如下：

根据设计图纸灌浆分区进行评定，D区透水率 $q\leqslant 1$Lu。A区、B区、C区、E区透水率 $q\leqslant 3$Lu，F区、G区透水率 $q\leqslant 5$Lu。压水试验孔段合格率为85%以上，不合格孔段的透水率值不超过设计规定值的50%，且不得集中，则灌浆质量可认为合格。

Ⅰ类、Ⅱ类岩体单孔声波波速，灌后岩体声波分别按照0～2m、2～5m及5m以下分坝段统计，0～2m声波波速验收标准为4750m/s；2～5m及5m以下声波波速验收标准为5000m/s，要求合格测点数量不得低于85%，小于验收标准85%的测点数不得超过3%，且不得集中。

坝基断层、蚀变带经过固结灌浆后单孔声波波速大于4500m/s，合格测点数量不得低于85%，小于设计标准的85%的测试值不得超过3%，且不得集中。

(2) 接触灌浆。右岸1～5号坝段坝基坡度较陡为42°～61°，对这些坝段坝基进行坝基接触灌浆处理。以坝段为灌浆单元，每个坝段的坝基按300m^{2}左右划分为独立灌浆区，坝基一般分为2个独立的灌浆区，灌区周边设止浆堤。由于这些坝段坝基下游部位有地质缺陷槽回填混凝土，混凝土面上的接触灌浆系统不容易被固结灌浆堵塞，因此接触灌浆分区时，下游区完全位于缺陷槽回填混凝土部位。

接触灌浆按混凝土浇筑前在基面上打孔埋设灌浆系统。进浆孔间1.5m，排距2.5m。接触灌浆的进浆及回浆均采用双回路系统，排气孔在坝段建基面的高高程部位布设，排气系统在建基面预埋并引向灌浆站。

为预防接触灌浆系统在固结灌浆施工中堵塞，在固结灌浆结束后必须先检查接触灌浆管路，对管路堵塞灌区，必须采取补救措施，可以采用固结灌浆孔作为接触灌浆的出浆孔，在固结灌浆结束后，对固结灌浆孔扫孔至基岩以下0.5m，在固结灌浆仓面上预埋进浆、回浆系统并引至灌浆站。

接触灌浆待相应部位混凝土二期冷却结束后进行施工。灌浆压力控制在0.35～0.5MPa。浆液采用2∶1、1∶1、0.6∶1三级水灰比。

6.2　拱座稳定分析及工程处理

6.2.1　拱座稳定分析方法

6.2.1.1　分析方法分类及适用性

拱坝安全事故多与拱座稳定有关，拱座稳定分析是拱坝坝基处理设计的关键。拱座稳定研究的对象是复杂的天然岩体，受限于地质勘查工作的局限性，准确进行拱座稳定分析和安全评价难度较大。主要体现在以下方面：

(1) 分析模型的真实性。分析模型难以真实模拟地质原型，需进行一定的简化和概化。

(2) 力学判据的符合性。鉴于岩体结构不连续，传统的均质连续介质理论不能完全揭示岩体内部真实的受力状态及破坏机制。

(3) 参数的准确性。测试点的有限性、测试条件的差异性以及数据处理的人为因素等，均导致难于给出符合客观实际的物理力学参数。

（4）赋存条件及外部作用的复杂性。尤其是不连续岩体中的渗流、地应力场等特性缺乏合理有效的分析手段与模拟模型，直接影响到拱座稳定分析及评价结果。

（5）加载方式的合理性。传统一次加载分析计算，与实际建设过程的应力、变形等路径不能匹配，从而导致分析模型结果与工程原型真实赋存工作性态的差异。

因此，当前的拱座稳定分析手段，只能对其安全度做出粗略和近似的评价，最终尚需根据工程实际情况，由有经验的工程师和专家系统衡量分析依据和基本假定，分析各种因素变异可能产生的敏感性，最终做出符合当时认识水平的相对客观的判断与评价。

当前拱座稳定分析的方法主要分三大类：侧重抗滑稳定的刚体类计算方法、侧重变形稳定的数值模拟分析方法、衡量整体破坏过程与机制的地质力学模型试验方法，主要常用方法特点比较见表6.2-1。各类方法均有其自身特点和安全评价作用，其中的刚体极限平衡分析方法是当前规范要求并有相关明确的安全评价控制指标体系的基本方法，为所有拱坝工程必须开展的拱座稳定分析计算方法；其他方法则根据各自工程规模、重要和复杂程度等特性在不同勘测设计阶段自行选取和进行。通常，重要或复杂拱座，除进行刚体极限平衡抗滑稳定分析外，尚需采用数值计算或地质力学模型试验方法开展研究工作，结合工程类比，综合评价整体安全性。

表6.2-1　　拱座稳定分析研究的主要方法特点及适用条件比较表

序号	方法分类	典型代表方法	方法特点	安全评价控制指标	优缺点	适用特点
1	抗滑稳定分析	刚体极限平衡法	边界条件切割块体，拱梁分载力系输入（静动力），地下水假定或渗流场模拟施加	规范有明确的抗滑稳定安全系数要求	与规范配套；受边界条件及力学参数、基本假定等制约大	基本方法，规范规定动作。较适应定位及半定位块体
2		Londe法	基本同刚体极限平衡法，反算地下水头控制效果要求	规范有明确要求，但水头折减系数的边界条件相对模糊	与规范基本配套	缺乏地下水位或渗流场资料时可敏感分析
3		块体单元法	计入自重初应力和变形引起的应力调整；矢体特征	与刚体法类似，但规范无明确控制指标	块体可独立或组合，具搜索功能；能与拱梁或有限元法耦合；对地质勘查精度和边界条件要求高	工作量略大，适于随机块体搜索及后期精细复核
4		刚体弹簧元法	接触面上弹簧系统连接，变形能储存在弹簧系统中	计算得到的抗滑安全系数与刚体法结果基本一致，指标类同	可进行危险滑块搜索；渗压可分别按面力或体力计算	工作量略大，适于随机块体搜索及后期精细复核
5	变形稳定分析	线弹性有限元法	可得出弹性状态详细的应力、变形、屈服和安全度分布	尚无，探索中	总体掌握应力、变形、屈服及安全度分布规律与量级；存在应力集中	适于加固处理方案比较，以及局部化问题深度研究
6		非线性有限元法	可得出弹塑性状态详细的应力、变形、屈服和安全度分布	起裂、非线性及整体超载安全度有近30年的工程统计应用价值，但未写入规范	无论水头超载还是容重超载，均导致拱梁分载后对拱座推力方向的改变，与工程实际不一定符合	适于进行整体承载性能分析评价和破坏机制研究

续表

序号	方法分类	典型代表方法	方法特点	安全评价控制指标	优缺点	适用特点
7	变形稳定分析	变形稳定理论方法	不平衡力系求解分析，寻找安全储备需要提高和加强部位	尚无，尝试探索中	对于寻找拱座薄弱部位及加固范围属新型探索方法；但相对侧重非线性工作阶段安全储备的提高	适于研究加固部位及范围与规模和相关加固参数
8		仿真反馈分析预测	全方位、全过程信息化动态模拟开挖、施工及蓄水过程，据监测信息反馈调整模型评价	尚无，尝试探索中	成果相对客观；人力、物力等资源投入大，长期跟踪、适时调整，工作量巨大，监控体系要求完善	适于投入较大、开展信息化动态设计及监控体系完善的重大工程鉴定及验收
9	地质力学模型试验	超载法	无地应力、渗流、温度模拟，岩体结构及产状模拟难度大	起裂、非线性及整体超载安全度有近30年的工程统计应用价值，但未写入规范	可同等条件与数值计算对比，并反馈调整计算模型；水压超载导致拱推力方向改变	适于地质勘查精度较高的复杂拱座
10		降强及降超综合法	无地应力、渗流模拟，岩体结构面及产状模拟难度大；主要弱面可变温相材料控制降强	强度储备安全系数控制，未配套写入规范	降强欠完整性；可同等条件与数值计算对比，并反馈调整计算模型；水压超载导致拱推力方向改变	适于地质勘查精度较高，且主要受弱面控制的复杂拱座

6.2.1.2 抗滑稳定分析

(1) 剪摩公式及控制标准。中国的拱坝设计规范经历了由单一安全系数向极限状态表达式的发展过程。工程师熟知的技术标准有：1985年发布的SDJ 145—1985《混凝土拱坝设计规范》，简称“老规范”或“85规范”；2003年发布的SL 282—2003《混凝土拱坝设计规范》，简称“水利规范”或“03规范”；2006年发布的DL/T 5346—2006《混凝土拱坝设计规范》，简称“电力规范”或“06规范”。“85规范”对拱坝应力和拱座稳定均采用基于拱梁分载法的安全系数控制标准，现有已建拱坝绝大部分按该规范设计；“03规范”基本沿用了传统的安全系数表达方式、增加了有限元计算的等效应力控制标准；“06规范”对安全系数表达方式进行了套改，对拱坝应力和拱座稳定采取了基于可靠度理论的极限状态设计表达式进行安全控制。当前拟建、在建的拱坝工程主要依据后两者进行设计控制。

1) SDJ 145—1985《混凝土拱坝设计规范》。拱座抗滑稳定的数值计算方法，以刚体极限平衡法为主。对于大型工程或复杂地质情况，可辅以有限元法或其他方法进行分析论证。

采用刚体极限平衡法进行抗滑稳定分析时，对1级、2级工程及高坝，应采用抗剪断公式计算，其他则可采用抗剪断或抗剪公式计算。

抗滑稳定计算时，相应安全系数应满足表 6.2-2 规定的要求。

表 6.2-2　SDJ 145—1985 规定的拱座抗滑稳定安全系数

荷载组合			建筑物级别		
			1	2	3
抗剪断公式	基本		3.50	3.25	3.00
	特殊	无地震	3.00	2.75	2.50
		有地震	2.50	2.25	2.00
抗剪公式	基本				1.30
	特殊	无地震			1.10
		有地震			1.00

2）SL 282—2003《混凝土拱坝设计规范》。对于拱座稳定，SL 282—2003 规定：拱座抗滑稳定的数值计算方法，以刚体极限平衡法为主。1 级、2 级拱坝或地质情况复杂的拱坝，还应辅以有限元法或其他方法进行分析。

采用刚体极限平衡法进行抗滑稳定分析时，1 级、2 级工程及高拱坝，应采用抗剪断公式计算，其他则可采用抗剪断或抗剪公式计算。

抗滑稳定计算时，相应安全系数应满足表 6.2-3 规定的要求。

表 6.2-3　SL 282—2003 规定的拱座抗滑稳定安全系数

荷载组合		建筑物级别		
		1	2	3
抗剪断公式	基本	3.50	3.25	3.00
	特殊（非地震）	3.00	2.75	2.50
抗剪公式	基本			1.30
	特殊（非地震）			1.10

抗剪断公式

$$K_1=\frac{\sum Nf_1+C_1A}{\sum T} \tag{6.2-1a}$$

纯摩公式

$$K_2=\frac{\sum Nf_2}{\sum T} \tag{6.2-1b}$$

3）DL/T 5346—2006《混凝土拱坝设计规范》。拱座稳定采用刚体极限平衡法分析拱座稳定时，采用以下公式进行计算。

$$\gamma_0\psi\sum T\leqslant\frac{1}{\gamma_{d1}}\left(\frac{\sum f_1N}{\gamma_{m1f}}+\frac{\sum C_1A}{\gamma_{m1c}}\right) \tag{6.2-2a}$$

$$\gamma_0\psi\sum T\leqslant\frac{1}{\gamma_{d2}}\left(\frac{\sum f_2N}{\gamma_{m2f}}\right) \tag{6.2-2b}$$

式中：γ_{m1f}为拱座岩体摩擦系数的材料分项系数，取 2.4；γ_{m1c}为拱座岩体凝聚力的材料分项系数，取 3.0；γ_{d1}为结构系数，取 1.2；γ_{m2f}为拱座岩体摩擦系数的材料分项系数，取

1.2；γ_{d2}为结构系数，取 1.1。

上面两个公式可表达为如下安全系数表达式及控制标准

$$SF_1=\frac{\left(\frac{\sum f_1 N}{\gamma_{d1}\gamma_0\psi\gamma_{m1f}}+\frac{\sum C_1 A}{\gamma_{d1}\gamma_0\psi\gamma_{m1c}}\right)}{\sum T}\geqslant 1.0 \tag{6.2-3a}$$

$$SF_2=\frac{\frac{\sum f_2 N}{\gamma_{d2}\gamma_0\psi\gamma_{m2f}}}{\sum T}\geqslant 1.0 \tag{6.2-3b}$$

三维刚体极限平衡法是目前拱座抗滑稳定分析的主要手段，其基本假定为：①滑移体视为刚体，不考虑其中各部分间的相对位移；②只考虑滑移体上力的平衡，不考虑力矩的平衡，认为后者可由力的分布自行调整满足，因此在拱端作用的力系中也不考虑弯矩的影响；③忽略拱坝的内力重分布作用影响，认为拱端作用在岩体上的力系为定值；④达到极限平衡状态时，滑裂面上的剪力方向将与滑移的方向平行，指向相反，数值达到极限值。

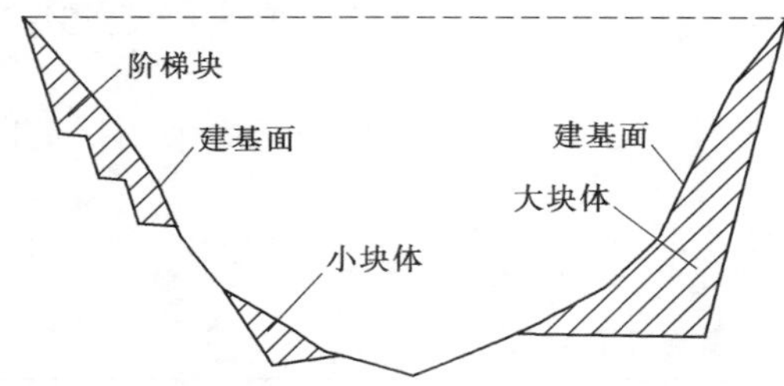

图 6.2-1 拱座抗滑稳定块体组合形式示意图

拱座抗滑稳定分析的滑动块体，常有以下组合形式：一陡一缓、两陡一缓和阶梯状滑块。一陡一缓滑块由一个陡面（侧滑面）和一个缓面（底滑面）组成，两陡一缓块体由两个陡面和一个缓面组成。其中一陡一缓和两陡一缓组合形式又可分别有大块体和小块体两种形式。大块体是由通过顶拱或超出顶拱范围的陡面与缓面和上游拉裂面组合构成的块体；小块体是由通过建基面的陡面与缓面和上游拉裂面组合构成的块体；阶梯状滑块则是由多个陡面与多个缓面组合构成的块体。各种块体形式见图 6.2-1。

拱座滑块的可能滑移模式有单面滑动、双面滑动，单面滑动的块体通常沿着底滑面滑动；双面滑动块体沿着陡、缓面的相交棱线滑动。

块体扬压力的计算有以下两种基本方法：①根据坝址三维渗流场分析成果进行计算，这种计算反映了裂隙岩体的渗流特性与压力分布，精度较高；②按规范假定方法进行计算，在一般情况下或工程的前期设计阶段可采用此种方法进行渗压计算。滑动块体边界面的上游侧渗压取全水头，下游出露点渗压取零，在上游、下游之间，渗压分布假定为线性变化。

计算中，可能由于滑块的长度较大，根据上述方法计算得到的扬压力较大，与实际情况存在较大差异。根据对多个拱坝工程坝基三维渗流场分析成果及有关工程实测资料分析表明，拱坝绕坝渗流作用范围大致在 2～3 倍坝基宽度内，因此，扬压力计算中，可以考虑渗径长度的影响修正渗压分布。

滑面由特定的结构面形成，包括断层、软弱岩带、层间挤压错动带及连通性好的节理裂隙密集带等，此时滑面力学参数可直接采用特定结构面相应的力学参数。

滑面由优势裂隙形成，通常做法是考虑坝基岩体质量分级及岩体裂隙的连通率等因素，根据滑动面所穿过的各级岩体所占的面积百分比进行综合加权计算得出综合力学

参数。

（2）纯摩公式控制标准。当前，SDJ 145—1985 已不再使用，将现行两套设计规范（SL 283—2003 和 DL/T 5346—2006）对拱座稳定纯摩公式的控制要求情况汇总对比如下。

两规范的纯摩安全系数对比见表 6.2-4。

表 6.2-4　　拱座稳定控制标准比较表

荷载组合 规范	基本组合 （持久状况）	基本组合 （短暂状况）	偶然组合 （偶然状况）
DL/T 5346—2006	1.19	1.13	1.01
SL 282—2003	1.30		1.10

尽管水利、电力两行业规范均规定，拱座抗滑稳定分析的纯摩公式仅适用于 3 级及以下的建筑物，但实际上国内外很多高坝工程大都进行了纯摩分析。表 6.2-5 为国内部分中高坝按照纯摩公式计算的拱座抗滑稳定控制安全系数。

表 6.2-5　　我国部分拱坝拱座抗滑稳定纯摩安全系数表

坝名	坝型	坝高/m	坝基岩石特征	分析方法	f_2	K_2 控制值	附注
锦屏一级	双曲拱坝	305.0	大理岩/砂板岩	整体	0.33～0.97	1.30	在建
小湾	双曲拱坝	294.5	角闪斜长/黑云花岗片麻岩	整体		1.30	建成
溪洛渡	双曲拱坝	285.5	玄武岩	整体	0.30～1.31	1.30	在建
二滩	双曲拱坝	240.0	正长岩/玄武岩	整体	0.60～1.10	1.30	建成
龙羊峡	重力拱坝	178.0	花岗闪长岩/变质砂板岩	整体	0.25～0.60	1.10～1.30	建成
李家峡	双曲拱坝	165.0	黑云质混合/角闪斜长岩	整体	0.40～0.45	1.30	建成
东江	双曲拱坝	157.0	花岗岩	整体	0.62～0.73	1.10	建成
白山	重力拱坝	149.5	变质混合岩/角闪斜长岩		0.55～0.60	1.30	建成
风滩	双曲拱坝	112.5	石英砂岩		0.25～0.60	1.05～1.30	建成
紧水滩	双曲拱坝	102.0	花岗斑岩		0.25～0.79	1.10～1.15	建成
石门	双曲拱坝	88.0	云母石英片岩/石英片岩	整体	1.00～1.18	1.20～1.50	建成
泉水	双曲拱坝	80.0	花岗岩	平面	0.50～0.70	1.00	建成
流溪河	双曲拱坝	78.0	花岗岩	平面	0.59	1.00	建成
雅溪一级	双曲拱坝	75.0	熔凝灰岩	整体	0.30～0.50	1.00	建成
里石门	双曲拱坝	74.3	凝灰岩		0.50～0.60	1.00～1.05	建成

美国内政部垦务局拱坝设计规范规定，按纯摩公式计算拱座稳定时，要求 $K_2 \geqslant 1.5$，与建筑物级别无关；契尔盖拱坝最大坝高 232.5m，坝肩岩体稳定受断层及软弱夹层控制，用纯摩公式计算，要求 $K_2 \geqslant 1.5$；英古里拱坝坝高 271.5m，要求 $K_2 \geqslant 1.5$；日本黑部川

第四拱坝坝高188m，抗剪参数采用屈服强度（峰值平均值的60%），要求$K_2 \geqslant 1.5$。这些分析表明：

1）美国、苏联、日本等国的工程，1级、2级拱坝要求纯摩安全系数$K_2 \geqslant 1.5$。

2）国内高拱坝采用纯摩公式计算的抗滑稳定安全系数在1.0～1.3之间，原因在于摩擦系数f_2整理取值方法不同，一般国内较国外取值偏低20%～30%。

3）欧洲国家多只采用纯摩公式分析。

6.2.1.3　变形稳定及整体稳定

拱坝的整体稳定性，指拱坝与地基系统在极限荷载作用下抵抗变形破坏的能力。在SD 145—1985和SL 282—2003中被称为变形稳定性，在DL/T 5346—2006中称为整体稳定性。拱坝整体稳定分析的研究对象是拱坝与地基组成的一个整体系统，由于需要考虑材料进入非线性工作阶段后拱坝与地基内力的非线性调整，因此拱坝整体稳定分析属于变形稳定分析。进行整体稳定分析的目的是获取拱坝地基系统在极限平衡状态（系统破坏时的临界状态）下的整体安全度，以此建立其整体稳定性的评价标准，例如它的极限承载能力、抵抗破坏的变形能力、最大安全储备等。

目前常用的整体安全度包括超载安全度、强度储备安全度以及综合安全度。由于拱坝具有较强的超载能力，为了使拱坝地基系统处于极限平衡状态，常用的手段是增加上游水压力或降低材料的强度，以系统达到极限平衡状态时荷载变化或强度变化的倍数来评价拱坝的整体稳定性。前者称为超载安全度，后者称为强度储备安全度。有时采用两者结合的方法，既考虑荷载增加又考虑强度折减，以两种安全度的乘积表征系统的安全度，称为综合安全度。

拱坝整体稳定的主要分析方法有基于非线性有限元的变形体极限分析方法和地质力学模型试验。地质力学模型试验虽然对破坏过程有直观的认识，但周期长、成本高、研究方案单一，难以模拟渗流、温度等荷载。因此，目前拱坝整体稳定的研究以变形体极限分析方法为主，必要时再辅以地质力学模型试验。

针对建立在现代数值方法基础上的拱坝整体稳定性分析，尚缺乏公认的安全评价体系和控制标准。目前往往采取工程类比的方法进行极限安全评估。针对这一问题，清华大学杨强教授提出的变形加固理论，基于最小塑性余能原理，提出了结构失稳的严格定义，发展了基于塑性余能及其变分的结构稳定性判据，在国内若干高拱坝整体稳定分析中得到应用。

拱坝整体稳定分析的重点在坝基和拱座，传统上在整体稳定中拱坝主要被视为传力结构，所以基于理想弹塑性模型的极限稳定分析是拱坝整体稳定的主要分析方法。

（1）数值计算成果整理及安全评价。采用有限元计算，一般统计大坝上下游面关键高程拱冠梁以及拱端顺横河向位移，根据计算的变形结果，分析大坝、基础变形分布特征，找出拱冠梁、拱端等部位的最大变形特征值。通过大坝以及基础变形分析，可作为评价大坝安全的指标之一。为保证大坝安全，大坝与基础变形应该协调，如果基础变位过大，对结构应力影响就大，甚至会产生严重后果。

反映基础岩体抗变形能力的岩体参数主要是岩体变形模量。通过基础整体变模上、下浮动和不同高程区拱端基础变模交叉浮动，包括左右岸基础变模的不对称浮动等，由此分

析对坝体应力的敏感程度。高拱坝建基面基础岩体的变形模量只要满足以下要求，坝体结构可具有较好的基础适应能力（λ_E 表示坝体混凝土变形模量与基础岩体变形模量之比）。

1）拱坝上部建基面基础岩体的变形模量可以较中、下部基础小，但 λ_E 值须小于 4.0；对应拱梁分载法计算的上部基础综合变形模量应不小于 5.0GPa。

2）大坝中部、下部建基面基础是拱坝主要承力区，岩体变形模量需大于大坝混凝土变形模量的 1/3 以上，即要求 λ_E 小于 3.0。实例分析表明，高拱坝中下部基础岩体变形模量的最佳量值为：中部基础不低于 8.0～10.0GPa；下部尤其河床部位基础岩体的变形模量不低于 10.0GPa。

3）建基面基础岩体应尽量均匀，避免岩体软硬突变，同岸相邻计算（拱梁分载法）高程地基综合变形模量之比应不大于 2.0。基础局部地质缺陷，需通过基础处理，以满足基础承载要求。

在三维非线性有限元分析成果的基础上，可类比地质力学模型试验整理出整体超载安全度：$K_{\lambda1}$（大坝起裂安全度）、$K_{\lambda2}$（非线性变形起始安全度）、$K_{\lambda3}$（极限安全度）。一般要求 $K_{\lambda1} \geqslant 1.5 \sim 2.0$；$K_{\lambda2} \geqslant 3.0 \sim 4.0$；$K_{\lambda3} \geqslant 6.0$。

除整体安全度外，局部安全度对设计也有重要指导意义。将非线性有限元分析的应力成果整理出类似抗滑稳定的安全系数，包括点、面、块安全系数，便于和拱座抗滑稳定分析联系起来，相互借鉴，易于理解，是一种常用的分析方法。需要强调的是，非线性有限元分析的应力成果充分反映了非线性内力的调整，这和拱座抗滑稳定分析中以试载法确定拱端力有本质区别。

求得建基面节点的节点力即为建基面内力，在此基础上，可求得建基面各高程段受力，并进行以下分析：求各段建基面拱端力和推力角，求各段建基面抗滑安全系数，求各段建基面等效应力。进行超载过程中的建基面抗滑稳定分析，可对坝基浅层抗滑稳定做出判断。

拱坝地基系统中存在各种节理裂隙，判断结构体系能否安全使用，最为重要的标准是判断结构中存在的节理裂隙是否将继续扩展并导致结构破坏，这种扩展可以缓慢而稳定并仅在载荷增加时存在，或者，裂纹扩展到一定程度突然变为不稳定扩展。裂纹开展可归纳为 3 种类型，即拉开型（拉力作用）、滑移型（剪力作用）和撕开型（扭矩作用），也有在压（或拉）、剪、弯、扭作用下形成的复合型。

基于变形加固理论，以不平衡力判断坝踵开裂位置和深度近年来取得进展，并在特高拱坝研究中得到了应用。

此外，在对坝体和地基岩体的屈服范围与程度及对其他结构如帷幕的影响分析与比较时，一般建议范围限定值，例如开裂深度为坝厚的 1/4～1/6，不危及帷幕正常运行等。在超载或降强工况下，可以按超载和降强倍数与坝体开裂深度、开裂区域的关系，评价大坝以及基础的安全性。

在进行整体非线性有限元分析时，首先应进行基本荷载工况作用下，坝体及地基的受力性态分析，基础稳定安全状况，坝和地基屈服情况，坝踵开裂和裂缝的开展情况等。点安全度指标是一个标量，反映的是局部岩体部位的抗剪裕度，点安全度不足，并不一定意味局部区域就失稳，但可以初步了解基础岩体内抗剪裕度的大小及分布情况，可用于研究建基面基础的稳定条件。

在核算面安全度时当然首先要使滑块的总安全度满足要求，但对每一滑面上的情况也需注意。一般而言，对于明显的地质结构面应特别注重其面安全度的情况。用有限元分析成果核算滑移面抗滑安全系数，较刚体极限平衡法分析更接近真实，其控制标准也可比刚体极限平衡法为低。

进行超载分析时，一般假定大坝与基础岩体的力学参数不变，在基本组合工况的基础上，增加水荷载，直到基础破坏失稳，所得到的水荷载超载倍数称作超载安全系数。超载分析是当前国内外常用的方法，处理较为简单，设计者易于接受和引用。通过超载分析，有助于研究大坝具有的超载能力包括极限承载能力，有助于了解大坝超载破坏时的开裂机制和裂缝发展路径，有助于开展特高拱坝薄弱部位研究，从而确定针对地质缺陷处理措施和其他结构措施。

超载计算时，只对大坝承受的水荷载进行超载，其他荷载保持不变，相应的水荷载超载方式，通常采取提高水容重的方法。地质力学模型试验进行超载试验时，也采取按比例增加水推力的方法，便于相互比较。一般以 0.5 倍水容重的相应水压力作为一超载级数，逐级加载。在正常荷载工况基础上，超载 0.5 倍水容重，则超载系数为 1.5；超载 1.0 倍水容重，则超载系数为 2.0；依此类推。

拱坝最终极限平衡状态的确定，采用以下的准则进行判断：①变形准则。当特征部位的相对位移过大，或在变形曲线中出现拐点时，就认为拱坝有沿建基面滑移的趋势，拱坝已到极限平衡状态。②静力准则。当自然拱破坏或建基面材料全部屈服致使应力无法转移，非线性计算不收敛时（排除计算上的因素），拱坝达到极限平衡状态。

但是对于复杂的岩体结构，往往在主导的破坏模式（如拱坝极限承载能力）发生之前，次要的破坏模式早已发生。通常，结构从受力到破坏的整个变形过程可分为 3 个阶段，即弹性变形阶段、塑性变形阶段和全面破坏阶段。超载计算过程中，可以用类似于地质力学模型试验的 3 个超载倍数来衡量结构的安全度，其定义分别为：起裂超载系数 $K_{\lambda 1}$，指拱坝或基础局部开始开裂时的超载倍数；非线性变形超载系数 $K_{\lambda 2}$，指系统整体开始出现非线性屈服变形时的超载倍数；极限超载系数 $K_{\lambda 3}$，指系统整体失稳，表现为坝体底部屈服区贯穿，自然拱破损，开裂屈服区贯穿坝体及基础等。

强度储备系数法主要认为岩体或结构面的抗剪切强度参数 f' 和 c' 值具有一定的安全储备，将其降低 K_f 倍后基础失稳，则 K_f 为强度储备安全系数。目前强度储备系数法主要考虑材料强度的不确定性和可能的弱化效应，以此研究结构在设计上的强度储备程度。

（2）变形稳定及加固分析。在超载或降强的过程中，拱坝在最终整体溃坝之前（如 $K_{\lambda 3}$），坝踵开裂、坝趾压剪屈服、断层错动等局部破坏现象早已发生，控制抗滑稳定并不能完全阻止这些局部破坏的发生和发展。在常规弹塑性有限元分析中，塑性区通常范围较大，难以准确判断破坏起始位置。

近年来发展起来的变形加固理论的基本思想具体到拱坝可表述为：①拱坝和坝基是一个复杂的高次超静定结构，在外荷载作用下进入非线性工作区后，大坝和坝基内力会自行调整以适应外荷载。②拱坝系统的自我调整能力是有限的，一旦外荷载水平高到超出了拱

坝系统的自我调整能力的极限，拱坝就会破坏。即各类局部破坏虽然破坏机制差异很大，但都是有关联的。③如果拱坝系统自我调整能力的不足是局部的，破坏也是局部的，如坝踵开裂；如果这种不足是全局性的，就会导致整体溃坝。④加固措施的本质就是提供加固力，以弥补拱坝系统自我调整能力的不足。

加固效果主要应从使失稳结构稳定下来的角度来衡量和评价。岩土数值分析的一个普遍问题是过低地估计了加固效果，其根本原因在于不平衡力系是自平衡力系，故由圣维南原理可知，加固措施对结构变位、应力、屈服区的影响仅限于加固措施的附近。注意塑性余能 ΔE 就是不平衡力的范数，故最小塑性余能原理要求在给定荷载下失稳结构总是趋于加固力最小化、自承力最大化的变形状态，这和边坡分析中潘家铮最大最小原理以及隧洞新奥法施工原理是完全一致的。

变形加固理论是岩土工程领域新近提出的理论和方法。但鉴于岩土工程的特点，迄今尚无一种岩土理论或方法能完全反映岩土介质的客观条件，或是能够考虑岩土工程中的各种复杂影响控制因素，因此该理论在工程实际应用方面，尚需进一步验证和完善。

（3）地质力学模型试验。地质力学模型试验的研究对象是工程结构与周围岩体相统一的实体，既可以精确模拟工程结构的特点，也能近似地模拟岩体及结构面与地质缺陷等因素对岩体工程稳定性的影响。高拱坝地质力学模型，主要通过超载加荷或降强加荷，或降强和超载联合作用综合加荷直至大坝模型破坏，从而研究高拱坝的坝体或基础的开裂，破坏扩展机制，浅层抗滑以及大坝、基础应力分布，变形状态和整体安全度。

目前拱坝地质力学模型试验的加载方式，一般采用超载法、强度储备系数法以及综合法等。

超载法是在假定岩体力学参数不变的前提下，逐级增加水载荷使基础失稳，通过量测到的临界失稳载荷与正常工作载荷之比来推求安全系数，由此得到的系数为超载安全系数。超载法主要考虑作用荷载的不确定性，作用在坝上的外荷载由于某些特殊原因有可能超过设计荷载，超过的总荷载与设计总荷载之比称为超载系数，以此研究结构承受超载作用的能力。试验一般采用循环加载-卸载，最后的破坏试验是连续加载。共进行了多次加载及卸载试验，坝体出现裂缝而终止加载。

强度储备系数法主要认为岩体或结构面的抗剪切强度参数 f'、c'值具有一定的安全储备，将其降低 K_f 倍后基础失稳，则 K_f 为强度储备安全系数。目前强度储备系数法主要考虑材料强度的不确定性和可能的弱化效应，以此研究结构在设计上的强度储备程度。

综合法是强度储备法与超载法的结合，理论上它既考虑可能出现的超载情况，又考虑运行期间，坝肩岩体可能出现强度降低的实际，以两方面因素结合进行试验。

根据位移、应力和破坏过程确定大坝整体超载安全度，以及大坝开裂破坏过程确定大坝起裂超载安全度 $K_{\lambda1}$ 和结构非线性变形超载安全度 $K_{\lambda2}$ 及极限超载安全度 $K_{\lambda3}$。

6.2.2 小湾拱座稳定分析及工程处理

小湾拱坝坝高达 294.5m，总水推力约 180×10^6kN，拱座受力规模居世界第一。在前期及建设过程中的拱座稳定研究中，几乎穷尽表 6.1－3 中各种主要手段和方法。综合各研究成果，针对拱座地质缺陷采取了跟踪置换的设计理念并付诸实施，不断提高处理措施的针对性及有效性，在高拱坝拱座稳定性研究方面做了有益探索。

6.2.2.1　拱座岩体基本工作条件

拱座部位基岩岩性为片麻岩，卸荷作用强烈，左岸存在深卸荷岩体，分布有Ⅲ级断层和成组出现的Ⅳ级结构面以及呈平行河谷方向展布的蚀变岩带。两岸地下水位埋藏深度较浅，补给来源相对丰富，岩体渗透性具各向异性特征（顺河向陡倾裂隙渗透性约为横河向的3～10倍）。坝址区的残余构造应力为近南北向压应力场，空间应力场受残余构造应力和自重应力的双重控制。两岸拱座地形地质条件典型分布见图6.2-2。

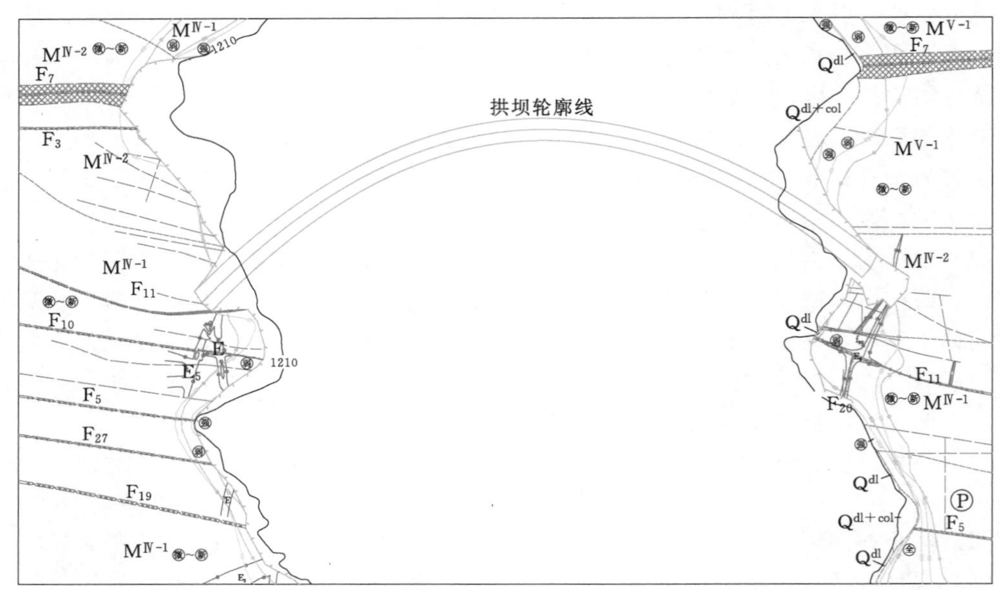

图6.2-2　高程1210m地质平切简图

（1）坝址区两岸岸坡陡峻，冲沟发育，受上游Ⅱ级断层F_7的客观限制以及下游沟梁相间地貌和深卸荷岩体的制约，拱端无法全面避开冲沟及不良地质体的影响。左岸受龙潭干沟深切影响、右岸受豹子洞干沟深切影响，高高程拱端的拱座岩体比较单薄，对拱座稳定不利。

（2）两岸坝肩岩体卸荷、剪切裂隙发育，左坝肩4号山梁卸荷裂隙水平发育深度为100～160m，右坝肩3号山梁卸荷裂隙发育最大深度约为85m。剪切裂隙沿近SN向顺坡构造节理发育，卸荷拉张裂隙沿与岸坡走向近似平行的近SN向陡倾节理发育，两者在空间上呈阶梯状组合，可形成"一陡一缓"型滑体（大台阶或大块体）。卸荷裂隙有几毫米至几厘米的开度，局部可达30多cm，卸荷岩体内片岩夹层已风化成软岩或已经泥化，断层和Ⅴ级结构面呈微张或张开，被泥和碎屑物所充填。剪切、卸荷岩体的存在对两岸拱座的抗滑稳定和变形稳定都有影响。

（3）坝肩和坝基部位近SN向分布的E_4、E_5、E_1、E_8、E_9等蚀变带强度低，变形模量为2～4GPa，最低值仅为0.62GPa，最大发育宽度约20m，可能构成坝肩滑移块体的边界。

(4) 两岸坝肩大部分断层为近 EW 向陡倾结构面，在卸荷岩带中呈微张或张开，这些断层穿过坝基和坝肩岩体，特别是右岸 F_{11} 断层，对坝肩变形稳定影响较大；有少数断层为近 SN 向陡倾角结构面（如 F_{20}、f_{30} 等），可能构成坝肩岩体的滑移边界。

(5) 坝基岩体质量较好，基面以Ⅰ类、Ⅱ类岩为主，从高程分布看，中下部基岩较上部好。

(6) 两岸坝肩岩体中的近 SN 向（顺坡向）中缓倾角节理组是唯一能形成滑体底滑面的结构面，该节理组倾角上陡下缓，在微风化、新鲜岩体中线连通率低，在风化、卸荷带中较高。潜在滑体自重产生的下滑力对坝肩稳定安全影响较大，同时，底滑面在坝基和坝肩的切割范围大，相应滑块所承受的拱推力和渗透压力也大，对坝肩抗滑稳定不利。

(7) 坝址区属中、高地应力区，在河谷底部有高应力集中区。较高地应力的存在使近 EW 向结构面基本上处于受压状态，有利于坝肩的变形稳定，但开挖过程中地应力释放，岩体卸荷回弹，引起裂隙扩展，相应部位岩体强度降低，对基础开挖面周边岩体的稳定有负面影响。

(8) 坝址区地下水埋藏深度较浅，两岸山体地下水明显高于库水位。而且坝肩大部分抗力岩体在大坝泄洪期间位于强暴雨区，受泄洪雾化影响大，山体渗透水压力是影响坝肩稳定的主要因素之一。

(9) 拱坝坝高且河谷宽，建坝后拱坝对两岸岩体的推力较大，在坝的中部、下部高程，推力增长明显。

(10) 建基面岩体大部分处于受压状态，仅在河床坝段坝踵基面存在小范围的拉应力区，坝基应力分布基本对称。

6.2.2.2 抗滑稳定分析

首先结合拱坝体形优化（详见第 5 章）及地质条件揭露进展，采用刚体极限平衡法、Londe 法、块体单元法及刚体弹簧元法等多种方法对拱座抗滑稳定进行了一系列的研究分析。

(1) 三维刚体极限平衡法。三维刚体极限平衡分析方法是规范要求并有相关明确的安全评价控制指标体系的方法，作为基本分析方法贯穿拱座抗滑稳定研究的整个过程，其中较有代表性的为配套Ⅱ-20、Ⅰ-9、JSTX3 及实施体形（详见第 5 章）的拱座抗滑稳定分析。

1) 滑体组合分析及边界条件。拱座岩体主要分布有 3 类近似产状的结构面：①近 SN 向陡倾发育的节理、小断层、挤压面及蚀变带；②近 EW 向陡倾发育的节理、断层及挤压面；③近 SN 向的顺坡中缓倾角节理。从产状、分布部位及延伸长度等方面调查分析，未发现具备构成坝肩抗滑稳定不利块体底滑面边界的特定结构面，便假定近 SN 向中缓倾角节理可能构成拱座滑体的底滑面。上述 3 类结构面相互切割，可构成拱座稳定分析的三维滑体，见图 6.2-3。可能出现的潜在滑体组合见表 6.2-6。

以近 SN 向中缓倾角节理作为滑体的底滑面。配套Ⅱ-20、Ⅰ-9 体形优化的拱座分析中，地质统计的近 SN 向中缓倾角节理：左岸产状为 N5°～9°E，NW∠32°～45°；左岸产状为 N5°～10°W，NE∠32°～45°。经不利产状分析后中缓倾角节理的走向左岸取 N5°E、右岸取 N5°W。

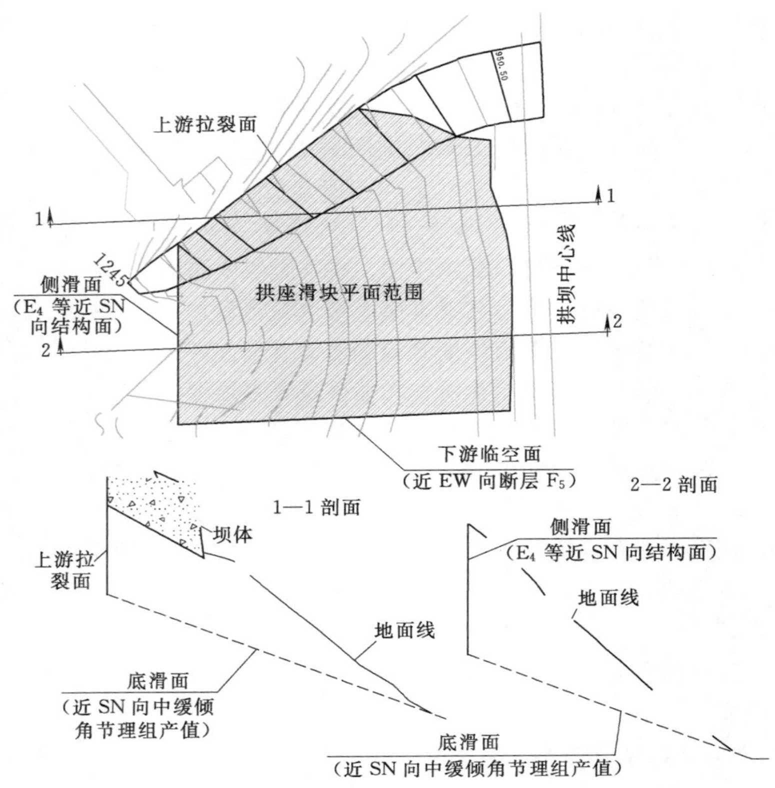

图 6.2-3 潜在滑体边界示意

表 6.2-6 坝肩滑块型式

岸别	编号	切割面	滑移形式
左岸	1	P_1：第一侧滑面，兼顾断层 f_{30}、E_8、F_{20} 的综合面，其产状为 N30°E，⊥； P_2：上游拉裂面，由近 SN 向和近 NWW 向陡倾角节理组相互切割而成，其走向沿坝基面上游边线； P_3：底滑面，顺坡缓倾～中缓倾角节理，N5°E，倾角见前“底滑面”描述； 下游临空面：F_5 或下游岸坡	“一陡一缓”大块体可能滑移方式：①沿 P_1 面、P_3 面双滑；②沿 P_3 面单滑
	2	P_1：第一侧滑面，N13°E，NW∠80°陡倾角节理； P_2、P_3、下游临空面同上。	“一陡一缓”大台阶和大块体可能滑移方式：①沿 P_1、P_3 面双滑；②沿 P_3 面单滑
	3	P_1：第一侧滑面，断层 f_{64-1}，产状 N5°E，NW∠86°； P_2、P_3：下游临空面同上	“一陡一缓”小块体可能滑移方式：①沿 P_1 面、P_3 面双面滑动；②沿 P_3 面单面滑动
右岸	4	P_1：第一侧滑面，蚀变带 E_4+E_5，产状 NE，⊥； P_2：上游拉裂面：由近 SN 向和近 NWW 向陡倾角节理组相互切割而成，其走向沿坝基面上游边线； P_3：底滑面，顺坡缓倾～中缓倾角节理，N5°W，倾角见前“底滑面”描述； 下游临空面：下游岸坡或断层 F_5	“一陡一缓”大块体可能滑移方式：①沿 P_1、P_3 面双面滑动；②沿 P_3 面单面滑动

续表

岸别	编号	切割面	滑移形式
右岸	5	P_1：第一侧滑面，N10°W，NE∠80°陡倾角节理 P_2、P_3：下游临空面同上	"一陡一缓"大台阶、大块体可能滑移方式：①沿 P_1 面、P_3 面双滑；②沿 P_3 面单滑
	6	P_1：第一侧滑面，断层 f_{7-1}，产状 N18°E，⊥ P_2、P_3：下游临空面同上	"一陡一缓"小块体可能滑移方式：①沿 P_1 面、P_3 面双面滑动；②沿 P_3 面单面滑动
	7	P_1、P_2、P_3 同上； P_4：第二侧滑面，N75°W，NE∠85°陡倾角节理 下游临空面：下游岸坡或断层 F_5	"二陡一缓"大台阶和大块体可能滑移方式：①P_1 面、P_3 面、P_4 面三面受压超稳；②沿 P_3 面、P_4 面双滑；③沿 P_3 面单滑

Ⅱ-20 体形拱座分析中，考虑中缓倾角大于 32°时，下部高程的底滑面难以在水垫塘以上的临空面出露，为此取了 3 种倾角，高程 1090.00m 以上滑体的底滑面倾角两岸均取 32°；左岸高程 1050.00m、1010.00m 滑体的底滑面倾角分别取 30°和 25°；右岸高程 1050.00m、1010.00m 滑体的底滑面倾角分别取 28°和 24°。

Ⅰ-9 体形拱座分析中，考虑地质统计情况底滑面倾角均取 32°，当两岸较低计算高程的滑块底滑面向河床延伸不能从岸坡出露时，底滑面最低延伸至高程 960.00m（水垫塘底板高程），与该高程上假定水平滑面相接形成滑体，该水平滑面不作为切割面控制滑移方向，仅考虑水平滑面上岩体的抗剪贡献。

JSTX3 及实施体形拱座分析中，开挖揭露后统计顺坡中缓倾角节理组左岸产状：N5°～9°E，NW∠32°～45°，在高程 1020.00m 以下倾角变缓，一般为 10°～25°，在河谷底部倾角近水平。右岸产状：N5°～10°W，NE∠32°～45°，在高程 1020.00m 以下倾角变缓，一般为 10°～25°，在河谷底部倾角近水平。通过对揭露的节理产状范围进行不利产状分析，计算分析的底滑面走向左岸取 N5°E，右岸取 N5°W。根据现场统计高程 960.00m 以上底滑面倾角总体呈现上陡下缓的变化趋势，考虑缓倾-中缓倾角节理随高程的分布特点，计算分析的底滑面倾角见表 6.2-7。

表 6.2-7　JSTX3 及实施体形拱座分析中各主要滑体底滑面倾角计算采用值

底滑面控制高程/m	底滑面倾角/(°)					
	左岸 f_{30} 大块体	左岸 f_{64-1} 小块体	左岸 大台阶	右岸 E_4 大块体	右岸 f_{7-1} 小块体	右岸 大台阶
1230	37		37			36.5
1210	36		36	35		35
1190	35		35	34		34
1170	34		34	33		33
1150	33		33	32		32
1130	32		32	31		31
1110	31		31	30.5		30.5
1090	30		30	29		29

续表

底滑面控制高程/m	底滑面倾角/(°)					
	左岸 f_{30} 大块体	左岸 f_{64-1} 小块体	左岸大台阶	右岸 E_4 大块体	右岸 f_{7-1} 小块体	右岸大台阶
1070	29	29	29	27.5	27.5	27.5
1050	27	27	27	26	25	25
1030	25	25	25	24	23	23
1010	23	21	21	21	20	20
990		16	16		16	16
975		11	11		11	11

第一侧滑面边界分两类，一类为规模较大的近 SN 向陡倾角断层或近似产状的蚀变带、挤压面等特定的结构面或软弱岩带，左岸有 E_8、f_{30} 与 F_{20} 组成的综合软弱岩带、f_{34}、f_{64-1}、g_{mbz1} 等，右岸有 E_4 与 E_5 组成的条带、E_1、E_9 和 f_{7-1}、f_{7-2} 等；根据上述特定结构面或软弱岩带的产状、分布部位、物质组成及延伸规模等分析后，选取其中对坝肩抗滑稳定起控制作用的进行分析，左岸有 E_8、f_{30} 与 F_{20} 组成的综合软弱岩带和 f_{64-1}，右岸有 E_4 与 E_5 组成的条带和 f_{7-1}。另一类为成组发育的近 SN 向陡倾角节理作为第一侧滑面，按不利产状分析，左岸取 N13°E，NW∠80°；右岸取 N10°E，NE∠80°。

第二侧滑面 NWW 向陡倾角节理的产状为 N75°～85°W，NE∠75°～85°，在左岸不能构成滑移边界，在右岸则可能构成侧滑面，取不利产状 N75°W、NE∠75°作为第二侧滑面产状，并与第一侧滑面在 F_{11} 相交。

上游拉裂面假定由近 SN 向和近 NWW 向陡倾角节理组相互切割而成，其走向沿坝基面上游边线。拉裂面按常规原则取在坝踵部位，同时考虑坝基面揭露有一定规模的近 EW 向陡倾角Ⅳ级结构面，且坝基面下游侧拱荷载分布较大，亦选取了部分规模较大的不利Ⅳ级结构面作为上游拉裂面进行验证比较分析。

下游临空面由下游岸坡或断层 F_5 构成。由于坝肩岩体卸荷裂隙发育深，建基面的深嵌带来坝肩滑体切割较深，滑移边界为一陡一缓节理切割时，中、下部高程的滑体在下游面上难以滑出。实际上坝肩岩体受拱推力的影响范围是有限的，根据地形、地质条件，并参考三维非线性有限元的成果，认为 F_{11}、F_5 断层破碎带有一定规模，且性状较差，具备作为临空面的特征。

F_{11} 断层距拱坝较近，对应各体形的拱座设计均对该断层进行了加固处理。Ⅱ-20 体形拱座分析中，以 F_{11} 为下游临空面的块体安全系数不满足控制标准。考虑 F_{11} 加固处理后，F_{11} 上游、下游的岩体作为单块刚体滑移进行分析。

F_5 断层中部、下部高程距坝约 180～280m，拱推力产生的岩体应力传到下游较小。因此，以 F_5 假定为下游临空面。

2）主要计算假定。假定底滑面为通过计算高程拱端上游角点的中缓倾角结构面。对于“一陡一缓”大台阶滑型，侧滑面为通过计算高程上部相邻控制高程拱端上游角点的不利结构面，两面与上游拉裂面及下游临空面切割的岩体即为计算高程的滑体；对于“一陡一缓”大块体和小块体滑型，侧滑面为特定的近 SN 向陡倾角不利结构面或软弱岩带。

假定滑体为刚体，滑面为平面，只考虑滑体上力的平衡，不考虑力矩平衡。

上游拉裂面的水压按全水头不折减计算。

在Ⅱ-20体形拱座分析中，底滑面扬压力假定滑面上游端为全水头，到逸出点降为零，中间呈直线变化，并考虑防渗排水作用，渗透压力按50%折减。底滑面上的渗透压力，以计算高程拱端上游角点处与结构面交线的平行线为界，将底滑面分为A（上块面积）和B（下块面积）两块面积，A块渗透压力为楔形体分布，$U_A=AH_A/2$；B块渗透压力为锥形体分布，$U_B=AH_B/3$；底滑面的渗透压力$U=U_A+U_B$。其中U_A为上游拉裂面平均水头，U_B为计算高程拱端上游角点水头。侧滑面的渗透压力，当侧滑面由节理裂隙构成时，假定渗透压力为楔形体分布，即$U=A_1H_1/2$；当侧滑面由陡倾角断层构成时，假定为锥形体分布，即$U=A_1H_2/3$。H_1为侧滑面上的平均水头，H_2为计算高程侧滑面上游端最低点水头，A_1为侧滑面面积。

Ⅰ-9体形拱座分析中，底滑面上的扬压力由坝基扬压力和坝后岸坡渗透压力两部分组成，其变化按线性考虑。与规范匹配，取$\alpha_1=0.5$，$\alpha_2=0.3$，未计入副排水幕作用。在坝基面下游，滑面上的渗透压力按相应部位山体地下水压计算。考虑排水系统的作用，山体水压按全水压的50%考虑。

JSTX3及实施体形拱座分析中，底滑面上的扬压力由坝基扬压力和坝后岸坡渗透压力两部分组成，其间变化按线性考虑。与规范匹配，取$\alpha_1=0.5$，$\alpha_2=0.3$，未计入副排水幕作用。对山体水压与陡缓面交线处的缓面扬压力进行比较，侧滑面上的扬压力按两者的高值包络取值。拱座渗压零点偏保守按3倍拱端厚度考虑（即$3B$）。

拱端推力采用ADASO多拱梁法程序计算成果，其随高程的变化按线性考虑，沿拱端径向变化采用有限元成果按比例分配。

岩体滑面不考虑抗拉作用，若力平衡方程分配下滑面受拉，则该面按拉裂面脱开考虑；不考虑上游拉裂面上的抗拉作用；滑面上$Ⅳ_b$、$Ⅴ_a$类岩体只考虑重量，不考虑抗滑作用。

坝后地貌按实际开挖边坡地形考虑；不考虑坝基槽挖置换影响，相应按原状岩体进行计算；不考虑拱座灌浆等处理措施的影响。

在实施体形拱座分析中，计入拱座混凝土置换洞塞作用及坝后贴角及拱座预应力锚固作用。

3）荷载及组合。作用在坝肩抗力岩体上的荷载有：岩体自重、滑面上的渗透压力、拱推力、岩体的地震惯性力。坝体荷载组合如下：①基本组合（Ⅰ）正常蓄水位＋自重＋泥沙压力＋温升＋下游水垫塘水位；②特殊组合（Ⅰ）正常蓄水位＋自重＋泥沙压力＋温升＋水垫塘检修；③特殊组合（Ⅱ）基本组合（Ⅰ）＋地震作用。

坝肩抗滑稳定计算荷载组合如下：①基本组合（Ⅰ）坝体基本组合（Ⅰ）的拱推力＋上游正常蓄水位＋下游水垫塘水位；②特殊组合（Ⅰ）坝体特殊组合（Ⅰ）的拱推力＋上游正常蓄水位＋下游水垫塘无水；③特殊组合（Ⅱ）坝体基本组合（Ⅰ）的拱推力＋上游正常蓄水位＋下游水垫塘水位＋地震。

4）物理力学指标。滑面的抗剪指标首先由各类岩体的结构面和岩体抗剪指标按结构面的连通率加权平均，再将滑面所切割的各类岩体或洞井塞等混凝土的参数按面积加权平均确定。中缓倾角底滑面力学指标见表6.2-8。岩体容重取$27kN/m^3$，浮容重取$17kN/m^3$。

表 6.2-8　　拱座岩体顺坡缓倾-中缓倾角底滑面力学指标采用值

岩体质量类别	岩体抗剪断强度		中缓倾角节理裂隙抗剪断强度		连通率/%		中缓倾角底滑面抗剪断强度连通率加权值			
							1020.00m 以下		1020.00m 以上	
	f'	c'/MPa	f'	c'/MPa	1020m以下	1020m以上	f'	c'/MPa	f'	c'/MPa
Ⅰ类、Ⅱ类	1.50	2.00	0.70	0.10	25	25	1.30	1.53	1.30	1.53
Ⅲ类	1.20	1.20	0.60	0.09	60	46	0.84	0.52	0.92	0.68
$Ⅳ_a$类	1.00	0.60	0.50	0.05	70	65	0.65	0.22	0.68	0.24

注　混凝土结构抗剪断强度取 $f'=1.4$、$c'=1.6$MPa，不计钢筋作用。

5）计算公式。在坝肩岩体的三维半整体抗滑稳定分析中，分别对单块滑移体和双块错动滑移两种形式进行了分析，由于小湾拱坝坝肩岩体具有底滑面较陡、自重较大的特点，在分析双块错动滑移时，前块在拱推力作用下其抗滑稳定安全系数比后块仅为自重作用时的安全系数大。通常，双块滑移问题应该前块安全系数底，需要尽快提高整体安全系数，若个别情况后块安全系数低于前块，则应将中间分隔面视为临空面。针对小湾右岸坝肩中间分隔面为 F_{11}，前块的安全系数不满足控制标准，F_{11} 需要加固处理，以满足刚体滑移的假定要求，因此坝肩稳定仅按单块整体滑移分析。左岸、右岸坝肩岩体的单块滑移形式见表 6.2-6。

图 6.2-4（a）为一陡一缓结构面组合的块体计算简图，图 6.2-4（b）为两陡一缓结构面组合的计算简图。图中 P_1、P_2、P_3、P_4 为块体边界编号，R_1、R_3、R_4 和 U_1、U_3、U_4 分别为 P_1、P_3、P_4 面上的法向反力和渗透压力，F'_X、F'_Y、F'_Z分别为外力在 x、y、z 轴上的分量（包括拱坝作用力和上游脱开面上的水压力），W 为块体自重。因图 6.2-4（b）的块体有 3 个滑面，比图 6.2-4（a）的块体更具有代表性，所以下面按图 6.2-4（b）列举 3 种情况进行抗滑稳定分析。

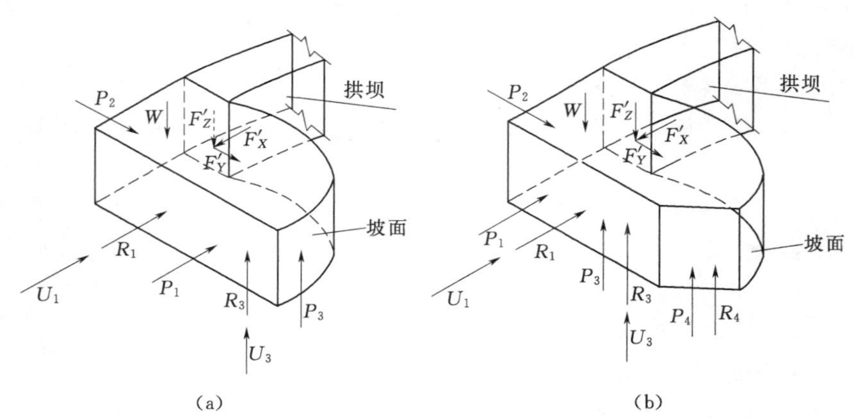

图 6.2-4　一陡一缓及两陡一缓计算简图

根据图 6.2-4（b）力的平衡条件得

$$\begin{bmatrix} l_1 & l_3 & l_4 \\ m_1 & m_3 & m_4 \\ n_1 & n_3 & n_4 \end{bmatrix} \begin{Bmatrix} R_1 \\ R_2 \\ R_3 \end{Bmatrix} = \begin{Bmatrix} F_X \\ F_Y \\ F_Z \end{Bmatrix} \tag{6.2-4}$$

其中

$$\begin{Bmatrix} F_X \\ F_Y \\ F_Z \end{Bmatrix} = \begin{Bmatrix} F'_X \\ F'_Y \\ F'_Z \end{Bmatrix} + \begin{Bmatrix} 0 \\ 0 \\ W \end{Bmatrix} - \begin{bmatrix} l_1 & l_3 & l_4 \\ m_1 & m_3 & m_4 \\ n_1 & n_3 & n_4 \end{bmatrix} \begin{Bmatrix} U_1 \\ U_2 \\ U_3 \end{Bmatrix} \tag{6.2-5}$$

式中：l_i、m_i、$n_i(i=1、3、4)$ 分别为 P_1、P_3 及 P_4 的法向余弦。

第一种情况：若由式（6.2-4）解出的 R_1、R_3、R_4 均不小于零，则块体呈超稳状态；若均小于零，则呈失稳状态。

第二种情况：若由式（6.2-4）中解得的 R_1、R_3、R_4 中的某一项小于零，如 $R_1<0$ 时，则 P_1 面受拉，按脱开面处理。在此情况下，岩体沿 P_3、P_4 两个面的交线产生滑移趋势，即发生双面滑移，并产生于滑移趋势方向相反的反力 T_{34}，平衡方程为

$$\begin{bmatrix} l_{34} & l_3 & l_4 \\ m_{34} & m_3 & m_4 \\ n_{34} & n_3 & n_4 \end{bmatrix} \begin{Bmatrix} T_{34} \\ R_2 \\ R_3 \end{Bmatrix} = \begin{Bmatrix} F_X \\ F_Y \\ F_Z \end{Bmatrix} \tag{6.2-6}$$

式中：l_{34}、m_{34}、n_{34} 为滑动反力 T_{34} 的方向余弦。

求得 T_{34}、R_3 和 R_4 后，即可求岩体抗滑稳定安全系数

$$K_1 = \frac{f'_3R_3 + f'_4R_4 + c'_3A_3 + c'_4A_4}{T_{34}} \tag{6.2-7}$$

$$K_2 = \frac{f'_3R_3 + f'_4R_4}{T_{34}} \tag{6.2-8}$$

式中：f'_3、c'_3、A_3 和 f'_4、c'_4、A_4 分别为 P_3 及 P_4 面的按剪摩公式计算的摩擦系数、凝聚力及抗滑面积；f_3、f_4 分别为 P_3 及 P_4 面的按纯摩公式计算的摩擦系数。

第三种情况：若由式（6.2-4）中解得 R_1、R_3 和 R_4 中仅有一项不小于零，其他两项均小于零，如 $R_1<0$、$R_4<0$，则 P_1 和 P_4 面均受拉，按脱开面处理；$R_3\geqslant0$，沿 P_3 面单滑，根据平衡条件求得法向反力为

$$R_3 = F_Xl_3 + F_Ym_3 + F_Zn_3 \tag{6.2-9}$$

滑动反力为

$$T_3 = \sqrt{(F_Yn_3 - F_Zm_3)^3 + (F_Zl_3 - F_Xn_3)^3 + (F_Xm_3 - F_Yl_3)^3} \tag{6.2-10}$$

抗滑稳定安全系数为

$$K_1 = \frac{f'_3R_3 + c'_3A_3}{T_3} \tag{6.2-11}$$

$$K_2 = \frac{f'_3R_3}{T_3} \tag{6.2-12}$$

图 6.2-4（a）的情况通过改变侧滑面编号及参数后，可以直接由图 6.2-4（b），按照第二种情况，利用式（6.2-6）～式（6.2-12）分析计算。

6）不利滑型比较分析。两岸可能出现的潜在滑体组合见表 6.2-6，主要有块体和台阶两类滑移型式，左岸有 4 个滑体组合，右岸有 6 个滑体组合。在Ⅱ-20、Ⅰ-9 体形拱座分析中，对不利滑型进行了比较分析。

“两陡一缓”滑型与“一陡一缓”滑型比较，因底滑面较陡，计算表明“一陡一缓”

滑型均为陡面受拉脱开、沿底面单滑，滑体安全系数较小；“两陡一缓”滑型为第一侧滑面受拉脱开、沿底滑面和第二侧滑面双滑，滑移趋势沿两面交线方向，沿该交线滑动力的竖向力作用因子明显减小，且双面提供的抗剪断作用增加，因此“两陡一缓”滑型的安全系数明显大于“一陡一缓”滑型。比较而言，“一陡一缓”滑型为不利滑型。

以陡倾角节理组为侧滑面的左、右岸“一陡一缓”大台阶与“一陡一缓”大块体对比，大台阶较大块体切割浅，滑块自重减小、底滑面抗剪断参数降低均不利于抗滑稳定，因此大台阶安全系数较大块体偏低；此外，节理为非连续的结构面，大台阶较大块体更具有物理意义。比较而言，大台阶为不利滑型。

基于上述分析，结合侧滑面的地质代表性，表 6.2-6 中“一陡一缓”滑型的左岸 f_{30} 大块体、f_{64-1} 小块体、左岸大台阶和右岸 E_4 大块体、f_{7-1} 小块体及右岸大台阶共 6 个滑体组合为小湾拱座抗滑的不利滑型，JSTX3 及实施体形拱座分析重点对该 6 个滑体组合进行稳定分析。

此外，在Ⅱ-20、Ⅰ-9 体形拱座分析表明，短暂工况及地震工况下滑体的安全裕度较持久工况高，持久工况是拱座岩体稳定的控制工况。

7）控制性不利滑型的抗滑稳定性分析及评价。拱座控制性不利滑型见图 6.2-5。

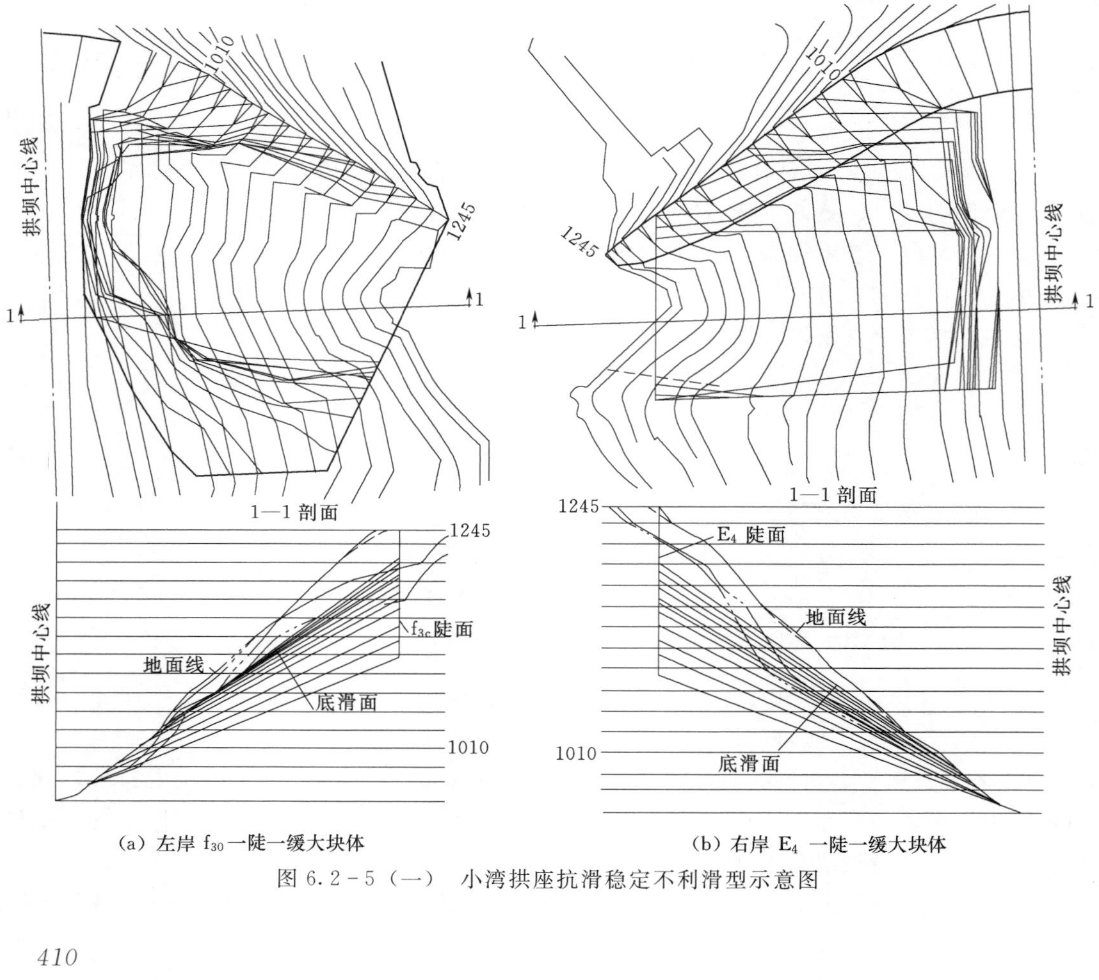

(a) 左岸 f_{30} 一陡一缓大块体　　(b) 右岸 E_4 一陡一缓大块体

图 6.2-5（一）　小湾拱座抗滑稳定不利滑型示意图

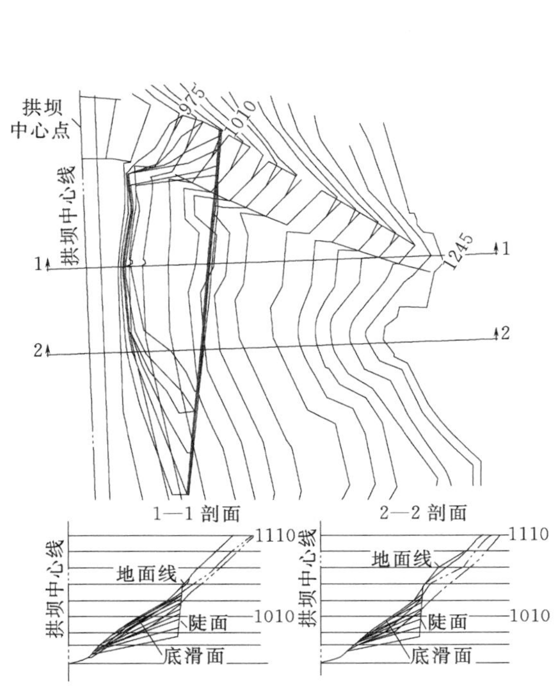

(c) 左岸 f_{64-1} 一陡一缓小块体

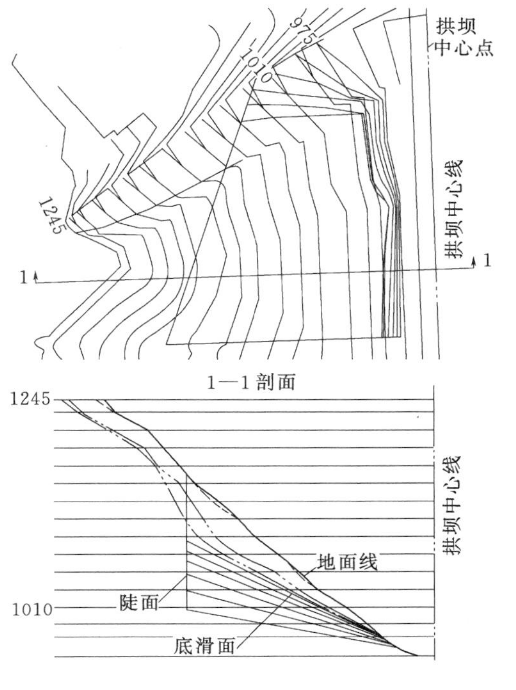

(d) 左岸 f_{7-1} 一陡一缓小块体

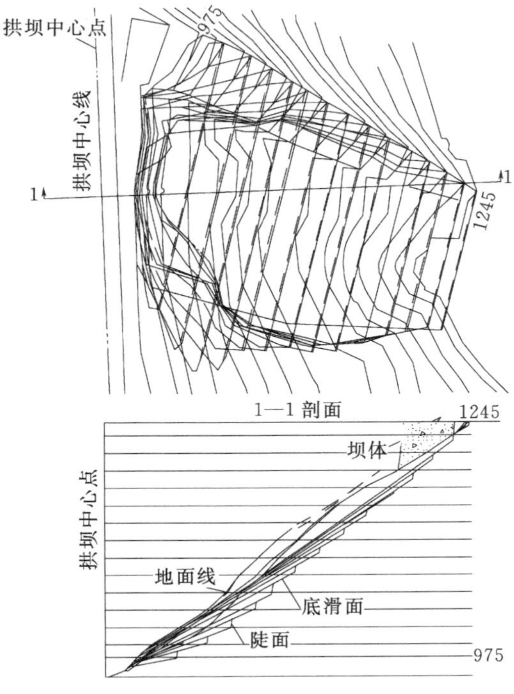

(e) 左岸一陡一缓大台阶

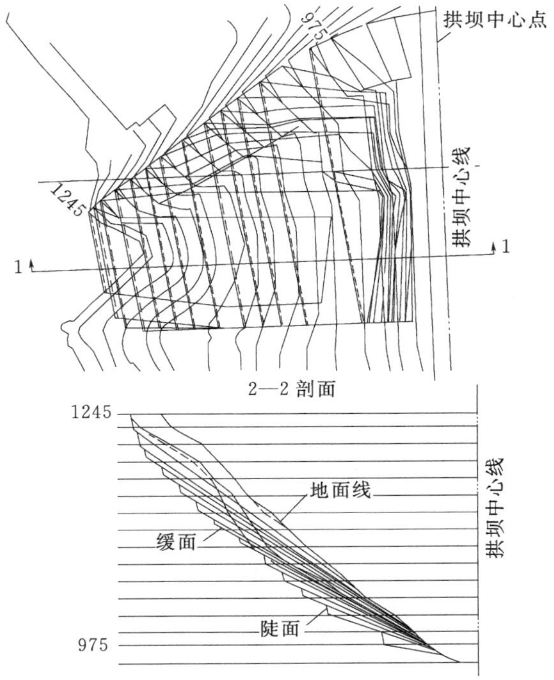

(f) 右岸一陡一缓大台阶

图 6.2-5（二） 小湾拱座抗滑稳定不利滑型示意图

实施体形持久工况计算成果见表6.2-9。左岸、右岸滑块的侧滑面均受拉，不参与抗滑，滑块沿底滑面单面滑动。正常在可能的6种组合滑块中，“一陡一缓”大块体的安全系数最小，其次是“一陡一缓”大台阶滑型。中下部滑块稳定性较上部滑块低，两岸控制性滑块相比右岸稳定性较低。SDJ 145—1985的安全系数 K_c 在3.43～4.50之间（标准3.5），DL/T 5346—2006安全系数 K_h 在1.04～1.34之间（标准1.10）；在渗透压力及下游临空面边界等方面均采用偏保守的条件下，各滑块稳定基本满足控制标准要求。

表6.2-9　　两岸拱座大块体组合计算成果（实施体形持久工况）

滑体计算高程/m	左岸						右岸					
	f_{30}大块体		f_{64-1}小块体		左岸大台阶		E_4 大块体		f_{7-1}小块体		右岸大台阶	
	K_c	K_h	K_c	K_h	K_c	K_h	K_c	K_h	K_c	K_h	K_c	K_h
1230	5.73	1.68			4.52	1.35					4.83	1.44
1210	5.50	1.62			4.46	1.33	4.50	1.34			4.73	1.42
1190	4.78	1.43			4.23	1.28	4.17	1.25			4.10	1.24
1170	4.29	1.30			4.06	1.23	3.70	1.12			3.70	1.12
1150	4.38	1.33			4.09	1.24	3.43	1.04			3.47	1.05
1130	4.34	1.32			4.11	1.25	3.49	1.07			3.51	1.08
1110	4.23	1.30			4.18	1.27	3.52	1.08			3.56	1.09
1090	4.15	1.28			4.03	1.23	3.44	1.06			3.49	1.08
1070	4.00	1.24	5.12	1.49	3.79	1.16	3.50	1.09	4.25	1.30	3.56	1.10
1050	3.91	1.22	4.54	1.35	3.66	1.13	3.48	1.09	4.49	1.38	3.69	1.15
1030	3.95	1.24	3.76	1.14	3.67	1.13	3.67	1.16	4.55	1.41	3.71	1.16
1010	3.94	1.25	4.17	1.27	3.64	1.13	3.73	1.18	4.78	1.49	3.83	1.20
990			3.68	1.12	3.53	1.09			4.74	1.50	3.69	1.15
975			4.03	1.24	3.54	1.10			4.35	1.38	3.74	1.18
安全标准	3.50	1.10	3.50	1.10	3.50	1.10	3.50	1.10	3.50	1.10	3.50	1.10

稳定指标最低的右岸 E_4 大块体高程1150.00m滑块，SDJ 145—1985持久工况下稳定指标为3.43，略小于3.50的控制标准，但短暂工况（水垫塘检修）下达到3.37，高于3.00的控制标准；DL/T 5346—2006持久工况下稳定指标为1.04，略小于1.10的控制标准，短暂工况下稳定指标为1.02，也略小于1.05的控制标准，但相比持久工况而言，短暂工况的稳定指标与稳定控制标准更为接近。因此，短暂工况不是拱座抗滑稳定的控制工况。

设计地震工况下，拱座整体抗滑稳定满足控制标准要求，各滑块 K_c 在2.67～4.46之间（标准2.50），K_h 在1.53～2.66之间（标准0.94）。

总体而言，持久工况是拱座岩体稳定的控制工况，中下部计算高程滑块稳定性较上部

高程的滑块低，两岸控制性滑块相比右岸稳定性较低，E_4 大块体是拱座岩体的不利滑块，两岸拱座抗滑稳定条件基本满足要求。

从拱座抗滑稳定的角度，部分滑块安全裕度不大，结合拱座整体性采取适当的预锚措施，有利于增加抗滑稳定的安全余度。此外，计算中将 F_{11} 及其上下游岩体作为单块刚体，因此 F_{11} 需要加固处理以满足刚体滑移的假定要求。从降低扬压力提高滑块安全裕度的角度，拱座应设置系统的排水设置。

（2）LONDE 法。针对Ⅰ-9 体形，采用 LONDE 法对近 SN 向陡倾节理或断层、蚀变带为侧滑面，中缓倾角节理（计算倾角 32°）为底滑面的大块体进行稳定分析，滑块型式见表 6.2-10。

表 6.2-10　坝肩滑块型式

岸别	滑块编号	切割面描述
左岸	1	侧滑面 P_1：N60°E，NW∠85°陡倾角节理；下游临空面：下游岸坡； 底滑面 P_3 向河床侧延伸至 1010m 高程与该高程假定平切面相接
	2	侧滑面 P_1：N13°E，NW∠80°陡倾角节理；下游临空面：下游岸坡； 底滑面 P_3 向河床侧延伸至 1010m 高程与该高程假定平切面相接
	3	侧滑面 P_1：兼顾断层 f_{30} 和 F_{20} 走向的假定结构面，其产状为：N17°E，⊥；下游临空面：下游岸坡； 底滑面 P_3 向河床侧延伸至 1010m 高程与该高程假定平切面相接
右岸	4	侧滑面 P_1：假定陡倾角节理，其产状为 N6°W，⊥； 下游临空面：下游岸坡； 底滑面 P_3 向河床侧延伸至 1010m 高程与该高程假定平切面相接
	5	侧滑面 P_1：N25°W，NE∠80°陡倾角节理；下游临空面：断层 F_5； 底滑面 P_3 向河床侧延伸至 1010m 高程与该高程假定平切面相接

滑面的摩擦角按无充填节理的残余强度（29°～31°），加上爬坡角（5°～7°），即平均摩擦角 36°考虑。

不考虑上游拉裂面 P_2 上的抗拉及抗剪作用；库水压力全水头作用于 P_1～P_3 面上，不考虑任何排水作用，视为滑面上的最大渗透压力；因此，天然排水条件下，滑面上的渗透压力约为最大值的 40%～50%；陡、缓面上的抗剪参数相同；在两岸底部高程 1010.00m 设一假定平切面，底滑面 P_3 向河床侧最低延伸至该平切面，坝肩抗力岩体通过此平切面在岸坡出露而形成滑块。不考虑平切面上的抗剪贡献。

计算工况为基本荷载组合（Ⅰ），计算结果见表 6.2-11。

表 6.2-11　龙德法计算成果

岸别	左岸			右岸	
滑块序号	1	2	3	4	5
陡、缓面扬压力采用值 $\alpha=0$（即不考虑扬压力）时滑块保持稳定所需最小摩擦角	29°	25°	30°	31.5°	32°
陡、缓面扬压力采用值 $\alpha=50\%$ 时滑块保持稳定所需最小摩擦角	50°	43°	>50°	45°	46°

续表

岸　别	左　岸			右　岸	
滑块序号	1	2	3	4	5
滑面摩擦角为34°时滑块保持稳定所能承担的最大扬压力采用值	0.16	0.26	0.13	0.12	0.17
滑面摩擦角为36°时滑块保持稳定所能承担的最大扬压力采用值	0.21	0.33	0.18	0.18	0.26

注　1. 扬压力采用值 α 为计算扬压力占最大扬压力的百分数。由于最大扬压力采用相应部位库水全水头计算，故 α =50%时对应的扬压力近似等于天然排水条件下滑面上的扬压力。
　　2. 各滑块均为沿底滑面 P_3 单滑。

计算分析结果表明，滑块沿底滑面单向滑动，右岸滑块的安全性较左岸略差。其中，左岸以兼顾断层 f_{30} 和 F_{20} 走向的假定结构面为陡面、右岸以近 SN 向陡倾节理为陡面，中缓倾角节理为底滑面的情况最不利。若最大扬压力采用相应部位库水全水头计算（不考虑岸坡的天然排水作用），则滑面上的扬压力计算采用值需达到最大值的 18%才能满足滑块稳定的要求。

若滑面上的扬压力按刚体极限平衡法的方法计算，滑面扬压力仅为上述最大扬压力（按库水全水头计算）的 10%～18%。因此，设置良好的坝肩地下排水系统后，滑块的稳定是可以满足要求的。

（3）刚体弹簧元法。针对Ⅰ-9体形，采用刚体弹簧元法进行了最危险滑块搜索的分析。计算区域为横河向 1600m，顺河向 1200m，铅直方向从高程 850m 到 1340m，高差 490m。计算模型计入 F_7、F_{10}、F_5、F_{27}、F_{19}、F_{22}、F_{23}、F_{11}、F_{20}、f_{34}、f_{13} 层断及 E_1、E_4、E_5、E_8 蚀变带。计算模型见图 6.2-6。

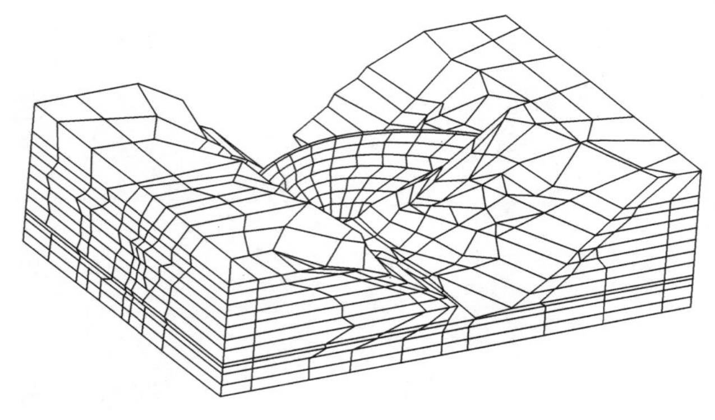

图 6.2-6　小湾拱座刚体弹簧元稳定分析模型

计算工况为基本组合工况，渗压分布假定同极限平衡法。

对右岸 45 个滑块进行了分析，安全系数在 3.45～5.00 之间。右岸安全系数最小的滑块为 9 和 18，安全系数分别为 $K_c=3.45$ 和 $K_c=3.46$。滑块 9 为以 E_4、F_{19} 为陡面的两陡一缓滑块，仅与高程 1130.00～1170.00m 段坝基相连，滑出高程为 1080.00m；滑块 18 为以 E_5、F_5 为陡面的两陡一缓滑块，滑出高程为 975.00m，陡、缓面转折高程在 1130.00m。纯摩参数计算的安全系数在 1.30～2.46 之间，均满足控制标准的要求。其中，以 E_4 为第一侧滑面从高程 975.00m 滑出的滑块，安全系数较低。

对左岸 13 个滑块进行了分析，安全系数在 3.58～5.03 之间，均满足控制标准的要求。左岸安全系数最小的滑块为 52 和 54，安全系数分别为 $K_c=3.62$ 和 $K_c=3.58$，滑块 52 是以 E_8、F_{20} 为陡面的一陡一缓大块体，滑出高程为 975.00m，陡、缓面转折高程在 1130.00m。滑块 54 为阶梯型滑块，仅与高程 1170m 以上坝基相连。纯摩参数计算的安全

系数在1.42～2.26之间，均满足控制标准的要求。其中，滑块46、滑块53安全系数较低，两者滑出高程分别为1110.00m和1080.00m。

可见，左岸的抗滑稳定性比右岸好，与刚体极限平衡法计算的结果是一致的。

(4) 弹黏塑性块体理论分析。弹黏塑性块体理论假定岩石块体为刚体，只考虑结构面的变形和强度特性。在此基本假定的基础上，通过建立块体系统的整体平衡方程、结构面的变形与块体位移的几何相容方程以及结构面的弹黏塑性本构方程，即可推导出求解块体系统的位移与稳定的基本方程。进一步可以建立相应的块体系统渗流分析方法、加固分析方法和随机分析方法。

计算域上游以 $y=37000$m 为边界，下游以 $y=36300$m 为边界，左岸以 $x=14000$m 为边界，右岸以 $x=12900$m 为边界，底部高程为700.0m。计算域上下游及左右岸边界取法向位移约束，底部取为垂直位移约束。

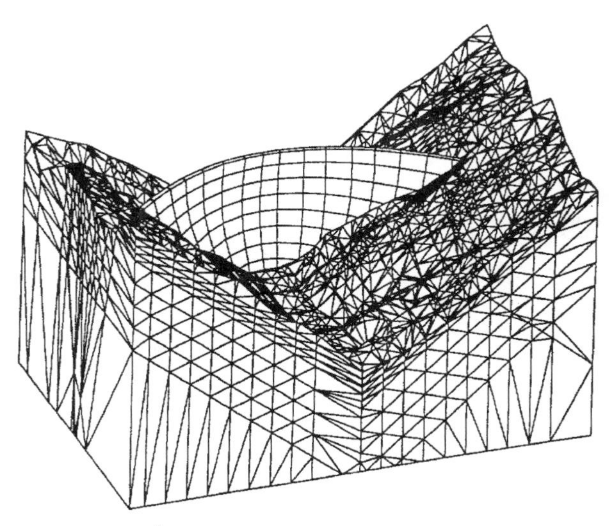

图6.2-7 小湾拱座弹黏塑性块体稳定分析模型

用块体识别方法，建立了稳定分析的坝肩块体系统，轴侧图见图6.2-7，共有块体2231个。根据拱坝的布置方案，计算分析中考虑了对坝肩变形与稳定有影响的断层22条、蚀变带4条，模拟了10条卸荷裂隙带。

对不利滑块的搜索表明，较小安全系数的块体，如1号、2号、3号、10号等，安全系数在1.3～3.3之间，它们位于左岸4号山梁，在自重作用下沿中缓倾角节理或卸荷裂隙滑动。由于这些块体远离拱端，不是主要的抗力体，对坝肩整体稳定影响不大，可视为边坡稳定问题。与拱端直接相关的块体，如5号、6号（左岸）和12号、13号（右岸）等，安全系数（大于4.5）均满足要求。较小安全系数的滑块，其陡面由有一定距离的两组近SN向陡倾节理切割，底滑面为中缓倾角节理，下游以断层 F_{11}（左岸）和 F_5（右岸）为临空面的滑块。左岸最不利滑块（6号滑块）上游侧约在坝基高程1010.00～1170.00m之间，弹粘塑性块体理论计算的安全系数为4.5，采用刚体极限平衡法计算的 $K_c=4.3$，滑动模式为沿底滑面和靠河床侧陡面双滑。右岸最不利滑块（13号滑块）上游侧约在坝基高程1050～1090m之间，弹黏塑性块体理论计算的安全系数为5.7，采用刚体极限平衡法计算的 $K_c=7.2$，滑动模式同左岸。

最不利滑型为双陡面平行的“两陡一缓”滑块，其原因是模型模拟的近SN向中缓倾角结构面的倾角较大（35°），底滑面不能从河床出露。由此可见，底滑面不能从河床直接出露的滑块，其安全余度较大。

弹黏塑性块体理论是将研究对象放在整个块体系统中来分析，它与刚体极限平衡法的基本假定有所不同，荷载施加的次序也不同，因此，对于同一种块体组合，两种计算方法对于失稳机理的解释存在差异，致使两种方法得出的安全系数各不相同。搜索到安全系数较小的滑块位于左岸4号山梁，由于这些块体组合远离拱端，不是主要的抗力体，对坝肩整体稳定影响不大，属于边坡稳定问题。与拱端直接相关的块体，安全系数均满足要求。

(5) 抗滑稳定分析方法评价。现行规范主推的刚体极限平衡抗剪断计算方法，对力学参数给出了较大的分项系数，实质上可能导致计算结果偏离客观实际较多。纯摩分析有其相应的简捷和把握度优势（分项系数小），尤其在前期设计估算和试验资料欠缺条件下，不宜摒弃，反之还应居主分析评价地位。鉴于抗滑稳定计算中，岩土力学参数的凝聚力离散性较大，很难把握，国外标准更多地采用纯摩公式进行分析评价。我国现行规范抗剪参数取值总体偏低，配套的纯摩控制指标难与国际接轨。在世界水电界的交流与融合不断加强、我国参与的国际工程项目日益增多、国际接轨大势所趋的当今，有必要开展相关分析研究，条件成熟时宜调整相应的抗剪参数取值方法使纯摩控制指标尽早与国际接轨。

鉴于岩体结构的复杂性并受限于当前的认识水平和计算分析手段，在边界模拟与计算假定方面往往取偏保守的原则，存在以下一些安全储备：

1）不论底滑面还是侧滑面，往往有一定程度的延伸规模，其走向起伏，倾角起伏差较大，计算中抗剪断参数通常不考虑起伏差效应，具有较大的安全储备。

2）抗剪断强度加权采用的连通率是基于现场的线连通统计的，空间分析若取用岩体结构的面连通率，安全系数将有所提高。

3）对渗压的假定及取值偏保守，计算出的相关滑块安全系数具有较大的安全储备。

4）实际底滑面为不完全贯通的中缓倾角节理组，未张裂的岩桥部分无渗压水（还涉及线连通与面连通的差别），理论上扬压力应进一步折减，但计算中难于考虑，也具有一定的安全储备。

抗滑稳定分析，配套采用拱梁分载成果进行刚体极限平衡计算，仅适用于在拱座范围内存在特定滑块的情况。强行假定并不存在或基本不会贯通的滑面或滑体，是抗滑稳定分析最大的不合理及保守，以此评价拱座的抗滑稳定性并确定工程处理措施，存在较大的安全裕度，偏保守，尤其对于位于山体雄厚、岩体坚硬完整地质环境中的特高拱坝。因此，在评价拱座抗滑稳定性及以此确定工程处理措施时，应考虑这些安全储备。

现行规范的拱座抗滑稳定分析，配套采用拱梁分载成果进行刚体极限平衡计算，方法上仅对存在特定滑块的拱座适用，一次加载方式也仅对工期短而简单的拱坝适用，规范取用的剪摩计算公式与国际化趋势脱节，且相应抗滑稳定控制指标的安全度总体偏高。抗滑稳定分析方法应针对不同拱座特点针对性选用，对于存在特定控制滑块情况之外的一般拱座，抗滑稳定分析宜在莫尔-库仑准则前提下采用地质力学参数强度折减的三维有限元计算方法及强度储备安全系数进行控制，抗滑稳定安全系数的可靠指标不应过多超过拱坝结构自身并考虑有关安全储备而宜有所下调，同时可考虑采用纯摩公式替代剪摩公式进行分析评价作为主导方向而趋向国际接轨，也可开展仅增大水推力数值而方向不变的超载安全系数方法体系及控制指标研究。

总之，采用刚体极限平衡法和传统模型分析拱座稳定的安全储备较高，可以作为前期研究的基本手段，不宜直接作为确定相关工程处理措施的依据，只能作为参考。

6.2.2.3 变形稳定及整体稳定分析

(1)传统有限元分析。

1)计算模型及假定。模型横河向两岸各取600m,共1200m;顺河向上游取300m,下游取600m,共900m;基础以下取一倍坝高至高程653.00m,坝顶高程1245.00m以上截取一定高度用于模拟基础自重应力场,分析模型划分为69505个单元(其中坝体单元15749个),计75955个节点,见图6.2-8。模拟了开挖地形及地质条件,其中地质软弱带模拟了F_5、F_7、F_{10}、F_{11}、F_{20}、f_{34}和蚀变带E_4、E_5、E_1、E_8。

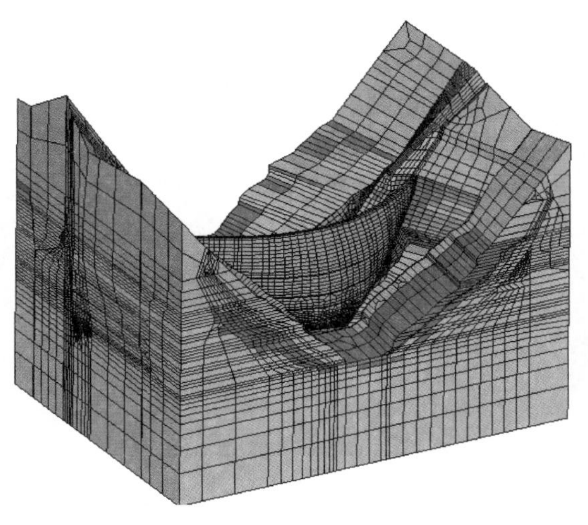

图6.2-8 三维有限元整体模型

表6.2-12为分析模型考虑的地质材料力学参数表,模拟了主要的地质缺陷并考虑开挖后建基面的卸荷松弛。

表6.2-12 计算参数表

编号	材料	参数			
		变形模量/GPa	泊松比	摩擦系数	凝聚力/MPa
1	微风化及卸荷岩体以里100m的Ⅰ类岩体	25.000	0.220	1.500	2.200
2	微风化及卸荷岩体以里50~100m的Ⅱ类岩体(黑云花岗片麻岩)	22.000	0.260	1.500	2.000
3	拱坝建基面15~20m范围内岩体(左岸1245~1210m)	10.000	0.300	1.140	1.030
4	拱坝建基面15~20m范围内岩体(右岸1150m-河床953m-左岸1210m)	17.800	0.290	1.340	1.630
5	微风化及卸荷岩体以里0~50m的Ⅱ类岩体(黑云花岗片麻岩)	20.000	0.270	1.400	1.800
6	$Ⅲ_b$	10.000	0.300	1.100	0.900
7	$Ⅲ_a$	14.000	0.280	1.200	1.300
8	$Ⅳ_a$	7.000	0.320	1.000	0.600
9	E_8	2.500	0.350	0.400	0.035
10	F_{20}	1.500	0.350	0.800	0.325
11	F_7	0.200	0.350	0.275	0.028
12	F_5	3.250	0.350	0.850	0.375
13	F_{11}(未卸荷)	3.500	0.350	0.900	0.400
14	f_{34}	0.500	0.350	0.800	0.300
15	微风化及卸荷岩体以里50~100m的Ⅱ类岩体(角闪斜长片麻岩)	18.000	0.270	1.400	1.600

续表

编号	材料	参数			
		变形模量/GPa	泊松比	摩擦系数	凝聚力/MPa
16	微风化及卸荷岩体以里0～50m的Ⅱ类岩体（角闪斜长片麻岩）	16.000	0.280	1.300	1.500
17	1245以上岩体	14.000	0.280	1.200	1.300
18	拱坝建基面15～20m范围内岩体（右岸1245～1230m）	10.000	0.300	1.140	1.030
19	拱坝建基面15～20m范围内岩体（右岸1230～1220m）	13.000	0.290	1.220	1.260
20	拱坝建基面15～20m范围内岩体（右岸1220～1210m）	15.000	0.290	1.270	1.430
21	拱坝建基面15～20m范围内岩体（右岸1210～1200m）	14.600	0.290	1.250	1.410
22	拱坝建基面15～20m范围内岩体（右岸1200～1190m）	13.600	0.290	1.230	1.320
23	拱坝建基面15～20m范围内岩体（右岸1190～1180m）	12.100	0.290	1.190	1.180
24	拱坝建基面15～20m范围内岩体（右岸1180～1170m）	17.600	0.290	1.340	1.620
25	拱坝建基面15～20m范围内岩体（右岸1170～1160m）	16.900	0.290	1.320	1.570
26	拱坝建基面15～20m范围内岩体（右岸1160～1150m）	15.400	0.290	1.280	1.460
27	F_{10}	3.000	0.350	0.900	0.375
28	E_{4-5}	3.500	0.350	0.700	0.200
29	E_1	2.500	0.350	0.700	0.150
30	拱坝混凝土	21.000	0.167	1.819	3.000
31	F_{11}（强风化强卸荷）	0.500	0.350	0.350	0.035
32	F_{11}（弱风化弱卸荷）	1.500	.0.35	0.850	0.350
33	传力洞塞置换混凝土	24.000	0.167	1.819	3.000
34	坝趾置换混凝土	21.000	0.167	1.819	3.000

计算荷载组合：坝体自重＋上游正常蓄水位＋上游泥沙压力＋下游水垫塘水位。

方案1：天然未处理。

方案2：左右岸同时设置传力洞：其中左岸设置1条传力洞，右岸设置5条传力洞。

方案3：右岸F_{11}设置洞井塞进行置换，左岸E_8和F_{11}洞塞处理。

方案4：右岸F_{11}设置洞井塞进行置换、蚀变体同时设置传力洞，左岸E_8和F_{11}洞塞处理。

方案5：右岸F_{11}采用洞井塞进行置换、蚀变体同时采用洞塞置换，左岸E_8和F_{11}洞

塞处理。

方案 6：右岸 F_{11} 采用洞井塞进行置换、蚀变体采用洞塞置换加坝趾置换，左岸 E_8 和 F_{11} 洞塞处理。

2）计算成果分析。在未处理情况下，右岸拱座岩体的变形稳定条件较左岸差。右拱座岩体的变形主要受 F_{11} 断层的影响，在 F_{11} 断层部位明显出现横河向错位、顺河向压缩现象，高程 1010.00～1150.00m 拱端推力相对较大，顺河向压缩现象最为明显；至高程 1130.00m 以下，水平合位移达 24mm 以上，与拱坝中心线的夹角在 8°～28°左右。左拱座合位移方向总体指向山内，最大合位移达到 23.74mm（高程 1010.00m）。

拱作用相对较强的两岸 1110.00m 高程以上部位，压应力不超过 6.5MPa。左岸拱座高程 1210.00m 以上压应力水平低于 0.5MPa，在 f_{34} 附近仅存在 0.1MPa 的压应力；右岸高程 1210.00m 以上则压应力相对较高，达约 2.6MPa。右岸高程 1150.00m 上下，因 F_{11} 影响明显，拱端下游角点应力出现低值，高程 1130.00m 以下压应力逐步增加；高程 1150.00m 以下，因 E_{4-5} 蚀变岩体位于山体深部，E_1 偏向河谷一侧，总体应力水平较低，高程 1090.00～1150.00m 蚀变岩体分布区，压应力不超过 3.5MPa。左岸随高程的降低，压应力逐步增加。

右岸高程 1170.00m 以上拱端附近局部存在安全度约为 1.5 的区域，其余部位均大于 3.5；左岸高程 1050.00m 拱端附近与 F_{20} 断层、E_8 蚀变带范围，安全度在 1.5～2.5 之间。

对天然拱座的研究表明：拱座内部地质缺陷的存在，加大了变形不对称与非均匀性，使拱端约束减弱、局部应力增高，拱座岩体传力性能削弱，相应位置位移明显不连续；导致应力在狭长通道传递，影响拱推力向深部扩散。

各方案加固处理后，F_{11} 断层的工作性态得到明显改善，横河向位错和顺河向压缩均减小，右岸坝肩抗力岩体的变形稳定条件得到一定程度的改善，顺河向位移和水平合位移普遍减小，尤其是高程 1170.00～1130.00m，最大减幅为 3.84mm；高程 1210.00～1130.00m 的水平合位移方向与拱坝中心线夹角普遍增加，最大增量为 7.8°（高程 1190m 下游点）；抗力体加固处理措施对高程 1130.00m 以下的影响逐渐减小。

由于左岸坝顶高程部位总体荷载水平较低，未加固处理时变位水平低于 2mm，处理前后位移变化轻微，坝肩抗力体进行处理后两岸位移规律趋于对称。

右岸坝肩角点在计算荷载工况下总体压应力水平约 17MPa 左右，高应力区主要出现在坝体低高程（953.00～990.00m），高程 1110.00m 以上应力水平低于 5.5MPa，高程 1210.00m 以上则不到 2.0MPa，在坝肩软弱岩体较为集中的、对坝肩变形稳定起控制作用的中上部高程则不超过 5.5MPa。左岸应力水平总体低于右岸，且高程 1210.00m 以上角点主压应力低于 0.5MPa。

根据坝肩岩体的应力、位移情况分析，方案 4（传力洞与 F_{11} 置换洞组合）和方案 5（横向置换洞与 F_{11} 置换洞组合）两者的处理效果相差无几，优于其他方案；F_{11} 置换洞的处理效果略优于传力洞；右岸部分高程坝趾置换对高程 1130.00m 以下部位的压应力有一定改善。方案 4、方案 5 的典型加固处理见图 6.2－9 和图 6.2－10。

3）变形稳定评价。基础未处理时，两岸坝肩岩体横河向位移和顺河向位移均不对称，右岸位移明显大于左岸，而水平合位移方向与拱坝中心线的夹角绝对值却明显小于左岸，

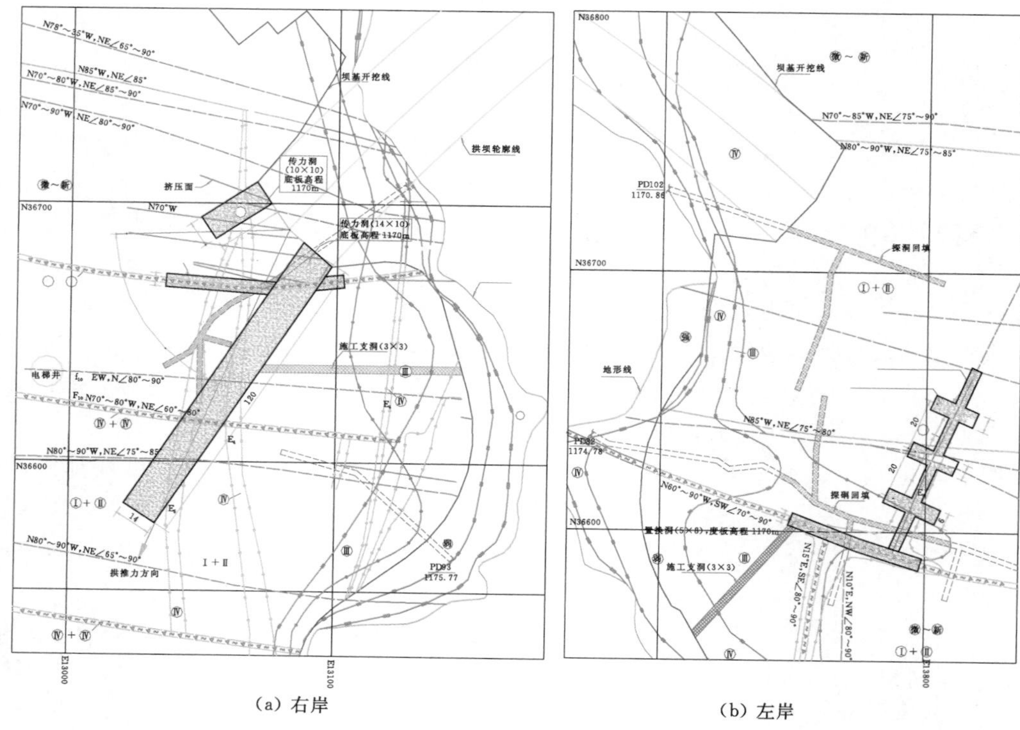

(a) 右岸

(b) 左岸

图 6.2-9 方案 4：高程 1170m 加固处理示意图（单位：m）

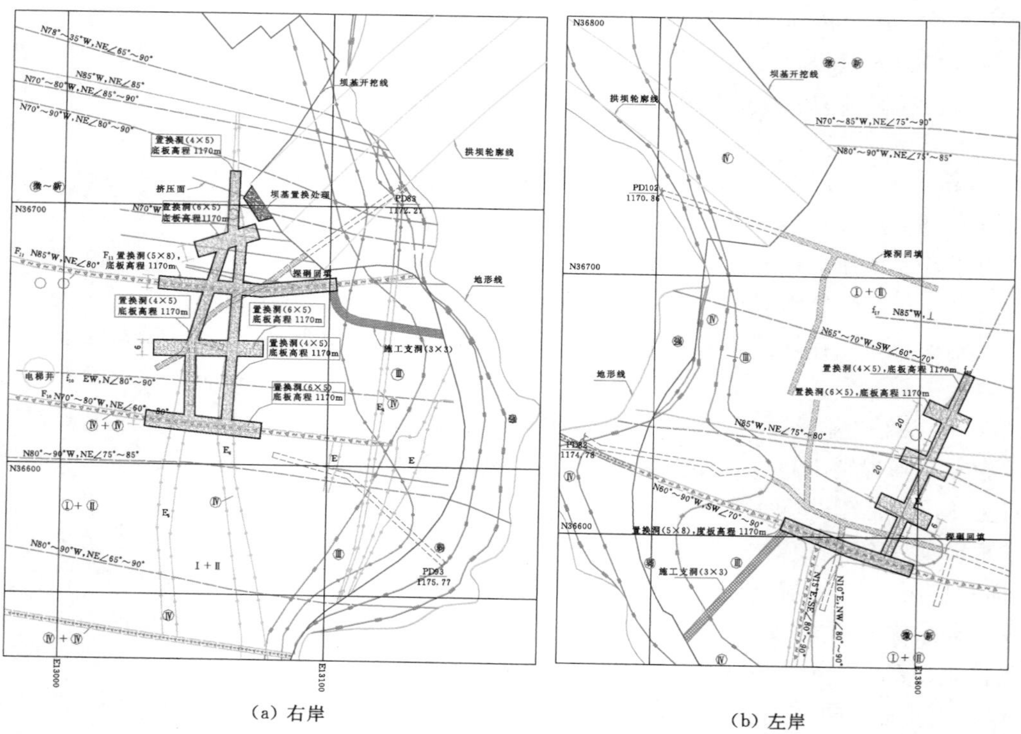

(a) 右岸

(b) 左岸

图 6.2-10 方案 5：高程 1170m 加固处理示意图（单位：m）

显示右岸坝肩岩体的变形稳定条件比左岸差；F_{11}是右岸坝肩抗力岩体变形稳定控制的主要因素，在高程1130.00m以下F_{11}的影响减弱不再明显；高程1150.00m以上F_{11}断层处出现明显压缩和剪切错位，F_{11}与蚀变岩体交汇区是右岸坝肩变形主要影响区。

加固处理后，右岸坝肩岩体的变形稳定条件得到明显改善，特别是对F_{11}的处理，使得右岸坝肩变形得到了有效控制：顺河向位移和水平合位移普遍减小，中上部高程的水平合位移方向与拱坝中心线夹角普遍增加，两岸位移规律趋于对称，而单独的传力洞方案则由于在空间上效应分散，对坝肩变形稳定作用的贡献稍弱。

基础未处理时左岸坝肩高程1210.00m以上压应力水平低于0.5MPa，右岸高于左岸，约2.6MPa的水平；计算工况下总体压应力水平约17.0MPa左右，主要表现为坝趾角点应力；在高程1110.00m以上，左右坝肩部位的压应力不超过6.5MPa；右岸在高程1150.00m上下由于F_{11}位置移动明显造成拱端下游角点应力出现低值，高程1130.00m以下压应力水平表现为逐步增加；左岸基岩性状相对较好，随高程的降低，压应力水平表现为逐步增加。

右岸在高程1150.00m以下，E_{4-5}蚀变岩体移向山体深部，E_1向河谷一侧偏移，逐渐移出距离1倍拱端厚度的抗力体核心区，总体应力水平较低，在高程1090.00～1150.00m蚀变岩体分布区压应力水平不超过3.5MPa，采用传力结构处理意义不大，结合排水洞室的布置对蚀变岩体进行置换处理对提高坝肩的变形稳定更具有工程意义。

右岸坝肩抗力岩体加固处理对改善拱端推力向基岩深部的传递效果相对明显，特别是F_{11}的处理有效地将拱端推力向山体横向扩散，降低了拱端下游侧的应力集中现象，而单独的传力洞则不能完全消除F_{11}对拱端推力传递的阻碍作用，拱端推力向山体深部扩散略显不足。

左岸高程1210.00m以上推力墩的设置有效地改善了坝顶高程坝肩抗力岩体的工作状态，由于在对应高程以上总体推力水平较低，压应力水平低于0.5MPa，在f_{34}附近仅存在0.1MPa的压应力分布，但在高程1230.00m以上，看不出拱端推力对f_{34}的影响，故传力结构的设置已无意义。相反，开挖洞室带来的松弛负效应应值得考虑，而针对F_{11}、E_8交汇区的综合处理对高程1170.00m以上坝肩稳定有一定作用。

根据加固处理前后坝肩岩体变形稳定及应力情况分析，传力洞加F_{11}置换洞方案和蚀变岩体置换洞加F_{11}置换洞方案的处理效果相差无几，优于单独F_{11}置换洞方案和单独传力洞方案；坝趾局部置换处理效果在中下部高程较明显。由于传力洞的工程量较置换洞大，对坝肩抗力岩体的开挖松弛影响负效应较大，空间作用机理及效果不明朗，加强F_{11}的处理并充分利用排水洞对蚀变岩体的置换更有利于提高整个右岸坝肩的变形稳定。因此，对蚀变岩体和断层F_{11}采用置换洞并对低高程拱端下游坝趾部位进行适当置换，作为坝肩抗力体加固处理方案更为合适。

（2）变形加固理论与不平衡力系分析。高拱坝及坝基是一个高次超静定结构体系，其破坏是一个变形过程，相应的加固机理本质上是一个变形稳定问题：①加固措施的效应和加固力对结构变形特征极为敏感；②加固措施在非线性变形区域发挥作用，线弹性分析难以评估其效果；③刚体极限平衡法不考虑变形机制，针对的是结构濒临破坏时的特定状态，无法反映破坏过程的全貌，其结论是有局限性的。拱坝一般超载能力很高，拱坝完全破坏时可以有很大的变形，但这时坝体早已开裂无法正常工作，故研究拱坝的极限状态及其加固并无太大意义。在极限状态以前的破坏变形过程中，着眼于拱坝正常工作，限制拱坝和坝基岩体局部失稳和破坏的加固研究显然更有意义。

变形、稳定、加固力三者是紧密联系在一起的。常规刚体极限平衡法分析不能反映拱坝一坝肩的非线性相互作用，且不能考虑变形机制，而且针对的是一特定的破坏状态，以此指导加固设计是不全面的，也肯定不是最有效的方法。三维非线性有限元分析无疑是更全面的一种分析方法。但如何以变形体弹塑性分析指导加固设计，目前尚没有成熟的规则可循，至少以应力、位移、塑性区的变化来指导加固设计现在看起来不是很成功，普遍的问题是过低估计了加固效果。解决这一问题需要充分考虑变形体稳定的特点。在连续介质力学里，平衡和稳定条件都被连续化为场的概念，分别对应于微元体的平衡微分方程和屈服条件，两者都要求在结构内逐点满足。有限元法则通过变分原理把连续的平衡和稳定条件凝聚到节点上，要求逐节点满足，所以不平衡力可以视为屈服条件在节点上的集中体现。故在有限元分析的框架内，连续结构体的稳定条件就是要求所有节点不平衡力均为零。如果经过反复迭代计算，仍有残余的不平衡力，就意味着必须施加一个额外的力（它和残余的不平衡力大小相等、方向相反）才能维持平衡，这就是加固力。这就是变形加固理论的基本原理。

变形加固理论指出结构的非线性变形过程的内在驱动力是弹塑性不平衡力，故对一个特定的非线性变形状态，只要施加一个和当前不平衡力大小相等、方向相反的加固力系，当前的变形状态就是稳定的。变形加固理论可以有效处理加固设计。在某个荷载工况下的不平衡力就是该工况所需的最小加固力，它综合考虑了结构变形、稳定、平衡等要素。

计算范围为上游近 1 倍坝高，下游近 2 倍坝高，左右两岸近 2 倍坝高范围内，模拟了各类岩体以及其所含有的断层，坝基模拟深度为 1 倍坝高，网格的划分依据中国水电顾问集团昆明勘测设计研究院提供的平切面图进行，网格采用八节点六面体和六节点五面体单元，总节点数 43250，总单元数 38126，其中坝体单元数 2574。

分析成果表明，正常工况下拱坝及建基面均无屈服区，大坝处于弹性工作状态，建基面点安全度为 1.5～5.0。横河向推力左岸比右岸大 33.7 万 t，顺河向推力左岸比右岸小 2.3 万 t，右拱端受力条件较差。顺河向拱端力在底部较大，左拱端、右拱端在下 1/3 高程段顺河向拱端力均超过各拱端总顺河向拱端力的 1/2；上 1/3 高程段不足 10%。横河向拱端力也是在底部较大，但分配比例和顺河向拱端力不匹配，左拱端、右拱端在下 1/3 高程段横河向拱端力为各拱端总横河向拱端力的 42%～46%；上 1/3 高程段为 11%～15%。由于横河向推力对稳定有利，故拱座稳定性高高程相对高程更好。

超载过程中，右岸余能范数始终高于左岸，表明右岸稳定性较差。大坝余能范数均从 3.0 倍水载开始增长，且加速增长，以 $K=3.5$ 倍水载为加固设计基准状态。设定的锚固标准超载安全度 $K=3.5$，应在大坝建成后施加 22 万 t 拱座锚固力。

（3）地质力学模型试验。模拟了大坝和地基，包括坝址区地形、地质条件，岩体、断层、蚀变岩带、节理裂隙、主要地质缺陷和坝肩加固处理措施。模型几何比尺为 300，模型模拟范围，上游边界离拱冠上游面的距离为 120.0m；下游边界离拱冠上游面的距离为 963.0m，顺河向模拟总长度为 1083m；横河向拱坝中心线往左岸 720.0m，往右岸

720.0m，横河向模拟总宽度为1440.0m；模型基底高程确定为695.50m，大坝建基面高程为950.50m，坝基模拟深度为255.0m。两岸山体顶部模拟至高程1365.00m，高出坝顶120m，大于1/3倍坝高，则模拟原型高度达669.5m，相应模型高度2.23m。

1）坝体变位。拱冠位移大于拱端位移，拱冠上部位移大于下部位移，径向位移大于切向位移，其分布规律符合常规。在正常工况下，坝体变位对称性好，径向位移向下游变位，最大径向变位出现在高程1240.00m拱冠处；拱端切向位移向两岸山体内变位，其值较小。在降强阶段，坝体位移变化幅度小；在超载阶段，随着超载倍数的增加，右拱端变位略大于左拱端，当$K_p>3.0$以后，坝体径向变位增长幅度加大，右拱端变位明显增大，最终两拱端变位呈现出不对称现象，这主要是受两岸地质条件不对称及坝肩岩体中断层和蚀变带的影响。

2）坝肩及抗力体表面变位。顺河向位移呈向下游的变位趋势，少部分测点有向上游变位情况，横河向位移远小于顺河向位移，呈向河谷变位趋势，少部分测点有向山里的变位情况。在正常工况和降强阶段，两坝肩抗力体变位均较小，位移增长幅度不大；超载试验阶段，变位逐步增大，尤其是$K_p>3.0$以后，变位迅速增大，变位值变化规律由拱端附近最大，往下游逐步递减，特别是两拱端附近断层出露点的表面位移值较大；两坝肩变位沿高程方向的分布规律为：中下部高程变位值较大，中上部高程变位值相对较小。可见中上部高程对断层和蚀变带进行的混凝土洞塞置换起到了较好的加固效果。

3）右坝肩断层相对变位。在正常工况下，各断层内部相对位移值较小；在降强阶段，相对位移有所增加，但增长幅度不大；在超载试验阶段，变位逐步增大，靠近拱端的断层相对变位增长显著。右坝肩断层F_{11}离拱端最近，同时受降强的影响，中下部高程相对变位大，而中上部高程由于对F_{11}采取了加固处理措施，其相对变位较小；其次是f_{11}变位较大，尤其是在受到蚀变带E_4、E_5、E_1影响的部位，其相对变位较大；断层f_{12}在中部高程离拱端最近，因而中部高程相对变位较大；断层F_{10}在中上部高程虽离拱端较近，但由于采用了混凝土洞塞置换，其相对变位较小，但在高程1245.00m以上有开裂现象；断层F_5、F_{19}、F_{22}离拱端较远，其相对变位较小。由此可见，影响右坝肩稳定的主要断层和蚀变带是F_{11}、F_{10}、f_{11}、f_{12}、E_4、E_5。

4）左坝肩断层相对变位。断层F_{11}、f_{19}、f_{12}的近横河向切割和断层F_{20}（N15°E）与蚀变带E_8的近顺河向切割，使左坝肩的4号山梁形成一个楔形体，因而4号山梁岩体完整性较差。在中上部高程，由于采取了混凝土洞塞置换，其置换洞塞以里的测点，相对变位较小。总体上断层F_{11}相对变位大，尤其是中下部测点和4号山梁的测点变位较大，其次是f_{12}相对变位较大，断层f_{19}离拱端近，相对变位也较大，F_{20}（E_8）在中下部高程变位较小，而在上部高程1210.00m变位较大，主要受4号山梁的影响，断层F_5相对变位较小。由此可见，影响左坝肩稳定的主要断层和蚀变带是F_{11}、f_{12}、f_{19}、F_{20}（E_8）。

5）模型破坏过程。在正常工况下，拱坝及坝肩工作正常。在降强试验阶段，大坝及坝肩变位增幅小，无异常现象，表明坝肩及抗力体仍处于正常工作状态。当超载系数$K_p=1.2\sim1.4$时，大坝及坝肩变位曲线出现微小波动，坝体应变曲线出现明显转折或拐点，表明拱坝上游坝踵附近有初裂现象出现。右坝肩起裂过程：当$K_p=1.8$时，右坝肩高程1245.00m拱端F_{11}断层出露点出现微裂缝，并沿该断层向上开裂至约高程1266.00m，当

K_p=2.0时，右拱端下游贴角与岩体接触面出现开裂；左坝肩起裂过程：当K_p=2.2～2.4时，左坝肩上游侧推力墩附近岩体出现裂缝，并从高程1240.00m往坝肩槽下部开裂至约高程1210.00m，当K_p=2.6时，左拱端下游贴角与岩体接触面出现裂缝。随着超载倍数的增加，两坝肩及抗力体裂缝增多，并延伸扩展，相互贯通。当K_p=3.3时，大坝下游面左半拱出现一条裂缝，从高程1110.00m附近向上开裂至坝顶。当K_p=3.5时，大坝下游面右半拱出现一条裂缝，从高程1050.00m附近向上开裂至高程1210.00m。

6）模型最终破坏形态及特征。右坝肩破坏范围及程度较左坝肩严重。断层F_{11}和F_{10}及附近岩体在高程1245.00m以上开裂破坏；下游高程1170.00m附近岩体出现裂缝，这主要受3类岩体和蚀变带E_1的影响；下部高程混凝土加固塞附近岩体破坏严重，下游贴角与岩体接触面开裂破坏；上游侧由于受卸荷岩体的影响，坝踵附近出现贯通性裂缝。

左拱端高程1245.00m推力墩附近岩体开裂破坏，由于受40°中缓倾角影响，坝顶上部岩体出现沿中缓倾角的裂缝；下游中下部岩体受断层F_{11}的影响，F_{11}在高程1130.00m附近出现裂缝；下部高程混凝土加固塞附近岩体破坏严重，拱端贴角与岩体接触面开裂破坏；上游面由于受卸荷岩体的影响，坝踵附近出现贯通性裂缝。

建基面上游侧开裂破坏严重，上游侧坝踵附近从左岸至右岸出现贯通性裂缝。拱坝下游面左右半拱各出现一条裂缝，左半拱裂缝从左拱端底部高程1110.00m附近向上开裂至坝顶，距左拱端弧长约240m；另一条裂缝在右拱端高程1050.00m附近向上开裂至高程1210.00m，距坝轴线弧长约45m。其主要原因是，超载后期特别是超载系数$K_p \geqslant 3.0$以后，拱坝承受的荷载大，同时两坝肩地质条件不对称，因而两坝肩抗力体产生不均匀大变形，以及坝址区河谷较为宽阔，拱坝梁向作用较大，从而导致坝体出现竖向裂缝。

7）坝肩综合稳定安全度K_c评价。采用以超载为主、降强为辅的方法进行破坏试验，并采取正常工况下先降强后超载的试验程序，根据试验资料及成果分析，得到强度储备系数K_1=1.2，超载系数K_2=3.3～3.5。即拱坝综合稳定安全度K_c值为3.96～4.2。

（4）变形及整体稳定分析方法评价。有限元方法、变形加固理论方法和地质力学模型试验方法，总体上仍处于发展、探索中，尚未完全在坝工界取得共识，因而缺乏对应的安全控制指标。

拱座范围尤其是核心抗力范围内，不良地质缺陷的存在直接影响拱坝-地基系统的稳定与安全。一般地，横河分布的地质缺陷对系统受力主要产生"屏蔽效应"，阻止拱端推力向下游传递；顺河分布的地质缺陷对系统受力主要产生"胡同效应"，阻止拱端推力向山体两侧纵深传递。这样的作用效应分析，以及地质缺陷处理的必要性、处理方案及其范围和规模等研究，需通过整体变形稳定研究论证。

建立在现代数值方法基础上的拱坝变形稳定分析，其分析重点更多地集中在坝基和拱座（拱坝多视作传力结构），基于理想弹塑性模型的极限稳定分析是主要分析方法。最终极限平衡状态的确定，常采用特征变形出现拐点、建基面材料屈服贯通、非线性计算不收敛等判识；但对于复杂的岩体结构，往往在主导的破坏模式（如拱坝极限承载能力）发生之前，次要的破坏模式早已发生。抛开模型、本构及假定、简化等差异，变形稳定分析可供整理和输出的成果十分全面，可包括拱座特征点的安全度、屈服区分布、潜在滑面的抗滑稳定性等，甚至不同条件下拱端位移矢量、应力矢量的大小及其方向的改变，均需要研

究者或工程师给予充分、仔细的关注，对分析评价人员的素质要求较高。此外，传统有限元模型多不计地应力场的影响，一般也缺少渗流场及其耦合效应的贡献，使得变形稳定评价存在相应程度的失真。当前，尚缺乏公认的安全评价体系和控制标准，多采取工程类比的方法进行极限安全评估，更多地适用于研究置换、灌浆等实体加固处理工程措施的必要性及具体方案的比选分析。

变形加固理论，基于最小塑性余能原理，发展了结构稳定性判据，在国内若干高拱坝整体稳定分析中得到了应用。其分析研究的关注点多在较高超载倍数条件下进行，而实际工程中除地震外很难有真实超载现象出现；相反，将降强引入变形加固理论分析，可能更有现实意义及发展前景。当前，变形加固理论适于开展地基、拱座等锚固类型加固措施的必要性、范围及规模等量化研究，包括有关锚固方向等技术参数的比选研究。

地质力学模型试验虽然对破坏过程有直观的认识，但周期长、成本高、研究方案单一。其主要通过超载、降强或联合作用综合加荷直至大坝模型破坏，从而研究拱坝的坝体或基础的开裂、破坏扩展机制、浅层抗滑以及大坝、基础应力分布，变形状态和整体安全度等，但由于模拟条件的概化与简化以及不能模拟温度场、渗流场、地应力场等客观条件而存在相应失真，成果有其相对性，一般在数值模型研究的基础上对复杂高拱坝采用物理模型辅助开展研究。

6.2.2.4 拱座稳定性综合评价及加固重点

抗滑稳定分析表明，两岸控制性滑块相比右岸稳定性较低，蚀变带 E_4 大块体是拱座岩体的不利滑块，两岸拱座抗滑稳定条件基本满足要求，但部分滑块安全裕度不大。抗滑分析中将断层 F_{11} 及其上下游岩体作为单块刚体，必须加固处理才能满足控制标准要求。对于近拱端可能构成侧滑面边界的软弱结构面进行适当的处理亦对抗滑稳定有利。此外，结合拱座整体性采取适当的预锚措施，有利于增加抗滑稳定的安全裕度。

变形稳定分析表明，拱座未处理时，两岸坝肩岩体横河向位移和顺河向位移均不对称，右岸位移明显大于左岸，而水平合位移方向与拱坝中心线的夹角绝对值却明显小于左岸，显示右岸坝肩岩体的变形稳定条件比左岸差；断层 F_{11} 是右岸坝肩抗力岩体变形稳定控制的主要因素，在高程 1130.00m 以下 F_{11} 的影响减弱不再明显；高程 1150.00m 以上 F_{11} 断层处出现明显压缩和剪切错位，F_{11} 与蚀变岩体交汇区是右岸坝肩变形主要影响区。应力方面，左岸坝肩高程 1210.00m 以上压应力水平低于 0.5MPa，右岸高于左岸，约为 2.6MPa 的水平；计算工况下总体压应力水平约为 17.0MPa，主要表现为坝趾角点应力；在高程 1110.00m 以上，左右坝肩部位的压应力不超过 6.5MPa；右岸在高程 1150.00m 上下由于 F_{11} 位置移动明显造成拱端下游角点应力出现低值，高程 1130.00m 以下压应力水平表现为逐步增加；左岸基岩性状相对较好，随高程的降低，压应力水平表现为逐步增加。总之，天然拱座内部地质缺陷的存在，加大了变形不对称与非均匀性，使拱端约束减弱、局部应力增高，拱座岩体传力性能削弱，相应位置位移明显不连续；导致应力在狭长通道传递，影响拱推力向深部扩散。从变形稳定的角度，对近拱端拱座核心区域内的软弱结构面进行加固处理是必要的。

地质力学模型试验表明，基本最低起裂安全度小于 1.5，拱坝整体进入非线性安全度在 3.0 左右，极限安全度小于 7.0。下游面右拱端受 F_{11} 的影响，开裂相对比左拱端早。

而左岸在高程 1130.00m 以上，因受 E_8 蚀变带的影响破坏比右岸早。一方面小湾起裂安全度不高；另一方面地质软弱结构面的存在对坝体或拱端起裂影响大。

综上所述，基于传统的抗滑稳定分析、变形稳定分析以及地质力学模型试验，拱座范围分布的Ⅲ级断层 F_{11}、F_{10}，Ⅳ级断层 f_{10}、f_9、f_{12}、f_{34}，蚀变带 E_1、E_4+E_5、E_8、E_9 以及左岸中上部高程的深卸荷岩体，对拱座抗滑稳定和变形稳定影响较大，拱座整体安全度不高，采取针对性的加固处理十分必要。

左岸不论是到达断层 f_{12} 还是 F_{11} 位置，主压应力均已处于极低水平状态（小于 0.5MPa），该范围外的蚀变、断层等主要构造均不需要进行处理，包括其自身。基于提高安全储备及超载能力考虑，进行必要的加固处理具有工程意义，但下游侧处理边界不宜超过断层 F_{11}。

右岸则相对严重得多，下游侧断层 F_{11} 位置的主压应力水平在高程 1245.00～1130.00m 仍处于 1.6～5.0MPa 的水平，必须作为重点进行加固处理；到达断层 F_{10} 位置后高程 1110.00m 以上基本处于 0.8MPa 以下主压应力水平，基本满足自身承载能力要求，从提高安全裕度考虑，右岸处理的下游构造以到达断层 F_{10} 位置为界，包括自身仍需进行一定程度处理。

对于蚀变带，根据其性状与发育相对不明确与集中的特点，首先布置纵向跟踪置换交通洞，在纵向交通洞施工期间追踪勘察蚀变带性状与周边相关构造，视其分布与发育情况扩挖纵向置换洞到位，同时布置横向支承洞形成地下框架，并利用置换洞对蚀变带进行固结灌浆。

处理范围区的近 EW 向节理与挤压密集带对拱端变位有直接影响，由于夹泥等因素灌浆效果不宜估计过好，考虑设置一定数量穿越该组结构面的洞塞进行处理；近 SN 向结构面对拱座抗滑稳定影响较大，是直接的侧向滑裂面，处理上考虑上下高程的滑块延伸情况设置一定数量穿越横跨结构处理，一定程度提高抗滑安全储备。

地下加固处理平面范围为：以坝基上游角点切向延伸，下游角点外延 10m 后再按 30°角扩散延伸至 2 倍拱端基宽深度，形成下游侧分别以左岸 F_{11}、右岸 F_{10} 位置为界限的核心处理区域；高程范围：右岸高程为 1010.00～1225.00m，左岸高程为 1145.00～1235.00m。

6.2.2.5　洞井塞布置

基于上述分析，左岸共设置了 4 层置换传力洞井塞，布置高程分别为高程 1220.00m、1200.00m、1180.00m 及 1160.00m。其中在高程 1220.00m、1200.00m 各布置了 1 条传力洞塞和 2 条抗剪洞塞，并在洞塞节点处设置竖井将上下两层相连，其余均为置换洞塞，见图 6.2-11。

右岸共布置了 10 层置换洞塞，分别为高程 1210.00m、1190.00m、1170.00m、1150.00m、1130.00m、1110.00m、1090.00m、1070.00m、1050.00m 及 1030.00m，累计布置置换洞 25 条；各层 F_{11} 置换洞之间设置置换竖井相连，累计布置置换竖井 22 条，见图 6.2-12。

回填分为两期进行，一期为衬砌结构，预留 3.5m×3.5m 固结灌浆廊道，回填材料采用 $C_{28}25W_{90}6F_{90}50$ 二级配泵送或三级配常态混凝土，配筋率约 50kg/m³，布置冷却水管进行通水冷却，并预埋 ϕ80mm×5mm 钢管作为拱座灌浆孔。二期回填针对预留灌浆廊

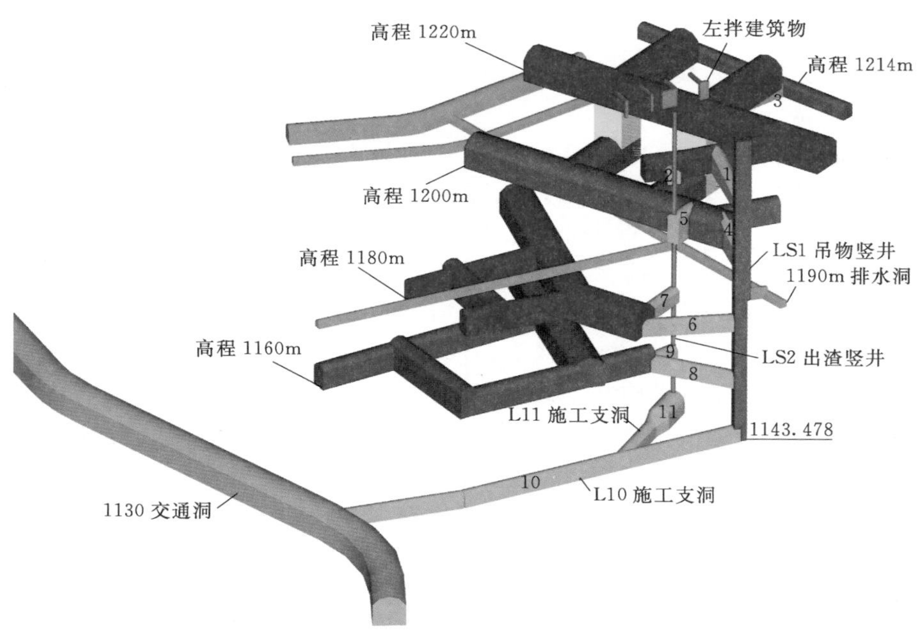

图 6.2-11 左岸拱座洞井塞布置三维示意图

注：图中 1～11 表示 L1～L11 号施工支洞。

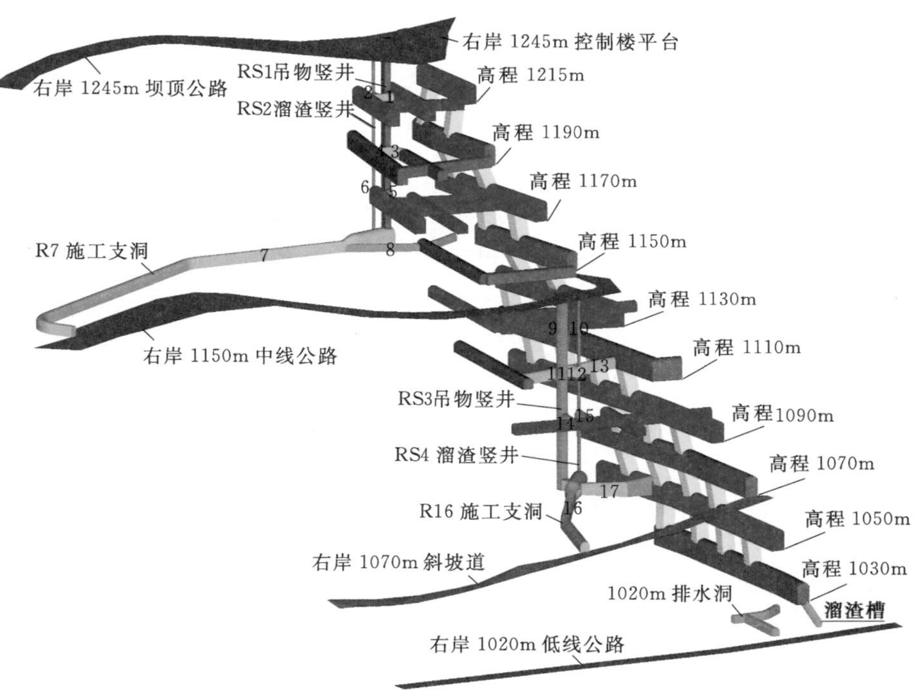

图 6.2-12 左岸拱座洞井塞布置三维示意图

注：图中 1～17 表示 R1～R17 号施工支洞。

道进行，回填材料采用 $C_{28}25W_{90}6F_{90}50$ 低热微膨胀混凝土并进行预冷，布设回填灌浆管路对预留灌浆廊道进行回填灌浆。洞塞混凝土回填分段进行，分段长度一般不超过 15m，浇筑层厚不大于 3m。

6.2.2.6　固结灌浆

拱座区域主要软弱岩带经置换处理以后大部分被挖除，但由于置换洞布置范围特别是立面范围毕竟有限，仍然残留部分软弱岩带在拱座受力区域，加之岩体中存在的Ⅳ级结构面、细微裂隙以及开挖爆破产生的卸荷松弛岩体，需采用固结灌浆对拱座进行进一步加强处理。

固结灌浆范围为各层置换洞两侧各 15m 宽度的拱座受力区域，上下层搭接，上游与坝基固结灌浆搭接，形成坝基固结灌浆向拱座区域的有效延伸部分。各层均分低压灌区和高压灌区两区进行灌浆，其中具备高压灌浆条件的均采用高压灌浆，低压灌区主要布置在左岸卸荷岩体区域，以形成封闭幕，为卸荷区以里岩体进行高压灌浆提供条件。

在满足施工的条件下，灌浆孔布置以尽量多穿 SN 向或 EW 向结构面为原则布置，实际布置固结灌浆孔与预留灌浆廊道轴线并不一定垂直，钻孔在预埋管中进行，实施孔径为 76mm，灌浆孔以预留灌浆廊道顶拱中心线为圆点，以 18°中心角呈辐射状打设，每环约 20 个孔，沿预留灌浆廊道中心线排距为 3.0m，孔深一般 8～18m。固结灌浆按环间分序、环内加密的原则施工。奇数环孔为一序环，偶数环孔为二序环。一序环环内分两序施工，即Ⅰ序、Ⅱ序孔；二序环环内亦分两序施工，即二序环的Ⅰ序孔（实际为Ⅲ序孔）、Ⅱ序孔（实际为Ⅳ序孔）。钻灌顺序为先底板，再边墙，最后为顶拱。最小灌浆压力 3MPa，最大灌浆压力 6.5MPa。

结合原位状态岩体波速、开挖后岩体波速、灌前灌后岩体波速以及蚀变带和结构面的分布特征，拱座岩体灌后 V_P 控制标准为：

（1）蚀变带置换洞顶底 0～2m 段灌后平均值不小于 4000m/s，最小平均值不小于 3400m/s，且不小于 4000m/s 的检查孔数不少于总检查孔数的 85%；2m 以下段灌后平均值不小于 4500m/s，最小平均值不小于 3825m/s，且不小于 4500m/s 的检查孔数不少于总检查孔数的 85%。

（2）蚀变带置换洞边墙和其余洞塞 0～2m 段灌后平均值不小于 4750m/s，最小平均值不小于 4038m/s，不小于 4750m/s 的检查孔数不少于总检查孔数的 85%；2m 以下段灌后平均值不小于 5000m/s，最小平均值不小于 4250m/s，不少于 5000m/s 的检查孔数不小于总检查孔数的 85%。

按该 V_P 控制标准，置换洞开挖并灌浆处理后，周边围岩浅表的松弛影响基本得到恢复、深部得到加强，宏观变形性能不低于原位状态；置换区消除了 $M=3.5$GPa 以下的软弱岩带及弱面控制效应。总体上，灌区岩体将在 $M_{min}=8.1$GPa（断层、蚀变带高于 5GPa）的变形性能下承载和工作。

灌后透水率要求：左岸低压灌区 $q\leqslant 3$Lu，其余灌区透水率 $q\leqslant 1$Lu。压水试验孔段合格率应达 85%以上，不合格孔段的透水率值不超过设计规定值的 50%，且不得集中。

灌后检查采用单点法压水试验、V_P 测试、钻孔取芯，选取了部分物探测试孔进行弹模测试和孔内电视摄像。根据固结灌浆分序统计成果分析，各序灌浆孔单位耗灰量递减规

律明显，符合灌浆一般规律，分序灌浆效果显著，灌后左岸低压灌区平均透水率均小于3Lu，其余灌区均小于1Lu，满足控制标准要求。V_P 测试表明，岩体刚度得到改善，提高效果明显，灌后 V_P 值均满足控制标准要求。

6.2.2.7 锚固

基于上述抗滑稳定分析，构成滑移边界面的底滑面倾角较陡（中缓倾角 32°～42°），致使拱座岩体自身稳定性不高，坝体超载能力略有不足。为防止拱端下游附近岩体产生塑性变形和减少该部位岩体的变形，通过施加预应力锚索来增强拱座岩体的整体受力性能，增加抗滑稳定的安全余度。锚固布置分为坝趾预应力加固区、坝肩预应力加固区以及坝肩边坡预应力锚索加固区。

在坝趾贴角混凝土上布设坝趾锚索，最低布置高程为高程 965.00m，左岸至高程1085.00m，右岸至高程 1142.00m，采用 4000kN 级、6000kN 级拉力分散型锚索。锚索布置主要参照不平衡力矢量参数，并结合施工可行性确定。贴角锚索布置间距约 4m，共布置锚索 502 根，总计加固力 27.4 万 t。主要参数见表 6.2-13。

表 6.2-13　　坝趾贴角锚索主要参数表

锚索级别	布置高程/m	根数/根	孔深/m	方位角	下倾角/(°)
6000kN 级	965～1085	366	41～80	向上游打设	60～78
4000kN 级	1021～1142	136	40～65	向上游打设	46～60

左岸拱座锚索采用 3000kN 级、6000kN 级和 1800kN 级拉力分散型锚索，布置于高程 968～1218m 之间，平面上距离坝基最远约 110m。锚索布置间距一般为 5m，高差 4m，左岸坝肩共布置锚索 604 根。主要参数见表 6.2-14。

表 6.2-14　　左岸拱座锚索主要参数表

锚索级别	布置高程范围/m	与坝基距离范围/m	根数/根	孔深/m	方位角/(°)	下倾角/(°)	锚固力/(10^3kN)
6000kN 级	968～1048	9～25	54	40～75	NE75	35～45	324
3000kN 级	968～1128	110～70	405	40～80	NE70～75	60～35	1215
1800kN 级	1133～1218	70～40	145	45～65	NE55～90	35～40	261

右岸坝肩锚索采用 3000kN 级、6000kN 级和 1800kN 级拉力分散型锚索，布置于高程 968.00～1228.00m 之间，平面上距离坝基最远约 120m。锚索布置间距一般为 5m，高差 4m，右岸坝肩共布置锚索 546 根。主要参数见表 6.2-15。

表 6.2-15　　右岸拱座锚索主要参数表

锚索级别	布置高程范围/m	与坝基距离范围/m	根数/根	孔深/m	方位角/(°)	下倾角/(°)	锚固力/(10^3kN)
6000kN 级	968～1068	20～30	63	50～80	SW280～285	35～45	378
3000kN 级	968～1148	85～65	338	50～80	SW285～290	40～55	1014
1800kN 级	1133～1218	70～40	145	45～65	SW268～290	25～60	261

对抗滑稳定影响较大的边坡主要有坝基边坡、水垫塘边坡、左岸6号山梁边坡等。坝肩边坡预应力锚索主要为提高边坡的稳定安全储备而设置。具体主要是有针对性地在卸荷松弛严重、局部不稳定块体（滑动、崩塌）等边坡稳定条件相对较差的部位进行局部预应力锚索加固处理。

6.2.2.8 动态跟踪及优化工程处理措施

鉴于拱座部位地质缺陷（断层、蚀变带、卸荷岩体等）的实际产状、性状等在空间上变化大，建立全方位、全过程的信息化动态跟踪置换的设计理念，根据施工过程中开挖揭示的实际地质情况对实施方案进行及时优化调整。正常情况下，各洞每进尺7～10m对地质缺陷进行鉴定，现场确定下步施工方案。遇到地质情况变化时，加大鉴定频次。跟踪开挖历时共14个月，在相关洞塞进行了断面、长度优化的基础上，左岸优化取消了1条洞塞，右岸优化取消了7条洞塞及22个井塞。典型洞井塞跟踪优化见图6.2-13和图6.2-14。最终实施的左岸、右岸洞井塞具体参数分别见表6.2-16和表6.2-17。

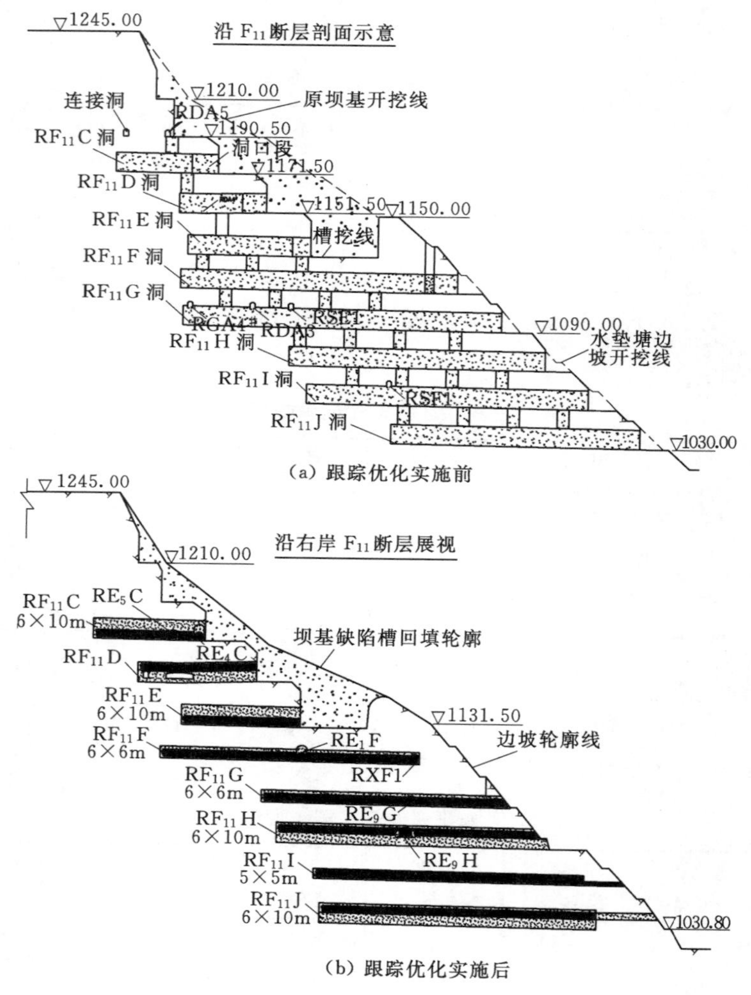

图6.2-13 右岸 F_{11} 断层井塞置换优化比较示意图

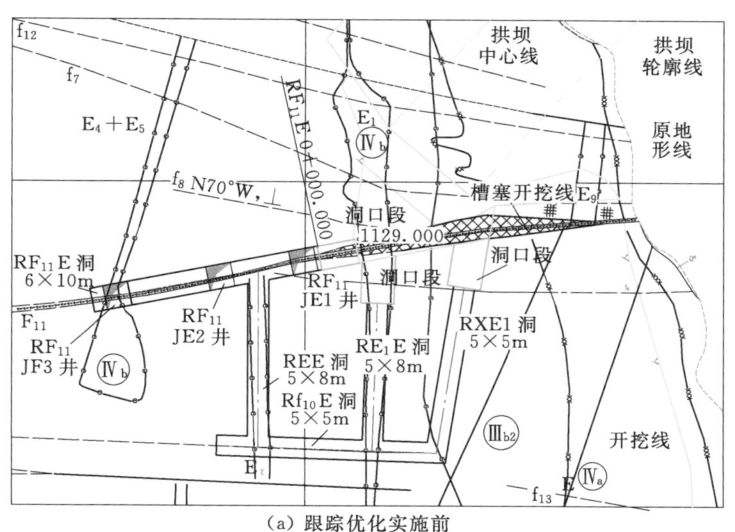

(a) 跟踪优化实施前

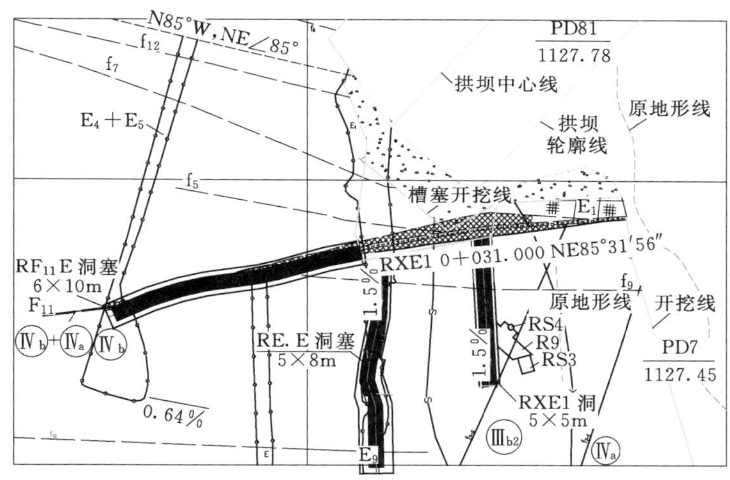

(b) 跟踪优化实施后

图 6.2-14 右岸高程 1130m 层洞井塞优化比较示意图

表 6.2-16 左岸拱座地质缺陷处理地下洞井塞布置及特征参数表

布置高程/m	置换洞编号	设计断面尺寸/(m×m)	实际断面尺寸/(m×m)	设计长度/m	实际长度/m	备注
1220	LZA	10×10	10×10	105	120	追踪过程中加长了 15m
	LKA1	10×10	10×10	35	35	
	LKA2	10×10	10×10	35	45	追踪过程中加长了 15m
	$LF_{11}A$	5×8	5×8	45	45	
	$LF_{11}B$	5×8		25		优化取消
	$Lf_{34}A$	4×5	4×5	80	74	由高程 1214m 调整至 1220m，开挖减短 6m

续表

布置高程/m	置换洞编号	设计断面尺寸/(m×m)	实际断面尺寸/(m×m)	设计长度/m	实际长度/m	备　注
1200	LZB	10×10	10×10	93	93	
	LKB1	10×10	10×10	30	30	
	LKB2	10×10	10×10	30	30	
1180	LZC	10×1	10×10	25	25	
	LE_8C	10×10	10×10	68	38	追踪过程中减短了30m
	$Lf_{12}C$	5×8	5×8	48	48	
	$LF_{11}C$	5×8	5×8	36	36	
	LGC	6×10	5×8	32	32	
1160	LE_8D	10×10	10×10	65	49	
	$Lf_{12}D$	5×8	5×8	80	62	
	$LF_{11}D$	5×8	5×8	63	63	
	LGD	6×10	5×8	40	32	

表 6.2－17　　右岸拱座地质缺陷处理地下洞井塞布置及特征参数表

布置高程/m	置换洞编号	设计断面尺寸/(m×m)	实际断面尺寸/(m×m)	设计长度/m	实际长度/m	备　注
1210	RE_5A	5×8	5×8	42	56	追踪过程中加长了14m
	$RF_{10}A$	5×8	5×8	50	50	
	$Rf_{10}A$	5×5	5×5	50	50	
1190	RE_4B	5×8	5×8	44	33	追踪过程中加长了11m
	RE_5B	5×8	5×8	42	40	
	$Rf_{10}B$	5×5		45		优化取消
	$RF_{10}B$	5×8	5×8	50	74	追踪过程中加长了24m
1170	$RF_{11}C$	6×10	6×10	54	54	
	RE_4C	5×8	5×8	46	46	
	RE_5C	5×8	5×5	48	48	
	$Rf_{10}C$	5×5		65		优化取消
	$RF_{10}C$	5×8	5×8	64	64	
1150	$RF_{11}D$	6×10		58	58	
	RED	5×8		35		优化取消
	RE_1D	5×8	5×5	37	47	追踪过程中加长了10m
	$Rf_{10}D$	5×5		73		优化取消

续表

布置高程/m	置换洞编号	设计断面尺寸/(m×m)	实际断面尺寸/(m×m)	设计长度/m	实际长度/m	备　注
1130	$RF_{11}E$	6×10	6×10	55	55	
	$RE_{1}E$	5×8	5×8	47	67	追踪过程中加长了 20m
	RXE1	5×5	5×5	53	53	
	REE	5×8		43		优化取消
	$Rf_{10}E$	5×5		42		优化取消
1110	$RF_{11}F$	6×10	6×6	151	121	追踪过程中减短了 30m
	$RE_{1}F$	5×8	5×8	50	46	
	$Rf_{10}F$	5×5	5×5	80	80	
	RXF1	5×5	5×5	56	68	
1090	$RF_{11}G$	6×10	6×6	169	90	追踪过程中减短了 79m
	$RE_{9}G$	5×8	5×5	92	56	追踪过程中减短了 36m
	$Rf_{9}G$	5×5		41		优化取消
1070	$RF_{11}H$	6×10	6×10	142	142	
	$RE_{9}H$	5×8	5×5	90	51	追踪过程中减短了 39m
1050	$RF_{11}I$	6×10	5×5	156	156	
1030	$RF_{11}J$	6×10	6×10	135	135	
F_{11}置换井塞		6×6		225		追踪过程中将 22 条井塞全部取消

运用动态跟踪理念，并结合仿真分析（详见第 10 章），在实施中对洞井塞处理方案进行了富有成效的优化和调整。动态跟踪优化的最终实施方案与原设计方案相比，石方洞挖减少约 6.2 万 m^3，减少约 30%；石方井挖减少约 1.1 万 m^3，减少约 80%；混凝土减少约 6.4 万 m^3，减少约 32%；钢筋减少约 2690t，减少约 25%；固结灌浆减少 3.4 万 m，减少约 15%。

6.2.2.9 置换洞开挖影响及灌浆效果分析

置换洞边墙和底板爆破对围岩的影响深度一般在 0.4～3.8m 之间，绝大部分在 0.8～1.6m 范围内。断面尺寸 6m×10m 以上洞塞围岩受地质缺陷规模和多步开挖等影响，围岩收敛变形普遍在 10mm 左右；断面尺寸 5m×8m 以下的绝大部分洞塞围岩收敛变形普遍在 2～3mm 左右。在较好围岩段的测点，其变形主要为开挖爆破影响，以“空间效应”变形为主，开挖对位移的增量贡献介于 5～8mm，超过 2.5～3 倍洞径后（时间约 7～16d）变形即基本稳定，时间效应不明显；在较差围岩段的测点，变形规律类似，但变形稳定时间在 60～90d 左右。两岸地下洞塞开挖的典型变形时程曲线见图 6.2-15。

统计埋设的多点位移计共 24 套，其中孔口位移大于 3mm 的 4 套，占 16.7%，1～

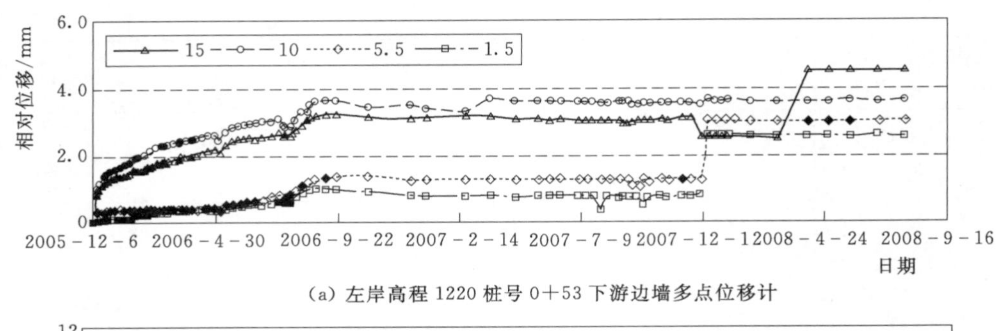

(a) 左岸高程1220桩号0+53下游边墙多点位移计

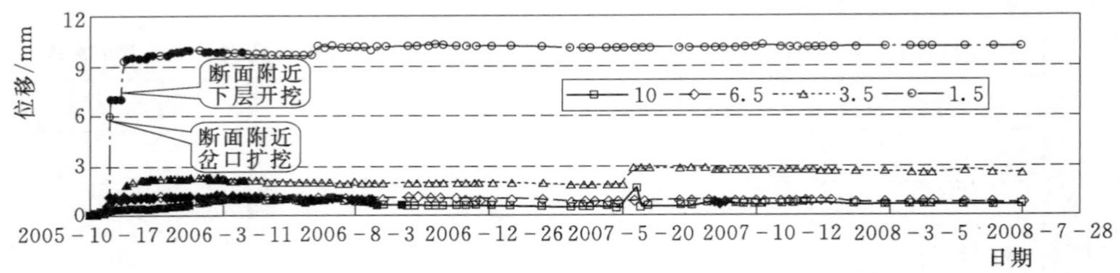

(b) 右岸高程1070桩号0+94下游边墙多点位移计

图6.2-15 抗力体置换洞变形收敛历时曲线

3mm的12套，占50%，其余孔口位移都在2mm以下，各洞段变形均已稳定。

固结灌浆按环间分序、环内加密的原则施工，钻灌顺序为先底板，再边墙，最后为顶拱。置换洞开挖并灌浆处理后，周边围岩浅表的松弛影响只在一定程度上得到恢复，深部得到加强，但难以完全得到全面恢复。根据固结灌浆分序统计成果分析，各序灌浆孔单位耗灰量递减规律明显，分序灌浆效果显著，灌后左岸低压灌区平均透水率均小于3Lu，其余灌区均小于1Lu。

6.2.2.10 工程处理效果分析

常规的抗滑稳定分析、变形稳定分析以及地质力学模型试验方法，由于对分析模型及荷载施加方式等进行简化、假定及概化，分析方法本身存在合理性、适应性及局限性等问题，加之地质缺陷（断层、蚀变带、卸荷岩体等）的实际产状、性状等在空间上变化大，难以准确把握，导致依据分析计算结果确定的工程处理措施存在必要性和合理性问题。

如前所述，依据常规分析计算结果，在拱座范围内需要布设的洞井塞十分庞大和复杂，一方面处理工程量及难度很大，更重要的是洞室开挖造成对围岩的损伤靠灌浆处理难以得到完全恢复。运用动态跟踪置换理念，并结合仿真分析，在实施中对置换处理方案进行了富有成效的优化和调整，减少了近30%的量。从拱坝-坝基系统的真实工作性态分析，在减少了这些处理工程量的情况下，拱座运行安全稳定，且具有足够的安全裕度（详见第10章）。由此说明，对拱座加固处理而言，常规的分析计算结果只能作为基础或参考，而采取在实施中进行动态跟踪优化和写实仿真分析，不失为一种有效途径，可以使加固处理达到安全、合理、经济，尤其对于特高拱坝，更为重要和必要。

6.3 坝基及拱座渗控系统

渗控系统关乎拱坝的渗透稳定，影响拱坝工作性态和拱座抗滑稳定性，是拱坝基础处理设计的重要内容，合理的渗控设计是提高拱坝安全度的有效而经济的手段。

6.3.1 常规渗控系统

渗控系统包括防渗帷幕、地下排水和地表截排水，其主要作用是减少两岸拱座和河床坝基的渗透性，提高拱座与坝基的稳定性，防止坝基软弱夹层、断层破碎带、岩体裂隙充填物等软弱层带可能产生的渗透破坏，减小渗流对坝基与拱座稳定产生的不利影响。

6.3.1.1 渗控原则

（1）坝体防渗结构应具有良好的防渗性能，结构自身应具有长期的安全可靠性和耐久性，能显著降低坝体渗漏量。

（2）坝基采取防渗及抽排减压措施，减少坝基渗漏及两岸绕坝渗漏，降低坝基扬压力，以保障坝基与拱座抗滑稳定。

（3）渗控设计应适应大坝快速施工要求，尽可能简化施工工艺，减少对大坝施工的干扰。

6.3.1.2 防渗帷幕

（1）灌浆材料。帷幕灌浆材料一般以普通水泥浆液为主，但对于细微裂隙较多的岩体、或含泥裂隙等，处理效果如不理想，可采用细水泥浆（干磨细水泥浆、超细水泥浆、湿磨细水泥浆）作补充灌浆处理。在水泥灌浆难以取得理想效果的情况下，也可研究化学灌浆进行局部补强。在顺河向断层破碎带上，加强其防渗可靠性，要研究采用混凝土防渗塞的必要性。有时，也需研究其他辅助防渗措施。

（2）防渗标准。灌浆帷幕的防渗标准以透水率指标来表示。混凝土拱坝设计规范规定，防渗帷幕及其下部相对隔水层岩体的透水率 q，根据不同坝高采用以下标准：

1）坝高在 100m 以上，$q=1\sim3$Lu。

2）坝高在 100～50m 之间，$q=3\sim5$Lu。

3）坝高在 50m 以下，$q\leqslant5$Lu。

4）中高拱坝工程，在帷幕工程量较大时，可根据不同部位的情况和要求，确定不同的控制标准，但以不超过 3 种为宜。如离岸边较远或上部水头较小的部位，防渗标准可以放宽一些；河床及两岸近坝部位，防渗标准应从严控制。

根据渗流理论，具有相同透水性的等厚度岩层，处在浅层的渗漏量大而处在深层的渗漏量小，当达到相当深度后，由于渗径的延长使渗透流速大大降低，愈往深部，对帷幕防渗标准的要求也应愈低。因此，只要将帷幕延伸到经计算渗透量已经很小的岩层，即使该岩层的透水性大于要求标准，也可认为帷幕达到了相对不透水岩层。

（3）帷幕布置。防渗帷幕的位置、深度、方向以及伸入岸坡内的长度应根据工程地质、水文地质和地形条件、坝基的稳定情况和防渗要求研究确定，两岸部位的帷幕与河床部位的帷幕应保持连续性，避免出现缺口和空白。帷幕位置主要按以下原则布置：

1）防渗帷幕线的位置应根据坝基应力情况，布置在压应力区，并靠近上游面。

2）两岸山体防渗帷幕应延伸到相对隔水层。

3）当两岸山体无相对隔水层或相对隔水层很远时，防渗帷幕应延伸至水库正常蓄水位与水库蓄水前地下水位线相交处。

4）当正常蓄水位与水库蓄水前两岸地下水位线相交点很远或无法相交时，在保证拱座抗滑稳定和渗流稳定的前提下，可暂定延伸长度一般为0.5～0.7倍坝高，待水库蓄水后根据拱座渗漏情况再决定是否将防渗帷幕延伸或进行补强。

帷幕向两岸延伸的部分，应尽可能地向上游折转。若折向下游，将使拱座大部分岩体中的水位抬高，对拱座岩体及大坝的稳定不利。拱座部位，通常地下水位就较高，再加上绕坝渗漏的影响，扬压力（岩层中的孔隙水压力）也相对较高，对于拱坝，尤其应注意这种影响。

岩溶地区的防渗帷幕，应在查明岩溶分布范围及发育规律基础上，选择经济合理的帷幕线路。帷幕轴线宜布置在岩溶发育微弱的地带、地下分水岭，如必须通过岩溶暗河或管道时，应用混凝土回填、高喷灌浆、防渗墙、二次灌浆等封堵沿线洞穴。

（4）帷幕深度。

1）当坝基下存在相对隔水层时，防渗帷幕应伸入到该岩层内不少于5m；不同坝高的相对隔水层的透水率q值标准，与相应位置防渗帷幕防渗标准一致。

2）当坝基下相对隔水层埋藏较深或分布无规律时，帷幕深度可参照渗流计算结果，并考虑工程规模、地质条件、地基的渗透性、排水条件等因素，按0.5～0.7倍坝前静水头选择。对地质条件特别复杂地段的帷幕深度应进行专门论证。

主帷幕深度按以下3个条件中的最大值确定：①深入地基相对隔水层内；②位于高压压水实验［$P=(1.25\sim1.50)H$］基础岩体裂缝不扩张区；③按经验公式$D=H/3+C$（D为帷幕深，H为坝前水头，C为经验常数）。

河床部位帷幕灌浆通常在坝内灌浆廊道内进行，对两岸坝基帷幕，为了施工方便而又不使钻孔深度过深，常在两岸专门设置多层平洞，在平洞内进行帷幕灌浆。平洞的高程间距一般为40～60m，与坝体内廊道相连。各层灌浆平洞内所钻灌浆孔上下相互衔接形成帷幕。一般情况下，上层平洞灌浆孔孔深应达到下层平洞底板高程以下5m，上层帷幕下端与下层帷幕灌浆廊道间设置衔接帷幕。

当帷幕由几排灌浆孔组成时，一般仅将其中的一排孔钻到设计深度，其余各排的孔深可取设计深度的1/2～2/3。因为在帷幕深处，帷幕两侧的水头差已相对减小。此外，在地基深处灌浆压力也可加大，从而扩大灌浆影响范围。

（5）灌浆排数与孔距。防渗帷幕的排数与孔距，应根据工程地质条件、水文地质条件、作用水头、允许水力坡降及拱坝稳定要求等，并主要依据灌浆试验确定。施工过程中应根据灌浆试验及施工资料分析对帷幕灌浆布置、排数与孔距等进行调整。

混凝土拱坝设计规范在总结以往经验基础上，提出大致设计原则：帷幕灌浆孔的排数，通常情况下，对于完整性好，透水性弱的岩体，中坝及低坝可采用1排，高坝可采用1～2排；对于完整性差，透水性强的岩体，低坝可采用1排，中坝可采用1～2排，高坝

可采用 2～3 排。若考虑帷幕前固结灌浆对基础浅层所起的阻渗作用，可考虑减少 1 排。当帷幕由主副 2 排帷幕组合而成时，副帷幕孔深可取主帷幕孔深的 1/2。

帷幕孔距宜采用 1.5～3.0m，排距应略小于孔距。布置时不宜用标准的孔距均匀布孔，软弱岩土部位可适当加密孔距。

帷幕钻孔方向宜倾向上游，顶角宜在 0°～15°选择，孔向设置应尽可能多穿透坝基岩体的主要导水裂隙，与岩层的主要构造大角度相交。该孔向在施工中必须精密控制，以免在钻孔的下部相互错开而形成帷幕缺口，成为漏水通道。

6.3.1.3　排水系统

在帷幕的下游设置排水措施，能迅速排除渗水，降低坝基扬压力，是增加坝基岩体稳定的一个重要措施，尤其对拱座岩体的稳定，排水常常较帷幕更加有效。排水孔的布置应根据坝基帷幕设置情况、相对隔水层的位置、裂隙分布情况等坝基工程地质条件、水文地质条件、作用水头、允许水力坡降、拱坝稳定要求及坝基岩体受力情况确定。一般排水系统与帷幕同时采用，可分为坝基排水、两岸拱座山体排水和其他排水 3 个部分。排水布置应注意防止渗水的渗透坡降过大，引起地基软弱带的渗透破坏和帷幕侵蚀等，对于重要拱坝，排水设计宜通过渗流有限元分析加以检验。由于拱坝坝基高应力区的封闭作用，易形成较高的渗压，对拱坝工作条件不利，坝基岩体高压应力区应加强排水。

拱座及坝基排水一般是在灌浆帷幕的下游设置排水幕。通常设一道排水幕（主排水幕）即可，对于重力拱坝、高拱坝、排水要求较高的拱坝等，视情况宜在主排水幕后设 1～3 道副排水幕。两岸山体排水对象一方面是绕过灌浆帷幕的渗水；另一方面是山体内部天然地下水，或泄洪雾化与降雨造成的地表入渗水。对于山体来的渗水，根据控制渗压的范围，可在帷幕下游一定深度的山体内设置“排水洞＋排水孔”，对于高坝以及两岸地形较陡、地质条件较复杂的中坝，宜在两岸布置多层纵横向“排水洞＋排水孔”。山体排水中，可以上下层排水洞用排水孔连接形成排水幕，也可从各层排水廊道中向上向一边或放射状全方位设置排水孔。

部分工程利用帷幕灌浆平洞布置排水幕，上游侧布置防渗帷幕，下游侧布置排水幕。排水幕离灌浆帷幕近则排水效果较好，但越靠近帷幕，将产生过大的渗透坡降，帷幕越易遭破坏，影响帷幕正常工作。所以，大部分高坝工程将灌浆平洞和排水平洞分开布置。

除了专门的排水廊道和排水洞外，排水设计宜考虑利用坝后不封堵的地质勘查平洞、交通洞、锚固洞等地下洞，加强排水，尽量保持大部分拱坝基础处于相对“干燥”的状态。对于规模较大的拱坝，基础排水量较大，渗流区域也较大，设计中应进行全面的排水规划设计，保证排水在施工期、初期蓄水期及正常运行期做到控制排放，尽量自流，并保证具备足够的排水监测条件。

为了避免近坝基础内断层起不利的隔水作用，有时单独针对断层设置排水，如排水孔穿过断层，应特别注意设置孔内反滤措施。排水孔应在相应部位的接触灌浆、固结灌浆、帷幕灌浆等完成后钻孔。

拱坝两岸岸坡相对较陡，若采用坝身泄洪消能布置，则泄洪雾化造成的“降雨”远远大于该地区天然降雨若干倍，对拱坝下游拱座及两岸边坡构成极为不利的影响。在这种情况下，应加强坝下游拱座及两岸边坡防渗和排水，采用喷混凝土、贴坡混凝土进行坡面防水，坡面设置系统排水孔进行边坡表层排水，视情况设置其他深部排水措施。

排水孔的孔深、孔距应根据帷幕灌浆和固结灌浆的深度及基础的工程地质、水文地质条件确定。主排水孔孔深宜为帷幕孔深的0.4～0.6倍，副排水孔深宜为主排水孔的0.7倍。坝基下存在相对隔水层或缓倾角结构面时，宜根据其分布情况进行相应调整。主排水幕排水孔的孔距宜采用2～3m，副排水幕排水孔的孔距宜采用3～5m。

排水孔孔径宜大一些，目的是便于清理检查和防止淤塞。一般俯孔孔径为110～150mm，仰孔孔径为90～110mm，对地质条件好的岩体，孔径可取小值，否则宜取大值。

6.3.2　小湾坝基及拱座渗控系统

6.3.2.1　渗控标准及主要参数

按照DL/T 5346—2006《混凝土拱坝设计规范》规定，帷幕体及其下部相对隔水层的透水率应不大于1Lu。帷幕应伸入地基相对不透水层（透水率$q<1$Lu）以内，考虑超高水头作用，主帷幕深度按以下3个条件中的最大值确定：

（1）深入基础相对隔水层内。

（2）位于高压压水实验（$P=4$MPa）基础岩体裂缝不扩张区。

（3）按经验公式$D=H/3+C$计算，其中D为帷幕深度，H为坝前水头，$C=25$m。

由此确定河床部位主帷幕最大深度120m，左、右岸主帷幕最大深度75m，主帷幕向两岸延伸至正常蓄水位与地下水位相交处。

坝基和水垫塘分别采用抽排措施排水，根据DL 5077—1997《水工建筑物荷载设计规范》规定，坝基各特征位置的设计扬压力折减系数见表6.3-1。

表6.3-1　设计扬压力折减系数

坝段位置	位　置	扬压力系数
河床坝段坝基面	主排水孔处	$\alpha_1=0.2H_1$
	副排水孔（即残余扬压力）	$\alpha_2=0.5H_2$
	水垫塘中部排水廊道	$\alpha_3=0.3H_2$
岸坡坝段坝基面	主排水孔	$\alpha_0=0.35H_1$
拱坝坝体	坝体主排水管	$\alpha_b=0.20H_1$

注　H_1为上游水深；H_2为下游水深。

6.3.2.2　帷幕系统

（1）帷幕布置。帷幕灌浆布置见图6.3-1。拱坝基础部位的帷幕平面布置近似平行拱坝轴线，河床坝段帷幕距上游坝面的最大距离为22m（高程963.00m），以使帷幕位于非受拉区，确保帷幕安全。岸坡坝段帷幕往上部高程逐渐趋近上游坝面，至坝顶高程时，左岸帷幕距上游坝面约为6m，右岸帷幕距上游坝面约为7m。鉴于坝踵可能开裂的延伸范围难以准确把握，为确保大坝防渗安全，在坝基灌浆廊道下游约10m处，沿高程953.00～1050.00m增设一条基础廊道，以防帷幕拉裂时作为补修灌浆廊道，作为坝基主

排水廊道。

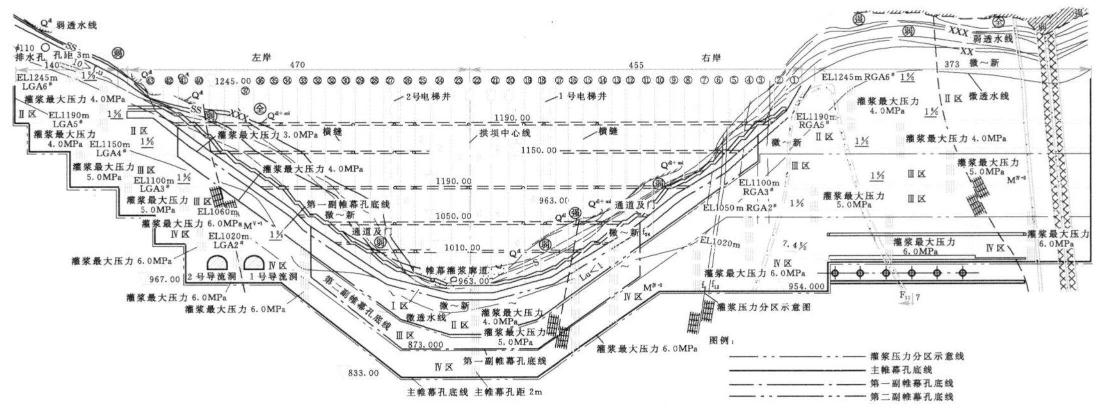

图 6.3-1 沿灌浆基础廊道中心线展示

为阻截库水对地下厂区的入渗，右岸帷幕自坝端转向在距厂房上游边墙 30m 位置平行于厂房轴线布置，穿过正常蓄水位与地下水位线交点后一直延伸穿过 F_7 断层，从右坝头向右延伸长约 373.0m。

从尽量降低来自库水的渗压、改善左坝肩抗力体的受力条件考虑，左岸帷幕从坝基高程 1060.00m 开始，各高程灌浆平洞开始转至正东西向，各层灌浆洞帷幕衔接顶角均小于 30°（最大顶角为 29°），相应各高程排水洞也随之转向正东西向，灌浆洞与排水洞中心距 15～18m，左岸高程 1060.00m 以上通过各高程灌浆洞形成的帷幕为倾斜帷幕。左岸坝肩防渗帷幕从左坝头向左延伸约 140.0m。对拱坝左岸倾斜帷幕和铅直帷幕进行过渗流场计算分析，计算成果表明，倾斜帷幕布置型式优于铅直帷幕，总体表现在倾斜帷幕方案下游侧地下水位较铅直帷幕方案的下游地下水位低 10～15m，仅限于高程 1100.00～1200.00m 范围。

由于坝肩帷幕灌浆深度较大，帷幕分层布置，分别在高程 1020.00m、1060.00m、1100.00m、1150.00m、1190.00m、1245.00m 共设置了 6 层灌浆洞，上、下两层帷幕通过打衔接帷幕孔进行搭接。6 层灌浆洞参数见表 6.3-2。

表 6.3-2　两岸坝基坝肩灌浆洞参数表

布置高程/m	编号	洞长/m	纵坡/%	排水方向
右岸坝基灌浆洞				
1245	RGA6	372.496	1	排向坝基
1190	RGA5	428.612	1	排向坝基
1150	RGA4	472.784	1	排向坝基
1100	RGA3	543.567	1	排向坝基
1060	RGA2	595.905	1	排向坝基
1020	RGA1	298.076	7.4	排向厂房排水洞

续表

布置高程/m	编号	洞长/m	纵坡/%	排水方向
左岸坝基灌浆洞				
1245	LGA6	140	1	排向坝基
1190	LGA5	200	1	排向坝基
1150	LGA4	200	1	排向坝基
1100	LGA3	200	1	排向坝基
1060	LGA2	200	1	排向坝基
1020	LGA1	200	1	排向坝基

（2）帷幕孔布置参数。鉴于坝前水头高近300m，为尽量降低坝基渗透压力，并控制水力坡降不大于25，在高程1060.00m以下（12～32号坝段）的坝基，布置3排帷幕灌浆孔，其中1排主帷幕孔，2排副帷幕孔，主帷幕孔位于下游侧，其上游侧依次为第一副帷幕孔、第二副帷幕孔。高程1060.00m以上且坝高大于65m的坝段（右岸4～11号坝段、33～41号坝段），设主帷幕、副帷幕孔各1排，主帷幕孔位于下游，副帷幕位于上游。其余坝段及两岸坝段，设1排帷幕灌浆孔。副帷幕孔深为主帷幕的0.5～0.7倍。

一般情况帷幕灌浆孔孔距2m，遇地质缺陷部位加密。帷幕孔排距均为1.5m。

14～30号坝段主帷幕、副帷幕孔均为铅直孔，其余坝段和灌浆洞内帷幕孔按上下灌浆洞搭接设计，为倾斜孔。

（3）帷幕衔接。两岸帷幕分别在基础廊道和灌浆平洞中进行，存在上层、下层帷幕孔的搭接问题，因而帷幕衔接位置平洞附近范围的灌浆压力不宜过高，否则将影响平洞的围岩稳定。为此在衔接处采取以下措施：

1）各高程帷幕灌浆孔顶角进行调整过渡，并尽量控制在15°以内。

2）两岸不同高程灌浆洞之间设衔接帷幕，衔接帷幕孔均设为2排。

3）在施工程序上先进行浅孔灌浆，以形成平洞上游侧围岩的承载体，提高平洞衬砌及围岩灌浆压力。

4）主帷幕伸至平洞底板高程以下不小于5m。

（4）帷幕灌浆要求。单排孔及双排孔Ⅰ序、Ⅱ序孔采用普通水泥灌浆，Ⅲ序孔采用磨细水泥灌浆。三排孔上游、下游排的Ⅰ序、Ⅱ序孔采用普通水泥灌浆，上游、下游排Ⅲ序孔及中间排的Ⅰ序、Ⅱ序、Ⅲ序孔均采用磨细水泥灌浆。

普通水泥浆液、磨细水泥浆液水灰比均采用2∶1、1∶1、0.8∶1、0.6∶1四级水灰比。水灰比不大于0.8∶1的普通水泥浆液和任何磨细水泥浆液都添加高效减水剂。所有水灰比的普通水泥浆液及水灰比大于0.8∶1的磨细水泥浆液马什漏斗黏度控制在30s以内，水灰比为0.6∶1的磨细水泥浆液马什漏斗黏度控制在35s以内。

在各单元主帷幕孔中选1～2个Ⅰ序孔作为先导孔，先行施工。先导孔应比帷幕灌浆孔深约10m，并需达到设计透水率要求。

灌浆按分序加密的原则进行，仅进行单孔灌注。灌浆施工顺序为：3排孔时先施工下游排（帷幕主孔），次施工上游排（帷幕第二副孔），最后施工中间排（帷幕第一副孔）。2排孔时先施工下游排（帷幕主孔），再施工上游排（帷幕副孔）。同一排内先施工Ⅰ序孔，

次施工Ⅱ序孔，最后施工Ⅲ序孔。

帷幕灌浆采用孔口封闭自上而下分段不待凝孔内循环灌浆方法。

灌浆压力，根据不同高程水头作用大小，最大灌浆压力有 4.0MPa、5.0MPa 和 6.0MPa。

(5) 帷幕灌浆质量标准。

1) 检查孔按总孔数的 10%控制，但每个单元必须有一个检查孔。

2) 根据水头不同、位置不同采用不同的透水率及合格标准。

3) 12～32 号坝段及相关灌浆洞，0～15m 范围内 $q\leqslant0.5$Lu，合格率 100%；15m 以下 $q\leqslant1.0$Lu，合格率 90%。不合格段的透水率值不超过 1.5Lu 且不得集中。

4) 6～11 号坝段、33～38 号坝段及相关灌浆洞，$q\leqslant1.0$Lu。接触段及其下一段 100%合格，再以下各段合格率应大于 90%，不合格段的透水率值不超过 1.5Lu 且不得集中。

5) 其余部位，$q\leqslant3.0$Lu。接触段及其下一段 100%合格，再以下各段合格率应大于 90%，不合格段的透水率值不超过 4.5Lu 且不得集中。

6.3.2.3 枢纽区排水系统

(1) 坝基坝肩排水。坝基采用抽排减压，河床坝段在帷幕灌浆廊道下游坝内布置了两条横河向排水廊道，岸坡坝段布置一条排水横向廊道，此外，为减小坝肩扬压力，分别在左岸、右岸高程 975.00m、1020.00m、1060.00m、1100.00m、1150.00m、1190.00m 坝肩帷幕灌浆洞的下游布置了 6 层坝肩排水洞，见表 6.3-3 及图 6.3-2～图 6.3-4。

表 6.3-3　两岸坝肩排水洞参数表

布置高程/m	编号	洞长/m	纵坡/%	排水方向
右岸坝肩排水洞				
1190	RDA5	85.662	1	排向坝基
1150	RDA4	135	1	排向坝基
1100	RDA3	160	1	排向坝基
1060	RAD2	210	1	排向坝基
1020	RDA1	210	1	排向坝基
975	RDA0	160	1	排向坝基
左岸坝肩排水洞				
1190	LDA5	190	1	排向坝基
1150	LDA4	160	1	排向坝基
1100	LDA3	190	1	排向坝基
1060	LDA2	200	1	排向坝基
1020	LDA1	210	1	排向坝基
975	LDA0	140	1	排向坝基

右岸坝肩排水洞延伸范围未达到地下厂房部位，所以在厂房前利用各层灌浆洞在洞下游边壁向上打倾向下游的仰孔进行排水，以节约排水洞土建投资。

坝基渗漏水通过坝基排水孔排入坝基排水廊道内的排水沟，然后汇入 23 号坝段坝基渗漏集水井，通过抽排系统排至坝外。

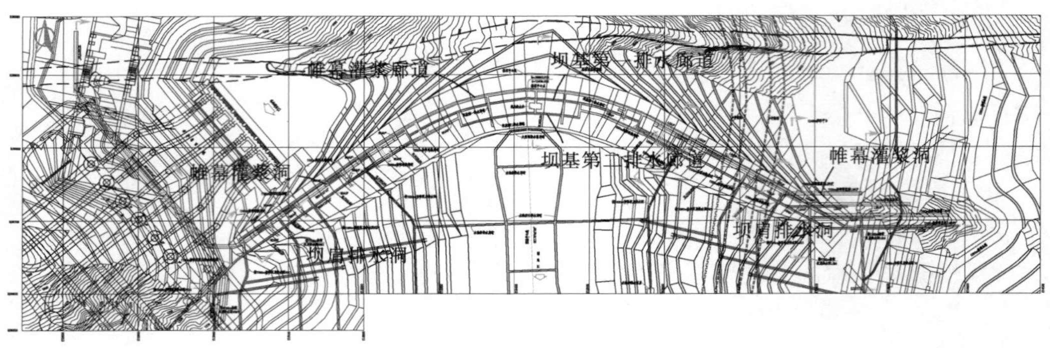

图 6.3-2 坝基防渗帷幕及排水系统布置图

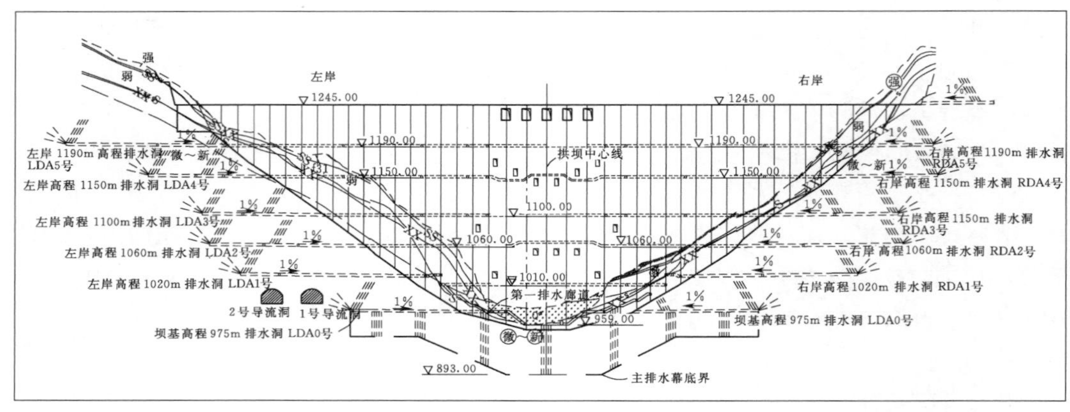

图 6.3-3 沿主排水廊道中心线展示

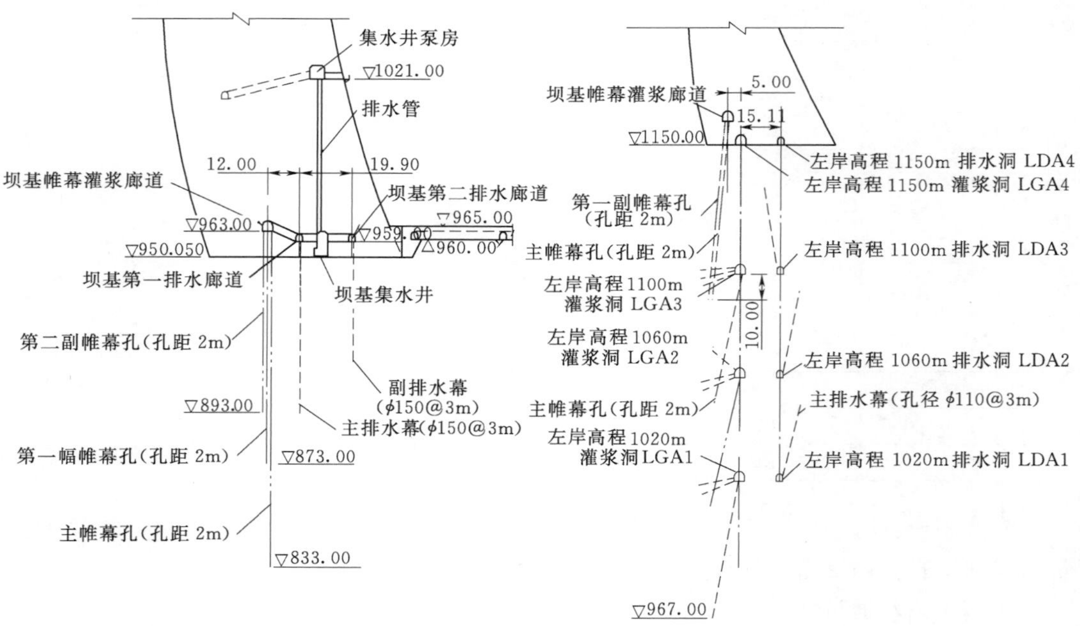

图 6.3-4 帷幕与排水洞剖面

坝基第一基础廊道内排水孔孔深为主帷幕孔深度的0.5倍，最大孔深为57m。第一基础廊道和两岸975.00m高程排水洞内排水孔孔距为3m、孔径为130mm，采用地质钻机施工。

第二基础廊道内排水孔孔深为主帷幕孔深度的0.15倍，最大孔深为22m，孔距为5m、孔径为110mm，排水孔均为铅直孔，采用风钻造孔。另外，在横向交通廊道内也布置了辅助排水孔。

两岸高程1020.00m以上各层坝肩排水洞内均设倾向山外向上的上仰排水孔，以最大限度地增强排水效果。上仰排水孔倾角为60°，水平间距为5.0m。

(2) 左右岸拱座及水垫塘地下排水。拱座岩体在大坝泄洪期间大部分位于强暴雨区，受泄洪雾化影响大，山体渗透水压力是影响拱座稳定的主要因素之一。拱座抗滑稳定性影响的敏感性分析表明，渗透压力对滑块的稳定影响较大，拱座设置有效的排水系统非常重要。

两岸拱座从高程1245.00m以下每隔40～50m高差布置一层排水主洞和排水支洞。坝基下游侧高程1245.00m以下一共布置了14条排水主洞和11条排水支洞。在排水洞布置中充分考虑了对已有勘探平洞的扩挖利用。

左岸排水洞布置高程分别为1190.00m、1150.00m、1100.00m、1060.00m和1020.00m。其中，LSA1、LSB1、LSC1、LSD1和LSE主洞在坝基部位与各相应高程的坝基排水洞相接。左岸拱座排水洞布置见图6.3-5。

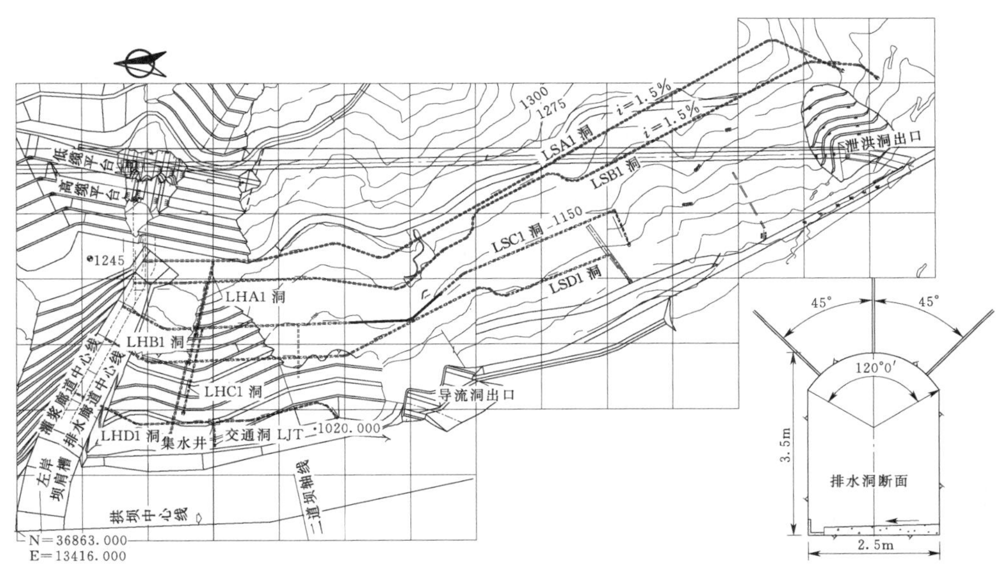

图6.3-5 左岸拱座排水洞布置平面图

右岸排水洞布置高程分别为1245.00m、1190.00m、1150.00m、1130.00m、1100.00m、1060.00m和1020.00m。其中，RSB1、RSC1、RSE1、RSF1和RSG主洞在坝基部位与各相应高程的坝基排水洞相接。右岸拱座排水洞布置见图6.3-6。

排水洞断面形式为城门洞形，顶拱中心角为120°，顶拱范围一排布置3个孔深为20～

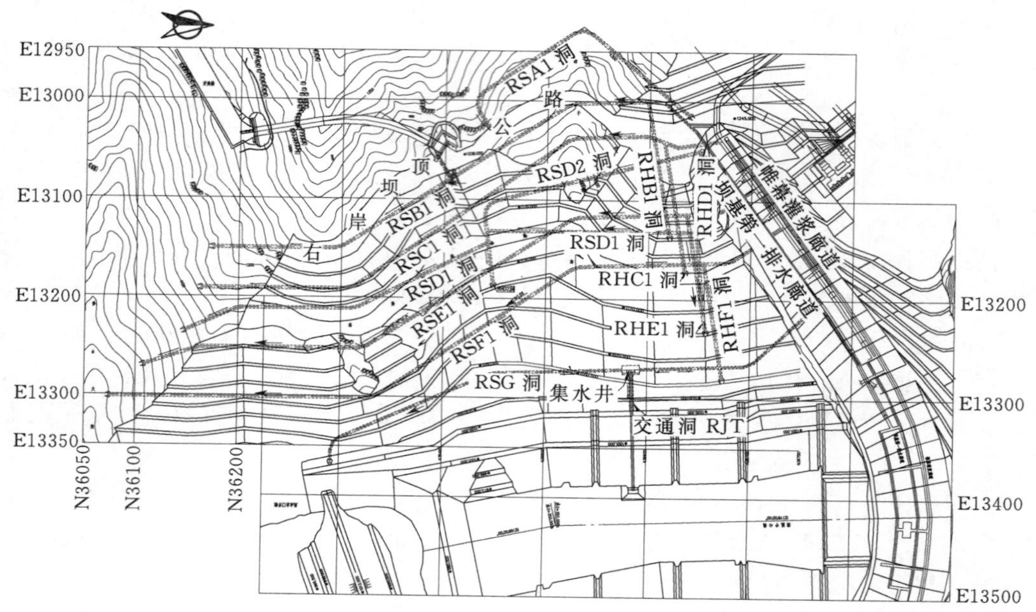

图 6.3-6 右岸拱座排水洞布置平面图

30m 的排水孔，排水孔沿洞轴线的排距为 5m，排水孔均向上打仰孔，以增加排水效果。对于局部地下水丰富部位适当加密加深排水孔。

拱座加固处理中对两岸拱座的固结灌浆，在改善拱座岩体刚度的同时，也堵塞了地下天然排水通道，考虑到地下水对拱座稳定的不利影响，固结灌浆后利用部分固结灌浆孔扫孔加深为排水孔，间距一般为 6m，对局部出水量较大部位，间距适当加密。排水孔深度一般穿过固结灌浆区域 5m。岩体破碎或有夹泥部位，埋设盲沟管或具有反滤效果的排水管。在拱座各置换洞二期回填混凝土内埋设 ϕ152mm 钢管作为排水主管、ϕ76mm 钢管作为排水支管与排水孔连通，将地下水排向坡外或坝肩地下排水洞内。

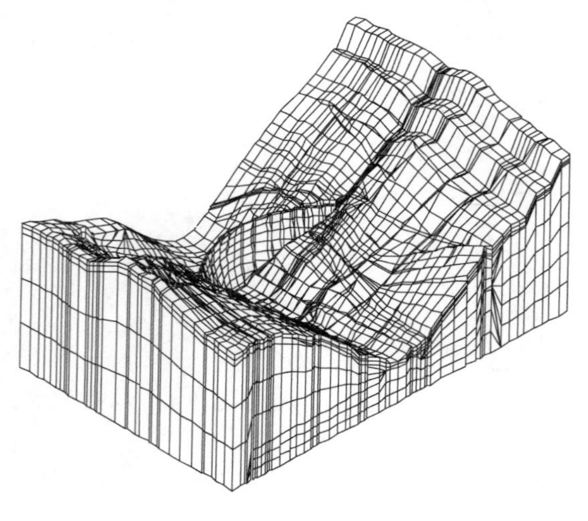

图 6.3-7 三维有限元网格模型

6.3.2.4 常规渗流分析

（1）计算模型及边界条件。计算模型范围包括坝体、坝基和左右岸的整体，左右岸共 1840m，上下游长度为 1200m，库底边界为 800.0m 高程处。模型中详细模拟了地层和主要断层，准确反映了防渗帷幕和排水孔幕和地下洞室。地基分为三大层，即微新岩体，弱透水岩体，强透水体；断层考虑了 7 条：F_5、F_7、F_{10}、F_{11}、F_{27}、F_{19}和 f_{19}。计算模型见图 6.3-7，模型网格总计单元 52910 个，节点 52157 个。

计算工况：上游库水位 1240.00m，

下游水位 1004.00m。模型中地基及部分断层渗透性参数见表 6.3-4。

表 6.3-4　　天然渗流场模拟地基及部分断层渗透性　　单位：m/d

地层及断层说明	编号	K_x	K_y	K_z
右岸微新岩体	1	1.435×10^{-4}	1.164×10^{-4}	2.209×10^{-4}
右岸弱风化岩体	2	3.035×10^{-3}	2.388×10^{-3}	4.341×10^{-3}
右岸强风化岩体	3	1.158×10^{-1}	1.095×10^{-1}	1.449×10^{-1}
右岸 F_7 断层	4	5.000×10^{-3}	1.500×10^{-3}	4.500×10^{-3}
右岸 F_{11} 断层	5	5.000×10^{-3}	1.500×10^{-3}	4.500×10^{-3}
右岸 F_{10} 断层	6	5.000×10^{-3}	1.500×10^{-3}	4.500×10^{-3}
右岸 F_5 断层	7	5.000×10^{-3}	1.500×10^{-3}	4.500×10^{-3}
右岸 F_{27} 断层	8	5.000×10^{-3}	1.500×10^{-3}	4.500×10^{-3}
右岸 F_{19} 断层	9	5.000×10^{-3}	1.500×10^{-3}	4.500×10^{-3}
右岸 f_{19} 断层	10	5.000×10^{-3}	1.500×10^{-3}	4.500×10^{-3}
左岸微新岩体	11	1.486×10^{-4}	1.172×10^{-4}	2.235×10^{-4}
左岸弱风化岩体	12	5.111×10^{-3}	3.940×10^{-3}	7.512×10^{-3}
左岸强风化岩体	13	2.568×10^{-1}	1.933×10^{-1}	3.650×10^{-1}
左岸 F_7 断层	14	6.000×10^{-3}	2.000×10^{-3}	5.000×10^{-3}
左岸 F_{11} 断层	15	6.000×10^{-3}	2.000×10^{-3}	5.000×10^{-3}
左岸 F_{10} 断层	16	6.000×10^{-3}	2.000×10^{-3}	5.000×10^{-3}
左岸 F_5 断层	17	6.000×10^{-3}	2.000×10^{-3}	5.000×10^{-3}
左岸 F_{27} 断层	18	6.000×10^{-3}	2.000×10^{-3}	5.000×10^{-3}
左岸 F_{19} 断层	19	6.000×10^{-3}	2.000×10^{-3}	5.000×10^{-3}
左岸 f_{19} 断层	20	6.000×10^{-3}	2.000×10^{-3}	5.000×10^{-3}

（2）计算成果分析。为分析各部位的渗流状况，切取了 23 个典型剖面，见图 6.3-8。

1）区域整体渗流场。区域整体渗流场见图 6.3-9，具有以下特点：①坝基及地下厂房区渗流控制系统的效果显著，渗流梯度大，消减渗流水头明显；②左岸、右岸渗流控制，总体效果显著的部位在坝头下游侧的抗力体，特别是左岸的渗流控制效果相对于右岸更显著些，这与该部位的岸坡灌浆不对称性有关；③水垫塘尾部及其下游区域的岸坡渗流，基本上与天然渗流状态差距不大，并稍有降低，总体对岸坡稳定有利。

2）坝基坝肩。坝基坝肩渗流场典型剖面见图 6.3-10～图 6.3-12。坝头下游侧岩体均有较大的地下水位埋深，对坝头的稳定性是极为有利的。对于坝基部分，在防渗帷幕与排水孔幕的共同作用下，有效地消刹了坝基渗透压力。坝头区域的坝基渗流水头约高程 1120.00～1160.00m，随剖面位置不同而不同。总体上渗透压力水头（总水头与位置高程之差）不大，约 30～40m。在河床部位，以拱冠剖面为例，水垫塘首部坝基的总水头最小

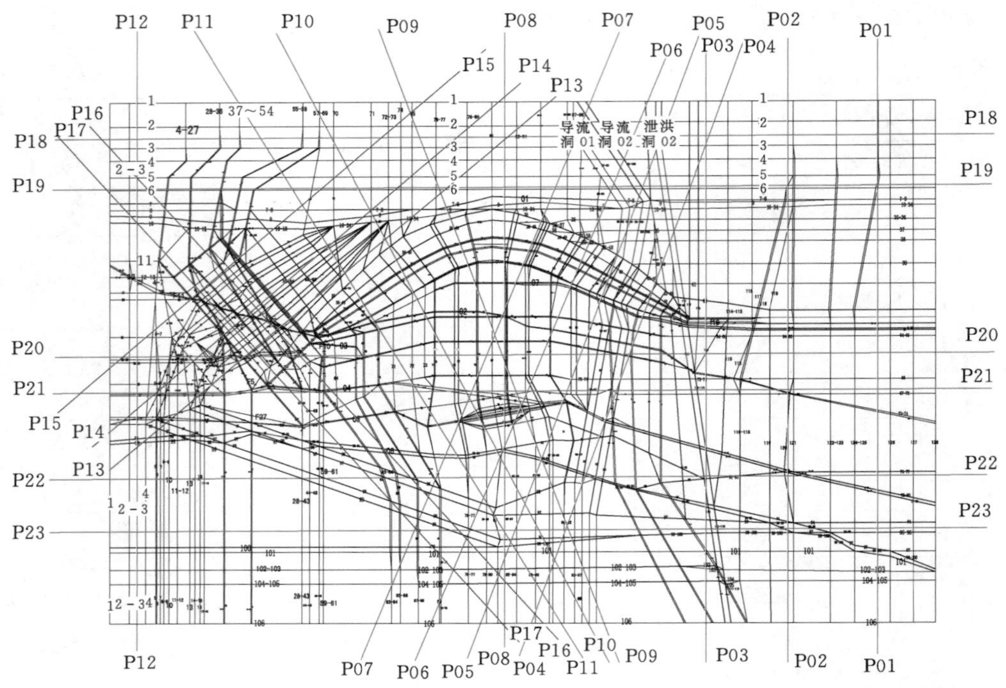

图 6.3-8　三维渗流场典型剖面位置

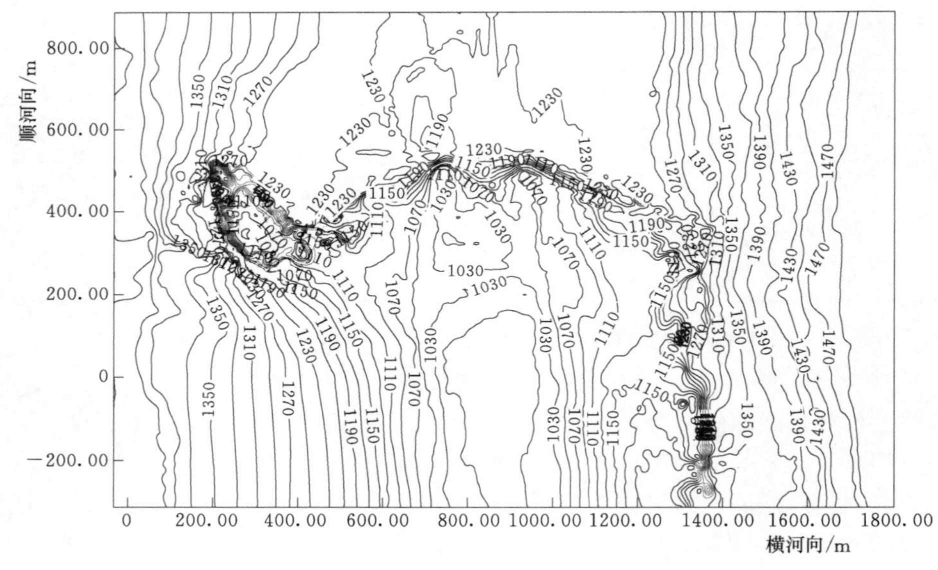

图 6.3-9　渗流浸润面等值线图

约 1010～1020m，与位置高程 975.00m 相比，仅 40m 水头左右。对于这种高水头差作用的情况，防渗帷幕与排水孔幕的共同渗流控制措施的效果最为显著。

坝基总渗流计算量约 $1360m^3/d$（$57m^3/h$），总体不大。坝基集水井布置在 23 号坝段

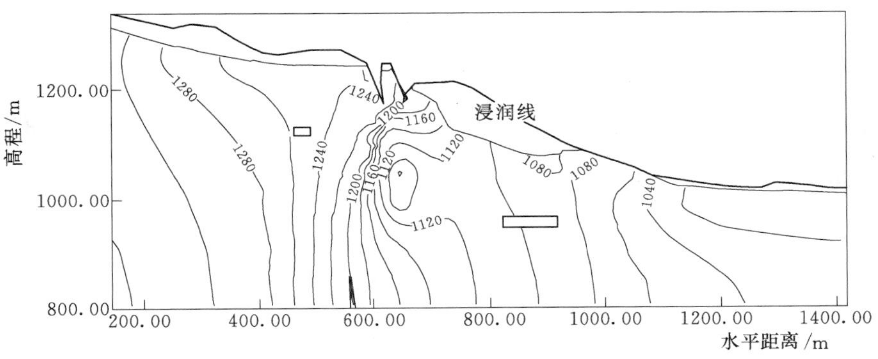

图 6.3-10 左坝头 P04 剖面渗流场

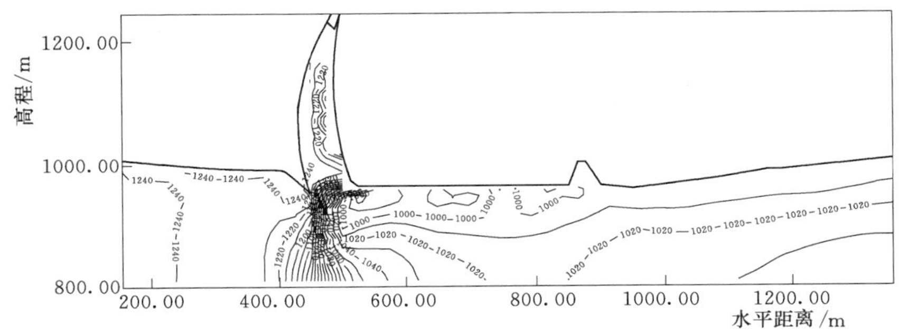

图 6.3-11 河床坝基 P08 剖面渗流场

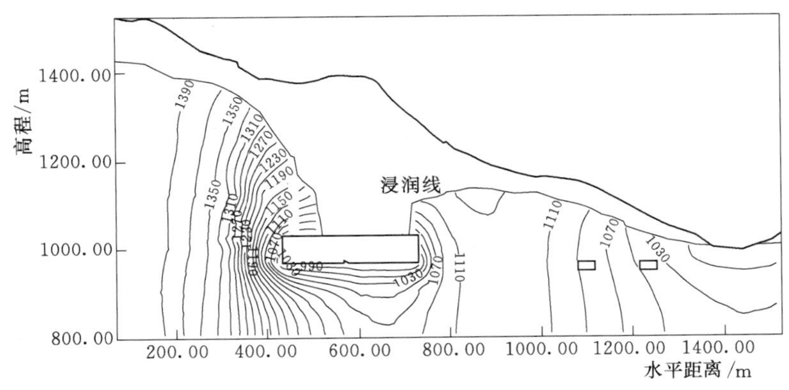

图 6.3-12 右岸坝头 P16 剖面渗流场（过地下厂房）

内，集水井长 15m、宽 5m、深 5.5m，底高程 953.50m。集水井总容积约 412.5m^3，有效容积（停泵水位至两台工作泵启动水位）约 262.5m^3；集水井选用两台潜水排污泵排水，水泵排水按 20～30min 一次计算，排水泵工作点流量为 360m^3/h，大于大坝渗漏流量（57m^3/h）约 6 倍。

坝基帷幕的平均渗流梯度约 20.0 左右，局部最大渗流梯度约 30.0，主要是防渗帷幕下游侧排水孔幕作用所致。对于小湾拱坝微透水基岩中的帷幕来说，帷幕的抗渗性仍是安

全的。

3）左右岸抗力体和水垫塘边坡。拱座渗流场典型分布见图6.3-13。在紧邻坝头附近区域，抗力体岸坡出渗大约在高程1040.00～1050.00m以下。而在高程1050.00m以上，抗力体中的地下水位均有较大埋深，其埋深普遍在50m以上。从渗流角度分析认为能够满足对抗力体的渗流控制要求。

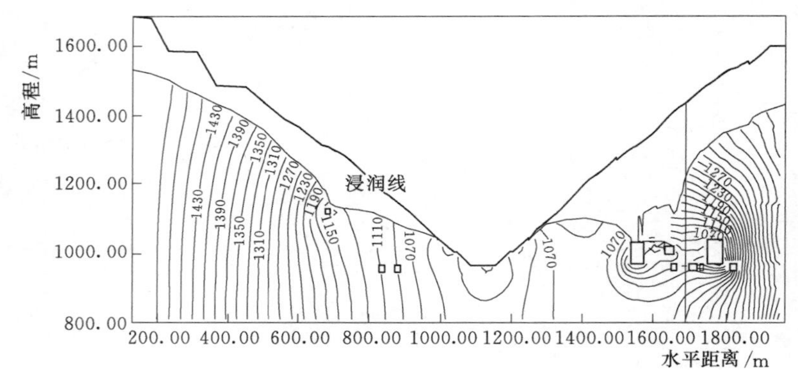

图6.3-13　拱坝抗力体横河向P20剖面渗流场

由于抗力体排渗系统主要属于浅层排水，渗流压力水头普遍较低，而且位于微透水岩体中，故排渗流量总体较小，左岸约300m³/d（12.5m³/h）左右，右岸相对较小约50m³/d（2.1m³/h）。右岸排渗流量显著小于左岸，为右岸地下厂房区排渗系统位置更低所致。

6.3.2.5　渗控系统综合评价及完善措施

截至2016年年底，拱坝已经受连续六年蓄水到达正常高水位的考验，实测坝基顺河变形不足2cm、渗漏量小于3L/s，拱座水平变形小于3mm、渗漏量小于5L/s，说明坝基和拱座渗控系统设计及实施效果较好。

在水库蓄水首次达正常水位时，坝基扬压力除个别点外，上游帷幕幕后渗压折减系数在0～0.5之间，第一排水孔后折减系数为0.04～0.22，下游坝趾处渗压计最大水头为15.7m，均小于规范帷幕后扬压力折减系数0.4～0.6和第一排水孔后0.2～0.35的设计计算假定值。在诱导缝检查廊道、下游坝面及贴角部位、21号横缝等出现渗水点，尤其22号坝段诱导缝检查廊道下游边墙的渗水部位高程低，承受水头高，渗水部位离坝基较近；渗压计监测表明部分河床坝段帷幕下游坝基渗透压力较高；河床部位部分坝段坝基排水孔无水或出水很少，对河床部位排水孔进行扫孔而效果不明显。

由于坝址存在顺河向陡倾角节理裂隙，这些节理裂隙可能成为坝基渗水通道，从而成为坝基扬压力偏高的因素之一。为了减小帷幕后坝基渗透压力，在17～28号坝段坝基第一排水廊道内增设倾向两岸的排水孔，使排水孔尽量多地穿过顺河向陡倾角节理裂隙，排除其内的压力水。

次年水库蓄水进入高水位阶段后，有关监测数据及现场巡视检查表明，坝基渗漏量很小，帷幕后坝基扬压力较高，且部分基础廊道边墙原渗水量明显减小，但其附近又有新的渗水点，坝基面第一基础排水廊道上游坝体混凝土处于受高压水状态，对坝体稳定不利。

为了进一步减小帷幕后坝基扬压力，在17～28号坝段坝基帷幕灌浆廊道内增设一批排水孔，以降低坝基帷幕和坝基第一排水孔幕之间的扬压力。为了增加排水孔排水效果，所有排水孔均倾向两岸。

后续监测成果表明，坝基渗透压力和扬压力测值与水位具有相关性，几次达正常蓄水位过程中，坝基扬压力在帷幕及排水部位的折减系数多略有减小；除14号、22号、30号坝段外，坝基扬压力在帷幕及排水部位的折减系数均在允许范围内，14号第一排水孔后、22号坝段帷幕后、30号坝段帷幕后折减系数分别为0.92、0.62和0.64。

全部43个坝段中有3个坝段出现超标情况，占比不足7%，考察计算假定中的扬压力总量，则实测值将远低于计算假定值，无论是坝基浅层抗剪稳定分析还是拱座抗滑稳定分析，计算中对扬压力的假定远大于工程实测情况，再次说明这些计算成果具有较大的安全裕度。

目前，对于坝基帷幕灌浆深度，主要是考虑坝基岩体的透水性（不同的坝高对应不同控制标准的吕荣值）、坝高度、坝基岩体和帷幕的允许渗透水力坡降、渗漏量对工程效益影响等综合因素确定。对于能修建高拱坝的非岩溶地区的坚硬岩体，相对隔水层埋设、允许渗透水力坡降和渗漏量对工程效益的影响一般均不是控制性因素，帷幕的允许渗透水力坡降可以通过适当增加浅层灌浆的排数予以解决。

鉴于小湾拱坝建设时为世界最高的300m级特高拱坝，考虑坝基岩体渗透性及相关规范要求，并参考有关工程经验，偏保守地确定了坝基帷幕灌浆深度。根据开挖揭示的岩体实际节理发育程度及规律、高压压水试验成果、定向压水试验成果、灌浆施工资料、渗流仿真计算成果（见第10章）以及投入运行后的监测资料和补打排水孔的情况综合分析，采取将帷幕及排水的钻孔方向与主要透水节理裂隙呈大角度相交的方式布置，防渗及排水的效果显著，而帷幕的深度则可以优化。

6.4 有关问题讨论

（1）拱座抗滑稳定分析方法。现行规范主推的抗剪断计算方法，对力学参数给出了较大的分项系数，实质上可能导致计算结果偏离客观实际较多。纯摩分析有其相应的简捷和把握度优势（分项系数小），尤其在前期设计估算和试验资料欠缺条件下，不宜摒弃，反之还应居主分析评价地位。鉴于抗滑稳定计算中，岩土力学参数的凝聚力离散性较大，很难把握，国外标准更多地采用纯摩公式进行分析评价。我国现行规范抗剪参数取值总体偏低，配套的纯摩控制指标难与国际接轨。在世界水电界的交流与融合不断加强、我国参与的国际工程项目日益增多、国际接轨大势所趋的当今，有必要开展相关分析研究，条件成熟时宜调整相应的抗剪参数取值方法使纯摩控制指标尽早与国际接轨。

抗滑稳定分析，配套采用拱梁分载成果进行刚体极限平衡计算，仅适用于在拱座范围内存在特定滑块的情况。强行假定并不存在或基本不会贯通的滑面或滑体，是抗滑稳定分析最大的不合理及保守，以此评价拱座的抗滑稳定性及确定工程处理措施，有失偏颇。

（2）拱座抗滑稳定安全储备。鉴于岩体结构的复杂性并受限于当前的认识水平和计算分析手段，在边界模拟与计算假定方面往往取偏保守的原则，存在以下一些安全储备：

1）不论底滑面还是侧滑面，往往有一定程度的延伸规模，其走向起伏，倾角起伏差较大，计算中抗剪断参数通常不考虑起伏差效应，具有较大的安全储备。

2）抗剪断强度加权采用的连通率是基于现场的线连通统计的，空间分析若取用岩体结构的面连通率，安全系数将有所提高。

3）对渗压的假定及取值偏保守，计算出的相关滑块安全系数具有较大的安全储备。

4）实际底滑面为不完全贯通的中缓倾角节理组，未张裂的岩桥部分无渗压水（还涉及线连通与面连通的差别），理论上扬压力应进一步折减，但计算中难于考虑，也具有一定的安全储备。

总之，传统的、规范规定的拱座稳定分析方法与控制标准，存在较大的安全裕度，偏保守，尤其对于位于山体雄厚、岩体坚硬完整地质环境中的特高拱坝。在评价拱座抗滑稳定性及以此确定工程处理措施时，应充分考虑这些安全储备。

（3）拱座变形稳定分析方法。拱坝-地基系统时空效应显著，尤其是特高拱坝。常规有限元分析对地形地质及周边环境因素等均作一些简化和假定，坝体混凝土自重及蓄水按一次加载或有限的分步加载，无法揭示拱座的真实工作性态，计算结果偏保守，往往夸大了拱座的受力状态。

鉴于对模拟条件及加载方式的大量概化与简化，地质力学模型试验成果具有相对性，作为拱坝体形设计方案及拱座加固处理方案的比较分析，或作为与已建拱坝相对比较安全度，不失为一种有效方法，但对拱坝-地基系统的安全度评价只能作为参考。

（4）加固处理工程措施。传统的抗滑稳定分析、变形稳定分析以及地质力学模型试验方法，由于对分析模型及荷载施加方式等进行简化、假定及概化，分析方法本身存在合理性、适应性及局限性等问题，加之地质缺陷（断层、蚀变带、卸荷岩体等）的实际产状、性状等在空间上变化大，难以准确把握，直接依据分析计算结果确定工程处理措施往往存在必要性和合理性问题。以这些分析计算为基础或参考，采取在实施中进行动态跟踪优化和写实仿真分析，是一种有效途径，可以提高加固处理的针对性和有效性，减少对完整岩体的扰动，达到安全、合理、经济，尤其对于特高拱坝，更显重要和必要。

采用洞室置换方式对拱座范围内的地质缺陷进行处理，是一把“双刃剑”。一方面，用钢筋混凝土置换，能减小地质缺陷的不均匀变形及产生屈服破坏的可能，改善拱座受力及变形稳定条件；但另一方面，大规模地下洞室群开挖不可避免造成对拱座岩体的扰动和损伤，在开挖暴露、围压解除后岩体易松弛，变形模量较天然状态下大为降低，靠后期固结灌浆尚不能完全恢复。因此，对于靠近拱端，规模不大且性状较好的地质缺陷不宜采取洞室开挖置换方式，采取沿基面局部扩挖回填和加强固结灌浆即可；对于在空间上距拱端有一定距离的地质缺陷，在拱坝推力引起的变形小于洞室开挖导致的变形（一般为5～8mm）的部位，采取洞室开挖置换，弊大于利，宜尽可能保留岩体的天然围压效应，采取加强固结灌浆的方式进行处理。

（5）坝基岩体开挖卸荷松弛处理。在地应力较高、岩体坚硬完整地区，坝基岩体随开挖会产生卸荷松弛，且时效性显著，但发展深度有限。采取二次规则性扩挖方式处理，一方面，越往下挖地应力越高，尽管可采取预应力锚杆锁口、超前和及时锚固、严格控制曝破和预留保护层等措施，但坝基岩体仍会出现新一轮的卸荷松弛，其松弛程度及实效性均

比首次开挖要强烈；另一方面，扩挖带来坝体高度及底部宽度的增加，水推力随之增大，恶化了坝体的受力条件。此种处理方式不宜采用，尤其对于特高拱坝。

采取预锚固、严格清基（局部可采用清挖）、沿基面布设锚杆或锚筋桩、选择适当时期浇筑大坝混凝土进行覆盖压重、高质量的固结灌浆等措施，是处理坝基开挖卸荷松弛岩体的有效途径。

（6）坝基浅层抗剪安全评价。关于拱坝坝基浅层抗剪稳定问题，国内外均研究不多、设计规范中也无明确规定。鉴于坝基浅层岩体裂隙面的大小性状很难查清，且凝聚力离散性大、不易把握，按纯摩公式计算更方便可行，且宜以面安全系数主。

拱坝为空间壳体结构，其滑动需要具备相应的边界切割及临空条件。坝基部位作用力系分布复杂，尤其是剪力方向在各点各面均不一致，且岩体开挖松弛严重的薄弱部位主在集中在河床部位，基槽后部还有阻滑抗力岩体，两岸及河床难以形成整体性的临空失稳条件，坝基浅层不存在客观的潜在滑动面。因此，坝基浅层抗剪验算，可以说是在不存在滑动问题基础上的抗剪安全储备核算，与抗滑验算有明显区别。拱座的滑动可以具有局部性质，并由局部失稳导致整体失稳，但坝基浅层松弛圈作为一个整体，靠近建基面，其滑动必须是整体的才有意义，其局部的抗剪安全性不足，是否也存在扩展潜能、引发力系重分布后而恶化导致逐步失稳，这是个值得思考探索的问题。

（7）坝基帷幕及排水。坝基帷幕灌浆深度主要考虑岩体的透水性、坝高度、坝基岩体和帷幕的允许渗透水力坡降、渗漏量对工程效益影响等综合因素确定。对于能修建高拱坝的非岩溶地区的坚硬岩体，相对隔水层埋设、允许渗透水力坡降和渗漏量对工程效益的影响一般不是控制性因素，帷幕的允许渗透水力坡降可以通过适当增加浅层帷幕灌浆的排数予以解决。

鉴于小湾拱坝建设时为世界最高的300m级特高拱坝，考虑坝基岩体渗透性及相关规范要求，并参考有关工程经验，偏保守地确定了坝基帷幕灌浆深度。根据开挖揭示的岩体实际节理发育程度及规律、高压压水试验成果、定向压水试验成果、灌浆施工资料、渗流仿真计算成果（见第10章）以及投入运行后的监测资料和补打排水孔的情况综合分析，采取将帷幕及排水的钻孔方向与主要透水节理裂隙呈大角度相交的方式布置，防渗及排水的效果显著，而帷幕的深度则可以优化。

参 考 文 献

［1］ 潘家铮．建筑物的抗滑稳定和滑坡分析［M］．北京：水利电力出版社，1980.

［2］ ［英］E. Hock，J. Bray. 岩石边坡工程［M］．卢世宗，等译．北京：冶金工业出版社，1983.

［3］ SDJ 145—1985 混凝土拱坝设计规范［S］．北京：水利电力出版社，1986.

［4］ SL 282—2003 混凝土拱坝设计规范［S］．北京：中国水利水电出版社，2003.

［5］ 李瓒，陈飞，郑建波，等．特高拱坝枢纽分析与重点问题研究［M］．北京：中国电力出版社，2004.

［6］ 孙钊．大坝基岩灌浆［M］．北京：中国水利水电出版社，2004.

［7］ 尉希成．支挡结构设计手册［M］．2版．北京：中国建筑工业出版社，2004.

［8］ 陈祖煜，汪小刚，杨健，等．岩质边坡稳定分析——原理·方法·程序［M］．北京：中国水利水

电出版社，2005.
[9] 蒋锁红．混凝土拱坝基础处理工程技术［M］．北京：科学出版社，2005.
[10] 周维垣，杨强．岩石力学数值计算方法［M］．北京：中国电力出版社，2005.
[11] 陈胜宏．计算岩体力学与工程［M］．北京：中国水利水电出版社，2006.
[12] DL/T 5346—2006 混凝土拱坝设计规范［S］．北京：中国电力出版社，2007.
[13] 周维垣，林鹏，杨若琼，等．高拱坝地质力学模型试验方法与应用［M］．北京：中国水利水电出版社，2008.
[14] 周建平，党林才．水工设计手册：第5卷 混凝土坝［M］．2版．北京：中国水利水电出版社，2011.
[15] 冯树荣，彭土标．水工设计手册：第10卷 边坡工程与地质灾害防治［M］．2版．北京：中国水利水电出版社，2013.

7 拱坝温度控制

7.1 拱坝温控技术的发展与现状

7.1.1 温控技术的发展

混凝土坝的建造始于19世纪中叶，当时对混凝土坝内的温度变化过程及其后果还知之甚少，甚至在设计和施工中对此也缺少应有的注意。在实践中，发现在各种水工建筑物中出现不同性质的裂缝，从而逐渐意识到产生裂缝的主要原因是温度应力。

对于大体积混凝土温度控制系统的研究，是从20世纪30年代美国修建胡佛坝开始的。由于胡佛坝是当时世界上最高大的混凝土建筑物，故对坝体的温度状况进行了较系统的研究，取得了很多成果。根据1938年3—4月《美国混凝土学会杂志》（A.C.I）34卷《大体积混凝土裂缝》一文提供的资料，胡佛坝建设期间实施的许多温控防裂措施，例如水管冷却、薄层浇筑、均匀上升、合理分缝分块、采用低热水泥等，都是比较成功的。这些措施一直沿用至今，已经成为一种常规。从《美国土木工程师杂志》（ASCE）1959年8月的《垦务局对拱坝裂缝控制的实施》和《动力杂志》（Power Division）1960年2月的两篇文章中可以看出，美国在水工大体积混凝土温控防裂方面已经形成了比较定型的设计、施工模式，采取的控制措施包括：①采用具有低水化热的水泥；②降低水泥含量以减少总的发热量；③限制浇筑层厚度和最短的浇筑间歇期；④采用人工冷却混凝土原材料的方法来降低混凝土的浇筑温度；⑤在混凝土浇筑以后，采用预埋冷却水管，通循环水来降低混凝土的水化热温升；⑥保护新浇混凝土的暴露面，以防止外界气温骤降。

从实际设计和施工水平看，自20世纪40—70年代，各国（美国、苏联、巴西以及中国等）对大体积混凝土的温度控制标准、温控措施及裂缝问题都进行了深入研究，例如，合理分缝、分块，适当减少水泥用量，选择发热量低的水泥品种，各种制冰的方法，各种预冷骨料的方法，以及对裂缝的深入研究等。

20世纪50年代以后，随着筑坝工程的开展，我国在大体积混凝土结构的温度应力和温度控制问题做了大量研究，取得了很大的成就。60年代开始兴建的丹江口工程，在初浇筑的100万m^3混凝土上出现了大量裂缝，经过停工整顿，并集中设计、施工、科研和大专院校的科技力量，在现场进行了历时数年的调查研究工作。丹江口工程于1964年复工，浇筑的200多万m^3混凝土上，没有再发现有严重危害性的贯穿性裂缝或深层裂缝，一般的表面裂缝也很少出现。复工后采取的3条主要措施是：①严格控制基础允许温差、混凝土上下层温差和内外温差；②严格执行新浇混凝土的表面保护；③提高混凝土的抗裂能力（极限拉伸值和C_v值）。

20世纪80年代，我国相继建成龙羊峡重力拱坝、李家峡双曲拱坝、东江双曲拱坝、东风双曲拱坝、二滩双曲拱坝。进入21世纪，我国高拱坝建设进入新阶段，已建或即将建成多座高200m以上甚至300m级高拱坝，如锦屏一级、溪洛渡、小湾等。由于每座高混凝土坝的设计和建设均具独特的技术难点，一些工程的施工过程中还是出现了不同程度、不同类型的裂缝。

7.1.2 温控技术

拱坝混凝土属于大体积混凝土，在施工期和运行期，在气温、水温、水泥水化热、通水冷却等因素影响下，坝体混凝土的温度场持续变化。温度场的变化使得处于拱坝特定约束环境中的混凝土产生温度应力，这些温度应力在施工期和运行期可能会引起温度裂缝，影响到结构的整体性和耐久性。

7.1.2.1 温度应力的发展过程

混凝土温度应力产生的内因是温度变化，其发展过程可以分为以下3个阶段：

(1) 早期。自浇筑混凝土开始，至水泥水化热作用基本结束时止，一般约为28～45d。这个阶段的特征是水泥放出大量水化热和混凝土弹性模量的急剧增长。这一时期在混凝土中会形成残余应力。

(2) 中期。自水泥水化热作用基本结束时起，至混凝土冷却到稳定温度或准稳定温度，一般约几年至几十年。这一阶段混凝土弹性模量变化不大，温度应力主要由混凝土的冷却及外界环境温度变化引起。

(3) 晚期。混凝土完全冷却以后的运行期。温度应力主要由外界环境温度变化引起。

7.1.2.2 温度应力分类

混凝土温度应力产生的外因是结构约束。当混凝土升温时，体积将受热膨胀，反之将收缩。如果混凝土变形不受任何限制，可以自由伸缩，混凝土体内不会产生应力，这种变形只有当混凝土体不与另一力学变形或温度变形的物体相联系、并且混凝土体的温度场呈均匀变化或线性变化时才能出现。实际上这些条件都不能满足。由于混凝土浇筑在基岩面或老混凝土面上，其初始温度条件和物理力学性能都在变化。混凝土由于温度变化引起的变形在基岩面上要受基岩约束，因而要产生温度应力。在混凝土内部，由于龄期、散热条件、水泥发热过程不同等原因，将出现非线性温度场分布而造成变形不一致的现象，也要产生温度应力。根据约束的不同，温度应力可以分为以下两类：

(1) 自生应力。由于结构本身各部分的互相约束而产生的温度应力，例如内外温差引起的应力。

(2) 约束应力。结构全部或部分边界受到外界约束而产生的温度应力，例如基岩（或老混凝土）上的浇筑块因温度变形受到约束而产生的应力。

7.1.2.3 温度应力分析

固体材料的温度及温度应力原理和相应数理方程比较成熟，关键是如何合理地应用以求解拱坝中复杂分布的实际温度及温度应力，并进行有效控制，防止温度裂缝的产生。

(1) 温度及温度应力计算方法（详见第4章）。早期采用试算法、解析方法等在一定的假定条件下求解温度场和应力场，这些解答至今仍在拱坝建设中发挥重要作用。但是，由于拱坝结构的体形、施工过程、材料特性、边界条件等都很复杂，解析解有局限性。朱

伯芳在《大体积混凝土温度应力与温度控制》一书中提出了多种初始条件和边界条件下拱坝温度和温度徐变应力的分析计算方法，在实际工程中得到广泛应用。

（2）混凝土材料特性和参数。在混凝土温度及温度应力分析中涉及一些材料的热力学特性参量，例如绝热温升 θ、导温系数 α、导热系数 λ、表面散热系数 β、弹性模量、徐变、抗拉强度等，这些参数具有很强的空间分布特性和时间效应特性。具体内容见第2章。

（3）初始条件和边界条件。初始条件主要指混凝土入仓振捣（或碾压）完成时的温度，目前一般采用经验公式对出机口温度、混凝土入仓温度、混凝土浇筑温度分别进行计算，而且用计算的混凝土浇筑温度作为温度场分析的初始条件。但不少大坝的现场监测表明，由于施工过程中多种不确定因素的作用，计算值与实测值存在较大的偏差。

拱坝与库水的接触面通常作为第一类边界条件。国内外对近坝库水温度的时空分布规律研究已有不少可以应用的成果，目前看来这些分布规律成果在预测水库正常蓄水状态时的精度能满足蓄水过程中的预测精度。

拱坝与空气的接触面边界是传统的第三类边界条件，边界单位面积上的热流量和混凝土表面温度与环境温度的差成正比。但对流热交换系数是一个综合因素的函数，包括风速、温差表面的粗糙度、表面面积以及空气热性质等。朱伯芳建议了一种反分析方法，分别用线性插值和二次插值两种方法推算混凝土表面的对流热交换系数。

（4）温控标准。温度控制的目的是防止危害性裂缝的产生，即通过采取合适的温度控制措施，控制温度变化的过程，使混凝土的拉应力小于材料的抗拉强度，并留有一定的安全裕度。实际的温度控制中，并不能直接控制温度应力，只能控制温度的变化过程。因此温度控制设计与研究的一个重要任务即是制定温度控制标准，主要包括最高温度、基础温差、内外温差及上下层温差，同时对于重要拱坝，应制定允许的温度变化过程曲线。

DL/T 5346—2006《混凝土拱坝设计规范》对容许温差值给出了参考值，此参考值对应着相应的条件："当基础约束区混凝土28d龄期的极限拉伸值不低于0.85×10^{-4}、基岩和混凝土弹性模量相近、短间歇均匀上升浇筑时，基础约束区混凝土的容许温差按表10.2-5的规定确定。"表中的规定是以线性膨胀系数为10.0×10^{-6}为基准值确定的，当实际条件与规范中的条件有差别时应根据相应的计算确定，而不是简单套用规范。

（5）温控防裂措施。拱坝温度和温度应力计算的主要目的之一是研究拱坝的开裂风险并提出相对应的防裂方法。由于拱坝开裂的部位和因素变化较多，而可用的温控防裂措施也有多种，因此如何选取有针对性的温控防裂措施，既满足温度和应力控制的要求，又能降低温控措施的综合费用，对拱坝（特别是高拱坝）的快速、优质施工至关重要。

从原则上考虑，温控防裂应从引起温度应力的内因（如采用物理手段降低混凝土温度变幅）和外因（如采用施工或结构措施减小约束强度）着手。同时从材料设计体系入手也是重要的选择（如改善混凝土的抗裂力学指标），其中有些尝试（如掺MgO的混凝土微膨胀技术和碾压混凝土技术）甚至可能会带来混凝土筑坝技术的变革，具有重大的意义。

7.2 气温和库水温度

7.2.1 气温

气温的变化会对混凝土的温度产生较大的影响，也是引起拱坝混凝土裂缝的重要原因，并成为计算拱坝温度应力和制定温控措施的重要依据。气温通常有年变化、寒潮和日变化。

7.2.1.1 气温的年变化

气温的年变化是指一年内月平均（或旬平均）气温的变化，多数情况下可以用余弦函数来表示

$$T_a = T_{am} + A_a \cos\left[\frac{\pi}{6}(\tau - \tau_0)\right] \tag{7.2-1}$$

式中：T_a 为气温；T_{am} 为年平均气温；A_a 为气温年变幅；τ 为时间，月；τ_0 为气温最高的时间。

7.2.1.2 气温骤降

气温骤降指日平均气温在 2～3d 内连续下降累计 6℃以上，寒潮指日平均气温 5℃以下的气温骤降。

实践经验表明，大体积混凝土所产生的裂缝，绝大多数都是表面裂缝，但其中有一部分后来会发展为深层或贯穿性裂缝，影响结构的整体性和耐久性，危害很大。不论是南方还是北方，气温骤降是引起混凝土表面裂缝的重要原因，因此在设计中应分析当地气温资料，列出各月的气温骤降次数、气温降低幅度及降温历时。

7.2.1.3 气温的日变化

气温的日变化是指以一天为周期的气温变化，主要由太阳辐射热的变化引起。气温日变化也可用余弦函数来表示

$$T_a = T_{am} + A_a \cos\left[\frac{\pi}{182.5}(\tau - 198)\right] \tag{7.2-2}$$

式中：τ 为距离 1 月 1 日的时间，d；其他符号意义同式（7.2-1）。

7.2.2 库水温度

水库水温是拱坝的一个重要的温度边界条件，是拱坝温度应力和温度控制的重要影响因素之一。上游水库水温将直接影响到拱坝运行期稳定（准稳定）温度场的分布。特别是对于坝体基础约束区，上游库底水温将直接影响到拱坝的基础温差。另外，库水温度还将影响拱坝的温度荷载。因此，如何在水库建成前，合理地预测水库建成后的水温分布情况，是拱坝温控设计的一个重要前提。

7.2.2.1 水库水温分布的主要规律

水库通过蓄水成库后，水温的变化是一个很复杂的现象，受多种因素的控制。经过多年对已建水库水温的大量实测调研，逐步掌握了水库水温分布的基本规律。水库水温变化

主要有以下规律：

(1) 表面水温基本上随着气温的变化而变化，由于日照的影响，表面水温在多数情况下略高于气温。在寒冷地区，当水库表面结冰以后，表面水温就不再随气温变化。

(2) 库水表面以下不同深度的水温均以一年为周期呈周期性的变化，变幅随深度的增加而减小，水温的年变化滞后于气温。一般情况下，在距离表面深度超过 80m 以后，水温基本上趋于稳定。

(3) 一般情况下，水库水温沿深度方向的分布，可分为 3～4 个层次：①表层。该层水温主要受季节气温变化的影响，一般为 10～20m 深度范围。②掺混变温层。该层水温在风吹掺混、热对流、电站取水及水库运行方式的影响下，年内不断变化。该层范围与水库引泄水建筑物的位置、运行季节及引用流量有关。③稳定低温水层。一般对于坝前水深超过 100m 的水库，在距离水库表面 60～80m 以下的水体，由于受季节气温变化的影响很小，加之密度较大的低温水体下沉，将会形成一个比较稳定的低温水层。但如果电站的泄水建筑物位置较低，则情况将会有所变化。④如果有异重流，或受蓄水初期坝前堆渣等因素的影响，库底局部水温将有明显增高。

(4) 库底水温主要取决于河道来水温度、地温以及异重流等因素。在无异重流等特殊情况的前提下，库底低温水层的温度在寒冷地区等于 4～6℃，这是由于 4℃水的密度最大。在温暖地区，约等于最低 3 个月的气温平均值，但如果入库水体源于雪山融化或地热条件特殊等情况，库底水温约等于最低月平均水温加 2～3℃。

(5) 在多泥沙河流上，如有可能在水库中形成异重流，并且夏季高温浑水可沿库底直达坝前，则库底水温将有明显增高。

(6) 在天然河道中，水流速度较大，属于紊流，水温在河流断面中的分布近乎均匀。但在大中型水库中，尽管不同的水库在形状、气候条件、水文条件、运行条件上有很大的差异，但由于水流速度很小，属于层流，基本不存在水的紊动。另外，水的密度依赖于温度，以 4℃时的密度为最大，水温高于 4℃时，水的密度随着温度的增高而减小；水温在 0～4℃的范围时，水的密度随着温度的降低而减小，直至冰点。因此一般情况下，同一高程的库水具有相同的温度，整个水库的水温等温面是一系列相互平行的水平面。

7.2.2.2 影响水库水温分布的主要因素

水库中基本不存在水的紊动，水库水温的变化本质上是水体的热量运动问题。水库水温年内的分布变化，均是热量平衡下的热传导形成的。通过对大量已建水库观测调研资料的分析，在通常情况下，影响水库水温分布的主要因素有 4 个方面：水库形状、库区水文气象条件、水库运行条件、水库初始蓄水条件。

(1) 水库形状。水库的形状参数包括水库库容、水库深度、水库水位-库容-库长-面积关系等。

如前述，水体的密度与温度相关。在水库的运行中，入库水流按密度分布进入水库相同密度的水层；而电站或泄水建筑物引、泄水时，则按相应取水口高度，引走相应水温层的水体。对于相同入（出）库体积的水体，在不同形状水库的水体热交换中，形成的水温分布变化是不同的。

水库的深度对水温分布形态有很大的影响。一般情况下，水库水温沿深度方向的分布，可分为表层、掺混变温层、稳定低温水层和异重流影响层。如果水库较浅，则库底将不会形成稳定的低温水层。

(2) 库区水文气象条件。水文气象参数包括气温、地温、太阳辐射、风速、云量、蒸发量、入（出）库流量、入库水温、河流泥沙含量、入库悬移质等。在水库水温的热传导中，气温、太阳辐射、入（出）库流量、入（出）库水温等因素是直接参与热量交换的热源；而风速、云量、蒸发量等因素是热量交换的条件或催化剂。

河水温度（即入库水温）是影响水库水温分布的主要因素之一。对于一些气候条件相近的水库，由于水源温度的影响（雪山融化或特殊地热条件），河水温度将大相径庭。

入库悬移质是水体热量交换中的外力。当入库悬移质的比重达到一定程度，就会形成异重流。由于一般形成异重流的季节多在夏季汛期，水体的温度较高，如果异重流形成并可到达坝前（与坝前坡降相关），就会在坝前库底部形成一段高温水层。

(3) 水库运行条件。水库运行条件参数包括水库调节方式、电站引水口位置及引水能力、水库泄水建筑物位置及泄水能力、水库的运行调度情况、水库水位变化、上游梯级电站建成前后的影响等。

上面已经提到，在水库的运行中，入库水流按密度（温度）进入水库相同密度（温度）的水层；电站或取水建筑物引水时，则按相应取水口高度，引走相应水温层的水体。因此，电站引水口和水库泄水建筑物的位置，就决定了水库水体热量交换中，引走水体的温度；而通过水库的运行调度情况，即可掌握出入水体的数量（流量）。因此，水库运行条件是水库水温（尤其是坝前断面水温）分布的重要影响因素之一。

上游梯级电站建成后，会对本级电站水库的入库水温和入库悬移质带来较大的影响。

(4) 水库初始蓄水条件。水库初始蓄水参数包括初期蓄水季节、初期蓄水时地温、初期蓄水温度、水库蓄水速度、坝前堆渣情况、上游围堰处理情况等。

水库初期的蓄水过程对库底水温会有一定影响。如果水库初期蓄水时间为汛期（6—9月），此间一般地温高、入库流量大、蓄水速度较快、水温较高，且河流的泥沙含量相对其他月份要高。该部分水体将积于坝前库底，造成早期库底水温较高。反之，如果水库初期蓄水时间在低温季节，早期库底水温将较低。

一些位于严寒地区的水电站，为了尽量提高拱坝基础强约束区的稳定（准稳定）温度，会在水库蓄水以前，采用库底堆渣的方式提高坝底的边界温度。

拱坝建成后，通常对上游围堰要采取一定的清除措施。如果上游的施工废弃物的量较大，水库蓄水后，将会在坝前库底迅速形成泥沙淤积，导致坝前库底一定范围内的温度较高。

7.2.2.3 水库水温计算的主要方法

分析水库水温分布的主要规律，探讨影响水温分布的主要因素，在此基础上，建立水库水温的模拟计算方法，以便在水库建成前，能够合理的预测水库建成后的水温分布情况。

目前在拱坝的温控设计中，确定水库水温分布的主要方法有3类：经验公式方法，数值分析方法，综合类比方法。

(1) 经验公式方法。经验公式以其权威性和快捷简便的计算方法，长期为工程界广泛

应用。在拱坝初步设计阶段，可以用此对坝前水温的年变化过程进行估算。

库水温度 $T(y, \tau)$ 是水深 y 和时间 τ 的函数，可按下列方法计算。

任意深度的水温变化

$$T(y,\tau)=T_m(y)+A(y)\cos\omega(\tau-\tau_0-\varepsilon) \tag{7.2-3}$$

任意深度的年平均水温

$$T_m(y)=c+(T_s-c)e^{-\alpha y} \tag{7.2-4}$$

水温相位差

$$\varepsilon=d-fe^{-\gamma y} \tag{7.2-5}$$

式中：$T(y, \tau)$ 为水深 y 处在时间为 τ 时的温度,℃；y 为水深，m；ε 为水深 y 处的水温滞后，即对于气温的相位差，月；$T_m(y)$ 为水深 y 处的年平均水温,℃；T_s 为表面年平均水温,℃；$A(y)$ 为水深 y 处的温度年变幅,℃；τ_0 为气温最高的时间，月，中国大部分地区气温通常以 7 月中旬为最高，可取 $\tau_0=6.5$ 月。

在设计阶段，根据条件相近的水库实测水温决定 c、d、f、α、γ 等计算常数。在竣工后，则可根据本水库的实测资料决定这些常数。

1）水温年变幅 $A(y)$。表面水温年变幅 A_0：在一般地区，表面水温年变幅 A_0 与气温年变幅 A_a 相近，计算中可取 $A_0=A_a$。通常月平均气温以 7 月为最高，1 月为最低，因此，在一般地区，水库表面温度年变幅可按下式计算

$$A_0=(T_7-T_1)/2 \tag{7.2-6}$$

式中：T_7 和 T_1 分别为当地 7 月和 1 月的平均气温。

在寒冷地区，冬季月平均气温降至零下，由于水库表面结冰，表面水温维持零度，故此时表面水温年变幅 A_0 建议用下式计算

$$A_0=\frac{1}{2}(T_7+\Delta T)=\frac{1}{2}T_7+\Delta\alpha \tag{7.2-7}$$

式中：$\Delta\alpha$ 为日照影响，据实测资料，$\Delta\alpha=1\sim2$℃，一般可取平均值 $\Delta\alpha=1.5$℃。

任意深度的水温变幅 $A(y)$ 可由下式得到

$$A(y)=A_0\sum k_i e^{-\beta_i y} \tag{7.2-8}$$

或

$$A(y)=A_0 e^{-\beta y^s} \tag{7.2-9}$$

式中：k_i、β_i、β、s 为由实测资料决定的常数，且 $\sum k_i=1$；A_0 为表面水温年变幅。

通过国内外大量水库实测资料分析，$A(y)/A_0$ 与水深 y 的关系，其平均值与 $e^{-0.018y}$ 很接近，因此任意深度 y 的水温年变幅可按下式计算

$$A(y)=A_0 e^{-0.018y} \tag{7.2-10}$$

2）气温最高的时间 τ_0。由于中国大部分地区的气温通常以 7 月中旬为最高，故可取 $\tau_0=6.5$ 月。

3）年平均水温 $T_m(y)$。表面年平均水温 T_s：在一般地区（年平均气温 $T_{am}=10\sim20$℃）和炎热地区（$T_{am}>20$℃），冬季水库表面不结冰，表面年平均水温 T_s 可按下式估算

$$T_s=T_{am}+\Delta b \tag{7.2-11}$$

式中：T_s 为表面年平均水温，℃；T_{am} 为当地年平均气温，℃；Δb 为温度增量，主要由于日照影响引起。

从实测资料可知，在一般地区，$\Delta b=2\sim4$℃，初步设计中可取 $\Delta b=3$℃。在炎热地区，$\Delta b=0\sim2$℃，初步设计中可取 $\Delta b=1$℃。

在寒冷地区，冬季水库表面结冰，冰盖把上面零度以下的冷空气与水体隔开了，尽管月平均气温可降至零度以下，表面水温仍维持在零度左右，不与气温同步。在这种情况下，T_s 可改用下式估算

$$T_s=T'_{am}+\Delta b \tag{7.2-12}$$

$$T'_{am}=\frac{1}{12}\sum_{i=1}^{12}T_i \tag{7.2-13}$$

其中

$$T_i=\begin{cases}T_{ai}, & T_{ai}\geqslant 0\\ 0, & T_{ai}<0\end{cases} \tag{7.2-14}$$

式中：T'_{am} 为修正年平均气温，℃；T_{ai} 为月平均气温，℃。

根据实测资料，在寒冷地区可取 $\Delta b=2$℃。

4）库底年平均水温 T_b。库底年平均水温主要应参照条件相近的已建水库的实测资料，用类比方法确定。如果没有可供类比的资料，在中国，对于深度 50m 以上的水库，初步设计中库底年平均水温可参考表 7.2-1 采用。

表 7.2-1　　库　底　水　温

气候条件	严寒地区 （东北）	寒冷地区 （华北、西北）	一般地区 （华东、华中、西南）	炎热地区 （华南）
T_b/℃	4～6	6～7	7～10	10～12

在多泥沙河流上，如有可能在水库中形成异重流，并且夏季高温浑水可沿库底直达坝前，则库底水温将有明显增高，对这种情况应进行专门的分析。

5）任意深度年平均水温 $T_m(y)$。

$$T_m(y)=c+(T_s-c)e^{-0.04y} \tag{7.2-15}$$

其中

$$\left.\begin{aligned}c&=(T_b-T_s g)/(1-g)\\ g&=e^{-0.04H}\end{aligned}\right\} \tag{7.2-16}$$

式中：H 为水库深度，m。

6）水温变化的相位差。根据大量实测资料的统计分析，可按下式计算水温变化的相位差

$$\varepsilon=2.15-1.30e^{-0.085y} \tag{7.2-17}$$

式中：ε 为水温变化的相位差，月；y 为水深，m。

（2）数值分析方法。进入 20 世纪 90 年代以后，随着我国水电事业的飞速发展，全流域多梯级开发，拱坝高度从过去的 100m 左右，逐步发展为 200m 级至 300m 级，要找到一种完全理论的计算水库水温的方法、或找到一种适应范围较广的经验公式、或要找到一个可供类比的水库，都是很困难的。因此，为了设计和规划方面的需要，建立一个满足设

计精度要求、基本符合水库水温变化规律、可以比较全面地考虑影响水库水温分布主要因素的近似数值分析方法，是十分必要的。

从20世纪60年代起，通过对不同类型水库水温进行大量观测调研，人们发现尽管不同的水库在形状、长度、宽度和气候条件、水文条件、运行条件上有很大的差异，但同一高程的库水具有相同的温度，整个水库的水温等温面是一系列相互平行的水平面。同时，在拱坝温度应力的分析中，更关心坝前水库水温的分布情况。因此采用一维模型来研究水库水温的分布规律，是一种行之有效的近似数值分析方法。

数值分析方法可以通过相应的计算软件，考虑较多的影响因素，通过采集大量的基本计算数据，高速模拟计算各种水库不同时段的水温分布情况。

（3）综合类比方法。一般的类比方法，是通过与待建水库条件相近的已建水库的实测水温资料，来类比预测该待建水库的水温分布情况。但是，由于影响水库水温的主要因素为水库的形状、水文气象条件、水库运行条件以及水库初始蓄水条件，所以要找到两座上述条件相对可比的水库，概率是比较小的。

综合类比方法，是将一般类比方法与数值计算方法相结合，将可比水库（已建的一座或多座）的相关实测参数，通过经验分析引用于待建水库的数值计算中，进行包络式数值分析，得出待建水库有可能发生的高、中、低值（主要指库底水温）水温分布结果。进入21世纪后，我国一些200m级以上的大型水库，在温控设计中，已经开始应用综合类比方法，对水库水温进行预测分析。

7.2.3 小湾气温资料及水库水温

7.2.3.1 气温资料

气温资料见表7.2-2～表7.2-4。

表7.2-2　多年各月特征气温统计表　单位：℃

项目＼月份	1	2	3	4	5	6	7	8	9	10	11	12	年平均
月平均气温	12.9	14.8	18.4	20.7	23.1	23.5	22.9	23.1	21.8	19.6	15.8	12.8	19.1
平均最低气温	6.4	8.2	11.5	14.4	17.8	19.9	19.8	19.5	18.2	15.4	10.9	7.1	14.1
平均最高气温	20.8	22.8	26.6	28.6	30.1	28.9	27.6	28.7	27.6	25.7	22.4	20.2	25.8
绝对最低气温	1.3	2.9	0.2	8.9	12.6	11.8	14.4	16.2	10.8	8.8	4.6	0.7	0.2
绝对最高气温	26.6	28.7	32.5	35.1	38.0	38.0	35.0	34.0	34.1	32.2	29.6	25.8	38.0
月平均日温差	14.4	14.6	15.1	14.2	12.3	8.9	7.8	9.2	9.4	10.3	11.5	13.1	11.7

表7.2-3　气温连续骤降不小于5℃的次数及百分数统计

项目＼月份		1	2	3	4	5	6	7	8	9	10	11	12	年	多年平均
连续2d	次数	0	2	3	5	1	3	0	0	0	1	3	0	18	1.0
	%	0.0	11.1	16.7	27.8	5.6	16.6	0.0	0.0	0.0	5.6	16.6	0.0	100	

续表

项目	月份	1	2	3	4	5	6	7	8	9	10	11	12	年	多年平均
连续 3d	次数	0	6	14	17	16	10	3	0	5	7	5	0	83	4.6
	%	0.0	7.2	16.9	20.5	19.3	12.1	3.6	0.0	6.0	8.4	6.0	0.0	100	
连续 4d	次数	3	10	17	26	20	16	5	1	7	10	11	1	127	7.1
	%	2.4	7.9	13.4	20.5	15.7	12.6	3.9	0.8	5.5	7.9	8.7	0.8	100	
连续 5d	次数	3	9	23	32	24	15	9	1	13	10	14	4	157	8.7
	%	1.9	5.7	14.7	20.4	15.3	9.6	5.7	0.6	8.3	6.4	8.9	2.5	100	

表 7.2-4　　气温连续 1～3d 骤降幅度统计表

降温幅度/℃	≥10	≥9	≥8	≥7	≥6	≥5
降温次数	3	12	15	21	43	83
百分数/%	3.6	14.5	18.1	25.3	51.8	100

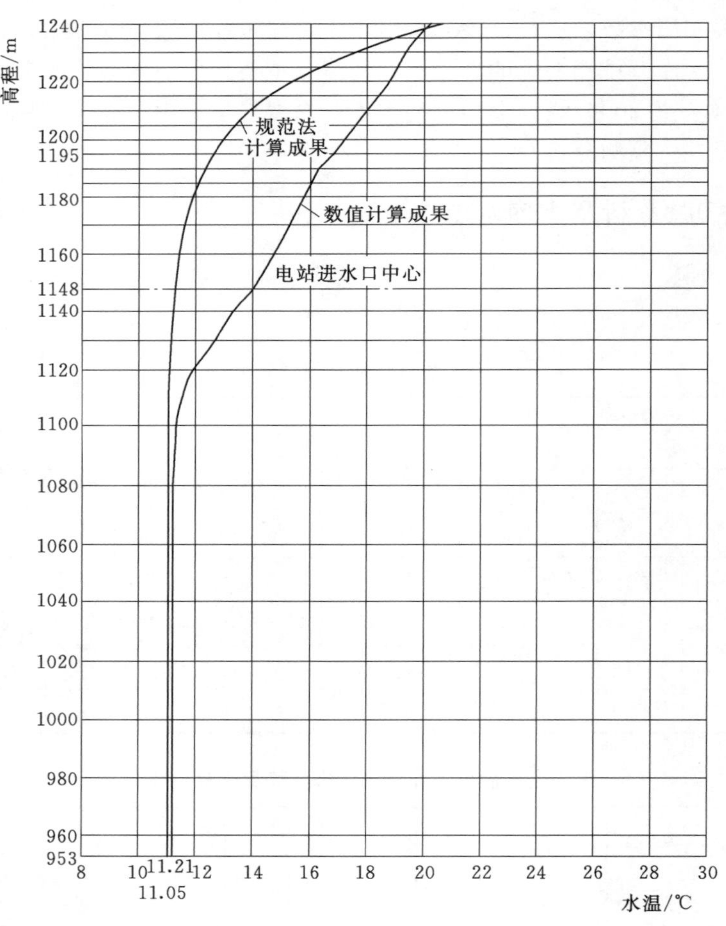

图 7.2-1　小湾水库年平均水温分布图

7.2.3.2 水库水温

水库水温为稳定分层型。采用规范法（经验公式法）和一维数值分析法预测所得的年平均水温分布见图7.2-1。

比较规范法和一维数值分析法计算结果，高程1100.00m以下，两者方法所得数值基本相同；高程1100.00m以上，同一高程规范法比分析法水温值低。采用规范法水库水温计算的坝体稳定温度略低。

实际进行设计时，采用的水库水温为经验公式法确定的水库水温，此方法确定的水库水温有一定的局限性，主要是不能反映水库运行条件及初始水库蓄水条件对水库水温的影响，尤其是库底淤积对库底水温的影响。

7.3 稳定温度场

拱坝建成以后，在外界温度作用下，初始温度和水化热的影响逐渐消失，坝体内部温度缓慢下降，一段时间后基本稳定。坝体越厚，达到稳定温度场的时间越长。此后，坝内温度决定于边界温度，即上游面的库水温度、下游面的空气温度和尾水温度。气温和水温呈周期性变化，但对坝体温度的影响只限于表面附近7～10m。对于比较厚的拱坝，内部温度不受外界气温和水温变化的影响，处于稳定状态。但对薄混凝土拱坝，其内部温度也呈周期性变化。在严格的意义上，拱坝内的长期温度场应称为准稳定温度场。

7.3.1 小湾温度场边界条件

（1）水库水温。采用规范法所得水库坝前各深度逐月平均水温预测成果见图7.3-1。

（2）水垫塘水温。底部水温取15.6℃，表面水温取20.7℃，中间呈直线变化。

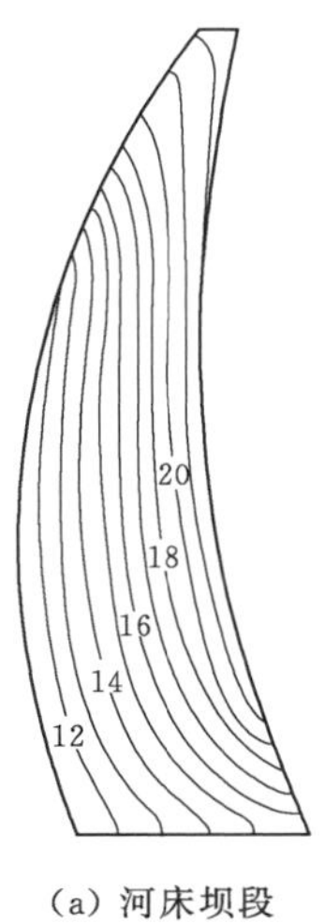

(a) 河床坝段

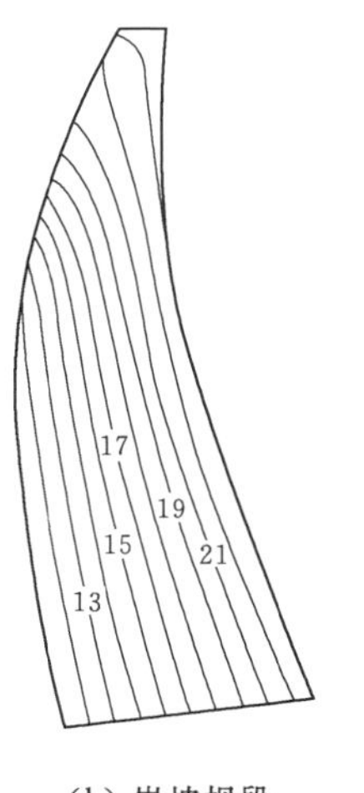

(b) 岸坡坝段

图7.3-1 拱坝河床及岸坡坝段稳定温度场（单位:℃）

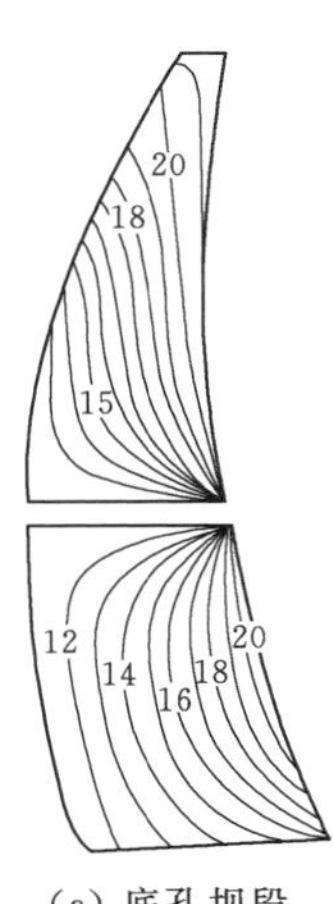

(a) 底孔坝段

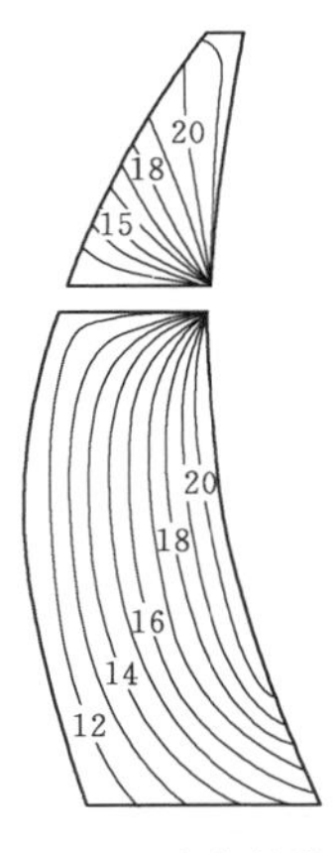

(b) 中孔坝段

图7.3-2 拱坝底、中孔坝段稳定温度场（单位:℃）

(3) 水面以上坝面温度。水面以上坝面年平均温度取 21.4℃（太阳辐射引起坝面升温 2.3℃）。

(4) 坝基面温度。上游坝踵取 11.05℃，下游坝趾取 15.6℃，中间呈直线变化考虑。

7.3.2 小湾坝体稳定温度场

按常规平面问题计算，得到坝河床坝段（拱冠梁）、岸坡坝段、底孔坝段和中孔坝段的稳定温度场，见图 7.3-1 和图 7.3-2。

7.4 混凝土浇筑温度

混凝土温度控制的 3 个特征温度如下：

(1) 混凝土浇筑温度 T_p，这是混凝土建筑物的起始温度。

(2) 混凝土最高温度 T_p+T_r，等于浇筑温度 T_p 加水化热温升 T_r。

(3) 最终稳定温度 T_f。

稳定温度取决于当地气候条件和结构型式，一般很难用人工方法进行控制。在工程上采取措施后可以控制的是浇筑温度和最高温度。

7.4.1 混凝土的出机口温度

根据拌和前后热量平衡，得到拌和的流态混凝土出机口温度为

$$T_0=\frac{\sum c_i W_i T_i}{\sum c_i W_i} \tag{7.4-1}$$

即

$$T_0=\frac{(c_s+c_w q_s)W_s T_s+(c_g+c_w q_g)W_g T_g+c_c W_c T_c+c_w(W_w-q_s W_s-q_g W_g)T_w}{c_s W_s+c_g W_g+c_c W_c+c_w W_w} \tag{7.4-2}$$

如果以一部分冰屑代替拌和水，由于冰屑融化时将吸收 335kJ/kg 的热量，加冰拌和的流态混凝土出机口温度由下式计算

$$T_0=\frac{(c_s+c_u q_s)W_s T_s+(c_g+c_u q_g)W_g T_g+c_c W_c T_c+c_w(1-p)(W_w-q_s W_s-q_g W_g)T_w-335\eta p(W_w-q_s W_s-q_g w_g)}{c_s W_s+c_g W_g+c_c W_c+c_w W_w} \tag{7.4-3}$$

式中：c_s、c_g、c_c、c_w 分别为砂、石、胶凝材和水的比热；q_s、q_g 分别为砂、石的含水量，%；W_s、W_g、W_c、W_w 分别为每方混凝土中砂、石、胶凝材和水的重量；T_s、T_g、T_c、T_w 分别为砂、石、胶凝材和水的温度；p 为加冰率（实际加水量的百分比）；η 为加冰的有效系数，一般取 0.75～0.85。

由式（7.4-3）可见，各种原材料对混凝土出机口温度的影响顺序为石子、砂、水、胶凝材。

设加冰的有效系数 $\eta=80\%$，加冰拌和的降温效果见表 7.4-1。

表 7.4-1　　加冰拌和混凝土的降温效果

加冰率/%	20	40	60	80
加冰量/(kg/m³)	20.6	41.2	61.8	82.4
降温/℃	2.02	4.04	6.06	8.08

由降温效果计算结果可见，每 $1m^3$ 混凝土加 10kg 冰，混凝土出机口温度约降低 1℃。

7.4.2 混凝土入仓温度

混凝土入仓温度是指混凝土出拌和机口后，经过运输，进入浇筑仓面时的温度。混凝土入仓温度按下式计算

$$T_1 = T_0 + \left(T_a + \frac{R}{\beta} - T_0\right)\phi \tag{7.4-4}$$

式中：T_1 为混凝土入仓温度；T_0 为凝土出机口温度；T_a 为混凝土运输时的气温；R 为太阳辐射热；β 为表面放热系数；ϕ 为运输过程中温度回升系数，包括装卸料、转运及运输机具上的温度回升系数。

运输过程中温度回升系数 ϕ 可按以下参考值选用：①混凝土装、卸和转运，每次 $\phi=0.032$；②混凝土运输途中 $\phi=A\tau$，τ 为运输及等待时间以分计，A 的取值见表 7.4-2。

表 7.4-2　　运输机具上混凝土温度回升计算系数 A

运输工具	混凝土容积/m³	A	运输工具	混凝土容积/m³	A
自卸汽车	3.0	0.0035	圆柱形吊罐	3.0	0.0007
自卸汽车	6.0	0.0020	圆柱形吊罐	6.0	0.0005
自卸汽车	9.0	0.0016	圆柱形吊罐	9.0	0.0004

7.4.3 混凝土浇筑温度

混凝土经过平仓、振捣，铺筑层浇筑完毕，上面覆盖新混凝土时，已浇混凝土的温度为浇筑温度，混凝土浇筑温度按以下经验公式计算

$$T_p = T_1 + \left(T_a + \frac{R}{\beta} - T_1\right)(\phi_1 + \phi_2) \tag{7.4-5}$$

$$\phi_1 = k\tau$$

式中：T_p 为混凝土浇筑温度；T_1 为混凝土入仓温度；T_a 为外界气温；R 为太阳辐射热；β 为表面放热系数；ϕ_1 为平仓过程的温度系数；τ 为混凝土入仓后到平仓前的时间；k 为经验系数，缺乏实测资料时可取 0.0030min^{-1}；ϕ_2 为平仓后的温度系数。

平仓后的温度系数 ϕ_2 可采用单向差分法进行计算，公式为

$$T_{i,\tau+\Delta\tau} = (1-2r)T_{i,\tau} + r(T_{i-1,\tau} + T_{i+1,\tau}) + \Delta\theta_\tau \tag{7.4-6}$$

$$r = \alpha\Delta\tau / h^2$$

式中：$T_{i,\tau+\Delta\tau}$ 计算点计算时段的温度；$T_{i,\tau}$ 为计算点前一时段的温度；α 为混凝土导温系数；τ 为计算时段时间步长；h 为计算点的距离；$T_{i-1,\tau}$、$T_{i+1,\tau}$ 分别为计算点上、下点前一时段的温度；$\Delta\theta_\tau$ 为计算时段内混凝土的绝热温升。

式（7.4－6）显示差分法计算中必须满足 $r\leqslant 1/2$ 的稳定条件。

7.4.4 小湾拱坝浇筑温度

混凝土出机口温度最低采用7℃。

7.4.4.1 入仓温度

计算6月平均气温（23.5℃）时，有遮阳保温措施和无遮阳保温措施的情况下混凝土的入仓温度计算结果见表7.4－3。

表7.4－3 混凝土入仓温度计算结果 单位：℃

工　况	采取遮阳措施			无　措　施		
外界温度	27.6			31.7		
出机口温度	7.0	9.0	12.0	7.0	9.0	12.0
入仓温度	9.28	11.05	13.72	9.73	11.50	14.17

7.4.4.2 浇筑温度

外界气温为6月平均气温时，分别计算了采取遮阳措施、仓面喷雾措施和无措施3种情况下不同上坯混凝土覆盖时间混凝土的浇筑温度，计算结果见表7.4－4～表7.4－6。根据计算成果，确定高温季节须采取保温措施，并需采取仓面喷雾措施，才可将浇筑温度控制在11℃左右。

表7.4－4 采用遮阳措施混凝土浇筑温度

上坯混凝土覆盖时间/h		1.0	2.0	3.0	4.0
仓面温度/℃		27.6	27.6	27.6	27.6
不保温情况下浇筑温度/℃	出机口温度7℃	11.92	12.79	13.53	14.21
	出机口温度9℃	13.44	14.22	14.89	15.50
	出机口温度12℃	15.72	16.38	16.94	17.46
保温情况下浇筑温度/℃	出机口温度7℃	11.50	11.70	11.90	12.08
	出机口温度9℃	13.06	13.24	13.41	13.59
	出机口温度12℃	15.41	15.55	15.70	15.85

表7.4－5 采用仓面喷雾混凝土浇筑温度

上坯混凝土覆盖时间/h		1.0	2.0	3.0	4.0
仓面温度/℃		20.5	20.5	20.5	20.5
不保温情况下浇筑温度/℃	出机口温度7℃	10.90	11.43	11.89	12.30
	出机口温度9℃	12.41	12.86	13.24	13.59
	出机口温度12℃	14.70	15.02	15.29	15.55
保温情况下浇筑温度/℃	出机口温度7℃	10.63	10.75	10.87	10.99
	出机口温度9℃	12.20	12.30	12.40	12.50
	出机口温度12℃	14.54	14.62	14.69	14.76

表 7.4-6　　无措施条件下混凝土浇筑温度

上坯混凝土覆盖时间/h		1.0	2.0	3.0	4.0
仓面温度/℃		31.7	31.7	31.7	31.7
不保温情况下浇筑温度/℃	出机口温度 7℃	12.51	13.58	14.49	15.31
	出机口温度 9℃	14.03	15.01	15.85	16.61
	出机口温度 12℃	16.31	17.17	17.90	18.56
保温情况下浇筑温度/℃	出机口温度 7℃	11.99	12.23	12.47	12.71
	出机口温度 9℃	13.56	13.78	14.00	14.22
	出机口温度 12℃	15.90	16.10	16.29	16.48

7.5 施工期不稳定温度场和温度应力

7.5.1 基础混凝土温度场

基础混凝土浇筑后，水泥水化热将向周围空气和基础传导，通过冷却水管冷却导出部分热量，混凝土若预冷，空气中的热量将向混凝土浇筑块倒灌，以上过程可用热传导方程求得。不稳定温度场的热传导方程符合线性叠加原理，为便于分析，混凝土浇筑块的最高温度与拱坝稳定温度场的差值可分解为水化热温升（T_r）温度场和初始温差（T_p-T_f）温度场之和

$$T_{ck}=T_r+(T_p-T_f) \tag{7.5-1}$$

式中：T_{ck}为浇筑块施工期的温差，℃；T_r 为水化热温升，℃；T_p 为混凝土浇筑温度，℃；T_f 为坝体的稳定温度，℃。

7.5.1.1 水化热温升温度场

混凝土浇筑开始没有水化热，温度场为零，随着混凝土龄期增加，混凝土发热（水化热）逐渐升温，同时由边界向外散热，混凝土达到最高温度后逐渐降温，直到水化热散尽，混凝土温度场重归于零。

水化热温升温度场可采用平面有限单元法计算，取浇筑块中心部位垂直向上的温度分布进行分析。当不考虑浇筑层侧向散热，块体中心部位的热量只向垂直方向传导，从浇筑层顶面散热。因此，可采用单向差分法或双向差分法计算。

7.5.1.2 初始温差温度场

初始温差（T_p-T_f）是由浇筑温度 T_p 降到运行期基础混凝土的稳定温度、封拱温度或施工期出现最低温度的温差。混凝土进行预冷浇筑温度低于月平均气温，尚应考虑混凝土热量倒灌温度回升的问题。

7.5.2 水管冷却温度场

水管冷却作为拱坝的一种冷却方法，因其具有很大的适应性和灵活性而被广泛地采用。目前通水冷却过程一般分为三期，存在不同叫法，有的称一期冷却、中期冷却和二期

冷却，有的称初期冷却、中期冷却和后期冷却，本书统一为初期冷却、中期冷却和后期冷却。

7.5.2.1 水管冷却的主要目的

初期通水的主要目的是削减混凝土水化热温升，控制混凝土温度不超过容许最高温度。在已确定浇筑温度、浇筑层厚和浇筑间歇期等前提下，混凝土最高温度仍高于容许最高温度时，应进行初期通水。

中期通水的主要目的是减小内外温差，控制初期通水后的温度回升，以及分担后期冷却降温幅度。符合下列条件之一时应进行中期通水：①初期通水结束后，防止混凝土温度回升值过大；②拱坝坝体临时挡水，坝面、孔洞等过水需控制混凝土内外温差；③低温季节来临前需要控制拱坝坝体混凝土内外温差；④需要分担后期冷却降温幅度。

后期通水的主要目的是将拱坝混凝土冷却至设计接缝灌浆或接触灌浆温度。有接缝灌浆或接触灌浆要求时，应进行后期通水。

7.5.2.2 水管冷却的一般要求

（1）管材。固结灌浆重区需要固定冷却水管时宜采用金属管，其他部位可采用塑料管或金属管。通水冷却主要是依靠管内流水与混凝土之间的热交换来降低混凝土温度，因此要求用作冷却水管的管材必须具有良好的导热性能。为防止水管在混凝土振捣或碾压过程中被破坏，冷却水管应具有较高的强度。目前国内工程普遍采用的为管径 1 英寸的铁管及内径 28mm、外径 32mm、导热系数为 1.66kJ/(m·h·℃) 的高密度聚乙烯塑料管。铁管导热系数大，冷却效果较好，但施工接头多，且弯管部分需提前预制；塑料管冷却效率较铁管低，但管子盘成卷，施工时可随浇随铺，便于施工。也有部分国外工程采用铝管，质地较软，易于现场弯折，施工简单，但造价较高。

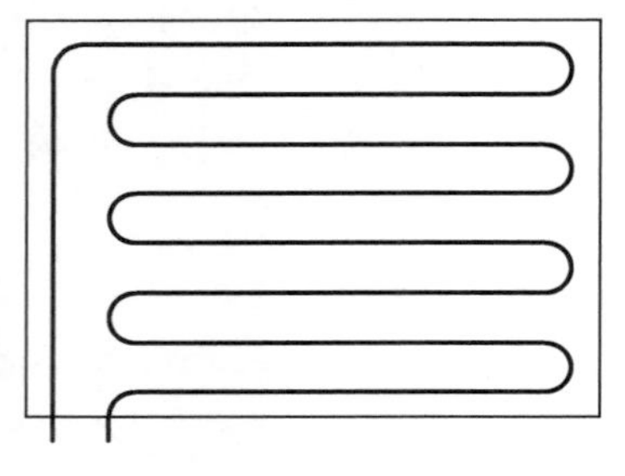

图 7.5-1 冷却水管平面布置示意图

（2）冷却水管布置的一般原则。为了施工方便，水管通常是架立在每一个浇筑分层面上，也可根据需要埋设在浇筑层内。冷却水管水平布置及铅直布置见图 7.5-1 和图 7.5-2。在铅直断面呈梅花形布置时，铅直断面上每根水管冷却范围类似正六边形，水管冷却效果最好。水管垂直间距一般为 1.5～3.0m，水平间距一般也为 1.5～3.0m。

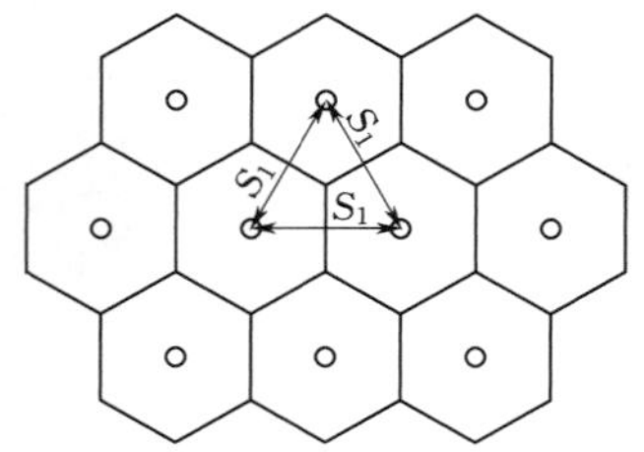

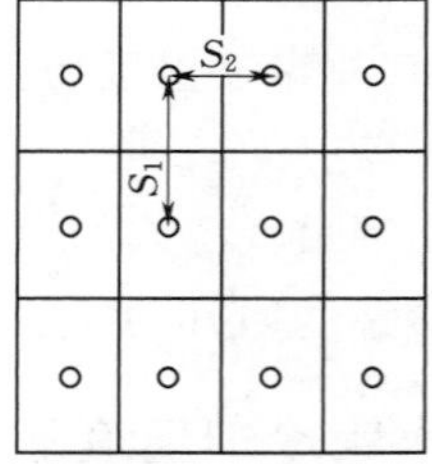

图 7.5-2 冷却水管铅直断面布置示意图

单根水管长度不宜超过300m，一般控制在200～250m以内冷却效果较好；当同一仓面上布置多条水管时，水管长度宜基本相当，以使流量在各管圈内均匀分配，混凝土冷却速度较均匀。

冷却水管的进出口位置一般集中布置在坝外、廊道内或竖井中。前一种在分缝较少、坝身不高的坝上较为方便，后两种适用于分缝较多的高坝。

（3）智能通水。拱坝坝高大于200m或温度控制条件复杂时，宜采用智能通水控制方法。智能通水起源于工程需要，小湾工程首先提出了精细化通水的要求，这就要求通水能够在复杂温控条件、混凝土浇筑条件下，更好地进行实时、在线、个性化全程精细控制，保证温度控制质量。根据这一需要，在小湾工程精细化通水的基础上，为满足溪洛渡、锦屏等国内高坝对精细通水的要求，开始应用智能通水技术。智能通水换热系统包括热交换装置、热交换辅助装置、控制装置和大坝数据采集装置以及控温策略。采用智能通水换热，需遵循3个基本控温原则：①混凝土冷却过程中最高温度控制，即第一期冷却过程混凝土浇筑后3～7d内最高温度的控制，最高温度依据温控设计提出；②混凝土冷却全过程空间温度变化率协调控制，温度变化速率依据不同龄期混凝土容许安全度确定；③混凝土冷却过程中异常温度的控制，即遇到温度骤降或骤升的特殊工况的预警预控。

7.5.2.3 后期冷却的温度

进行混凝土的后期冷却时，混凝土中已基本无水化热散发，可视为一个初温均匀、无热源的温度场计算问题。假定坝内的冷却水管呈梅花形排列，每一根水管担负的冷却体积为一中心有孔的正六角形棱柱，并且因为对称，棱柱表面无热源通过；中心孔边温度为水温。为了计算方便，用空心圆柱代替此空心棱柱。如果水管是梅花形排列的，见图7.5-3，水平管距为S_1，铅直管距为S_2，可以把它转换成一个外半径为b的混凝土空心圆柱体进行计算，根据面积相等原则，外半径按下式计算。

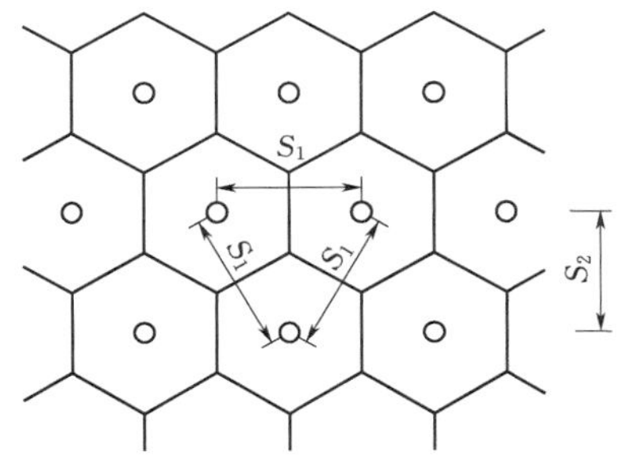

图7.5-3 水管布置中的几何关系

S_1—水平管距；S_2—垂直管距；$S_2=1.547S_1$；$D=1.2125S_1=2b$

对上述问题先求平面问题的严格解，然后再近似考虑空间的影响，于是可按以下公式计算

$$T_m=T_w+X_1T_0 \tag{7.5-2}$$

$$T_{lw}=T_w+Y_1T_0 \tag{7.5-3}$$

$$T_{lm}=T_w+Z_1T_0 \tag{7.5-4}$$

式中：T_m为沿水管全长L的混凝土平均温度；T_{lw}为管长l处的水温；T_{lm}为管长l处的混凝土截面平均温度；T_w为冷却水初温；T_0为混凝土冷却前的温度与冷却水温之差值；X_1、Y_1、Z_1为函数，具体查算方法详见《水工设计手册（第2版）》第5卷。

7.5.2.4 初期冷却的温度

在进行初期水管冷却时，混凝土中有水化热散发，在水管排列如图7.6-1时，按照平面问题考虑，混凝土内水泥水化热发散的规律为

$$A=A_0 e^{-m\tau} \tag{7.5-5}$$

则其冷却计算可按下式进行

$$T_m=T_w+X_1T_0+X_2\theta_0 \tag{7.5-6}$$

$$T_{lw}=T_w+Y_1T_0+Y_2\theta_0 \tag{7.5-7}$$

式中：θ_0 为混凝土的最终绝热温升值。

$$\theta_0=\frac{A_0}{mC\rho}=\frac{A_0 a}{\lambda m} \tag{7.5-8}$$

$$a=\lambda/c\rho$$

式中：m 为常数，随水泥品种、比表面及浇筑温度不同而不同；a 为导温系数，m^2/h；c 为混凝土的比热，kJ/(kg·℃)；ρ 为混凝土的密度，kg/m^3；A_0 为胶凝材料最终水化热，kJ/kg；X_2、Y_2 为函数，具体查算方法详见水工设计手册第 2 版第 5 卷。

7.5.2.5 中期冷却的温度

初期冷却之后立即开始中期冷却的，可采用一期冷却的方法计算；中期冷却开始时间较晚的，可采用二期冷却的方法计算。

7.5.3 基础混凝土温度应力

7.5.3.1 影响线法

不均匀温度场温度应力可用影响线法进行简化计算。影响线法计算温度应力和差分法计算温度场配套使用。

可根据基础各层水化热最高温升包络图，计算基础块中心垂直线上的水平方向应力 σ_x。

$$\sigma_x=\frac{K_\rho E_c\alpha}{1-\mu}\left[T(y)-\frac{1}{L}\sum A_y(\xi)T(\xi)\Delta y\right] \tag{7.5-9}$$

式中：K_ρ 为混凝土松弛系数，一般取 0.5～0.85；E_c 为混凝土弹性模量，MPa；α 为混凝土热膨胀系数，1/℃；μ 为混凝土泊松比；$T(y)$ 为应力计算点 y 处的温度值，℃；Δy 为坐标 y 的增量，m；L 为浇筑块长边长度，m；$A_y(\xi)$ 为在 $y=\xi$ 处加一对单荷载 $P=1$，对各计算点 y 所产生的正应力影响系数，具体查算方法详见《水工设计手册（第 2 版）》第 5 卷；$T(\xi)$ 为在 $y=\xi$ 处的温度，℃。

7.5.3.2 约数系数法

基础混凝土均匀降温的温度应力可使用约束系数法进行估算，即

$$\sigma_1=\frac{K_\rho E_c R\alpha}{1-\mu}\Delta T \tag{7.5-10}$$

式中：R 为约束系数，当混凝土弹模和基岩相等时，可按表 7.5-1 取值，当不相等时，在混凝土与岩石的接触面上应按表 7.5-2 取值；K_ρ 为混凝土徐变引起的应力松弛系数，在缺乏试验资料时，可取 0.5；ΔT 为相应的基础温差，℃。

表 7.5-1　　基础约束系数

y/L	0	0.1	0.2	0.3	0.4	0.5
R	0.61	0.44	0.27	0.16	0.10	0

注　y 为计算点离建基面的高度，m；L 为浇筑块长边尺寸，m。

表 7.5-2 建基面基础约束系数

E_c/E	0	0.5	1.0	1.5	2.0	3.0
$R(y=0)$	1.0	0.72	0.61	0.51	0.44	0.32

7.5.4 施工期温度分析

模拟混凝土块浇筑过程的温度场有限元仿真计算始于 20 世纪 70 年代；80 年代国内以中国水利水电科学研究院为代表的一些科研单位相继开发出温度场和温度应力仿真计算程序的早期版本；90 年代后，国内已有多家单位开发出功能相对较完善的温度场和温度应力仿真分析程序。也有一些单位对商业软件 ANSYS 进行二次开发，用于混凝土结构的温度场和温度应力仿真分析。自行开发的程序核心功能强，非常专业，便于新理论和新方法的实现，但前后处理相对商业软件较弱，通用性也有不足；而基于商业软件二次开发的程序的优缺点与自行开发程序恰好相反。

7.5.5 施工期温度及应力控制标准

7.5.5.1 容许温差

温差控制标准包括基础容许温差、新老混凝土容许温差和容许内外温差等。

(1) 基础容许温差。基础温差是指坝块基础部位（高度为 0.4 倍坝块底宽的范围内）的最高温度与相应区域稳定温度之差。控制基础温差，目的是防止基础约束范围内坝块混凝土温度过高，降温时受基础约束产生较大的温度应力而引起基础贯穿裂缝。

我国拱坝规范规定，当常态混凝土 28d 龄期的极限拉伸值分别不低于 0.85×10^{-4} 时，基础与混凝土的弹性模量相近，短间歇均匀连续上升的浇筑块，基础允许温差一般分别采用表 7.5-3 值。

表 7.5-3 常态混凝土基础允许温差 单位：℃

浇筑块长度 L / 距基础面高度 H	16m 以下	17～20m	21～30m	31～40m	通仓浇筑
(0～0.2)L	26～25	25～22	22～19	19～16	16～14
(0.2～0.4)L	28～27	27～25	25～22	22～19	19～17

半个世纪以来，特别是近 30 年间，我国修建了很多混凝土大坝，都是根据规范并结合自身情况，提出了基础允许温差的具体要求，但一般都是在规范的界限内。对特殊问题，需通过论证，提出特殊要求。综合而言大约有下列的一些问题：①基础弹模过高或过低，与混凝土弹模相差很大；②坝块高度小，平面尺寸大，高宽比在 0.4 以下；③基础填塘；④地温变化的计入等。分析和论证这些问题，对最终确定基础允许温差还是十分必要的。

(2) 容许内外温差。为防止混凝土表面裂缝，在施工中应控制其内外温差。坝体或浇筑块内部混凝土的平均温度与表面温度（包括拆模或气温骤降引起的表面温度下降）之差称为混凝土内外温差。坝体混凝土内外温差随着时间不断变化，其最大值一般出现在浇筑后的第一个冬季。

应根据当地气候条件，进行表层混凝土温度应力分析和表面保温设计，提出混凝土容许内外温差。

（3）新老混凝土容许温差。新老混凝土温差指老混凝土面（龄期超过 28d）上下各 $L/4$ 范围内，上层混凝土最高平均温度与新浇混凝土开始浇筑时下层实际平均温度之差。新老混凝土容许温差应控制为 15～20℃。

（4）其他要求。施工过程中各坝块应均匀上升，相邻块高差不宜超过 12m，浇筑时间的间隔宜小于 28d。

7.5.5.2 施工期温度应力控制标准

电力和水利拱坝设计规范对施工期温度应力控制标准规定不同。两种方法各有其优缺点。DL/T 5346—2006《混凝土拱坝设计规范》规定的温度应力控制标准是分项系数法，见式（7.5-12），分项系数法要求混凝土极限拉伸值和弹性模量均取标准值，参数获取困难，且未反映工程重要性和开裂危害性的差异。SL 282—2003《混凝土拱坝设计规范》规定的温度应力控制标准是综合安全系数法，见式（7.5-11），K_f 一般采用 1.3～1.8，视工程重要性和开裂的危害性而定。K_f 取值范围较大，缺乏工程重要性和开裂危害性的定量指标，不便于实际操作。朱伯芳 2005 年提出了一种新的采用综合安全系数表示的温度应力控制公式，见式（7.5-13），其中混凝土的抗裂能力以轴拉强度表征。朱伯芳提出的采用轴向抗拉强度控制的公式及配套的安全系数，考虑了集料最大粒径、尺寸效应、湿筛影响、时间效应、建筑物等级、应力部位、超载系数、龄期影响等因素并进行了合理量化，但此控制公式工程应用较少。坝体温度控制计算参数见表 7.5-4。

（1）综合安全系数法。施工期坝体混凝土温度应力综合安全系数法采用下式控制

$$\sigma \leqslant \varepsilon E / K_f \tag{7.5-11}$$

式中：ε 为混凝土极限拉伸值，可取试验平均值；E 为混凝土弹性模量，MPa，可取试验平均值；K_f 为安全系数。

（2）分项系数法。施工期坝体混凝土温度应力分项系数法采用下式控制

$$\gamma_0 \sigma \leqslant \varepsilon_p E_c / \gamma_d \tag{7.5-12}$$

式中：σ 为各种温差所产生的温度应力之和，MPa；γ_0 为结构重要系数，对应于结构安全级别为Ⅰ级、Ⅱ级、Ⅲ级的结构及构件可分别取用 1.1、1.0、0.9；ε_p 为混凝土极限拉伸值的标准值；E_c 为混凝土弹性模量标准值，MPa；γ_d 为温度应力控制正常使用极限状态结构系数，取 1.5。

（3）新综合安全系数。施工期坝体混凝土温度应力新综合安全系数控制公式为

$$\sigma \leqslant R_t / K_{f2} \tag{7.5-13}$$

$$K_{f2} = \frac{a_1 a_2 a_3 a_4 a_5}{b_1 b_2 b_3} \tag{7.5-14}$$

式中：σ 为各种温差所产生的温度应力之和，MPa；R_t 为混凝土轴向抗拉强度，MPa；K_{f2} 为安全系数；a_1 为建筑物重要性系数，对于安全级别为Ⅰ级、Ⅱ级、Ⅲ级的建筑物，分别取 1.1、1.0、0.9；a_2 为拉应力所在部位的重要性系数，基础约束区内部和表面及上游坝面取 1.0，约束区外的侧面取 0.9，下游表面取 0.8；a_3 为超载系数，考虑气温及寒

表 7.5-4 **坝体温度控制计算参数**

项目 \ 强度等级		$C_{180}40$					$C_{180}35$					$C_{180}30$				
		7d	28d	90d	180d	终值	7d	28d	90d	180d	终值	7d	28d	90d	180d	终值
抗压强度 R_a/MPa		14.8	24.7	34.8	40		13.0	21.6	30.2	35.0		11.1	18.5	25.9	30.0	
抗拉强度 R_l/MPa		1.5	2.1	2.8	3.3		1.3	1.8	2.6	3.1		1.0	1.6	2.3	2.8	
弹性模量 E/万 MPa		2.0	2.3	2.8	3.1	3.3	1.9	2.2	2.7	3.0	3.2	1.8	2.1	2.6	2.9	3.0
极限拉伸值 $\varepsilon/10^{-4}$		0.95	1.06	1.12	1.18	1.20	0.80	0.90	0.95	0.98	1.02	0.70	0.85	0.88	0.93	0.99
绝热温升 θ_0/℃	四	$\theta(\tau)=26\tau/(1.25+\tau)$					$\theta(\tau)=24/\tau(1.30+\tau)$					$\theta(\tau)=23\tau/(1.30+\tau)$				
	三	$\theta(\tau)=30.5\tau/(1.20+\tau)$					$\theta(\tau)=25\tau/(1.25+\tau)$					$\theta(\tau)=24\tau/(1.30+\tau)$				
导热系数 λ/[kJ/(m·h·℃)]		8.261					8.287					8.295				
导温系数 a/(m^2/h)		0.00319					0.00320					0.00320				
容重 γ/(kg/m^3)		2500					2500					2500				
比热 c/[kJ/(kg·℃)]		1.036					1.036					1.036				
线膨胀系数 α/(10^{-6}/℃)		8.20					8.20					8.20				
热交换系数 β/[kJ/(m^2·h·℃)]		47.1														
泊松比（无量纲）		0.189														
抗裂安全系数 K_f		1.8														
表面抗裂安全系数		1.4～1.5														

潮变幅超过计算值、绝热温升试验28d时间偏短带来的误差等，取1.05～1.10；a_4 为变形后龄期系数，通常弹性模量和徐变加荷龄期只有180d，据此推算的后龄期弹性模量偏小徐变偏大，对早龄期 $\tau \leqslant 1$ 年，$a_4=1.0$，后龄期 $\tau \geqslant 3$ 年，$a_4=1.1\sim1.2$；a_5 为校正系数，考虑大量实际工程经验及工程实施的可行性，建议 $a_5=0.7\sim1.0$；b_1 为试件尺寸及湿筛影响系数，对最大集料粒径150mm、80mm分别取0.62、0.73；b_2 为时间效应系数，对气温日变化、寒潮、年变化及灌缝前冷却、通常浇筑自然冷却，分别取0.88、0.80、0.78、0.70；b_3 为强度后龄期系数，通常强度试验只做到180d，据此推算的后龄期强度偏低，对早龄期 $\tau \leqslant 1a$，$b_3=1.0$，后龄期 $\tau \geqslant 3a$，$b_3=1.2\sim1.3$。

7.5.6 小湾拱坝施工期温度场及温度应力

7.5.6.1 温度控制计算参数

以骨料比例黑云花岗片麻岩与角闪斜长片麻岩各为50%的混凝土配合比及性能试验成果为基础（混凝土配合比试验详见第2章），拟定的拱坝温度控制计算参数见表7.5-4。计算中采用的混凝土自生体积变形、徐变参数均采用试验值。需要指出的是，对温度场计算影响最大的绝热温升曲线是采用室内试验28d成果进行拟合的。

7.5.6.2 容许最高温度和施工期容许拉应力

根据稳定温度计算成果及相应的基础温差、内外温差和上下层温差，确定拱坝各坝段不同浇筑月份容许最高温度，见表7.5-5。

表7.5-5　拱坝设计容许最高温度　单位：℃

部位 \ 浇筑月份		12月、1月	11月、2月	10月、3月	4月、9月	5—8月
18～27号坝段	基础强约束区	27	27	27	27	27
	基础弱约束区	30	30	30	31	31
	脱离约束区	30	30	30	35	35
17～13号坝段 28～32号坝段	基础强约束区	28	28	28	28	28
	基础弱约束区	30	30	30	31	31
	脱离约束区	30	30	30	35	35
12～4号坝段 33～40号坝段	基础强约束区	29	29	29	29	29
	基础弱约束区	30	30	30	32	32
	脱离约束区	30	30	30	36	36
3～1号坝段 41～43号坝段	基础强约束区	30	30	30	32	32
	基础弱约束区	30	30	30	36	36
	脱离约束区	30	30	30	40	40

施工期坝体混凝土温度应力采用综合安全系数法确定，抗裂安全系数取1.8。最终采用的允许拉应力见表7.5-6。

表 7.5-6　　小湾拱坝施工期允许拉应力

项目 \ 强度等级	$C_{180}40$				$C_{180}35$				$C_{180}30$			
	7d	28d	90d	180d	7d	28d	90d	180d	7d	28d	90d	180d
极限拉伸值/10^{-4}	0.95	1.06	1.12	1.18	0.80	0.90	0.95	0.98	0.70	0.85	0.88	0.93
弹性模量/(10^4MPa)	2.0	2.3	2.8	3.1	1.9	2.2	2.7	3.0	1.8	2.1	2.6	2.9
虚拟抗拉强度/MPa	1.9	2.44	3.14	3.66	1.52	1.98	2.57	2.94	1.26	1.79	2.29	2.70
允许拉应力（$K_f=1.8$）/MPa	1.1	1.4	1.7	2.0	0.8	1.1	1.4	1.6	0.7	1.0	1.3	1.5

7.5.6.3　温度和温度应力

通过浇筑块最高温度敏感性分析和温度应力敏感性分析，确定温控浇筑方案，并在此基础上进行温度和温度应力计算，模拟坝体混凝土的施工浇筑过程、养护过程、环境气候变化、人工降温保温措施、施工度汛过程以及混凝土材料分区等因素。分别针对河床坝段、岸坡坝段和孔口坝段进行计算，主要计算方案和计算成果如下。

（1）河床坝段。

1）计算模型和基本条件。选取 22 号坝段作为计算对象，计算至脱离基础面以上100m。温度计算中，所取基岩的底面及 4 个侧面为绝热面，基岩顶面与大气接触的为第 3 类散热面，坝体上下游面及顶面为散热面，两个侧面为绝热面。应力计算中，所取基岩底面三向全约束，左右侧面及下游面为法向单向约束，上游面自由。由于温度应力最大值出现在封拱灌浆前，因此不考虑封拱灌浆对坝体应力的影响，坝体的 4 个侧面及顶面自由。不考虑自重及水压作用，只计算温度荷载。

计算方案列于表 7.5-7。

表 7.5-7　　河床坝段计算方案

项　目	方　案
浇筑层厚×层数	强约束：1.5×10；弱约束：1.5×14；脱离约束：3.0×18
间歇时间/d	强约束：7；弱约束：7；脱离约束：7
开浇时间	9 月
浇筑温度/℃	强约束：12；弱约束：12；脱离约束：12
水管间距（垂直×水平）/(m×m)	强约束：1.5×1.5；弱约束：1.5×1.5；脱离约束：3.0×1.5
通水冷却	一期 10℃制冷水 30d，二期制冷水 6℃
是否仓面喷雾及隔热保温	是

2）温度场计算结果。温度场计算结果见表 7.5-8，表中 L 为浇筑块长度；计算方案的坝段中面温度包络图和温度过程线见图 7.5-4。方案最高温度满足设计容许最高温度要求。

3）应力计算结果。温度应力计算结果见表 7.5-9，表中 L 为浇筑块长度；坝段中面中线顺河向应力过程线见图 7.5-5。顺河向最大拉应力均满足允许拉应力。

表 7.5-8　河床坝段温度场计算结果

强约束区层厚/m	强约束区浇筑温度/℃	开浇时间	一期冷却天数/d	混凝土分区	最高温度/℃	设计容许最高温度/℃
1.5	11	9月	20	27.4	27.0	27.4
				26.9	31.0	26.9
				27.1	35.0	27.1

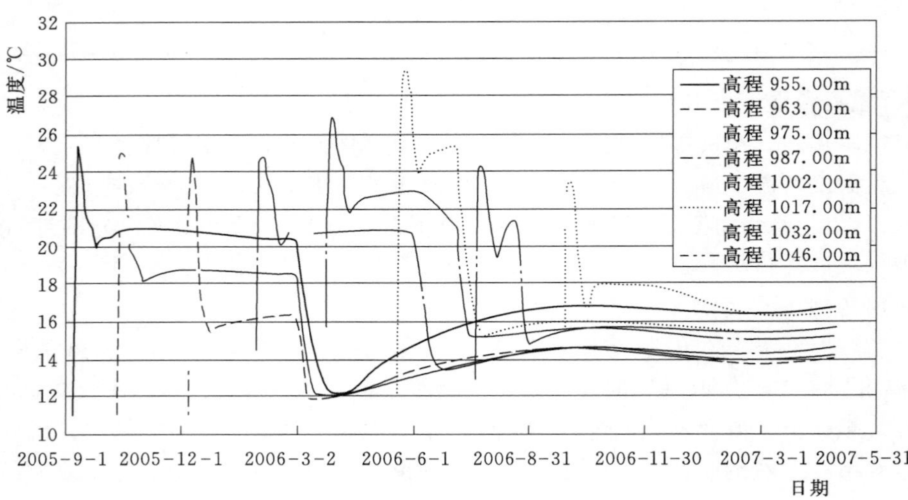

图 7.5-4　坝段中面中线温度过程线

表 7.5-9　河床坝段温度应力计算结果

方案	混凝土分区	顺河向最大应力/MPa	最大应力出现时间	距建基面高度/m	允许温度拉应力/MPa
二	(0～0.2)L	0.33	二期冷却结束时	13.5	1.8
	(0.2～0.4)L	0.71	二期冷却结束时	22.5	1.8
	0.4L 以上	1.37	二期冷却结束时	44.5	1.8

（2）岸坡坝段仿真计算。

1）计算模型和基本条件。选取 34 号坝段作为岸坡的典型坝段，其计算方案列于表 7.5-10。

表 7.5-10　岸坡坝段仿真计算方案

浇筑层厚×层数	约束区：1.5m×38	水管间距（垂直×水平）/(m×m)	1.5×1.5
间歇时间/d	8	通水冷却	一期 10℃制冷水 15d
开浇时间	4月	冷却层高度/m	坝底最低点向上 12
浇筑温度/℃	12		

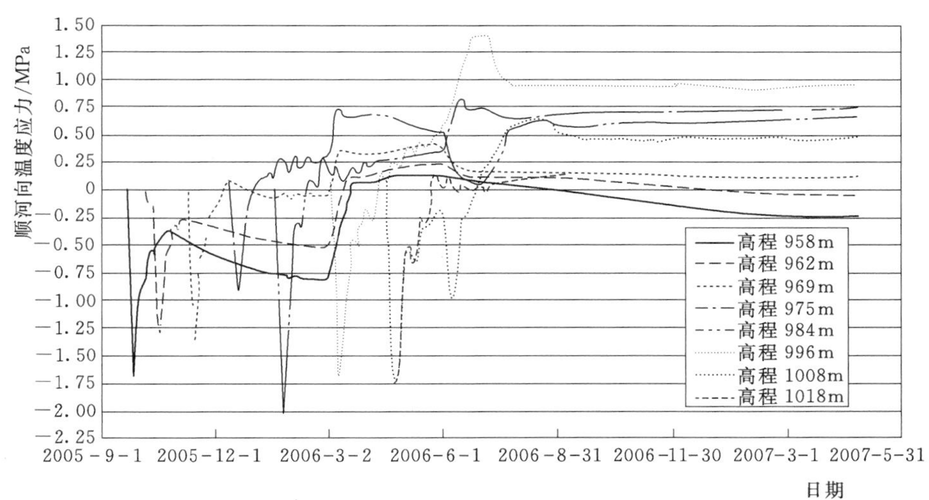

图 7.5-5　坝段中面中线顺河向应力过程线

2）温度场计算结果。温度场计算结果见表 7.5-11，表中 L 为浇筑块长度；计算方案的坝段中面温度包络图和温度过程线见图 7.5-6。方案最高温度满足容许最高温度要求。

表 7.5-11　　岸坡坝段温度场计算结果

约束区层厚/m	约束区浇筑温度/℃	开浇时间	一冷天数/d	混凝土分区	最高温度/℃	容许最高温度/℃		
						13～17 号坝段，28～32 号坝段	4～12 号坝段，33～40 号坝段	1～3 号坝段，41～43 号坝段
三角区：3.0 约束区：1.5	三角区：11 约束区：11	5 月	20	三角区	26.7	28	29	32
				（0～0.2）L	27.2	28	29	32
				（0.2～0.4）L	26.7	31	32	36
				0.4L 以上	27.9	35	36	40

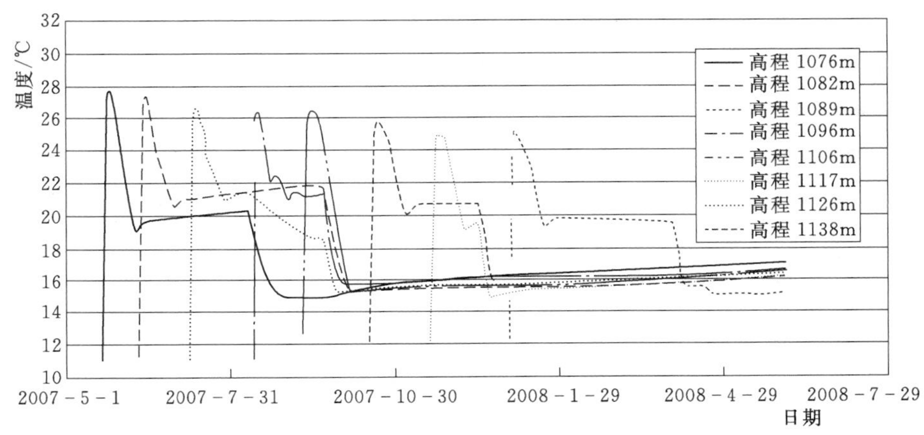

图 7.5-6　岸坡坝段中面中线温度过程线

3）应力计算结果。温度应力计算结果见表 7.5－12，表中 L 为浇筑块长度；坝段中面中线顺河向应力过程线见图 7.5－7。顺河向最大拉应力均满足允许拉应力。

表 7.5－12　　岸坡坝段温度应力计算结果

约束区层厚/m	开浇时间	一期水冷天数/d	混凝土分区	顺河向最大应力/MPa	第一主应力/MPa	最大应力出现时间	距建基面高度/m	允许温度拉应力/MPa
三角区：3.0 约束区：1.5	5 月	20	三角区	0.81	1.40	二期冷却结束时	19.8	1.8
			（0～0.2）L	0.52	1.25	二期冷却结束时	24.8	1.8
			（0.2～0.4）L	0.53	1.10	二期冷却结束时	41.3	1.8
			0.4L 以上	0.81	1.20	二期冷却结束时	45.3	1.8

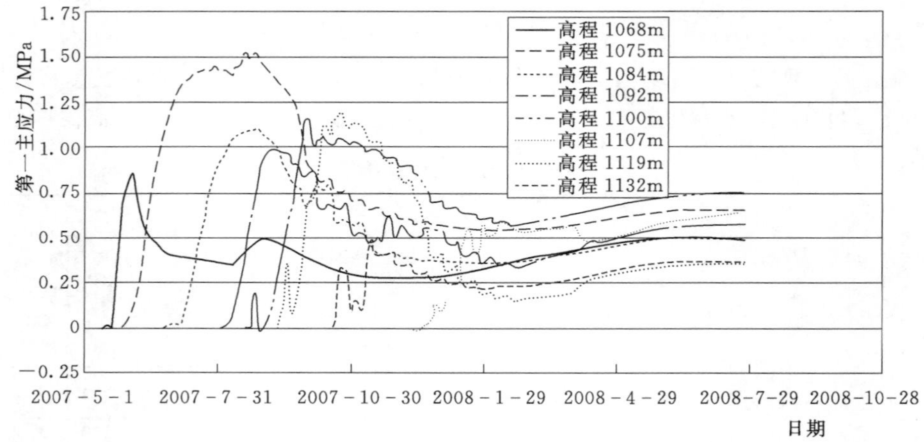

图 7.5－7　岸坡坝段内部第一主应力过程线

（3）孔口坝段。

1）计算模型和基本条件。选取 25 号坝段为典型坝段（在高程 1020.00m 布置有导流底孔，高程 1165.00m 布置有泄洪中孔），计算基本条件如下。

计算过程：从开始浇筑基础强约束区混凝土，一期冷却、二期冷却、封拱、导流底孔过流、导流底孔封堵，浇筑至 1245.00m 高程（坝顶），封拱和水库蓄水。

浇筑层厚：基础约束区为 1.5m，脱离约束区为 3.0m，孔口范围的混凝土为 1.5m。

浇筑温度：12℃。

浇筑间歇：7d。

冷却水管间距：1.5m×1.5m（3.0m 层厚中间增设一层）。

冷却水温度：一期 10℃（冷却 30d）；二期 6℃。

施工温控措施：仓面喷雾养护，高温季节采用河水进行仓面流水养护，拆模后上下游表面 5cm 泡沫板永久保温，孔口部位拆模后 5cm 泡沫板保温，过流时视为与水接触的第

一类边界条件。泡沫保温板 β=10kJ/(m^2·h·℃)。

导流过水模拟：2008 年 11 月导流底孔开始过水，相应上游水库蓄水至高程 1028.50m；2009 年 9 月导流底孔封堵，相应上游水库蓄水至高程 1130.00m。过水温度为当月河水温度。

2）温度场计算结果。温度场计算结果见表 7.5-13，基础强约束区和孔口部位最高温度超过设计容许最高值，需要采取降低浇筑温度等温控措施来满足容许最高温度要求。

表 7.5-13　孔口坝段各部位混凝土的最高温度

混凝土材料	浇筑高程 /m	浇筑层厚度 /m	浇筑季节（仿真计算进度）	浇筑温度 /℃	最高温度 /℃
基础约束区上下游部位混凝土（A0）	960.00～995.00	1.5	2005 年 9 月 1 日至 2006 年 2 月上旬	12.0	29.1
基础强约束区混凝土（A）	965.00～980.00	1.5	2005 年 9 月 1 日至 11 月上旬	12.0	28.5
基础弱约束区混凝土（A）	980.00～995.00	1.5	2005 年 11 月上旬至 2006 年 2 月上旬	12.0	27.5
非约束区混凝土（B）	995.00～1014.00	3.0	2006 年 2 月上旬至 4 月上旬	12.0	26.8
导流底孔区域混凝土（A）	1014.00～1034.50	1.5	2006 年 4 月上旬至 7 月中旬	12.0	28.5
导流底孔以上混凝土（B）	1034.50～1131.00	3.0	2006 年 7 月中旬至 2007 年 3 月上旬	12.0	27.6
泄洪中孔以下混凝土（A）	1131.00～1155.00	3.0	2007 年 3 月中旬至 5 月上旬	12.0	28.2
泄洪中孔区域混凝土（A）	1155.00～1185.00	1.5	2007 年 5 月中旬至 9 月下旬	12.0	28.6
泄洪中孔以上混凝土（A）	1185.00～1245.00	3.0	2007 年 9 月下旬至 2008 年 2 月中旬	12.0	27.2

3）温度应力计算结果。沿孔壁剖面顺河向应力各部位混凝土的最大温度拉应力列于表 7.5-14。各部位混凝土的最大温度应力基本上可以满足各自的强度要求，运行拉应力对应的安全系数 K=1.8。

表 7.5-14　孔口坝段各部位混凝土的最大拉应力

典型剖面	最大应力产生部位	最大拉应力 /MPa	最大应力产生时间	混凝土允许拉应力/MPa
YZ-1 剖面（顺河向）	基础约束区（高程 966m）	1.8	二期冷却结束时	1.8～1.9
	非约束区（高程 1035m）	1.1	一期冷却结束时	1.7
YZ-2 剖面（沿孔口中心剖面）	基础约束区（高程 966m）	1.8	二期冷却结束时	1.8～1.9
	非约束区（高程 1035m）	1.1	一期冷却结束时	1.7
	底孔周边（高程 1025m）	1.8	2008 年 12 月	钢筋混凝土
	中孔周边（高程 1170m）	1.2	2008 年 1 月	钢筋混凝土
YZ-3 剖面（沿孔壁剖面）	基础约束区（高程 966m）	1.8	二期冷却结束时	1.8～1.9
	非约束区（高程 1035m）	1.1	一期冷却结束时	1.7
	底孔周边（高程 1025m）	1.8	2008 年 12 月至 2009 年 1 月	钢筋混凝土
	中孔周边（高程 1170m）	1.2	2008 年 2 月初	钢筋混凝土

续表

典型剖面	最大应力产生部位	最大拉应力/MPa	最大应力产生时间	混凝土允许拉应力/MPa
XZ-1剖面（上游面）	基础约束区表面（高程966m）	1.6～1.8	2008年12月至2009年1月	1.9
	非约束区表面（高程1015m）	1.4	2008年11月	1.7
	底孔周边（高程1025m）	1.2	2008年11月	钢筋混凝土
	中孔周边（高程1170m）	1.1	2008年1月	钢筋混凝土
XZ-2剖面（距上游面1.5m）	基础约束区（高程966m）	1.2	2008年11月	1.8～1.9
	非约束区表面（高程1015m）	1.0	2008年11月	1.7
	底孔周边（高程1025m）	1.2	2008年11月	钢筋混凝土
	中孔周边（高程1170m）	1.0	2008年1月	钢筋混凝土
XY-1剖面	高程965m附近，强约束区内	2.0（局部2.2）	二期冷却结束时	1.8～1.9
XY-2剖面	高程983m附近，弱约束区内	1.75	二期冷却结束时	1.8～1.9
XY-3剖面	高程1016m附近，非约束区内	1.5	一期冷却结束时	1.8
XY-4剖面	高程1020m导流底孔底部	2.0	2008年12月	钢筋混凝土
XY-5剖面	高程1024.5m导流底孔中心	1.8～2.0（孔口周边局部）	2008年12月	钢筋混凝土
XY-6剖面	高程1098m附近	1.68	二期冷却结束时	1.7
XY-7剖面	高程1162m附近靠近上游面	1.7	2008年1月初	1.8
XY-8剖面	高程1165m中孔底部靠近上、下游面	1.6	2008年1月初	钢筋混凝土
XY-9剖面	高程1170m中孔中心	1.65	2008年1月初	钢筋混凝土

7.5.6.4 后期冷却计算

后期通水冷却效果计算考虑不同水管布置、不同通水水温及不同混凝土初始温度等进行了计算，冷却水管1.5m×1.5m，后期冷却计算结果见表7.5-15和图7.5-8～图7.5-10。

表7.5-15　　水管1.5m×1.5m二期水管冷却计算结果　　单位：℃

水温	混凝土初温	通水天数								
		0d	5d	10d	15d	20d	25d	35d	45d	55d
6℃	20	20.0	17.8	15.8	14.2	12.8	11.7	9.9		
	22	22.0	19.5	17.2	15.4	13.8	12.5	10.5		
	24	24.0	21.1	18.6	16.5	14.8	13.3	11.0	9.4	
	26	26.0	22.8	20.0	17.7	15.7	14.1	11.6	9.8	
10℃	20	20.0	18.4	17.0	15.9	14.9	14.1	12.8	11.9	11.3
	22	22.0	20.1	18.4	17.0	15.8	14.9	13.3	12.3	11.6
	24	24.0	21.8	19.8	18.2	16.8	15.7	13.9	12.7	11.8
	26	26.0	23.5	21.2	19.4	17.8	16.5	14.5	13.1	12.1

续表

水温	混凝土初温	通水天数								
		0d	5d	10d	15d	20d	25d	35d	45d	55d
15℃15d+6℃	20	20.0	19.2	18.5	17.9	16.0	14.4	11.8	10.0	
	22	22.0	20.9	19.9	19.1	17.0	15.2	12.4	10.4	
	24	24.0	22.6	21.3	20.3	18.0	16.0	13.0	10.8	
	26	26.0	24.2	22.7	21.4	18.9	16.8	13.5	11.2	9.6

注　15℃15d+6℃表示先通15℃水15d，再通6℃水。

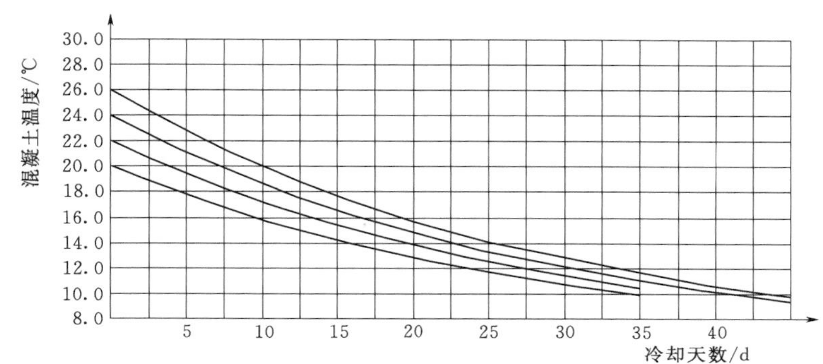

图7.5-8　通6℃水不同混凝土初温降温过程

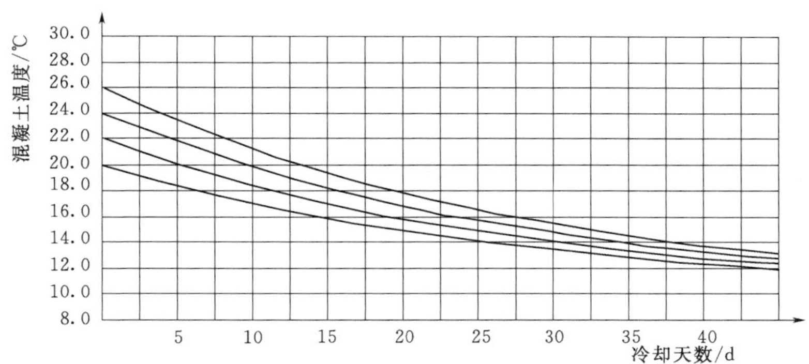

图7.5-9　通10℃水不同混凝土初温降温过程

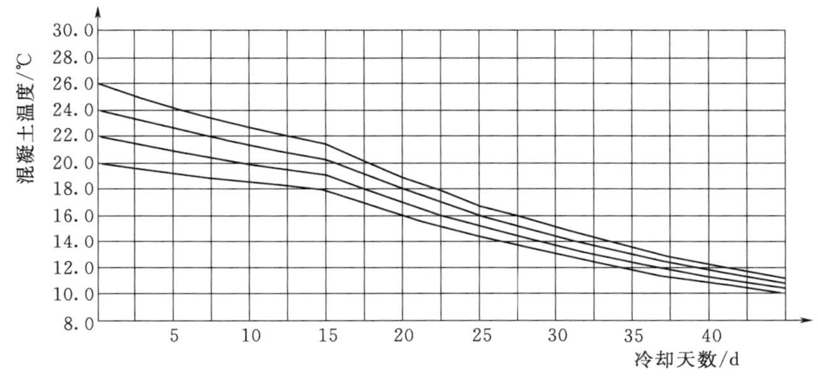

图7.5-10　通15℃15d+6℃水不同混凝土初温降温过程

7.6 表面保温

实践经验表明，大体积混凝土所产生的裂缝，绝大多数都是表面裂缝，但其中有一部分后来会发展为深层或贯穿性裂缝，影响结构的整体性和耐久性，危害很大。

7.6.1 表层混凝土温度

表层混凝土温度场，可根据设计需要，计算分析施工期浇筑块侧面、顶面或水库蓄水时坝上游面的温度场。表层混凝土温度场边界条件：与水接触，可取第一类边界条件；气温变化，可取第三类边界条件。计算方法可采用差分法或有限元法，也可采用经验公式进行估算。

7.6.2 表层温度应力

可根据表层温度场各时段的温度值分布图，用有限单元法或影响线法计算浇筑块水平剖面或浇筑块垂直剖面自表面向内部不同深度应力。温度场分布取自差分法各种单项荷载计算结果。

7.6.3 表层温度应力的估算

(1) 气温骤降引起的温度应力。气温骤降降温历时不超过2～4d，温度变化影响不过1.5m左右，而坝块厚度往往在10m以上，所以寒潮期间仍可按半无限体分析混凝土的温度场。

气温骤降引起的混凝土表面最大应力可按下式估算

$$\sigma = f_1 \rho_1 E(\tau_m) \alpha A/(1-\mu) \tag{7.6-1}$$

$$\rho_1 = \frac{0.830 + 0.051\tau_m}{1 + 0.051\tau_m} e^{-0.095(P-1)^{0.60}} \tag{7.6-2}$$

$$f_1 = \frac{1}{\sqrt{1 + 1.85u + 1.12u^2}}, \Delta = 0.4gQ \tag{7.6-3}$$

$$P = Q + \Delta \tag{7.6-4}$$

$$u = \frac{\lambda}{2\beta}\sqrt{\frac{\pi}{Qa}} \tag{7.6-5}$$

$$g = \frac{2}{\pi}\tan^{-1}\left(\frac{1}{1+1/u}\right) \tag{7.6-6}$$

式中：Q为降温历时，d；λ为混凝土导热系数，kJ/(m·h·℃)；β为混凝土表面放热系数，kJ/(m^2·h·℃)；α为混凝土线膨胀系数，1/℃；μ为混凝土泊松比；a为导温系数，m^2/h；A为气温降幅，℃；$E(\tau_m)$为不同龄期的混凝土弹性模量，MPa。

(2) 越冬期间表面温度应力。越冬期间混凝土表面最大应力可按下式计算

$$\sigma = r f_1 \rho_2 E(\tau_m) \alpha A/(1-\mu) \tag{7.6-7}$$

$$\rho_2 = \frac{0.830 + 0.051\tau_m}{1.00 + 0.051\tau_m} \exp(-0.104 P^{0.35}), P \geqslant 20\text{d} \tag{7.6-8}$$

式中：f_1 由式（7.6－3）～式（7.6－5）求出；r 为约束系数，由图 7.6－1 查得；$E(\tau_m)$ 为不同龄期的混凝土弹性模量，MPa；α 为混凝土线膨胀系数，1/℃；A 为混凝土浇筑时外界温度至最低气温的气温降幅，℃；μ 为混凝土泊松比。

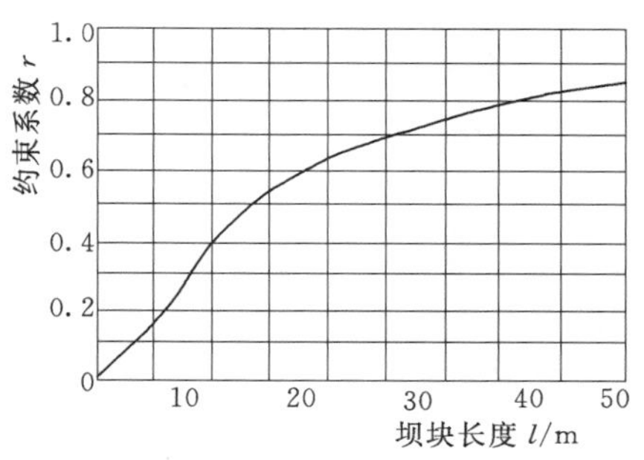

图 7.6－1 约束系数 r

（3）气温日变化引起的温度应力。气温日变化应力是指由于对于气温日变化引起的应力，由于温度变化局限于表面很浅的一部分，故可按照弹性徐变半无限体分析其应力。混凝土表面的最大弹性徐变温度应力可按照下式计算

$$\sigma = f \rho E(\tau_m) \alpha A/(1-\mu) \tag{7.6-9}$$

$$f = \frac{1}{\sqrt{1+2u+2u^2}}, u = \frac{\lambda}{\beta}\sqrt{\frac{\pi}{2P}} \tag{7.6-10}$$

式中：λ 为混凝土导热系数，kJ/(m・h・℃)；ρ 为考虑徐变影响的应力松弛系数，可取 $\rho=0.90$；α 为混凝土线膨胀系数，1/℃；μ 为混凝土泊松比；$P=1$ 为气温变化周期，d；A 为气温日变幅，℃；$E(\tau_m)$ 为不同龄期的混凝土弹性模量，MPa。

7.6.4 表面保温效果估算

混凝土表面与保温层间的放热系数为

$$\beta = \frac{1}{1/\beta_0 + \sum h_i/\lambda_i k_1 k_2} \tag{7.6-11}$$

式中：λ_i 为保温材料导热系数，kJ/(m・h・℃)；β_0 为保温层外表面与空气间放热系数，kJ/(m^2・h・℃)；h_i 为保温层厚度，m；k_1 为风速修正系数，见表 7.6－1；k_2 为潮湿程度修正系数，潮湿材料取 3～5，干燥材料取 1。

表 7.6－1　　风速修正系数 k_1

保温层透风性		风速小于 4m/s	风速大于 4m/s
易透风保温层（稻草木等）	不加隔层	2.6	3
	外面加不透风隔层	1.6	1.9
	内面加不透风隔层	2	2.3
	内外加不透风隔层	1.3	1.5
不透风保温层		1.3	1.5

7.6.5 小湾拱坝表面保温

进行混凝土表面温度应力计算的主要目的是判断混凝土表面是否需要保护以及保护的

标准。小湾拱坝的表面保温计算，分别结算了混凝土早龄期、中后期龄期和后期（或称运行期）3 种情况下的表面应力。

（1）早龄期（28d 以前）。早龄期混凝土不考虑气温年变化引起的表面温度应力。混凝土表面温度应力考虑气温骤降（寒潮）应力、气温日变化应力和水化热内外温差应力的叠加。发生气温骤降（寒潮）时，日气温变化较小，根据有关定义，日温差取 6℃。计算结果见表 7.6－2。

表 7.6－2　　早龄期混凝土最不利组合引起的表面温度应力

等效热交换系数 β/[kJ/(m²·h·℃)]	强度等级	2 日型寒潮应力/MPa		日变化应力/MPa		水化热应力/MPa		叠加应力/MPa		抗裂强度 $\varepsilon_p E_c$/MPa		安全系数	
		7d	28d	7d	28d	7d	28d	7d	28d	7d	28d	7d	28d
47.1（表面无保护）	$C_{180}40$	0.93	1.13	0.23	0.26	0.59	0.68	1.75	2.07	1.90	2.44	1.1	1.2
	$C_{180}35$	0.88	1.08	0.22	0.25	0.56	0.64	1.66	1.97	1.52	1.98	0.9	1.0
	$C_{180}30$	0.84	1.03	0.20	0.24	0.52	0.59	1.56	1.86	1.26	1.79	0.8	0.96
10（表面保护）	$C_{180}40$	0.44	0.54	0.07	0.08	0.59	0.68	1.10	1.30	1.90	2.44	1.7	1.9
	$C_{180}35$	0.42	0.51	0.06	0.07	0.56	0.64	1.04	1.22	1.52	1.98	1.5	1.6
	$C_{180}30$	0.40	0.49	0.06	0.07	0.52	0.59	0.98	1.15	1.26	1.79	1.3	1.6

注　日变化取温差 6℃，水化热内外温差应力取 3.0m 浇筑层厚。

（2）中后期（28～90d）。混凝土在月平均气温下降时再遇到气温骤降（寒潮）和拆模时受低温空气冲击所产生的拉应力最大，故将月平均气温年变化产生的应力与气温骤降（寒潮）应力叠加或月平均气温年变化产生的应力与日气温变化产生的应力叠加，比较其大小，选择叠加应力最大的组合为最不利组合。计算结果见表 7.6－3。

表 7.6－3　　中后期混凝土最不利组合引起的表面温度应力（90d 龄期）

放热系数 β/[kJ/(m²·h·℃)]	混凝土强度等级	二日型寒潮应力/MPa	年变化应力/MPa	日气温变化应力/MPa	寒潮应力＋年变化应力/MPa	年变化应力＋日气温变化应力/MPa	抗裂强度 $\varepsilon_p E_c$/MPa	安全系数
47.1（表面无保护）	$C_{180}40$	1.43	0.96	0.95	2.39	2.38	3.14	1.3
	$C_{180}35$	1.38	0.92	0.92	2.30	2.30	2.57	1.1
	$C_{180}30$	1.33	0.89	0.88	2.22	2.21	2.29	1.0
10（表面保护）	$C_{180}40$	0.68	0.40	0.28	1.08	0.96	3.14	2.9
	$C_{180}35$	0.65	0.38	0.27	1.03	0.92	2.57	2.5
	$C_{180}30$	0.63	0.37	0.26	1.00	0.89	2.29	2.3

（3）运行期。运行期表面温度应力考虑月平均气温年变化应力、气温骤降（寒潮）应力和日变化应力叠加。根据小湾工程实际，拱坝投入运行时，混凝土最短龄期将超过 180d，按 180d 龄期计算，日温差取 6℃，寒潮取 2 日型。计算结果列于表 7.6－4。

拱坝混凝土运行期表面抗裂安全系数在无表面保护情况下为 1.7～1.4，满足要求，无需进行表面保护。

表 7.6-4 运行期混凝土表面温度应力

混凝土强度等级	2日型寒潮应力/MPa	年变化应力/MPa	日变化应力/MPa	叠加应力/MPa	抗裂强度 $\varepsilon_p E_c$/MPa	安全系数
$C_{180}40$	1.61	0.39	0.35	2.35	3.96	1.7
$C_{180}35$	1.56	0.37	0.34	2.27	3.26	1.4
$C_{180}30$	1.50	0.36	0.33	2.19	2.97	1.4

7.7 温度控制措施

7.7.1 分缝分块

混凝土浇筑块的尺寸越大，形状越扁平（所谓嵌固板），所受到的约束也越强，越易开裂。结构孔洞较多、体形复杂、基础不平整等情况，会给结构形成较多的应力集中部位，产生裂缝的可能性就大。横缝的划分应根据坝基地形地质条件、坝体布置、坝体断面尺寸、温度应力和施工条件等因素通过技术经济比较确定。目前拱坝一般每间隔 15～20m 设置一条横缝。以往当坝体比较厚时，还会设置纵缝，近年来由于温度控制措施的进步，且纵缝灌浆又会对施工带来一定的麻烦，拱坝有尽量少设置纵缝的趋势。

7.7.2 混凝土原材料及配合比

合理选择混凝土原材料、优化混凝土配合比的目的，是使混凝土具有较大的抗裂能力，具体说来，就是要求混凝土的绝热温升较小、抗拉强度较大、极限拉伸变形能力较大、热强比较小、线膨胀系数较小，自生体积变形呈微膨胀、低收缩。相关内容详见第 3 章。

7.7.3 混凝土浇筑温度

尽量降低混凝土浇筑温度，通过冷却拌和水、加冰拌和、预冷骨料等办法降低混凝土出机口温度，采用加大混凝土浇筑强度、仓面保冷等方法减少浇筑过程中的温度回升。

7.7.4 水管冷却

在混凝土内埋设水管，通冷却水以降低混凝土温度。水管冷却对控制早期内外温差和温升幅度都具有明显的作用。在水管冷却过程中要注意水温的选择，水温过低，管壁周围温度梯度和应力会过大，水管周围混凝土会由于冷击作用产生裂缝。冷却过程中要注意控制冷却降温幅度、降温速度及冷却范围，注意在冷却与未冷却之间形成合适的温度梯度。

7.7.5 表面保温

表面保温是降低热交换系数的有效手段，在混凝土表面覆盖保温材料，以减少内外温差、降低混凝土表面温度梯度。常态混凝土、碾压混凝土都应进行坝面、层面、侧面保温和保湿养护。应通过保温设计，选定保温材料，确定保温时间。孔口、廊道等通风部位应及时封堵。寒冷地区尤应重视冬季的表面保温。

表面保温是避免裂缝的最有效的手段，已经在众多工程中得到证实。在昼夜温差偏大及温度骤降频繁的地区和季节，应首选表面保温措施。

除以上各种措施外，在混凝土浇筑施工安排上，尽量做到薄层、短间歇（5～10d）、均匀上升。避免突击浇筑一块混凝土，然后长期停歇；避免相邻坝块之间过大的高差及侧面的长期暴露，相邻坝块的高差不宜超过10～12m，浇筑时间不宜间隔太久，侧向暴露面应保温过冬；尤其应避免“薄块、长间歇”，即在基岩或老混凝土上浇筑一薄块而后长期停歇，经验表明，这种情况极易产生裂缝。同时，在施工导流度汛设计时，应考虑坝体缺口过水度汛产生裂缝。上述情况如不可避免，则应进行专门研究并采取相应的措施。此外，尽量利用低温季节浇筑基础部分混凝土，注意加强混凝土的养护。

7.7.6 小湾拱坝温控措施

7.7.6.1 初期温控措施（A版）

混凝土裂缝无论是表层的或贯穿性的，均是由于混凝土的抗裂性能低于产生裂缝的应力所致。直接原因来自诸如过大的温差、不利的结构型式、施工质量和工艺不能保证、养护差，以及由于混凝土性能和原材料本身的缺陷，如过大的干缩、自生体积变形收缩、抗裂能力差等多种自然的和人为的因素。

依照现行相关规程规范以及本章所述的温控计算相关成果，确定的拱坝初期温控防裂措施如下。

（1）优化混凝土配合比。

1）在进行混凝土配合比设计和混凝土施工时，除满足混凝土强度等级、抗冻、抗渗、极限拉伸值等主要设计指标外，强度标准差δ和保证率P还应达到表7.7-1中混凝土质量指标。

2）选用水化热较低的水泥，采用的滇西水泥厂生产的小湾专供42.5级中热硅酸盐水泥，基本具备高强、中热的性能。

表7.7-1　　混凝土施工质量评定指标

评定指标	混凝土强度等级		
	$C_{180}40$	$C_{180}35$	$C_{180}30$
δ	≤5.0	≤4.5	≤4.5
P/%	90	90	90

3）选用适宜的掺合料和外加剂。采用的宣威电厂和曲靖电厂生产的Ⅰ级粉煤灰等量取代水泥（30%）具有减水和降低水泥水化热作用。外加剂优选试验表明，在混凝土中掺入适量高效、优质的减水剂和引气剂可以降低混凝土单位用水量19～22kg，达到降低水泥用量和减少水化热温升的目的。

4）根据试验结果，$C_{180}40$三级配混凝土胶凝材料用量比四级配混凝土高约33～

38kg/m³，混凝土绝热温升高5.5℃，相应最高温度高2.0℃左右。因此，基础约束区混凝土需采用四级配混凝土，骨料最大粒径150mm。

（2）控制拌和楼出机口温度。

1）散装水泥运至工地的入罐最高温度不超过65℃。

2）控制混凝土细骨料的含水率6%以下，且含水率波动幅度小于2%。对混凝土骨料进行预冷，并采取加片冰、加制冷水拌和及一次、二次风冷以降低混凝土出机口温度。

3）根据浇筑部位、浇筑月份等因素确定混凝土出机口温度。

（3）降低混凝土浇筑温度。

1）为防止浇筑过程中的热量倒灌，需加快混凝土的运输、吊运和平仓振捣速度。

2）4—9月运输过程中宜对吊罐等运输设备采取保温措施，以减少运输过程中温度回升。

3）浇筑过程中上坯混凝土覆盖时间必须控制在4h之内。根据浇筑部位、浇筑月份等因素，采取恰当的隔热保温措施。

（4）控制浇筑块最高温升。

1）应采取各种措施，控制坝块实际出现的最高温度不超过拱坝设计容许最高温度。

2）应充分利用低温季节和早晚时段浇筑；仓面喷雾时，喷嘴按形成雾状设计，喷雾应能覆盖整个仓面。喷雾时水分不应过量，要求雾滴直径达到40～80μm，以防止混凝土表面泛出水泥浆液。现场仓面喷雾见图7.7-1。

图7.7-1 小湾工程仓面喷雾

3）高温季节浇筑河床坝段基础约束区及孔口部位混凝土，收仓后层面立即覆盖等效热交换系数$\beta \leqslant 10.0$kJ/(m²·h·℃)的保温材料进行隔热保温12h，隔热时间最长不超过1d，然后洒水养护。现场仓面覆盖见图7.7-2。

4）按相关要求进行降温、养护和保护。

图 7.7-2 小湾工程仓面覆盖

(5) 控制浇筑层厚及间歇期。

1) 在满足浇筑计划的同时，应尽可能采用薄层、短间歇、均匀上升的浇筑方法。

2) 根据浇筑部位、浇筑月份等因素控制浇筑层厚。18～27 号河床坝段，基础约束区浇筑层厚不大于 1.5m；脱离基础约束区浇筑层厚可采用 3.0m；岸坡坝段基础约束区混凝土，在采取相应的温控措施后，可以浇筑 1.5～3.0m 层厚；孔口坝段孔口周围 20m 范围内浇筑层厚不大于 1.5m；陡坡坝段下部三角形区的混凝土，浇筑层厚按 3.0m 控制，但应等距铺设 3 层水管。

3) 控制混凝土层间间歇期，对于 1.5m 层厚，控制层间间歇 7d 左右；3.0m 层厚，控制层间间歇 7～10d。

4) 老混凝土龄期按约束区 14d、脱离约束区 21d 控制。上层新浇混凝土最高温度按上下层温差控制。

(6) 封拱灌浆温度沿坝厚方向的梯度。为减小拱坝运行期的温度荷载和温度应力，提出对同一灌区混凝土灌浆温度从上游至下游方向依次升高，形成温度梯度，具体设计方案为将同一灌区混凝土沿坝厚方向分成上、中、下 3 个灌浆温度分区（Ⅰ区、Ⅱ区、Ⅲ区），封拱灌浆温度从上游至下游依次升高 1.0～4.0℃，要求实施中对同一灌浆区的相邻坝块同时进行二期通水冷却。

(7) 通水冷却。坝内冷却蛇形管采用 HDPE 塑料管，水平间距采用 1.5m。垂直间距与浇筑分层厚度一致，当浇筑层厚为 3.0m 时，蛇形管垂直间距采用 1.5m（中间加铺一层水管）或 1.0m（中间加铺二层水管）。现场冷却水管铺设见图 7.7-3。

单根冷却蛇形管冷却水流量控制在 1.2～1.5m^3/h，水流方向每 24h 变换一次。混凝土降温速度每天不大于 1℃，一期冷却进口水温与混凝土最高温度之差不超过 25℃，二期冷却进口水温与混凝土最高温度之差不超过 30℃。

图 7.7-3 小湾工程冷却水管铺设

一期通水冷却时，冷却蛇形管入口处水温采用10℃，通水冷却时间不少于21d。一期通水冷却结束的标准是：约束区混凝土温度降至18～20℃，非约束区混凝土温度降至20～22℃。

一般应在接缝灌浆前45d开始二期冷却通水，具体开始时间应根据坝体实测初始温度和灌浆规划确定。二期冷却蛇形管入口处最低水温为6℃。

(8) 混凝土表面保护及养护。

1) 龄期小于90d的混凝土暴露表面均应进行表面保护，保护标准为等效热交换系数$\beta \leqslant 10.0\text{kJ}/(\text{m}^2 \cdot \text{h} \cdot ℃)$；对坝体上、下游面及孔洞部位应常年挂贴上述标准的保护材料，保护材料应紧贴被保护面。表7.7-2列出了可以使用的表面保温材料，坝体下游面保温见图7.7-4。

2) 对日气温变幅较大季节（12月至翌年5月）浇筑混凝土，应在模板内侧粘贴等效热交换系数$\beta \leqslant 20.0\text{kJ}/(\text{m}^2 \cdot \text{h} \cdot ℃)$的保温材料，延迟拆模时间（不得早于3d）。

3) 混凝土初凝后即开始采用流水或洒水养护，必要时要覆盖持水材料，养护时间不少于28d（上部覆盖混凝土除外），避免养护面干湿交替。

4) 周转使用的保护材料，必须保持清洁、干燥，以保证不降低保护标准。

表 7.7-2　参考的表面保温材料

保温材料	厚度/cm	等效放热系数/[kJ/(m² · h · ℃)]	施工方法	备注
普通木模	3.0	15.5		潮湿
双层气垫薄膜（双层、双泡）	0.4	12.6	胶黏	淋水
保温被	6.0	10.0	吊挂、贴压	淋水
聚苯乙烯泡沫塑料板	3.0	11.78	吊挂、贴压	
聚苯乙烯泡沫塑料板	5.0	6.5	吊挂、贴压	

7.7.6.2 温控措施的调整

(1) 随大坝混凝土浇筑，密切跟踪进行仿真分析，在大坝平均浇筑至高程约

图 7.7-4 小湾工程坝体下游面保温

1050.00m 时，对部分温控标准和温控措施进行了首次调整（B 版），主要调整如下：

1）为防止一期冷却闷温结束后坝体混凝土内部温度回升，在坝体混凝土一期冷却闷温结束后 18～22d 开始通水，使混凝土温度保持一期冷却结束标准。

2）二期冷却开始时混凝土龄期不得少于 2 个月，并保证接缝灌浆时混凝土龄期不少于对接缝灌浆混凝土龄期的要求。

3）二期冷却进口水温与混凝土最高温度之差不超过 20℃，否则需减少通水流量，降低混凝土冷却速度。

4）坝体实测灌浆温度与设计灌浆温度的差值应控制在－2℃和＋0℃范围内，以避免较大的超温或超冷。

5）灌区的相邻坝块，一般需同时进行二期通水冷却。施灌灌浆区上部一到两个灌浆区的坝块一般也需同时冷却，灌浆区温度应沿高程方向有适当的梯度，见表 7.7-3。

表 7.7-3　灌区温度沿高程方向梯度

冷却分区	温度要求	冷却分区	温度要求
未二冷区	一冷结束后的温度：T_d	二冷盖重区（拟灌浆区以上 6m 左右）	冷却到该层灌区封拱温度：T_b
二冷过渡区（盖重区以上 6m 左右）	冷却温度：$T_c=(T_b+T_d)/2$	拟灌浆区（设计灌浆区高度）	冷却到该层灌区封拱温度：T_a

（2）当拱坝浇筑至中上部高程时，在多个坝段相继出现了贯通性较好的温度裂缝，基于对裂缝成因机制的分析（详见第 10 章），对温控措施及时进行再次调整（C 版），主要调整如下：

1）一期通水时间不少于 21d，并应连续进行，严格控制混凝土最高温度、降温速率、结束温度，详见表 7.7-4。

2）一期冷却进口水温与混凝土最高温度之差不超过 20℃。

3）为控制一期冷却闷温结束后至二期冷却开始时坝体混凝土内部的温度回升，降低二期冷却开始时的混凝土温度，减小温度应力，增设中期冷却。

表 7.7-4　　一期通水冷却要求

目　的	控制混凝土最高温度不超过容许最高温度	满足一冷结束温度要求
时间	前 10d	10d 之后
蛇形管进口水温/℃	10±1	10±1
参考通水流量/(m^3/h)	1.2～1.5	0.5～1.2
通水天数/d	10	≥11
最大降温速率	每天不超过 1.0℃	每天不超过 0.5℃
冷却结束时温度/℃		20±1

4）保持一期冷却结束后至二期冷却开始前整个时段混凝土温度为 18～20℃，宜控制在下限，降温时应确保均匀下降，最大降温速率小于 0.5℃/d。对温控措施调整前一期通水闷水测温值大于 21℃的坝体混凝土，应采取通水措施，确保其温度缓慢均匀下降，最大降温速率小于 0.5℃/d，当混凝土温度降至 18～20℃后（宜控制在下限），应一直保持此温度至二期冷却开始前。

5）中期通水可采取间歇通水措施，先通水 3～5d 后闷温 7d，视闷温结果再决定以后通水时间，积累经验后根据实际情况适当调整。中期通水蛇形管入口处水温 10℃±1℃，参考通水流量 0.5～1.0m^3/h。

6）鉴于实施难度，同高程灌区沿坝厚方向不再划分Ⅰ区、Ⅱ区、Ⅲ区三个灌浆温度分区。

7）同一批二期冷却的坝段，同一坝段内二期冷却区范围内的冷却管圈应同时开始二冷，即冷却管圈通水开始时间相差不超过 1d；相邻坝段应同期二冷，即相邻坝段通水开始时间相差不超过 2d。二期冷却时应连续通水，严格控制各二冷区降温速率，二期冷却过程中过渡区和盖重区之间的温差始终不应大于二冷结束时两者之间的温差。

8）鉴于已浇混凝土的冷却现状及前后衔接，二期通水冷却要求详见表 7.7-5～表 7.7-7，表中一个灌浆区高度一般为 9～12m。

表 7.7-5　　高程 1071.50～1108.00m 二期通水冷却要求

<table>
<tr><th colspan="2">冷却分区</th><th>分区高度</th><th>二冷开始时各区混凝土龄期</th><th>二冷开始时温度</th><th>二冷结束时温度</th><th>降温速率</th></tr>
<tr><td colspan="2">未二冷区</td><td>过渡区以上高度大于等于 6m</td><td>二冷开始时本区一冷已结束</td><td></td><td>一冷结束后的温度：T_d</td><td></td></tr>
<tr><td rowspan="3">二冷区</td><td>过渡区</td><td>盖重区以上 12m</td><td>不小于 60d</td><td>二冷开始前的闷水测温值 T_{b3}</td><td>冷却达到的温度：$T_c=(T_{b3}+T_{a2})/2$</td><td rowspan="3">同时二冷，连续通水，均匀降温，最大降温速率每天不大于 0.5℃</td></tr>
<tr><td>盖重区</td><td>拟灌浆区以上 12m</td><td>不小于 90d</td><td>二冷开始前的闷水测温值 T_{b2}</td><td>冷却到该层灌浆区封拱温度：T_{a2}</td></tr>
<tr><td>拟灌浆区</td><td>一个灌浆区高度</td><td>不小于 90d</td><td>二冷开始前的闷水测温值 T_{b1}</td><td>冷却到该层灌浆区封拱温度：T_{a1}</td></tr>
</table>

表 7.7－6　　高程 1084.00～1153.50m 二期通水冷却要求

冷却分区		分区高度	二冷开始时各区混凝土龄期	二冷开始时温度	二冷结束时温度	降温速率
未二冷区		过渡区以上高度大于等于 6m	二冷开始时本区一冷已结束		一冷结束后的温度：T_d	
二冷区	过渡区	盖重区以上 12m	不小于 60d	二冷开始前的闷水测温值 T_{b3}	冷却达到的温度：$T_c=(T_{b3}+T_{a2})/2$	同时二冷，连续通水，均匀降温，最大降温速率每天不大于 0.5℃
	盖重区	拟灌浆区以上 12m	不小于 90d	二冷开始前的闷水测温值 T_{b2}	冷却到该层灌浆区封拱温度：T_{a2}	
拟灌浆区		一个灌浆区高度	不小于 90d	保持该层灌浆区封拱温度：T_{a1}		

表 7.7－7　　高程 1153.50m 以上二期通水冷却要求

冷却分区		分区高度	二冷开始时各区混凝土龄期	二冷开始时温度	二冷结束时温度	降温速率
未二冷区		过渡区以上高度大于等于 6m	二冷开始时本区一冷已结束		一冷结束后的温度 T_d	
二冷区	过渡区	盖重区以上一个灌区高度	不小于 60d	二冷开始前的闷水测温值 T_{b3}	冷却达到的温度 $T_c=(T_{b3}+T_{a2})/2$	同时二冷，连续通水，均匀降温，最大降温速率每天不大于 0.5℃
	盖重区	拟灌浆区以上一个灌浆区高度	不小于 90d	二冷开始前的闷水测温值 T_{b2}	冷却到该层灌浆区封拱温度 T_{a2}	
拟灌浆区		一个灌浆区高度	不小于 90d	保持该层灌浆区封拱温度 T_{a1}		

9）拟灌浆区温度满足设计要求后应及时进行接缝灌浆。拟灌浆区接缝灌浆完成后，应控制其上部的盖重区和过渡区温度回升，盖重区作为下一次拟灌浆区，接缝灌浆前混凝土温度与设计封拱温度相差不大于 1℃，过渡区温度回升不大于 1℃，否则应采取通水等措施将混凝土温度降到设计要求温度，最大降温速率每天小于 0.5℃。

10）坝体实测封拱温度与设计封拱温度的误差标准为±1℃，并尽量避免超冷。二期冷却进口水温与混凝土最高温度之差不超过 15℃，宜控制在 10℃。

严格按照调整的温控措施实施后，坝体未再出现新的温度裂缝。

7.8 有关问题讨论

小湾拱坝初期温控标准和措施，依据的一些设计假定、分析计算方法、试验成果等存在针对特高拱坝的适应性和合理性问题，导致制定的温控措施在有效性方面存在不足，主要表现在以下几个方面：

（1）水库水温的确定采用的是经验公式方法，此方法确定的水库水温有一定的局限性，主要是不能反映水库运行条件及初始水库蓄水条件对水库水温的影响，尤其是库底淤积对库底水温的影响（详见第 10 章）。

（2）拱坝混凝土的力学性能、变形性能和热学性能具有显著的时空特性，与试验环境条件下得出的恒定结果存在很大差异，基于某一特定龄期的热学、力学性能进行混凝土强度设计及温控设计有一定的局限性（详见第 3 章）。

（3）计算分析中对混凝土浇筑、浇筑温度、仓面喷雾效果、通水冷却过程及效果等采取简化和拟定的方式处理，与实际施工过程存在较大差异，未能完全反映拱坝实际温度场的时空效应；采用单坝段模型分别进行计算的方法，忽略了拱坝作为空间壳体的整体效应及对混凝土浇筑块的三维约束作用，未能完全反映拱坝的真实应力及时空分布规律（详见第10章）。

参 考 文 献

［1］ 美国内务部垦务局．混凝土坝的冷却［M］．侯建功，译．北京：水利电力出版社，1958.

［2］ 潘家铮．混凝土坝的温度控制计算［M］．上海：上海科学技术出版社，1959.

［3］ 丁宝瑛，胡平．水工大体积混凝土温度场的边界条件［A］//大体积混凝土结构的温度应力与温度控制论文集．北京：兵器工业出版社，1991.

［4］ 水利电力部水利水电建设总局．水利水电工程施工组织设计手册：第3卷 施工技术．北京：中国水利水电出版社，1997.

［5］ 龚召熊．水工混凝土的温控与防裂［M］．北京：中国水利水电出版社，1999.

［6］ 朱伯芳．大体积混凝土温度应力与温度控制［M］．北京：中国电力出版社，2003.

［7］ 周建平，党林才．水工设计手册：第5卷 混凝土坝［M］．2版．北京：中国水利水电出版社，2011.

8 拱坝细部结构设计

8.1 坝体混凝土强度分区

高拱坝，尤其是特高拱坝，坝体应力水平较高，混凝土强度设计等级也相应较高。但拱坝作为壳体结构，其应力分布具有显著特点，较大的应力主要集中在坝踵、坝趾区，地震设防烈度高的拱坝，坝体中上部高程拱冠附近的动静叠加应力水平也较高，其余部位应力水平并不高。因此，从经济合理角度考虑，高拱坝的混凝土强度往往根据坝体应力分布状况，进行强度等级分区设计。

小湾拱坝选定的JSTX3体形（见第5章），按照与规范配套的多拱梁法计算，在持久组合工况下，坝体最大主拉应力为1.22MPa，最大主压应力为10.0MPa。根据SDJ 145—1985《混凝土拱坝设计规范》中拱坝混凝土强度安全系数不小于4的规定，确定混凝土最大强度为40MPa。根据坝体应力分布，包括动静应力分布状况（见第4、第5章），并考虑坝内细部结构，将坝体混凝土分为A、B、C共3个区，180d龄期的混凝土强度分别为40MPa、35MPa、30MPa，按照强度、抗冻、防渗要求分为3个等级：$C_{180}40W_{90}14F_{90}250$、$C_{180}35W_{90}12F_{90}250$和$C_{180}30W_{90}10F_{90}250$，详见表8.1-1和图8.1-1。

表8.1-1　混凝土分区表

分区	使用部位	主要技术指标	混凝土
A	1～4号、40～43号坝段、推力墩、其余坝段基础混凝土高度20～40m，各泄洪孔口上下10m左右，20～25号坝段高程1130m以上	$C_{180}40W_{90}14F_{90}250$	四级配混凝土 部分三级配混凝土、部分二级配混凝土
B	5～39号坝段A区及C区以外部分	$C_{180}35W_{90}12F_{90}250$	四级配混凝土
C	8～17号、28～36号坝段的中部、高程分布于1107～1218m之间	$C_{180}30W_{90}10F_{90}250$	四级配混凝土
	溢流表孔表层2～5m	采用A区混凝土	三级配混凝土
	下游闸墩	$C_{90}40F_{90}250$	三级配、二级配混凝土
	导流中孔及底孔堵头	采用A区混凝土	二级配混凝土

8.2 坝踵结构诱导缝

高拱坝坝踵区拉应力水平较高，高拉应力往往会导致混凝土开裂。为改善坝踵区应力分布，防止坝踵混凝土开裂或坝踵混凝土与基岩接触面开裂，确保大坝安全，在坝踵人为设置周边缝或结构缝以释放坝踵高拉应力，进而实现对开裂的控制，是解决高拱坝坝踵开

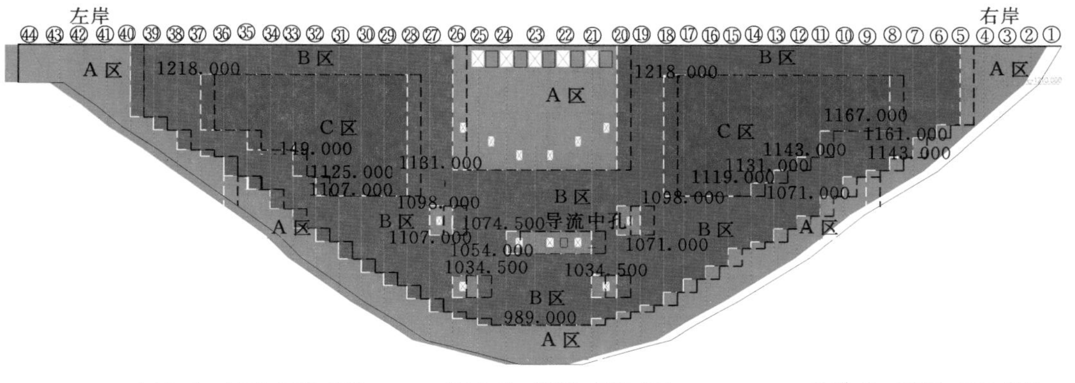

A 区：$C_{180}40W_{90}14F_{90}250$　　B 区：$C_{180}35W_{90}12F_{90}250$　　C 区：$C_{180}30W_{90}10F_{90}250$

图 8.1-1　拱坝混凝土分区图

裂问题的一种途径。20 世纪，世界上建成的坝高超过 200m 的 17 座拱坝中有 5 座拱坝设周边缝，其中最高的两座拱坝——英古里拱坝（坝高 271.5m）、瓦依昂拱坝（坝高 262m）均采用了周边缝。拱坝设周边缝会削弱拱坝的整体刚度，为减少设周边缝对拱坝的影响，可以考虑采用缝面不切断整个坝体的局部缝，如半周边缝（缝止于坝体中部）、坝踵短缝。坝踵短缝位于坝踵拉应力区域，缝下游设止缝和检查廊道，既可以释放坝踵拉应力，又不削弱坝体整体刚度。采用坝踵短缝最高的拱坝是莱索托卡策拱坝，坝高 185m，坝顶长 710m，坝底宽 60m，坝踵缝深 9m。

对小湾拱坝采用传统的数值分析计算及模型试验均表明，在高水位运行工况下，坝踵分布有一定范围的拉应力区，存在开裂的可能（见第 4 章）。为此，采取在坝体底部高程设置结构诱导缝的方式，防范开裂风险。对诱导缝设置部位、缝深及是否考虑库水入渗等问题开展了一系列计算和分析比较。

8.2.1 诱导缝应力分析

8.2.1.1 不同设缝高程、缝深度及库水入渗状况比较

（1）计算模型。将诱导缝的底高程分别设置于高程 975.00m 和 960.00m，缝深为 9.0～27.0m，考虑库水入渗与不入渗即湿缝与干缝，采用传统有限元模型进行计算分析。计算组合方案见表 8.2-1。

表 8.2-1　　计 算 方 案

序号	方 案 描 述
方案 1	坝体不设结构诱导缝
方案 2	设缝高程为 960.00m，缝深为 9.0m，干缝
方案 3	设缝高程为 960.00m，缝深为 9.0m，湿缝
方案 4	设缝高程为 960.00m，缝深为 18.0m，干缝
方案 5	设缝高程为 960.00m，缝深为 18.0m，湿缝
方案 6	设缝高程为 960.00m，缝深为 27.0m，干缝

续表

序号	方 案 描 述
方案 7	设缝高程为 960.00m，缝深为 27.0m，湿缝
方案 8	设缝高程为 975.00m，缝深为 9.0m，干缝
方案 9	设缝高程为 975.00m，缝深为 9.0m，湿缝
方案 10	设缝高程为 975.00m，缝深为 18.0m，干缝
方案 11	设缝高程为 975.00m，缝深为 18.0m，湿缝
方案 12	设缝高程为 975.00m，缝深为 27.0m，干缝
方案 13	设缝高程为 975.00m，缝深为 27.0m，湿缝

诱导缝的模拟采用三维非线性有限元程序中的夹层单元来模拟结构诱导缝。夹层单元为有厚度的薄板状单元，其所有的物理力学参数均采用缝的实际材料参数。夹层单元的单元分析与实体单元一致，即按常规有限元的方法形成刚度矩阵。在本构关系上，同时考虑了法向和切向的非线性特性，考虑了缝面应力与变位的非线性重调整，具体模拟了缝面的黏结、滑移、张开等变形模式，从而使计算更符合实际情况。

有限元计算范围以拱冠梁处拱坝轴线和拱坝中心线为基准，在上游近 1 倍坝高、下游近 3 倍坝高、横河向 1400m 范围内，模拟了各类岩体及其所含有的断层及蚀变岩体，即横穿两岸的 F_7、F_{11}、F_5、F_{19}、F_{23}断层，仅在右岸的 F_{10}、F_{27}、F_{22}横河向断层、左岸的 F_{20}顺河向断层以及右岸的 E_1、E_4、E_5 蚀变岩体和左岸含有 f_{30}与 F_{20}相连的 E_8 蚀变岩体。岩体模拟深度为 1 倍坝高，即模拟高程从坝顶高程 1245.00m 到基础下 660.00m 的垂直范围内（总共 585m），采用有厚度的节理单元来模拟断层及蚀变岩体。坝基非径向开挖及回填方式按“15°、下游不贴角”方案计算。基础处理方案按硐井塞置换方案。

在高程 1245.00～1130.00m 区，坝体沿厚度分为 2 层；高程 1130.00～990.00m 区，分为 4 层；高程 990.00～953.00m 区，沿厚度加密，分为 8 层。在坝与基础接触部分，单元网格一般边长均为 5m，且为 20 节点等参元。坝体网格沿高程分为 15 层。

为便于网格剖分并保证求解精度，缝厚取为 0.5m。诱导缝的网格剖分与所在高程的坝体实体单元相适应，即其长宽方向上的尺寸与相邻的实体单元尺寸保持一致。

计算岩体强度采用 Drucker 准则，混凝土采用四参数准则，按弹塑性断裂方法进行非线性迭代计算。

（2）计算结果。

1）设缝高程越接近坝基，释放拉应力的效果越明显，设置在高程 960.00m 优于在高程 975.00m。

2）设缝深度对坝踵拉应力的改善影响显著，缝深增大，改善效果相对更为明显。因此，缝深设置不宜过浅。

3）缝面是否考虑库水入渗，对坝踵拉应力的改善也有影响，不考虑库水入渗（干缝）的情况，拉应力改善效果优于考虑库水入渗（湿缝）的情况。因此，应做好缝面防渗。

8.2.1.2 设缝高程 960m、缝深 8.5～20.5m

（1）计算模型。基于上述分析，将诱导缝底高程设置于高程 960.00m，两岸延伸至高

程 975.00m，结合基础廊道布置（图 8.2-1），缝深考虑为 8.5～20.5m，不考虑库水入渗，作进一步计算分析。计算组合方案见表 8.2-2。

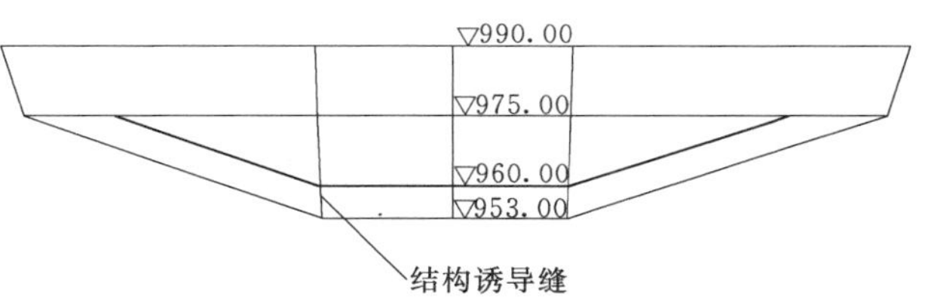

图 8.2-1　坝踵短缝布置示意图（单位：m）

底部结构诱导缝为有限深缝，不穿透坝体，为了消除缝端应力集中带来的不利现象，短缝分析模型中采用一定厚度的实体结构模拟缝模型。为了控制网格精度及单元的合理规模，整体分析中对缝的模拟厚度确定为 0.25m；为进一步分析模型局部的效应，局部子模型分析中考虑缝厚为 0.02m。

表 8.2-2　　短缝计算方案

序号	方案说明	计算方法	基础条件	施工条件
方案 1	坝体不设置底缝	1. 线弹性整体模型 2. 非线性整体模型 3. 非线性子模型	均质基础	考虑施工过程
方案 2	缝深 8.50m，缝厚 0.25m，子模型 0.02m			
方案 3	缝深 12.5m，缝厚 0.25m	线弹性整体模型		1. 不考虑施工过程 2. 考虑施工过程
方案 4	缝深 16.5m，缝厚 0.25m			
方案 5	缝深 20.5m，缝厚 0.25m			
方案 6	坝体不设置短缝	1. 线性整体模型 2. 非线性整体模型	复杂基础	考虑施工过程
方案 7	缝深 8.5m，缝厚 0.5m			
方案 8	坝体不设置短缝			1. 考虑施工过程 2. 考虑地应力
方案 9	缝深 8.5m，缝厚 0.5m，子模型 0.02m			

缝结构材料采用低弹模材质，适当增大泊松比。经分析模型取为：弹模 0.05GPa，泊松比 0.35，凝聚力 0.1MPa，摩擦系数 0.5。

根据拟定的蓄水过程曲线，蓄水控制水位主要有 1030.00m、1160.00m、1180.00m 和 1240.00m，综合考虑拱坝结构的自重加载过程、蓄水过程以及封拱实际情况等因素，三维有限元计算时，按以下方案模拟拱坝的浇筑、封拱及蓄水过程，详见表 8.2-3。

表 8.2-3　　拱坝上升、蓄水过程的计算方案　　单位：m

序号	浇筑高程	封拱高程	蓄水高程	下游水位	上游泥沙高程
方案 1	953.00～1090.00				
方案 2	1090.00～1150.00	953.00～1090.00			
方案 3	1150.00～1210.00	1090.00～1150.00	1030.00		
方案 4	1210.00～1245.00	1150.00～1210.00	1160.00		
方案 5		1210.00～1245.00	1180.00		
方案 6			1240.00	1004.00	1097.00

（2）计算结果。

1）坝踵设缝后对坝体应力有调整作用，减少了较大主拉应力区的范围和水平，但较小拉应力区（不大于1MPa）范围略有增加，而主压应力区基本没有变化。拉应力降低幅度与计算方法有关，线弹性计算降低幅度较为明显，设缝后，最大主拉应力约降低2MPa；非线性计算中考虑基础岩体的实际特性及施工过程，设缝后，最大主拉应力约降低0.6MPa。

2）由于缝的设置削弱了拱坝梁向作用，增加了拱的分载作用，因而坝体顺河向位移有所增加，超载能力略有下降，但幅度轻微，不影响大坝的安全性。

3）动力分析表明，设缝后对坝体的动力反应基本没有影响。

4）计算分析表明缝的设置高程宜尽量靠近坝基面，且较大的缝深对改善坝踵拉应力效果更好，但是缝深超过一定深度后对坝踵拉应力的改善已不再明显。

5）基础状况对下部高程坝踵部位的拉应力分布影响有限，均匀基础与考虑实际地质构造分析情况下的应力水平基本一致，底缝分析时采用均质基础模型可以反映下部高程坝踵的拉应力分布状况。

6）考虑施工加载过程后，坝踵拉应力水平有明显下降，且受拉范围减小，说明坝体自重对坝踵拉应力的改善贡献显著，分析中考虑坝体浇筑、封拱和蓄水过程是必要的。

8.2.1.3 设缝高程956m、缝深10m

（1）计算模型。将设缝高程降低至956.00m，设缝深度为10m，缝端部设置一直径2m的检查廊道，用于检查和维护以及消除缝端的应力集中。诱导缝距离建基面约3m，两岸分别考虑延伸至高程975.00m和990.00m（17～28号坝段），图8.2-2为基本布置情况。

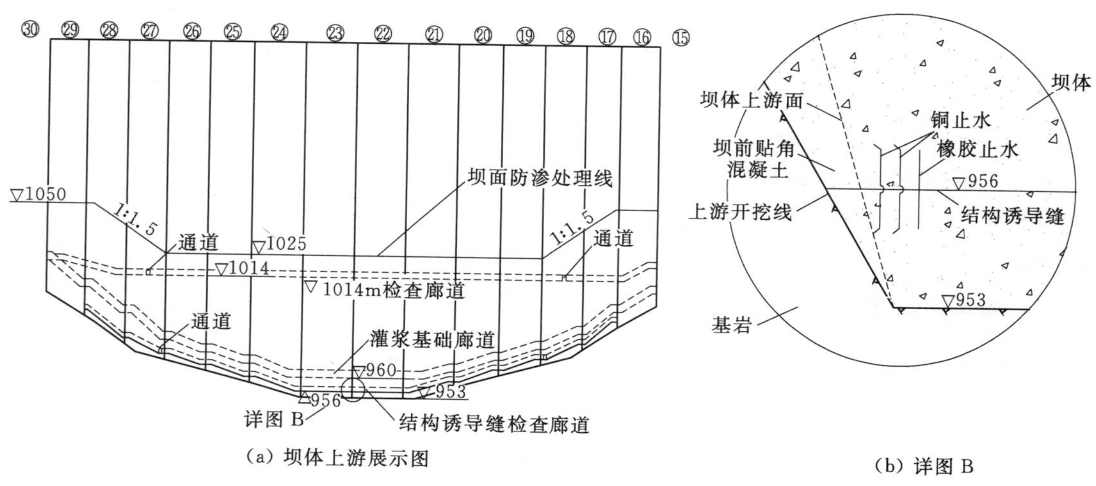

(a) 坝体上游展示图

(b) 详图B

图8.2-2 高程956m设缝布置图

采用整体线弹性模型、整体弹塑性模型、子模型线弹性分析、子模型弹塑性分析等方法。计算分析中还考虑了施工蓄水过程。

计算分析中不考虑坝体混凝土强度分区，采用同一个标号级别的混凝土材料，对于设

缝情况下，缝单元考虑采用复合材料单元进行模拟，物理力学参数见表 8.2-4。

表 8.2-4　　均匀坝基模型岩体、坝体模量和抗剪断强度参数

材料名称	泊松比	变形模量/GPa	f'	c'/MPa
岩体	0.260	22.00	1.400	1.800
混凝土	0.167	21.00	1.773	2.626
底缝	0.350	0.05	0.500	0.100

采用整体模型加子模型进行计算，模拟了拱坝的浇筑、封拱及蓄水过程。

根据坝体模型图及拱冠底部设置缝的要求，建立整体有限元网格模型（图 8.2-3），共划分单元 70469 个，节点 77358 个，其中坝体单元共计 31991 个，节点 35080 个。

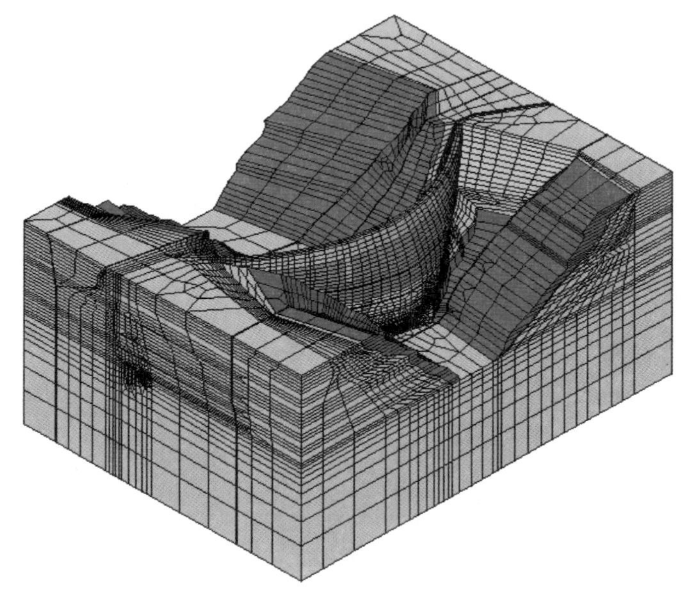

图 8.2-3　整体模型有限元网格

划分子模型有限元网格时，为更好地模拟真实情况，在设缝高程以下的坝体划分较密。缝端逐渐呈圆环状向外扩展，且在缝周围单元尺寸平均为 0.5m。共划分单元 33328 个，节点 37247 个，其中坝体单元共计 24768 个，节点 27812 个。子模型有限元网格见图 8.2-4，缝附近局部网格见图 8.2-5。

（2）计算结果。计算结果见图 8.2-6～图 8.2-13。

1）缝的设置削弱了拱坝梁向作用，但增加了拱的分载作用，在高程 1090.00m 以上，设缝后顺河向位移均表现为增加，最大增加量在坝顶高程 1245.00m，增加量约为 3mm；横河向位移基本没有变化；在高程 1090.00m 以下，设缝后顺河向和横河向位移均小于不设缝模型，变化幅度在 1mm 左右。设缝后铅垂向位移均表现为增加，但增加量仅为 1mm 左右。

2）线弹性和弹塑性分析均表明，设缝前后左右两岸坝趾主压应力的分布基本没有变

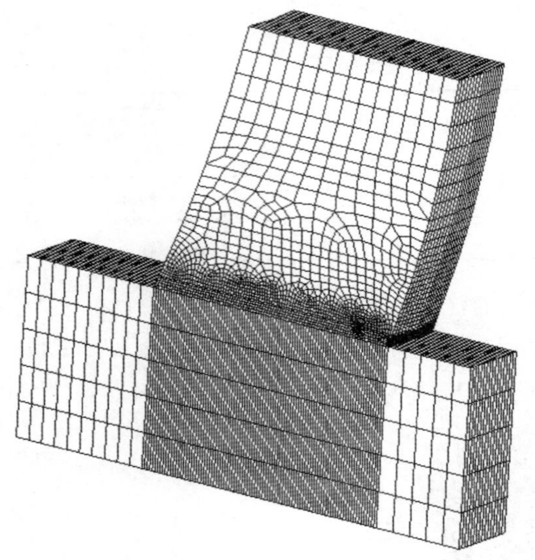

图 8.2-4 子模型有限元网格

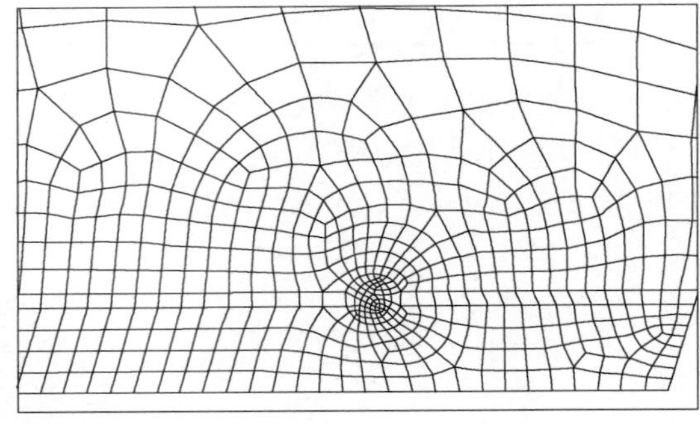

图 8.2-5 子模型诱导底缝网格放大图

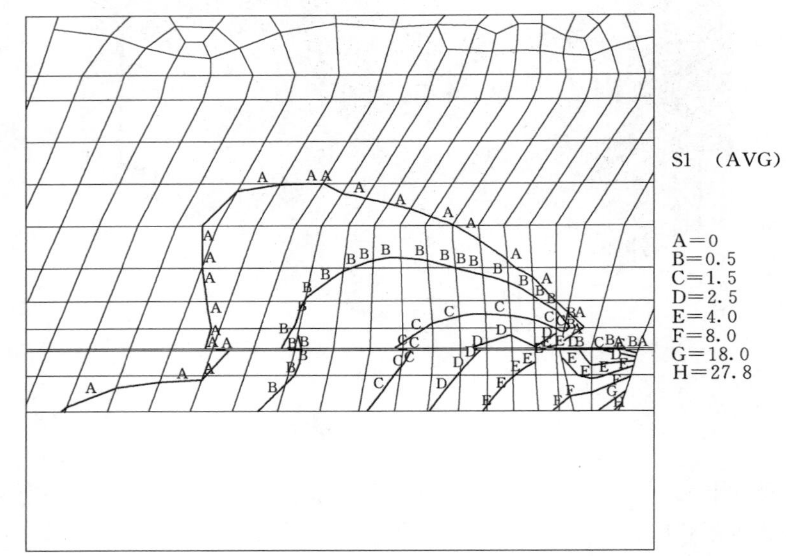

图 8.2-6 弹性计算（设缝）σ_1 拉应力分布区

化，右岸的应力水平略高于左岸。

3）坝底高程 953.00m 的平面剪应力分布及水平在设缝前后基本没有变化。在高程 956.00m 设缝，平面剪应力从坝踵至坝体中部略有增加，最大增加量约为 1.4MPa（位于坝踵，但剪应力水平总体小于 2.2MPa），而在剪应力水平较高（约 6MPa）的坝趾附近，设缝前后剪应力基本没有变化。

4）坝踵区存在一定范围的拉应力，设缝后，较大拉应力范围和水平明显降低。线弹性分析大于 2.5MPa 的范围已降至缝面高程 956.00m 以下，而弹塑性分析大于 1.0MPa

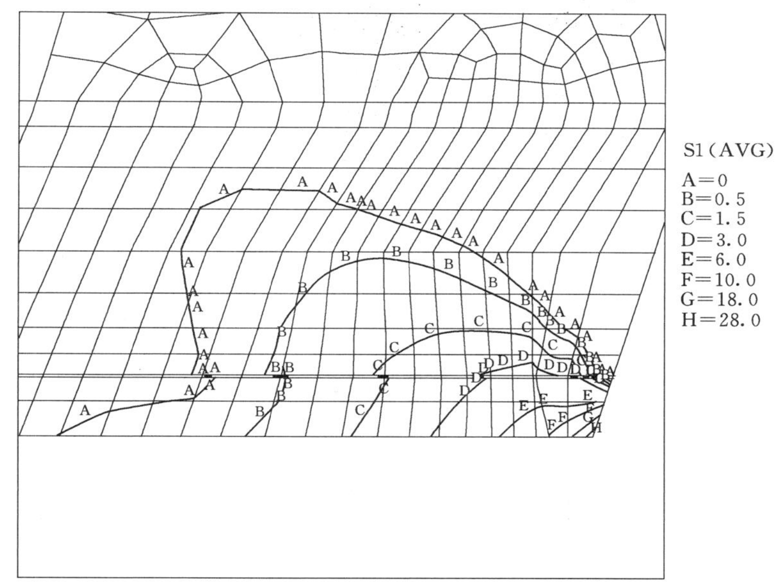

图 8.2-7 弹性计算(无缝)σ_1 拉应力分布区

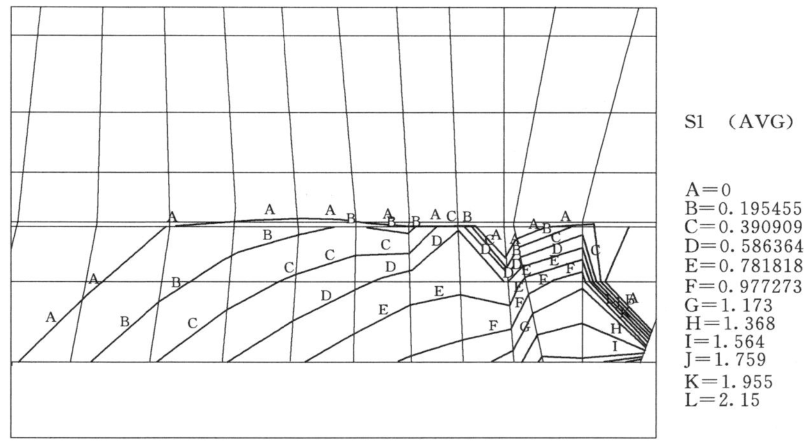

图 8.2-8 弹塑性计算(设缝)σ_1 拉应力分布区

的主拉应力范围也已降至缝面高程以下。铅垂向的拉应力相对主拉应力而言,其范围和数值均较小,基本上仅出现在坝踵沿拱厚方向约 10m 范围内。设缝后,线弹性分析大于 2.0MPa 的拉应力范围已降至缝面高程以下,而弹塑性分析缝面高程 956.00m 以上基本无拉应力,缝面高程 956.00m 以下的拉应力小于 1.0MPa。

5)缝设在高程 956.00m 比设在高程 960.00m 对释放坝踵的拉应力效果相对较为明显。子模型的分析表明,缝设于高程 960.00m,其下部分仍存在较大范围的拉应力,最大主拉应力约为 2.5MPa,而设缝高程降低至 956.00m 后,缝面以上基本已无拉应力出现,缝面以下拉应力的范围和水平明显降低,最大主拉应力水平小于 1.0MPa。

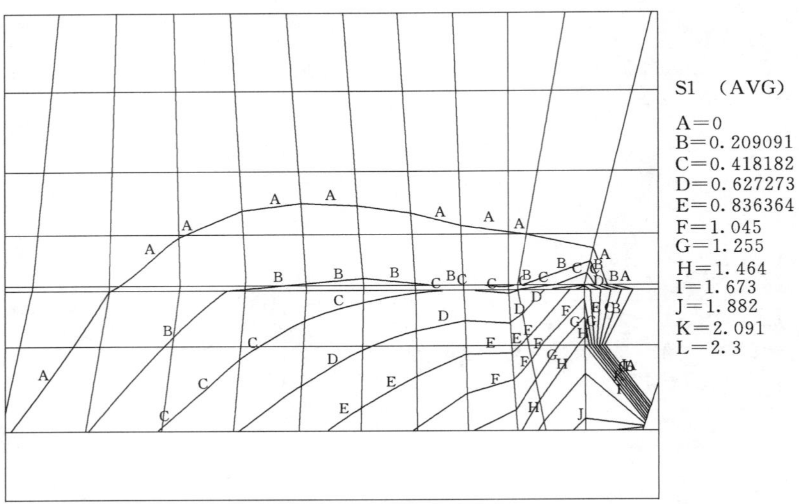

图 8.2-9 弹塑性计算（无缝）σ_1 拉应力分布区

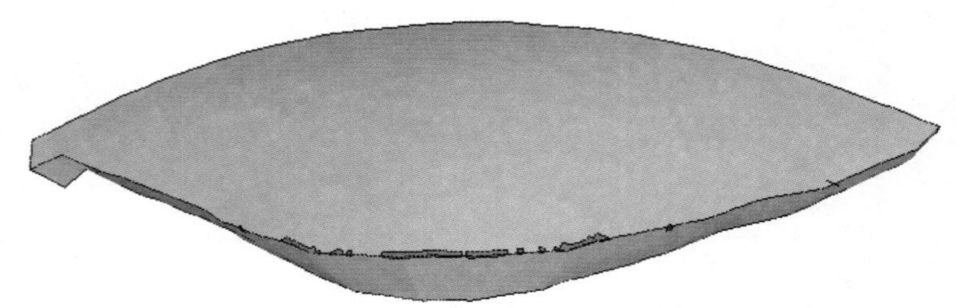

图 8.2-10 坝体（设缝）整体屈服区

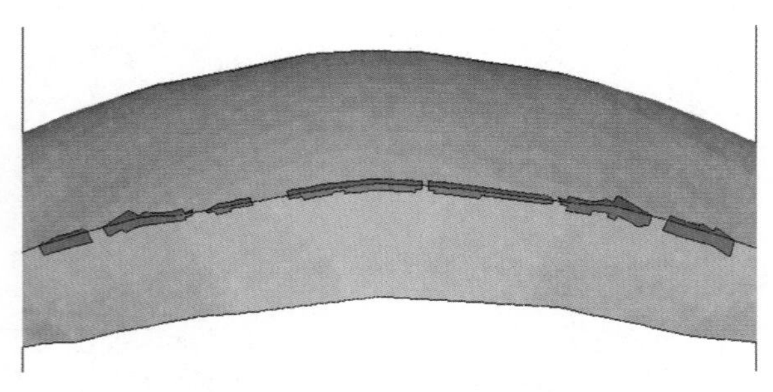

图 8.2-11 坝体（无缝）整体屈服区

6）设缝高程从 956.00m 延伸至 990.00m 比延伸至 975.00m 对坝踵拉应力的改善效果要好一些，可以降低高程 975.00m 附近的拉应力水平。

7）在拱坝施工过程中，由于拱坝自重作用在高程 956.00m 缝面产生的铅垂向变形是铅垂向下，使缝面处于预压状态。在水库蓄水后，水压力和泥沙压力在高程 956.00m 缝面产生的铅垂向变形向上，抵消自重作用产生的铅垂向变形。考虑拱坝施工过程，在各种荷载综合作用下，高程 956.00m 诱导缝顶、底面的铅垂向变形表现为相互张开趋势，约在 2mm 以内。说明设置诱导缝对释放坝踵处拉应力是有利的，对拱坝整体刚度影响甚微，但局部区域的刚度有一定的降低。

8）设缝及缝端廊道削弱了坝体的局部刚度，但影响范围限于缝面周边 10m 内，对拱

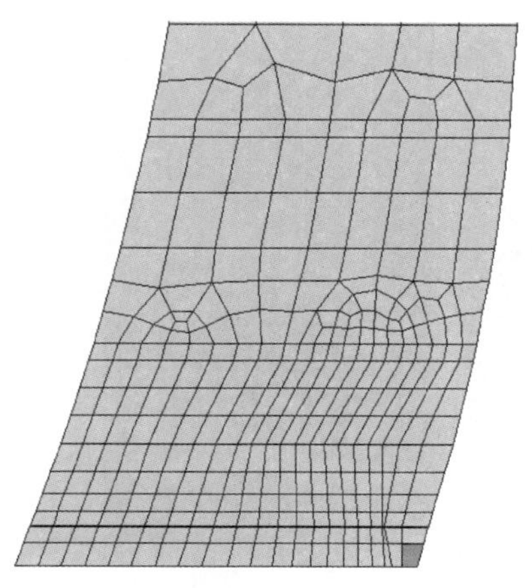

图 8.2-12 拱冠梁剖面设缝屈服区

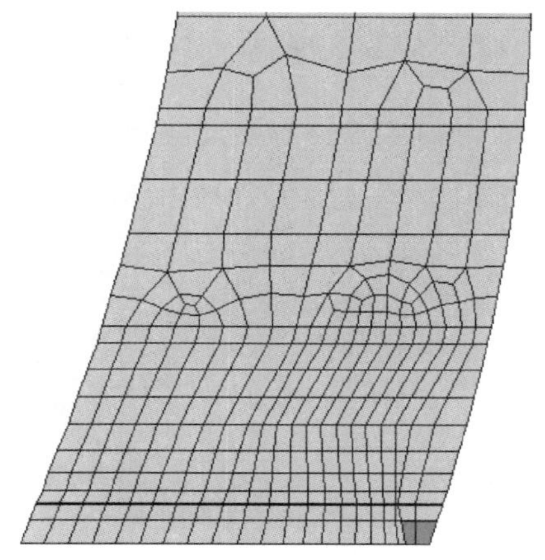

图 8.2-13 拱冠梁剖面无缝屈服区

坝整体性的影响较小，不会危及大坝安全。设缝后在缝端检查廊道周边存在一定的拉应力集中现象，弹塑性分析表明，孔口周边最大主拉应力约为 1.30MPa，且应力衰减较快，可以通过增加配筋来增强廊道周边的抗裂能力。

综上所述，将设缝高程降低至 956.00m 并延伸至高程 990.00m 对调整坝踵拉应力分布是有效的。设缝后坝踵的拉应力得到了有效改善，总体拉应力水平降低，缝面铅垂向变形表现为张开趋势，而坝趾压应力基本没有变化。同时，坝底高程、设缝高程的平面剪应力水平也没有因为设缝而恶化，剪应力的水平设缝前后基本持平。

考虑到小湾拱坝高达近 300m，河道比较开阔，梁向作用较大，采取各种可行措施以降低在坝踵部位（包括坝体、建基面和基础）开裂的风险极为重要，衡量利弊，确定在拱坝上游坝踵高程 956.00m 附近设置结构诱导缝，缝深约 10m，两岸延伸至少至高程 990.00m。

8.2.2 诱导缝细部设计

诱导缝设置在 17～28 号坝段，缝深 10m，缝末端设有 1.5m×2.0m 的近似椭圆形的廊道，其作用一方面是消除缝端应力集中，另一方面可作为诱导缝的检查和处理通道。

诱导缝最低高程位于 22 号、23 号坝段，高程为 957.50m，距最终建基面（高程 950.50m）7.0m。诱导缝以下为拱坝上游贴角，贴角混凝土直接浇在基岩上，诱导缝以上按拱坝拱圈体形施工。

诱导缝上游设 3 道止水，其中铜止水 2 道、橡胶止水 1 道。诱导缝止水与拱坝横缝 3 道止水成十字交叉连接成完整的封闭止水系统。每个坝段诱导缝左右侧和下游检查廊道前也设 2 道止水。每个坝段诱导缝上游止水后和下游检查廊道止水前分别设有一套充排水检查管路，以便对诱导缝的止水进行检查。

在诱导缝面和检查廊道均配置结构钢筋，底部利用固结灌浆孔下锚筋桩，以增强浅表层卸荷松弛岩体的整体性。

诱导缝施工见图 8.2-14。

图 8.2-14 斜坡坝段诱导缝施工

8.2.3 诱导缝监测设计

为监测诱导缝施工期和运行期的工作状况，根据其工作特性，设置了变形、渗流和应力监测项目。

在 17～28 号坝段诱导缝的上游止水片前、后各布置 1 支渗压计，在诱导缝坝段结束的 16 号、29 号坝段横缝旁各布置 1 支渗压计，共计 26 支渗压计，监测缝面渗压情况。

在 17 号、22 号、23 号、28 号坝段缝面上游止水片后各布置 2 支双向测缝计，在 18～21 号、24～27 号坝段缝面上游止水片后各布置 1 支单向测缝计，监测诱导缝的开合度和缝面沿径向剪切错动变形。

在 17 号、22 号、23 号、28 号坝段缝面每组双向测缝计旁对应布置压应力计，监测诱导缝在施工期和蓄水后的缝面应力变化过程，结合测缝计、渗压计的监测资料，监测诱导缝在施工期和蓄水后的缝面应力变化过程，综合分析诱导缝的工作性态。在 16 号、17 号、28 号、29 号坝段缝面下游坝体内各布置 3 组九向应变计组和无应力计，在 23 号坝段缝面上下和缝面下游坝体内布置 5 组九向应变计组和无应力计，监测坝体因诱导缝设置使截面削弱情况下应力的分布。在诱导缝坝段结束的 16 号、29 号坝段横缝旁各布置 3 支裂缝计，监测缝端潜在裂缝的发展情况。

8.2.4 坝踵辅助防渗系统

坝基岩体在开挖后产生了强烈的卸荷松弛，浅表层岩体裂隙相互贯通，连通率高。尽管采取了严格的清基、高压固结灌浆及帷幕灌浆，但考虑到在高水位作用下，坝踵区的拉应力一方面会致使上游侧坝基岩体原有的裂隙张开，甚至浅层帷幕会被拉裂，产生渗漏；另一方面，诱导缝一旦张开，尽管设置了止水，仍存在库水入渗的风险。为此有必要在坝

前作一定的防渗处理。

在坝工界防渗防水方面，有在坝前库区设置淤堵防渗和在坝体上游面设置柔性防渗两种措施。鉴于小湾拱坝的重要性，两种措施均被采用。

上游面淤堵防渗采用回填粉煤灰材料，厚度 2m，粉煤灰外层设过渡料，过渡料采用河砂，过渡料以外回填石渣压重。上游面淤堵防渗范围从 12 号坝段直到 32 号坝段，回填顶面高程 1010.00～1050.00m，回填粉煤灰 2.6 万 m^3，过渡料 2.75 万 m^3，石渣 26.3 万 m^3（为上游围堰高于导流底孔的拆除料）。考虑到石渣、粉煤灰、过渡料的稳定，河床部位填筑高度较大，以满足两岸填筑时施工需要。

坝面柔性防渗体系设置范围为上游面大于 1MPa 拉应力区域，整个坝面柔性防渗体系从 8 号坝段到 36 号坝段，共 29 个坝段，长约 620m，高度方向从坝踵诱导缝高程开始向上高度 30m，两岸延伸至高程 1127.50m，防渗面积约 19415m^2。防渗体系采用在坝体混凝土表层喷涂聚脲弹性体防渗材料，聚脲弹性体扯断伸长率大于 350%、拉伸强度大于 20MPa，附着力（混凝土潮湿面）大于 2.0MPa。该材料强度高，且施工最为方便。

坝面采用两种喷涂方式形成网格状避免渗漏区互串。水平网格间距 10m、高度方向网格间距 5m，网格本身宽 30cm，直接在处理后的干净混凝土面上喷 7mm 聚脲，作为防止渗漏区互串的封边结构。网格中间部位在处理干净后的混凝土面上粘贴 3mm 厚的 GB 板，再在 GB 板上喷 4mm 聚脲。粘贴 GB 板基层的目的是：在运行期，若拱坝混凝土开裂，裂缝开度产生的变形由基层 GB 板承担，不直接作用在聚脲防渗体，以保证防渗体的安全。

由于拱坝横缝止水距上游坝面有 50cm 没有进行横缝灌浆，若不处理将影响坝面喷涂防渗体系防渗效果。因此，对拱坝横缝止水上游 50cm 没有进行横缝灌浆的部位进行了环氧树脂化灌。

考虑各种计算方法得到的坝踵开裂缝宽可能与实际情况存在差异。综合分析，提出“防渗体系应能够覆盖从 1mm 到 8mm 宽的裂缝，并保证裂缝张开后能承受 300m 高水头作用下的长期安全性”的基本要求。为此，对聚脲材料的耐久性、抗渗性进行大量试验，并进行了室内仿真模型试验，对混凝土喷涂聚脲进行了抗折试验、圆盘试验。试验结果显示，喷涂聚脲对混凝土开裂后的防渗、止水效果显著，直接在有缝的混凝土模型表面喷涂聚脲，当聚脲厚度与缝宽之比大于 0.57 时，聚脲可以承受 3MPa 的水压力不渗漏。在有缝的混凝土表面先涂刷 GB 胶或粘贴 GB 板后再喷涂聚脲，当聚脲厚度与缝宽之比大于 0.5 时，聚脲可以承受 3MPa 的水压力。试验结果表明，坝面柔性喷涂聚脲防渗体能满足小湾拱坝坝踵运行期混凝土开裂 8mm 宽、且承受 3MPa 的水压力的要求。

水库从 2009 年开始蓄水以来，基础帷幕灌浆廊道、诱导缝下游端部检查廊道、底高程拱坝横缝基本是干燥的，基本没有渗水。说明坝基固结灌浆、诱导缝、诱导缝止水、坝踵辅助防渗系统等措施发挥了综合作用（见第 10 章），确保了小湾拱坝运行安全稳定。

8.3 坝身泄洪孔口设计

拱坝具有坝身泄洪的优势。我国从最早期的欧阳海拱坝、石门拱坝开始到东风拱坝、李家峡拱坝、二滩拱坝均采用在坝身开孔口进行泄洪。21 世纪我国在大江大河上建设的小湾、拉西瓦、锦屏一级、溪洛渡等特高拱坝更是将坝身设置泄洪孔作为主要的泄洪手段，甚至是唯一泄洪通道，如黄河拉西瓦电站就没有设岸边泄洪洞，仅靠坝身孔口进行泄洪。

8.3.1 小湾泄洪消能特点及泄洪建筑物布置

8.3.1.1 泄洪消能特点

小湾拱坝 500 年一遇设计天然洪水流量为 16700m^3/s，削峰后下泄流量为 15691 m^3/s，10000 年一遇校核洪水流量为 23600m^3/s，削峰后下泄流量为 20710m^3/s，泄洪消能具有如下特点：

(1) 泄洪水头高，泄洪功率大。泄洪水头约 225m，最大泄洪功率达 46000MW。

(2) 坝址区河谷狭窄，岸坡陡峻，坝下游消能区位于坝肩抗力体范围。枯水期天然河道宽度 80～100m。在设计和校核洪水时，消能区河道水面宽度也仅为 160～200m，坝身泄流部分水舌不可避免会落到岸边。

(3) 拱坝为薄拱坝，坝身表孔、中孔纵向尺寸受体形限制流道较短，特别是表孔水流落点距坝趾较近。坝身泄洪时水流存在径向集中，引起入水单宽流量加大，增加坝后消能防冲设计难度。

(4) 由于泄洪水头大，泄水消能存在一系列的高速水力学问题，如空化空蚀、振动、雾化等。

8.3.1.2 泄洪消能布置原则

基于以上特点，小湾泄洪消能建筑物布置原则如下：

(1) 从运用安全、调度灵活、技术可行、经济合理的角度考虑，采取以坝身泄洪为主，并与岸边泄洪相结合的分区泄洪消能布置理念。

(2) 坝身布置泄洪表孔、泄洪中孔，加上岸边泄洪洞形成 3 套泄洪设施，以分散泄洪流量和泄洪功率。

(3) 在泄量分配上，力求使每套泄洪设施单独运行时，加上电站机组过流量能宣泄常年洪水（2～5 年一遇洪水，相应洪水流量为 4360～6330m^3/s），即 3 套泄洪设施能互为备用，提高泄洪安全。

(4) 各泄洪建筑物进口高程设置应满足闸门设计、制造和安装水平要求，并能满足分高程取水和蓄水初期度汛要求，兼顾运行期水库放空检修。

(5) 鉴于坝后消能区河谷狭窄、水面宽度窄的状况，一方面，为保证坝身泄水建筑物下泄水流不直接砸到岸坡，需适度限制下泄水流的入水宽度，另一方面，为了坝身泄水建筑物下泄水流在纵向拉开不重叠入水，需尽量减小单位面积入水流量和能量。

(6) 坝身泄洪建筑物的布置及体形设计总体要达到“纵向分层来开，横向单体扩散、总体入水归槽，表、中孔联合泄洪时空中碰撞消能”的目的。

8.3.1.3 泄洪消能建筑物布置情况

(1) 总体布置及泄量分配情况。按照上述原则，经过多种泄洪组合方案试验研究，最终确定采用坝身布设 5 个表孔（孔口尺寸 11m×15m）和 6 个中孔（出口工作弧门孔口尺寸 6m×6.5m）、左岸设一条泄洪洞（工作弧门孔口尺寸 13m×13.5m）的联合泄洪方式，并设两个坝身放空底孔（出口工作弧门孔口尺寸 5m×7m），见图 8.3-1。泄量分配见表 8.3-1。

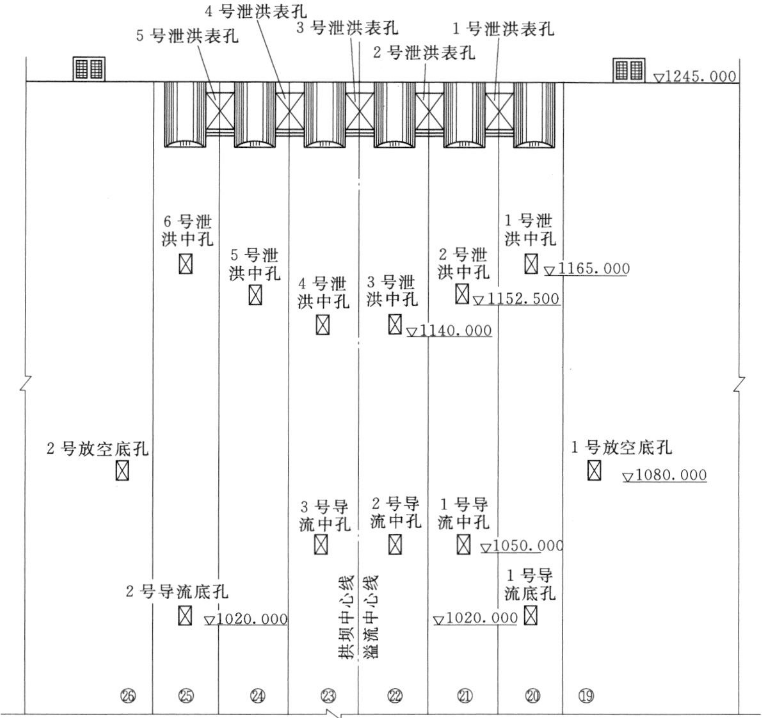

(a) 上游展示

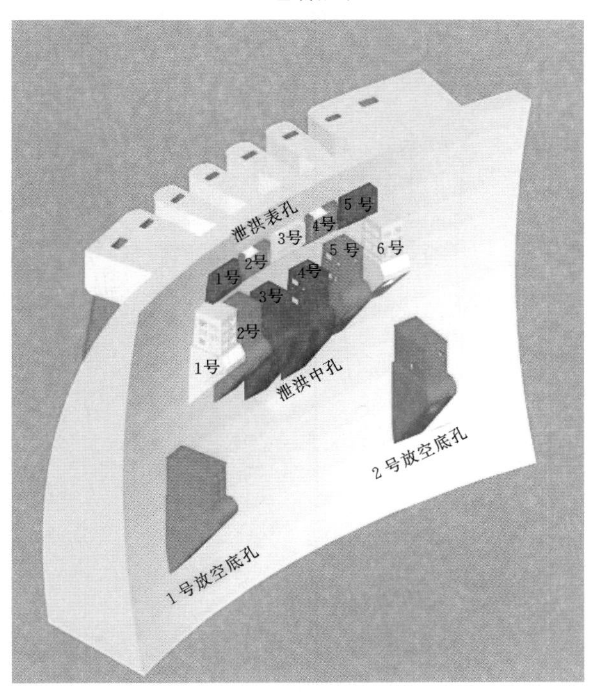

(b) 三维透视

图 8.3-1 坝身泄洪孔口上游展示及三维透视图

表 8.3-1　　各泄洪建筑物泄流量组合表

泄洪建筑物部位	进口底板高程/m	工作闸门尺寸（孔数—宽×高）/m	校核洪水（P=0.01%）高程 1242.51m	设计洪水（P=0.2%）高程 1238.30m	100 年一遇洪水高程 1236.90m	5 年一遇洪水高程 1236.50m
			泄流量（m^3/s）（占总泄量的百分比/%）			单独运行
坝身表孔	1225	5—11×15	8625（41.7）	5530/30.4	4610/27.0	4355
坝身中孔	1165 1152.5 1140	6—6×6.5	8264（39.9）	8038/44.2	7962/46.5	7940
泄洪洞	1200	1—13×13.5	3811（18.4）	3535/19.4	3439/20.1	3410
机组过流量	1140		0	1095（6.0）	1095/6.4	5×365
相应水位枢纽可下泄最大泄量/调洪下泄量/(m^3/s)			20700/20710	18198/15691	17106/12971	/5678
相应洪水标准天然洪峰流量/(m^3/s)			23600	16700	13100	6330
削峰比例/%			12.25	6.0	1	

（2）泄洪表孔布置。坝顶 5 个开敞式溢流表孔从右岸至左岸按 1～5 号顺序分别与 20～25 号坝段跨大坝横缝布置，3 号孔中心线与拱坝中心线重合，其余孔口对称于中心线径向布置，见图 8.3-2 和图 8.3-3。表孔孔口尺寸 11.9m×15.0m（宽×高），堰顶高程 1225.00m，溢流面 WES 曲线方程 $y=x^{1.85}/19.9852$，设计水头 15.0m，闸墩头部为半椭圆形，闸墩最宽处（椭圆长轴）为 16.86m，尾部宽度为 8.0～9.0m。各孔均设有弧形工

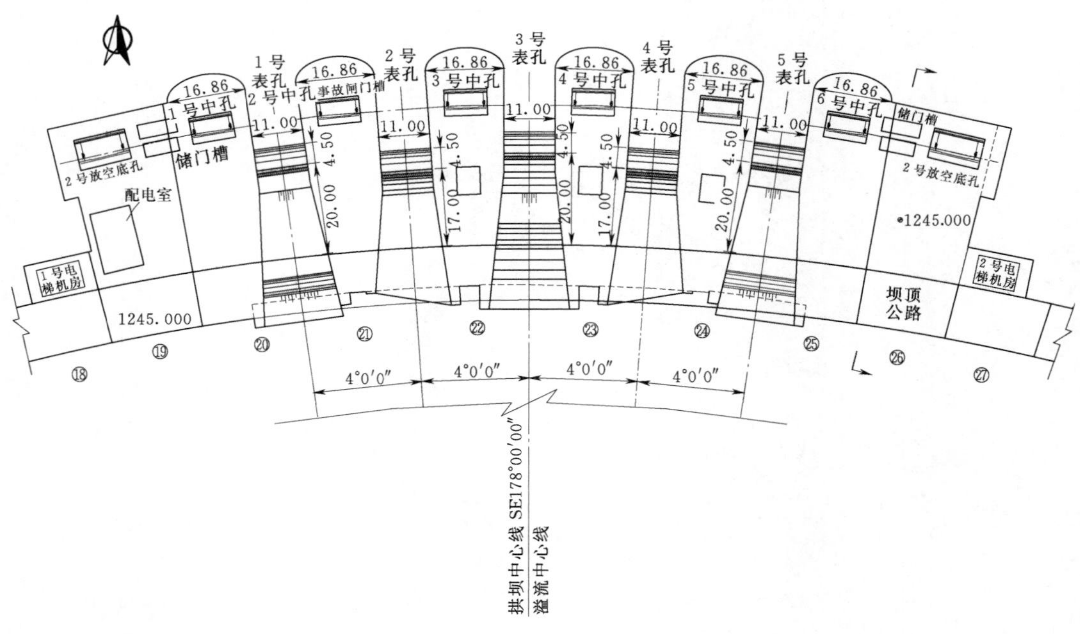

图 8.3-2　泄洪表孔平面布置图

作闸门，由油压启闭机启闭，液压启闭机油缸支座设在闸墩上，闸门支铰支撑在拱坝坝体上。

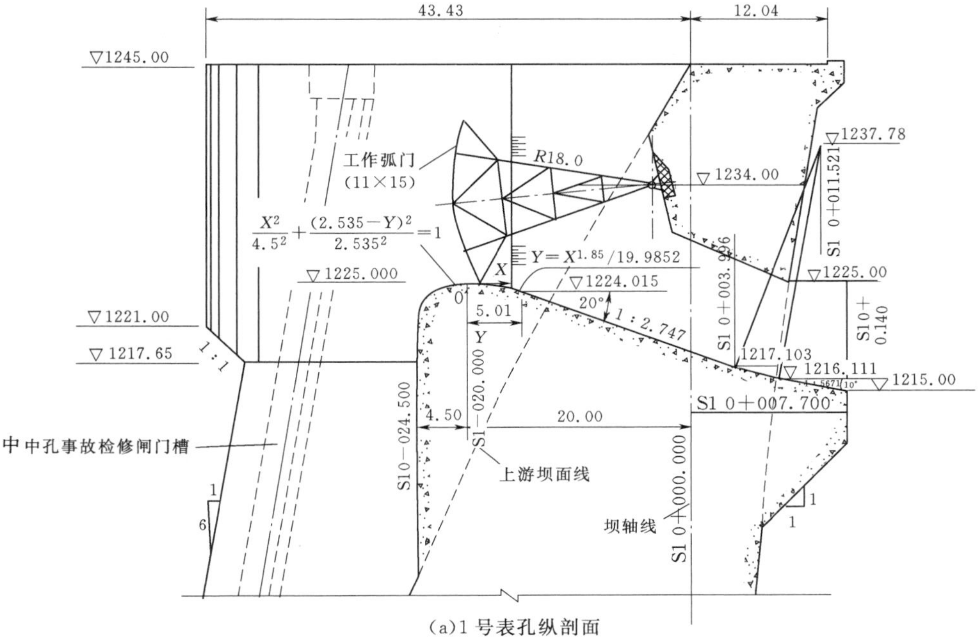

(a)1 号表孔纵剖面

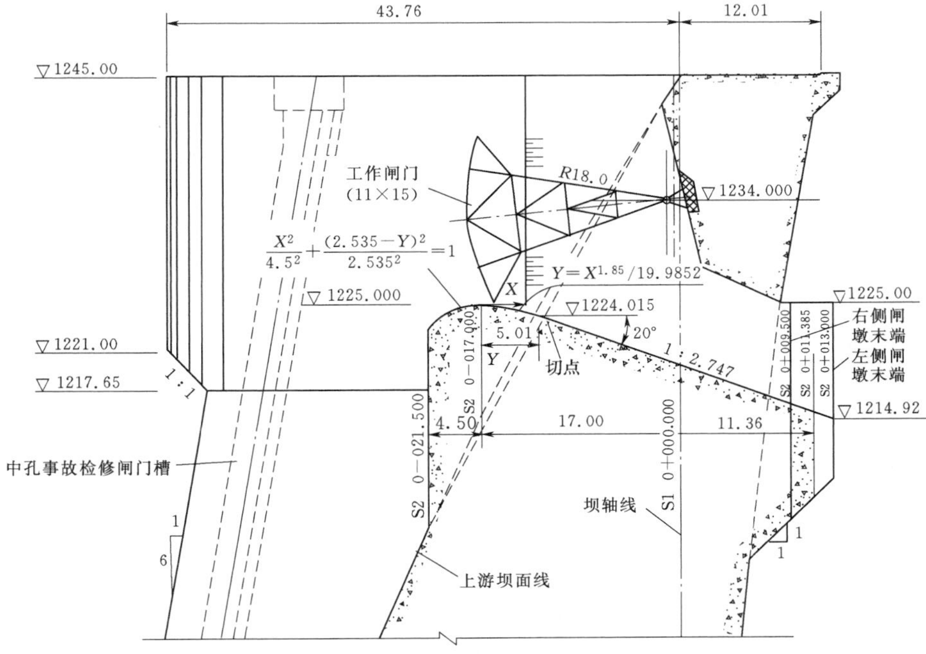

(b) 2 号表孔纵剖面

图 8.3-3（一） 泄洪表孔剖面图

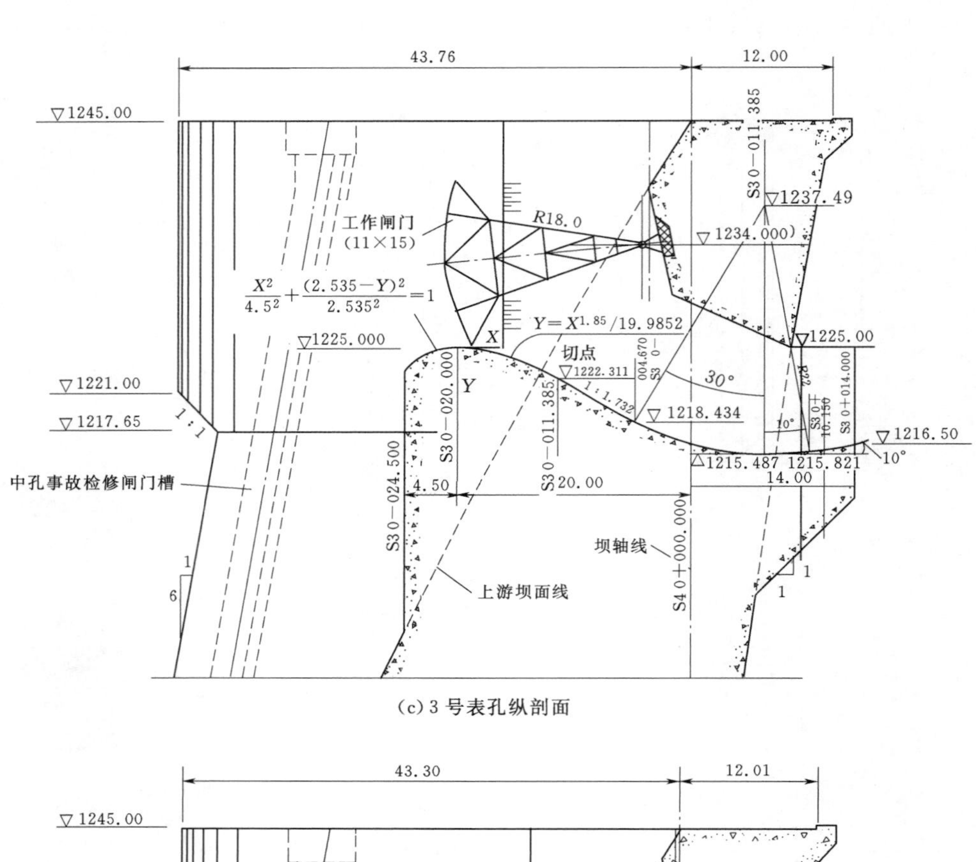

(c) 3 号表孔纵剖面

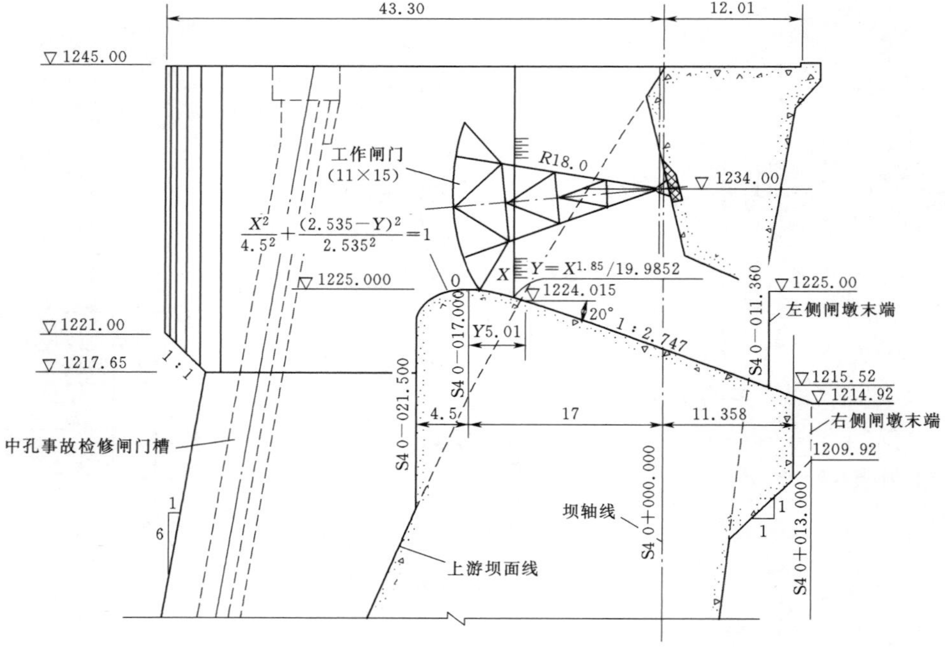

(d) 4 号表孔纵剖面

图 8.3－3（二） 泄洪表孔剖面图

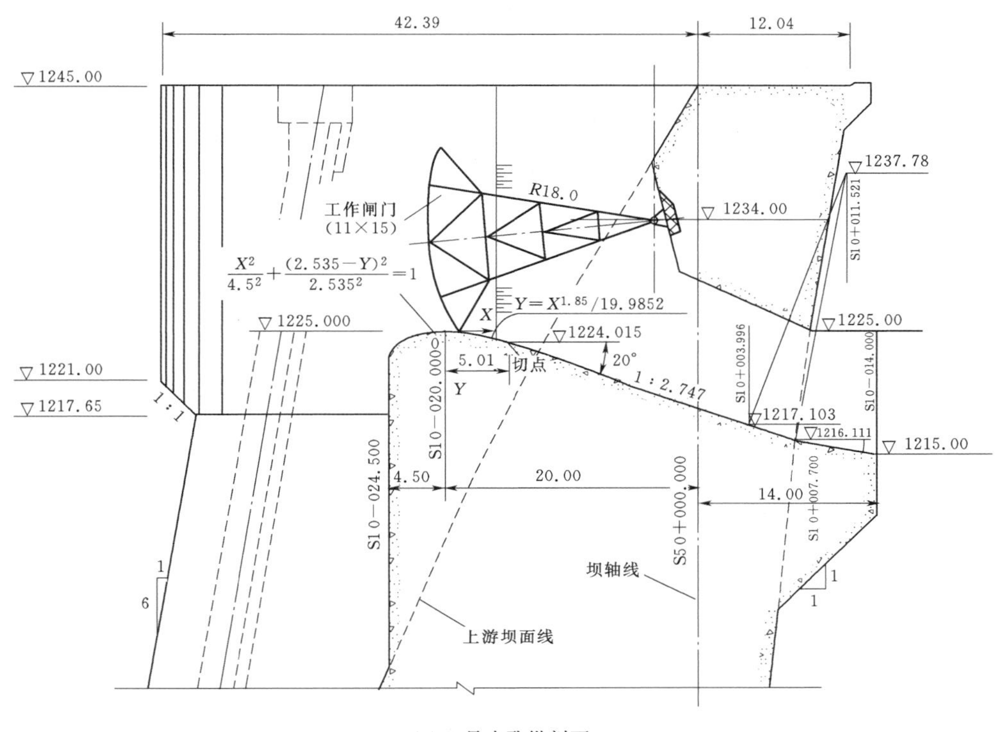

(e) 5号表孔纵剖面

图 8.3-3（三） 泄洪表孔剖面图

为减小泄洪水舌对水垫塘及岸坡的冲击压力，表孔末端采用了不同参数的鼻坎型式：3号表孔溢流面末端设挑流鼻坎，挑坎反弧半径22.0m，挑角10°，挑坎高程1216.50m，出口扩散角为6°；2号及4号表孔采用跌流鼻坎，跌流鼻坎俯角20°，鼻坎河床侧扩散角4.5°，岸坡侧扩散角7.7°，鼻坎末端高程1214.918m。1号及5号表孔也采用跌流鼻坎，溢流面末端接俯角为20°的直线段和反弧段，反弧半径22.0m，反弧后接俯角为10°的跌流鼻坎，鼻坎末端高程1215.00m，出口扩散角为5°42′38″。

（3）泄洪中孔布置。坝身6个泄洪中孔分别布置在20～25号坝段表孔闸墩下部，平面上对称布置，进口高程采用倒八字形分3层布置，高差12.5m。1号及6号孔进口底槛高程1165.00m，出口底槛高程1166.25m（图8.3-4）；2号及5号孔进口底槛高程1152.50m，出口底槛高程1156.15m（图8.3-5）；3号及4号孔进口底槛高程1140.00m，出口底槛高程1149.58m（图8.3-6）。每孔进口设事故检修门一道，孔口尺寸5.0m×12.0m（宽×高），由坝顶门机启闭；出口设弧形工作闸门，孔口尺寸6.0m×6.5m（宽×高），液压启闭机启闭。

6个泄洪中孔均采用平面转弯、立面上翘、尾部横向扩散的“压力上翘”体形：1号及6号孔翘角为5°，2号及5号孔为12°，3号及4号孔为28°。平面上为解决泄流水舌径向集中，孔身中心线的后半部在平面上从径向分别向两岸偏转：1号及6号孔偏转角为1°，2号及5号孔为1.5°，3号及4号孔为2.5°。各孔压力出口段末端横向扩散角均为

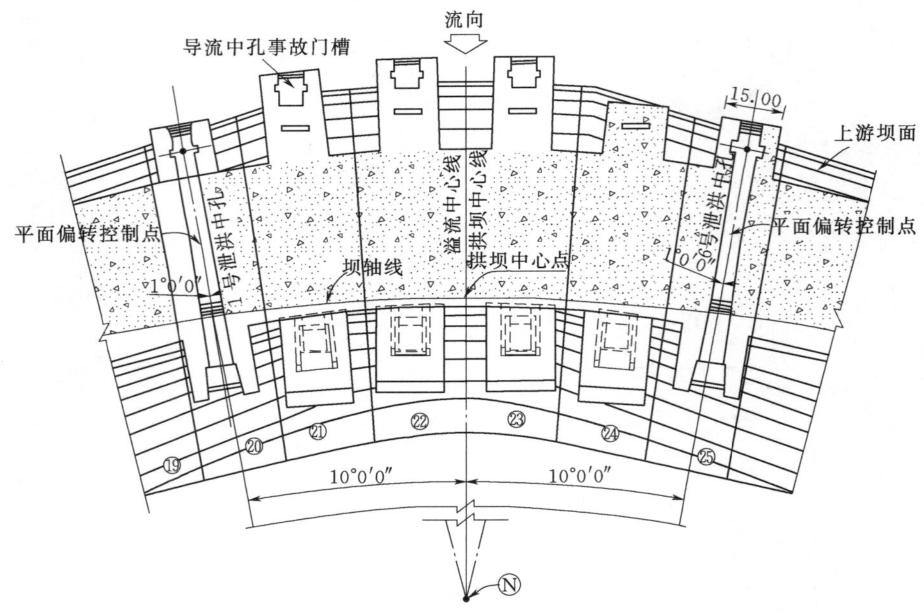

图 8.3-4　1号、6号泄洪中孔平面图

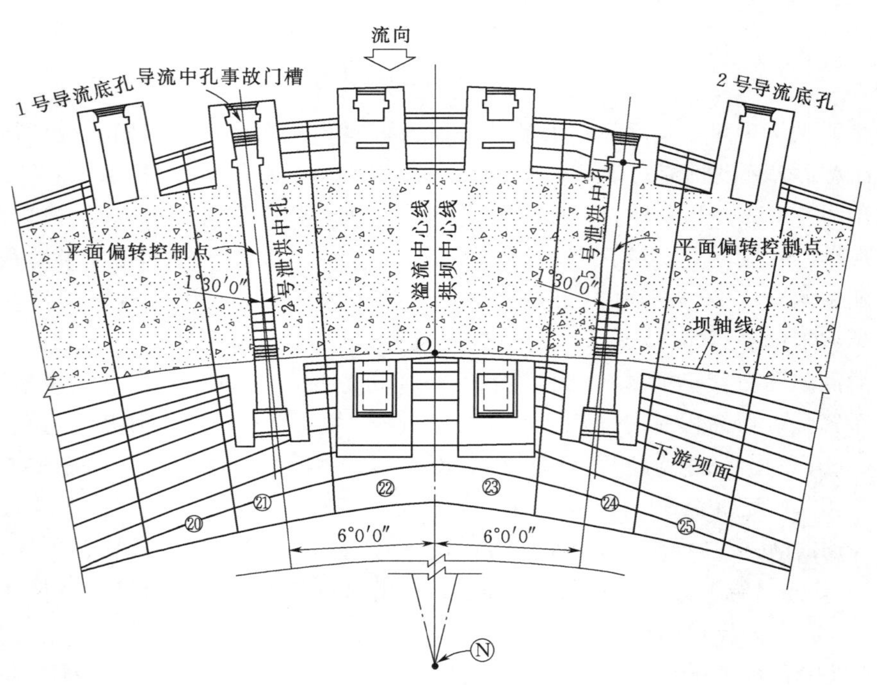

图 8.3-5　2号、5号泄洪中孔平面图

2.5°，工作门出口闸墩边墙突扩采用5°的横向扩散角，见图8.3-7。

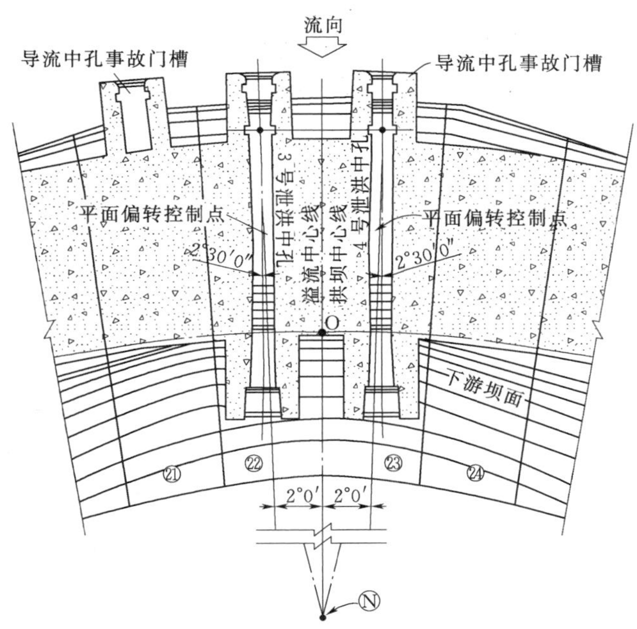

图 8.3-6 3号、4号泄洪中孔平面图

为防止高速水流的冲刷造成中孔孔身空蚀磨损破坏和防止高压水进入坝体，中孔全孔道采用钢板衬护，钢板厚度 24mm，并在整个孔身钢衬上每 50.0cm 设置一道环向加劲肋，布置了锚筋及排水系统。

（4）放空底孔布置。两个放空底孔分别布置在 1 号、6 号泄洪中孔两侧下部的右岸 19 号坝段及左岸 26 号坝段，采用平底型孔身，见图 8.3-8 和图 8.3-9。进口底槛高程 1080.00m，设计工作水头为 160m，校核水位下工作水头为 162.59m。进口设孔口尺寸 5.0m×12.0m（宽×高）事故检修门，孔身断面尺寸 5.0m×8.0m（宽×高），整个孔身段采用厚度 24mm 的钢板衬护，出口设弧形工作门，孔口尺寸 5.0m×7.0m（宽×高），液压启闭机启闭。为使底孔泄水时出流不冲刷岸坡，底孔平面轴线自控制点处分别向河中偏转 3.5°，孔身段不扩散，明流出口段扩散角 5°，再接 1.5m 深的跌坎。

施工期库水位低于 1186.00m 时放空底孔参与施工度汛：库水位低于 1160.00m 时可以局部开启运行；库水位在 1160.00～1186.00m 时必须全开全关运行；当库水位高于 1186.00m 时不能参加泄洪运行。

8.3.2 坝身泄洪中孔结构设计

8.3.2.1 孔口布置

坝身 6 个泄洪中孔，在平面上对称布置，进口高程采用倒八字形 3 层布置，层间高差 12.5m。1 号、6 号泄洪中孔进口底槛高程为 1165.00m，2 号、5 号孔泄洪进口底槛高程为 1152.50m，3 号、4 号孔进口底槛高程为 1140.00m。

8.3.2.2 孔口应力计算

采用仿真计算建立的三维有限元模型开展孔口周边应力计算分析。有限元模型边界范

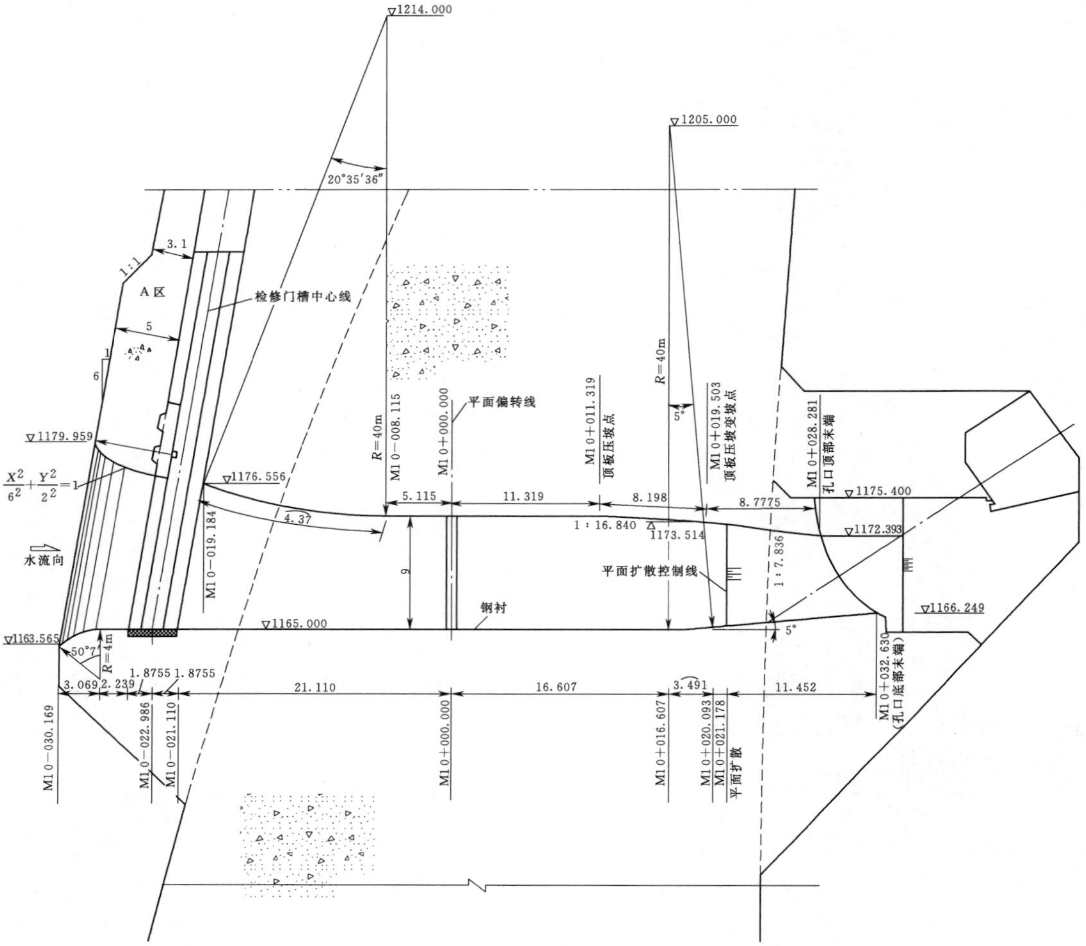

(a) 1号、6号泄洪中孔剖面

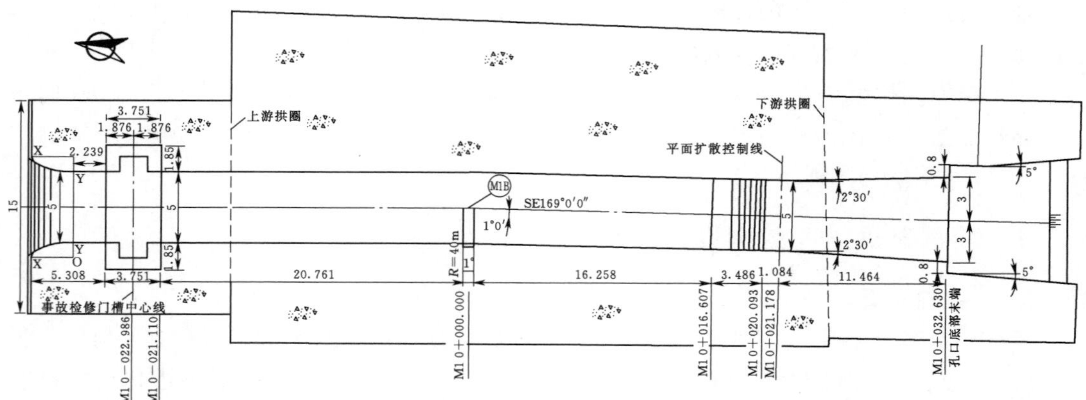

(b) 1号泄洪中孔平面

图 8.3-7（一） 1～6号泄洪中孔剖面图

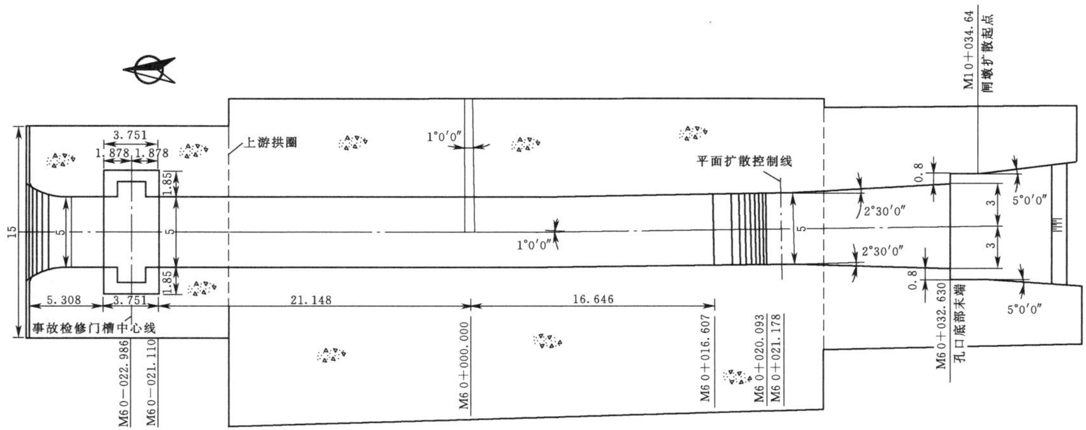

(c) 6号泄洪中孔平面

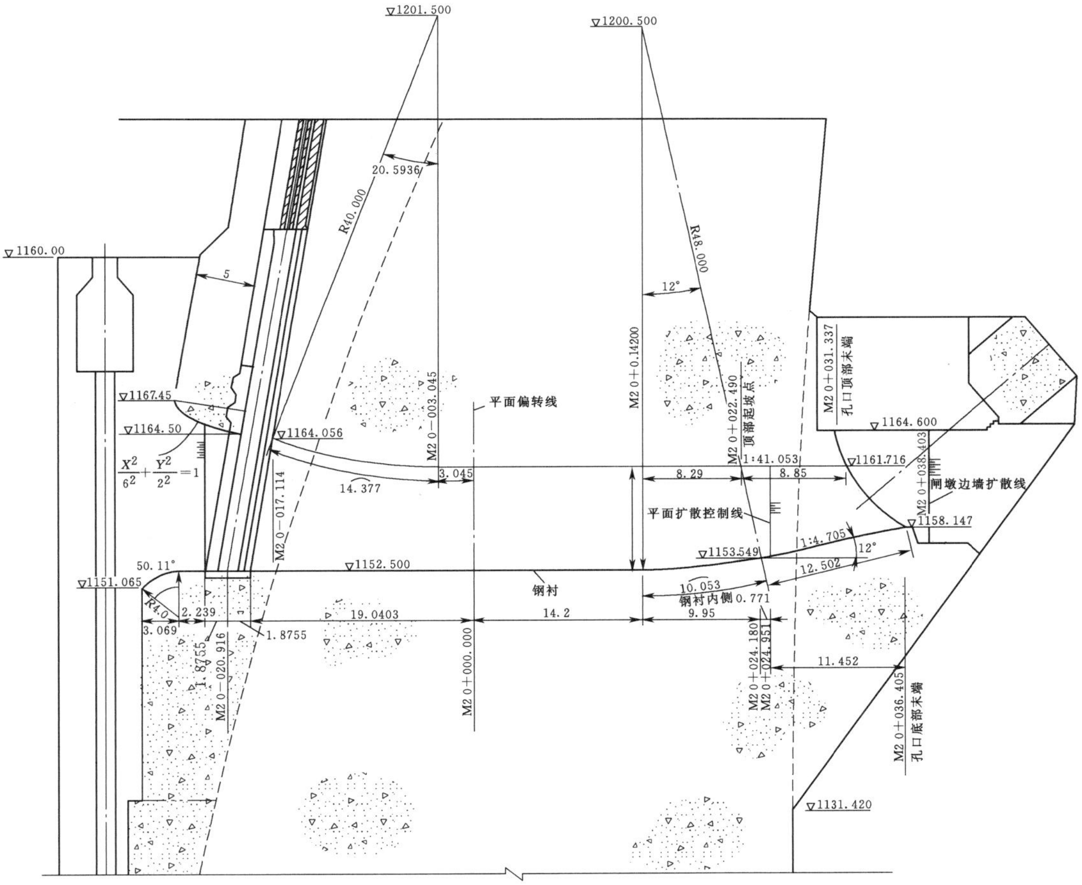

(d) 2号、5号泄洪中孔剖面

图 8.3-7（二） 1～6号泄洪中孔剖面图

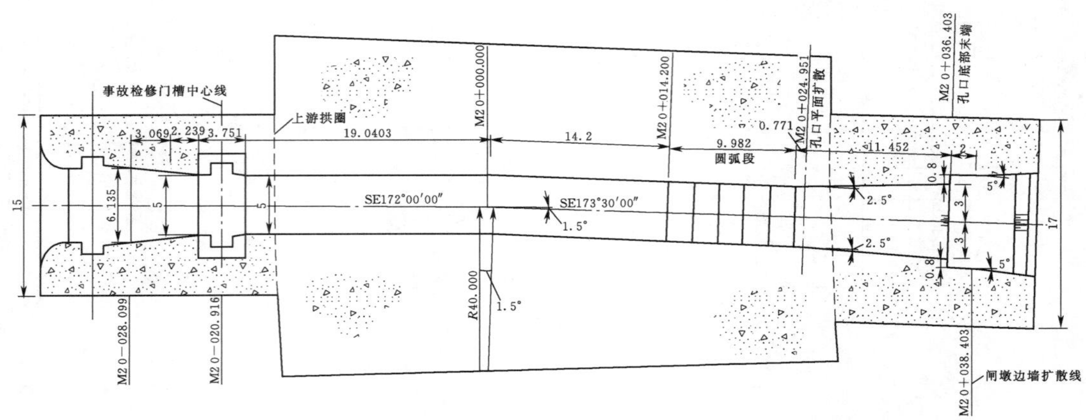

(e) 2 号泄洪中孔平面

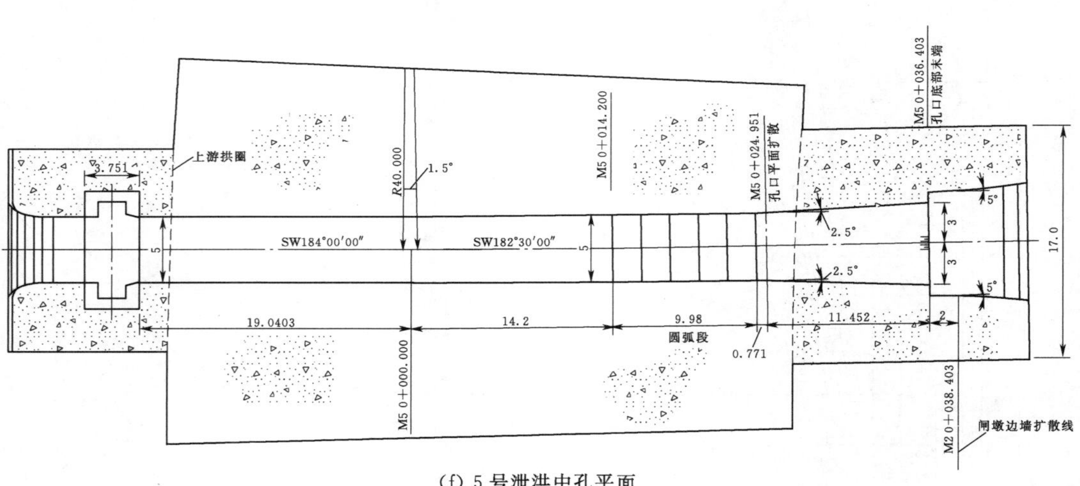

(f) 5 号泄洪中孔平面

图 8.3-7（三） 1～6 号泄洪中孔剖面图

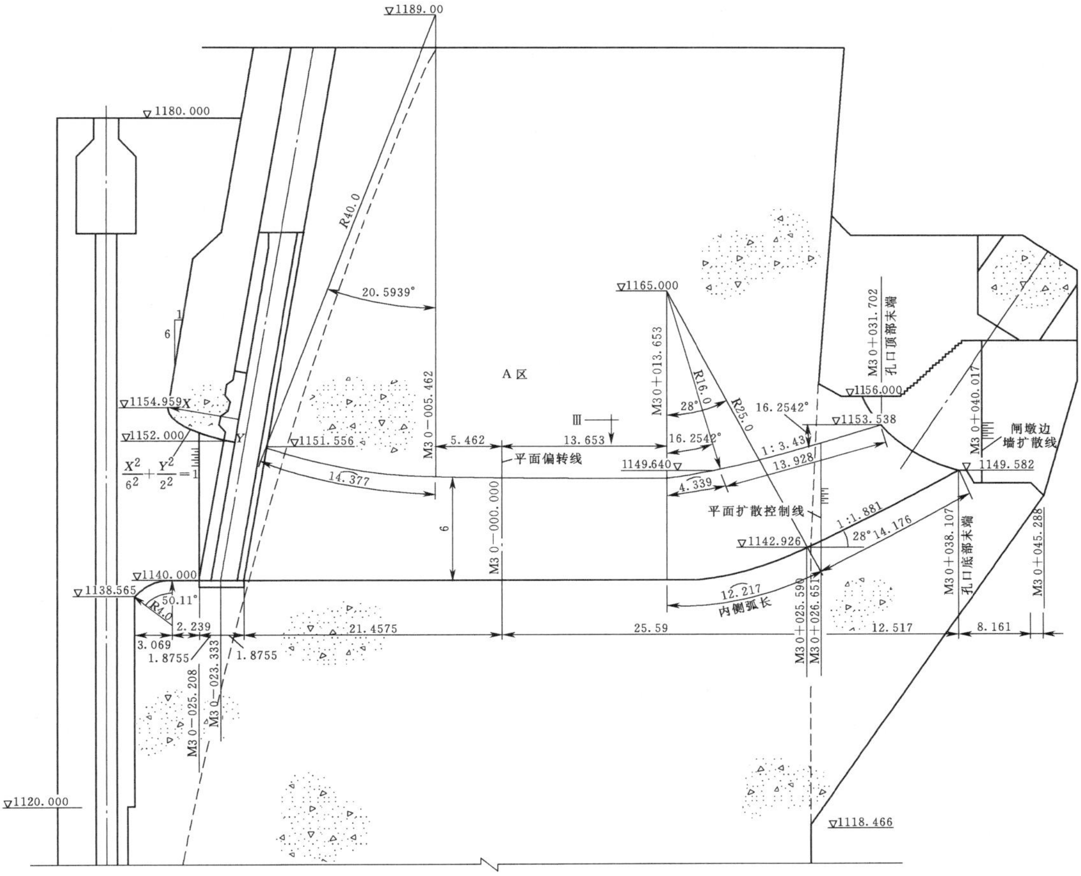

▽1189.00
▽1180.000
R40.0
20.5939°
▽1165.000
M3 0+031.702 孔口顶部末端
M3 0+013.653
R16.0
R25.0
A 区
M3 0−005.462
6
1
▽1154.959 X
▽1156.000
16.2542°
M3 0+040.017
闸墩边墙扩散线
Ⅲ
28°
▽1153.538
▽1152.000
Y
▽1151.556
5.462
13.653
16.2542°
1:3.43
$\frac{X^2}{6^2}+\frac{Y^2}{2^2}=1$
平面偏转线
▽1149.640
13.928
▽1149.582
14.377
4.339
6
M3 0−000.000
平面扩散控制线
1:1.881
M3 0+038.107 孔口底部末端
M3 0+045.288
▽1142.926
28°
14.176
▽1140.000
▽1138.565
50.11°
R4.0
12.217
内侧弧长
3.069
2.239
21.4575
25.59
M3 0+025.590
M3 0+026.651
12.517
8.161
1.8755
1.8755
M3 0−025.208
M3 0−023.333
▽1120.000
▽1118.466

(g) 3 号、4 号泄洪中孔剖面图

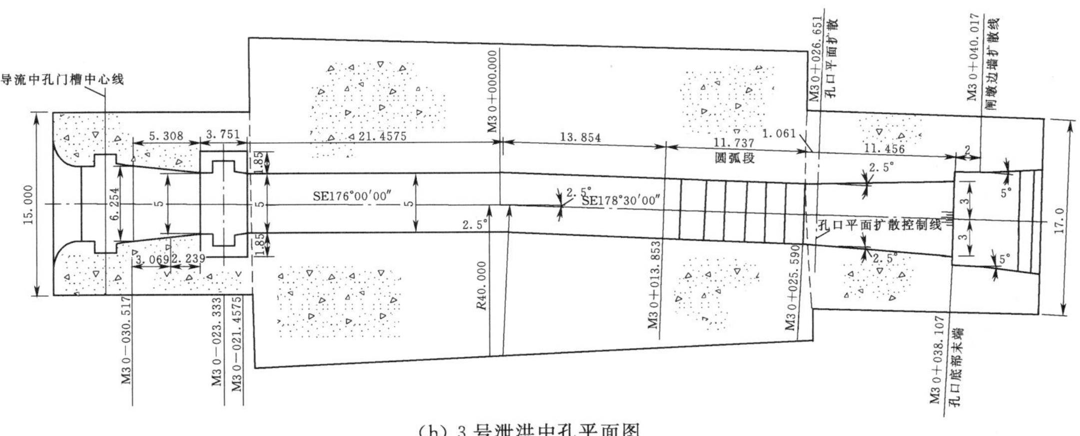

(h) 3 号泄洪中孔平面图

图 8.3-7（四） 1～6 号泄洪中孔剖面图

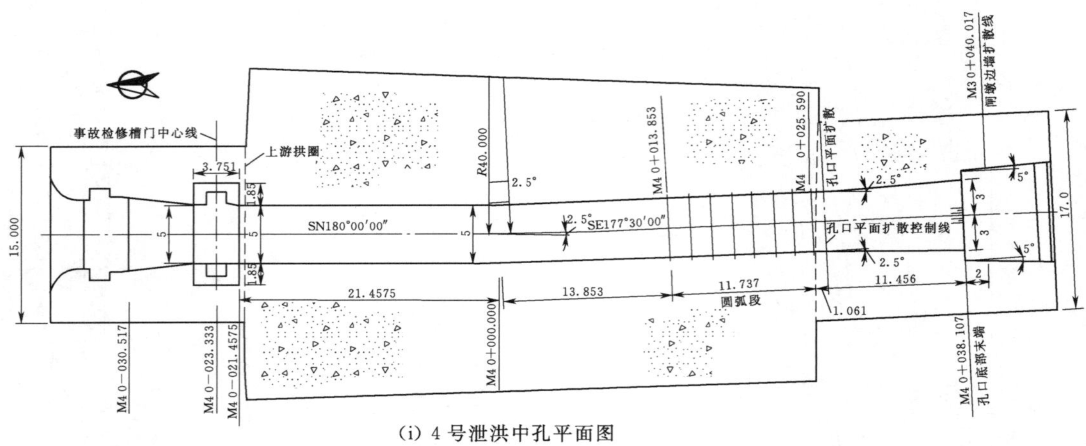

(i) 4 号泄洪中孔平面图

图 8.3-7（五） 1～6 号泄洪中孔剖面图

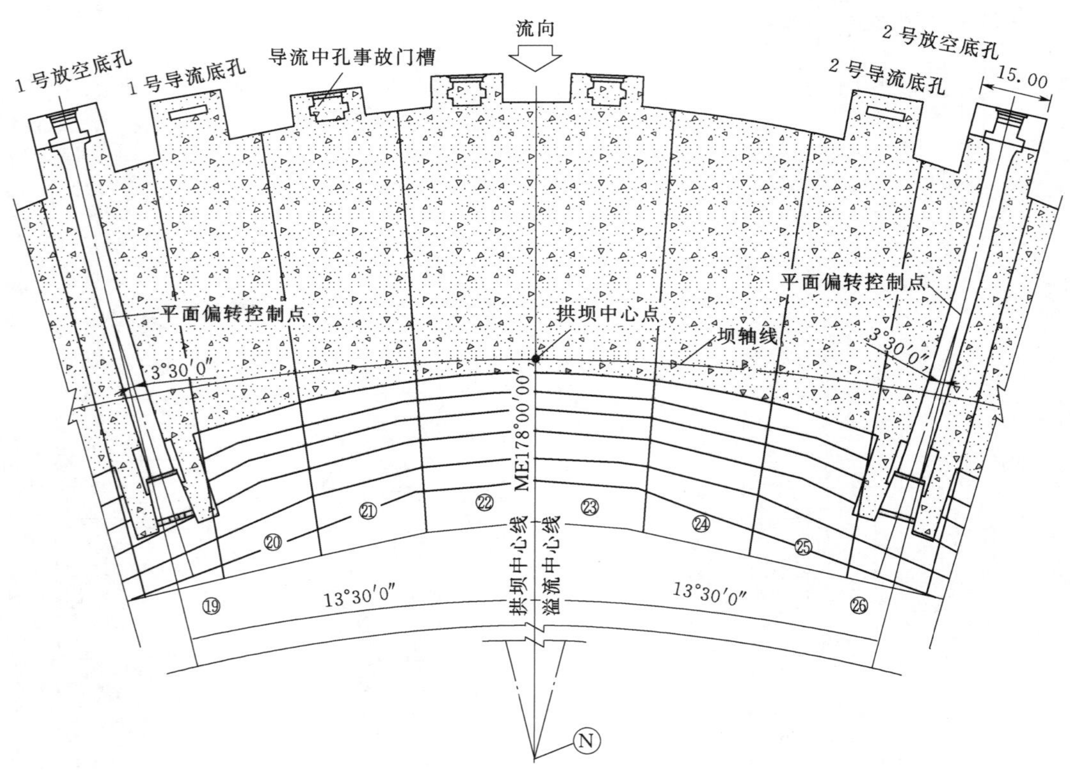

图 8.3-8 1 号、2 号放空底孔平面图

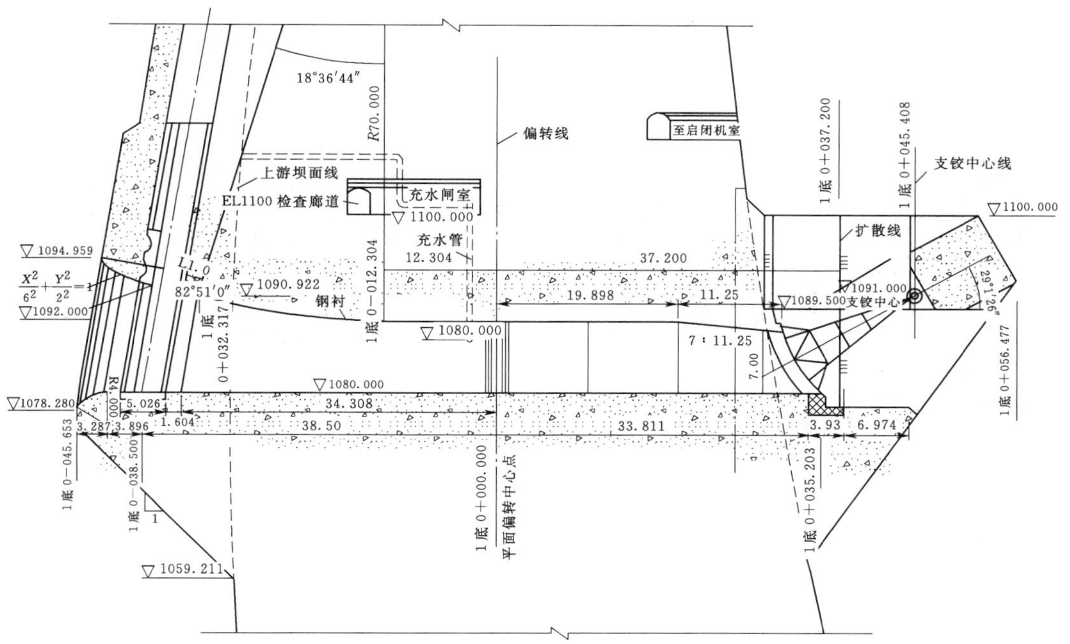

(a) 1号、2号放空底孔剖面图

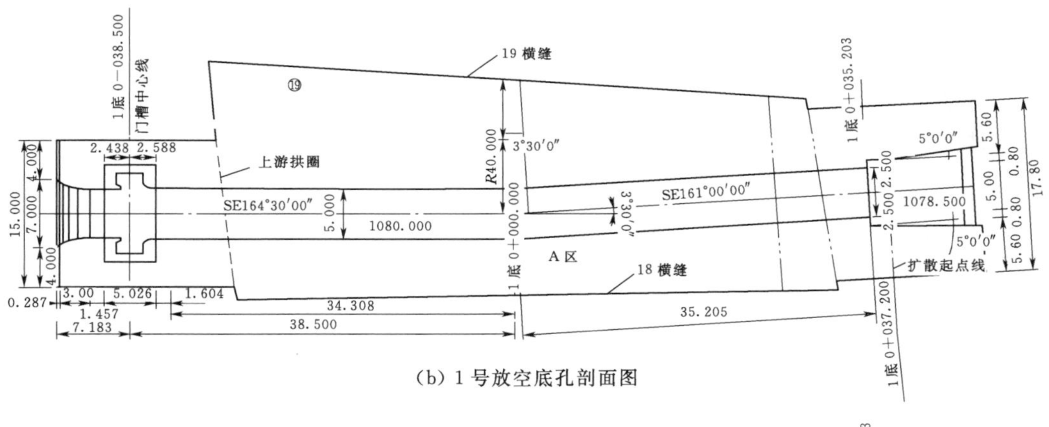

(b) 1号放空底孔剖面图

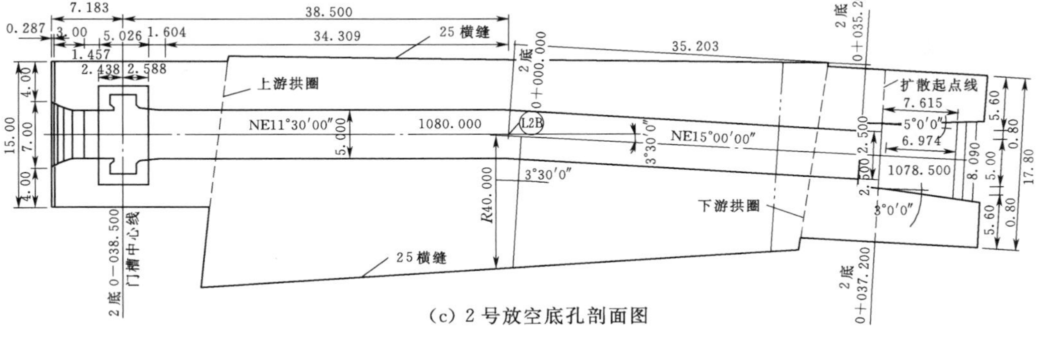

(c) 2号放空底孔剖面图

图 8.3-9 1号、2号放空底孔结构布置图

围：左右岸方向分别取约 743m 和 680m，上下游方向取 935m，铅直向下取到高程 660.00m，模型顶高程左岸为 1477.00m，右岸为 1626.00m。单元总数为 789070，节点总数为 576987。三维有限元模型见图 8.3-10。

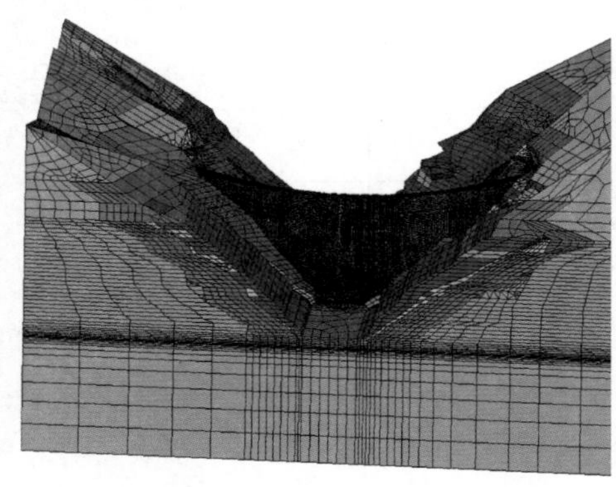

(a) 拱坝/坝基系统整体网格

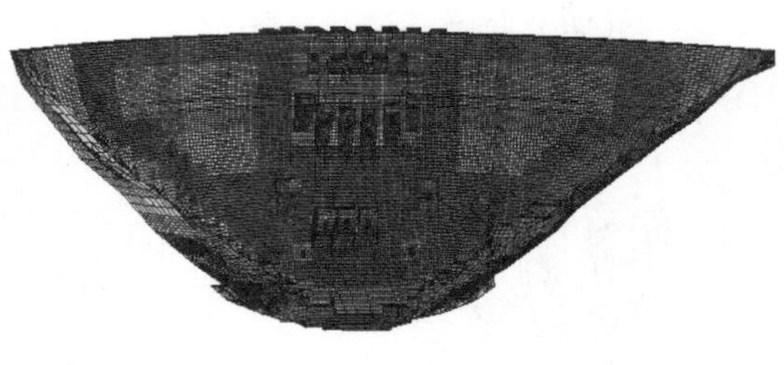

(b) 拱坝网格下游视图

图 8.3-10　泄洪中孔有限元计算采用的整体仿真网格图

该项计算采用仿真方法计算，考虑了拱坝施工、封拱和蓄水过程，具体计算参数及假定见第 10 章。

1 号、2 号、3 号泄洪中孔（4 号、5 号、6 号分别与 3 号、2 号、13 号对称）孔口上下游部位顶板、底板和左右边墙第一主应力和第三主应力分别见表 8.3-2～表 8.3-4。计算成果表明，孔口应力水平总体不高，配筋主要采用弹性力学方法和复变函数数学工具，利用有关手册中"单位应力作用下孔口应力成果"的数据，再采用计算机编程计算出小湾孔口应力并进行配筋。

表 8.3-2　　1 号泄洪中孔孔口边缘应力计算成果　　单位：MPa

部　位	进　口　段		下游出口段	
	第一主应力	第三主应力	第一主拉应力	第三主应力
洞顶部	0.07	0.29	0.63	0.39
洞底部	−0.77	0.24	−2.10	0.0
洞左边墙	0.17	2.63	−0.42	1.04
洞右边墙	0.20	2.56	−0.39	0.98
角缘处	−0.21	12.11	−1.59	10.53

注　正为压，负为拉。

表 8.3-3　　2 号泄洪中孔孔口边缘应力计算成果　　单位：MPa

部　位	进　口　段		下游出口段	
	第一主应力	第三主应力	第一主拉应力	第三主应力
洞顶部	−0.45	0.91	0.30	−0.17
洞底部	0.0	0.93	−2.73	−0.4
洞左边墙	0.23	3.89	−0.80	1.40

续表

部　　位	进　口　段		下游出口段	
	第一主应力	第三主应力	第一主拉应力	第三主应力
洞右边墙	0.26	3.73	−0.78	1.43
角缘处	0.83	12.20	−1.59	10.64

注　正为压，负为拉。

表 8.3-4　　3 号泄洪中孔孔口边缘应力计算成果　　单位：MPa

部　　位	进　口　段		下游出口段	
	第一主应力	第三主应力	第一主拉应力	第三主应力
洞顶部	−0.08	0.58	1.64	−0.42
洞底部	0.29	1.32	−3.32	0.24
洞左边墙	0.68	5.51	−0.46	1.86
洞右边墙	0.68	5.39	−0.46	1.86
角缘处	0.96	13.60	−1.68	11.86

注　正为压，负为拉。

8.3.2.3　孔口结构配筋

采用弹性力学方法和复变函数数学工具方法进行了应力计算，计算结果作为配筋的主要参考依据，见表 8.3-5。实际配筋比计算值偏大，安全储备较大。

表 8.3-5　　泄洪中孔孔身钢筋

边墙配筋	进　口　段		孔　身　段		出　口　段	
	计算配筋	配筋根数	计算配筋	配筋根数	计算配筋	配筋根数
1 号、6 号中孔	30 Φ 36	30 Φ 36	24 Φ 36	25 Φ 36	14 Φ 36	30 Φ 36
2 号、5 号中孔	34 Φ 36	35 Φ 36	24 Φ 36	25 Φ 36	12 Φ 36	35 Φ 36
3 号、4 号中孔	39 Φ 36	40 Φ 36	24 Φ 36	25 Φ 36	12 Φ 36	40 Φ 36

注　表中数值为每延米钢筋数。

8.3.2.4　出口闸墩结构设计

（1）闸墩结构布置。泄洪中孔出口设置弧形工作闸门，孔口尺寸 6m×6.5m，弧门推力见表 8.3-6。

表 8.3-6　　泄洪中孔弧门支铰推力

闸　门　名　称	弧门双铰动推力	
	推力/kN	推力与水平夹角/(°)
1 号、6 号泄洪中孔闸门	62700	34.0184
2 号、5 号泄洪中孔闸门	71980	41.0184
3 号、4 号泄洪中孔闸门	77350	57.0184

泄洪中孔下游闸墩最大悬臂长度约 24.0m，最大高度约 43.0m，厚度由出口的 6.0m 左右渐变至下游端的 4.0m 左右。弧形工作门的支铰布置于支撑大梁上，大梁截面尺寸为

8.0m×5.2m，最大跨度为8.4m。为保证工作弧门支撑结构的安全可靠运行，采用预应力钢筋混凝土结构，以改善其应力状态。

（2）闸墩预应力锚固设计。泄洪中孔闸墩预应力锚索设计布置采用辐射状，锚索尽量靠近闸墩内侧表面，以充分发挥预应力锚索在闸墩表面区域产生的预压应力。锚索采用预埋内锚固段的直线型全长黏结锚索。锚索长度32～42m，长短间隔分两层布置，以避免拉应力集中，单根锚索设计永存预应力4000kN。锚索采用预埋钢管成孔，埋管内锚固段设置加固钢筋。

弧门支铰安装在跨孔口支撑大梁上，水推力直接作用其上，大梁与闸墩交接部位及大梁夸中部位有较大的拉应力存在，需布置次锚索。经过计算分析比较，大梁底部布置7～8根次锚索，大梁顶部布置9～12根次锚索，单根锚索设计永存预应力2000kN，泄洪中孔下游闸墩预应力锚固情况见表8.3-7。除布置一定数量预应力锚索外，同时还布置了一定数量的非预应力钢筋。两侧闸墩内侧分别配置有两层42Φ36的扇形受拉钢筋，抗剪钢筋按构造配置。图8.3-11是5号泄洪中孔闸墩锚索布置图。

表8.3-7　　泄洪中孔下游闸墩预应力锚固

部　位	每孔闸墩主锚索根数/总预应力荷载	拉锚系数	支撑大梁次锚索锚根数/总预应力荷载
1号、6号中孔	32根/128000kN	2.0	16根/32000kN
2号、5号中孔	32根/128000kN	1.78	18根/36000kN
3号、4号中孔	36根/144000kN	1.86	20根/40000kN

注　闸墩主锚索采用4000kN级全长黏结锚索；支撑大梁次锚索采用2000kN级黏结锚索。

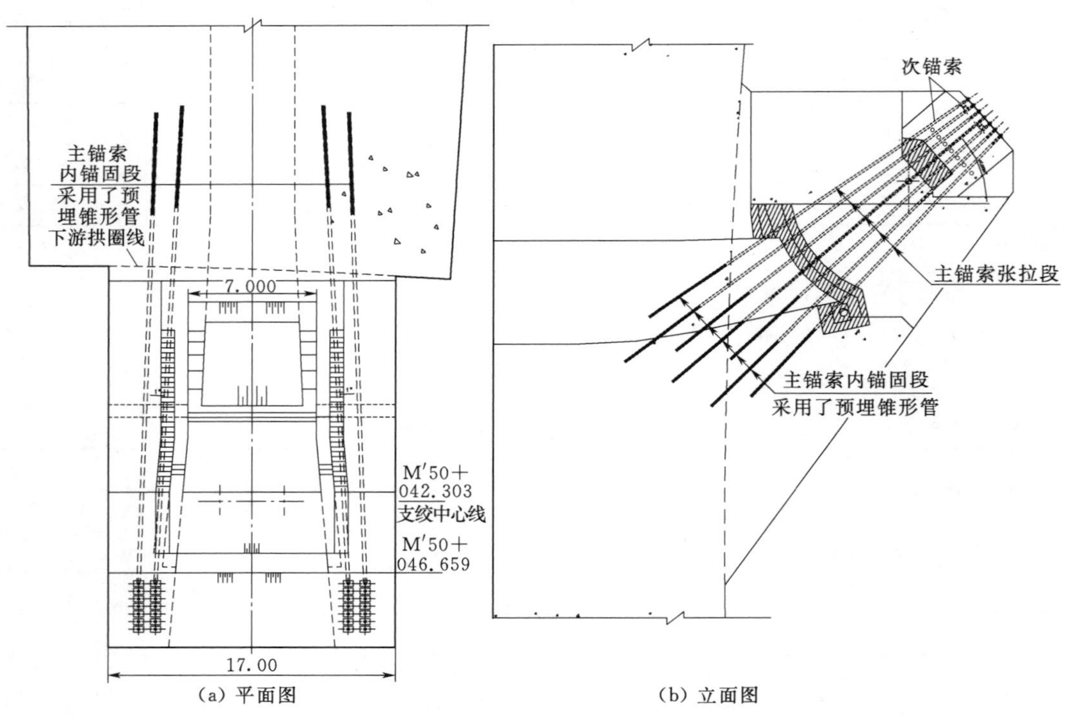

(a) 平面图　　(b) 立面图

图8.3-11　泄洪中孔闸墩锚索布置图（5号泄洪中孔）

(3) 预应力闸墩应力计算。

1) 荷载组合。

长期组合(1):自重+弧门推力,考察不施加预应力时闸墩工作状态。

长期组合(2):自重+预应力+弧门推力,考察长期运行预应力闸墩工作状态。

短暂组合(1):自重+预应力,考察预应力张拉阶段闸墩应力状况。

2) 计算模型。采用三维有限元对闸墩进行应力计算。计算模型宽度从闸墩两侧往两边各取7m,竖向高度取80m,从高程1110.00m到高程1190.00m。网格划分时充分考虑了坝体结构布置以及便于进行成果整理与分析、保证计算精度等因素。单元尺寸总体情况是:闸墩混凝土结构单元长边尺寸不大于1m,沿闸墩厚度方向划分7层单元,离闸墩较远的部位适当增大。为防止应力集中,在锚索外端点处添加20cm厚且弹模很大(2×10^5MPa)的钢板。据此,模型共划分了99425个单元,110459个节点,有限元模型见图8.3-12。位移边界条件是:左右边界面为水平向约束,底面为铅直向约束。

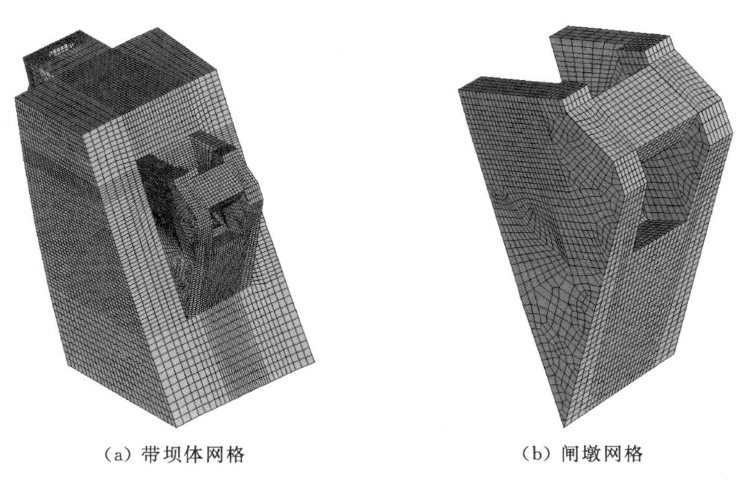

(a) 带坝体网格　　(b) 闸墩网格

图8.3-12 泄洪中孔闸墩有限元网格图(5号泄洪中孔)

支铰荷载分别按持久状况和短暂状况考虑,持久状况为泄洪中孔在水库正常蓄水位时闸门支铰传给闸墩的静水压力荷载、自重、预应力。短暂工况为只施加预应力而未作用闸门荷载。计算时将支铰集中荷载等效为面荷载,单个支铰荷载作用面积为2.1m×2.1m。

3) 位移分布规律。长期组合(2)(自重+锚索预应力+弧形门支座推力)作用下,闸墩位移变化规律为:水平向位移向下游,竖向位移向下,且下游侧位移大于上游侧位移。水平最大位移位于闸墩内部锚固端附近,其值约为0.35mm,最大铅垂位移位于闸墩下游侧的顶部,其值约为-3.50mm。图8.3-13是5号中孔闸墩内外侧边缘剖面位移矢量图。

4) 应力分布规律。长期组合(2)(自重+锚索预应力+弧形门支座推力)作用下,1~3号中孔闸墩内侧、外侧主应力矢量见图8.3-14~图8.3-16。闸墩第一主应力变化规律为:从下游往上游,从底面往顶面,拉应力逐渐增大,在闸墩顶面与坝体交界面附近最大拉应力达到0.73MPa,且主应力方向接近水平。锚索沿程向应力均为受压,且靠下侧锚索压应力比靠上侧锚索的大。

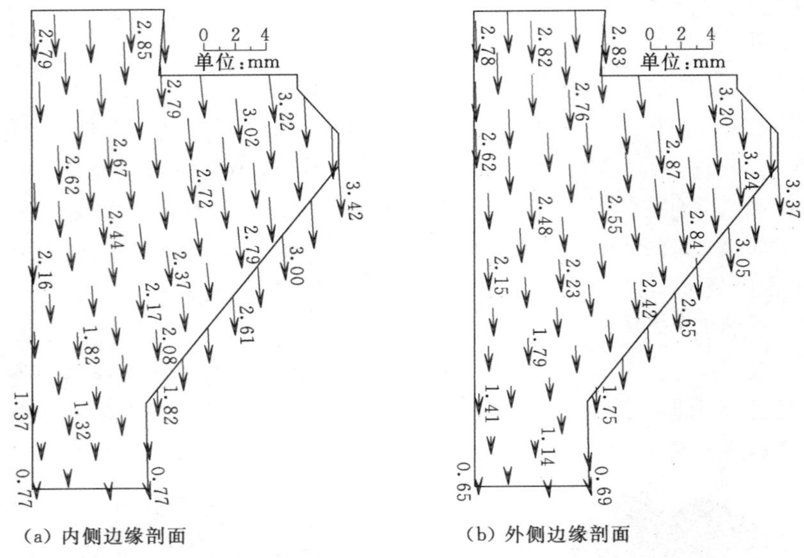

(a) 内侧边缘剖面　　(b) 外侧边缘剖面

图 8.3-13　5 号中孔闸墩内外侧边缘剖面位移矢量图

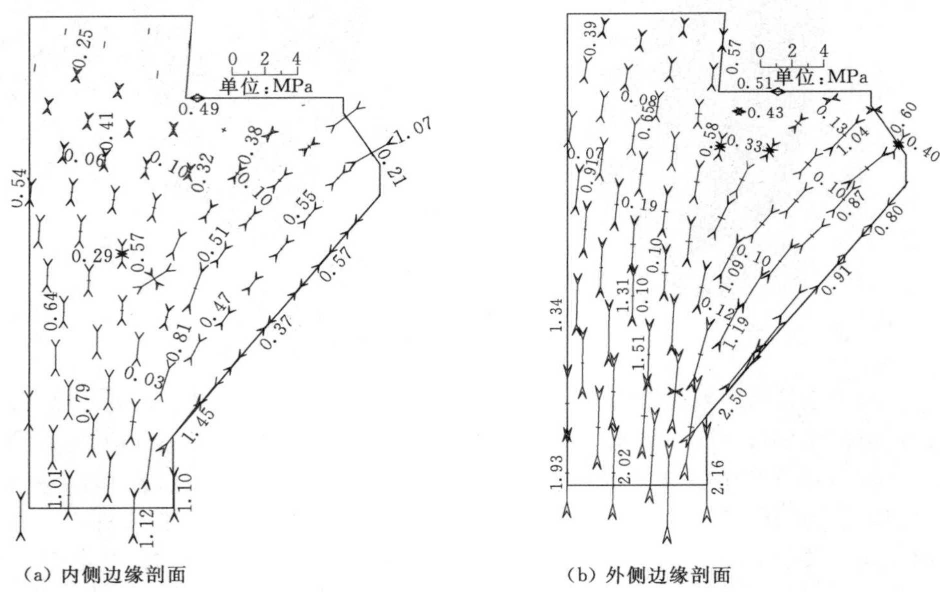

(a) 内侧边缘剖面　　(b) 外侧边缘剖面

图 8.3-14　1 号中孔闸墩内、外侧边缘剖面主应力矢量图

第三主应力均表现为受压，最大分布在牛腿根部，最大约为 3.0MPa。支撑大梁的支撑位置压应力最大，最大约为 7.6MPa。闸墩没有拉裂和局部压坏。

8.3.3 放空底孔结构设计

8.3.3.1 孔身结构设计

采用三维有限元对孔口应力进行计算分析。计算模型、相关假定及参数见 8.3.2 节。

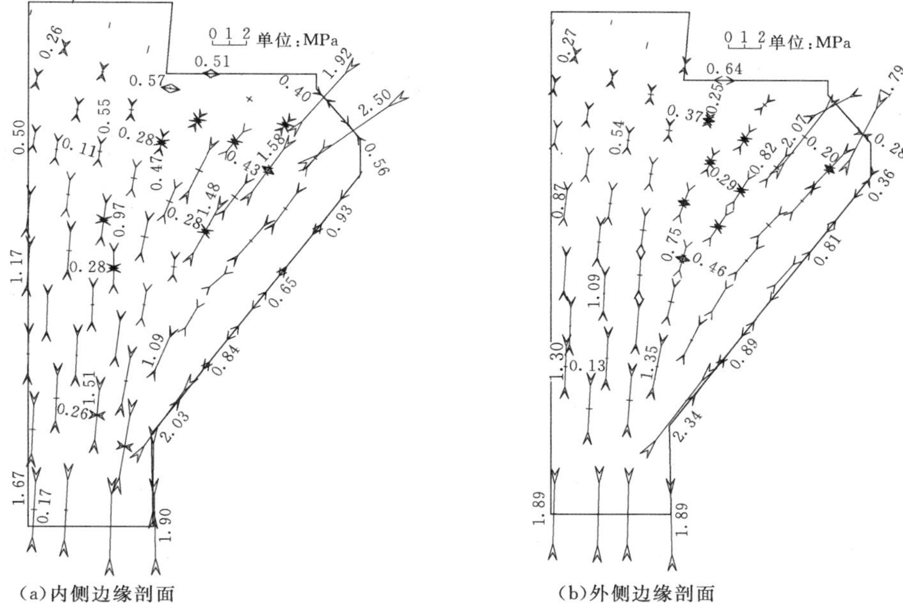

(a)内侧边缘剖面　　(b)外侧边缘剖面

图 8.3-15　2 号中孔闸墩内、外侧边缘剖面主应力矢量图

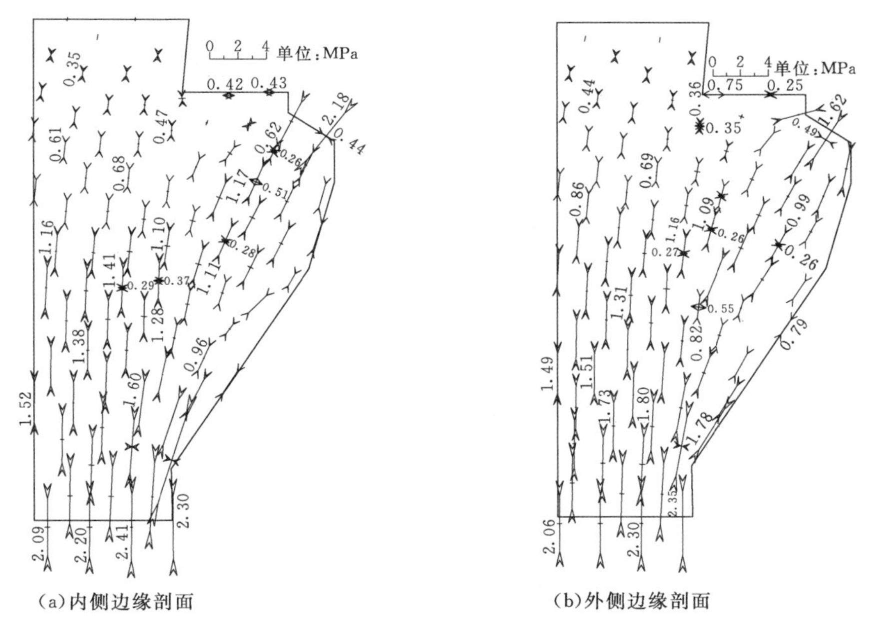

(a)内侧边缘剖面　　(b)外侧边缘剖面

图 8.3-16　3 号中孔闸墩内、外侧边缘剖面主应力矢量图

计算成果表明，孔口应力分布特征为在每个孔口的侧面有较大的拉应力分布，在顶面、底面呈较大的压应力分布。孔口应力发生明显变化的部位在孔口附近区域，影响深度在 1～3m，超出该范围外，应力变化趋于平缓。孔口配筋主要是为了防止孔口周边因拉应力过大而产生裂缝。

此外，还采用弹性力学方法和复变函数数学工具，利用计算机编程计算的单位力作用下孔口应力进行计算。综合各种计算成果，孔口进口段每延米配筋量为 30 Φ 36，孔身段 15 Φ 36，出口段 30 Φ 36。

8.3.3.2 出口闸墩结构设计

(1) 闸墩结构布置。放空底孔出口工作弧门双铰考虑动荷载情况下的荷载为 12×10^4kN，推力与水平夹角为 29.024°，弧门支臂长度为 15m。下游闸墩最大悬臂长度约为 30.0m，最大高度约为 39.0m，厚度由出口的 6.4m 左右渐变至下游端的 4.1m。弧形工作门的支铰布置于支撑大梁上，大梁截面尺寸为 8.5×6.9m，最大跨度为 8.45m。

(2) 闸墩预应力锚固设计。出口闸墩弧门推力巨大，必须采用预应力闸墩。锚索数量参考泄洪中孔和其他工程经验拟定，最终通过三维有限元计算分析确定锚索数量。闸墩单侧配 20 根 4500kN 级预应力锚索，每孔闸墩共配 40 根 4500kN 级预应力锚索，总锚固力为 18×10^4kN，拉锚系数 1.5。每孔闸墩大梁配 24 根 2500kN 级次锚索，次锚索总锚固力为 6×10^4kN。

(3) 预应力闸墩有限元计算。

1) 有限元模型。对选取的典型闸墩进行有限元离散，单元形式全部采用 8 节点六面体。网格划分时充分考虑了坝体结构布置以及便于进行成果整理与分析、保证计算精度等因素。单元尺寸总体情况是：闸墩混凝土结构单元长边尺寸不大于 1m，闸墩沿厚度方向划分 5 层单元，离闸墩较远的部位适当增大。为防止应力集中，在锚索外端点处和支铰集中荷载作用处添加 20cm 厚且弹模很大（2×10^{11}GPa）钢板。据此，该模型共划分了 84916 个单元，93766 个节点。放空底孔出口预应力闸墩有限元网格图见图 8.3-17。

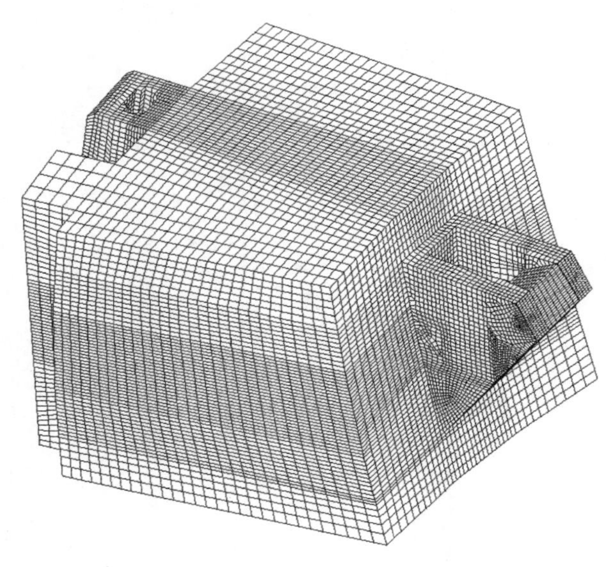

图 8.3-17 放空底孔出口预应力闸墩有限元网格图

按以上配置预应力锚索对闸墩进行有限元计算成果显示，闸墩内侧与支撑大梁交界部位的主拉应力由无预应力时的 0.96～2.11MPa，下降到 0.2～0.44MPa，预应力作用效果明显。

2) 位移成果。长期组合 (1)（自重＋弧形门支座推力）作用下闸墩位移变化规律为：水平向位移向下游，竖向位移向下，且下游侧位移大于上游侧位移。水平最大位移在下游侧的顶端，其值约为 1.50mm，最大铅垂位移位于闸墩与坝体交界面的顶部，其值约为 −1.15mm。

长期组合 (2)（自重＋锚索预应力＋弧形门支座推力）作用下，闸墩位移变化规律为：水平向位移向下游，竖向位移向下。水平最大位移位于闸墩内部锚固端附近，其值约

为 0.90mm，最大铅垂位移闸墩下游侧的顶部，其值约为－1.95mm。

短暂组合（1）（自重＋锚索预应力）作用下，闸墩位移变化规律为：水平向位移向上游，竖向位移向下，且下游侧位移大于上游侧位移。水平最大位移在下游侧的顶端，其值约为－2.80mm，最大铅垂位移闸墩下游侧的顶部，其值约为－2.60mm。

对比长期组合（1）和长期组合（2）的位移分布可以看出，加预应力锚索后，在锚索影响范围内，位移场变化比较大，具体表现为：预应力锚索两个锚索端距离缩短，产生了预压效果。

3）应力分别。长期组合（1）（自重＋弧形门支座推力）作用下，闸墩第一主应力变化规律为：从下游往上游，从底面往顶面，拉应力逐渐增大，在闸墩顶面与坝体交界面附近最大拉应力达到 1.10MPa。锚索沿程墩体的第一主应力变化规律为从下游表面开始拉应力逐渐增大，在不超过沿程中点前达到最大（最大值约为 1.67MPa）后，逐渐减小到达靠近上游锚固端位置时拉应力很小甚至个别点成压应力。第三主应力变化规律总体表现为从闸墩顶部往底部，第三主应力逐渐增大，闸墩底面与坝体交界面附近最大压应力达到 2.3MPa。

长期组合（2）（自重＋锚索预应力＋弧形门支座推力）作用下，在下游锚固端附近为压，在中间部位为拉，但低于 0.25MPa，在闸墩顶面与坝体交界面附近最大拉应力达到 0.65MPa。锚索沿程墩体的第一主应力全为压，从下游表面到上游，数值逐渐减小，最大压应力约 3.32MPa。第三主应力变化规律总体表现为从闸墩顶部往底部，从上游到下游，第三主应力逐渐增大。下游锚固端附近最大压应力达到 5.87MPa。闸墩没有拉裂和局部压坏。

短暂组合（1）（自重＋锚索预应力）作用下，闸墩第一主应力分布规律为：在下游锚固端附近为压，在中间部位为拉，但低于 0.1MPa，在闸墩顶面与坝体交界面附近最大拉应力达到 0.25MPa。锚索沿程墩体的第一主应力全为压，从下游表面到上游，数值逐渐减小，最大压应力约 3.4MPa。第三主应力变化规律总体表现为从闸墩顶部往底部，从上游到下游，第三主应力逐渐增大。下游锚固端附近最大压应力达到 5.06MPa。

8.3.4 关于闸墩锚固方式

开敞式溢洪道闸墩由于闸墩全部露在溢流堰之上，预应力锚索上游锚固端可以在闸墩上游部位预留锚固孔、锚固洞等，锚固孔、锚固洞在预应力施工完成后封堵施工也较方便，对闸墩结构没有影响，对施工也基本没有影响。对于深孔闸墩，由于预应力锚索上游锚固端要深入坝体，在 20 世纪 80 年代，对于深孔闸墩都在坝体内预留锚固竖井，预留锚固竖井对坝体结构有影响，施工也比较麻烦。我国从二滩开始引进国外技术，深孔闸墩预应力采用 U 形锚索。U 形锚索避免了在坝体内开槽问题，但锚索长度超过 80m，在高空情况下施工超长度锚索存在比较大的难度和安全风险，且锚索必须是两端头对称同步张拉，对张拉工艺要求较高，否则，锚索会受力不均匀，影响预应力效果。采用在坝体内预埋内锚固段的直线型锚索，预埋管施工和锚索穿索施工均较方便，锚索张拉只需在支撑大梁上一端张拉，张拉阻力小，锚索受理均匀，锚索张拉工艺与岩土锚索完全相同。

8.3.5 泄洪表孔结构设计

由于溢流表孔闸墩体积大、悬臂长度大，且工程抗震设计烈度高，坝顶处经放大后的地震动峰值加速度接近 0.5g，经计算，水推力对闸墩的配筋影响较小，而地震工况为溢流表孔闸墩配筋设计的控制工况。计算中考虑的荷载包括闸墩自重、地震荷载、溢流面过流时的侧向水压力、脉动水压力等，计算方法采用拟静力法。

溢流表孔弧门支铰直接布置在拱坝实体混凝土上，支撑处混凝土体积大。由于工程表孔跨拱坝横缝布置，各个弧门的两个支铰分别布置在两个坝段上，因此，支铰处拱坝混凝土也可看作“悬臂结构的牛腿”。另外，拱坝上部受到表孔孔口的削弱，水平拱圈传递拱推力的受力方式有所改变，需配置钢筋进行局部加强。综合考虑上述因素，并结合支铰处“悬臂结构的牛腿”的计算成果以及大坝抗震钢筋的配置，在弧门支铰处拱坝横剖面上布置两层⌀ 40@300 的过缝钢筋。

坝体浇筑过程中的泄洪孔口实施见图 8.3-18～图 8.3-22。

图 8.3-18 泄洪中孔浇筑形象

8.3.6 坝身泄洪实际效果

2014 年 8 月，小湾拱坝开展了泄洪洞局开及全开、坝身中孔单独、中孔组合、坝身表孔单独、表孔组合、表孔加中孔不碰撞组合、表孔加中孔碰撞组合等共 15 个工况的水力学原型观测试验，测量包括了流态、水面线、动水压力、空穴监听、风速、泄洪振动、泄洪雾化、大地脉动、环境量等 16 种参数，对小湾水电站泄水建筑物的泄洪状态、泄洪对周边区域的影响进行了全面观测。试验中最大出库流量（包括泄洪量和机组发电流量）达到 6745m^3/s。观测工况见表 8.3-8。

工况 1～工况 10 为正式观测工况，进行了各泄洪建筑物水力参数、泄流量、泄洪雾

图 8.3-19 泄洪中孔浇筑及钢衬安装

图 8.3-20 安装中的泄洪孔口钢板衬砌

化及环境量等参数的观测。工况 11～工况 14 为坝身不同泄水建筑物的组合试验，进行了坝身振动、水垫塘脉动压力及空化监听的观测。工况 15 为 1 号泄洪中孔事故门落门试验，进行了坝身振动测量。

表 8.3-8 中，工况 10 原计划是 2 号表孔＋4 号表孔＋2 号泄洪中孔＋5 号泄洪中孔全开，表孔和中孔水流在空中碰撞消能。试验过程中，当 2 号、5 号泄洪中孔和 2 号表孔全

图 8.3-21 泄洪孔口钢衬和钢筋安装完成准备混凝土浇筑

图 8.3-22 表孔浇筑及放空底孔泄洪

开时，雾化非常严重，地下厂房进厂交通洞上游洞口卷帘门吹坏，有较多水进入洞口内，主厂房进风洞洞口进风百叶窗也全部吹坏，为保证厂房安全，该工况未打开 4 号表孔。

表 8.3-8 泄水建筑物水力学试验工况

工况	库水位/m	泄水建筑物及开启方式	试验时间	备注
1	1236.32	泄洪洞工作门局开 2.7m、8.1m、全开	8 月 17 日	泄洪洞水力学参数、泄洪雾化、环境量
2	1237.20	4 号泄洪中孔工作门局开 5.2m	8 月 18 日	坝身泄水建筑物水力参数、水垫塘水力学、泄洪雾化、环境量
3	1237.80	1 号泄洪中孔工作门全开	8 月 19 日	
4	1238.05	3 号泄洪中孔工作门全开	8 月 19 日	
5	1238.20	2 号泄洪表孔全开	8 月 20 日	

续表

工况	库水位/m	泄水建筑物及开启方式	试验时间	备注
6	1238.30	3 号泄洪表孔全开	8 月 20 日下午	坝身泄水建筑物水力参数、水垫塘水力学、泄洪雾化、环境量
7	1238.05	2 号+3 号+4 号泄洪表孔全开	8 月 21 日	
8	1237.47	3 号表泄洪孔+2 号、5 号泄洪中孔工作门全开	8 月 22 日	
9	1237.38	1 号+2 号+5 号+6 号泄洪中孔工作门全开	8 月 22 日	
10	1236.96	2 号泄洪表孔全开+2 号、5 号泄洪中孔工作门全开	8 月 23 日	
11	1236.96	1 号泄洪表孔闸门全开	8 月 19 日	进行坝身振动、水垫塘脉动压力测量
12	1236.96	1 号、5 号泄洪表孔闸门全开	8 月 19 日	
13	1236.96	2 号、4 号泄洪表孔闸门全开	8 月 20 日	
14	1236.96	2 号、3 号、4 号泄洪表孔闸门全开	8 月 20 日	
15	1236.96	1 号泄洪中孔工作门由全开关闭至 2.6m（1/3 开度），事故门落门试验	8 月 22 日	坝身振动测量

典型工况泄洪见图 8.3-23～图 8.3-30。

图 8.3-23　表孔（1 号、5 号）泄洪

试验主要结论如下：

(1) 坝身泄洪各工况流态因泄水孔组合而有所不同，坝身中孔单独、中孔组合、坝身表孔单独、表孔组合、表孔加中孔不碰撞组合、表孔加中孔碰撞组合工况运行下，各泄洪中孔水舌外缘挑距变化为 195.53～292.77m，各泄洪表孔水舌内缘挑距变化范围为 82.60～102.55m，外缘挑距变化范围为 113.194～142.807m。挑流水舌落水点均位于水

图 8.3-24 表孔（2 号、3 号、4 号）泄洪

图 8.3-25 表孔（1 号、2 号、4 号、5 号）泄洪

垫塘的中前部，水垫塘内水流波动较大，但水位均未达到左右两岸高程 1020.00m 公路，经过充分消能后的水体，经水垫塘二道坝后平顺泄入下游河道，与下游河道水体衔接平稳。

（2）2 号泄洪表孔溢流堰底板及边墙最大时均压力为 54.49kPa，最大压力均方差为 7.02kPa；边墙扩散点后无负压出现。3 号泄洪表孔泄洪时，流道内实测最大底流速分别为 15.14m/s、16.84m/s。3 号泄洪表孔溢流堰底板及边墙最大时均压力为 107.51kPa，位于挑流鼻坎反弧段；最大压力均方差为 2.6kPa；边墙扩散点后无负压出现。2 号、3 号

图 8.3-26 中孔（1号、2号、5号、6号）泄洪

图 8.3-27 表孔（3号）+中孔（2号、5号）联合不碰撞泄洪

泄洪表孔过流面均无负压。2号泄洪表孔工作闸门后边墙上的泄水噪声与背景噪声无明显变化，表明边墙扩散点后未发生空化。

（3）各泄洪工况下，小湾大坝坝体顺河向的振动随高程的增加而增大，坝顶高程1245.00m振动最大；表中孔组合运行的坝体振动明显较表孔、中孔单独运行大；最大振动位移均方根小于100μm，最大加速度均方根小于1gal，振动主频为1～1.5Hz，属于低频振动。

（4）1号泄洪中（位于20号坝段）孔事故门落门试验中，15～30号坝段坝顶均有明

图 8.3-28 表孔（3号）＋中孔（2号、5号）联合不碰撞泄洪

图 8.3-29 表孔（2号）＋中孔（2号、5号）联合碰撞泄洪

显振动，振动位移随事故闸门开度的减小逐步增大，至最后高流速落门的 66s 期间，23～30 号坝段的坝顶振动幅度更为明显，振动位移最大值达 350μm；观测人员位于 23 号坝段、22 号坝段坝顶，能明显地感觉到持续约 1min 的振动。

（5）水垫塘内时均压力变化幅度在 80kPa 范围内，脉动压力均方根小于 50kPa。水舌落水区域的脉动压力较大，而时均压力总体较其他区域偏小。就工况运行而言，同一库水位中孔、表孔单独运行，泄洪中孔运行的脉动压力均方根较小，泄洪表孔运行的脉动压力均方根较大；2 号、3 号、4 号泄洪表孔同时开启时，水垫塘的脉动压力最大值

图 8.3-30 表孔（2 号）+中孔（2 号、5 号）联合碰撞泄洪

为 42.3kPa。

各泄洪工况下，水垫塘底板振动最大加速度均方差为 25.072gal，最大振动位移均方根为 729.94μm（工况 4），振动主频均小于 1Hz，能感觉到底板排水廊道边墙有振感。

（6）水垫塘空化监听观测成果表明，工况 2、工况 3、工况 4、工况 5、工况 7、工况 11、工况 12、工况 13 空化测点高频段的噪声值与背景噪声值相差较小，表明这些工况水垫塘内未发生空化。工况 6、工况 8、工况 9、工况 10 水垫塘内部分空化测点高频段的噪声值比背景噪声大，表明这些工况水垫塘内水体可能发生了空化。

（7）坝身泄洪各工况泄洪雾化因泄水孔组合而有所不同，中孔单独泄洪雾化的扩散范围、程度比表孔单独泄洪大；中孔组合泄洪比表孔组合泄洪的雾化程度大；表孔中孔组合碰撞工况泄洪的雾化程度最大。雾化降雨影响范围至坝下游 742m（工况 8、工况 10），除表孔单独泄洪外，雾化最大升腾高度均已超过坝顶。

（8）各试验工况运行下，泄洪雾化均沿两岸边坡爬升，在坝体后形成强雾化区，坝后的马道亦位于雾化区范围。工况 8、工况 10 的泄洪雾化在左岸坝顶公路形成降雨，最大降雨强度为 0.68mm/h（工况 8）；工况 8 右岸坝顶公路有雾化降雨，最大降雨强度为 3.28mm/h；工况 8、工况 9、工况 10 在坝顶公路有雾化降雨，最大降雨强度为 2.88mm/h（工况 10）；工况 9、工况 10 在中控楼有雾化降雨，最大降雨强度为 0.52mm/h（工况 9）。其余泄洪工况未在左右两岸坝顶公路、中控楼形成雾化降雨。

（9）中孔单独泄洪、表孔中孔组合泄洪等 6 个运行工况，电站尾水平台均有大量积水未排出，此区域最大泄流风速已超过 10m/s，地下厂房进厂交通洞上游洞口亦有很强雾化降雨和泄流风，并将洞口卷帘门吹坏，有较多水进入洞口。原计划做的工况 10 是 2 号表孔+4 号表孔+2 号中孔+5 号中孔空中碰撞消能，当闸门开到 2 号表孔+2 号中孔+5 号中孔时，地下厂房进厂交通洞上游洞口卷帘门吹坏，有较多水进入洞口，主厂房进风洞洞

口进风百叶窗也全部吹坏，为保证厂房安全，此工况就没有打开4号表孔。若继续再开4号表孔，进厂交通洞上游洞口的雾化和泄流风将更强。空中碰撞消能方式的泄洪雾化比前期有关试验研究和预测的要更严重，对水垫塘有利，但对工程地表建筑物影响更大。泄洪试验完成后，为保证地下厂房安全，已对进厂交通洞上游洞口防洪进行了改造，修建了全防水的防洪钢闸门。

(10) 坝身泄洪会造成局部声场、风速场、温度场、湿度场的变化，主要影响区域为泄洪雾化影响区域（坝下700m范围）。坝后低高程两岸风速场变化较明显，温度场、湿度场受观测时自然因素影响较大，规律不明显。

噪声场以河道两岸、高程1150.00m和坝顶距水垫塘较近区域变化明显，若以噪声值增加8dB计算，泄洪噪声最大影响范围为坝下约1.3km（即右岸卡点），对小凤公路、小湾大桥区域的影响较小；中控楼室外最大噪声值为74.4dB（工况7），对楼内人员没有影响。

坝身泄洪原型观测成果表明，坝身各泄水孔、水垫塘的水力参数设计合理，水垫塘内消能效果较好，下游河道水流衔接平顺，除表孔加中孔空中碰撞消能工况泄洪雾化较原预测要严重外，其余各工况泄洪雾化处于可控状态。

8.4 坝身导流孔口

8.4.1 导流底、中孔布置

采用拱坝作为挡水建筑物的水电站枢纽布置，当导流隧洞封堵后，为满足中后期导流度汛要求，除利用坝身设置的永久放空底孔和泄洪中孔外，往往还需在坝身设置一定数量的导流底、中孔。

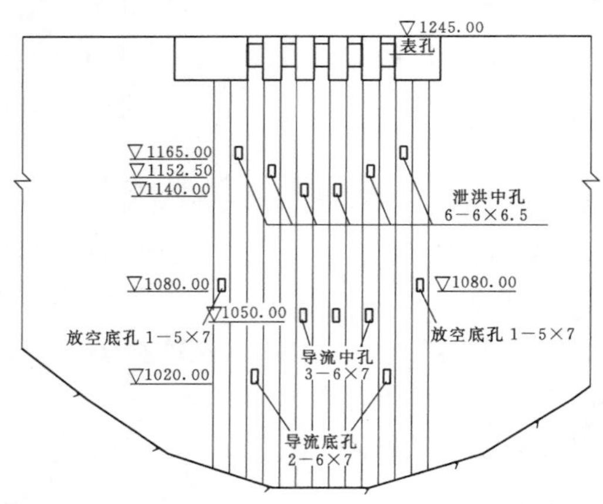

图8.4-1 拱坝坝身导流底、中孔布置图

小湾工程为满足施工导流度汛、下闸蓄水及第一台机组发电等综合要求，在坝身布设2个导流底孔和3个导流中孔，进口底板高程分别为1020.00m和1050.00m，矩形断面，出口孔口尺寸均为6m×7m（图8.4-1）。与坝身放空底孔、泄洪中孔等联合泄流，可满足中后期导流、向下游供水和水库初期蓄水的要求。

2个导流底孔分别布置20号、25号坝段，位于拱坝中心线两侧。1号、2号导流底孔中心线与拱坝中心线的夹角均为10°。进水口、孔身及出口高程均为1020.00m，孔身为矩形断面，工作门孔口尺寸均为6m×7m（宽×高）。

3个导流中孔按1号、2号、3号导流中孔分别设于21号坝段、22号坝段和23号坝

段。1号、2号、3号导流中孔中心线与拱坝体中心线的夹角分别为6°、2°、2°。各孔出口设一扇工作弧门，孔口尺寸6m×7m。各孔进口段设有一扇封堵平板闸门，供导流中孔封堵施工期间挡水用，封堵闸门设计为静水启闭。导流中孔参与泄洪时设计最高洪水位为1185.60m（P=0.33%，Q=15600m^3/s），单孔设计最大平均流量1884m^3/s，孔身最大平均流速约为38m/s，孔口最大平均流速约为45m/s。

8.4.2 导流底、中孔口结构设计

8.4.2.1 导流底孔

1号、2号导流底孔孔身分别长67.19m、67.37m，孔身宽6m，孔身高8.24m，出口点孔身高度压坡至7m，压坡段长16m，分两段压坡，前段长10m，压坡比1∶42，后段长6m，压坡比1∶6。

对导流底孔孔身采用三维有限元进行计算，为导流底孔结构设计和配筋计算提供依据。

根据计算成果对孔身进行了配筋。具体配筋为：压坡前的孔身段孔身断面四周配2层ϕ32@200受力钢筋，沿导流底孔中心线方向配2层ϕ25@200纵向钢筋，另在孔身4个角部位配置两层ϕ25@200斜筋；压坡后的孔身段受力钢筋、纵向钢筋及斜筋由上游的2层增至3层，其他参数不变；出口处孔口断面四周受力钢筋为3层ϕ36@150，沿导流底孔中心线方向纵向钢筋为3层ϕ25@150，孔身4个角部位斜筋为3层ϕ25@150。整个孔身钢筋均为Ⅱ级钢筋。

8.4.2.2 导流中孔

1号、2号、3号导流中孔孔身分别长59.32m、58.25m、58.96m，孔身宽6m，孔身高8.24m，出口点孔身高度压坡至7m，压坡段长16m，分两段压坡，前段长10m，压坡比1∶42，后段长6m，压坡比1∶6。

为导流中孔结构设计和配筋计算提供依据，对导流中孔孔身采用三维有限元进行计算。根据计算成果对孔身进行了配筋。具体配筋为：压坡前的孔身段孔身断面四周配两层ϕ32@200受力钢筋，沿导流底孔中心线方向配两层ϕ25@200纵向钢筋，另在孔身4个角部位配置2层ϕ25@200斜筋；压坡后的孔身段受力钢筋、纵向钢筋及斜筋由上游的2层增至3层，其他参数不变；出口处孔口断面四周受力钢筋为3层ϕ36@150，沿导流底孔中心线方向纵向钢筋为3层ϕ25@150，孔身4个角部位斜筋为3层ϕ25@150。整个孔身钢筋均为Ⅱ级钢筋。

8.4.3 导流底、中孔预应力闸墩设计

8.4.3.1 导流底孔

闸墩及支撑大梁均采用预应力结构，以此通过预加压力来改善结构的应力分布。主锚束的布置方式主要考虑通过主锚束施加预应力后，能有效地抵消弧门推力在颈部所产生的拉应力，并使主锚束预应力有效地扩散到闸墩体内，主锚束在闸墩立面上的布置，应沿弧门推力方向呈辐射状扩散，其最大扩散角与弧门推力在闸墩立面上的投影的夹角宜不大于15°。考虑锚块在受到弧门水推力和主锚束张拉力的作用下，在垂直于主锚束方向会出现

较大范围和较大量值的次生拉应力，为了抵消这部分次生拉应力对锚块产生的不利影响，在锚块上布置适当的次锚束，次锚束对改善中墩锚块内的应力作用不明显，但有利于闸墩锚块内的应力条件的改善。

闸墩主锚束及次锚束级别分别按 4000kN 及 1800kN 级设计。主锚束在平面上，闸墩左右边墙各布置 2 排，主锚束在闸墩竖直面内的布置分为 8 层，以弧门推力作用平面为中间层，以 2°扩散角向上游呈放射状长短相间布置。最长锚索束约 46m，最短锚索束长约 35m，闸墩两侧边墙对称布置，共计 30 束。

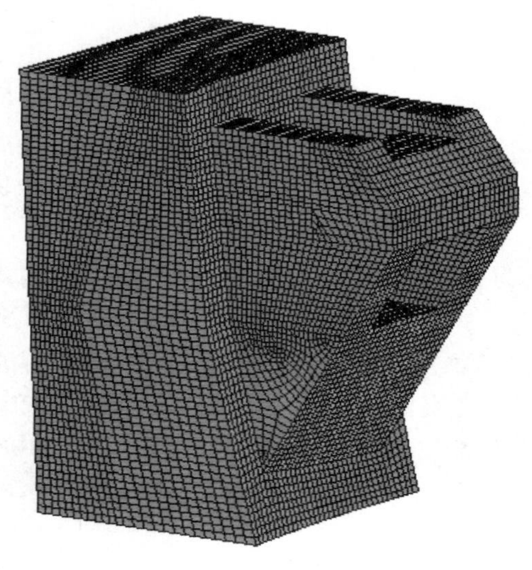

图 8.4-2　导流底孔出口闸墩网格图

为使锚块保持较好的应力状态，次锚束在沿工作弧门水推力方向布置了 2 层，每层布置 4～5 束，共 9 束。次锚索布置在支承大梁内，并穿过两侧闸墩边墙。次锚索为水平布置，长度为 18m。

对出口闸墩采用三维有限元进行计算，闸墩计算模型按坝体最大单元尺寸不超过15m×15m×15m，闸墩最大单元尺寸不超过 1m×1m×1m 考虑。总节点数 30475 个，总单元数 27753 个，其中坝体混凝土单元 9323 个，闸墩混凝土单元 18430 个，见图 8.4-2。

计算最大拉应力主要出现在支承大梁与闸墩交面，最大拉应力为 2.05MPa。

导流底孔闸墩按照沿闸墩厚度方向的应力分布计算配筋，计算最大配筋面积 11128mm²，设计分别在闸墩两表面配置水平向 ϕ36@200、竖向 ϕ25@200 钢筋，水平向单侧配筋面积为 5090mm²，同时在闸墩两边墙内部靠支承大梁处各布置了两层辐射钢筋和竖向钢筋，辐射钢筋为Ⅲ级钢筋，直径为 36mm，钢筋间距为辐射角 1.5°，竖向钢筋为 ϕ25@500，配筋满足要求。由于闸墩与锚块的交界面拉应力相对较大，特别是在两个面相交处存在应力集中的状况，为改善应力分布情况，锚墩设在闸墩内部并在下游面与锚块相接处采用 5 层 ϕ16@200×200 的钢筋网进行加强。

承受弧门推力的大梁周边配置 ϕ36@200 的主筋及 ϕ25@200 的箍筋，次锚索的锚块设在大梁两侧闸墩内部，在闸墩与锚块相接处均配置 5 层 ϕ8@200×200 的钢筋网，以满足设计和构造要求。

8.4.3.2　导流中孔

闸墩主锚束及次锚束级别分别按 4000kN 及 1800kN 级设计。主锚束在平面上，闸墩左右边墙各布置 3 排，主锚束在闸墩竖直面内的布置分为 7 层，以弧门推力作用平面为中间层，以 2°扩散角向上游呈放射状长短相间布置。最长锚索束约为 46m，最短锚索束长约为 38m，闸墩两侧边墙对称布置，共计 30 束。

为使锚块保持较好的应力状态，次锚束在沿工作弧门水推力方向布置了 2 层，每层布置 4～5 束，共 9 束。次锚索布置在支承大梁内，并穿过两侧闸墩边墙。次锚索为水平布

置，长度为18.2m。

对出口闸墩采用三维限元进行计算，闸墩计算模型按坝体最大单元尺寸不超过15m×15m×15m、最大单元尺寸不超过1m×1m×1m考虑。计算总节点数共36055个，总单元数共32835个，其中坝体混凝土单元11030个，闸墩混凝土单元21805个，见图8.4-3。

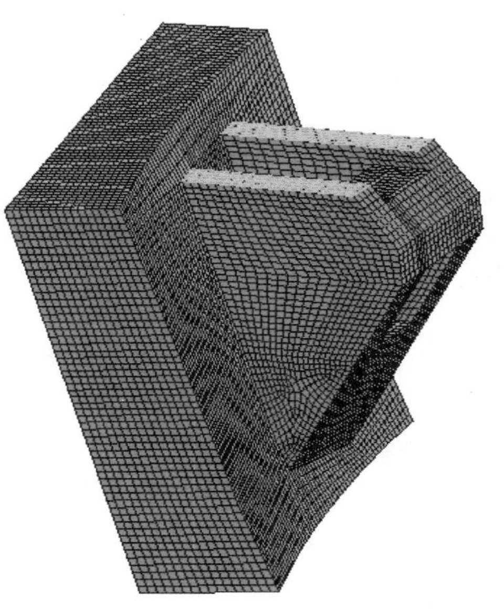

图8.4-3 导流中孔出口闸墩网格

计算最大拉应力主要出现在支承大梁与闸墩交面，最大拉应力为2.25MPa。

导流中孔闸墩按照沿闸墩厚度方向的应力分布计算配筋，计算最大配筋面积12241mm²，设计分别在闸墩两表面配置水平向ϕ36@200、竖向ϕ25@200钢筋，水平向单侧配筋面积为5090mm²，同时在闸墩两边墙内部靠支承大梁处各布置了两层辐射钢筋和竖向钢筋，辐射钢筋为Ⅲ级钢筋，直径为36mm，钢筋间距为辐射角1.5°，竖向钢筋为ϕ25@500，配筋满足要求。由于闸墩与锚块的交界面拉应力相对较大，特别是在两个面相交处存在应力集中，为改善应力分布情况，锚墩设在闸墩内部并在下游面与锚块相接处采用5层ϕ16@200×200的钢筋网进行加强。

承受弧门推力的大梁周边配置ϕ36@200的主筋及ϕ25@200的箍筋，次锚索的锚块设在大梁两侧闸墩内部，在闸墩与锚块相接处均配置5层ϕ8@200×200的钢筋网，以满足设计和构造要求。

8.4.4 导流中底孔封堵设计

8.4.4.1 封堵要求

(1) 封堵体设计标准与大坝设计标准相同：按正常蓄水位1240.00m设计，按校核洪水位1242.51m校核。

(2) 为使导流底孔封堵后尽量恢复坝体原貌，同时考虑施工条件等因素，1号、2号导流底孔封堵范围为上游封堵闸门至拱坝下游表面。封堵体按分段施工进行设计，每段按25m左右划分。

(3) 封堵体混凝土采用与坝体同区混凝土要求一致的$C_{90}40W_{90}14F_{90}250$混凝土。封堵体周边设直径为40mm间距为300mm的纵向钢筋及直径为28mm间距为300mm的环向钢筋，纵向钢筋和环向钢筋分3层布置。

(4) 要求施工过程中在完成上游段混凝土浇筑、回填灌浆、接触（缝）灌浆后再进行相邻段的施工，接触（缝）灌浆在混凝土温度降至允许温度后进行。封堵体混凝土浇筑前须对封堵体周边的混凝土表面采用风砂枪进行刷毛处理，同时清除封堵体周边接触面上的油污、碎屑、焊渣、泥土等杂物，并加以冲洗。为提高堵封体灌浆效果，在封堵体上游端设两道紫铜止水同时，在各浇筑段下游端均设止浆铜片一道。

(5) 封堵体混凝土的灌浆按先回填灌浆后接触（缝）灌浆的顺序进行。

(6) 回填灌浆在各段混凝土浇筑完7d后进行。孔顶部空腔的回填灌浆采用预埋灌浆管路方法。灌浆管管径为42mm，出浆支管管径为25mm，出浆支管的出口距离混凝土壁面不小于20mm。回填灌浆排气管直径为42mm，排气支管直径为32mm，排气支管要求进入壁面100mm，距离孔底不小于20mm。灌浆管路均采用钢管，现场安装。排气支管所需钻孔孔径宜不小于ϕ38mm，孔深宜进入混凝土壁面10cm。回填灌浆按每段为一区段进行，各区段端部必须封堵密实。回填灌浆水灰比为0.5∶1的水泥砂浆。回填灌浆压力0.2MPa。

(7) 接触（缝）灌浆也采用预埋管路的方式。接触（缝）灌浆进浆管、升浆管、排气管采用钢管。进浆管、回浆管管径为42mm，升浆管管径为32mm，出浆支管管径为25mm，出浆支管的管口进入混凝土壁面200mm且距孔底部不小于20mm。灌浆排气管直径为42mm，排气支管直径为32mm，排气支管要求进入壁面200mm，距离孔底不小于20mm。出浆支管和排气支管安装完成后，要求施工时对管口采取措施避免堵塞，同时对孔口采用厚2mm的铁皮及水泥砂浆进行封闭，避免混凝土及回填灌浆施工时造成管路堵塞，并确保灌浆时孔口封闭处正常出浆。接触（缝）灌浆所用水泥根据接触缝张开度选用，当接触缝张开度大于1.0mm时采用中热硅酸盐水泥；接触缝张开度小于1.0mm时，采用磨细硅酸盐水泥灌浆。灌浆过程中，接触缝开度大于1.0mm时采用0.45∶1单一水灰比的中热硅酸盐水泥浆液灌注，浆液马什漏斗黏度小于45s。接触缝开度小于1.0mm时采用0.6∶1和0.45∶1两级水灰比的磨细硅酸盐水泥浆液灌浆灌注，0.6∶1浆液马什漏斗黏度小于30s，各级浆液2h析水率小于3%。

8.4.4.2 封堵实施与改进

1号、2号导流底孔分3段施工，在A段混凝土和回填灌浆施工完成，并对预埋的排水管实施封堵之后，发现有渗水。

A段堵头距封堵闸门有一定距离，在排水管封堵之前，A段堵头与封堵闸门之间空腔内的水体处于无压状态，排水管封堵之后，空腔内的水体逐渐处于有压状态，最终压力与上游水位平衡。在高压水作用下，堵头施工缝、灌浆管等多处出现渗水。为此，采取在堵头上钻减压排水孔的办法，尽快释放了空腔内的压力水。

为处理1号、2号导流底孔A段封堵体渗水，采取了对封堵体前空腔回填、从高程1060.00m廊道钻帷幕孔进行化学灌浆、在A段封堵体下游端打辐射孔进行补强接缝灌浆等各种措施，处理顺序为：空腔回填→接触面补强处理→化学帷幕灌浆→裂缝及其渗水通道处理，这样可通过空腔回填、帷幕灌浆使水库水与封堵体及裂缝渗水通道完全隔开，确保温度裂缝处理在无渗水的情况下进行，有利于提高温度裂缝及其通道处理质量。A段堵头处理完成时上游水位已达1210.00m（堵头承受水头约190m），A段堵头基本不渗水，随即进行B段和C段堵头施工。堵头全部完成后，经过蓄水至正常蓄水位1240.00m考验，在A段堵头和B段堵头之间埋设的排水系统没有发现渗水情况。说明A段堵头处理是成功的，但相应地增加了处理费用，还带来工期压力。

鉴于导流底孔A段封堵体与上游封堵闸门之间留有空腔，空腔内充满水之后高压水

直接作用在A段堵头上，易出现渗水，且A段堵头为实心堵头，其顶拱回填灌浆、周边接触灌浆难度极大，质量不易保证，为提高导流中孔封堵体的防渗效果，避免高压水渗入坝内已存在的温度裂缝，在导流中孔封堵设计时采取了以下措施：

（1）上游A段封堵体按紧贴封堵门浇筑混凝土。

（2）在封堵体上游A段设一接触灌浆廊道进行顶部接触灌浆和后期补强接触灌浆，顶部不再预埋接触灌浆管路，以提高顶部混凝土浇筑质量。B段、C段仍按常规方法施工。

（3）各段环向止水均采取嵌槽预埋方式。

（4）为避免进入坝内温度裂缝的渗水形成高压水，在封堵体A段下游端及出露的孔壁周边温度裂缝部位设排水系统。

封堵体A段中部接触灌浆廊道最小断面尺寸3m×(2.5～3.5) m（底×高），廊道长12m。灌浆廊道在封堵体A段周边接触灌浆等项目施工完成后回填封堵，为利于回填后进行廊道接触灌浆，在进行封堵体A段施工时在接触灌浆廊道周边先预埋灌浆系统。

由于封堵体A段直接与水库水接触，且顶部反弧段施工条件差、混凝土浇筑无法振捣密实，需要补强接触灌浆。在A段堵头施工完成后（接触灌浆回填前），应通过控制封堵闸门渗漏排水管闸阀，使A段直接承受水库水位产生的水压力，观测其渗水情况，并根据渗水情况利用灌浆廊道进行钻孔补强灌浆。同时为确保封堵体A段不渗水，还应经受水库蓄水位抬高后检验。只有封堵体A段在水库抬高至设计水位不渗水后才能进行接触灌浆廊道及封堵体B段、C段的施工。

综上所述，导流中孔采取了上述改进措施，堵头防渗效果非常良好，避免了渗水处理带来的费用增加和工期压力。

导流中、底孔的实施及导流见图8.4-4～图8.4-9。

图8.4-4 导流中孔、底孔浇筑（一）

图 8.4-5 导流中孔、底孔浇筑（二）

图 8.4-6 导流底孔过流

图 8.4-7 导流中孔过流

图 8.4-8 底孔下闸后放空底孔和导流中孔联合泄洪

图 8.4-9 蓄水至 1160.0m 坝身泄洪中孔和放空底孔联合泄洪

8.5 坝体结构设计

8.5.1 坝体横缝

8.5.1.1 横缝布置

坝体不设施工纵缝，42 条横缝将坝体分为 43 个坝段，一个推力墩坝段。横缝按高程

1170.00m拱圈近似径向垂直切至基础，所有横缝面均为铅直面。坝段长度是以高程1170.00m水平拱圈为基准的拱圈中心线弧长，两岸坝段一般横缝间距为20m，河中泄流坝段19～26号坝段横缝间距为21.17～26.34m，其中43号坝段长27.53m。43号坝段与推力墩坝段之间按临时缝处理。推力墩坝段基础长40m，开挖后推力墩坝段增加了8m，推力墩坝段为48m。

横缝的构造设置包括缝面键槽、止水、止浆和接缝灌浆系统。横缝采用球面键槽，球面键槽弦长80cm，弧面高20cm，球面键槽水平和垂直间距均为1.0m。

8.5.1.2　横缝接缝灌浆

最高坝段共有27层接缝灌浆区。在高程1118.00m以下每个灌浆区高度约为11～12m，高程1118.00～1232.00m灌浆区高度约为8～10m，高程1232.00m以上顶拱灌浆区高度为12.0m。共有约1792个灌浆区，最大灌浆区面积610m^2。总灌浆面积达36.64万m^2。

高程1136.00m以下每层灌浆区分为两个独立灌浆区，基础部位有贴角处贴角部分再单独设一个灌浆区。每个灌浆区各有一套独立的灌浆系统。高程1136.00～1202.50m每层为一个灌浆区，每个灌浆区设有两套灌浆系统。高程1202.50m以上每层亦为一个灌浆区，每个灌浆区仅设有一套灌浆系统。另外对上游止水片间的区域也要求进行接缝灌浆。

横缝灌浆系统采用预留水平灌浆槽、升浆管和预埋连接在灌浆槽上的灌浆钢管组成。V形灌浆槽分设在灌区底部和顶部，分别连接进浆管和排气回浆管。采用“灌浆槽＋2m间距升浆管”灌浆，即接缝灌浆采用线、面出浆方式，升浆管采用塑料拔管成孔。接缝灌浆主要技术要求如下：

（1）接缝灌浆采用42.5级中热硅酸盐水泥。

（2）横缝开度大于1.0mm的横缝，直接采用0.45∶1单一水灰比灌注，浆液加高效减水剂，浆液马什漏斗黏度控制在40s左右。

（3）横缝开度在0.3～1.0mm之间时，采用0.6∶1和0.45∶1两级水灰比灌注，0.6∶1水灰比浆液马什漏斗黏度控制在30s左右。

（4）要求任何灌浆层在施灌前，灌浆缝起压的同时，邻缝也应进行通水平压，平压压力保证顶部压力一般不超过0.2MPa，并保证灌浆区横缝增开度不超过0.5mm。灌浆前、灌浆中及灌浆后，该灌区上层灌浆区保持通水循环至少6h。

（5）有盖重灌区顶层排气槽回浆管口处压力控制为0.25～0.35MPa；灌区底层进浆管口压力控制为0.55～0.65MPa。坝顶部位无盖重灌浆区顶层排气槽回浆管口压力为0.10～0.15MPa，同时严格控制缝面增开度不大于0.5mm。

（6）接缝灌浆时混凝土龄期，在2007年5月以前要求为不少于60d，2007年5月以后根据温控对混凝土二期冷却开始时间进行调整，要求接缝灌浆时混凝土龄期不少于4个月。

（7）接缝灌浆时两侧混凝土温度必须达到设计封拱温度。拱坝接缝灌浆时的封拱温度对拱坝运行期应力有较大影响，不仅是平均封拱温度对拱坝运行期应力有较大影响，而且封拱温度从上游到下游形成一定的温度梯度，即等效温差T_{d0}也对拱坝行期应力有影响，若上游到下游拱坝封拱温度逐渐升高，对拱坝减小上游坝面拉应力是有明显好处的。小湾

拱坝不同的等效温差 T_{d0} 对最大主应力的影响见表 8.5-1。由表 8.5-1 可见，随着 T_{d0} 的增加，上游面主拉应力线性减小，T_{d0} 每增加 1℃，上游面主拉应力便减小约 0.07MPa，对减小上游面拉应力的效果非常明显。随着 T_{d0} 的增加，下游面主压应力线性减小，T_{d0} 每增加 1℃，下游面主压应力便减小 0.06MPa。只要现场合理地控制通水冷却方式，在不需要增加费用的情况下便可实现在上下游方向上形成所需要的等效温差 T_{d0}，从而减小坝体的拉压应力，使坝体应力分布更加均匀。鉴于以上研究，小湾拱坝封拱温度采用了上下游方向上形成等效温差的封拱温度，从上游向下游分 3 个不同的封拱温度，见表 8.5-2。

表 8.5-1　等效温差 T_{d0} 对最大主应力的影响

等效温差 T_{d0} /℃	上游面最大主应力/MPa				下游面最大主应力/MPa			
	拉应力		压应力		拉应力		压应力	
	工况 1	工况 2	工况 1	工况 2	工况 1	工况 2	工况 1	工况 2
0	-1.39	-1.50	6.51	6.81	-0.37	-0.25	10.06	10.14
1	-1.33	-1.43	6.61	6.89	-0.45	-0.33	10.00	10.08
2	-1.26	-1.37	6.70	6.97	-0.54	-0.42	9.94	10.02
3	-1.19	-1.30	6.80	7.05	-0.63	-0.50	9.88	9.96
4	-1.13	-1.23	6.89	7.13	-0.72	-0.59	9.82	9.90
5	-1.06	-1.17	6.99	7.21	-0.81	-0.68	9.76	9.84
6	-1.00	-1.10	7.09	7.29	-0.89	-0.77	9.70	9.78
7	-0.93	-1.03	7.18	7.37	-0.98	-0.86	9.64	9.72
8	-0.86	-0.97	7.28	7.46	-1.07	-0.94	9.58	9.66

注　1. 拉应力为负，压应力为正。
2. 工况 1：正常蓄水位（上游 1240.0m，下游 1004.0m）+自重+淤沙荷载+温降；工况 2：正常蓄水位（上游 1240.0m，下游 1004.0m）+自重+淤沙荷载+温升。

在实施中由于出现了温度裂缝（见第 10 章），仅高程 1071.50m 以下实施了上下游形成梯度的封拱温度，高程 1071.50m 以上均按平均温度封拱。非孔口坝段设计封拱温度见表 8.5-2。孔口部位封拱温度较相应部位封拱温度低 1～2℃。

表 8.5-2　无孔口坝段设计封拱温度　单位：℃

高程/m	950.50～989.00	989.00～1037.50	1037.50～1071.50	1071.50～1107.00	1107.00～1184.50	1184.50～1245.00
上游区	12	12	12	14	15	16
中间区	14	14	14			
下游区	16	17	18			

8.5.1.3　横缝止水

地震工况下拱坝上部横缝张开大、剪切变位大、作用水头小，下部横缝变位小、作用水头大。因此，坝体横缝根据此特点进行设计。上游在高程 1097.00m 以下，即坝高超过 150m 的坝段，横缝采用 3 道止水，第 1 道、第 2 道均采用复合 W 形紫铜止水片，第 3 道采用复合橡胶止水片。上游在高程 1097.00m 以上，即坝高小于 150m 的坝段，横缝采用

两道止水，第 1 道、第 2 道均为复合 W 形紫铜止水片。下游在高程 1030.00m 以下设一道 Z 形紫铜止水片，高程 1030m 以上设一道塑料止浆片。

8.5.2 坝内廊道及交通布置

8.5.2.1 基础廊道

在坝体基础部位设有帷幕灌浆廊道、基础排水廊道和横向交通廊道。12～32 号坝段帷幕灌浆廊道断面尺寸为 4m×4m，以满足 3 排帷幕灌浆孔布置和施工要求，其余坝段帷幕灌浆廊道断面尺寸为 3m×4m。河床部位 17～28 号坝段帷幕灌浆廊道上游边壁距上游坝面 20～25m，约为作用水头的 0.083～0.094 倍，使坝基帷幕和廊道本身处于非受拉区。其余坝段帷幕灌浆廊道上游边壁距上游坝面的距离根据所处高程和作用水头变化，最大距离 20m，最小距离 5m，约为作用水头的 0.05～0.363 倍。由于两岸坝基坡度较陡，在右岸 1～5 号、7 号、11 号坝段，左岸 34 号、37 号、39 号、40 号坝段设置有交通竖井与灌浆廊道相连，竖井高度在 15～30m 之间，竖井断面尺寸 2.0m×2.5m，井内设钢楼梯。帷幕灌浆廊道上下游均设有 0.25m×0.25m 排水沟。

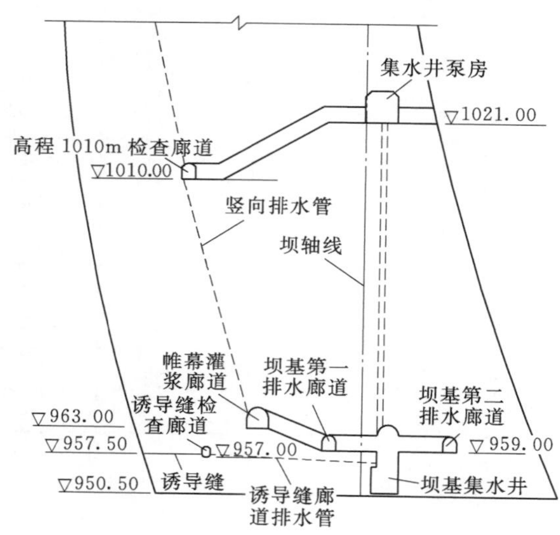

图 8.5-1 基础廊道布置示意图（单位：m）

坝基帷幕灌浆廊道之后设有第一基础排水廊道和第二基础排水廊道，廊道断面尺寸为 2.5m×3m。第一基础排水廊道中心线距帷幕灌浆廊道中心线 12m，第一、第二基础排水廊道中心线之间距离 20m。廊道上游均设有 0.25m×0.25m 排水沟。

23 号坝段内布置有坝基集水井，底高程为 953.50m，集水井长 15m、宽 5m、深 5.5m。集水井泵房设在高程 1021.00m，泵房长 15m、宽 6m、高 5.5m。集水井和泵房之间设有两孔 1.5m×2.0m 潜水泵安装检修孔。

基础廊道布置见图 8.5-1。

8.5.2.2 坝体廊道

在坝体内共设置 5 层廊道供检查、观测、坝体排水使用，廊道断面尺寸为 2.5m×3m。各层廊道均与两坝肩相应高程上的帷幕灌浆洞、排水洞相接，且上面 5 层通过设置骑缝横向廊道与相应高程的下游坝面坝后永久交通桥相通。各层廊道距上游坝面的距离均满足规范规定的 0.05～0.10 倍坝面作用水头要求。

从坝体廊道至观测间设有观测间交通通道，通道面尺寸为 2.0m×2.5m。

8.5.2.3 坝内电梯井

在 18 号、27 号坝段各设一部载重量 1.5t 电梯，从高程 1010.00～1245.00m，运行高

度达 235m。电梯井道尺寸 2.5m×2.8m。电梯井旁设有楼梯井和电缆井道。电梯井在高程 1230.00m 穿过上游坝面成外露结构。

8.5.2.4 坝体排水

坝体排水采用预埋水平塑料盲沟管及竖向排水钢管方式，坝体渗水通过水平塑料盲沟管引入竖向排水钢管。水平塑料盲沟管在每个浇筑层仓面上埋设，距离上游坝面 7～22m，在高程方向上间隔 3m 浇筑层布置，并与坝段两侧的竖向排水钢管相通。每个坝段横缝两侧距横缝 1.5m 位置布置一根竖向排水钢管并分别引向各层坝内检查廊道，最后引向最下层基础廊道，由排水沟汇入坝基集水井。

在对坝体温度裂缝进行化灌处理过程中，17～30 号坝段的部分坝体预埋排水管与裂缝串通，为保证裂缝化灌质量，采用水泥浆液将串通区域的排水管进行了封堵。大坝裂缝化灌施工完成后，对这些坝段受影响的部位重新钻孔形成坝体排水孔。

参 考 文 献

[1] 黎展眉．拱坝［M］．北京：水利电力出版社，1982.
[2] 美国肯务局．拱坝设计［M］．拱坝设计翻译组，译．北京：水利电力出版社，1984.
[3] 朱伯芳，高季章，陈祖煜，厉易生．拱坝设计与研究［M］．北京：中国水利水电出版社，2002.
[4] 周建平，党林才．水工设计手册：第 5 卷 混凝土坝［M］．2 版．北京：中国水利水电出版社，2011.

9　拱坝安全监测系统与监控体系

9.1　监测技术发展及在拱坝中的应用

9.1.1　监测技术的发展

工程建设历史悠久，尽管已积累了相当丰富的实践经验，但工程事故仍时有发生，并造成不同程度的损失和危害。鉴于工程的复杂性和目前人类对其认识的局限性，工程建设难免存在不同程度的风险，如果能够在事故发生前获得有关信息，进行分析和判断，及时采取有效的防范措施，便有可能避免事故的发生或减少损失，但仅凭人为巡查和直觉判断难以发现和做出有效判定，需要依靠布置针对性的监测仪器进行监测和分析评价。于是工程安全监测的问题被逐渐提出和重视，随工程建设的需求，监测技术和监测方法不断改进，逐步发展。

水电工程界的监测始于20世纪20年代的大坝原型观测，当时主要采用大地测量方法观测大坝的变形。30年代初美国利用卡尔逊式（Carlson，国内称差动电阻式）仪器开展了大坝的内部观测。与此同时，欧洲、日本和苏联等国也相继采用应力、应变等埋入式传感器和内部变形监测仪器开展原型观测工作，并于1958年在第六次国际大坝会议上以“大坝与基础的应力、变形观测及其与计算和模型试验的比较”为专题，首次较系统地发表了一批基于原型观测的研究成果。当时原型观测的主要目的是研究大坝的实际变形、温度和应力状态，宏观上或定性验证设计成果，完善坝工理论。

20世纪30—70年代，伴随着世界筑坝的高潮，各国均致力于大坝安全监测技术的研究和开发，各类监测仪器设备和数据处理方法大量涌现，促进了大坝安全监测理论及方法的发展和完善。但限于当时的计算机技术、信息化技术以及坝工建设水平，仅实现了从大坝原型观测到大坝安全监测系统的转变，监测自动化技术处于刚刚起步阶段，所获取的监测数据尚未做到及时、动态及远程反馈，需经较长时间整理、整编及分析计算后方能形成系统资料，作为分析评价大坝运行性态的参考依据。

20世纪70—90年代末，大坝安全监测仪器无论从仪器原理、品种、性能和自动化程度等方面都取得了很大的发展，差动电阻式、钢弦式、电容式、电阻应变片式、电感式、电磁式以及滑线电阻式等10余种监测仪器在拱坝安全监测中被广泛应用，总体上可以满足实际工程安全监测的需要。对于监测项目的选取、仪器的选型和布置、埋设技术与观测方法、资料的整理分析等研究工作逐步加深。20世纪80年代，随着科技进步以及工程实践经验的积累，有关监测领域的科技攻关和工程实践对所存在的问题进行了广泛而深入的研究，监测设计和监测方法不断得以改进和完善，在一些大型工程中深入研究了安全监测布置，有关考虑地形地质条件、岩土工程技术性质、工程布

置、空间和时间连续性要求等因素的安全监测布置原则和方法相继得到体现和应用。20世纪90年代以来，工程安全监测手段的硬件和软件迅速发展，监测范围不断扩大，监测自动化系统、监测数据信息管理系统、安全预警系统技术也在不断地发展。与此同时，监测设计理念的转变及监测资料分析反馈方法的改进，让及时、系统的信息分析反馈成为了可能。

进入21世纪后，我国在总结相关以往监测工作经验教训等基础上，修订了相关监测技术标准，并对监测设计工作进行专项审查，逐步规范了安全监测相关技术，提高了安全监测的系统性、针对性及可实施性，安全监测设计已成为重要工程设计必不可少的组成部分，监测成果成为工程安全评价的基础，并被作为施工质量控制的主要手段之一。

9.1.2　监测技术在拱坝中的应用与发展

安全监测在以往拱坝工程中的应用，主要体现在监控拱坝施工期和运行期的安全，指导现场施工及总结经验，提高拱坝建设水平。对于高拱坝，由于温控措施复杂、基础处理要求严格、接缝灌浆时机重要，除采取及时有效的工程措施外，布设安全监测系统、埋设监测设施、进行监测工作并对监测成果及时分析反馈，是监控拱坝安全和指导施工的重要保障。

9.1.2.1　安全监测技术

20世纪50年代初期，我国在丰满以及位于淮河上游的几座混凝土坝开展了位移、沉陷等简单的外部观测工作。随后，开始在上犹江、响洪甸、流溪河等混凝土坝内零星地埋设了温度计、应变计、应力计等仪器，并安装了垂线观测设备；在佛子岭及梅山连拱坝等布置监测仪器。但尚缺乏监测布置的系统性，总体仪器数量较少，仪器可靠性也不高，特别是内观仪器，仅能依靠少量的外部变形监测仪器评价大坝运行安全。随着拱坝建设技术的提高及监测技术的进步，20世纪70—80年代，在龙羊峡和东风拱坝中布设了相对较为系统的监测仪器，无论监测仪器数量还是监测仪器设备技术均有了较大的发展。

我国在总结以往监测技术经验及教训的基础上，20世纪80年代末期制定了混凝土坝监测技术标准。二滩拱坝开创了系统监测设计及咨询、专业监测队伍施工及监理的先例，并特别注重了坝体接缝、应力应变及温度的监测。随着我国高拱坝工程建设的规模、难度及复杂程度逐渐增加，大坝安全监测日益受到重视，21世纪初修订了混凝土坝监测技术标准，并对监测设计工作进行专项审查，安全监测进一步取得了长足发展。

以往拱坝主要采用传统混凝土坝特别是重力坝的监测仪器，缺乏针对曲线坝型及坝肩抗力体作为主要承载体、坝体变形相对较大等拱坝特点的专项监测仪器设备，且远未形成系统的拱坝监测布置体系及共识的设计原则。尽管白山拱坝、石门拱坝在运行期探索研究了基于导线法原理的曲线坝型激光变形监测装置，但由于当时的电子产品存在可靠性和仪器测量精度等问题，并未成功投入使用。此外，鉴于当时监测仪器技术和电子产品的成熟度，在外部变形监测、安全监测自动化建设等监测新技术采用方面均存在较大不足。

9.1.2.2 安全监测成果分析

20世纪80年代以前，国内监测成果分析主要以高校和科研单位为主，监测成果分析与工程进展联系脱节或不密切，一般是事后总结或现场出现特殊情况时做一些针对性的分析，分析内容侧重于了解是否符合正常变化规律或是否在正常变化范围以内，以监测数据为基础，与现场地质条件、施工、工程措施、结构计算等相结合的分析尚不多见。随着拱坝工程建设规模、技术难度的增加以及设计单位的重视，在龙羊峡工程建设中，设计单位与高校及科研单位开始共同介入监测成果整编分析，为工程的重大技术问题解决及总结提供了一定的支撑。在二滩工程建设中，设计单位结合工程进展开展了系列监测成果分析，为评价拱坝工作性态及重大技术问题的解决提供了较好的支撑。但在紧随工程建设作监测资料分析的紧密性、针对拱坝特点的专项分析、基于监测仪器固有特性及监测工作开展对测值影响评价等方面均存在一定的不足。

9.1.2.3 安全评价及预警系统

大坝安全评价及预警系统一般主要包括安全评价模型、预警指标和应急预案三部分。安全评价模型主要有基于监测成果的数学模型、基于参数反演的结构计算模型和基于人工智能的专家评判模型等，国内几座高拱坝均采用过这些模型进行安全评价。基于监测成果的分析模型，由于监测点在空间布置上是分散的，测值在空间上不连续，且受诸多客观因素的影响存在离散性、相对性及不确定性等固有问题，难以完全反映大坝真实的工作性态。基于参数反演的结构计算模型存在材料本构关系的合理性、施工过程模拟的真实性、相关材料物理力学参数随边界变化（如基岩变模随开挖、固结灌浆、混凝土自重、蓄水等变化）赋值的动态性、监测值校准计算值的时空一致性等问题。人工智能专家评判模型，鉴于监测技术和人工智能的局限性以及坝工工程的复杂性，存在安全评判过程学习和推理机制欠佳等问题，发展不是很理想。

总体来说，拱坝安全监测已从传统的原型观测逐步转向安全监测系统。但以往的监测设计尚未采用梁拱式网格监测布置架构；监测仪器及监测项目缺乏系统性及针对性，监测重点不突出；尚未将时间因素有效地纳入监测成果分析维度（传统二维、三维分析占主导地位）。大量的监测分析仍停留在“就事论事”的单纯阶段，监测项目及测点布设数量无法满足完整、全面监控工程性态的要求，监控等级划分与预警机制研究等尚处于初级阶段，紧随工程建设和运行开展动态反馈与模型校验的研究成果十分少见。因而尚谈不上数值计算结果与监测成果匹配对应的问题，要实现对拱坝全过程的安全监控还有相当长的路要走。

随着我国高拱坝工程建设的规模、难度及复杂程度逐渐增加，迫切需要树立全方位、全过程、信息化动态监测设计理念，将监测要素——监测项目、监测点及网络的布局、仪器选型、监测手段、监测频次及人工巡视检查等作为系统工程看待，建立集监测网络与数据采集、整理整编分析、信息反馈等为一体的系统、完善的监测系统，紧随工程建设进程，进行及时的监测体系动态调整与分析反馈，并与数值仿真计算系统紧密结合，共同建立分析判断及评价体系，揭示拱坝的真实工作性态，实现从静态“安全监测系统”到动态“安全监控体系”的转变。

9.2 监测原理与方法

9.2.1 监测原理

建筑物及其地基系统受荷载作用或在温度、湿度等环境量变化的情况下，自身会做出响应，表现出变形、渗漏、应力应变变化、振动等效应，甚至出现裂缝、错动、滑动等不同性态反映。这些性态反映可以量化为与建筑物有关的各种变形量、渗漏量、扬压力、应力应变、压力脉动、水流流速、水质等各种物理量的变化。当这种变化量在设计允许的控制范围内时，建筑物处于正常运行状态；当这种变化异常或急剧增减，便会从量变发展到质变，导致建筑物损伤甚至失事破坏。当然，一般情况下建筑物的破坏不可能是突然发生的。若建筑物将发生破坏，其变形量会出现持续增加，不收敛，内部应力会急剧变化；若基础将发生滑动，基础变形、渗透压力、基础与建筑物接合面应力、接缝开度均会出现异常；若防渗、排水系统损坏，漏水量及渗透压力均会急剧增加。因此，通过量测和监测手段可获得建筑物处于正常运行状态或可能产生失事破坏的信息。随着相关科学技术的进步与发展，通过研制各种仪器和设备，并预先埋设于建筑物内、基础中或周边环境中，便可捕捉到这些物理量的变化信息，通过对比设计情况或工程类比，便可以判断建筑物所处的工作状态，及早发现问题并采取措施，防患于未然。

安全监测的原理，在于建筑物对荷载和环境量变化有固有的响应，这些响应可以量化为变形、应力应变、渗流量等物理量的变化，通过研制特定的仪器和设备捕捉变化信息，与设计中的理论分析计算成果进行对比，从而评估和判断建筑物当前的工作状态，达到监控建筑物安全的目的。

9.2.2 监测目的

拱坝工程涉及复杂的地形、地质、水文、气象等多种自然环境因素以及尚难以精准控制的土木工程施工，必须根据拱坝设计的相关资料及计算分析成果，布设合理完善、层次清晰、针对性明确的监测系统，购置与监测系统相匹配对应的相关仪器设备，适时、可靠地实施监测设施的埋设、调试及运行管理，建立集数据采集、整理、整编及分析计算为一体的信息系统，及时监测、适时分析及反馈信息。拱坝监测的主要目的如下：

(1) 监测拱坝在施工期及运行期的工作状态。

(2) 为动态跟踪、优化调整相关工程措施或新技术应用提供分析决策的基础参数及依据。

(3) 作为拱坝安全监控体系的基础和最重要环节，为数值反馈及仿真计算分析实时提供可靠的数据，进而检验和评价已实施的工程措施，实现最终监控拱坝安全的目的。

(4) 积累相关数据和经验，为完善和发展拱坝设计理论及方法，提高拱坝建设水平奠定基础。

9.2.3 监测方法

安全监测的方法主要有巡视检查和仪器监测两种。巡视检查主要通过人工巡检，发现拱坝的开裂、渗漏等异常现象；仪器监测主要利用埋设的仪器或安装的固定测点，监测物理量及环境量的变化。监测项目按工作内容可划分为变形监测、渗流监测、应力应变及温度监测、专项监测（地震反应监测、水力学监测等）、环境量监测和巡视检查等6类。

9.2.3.1 变形监测

(1) 水平变形。水平变形是指测点沿水平方向的变化量。水平变形的监测通常有大地测量法、基准线法和全球定位系统（global navigation satellite system，GNSS）测量法。大地测量一般有交会法、极坐标法和导线法等；基准线法一般分为垂线法、引张线法、视准线法、激光准直法等；GNSS测量法一般有常规GNSS测量和一机多天线测量法。根据拱坝曲线坝型结构特点，一般采用表面变形监测点、正倒垂线、GNSS测点、分段激光准直法和引张线法等监测拱坝水平变形。

(2) 垂直变形及倾斜。垂直变形是指测点在高程方向的变化量。垂直方向上升或沉陷的变化量均称为垂直变形。拱坝垂直变形监测通常有几何水准测量法、流体静力水准测量法、双金属标法、激光准直法和GNSS测量法等。

(3) 裂缝、接缝开度。裂缝开度监测包括裂缝的分布、长度、宽度、深度及发展等，可用测缝计、滑动测微计、有机玻璃或砂浆条带等进行定量或定性监测，有漏水的裂缝，应同时监测漏水情况。

为适应温度变化和地基不均匀沉陷以及满足施工要求，拱坝不同部位一般设有接缝。接缝的开合度主要采用测缝计进行监测。

(4) 深部变形。拱坝基础及两岸边坡深部变形监测主要采用钻孔或平洞埋设相应仪器，监测岩土体内部变形，主要包括平行于钻孔轴向变形和垂直于钻孔轴向的变形监测。监测平行于钻孔轴向的变形一般采用多点位移计、滑动测微计、铟钢丝位移计等仪器。监测垂直于钻孔轴向的变形采用活动（固定）测斜仪、垂线法、阵列式位移计和时域反射系统（TDR）等仪器。

(5) 弦长监测。由于拱坝呈空间壳体的结构特点，坝体弦长监测变化综合反映了拱坝拱向传力以及坝基坝肩结构受力特性，一般在拱推力较大高程的坝体两端对称设置弦长监测点，可采用测距法直接进行监测。

(6) 谷幅监测。高拱坝或岸坡卸荷发育的坝肩抗力体，宜在两岸同高程垂直河流向成对布置谷幅变形测点。一般情况下，谷幅监测在岸坡表面布置测点，若两岸坝肩岩体卸荷较深，可专门布设垂直于岸坡向的谷幅监测平洞。可采用直接测距法或交汇法高程改平测量方式。

(7) 库盘变形监测。鉴于高坝大库库盘的变形对坝体的变形存在影响，需开展高拱坝库盘变形监测，可布置水准点，采用一等水准进行监测。

9.2.3.2 渗流监测

(1) 扬压力。扬压力监测一般采用安装测压管方式，管口有压时，应安装压力表；管口无压时，应安装保护盖，也可在管内设置压力传感器。

（2）渗流压力。渗流压力监测仪器应根据不同的监测目的、地质体透水性、渗流场特征以及埋设条件等，选用测压管或渗压计。

（3）绕坝渗流观测及近坝区地下水位。一般布置渗压计或水位孔进行绕坝渗流观测，其测点的埋设深度应视地下水情况而定，对于观测不同透水层水压的测点应深入到透水层中，可采用多管式。

（4）渗漏量。渗漏量宜分区监测，可根据渗漏量大小采用容积法或量水堰等。当流量小于 1L/s 时，采用容积法；当流量在 1～300L/s 之间时，采用量水堰法；当流量大于 300L/s 或受落差限制不能设量水堰时，应将渗流水引入排水沟中，采用流速仪或流量计进行量测。

（5）水质监测。渗漏水的水质监测内容主要包括物理指标和化学指标两部分。一般情况下，渗漏水水质监测首先进行物理分析，主要分析物理指标，若发现有析出物或有侵蚀性的水流出等问题时，则应进行化学分析。

9.2.3.3 应力应变及温度监测

应力应变监测包括混凝土应力应变监测和受力结构应力应变监测，主要监测应力应变大小、分布及变化情况。

混凝土应力应变监测的主要仪器有应变计（组）、无应力计、钢筋计、压应力计、混凝土应力计等。受力结构应力应变监测的主要仪器有锚杆应力计、预应力锚索（杆）测力计、应变计（组）、无应力计、应变片、钢筋计、钢板计、混凝土压应力计及土压应力计等。

温度监测包括监测坝体外部的水温、气温及坝体内部混凝土的温度大小、分布及变化情况。温度监测的主要仪器有电阻温度计、DTS 测温光纤、布拉格光栅温度计、数字式温度计及红外温度计等。

9.2.3.4 专项监测

（1）强震监测。在拱坝上设立强震动监测台阵，结合微震台网的监测资料，监测地震过程中拱坝的动力放大系数、地震的相位、振型等。强震动监测的主要仪器有加速度计、记录仪、GNSS 授时系统及信号传输和计算机信息处理系统，目前有单点阈值触发和测点联网实时监测两种方法。

（2）结构动态反应监测。根据不同监测目的，有针对性地对地震工况下拱坝的相关项目进行动态监测，一般情况下，主要包括地震工况下的坝体横缝的开合度及接触应力、抗震措施的结构应力等。监测仪器应具备低频动态响应性能，目前多选用光纤类仪器。

（3）水力学观测。拱坝泄水建筑物水力学原型观测主要项目有流态及水面线、动水压力、底流速、掺气浓度、空穴监听、掺气空腔负压、通气孔（井）风速、泄流水舌轨迹、过流面不平整度及空蚀调查、闸门膨胀式水封、泄洪振动、工作闸门振动与下游雾化等。水力学监测的设备主要有测压管、毕托管、水尺、精密压力表、水听器、雨量计、风速仪、底流速仪、振动传感器等。

9.2.3.5 环境量监测

环境量主要监测内容包括大坝上下游水位、降水量、气温、水温、地温、风速、波浪、冰冻、冰压力、坝前淤积和坝后冲刷等。监测设备主要有水尺、水位计、气象站、测深仪等。

9.2.3.6 巡视检查

巡视检查与仪器监测分别为定性和定量掌握拱坝安全状态的两种手段，互为补充，弥补监测仪器覆盖面的不足，及时发现险情，为监测资料的分析和评价提供客观的可能影响因素。

巡视检查可分为日常巡查、年度巡查及特殊巡查 3 类，其方法主要依靠目视、耳听、手摸、鼻嗅等直观方法，可辅以锤、钎、量尺、放大镜、望远镜、照相机、摄像机等工器具。随着新技术的发展，对于水上建筑物不易到达的地方，搭载相关激光扫描仪或照相机的无人机巡查系统已开始使用，可以自动记录巡查路线，设定巡航线路等。对于水下建筑物的巡查，可采用无人遥控潜水器（remote operated vehicle，ROV）进行巡查，该系统组成包括动力推进器、通信装置、检查平台（摄像机、照相机、激光扫描仪、声呐等）、导航定位装置、辅助照明灯等部件。

9.3 监测系统构建

拱坝安全监测系统构建主要包括监测设计、监测仪器采购与安装埋设、监测数据采集及监测成果分析，共 4 部分内容。

9.3.1 监测设计

监测系统设计首先应明确目的，然后确定监测体系的设计依据、设计原则、监测重点、监测系统布置等。监测依据包括工程基本资料、拱坝结构设计和相关科研试验成果、相应监测仪器设备的基本资料、类似工程实例、法律法规和规程规范等。设计原则包括监测项目选取及测点布置原则、监测仪器选型原则、数据采集方式和网络设计原则、数据管理分析系统设计原则等。监测重点应以工程的关键技术为切入点来确定，监测系统布置主要包括监测断面及项目、监测方法、测点布置、仪器选型、实施技术要求、监测频次及资料整编分析反馈等。

9.3.1.1 设计依据及原则

（1）设计依据。

1）工程基本资料。工程基本资料包括工程规模、大坝级别和地质、水文、泥沙、气象、水库特征水位等环境条件以及详细的枢纽和坝体结构设计和施工规划等。

工程规模越大、拱坝越高、地质、水文等环境条件越复杂，设置的监测部位和项目也就越多，越是关键部位越要考虑冗余设置监测项目和监测测点。

建基面及抗力体断层、裂隙等地质缺陷分布及相应的工程处理措施，坝基固结灌浆、防渗帷幕及排水系统设计等为控制大坝安全的关键因素，是布设针对性专项监测项目的依据。

拱坝体形及结构、坝体混凝土分区和施工工法等是计算、分析坝体不同强度等级混凝土的实测应力、评价混凝土温度控制措施实施效果的依据。同时，监测仪器电缆走线规划及现场数据采集站的布置也应据此来确定。

此外，工程特殊技术问题、设计与施工采用的新技术、新工艺以及需在工程实施中研究探索的问题，是设置特殊专项监测项目的主要依据。

2）拱坝结构计算和科研试验成果。各种荷载组合工况下坝体的应力、变形与渗流计算成果；在设计荷载下坝体及基岩弹性变形或超载下破坏变形的地质力学模型试验成果等，是布设坝体及坝基应力应变、渗流等监测项目的依据。

将监测到的应力应变资料计算转换成坝体的实测应力，需掌握坝体混凝土的物理力学试验资料，包括混凝土抗拉、抗压强度、弹性模量、级配、温度线膨胀系数、徐变度、自生体积变形等参数。

布设基岩变形和应力监测项目以及计算分析实测基岩变形和应力，需掌握坝基岩体的物理力学性能，包括基岩抗拉、抗压强度、变形模量、流变、地应力、坝基地质缺陷（断层、裂隙、软弱夹层等）特性等。

水工模型试验成果，如水流形态、泄水及消能建筑物过流面的压力、流速、掺气效果、雾化分布及程度等，是布设水力学观测系统的重要依据。

（2）设计原则。安全监测设计应依据建筑物的地质条件、结构型式、运行工况、荷载条件等基本资料，了解其隐含的风险，找出其薄弱环节和制约建筑物安全状态的控制因素和部位，综合考虑，统筹安排。其指导思想是以工程安全为主，同时兼顾设计、施工、科研和运行的需要。监测项目布置的总原则是目的明确、突出重点；控制关键、兼顾全局；统一规划、分步实施。用适量的测点，合适的仪器，获得最关键的建筑物和基础的性状信息。安全监测设计遵循以下原则。

1）针对性。除了设置必要的水位、温度、降水等环境（原因）量外，还应根据不同工程特点和监测目的，有针对性地布置变形、渗流和应力应变测点，设置相应的监测仪器，并经论证选定水力学、坝体地震反应、变形控制网等专项监测项目。根据施工、蓄水、运行等不同阶段，先后顺序，选择监测重点。设计时根据建筑物及基础的特点、计算分析成果，在影响工程安全或能敏感反映工程安全运行状态的部位布置测点。

2）全局性。对监测系统的设计要有总体方案，从全局出发，既要控制关键，又要兼顾全局。应根据建筑物的地形和地质条件、结构型式、运行工况、荷载条件等基本资料，了解其隐含的风险，找出其薄弱环节和制约建筑物安全状态的控制因素和部位，并按其对安全控制的重要性，分为关键监测部位、重要监测部位和一般监测部位3个层次。对关键和重要部位适当地进行重复和平行布置，对一般部位应顾及工程枢纽建筑物的整体，并设置反应最敏感的监测项目。此外，有相关因素的监测仪器布置要相互配合，以便综合分析。

3）统筹性。对各部位不同时期的监测项目的选定应从施工、首次蓄水和运行全过程考虑，监测项目相互兼顾，永久临时相结合，做到一个项目多种用途、统一规划、分步实施。

4）巡测并重性。安全监测设施的施工与主体工程施工应同步实施。现场巡视检查与仪器监测相互补充，是监测建筑物特别是大坝安全的重要方法。一些异常现象不能通过仪器单点监测的方法发现，需要通过巡视检查才可及时发现，如新增裂缝和渗漏点、混凝土冲刷和冻融、坝基析出物等，因此应遵循巡视检查和仪器监测并重的原则。

9.3.1.2 监测布置

拱坝是建造在基岩上的空间超静定结构，在平面上呈凸向上游的拱形，其拱冠剖面呈竖直或向上游凸出的曲线坝型。拱坝主要依靠材料的强度，特别是抗压强度来保证安全。坝体结构既有拱作用又有梁作用，其承受的荷载一部分通过拱的作用传向两岸拱座，另一部分通过竖直悬臂梁的作用传到坝底基岩，故应该把坝体和坝基、拱座作为一个统一体来考虑。拱坝对坝址的地形、地质条件要求较高，对地基处理的要求也较严格。温度变化和基岩变形对坝体应力的影响比较显著。拱坝属于高次超静定结构，超载能力强，安全度高，当外荷载增大或坝的某一部位损伤开裂时，坝体的拱和梁作用将会自行调整，使坝体应力重新分布。

（1）重点监测部位。从拱坝受力特点来看，应把“拱坝-地基”作为一个统一体来对待，其监测范围应包括坝体、坝基及拱座以及对拱坝安全有重大影响的近坝区岸坡和其他与大坝安全有直接关系的建筑物。

拱坝坝体重点监测部位应结合计算成果、拱坝体形等因素，以坝段为梁向监测断面，以拱圈为拱向监测基面，构成空间的拱梁监测体系。梁向监测断面应设在监控安全的重要坝段，其数量与工程等别、地质条件、坝高和坝顶弧线长度有关，可类比工程经验拟定。特别重要和复杂的工程，可根据工程的重要性和复杂程度适当加密。其中，拱冠梁坝段是坝体最具代表性的部位，且该部位的各项指标很多是控制性极值出现处；左右岸 1/4 拱坝段一般可同时兼顾坝体、坝肩变形，在坝段空间分布上具有代表性，这些部位对监控大坝正常运行至关重要，宜作为梁向监测断面的典型坝段。拱向监测基面应与拱向推力、廊道布置等因素结合考虑，一般应设在最大平面变形高程（通常为坝顶或以下某一高程范围）、拱推力最大高程和坝体廊道设置高程，高坝还应在中间高程设置。拱坝监测点宜布置于拱向监测基面和梁向监测断面交汇的节点处，以便与多拱梁法和有限元法的计算成果开展对比分析。

拱坝坝基坝肩是拱坝设计最重要、最复杂的部位，这不仅因为它是隐蔽工程，地质条件难以彻底查明，更主要的是岩体结构面纵横切割，地应力、裂隙渗流与拱坝推力产生的应力场及坝肩的动力反应等问题相互交织影响，使坝基坝肩变位、应力和稳定等问题变得异常复杂。故对于拱坝来说，坝基坝肩部位的相关监测非常重要，坝基监测重点部位原则上与坝体拱梁监测体系和坝基交汇处一致，但开挖体形突变处、分布有地质缺陷部位的坝基应加强监测。坝肩应重点关注近坝抗力体部位和地质缺陷处理部位。由于拱坝对基础要求很高，所以其基础开挖一般较深，地质赋存条件较好，但一般地应力较高，在拱端推力作用下坝基岩体中传力较深。坝基坝肩监测深度原则上可取相应部位坝体高度的 1/4～1/2 或 1～2 倍拱端基础宽度。

（2）大坝监测布置架构。鉴于拱坝属于空间超静定结构，体形设计的传统计算采用拱梁分载法，为使监测布置与计算成果相对应，全面监测坝体工作性态，宜采用梁拱式网格监测布置架构进行监测布置。首先，变形监测断面应构成拱梁监测体系，其余监测项目宜与变形监测断面一致，具体采用“几梁几拱”应根据地质条件、体形结构、坝顶弦长和坝体高度等因素确定。

（3）重点监测项目。拱坝安全监测项目设置以实现各建筑物安全监控目标为前提，同

时可根据拱坝的规模和特点，设置必要的为施工期或提高拱坝建设水平的科研服务的监测项目。针对具体工程，根据拱坝的级别及工程特性，按照相应的监测设计规范选定监测项目。

拱坝安全监测的重点是坝体及坝基坝肩变形、坝体温度及应力应变、渗流量、扬压力和绕坝渗流等。

从拱坝的特点来看，由于拱坝的稳定主要依靠两岸拱端的作用，其失稳模式多为坝基破坏或抗力体抗滑失稳所致。拱坝的变形最能直接地反映其在各种荷载作用下的工作状态，变形监测可了解坝肩、坝基抗滑情况以及基础及坝体混凝土材料受外荷载产生的压缩、拉伸等变形情况，是拱坝安全监测的重点，且坝基坝肩的变形监测与坝体同等重要。

由于拱坝坝体混凝土浇筑量大，在施工期对混凝土温度控制的要求较高，温度变化和基岩变形对坝体应力的影响比较显著，甚至是施工期坝体混凝土防裂的关键性问题，故坝体温度和应力监测是拱坝安全监测的重点，同时需关注坝体上如闸墩、孔口等特殊部位。

渗流场不仅能在岩体中形成相当大的渗透压力，推动岩体滑动，而且会改变岩体的力学性质（降低强度和变形参数等），是控制坝肩岩体稳定的重要因素之一。渗流对拱坝的影响是不容忽视的，故拱坝扬压力、基础渗透压力、渗流量和绕坝渗流也作为拱坝的重点监测项目。

9.3.1.3 监测仪器选型

监测仪器包含了传感器及其配套电缆、测量仪表和可用于实现自动化测量的数据采集装置。监测仪器是安全监测的工具，其可靠和准确与否直接影响到人们对大坝结构性态和安全的评估。因此，对于监测仪器设备选型应遵循以下原则：

（1）可靠性。一般来说，监测仪器设备所处的工作环境条件都比较恶劣，长期处于潮湿的工作环境或位于较深的水下，大部分仪器设备埋设完成后便无法进行修复或更换。在选择仪器时，最重要的是仪器的可靠性。仪器固有的可靠性应该是简易、稳定、牢固，并具有良好的运行性能，测值准确、有效。其标准是自身和外界影响引起的误差均在检测或标定控制的允许误差之内。

（2）耐久性。水电工程特点是环境条件差，使用寿命长。因此应该选择技术成熟，经长期工程运行考验，不易受施工设备和人为的破坏，以及不易受水、灰尘、温度或地下化学侵蚀损坏的监测仪器。

（3）适应性。选择仪器时，事先要了解仪器的监测物理量、安装埋设环境等，明确仪器的使用目的，选择实用、有效，适应环境、材料、量程和测量精度，且便于实现自动化的监测仪器设备。如水压力较高部位，需选择耐水压程度高的仪器；地下水具腐蚀性区域，应选择耐酸、耐碱、防腐性能良好的材料加工的仪器；在雷雨天气多发地区，数据采集装置需配备抗雷击和过载冲击的保护设备；在严寒地区，应对仪器的最低工作温度提出相应要求；在结构具有动荷载作用或水位快速变化的部位，仪器应具备动态响应性能。

（4）经济性。仪器设备的选择应统筹考虑，不能只考虑单支仪器的性能和价格，在进行不同仪器方案的经济评价时，应比较其采购、校准、安装、维护、观测和数据处理的总投资，选择性价比（性能／价格）优越、技术先进、经济合理的仪器设备。

（5）测量范围及精度。对于监测仪器来说，除了可靠性和稳定性的要求外，确定合理的测量精度至关重要，仪器测量精度应综合考虑测量物理量大小、变化速率、仪器和方法所能达到的实际精度以及监测的目的等因素。一般来说，如果监测是为了使物理量不超过某一允许的数值，则其误差应小于允许值的1/10～1/20。

对拱坝来说，坝体水平变形一般较大，可选用一些测量精度略低、量程较大的仪器；垂直变形量值要远小于水平变形，垂直变形监测应采用精度高、量程小的监测仪器。基于拱坝的特点，拱向监测基面的变形监测仪器在平面上应优先考虑适用于曲线坝型的一些特殊监测仪器。

9.3.1.4　监测频次规划

合理的监测频次规划对于初始值的选取、监测成果的可靠性、建筑物工作性状的合理评价及技术经济性具有至关重要的影响，监测频次规划应考虑如下因素：

（1）监测效应量能及时捕捉被监测结构物的性态变化过程。例如锚索荷载、混凝土应力应变及温度等初期测值、蓄水阶段变化较快的监测项目等，在仪器安装埋设初期其监测频次的合理确定极为重要。

（2）基准值的选取。部分监测仪器是选取某次测值为相对基准值，如应变计和测斜仪等，其初期监测频次的合理确定也非常重要。

（3）建筑物安全等级和监控等级。安全等级和监控等级较高的区域和部位，其监测频次应适当加密，以便能连续、完整地反映其性状变化过程。

（4）汛期和非汛期、库水位升降速率。汛期和非汛期、库水位升降速率，监测频次规划均应区别对待，汛期和库水位升降速率较大时均应加密，非汛期和库水位升降速率较小时可适当减少，特别是变形、渗流、巡视检查等监测项目。

（5）遥测、非遥测与自动化、人工采集数据。实现了遥测和自动化采集数据的监测项目（如测量机器人、GPS测量系统等）频次规划可加密，非遥测和人工采集数据监测项目（如便携式测斜仪、滑动测微计、表面变形监测等）频次规划可适当减少。

（6）劳动强度的大小。有些监测项目（如传统的表面变形监测）在大范围布置测点后，受气候、仪器效率和人工熟练程度等因素制约，完全巡测一遍就可能长达几天，更长时段则影响分析评价的时效与同步性，其监测频次应适当减少。

（7）边界环境的变化。当监测仪器布置对象的边界环境发生变化时（如开挖爆破、蓄水、大暴雨及洪水、地震等），监测频次规划均应区别对待，边界环境改变期间或之后一定时间内应加密。

9.3.1.5　监测自动化系统

大坝工程安全监测自动化的目的是保证监测工作的及时性、准确性和有效性，改善工作条件、减轻劳动强度，确保监测信息适时反馈和满足现代化管理的需要。应尽早实施安全监测自动化系统，可分阶段实施，第一阶段宜不迟于大坝下闸蓄水前完成。

9.3.2　监测仪器采购与安装埋设

9.3.2.1　仪器采购

为了保证仪器设备的性能和质量，应严格按给定的技术标准、性能要求、型号或类型进行设备选型与采购。

严格监督和控制各监测仪器出厂检验、包装、运输、保管、交货、验收等各环节的操作质量，避免运输过程中仪器受损。

仪器设备运达工地后，应及时组织开箱检查、验收。

9.3.2.2 仪器检验与率定

监测仪器设备属于计量设备的范畴，且安装埋设后一般情况下无法再进行检修和更换，采购到现场的仪器必须进行检验与率定。通过检验、率定，获取仪器设备的参数，并与相关出厂参数进行对比，判断仪器的可靠性和稳定性以及仪器在搬运中是否损坏等。

为了校核仪器出厂参数的可靠性、检验仪器工作的稳定性，在仪器设备到货后，应严格按照有关技术规范、设计提出的有关技术要求、厂家提供的方法要求对全部仪器设备进行测试、校正和率定，所有仪器经检验合格后才能使用。仪器的检验内容主要包括力学性能、温度性能、防水性能以及电缆线的检验。

9.3.2.3 仪器安装埋设

仪器设备安装埋设前，应将检验合格的仪器设备进行妥善保管。不符合设计和规范要求，或检验不合格的仪器设备不得安装使用。仪器设备安装与电缆敷设施工前，应制定详细的施工方案，并严格按照审核的施工方案实施。仪器埋设过程中及安装埋设后应做好仪器的保护和保养等档案。对于特殊仪器设备，应根据仪器设备产品说明书和安装、埋设指导书进行安装和埋设。

9.3.3 监测数据采集

监测数据采集工作必须按照规定的监测项目、测次和时间进行，并做到“四无”，即无缺测、无漏测、无不符合精度和无违时。必要时，还应根据实际情况，适当调整监测测次，以保证监测资料的精度和连续性。其中监测频次应满足有关规范的要求，能够全面监控拱坝等建筑物的实际状况，并根据不同阶段动态调整重点监测项目。

9.3.3.1 初始值和基准值的选取

（1）初始值。初始值为仪器设备埋设安装后正常稳定工作时的测值。根据仪器类型，可在仪器安装完毕后即测读初始值，一般选择连续两次以上的测值平均值。

坝体混凝土内部的监测仪器，应随混凝土浇筑进度及时完成仪器安装埋设并取得初始值。

在大坝廊道或坝顶表面安装埋设的监测仪器以及绕坝渗流、库盘变形、谷幅等监测项目仪器，应在具备安装埋设条件后及时完成仪器安装埋设及观测工作，尽早获得监测仪器在大坝混凝土浇筑乃至蓄水引起的监测效应量的初始值。

坝基及边坡等监测仪器，应随坝基及边坡开挖施工进度及时完成仪器安装埋设并取得相应初始值。

（2）基准值。除温度计、降雨量、水位、渗流量及渗压等部分监测仪器外，各监测仪器的观测值计算均为相对值，基于不同分析目的需要可以采用不同的基准值。基准值是指仪器安装埋设后，作为分析计算起点的测值，基准值的确定有3种情况：①以初始值为基准值；②取首次测值为基准值；③以某种工况分析需要确定某次测值为基准值。

初始值的确定适当与否直接影响资料分析的正确性，确定不当会引起偏差甚至引发分歧，故必须考虑仪器安装埋设的位置、所测介质的特性及周围温度、仪器的性能及环境等因素，然后从初期监测的多次测值并考虑以后一系列变化或情况稳定之后，按照相关规程规范的方法从中确定合适的初始值，特别注意不能选择存在观测误差的测值。

9.3.3.2 施工期监测重点

拱坝施工期的监测成果对保证施工质量及确定首次蓄水的初始值具有决定性作用，施工期监测重点主要包括以下几方面：

（1）坝体及坝基温度监测。坝体及坝基的温度监测是监控大坝施工质量的重要手段，根据坝体及坝基的温度监测资料，随时了解和掌握坝体及坝基温度场的变化，反馈给相关方面，采取措施预防坝体混凝土产生温度裂缝，检验混凝土浇筑速度和温控措施的合理性，以保证大坝混凝土施工质量和进度。同时根据坝体和坝基的温度监测资料，确定坝体横缝灌浆的时间及其他相应的措施，确保大坝的整体安全度。

（2）横缝开度监测。坝体浇筑到一定高程后需进行横缝灌浆，横缝的开度大小直接决定其可灌性，横缝的每个灌浆区内至少布置了一支测缝计，监测接缝和温度变化，为横缝灌浆提供接缝开度和温度变化等基本参数，直接为大坝混凝土施工服务。

（3）渗流监测。为获取渗流各种参数的初始值，了解初蓄期坝体、坝基及抗力体的渗流场变化，应在大坝混凝土开始浇筑、坝基平洞及两岸抗力体的排水洞形成后尽快完成各种渗流观测设施的安装埋设及观测。

（4）坝体及坝基变形监测。包括大坝在施工期的水平变形、垂直变形、倾斜及转角以及坝基、库盆变形。一旦坝基廊道或观测平洞形成，就应及时做好坝基及抗力体的正倒垂系统、引张线、铟钢丝位移计、多点位移计、滑动测微计等仪器的安装埋设和观测，以获取坝基在大坝混凝土浇筑乃至蓄水引起的变形的初始值。

为了解坝基在开挖过程坝基岩体卸荷变形特征以及大坝浇筑过程和蓄水过程坝基岩体变形的全过程，在坝基开挖过程中，利用两岸坝基排水和灌浆平洞或在建基面打孔埋设的多点位移计和滑动测微计，这些仪器在大坝施工期间应与大坝施工期埋设的其他仪器同步观测。

（5）裂缝和应力。由于拱坝特殊的体形，施工期大坝不同高程坝踵、坝趾部位的混凝土容易出现受拉现象，在施工期应加强该部位应力和裂缝的监测。

9.3.3.3 蓄水及运行期监测重点

（1）变形监测。变形是评价坝体坝基及坝肩稳定的最重要宏观指标之一，为了保证大坝运行安全，坝体坝基及坝肩的变形监测作为蓄水阶段及运行期监测重点。变形监测包括坝体坝基及坝肩水平变形及挠度、垂直变形及倾斜、横缝开合度、坝基坝肩深部变形、坝体裂缝等。

（2）渗流监测。渗流对坝体坝基及坝肩稳定有重要影响，为了保证大坝安全和水库蓄水效益，渗流监测应作为蓄水阶段及运行期监测重点。渗流监测包括坝基扬压力、坝体坝基渗透压力、坝体坝基及坝肩渗流量、绕坝渗流和水质分析等。

（3）应力应变监测。为了评价坝体坝基及坝肩的应力安全程度，坝体坝基及坝肩抗力体的应力应变监测作为蓄水阶段及运行期监测重点。坝体坝基及坝肩应力应变监测包括坝体混凝土的应力应变、建基面接缝和压应力、闸墩、贴角部位和坝肩预应力锚索荷载、坝

基坝肩岩体应力等监测。

9.3.3.4 监测仪器鉴定

当监测数据出现可靠性问题、监测工程阶段转序（如接入自动化系统以前、竣工移交等）或运行期每次定检前等情况，应对监测仪器进行鉴定。

9.3.4 监测成果分析

9.3.4.1 分析内容

监测成果分析是对监测仪器采集到的数据和人工巡视观察到的情况进行整理、计算和分析，揭示坝体的实际运行状态并对其安全性进行评价。其主要内容如下：

（1）分析监测量的变化规律。从发展过程和分布关系上发现特殊或突出的测值，结合监测系统状况、承载条件和结构因素进行考察，了解其是否符合正常变化规律或是否在正常变化范围以内，分析原因，找出问题。

1）分析大坝各效应监测量以及相应环境监测量随时间变化的情况，如周期性、趋势性、变化类型、发展速度、变化幅度、数值变化范围、特征值等。

2）分析同类监测效应量在空间的分布状况，了解其在坝高及上、下游方向等不同位置的特点和差异，掌握分布规律及测点的代表性等。

3）分析监测效应量变化与有关环境因素的定性和定量关系，特别应注重分析监测效应量有无时效变化，其趋势和速率是在加速变化还是趋于稳定等。

4）通过反分析的方法反演结构及地基材料物理力学参数，并分析其变化情况。

（2）安全评价。基于对已有测值的分析，判断过去一段时间内大坝的运行状况是否安全正常。根据大坝各类监测效应量的变化过程以及沿空间的分布规律，结合相应环境量的变化过程和坝基、坝体结构条件因素，分析效应量的变化过程是否符合正常规律、量值是否在正常的变化范围内、分布规律是否与坝体的结构状况相对应等。如有异常，应分析原因，查找问题。

（3）预测趋势。根据所掌握的大坝效应量变化规律，预测未来时段内在一定的环境条件下效应量的变化范围。对于发现的异常，应估计其发展变化的趋势、变化速率和可能的后果。

9.3.4.2 分析要求

（1）成果可靠。应对监测数据的合理性和可靠性进行分析，对数据中存在的粗差进行识别和剔除，以消除或减少数据中系统误差的影响，并对监测数据的精度有一个正确的评价。

人工巡视检查所观察到的现象和时间等记录要确切，以便将观察到的环境因素变化、结构物的表面现象和内部效应变化等有机地联系起来。

（2）方法合理、手段先进。不同效应量的监测方法和所用的监测仪器有所不同，将其监测数据转化为相应的物理量时须采用正确的计算方法和合理的计算参数，计算软件须经过验证和认定，计算成果也应经过合理性检查。

环境量对效应量的影响分析应以相应的物理分析为基础，分析方法应满足相应的运用条件，分析成果应能对它们之间的相互关系作出合理的物理解释。

充分地利用现场监测的信息，突破“数据丰富、认识贫乏”困境，正确、深入地认识大坝的工作状态和测值的变化规律，准确及时地发现问题和做出安全判断，有效地为运行和设计、施工、科研服务。

以先进的计算机设备、通信设备和系统软件、支持软件等硬软件为基础，开发大坝安全监测信息系统，采用先进的分析理论和方法，对主要效应量建立适当的数学模型以揭示其变化规律，对其状态进行解释、预报和反馈，并以此为基础拟定合理的监控指标，为实现大坝安全预警奠定基础。

（3）分析全面、重点突出。资料分析要结合地质条件、水工结构及监测成果，客观全面，避免主观和片面，力求较正确地反映真实情况和规律，要把握测值和结构状态的内在规律，不停留在表面的描述上。对拱坝存在的较大问题，要找得准，不漏报、不虚报；要找得及时，在有明显迹象时就应察觉，在可能带来严重后果之前有明确的判断。从空间上要全面反映拱坝各主要部位的状态以及它们之间的联系，从项目上要全面反映拱坝的变形、渗流、应力等多方面性态，从时间上要全面反映拱坝状态在施工期、蓄水期和正常运行期的全过程变化，分析成果应具有概括力和综合性。

在全面反映的同时，还要分清主次、抓住重点。一般要着重分析关键和重要部位的重要监测项目，深入分析相应部位宏观变形和渗流性态及局部的应力状态，对环境因素发生过重大或剧烈变化的情况，以及拱坝发生异常或险情时的性态，要重点分析。

（4）反馈及时。监测资料要及时整理、计算和分析，成果须及时上报。各阶段（施工期、蓄水期和运行期等）的分析成果（图表、简报、报告）要及时满足大坝安全监测的需要，尤其要与施工进度及蓄水进度相适应，以便有效地进行施工质量监控和蓄水进程控制。遇有重大环境因素变化（如出现大洪水、较高烈度地震等）或监测对象出现异常状态、险情状态时，需做出迅速反应。工程关键部位的重要监测项目应尽可能实现在线实时监测和分析反馈。

9.3.4.3 分析方法

监测资料分析一般可以分为定性分析、定量正分析和定量反分析 3 类。

（1）定性分析。定性分析主要对监测资料进行特征值分析和有关对照比较，考察测值的变化过程和分布情况，从而对其变化规律以及相应的影响因素有一个定性的认识，并对其是否异常有一个初步判断。定性分析主要方法有过程线、分布图、等值线、相关图、特征值、比较法等。

（2）定量正分析。定量正分析是根据效应量监测数据，联系环境影响监测数据，对效应量的状况和变化规律做出定量分析和合理解释，它是评价大坝性态和判断其是否正常的前提。正分析一般通过建立数学模型来实现。

大坝监测数学模型主要揭示大坝监测效应量的变化规律以及环境量对它的影响和程度，并以此为基础来预测效应量未来的变化范围或取值，它一般是一个反映环境量与效应量之间因果关系的模型。建模的过程就是分析影响相应效应量的各类环境因素，构造各环境影响分量的结构形式，再根据效应量和环境量的实测数据，利用相应的物理和数学方法确定模型中各环境影响分量表达式中的参数。根据确定模型中待定参数方法的不同，大坝安全监测资料分析模型可分为统计模型、确定性模型、混合型模型 3 类，其模型构建详见

第 4 章 4.11 节。

(3) 定量反分析。定量反分析是从效应量监测数据中提取有关大坝结构和地基以及荷载的信息，即对大坝和地基材料的实际物理力学参数反演以及结构几何形状和不够明确的外荷载反分析。反分析所反演的参数包括混凝土和基岩的弹性或变形模量、线膨胀系数、导热系数、渗透系数和流变参数等。

常规反演法是用统计模型分离的水压分量中由坝体变形所引起的测值点位移 δ_{H_1} 以及用有限元计算水压力所产生的坝体变形所引起的测点位移 δ'_{H_1}，来推求坝体的真实弹性模量 E_c，即

$$\frac{\delta_{H_1}}{\delta'_{H_1}}=\frac{E_{c_0}}{E_c}$$

则

$$E_c=\frac{\delta'_{H_1}E_{c_0}}{\delta_{H_1}} \tag{9.3-1}$$

式中：δ_{H_1} 为统计模型分离的水压分量 δ_H 中，由坝体变形所引起坝顶的位移；δ'_{H_1} 为假设坝体弹性模量，用有限元计算水压分量中，由坝体变形所引起坝顶的位移；E_{c_0}、E_c 分别为假设的弹性模量和真实的弹性模量。

由于测值建立的模型所分离的水压分量 δ_H 中包含 δ_{H_1} 和 δ_{H_2}，与此同时，在用有限元计算水压分量 δ'_{H_1} 时，也包括坝基变形所产生的位移 δ'_{H_2}，应将 δ_{H_2} 和 δ'_{H_2} 扣除，即

$$\left.\begin{aligned}\delta_{H_1}&=\delta_H-\delta_{H_2}\\ \delta'_{H_1}&=\delta'_H-\delta'_{H_2}\end{aligned}\right\} \tag{9.3-2}$$

式中：δ_H、δ_{H_2} 分别为统计模型分离的水压分量及其中的坝基变形引起的水压分量；δ'_{H_1}、δ'_{H_2} 分别为假设坝体弹性模量和设计采用的坝基变形模量，用有限元计算的水压分量和坝基变形所产生的水压分量。

δ'_{H_2} 用下法计算，即用有限元计算基础面转角和剪切位移所引起的坝顶位移；其中转角产生的水平位移，首先计算坝踵、坝趾的垂直位移，以此计算转角，即

$$\delta'_{H_2}=\delta_r+\alpha h \tag{9.3-3}$$

$$\alpha=\frac{\delta_{vd}-\delta_{vu}}{2T} \tag{9.3-4}$$

式中：δ_r 为基础面的剪切位移；h 为坝高；α 为基础面的转角；δ_{vd} 为坝趾的垂直位移；δ_{vu} 为坝踵的垂直位移；T 为坝底厚度。

由于变形测值中难以分离 δ_{H_2}，在满足精度的前提下，可以认为 $\delta_{H_2}=\delta'_{H_2}$。则式 (9.3-1) 变为

$$E_c=\frac{(\delta'_H-\delta_{H_2})E_{c_0}}{\delta_H-\delta_{H_2}} \tag{9.3-5}$$

由式 (9.3-5) 可求得大坝的综合弹性模量 E_c。其他参数反演分析类似，不再赘述。

9.3.4.4 分析重点

监测资料分析的侧重点因工程所处的阶段不同而有所区别。一般来说，从坝基开始开挖至坝体浇筑至顶、坝基固结灌浆、帷幕灌浆及坝体接缝灌浆完成，为施工期。对高拱坝而言，往往在坝体浇筑至一定高程，便会开始蓄水，随坝体浇筑上升，蓄水位随之上升，

这一阶段称为初期蓄水期；当蓄水位首次达正常高水位时，称为首次蓄水期；此后库水进入周期性蓄水，这一阶段称为正常运行期。若初期蓄水后长期达不到正常蓄水位，则首次蓄水期延至竣工移交时。若水库长期达不到正常蓄水位则首次蓄水3年后为运行期。

（1）施工期。

1）分析各测点作为相应物理量计算基准的初始测值的合理性及监测成果的可靠性。

2）分析坝基岩体各种力学指标随开挖卸荷及坝体混凝土浇筑、坝基固结灌浆、水库初期蓄水等施工过程的变化量及变化规律。

3）对施工质量及工程措施实施效果具有监督意义的监测成果，如坝体混凝土温度、接缝开合度、坝基岩体松弛范围及程度等，开展及时反馈分析，为研究确定建基面的工程处理措施、适时调整混凝土温控措施、选择接缝灌浆时间等提供必要的基础资料。

4）分析对施工安全有关的监测成果，如坝基边坡及洞室围岩稳定等，确保施工安全。

5）在初期蓄水前，对已有的监测资料进行全面分析，对拱坝相应的状态做出客观评价，为分析初期蓄水效应提供基准值。

（2）首次蓄水期。

1）着重对主要效应量（变形、渗流以及处于敏感部位的应力等）监测资料进行分析，分析其对相应环境量变化的敏感性以及变化是否符合一般规律等。

2）及时反馈在蓄水过程中出现的异常，为分析查找原因及制定工程处理措施提供依据。

3）分析近坝库段边坡变形监测资料，根据在蓄水过程中发展变化，对其稳定性做出实时判断。

4）水库蓄至正常蓄水位后，应对监测资料进行全面分析，给出在蓄水过程中以及在正常蓄水位下，大坝在监测控制点处的效应量，分析各效应量的变化规律及其在时空上的关联关系，为分析评价大坝在正常蓄水下的工作性态提供基础，并为分析运行期大坝的安全性及制定大坝安全运行初期预警指标提供依据。

（3）正常运行期。

1）建立日常监测及与适时监测相结合的监测制度，逐渐分析掌握大坝运行状态的变化规律，为合理调整大坝安全运行初期预警指标提供依据。

2）当大坝出现异常或险情时，及时分析可能的原因及预测发展趋势，并提出提高监控等级的意见及建议。

3）结合大坝安全定期检查进行资料分析，分析的内容和要求可根据定检的要求进行，但应对拱坝的时空变化规律做出系统的分析，并应对上一次定检中发现的问题和处理情况进行评价。

4）当大坝遭遇地震等不可预见的特殊自然灾害，需系统地对监测仪器及监测数据做出分析判断，为综合分析评价灾害对大坝安全的影响提供依据。

（4）针对拱坝结构特点的成果分析。针对拱坝结构特点，开展拱坝变形对称性、成果一致性、大坝全变形和坝基变形深度分析、库盘变形作用效应、混凝土自生体积变形、应力以及同水位监测成果分析等。

9.4 安全监控体系建立

伴随高拱坝建设进程发展起来的拱坝数值仿真计算，致力于揭示拱坝的实际工作性态，但由于数值计算所依据的坝基岩体及坝体混凝土时空特性的复杂性、传统的拱坝结构分析计算理论和手段的局限性及适应性，以及传统监测系统多是单方面提供监测数据供反演计算的情况，仿真计算仅从单一或有限的几个方向展开，尽管已取得一些进展，但其成果只能说明所研究的因素对拱坝性态的影响，这种影响也仅是局部的，无法达到与动态监测系统获取的成果匹配对应及相互动态联动的程度，距揭示拱坝实际的整体工作性态还相差甚远。

为有效地与工程各要素及仿真分析的反馈成果实现有机动态对应调整，需要建立一套全方位、全过程、信息化的将监测要素（监测项目、监测点及网络的布局、仪器选型、监测手段、监测频次及人工巡视检查）与监控等级建立对应关系的动态监测体系，可在兼顾全面的基础上突出监控重点，在相关形势变化基础上进行动态调整，使监测布置满足合理性、针对性且兼具经济性的要求，并不断优化和完善监测系统，确保监测系统的高效、可靠、动态运转。

随着我国高拱坝工程建设的规模、难度及复杂程度逐渐增加，大坝安全监测和仿真反馈分析日益受到重视，同时高拱坝设计技术水平的提高以及施工及质量过程控制的数字化，为实现仿真反馈分析与监测系统动态调整、拱坝工程建设进程相关同步信息之间的相互动态迅速传递奠定了基础。将动态监测系统和数值仿真计算系统紧密结合，可为工程动态设计、仿真分析和施工提供强有力的支撑，依据数值计算确定的控制指标在时空上与监测成果匹配对应，最终提出具有可操作性、明确定量的大坝安全监控指标，共同建立分析判断及评价体系，实现“安全监控体系”的建立，从而达到对拱坝实时安全监控的目的。

9.4.1 动态监测体系建立

9.4.1.1 监测设计级别的划分

为避免单纯地按照建筑物级别确定相关监测项目，且便于与建筑物重要性、信息化设计和安全评价等要求联动，拱坝监测设计首先应明确监测设计级别。

（1）监测设计级别划分。综合考虑建筑物安全级别、技术难度及建筑物性质和所处环境等工程因素的基础上，依据相关规范并借鉴工程实践经验，可将建筑物监测设计级别划分为四级，监测设计级别可与设计布置的监测断面、监测仪器测点数量、监测仪器选型原则、监控等级等对应。

（2）监测设计级别划分考虑要素。根据水工枢纽建筑物的特点，选择建筑物结构安全级别、工程技术难度及建筑物性质和所处环境等工程因素，作为监测设计级别划分的主要考虑因素，见表 9.4-1。上述因素有的可以定量描述（如建筑物级别，建筑物性质），也有因为影响因素众多及评价标准的不统一仅能定性描述（如技术难度、环境因素等）。

1）建筑物结构安全级别。Ⅰ级结构安全级别的建筑物失事后危害巨大，原则上取一级监测设计级别。Ⅱ级结构安全级别的建筑物失事后危害较为严重，原则上取二级监测设计级别。Ⅲ级结构安全级别的建筑物失事后危害相对较小，原则上取三级监测设计级别。其中，各类成熟、简单结构及地基在原有监测设计级别上可降一级，新型、复杂结构及新技术结构在原有监测设计级别上可升一级。

2）工程技术难度和建筑物性质。超越现行水平的重大技术问题或安全隐患突出的，原则取一级、二级监测设计级别，其中永久 2 级和临时 3 级以上建、构筑物取一级监测设计级别，其他取二级监测设计级别。现行工程技术水平内或个别针对工程特点的技术问题，原则取三级监测设计级别，其中永久 2 级和临时 3 级以上建、构筑物以外，可降低 1 级监测设计级别。

3）工程所处环境。社会、地质等环境条件复杂、失事后果严重，原则上取一级监测设计级别，失事后果一般，原则上取二级监测设计级别；社会、地质等环境条件简单、失事后果较小的，原则上取三级、四级监测设计级别。

表 9.4-1　　监测设计级别划分要素

主要要素＼级别		监测设计级别			
		一级	二级	三级	四级
建筑物结构安全级别	Ⅰ级	√			
	Ⅱ级		√		
	Ⅲ级			√	
工程技术难度和建筑物性质	超越现行水平的重大技术问题或存在重大安全隐患	√（永久 2 级和临时 3 级以上建、构筑物）	√（其他）		
	现行工程技术水平内或个别针对工程特点的技术问题			√（永久 2 级和临时 3 级以上建、构筑物）	√（其他）
工程所处环境	社会、地质等环境条件复杂、失事后果严重的	√（后果严重）	√（后果一般）		
	社会、地质等环境条件简单、失事后果较小的			√（后果较小）	√（后果基本无影响）

注　当各要素分属不同监测设计级别时，应取其中最高级别。

9.4.1.2　动态监测体系的建立

传统安全监测系统一般是根据枢纽工程各建筑物的规模和重要性，布置多个监测断面，用监测项目和仪器数量的布置来区分监测建筑物的重要和次要性。这种设计方法是把工程治理作为局部、零散、静态的过程来处理。动态监测体系的建立，即是按照全方位、全过程、信息化动态监测体系理念，将监测要素（监测项目、监测点及网络的布局、仪器选型、监测手段、监测频次及人工巡视检查等）作为系统工程看待，与监测设计级别建立对应关系，以工程的关键技术为切入点，紧跟工程建设进程，分阶段安装埋设监测设施，建立自动化数据采集系统和人工巡视检查机制。采用数理统计、人工智能神经网络等方法对数据进行处理，并分析研究数据的离散性、可靠性以及误差，建立相应的数据库。

在上述基础上，结合工程地质、结构计算成果、施工和环境量等因素的分析研究与判断，对建筑物工作性态及时做出分析反馈及评价，在各阶段根据相关情况按监控等级对监

测要素进行动态调整。对出现异常的建筑物的监控等级进行升级，并提出预警和增加针对性的工程处理措施，对工作正常或稳定的建筑物监控等级采取降低或维持，或适当减少工程措施，从而形成一个真正意义的动态闭合的监测体系，这也是与仅被动适应现场设计修改而进行的所谓动态监测设计的根本区别。

动态监测体系可在兼顾全面的基础上突出监控重点，在相关形势变化基础上进行动态调整，达到监测布置满足合理性、针对性且兼具经济性。一方面为工程动态设计和施工提供强有力的支撑；另一方面，不断优化和完善监测体系，确保监测体系的高效、可靠、动态运转，并与仿真反馈分析形成动态联动并相互作用。动态安全监测体系流程见图 9.4-1。

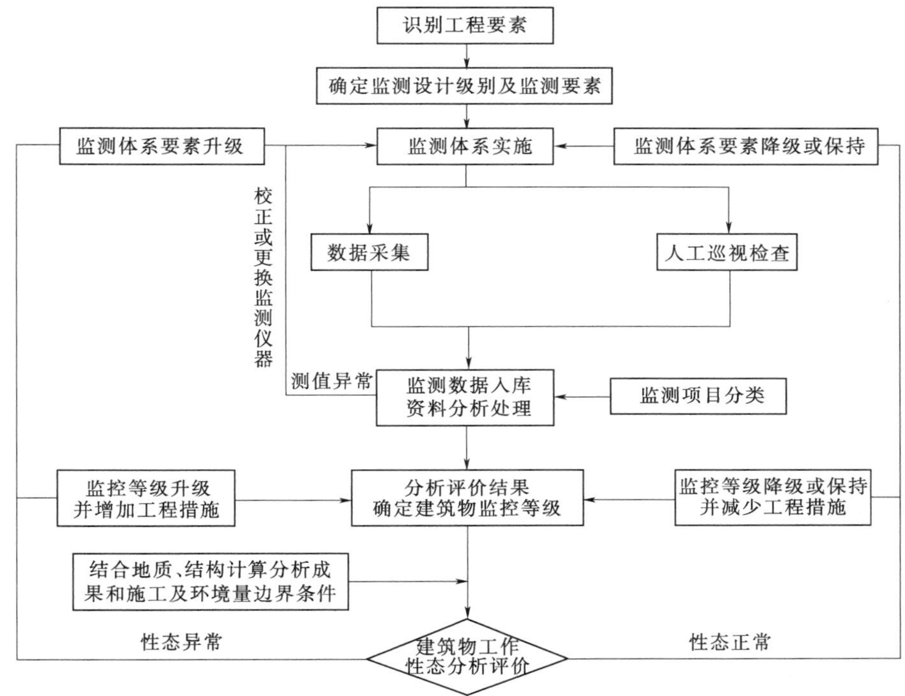

图 9.4-1 动态安全监测体系流程图

9.4.2 监控机制及体系

安全监测系统与安全监控体系存在本质区别，前者提供的是监测资料以及基于监测资料本身的分析判断和预测。在时间上，监测数据的起点与拱坝实际效应产生的时机并不对应，各监测项目及测点的起点也不尽相同。在空间上，监测点的布置是不连续的，所反映的仅为测点处的状态，各数据之间的相关性及连续性是依靠分析计算推测的。在测值上，监测数据受仪器本身和安装过程及周围环境等客观因素的影响，存在不确定性、稳定性、耐久性等问题。总之，监测成果所反映的是拱坝效应量在空间确定位置上相对于环境改变的变化值及变化规律，并非拱坝的真实效应量或绝对值。因此，将动态监测系统和数值仿真计算系统紧密结合，共同建立分析判断及评价体系，实现从“安全监测系统”到“安全监控体系”的飞跃，真正达到对拱坝进行实时、安全监控的目的。

安全监控体系建立的目的是及时发现建筑物运行中出现异常征兆并进行分析和评估，对可能出现的事故前兆进行预警并提出处理建议，是一种基于大坝安全监测系统的对信息动态监控及预警的辅助决策支持机制，主要包含监控指标和预警系统两部分。

9.4.2.1　监控等级划分及监测项目分类

在施工期和运行期阶段，分级监控可与监测频次、资料分析反馈速度和深度、预警等方面一一对应，可在兼顾全面的基础上突出监控重点，在相关形势要求等基础上进行动态调整，达到监控体系满足合理性、针对性且兼具经济性，确保监控建筑物安全。

（1）监控等级划分。由于建筑物工作的复杂性，各监控等级的临界特征判识很难采用统一定量的某一监控标准来确定，但可采用如规范允许值、监测效应量的仪器上下限、绝对值、材料的强度值、速率等因素，并结合巡视检查、实际揭示的地质分析评价成果、科研计算成果和工程经验进行综合判断。综合考虑建筑物监测设计级别、工作性态、所处环境等工程因素的基础上，依据相关规范并借鉴工程实践经验，可将建筑物监控等级划分为四级。建筑物安全监控等级划分与监测要素对应见表9.4-2。

表9.4-2　　建筑物安全监控等级划分与监测要素对应表

监测要素 \ 等级	相关项目	监控等级			
等级状态	等级	Ⅰ级	Ⅱ级	Ⅲ级	Ⅳ级
	性质	警戒	预警	正常	稳定
	状态	红	橙	蓝	绿
监测频次	A类监测项目	1～2次/d	2～4次/周	1～2次/周	1～2次/月
	B类监测项目	1～2次/2d	2次/周	1次/周	1次/月
	C类监测项目	1～3次/周	1～2次/周	1次/周	1～2次/2月
	自动化采集	4～8次/d	2～4次/d	1～2次/d	1次/d
资料分析方法	定性分析（主要为测值可靠性分析、相关分析、特征值、过程线、各种图表等）	√	√	√	√
	定量分析（主要为数学模型正分析、反演分析、仿真反馈分析等）	√（全部）	√（数学模型正分析、反演分析）	√（数学模型正分析）	√（数学模型正分析）
监测成果反馈方式	快报、日报、周报、月报、年报	快报、日报、周报、月报、年报	日报、周报、月报、年报	周报、月报、年报	月报、年报
	专项（对某些监测项目）报告、专题报告（对某事件或某阶段）	全部专项、专题报告	全部专项、专题报告	部分专题	视需要个别专题
反馈实时性	口头/书面	口头/书面	口头/书面	书面	书面
	实时性	2h/12h	4h/24h	7d	30d
预警系统	是否启动预案	立即启动	准备启动	不启动	不启动

Ⅰ级监控等级：性质为警戒，状态为红色，对应建筑物已出现各种异常迹象（巡视检查发现异常，A类、B类监测项目测值普遍大于预测值，结构局部受损，部分支护锚索崩断、混凝土出现贯穿性裂缝等），应立即启动应急预案，着手实施工程紧急抢险措施或对人员设备进行撤离，对相应建筑物宜按不低于一级监测设计级别补充相关监测项目。

Ⅱ级监控等级：性质为预警，状态为橙色，对应建筑物已出现了潜在异常迹象（巡视检查发现异常，A类、B类监测项目测值逼近预测值且持续不收敛，局部加固措施受损、混凝土出现裂缝等），应着手准备启动应急预案，除正常工程治理措施外还应制定工程抢险措施，对相应建筑物宜按不低于二级监测设计级别补充相关监测项目。

Ⅲ级监控等级：性质为正常，状态为蓝色，对应于建筑物处于基本稳定，总体处于正常工作状态（巡视检查无明显异常，A类、B类监测项目测值趋势平缓，建筑物结构工作性态整体正常等），按正常工程措施和原有的监测设计项目实施即可，处于运行期则可正常运行。局部C类监测项目测值异常时，可针对相关监测项目加密监测并持续关注。

Ⅳ级监控等级：性质为稳定，状态为绿色，对应于建筑物稳定，完全处于正常工作状态（巡视检查正常，A类至C类监测项目测值趋势收敛，建筑物结构工作性态正常等），尚未实施的工程措施和原有的监测设计也可作适当优化调整，处于运行期则可正常运行。

在施工期/首次蓄水（过水）期，因建筑物边界条件处于持续变化中，为实时反映建筑物的工作性态，最低监控等级不宜低于Ⅲ级。

（2）监测项目分类。为区分监测项目的重要性和次要性，使得分析评价工作有的放矢，满足建筑物处于不同监控等级时对监测成果分析、监测频次和监控指标的不同要求，应对监测项目实施分类。根据实践经验，可将各监测项目划分为3类。拱坝监测项目分类见表9.4-3。

表9.4-3　　拱坝监测项目分类表

监测项目		类别
巡视检查项目		A类
环境量	库水位、气温、降水量、库水温	C类
变形	外部变形	A类
	深部变形	B类
	接缝及裂缝、谷幅变形、库盘变形	C类
渗流	绕坝渗流、扬压力、渗透压力、渗流量	B类
	水质分析	C类
应力应变及温度	支护效应、坝体温度	B类
	结构应力应变、坝基温度	C类
专项项目	爆破震动、强震动、水力学	C类

A类监测项目：对应反映建筑物工作性态整体、宏观、直接、可靠、敏感程度高的监测项目。此类项目出现异常，应对相应建筑物的监控等级进行动态提升，其相应匹配预警措施应立即启动。

B类监测项目：对应反映建筑物工作性态整体、间接、可靠的监测项目，此类项目对建筑物的影响一般需要时间的积累，从量变到质变并通过A类监测项目最终反映于建筑物。此类项目出现异常，对相应建筑物的监控等级可保持正常，应着手准备启动应急预案，并对相应监测效应量偏大导致的因素采取针对性的工程措施治理。

C类监测项目：对应反映建筑物工作性态局部、微观、间接的监测项目。此类项目出现异常，通常情况下均是建筑物局部异常，对相应建筑物的监控等级可保持正常，但应对相应监测项目加密观测并持续关注。

（3）监测项目分类考虑要素。

1）巡视检查。巡视检查是必不可少的监测项目之一，建筑物运行中的异常迹象，大多是工程技术人员在巡视检查中发现的。巡视检查作为仪器监测的重要补充，其作用在于弥补监测仪器覆盖面的不足，及时发现险情，并系统地记录和描述工程开挖、爆破、支护、混凝土浇筑、冷却、灌浆等对监测效应量有客观影响的因素，为监测资料的分析、理解和评价提供客观的并可在一定程度上量化的可能影响因素。故巡视检查对所有建筑物均为A类监测项目。

2）环境量。包括库水位、气温、降水量和库水温等，主要目的是为分析监测成果和计算提供必要的边界信息，水库淤积和坝后冲刷主要是了解库容变化和下游消能设施对冲坑附近建筑物的危害情况。考虑对建筑物的危害大小和作用直接程度，环境量对挡水建筑物均为C类监测项目，但坝后冲刷坑距离挡水建筑物太近情况下可提升一类。

3）变形。外部变形是评价建筑物最重要的整体与宏观指标之一，对挡水建筑物为A类监测项目。

深部变形对于挡水建筑物，由于测点布置的实际情况，一般为局部项目，且需要和其他项目对应分析，故作为B类监测项目。

接缝和裂缝，对所有建筑物均为局部问题，正常情况下原则上为C类监测项目，但对于出现贯通性大规模裂缝或指导施工需要（如接缝灌浆时段）应至少提升一类。

谷幅和库盘变形并非规范规定的必设项目，一般根据工程特点针对性设置，对建筑物的来说均是间接的监测项目，对所有建筑物均为C类监测项目。

4）渗流。渗流对坝体坝基及坝肩稳定有重要影响，挡水建筑物基面扬压力或渗透压力正常情况下原则上为B类监测项目，对于坝体混凝土层面渗压，可降低一类。

绕坝渗流或地下水位，对挡水建筑物渗流稳定影响较为突出，总体来说仍为间接因素，且对建筑物的影响一般需要时间的积累，故为B类监测项目。

渗流量大小表明挡水建筑物防渗工程的效果，故为B类监测项目。

5）应力应变及温度。应力应变总体来说，对建筑物的影响都是局部、微观、间接的监测项目，对所有建筑物均为C类监测项目。

支护效应对所有建筑物都是工程加固措施工作性态的综合反映，总体来说仍为间接因素，且对建筑物的影响一般需要时间的积累，故为B类监测项目。

温度是评价拱坝混凝土温控措施的实施效果，对于大体积混凝土防裂意义重大，对拱坝来说为B类监测项目，但对于出现温控措施失控或温度急剧变化阶段可提升一类。

6）专项监测项目。专项监测项目并非规范规定的必设项目，一般根据工程特点针对性设置，对建筑物的来说均是某一方面的监测项目，对所有建筑物均为C类监测项目。

9.4.2.2 监控体系建立流程

为实现真正意义上的仿真计算模型，需建立工程设计准则、设计实施方案、现场揭示的地形地质条件、实际施工记录、现场试验物力力学参数等方面的数据库，构建有限元计算模型，并将监测系统的项目及空间布设点与计算模型一一对应，与监测体系获取的监测数据进行循环仿真计算分析，对计算模型作反馈调整。一方面监测成果在时间上相对的、在空间上是孤立的固定点，所反映的既非拱坝的实际效应量，也不是拱坝连续的、相互关联的整体工作性态，因而无法直接依据监测成果，推求拱坝安全运行的监控指标。另一方面，数值分析计算所揭示的是拱坝的绝对效应量及效应量的空间展布，其在时间上和空间上均是连续和相互关联的，以此可以推求拱坝安全运行控制指标。但数值计算模型的可靠性和真实性必需通过与监测成果的匹配对应加以校验，并经反复调整和修改完善，所揭示的拱坝工作性态才能接近真实，据此推求的控制指标方能达到合理有效。将动态监测系统和数值仿真计算系统紧密结合，明确定量的大坝安全监控指标，可实现“安全监控体系”的建立。安全监控体系建立流程见图 9.4-2。

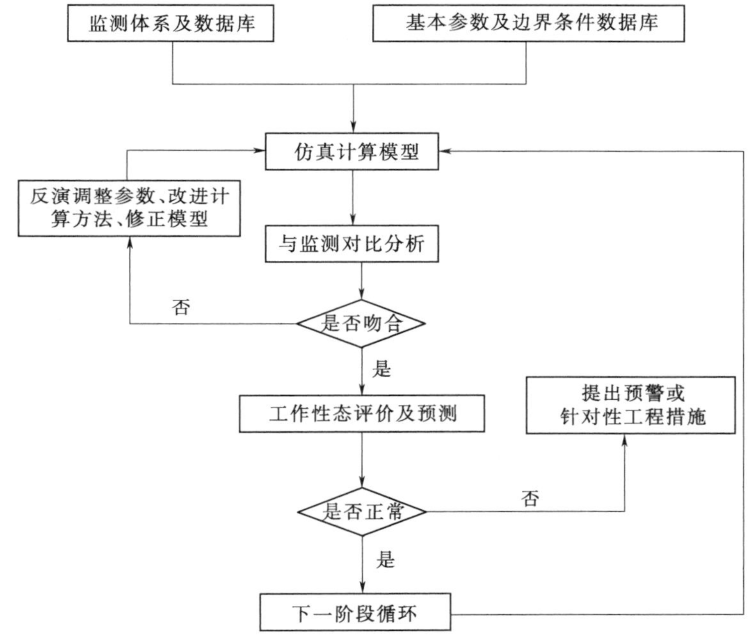

图 9.4-2 安全监控体系建立流程图

9.4.2.3 监测自动化系统对监控体系的支撑

由于监控体系的建立需要实时的、可靠的、同步的安全监测数据及分析成果，采用人工数据采集难以保证数据的实时性、一致性，更无法满足高坝大库工程提出的“分期蓄水、监测反馈、逐步检验、动态调控”蓄水原则。监测自动化系统能够做到相关量同步测读，胜任多测点、密测次和减少人工干预数据的要求，提供建筑物在时间上和空间上更为连续的信息。在工程建设过程中尽早建立安全监测自动化系统，对于监控体系的有效运转保障非常重要。

9.4.3 监控预警

鉴于高坝大库的技术难度和运行期相关风险，随着社会信息化的发展，基于建筑物可靠的多源监测信息以及结构计算成果等对当前大坝工作性态进行分析评价，并通过相关方法建立一套大坝安全评价模型、监控指标和预警指标评判体系，对大坝工作性态发展趋势进行预测，对于监控工程安全和提高工程管理水平意义重大。

9.4.3.1 预警系统构成

通常情况下，预警系统分为层次维、空间维、时间维和预警指标维，见图 9.4-3。

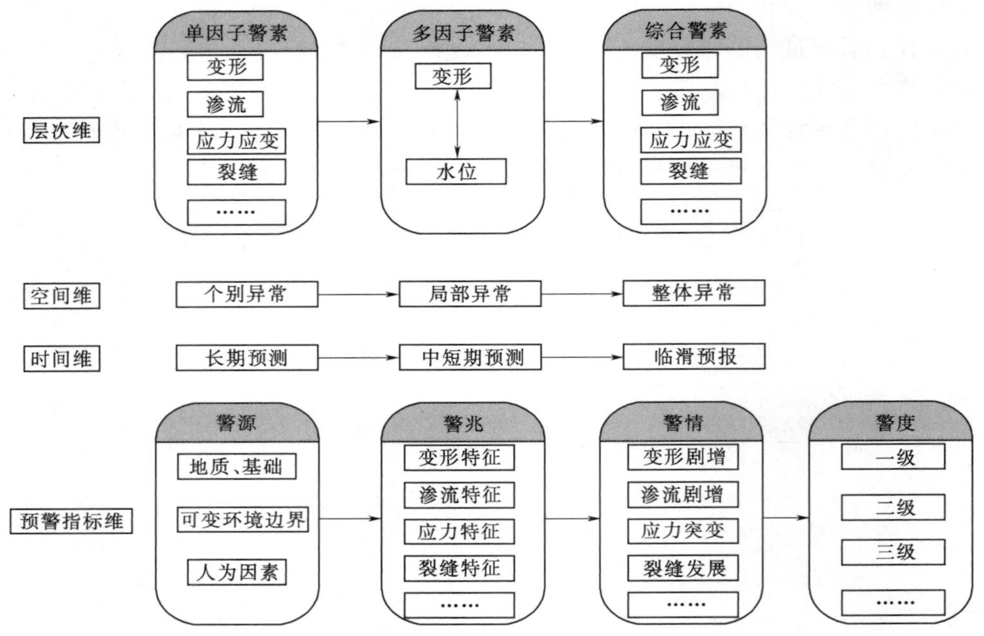

图 9.4-3　建筑物预警系统总体结构示意

(1) 层次维。层次维主要从建筑物预警对象的监测系统特点和预警建模方式进行划分，并随着监测体系的完善和数学力学模型的深入而逐渐完善，即从各种监测信息的单因子到多因子预警和综合预警模型的逐步过渡，并应考虑多种监测信息互相作用的耦合关系。

(2) 空间维。空间维主要从建筑物的预警尺度范围进行划分，建筑物破坏不仅涉及整体宏观的稳定，同时也要关注局部和个别异常。

(3) 时间维。时间维主要根据建筑物工作性状按预报时间长短来进行划分。预警发布与警情发生的时间间隔越长，越有时间进行分析、检验和研究并采取相应的措施，同时警情越宽松；反之工作越仓促，警情越紧急。特别是临滑等预警尤为重要，直接关系人民生命财产安全。

(4) 预警指标维。预警指标维主要从预警指标进行划分，一般包括警源、警兆、警情和警度。基本流程是寻找警源、识别警兆、分析警情和预报警度。

9.4.3.2 监控指标及预警方法

（1）监控指标研究方法。监控指标的研究一般采用如下几种方法：①分析建筑物及基础可能发生的破坏模式（变形破坏和强度破坏），提出监控指标；②从监测值的总量或变化趋势提出监控指标；③采用监测值建立统计模型或仿真反馈分析建立工程数值模型，并以模型值为基础提出监控指标；④使用可靠度或风险分析理论提出监控指标。

（2）常用预警方法。

1）指标预警法。指标预警法通过设置建筑物各项效应量的预警指标值，实测值一旦超出预警指标值即进行预警，它具有简单、实用和快速的特点。指标预警法中选择和确定预警指标都是预警体系研究的核心问题之一。指标预警类型多样，从预警的内涵分，主要有警情指标、警源指标和警兆指标；从空间尺度分，主要有区域性预警指标、地段性预警指标和场地性预警指标；从时间尺度分，主要有长期、中短期和临危预警指标等。

2）基于安全监测的分层分级预警法。基于实测资料的安全评价及分级预警指标判定方法主要建立不同监测检测项目权重体系，通过各种监测检测资料、结构反演计算成果及各种施工、地质辅助信息，采用层次分析理论和多种方法（动态特征值、统计模型法、经验类比法、计算成果法等）形成合理评价指标，最终形成建筑物工作性态安全评价及分级预警体系。结合多源安全评价辅助信息库，通过实时大数据挖掘和深化分析，实现对水工建筑物工作性态安全评价及分级预警，并提供辅助决策支持。

3）基于结构仿真反演分析的预警法。基于大坝及坝基坝肩统一体的材料相对均一、影响因素较为明确，统计模型总体也已较为成熟；同时，经过多年的发展，数值模拟计算已逐渐成熟和完善。通过全面仿真和模拟拱坝坝基坝肩及其实际施工、蓄水与运行的客观全过程，掌握拱坝的真实工作性状。采用数学模型方法对大坝/坝基系统进行正向仿真分析，建立三维的渗流、温度、应力、材料物理力学参数的实时反演系统。根据施工过程的多阶段的监测信息、施工信息、设计方案、揭露出的地质条件以及试验数据等基本资料，反演分析出接近真实的复杂材料的力学参数和模型，再在反演分析基础上建立正演预报系统。对拱坝施工和蓄水过程进行动态仿真分析，揭示拱坝/坝基的受力机理和变形特征，对施工和蓄水过程实现跟踪和预报，评价工程安全。

9.4.3.3 预警机制及应急预案

一般根据建筑物监控等级制定建筑物分级预警机制，预警机制一般包括警示巡查、安全警戒、停工、人员和设备撤离、事故处理、事故上报等。处于Ⅰ级监控等级时，应立即启动应急预案，着手实施工程紧急抢险措施或对人员设备进行撤离。处于Ⅱ级监控等级时，应着手准备启动应急预案，除正常工程处理措施外还应制定工程抢险措施。处于Ⅲ级监控等级时，按照总体正常工作开展并演练应急预案，局部C类监测项目测值异常时，可针对相关监测项目加密监测并持续关注。处于Ⅳ级监控等级时，需制定好应急预案，按照正常工作开展即可。

应急预案应根据分级预警系统制定应急管理、指挥、救援计划等，它一般包括完善应急组织管理指挥系统、应急工程救援保障体系、应急救援的相互支持系统、保障供应体系和应急队伍等。

9.5 小湾拱坝监测系统及监控体系

小湾拱坝走在我国特高拱坝建设前列，诸多技术问题堪称世界之最，探索与研究贯穿于前期勘察设计、实施过程以及初期运行的始终，监测设计及其分析反馈在支撑和评价这些研究成果的同时，也伴随着自身的挑战与探索。为此，按照全方位、全过程、信息化动态设计理念，突破传统意义上的监测设计，建立了一个覆盖整个工程、具有时空关联关系、监控分级及数据采集、整理编辑与分析功能的完整监测体系。其鲜明的特色在于首创性的采用监控分级、动态监测设计，将被监测对象的特性及时空关系与建筑物等级、监测项目、仪器选型、观测频次、信息反馈速度和深度等因素一一对应，从而形成一个真正意义的动态闭合监测系统。

永久建筑物已安装埋设各类监测仪器 9000 多支（点、个），仪器存活率超过 95%。将动态监测系统与数值反馈分析和工程的分析研究与判断紧密结合，共同构建的“数值小湾”，及时解决了建设过程中的一系列重大技术问题，并在安全分级监控体系建立等方面做了有益探索，并有所创新和突破，使高拱坝工程的安全监测水平上了一个新台阶，实现了从“安全监测系统”到“安全监控体系”的飞跃。

研发了弧线坝型激光三维变形监测系统、横缝开度实时动态监测系统及裂缝杆联式监测系统，全面系统地应用了 GNSS 变形监测系统、高精度滑动测微计等监测新技术。实现了在蓄水前完成大坝安全监测自动化系统的建设，大大缩短了高坝大库工程“分期蓄水、监测反馈”的蓄水停留时间，有效满足了“逐步检验、动态调控”的蓄水要求，在技术上具有前沿性、先进性、实用性及对行业的引领性。开发了基于 BIM 平台的三维可视化监测信息管理分析及预警系统，实现了三维模型和二维数据库交互操作无缝集成，见图 9.5-1～图 9.5-7。

图 9.5-1 弧线坝型激光三维变形监测系统

9.5.1 监测设计

9.5.1.1 设计原则

遵循在监控枢纽建筑物工作性状的前提下，符合“实用、可靠、先进、经济”的原则，满足国家安全监测的现行规程、规范要求。具体如下：

图 9.5-2 坝顶 GNSS 变形监测系统

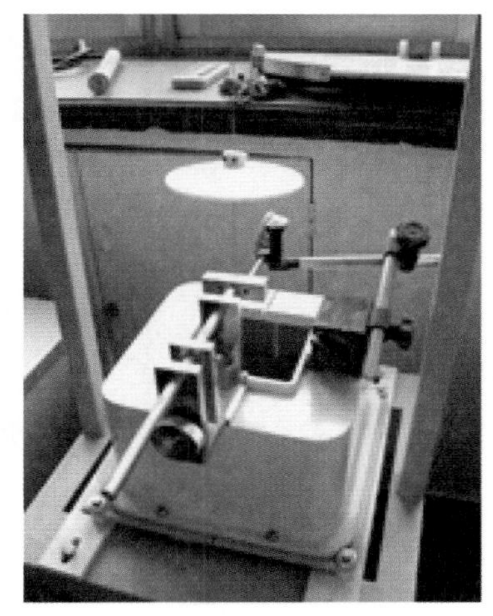

图 9.5-3 正垂线装置

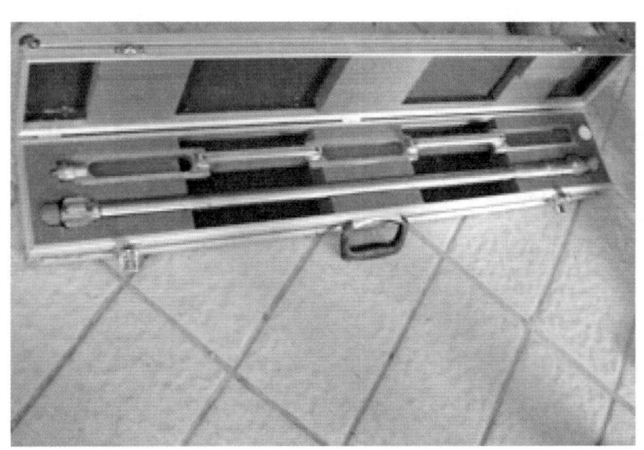

图 9.5-4 滑动测微计监测仪

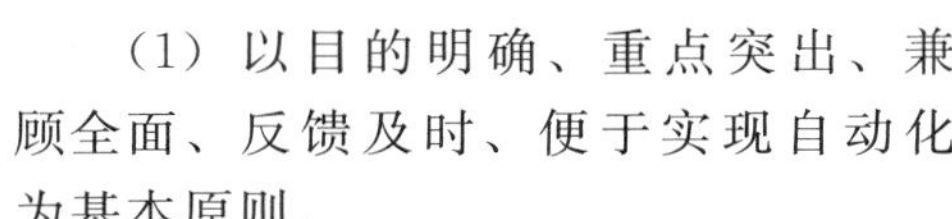

（1）以目的明确、重点突出、兼顾全面、反馈及时、便于实现自动化为基本原则。

（2）为全面监测坝体工作性态，根据坝址区地形和地质条件、拱坝结构特点等，采用梁拱式网格布置架构，将变形、渗流及应力应变等不同监测项目进行统筹考虑和布置，以便相互验证、相互补充。划分关键监测部位、重要监测部位和一般监测部位 3 个层次，进行差异化的监测布置，既注重完整、系统性，又兼顾针对性。

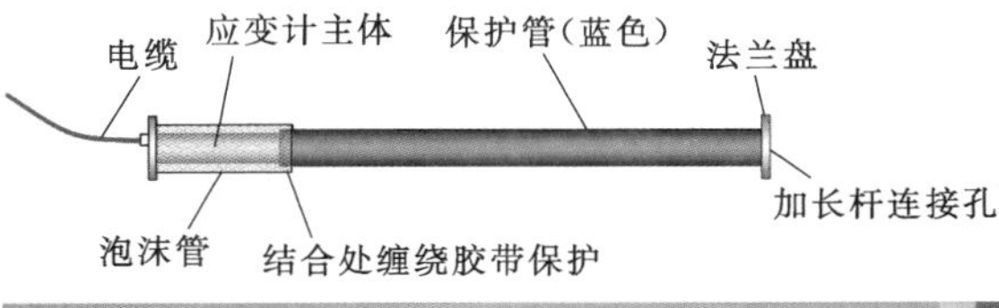

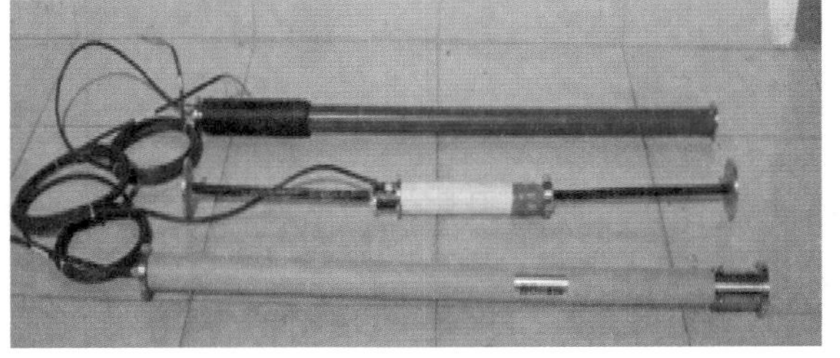

图 9.5-5 裂缝杆联式监测装置

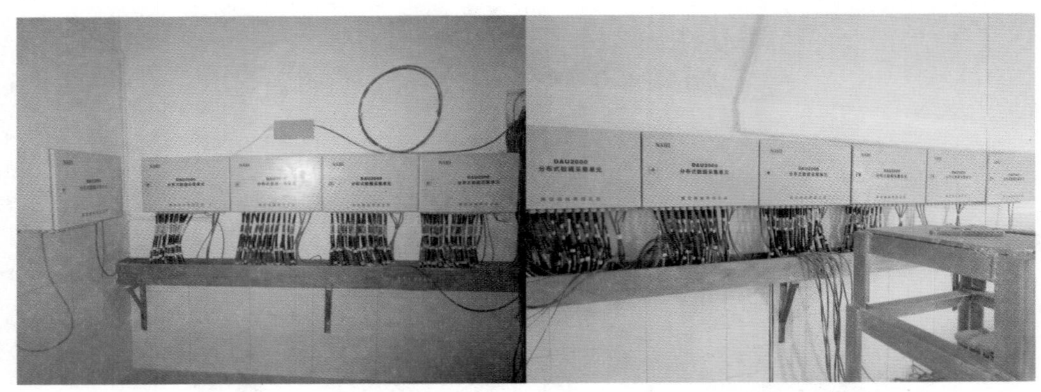

图 9.5-6 安全监测自动化系统

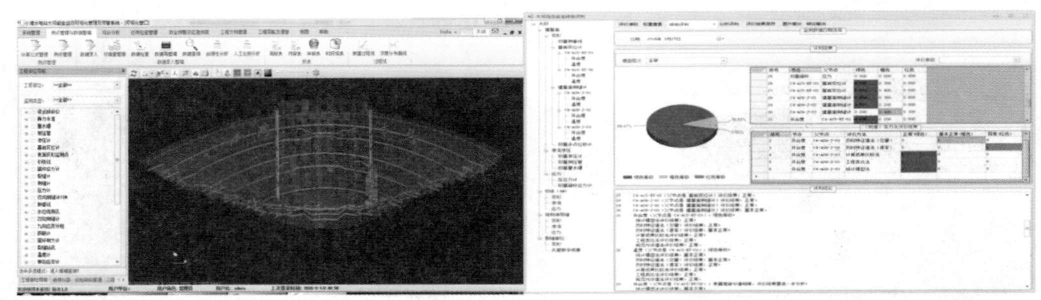

图 9.5-7 BIM 三维可视化监测信息管理分析及预警系统

(3) 地形地质条件复杂、坝高、总水推力巨大、地震设防标准高、混凝土工程量大、强度等级高、泄洪功率大是小湾拱坝的显著特点。因此，大坝变形、应力、混凝土温度、地震工况下的坝身强震和横缝实时开合度、诱导缝结构、泄洪时引起的拱坝坝身振动以及坝肩变形和渗流稳定等监测项目均为监测设计的重点和难点。

(4) 结合工程建设进度计划，对监测工作统一规划，分期实施，明确施工期、蓄水期和运行期监测的重点项目和具体要求，监测项目相互兼顾，永临结合，做到一个项目多种用途，统一规划，分步实施。

(5) 以仪器监测为主，辅以人工巡视检查，弥补仪器覆盖面的不足，并集成施工动态等环境资料。各部位各类监测项目或仪器设备统筹考虑，具备相互配合、相互补充、相互校验的功能，在重点和关键部位适度布置比测监测仪器，确保资料的完整性、准确性和可靠性。

(6) 监测仪器和设施的布置统一考虑各种内外因素引起的相互作用，紧密结合工程实际与特点，强调针对性、相互协调和同步，控制关键部位，项目和测点布置满足预测模型和资料分析的要求，主要监测项目能够监控其空间和时间分布与变化。

9.5.1.2 监测布置

监测布置包括内部监测和外部监测。监测项目包括变形监测、渗流监测、应力应变监测、温度监测、地震反应监测、水力学监测、环境量监测等。

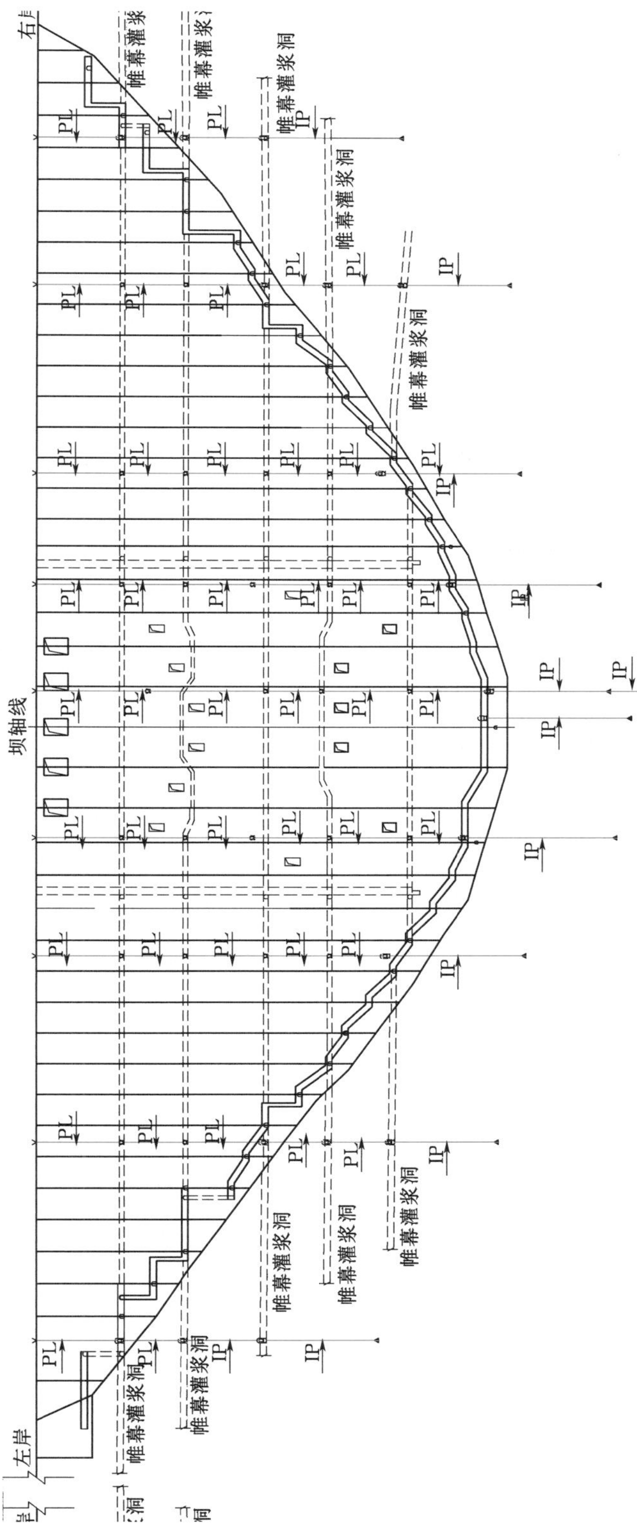

(a) 正倒垂线

图 9.5-8（一） 拱坝监测布置示意图

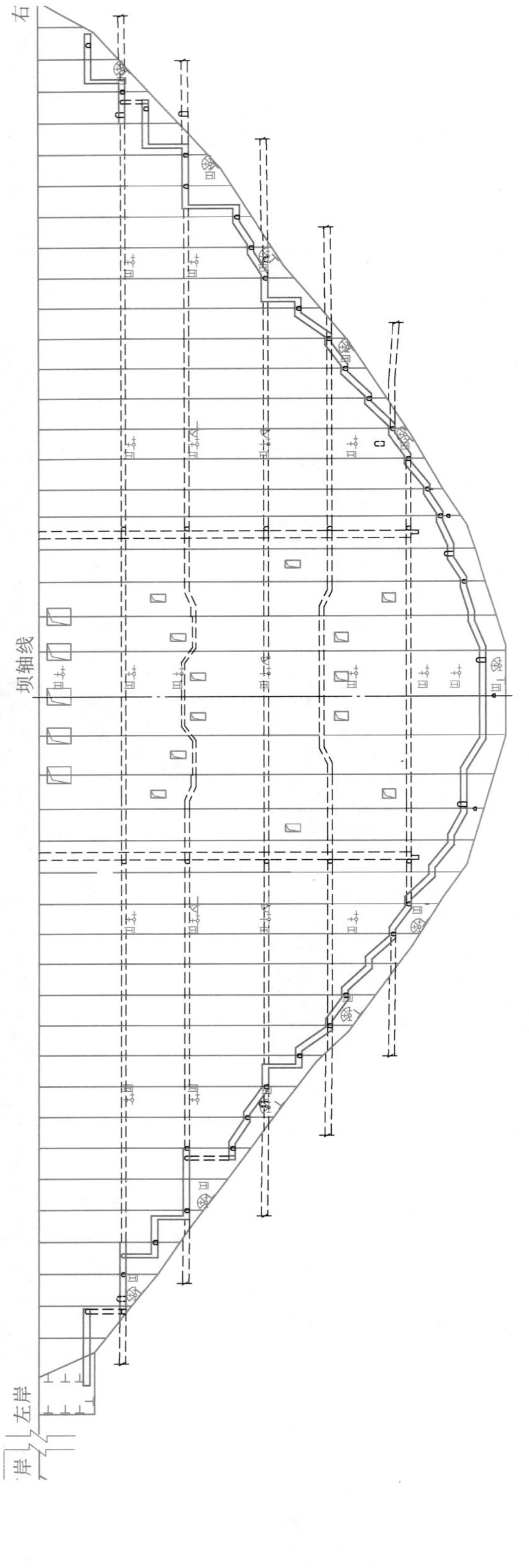

(b) 应力应变

图 9.5-8（二） 拱坝监测布置示意图

根据坝基地质条件、坝体应力分布特点和坝体廊道布置，选择9号、15号、22号、29号、35号共5个坝段作为重点监测坝段，4号、41号两个坝段作为辅助监测坝段，形成7个观测基面；在平面上选择6个高程拱圈975.00～1180.00m，形成6个观测截面，构成外部监测7梁5拱、内部监测6拱5梁的监测系统。横缝监测基本按照高程1000.00m以下河中坝段间隔一个坝段，高程1050.00m以上岸坡坝段间隔2～3个坝段布置（图9.5-8）。

坝基监测重点部位原则上与重点监测坝段对应，其他为坝基蚀变带及Ⅲ级、Ⅳ级断层出露需处理的缺陷槽部位。

两岸拱座岩体的变形稳定和抗滑稳定是确保拱坝安全的关键，而在拱座岩体范围内及沿建基面分布有Ⅲ级断层和蚀变带等地质缺陷，工程处理范围主要在拱端推力变形较大、点安全度较小及应力较高的部位，即在平面上以坝基上游角点切向延伸、下游角点外延10m后再按30°角扩散延伸至2倍拱端基宽深度，形成下游侧分别以左岸F_{11}、右岸F_{10}位置为界限的核心区域。监测重点亦围绕该区域布设。各部位监测布置考虑因素及项目见表9.5-1。

表9.5-1　各部位监测布置考虑因素和项目一览表

典型监测部位	监测布置考虑因素	主要监测项目	主要监测设备	备注
9号、35号坝段	为1/4拱坝段，同时兼顾坝基坝肩变形，其各项指标是坝体最具代表性的部位，对监控大坝正常运行至关重要	变形、应力应变及温度、强震	正垂线、表面变形监测点、水准点、GNSS测点、激光三维测量系统、静力水准系统、高程传递装置、应变计组、无应力计、裂缝计、钢筋计、温度计、强震仪、光纤光栅测缝计等	重点监测坝段
15号、29号坝段	为兼顾拱坝变形平面上的均衡和拱圈应力监测分布的需要	变形、渗流、应力应变及温度、强震、库水温	正垂线、表面变形监测点、水准点、GNSS测点、激光三维测量系统、静力水准系统、应变计组、无应力计、裂缝计、钢筋计、温度计、测温光纤、渗压计、光纤光栅钢筋计等	重点监测坝段
22号坝段	为河床拱冠梁坝段，其各项指标是坝体最具代表性的部位，且很多指标均是控制性极值出现处，对监控大坝正常运行至关重要	变形、渗流、应力应变及温度、强震、库水温	正垂线、表面变形监测点、水准点、GNSS测点、激光三维测量系统、静力水准系统、应变计组、无应力计、裂缝计、钢筋计、温度计、测温光纤、渗压计、强震仪、光纤光栅钢筋计、光纤光栅测缝计等	重点监测坝段
4号、41号坝段	需要通过各层灌浆洞埋设正垂线兼顾坝肩抗力体监测，且需在高程1100.00m灌浆洞中作为坝肩拱推力监测的相对不动点	变形、应力应变	正垂线、表面变形监测点、水准点、GNSS测点、静力水准系统、应变计组、无应力计等	辅助监测坝段
诱导缝	诱导缝的设置对坝体结构的影响	缝面开度、渗流、应力应变	渗压计、测缝计、裂缝计、压应力计、应变计组、无应力计	重点监测部位
横缝	主要考虑施工期河床挤压变形大和横缝灌浆先施工的坝段，同时兼顾拱坝接缝灌浆后的空间整体性	开合度、接触应力	测缝计、压应力计	施工期重点监测

续表

典型监测部位	监测布置考虑因素	主要监测项目	主要监测设备	备注
坝基	原则上和重点监测坝段一致，其他为坝基分布有蚀变带及Ⅲ级、Ⅳ级断层出露部位	变形、渗流、应力应变及温度、支护效应、强震、缺陷槽结构监测	倒垂线、多点位移计、滑动测微计、固定测斜仪、双金属标仪、测缝计、渗压计、测压管、量水堰、水质分析、压应力计、温度计、锚杆应力计、锚索测力计、强震仪、应变计组、无应力计、钢筋计	重点监测部位，包含缺陷槽
坝肩抗力体	即在平面上以坝基上游角点切向延伸、下游角点外延10m后再按30°角扩散延伸至2倍拱端基宽深度，形成下游侧分别以左岸F_{11}、右岸F_{10}位置为界限的核心处理区域，同时考虑地质条件受力情况	变形、渗流、应力应变及温度、支护效应、强震、回填结构监测	收敛计、正垂线、倒垂线、多点位移计、铟钢丝位移计、引张线、双金属标仪、固定测斜仪、测缝计、渗压计、测压管、量水堰、水质分析、岩石应力计、压应力计、温度计、锚杆应力计、锚索（杆）测力计、岩体声波、强震仪、应变计组、无应力计、钢筋计	重点监测部位
泄水建筑物	由于小湾工程泄洪功率大，应对表孔、中孔和底孔进行水力学进行监测	流态及水面线、动水压力、底流速、空穴监听、泄流水舌轨迹、不平整度及空蚀调查、闸门膨胀式水封、坝体泄洪时振动、工作闸门振动与下游雾化	压力传感器、差压传感器、水听器、空腔负压传感器、掺汽浓度传感器、毕托管、液位传感器、底流速仪、雨量传感器、精密压力表、干湿温度计、振动传感器、采集处理分析系统	重点部位监测
大坝泄洪中、底孔大梁、闸墩、推力墩接缝，施工期临时裂缝、导流洞堵头、水垫塘及二道坝等	根据小湾工程重要性，对部分辅助建筑物及典型结构进行监测	变形、渗流、应力应变及温度、支护效应	表面变形监测点、多点位移计、渗压计、量水堰、测缝计、应变计组、无应力计、钢筋计、裂缝计、温度计、锚杆应力计、锚索测力计	一般监测部位
水库库盆	由于小湾工程属于高坝大库，为研究库盘变形对高拱坝工作性态的影响	沉降变形	水准点	专项监测
谷幅	小湾坝址位于高山峡谷区，两岸山体高陡，谷幅变形不能忽视	水平变形	表面变形监测点	专项监测
F_7断层	F_7断层距离大坝上游最近距离仅50余米	错动变形	多点位移计、铟钢丝位移计	专项监测

（1）变形监测。大坝水平变形监测采用表面变形监测点、GNSS、正倒垂线和激光三维测量系统。垂直变形监测采用水准点和静力水准仪，基点校核采用双金属标和高程传递

装置。坝基深部变形监测主要采用多点位移计、滑动测微计。

1）水平变形及挠度。坝下游面的变形测点共有 61 个，作为施工期大坝蓄水期间坝体垂线尚未完全形成时坝体水平变形监测的主要手段，同时校核坝段正垂线的观测成果。

为了与坝顶垂线水平变形成果相互验证，改进传统表面变形监测点的不足，加密坝顶水平变形测点数，同时利用获得的连续高程变形量也是对坝顶水准监测成果的补充。在坝顶布置 15 个 GNSS 监测点，其中 9 个 GNSS 点分别与正垂线在同一个坝段，另外 6 个点主要分布在左右岸两坝肩、1/4 拱附近。

根据地质条件、坝体应力分析计算成果、廊道布置并兼顾坝基监测的基点需要，9 个典型坝段（相对重点监测坝段增加 19 号、25 号，目的是增加河床坝段同时兼顾诱导缝布置坝段的变形监测）的各层廊道中分段设置正垂线，其中 4 号、9 号、35 号和 41 号坝段的正垂线深入两岸灌浆廊道内，同时用以监测两岸坝基的变形。正垂线分别在基础廊道、灌浆廊道和倒垂线衔接，监测坝体的水平变形和挠度。

坝基岩体在蓄水期和运行期水平变形监测采用和正垂线相同坝段的坝基 11 条不同深度的倒垂线。在 22 号坝段布置 1 组（3 条）倒垂线，用以相互校核和比较不同深度的基岩变形大小；4 号、9 号、35 号和 41 号坝段的倒垂线深入两岸坝肩，监测两岸坝肩的变形情况。

在高程 1190.00m 检查廊道 4～41 号坝段布置 1 条共 38 段激光三维测量系统，配合正倒垂线的基点引入装置，监测每个坝段的三维变形。

2）垂直变形及倾斜。在坝顶除 12 号、22 号和 32 号坝段外每个坝段布置 1 个水准点，在 12 号、22 号和 32 号坝段沿上下游方向各布置 2 个水准点布置共有 47 个点。在两个典型高程每个坝段的廊道内布置一个水准点，共有 66 个点，在基础廊道共布置 30 个水准点。坝体和坝基的垂直变形、倾斜观测均由一等水准完成。采用坝外垂直变形监测网通过 15 号、29 号坝段的竖直传高孔联测与校核水准工作基点。

坝体的倾斜监测采用静力水准，在 22 号坝段 3 个典型高程布置 3 条顺河向静力水准，监测拱冠梁坝段的垂直变形和顺河向倾斜。在中部高程检查廊道和坝顶各布置 4 条静力水准，两端深入两侧灌浆洞，监测坝体垂直变形和横河向倾斜。在两高程静力水准线两端点分别布置 1 套双金属标作为校核基点，并和该高程灌浆洞中两端的水准工作起测基点结合。

3）深部变形。考虑到坝址处于中高应力区，开挖过程中岩体可能存在开挖卸荷松弛，且开挖后的高高程坝基暴露时间长达几年，大坝浇筑混凝土和水库蓄水，坝基将经历压紧密实的过程。为监测岩体开挖卸荷松弛-压实变形的全过程，在左右岸的坝肩槽部位充分利用各层排水平洞、交通洞和原勘探平洞布置超前变形监测设施，包括沿竖直方向、水平向、建基面法向的 5 点式多点位移计和滑动测微计。

在高程 975.00m 以下坝基 5 个典型坝段的排水廊道和灌浆廊道中各布置一个滑动测微计。在河床坝段及两岸坝段坝基部位的坝踵、坝中、坝趾部位各布置 6 测点式多点位移计、坝基第二排水廊道分别布置滑动测微计。坝肩槽开挖结束后和混凝土浇筑之前，在 21～23 号坝段的建基面上分别布置 1 个临时滑动测微计测孔，对坝基开挖结束后混凝土浇筑前期间的坝基岩体浅表部位进行临时监测。

为监测低高程坝基潜在的浅层滑动现象，在14号、20号、23号、25号、31号坝段第一坝基排水廊道中布置深入坝基岩体10m的浅孔固定测斜仪，每孔5支。

在高程1000.00m以上典型坝段的左、右岸拱端坝踵和坝趾处，沿拱推力方向及垂直岩体结构面方向分别布置6点式多点位移计，监测拱推力方向岩体深部变形及沿结构面的拉压变形；布置铟钢丝双向测缝计，监测坝体和坝基之间沿径向和竖向的剪错变形；布置竖直向6点式多点位移计，监测梁向岩体深部变形。

为监测固结灌浆过程中混凝土的抬动情况，在15号坝段钻孔埋设2套基岩变位计，基岩变位计钻孔深入基岩内15m。

4）拱坝弦长。在坝顶高程1245.00m和两个典型高程左右岸拱端布置表面变形监测点，采用直接测距法监测拱坝弦长的变化。

5）接缝和裂缝。在压应力监测坝段和19号、23号、25号坝段的建基面和坝体接缝上布置测缝计3～4支，监测坝体和坝基的接缝开合度，并与相同部位的压应力计、渗压计作为相互校核布置。

坝体横缝在高程1136.00m以下同一灌浆区分为上下游两区，高程1136.00m以上为一个灌浆区。各典型坝段在高程1136.00m以下每层同一灌区均布置1支测缝计，局部横缝在同一灌区的上下游区各布置1支测缝计；在高程1136.00m以上间隔一灌区布置1支测缝计；在2号、5号、39号、42号横缝以上间隔一灌区布置1支测缝计，在施工期指导接缝灌浆工作，在运行期监测横缝的开合度。其中，部分为永久监测横缝。

由于坝基浅层岩体卸荷变形和相邻坝段横缝灌浆可能对横缝产生挤压作用，且考虑和坝体应力监测成果进行相互校核布置，在高程1000.00m以下的6个典型坝段横缝坝基以上第1层灌区共计布置18支压应力计和18支测缝计。考虑与坝体应力和横缝接缝进行相互校核布置，在高程1100.00m的8号、14号、22号、28号以及35号横缝布置13支压应力计，监测施工期灌浆和运行期横缝间压应力变化。

在9号、15号、22号、29号、35号坝段布置九向应变计组的坝踵和坝趾部位各布置1支裂缝计，分别监测施工期由于坝体倒悬以及运行期在库水作用下，坝体混凝土的潜在开裂情况。

在高程1010.00m的15号、30号坝段、高程1050.00m的12号、33号坝段和高程1110.00m的8号、36号坝段拱圈和坝基接触面上的坝踵和坝趾部位，分别布置双向测缝计，监测拱端与建基面径向和顺坡向的剪切变形。

在导流中孔和底孔孔壁布置测缝计，监测封堵后新老混凝土之间的接缝开合度。

在左右岸坝基缺陷槽混凝土施工缝及与建基面的接缝布置26支单向测缝计，监测缝间接缝开合变化情况。

（2）渗流及水质监测。

1）扬压力。在重点监测断面的坝段、部分布置有纵向廊道坝段以及兼顾渗流布置的均衡增加的坝段，共计16个坝段的坝基上游侧第一排水廊道的排水幕线上布置测压管，构成大坝基础扬压力观测纵断面。在五个坝段的基础横向交通廊道及排水廊道内顺河方向，埋设测压管构成大坝扬压力横向主观测断面。在布置有监测拱推力坝段的观测断面坝基对应应变计组位置顺河向埋设渗压计，监测坝基扬压力分布情况，同时作为监测拱推力

的应变计组成果扣除渗透压力，以计算拱推力的有效荷载。

在3个典型坝段坝体上游竖向排水管上、下游侧的高程1100.00m以下内间隔40～50m，在坝体混凝土内共布置21支渗压计，监测坝体混凝土渗透压力，评价混凝土的施工质量和防渗效果。

分别在5个典型高程、10个坝段的检查廊道排水沟内各布设1座三角形量水堰，在23号坝段诱导缝检查廊道、灌浆廊道、第一、第二排水廊道汇入集水井前布置10座量水堰，监测坝体不同高程分区渗漏量。

在两岸坝肩及水垫塘边坡布置水位孔，监测大坝帷幕灌浆效果和蓄水后的渗流情况。为尽可能区分边坡地下水、库区渗透水和泄洪雾化水的分布情况，水位孔分别布置在边坡上、边坡排水洞和坝基灌浆洞内，共计布置了47个绕坝渗流水位孔。

2）水质监测。库区水质监测取样点布置于多个坝段的坝基帷幕灌浆廊道、检查廊道及排水洞交通廊道内，监测坝体、坝基及岸坡的水质变化，包括色度、水温、气味、浑蚀度、pH值、矿化度、总碱度、硫酸根、重碳酸根及钙、镁、钠、钾、氯等离子等。

（3）应力应变监测。大坝内部应力应变监测划分为6拱5梁。在六拱高程的两个典型坝段混凝土内的上游面、中间和下游面布置空间九向应变计组、无应力计；沿建基面法向与九向应变计组基本对应位置布置压应力计；在压应力计旁边同时成组布置渗压计，渗压计作为常规的监测目的的同时，也用于计算拱圈推力的大小和变化压应力计监测的总应力中扣除孔隙压力作用，结合重点坝段对应高程的七向应变计组，构成5层切向拱推力监测体系。

在构成五梁坝段的典型高程内部拱梁节点处，按坝面上游、中部、下游分别布置由主平面为梁向和拱向的五向应变计组组合而成的七向平面应变计组、无应力计，监测梁向应力的大小和变化，结合相应坝段的九向应变计组，构成5梁竖向应力监测体系。

在15号、29号坝段坝踵和坝趾，9号、35号坝段坝趾布置沿坝面的单向钢筋计，与应变计组一同定性监测坝体混凝土应力变化情况。在29号坝段高程1010.00m下游混凝土内沿径向布置滑动测微计孔，监测坝体混凝土的应变分布情况。

在15号、22号、29号坝段的高程1090.00m、1145.00m坝下游表面共计布置6组五向平面应变计组，监测坝体表面的应力，与拱梁分载法以及有限单元法的等效应力法的计算成果进行直接比较，并和监测下游表面受日照直接影响的温度计成组布置，同时监测表面受温度日温差影响的应力变化情况。在上述布置五向应变计组坝段的相同位置横缝下游侧50～100cm位置，布置6个压应力计，监测横缝受压过程中坝体下游表面混凝土潜在压剪破坏情况。

在左岸推力墩和拱坝坝段以及推力墩和坝肩岩体之间布置6个压应力计，监测拱端推力传递情况。

大坝各孔口闸墩直接承受弧门传来的强大水压力作用，为了掌握其工作状态，选择2号导流底孔和1号、2号放空底孔及1号、3号泄洪中孔的典型闸墩进行结构监测。混凝土应力采用五向应变计组进行监测，同时埋设无应力计。为监测闸墩内钢筋的工作状态，选择闸墩内侧在典型钢筋上布置钢筋计，监测钢筋应力。按闸墩工作锚索一定比例布置相应吨位的锚索测力计，监测预应力锚索的加固效果和后期荷载变化情况。在门楣一期、二

期混凝土之间布置单向测缝计，监测闸门在工作情况下混凝土接缝的变化。选择 1 号、2 号放空底孔之间和 3 号、4 号泄洪中孔之间支撑大梁，布置五向应变计组、无应力计、钢筋计和锚索测力计，对大梁结构受力进行监测。

在 12 号、15 号、17 号、28 号、30 号和 32 号坝段坝趾沿拱梁承载力合力方向分别布置 3 组不同深度的双轴钻孔岩石应力计，在 22 号坝段坝踵和坝中沿梁向分别布置 3 组和 2 组不同深度的双轴钻孔岩石应力计，监测坝体混凝土浇筑和蓄水后坝基岩体的应力变化。

在 17 号、22 号、23 号和 28 号坝段坝踵分别布置 1 组 6 测点式锚杆应力计，定性监测坝基岩体应力与变形的深度范围和大小。

根据坝基地质缺陷处理情况，在坝基缺陷槽的置换处理混凝土内布置 6 组九向应变计组和 6 个无应力计，在建基面上布置 16 个压应力计，在钢筋混凝土内布置 31 支钢筋计，监测缺陷槽混凝土和钢筋的受力情况。

（4）温度监测。永久温度监测布置在 9 号、15 号、22 号、29 号、35 号坝段，与应力监测断面重合，其他部位的温度监测采用布置于坝体内部的其他差动电阻式仪器兼测。在死水位 1166.00m 以下按 40m 左右间距，在每层截面上以 20m 左右间距呈网格状布置温度计；在死水位以上高程按 20m 左右间距，在每层截面上以 15m 左右间距呈网格状布置温度计，监测大坝的温度场。

在 15 号、22 号、29 号监测坝段不同高程呈 S 形布置测温光缆，实现施工期坝体混凝土温度分布的连续监测。

因大坝轴线基本呈东西走向，早晚日照温差变化较大，在 15 号、29 号坝段高程 1075.00m 距下游面 10cm 布置温度计，监测混凝土表面受日照气温的影响。在 15 号、29 号坝段高程 1135.00m 和 22 号坝段高程 1110.00m 距下游坝面 60cm 范围内布置 5 支温度计，监测坝体混凝土导温系数。

为分析气温变幅、太阳辐射等对大坝下游坝面混凝土的影响，2015 年 4 月在 9 号、15 号、29 号及 35 号坝段下游面高程 1152.00m 和 1192.00m 的坝段中间位置，各布置 1 支温度计。在 15 号、29 号坝段的高程 1190.00m 坝后马道，各选择适当位置布置气温测站。

为深入分析气温变幅、太阳辐射等对大坝下游坝面混凝土的影响，在 15 号、29 号下游面高程 1192.00m 和 9 号、35 号坝段下游面高程 1102.00m 坝段中间位置，各布置 1 套一体化坝体混凝土辐射温度采集装置，其中温度监测仪器内置 5 个半导体热敏电阻传感器，监测浅层混凝土的分层温度。

在 9 号、15 号、22 号、29 号、35 号坝的坝基沿灌浆廊道内竖直向下钻孔深入基岩约 20m 左右，每孔内布置 4 支温度计，监测基岩蓄水前后的温度变化。

在左右岸坝基缺陷槽混凝土内布置 55 支温度计，监测施工期和运行期的温度变化情况。

（5）支护效应监测。在坝趾的贴角部位的工作锚索上按 5%～10%的比例布置相应吨位的锚索测力计，监测锚索锁定荷载的变化和长期荷载的大小和变化情况。贴角部位共计布置 23 台 6000kN 级和 6 台 4000kN 级锚索测力计。

(6) 强震监测。在右岸9号坝段和左岸35号坝段高程1190.00m廊道和坝顶，在拱冠梁22号坝段3个典型高程的廊道和坝顶各布置1台强震仪监测点，其中20～25号坝段因布置有泄洪表孔和中孔，在坝面上游采用了悬臂结构来布置闸门启闭设备等，在22号坝段上游侧悬臂段布置1台强震仪监测点，监测地震工况下大坝的动力放大系数、地震的相位和振型等。

在拱坝3个典型坝段的基础灌浆廊道、左右岸两岸坝顶灌浆洞、左岸4号山梁山脊部位和右岸坝肩下游侧排水洞和远离大坝影响的下游水准基点平洞各布置1台强震仪监测点，监测坝基处和两岸坝肩抗力体的地震动多点和多维输入情况，据此来获取地震作用下对大坝的影响各项参数，采用24h实时在线自动记录方式。

为监测横缝在地震工况下的实时开度变化和梁向应力，在5个典型坝段不同高程横缝上游面止水前后、下游面止水之后或上游检查廊道之后布置光纤光栅式传感器。考虑项目的关键性且互为校验，在光纤光栅相同部位布置差阻式仪器，静态监测地震前后钢筋应力和横缝开合度变化情况。

为修正温度的影响，在9号、22号和35号坝段横缝的双向测缝计处布置光纤光栅温度计，其余部位均采用相邻的差阻式仪器的兼测温度。

(7) 水力学及雾化监测。大坝泄水建筑物水力学监测主要项目有流态及水面线、动水压力、底流速、空穴监听、泄流水舌轨迹、不平整度及空蚀调查、闸门膨胀式水封、坝体泄洪时振动、工作闸门振动与下游雾化等。

1) 坝身表孔。选择2号、3号表孔为观测对象，坝顶泄洪表孔主要观测项目有进口流态、泄槽流态、出口流态及挑流水舌形态。水面线测点共18对36条，在2号、3号表孔两边墙上从进口至出口绘制标准水尺。在3号表孔底板中心线上布置2点底流速测点。在2号、3号表孔底板中心线上各布置4个动水压力测点，在其扩散边墙上各布置2个动水压力测点。在2号表孔体形突变处和压力较低处设置2个空穴监听测点。过流后进行溢流面不平整度、空蚀及冲刷调查等。

2) 坝身泄洪中孔及放空底孔。在1号泄洪中孔出口段底板和顶板分别布置4个和2个动水压力测点；在3号泄洪中孔出口段底板和顶板各布置3个动水压力测点；在1号放空底孔底板布置4个、顶板下压段布置2个、左右边墙各布置1个动水压力测点。闸门膨胀式水封观测，溢流面不平整度、空蚀及冲刷调查，进口流态、出口挑坎水流流态及挑流水舌形态。

3) 坝身导流中孔。选择2号导流中孔为观测对象，其为有压泄水孔，其动水压力的分布是中孔观测的重点。动水压力14个测点，底板中心线上5个测点，左、右边墙壁上各2个测点，压坡顶板上5个测点。底流速3个测点，布置在底板中心线上。闸门膨胀式水封观测，溢流面不平整度、空蚀及冲刷调查，进口流态、出口挑坎水流流态及挑流水舌形态。

4) 拱坝坝身泄洪振动。在拱坝不同部位总共布置22个测点。

5) 闸门振动。坝体泄洪中孔工作闸门只考虑全开和全关两种情况，测量闸门开启和关闭过程中的振动参数，测点数为7点三向；泄洪表孔工作闸门除测量启闭过程中的振动外，条件许可时，还需测量工作闸门在局部开启泄洪时的振动参数，测点数为7点三向。

6）泄洪雾化。在拱坝下游左、右岸雾化区设置人工雾化降雨量测点30个，电测雾化降雨量测点30个，共计60个测点，分析研究雾化降雨强度和降雨量及雾化流纵、横向分布。

（8）诱导缝监测。为监测诱导缝施工期和运行期的工作性状，设置变形、渗流和应力监测项目。在17～28号坝段诱导缝的上游止水片前后各布置1支渗压计，在诱导缝坝段结束的16号、29号坝段横缝旁各布置1支渗压计，共计26支渗压计，监测缝面渗压情况。

在17号、22号、23号、28号坝段缝面上游止水片后各布置2支双向测缝计，在18～21号、24～27号坝段缝面上游止水片后各布置1支单向测缝计，监测诱导缝的开合度和缝面沿径向剪切错动变形。

在17号、22号、23号、28号坝段缝面每组双向测缝计旁对应布置压应力计，监测诱导缝在施工期和蓄水后的缝面应力变化过程，结合测缝计、渗压计的监测资料，监测诱导缝在施工期和蓄水后的缝面应力变化过程，综合分析诱导缝的工作性态。在16号、17号、28号、29号坝段缝面下游坝体内各布置3组九向应变计组和无应力计，在23号坝段缝面上下和缝面下游坝体内布置5组九向应变计组和无应力计，监测坝体应力分布。在诱导缝坝段结束的16号、29号坝段横缝旁各布置3支裂缝计，监测缝端潜在裂缝的发展情况。

（9）库盘变形监测。库盘变形监测范围从坝址上游1.5km至坝址下游4km左右，共计33个水准点，采用一等水转观测，水准路线总长度约71km，共有3段跨河水准。其中，大坝上游高程1260.00～1400.00m之间布置15个水准点，大坝下游高程1250.00～1010.00m之间布置18个水准点。

（10）谷幅监测。坝址上游利用大坝平面监测网的C3～C4基点作为1条谷幅监测线，坝址下游利用大坝平面监测网的C1～C2、C5～C6、C8～C9、G1～G2作为4条谷幅监测线，通过基准网观测的测值计算两岸坡不同范围和高程的谷幅变化。

（11）F_7断层监测。在河床22号、23号坝段高程956.00m布置2套6点式多点位移计；在右岸高程1305.00m排水洞、高程1060.00m灌浆洞各布置3组铟钢丝位移计，高程1245.00m、1150.00m灌浆洞分别布置3组铟钢丝位移计和2套4点式多点位移计；在左岸高程1305.00m勘探平洞布置3组铟钢丝位移计，高程1245.00m排水洞布置3组铟钢丝位移计和2套4点式多点位移计，高程1130.00m交通洞布置3套4点式多点位移计。监测仪器在平面上以垂直F_7断层及F_7断层与F_7断层方向呈30°夹角，在空间上与F_7断层方向呈30°仰角布置，监测断层的平面拉张和空间及平面剪错变形。

（12）坝内混凝土温度裂缝监测。根据现场物探检测的裂缝分布情况并结合永久监测坝段，在平面上选择15号、18号、21号、25号和27号坝段，选择高程1010.00m、1060.00m和1100.00m检查廊道分别钻孔布置滑动测微计测管和测缝计，在廊道内裂缝出露部位布置表面测缝计，作为坝体裂缝监测项目。

坝体内部混凝土裂缝专项监测布置中，共分为实际裂缝面监测（开合稳定性）和裂缝端部外围监测（发展稳定性）两种情况。

1）裂缝端部外围发展稳定性监测。在平面上，裂缝向左终止基本以31号坝段为界，

故在31号坝段的基础帷幕灌浆廊道或第一排水廊道内，平行布置滑动测微计孔和“应变计+测缝计”组，监测裂缝向左岸扩展的稳定性。在高程上，裂缝终止基本以各坝段基础帷幕灌浆廊道或第一排水廊道为底界，各坝段限裂钢筋铺设高程为顶界，故在15号、21号、25号、27号坝段的基础帷幕灌浆廊道或第一排水廊道内，平行布置滑动测微计孔和“应变计+测缝计”组。在18号、21号、25号、27号坝段的限裂钢筋高程以上布置“应变计+测缝计”组，监测裂缝上下方向的扩展稳定性。

为直观检查裂缝的扩展稳定性，平面上，在裂缝外围的9号坝段和35号坝段；高程上，以各坝段基础帷幕灌浆廊道或第一排水廊道（最低高程为959.00m）为底界，高程1125.00～1139.00m限裂钢筋以上为顶界，布置了长期跟踪检查孔，采用全孔壁数字成像技术对裂缝的扩展稳定性进行物探检测。

2）裂缝区域内缝面开合稳定性监测。根据全孔壁数字成像已查明的实际裂缝位置，高程上选择监测底界均向下延伸至可供利用的本坝段基础廊道内，监测顶界均向上延伸至相应坝段限裂钢筋高程附近。

在13号坝段高程1042.00m坝基帷幕灌浆廊道，平行布置1个滑动测微计孔和1组“应变计+测缝计”组，监测裂缝的发展情况。

在15号、18号、21号、25号和27号坝段高程1010.00m、1060.00m和1100.00m检查廊道内及15号、21号坝段高程1100.00m以上坝后，平行布置滑动测微计孔和“应变计+测缝计”组。

在20号坝段1号导流底孔闸墩左上侧高程1039.00m平台上，平行布置1个滑动测微计孔和1组“应变计+测缝计”组，监测裂缝的发展情况。

裂缝端部外围监测共计6个滑动测微计孔，12组“应变计+测缝计”组，测缝计和应变计均为116支。实际裂缝面监测共计17个滑动测微计孔、18组“应变计+测缝计”组，测缝计和应变计均为103支。

（13）环境量监测。

1）水位监测。在水库上游坝前进水口大椿树沟边坡高程1020.00m、1080.00m和1139.00m各设置1套水位计，监测坝体上游水位。在电站1号、2号尾水出口之间边坡高程985.00m设置1套水位计，监测尾水出口水位。为便于人工测读，在2号进水塔左边墩高程1139.00～1245.00m及尾水出口水位计部位高程985.00～1020.00m各布置1组人工观测水位标尺。

2）水库水温监测。在15号、22号、29号坝段上游面布置铜电阻温度计，形成测温垂线。在正常蓄水位到死水位之间，因水位变幅较大且频繁，温度计布置间距约10～15m；在死水位以下，库水温相对稳定，温度计布置间距约15～25m。

在22号坝段8个典型高程959.00～1135.00m各布置1支温度计、在高程1150.00～1240.00m每间隔15m分别布置1支温度计。在15号坝段6个典型高程1026.00～1155.00m各布置1支温度计、在高程1170.00～1240.00m每间隔10m分别布置1支温度计。在29号坝段6个典型高程1025.00～1155.00m各布置1支温度计、在高程1170.00～1240.00m每间隔10m分别布置1支温度计，监测水库水温。

3）气象监测。在高程1245.00m坝顶左岸和坝后水垫塘各设置1座简易气象测站，

监测坝区气温、降雨量。

9.5.1.3 巡视检查

巡视检查分日常巡查、年度巡查、特别巡查。巡视检查程序包括检查项目、检查顺序、记录格式、编制报告的要求及检查人员的组成职责等。巡视检查项目、检查方法及记录形式等均参照 DL/T 5178—2003 相关内容拟定。针对拱坝特点，加强对以下部位的巡视检查：

（1）坝肩抗力体和坝基尚未回填的勘探平洞以及排水洞、灌浆洞等部位的渗流、裂缝和卸荷岩体的张开情况等。

（2）坝体上下游库盆变形监测区域内的滑坡、较大规模裂缝等。

（3）坝体诱导缝周边是否出现裂缝及其大小、形态和分布规律。

（4）坝趾及下游贴角混凝土是否出现裂缝及其大小、形态和分布规律。

9.5.1.4 仪器选择

坝体及坝基监测仪器工程量汇总见表 9.5-2。选用的主要监测仪器设备均是国内外知名专业生产厂家的产品，选用的仪器类型及主要技术指标见表 9.5-3。

表 9.5-2　　拱坝及坝基监测仪器（设备）工程量统计表

监测项目	仪器名称		单位	设计量	备注
变形	外部变形监测网	平面变形网点	个	17	
		垂直变形网点	个	22	
		双金属标	支	4	2 套
	库盘变形	水准点	个	16	
	大坝监测	表面变形监测点	个	104	包含谷幅监测 10 个点
		水准点	个	167	含 6 个工作基点，坝下游平面变形点
	GNSS 测点		个	17	包括 2 个基准站
	正垂线		套	43	
	倒垂线		套	11	
	激光三维测量监测		个	76	1 条测线 38 组
	垂直传高		条	6	
	静力水准		点	118	共 18 套测线
	双金属标		支	8	共 4 套
	多点位移计		支	323	13 套 5 点式，43 套 6 点式
	基岩变位计		套	2	
	滑动测微计孔		个	18	
	固定测斜仪		支	25	5 套
应力应变及温度	应变计		支	1131	$S^1$10 支，$S^5$18 组，$S^7$74 组，$S^9$57 组
	无应力计		套	146	
	压应力计		支	101	

续表

监测项目	仪 器 名 称	单位	设计量	备 注
应力应变及温度	钢筋计	支	162	
	锚索测力计	台	68	
	锚杆应力计	支	24	4组6点式
	双轴岩石应力计	支	46	23套
	应变片	支	48	16组
	双向测缝计	支	44	共20组，有4组布置3支
	单向测缝计	支	476	不包括裂缝监测
	裂缝计	支	20	不包括裂缝监测
	温度计	支	623	包含水库温度计43支
	测温光纤	条	12	10230.5m
	表面测缝计	支	106	混凝土裂缝监测
	表面应变计	支	79	
	钻孔测缝计	支	230	
	钻孔应变计	支	229	
	滑动测微计孔	个	33	
	温度计	支	11	
渗流	渗压计	支	124	含恢复的4支
	测压管	个	48	
	量水堰	座	44	含恢复的21座
地震反应监测	三分量加速度计	台	17	13台强震动记录仪
	光纤光栅钢筋计	支	27	
	差阻式钢筋计	支	27	
	光纤光栅测缝计	支	31	
	差阻式测缝计	支	31	
	光纤光栅双向测缝计	支	18	9组
	光纤光栅温度计	支	9	
F_7 断层	铟钢丝位移计	组	8	
	多点位移计	支	48	12套4点式
水力学预埋件	通用底座	个	26	
	底流速底座	个	2	
	测压头	套	25	
环境量监测	气温测站	点	2	
	水尺	套	2	水情系统实施
	自记水位计	台	2	水情系统实施
	降雨量测站	点	1	
合计			5058	

表 9.5-3　　主要监测仪器选型及技术指标表

监测项目	仪器名称	仪器类型	生产厂家	量程	分辨率	输入\输出
变形	全站仪	TCA2003	Leica		测角中误差≤±0.5″，测距中误差≤1mm+1ppmD	
	水准仪	DNA03	Leica		对中误差≤0.05mm	
	双星双频 GNSS	电磁波	Leica		3mm+0.5ppm	
	激光三维测量系统	激光	华腾	三向±20mm	≤±0.3mm	输出：数字信号
	滑动测微计		Solexpert AG	±5mm	0.001mm	输出：电压
	活动测斜仪	伺服加速度计	Slope Indicator	±15°	0.01mm	输出：电压
	垂线坐标仪	电容式	南瑞	0～50mm 0～100mm	≤0.05%F.S	输出：电容
	引张线仪	电容式	南瑞	0～40mm	≤0.05%F.S	输出：电容
	铟钢丝位移计	电容式	南瑞	0～20mm	≤0.05%F.S	输出：电容
	静力水准仪	电容式	南瑞	0～20mm 0～40mm	≤0.05%F.S	输出：电容
	双金属标仪	电容式	南瑞	0～20mm	≤0.05%F.S	输出：电容
	固定测斜仪	伺服加速度计	南瑞	-6°～+6°	14 弧秒	输出：-5～+5V
		电解质	Sinco	-10°～+10°	9 弧秒	输入：-5.5～+15V；输出：±2.5V
	多点位移计	差阻式	南自	0～100mm	0.1%F.S	输入：5mA 恒流源；输出：0～100mV
		振弦式	BGK	0～100mm	0.025%F.S	输入：5V 激励；输出：450～5000Hz
			Roctest	0～100mm	0.1%F.S	输入：5V 激励；输出：435～5600Hz
			畅唯	0～100mm	0.025%F.S	输入：5V 激励；输出：500～3500Hz 方波
		电位器式	南瑞	0～150mm	0.05%F.S	0～5kΩ
	基岩变位计	差阻式	南自	0～12mm	0.1%F.S	输入：5mA 恒流源；输出：0～100mV
	裂缝计	差阻式	南自	0～12mm	0.1%F.S	输入：5mA 恒流源；输出：0～100mV
	测缝计	差阻式	南自	0～20mm	0.1%F.S	输入：5mA 恒流源；输出：0～100mV
		电位器式	南瑞	0～150mm	0.05%F.S	0～5kΩ

续表

监测项目	仪器名称	仪器类型	生产厂家	量程	分辨率	输入\输出
应力应变及温度	应变计	差阻式	南自	−1000～200με −2000～200με	0.1%F.S	输入：5mA 恒流源； 输出：0～100mV
	无应力计	差阻式	南自	−1000～200με −2000～200με	0.1%F.S	输入：5mA 恒流源； 输出：0～100mV
	压应力计	差阻式	南自	0～6MPa 0～12MPa	0.025MPa/ 0.01%	输入：5mA 恒流源； 输出：0～100mV
	岩石应力计	振弦式	Sinco	0～21MPa	0.025%F.S	输入：5V 激励； 输出：1400～3500Hz
	钢筋计	差阻式	南自	0～310MPa	0.1%F.S	输入：5mA 恒流源； 输出：0～100mV
	钢板计	差阻式	南自	−1200～200με	0.1%F.S	输入：5mA 恒流源； 输出：0～100mV
	温度计	铜电阻	南自	−30～+60℃	±0.3℃	输入：5mA 恒流源； 输出：0～100mV
支护效应	锚索测力计	振弦式	BGK	1000kN 1800kN 3000kN	0.025%F.S	输入：5V 激励； 输出：450～5000Hz
		差阻式	南自	1000kN 1800kN	0.3%F.S	输入：5mA 恒流源； 输出：0～100mV
	锚杆应力计	振弦式	畅唯	0～300MPa	0.025%F.S	输入：5V 激励； 输出：500～3500Hz
		差阻式	南自	0～310MPa	0.1%F.S	输入：5mA 恒流源； 输出：0～100mV
渗流	渗压计	振弦式	BGK	0～3MPa	0.05%F.S	输入：5V 激励； 输出：450～5000Hz
	水位计	压阻式	南瑞	0～500kPa 0～1000kPa	≤0.05%F.S	输出：4～20mA
	量水堰计	电容式	南瑞	0～80mm	≤0.05%F.S	输出：RS485 信号或电容
环境量	雨量计	翻斗式	水文所	0.01～4mm/min	0.2mm	输出：磁钢-干簧管式 节点开关通断信号
	温度计	铜电阻	南自	−30～+60℃	±0.3℃	输入：5mA 恒流源； 输出：0～100mV
	水位计	振弦式	BGK	0～1MPa	0.05%F.S	输入：5V 激励； 输出：450～5000Hz
自动化系统	DamsⅣ		南瑞			

9.5.1.5 监测频次

拱坝及坝基坝肩各监测项目监测频次见表 9.5－4 和表 9.5－5。

表 9.5-4　　施工期各监测项目监测频次

监测类别	监测项目		埋设初期	施工期
巡视检查			1～2次/周	1次/周
变形	水平位移及挠度	表面变形监测点	连续观测两次取初值	1次/月
		正、倒垂线，激光三维测量系统，GPS点，铟钢丝位移计，引张线	连续观测两次取初值	1次/月
	垂直位移及倾斜	水准点	连续观测两次取初值	1次/月
		静力水准、双金属标	连续观测两次取初值	1次/月
	岩体深部变形	滑动测微计、便携式测斜仪	连续观测两次取初值	2次/月
		多点位移计、固定式测斜仪	连续观测两次取初值	1次/周
渗流	扬压力		连续观测两次取初值	1次/月
	渗透压力		连续观测两次取初值	1次/月
	渗流量		连续观测两次取初值	1次/月
	绕坝渗流		连续观测两次取初值	1次/月
	水质监测			
应力应变及温度	应力应变		初凝期，1～4次/4h；埋设1月内，1次/d	1次/周
	接缝	坝体横缝、坝体与坝基接缝、导流洞堵头接缝	连续观测两次取初值；灌浆期，1次/4h	1次/周
		抗力体地质缺陷回填混凝土与基岩接缝、水垫塘底板接缝	连续观测两次取初值	1次/周
	温度	温度计	一冷期，1～4次/4h；中冷期，1次/2d；二冷期，4次/d	2次/周
结构诱导缝	接缝及接缝		连续观测两次取初值	1次/周
	渗压		连续观测两次取初值	1次/月
	应力应变	压应力	连续观测两次取初值	1次/周
		应力应变	初凝期，1～4次/4h；埋设1月内，1次/d	1次/周
坝体裂缝	观测时段	埋设初期	裂缝处理期	施工期
	滑动测微计	连续测读2次取平均值为初始值	2次/周，处理前后必须各观测1次	1次/月
	应变计、测缝计	连续测读3次取平均值为初始值	2次/d，处理前后必须各观测1次	1次/月
谷幅	表面变形监测点		2008年首次蓄水前完成初始值	
	表面变形监测网点			
	铟钢丝位移计、正、倒垂线			

注　1. 表中测次，均系正常情况下人工测读的最低要求。

2. 裂缝浆液合理龄期：加入早强剂为3d，普通浆液为7d。

表 9.5－5　　首次蓄水期和初蓄期各监测项目监测频次

<table>
<tr><th>监测类别</th><th colspan="2">监　测　项　目</th><th>首次蓄水期
第二阶段</th><th>初蓄期和
首次蓄水期
第一、第三、第四阶段</th></tr>
<tr><td>巡视检查</td><td colspan="2"></td><td>3 次/周</td><td>1～2 次/周</td></tr>
<tr><td rowspan="6">变形</td><td rowspan="2">水平位移及挠度</td><td>表面变形监测点</td><td>1 次/周</td><td>2 次/月</td></tr>
<tr><td>正、倒垂线，激光三维测量系统，GPS点，铟钢丝位移计，引张线</td><td>1 次/d 至 1 次/周</td><td>1 次/周至 2 次/月</td></tr>
<tr><td rowspan="2">垂直位移及倾斜</td><td>水准点</td><td>1 次/周</td><td>2 次/月</td></tr>
<tr><td>静力水准、双金属标</td><td>1 次/d 至 1 次/周</td><td>1 次/周至 2 次/月</td></tr>
<tr><td rowspan="2">岩体深部变形</td><td>滑动测微计、便携式测斜仪</td><td>1 次/周</td><td>2 次/月</td></tr>
<tr><td>多点位移计、固定式测斜仪</td><td>1 次/d 至 1 次/周</td><td>1 次/周至 2 次/月</td></tr>
<tr><td rowspan="5">渗流</td><td colspan="2">扬压力</td><td>1 次/d</td><td>1 次/周至 1 次/旬</td></tr>
<tr><td colspan="2">渗透压力</td><td>1 次/d</td><td>1 次/周至 1 次/旬</td></tr>
<tr><td colspan="2">渗流量</td><td>1 次/d</td><td>1 次/周至 1 次/旬</td></tr>
<tr><td colspan="2">绕坝渗流</td><td>1 次/d 至 1 次/周</td><td>1 次/周至 2 次/月</td></tr>
<tr><td colspan="2">水质监测</td><td>1 次/月</td><td>1 次/季</td></tr>
<tr><td rowspan="4">应力应变及温度</td><td colspan="2">应力应变</td><td>1～2 次/周</td><td>1 次/周至 2 次/月</td></tr>
<tr><td rowspan="2">接缝</td><td>坝体横缝、坝体与坝基接缝、导流洞堵头接缝</td><td>1 次/d 至 1 次/周</td><td>1 次/周至 2 次/月</td></tr>
<tr><td>抗力体地质缺陷回填混凝土与基岩接缝、水垫塘底板接缝</td><td>1 次/周至 2 次/月</td><td>1 次/旬至 2 次/月</td></tr>
<tr><td>温度</td><td>温度计</td><td>1～2 次/周</td><td>1 次/周至 2 次/月</td></tr>
<tr><td rowspan="4">结构诱导缝</td><td colspan="2">接缝及裂缝</td><td>2 次/d 至 2 次/周</td><td>1～2 次/周</td></tr>
<tr><td colspan="2">渗压</td><td>2 次/d 至 2 次/周</td><td>1～2 次/周</td></tr>
<tr><td rowspan="2">应力应变</td><td>压应力</td><td>2 次/d 至 2 次/周</td><td>1～2 次/周</td></tr>
<tr><td>应力应变</td><td>1～2 次/周</td><td>1 次/周至 2 次/月</td></tr>
<tr><td rowspan="2">坝体裂缝</td><td colspan="2">滑动测微计</td><td>1 次/周</td><td>1 次/周至 1 次/月</td></tr>
<tr><td colspan="2">应变计、测缝计</td><td>1 次/d</td><td>2 次/周至 2 次/月</td></tr>
<tr><td rowspan="3">谷幅</td><td colspan="2">表面变形监测点</td><td>1～2 次/月</td><td>1 次/月</td></tr>
<tr><td colspan="2">表面变形监测网点</td><td>1 次/季</td><td>1 次/年</td></tr>
<tr><td colspan="2">铟钢丝位移计、正、倒垂线</td><td>1～2 次/月</td><td>1 次/月</td></tr>
</table>

注　1. 表中测次均为正常情况下人工测读的最低要求。

2. 首次蓄水期各阶段和初蓄期，在水位变化较慢或测值变化平稳时测次取下限、反之取上限。

9.5.2　监测系统实施与管理

监测仪器的安装埋设，在开挖、开仓、钻孔等工作前必须有监测单位会签，使监测仪器安装埋设非常及时并得到了有效的保护。对于工程边坡，监测仪器基本能紧随开挖边坡及时埋设，一般滞后一个马道高程左右；对于大坝，埋设于建基面和混凝土内的监测仪器完全与混凝土浇筑同步，外部变形监测网、环境量监测、地震反应监测系统和埋设于廊道内的各种监测仪器在各阶段蓄水期均分阶段按期完成，确保了下闸蓄水监测成果的基准值获取。目前永久建筑物共埋设各类监测仪器 9000 多支（点、个），仪器已正常工作 10 余年，竣工验收仪器存活率均超过了 95%。

9.5.3　监测自动化系统

小湾拱坝监测范围广、测点众多，为保证蓄水期各监测项目密测次、多测点相关量同步测读，减少人工干预数据、提供的信息在时间上和空间上更为连续，应及时对所采集的监测数据按需要的深度进行实时分析和报表生成。将枢纽监测设施接入安全自动化系统进行实时监测，测读频次 2～6h 测 1 次，确保各效应量与环境量同步观测，使后续监测资料分析的实时性、原因量与效应量的相关性、同一监测项目不同仪器之间的相互验证性等得以提高。并对所有自成体系的饮水沟堆积体 GPS、坝顶 GNSS、横缝动态测量系统、曲线坝型激光三维变形监测系统及未接入自动化体系的人工测读数据，在安全监测信息管理系统层面实现集成统一管理和信息处理。枢纽安全监测自动化系统组网及集成示意见图 9.5-9。

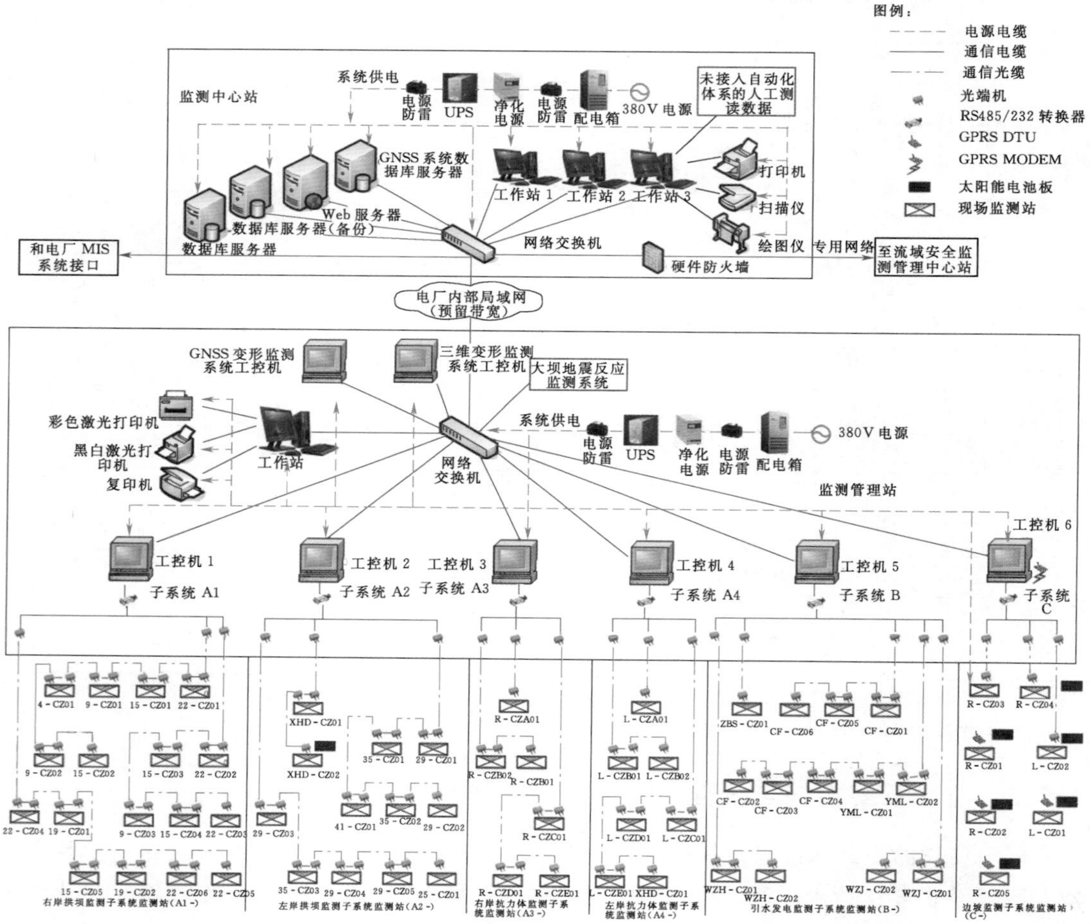

图 9.5-9　枢纽安全监测建成的自动化系统组网及集成示意

监测自动化系统的建立解决了大型工程超大型测点数量实时采集传输和多独立系统集成等关键问题，具有以下特点：

(1) 接入系统测点多达6000个以上，是目前国内最大、最复杂的安全监测自动化系统，技术上具有前沿性、先进性、实用性及对行业的引领性。

(2) 采用物理层面的子系统分层结构模式，成功地解决了超大型安全监测系统自动化系统数据传输的可靠、实时性问题。自动化系统分解成6个子系统，各系统相互独立、区域管理，提高了系统的稳定性、可靠性。

(3) 首次实现地震监测系统对安全监测自动化系统的实时触发功能，极大地扩充了安全监测自动化系统在地震工况下的动态监测能力，解决了以往系统设计对地震实时动态监测无能为力的状况。

(4) 对GNSS、折线式激光三维变形系统、人工巡视等高度独立的复杂系统的监测进行高度整合和集成，极大地提高了系统对终端用户的界面友好性和易用性。

(5) 首次在蓄水前系统完成安全监测自动化系统的建设，大大缩短了高坝大库工程“分期蓄水、监测反馈”的蓄水停留时间，更有效地实现了“逐步检验、动态调控”的蓄水要求。

9.5.4 监测成果分析

9.5.4.1 监测特性及成果分析边界条件

(1) 监测特性。

1) 离散性。拱坝属于壳体结构，浇筑后与坝基连为整体，其变形和应力分布在空间上是连续的，空间效应十分显著，尤其对于特高拱坝。而监测仪器布设于典型坝段、典型高程的有限部位或有限点上，相对于拱坝-地基系统整体结构而言，仅是离散的局部点，其监测成果无法反应实际效应量的连续分布，非监测部位的效应量只能依赖推测。因此，监测成果具有空间不连续特性，且可能无法捕捉到极值。

2) 相对性。除温度计、降雨量、水位、渗流量及渗压等部分监测成果外，大部分监测仪器的观测值在时间上均为相对值，尤其是坝体变形和应力监测仪器，是在坝体混凝土浇筑到埋设点后才埋设的，之前已浇筑坝体的变形和初始应力是无法测量的，即所谓的“初值丢失”现象，这是监测本身固有的特性，无法避免和直接消除。因此，监测成果在时间上具有相对性特性，无法反映建筑物真实的绝对值。

3) 不确定性。从监测仪器原理来说，大部分变形监测均是测量相对于某个基点的变形，基点是否处于大坝影响范围及其本身稳定性，对测值有直接影响；从环境因素来说，线法变形监测（垂线、引张线、铟钢丝位移计等）受线体稳定性、光学测量法受气象条件、GNSS变形监测受电磁波及测点安装环境、应变计组受安装埋设、混凝土徐变、应力应变转换计算方法等因素影响。因此，测值具有不确定性。

总之，监测成果所反映的是拱坝在空间确定位置点上、相对于环境改变的效应量变化值及变化规律，并非拱坝的真实和绝对效应量，也不一定是效应量极值，这是采用监测值分析评价坝体工作性态必须切记的。

(2) 监测成果分析边界条件。为更好地理解及分析评价监测成果，将小湾拱坝浇筑、接缝灌浆及蓄水过程相关节点时间的主要边界条件描述如下：

2005年12月12日开始浇筑坝体混凝土，2008年12月16日导流洞下闸时，混凝土浇筑最大高程为1180.00m，最小浇筑高程为1155.00m，平均浇筑高程为1168.50m；2009年6月29日导流底孔下闸时，混凝土浇筑最大高程为1223.00m，最小浇筑高程为1203.00m，平均浇筑高程为1210.40m；2010年3月8日大坝混凝土全部浇筑至坝顶1245.00m。2006年11月17日开始第一层高程950.50～967.50m横缝灌浆，2008年12月16日横缝灌浆至高程1095.00～1107.00m，2009年6月29日横缝灌浆至高程1153.50～1164.00m，2010年6月12日完成大坝全部横缝灌浆。

自2008年12月16日导流洞下闸至2009年6月28日导流底孔下闸封堵前，水库水位仅上升至1037.69m。经历4个阶段蓄水，至2012年10月31日水位首次蓄至正常蓄水位1240.00m。进入正常运行周期后，分别于2013年10月11日和2014年9月30日再次达到正常蓄水位1240.00m。

9.5.4.2　坝体变形

大坝高程1100.00m及以下垂线及水准测点，分别于导流洞下闸前2008年12月13日、2008年11月25日取得初值，平均浇筑高程约为1170.00m，最大混凝土浇筑高度约为220m。2008年12月16日导流洞下闸，水库开始蓄水，由于坝身泄水建筑物敞开泄水，至2009年6月28日导流底孔下闸封堵水库水位仅上升至1037.69m，期间水位变化较小。

大坝高程1150.00m、1190.00m及坝顶1245.00m垂线测点分别于2009年7月、2009年8月及2010年7—10月期间取得初值，高程1190.00m及坝顶1245.00m水准测点分别于2009年8月、2011年6期间取得初值。后续各监测点分析的变形监测值均是相对于初值时刻的变化值。

（1）径向变形。蓄水前，从时间上看，坝体径向受混凝土浇筑及体形倒悬因素影响，持续向上游变形，2009年6月28日，向上游最大变形达－11.2mm；从空间上来看，坝体整体呈两岸向河床变形量逐渐增大，高程越高位移越大的特点，见图9.5－10～图9.5－13。

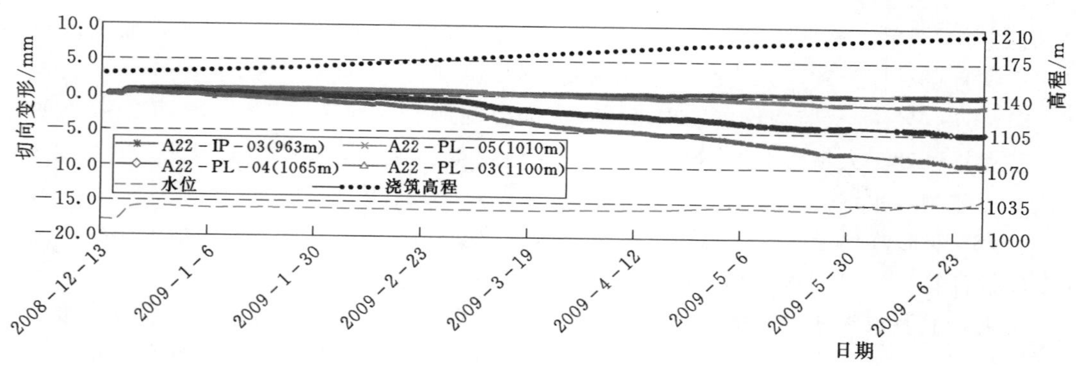

图9.5－10　典型坝段正倒垂线径向变形历时曲线

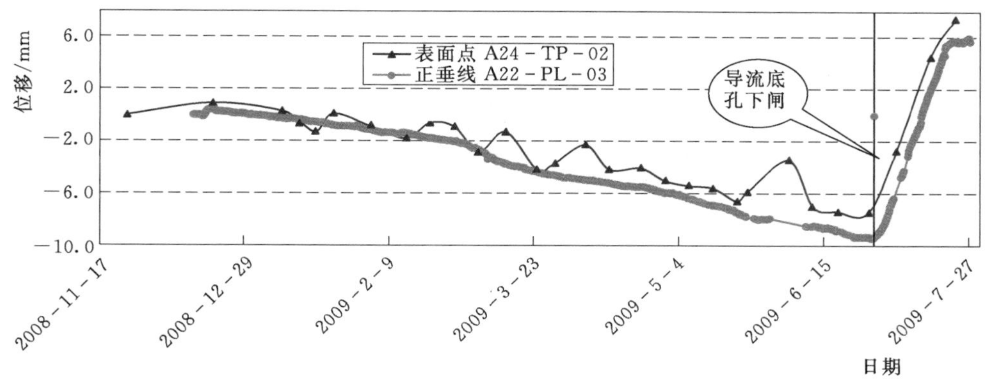

图 9.5-11 坝后桥典型表面变形监测点与垂线径向变形对比历时曲线

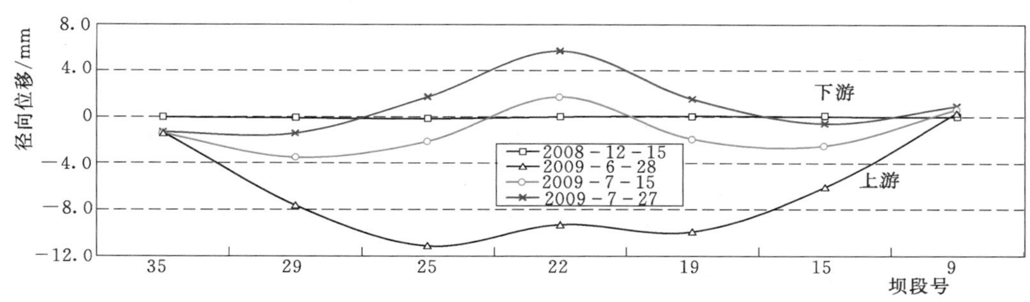

图 9.5-12 坝体高程 1100m 径向变形分布图

随水库蓄水及坝体混凝土继续浇筑，从时间上看，坝体径向变形逐渐从倾向上游转向下游，水位下降则反之，库水达正常蓄水位时，坝体径向变形均指向下游，最大变形值为 116.13mm（22 号坝段坝顶）；从空间上看，各坝段位移在高程上总体呈现高程越高向下游变形越大的特征，在平面上不同高程拱圈整体呈从两岸向河床坝段向下游变形逐渐增大的“单峰型”特征，见图 9.5-14 和图 9.5-15。

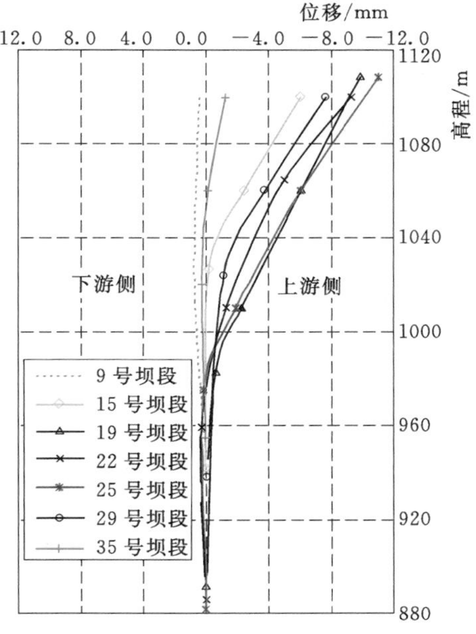

图 9.5-13 坝体径向变形分布图

进入正常运行期，坝体径向变形呈周期变化。受时效影响，随时间延长同水位下变形逐渐增加，大坝 2013 年及 2014 年正常蓄水位下最大径向变形分别为 119.16mm 和 122.5mm，均位于 22 号坝段坝顶。

（2）切向变形。蓄水前，从时间上看，坝体切向受混凝土浇筑及体形倒悬因素影响，变形基本指向河床方向，变形测值在 ±3mm 以

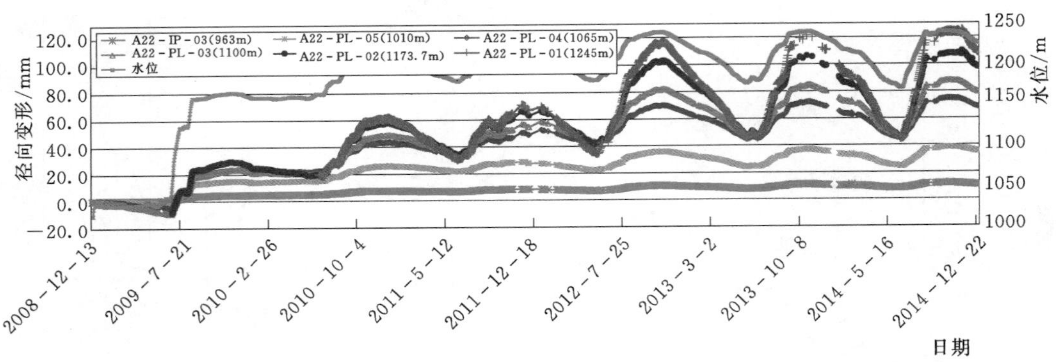

图 9.5-14 典型坝段正倒垂线径向变形-水位-时间曲线

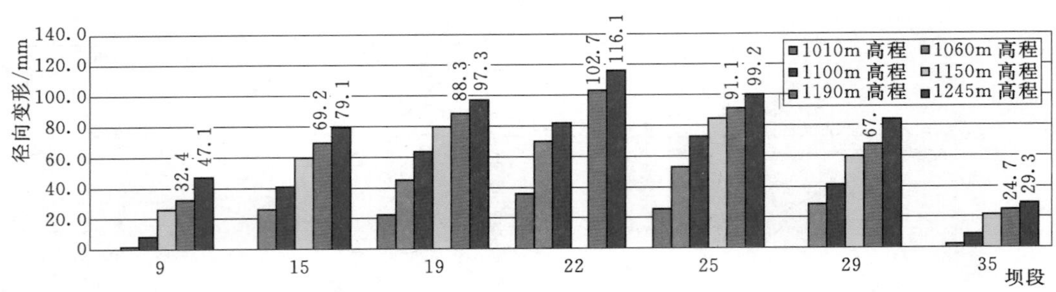

图 9.5-15 水位 1240m、高程 1010～1245m 拱圈垂线径向变形分布图

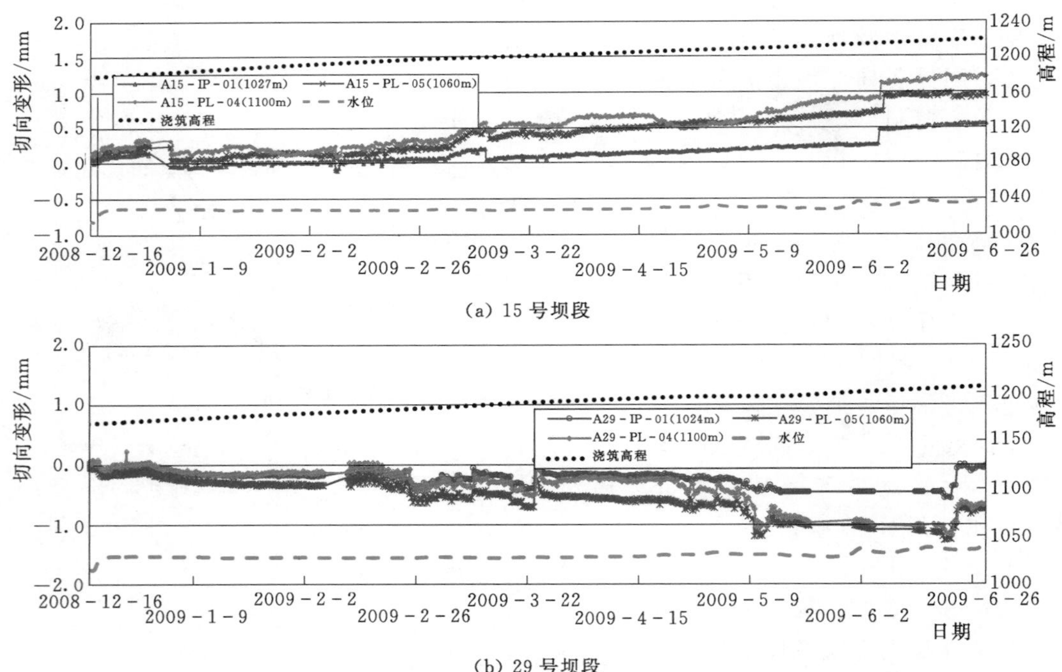

(a) 15 号坝段

(b) 29 号坝段

图 9.5-16 典型坝段正倒垂线切向变形-浇筑高程-水位-时间曲线

内；从空间上看，由于19号坝段垂线测值的稳定性较差，左右岸坝段切向变形空间规律略差，左右岸四分之一拱圈位置切向变形相对较大，见图9.5-16～图9.5-18。

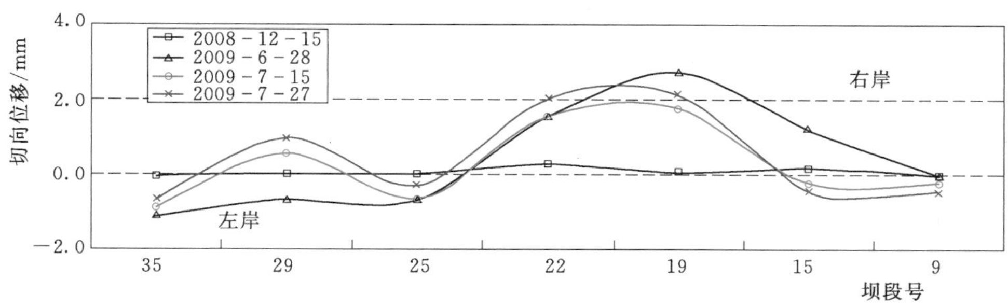

图9.5-17 坝体高程1100m切向变形分布图

随着水库蓄水及坝体混凝土继续浇筑，从时间上看，坝体切向向两岸变形增加，河床坝段变化量较小，水位下降则反之，至正常蓄水位，向右岸最大变形为－17.11mm（9号坝段坝顶），向左岸最大变形为18.94mm（35号坝段坝顶）；从空间上看，切向变形在高程上，总体呈现高程越高向两岸的变形越大的特征。在平面上，不同高程拱圈变形呈现反对称特征，见图9.5-19和图9.5-20。

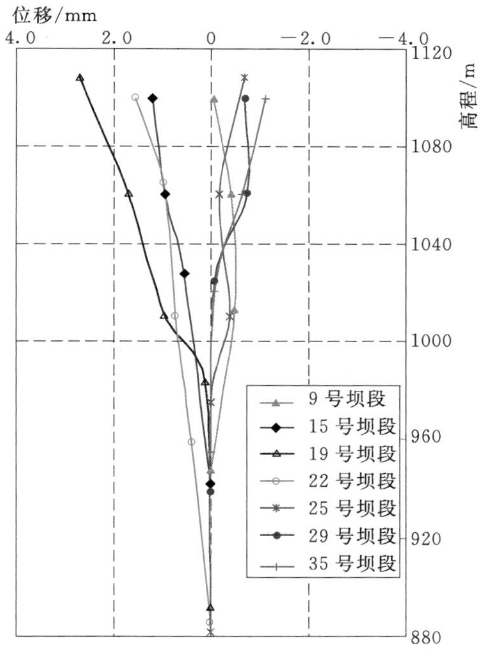

图9.5-18 坝体切向变形分布图

进入正常运行期，分别于2013年和2014年达到正常蓄水位时，坝体切向变形规律时空特性均与首次正常蓄水位期间一致，向右岸最大变形分别为－17.11mm（9号坝段坝顶）、－17.97mm（9号坝段坝顶），向左岸最大变形分别为18.94mm（35号坝段坝顶）、15.37mm。

（3）垂直变形。蓄水前，从时间上看，坝体切向受混凝土浇筑及体形倒悬因素影响，大坝垂直变形为向下沉降变形。2009年6月28日，垂直变形最大值为7.64mm（21号坝段高程1100.00m）；从空间规律来看，坝体垂直变形呈两岸向河床位移量逐渐增大的特点，垂直变形分布规律以拱冠处为轴左右岸大致对称，见图9.5-21和图9.5-22。

随水库蓄水及坝体混凝土继续浇筑，从时间上看，坝体在水荷载作用下除个别岸坡坝段及灌浆洞垂直变形略有下沉外，其余部位垂直变形均呈下沉量减小趋势，且河床坝段垂直变形下沉量减小趋势较两岸坝段明显。垂直变形随水位抬升呈向上变形趋势，一是由于拱坝随水位抬升坝体向下游变形，且总体呈高程越高变形越大的特征，导致坝体向下游倾斜，坝踵相对坝趾向上变形；二是由于双曲拱坝在梁向上呈凸向上游的拱曲面，在上游水

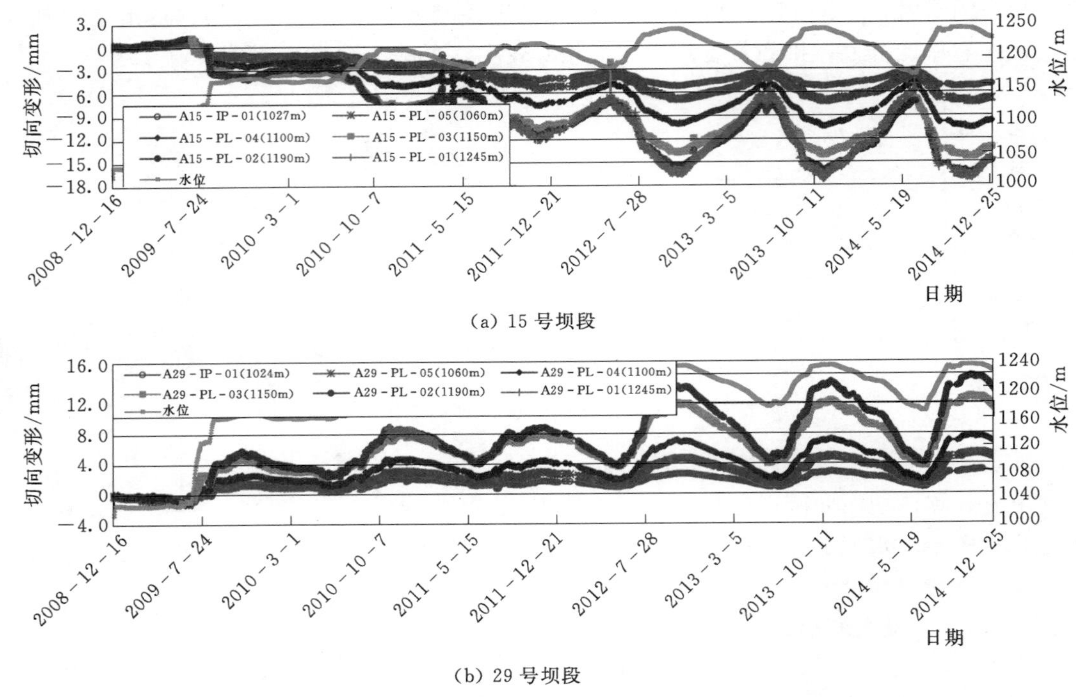

(a) 15 号坝段

(b) 29 号坝段

图 9.5-19 典型坝段正倒垂线切向变形-水位-时间曲线

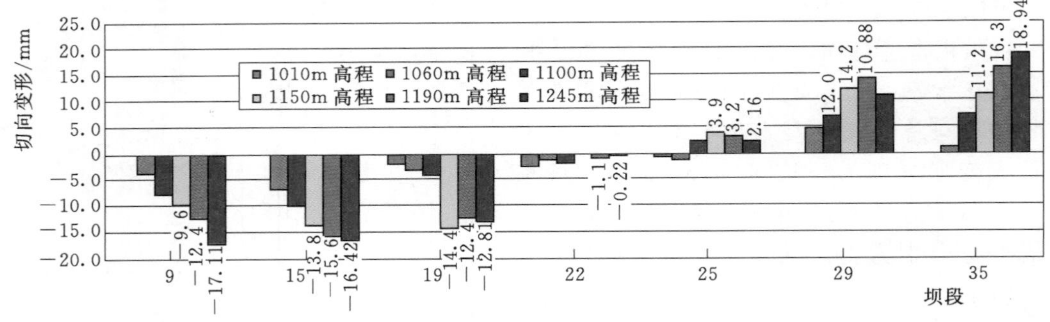

图 9.5-20 水位 1240m、高程 1010～1245m 拱圈垂线切向变形分布图

压力作用下，梁体有朝向顶部相对自由端向上伸展的趋势。至正常蓄水位，向下沉降最大变形为 5.94mm（34 号坝段高程 1100.00m）；向上抬升最大变形为－11.26mm（16 号坝段高程 1190.00m）。从空间上看，坝体垂直变形呈两岸向河床位移量抬升逐渐增大的特点，结合河床坝段体形及上述垂直变形分析因素可以看出，高程 1190.00m 以上河床坝段坝体垂直变形略小于两岸坝段，垂直变形分布规律以拱冠处为轴左右岸大致对称，见图 9.5-23 和图 9.5-24。

进入正常运行期，两次分达到正常蓄水位时，坝体垂直变形规律时空特性均与首次正常蓄水位期间一致。2013 年和 2014 年水位 1240.00m 向下沉降最大变形分别为 6.08mm、5.76mm，均位于右岸 10 号坝段高程 1100.00m；向上抬升最大变形分别为－10.97mm

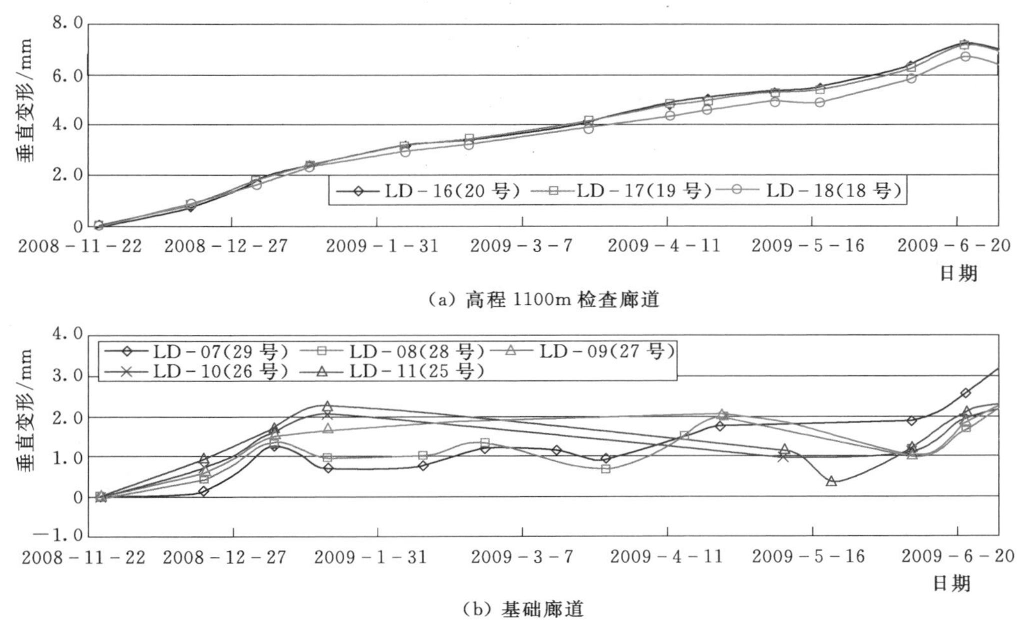

图 9.5-21 典型水准点垂直变形-时间曲线

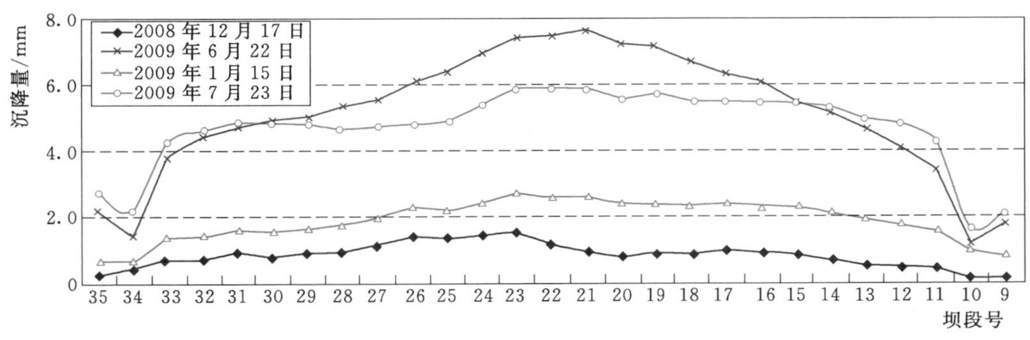

图 9.5-22 高程1100m水准点垂直变形分布图

(29号坝段高程1190.00m) 和—9.96mm (16号坝段高程1190.00m)。

(4) 监测成果一致性。在坝顶高程1245.00m平面，共采用正垂线、表面监测点以及GNSS测点3种方法量测坝体变形。从同时段测值看（图9.5-25)，3种监测方法所测得的数据规律性一致，量值接近。

此外，4个典型高程采用垂线及表面监测点两种方法量测变形。两种方法所测得的坝体整体变形规律和数值均吻合良好。径向变形差异大部分小于7mm，切向变形差异大部分小于6mm，见图9.5-26和图9.5-27。

总之，3种方法在同时间段内的监测成果相互验证，规律一致，测值接近，表明坝体变形监测成果可靠。

(5) 变形对称性。从图9.5-28～图9.5-34可以看出，坝体及坝基三向变形基本对

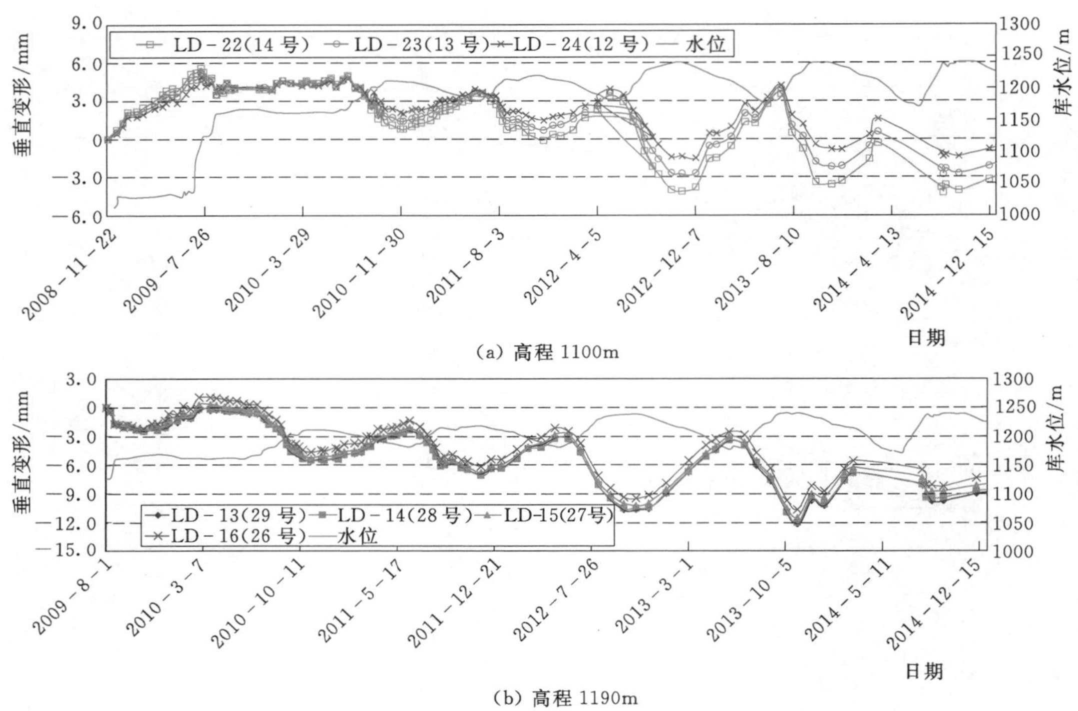

(a) 高程 1100m

(b) 高程 1190m

图 9.5-23 典型测点垂直变形-水位-时间曲线

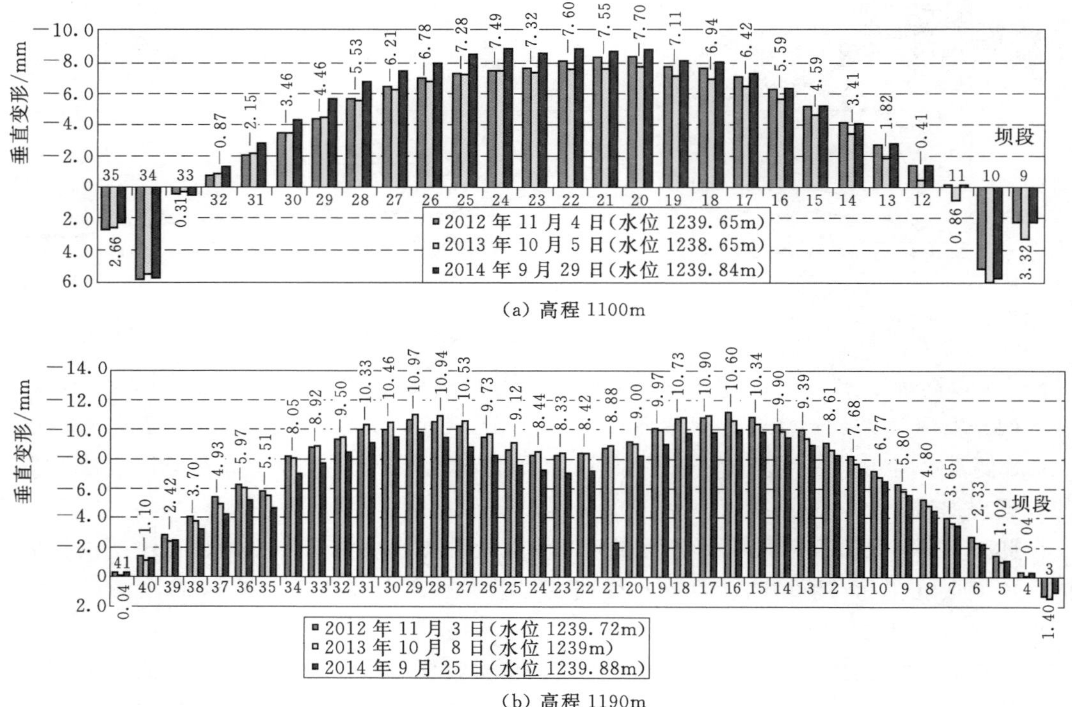

(a) 高程 1100m

(b) 高程 1190m

图 9.5-24 典型高程正常蓄水位下水准点垂直变形分布图

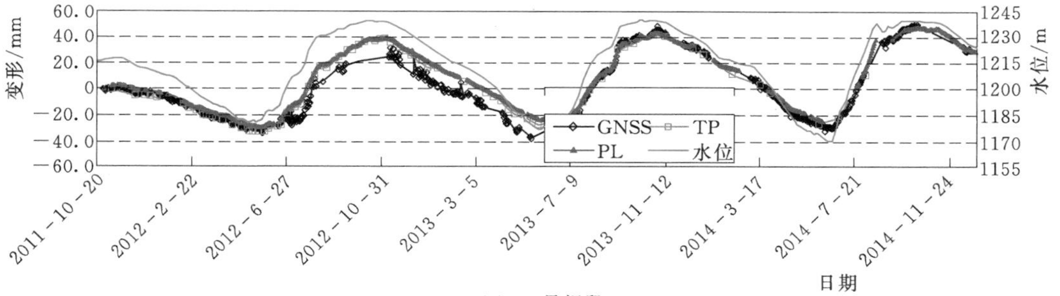

(a) 15 号坝段

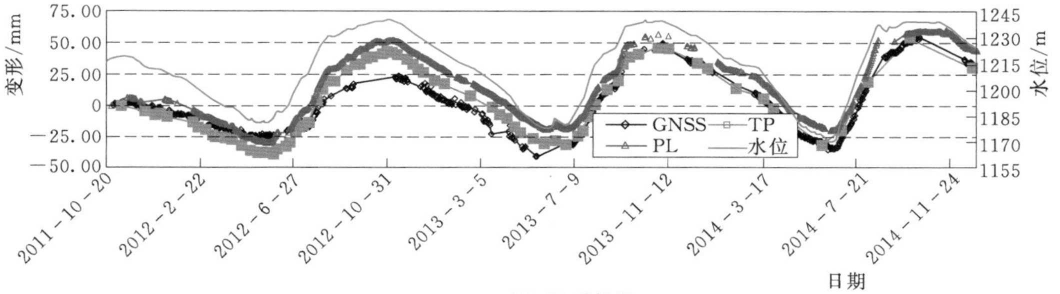

(b) 22 号坝段

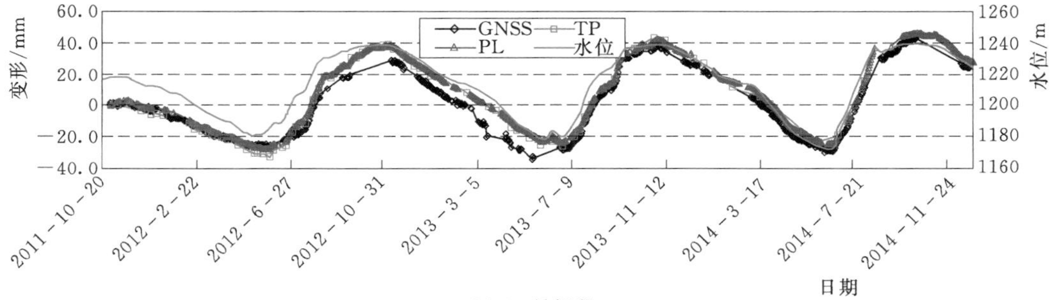

(c) 29 号坝段

图 9.5-25 典型垂线、表面变形监测点及 GNSS 测点径向变形对比时间曲线

称，表明拱坝体形设计合理，尤其是在左岸设置推力墩，改善了两岸变形的对称性。

通过上述分析，可以得到以下认识：

（1）3 套独立变形监测方法相互补充和验证，得出的变形规律一致，测值接近，表明坝体变形监测成果可靠。但值得注意的是，变形监测成果所反映的是拱坝在空间确定位置上相对于环境改变的变化值及变化规律，并非拱坝的绝对变形值，也不一定是变形的极值。

（2）坝体在混凝土浇筑过程、蓄水过程及正常运行周期，三向变形基本对称，表明拱坝体形设计合理，尤其是在左岸设置推力墩，改善了两岸的不对称性。

（3）3 次达到正常蓄水位，坝体变形规律一致，测值主要受时效因素影响，其中最大径向位移 2013 年较 2012 年增加 3.47mm，2014 年较 2013 年增加 2.9mm，均位于 22 号坝段坝顶。在正常蓄水位工况下，坝体最大径向变形为 122.5mm（22 号坝段坝顶）；向右岸最大变形为－17.97mm（9 号坝段坝顶），向左岸最大变形为 15.37mm（29 号坝段高

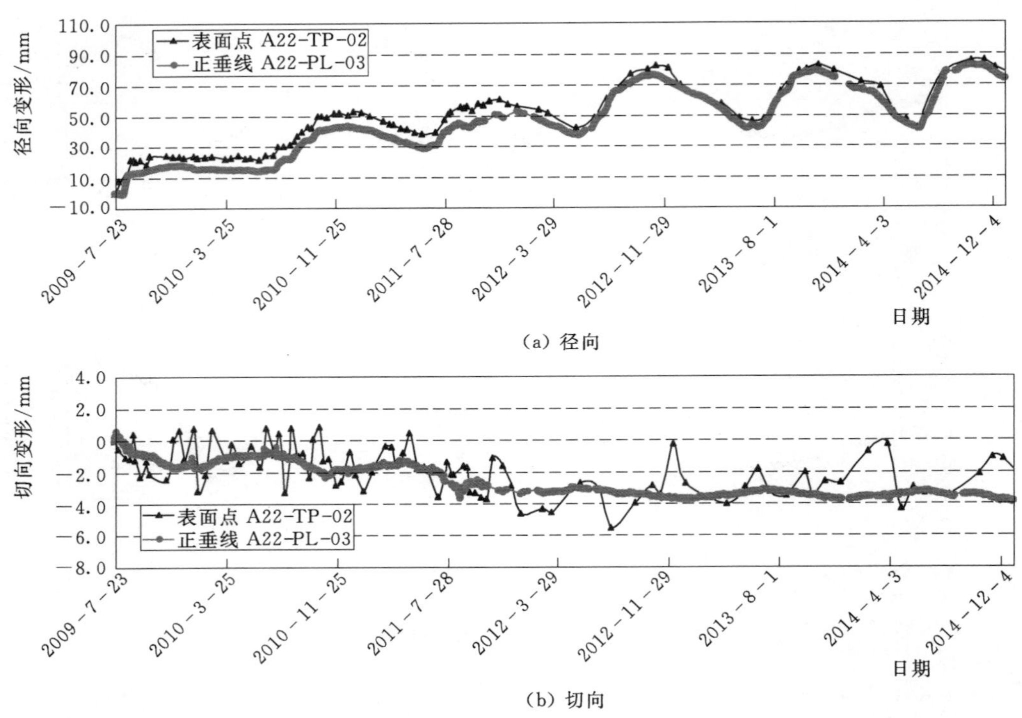

图 9.5-26 坝后桥典型表面变形监测点与垂线径向/切向变形-时间对比曲线

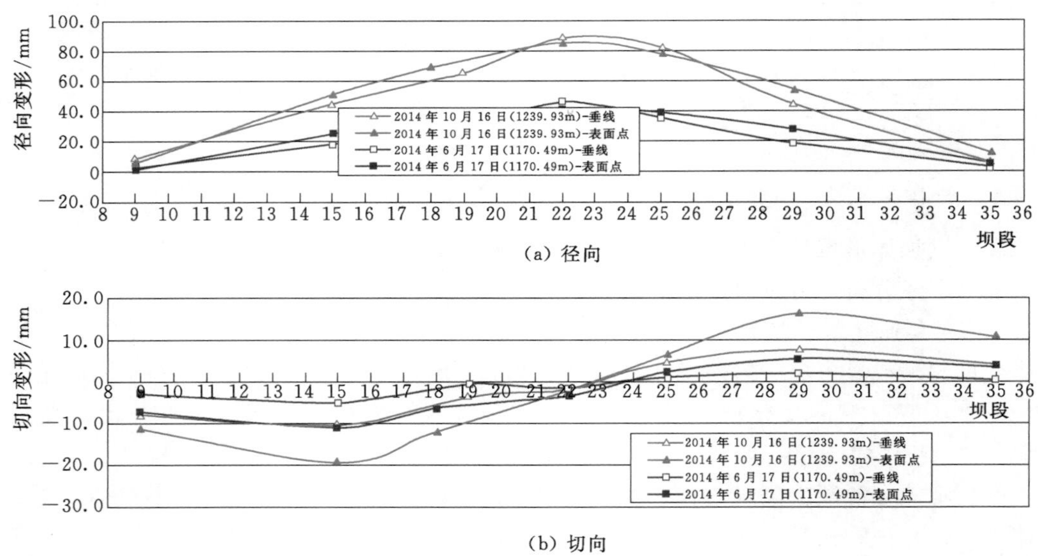

图 9.5-27 表面变形监测点与垂线典型水位下径向/切向变形对比分布图

程 1190.00m)；向下沉降最大变形为 5.76mm（右岸 10 号坝段高程 1100.00m)，向上抬升最大变形为−9.96mm（16 号坝段高程 1190.00m)。

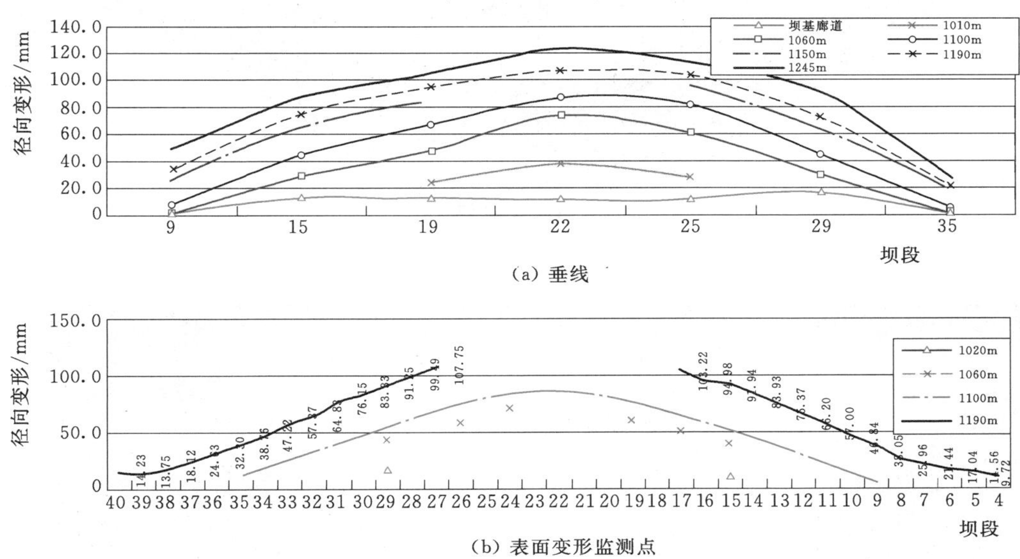

(a) 垂线

(b) 表面变形监测点

图 9.5-28 典型水位不同高程拱圈垂线/表面变形监测点径向变形分布图

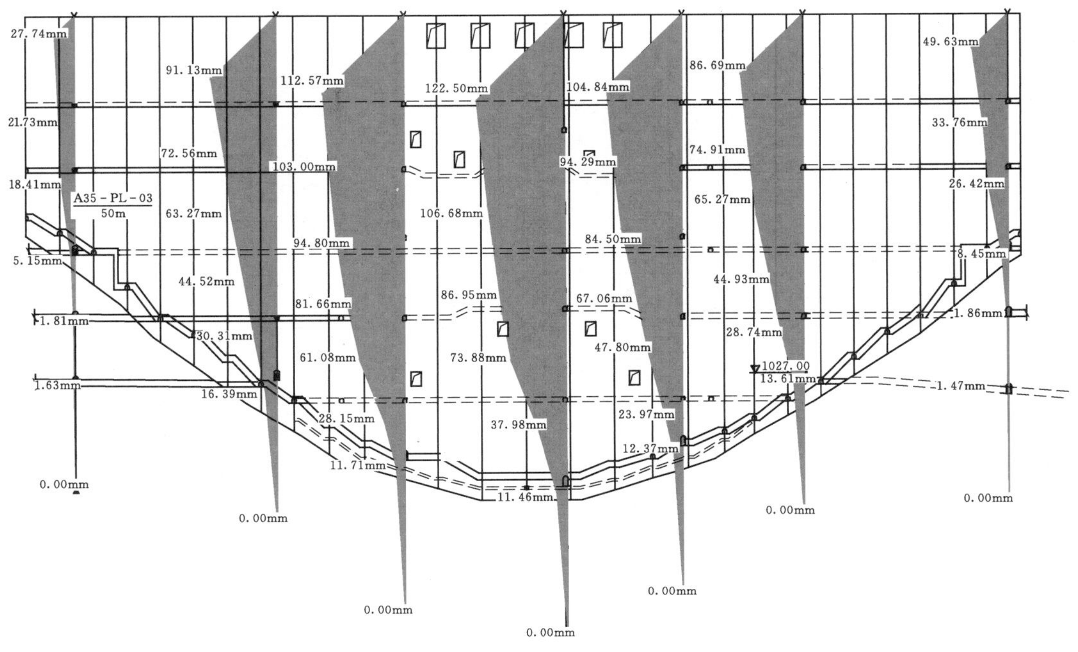

图 9.5-29 水位 1240m 坝体坝基径向变形分布图

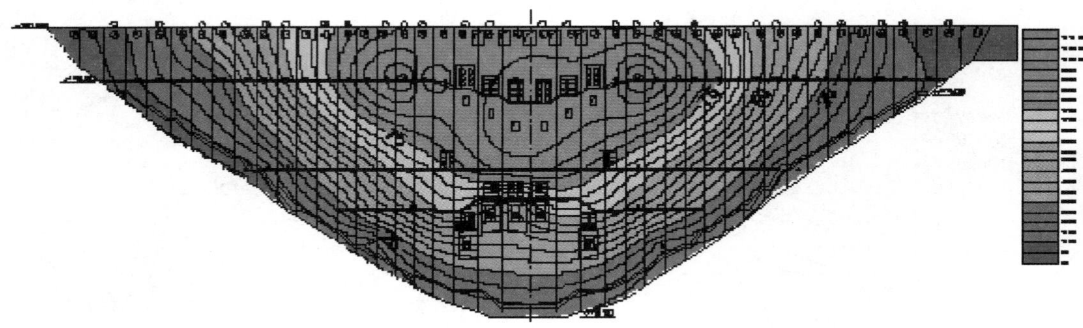

(a) 表面变形监测点

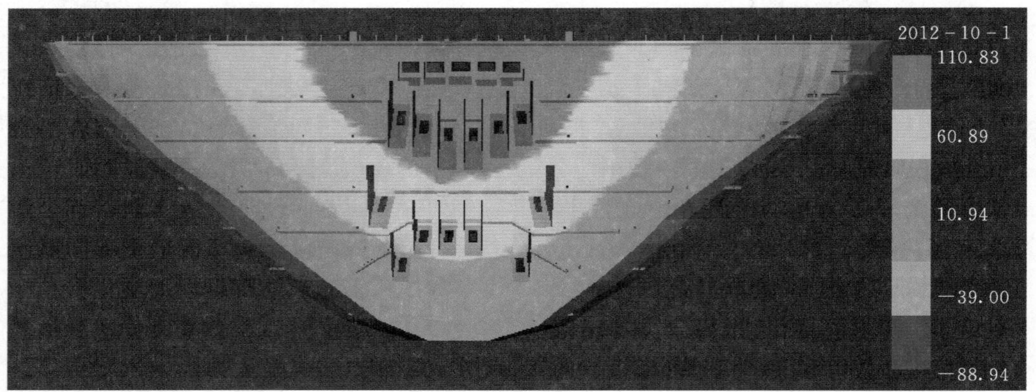

(b) 垂线

图 9.5-30 水位 1240m 坝体坝基表面点/垂线径向变形分布图

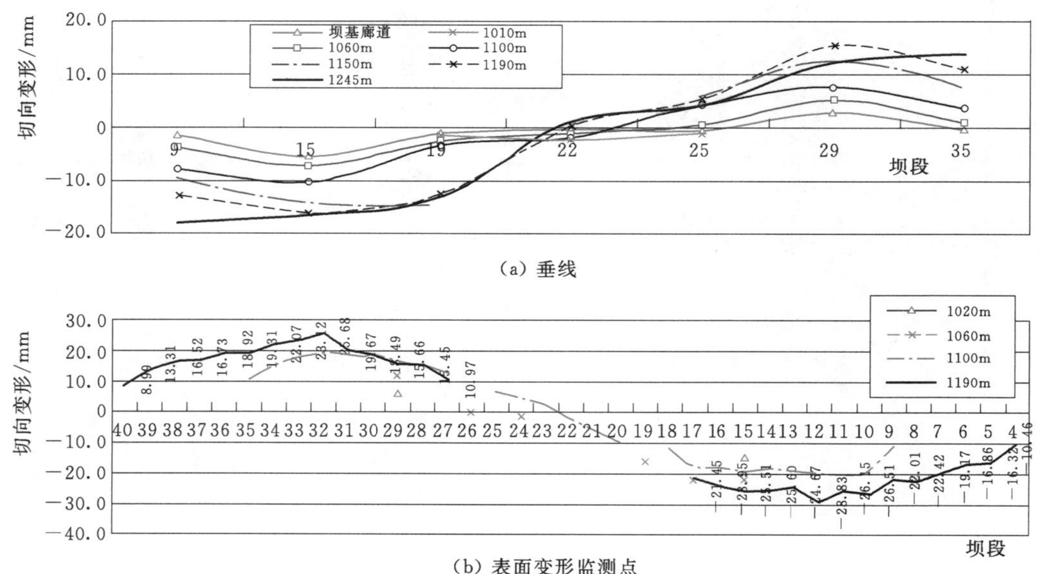

(a) 垂线

(b) 表面变形监测点

图 9.5-31 不同高程拱圈垂线/表面变形监测点切向变形分布图

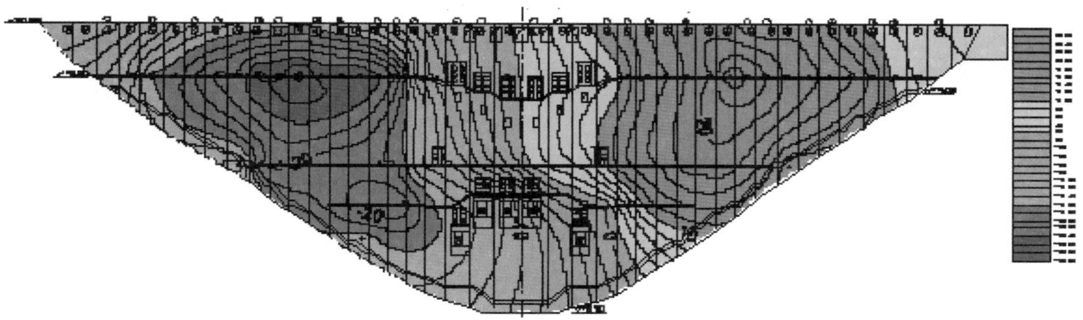

图 9.5-32 水位 1240m 坝后桥表面变形监测点切向变形等值线分布图

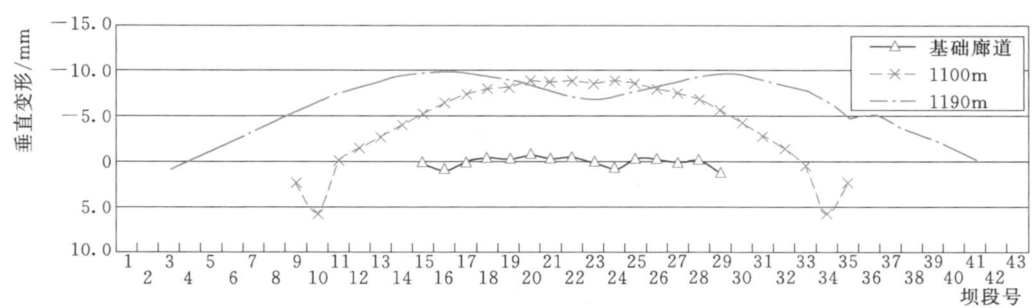

图 9.5-33 不同高程拱圈水准点垂直变形分布图

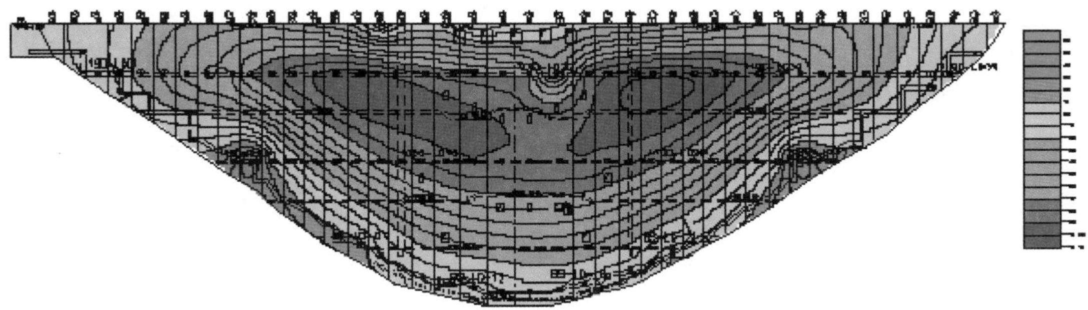

图 9.5-34 水位 1240m 坝体垂直变形测值等值线图

9.5.4.3 坝体应力

(1) 建基面应力。在大坝与建基面接触面共埋设 33 支压应力计，以下分析均为压应力计监测成果。

蓄水前和坝前水位为 1037.69m 时，从时间上看，随混凝土浇筑，坝基压应力持续增加，由于坝体向上游倒悬，坝踵压应力增加幅度较大，坝趾压应力变化不大，当坝前库水位为 1037.69m 时，坝踵最大压应力为-8.94MPa（15 号坝段，坝体浇筑高度约 208m），坝趾最大压应力为-1.16MPa（22 号坝段，坝体浇筑高度约 252m）；从空间上看，取决于坝段浇筑高度和坝体倒悬度，无论是坝踵还是坝趾，压应力呈河床坝段向两岸坝段递减的趋势；同一坝段受坝体倒悬影响，坝踵压应力明显大于坝趾压应力，见图 9.5-35 和图 9.5-36。

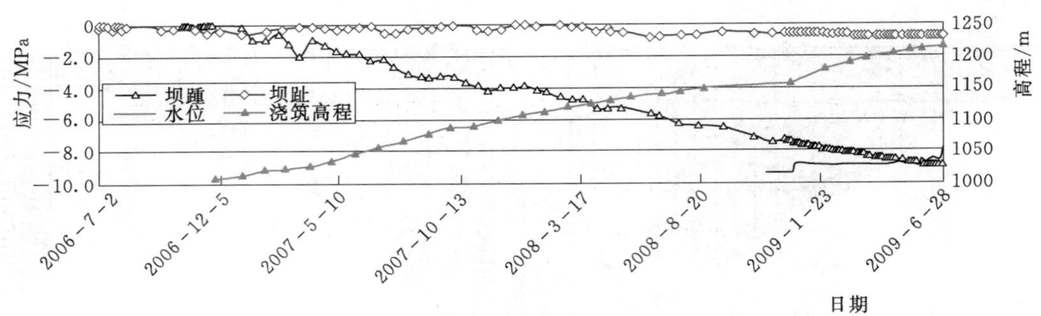

图 9.5-35 蓄水前典型坝基压应力历时曲线

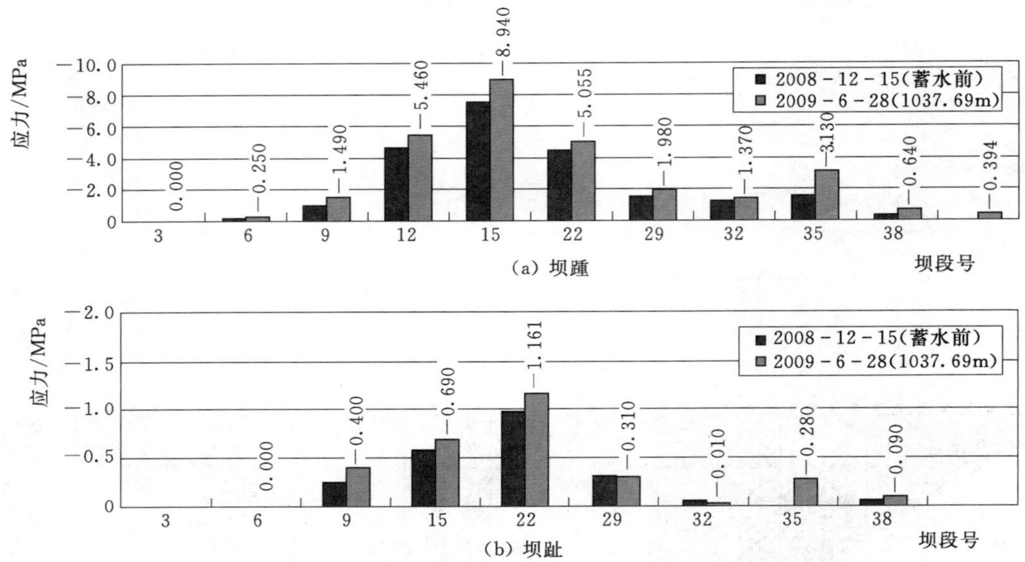

图 9.5-36 蓄水前坝基坝踵坝趾压应力分布图

随水库蓄水，从时间上看，坝踵压应力持续减小，坝趾压应力持续增加，至正常蓄水位，15 号坝段坝踵压应力降至－2.90MPa，9 号坝段坝坝趾最大压应力升至－3.91MPa；从空间上看，至正常蓄水位，坝踵压应力河床两侧坝段比河床坝段小，岸坡坝段压应力已小于－1.0MPa，坝趾压应力河床坝段及两侧坝段较大，岸坡坝段较小，见图 9.5-37 和图 9.5-38。由于建基面坝体与上下游贴角连为一个整体浇筑，应力扩散作用明显，在正常蓄水位下同一坝段坝踵坝趾压应力相差不大，坝趾压应力略大于坝踵。

29 号和 32 号坝段坝踵压应力计从坝体混凝土开始浇筑至库水首次达高水位前，测值变化规律正常。但随库水继续上升，测值异常，与水位呈正相关，既水位上升压应力增加，与其他坝段建基面压应力变化规律不一致。从图 9.5-39 中可以看出，蓄水前和坝前水位为 1037.69m 时，这两个坝段坝踵压应力测值本来就不大（小于－2.0MPa），随水位上升，压应力持续减小。由此推断，在水位达正常蓄水以前这些部位可能已出现拉应力，导致坝体与建基面交界处局部呈张开趋势，压应力计与坝前渗水接触，其测值受水压影响。此外，若压应力计处于受拉区，其测值是无法反映的。

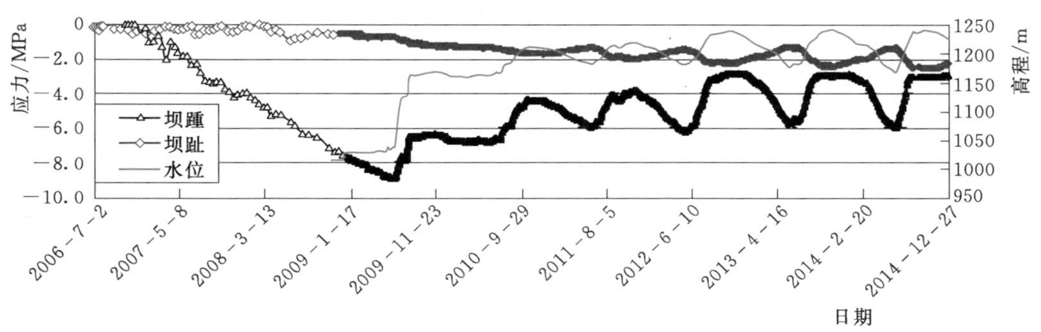

图 9.5-37 典型坝基压应力历时曲线

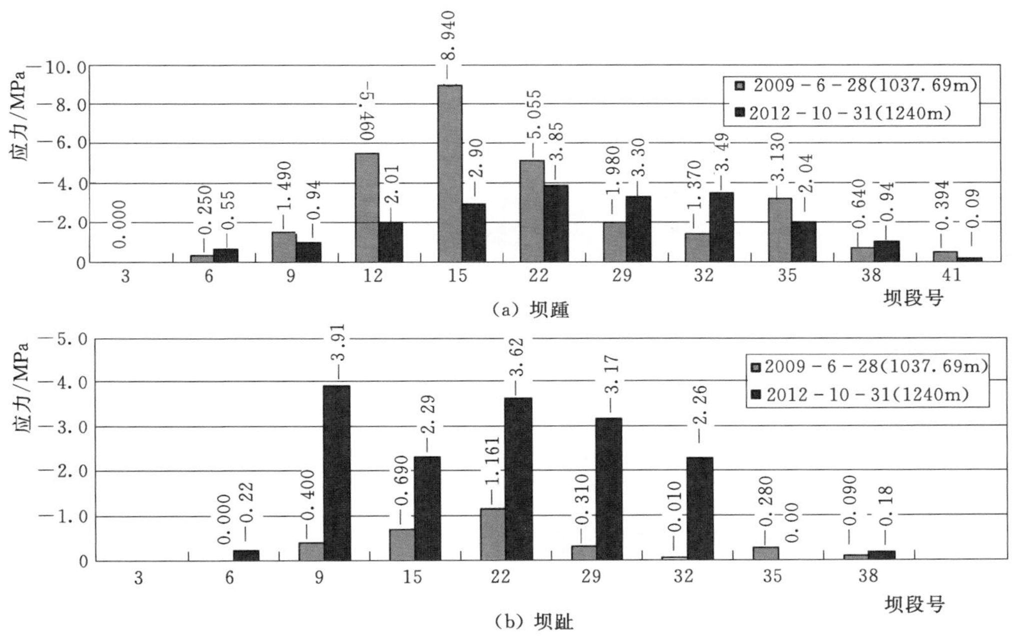

图 9.5-38 首次蓄水期坝基坝踵坝趾压应力分布图

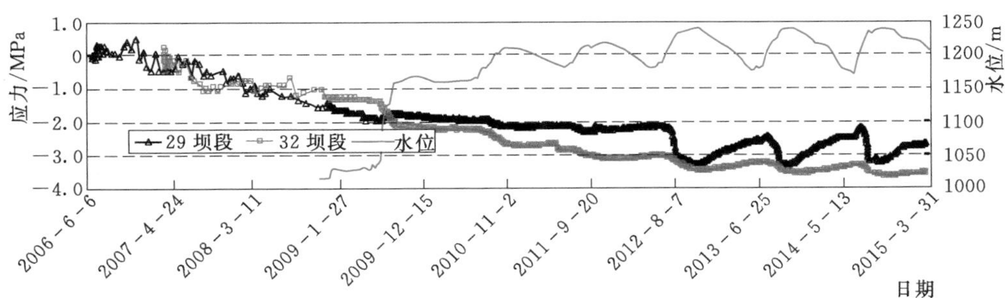

图 9.5-39 29 号及 32 号坝段建基面坝踵压应力计应力-水位-时间曲线

据此说明，在库水位首次达高水位时，坝踵区出现了拉应力（拉应力方向并非沿建基面法向，详见第 10 章），导致坝基岩体中存在的节理裂隙或坝体与建基面交界处局部张开，拉应力随即释放，库水渗入，局部应力产生重分布。

进入正常运行期，两次分别达到正常蓄水位时，坝基压应力规律与首次达到正常蓄水位时一致，每次达到正常蓄水位时应力差异很小，其中水位下降期间的压应力与水位上升期间的同水位压应力测值差异相对要大一些。

（2）坝体竖向应力。坝体应力监测主要采用九向应变计组和七向应变计组，九向应变计组主要布置各坝段坝踵坝趾（高程上距建基面约 5m，径向方向距上下游坝面约 5m），七向应变计组布置在坝体其他高程（径向方向距上下游坝面约 5m）。坝体应变计组应力计算的步骤为：①计算各支仪器扣除相应的无应力应变后的应力应变；②根据应变不变量原理，对应变计组进行应变不平衡量检查和平差，求得平衡后的应力应变值；③利用单轴应变计算公式，将应变值化为各向单轴应变值；④采用变形法计算各个方向混凝土的实际正应力；⑤在此基础上求得剪应力和主应力。

蓄水前和坝前水位为 1037.69m 时，从时间上看，随着混凝土浇筑，坝体竖向应力持续增加，见图 9.5-40 和图 9.5-41。坝前水位为 1037.69m 时，坝踵最大竖向应力达

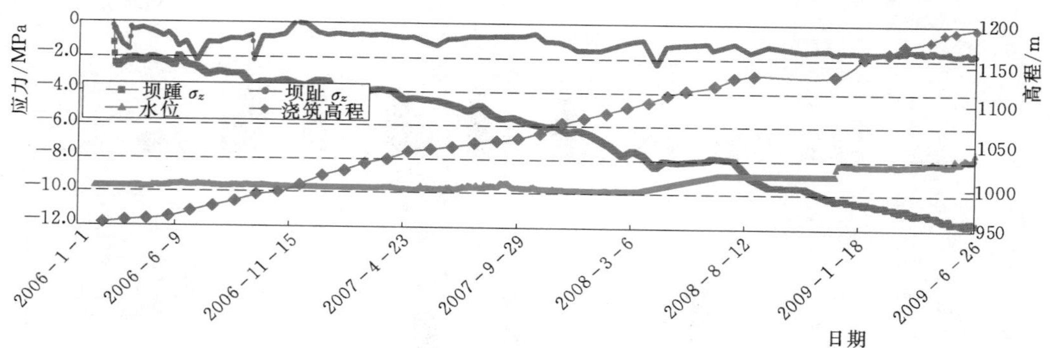

图 9.5-40　蓄水前典型坝体竖向应力历时曲线

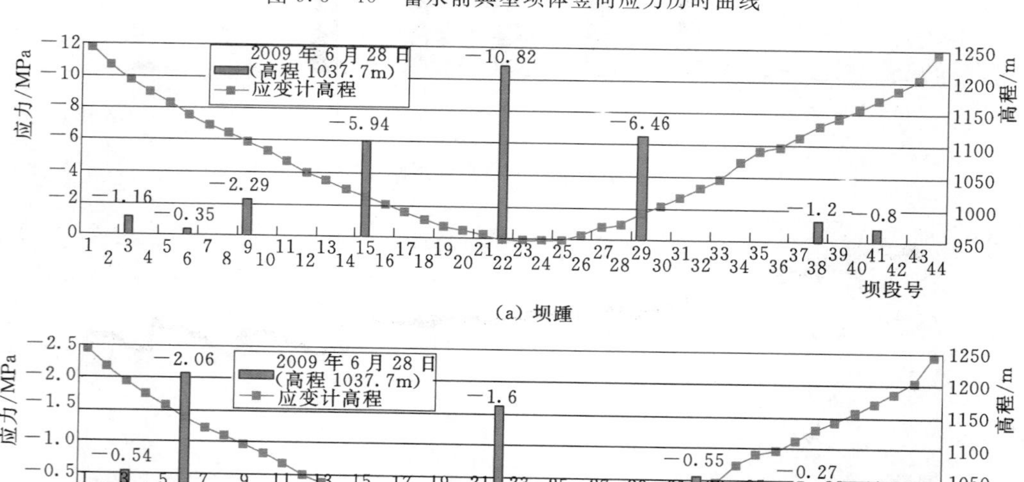

图 9.5-41　蓄水前坝体坝踵坝趾竖向应力分布图

－10.82MPa（22号坝段高程956.00m，坝体浇筑高度约252m），比同时段建基面的压应力计测值大，表明贴角对建基面应力扩散效果明显。坝趾应变计损坏较多，测值离散性大，坝前水位为1037.69m时，22号坝段九向应变计得出的最大竖向应力为－1.6MPa，坝踵应力大于坝趾应力。

随水位上升，河床坝段竖向应力坝踵处持续减小，岸坡坝段则反之，无论河床还是岸坡坝段，坝趾处则持续增加，见图9.5－42和图9.5－43。库水首次达正常高水位时，河床坝段坝踵竖向应力降为－3.05MPa（15号坝段）至－6.04MPa（22号坝段），岸坡坝段坝踵竖向增为－0.97MPa（6号坝段）至－2.99MPa（9号坝段）。坝趾竖向应力增为－0.55MPa（32号坝段）至－3.97MPa（6号坝段）。

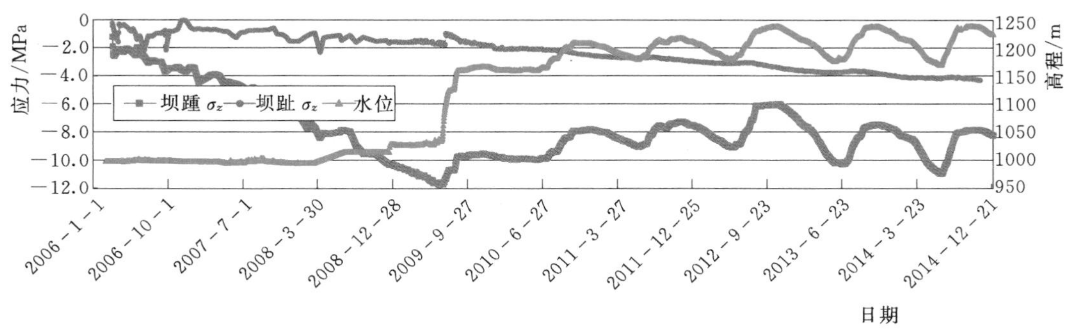

图9.5－42 首次蓄水期典型坝体竖向应力历时曲线

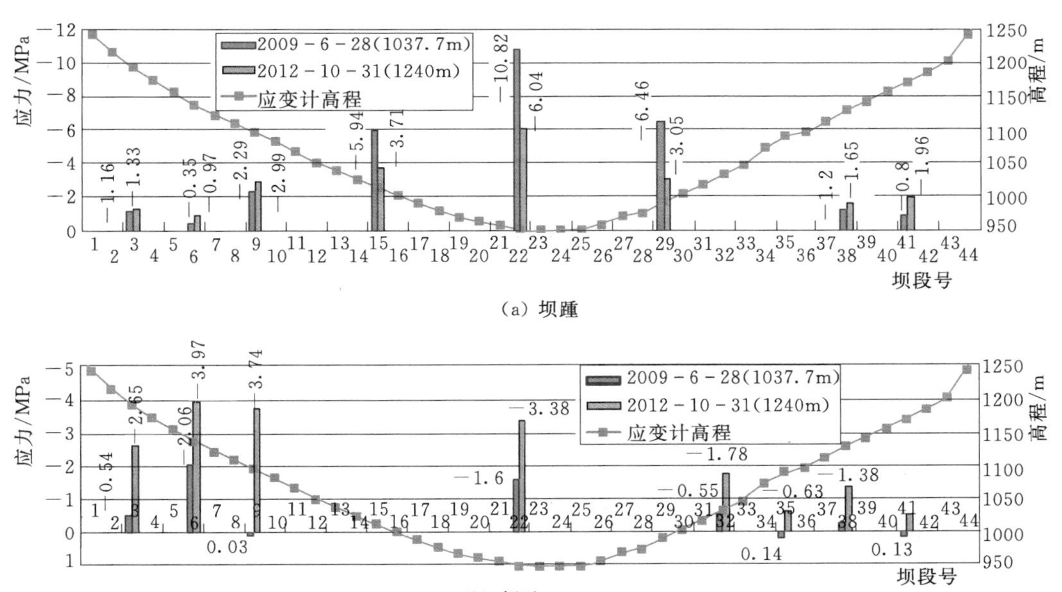

图9.5－43 首次蓄水期坝体坝踵坝趾竖向应力分布图

图9.5－44为15号坝段在蓄水前和正常蓄水位下测点竖向应力分布图，由图可见，蓄水前，沿坝体高程方向坝体竖向应力呈高程愈高应力愈小的特征，沿上下游方向以体形

倒悬为界，其下高程上游竖向应力大于下游，其上高程上游竖向应力则小于下游。库水首次达到正常蓄水位时，沿坝体高程方向以体形倒悬为界，其下高程上游竖向应力明显减小，其上高程上游竖向应力则明显增加，坝体下游面竖向应力处则均呈持续增加。

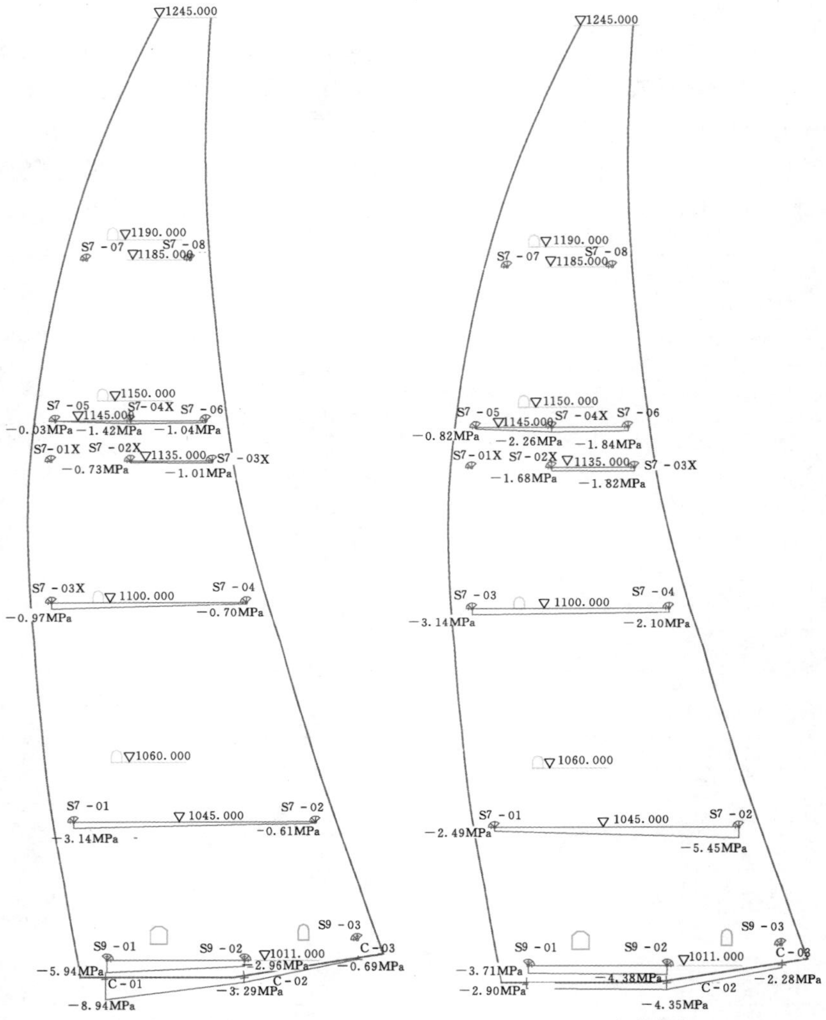

(a) 蓄水前　　(b) 正常蓄水位

图 9.5-44　15 号坝段典型坝段竖向应力分布对比图

(3) 坝体径向应力。随着混凝土浇筑及横缝灌浆完成，坝体径向应力持续增加，见图 9.5-45 和图 9.5-46。当坝前水位为 1037.69m 时，22 号坝段坝踵径向应力为 −6.41MPa（高程 956.00m，坝体浇筑高度约 252m，封拱高度 214m），坝趾径向应力为 −1.49MPa。同一坝段受坝体倒悬影响，坝踵径向应力明显大于坝趾，两岸 1130.00m 高程以上坝段坝趾出现了径向拉应力，最大为 0.86MPa，位于 35 号坝段。此时坝体处于最大空库状态，这些拉应力导致坝体下游面出现了裂缝（详见第 10 章）。

随着库水位上升，坝踵坝趾处的径向应力均持续增加（图 9.5-47 和图 9.5-48），首

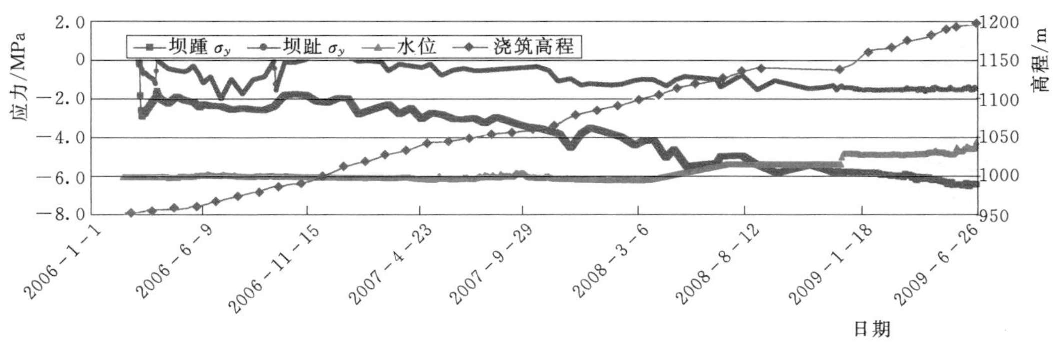

图 9.5-45 蓄水前典型坝体应径向应力历时曲线

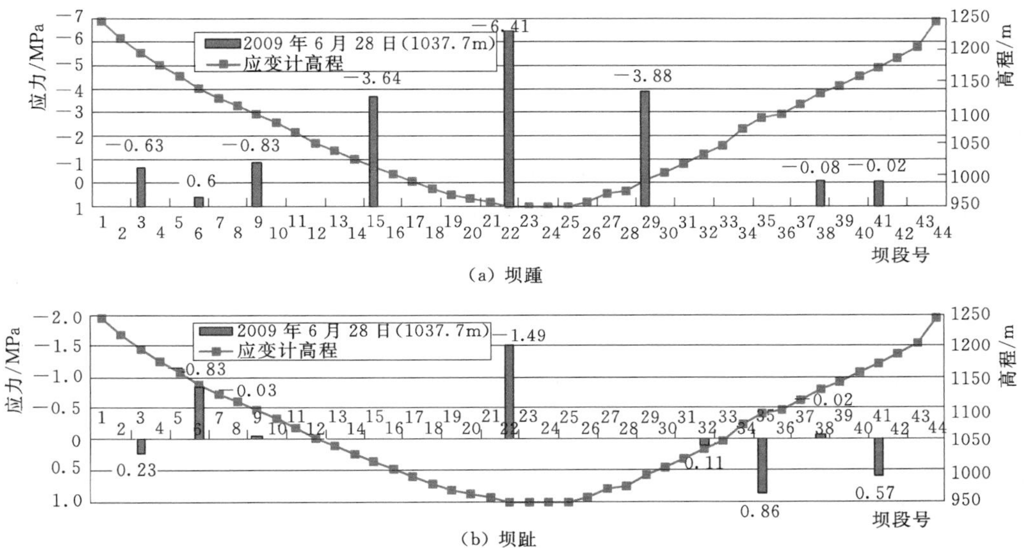

图 9.5-46 蓄水前坝体坝踵坝趾径向应力分布图

次达到正常蓄水位时，22 号坝段坝踵径向应力为 -6.41MPa，坝趾径向应力为 -2.18MPa，岸坡坝段坝趾径向压应力增速较快，最大出现在 9 号坝段，为 -4.58MPa。进入正常运行周期，坝体径向应力分布规律与首次蓄水位期一致，各次达到正常蓄水位时的应力有所差异，略有增大趋势，可能是时效因素所致。

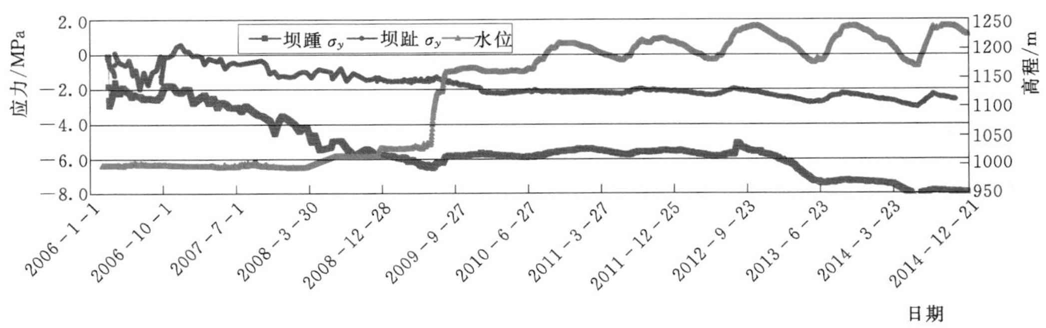

图 9.5-47 首次蓄水期典型坝体径向应力历时曲线

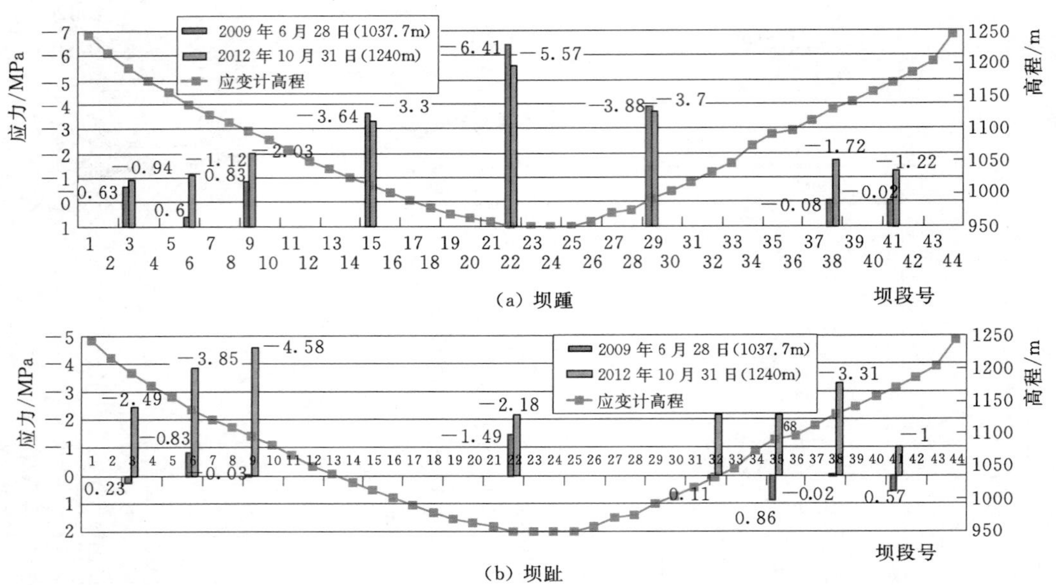

图 9.5-48 首次蓄水期坝体坝踵坝趾径向应力分布图

(4) 坝体切向应力。随着混凝土浇筑及横缝灌浆完成，河床坝段坝踵坝趾切向应力呈增加趋势，岸坡坝段变化不明显，见图 9.5-49 和图 9.5-50。由于应变计组损坏较多，测值离散性较大，当坝前水位为 1037.69m 时，29 号坝段坝踵切向应力为－3.5MPa（高程 1003.00m，坝体浇筑高度约 214m，封拱高度 172m），22 号坝段坝趾切向应力为－1.92MPa。

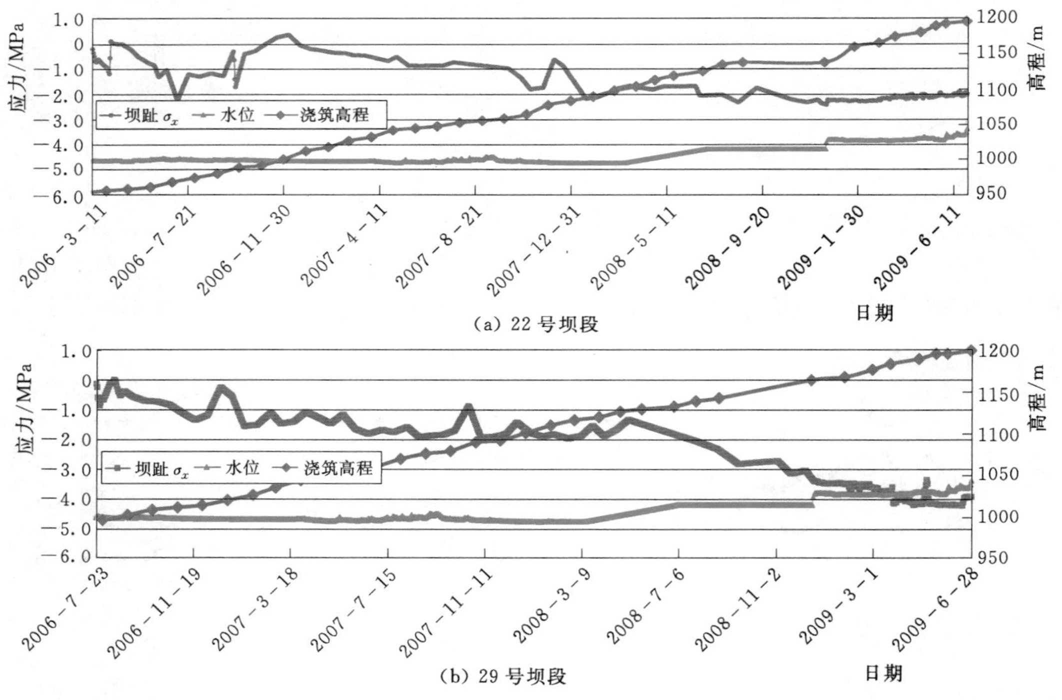

图 9.5-49 蓄水前典型坝体切向应力历时曲线

两岸高程1130.00m以上坝段坝趾出现切向拉应力，最大出现在35号坝段，为1.11MPa。此时坝体处于最大空库状态，这些拉应力导致坝体下游面出现了裂缝（详见第10章）。

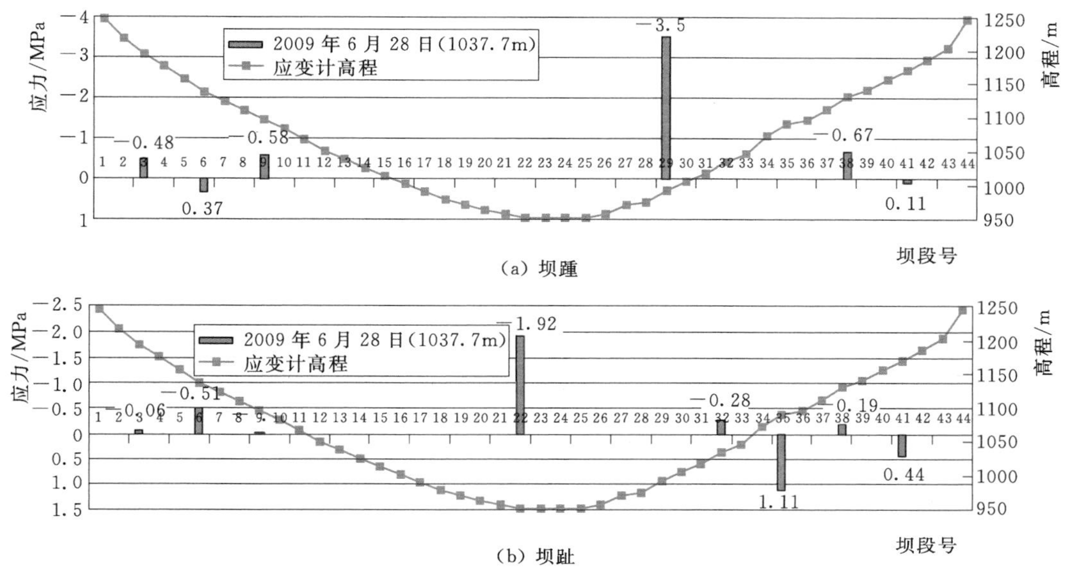

图9.5-50　施工期坝体坝踵坝趾切向应力分布图

随着库水位上升，河床坝段坝踵坝趾切向应力略有减小，两岸坝段有所增加，见图9.5-51和图9.5-52。首次达到正常蓄水位时，29号坝段坝踵切向应力为-2.39MPa，22号坝

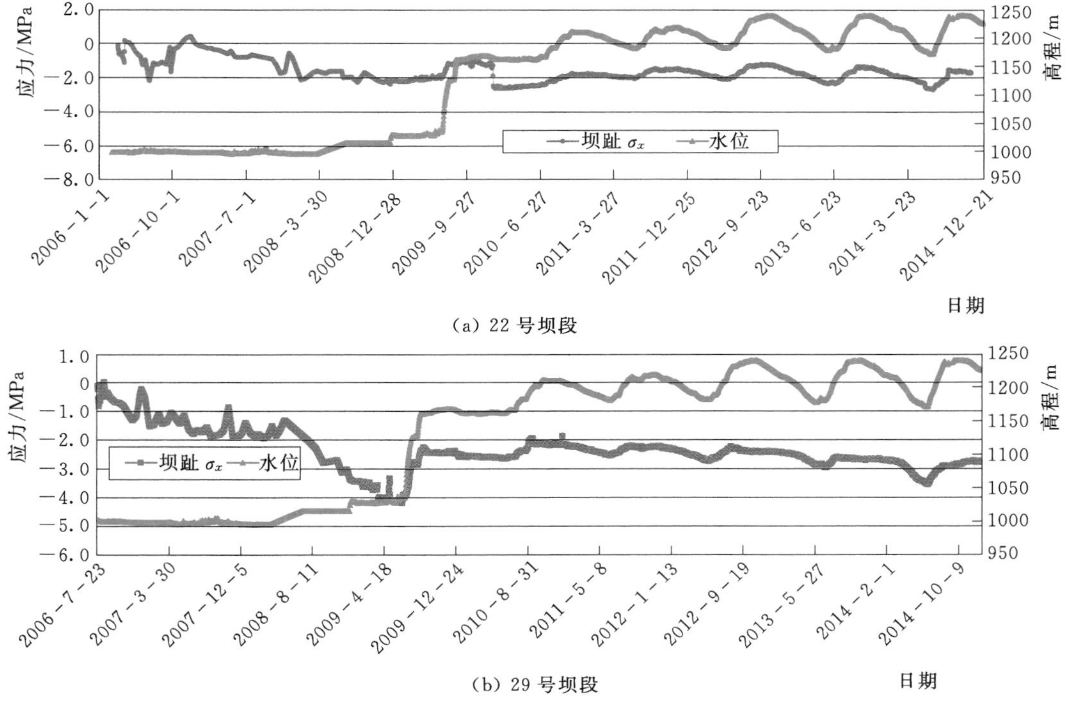

图9.5-51　首次蓄水期典型坝体切向应力历时曲线

段坝趾切向应力为−1.31MPa，两岸坝段坝踵坝趾最大切向应力均出现在38号坝段，分别为−2.55MPa和−5.24MPa。进入正常运行周期，坝体径向应力分布规律与首次蓄水期一致，各次达到正常蓄水位时的应力有所差异，略有增大趋势，可能是时效因素所致。

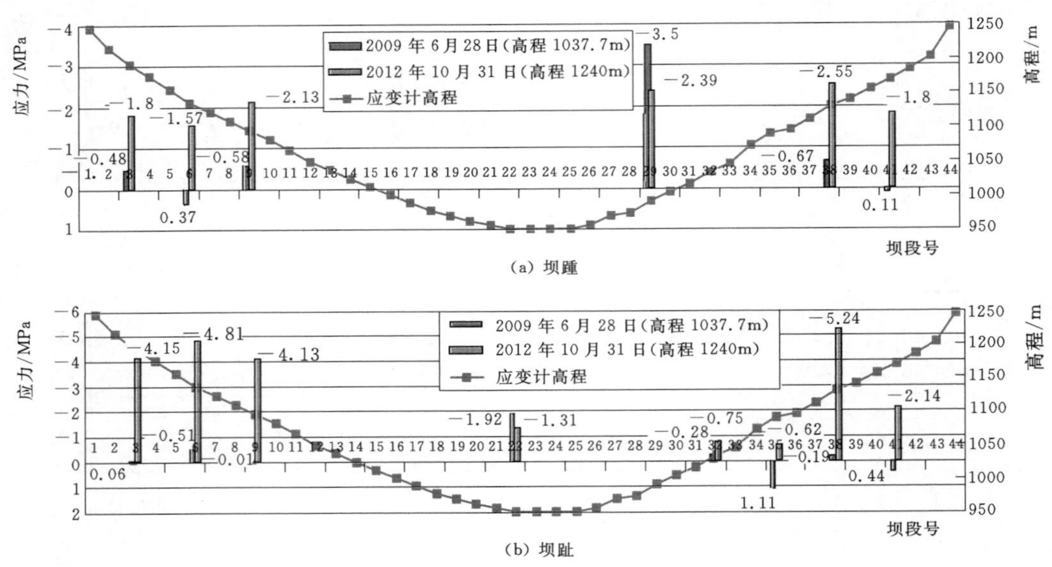

图 9.5-52 首次蓄水期坝体坝踵坝趾切向应力分布图

(5) 诱导缝应力。在诱导缝缝面共埋设8支压应力计（分别距离上游坝面3.0m和7.5m），在诱导缝缝面下游坝体内布置17组九向应变计组（均已损坏，损坏前典型应变计组应力曲线见图9.5-53），以下后续分析均为压应力计监测成果。

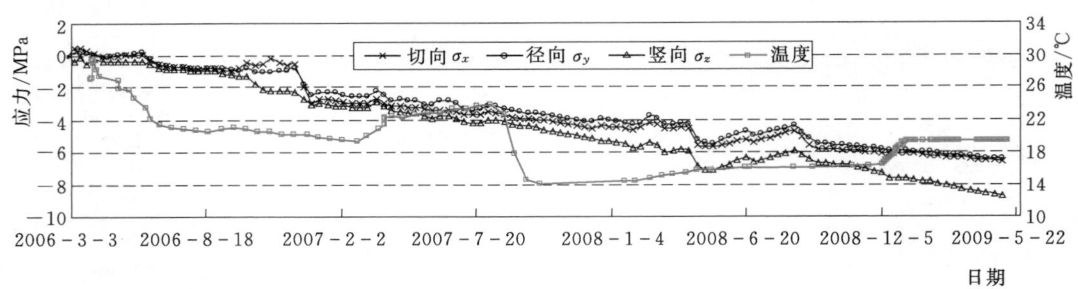

图 9.5-53 诱导缝坝段典型应变计组应力历时曲线

徐变力计算成果表明，诱导缝坝段竖向应力损坏前全部为压应力，最大压应力位于23号坝段坝踵高程956.50m，为−8.75MPa；从坝踵至坝趾竖向应力计依次减小；切向和径向应力处于压应力状态，且应力值基本相当。

蓄水前和坝前水位为1037.69m时，从时间上看，随混凝土浇筑，诱导缝压应力持续增加，当坝前库水位为1037.69m时，诱导缝距上游面3m处最大压应力为−18.31MPa，7.5m处最大压应力为−9.95MPa（均位于22号坝段，坝体浇筑高度约252m）；从空间上看，压应力呈河床坝段向两岸坝段递减的趋势，同一坝段距上游面愈近压应力愈大，见图9.5-54和图9.5-55。

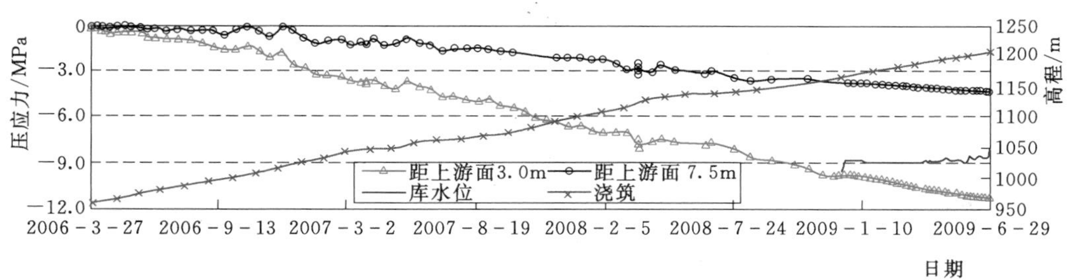

图 9.5-54 蓄水前典型诱导缝压应力历时曲线

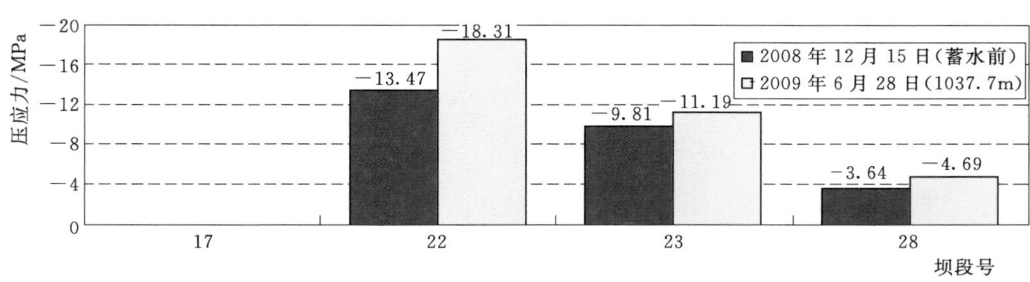

(a) 距上游面 3.0m 处

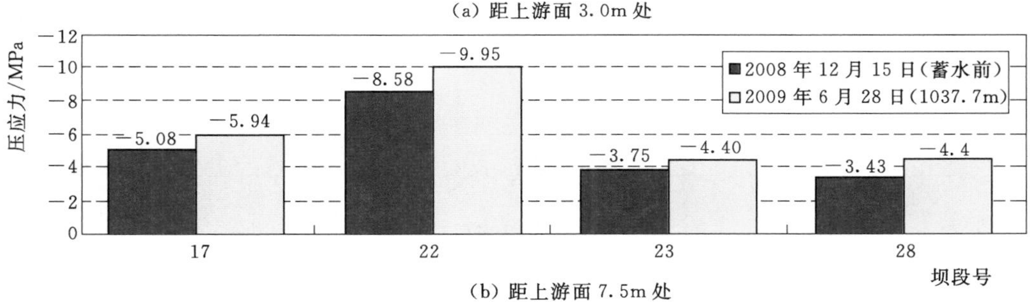

(b) 距上游面 7.5m 处

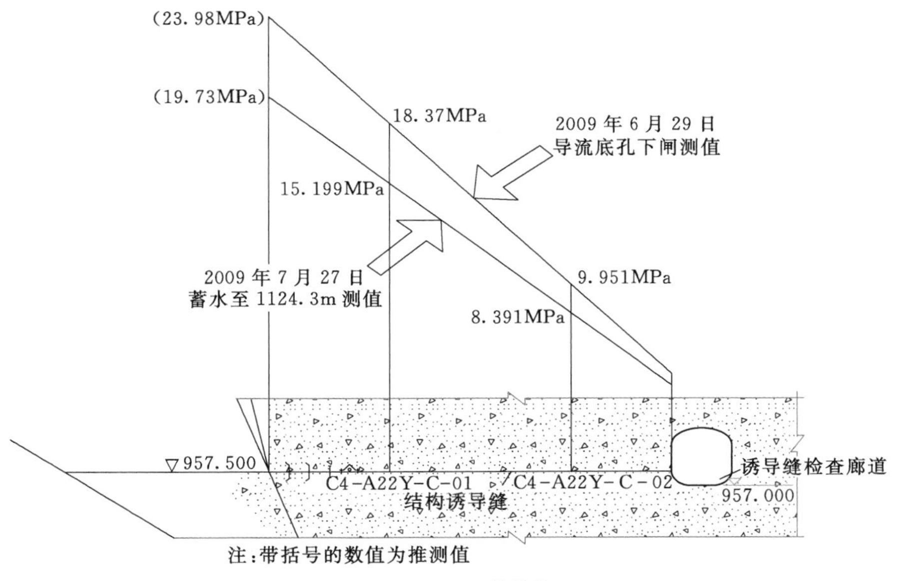

(c) 22 号坝段

图 9.5-55 蓄水前诱导缝压应力分布图

随着水库蓄水，从时间上看，诱导缝压应力持续减小，至正常蓄水位时，22号坝段诱导缝距上游面3m处最大压应力降至－9.07MPa，7.5m处最大压应力降至－4.09MPa；从空间上看，至正常蓄水位时，压应力河床两侧坝段比河床坝段小，最小压应力为－1.41MPa，位于25号坝段，距上游面7.5m处，见图9.5－56和图9.5－57。

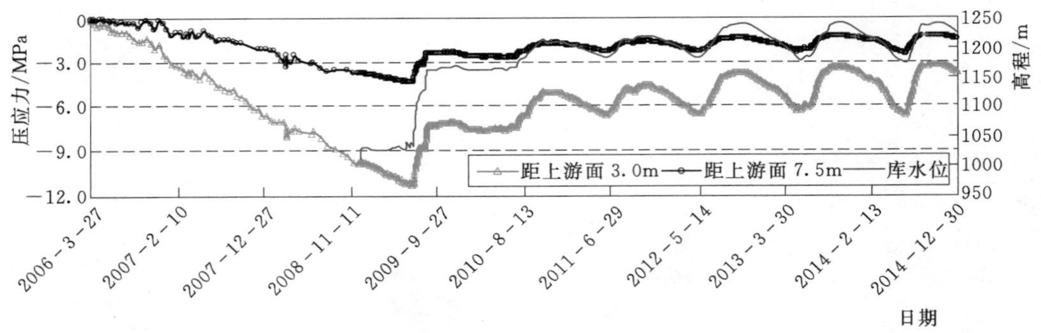

图9.5－56 典型诱导缝压应力历时曲线

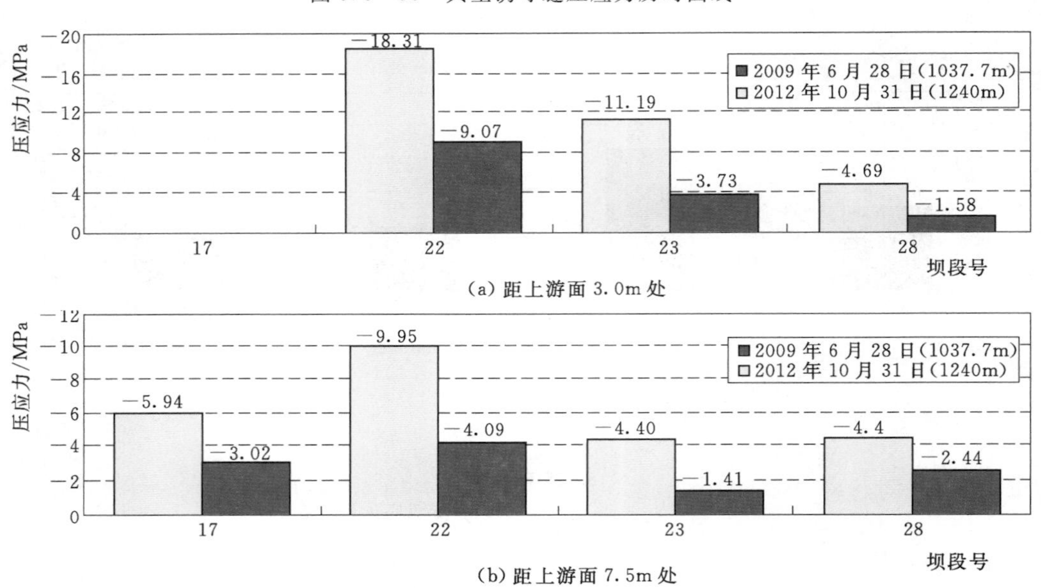

图9.5－57 首次蓄水期诱导缝压应力分布图

在导流底孔下闸蓄水前，17号坝段距上游面3.5m处测点压应力计随大坝混凝土压重增加压应力基本不变（图9.5－58）。根据该压应力计埋设情况，判断压应力计与混凝土

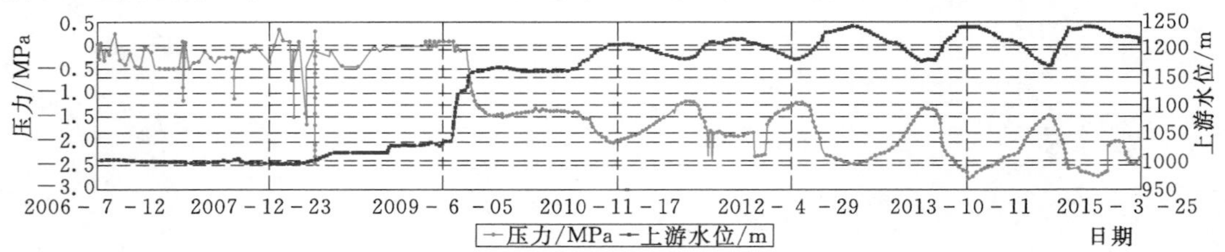

图9.5－58 17号坝段诱导缝3.5m处压应力历时曲线

接触面存在脱空现象，导流洞底孔下闸蓄水后压应力与库水位呈正相关，结合缝面渗压情况，压应力计与坝前渗水接触，其测值受水压影响。

通过上述分析，可以得到以下认识：

（1）坝基压应力计成活率高，工作状态正常，测值规律性较强，较好地反映了建基面应力在坝体浇筑过程、蓄水过程及正常运行周期的应力状况。在最大空库状态下，坝踵最大压应力为－8.94MPa（15号坝段）；库水首次达到正常蓄水位时，15号坝段坝踵压应力降至－2.90MPa，9号坝段坝趾最大压应力升至－3.91MPa。建基面部位坝体与上下游贴角连为一个整体浇筑，应力扩散作用明显。

当库水首次升至高水位时，9号和32号坝段坝踵压应力计测值异常，与水位呈正相关。推断坝踵区出现拉应力，导致坝基岩体中的节理裂隙或坝体与建基面交界处局部张开，拉应力随即释放，局部应力产生重分布，库水渗入，压应力计与坝前渗水接触，其测值受水压影响。

（2）坝体应变计组成活率相对较低，尤其是靠近坝面和基面的点，且影响因素众多，测值离散性较大，可靠性不高，所反映的坝体应力仅代表测点部位在特定时段的状况，具有局限性，只能供参考。

（3）诱导缝压应力计工作状态正常，测值规律性较强，较好地反映了压应力在坝体浇筑过程、蓄水过程及正常运行周期的应力状况。在最大空库状态下，距上游面3.5m处最大压应力为－18.31MPa，7.5m处最大压应力为－9.95MPa（均位于22号坝段）。库水首次达正常高水位时，22号坝段距上游面3m处最大压应力降至－9.07MPa，7.5m处最大压应力降至－4.09MPa，压应力河床两侧坝段比河床坝段小，最小压应力为－1.41MPa，位于25号坝段，距上游面7.5m处。由此推断，在正常蓄水位下河床两侧坝段在靠近上游面附近竖向应力至少已处于拉压临界状态。

9.5.4.4　坝体温度

坝体混凝土温控设计详见第7章，实施的温控措施分别采用了3个版本（A版、B版及C版）的技术要求，在2008年1月以前，按一期和二期两个阶段进行通水冷却；在2008年1月开始按一期、中期和二期3个阶段进行通水冷却，实施中期冷却起始高程最低的为33号坝段，高程为1082.80m，拱坝混凝土通水冷却施工技术要求汇总见表9.5－6。

表9.5－6　　拱坝混凝土温控技术要求汇总表

<table>
<tr><th>阶段</th><th>项　目</th><th>A版</th><th>B版及温控</th><th>C版</th></tr>
<tr><td rowspan="6">一期冷却</td><td rowspan="2">通水天数</td><td rowspan="2">不少于21d</td><td>2008年1月15日前：不少于15d</td><td rowspan="2">不少于21d</td></tr>
<tr><td>2008年1月15日后：不少于21d</td></tr>
<tr><td rowspan="2">最大降温速率</td><td rowspan="2">每天不大于1℃</td><td rowspan="2">每天不大于1℃</td><td>前10d不大于1.0℃/d</td></tr>
<tr><td>10d之后不大于0.5℃/d</td></tr>
<tr><td rowspan="2">一冷结束温度</td><td>约束区：18～20℃</td><td>约束区：18～20℃</td><td rowspan="2">20℃±1℃</td></tr>
<tr><td>非约束区：20～22℃</td><td>非约束区：20～22℃</td></tr>
<tr><td rowspan="2">中期冷却</td><td>降温速率</td><td></td><td></td><td>小于0.5℃/d</td></tr>
<tr><td>中期温度</td><td></td><td>在坝体混凝土一期冷却闷温结束后18～22d开始通水，使混凝土温度保持一期冷却结束标准</td><td>保持一期冷却结束后至二冷开始前整个时段混凝土温度为18～20℃</td></tr>
</table>

续表

<table>
<tr><th>阶段</th><th>项　　目</th><th>A 版</th><th>B 版及温控</th><th>C 版</th></tr>
<tr><td rowspan="3">二期冷却</td><td>混凝土龄期</td><td>接缝灌浆前 45d 开始二期冷却</td><td>混凝土龄期不小于 2 个月</td><td>混凝土龄期不小于 90d</td></tr>
<tr><td rowspan="2">降温速率</td><td rowspan="2">每天不大于 1℃</td><td>2008 年 1 月 12 日前：不大于 1℃/d</td><td rowspan="2">拟灌区、盖重区、过渡区同时二冷，降温速率小于 0.5℃/d</td></tr>
<tr><td>2008 年 1 月 12 日后：不大于 0.5℃/d</td></tr>
</table>

为监测坝体混凝土温度变化和温控措施实施情况，在 9 号、15 号、22 号、29 号和 35 号重点监测坝段布置了相应的温度计。

混凝土入仓后一般为 2～9d 达到最高温升；A 版、B 版实施期间各温度计一冷结束后普遍呈回升趋势，温度最高回升 8.5℃，最低回升 0.3℃，平均回升 3.8℃，自 C 版实施中期冷却后其温度回升现象不明显，温控效果较好。各版技术要求对应的测点温度-时间曲线详见图 9.5－59。

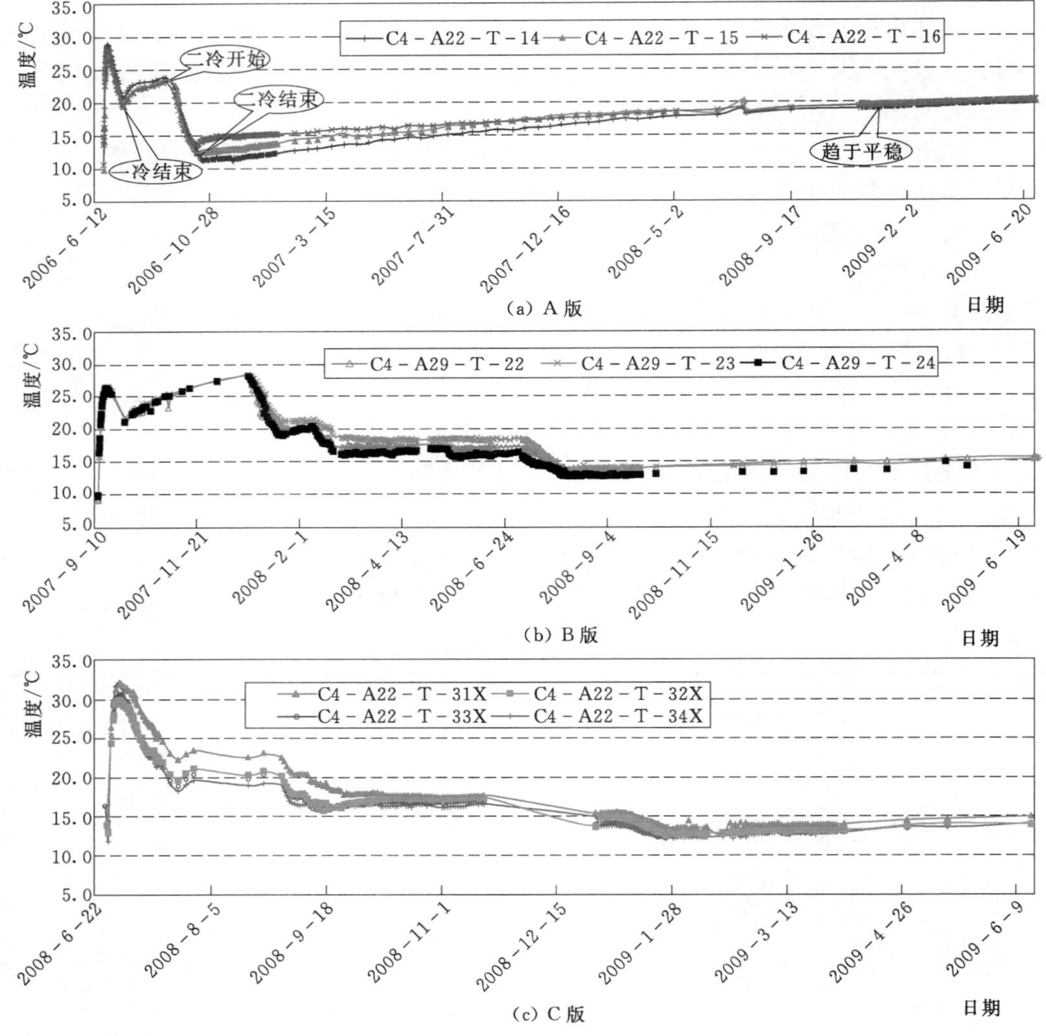

图 9.5－59　典型坝段各版温控技术要求执行期间温度-时间曲线

截至 2014 年 11 月，坝内温度场总体趋于平稳，总体为 18～22℃，尚有部分温度测点略呈缓慢增加趋势，但变化幅度逐年减小，2012 年年变幅为 0.1～1.19℃，2014 年年变幅大部分在 0.4℃以内。靠近下游面和廊道周边混凝土温度主要受气温影响，上游面在蓄水位以下主要受水温影响，高程 1150.00m 以下年变幅为 13～15℃，蓄水位以上主要受气温影响。局部受坝身孔口影响温度略低。坝内典型温度计温度-时间曲线见图 9.5-60，坝内中部典型温度计年变幅分布见图 9.5-61，坝内温度等值线见图 9.5-62。

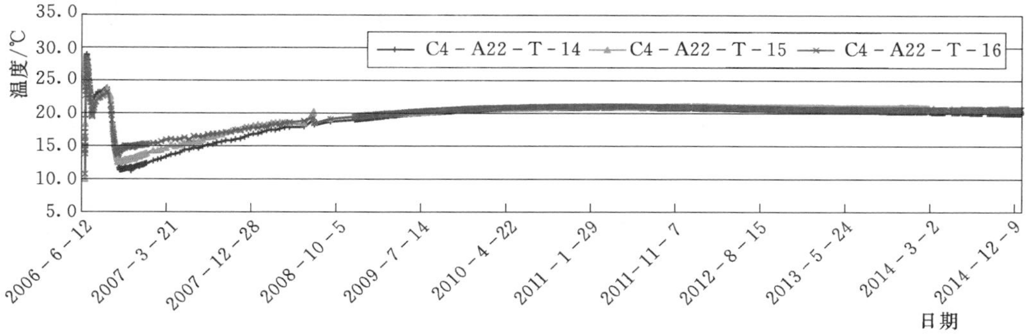

(a) 22 号坝段高程 974.8m

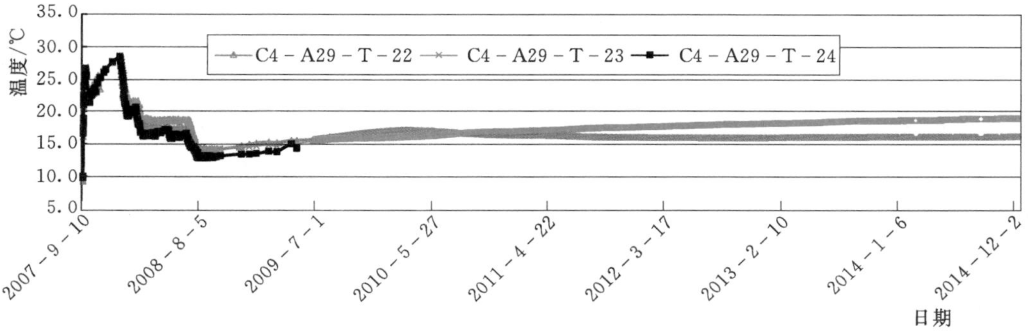

(b) 29 号坝段高程 1080m

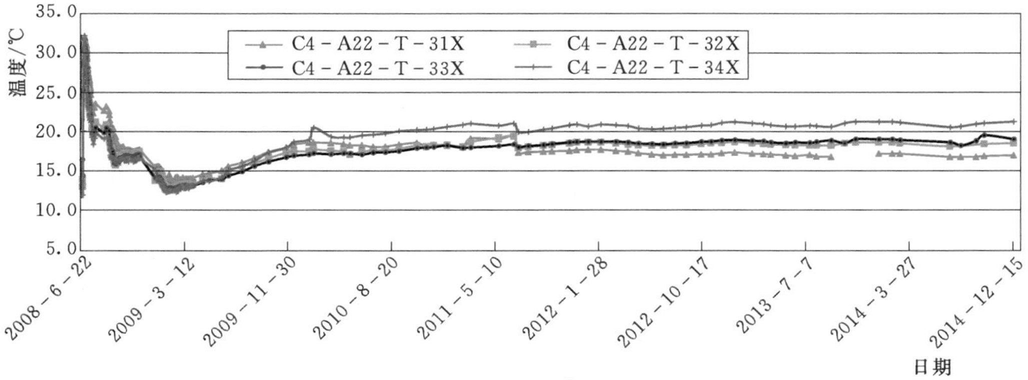

(c) 22 号坝段高程 1133m

图 9.5-60　典型坝段温度计温度-时间曲线

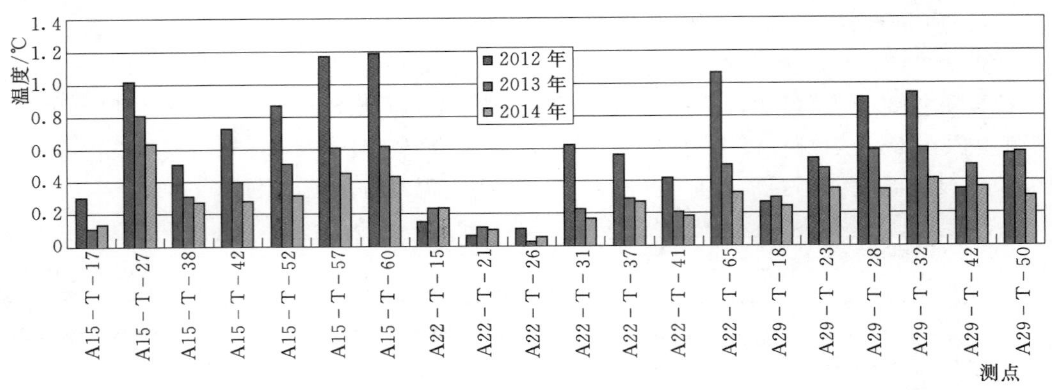

图 9.5-61　高程 1210m 以下坝内中部典型温度计年变幅值分布图

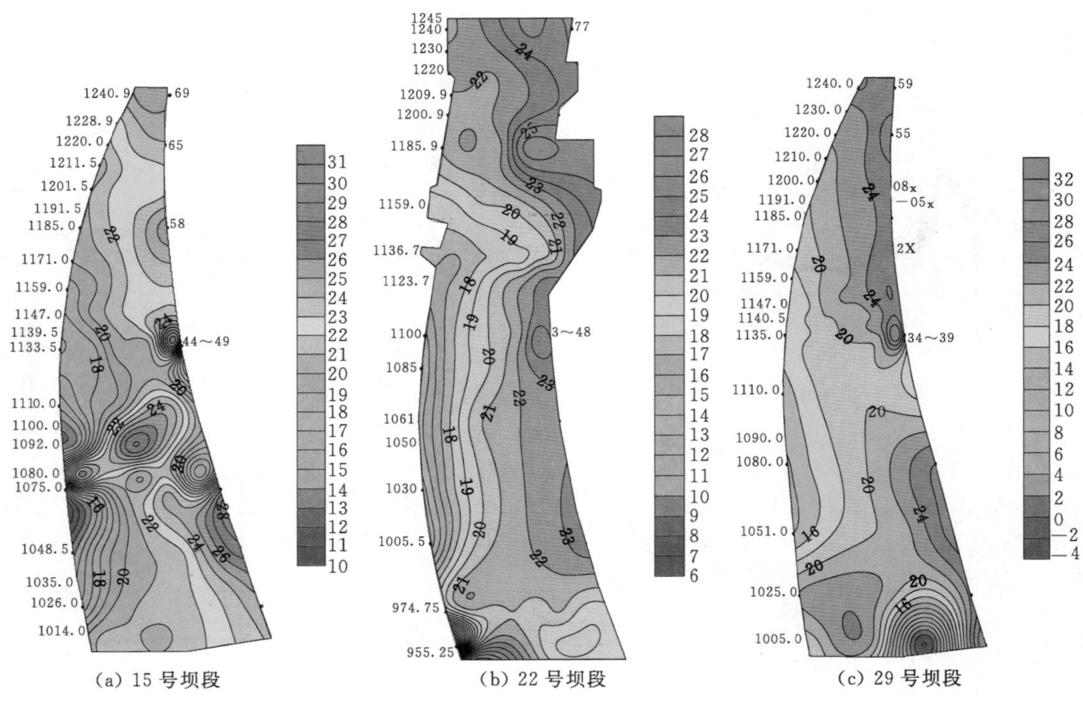

图 9.5-62　典型坝段温度等值线图（2014 年 9 月 30 日）

通过上述分析，可以得到以下认识：坝体混凝土入仓后一般为 2～9d 达到最高温升，A 版、B 版温控技术要求实施期间各温度计一冷结束后普遍呈回升趋势，温度最高回升 8.5℃，最低回升 0.3℃，平均回升 3.8℃；自 C 版温控技术要求实施中期冷却后其温度回升现象已不明显，温控措施效果良好。截至 2014 年 11 月，坝内温度场总体趋于平稳，总体为 18～22℃，尚有部分温度测点略呈缓慢增加趋势，但变化幅度逐年减小，2012 年年

变幅为 0.1～1.19℃，2014 年年变幅大部分在 0.4℃以内。

9.5.4.5 渗流渗压

（1）坝基扬压力。坝基扬压力测值与坝前水头基本呈正相关关系，导流底孔下闸蓄水后，除个别测点大于规范允许值外，其余帷幕和排水孔处扬压力折减系数未见明显异常变化，测值分布符合坝基扬压力分布一般规律，且小于拱坝设计规范对灌浆帷幕后扬压力折减系数 $\alpha_1=0.4\sim0.6$ 和第一排水孔后 $\alpha_2=0.2\sim0.35$ 的假定值，表明大坝防渗帷幕及排水系统工作正常。坝基渗水压力历时曲线见图 9.5-63，坝基扬压力折减系数分布见图 9.5-64。

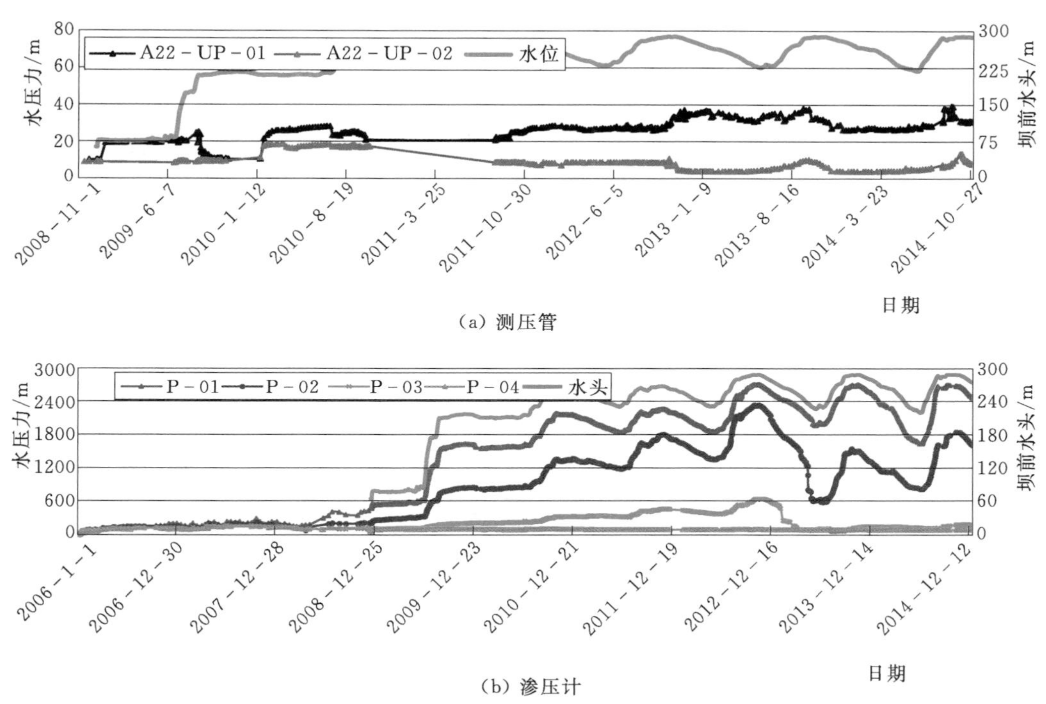

(a) 测压管

(b) 渗压计

图 9.5-63 坝基典型测压管/渗压计水压力-水头-时间曲线

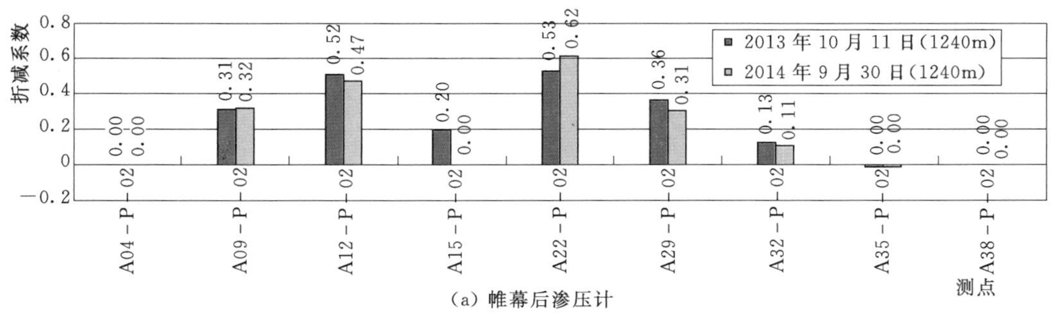

(a) 帷幕后渗压计

图 9.5-64（一） 水位 1240m 坝基扬压力折减系数分布图

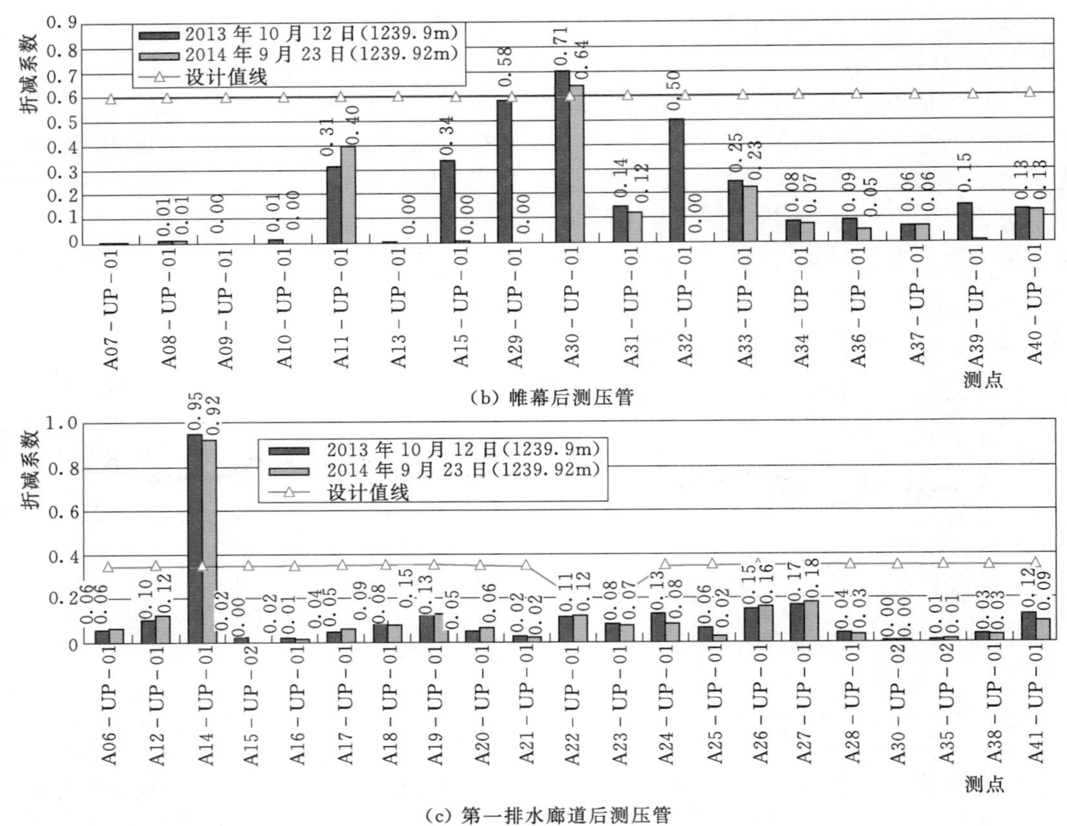

(b) 帷幕后测压管

(c) 第一排水廊道后测压管

图 9.5-64（二）　水位 1240m 坝基扬压力折减系数分布图

14 号、22 号、30 号坝段基岩局部存在透水性较强的 SN 向裂隙缺陷，在高水头作用下，库水通过基岩裂隙与仪器埋设部位连通，导致坝基渗压增大，属于有压力无流量的裂隙渗透压力作用。

进入正常运行周期，两次达到正常蓄水位时，坝体扬压力变化规律与首次正常蓄水位期一致，坝基扬压力测值与坝前水头基本呈正相关关系。从同水位下测值来看，水位上升期间同水位大部部分坝段后时间点的测值要小于前时间点的测值，这主要是随着时间的延长，渗水通道有淤堵现象等因素所致。其中，水位下降期间的渗压测值总体上要大于水位上升期间的同水位测值，估计与渗压计结构埋设特点（过滤与反虑）导致水压力消散略慢有关。典型坝段同水位建基面帷幕后渗压分布见图 9.5-65。

（2）渗流量。为便于对渗流汇集区域进行宏观分区以分析各渗控区域渗流情况，结合枢纽布置特点和渗控工程设计布置，将枢纽区分为以下 6 个渗流汇集区域（图 9.5-66），即坝体＋坝基＋坝肩区域、水垫塘及二道坝区域、右岸地下厂房区域、右岸抗力体区域、左岸抗力体区域、左岸 4 号山梁区域。2014 年 10 月 6 日（上游水位 1239.97m），各区域渗流量监测值见表 9.5-7。由表可以看出，6 大区域渗流总量约 674.08m^3/d，总体渗流量不大。最大为坝体＋坝基＋坝肩区域，约占总渗流量的 35.02%，其次为右岸抗力体区域，约占枢纽渗流量的 25.54%。

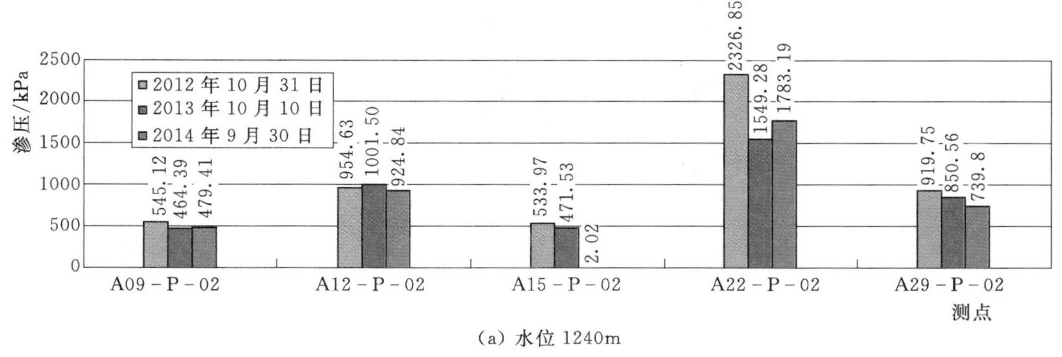

(a) 水位 1240m

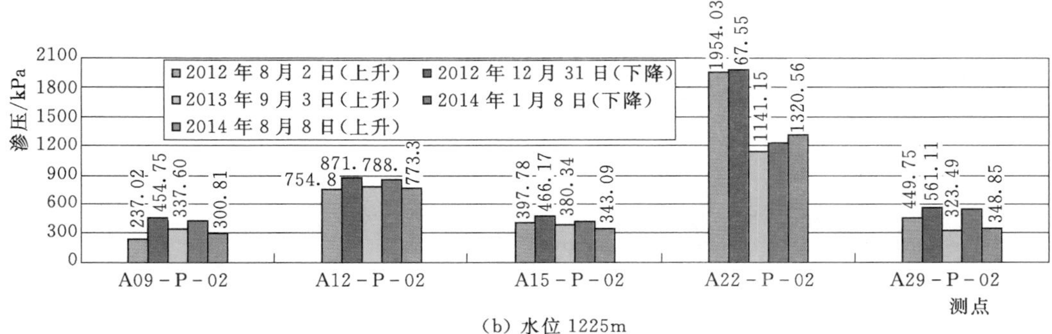

(b) 水位 1225m

图 9.5－65 典型坝段同水位建基面帷幕后渗压分布图

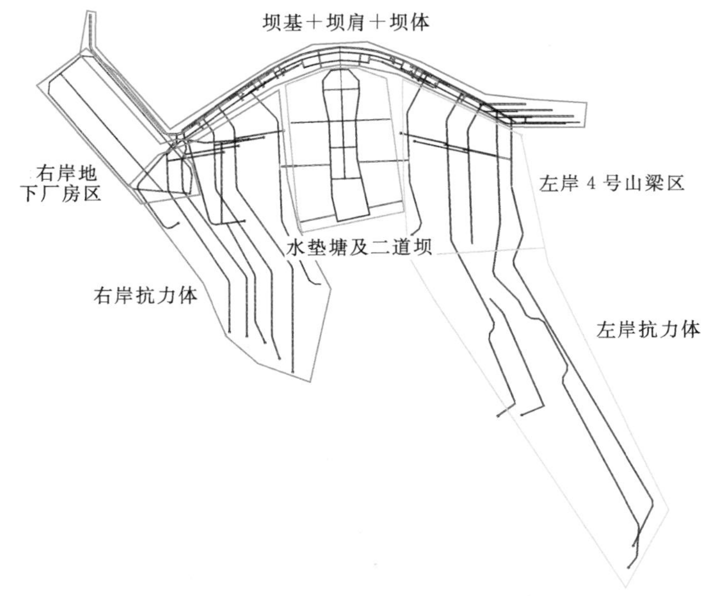

图 9.5－66 渗流汇集区域示意

表 9.5-7　　2014 年 10 月 6 日各区域监测渗流量统计

序号	流量区域	监测渗流量	
		流量/(m³/d)	百分比/%
1	坝基+坝肩+坝体	236.09	35.02
2	水垫塘+二道坝	暂时无测值	
3	右岸地下厂房区	58.67	8.70
4	右岸抗力体	172.16	25.54
5	左岸 4 号山梁区	126.20	18.72
6	左岸抗力体	80.96	12.01
7	总流量	674.08	

坝基渗流总量-上游水位-时间关系曲线见图 9.5-67，坝体坝基渗流总量主要与水位呈正相关关系，多次正常蓄水位情况下，其渗流总量变化较小，最大渗流量均小于 3.2L/s。

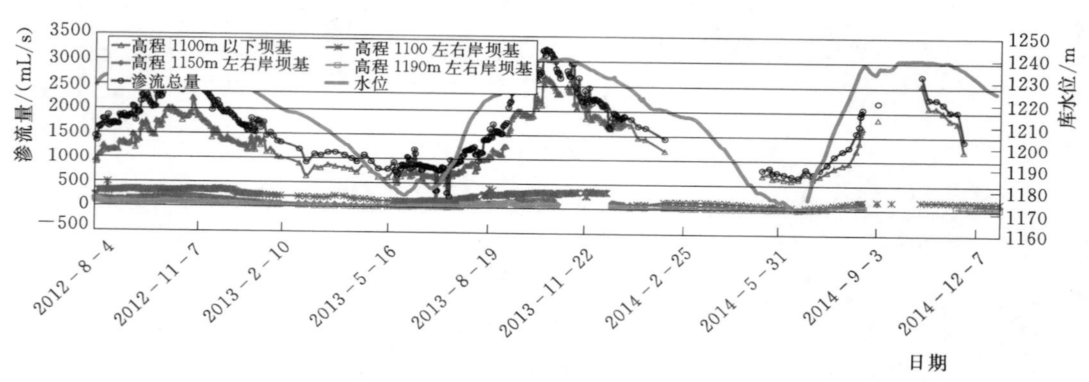

图 9.5-67　坝体坝基渗流总量-库水位-时间曲线

（3）绕坝渗流。在大坝左右岸共布置了 46 个绕坝渗流水位孔，从各水位孔监测成果来看，导流底孔下闸蓄水后除 5 个水位孔与库水位有一定的相关性外，其余各孔水位基本不受库水位影响。期间部分水位孔出现突升突降或小幅波动，主要是由于注水检查和边坡雨水的影响，与库水位基本无相关性。坝址区岩体渗透性具分带性、各向异性特征，其 EW 向节理渗透性明显弱于其他两组。典型绕坝渗流水位孔水位-库水位-时间曲线见图 9.5-68，绕渗典型断面水位分布见图 9.5-69。

地下水补给来源主要为大气降水，在基岩裂隙中以潜水或承压水的型式作网格状流动，最终排向澜沧江。对原始地下水位作长期观测表明，高程 1130.00m 以下两岸地下水水位年变幅相差不大，一般为 3.67～12.47m，最大为 23.77m；高程 1130.00m 以上，右岸地下水水位年变幅一般为 5.10～30.61m，最大为 93.95m，左岸地下水水位年变幅般为 2.92～23.74m，最大为 55.72m。

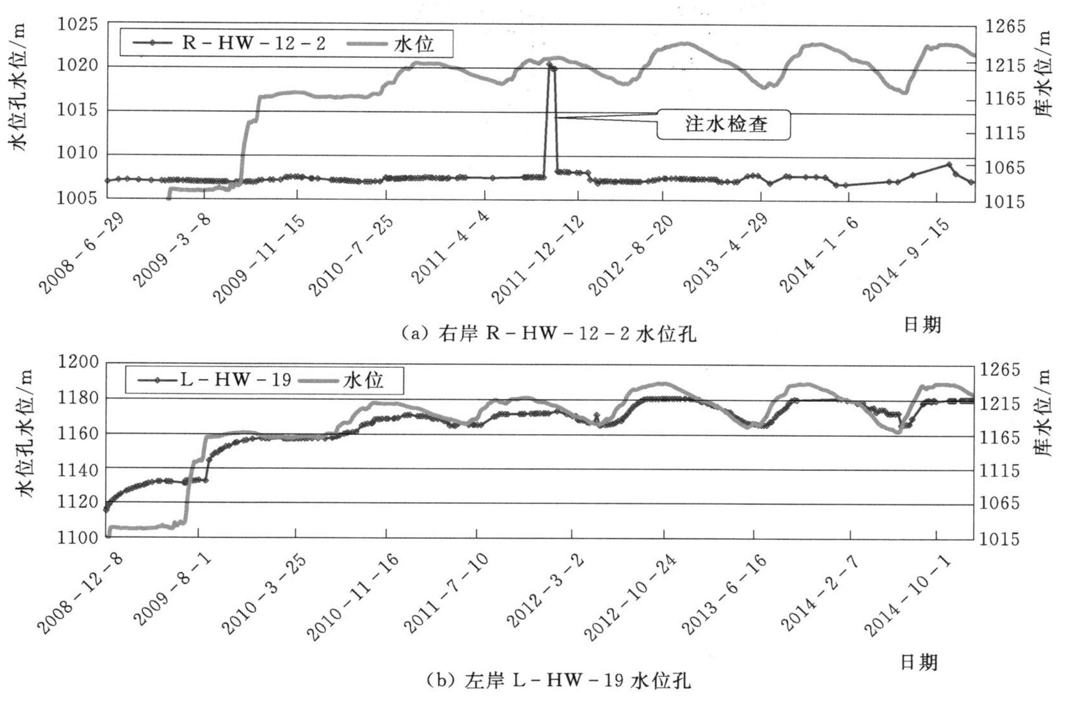

(a) 右岸 R-HW-12-2 水位孔

(b) 左岸 L-HW-19 水位孔

图 9.5-68 典型水位孔水位-库水位-时间曲线

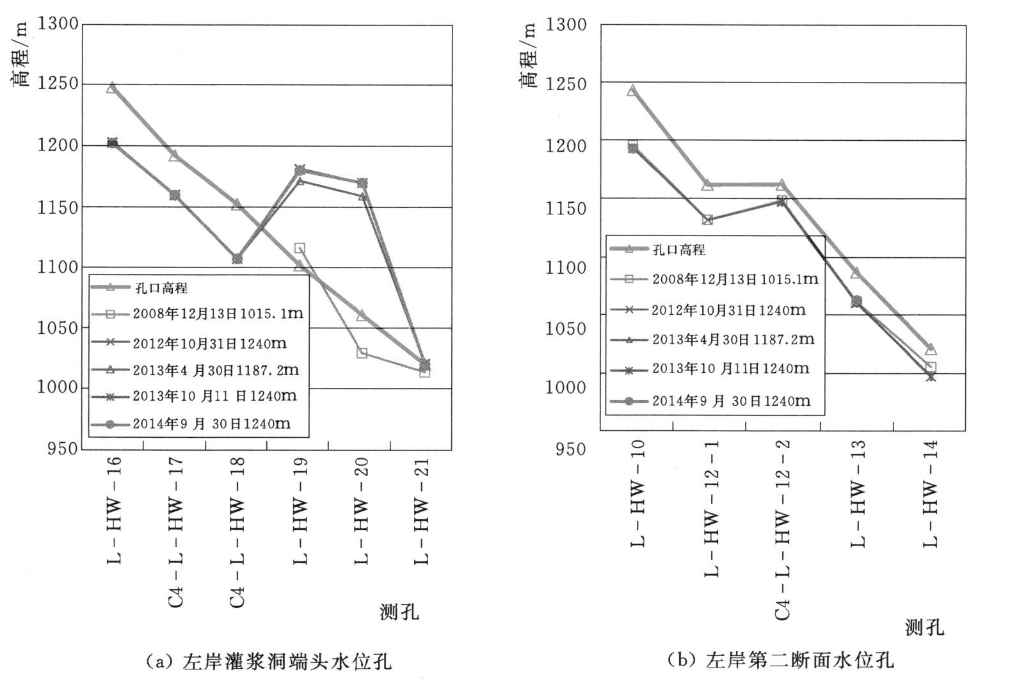

(a) 左岸灌浆洞端头水位孔

(b) 左岸第二断面水位孔

图 9.5-69 (一) 绕渗典型断面水位分布图

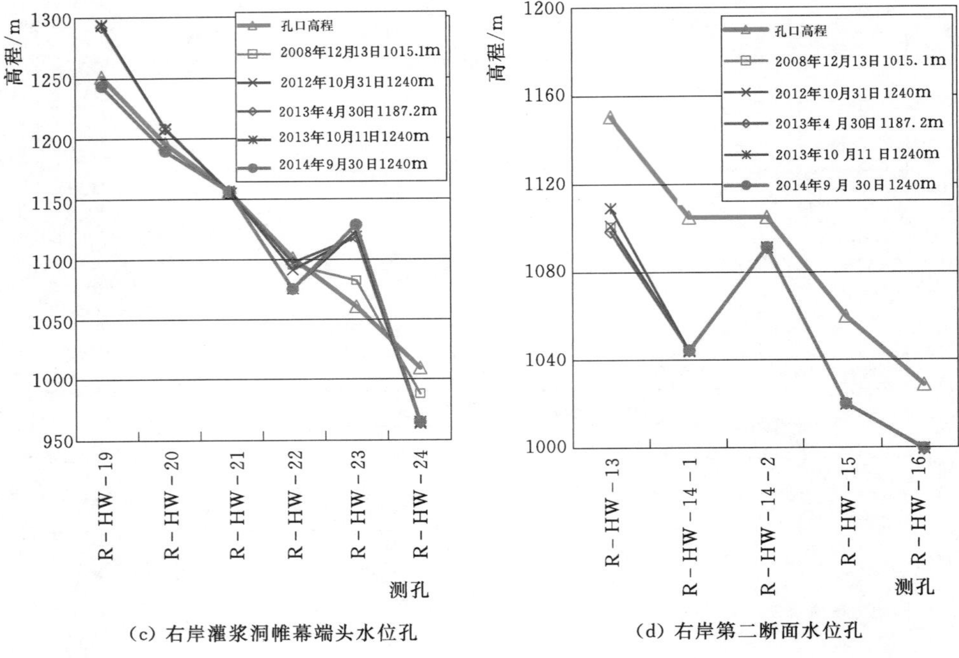

(c) 右岸灌浆洞帷幕端头水位孔　　　　(d) 右岸第二断面水位孔

图 9.5-69（二）　绕渗典型断面水位分布图

左岸坝前水位孔水位相比原始状态下的最枯和最高水位均略有抬升，右岸坝前水位孔水位与原始地下水位基本相同，最高水位较原始水位有所下降。右岸中部高程坝后水位孔水位与原始地下水位的最枯和最高水位相比基本相同（水位差值在 8m 之内），下部高程水位孔较原始水位有所下降，左岸变化规律不明显。左右岸水位孔水位变幅在 1.77～26.25m 之间，原始水位孔水位变幅在 5.01～51.05m 之间，原始水位孔水位变幅较大。左岸、右岸绕坝渗流水位孔与原始水位孔监测成果见表 9.5-8，左岸、右岸绕坝渗流水位等值线见图 9.5-70。

表 9.5-8　　　左岸、右岸绕坝渗流水位孔与原始水位孔监测成果表

部位	钻孔编号	孔口高程/m	最枯水位		最高水位		水位变幅/m
			高程/m	日期	高程/m	日期	
左岸	ZK136	1272.65	1194.75	1996-1-2	1224.31	1995-1-10	29.56
	C4-L-HW-01	1245.29	1217.93	2014-7-1	1241.79	2012-9-20	23.86
	ZK10	1220.59	1178.57	1998-2-10	1199.89	1981-1-14	21.32
	C4-L-HW-02	1191.66	1178.88	2012-3-3	1181.71	2010-1-19	2.83
	ZK14	1123.61	1107.41	1996-4-2	1121.94	1985-10-3	14.53
	C4-L-HW-12	1160.06	1145.58	2011-7-22	1147.35	2008-8-22	1.77
右岸	ZK97	1283.52	1210.83	1995-8-7	1261.88	1992-10-26	51.05
	C4-R-HW-01	1245.00	1213.98	2008-7-29	1240.23	2012-10-31	26.25
	ZK9	1229.91	1124.81	1982-5-18	1129.91	1995-10-9	5.10

续表

部位	钻孔编号	孔口高程/m	最枯水位		最高水位		水位变幅/m
			高程/m	日期	高程/m	日期	
右岸	C4-R-HW-08	1144.80	1116.32	2012-6-8	1134.56	2008-4-29	18.24
	ZK107	1049.42	1002.64	1995-8-21	1015.09	1999-11-1	12.45
	C4-R-HW-12	1021.40	1006.89	2014-1-10	1009.34	2014-10-20	2.45
	ZK141	1011.25	993.49	1993-1-18	998.50	1995-11-20	5.01
	C4-R-HW-07	1001.00	972.63	2008-11-24	976.73	2008-6-29	4.10

注 其中 ZK 代表原始水位孔。

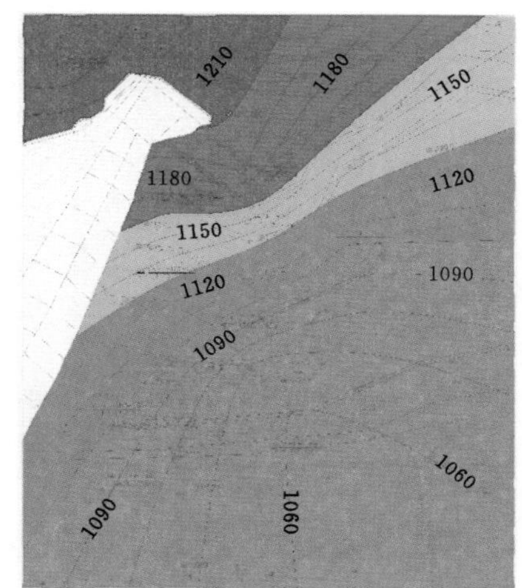

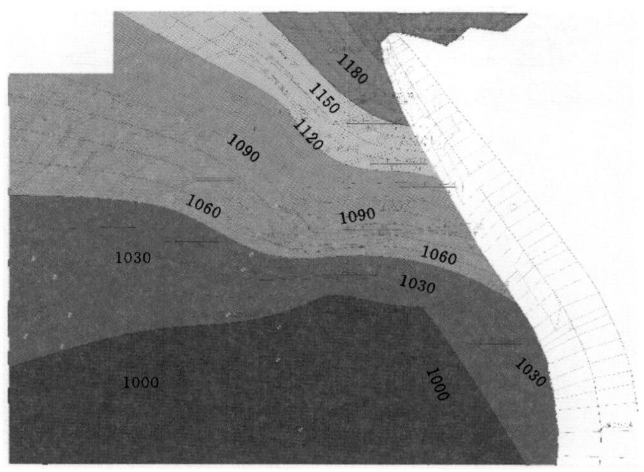

图 9.5-70 左岸、右岸绕坝渗流水位等值线（2014 年水位 1240m）

通过上述分析，可以得到以下认识：

(1) 布设的渗压计、测压管、量水堰及水位孔监测成果相互效验，较为吻合，得出的渗流规律性好、可靠性高。

(2) 坝基扬压力测值与坝前水头基本呈正相关关系，在正常高水位下，除个别测点大于规范允许值外，坝基扬压力折减系数均在允许范围内，表明大坝防渗帷幕及排水系统设计合理，有效地发挥了渗控作用。

(3) 枢纽区渗流总量约为 674.08m^3/d，总体渗流量不大。坝体+坝基+坝肩区域渗流量相对较大，约占枢纽区总渗流量的 35.02%，在 3 次达到正常蓄水位时，该区域渗流量均小于 3.2L/s。

(4) 两岸帷幕后绕坝渗流水位孔水位远小于原始水位孔水位的变幅。

9.5.4.6 坝体混凝土温度裂缝

库水蓄至正常高水位期间，裂缝总体呈压缩增加趋势，沿坝体高程方向压缩变形增量逐渐减小。在库水位从 1240.00m 降至 1187.00m 期间，裂缝总体呈压缩减缓趋势。总体来说，坝体高程越低受压趋势越明显，高程 1060.00m 以下整体处于受压状态，高程 1100.00m 以上总体为平稳变化略呈受拉趋势。典型裂缝测缝计、滑动测微计位移-水位-时间曲线见图 9.5-71 和图 9.5-72。

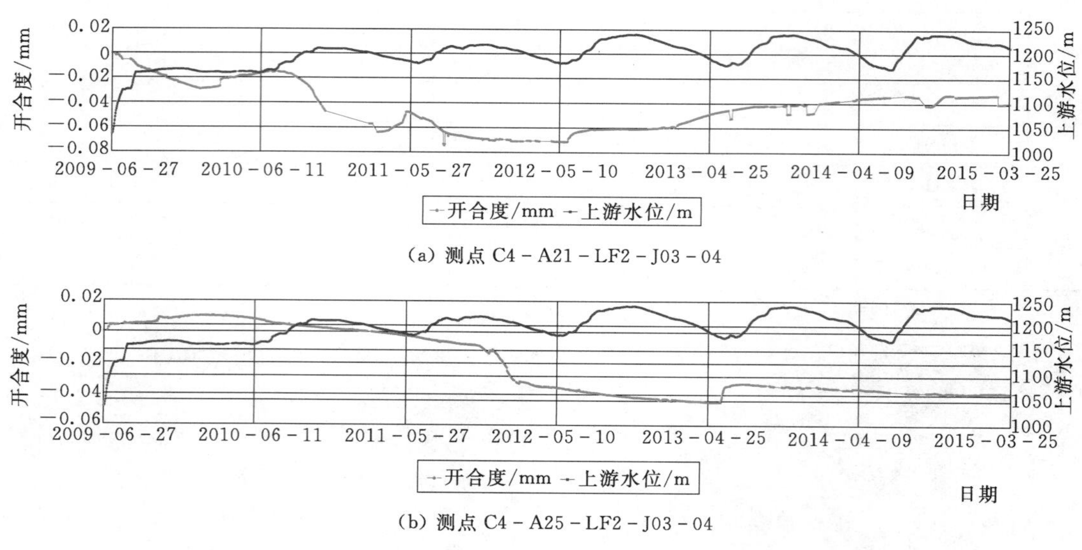

(a) 测点 C4-A21-LF2-J03-04

(b) 测点 C4-A25-LF2-J03-04

图 9.5-71　典型裂缝测缝计位移-水位-时间曲线

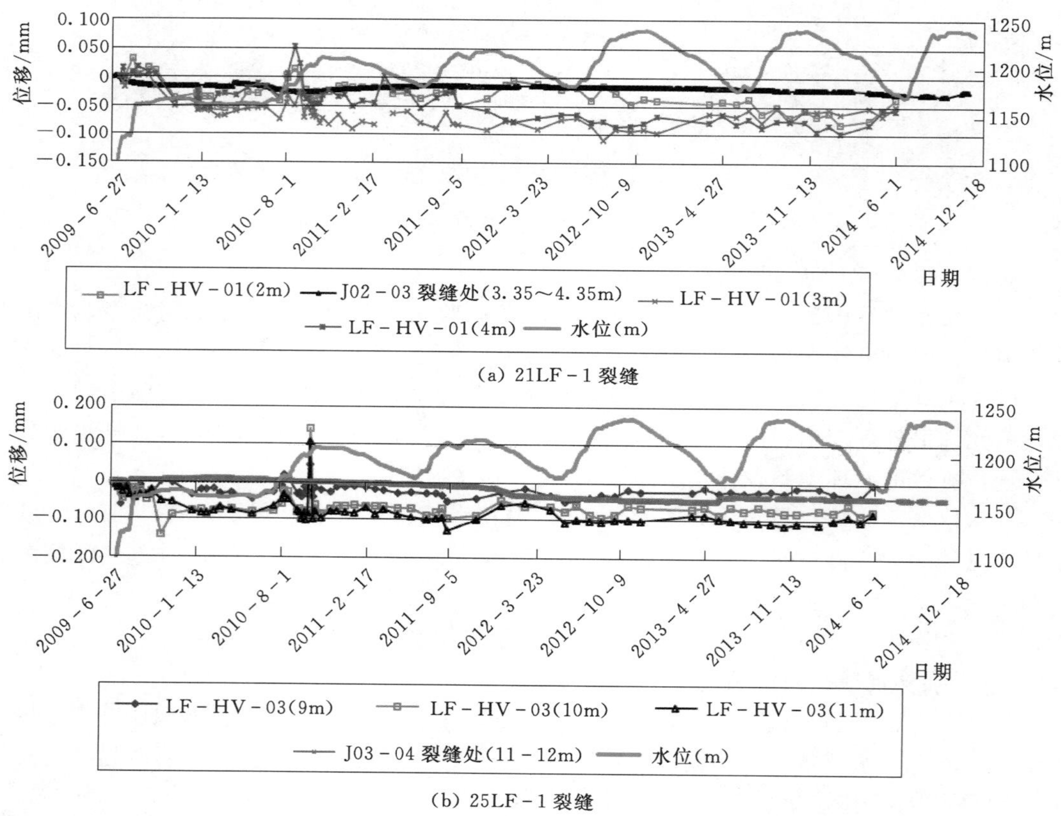

(a) 21LF-1 裂缝

(b) 25LF-1 裂缝

图 9.5-72　典型裂缝处滑动测微计和测缝计位移-水位-时间曲线

在8个典型坝段裂缝的上、下端及个别坝段裂缝中部，布设了跟踪检查孔。从不同时段、不同水位下的检测成果看，裂缝基本没有变化，表明裂缝随水位上升并未发展及扩展，反映出裂缝是稳定的。典型裂缝（25LF-1）检测成果统计见表9.5-9。

表9.5-9　　典型裂缝（25LF-1）检测成果统计表

孔号	裂缝部位	倾向	测试日期	水位/m	孔深/m	裂缝孔深/m	裂缝缝口情况	可视缝宽/cm	备注
2011A25WM-LFPS-1WF	底	上倾	2012-7-8	1205	18.55	—	—	—	无缝孔
			2015-6-22	1178	18.25	—	—	—	
975GZ-25-1WF	底	上倾	2011-8-20	1213	14.82	—	—	—	无缝孔
			2015-6-22	1178	14.92	—	—	—	
2010A25-1100LD-LFGZ-1WF	顶	上倾	2011-8-18	1213	25.48	—	—	—	无缝孔
			2015-6-20	1178	25.34	—	—	—	
2010A25-1100LD-LFGZ-2WF	顶	上倾	2011-8-25	1210	30.9	—	—	—	无缝孔
			2014-10-5	1240	30.78	—	—	—	
2010A25-1060LD-LFGZ-1YF	内	下倾	2011-8-22	1210	39.7	13.42	有充填	0.08	有缝孔
			2014-10-23	1240	40.15	13.50	有充填	0.08	
2010A25-1060LD-LFGZ-2YF	内	下倾	2011-8-22	1210	38.3	11.42	有充填	0.06	有缝孔
			2011-8-22			11.45	有充填	0.05	
			2014-10-23	1240	37.35	11.36	有充填	0.06	
			2014-10-23			11.40	有充填	0.06	

由表9.5-9可以看出，在25LF-1裂缝顶部布置有2个孔，跟踪检查多次观测均未发现裂缝；在25LF-1裂缝内部布置有2个孔，从多次跟踪检测的结果看，裂缝形态、可视宽度、充填情况均未发生变化，也未发现新增裂缝；在25LF-1裂缝底部布置有2个孔，跟踪检查多次观测均未发现裂缝，与监测成果一致，表明裂缝是稳定的。

9.5.4.7　坝基浅表岩体变形

（1）开挖初期变形规律。为监测保护层开挖对坝基浅表部位岩体变形的影响，在21号、22号和23号坝段坝基中心线附近各布置一个临时滑动测微计孔，在保护层开挖后损坏，最长监测时段约20余天。开挖初期滑动测微计测孔位移深度分布及典型坝段声波分布见图9.5-73，监测成果表明，在开挖完毕30d左右坝基变形仍有一定的卸荷变形，在孔口以下2.0～3.0m之间变形相对集中，随着施工扰动和时间延长，回弹变形持续增加，表明该部位岩体存在较为明显的卸荷回弹变形。物探声波检测成果表明开挖后建基面以下1.2～4.6m存在相对低波速带（小于3.5km/s），裂隙发育多集中在建基面以下1～3.8m范围内，滑动测微计监测成果与声波检测成果基本一致。分析认为，坝基浅表部位岩体保护层开挖松弛变形现象内因主要是低部高程坝基岩体存在中缓倾角裂隙、中高地应力赋存和集中，外因主要是岩体造孔、钻孔裂隙冲洗、开挖爆破等施工扰动所致，且随时间延长岩体松弛持续增加趋势明显。

（2）混凝土浇筑期间坝基变形规律。基于滑动测微计孔的高精度，为指导施工初期坝基固结灌浆和监测大坝混凝土浇筑过程基岩的变形情况，分别在18号、20号、22号、26号和27号坝段的排水廊道和灌浆廊道中各布置了一个较浅的滑动测微计测孔，见表9.5-10。

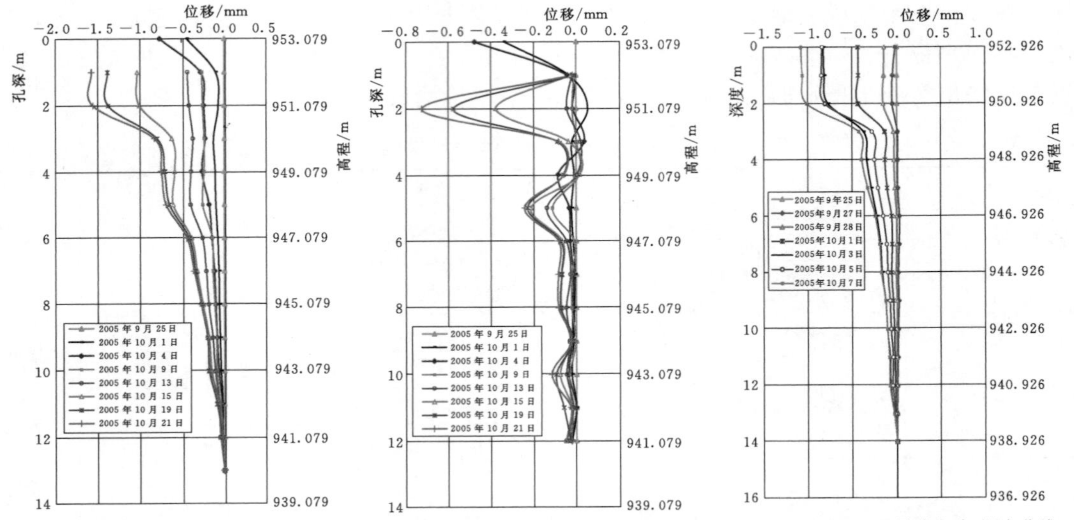

(a) C4-A21-HV-01 累计位移-深度曲线

(b) C4-A21-HV-01 相对位移-深度曲线

(c) C4-A22-HV-01 累计位移-深度曲线

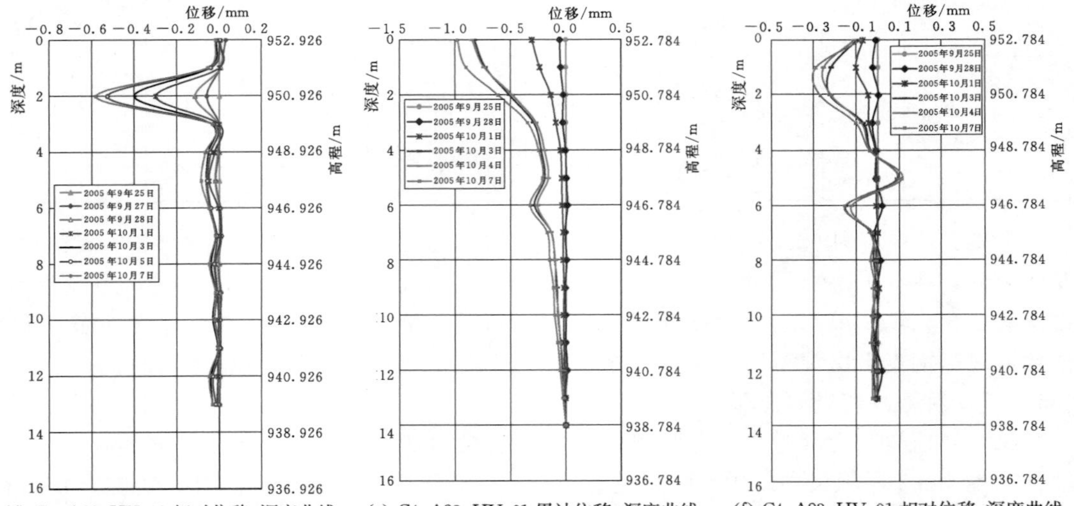

(d) C4-A22-HV-01 相对位移-深度曲线

(e) C4-A23-HV-01 累计位移-深度曲线

(f) C4-A23-HV-01 相对位移-深度曲线

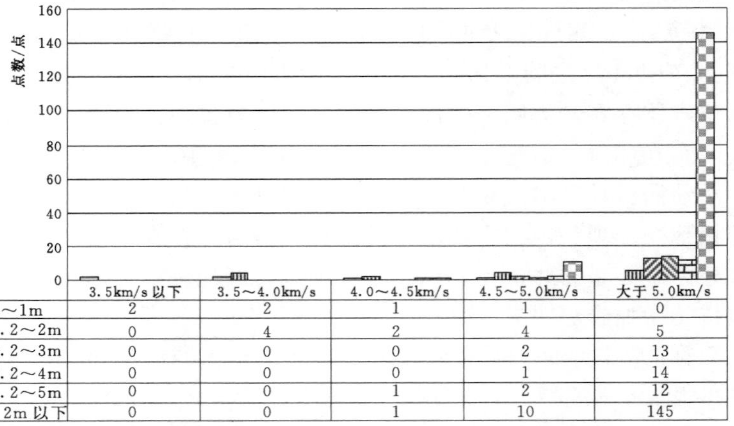

	3.5km/s 以下	3.5～4.0km/s	4.0～4.5km/s	4.5～5.0km/s	大于 5.0km/s
0～1m	2	2	1	1	0
1.2～2m	0	4	2	4	5
2.2～3m	0	0	0	2	13
3.2～4m	0	0	0	1	14
4.2～5m	0	0	1	2	12
5.2m 以下	0	0	1	10	145

图 9.5-73 开挖初期滑动测微计测孔位移深度分布/典型坝段声波分布图

表 9.5-10　　坝基廊道滑动测微计埋设参数表

坝段号	测点编号	工程部位	孔口高程	孔深/m	初值观测日期
18	C4-A18-HV-01	18 号坝段第一排水廊道	970.0m	16.0	2006-5-12
20	C4-A20-HV-01	20 号坝段第一排水廊道	960.7m	15.0	2006-1-16
22	C4-A22-HV-02	22 号坝段第一排水廊道	950.5m	16.0	2006-1-16
26	C4-A26-HV-01	26 号坝段第一排水廊道	961.0m	15.0	2006-1-16
27	C4-A27-HV-01	27 号坝段第一排水廊道	974.5m	16.0	2006-6-5

滑动测微计测孔位移特征值统计见表 9.5-11，各坝段坝基滑动测微计孔口累计位移-坝体混凝土浇筑高程曲线见图 9.5-74。滑动测微计监测成果表明，随着大坝混凝土浇筑高程的逐渐增加，混凝土压重对抑制坝基卸荷回弹变形作用较为明显。河床坝段的大坝混凝土压重层厚约 10m 左右即可抑制坝基岩体继续回弹，岸坡坝段由于斜坡原因，其上大坝混凝土压重层厚约 20～30m 才能抑制坝基岩体继续回弹。之后经历约半年左右压缩趋势明显减缓，330～470d 时其上混凝土最大浇筑层厚达 90～130m，坝基岩体压缩变形趋于平稳，其孔口累计位移相对于最大回弹测值压缩增量变形为－1.39～－2.24mm，混凝土层厚对坝基压缩变形速率为－0.017～－0.027mm/m。

表 9.5-11　18 号、20 号、22 号、26 号、27 号坝段滑动测微计测孔位移特征值统计表

坝段号	测点编号	最大孔口累计位移值			结束观测时孔口累计位移值				
		位移值/mm	出现日期	混凝土层厚/m	位移值/mm	结束日期	混凝土层厚/m	孔口累计位移变化值	
								增量/mm	速率/层厚/(mm/m)
18	A18-HV-01	1.24	2006-8-12	21.8	－0.71	2007-7-16	93.5	－1.95	－0.027
20	A20-HV-01	6.52	2006-5-29	10.8	4.28	2007-9-22	110.6	－2.24	－0.022
22	A22-HV-02	3.27	2006-5-01	10.5	1.53	2007-6-22	99.8	－1.74	－0.019
26	A26-HV-01	3.68	2006-8-18	27.0	1.71	2007-11-30	131.5	－1.97	－0.019
27	A27-HV-01	0.94	2006-8-14	17.7	－0.46	2007-7-16	98.5	－1.39	－0.017

9.5.4.8　强震监测

大坝强震监测台网自建成后共监测到 3 次地震，主要是 2009 年 8 月 6 日小湾地震、2014 年 10 月云南省景谷地震以及 2015 年 3 月 1 日云南省沧源地震。监测成果表明，加速度基本随着高程的升高而加大，表明坝体对地震有一定的放大效应，最大加速度为 0.05878gal（水平向），位于 35 号坝段高程 1190.00m，是发生于 2009 年 8 月 6 日的小湾地震，见图 9.5-75。

9.5.4.9　谷幅变形

随水库蓄水，库区和坝顶高程以下抗力体的谷幅测线均呈朝向山里张开变化趋势，与水位存在一定相关性，最大相对张开变形为 2.75mm。坝顶高程和远坝区下游的谷幅测线呈朝向河谷变形趋势，最大相对收缩变形为－4.56mm。坝址区谷幅变形-水位-时间曲线见图 9.5-76。总体上看，谷幅变形不明显。

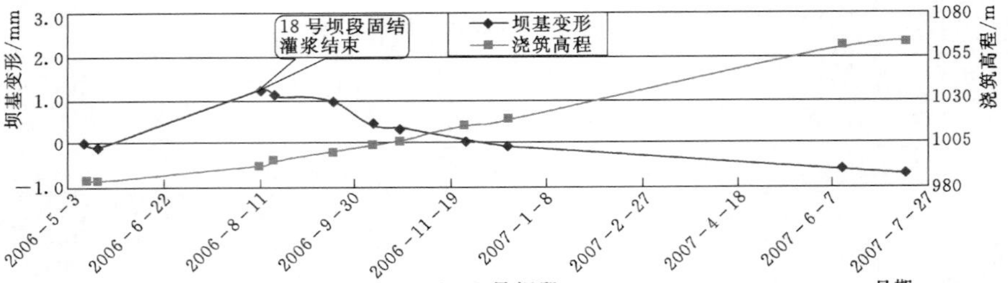

(a) 18 号坝段

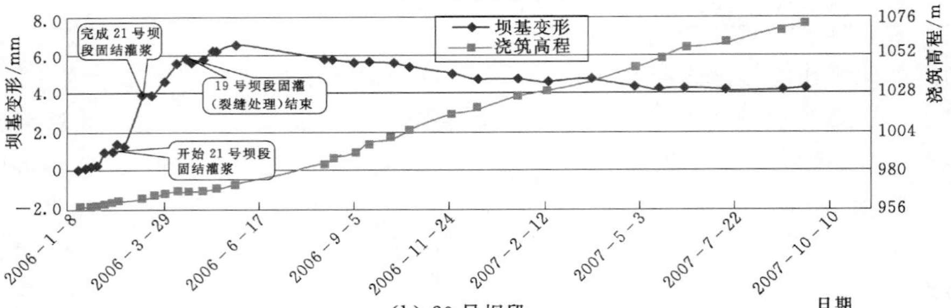

(b) 20 号坝段

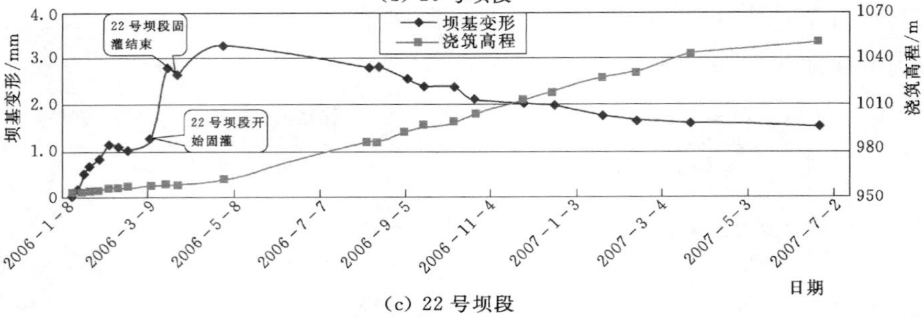

(c) 22 号坝段

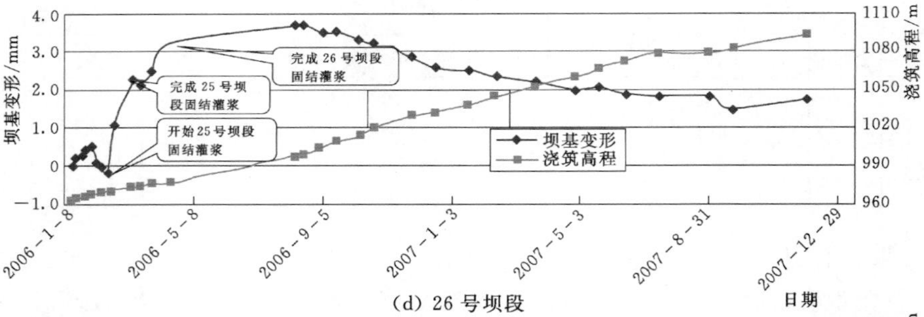

(d) 26 号坝段

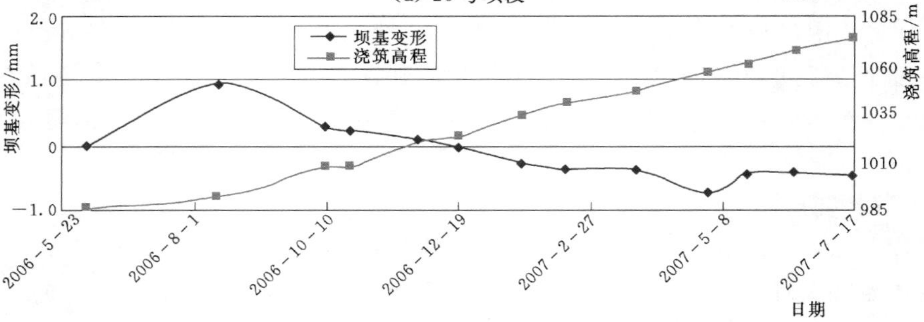

(e) 27 号坝段

图 9.5-74　混凝土浇筑期间滑动测微计测孔孔口累计位移-混凝土浇筑高程时间曲线

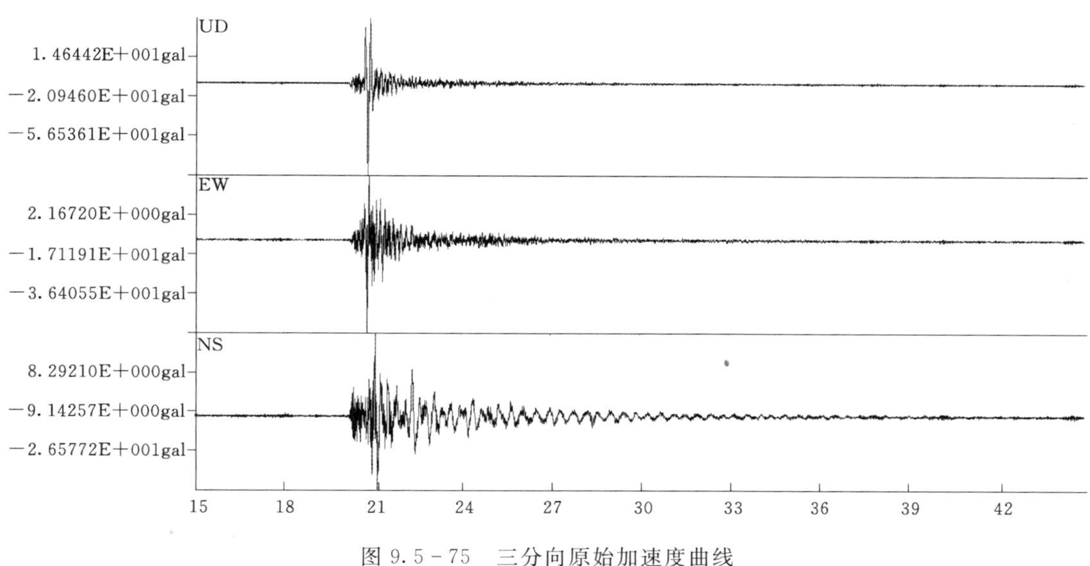

图 9.5-75　三分向原始加速度曲线

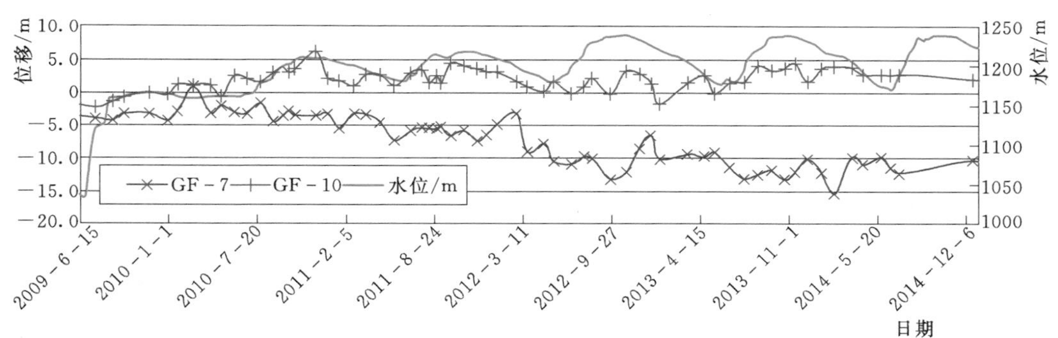

图 9.5-76　坝址区谷幅变形-水位-时间曲线

9.5.4.10　水力学观测

2014 年 8 月 17 日至 10 月 9 日期间，开展了泄洪洞局开及全开、坝身中孔单独、中孔组合、坝身表孔单独、表孔组合、表孔加中孔不碰撞组合、表孔加中孔碰撞组合等共 16 个工况的水力学原型观测试验。

（1）各泄洪工况下，水垫塘底板及边墙测压管施测的动水冲击压力的测值均小于设计控制标准 147.0kPa 的要求。

（2）坝体顺河向的振动随高程的增加而增大，坝顶高程 1245.00m 振动最大；最大振动位移均方根小于 100μm，最大加速度均方根小于 1gal，振动主频为 1～1.5Hz，属于低频振动，泄洪振动对拱坝结构影响微小。

（3）水垫塘底板振动最大加速度均方差为 25.072gal，最大振动位移均方根为 729.94μm（工况 4），振动主频均小于 1Hz，人员能感觉到底板排水廊道边墙有振感。

（4）雾化降雨影响范围至坝下游 742m，除表孔单独泄洪外，雾化最大升腾高度均已超过坝顶。

（5）在大坝泄洪前后、泄洪时段内自动化系统加密了观测，大坝变形、渗流及应力应变各项监测成果均未出现明显的变化。

9.5.5 监测系统及监测成果总体评价

9.5.5.1 监测系统

（1）监测系统布设重点突出、兼顾全面、层次分明、系统完整，相关监测项目相互验证、相互补充、永临结合。监测仪器埋设、安装及运行紧随工程建设进度，分步实施，成活率高达95%。以仪器监测为主，辅以人工巡视检查，在一定程度上弥补了仪器的局限性。

（2）自动化系统接入系统测点多达6000个以上，具有前沿性、先进性、实用性及对行业的引领性，为高坝大库工程有效地实施“监测反馈、逐步检验、动态调控”的安全分期蓄水目标提供了可能。

（3）基于拱坝受力特点提出的“梁拱”网格式总体架构针对性强，监测布置与计算成果相对应，全面有效地监测了坝体工作性态，其设计思路在拱坝安全监测设计中值得借鉴和推广。

（4）混凝土或岩体内部埋入式监测仪器，尤其是靠近坝踵、坝趾及坝面的仪器，受埋设因素及周边环境影响较大，测值离散性大，且易被损坏。因此，对这些重点部位的监测仪器，宜考虑冗余设置部位及仪器数量。

（5）综合考虑变形监测仪器精度、测量实时性和工作强度等因素，拱坝水平变形监测宜依序采用正倒垂线、表面变形监测点、GNSS变形监测系统、激光三维变形监测系统；垂直变形监测宜依序采用水准点、静力水准系统。坝基通常需要高精度变形监测仪器，传统的固定测斜仪效果欠佳；若需要监测钻孔轴线变形，滑动测微计效果良好，但对安装埋设和人员观测素质的要求高。

混凝土应变计组需要全面的混凝土材料参数并进行复杂的计算，且某单轴应变损坏或异常均会导致无法计算应力，可靠性较低。压应力计可以直接监测压应力，在保证埋设可靠的前提下，其测值规律性较好，且不易损坏，在坝体受力方向明确的部位平行布置压应力计，不需要复杂转换，在混凝土达到一定强度后，其测值与应变计组换算的应力具有良好的可比性。拱坝应变监测宜依序采用压应力计、单轴应变计、多向应变计组。

岩石应力计由于仪器结构本身及安装埋设方式，使用效果欠佳。在坝基坝踵、坝趾部位可钻孔埋设锚杆应力计组，应力反映更为敏感和直接，可间接换算出坝基岩体应变及变形情况。

渗压计、测压管、量水堰及水位孔测值均相对较为可靠，但渗压计的初始值取值是关键。

（6）受仪器安装时间及布置方式的制约，传统变形监测不能捕捉仪器安装滞后及拱坝倒悬等因素产生的大坝变形损失。可考虑通过在大坝建基面顺河向布置倾斜监测仪器，且在不同高程廊道（或观测间）分段对应布设垂线和倾斜监测两种仪器，后期采用大坝倾斜与垂线监测成果，通过倾斜监测资料计算坝体上部在垂线尚未安装期间的坝体变形，以此捕获由于垂线安装滞后所产生的变形损失，从而获得拱坝实际全变形。

9.5.5.2　监测成果

（1）监测仪器布设于有限部位或有限点上，相对于拱坝-地基系统整体结构而言，监测成果仅是离散的局部点的测值，无法反映实际效应量的空间连续分布；大部分监测仪器是随工程进程埋设安装的，其测值是相对于投入运行时刻的效应量变化值；监测仪器埋设、安装、运行的环境及手段等诸多客观因素对测值有直接影响。因此，监测成果具有离散性、局限性、相对性及不确定性，所反映的并非拱坝真实的绝对效应量，也不一定是效应量极值，这是采用监测值分析评价坝体工作性态必须切记的。

（2）监测仪器初始值的选取直接影响测值的正确性，必须考虑仪器埋设的位置、所测介质的特性、仪器的性能及环境等因素，从初期监测的多次测值并考虑以后一系列变化或情况稳定之后，按照相关规程规范的方法从中确定合适的初始值，特别注意不能选择有观测误差的测值。

（3）监测成果总体规律性好、可靠度高，较为准确地反映了坝体-地基系统在混凝土浇筑过程、蓄水过程及正常运行周期中测点处各效应量的变化规律及数值，尤其是坝体变形规律，各种方法吻合程度较高。

（4）坝体在混凝土浇筑过程、蓄水过程及正常运行周期，三向变形基本对称。表明拱坝体形设计合理，尤其是在左岸设置推力墩，改善了两岸变形的对称性。

（5）建基面部位坝体与上下游贴角连为一个整体浇筑，应力扩散作用明显。诱导缝在最大空库状态下，距上游面 3.5m 处最大压应力为－18.31MPa（22 号坝段）；库水首次达正常高水位时，河床两侧坝段坝踵处的压应力比河床坝段小，在距上游面 3.5m 处最小压应力为－1.41MPa。由此推断，在正常蓄水位下河床两侧坝段在靠近上游面附近竖向应力至少已处于拉压临界状态。

当库水首次升至高水位时，9 号和 32 号坝段坝踵压应力计测值异常，与水位呈正相关。由此推断，这些部位坝踵区出现拉应力，导致坝基岩体中的节理裂隙或坝体与建基面交界处局部张开，拉应力随即释放，局部应力产生重分布，库水渗入，压应力计与坝前渗水接触，其测值受水压影响。

（6）坝体混凝土入仓后一般为 2～9d 达到最高温升，A 版、B 版温控技术要求实施期间一冷结束后温度呈回升趋势，温度平均回升约 3.8℃，C 版温控技术要求实施中期冷却后其温度回升现象不明显。截至 2014 年 11 月，坝内温度场总体趋于平稳，总体为 18～22℃。

（7）各种渗流监测成果相互效验，较为吻合，得出的渗流规律性好、可靠性高。在正常高水位下，除个别测点大于规范允许值外，坝基扬压力折减系数均在允许范围内，表明大坝防渗帷幕及排水系统设计合理，有效地发挥了渗控作用。枢纽区渗流总量约为 674.08m^3/d，总体渗流量不大。坝体＋坝基＋坝肩区域渗流量约占枢纽区总渗流量的 35.02%，在三次达到正常蓄水位时，该区域渗流量均小于 3.2L/s。两岸帷幕后绕坝渗流水位孔水位远小于原始水位孔水位的变幅，右岸水位与原始状态下的最枯水位和最高水位相比基本相同。

（8）库水蓄至正常高水位期间，坝内温度裂缝总体呈压缩增加趋势，沿坝体高程方向压缩变形增量逐渐减小；在库水位从 1240.00m 降至 1187.00m 期间，裂缝总体呈压缩减缓趋势。裂缝端部在不同时段、不同水位下基本没有变化，表明裂缝未发展及扩展，是稳定的。

（9）滑动测微计监测成果表明，坝基开挖浅表岩体出现卸荷松弛变形，深度主要集中在孔口以下 2.0～3.0m，物探声波检测成果表明裂隙发育多集中在建基面以下 1～3.8m 范围内，滑动测微计监测成果与声波检测成果基本一致。坝体混凝土浇筑后河床坝段混凝土压重层厚约 10m 左右即可抑制坝基岩体继续回弹，岸坡坝段混凝土压重层厚约 20～30m 才能抑制坝基岩体继续回弹。之后约 330～470d 时其上混凝土最大浇筑层厚达 90～130m，坝基岩体压缩变形趋于平稳，孔口累计位移相对于最大回弹测值压缩增量变形为 －1.39～－2.24mm。

（10）随着水库蓄水，库区和坝顶高程以下抗力体的谷幅测线均呈朝向山里张开变化趋势，与水位存在一定相关性，最大相对张开变形为 2.75mm。坝顶高程和远坝区下游的谷幅测线呈朝向河谷变形趋势，最大相对收缩变形为－4.56mm。总体上看，谷幅变形不明显。

（11）各泄洪工况下，水垫塘底板及边墙测压管施测的动水冲击压力测值均小于设计控制标准 147.0kPa 要求；坝体最大振动位移均方根小于 100μm，最大加速度均方根小于 1gal，振动主频为 1～1.5Hz，属于低频振动，泄洪振动对拱坝结构影响微小；水垫塘底板振动最大加速度均方差为 25.072gal，最大振动位移均方根为 729.94μm，振动主频均小于 1Hz；雾化降雨影响范围至坝下游 742m，雾化最大升腾高度均已超过坝顶；大坝变形、渗流及应力应变各项监测成果均未出现明显的变化。

9.5.6　监控体系

9.5.6.1　监控等级划分及动态变化

鉴于工程的复杂性及影响因素众多，目前尚难以把安全监控等级与所有相关因素进行一一对应，各监控等级的临界特征判识也很难采用统一的量化参数来划分（不论是计算值还是实测值），其监控等级标准划分要素尚需在统一样本与模式等方面进一步深入研究。小湾在此方面做了有益探索和尝试，迈出了第一步。大坝在不同阶段的监控等级划分及动态升降情况见表 9.5－12，监控等级与监测要素对应见表 9.5－13。

表 9.5－12　　大坝各阶段安全监控等级动态升降表

建筑物及项目＼阶段及监控等级		施工期				蓄水初期				运行初期			
		Ⅰ级	Ⅱ级	Ⅲ级	Ⅳ级	Ⅰ级	Ⅱ级	Ⅲ级	Ⅳ级	Ⅰ级	Ⅱ级	Ⅲ级	Ⅳ级
大坝及坝基坝肩	坝体			√			√					√	
	坝基及坝肩			√			√					√	
	抗力体置换洞井			√				√					√
	诱导缝部位			√			√					√	
	坝体温度	√						√					√
	坝体裂缝		√				√					√	
	导流设施封堵体			√			√						√
	水垫塘及二道坝			√				√					√

表 9.5-13　　大坝安全监控等级与监测要素对应表

等级 监测要素	相关项目	监控等级			
等级状态		Ⅰ级	Ⅱ级	Ⅲ级	Ⅳ级
监测频次	A类监测项目	×	2次/周	2次/周	1次/月
	B类监测项目	×	2次/周	1次/周	1次/月
	C类监测项目	×	1次/周	1次/周	1次/月
	自动化采集	×	4次/d	1次/d	1次/d
资料分析方法	定性分析	定性分析	定性分析	定性分析	定性分析
	定量分析	定量分析（仿真反馈）	定量分析（统计模型、仿真反馈）	√（统计模型）	×
监测成果反馈方式	快报、日报、周报、月报、年报	快报、日报	日报、周报	周报、月报	月报、年报
	专项报告、专题报告	温控专项报告	温度裂缝专题 应力应变专题 诱导缝专题	×	×
反馈实时性	口头/书面	书面	书面	书面	书面
	实时性	4h	12h	7d	30d

9.5.6.2　基于监测成果的分层分级监控

综合利用监测成果，建立不同监测项目（应力、变形、渗流等）和拱坝不同部位的不同权重的分层分级监测预警评价体系，建立不同监测部位、监测项目、监测单支仪器的权重体系及评判方法，通过各种监测资料、计算成果及各种施工和地质辅助信息，采用各种理论和方法形成合理评价指标，自下而上实现筑物分级分层的评价，采用层次分析法和模糊数学的隶属度理论把定性评价转化为定量评价，最终形成拱坝工作性态安全评价及分层分级预警体系。

由于建筑物的整体安全性态主要由建筑物各组成部分（基本部位）的安全性态来综合反映，而建筑物各组成部分的安全性态又由所设置的建筑物安全监测类别或项目的监测评判结果来评价。所设置的监测项目/类别包含了各种类型的监测仪器，而各种类型的监测仪器又由建筑物实际埋设的具体监测点构成。因此，基于实测资料的建筑物安全性态评价指标的拟定应从建筑物结构特性和安全监测体系布置情况等多方面来综合考虑。将建筑物的监测层次共划分为5层，从上至下分别为：建筑物→基本部位→监测项目→仪器类型→监测点。建筑物工作性态分层评价体系见图9.5-77。

在进行综合评判时，采用层次分析法（analytic hierarchy process，AHP）对大坝安全稳定性的各种影响因素和判据进行分析，建立层次结构模型，确定各因素和判据权值并进行一致性检验，将权值分析结果应用于模糊评判中，最后根据最大隶属度原则得出大坝安全性的评判结果，并采用3级体系（提醒级、预警级、警报级）进行预警预报，并启动相应预案。

9.5.6.3　“数值小湾”

从坝基开挖后期，将数值仿真分析计算系统及安全监测系统紧密结合，共同构建了“数值小湾”，对拱坝工作性态及时做出分析反馈与预测，及时解决了实施过程中的一系列

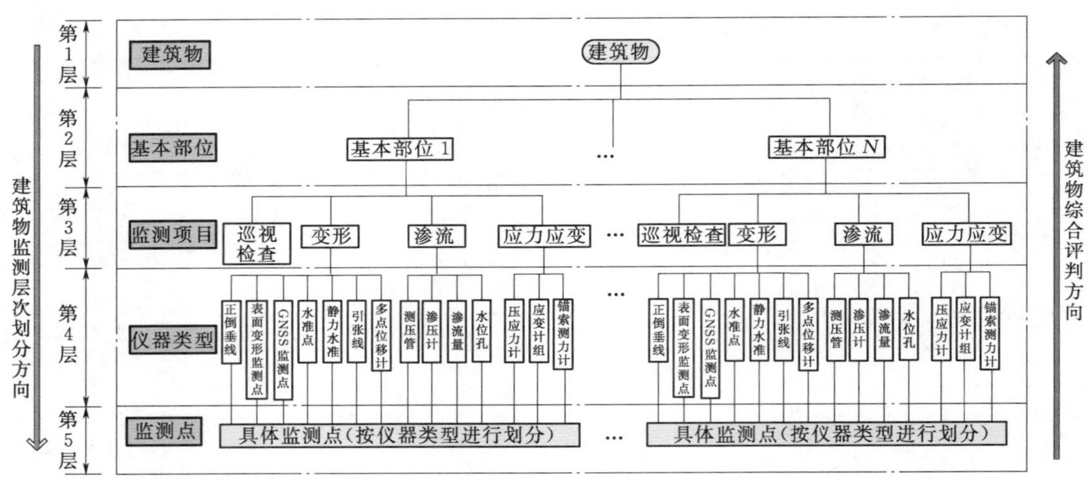

图 9.5-77 建筑物性态分层评价体系图

重大技术问题；对拱坝最大空库状态做出预警；在蓄水期紧密结合仿真计算成果，及时提出分期蓄水计划以及安全监控警戒指标等，实现了从“安全监测系统”到“安全监控体系”的飞跃。

9.5.6.4 可视化监测信息管理及分析预警系统

鉴于监测信息量庞大并需要实时服务于“数值小湾”，特开发了基于BIM技术的三维可视化监测信息管理分析及预警系统，实现了建筑物和监测仪器三维BIM模型和监测、施工信息等二维数据库交互操作无缝集成，并在平台中统一集成了有限元计算模型和计算成果存储与分析，作为“数值小湾”相关计算与监测成果对比分析的后处理平台（图9.5-78和图9.5-79）。

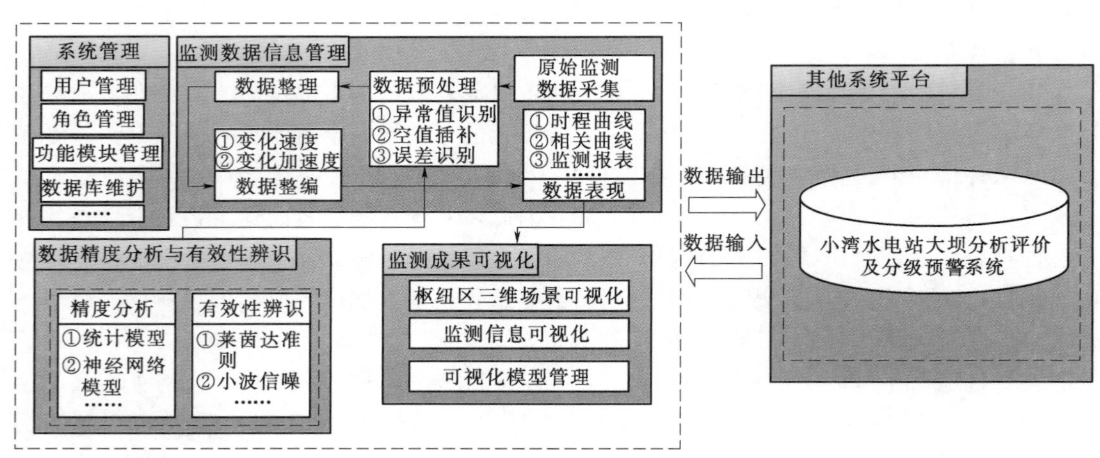

图 9.5-78 系统总体结构图

系统主要功能分为系统管理模块、数据管理模块、测值可靠性分析模块、数值仿真计算模块、可视化管理模块、预警分析模块。管理模块包括用户管理、角色管理、日志管理、数据库设置。监测数据管理模块以考证数据管理为核心，将监测仪器与定义的工程部

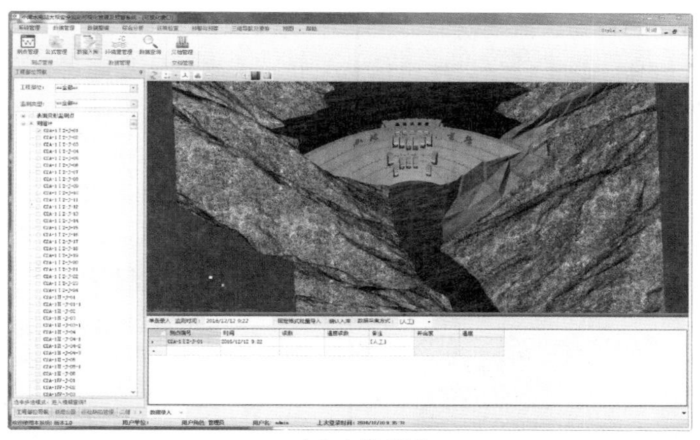

(a) 大坝 BIM

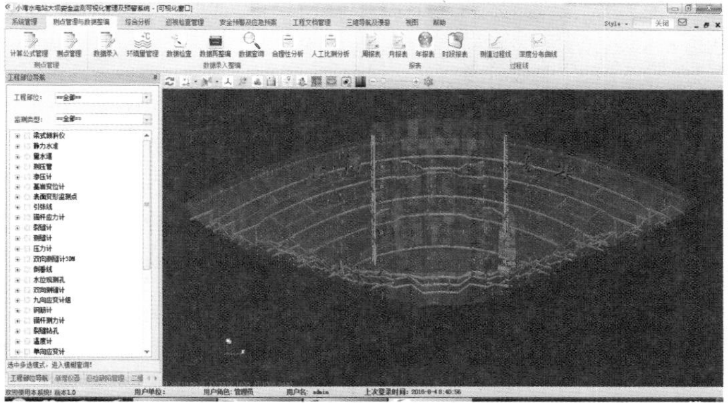

(b) 仪器 BIM

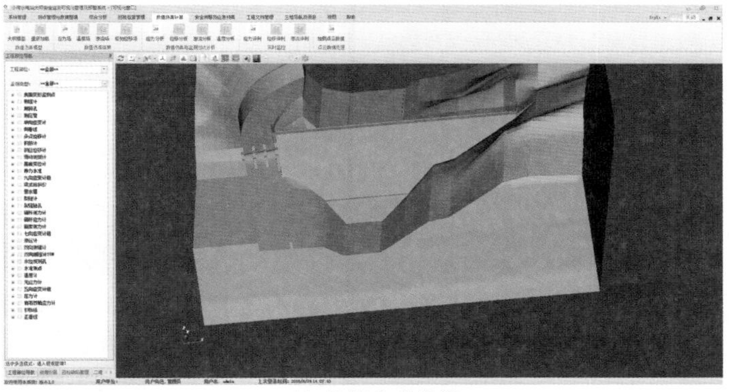

(c) 数值仿真计算

图 9.5-79 安全监测信息可视化管理及分析系统主界面

位、监测断面、仪器类型以及仪器坐标进行关联，实现监测数据的对比分析、曲线绘制、报表输出、建模分析和任意条件组合查询等功能。测值可靠性分析模块是对在实测数据系列中经常会发现的某些测值明显离群的测点进行可靠性分析。数值仿真计算模块功能主要是存储有限元计算模型和计算成果，在系统中自动进行监测值与计算成果对比分析。三维可视化功能主要是通过建立建筑物和监测仪器 BIM，以三维可视化方式实现测点编号和框选大坝区域双向互动查询、曲线绘制、报表生成和虚拟漫游等，并利用BIM属性与工程结构及计算成果信息、施工信息、地质信息关联，实现“所见即所得”的一体化可追溯数字信息，并作为安全分析评价的辅助信息。预警分析模块提供基于监测数据测点→监测项目→监测部位的分层分级预警功能。

系统具有可视化功能、图形分析功能、应力应变计算功能、预警功能（图9.5－80～图9.5－84），对监测数据可采用过程线图、相关图、分布图、等值线图等多种形式进行

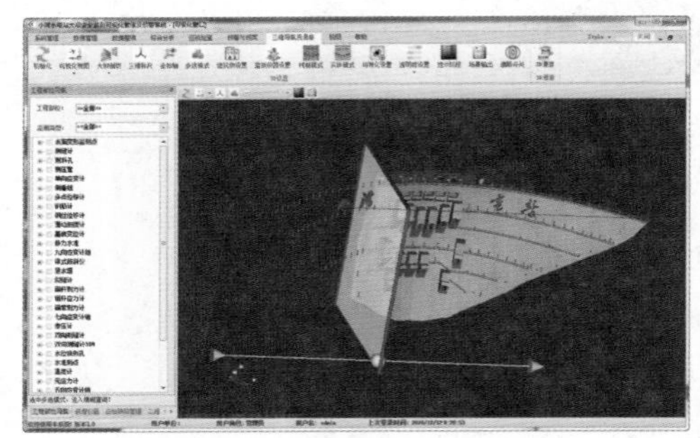
(a) 剖切操作

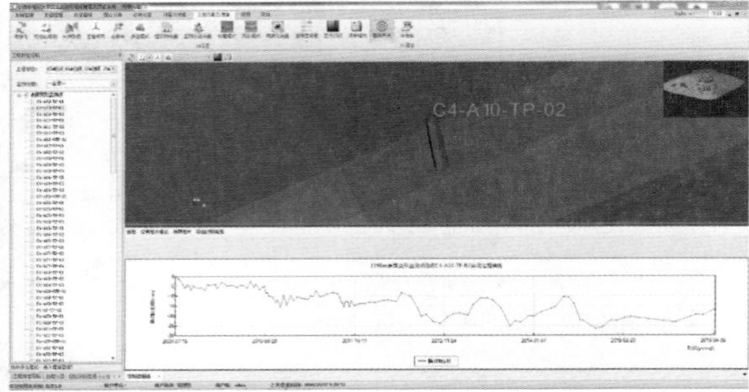

(b) 单点仪器

图9.5－80　可视化功能

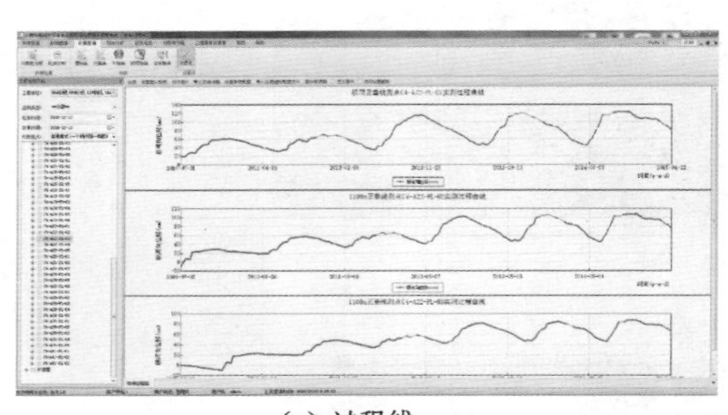
(a) 过程线

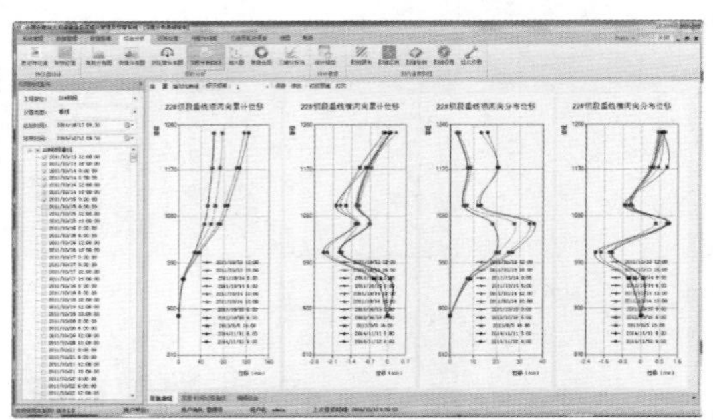
(b) 竖向分布图

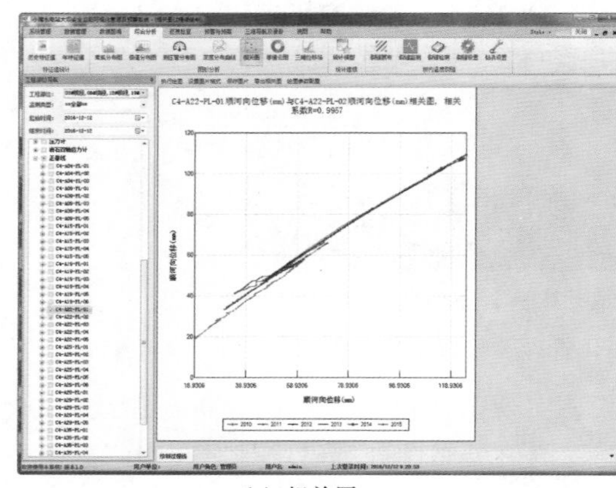
(c) 相关图

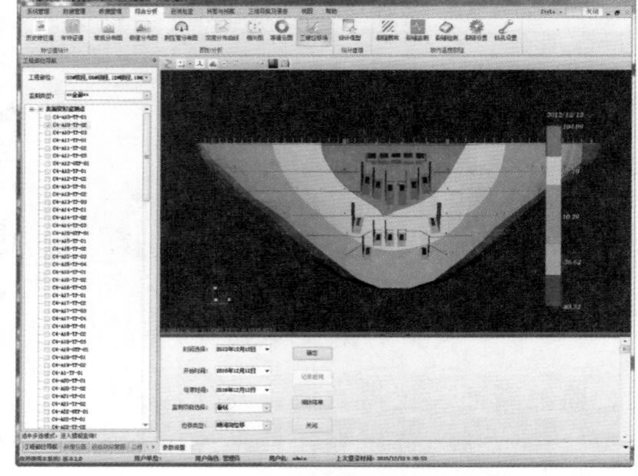
(d) 等值云图

图9.5－81（一）　图形功能

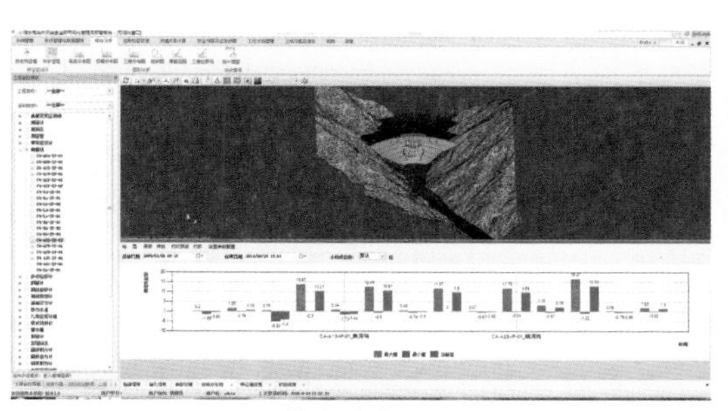
(e) 横向分布图

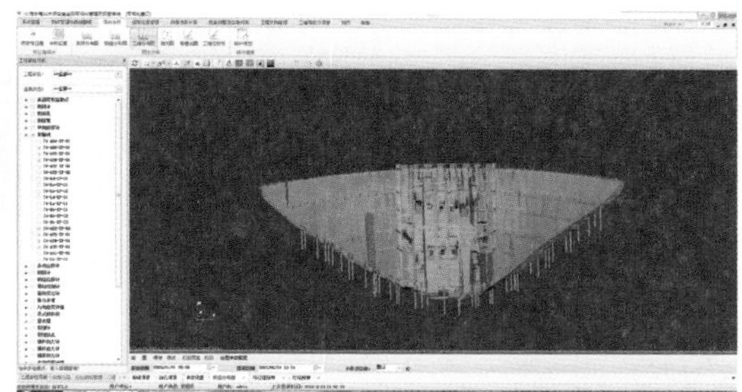
(f) 仪器布置

图 9.5-81（二）　图形功能

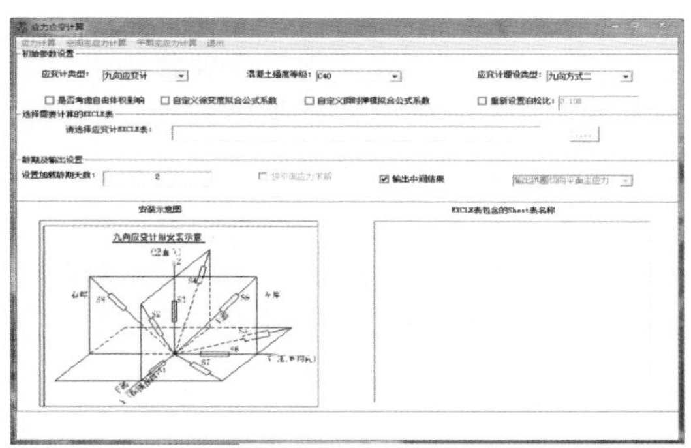
(a) 参数设置

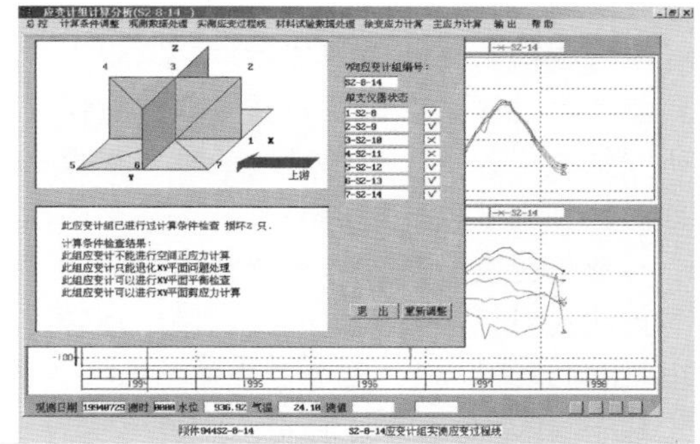
(b) 计算条件检查

图 9.5-82　应力应变计算功能

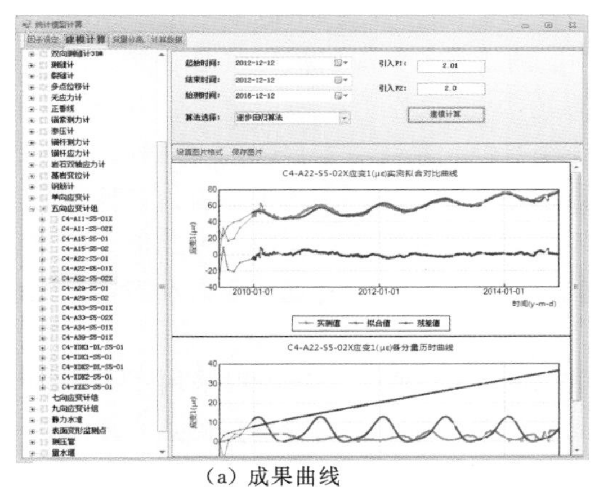
(a) 成果曲线

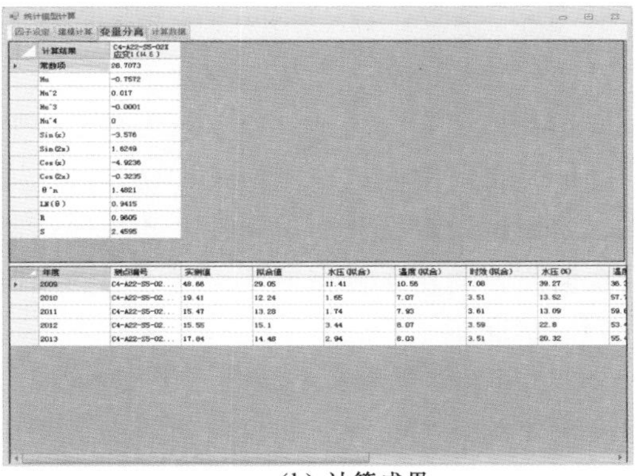
(b) 计算成果

图 9.5-83　BP 神经网络模型计算界面

显示，可进行应力应变、主应力、无应力建模计算，对监测数据可进行统计回归、BP 神经网络计算建模计算。

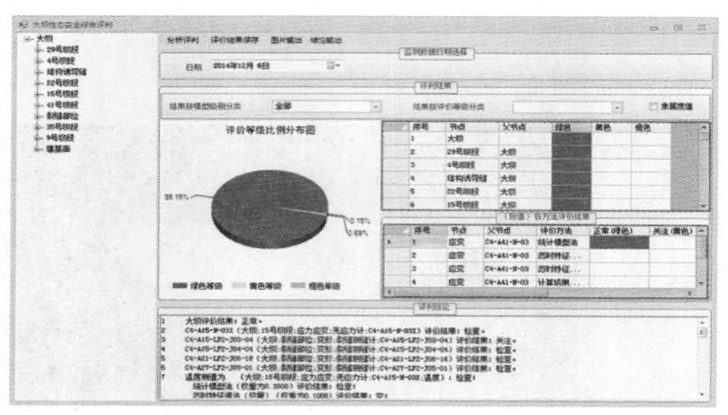

图 9.5-84　预警分析功能

9.5.7　监测技术创新

9.5.7.1　监测体系创新

传统安全监测一般是根据枢纽工程各建筑物的规模和重要性，布置多个监测断面，用监测项目和仪器数量的布置来区分监测建筑物的重要和次要性。这种设计方法是将工程作为局部、零散、静态的过程来处理。

小湾从施工期就建立了全方位、全过程、信息化动态设计理念，将监测要素（监测项目、监测点及网络的布局、仪器选型、监测手段、监测频次及人工巡视检查等）作为系统工程看待，与监测设计级别建立对应关系，以工程的关键技术为切入点，紧跟工程建设进程，以建筑物监控等级的变化为基础对各监测要素进行动态调整，及时作分析反馈。一方面，为数值仿真计算提供依据，共同作为研究解决工程重大技术难题的重要支撑；另一方面，不断优化和完善监测系统本身，提高针对性和有效性，形成一个真正意义的动态监测系统。

与数值仿真分析计算系统共同构建的“数值小湾”，对拱坝工作性态及时做出分析反馈与预测；对拱坝最大空库状态做出预警；提出蓄水计划及安全监控警戒指标，实现了从“安全监测系统”到“安全监控体系”的飞跃。

基于 BIM 技术开发的安全监测信息管理及分析评价系统，实现了三维模型和二维数据库交互操作无缝集成。

9.5.7.2　监测技术创新

（1）监测新技术集成与数据融合。建成了集混凝土内部裂缝杆联式监测系统、800m 长弧线型激光三维变形监测系统、横缝开度实时动态监测系统、GNSS 变形监测系统于一体的 300m 级高拱坝实时监测体系，实现了多种监测新技术集成创新与数据融合。

（2）大型监测自动化系统技术。接入测点多达 6000 个以上，采用物理层面的子系统分层结构模式，成功地解决了超大型安全监测系统自动化系统数据传输的可靠性、实时性问题，是目前国内已建成最大、最复杂的安全监测自动化系统，技术上具有前沿性、先进性、实用性及对行业的引领性。实现地震监测系统对自动化系统的实时触发功能，扩充了安全监测自动化系统在地震工况下的动态监测能力，解决了以往对地震实时动态监测无能为力的状况。

（3）800m 长弧线型激光三维变形监测。目前拱坝水平变形监测一般采用正垂线、表面变形监测点相互补充和校核，但正垂线存在无法兼顾全面，表面变形监测点观测工作量巨大、无法实行自动化以及受环境变化影响精等缺点。为弥补常规变形监测仪器的固有缺点，在 1190m 检查廊道布置 1 条 800m 长的激光三维测量系统，实现了曲线坝型的自动测量坝体的三维变形，见图 9.5-85。

（4）混凝土内部裂缝杆联式监测。针对混凝土大坝内部裂缝难以跟踪监测、监测范围有限、仪器精度不够的问题，提出了创造性的解决方案，分别为小量程高精度的传感器

（量程 0.5mm、精度 0.001mm）和大量程传感器（量程 5mm、精度 0.01mm），在钻孔内平行布置（图 9.5-86），并获得发明专利。

（5）坝体横缝开度动态监测。布置光纤光栅动态监测系统实时监测横缝开合度和跨缝钢筋计，在地震发生时实时监测横缝开合度和跨缝钢筋应力变化过程。

（6）坝顶 GNSS 变形监测。在坝顶布置了 GNSS 测点，测量坝体水平变形，解决了传统表面变形监测点存在的全天候、高精度、实时动态测量问题（图 9.5-87）。

图 9.5-85　800m 长弧线型激光三维变形监测系统现场照片

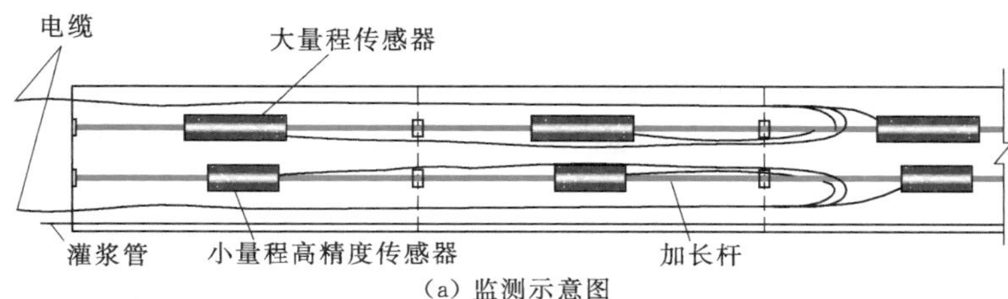

(a) 监测示意图

(b) 仪器

图 9.5-86　混凝土内部裂缝杆联式监测系统示意及仪器

图 9.5-87　坝顶 GNSS 变形监测系统仪器

9.6　发展与展望

安全监测具有自己的专业特点，但又依托于土木结构、岩土工程、仪器仪表、计算机技术、数值分析、自动控制、通讯、工程设计与施工等多专业和多学科的发展而发展，是一门跨学科和多专业交叉的边缘性学科，极具挑战性。随着我国特高拱坝工程的兴建，对安全监测的要求及给予的希望越来越高，其技术的发展与进步势在必行。

9.6.1　监测仪器设备

经过几十年特别是近10余年的不断努力，大坝安全监测仪器无论从仪器原理、规格、性能和自动化程度等方面都取得了长足进展，总体上可以满足实际工程安全监测的需要。目前已有差动电阻式、钢弦式、电容式、电阻应变片式、电感式、电磁式、滑线电阻式等10余种原理制造的监测仪器在拱坝安全监测中广泛应用。

GNSS变形监测系统、折线式激光三维测量系统、激光扫描系统、适合全天候自动观测的干涉雷达系统、INSAR合成孔径雷达、卫星遥感等新型技术、光纤光栅、光纤陀螺技术、智能传感器、渗流热监测等技术日趋成熟，逐渐在工程中得到应用，发展前景广阔。

9.6.2　监控体系

随着拱坝数值仿真计算技术、大容量云计算技术和建筑物信息模型BIM等综合技术的进步，将监测系统与数值仿真计算紧密结合，施工过程监控实时化（如智能浇筑监控系统、智能温控及通水监控系统、智能灌浆监控系统等）、基于BIM的可视可追溯化（以建筑物BIM核心为可视化对象，集成参建各方的设计成果、施工过程、原材料参数、监测检测等动态参数等全阶段可追溯信息）、全周期的预警预报程序化是今后一段时间拱坝，尤其是特高拱坝安全监控的主要努力发展和提高的方向。

9.6.3　监测资料分析方法

9.6.3.1　监测资料分析数学模型

针对当前单点数学模型和多测点“分布数学模型”特点，今后应对监控模型的完善和改进开展多方面的深入研究。例如，对监测量影响因素的进一步描述，包括考虑材料流变特性的时效分量的因子设置、考虑到温度滞后作用的瑞利分布函数的应用、考虑渗流滞后影响因素渗流分析模型等。此外，还包括时间序列分析、回归与时序结合的分析方法、数字滤波方法、非线性动力系统方法等，以及新的理论及方法，包括灰色系统、神经网络、模糊数学等。

9.6.3.2　综合分析评价方法

将现代数学理论、信息处理技术应用于大坝监测的综合分析评价是近几年的一个发展趋势，现在主要有层次分析法和综合分析推理法。此外，国内学者还从多个角度、多种途径对监测性态的综合分析方法进行了研究，包括模糊评判与层次分析相结合的方法、模糊模式识别方法、模糊积分评判方法、多级灰色关联方法、突变理论方法、属性识别理论方

法等，这些研究中应用了现代数学领域的系统工程方法，得到了一批有价值的研究成果。这些方法的应用有助于从多方面解决复杂的大坝监测性态综合分析评价问题。

9.6.3.3 反分析方法

传统单点混合模型、确定性模型的建立中已包含反分析的内容。目前，国内在变形的反分析中已经较普通地采用多测点的混合或确定性模型。除去基于监测数据测值序列、通过传统回归分析方法进行变形反分析之外，还提出利用变形测值的“差状态”，通过刚度矩阵分解法、改进和优化方法对位移场进行反分析的方法。

9.6.4 辅助决策专家系统

近年来兴起的大坝安全综合评价专家系统，就是在专家决策支持系统的基础上加上综合推理机，形成“一机四库”的完整体系。它着重应用人类专家的启发性知识，用计算机模拟专家对大坝的安全性态综合评价（分析、解释、评判和决策）的推理过程。由于监控指标的有效性及推理决策机制的复杂性，国内外专家系统目前都还处于起步阶段，有待进一步完善。

9.6.5 基于物联网预警云服务技术

随着传统工程建筑物安全监测向着城市地下空间、地质灾害治理、尾矿库、水利信息化等领域的延伸，安全监测日益成为公共安全领域不可或缺的一部分。基于物联网、云服务平台结合安全监测向公共安全转变的趋势，基于物联网云服务平台的智能安全监测预警系统会是下一步发展方向，实现监测点GIS信息（监测点位、地形地貌、实时影像、仪器状态）综合显示、监测信息在线分析和远程专家会诊和公共安全群测群防的一体化联动预警机制等。

9.6.6 可视化大数据的安全监测信息管理及预警系统

大数据、物联网、云存储、3S及BIM等技术已逐渐融入到当前各领域，安全监测具有动态实时大数据、伴随建筑物全生命周期、物联网远程自动采集和处理分析等特点。

对于水利水电工程而言，涉及地理环境、基础设施、工程建设、自然资源、地质灾害、生态环境、社会和经济状态等各种信息和多源异构大数据，工程的数字化、信息化、可视化、智能化需求迫切。综合3S技术、通信网络、虚拟仿真等技术，利用三维BIM及3S可视化及大数据的特点，工程监测BIM可视化管理系统及预警平台可以以建筑物BIM模型为纽带，连接设计信息和施工阶段可追溯的数字化工程建设质量信息及运行期建筑物健康信息，把不同阶段看似孤立的不同数据进行挖掘并分析其关联性，实现监测信息的可视化管理、输出及结合物理模型及大数据挖掘模型的预警分析等功能，提供“所见即所得”的“一站式”高效、低成本的辅助决策和管理平台，是今后建筑物智能安全监测信息管理及预警系统发展的方向。

参 考 文 献

[1] 李珍照．大坝安全监测［M］．北京：中国电力出版社，1997.

[2]　吴中如．水工建筑物安全监控理论及其应用［M］．北京：高等教育出版社，2003.
[3]　顾冲时，吴中如．大坝与坝基安全监控理论和方法及其应用．南京：河海大学出版社，2006.
[4]　张秀丽，杨泽艳．水工设计手册：第 11 卷 水工安全监测［M］．2 版．北京：中国水利水电出版社，2013.

10 高拱坝时空特性

10.1 研究高拱坝时空特性的意义与方法

10.1.1 意义与目的

拱坝属空间壳体结构，受实际地形地质条件、施工过程、蓄水周期、运行环境以及坝基岩体和坝体混凝土材料等因素的影响，时空效应极其显著，尤其对于承受巨大水推力的高拱坝来说，其特性往往存在从量变到质变的问题。当前，常规的数值分析计算模型普遍存在如下问题：

（1）拱梁分载法为国内外拱坝设计计算的基本方法，并已形成配套的应力控制标准。该方法力学概念清晰，可以给出坝体的整体应力水平及总体应力分布规律。但采用半无限伏格特地基假定，未考虑坝体与坝基岩体之间的相互作用；对坝基岩体变形模量的选取往往带有经验性；无法模拟坝内大型孔洞及附属结构物效应；对温度荷载、水荷载以及坝体自重的加载过程只能作简化假定。因此，该方法无法揭示坝体-地基系统的应力状态的变化过程及真实工作性态。

（2）有限元方法在模拟坝基岩体特性及计入坝体与坝基相互作用等方面较拱梁分载法有所发展。但常规的线弹性有限元计算沿坝基面附近等部位存在局部应力集中现象，而这些部位的应力往往是控制拱坝体形设计及混凝土强度设计的关键，即便采取等效应力换算方法，也仍难做出合理评判。非线性有限元仿真计算尽管可以在一定程度上消除应力集中现象，但由于对荷载仅采用有限的分步加载，对坝体混凝土及坝基岩体材料特性采取恒定参数赋值，计算结果所反映的并非拱坝的真实工作性态。

（3）岩土边界条件对建筑物变形、应力分布等至关重要，在数值计算中客观模拟拱坝坝基边界条件成为评判计算成果的主控因素。现有计算技术的发展对于模拟坝基岩体的空间分布已无大制约，包括复杂的地质构造及地质缺陷，但对坝基岩体进行恒定的参数赋值是传统数值分析模型中普遍存在的主要问题。拱坝置于天然地应力场经开挖卸载、加固处理、坝体浇筑、蓄水加载及库水周期性运行等过程调整的坝基岩体上，岩体特性处于不断变化的动态过程。传统数值计算成果与相关监测信息往往难以吻合的主要原因之一，在于坝基岩体特性参数“给不准”，未能反映岩体特性的时空变化规律。

（4）拱坝混凝土从拌和、浇筑开始经历一系列物理化学演变过程，其力学特性及热学特性随龄期、周边约束条件及强度分区具有明显的时空效应。限于常规混凝土试验方法及条件（尺寸、龄期等）或工程检测样本（数量）及方法的制约，难以获得坝体混凝土真实的力学特性及热学特性，传统数值分析计算中普遍存在混凝土材料参数“给不准”问题，也是导致计算成果与相关监测信息难以吻合的主要原因之一。

（5）拱坝内部温度与混凝土的热学性能、浇筑、龄期、温控措施、库水及周边环境等因素密切相关，经历从不稳定到逐步循序稳定的过程，具有显著的时空特性。而由温度变化引起的温度应力则更为复杂，涉及混凝土的力学性能、约束条件等，时空特性更为显著，是数值模拟的主要难点之一。传统的拱坝温度及温度应力计算往往针对典型的单坝段或有限的多坝段开展，难以反映其时空效应，即便采用的是全坝段温度仿真分析，由于缺乏翔实的现场施工记录与检测监测成果支撑，不得不对混凝土浇筑层及分块、温控措施等信息作某些简化或处理，得出的成果仍与实际情况差别较大，甚至出现计算存在较大拉应力的拱坝，混凝土实际并未开裂，而计算拉应力并不大的拱坝，恰恰出现了开裂现象。

（6）鉴于拱坝混凝土材料和坝基岩体工程特性、坝内温度等时空演化的复杂性，以及工程实施过程中存在的各种客观影响因素，数值仿真计算的基础与准确性，除取决于理论分析方法、计算模型及手段外，尚需借助于工程监测信息进行反演分析。传统的水电工程监测尚处于监测工程安全的单纯阶段，在监测布置设计、监测项目及测点布设数量、监测信息整理、整编及分析等方面还不具备为仿真计算及时提供完整、全面、系统的监测信息的要求，紧随工程建设和运行开展监测信息动态反馈与数值计算模型相互校验的研究成果十分少见。

（7）有别于土石坝、混凝土重力坝等坝型，拱坝结构空间效应十分显著。拱坝-地基系统的整体效应随混凝土浇筑、封拱灌浆、坝基固结灌浆、坝基坝肩加固处理等进展，自下而上逐渐形成，是一个动态变化过程。在这一过程中，由混凝土自重、混凝土温度变化及初期蓄水等因素引起的应力及变形效应赋存下来，影响拱坝-地基系统的永久工作性态。传统的一次性加载或有限的分步加载模式，无法反映坝体应力及变形的这一效应，计算结果必然有所失真，也是导致计算成果与相关监测信息难以吻合的主要原因之一。

（8）渗流安全是评价拱坝安全的一项重要指标。库水及其渗流对坝体、坝基裂隙岩体的影响是全方位的，一方面，水体渗入介质影响相应的物理力学参数，渗压直接以力的方式作用于相关介质；另一方面，渗流场与介质应力之间存在耦合关系，相互影响和作用。渗流场的模拟涉及因素众多，尤其是地质条件及工程防渗排水系统，较为复杂，传统的数值计算往往对其不予考虑，缺乏渗流场的影响也会导致计算结果与监测信息偏离。

综上所述，高拱坝时空特性涉及因素众多，这些因素相互作用，忽略或摒弃其中一项均有可能会导致分析计算结果的失真或出现偏差。鉴于分析研究的难度及计算量的浩瀚，当前，众多学者和工程技术人员从不同角度针对个别因素开展研究，取得一些成果，但仅表明这些因素的影响程度或范围。要研究高拱坝时空特性，尚需要在传统和经验的基础上创新思路，在分析理论、计算方法及计算手段等技术方面取得突破，紧密结合实际拱坝工程进行系统的探索与研究，基于对坝基岩体及混凝土材料动态特性的把握，结合完善的监测与检测信息，通过数学模型逼近真实地客观模拟和反映影响拱坝时空特性的若干动态因素，实现真正意义上的写实仿真，才能定量掌握高拱坝的真实工作性态。

近年来我国已先后成功建成 7 座坝高超过 200m 的高拱坝，正在拟建 3 座 300m 级和 4 座坝高超过 200m 的高拱坝，高拱坝的建设技术从勘测、设计、科研、施工到运行管理各方面堪称世界一流。但由于缺乏对高拱坝真实工作性态的定量认识，尚未形成相关的规程规范和安全控制标准，在高拱坝设计中仍参考 200m 级以下的规程规范，存在一定的不

确定性以及安全经济的合理性等问题。一些拱坝工程在施工和运行过程中或多或少出现了尚未预计到或超出预计程度的诸如坝体混凝土开裂、坝基岩体卸荷松弛变形、坝肩边坡及拱座岩体变形稳定、坝体变形监测值不符合拱坝变形一般规律等问题。迫切需要研究高拱坝时空特性，以揭示高拱坝的真实工作性态，形成系统的分析评价体系及安全控制标准。

10.1.2 分析方法

高拱坝时空特性分析方法的核心，即是在高拱坝数值分析中引入四维时空概念，建立全方位信息化动态跟踪机制，按照“基础性理论分析研究-工程实践-信息反馈-针对性理论研究及针对性分析计算方法研究-工程实践”的螺旋式上升技术路线开展分析。其精髓，在于理论研究成果在工程实践中得到不断校验。

鉴于集众多技术难题于一身的特殊工程地位及认识现状，小湾工程从建设初期便开始建立信息化动态设计理念，全面、系统地布设了监测项目，具备提供丰富、翔实实测资料及监测成果的信息基础，是开展高拱坝时空特性研究不可多得的依托工程。本章以小湾拱坝为例，论述高拱坝时空特及分析方法。

从小湾拱坝坝基开挖后期，紧密跟踪工程建设进程，将数值计算分析系统与安全监测系统紧密结合，共同构建起“数值小湾”，研究设计了一套循环分析计算与研究流程（图10.1-1）。

按照图10.1-1所示的分析计算与研究流程，首先整理归纳工程实施的设计文件，建立工程设计准则、地形地质条件及温度环境、施工状况、大坝和坝基边界条件及参数等方面的数据库及拱坝-地基系统的监测系统及数据库。依据数据库，同步建立四类有限元数值计算模型：应力应变场模型、温度场模型、渗流场模型及基于地应力场的坝基岩体开挖松弛位移场模型，进行循环仿真计算分析。建模数据来源于设计实施方案、实际施工记录，现场试验及监测结果，监测及检测项目及空间布设点与模型一一对应。

通过对坝基岩体进行超前和跟踪监测、检测，分析研究岩体质量的时空特性及分布规律（详见第2章）；开展长龄期混凝土试验及全级配混凝土试验，研究坝体混凝土的时空特性（详见第3章），将具有四维时空特性的坝基岩体及混凝土材料参数，以动态的时空对应方式输入数值仿真计算模型。

通过反演坝址区初始地应力场及模拟坝基开挖过程，利用可靠的全变形监测成果，反演坝基岩体开挖前后的岩体力学参数，进行松弛效应分析，确定松弛岩体流变参数和首仓坝体混凝土浇筑时刻坝基岩体的地应力场，将其作为应力应变场模型以及渗流场模型的输入。此后，在应力应变场模型中，按照大坝混凝土实际浇筑过程，考虑松弛岩体变形的时空效应进行仿真计算，根据松弛区岩体的变形计算值与相应监测值的对比分析，对其作反馈调整。

将温度场和渗流场模型的计算结果按照时空对应传递至应力应变场模型，同步进行仿真计算，并将计算结果与监测系统成果作对比，分析查找之间存在的差异及原因。据此，一方面反演调整相关参数，从理论上探索新的解决途径，研究改进计算方法、修正计算模型；另一方面，动态优化调整监测体系，并排查实际施工中非理论上的客观影响因素（包括环境、设备及人员操作等）。追踪施工过程，反复循环计算，直至计算结果阶段性逼近

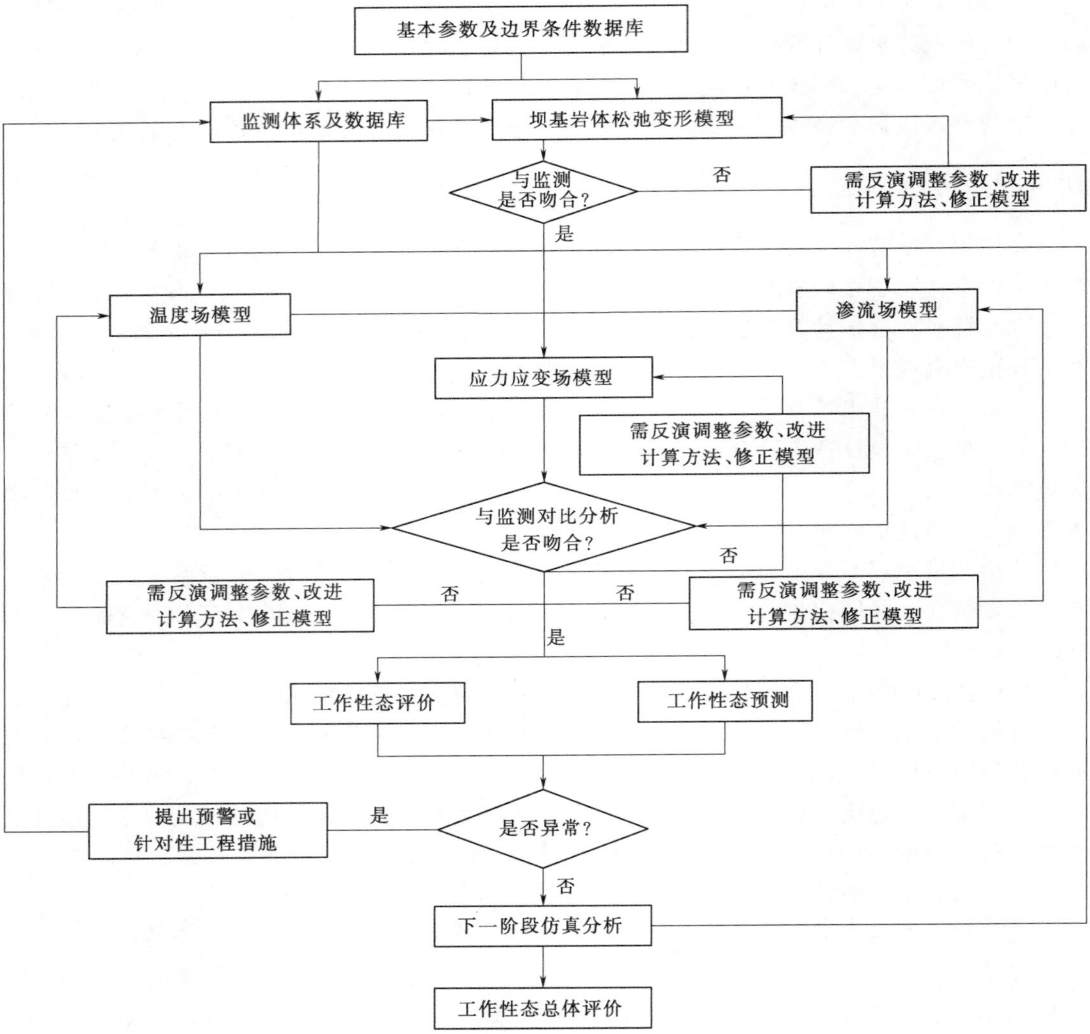

基本参数及边界条件数据库
监测体系及数据库
坝基岩体松弛变形模型
与监测是否吻合？
否
需反演调整参数、改进计算方法、修正模型
是
温度场模型
渗流场模型
应力应变场模型
需反演调整参数、改进计算方法、修正模型
与监测对比分析是否吻合？
否
需反演调整参数、改进计算方法、修正模型
否
否
需反演调整参数、改进计算方法、修正模型
是
工作性态评价
工作性态预测
提出预警或针对性工程措施
是
是否异常？
否
下一阶段仿真分析
工作性态总体评价

图 10.1-1 “数值小湾”流程

真实。此时，便可对拱坝-地基系统在该时段的工作性态做出分析评价，并对下一阶段的工作性态做出预测。若判断有异常，则对出现的异常进行分析，对相关设计方案、设计参数、施工技术要求和方法以及监测系统作必要的调整或采取必要的工程处理措施。随后，跟踪调整工程措施的实施，修正计算模型，再次进行循环计算。无异常，则进入下一阶段的循环计算。最终，对完建的拱坝-地基系统在初期蓄水及正常运行周期工况下的工作性态作出系统的分析评价。

基于“数值小湾”揭示的高拱坝真实工作性态，分析研究高拱坝时空特性演化机理，一方面提出拱坝运行安全监控指标，对小湾拱坝实施从施工期至运行期进行全过程安全监控，真正实现了从静态监测体系到动态监控体系质的飞跃；另一方面探讨现行分析计算方法、相关规程规范、安全评价体系等的合理性、适应性，提出对有关问题的探讨。

10.2 温度场时空特性

10.2.1 技术路线与计算模型

拱坝从开始浇筑至最终运行，经历坝块浇筑、一期冷却、二期冷却、封拱、蓄水等复杂过程。坝体温度场在施工期、运行期的时空演化规律非常复杂，除了涉及热传导学原理及分析方法（详见第4章）外，还需解决如下关键问题：①混凝土入仓后的水化热过程；②冷却系统的分析模型；③上下游库水温度分布的分析模型；④气温边界的数学分析模型。

上述4个问题，问题①、②比较复杂，目前还没有十分有效且被广泛接受的分析方法；问题③、④研究成果较多、较成熟，总体上已形成了统一的认识。

10.2.1.1 技术路线

温度场仿真反馈分析的总体技术路线见图10.2-1，按照如下步骤展开：

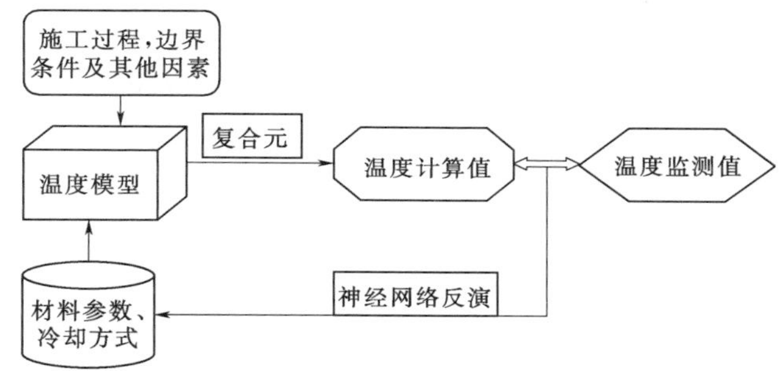

图10.2-1 技术路线

(1) 根据设计参数及实际施工记录，对拱坝温度场进行仿真分析；

(2) 根据施工关键环节，确定关键的时间节点，作为反演温控参数的节点；

(3) 针对关键节点时刻温度测点的监测值，反演影响温度场的主要参数，如绝热温升、浇筑温度、通水温度、通水流量、通水时间等；

(4) 在温控参数反演中，首先反演绝热温升，使时程曲线温度峰值与监测值吻合，再反演其他参数，使仿真温度时程曲线的弯曲程度、斜率等与监测曲线吻合；

(5) 反演误差标准。仿真值与监测值的差值总体控制在3℃以内；

(6) 根据参数反演结果，进行后续施工步序坝体温度的预报；

(7) 将温度预报值与拱坝特征温度进行比较，根据需要适时调整温控措施。

10.2.1.2 计算模型

计算模型是仿真反馈分析的基本依据，其对真实情况的模拟程度直接影响仿真计算结果的精度。因此，计算模型除了坝体结构进行精细写实外，还充分考虑了施工期的复杂边界条件。

模拟的基岩范围：沿与坝体接触的基岩面法线方向，垂直向下延伸50m，在此范围考虑地热对坝体边界温度场的影响。

模拟的坝体结构包括闸墩、孔口、贴角、横缝、推力墩等。

考虑到坝面上游堆渣对库水温的影响，按照堆渣的实施方案进行了模拟。

坝体网格按0.6～1m尺寸控制，总单元数为448966，总节点数为505958，见

图 10.2-2 和图 10.2-3。

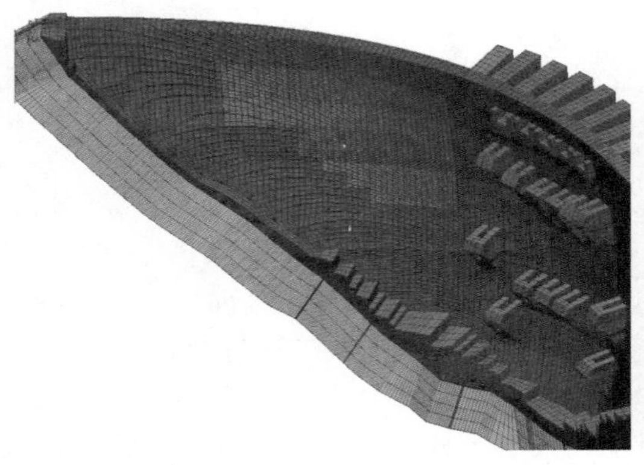

图 10.2-2 整体有限元网格下游（右部） 图 10.2-3 整体有限元网格下游（左部）

10.2.1.3 坝体混凝土基本热学参数

根据浇筑初期的实测资料统计，坝体混凝土一期冷却结束至二期冷却开始之间温度存在较大回升，最大回升值 9.20℃，平均约 4.23℃，多数在 3～5℃之间。坝体混凝土二期冷却结束、横缝接缝灌浆完成后 6 个月仍存在平均约 4.7℃的回升。国内其他工程混凝土冷却后，也存在一定的温度回升现象，但类似于小湾拱坝这样温度回升程度大，混凝土发热龄期长的并不多见。考虑到后期温度回升对大坝施工期和运行期的整体应力带来的影响，开展了长龄期混凝土绝热温升试验，对温度回升的机理和规律进行研究。

混凝土的水化放热过程是一个与其自身温度变化密切相关的过程，小湾采用的低温浇筑方案导致混凝土水化反应放缓，抑制了坝体混凝土的早期水化放热；同时，粉煤灰的二次水化反应龄期较为滞后，采用的高掺粉煤灰使混凝土后期发热现象比较明显。目前国内普遍采用的混凝土绝热温升试验设备无法准确跟踪混凝土发热过程，试验规程规定的水泥水化热仅测试前 7d，混凝土绝热温升试验龄期仅为 28d，缺乏长龄期资料，导致对混凝土后期发热量及放热发展规律判断不准确。

对 B 区（C_{180}35）混凝土进行的长龄期绝热温升对比试验结果表明，当龄期达 150d，实测绝热温升为 35.5℃，并趋于稳定。采用指数Ⅱ型表达式拟合的最终绝热温升值为 39.2℃，该值与其 28d 龄期值相比增长约 43.9%；长龄期绝热温升试验与 28d 龄期绝热温升试验相比，最终绝热温升值增长约 45%。如此之大的后期发热量，将对拱坝施工期和运行期应力带来不容忽视的影响。长龄期与 28d 龄期绝热温升曲线对比见图 10.2-4，计算采用的相关参数见表 10.2-1。

表 10.2-1 混凝土基本热学参数

项目 \ 混凝土标号	C_{180}40（A）	C_{180}35（B）	C_{180}30（C）
导热系数 λ/[kJ/(m·h·℃)]	8.479	8.227	8.016
导温系数 a/(m²/h)	0.003239	0.003116	0.002991
容重 γ/(kg/m³)	2500		

续表

混凝土标号 项　目	$C_{180}40$ (A)	$C_{180}35$ (B)	$C_{180}30$ (C)
比热 c/[kJ/(kg·℃)]	1.047	1.056	1.072
线膨胀系数 α/(10^{-6}/℃)	8.26	8.15	8.1
热交换系数 β/[kJ/(m^2·h·℃)]	47.1 (无保护)/10 (有保护)		

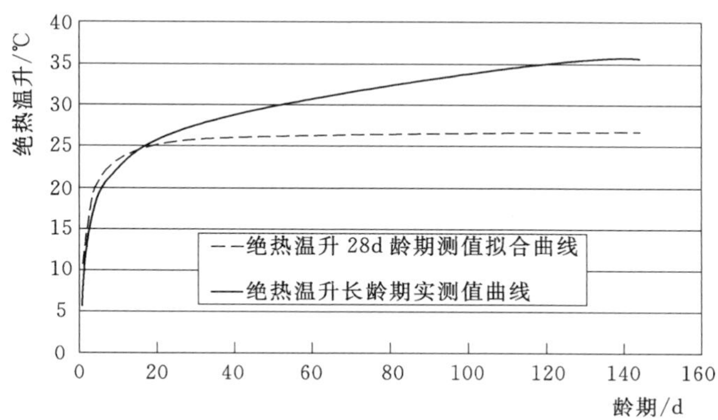

图 10.2-4　混凝土长龄期绝热温升与 28d 龄期绝热温升对比曲线

10.2.1.4　初始条件及边界条件

(1) 气温。坝址附近多年实测气温见图 10.2-5 和图 10.2-6。

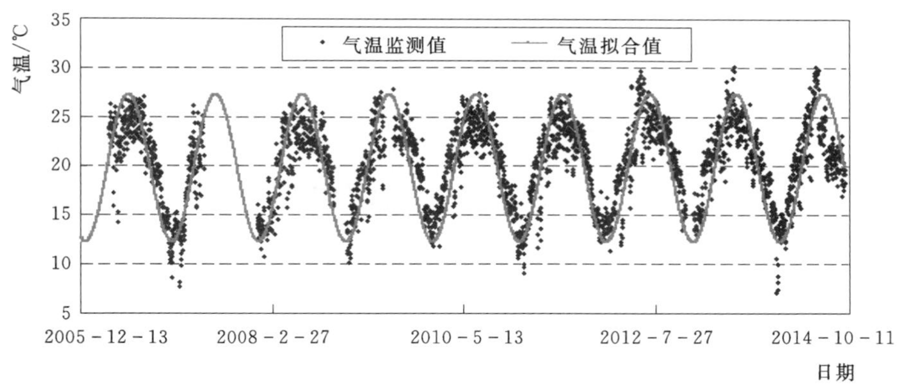

图 10.2-5　气温历时曲线

根据图 10.2-5 可得

$$T=19.784+7.54\times[0.0172\times(t-201)] \tag{10.2-1}$$

式中：t 为距起算时间 2005 年 12 月 13 日的天数。

根据图 10.2-6 可得

$$T=22.5+3\times[0.0172\times(t-201)] \tag{10.2-2}$$

考虑到日照对坝体的影响，将以前的一个空气边界划分为两个区域。上游面为一个区域，坝顶面和下游面为一个区域，边界改变时间如下所示：2009 年 8 月 1 日前，两个区

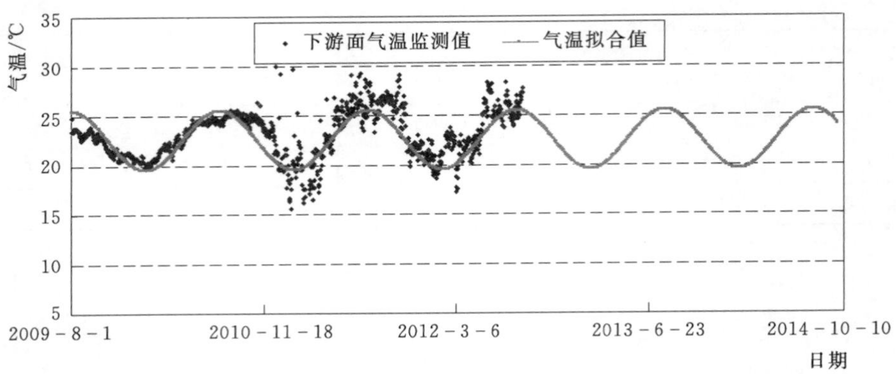

图 10.2-6 下游面气温历时曲线

域的气温边界均采用图 10.2-5 的边界形式；2009 年 8 月 1 日后，坝体上游面采用图 10.2-5 的气温边界，坝体下游面、坝顶面和孔洞采用图 10.2-6 的气温边界。

坝体内部孔洞边界条件的热交换系数 β 相对其他表面减半。

(2) 基岩初始温度场。在 9 号、15 号、22 号、29 号、35 号共 5 个坝段的坝基部位各布置了 4 支温度监测计，依次距离建基面 2m、6m、12m、20m。22 号坝段坝基温度计温度-历时曲线见图 10.2-7。从监测曲线中可以看出，随着仪器埋设深度的增加，9 号、15 号、22 号坝段所监测到的坝基温度略有增加，29 号、35 号坝段所监测到的坝基温度略有减小，但温度的变化率不大，20m 埋设的温度计变化范围在 22～23℃之间。坝肩及坝基以下 50m 范围内岩体考虑地热，50m 边界的地热取均值为 22.47℃。

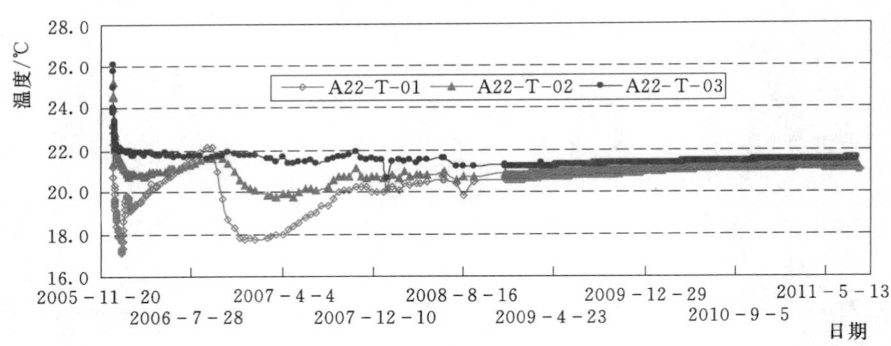

图 10.2-7 22 号坝段基岩温度计 A22-T-01-04 温度-历时曲线

(3) 蓄水过程及库水温度。根据实测水库水温资料，按实际变化情况，分时段分高程分区模拟库水温度，见图 10.2-8 和图 10.2-9，库水位的变化历程曲线见图 10.2-10。任意深度的水温变化为

$$T(z,t)=T_m(z)+A(z)\cos[0.0172\times(t-201)] \tag{10.2-3}$$

$$T_m(z)=c+(T_s-c)e^{-\alpha z} \tag{10.2-4}$$

$$c=(T_b-T_s g)/(1-g) \tag{10.2-5}$$

$$g=e^{-0.04H} \tag{10.2-6}$$

$$A(z)=A_0 e^{-0.018z} \qquad (10.2-7)$$

式中：z 为计算点水深，m；t 为距起算时间 2005 年 12 月 13 日的天数，d；H 为坝前水深，m；T_s 为库表平均水温，取 22.7℃；T_b 为库底平均水温，取 13.05℃；A_0 为库表平均水温变幅，取 3.2℃。

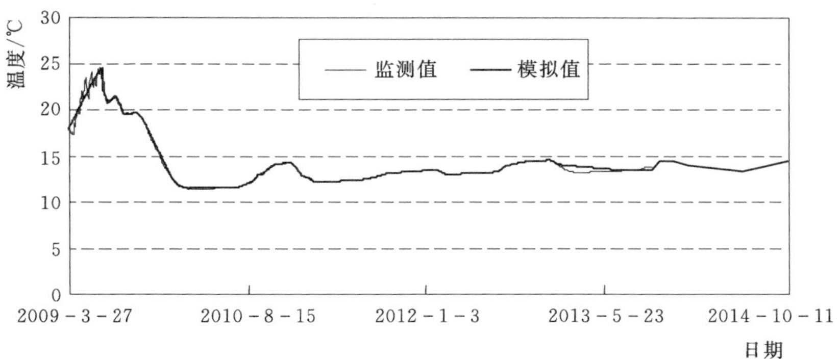

图 10.2-8 高程 1048.5m 水库水温监测值和模拟值历程曲线

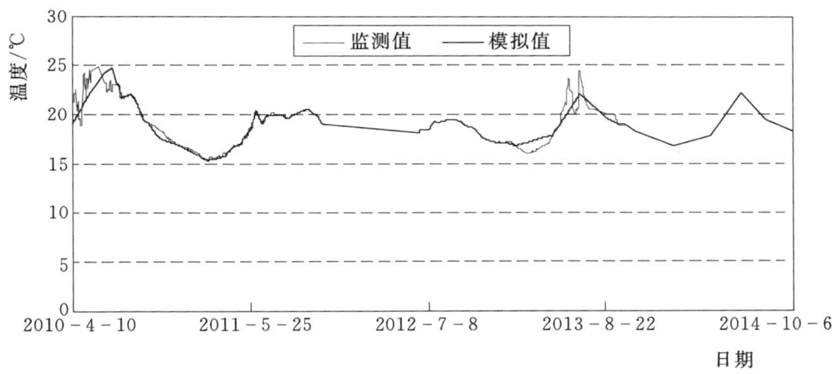

图 10.2-9 高程 1172m 水库水温监测值和模拟值历程曲线

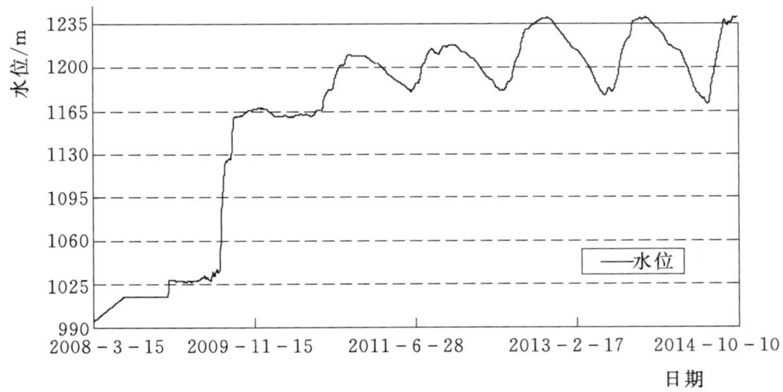

图 10.2-10 水库水位-时间过程曲线

根据图 10.2-10 的蓄水过程，按式（10.2-3）～式（10.2-7）模拟库水温。

（4）其他边界条件。下游水垫塘水温提高 2℃，年变化幅度略有减小。库水表面年平均水温 22.7℃，库底年平均水温 13.05℃，水库表面温度年变幅 3.2℃，温度随着高程和时间变化。

上游坝面堆渣形态见图 10.2-11，根据坝体上游表面测点温度监测值施加边界条件，并分四次施加来模拟上游坝面堆渣形成过程。

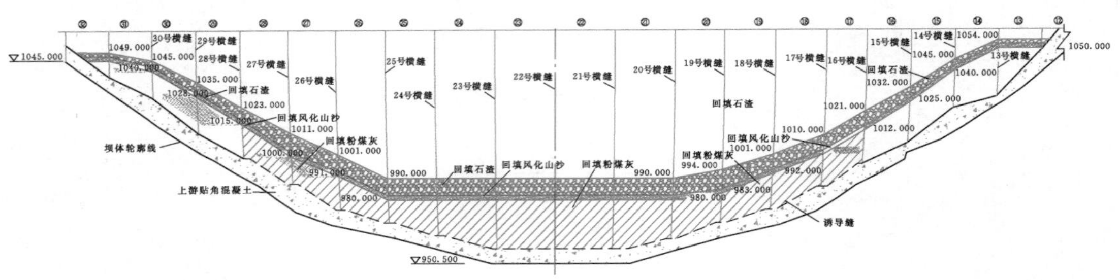

图 10.2-11 坝前堆渣结构布置图

（5）水化热过程的模拟。为反应坝体温度场的时空演化规律，采用分段函数来模拟混凝土的绝热温升问题，即第一次二期冷却结束前采用双曲线式；在第一次二期冷却结束后引入一个热源，根据图 10.2-12，拟用式（10.2-8）来模拟这一热源。

$$\theta(\tau)=\theta_0(1-e^{-mt}) \tag{10.2-8}$$

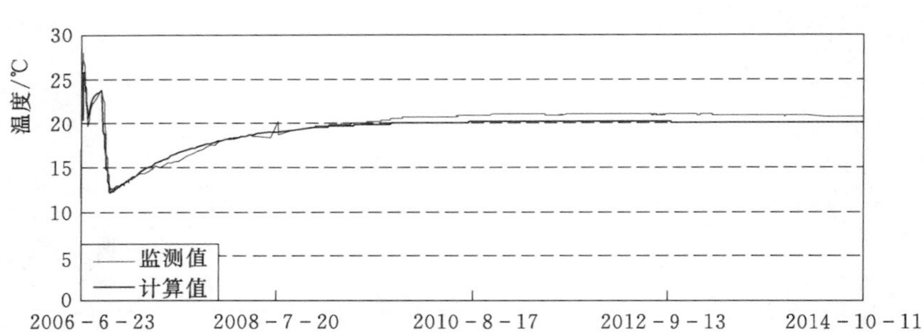

图 10.2-12 温度-时间曲线

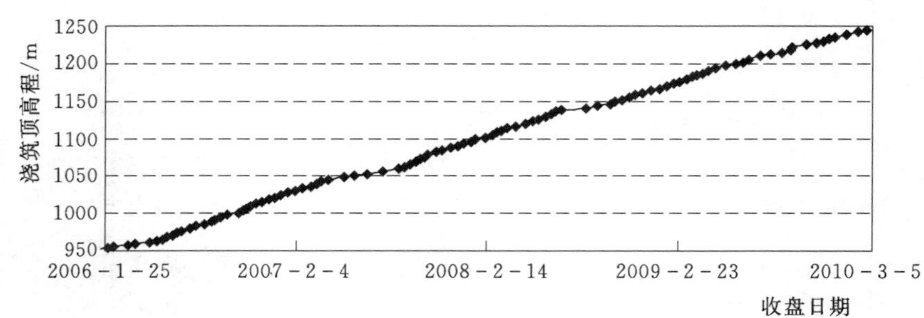

图 10.2-13 22 号坝段混凝土浇筑过程线

第二次二期冷却结束后仍引入同一热源函数模拟温度回升问题。

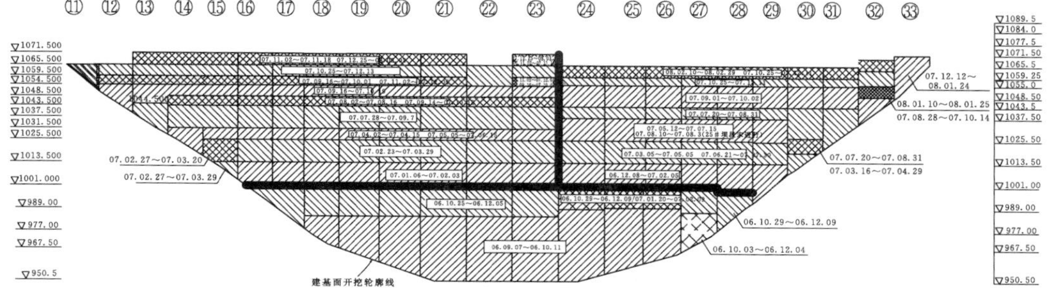

(a) 高程 950.5～1071.5m

(b) 高程 1071m 以上右岸坝段

(c) 高程 1071m 以上左岸坝段

图 10.2-14　坝体二期通水冷却情况示意图

因此，对混凝土水化热模拟的问题就转换为如何确定式（10.2-8）中参数，基于实测温度的反演算法为此提供了较好的解决途径。

10.2.1.5 施工过程

（1）混凝土浇筑。22号坝段混凝土的浇筑过程线见图10.2-13（2010年6月11日封拱灌浆至坝顶）。

（2）通水冷却。坝体二期通水冷却情况见图10.2-14。

冷却水管的冷却参数主要包括通水流量、通水持续时间、通水温度等。由于实际工程中，这些参数通常是动态变化的，具有非常大的不确定性，因此不易准确把握。为了使问题简化，基于实测温度反演冷却参数是一种较好的实用办法。

10.2.2 关键热学力学参数反演

现场实测到的温度带有丰富的信息，它反映了混凝土材料的热学性质及各种因素（包含冷却参数等）的综合作用。反演分析方法详见本书第4章，在式（4-7-3）中，定义 $f_i(\{x\})=T_i(\{x\})$ 为温度计算值，$u_i=T_i$ 为温度实测值，待反演参数向量 $\{x\}$ 包含绝热温升、通水温度、通水时间、通水流量等参数，n 为温度测点总数。

反演过程根据监测温度过程线的特征，划分为两个阶段。

第一阶段（二期冷却前）：由于混凝土浇筑初期，坝体温度场主要受混凝土绝热温升影响，首先根据监测温度反演混凝土一期冷却的绝热温升；冷却参数包括通水温度、通水流量和通水时间，前两者控制坝体最高温度，后者控制坝体温度变化过程。研究结果表明，通水温度对坝体温度的影响比通水流量更敏感，因此先反演通水流量，在其后的过程中不再变化，于是冷却参数就重点反演通水温度和通水时间。通过第一阶段的反演，得到二期冷却前与实测温度过程线满足预期吻合度的仿真温度过程线。

第二阶段（二期冷却开始后）：由图10.2-12可以看出，二期冷却后坝体温度仍有回升过程，据此反演式（10.2-8）中的参数，直至测点温度过程线满足预期吻合度为止。

10.2.2.1 混凝土热学参数

在温度场的计算分析过程中，采用分段函数来模拟混凝土的绝热温升，即第一次二期冷却结束前采用双曲线式；初始反演时，均按表10.2-1设计参数取值，首先反演浇筑初期的绝热温升，根据温度监测结果，第一次二期冷却结束前绝热温升的反演值见表10.2-2。

表10.2-2　混凝土绝热温升反演结果

指标 \ 混凝土标号	$C_{180}40$(A)	$C_{180}35$(B)	$C_{180}30$(C)
绝热温升/℃	$\theta(t)=30.0t/(3.9+t)$	$\theta(t)=27.0t/(4.0+t)$	$\theta(t)=25.0t/(4.0+t)$

在第一次二期冷却结束后引入一个热源，该热源采用抛物线形式来模拟温度回升问题，表达式为：$\theta(\tau)=\theta_0(1-e^{-m\tau})$，高程1100m以下取 $\theta_0=6.0$，$m=0.006$；高程1100m以上取 $\theta_0=3.0$，$m=0.006$；第二次二期冷却结束后仍引入一个热源，该热源采用抛物线形式来模拟温度回升问题，表达式及参数同上，依此类推。

由于拱坝混凝土分仓浇筑，各个混凝土块的浇筑时间和龄期均不同，根据坝体施工过程、温度监测资料，动态反演了混凝土的热学参数，混凝土绝热温升的时空规律见图10.2-15。

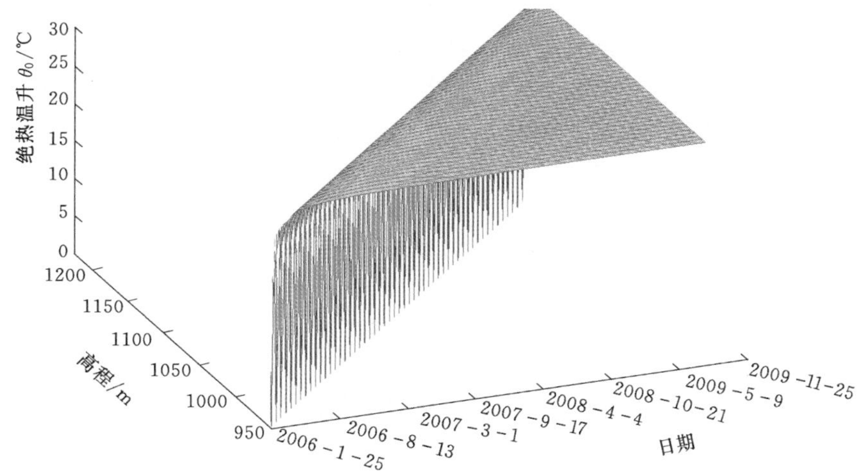

图 10.2-15 坝体混凝土绝热温升时空规律

10.2.2.2 混凝土力学参数

由于拱坝混凝土分仓浇筑，各个混凝土块的浇筑时间和龄期均不同，与绝热温升类似，坝体混凝土弹性模量的时空规律见图 10.2-16。

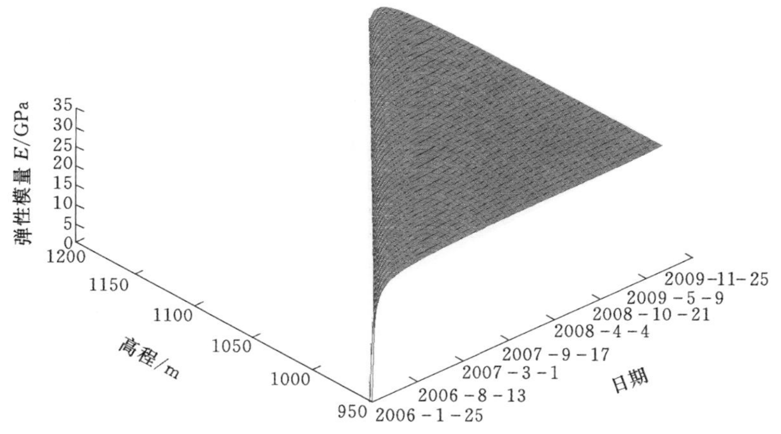

图 10.2-16 坝体混凝土弹性模量时空规律

10.2.2.3 冷却参数

由于施工过程复杂，各个坝块的通水温度、通水时间差异很大，难以一一列出，冷却参数的反演结果总体如下：

（1）一期通水冷却。通水流量 1.3～1.5m^3/h；一期冷却水温采用 7～10℃，一期冷却时间 15～25d，闷温 5～7d。

（2）中期通水冷却。中期冷却通水水温采用16～18℃，通水流量为1.0～1.2m^3/h。

（3）二期通水冷却。通水温度为6～8℃，通水流量1.2～1.4m^3/h；为防止二期冷却降温幅度过大，在二期冷却模拟时建立了预警控制，根据温度测量成果进行了多步二期冷却。

10.2.2.4 温度仿真值与实测值对比

22号坝段主要测点温度过程线的实测值与仿真值对比见图10.2-17～图10.2-21；22号坝段温度测点监测值与计算值对比见图10.2-22。

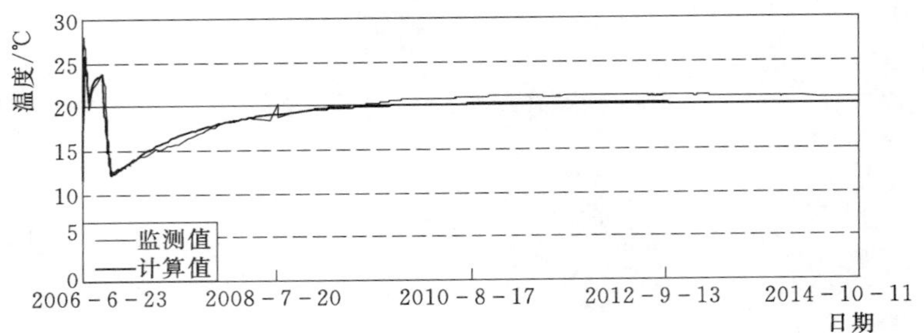

图10.2-17 C4-A22-T-15温度历程曲线（高程974.8m）

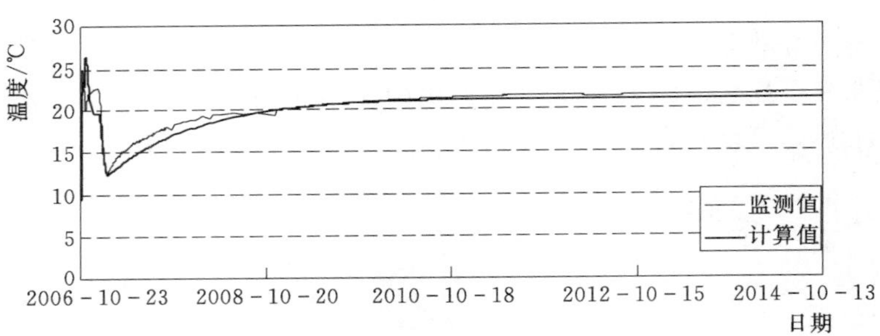

图10.2-18 C4-A22-T-21温度历程曲线（高程1004.6m）

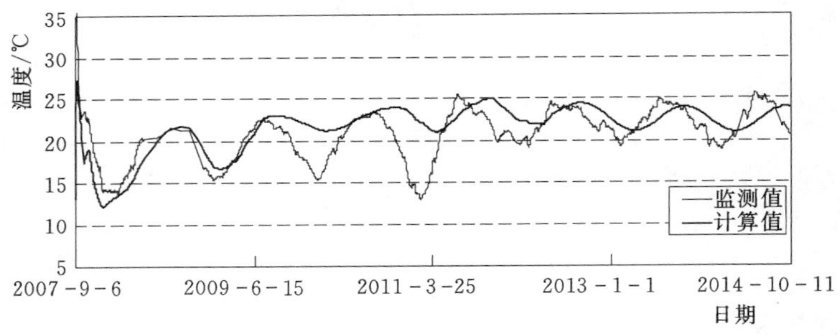

图10.2-19 C4-A22-T-33温度历程曲线（高程1061m）

由图可见，温度变化历程的计算值与监测值总体上相差1～3℃以内，局部点在少数时刻相差在4℃左右；对于坝体内部温度稳定后的测点，仿真计算值与监测值的差别都在3℃以内；少数测点的差异约为4～5℃，这些点主要分布在距离坝体上下游表面附近，其

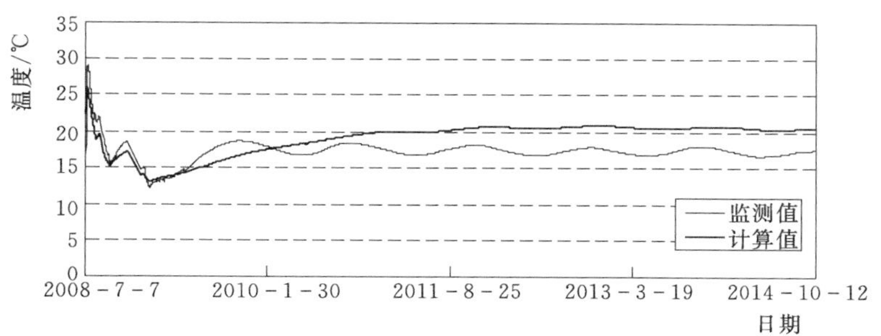

图 10.2-20 C4-A22-T-51 温度历程曲线（高程 1136.8m）

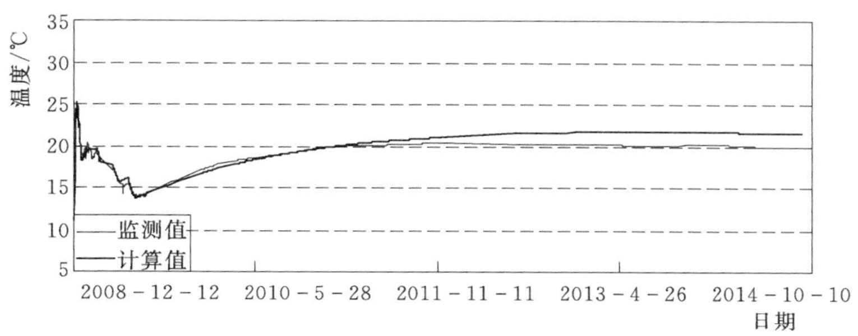

图 10.2-21 C4-A22-T-56 温度历程曲线（高程 1159m）

原因是：表面边界散热条件复杂、各个位置的风速差异大、日照情况不同等，计算中难以模拟这些真实的条件，概化后的边界条件与实际存在差异，导致这些部位的计算结果与监测结果有较大的差异，但对拱坝整体温度场的影响很小。

总之，反演的混凝土热学参数及边界条件能较好地反映坝体实际温度场随时间变化过程及空间上的分布规律，得到的温度历程曲线与监测成果规律一致，数值较吻合。

10.2.3 仿真分析及调控

10.2.3.1 初期温控措施（A 版）

初期温控措施，主要依据现行规程规范并借鉴国内已建拱坝经验，基于传统的材料试验及数值分析计算确定，并从坝体浇筑开始实施，简述如下：

（1）混凝土预冷。为控制拱坝混凝土最高温度，要求坝体混凝土最低出机口温度控制在 7℃以下。采取的预冷措施包括混凝土骨料一次、二次风冷，加片冰、加制冷水拌和等。

（2）控制浇筑温度。坝体混凝土最低浇筑温度按 11℃控制，即要求控制混凝土从出机口至上坯混凝土覆盖前的温度回升值不超过 4℃。

（3）收仓后覆盖。高温季节浇筑河床坝段（18～27 号坝段）基础约束区及孔口部位混凝土，收仓后仓面立即覆盖等效热交换系数 $\beta \leqslant 10$kJ/(m^2·h·℃）的保温材料进行隔热保温 12h，隔热时间最长不超过 1d。

（4）浇筑层厚和间歇时间。河床坝段：基础约束区浇筑层厚不大于 1.5m，间歇时间 7d；脱离约束区浇筑层厚可采用 3.0m，间歇时间 7～10d。岸坡坝段：浇筑层厚 1.5～

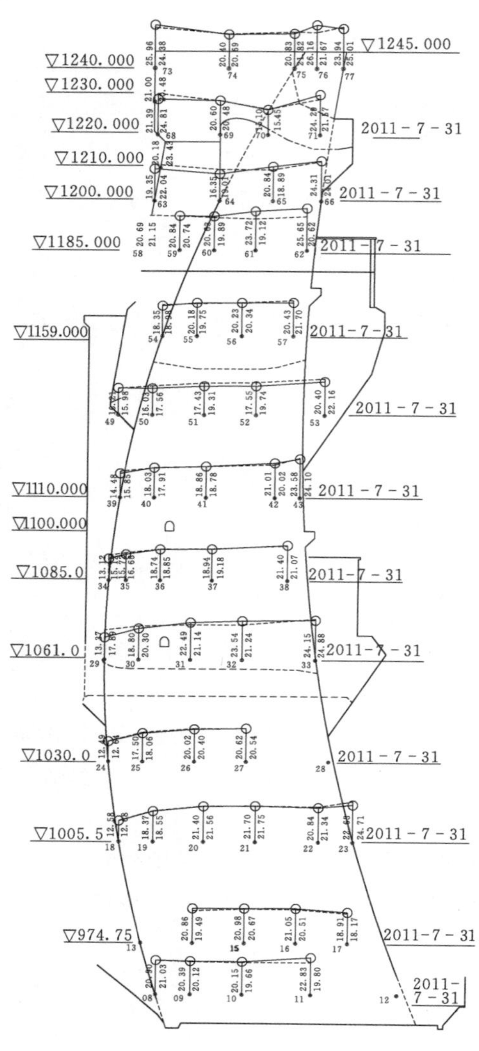

图 10.2-22　22 号坝段温度测点监测值与计算值对比图

3.0m，间歇时间 7～10d。孔口坝段孔口周围 20m 范围内的混凝土浇筑层厚及间歇期与河床坝段基础强约束区相同。

（5）封拱灌浆温度沿坝厚方向的梯度。为减小拱坝运行期的温度荷载和温度应力，提出对同一高程灌区内混凝土灌浆温度从上游至下游方向依次升高，形成温度梯度，具体设计方案为将同一高程灌区沿坝厚方向分成上、中、下 3 个灌浆温度分区（Ⅰ区、Ⅱ区、Ⅲ区），封拱灌浆温度从上游至下游依次升高 1.0～4.0℃，并要求实施中对同一灌区的相邻坝块同时进行二期通水冷却。

（6）通水冷却。坝内冷却蛇形管采用 HDPE 塑料管，水平间距采用 1.5m。垂直间距与浇筑分层厚度一致，当浇筑层厚为 3.0m 时，蛇形管垂直间距采用 1.5m（中间加铺一层水管）或 1.0m（中间加铺二层水管）。

单根冷却蛇形管冷却水流量控制在 1.2～1.5m^3/h，水流方向每 24h 变换一次。混凝土降温速度每天不大于 1℃，一期冷却进口水温与混凝土最高温度之差不超过 25℃，二期冷却进口水温与混凝土最高温度之差不超过 30℃。

一期通水冷却时，冷却蛇形管入口处水温采用 10℃，通水冷却时间不少于 21d。一期通水冷却结束的标准是：约束区混凝土温度降至 18～20℃，非约束区混凝土温度降至 20～22℃。

一般应在接缝灌浆前 45d 开始二期冷却通水，具体开始时间应根据坝体实测初始温度和灌浆规划确定。二期冷却蛇形管入口处最低水温为 6℃。

（7）养护和保护。混凝土初凝后即开始采用流水或洒水养护，必要时要覆盖持水材料，养护时间不少于 28d（上部覆盖混凝土除外），避免养护面干湿交替。龄期小于 90d 的混凝土暴露表面均应进行表面保护，保护标准为等效热交换系数 $\beta\leqslant 10.0$kJ/(m^2·h·℃)；对坝体上、下游面及孔洞部位常年挂贴上述标准的保护材料。

10.2.3.2　调控流程

按照图 10.2-23 所示流程，基于实际施工方案（混凝土原材料及配合比、混凝土浇筑层厚、浇筑温度、通水冷却、表面养护和保护等）和混凝土温度监测资料，反演温控参

数，对坝体温控状况进行追踪分析及预测判断，适时调控温控措施。

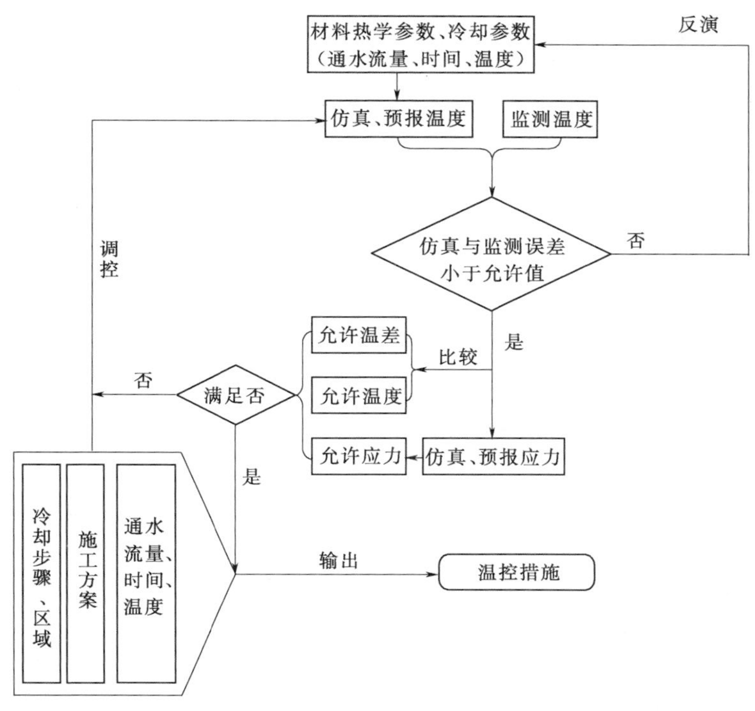

图 10.2-23　温控状况分析及调控流程

10.2.3.3　调控标准

允许温差：基础允许温差见表 10.2-3；在老混凝土面上浇筑混凝土时，老混凝土面以上 $L/4$（L 为浇筑块长边的长度）范围内的新浇混凝土应按上下层温差控制，温差标准为 14.0℃。

表 10.2-3　　**基 础 允 许 温 差**　　单位：℃

浇筑块长度 L / 浇筑块高度 h	16m 以下		17～20m		21～30m		31～40m		通仓长块	
	河床坝段	岸坡坝段	河床坝段	岸坡坝段	河床坝段	岸坡坝段	河床坝段	岸坡坝段	河床坝段	岸坡坝段
(0～0.2)L	25.0	24.0	23.0	22.0	20.0	19.0	17.0	16.0	14.0	13.0
(0.2～0.4)L	27.0	27.0	26.0	25.0	23.0	22.0	20.0	19.0	17.0	16.0
>0.4L	30.0	30.0	29.0	28.0	26.0	25.0	23.0	22.0	20.0	19.0

允许温度：坝内最高温度 29℃；一期冷却目标温度，约束区 20℃，非约束区 22℃；中期冷却目标温度 20℃；二期冷却目标温度 14～16℃。

降温速率：一期冷却温降速率 0.5℃/d；二期冷却温降速率 0.5℃/d。

强度指标：抗裂安全系数取 1.8，根据抗裂安全系数确定不同龄期的允许拉应力。

10.2.3.4　温控措施首次调整（B 版）

从大坝混凝土开始浇筑，密切跟踪进行仿真分析，在大坝约平均浇筑至高程 1050.00m

时，对部分温控标准和温控措施进行了首次调整，主要调整如下：

（1）为防止一期冷却闷温结束后坝体混凝土内部温度回升，在坝体混凝土一期冷却闷温结束后 18～22d 开始通水，使混凝土温度保持一期冷却结束标准。

（2）二期冷却开始时混凝土龄期不得少于 2 个月，并保证接缝灌浆时混凝土龄期不少于对接缝灌浆混凝土龄期的要求。

（3）二期冷却进口水温与混凝土最高温度之差不超过 20℃，否则需减少通水流量，降低混凝土冷却速度。

（4）坝体实测灌浆温度与设计灌浆温度的差值应控制在－2℃和＋0℃范围内，以避免较大的超温或超冷。

（5）灌区的相邻坝块，一般需同时进行二期通水冷却。施灌灌区上部一到两个灌区的坝块一般也需同时冷却，灌区温度应沿高程方向有适当的梯度，见表 10.2－4。

表 10.2－4　　灌区温度沿高程方向梯度

冷却分区	温度要求
未二冷区	一冷结束后的温度：T_d
二冷过渡区（盖重区以上 6m 左右）	冷却温度：$T_c=(T_b+T_d)/2$
二冷盖重区（拟灌区以上 6m 左右）	冷却到该层灌区封拱温度：T_b
拟灌区（设计灌区高度）	冷却到该层灌区封拱温度：T_a

10.2.3.5　温控措施再次调整（C 版）

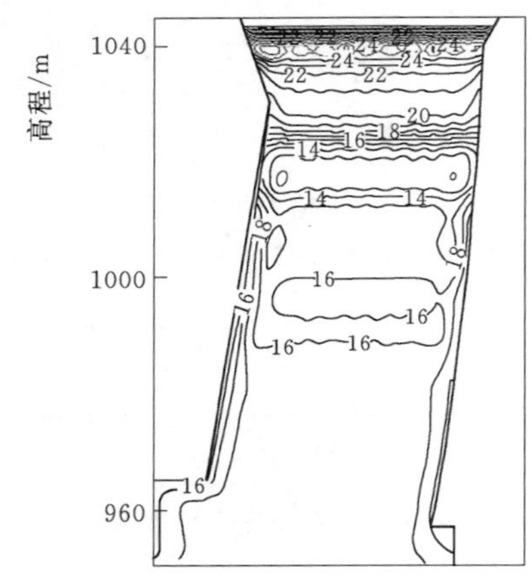

图 10.2－24　22 号坝段温度等值线（2007 年 3 月 29 日）

从图 10.2－17 和图 10.2－18 中可明显看到，在坝体高程 1000.00m 附近，二期冷却期间混凝土降温幅度较大，最大降温幅度达 14℃；二期冷却结束后温度回升幅度也较大，一般在 5℃左右，最大回升达 8℃。而在高程 1001.00～1065.50m 范围内，实际同时进行二期冷却的混凝土高度大多在 10～12m，最小只有 6m，在高程方向未形成相对均匀过渡的温度梯度，二期冷却结束时二冷区与上部混凝土之间存在较大的温度梯度，温差约 6～10℃（见图 10.2－24）。此外，同高程沿上下游方向划分的Ⅰ区、Ⅱ区、Ⅲ区 3 个灌浆温度分区，实施中 3 个分区未同时进行二期冷却，一般上游灌区（Ⅰ区）最先开始二期冷却，约 5d 后中部罐区（Ⅱ区）开始冷却、15d 后下游罐区（Ⅲ区）开始冷却，局部区域上、下游开始冷却的时间差最多达 30 余天，这种对同一灌区混凝土分区、且分阶段进行二期冷却的实施模式导致局部变形不协调，对混凝土局部应力分布造成不利影响。

在空间上和时间上混凝土存在如此的大温差，表明实施的温控措施仍存在一些问题，未能有效控制混凝土在二期冷却期间及二期冷却结束后的温度梯度，必需进行调整。为此，对温控措施作了及时调整和细化，主要调整如下：

（1）一期通水时间不少于 21d，并应连续进行，严格控制混凝土最高温度、降温速

率、结束温度，详见表 10.2-5。

表 10.2-5　　一期通水冷却要求

目　　的	控制混凝土最高温度不超过允许最高温度	满足一冷结束温度要求
时间	前 10d	10d 之后
蛇形管进口水温/℃	10±1	10±1
参考通水流量/(m³/h)	1.2～1.5	0.5～1.2
通水天数/d	10	≥11
最大降温速率/(℃/d)	≤1.0	≤0.5
冷却结束时温度/℃		20±1

（2）一期冷却进口水温与混凝土最高温度之差不超过 20℃。

（3）为控制一期冷却闷温结束后至二期冷却开始时坝体混凝土内部温度回升，降低二期冷却开始时的混凝土温度，减小温度应力，增设中期冷却。

（4）保持一期冷却结束后至二期冷却开始前整个时段混凝土温度为 18～20℃，宜控制在下限，降温时应确保均匀下降，最大降温速率每天小于 0.5℃。对温控措施调整前一期通水闷水测温值大于 21℃的坝体混凝土，应采取通水措施，确保其温度缓慢均匀下降，最大降温速率每天小于 0.5℃，当混凝土温度降至 18～20℃后（宜控制在下限），应一直保持此温度至二期冷却开始前。

（5）中期通水可采取间歇通水措施，先通水 3～5d 后闷温 7d，视闷温结果再决定以后通水时间，积累经验后根据实际情况适当调整。中期通水蛇形管入口处水温 10±1℃，参考通水流量 0.5～1.0m³/h。

（6）鉴于实施难度，同高程灌区沿坝厚方向不再划分Ⅰ区、Ⅱ区、Ⅲ区 3 个灌浆温度分区。

（7）同一批二期冷却的坝段，同一坝段内二期冷却区范围内的冷却管圈应同时开始二冷，即冷却管圈通水开始时间相差不超过 1d；相邻坝段应同期二冷，即相邻坝段通水开始时间相差不超过 2d。二期冷却时应连续通水，严格控制各二冷区降温速率，二期冷却过程中过渡区和盖重区之间的温差始终不应大于二冷结束时两者之间的温差。

（8）鉴于已浇混凝土的冷却现状及前后衔接，二期通水冷却分别详见表 10.2-6～表 10.2-8，表中一个灌区高度一般为 9～12m。

表 10.2-6　　高程 1071.5～1108m 二期通水冷却要求

<table>
<tr><th colspan="2">冷却分区</th><th>分区高度</th><th>二冷开始时各区混凝土龄期</th><th>二冷开始时温度</th><th>二冷结束时温度</th><th>降温速率</th></tr>
<tr><td colspan="2">未二冷区</td><td>过渡区以上高度大于等于 6m</td><td>二冷开始时本区一冷已结束</td><td></td><td>一冷结束后的温度：T_d</td><td></td></tr>
<tr><td rowspan="3">二冷区</td><td>过渡区</td><td>盖重区以上 12m</td><td>不小于 60d</td><td>二冷开始前的闷水测温值 T_{b3}</td><td>冷却达到的温度：$T_c=(T_{b3}+T_{a2})/2$</td><td rowspan="3">同时二冷，连续通水，均匀降温，最大降温速率每天不大于 0.5℃</td></tr>
<tr><td>盖重区</td><td>拟灌区以上 12m</td><td>不小于 90d</td><td>二冷开始前的闷水测温值 T_{b2}</td><td>冷却到该层灌区封拱温度：T_{a2}</td></tr>
<tr><td>拟灌区</td><td>一个灌区高度</td><td>不小于 90d</td><td>二冷开始前的闷水测温值 T_{b1}</td><td>冷却到该层灌区封拱温度：T_{a1}</td></tr>
</table>

表 10.2-7　　高程 1084～1153.5m 二期通水冷却要求

冷却分区		分区高度	二冷开始时各区混凝土龄期	二冷开始时温度	二冷结束时温度	降温速率
未二冷区		过渡区以上高度大于等于 6m	二冷开始时本区一冷已结束		一冷结束后的温度：T_d	
二冷区	过渡区	盖重区以上 12m	不小于 60d	二冷开始前的闷水测温值 T_{b3}	冷却达到的温度：$T_c=(T_{b3}+T_{a2})/2$	同时二冷，连续通水，均匀降温，最大降温速率每天不大于 0.5℃
	盖重区	拟灌区以上 12m	不小于 90d	二冷开始前的闷水测温值 T_{b2}	冷却到该层灌区封拱温度：T_{a2}	
拟灌区		一个灌区高度	不小于 90d	保持该层灌区封拱温度：T_{a1}		

表 10.2-8　　高程 1153.5m 以上二期通水冷却要求

冷却分区		分区高度	二冷开始时各区混凝土龄期	二冷开始时温度	二冷结束时温度	降温速率
未二冷区		过渡区以上高度大于等于 6m	二冷开始时本区一冷已结束		一冷结束后的温度：T_d	
二冷区	过渡区	盖重区以上一个灌区高度	不小于 60d	二冷开始前的闷水测温值 T_{b3}	冷却达到的温度：$T_c=(T_{b3}+T_{a2})/2$	同时二冷，连续通水，均匀降温，最大降温速率每天不大于 0.5℃
	盖重区	拟灌区以上一个灌区高度	不小于 90d	二冷开始前的闷水测温值 T_{b2}	冷却到该层灌区封拱温度：T_{a2}	
拟灌区		一个灌区高度	不小于 90d	保持该层灌区封拱温度：T_{a1}		

(9) 拟灌区温度满足设计要求后应及时进行接缝灌浆。拟灌区接缝灌浆完成后，应控制其上部的盖重区和过渡区温度回升，盖重区作为下一次拟灌区，接缝灌浆前混凝土温度与设计封拱温度相差不大于 1℃，过渡区温度回升不大于 1℃，否则应采取通水等措施将混凝土温度降到设计要求温度，最大降温速率每天小于 0.5℃。

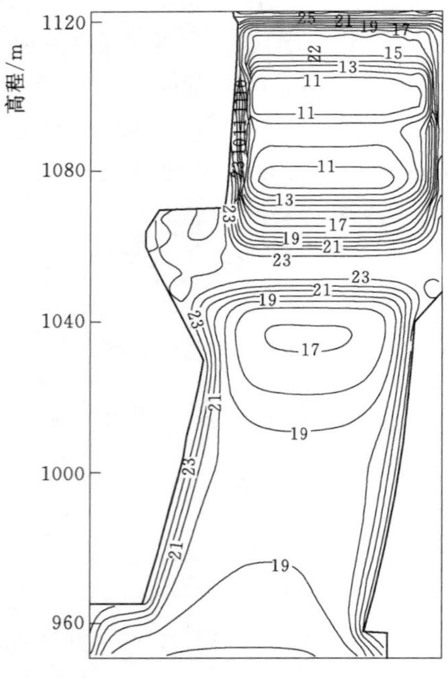

图 10.2-25　22 号坝段温度等值线
(2008 年 9 月 8 日)

(10) 坝体实测封拱温度与设计封拱温度的误差标准为±1℃，并尽量避免超冷。二期冷却进口水温与混凝土最高温度之差不超过 15℃，宜控制在 10℃。

严格按照上述调整后的温控措施实施，二期冷却期间降温幅度及二期冷却结束后的温度回升明显减小，见图 10.2-20 和图 10.2-21；高程 1065.50m 以上混凝土，二期冷却过程中在高程方向形成相对均匀的温度梯度，二期冷却结束时，盖重区与过渡区及过渡区与上部未二冷混凝土间的温差约 4～6℃，见图 10.2-25。温控措施的调整非常成功，有效控制住混凝土温度在时空上的变幅，从根本上消除了产生较大温度拉应力的诱因。

10.2.4 温度场时空特性

典型测点仿真分析的温度过程线见图 10.2-17～图 10.2-21，典型特征时刻温度场的分布规律见图 10.2-26～图 10.2-63。

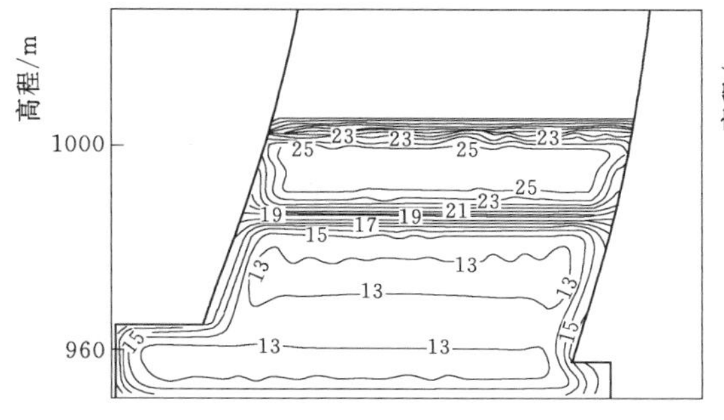

图 10.2-26 22 号坝段径向剖面温度等值线图
（2006 年 10 月 25 日高程 985～1001m 二冷开始时刻）

图 10.2-27 22 号坝段径向剖面温度等值线图
（2006 年 12 月 5 日高程 985～1001m 二冷结束时刻）

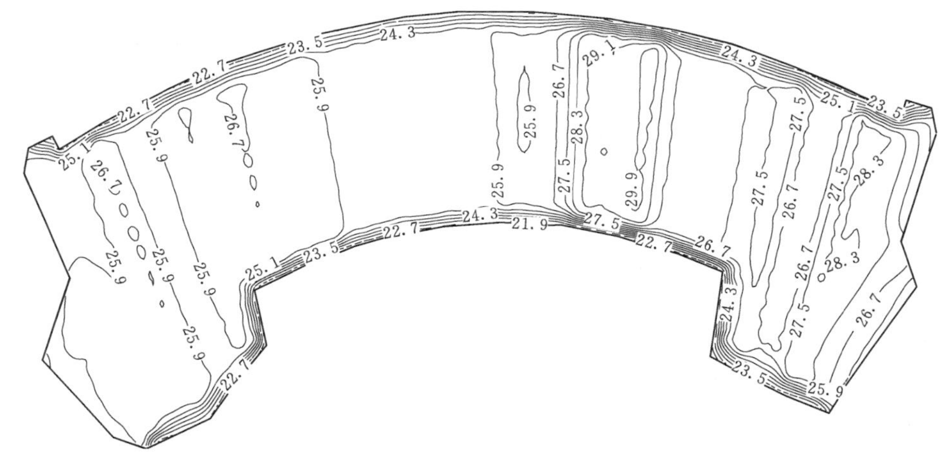

图 10.2-28 高程 995m 平切面温度等值线图
（2006 年 10 月 25 日高程 985～1001m 右岸坝体二冷开始时刻）

截至 2014 年 10 月 10 日典型断面温度场分布见图 10.2-64。

10.2.4.1 温度场时间分布规律

由图 10.2-17～图 10.2-21 可以看出，施工过程中各坝段混凝土的温度都经历了 4 个典型阶段：①一期冷却阶段的温升和温降过程；②一期冷却完成后的温度回升过程，浇筑初期（7～10d 左右）混凝土最大温升平均约为 16～18℃；③二期冷却温降过程，温控措施调整前最大降温幅度达 14℃，温控措施调整后最大温降平均为 7～9℃；④二期冷却后一段时间内的温度回升，温控措施调整前最大回升达 8℃，温控措施调整后最大回升为 6℃。之后，温度逐渐趋于稳定。

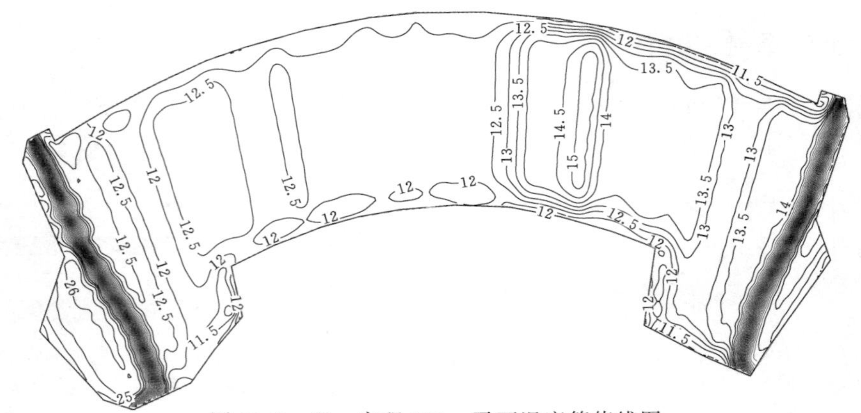

图 10.2-29　高程 995m 平面温度等值线图

（2006 年 12 月 5 日高程 985～1001m 右岸坝体二冷结束时刻）

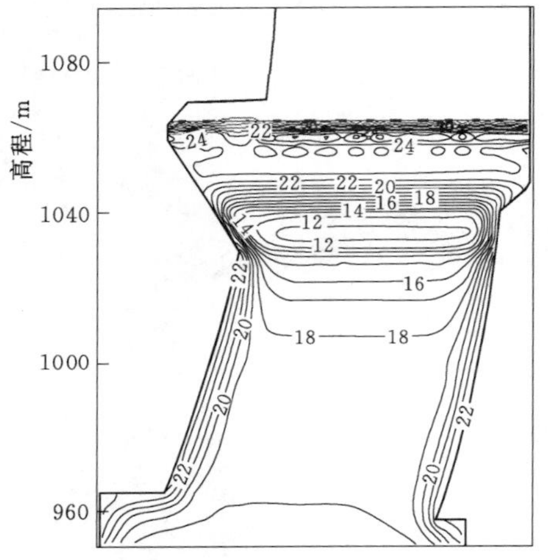

图 10.2-30　22 号坝段径向剖面温度等值线图

（2007 年 9 月 16 日高程 1048.5～1054.5m 二冷开始时刻）

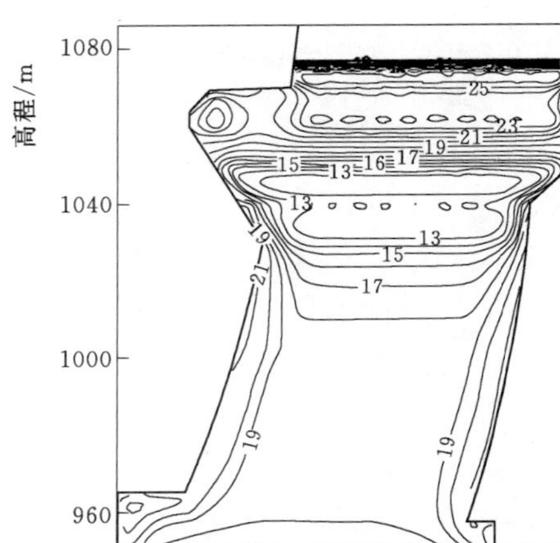

图 10.2-31　22 号坝段径向剖面温度等值线图

（2007 年 10 月 19 日高程 1048.5～1054.5m 二冷结束时刻）

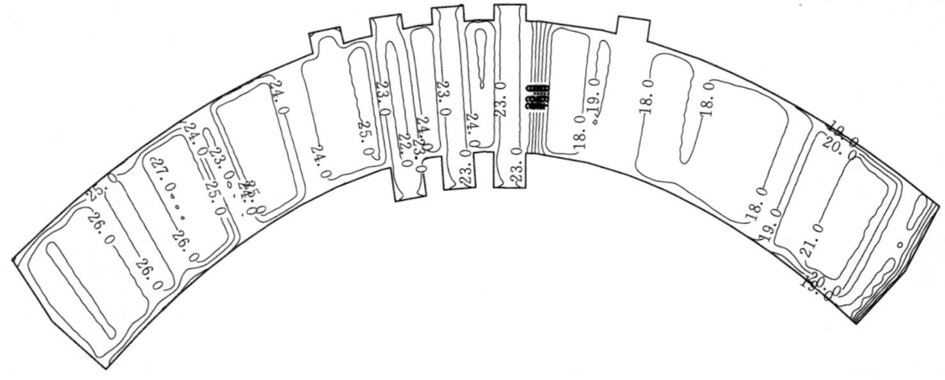

图 10.2-32　高程 1050m 平切面温度等值线图

（2007 年 9 月 16 日高程 1048.5～1054.5m 右岸坝体二冷开始时刻）

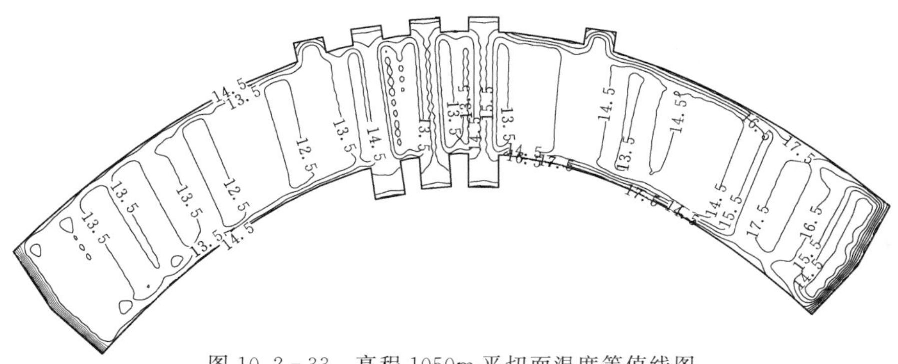

图 10.2-33 高程 1050m 平切面温度等值线图

（2007 年 10 月 19 日高程 1048.5～1054.5m 右岸坝体二冷结束时刻）

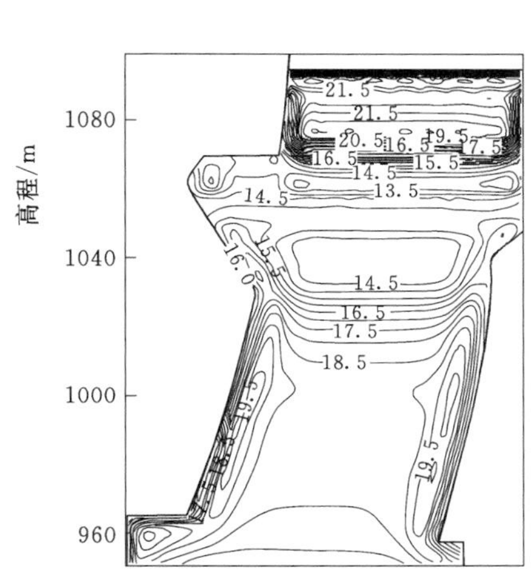

图 10.2-34 22 号坝段径向剖面温度等值线图

（2008 年 1 月 2 日高程 1071.5～1084m 二冷开始时刻）

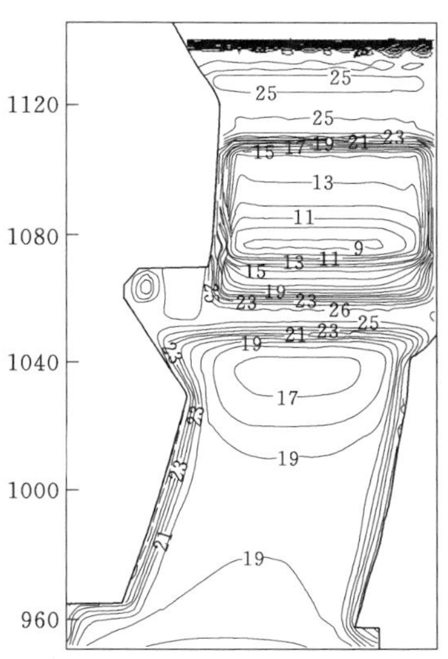

图 10.2-35 22 号坝段径向剖面温度等值线图

（2008 年 7 月 31 日高程 1071.5～1084m 二冷结束时刻）

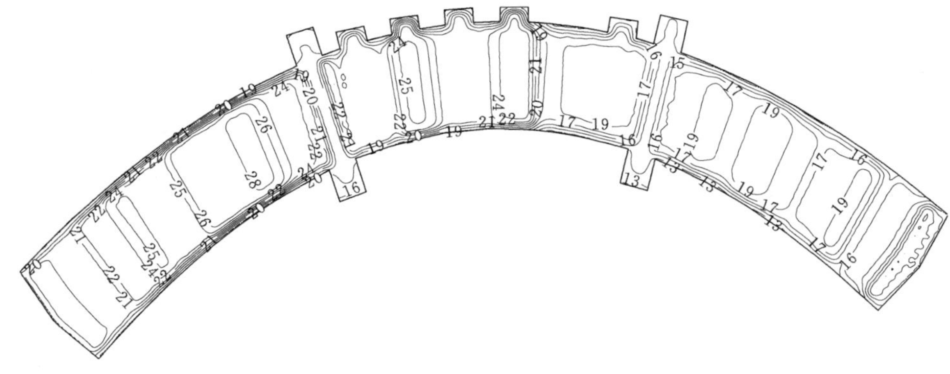

图 10.2-36 高程 1080m 平切面温度等值线图

（2008 年 1 月 2 日高程 1071.5～1084m 坝体二冷开始时刻）

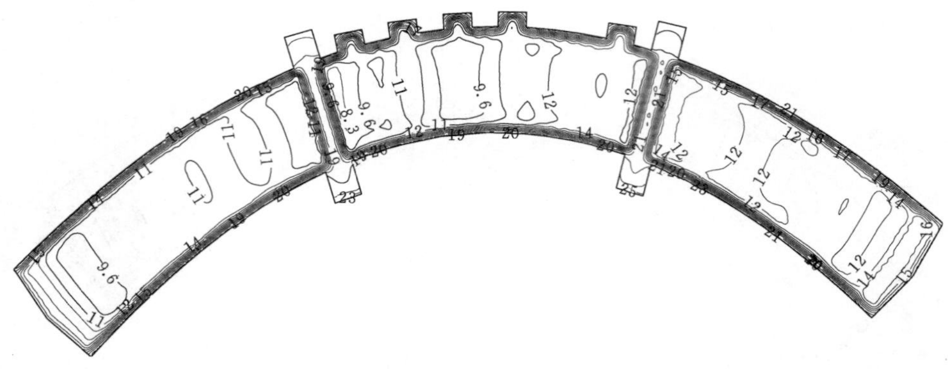

图 10.2-37 高程 1080m 平切面温度等值线图

（2008 年 7 月 31 日高程 1071.5～1084m 坝体二冷结束时刻）

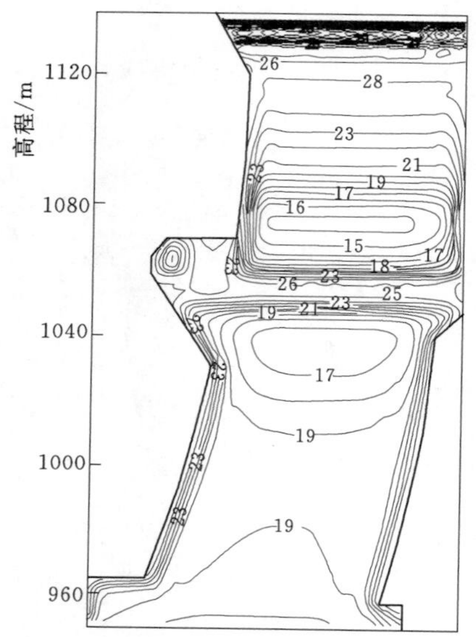

图 10.2-38 22 号坝段径向剖面温度等值线图

（2008 年 7 月 5 日高程 1084～1107m 二冷开始时刻）

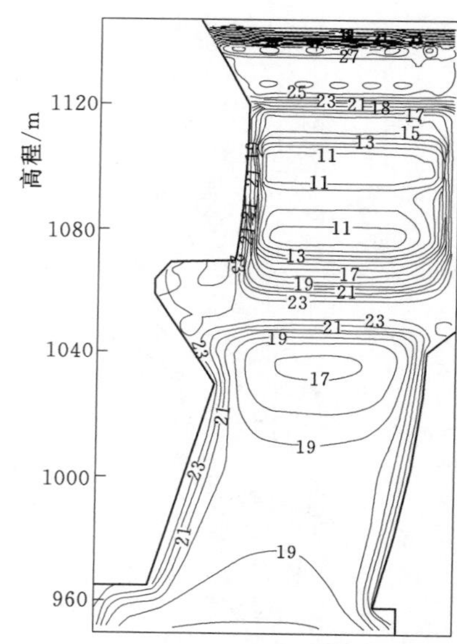

图 10.2-39 22 号坝段径向剖面温度等值线图

（2008 年 9 月 8 日高程 1084～1107m 二冷结束时刻）

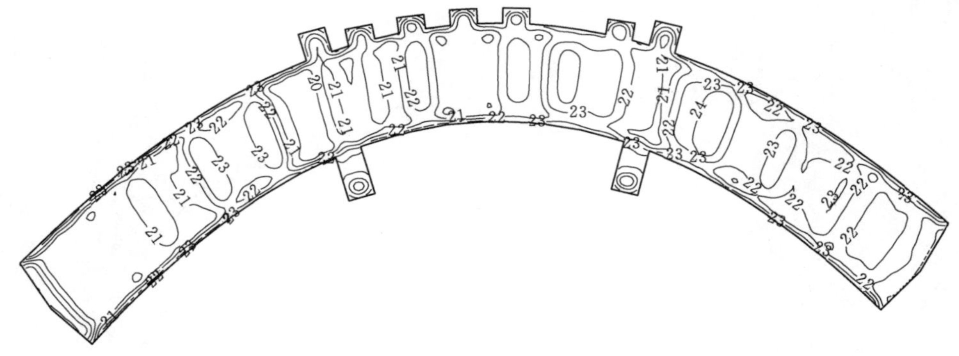

图 10.2-40 高程 1090m 平切面温度等值线图

（2008 年 7 月 5 日高程 1084～1107m 坝体二冷开始时刻）

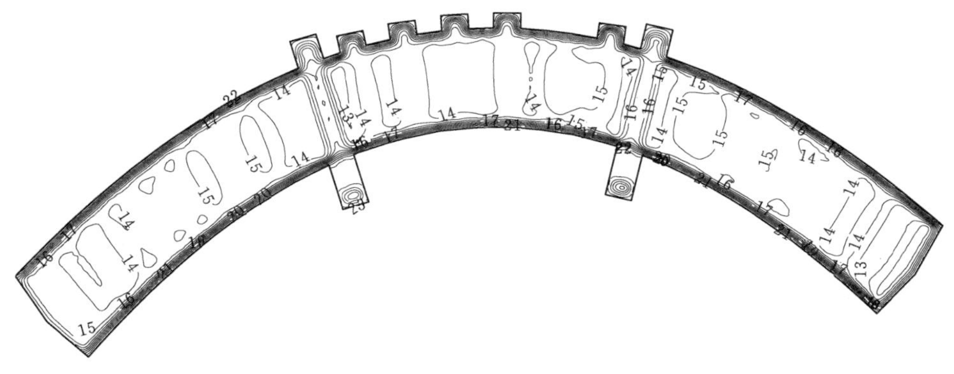

图 10.2-41 高程 1090m 平切面温度等值线图
（2008 年 9 月 8 日高程 1084～1107m 右岸坝体二冷结束时刻）

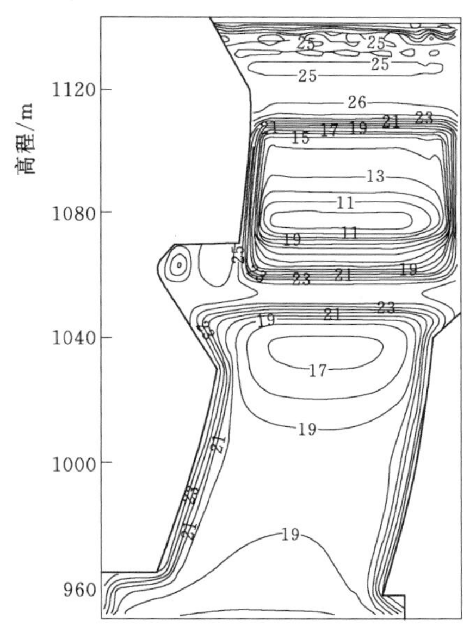

图 10.2-42 22 号坝段径向剖面温度等值线图
（2008 年 8 月 14 日高程 1107～1119m 二冷开始时刻）

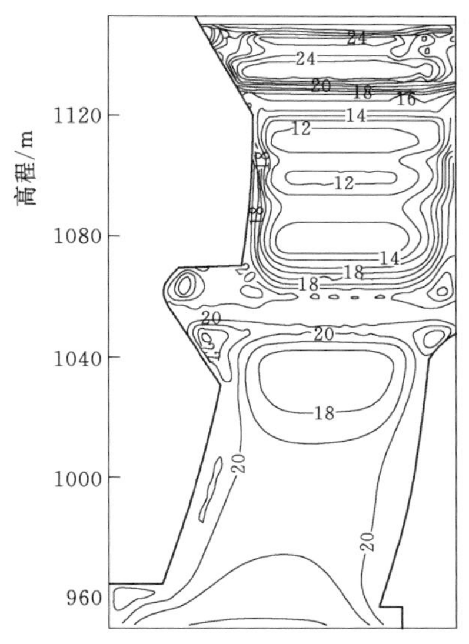

图 10.2-43 22 号坝段径向剖面温度等值线图
（2008 年 10 月 27 日高程 1107～1119m 二冷结束时刻）

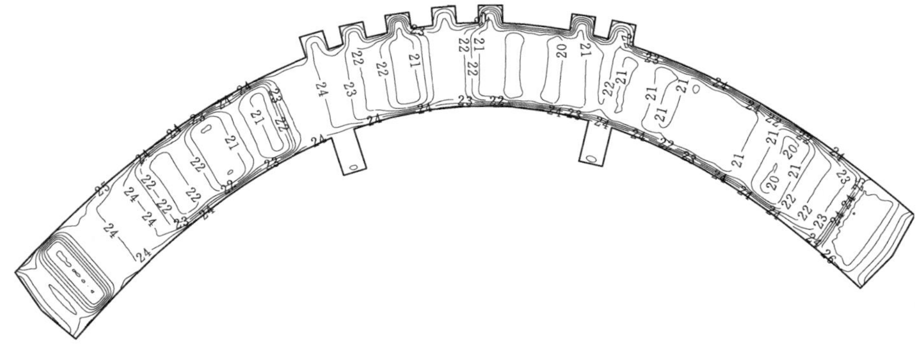

图 10.2-44 高程 1110m 平切面温度等值线图
（2008 年 8 月 14 日高程 1107～1119m 坝体二冷开始时刻）

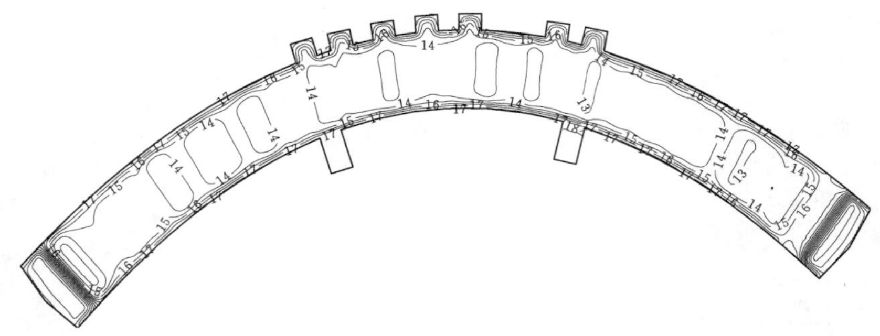

图 10.2-45 高程 1110m 平切面温度等值线图

(2008 年 10 月 27 日高程 1107～1119m 坝体二冷结束时刻)

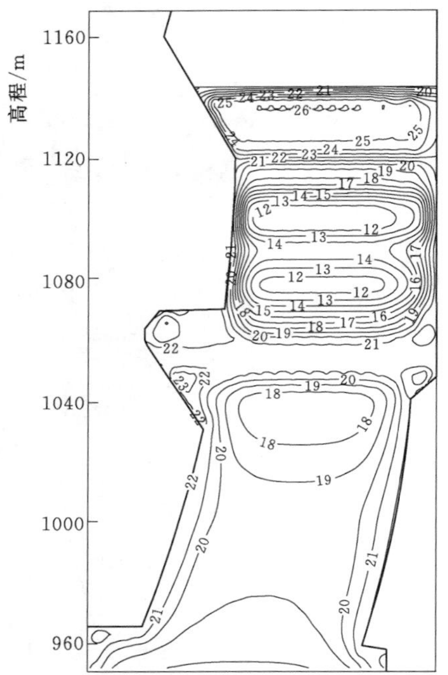

图 10.2-46 22 号坝段径向剖面温度等值线图

(2008 年 10 月 7 日高程 1119～1131m 二冷开始时刻)

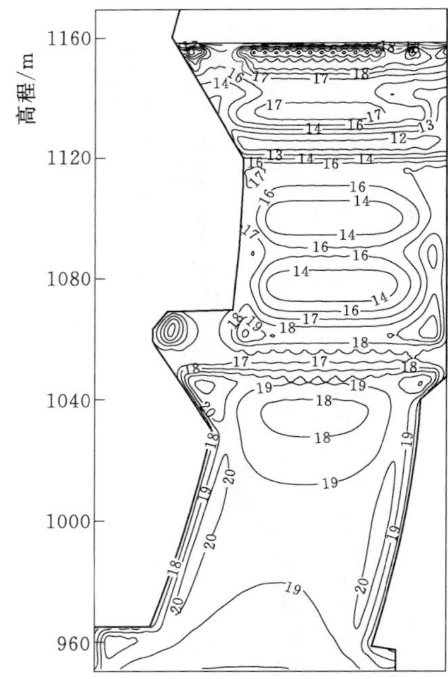

图 10.2-47 22 号坝段径向剖面温度等值线图

(2008 年 12 月 12 日高程 1119～1131m 二冷结束时刻)

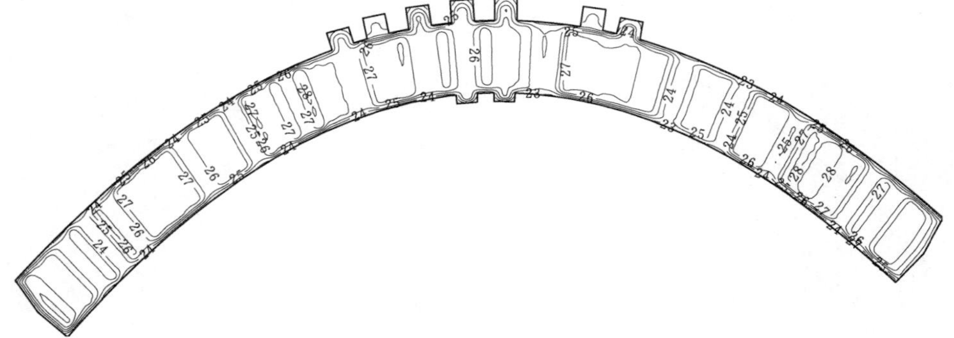

图 10.2-48 高程 1130m 平切面温度等值线图

(2008 年 10 月 7 日高程 1119～1131m 坝体二冷开始时刻)

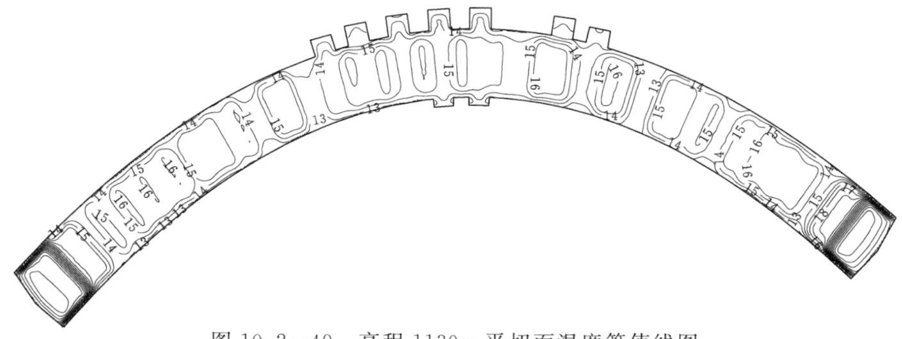

图 10.2-49 高程 1130m 平切面温度等值线图
(2008 年 12 月 12 日高程 1119～1131m 坝体二冷结束时刻)

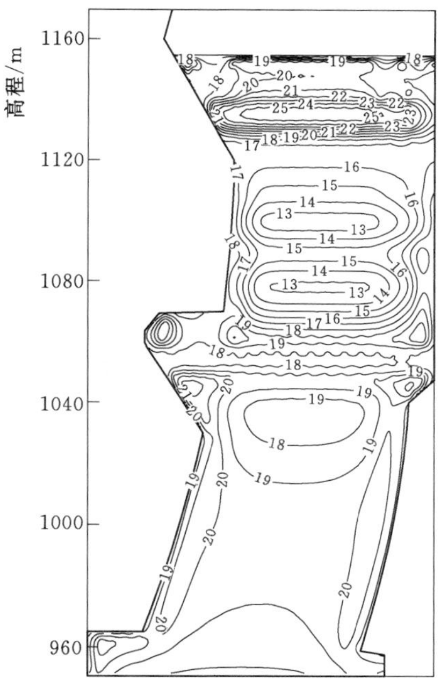

图 10.2-50 22 号坝段径向剖面温度等值线图
(2008 年 11 月 20 日高程 1131～1142m 二冷开始时刻)

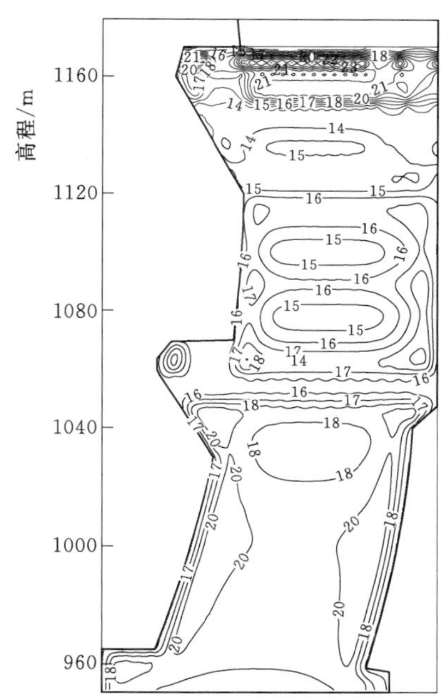

图 10.2-51 22 号坝段径向剖面温度等值线图
(2009 年 1 月 25 日高程 1131～1142m 二冷结束时刻)

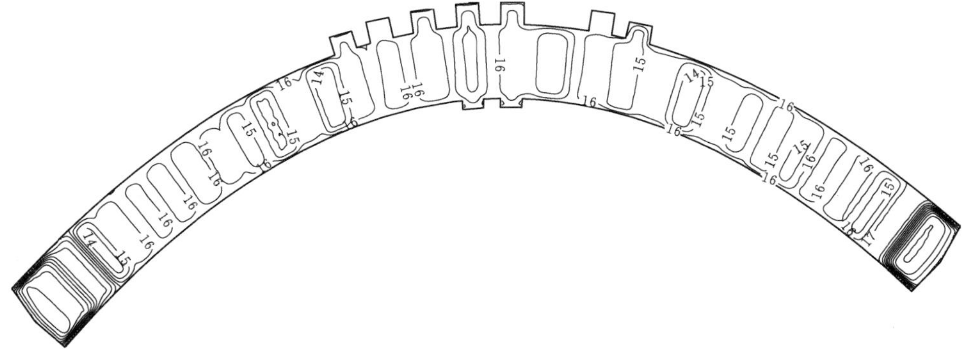

图 10.2-52 高程 1130m 平切面温度等值线图
(2008 年 11 月 20 日高程 1131～1142m 坝体二冷开始时刻)

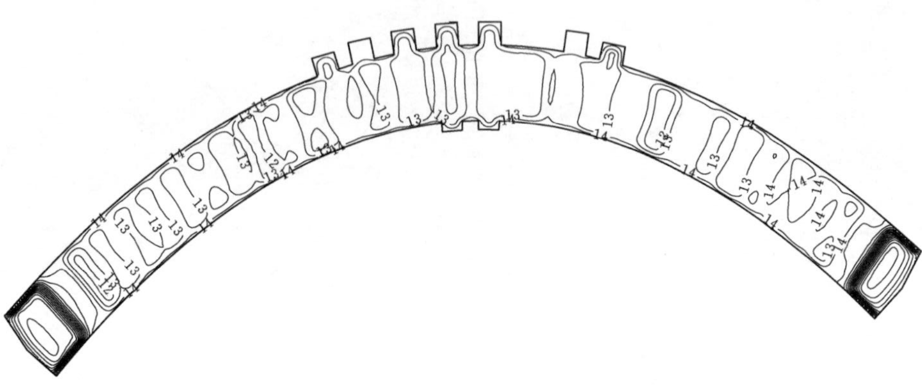

图 10.2-53 高程 1130m 平切面温度等值线图

（2009 年 1 月 25 日高程 1131～1142m 坝体二冷结束时刻）

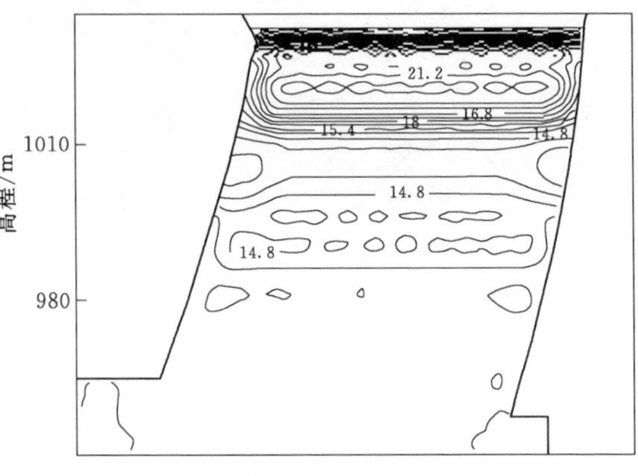

图 10.2-54 22 号坝段径向剖面温度等值线图

（2007 年 2 月 16 日高程 989～1001m 坝体封拱灌浆时刻）

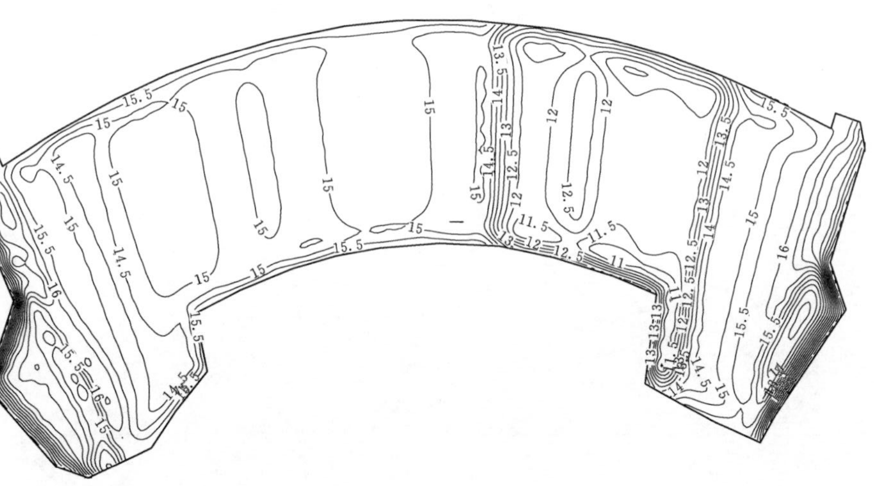

图 10.2-55 高程 995m 平切面的温度等值线图

（2007 年 2 月 16 日高程 989～1001m 封拱时刻）

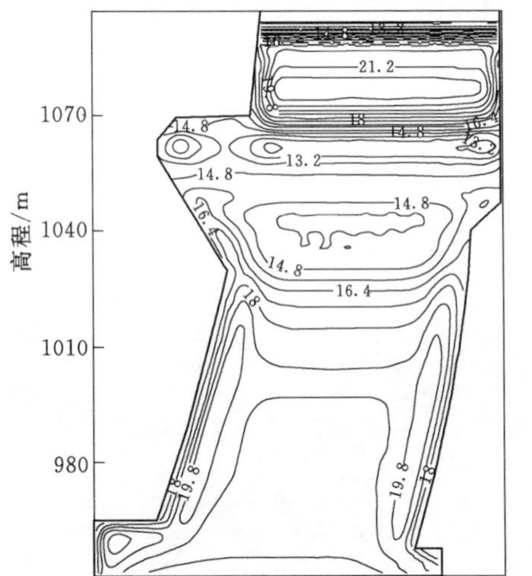

图 10.2-56 22 号坝段径向剖面温度等值线图

（2007 年 12 月 23 日高程 1048.5～1059.5m 坝体封拱灌浆时刻）

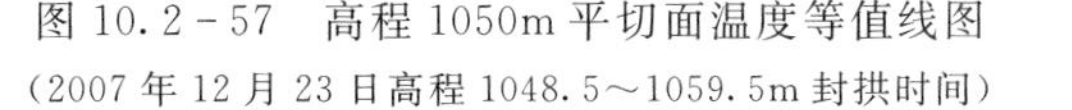

图 10.2-57 高程 1050m 平切面温度等值线图
（2007 年 12 月 23 日高程 1048.5～1059.5m 封拱时间）

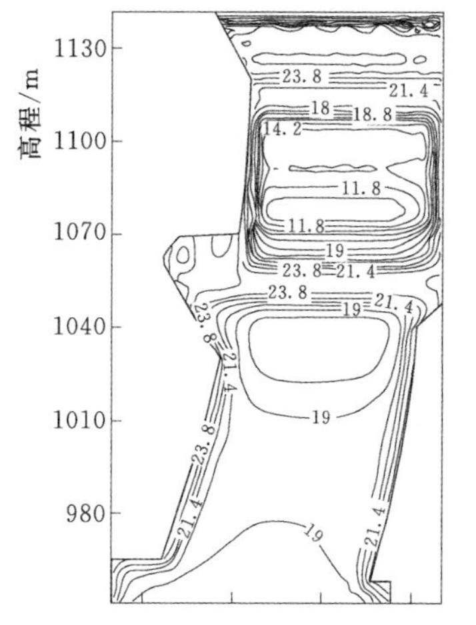

图 10.2-58 22 号坝段径向剖面温度等值线图
（2008 年 8 月 21 日高程 1071.5～1084m 坝体封拱灌浆时刻）

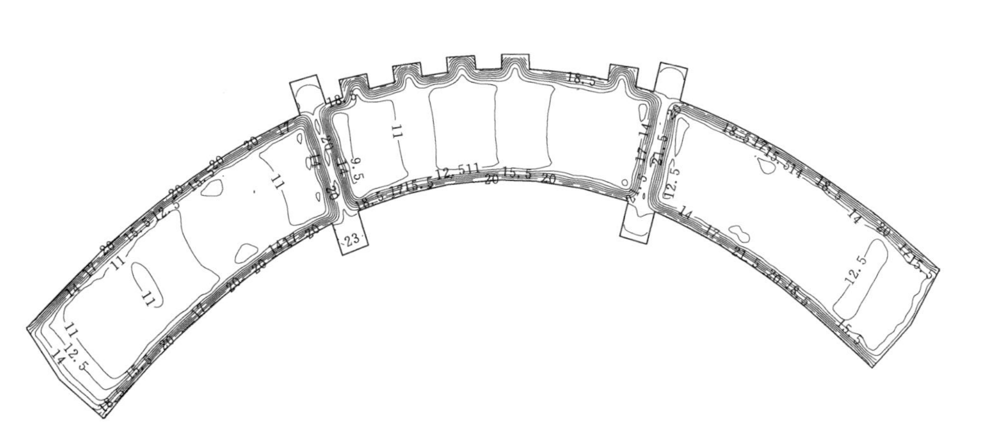

图 10.2-59 高程 1080m 平切面温度等值线图
（2008 年 8 月 21 日高程 1071.5～1084m 坝体封拱灌浆时刻）

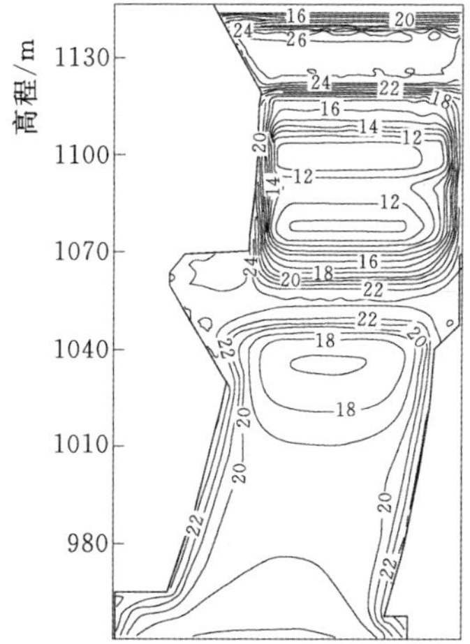

图 10.2-60 22 号坝段径向剖面温度等值线图
（2008 年 9 月 16 日高程 1084～1095m 坝体封拱灌浆时刻）

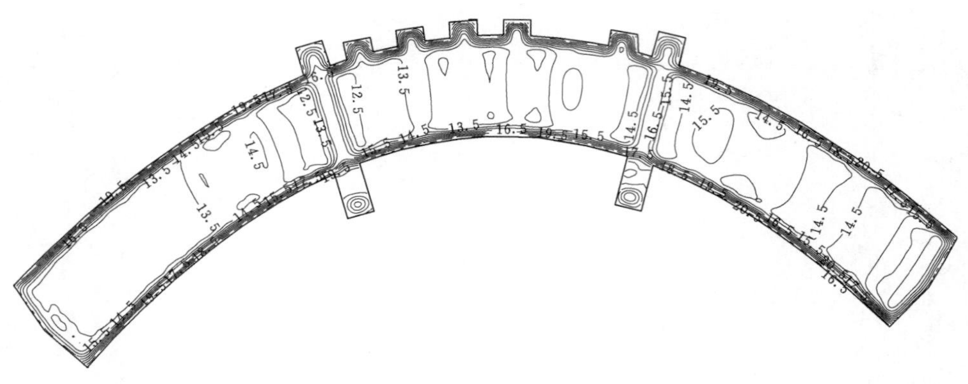

图 10.2-61 高程 1090m 平切面温度等值线图

（2008 年 9 月 16 日高程 1084～1095m 坝体封拱灌浆时刻）

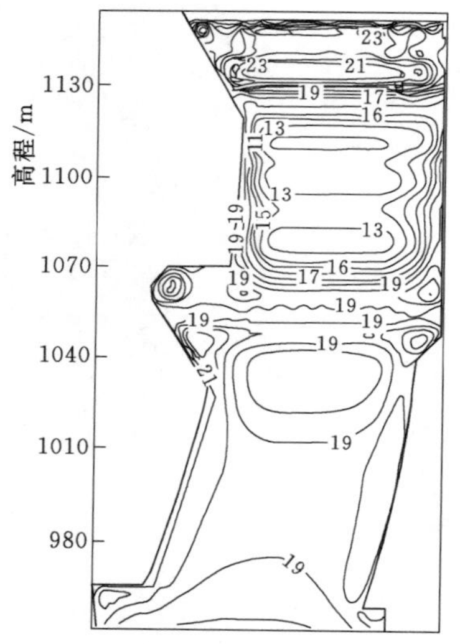

图 10.2-62 22 号坝段径向剖面温度等值线图

（2008 年 11 月 7 日高程 1095～1107m 坝体封拱灌浆时刻）

截至 2014 年 10 月，坝体内部温度基本处于稳定状态，典型坝段纵向剖面温度等值线见图 10.2-64，坝体内部温度总体上约为 18～21℃。

10.2.4.2 温度场空间分布规律

高程 950.50～1100.00m 区间，一期冷却结束时的温度总体约为 18～21℃，二期冷却结束时的温度总体约为 13～15℃；高程 1100.00～1180.00m 区间，一期冷却结束时的温度总体约为 18～20℃，二期冷却结束时的温度总体约为 13～15℃；高程 1180.00～1210.00m 区间，一期冷却结束时的温度总体约为 19～21℃，二期冷却结束时的温度总体约为 14～16℃；高程 1210.00～1235.00m 区间，一期冷却结束时的温度总体约为 19～22℃，二期冷却结束时的温度总体约为 15～17℃；高程 1235.00～1245.00m 区间，一期冷却结束时的温度总体约为 19～22℃，二期冷却结束时的温度总体约为 15～17℃，该高程范围由于坝体厚度相对较薄，内部温度易受到外部环境温度影响，截至 2014 年 10 月，总体上稳定在 21～24℃。

位于坝体表面（包括孔口内表面）5m 深度混凝土由于受外部环境影响，温度波动较大；新浇筑混凝土时刻和二期冷却时刻对相邻坝段及上下层混凝土的温度均有影响，其影响范围大约在 2～3m。

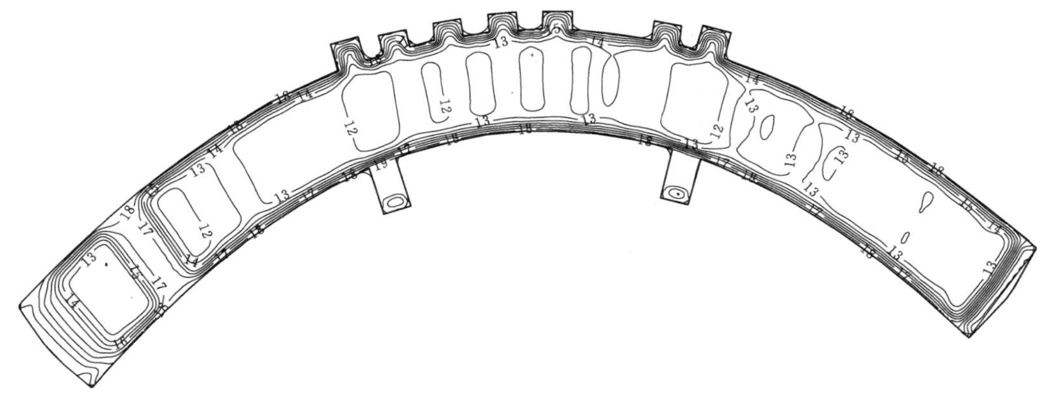

图 10.2-63 高程 1100m 平切面温度等值线图

（2008 年 11 月 7 日高程 1095～1107m 封拱时刻）

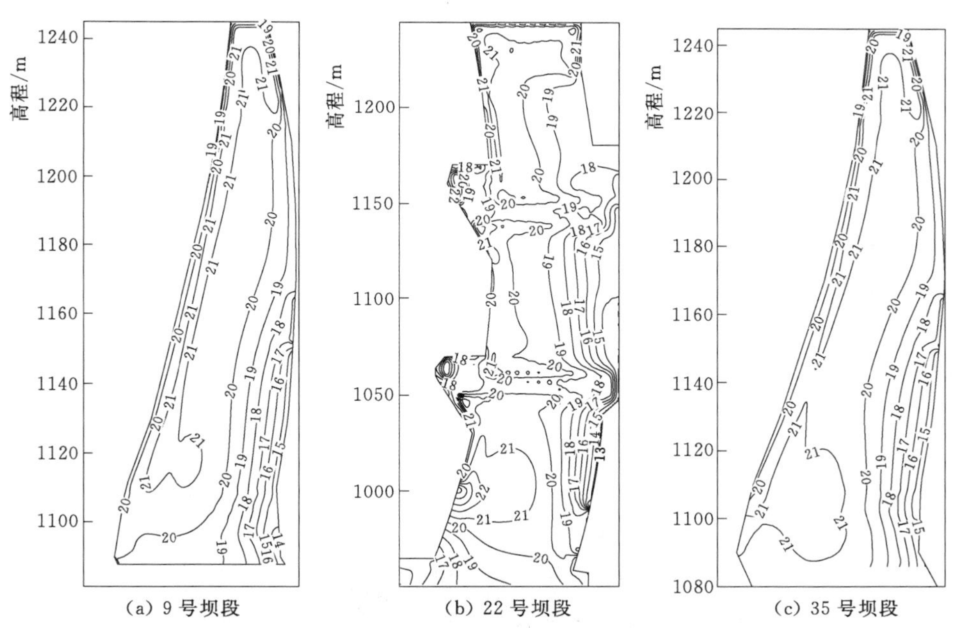

(a) 9 号坝段 (b) 22 号坝段 (c) 35 号坝段

图 10.2-64 坝段纵向剖面温度等值线图

（2014 年 10 月 10 日）

10.3 渗流场时空特性

10.3.1 技术路线与计算模型

10.3.1.1 技术路线

按照离散模拟与等效模拟相结合的方法，依据监测系统的信息反馈，动态反复修正数

值模型的技术路线（图 10.3－1）开展仿真分析计算。

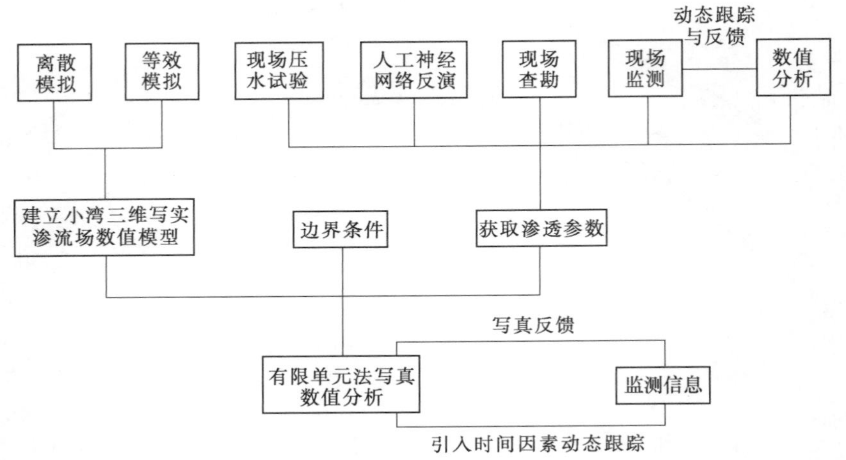

图 10.3－1　技术路线流程

10.3.1.2　计算模型

计算模型见图 10.3－2～图 10.3－8。对于主要的Ⅱ级和Ⅲ级断层、上游贴角缝处横河向陡倾角裂隙、裂隙岩体松弛带以及贴角缝、诱导缝、帷幕、各类廊道（洞）采用离散模拟，对于 3 组主要发育裂隙、排水孔采用等效模拟。

为了研究在水推力作用下坝前贴角缝的渗流与应力应变状态，采用有厚度接触单元离散模拟了一层上游贴角缝单元。同时，考虑到岩体发育有一组横河向陡倾角裂隙，在水推力作用下，如果贴角缝被拉开，则水流有可能沿该组裂隙渗入坝基，在帷幕上游侧形成较大水头。为研究这一不利工况，顺贴角缝单元向下延伸，离散模拟了一条上游横河向陡倾角裂隙。

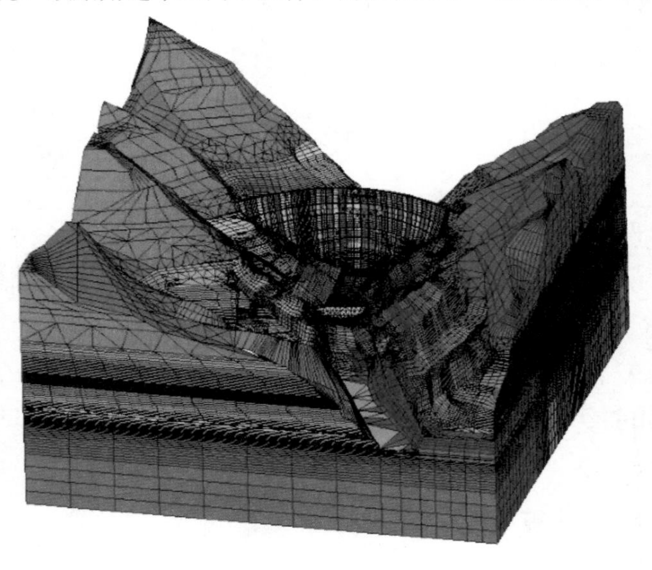

(a)

图 10.3－2（一）　三维整体有限元模型

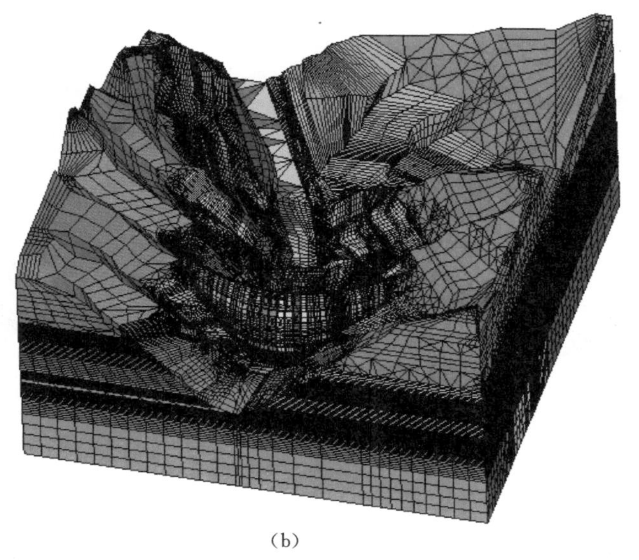

(b)

图 10.3-2（二） 三维整体有限元模型

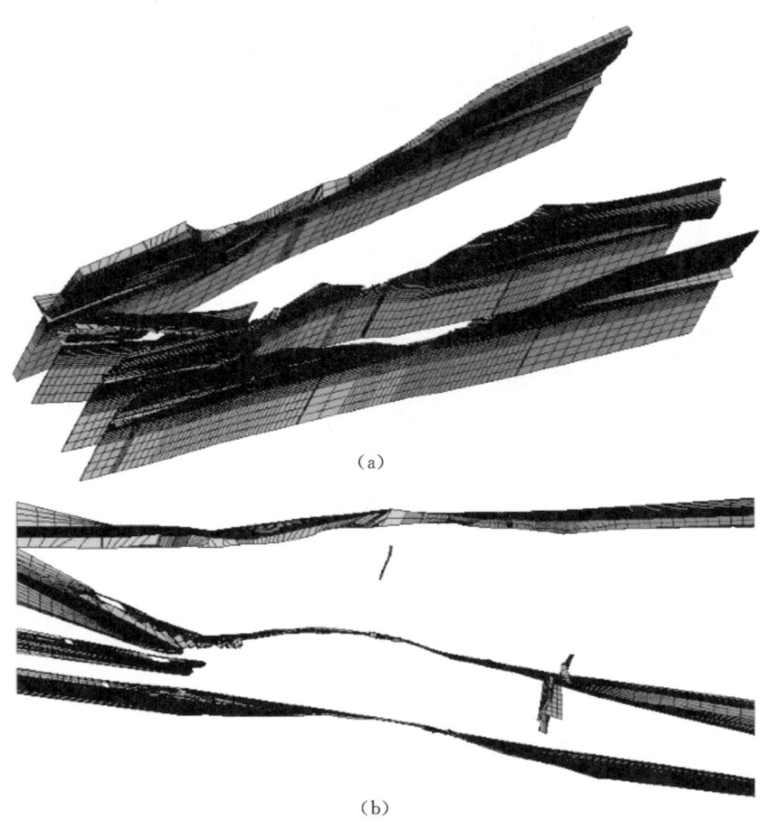

(a)

(b)

图 10.3-3 断层+蚀变带有限元模型

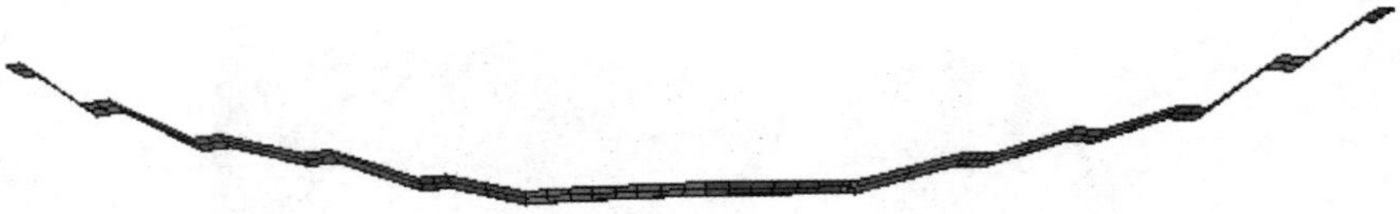

图 10.3-4　诱导缝有限元模型

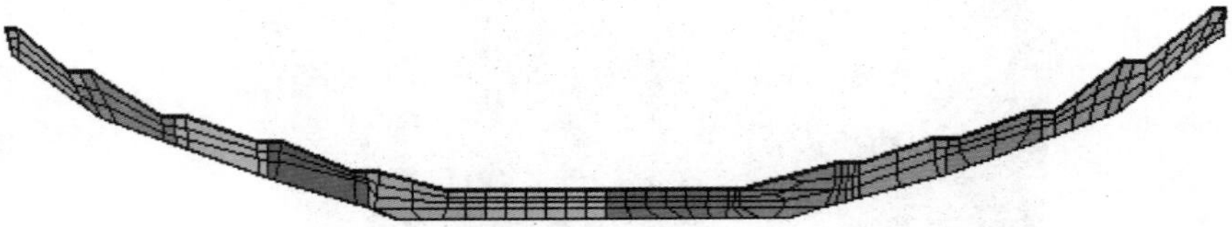

图 10.3-5　上游贴角

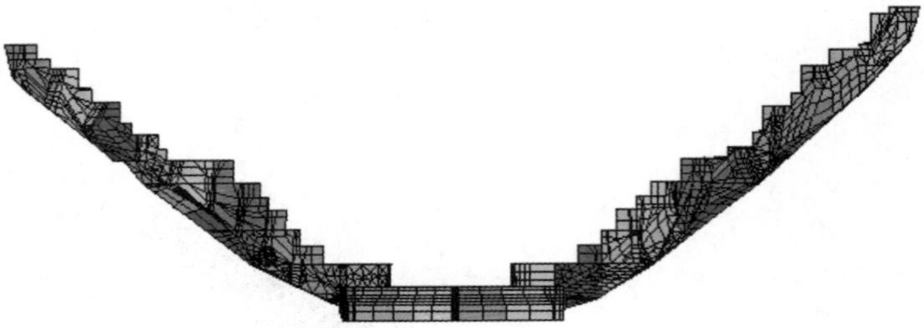

图 10.3-6　下游贴角

图 10.3-7　帷幕有限元模型

鉴于坝基岩体内初始地应力较高，坝基开挖后，岩体松弛十分严重，裂隙明显张开，这一现象对坝基浅层抗剪稳定影响较大，在渗流分析中不可忽视。因此，对于岩体卸荷松弛带，根据松弛程度不同，分为 3 个区域，剖分了十分精细的网格。

模型上下游边界和底界与周围岩体无流量交换，左右岸边界为定水头边界；水位以下的上下游坝面和上下游库盆施加定水头边界条件；下游水位以上的下游坝面，上、下游水位以上的上、下游库盆区，以及廊道、排水洞、开挖厂房区等视为可能逸出面，真实逸出面经迭代计算确定。

10.3.1.3 渗透参数

在渗流场时空演化分析过程中，涉及多种材料的渗透性，包括节理岩体、松弛岩体、断层、蚀变带、灌浆帷幕、排水孔幕以及混凝土等，尤其要指出的是，随着空间和时间的变化，材料的渗透性也随之变化。

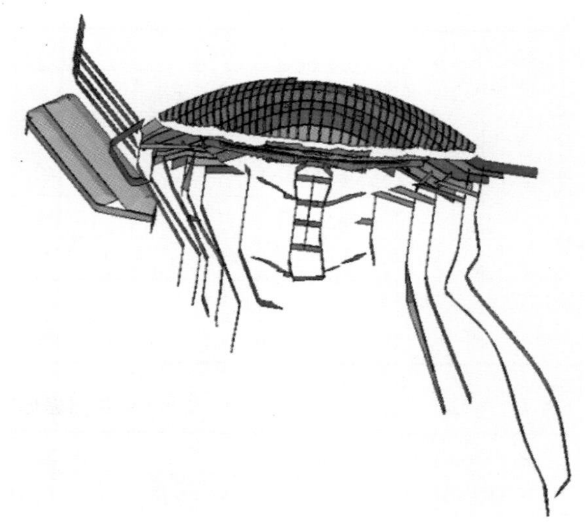

图 10.3-8 排水孔幕有限元模型

对于裂隙岩体，首先利用压水试验实测资料，然后采用人工神经网络方法反演含多组裂隙岩体等效渗透张量，最后结合现场查勘、监测、数值分析等确定渗透张量（参见第 4 章 4.6 节、4.7 节）用于渗流场的初步分析。然后动态跟踪监测信息和现场查勘资料，以顺河向裂隙渗透系数为横河向裂隙渗透系数 3～10 倍为控制条件，对裂隙岩体的开度进行调整，重新形成含多组裂隙岩体的等效渗透张量，将渗流场与应力场耦合，进一步调整渗透张量。

裂隙岩体渗透张量见表 10.3-1 和表 10.3-2。

表 10.3-1　　2012 年裂隙岩体渗透张量

高程/m		渗透张量/(m/d)					
		左岸			右岸		
1245～1050	浅部	0.0356	−0.0009	0.0096	0.0340	0.0097	−0.0190
		−0.0009	0.1769	−0.0030	0.0097	0.1727	−0.0029
		0.0096	−0.0030	0.1600	−0.0190	−0.0029	0.1598
	中部	0.0024	−0.0001	0.0006	0.0019	0.0007	−0.0011
		−0.0001	0.0129	−0.0002	0.0007	0.0121	−0.0002
		0.0006	−0.0002	0.0117	−0.0011	−0.0002	0.0116
	深部	0.0005	0.0000	0.0001	0.0004	0.0002	−0.0003
		0.0000	0.0030	0.0000	0.0002	0.0029	0.0000
		0.0001	0.0000	0.0027	−0.0003	0.0000	0.0027
1050～975	浅部	0.0405	−0.0016	0.0053	0.0368	0.0096	−0.0170
		−0.0016	0.1770	−0.0017	0.0096	0.1727	−0.0035
		0.0053	−0.0017	0.1551	−0.0170	−0.0035	0.1570
	中部	0.0028	−0.0001	0.0003	0.0021	0.0007	−0.0010
		−0.0001	0.0129	−0.0001	0.0007	0.0121	−0.0002
		0.0003	−0.0001	0.0114	−0.0010	−0.0002	0.0114
	深部	0.0005	0.0000	0.0001	0.0004	0.0002	−0.0002
		0.0000	0.0030	0.0000	0.0002	0.0029	0.0000
		0.0001	0.0000	0.0027	−0.0002	0.0000	0.0027

续表

高程/m		渗透张量/(m/d)					
		左岸			右岸		
975～950.5	深部	0.0005	0.0000	0.0000	0.0005	0.0002	−0.0002
		0.0000	0.0030	0.0000	0.0002	0.0029	0.0000
		0.0000	0.0000	0.0026	−0.0002	0.0000	0.0026
950.5以下	深部	0.0006		0.0000		−0.0001	
		0.0000		0.0030		0.0000	
		−0.0001		0.0000		0.0026	

表 10.3-2　2009年裂隙岩体渗透张量

高程/m		渗透张量/(m/d)					
		左岸			右岸		
1245～990	浅部	0.0236	−0.0033	0.0008	0.0233	−0.0021	−0.0030
		−0.0033	0.0224	−0.0037	−0.0021	0.0218	−0.0037
		0.0008	−0.0037	0.0377	−0.0030	−0.0037	0.0376
	中部	0.0047	−0.0007	0.0001	0.0045	−0.0004	−0.0005
		−0.0007	0.0045	−0.0007	−0.0004	0.0042	−0.0007
		0.0001	−0.0007	0.0077	−0.0005	−0.0007	0.0076
1245～990	深部	0.0007	−0.0001	0.0000	0.0006	0.0000	−0.0001
		−0.0001	0.0007	−0.0001	0.0000	0.0007	−0.0001
		0.0000	−0.0001	0.0012	−0.0001	−0.0001	0.0011
990～975	浅部	0.0242	−0.0034	0.0002	0.0237	−0.0021	−0.0028
		−0.0034	0.0224	−0.0035	−0.0021	0.0218	−0.0037
		0.0002	−0.0035	0.0370	−0.0028	−0.0037	0.0373
	中部	0.0049	−0.0007	0.0000	0.0046	−0.0004	−0.0005
		−0.0007	0.0046	−0.0007	−0.0004	0.0042	−0.0007
		0.0000	−0.0007	0.0075	−0.0005	−0.0007	0.0076
	深部	0.0007	−0.0001	0.0000	0.0006	0.0000	−0.0001
		−0.0001	0.0007	−0.0001	0.0000	0.0007	−0.0001
		0.0000	−0.0001	0.0012	−0.0001	−0.0001	0.0011
975～950.5	浅部	0.0049	−0.0007	0.0000	0.0046	−0.0004	−0.0004
		−0.0007	0.0046	−0.0007	−0.0004	0.0042	−0.0007
		0.0000	−0.0007	0.0075	−0.0004	−0.0007	0.0075
	中部	0.0049	−0.0007	0.0000	0.0046	−0.0004	−0.0004
		−0.0007	0.0046	−0.0007	−0.0004	0.0042	−0.0007
		0.0000	−0.0007	0.0075	−0.0004	−0.0007	0.0075
	深部	0.0007	−0.0001	0.0000	0.0006	0.0000	−0.0001
		−0.0001	0.0007	−0.0001	0.0000	0.0007	−0.0001
		0.0000	−0.0001	0.0012	−0.0001	−0.0001	0.0010

续表

高　程 /m		渗　透　张　量/(m/d)					
		左岸			右岸		
950.5以下	深部	0.0008	−0.0001	0.0000	0.0006	0.0000	0.0000
		−0.0001	0.0007	−0.0001	0.0000	0.0007	−0.0001
		0.0000	−0.0001	0.0011	0.0000	−0.0001	0.0010

将排水孔等效模拟为具有一定厚度的排水孔幕，以空气单元法理论为基础，假定排水孔幕为均质材料。通过现场压水试验、人工神经网络反演分析、单坝段离散模拟和等效模拟数值结果比对，以及渗压实时监测信息反演分析等手段，逐步调整并率定排水孔幕渗透系数。坝体排水孔幕渗透系数见表10.3－3。

表10.3－3　坝体等效排水孔幕渗透系数

区　域	2012年		2009年
	位置高程/m	渗透系数/(m/d)	渗透系数/(m/d)
坝体排水	963～1010	0.85×10^{-3}	1.0×10^{-3}
	1010～1065	0.70×10^{-3}	
	1065～1100	0.50×10^{-3}	
	1100～1190	0.40×10^{-3}	
	1190～1225	0.20×10^{-3}	

将帷幕进行离散模拟。鉴于帷幕灌浆质量受诸多施工因素影响，实际上帷幕各处渗透系数并不相同，因此依据监测信息及现场查勘，并经反演分析，随时间逐步调整各坝段坝基和两岸岩体中帷幕的渗透系数。

10.3.2 渗流场时空特性

10.3.2.1 数值分析结果与监测成果对比

沿坝基共布置33支渗压计，坝基渗压计所在位置与上游帷幕、主副排水幕位置关系见图10.3－9。

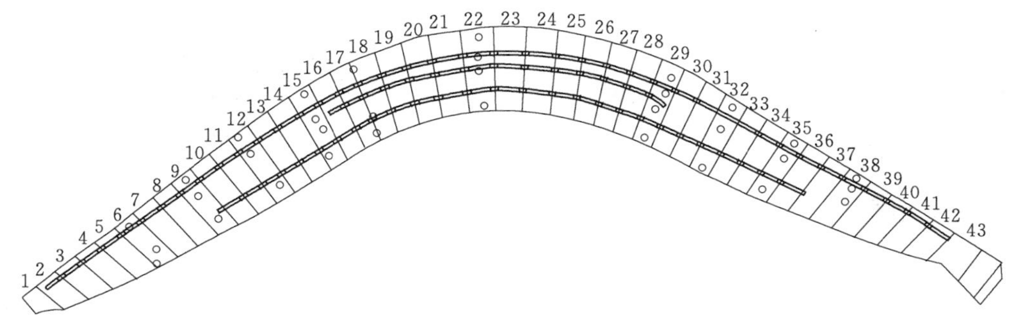

图10.3－9　坝基渗压计所在单元与上游帷幕、主副排水幕位置关系

选取具有代表性的右岸15号坝段、河床22号坝段和左岸29号坝段进行渗压仿真分析，时间节点自2008年12月16日至2014年10月8日，见图10.3-10～图10.3-14。由图可见，数值计算结果与监测结果吻合很好，二者均与水库蓄水过程相吻合。

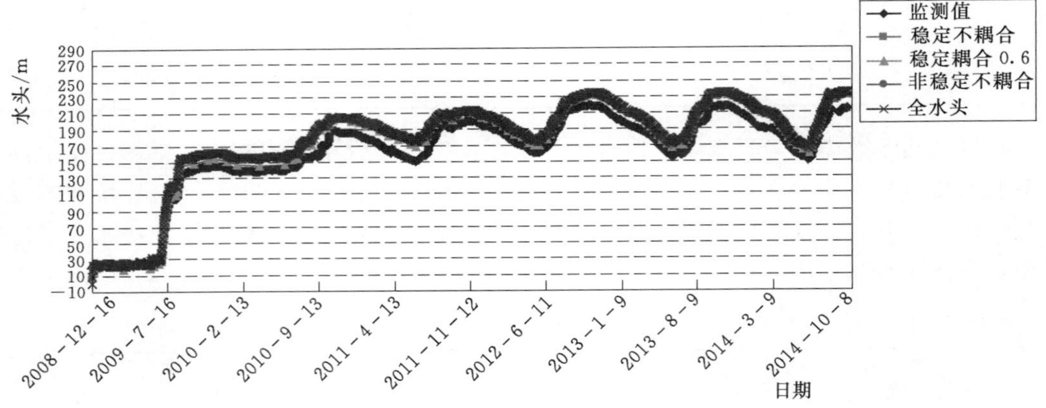

图10.3-10 15号坝段P01渗压仿真值与监测值对比

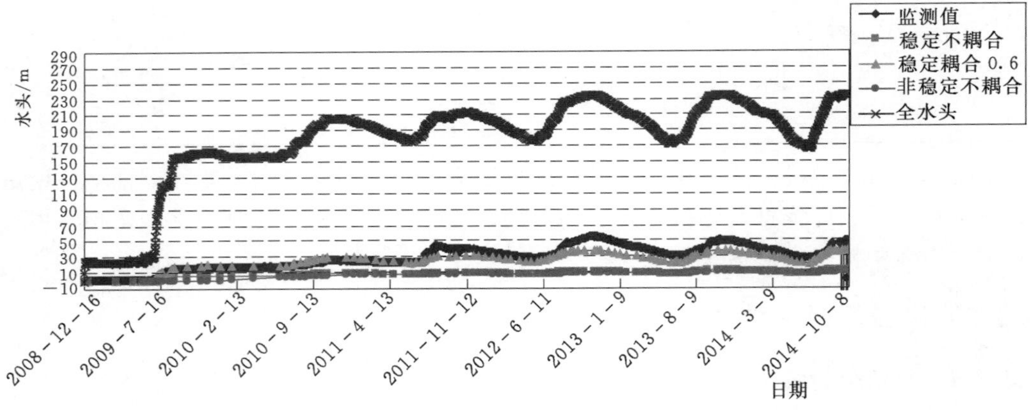

图10.3-11 15号坝段P02渗压仿真值与监测值对比

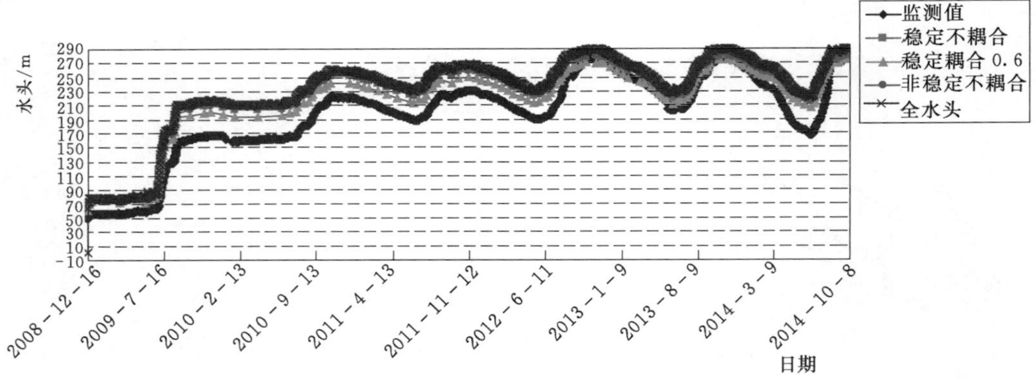

图10.3-12 22号坝段P01渗压仿真值与监测值对比

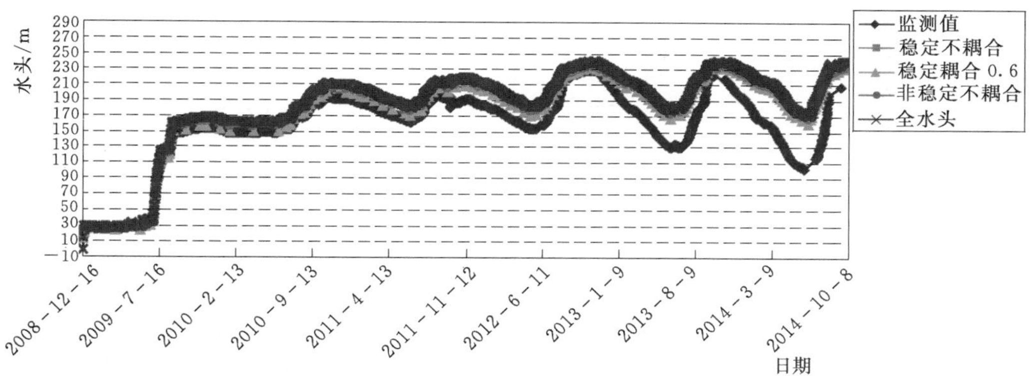

图 10.3-13 29 号坝段 P01 渗压仿真值与监测值对比

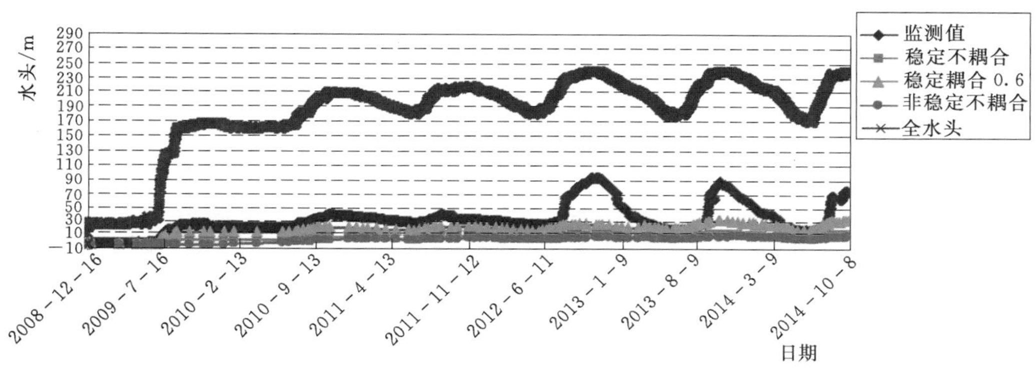

图 10.3-14 29 号坝段 P02 渗压仿真值与监测值对比

10.3.2.2 渗流场空间分布规律

以 2014 年 10 月 6 日（上游水位 1239.97m）为时间节点，分析渗流场的空间分布规律。

(1) 等水头线分布规律。河床坝段纵剖面（$x=16.0\text{m}$）、坝踵处横剖面（$y=310.0\text{m}$）以及高程 1150.00m 平切面的等水头线分布见图 10.3-15～图 10.3-17。可以看出，帷幕附近等水头线分布较密集，说明帷幕防渗效果明显；主副排水幕、水垫塘和二道坝排水幕围成的抽排区域水头明显降低，说明排水效果明显；蓄水后上游坝基应力水平降低、裂隙开度增大、渗透力朝下游集中。

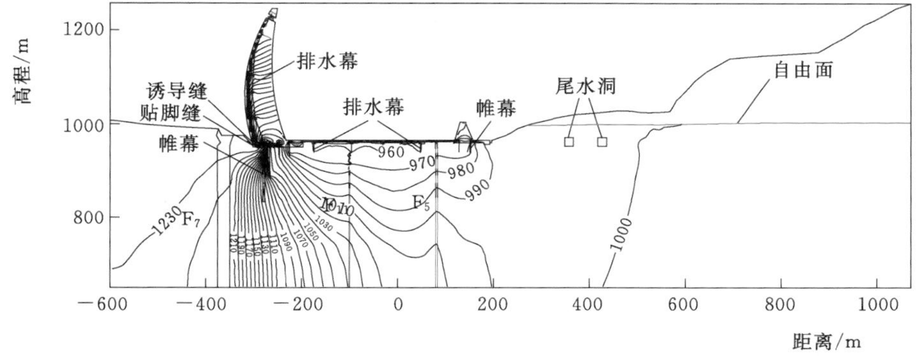

图 10.3-15 河床纵剖面（$x=16.0\text{m}$）处等水头线分布

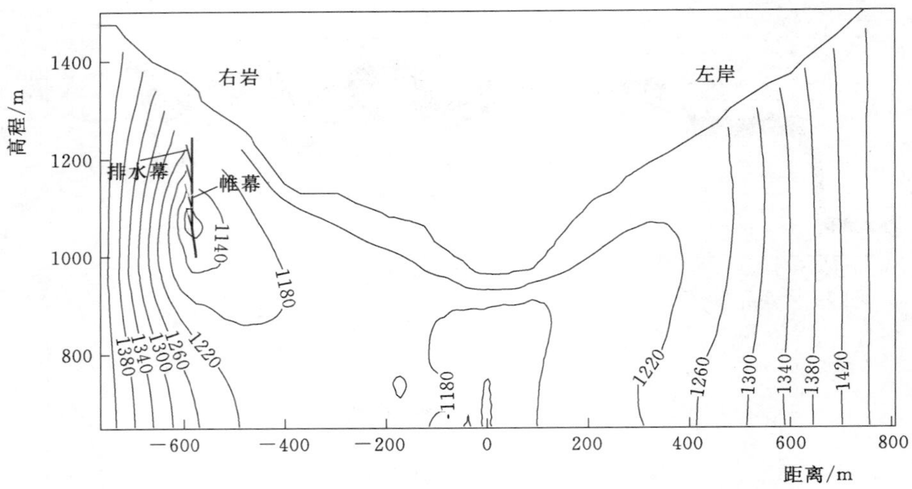

图 10.3-16 坝踵横剖面（y=310.0m）处等水头线分布

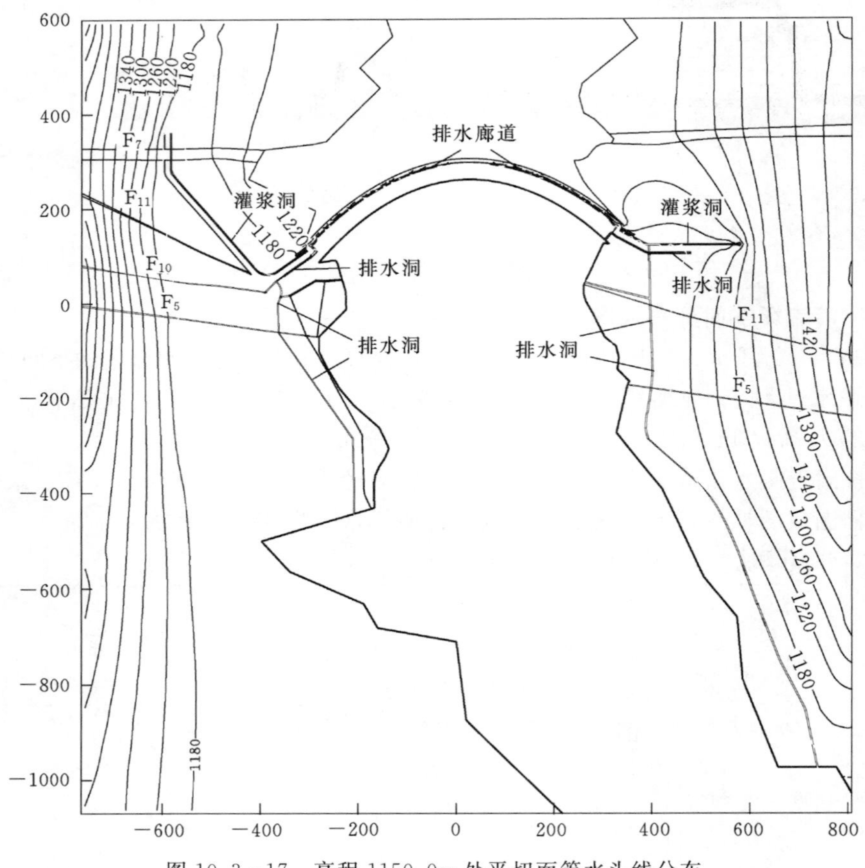

图 10.3-17 高程 1150.0m 处平切面等水头线分布

（2）坝基扬压力分布规律。河床断面坝基扬压力分布见图 10.3-18。可以看出，实际扬压力和设计扬压力总体趋势一致，说明设计假定基本合理；帷幕前后扬压力衰减剧

烈，帷幕作用明显；主帷幕至水垫塘，扬压力快速衰减，说明坝基排水效果明显。

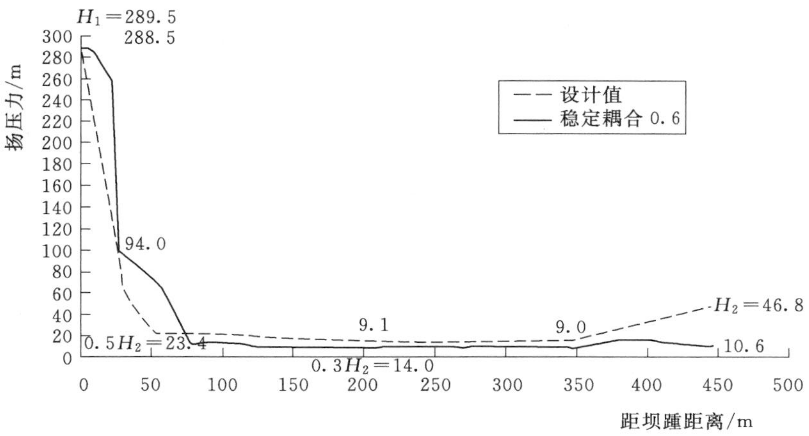

图 10.3-18 $x=16.0$m、$z=950.5$m 处扬压力分布图

(3) 渗透坡降分布规律。渗透坡降矢量分布见图 10.3-19～图 10.3-21。上游帷幕

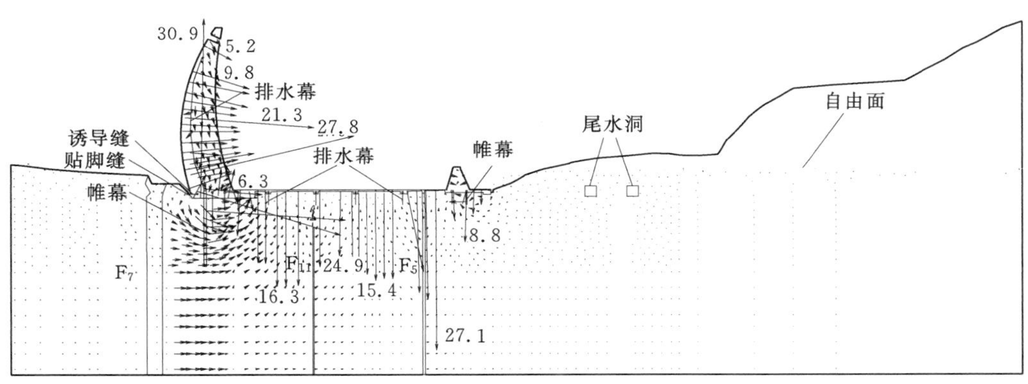

图 10.3-19 河床坝段纵剖面（$x=16.0$m）处渗透坡降分布

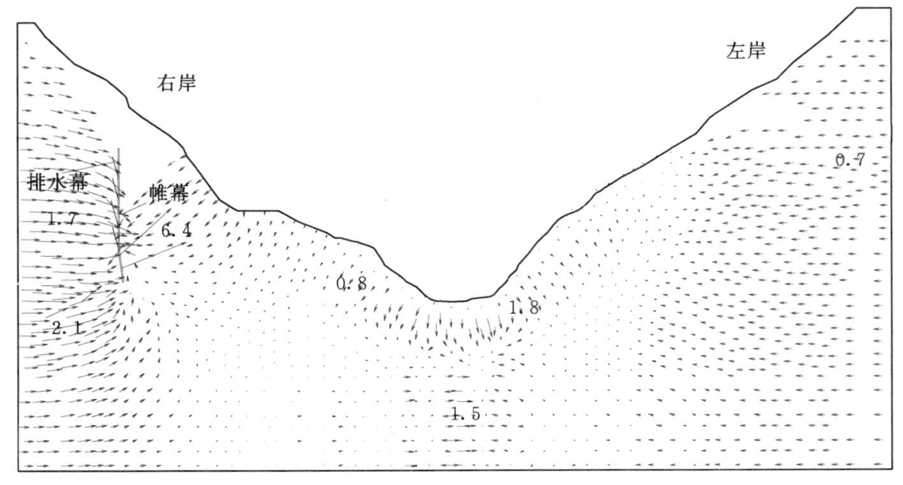

图 10.3-20 坝踵横剖面（$y=310.0$m）处渗透坡降分布

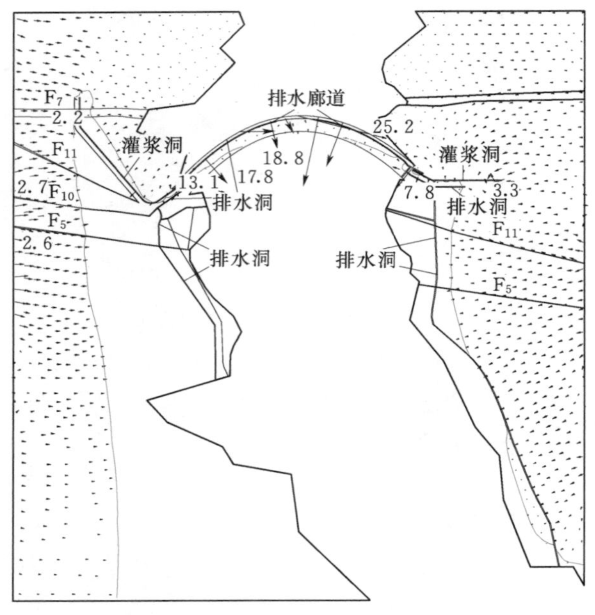

图 10.3-21 高程 1150m 平切渗透坡降分布

约在高程 925.00～1100.00m、建基面附近渗透坡降较大（$j>30$）；混凝土材料在建基面附近也有部分单元渗透坡降较大（$j>30$）。主要原因是混凝土及帷幕的渗透性较周围岩体的渗透性小所导致。

（4）流速分布规律。流速矢量分布见图 10.3-22～图 10.3-24。从图中可明显看出，在排水孔洞附近流速较大。

10.3.2.3 渗流场时间分布规律

对于坝基岩体，在开挖卸荷、实施工程措施、蓄水以及运行等过程中，岩体渗透性发生改变，从而渗流场也发生相应改变，但基本上是处于稳定渗流场状态。对于混凝土拱坝，

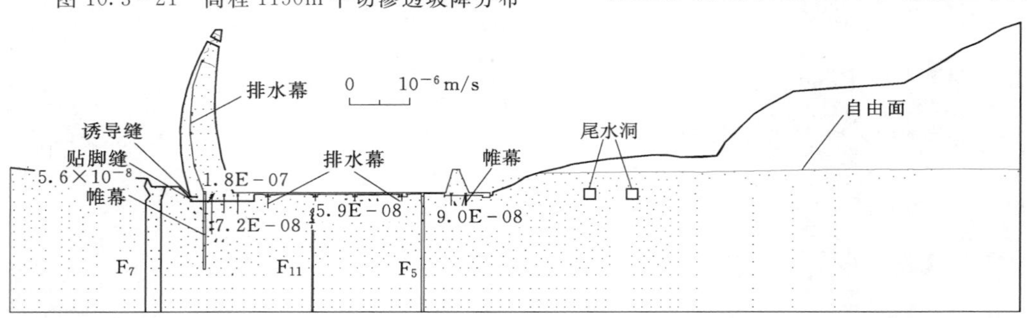

图 10.3-22 河床坝段纵剖面（$x=16.0$m）处渗透流速分布

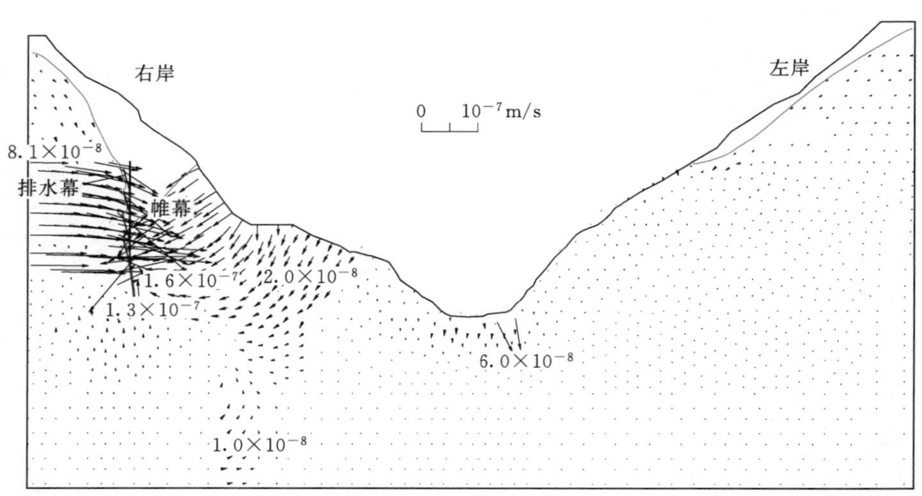

图 10.3-23 坝踵横剖面（$y=310.0$m）处渗透流速分布

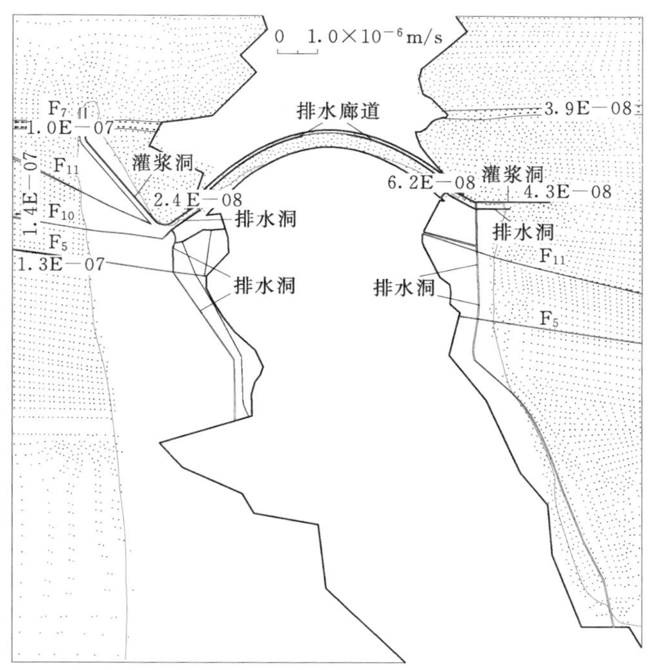

图 10.3-24 高程 1150m 平切面流速分布

蓄水后库水将逐渐渗入坝体内部，随着时间的推移，坝体渗流场将由非稳定渗流场逐渐趋向于稳定渗流场。以 2005 年 12 月 16 日（上游围堰前水位 998.88m，下游围堰后水位 996.45m）坝体浇筑前的天然稳定渗流场作为初始渗流场，依据实际库水位变化情况，计算相应的非稳定渗流场，研究渗流场随时间的分布规律。

图 10.3-25 和图 10.3-26 分别为 22 号坝段以及高程 1150.00m 处，在 2008—2014 年 3 个时间节点对应的坝体渗流场变化图，图中蓝色部分表示进入坝体内的库水。

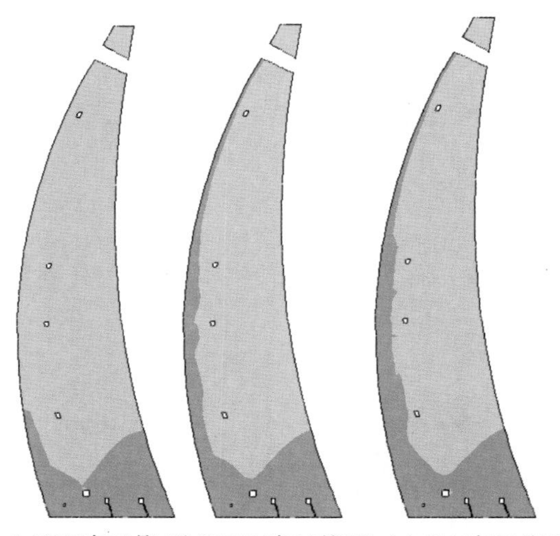

图 10.3-25 22 号坝段渗流场

由图 10.3-25 和图 10.3-26 可以看出以下几点：

（1）坝体非稳定渗流场表现出明显的时间效应。

（2）由于排水孔的作用，渗水优势流向排水孔。

（3）随着时间的推移，渗水渗入坝体的深度逐渐增大，但增量逐渐减小，在时间足够长的条件下，非稳定渗流场将逐渐趋向于稳定渗流场。

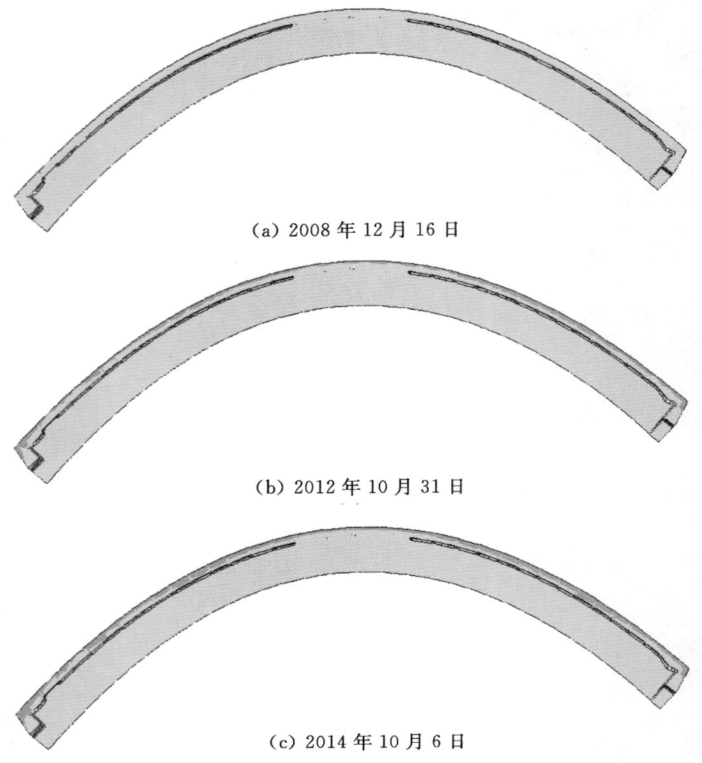

(a) 2008年12月16日

(b) 2012年10月31日

(c) 2014年10月6日

图 10.3-26 高程1150m渗流场

10.3.2.4 渗流量时空变化规律

渗流量分析区域示意见图9.5-59。

2008年12月16日导流洞下闸蓄水至2014年10月8日，流经坝基+坝肩+坝体、水垫塘+二道坝、地下厂房区，以及右岸抗力体、4号山梁区、左岸抗力体排水的流量与时间关系曲线见图10.3-27～图10.3-32。

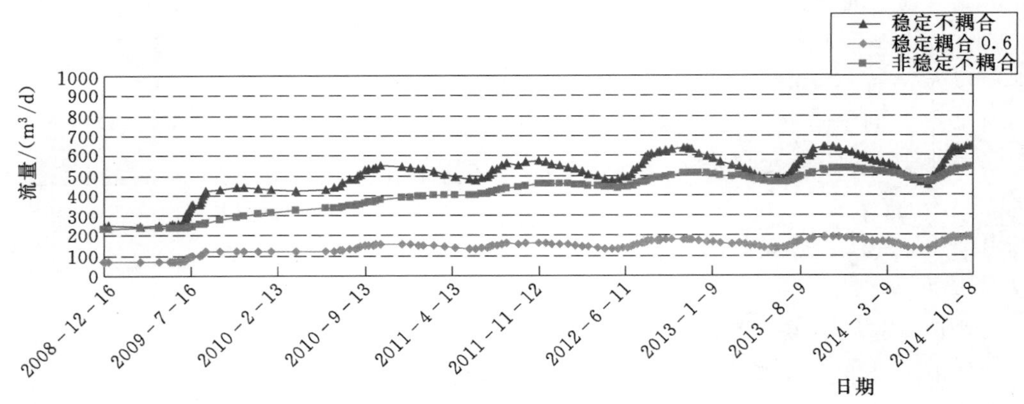

图 10.3-27 流经坝基+坝肩+坝体的渗流量过程线

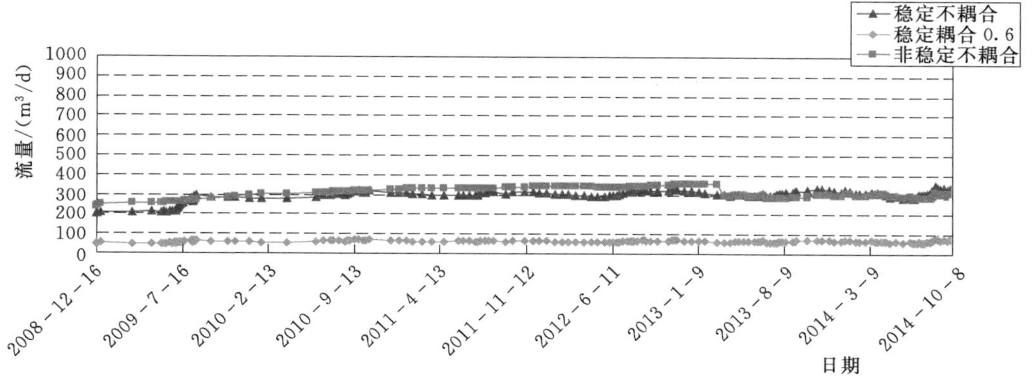

图 10.3-28 流经水垫塘+二道坝排水的渗流量过程线

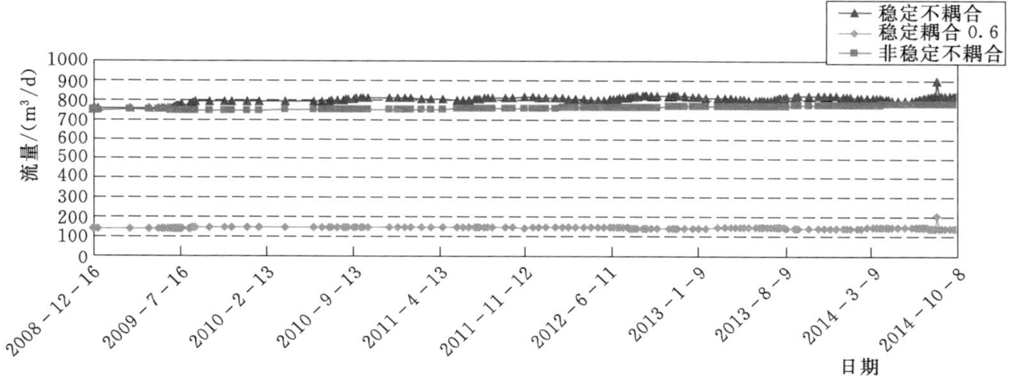

图 10.3-29 流经地下厂房区排水的渗流量过程线

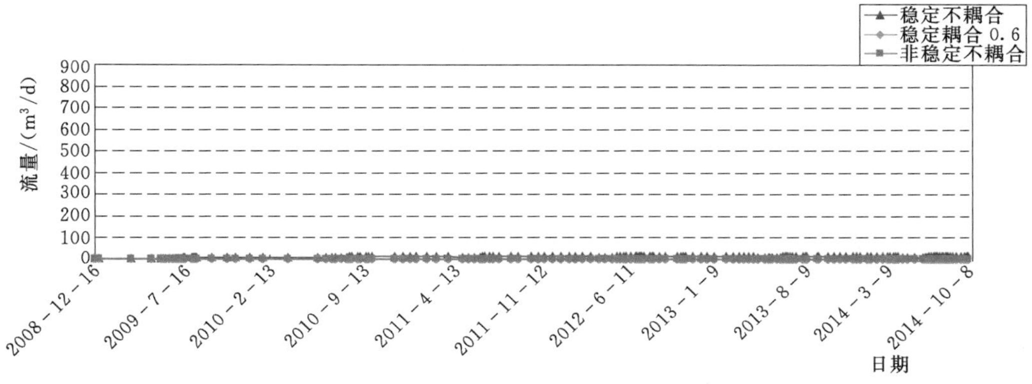

图 10.3-30 流经右岸抗力体排水的渗流量过程线

2014 年 10 月 6 日（上游水位 1239.97m），各区域渗流量监测值与计算值见表 10.3-4。流经主副排的渗流总量-上游水位-时间关系曲线见图 10.3-33。可以看出：①渗流量计算值与监测值大致吻合，但有差异，主要原因是计量区域不完全一致以及监测量包含有外部降水汇集等因素影响；②表 10.3-4 显示，考虑渗流/应力耦合作用的计算渗流量较不

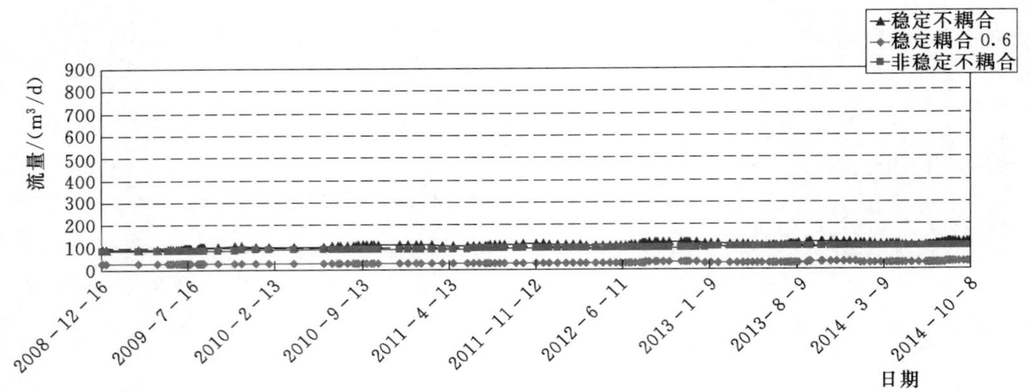

图 10.3-31　流经 4 号山梁区排水的渗流量过程线

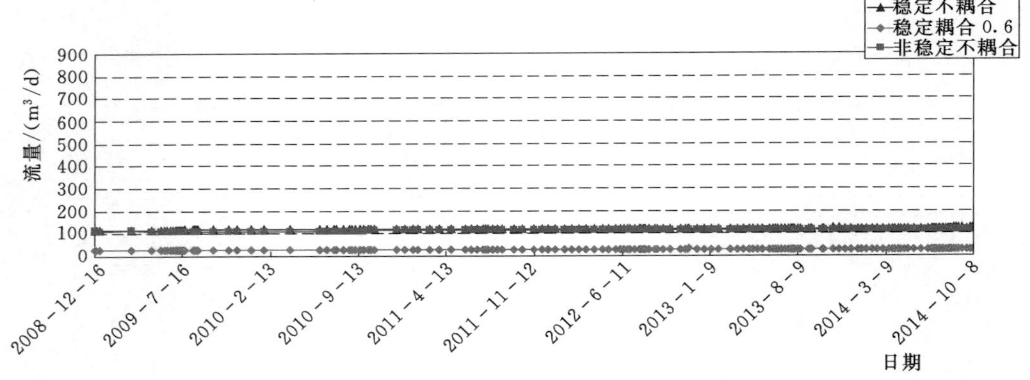

图 10.3-32　流经左岸抗力体排水的渗流量过程线

考虑耦合作用大幅度减小，且更接近监测渗流量，验证了裂隙岩体中渗流场和应力场耦合作用的客观存在，考虑渗流场和应力场耦合作用的技术路线是合理且必需的；③由图 10.3-33 可以看出，流经主副排的渗流量计算值与监测值随时间变化规律一致，总体吻合较好。

表 10.3-4　　　　2014 年 10 月 6 日各区域渗流量统计

流量计算区域	监测渗流量		计算渗流量（耦合）		计算渗流量（不耦合）	
	流量/(m³/d)	百分比/%	流量/(m³/d)	百分比/%	流量/(m³/d)	百分比/%
坝基＋坝肩＋坝体	236.09	35.02	191.34	40.22	642.34	31.01
水垫塘＋二道坝			75.81	15.93	335.89	16.21
地下厂房区	58.67	8.70	141.29	29.70	824.98	39.82
右岸抗力体	172.16	25.54	0	0	17.83	0.86
4 号山梁区	126.20	18.72	34.37	7.22	125.78	6.07
左岸抗力体	80.96	12.01	32.98	6.93	124.8	6.02
总流量/(m³/d)	674.08		475.79		2071.62	

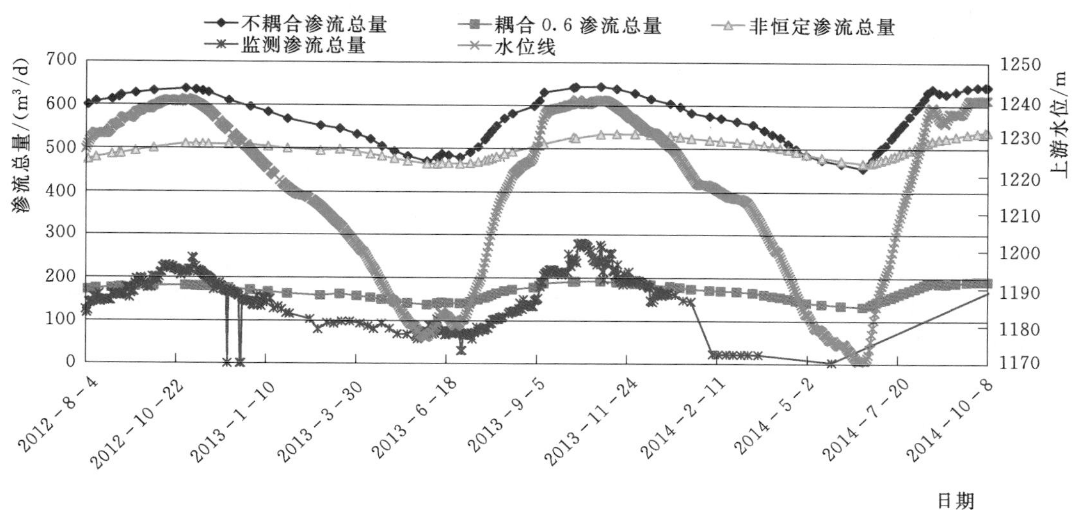

图 10.3-33 流经主副排渗流总量-上游水位-时间关系曲线

10.4 应力应变场时空特性

10.4.1 技术路线及关键问题

10.4.1.1 技术路线

按照图 10.4-1 所示的技术路线分析研究应力应变场时空特性，主要步骤为：

(1) 根据设计参数及实际施工记录，应用复合单元法对拱坝及坝基系统进行应力应变场仿真分析。

(2) 根据施工关键环节，确定关键的时间节点，作为反演力学参数的节点。

(3) 针对关键节点时刻位移及应变测点的监测值，反演影响应力应变场的主要参数，即基岩流变力学参数、坝体混凝土弹模、缝面刚度等。

(4) 在力学参数反演中，首先反演基岩流变力学参数，使坝基及坝肩岩体在开挖及坝

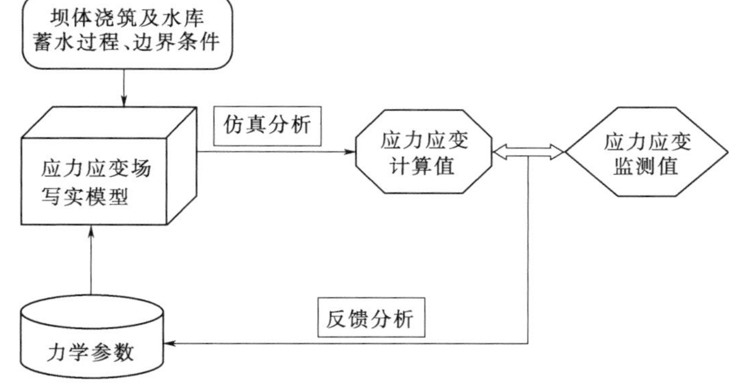

图 10.4-1 技术路线

体浇筑初期的变形曲线与监测曲线吻合；再反演坝体混凝土弹模，使大坝变形曲线及应力曲线与监测曲线吻合；最后反演坝体内各种缝的缝面刚度，使缝的开度曲线及压应力曲线与监测曲线吻合。

（5）反演误差标准，仿真值与监测值的差值总体控制在10%以内。

（6）根据参数反演结果，进行后续大坝浇筑、蓄水过程中的坝体变形及应力的预测分析。

10.4.1.2　关键问题

（1）写实数值模型的建立。为了尽可能真实的模拟坝基及坝体应力应变场的时空演化过程，需要建立复杂坝基及坝体的精细有限元模型。坝基、拱座岩体中含多条断层、蚀变带和多组节理，建基面开挖后存在较强烈的岩体松弛现象，为提高坝基岩体变形及强度特性，改善坝肩抗力岩体的力学特性，实际工程中针对关键部位的软弱岩体进行了混凝土洞井塞置换和开挖回填、预应力锚索、锚杆及固结灌浆等措施进行加固处理。坝体设置有43条横缝，并在河床坝段的底部高程处设置了诱导底缝，在坝踵及坝趾部位设置了贴角混凝土。此外，坝体内部在浇筑过程中出现了多条延伸较长的温度裂缝。因此，在建立有限元模型时，如何真实反映上述结构特点是整个应力应变场写实仿真与反馈分析的关键。

（2）关键力学参数的反演。坝基岩体力学参数既与岩性和风化程度有关，又与施工过程紧密相关，尤其是建基面附近的开挖扰动区岩体，存在很明显的时空演化特性，且对拱坝的应力应变特性有较大影响。坝体混凝土以全级配混凝土为主，其真实力学参数可能与室内试验结果存在较大差异。坝体内部的各种缝面以及上、下游贴角混凝土与基岩接触面均可能出现反复开合状态，其缝面刚度的取值直接影响缝的开度及压应力计算结果，然而，缝面刚度的取值既缺少理论依据，又没有试验结果支撑，存在很大的难度。因此，需要根据写实仿真分析的计算结果与监测资料对比，通过反演分析来获取较符合实际的上述关键力学参数。

（3）坝体横缝、裂缝、贴角混凝土与基岩接触缝的开合过程模拟。这3类缝既有相似之处，又有所区别。横缝在封拱灌浆前属于接触缝，封拱灌浆后则成为胶结面；裂缝在开裂前属于实体混凝土，开裂后则成为接触缝，化学灌浆后又变为胶结面；贴角混凝土与基岩接触面则一直属于接触缝。在坝体浇筑及水库蓄水过程中，上述缝面可能出现反复开合的状态，且其力学状态对附近的坝体变形及应力分布规律有显著影响，因此，需要尽可能真实模拟缝的张开及闭合过程。

10.4.2　计算模型及条件

10.4.2.1　计算模型

坐标系约定：河流方向为Y轴，指向上游为正；河床方向为X轴，指向左岸为正；铅直方向为Z轴，向上为正。

边界范围：左右岸方向分别取约738m和715m，上下游方向取935m，铅直向下取到高程650.00m，模型顶高程左岸为1477.00m，右岸为1626.00m。

边界条件：左右岸边界面施加X向的法向约束、上下游边界面施加Y向的法向约束、底面施加Z向的法向约束。有限元网格见图10.4-2～图10.4-4，单元总数为1661347、

节点总数为 1046547。

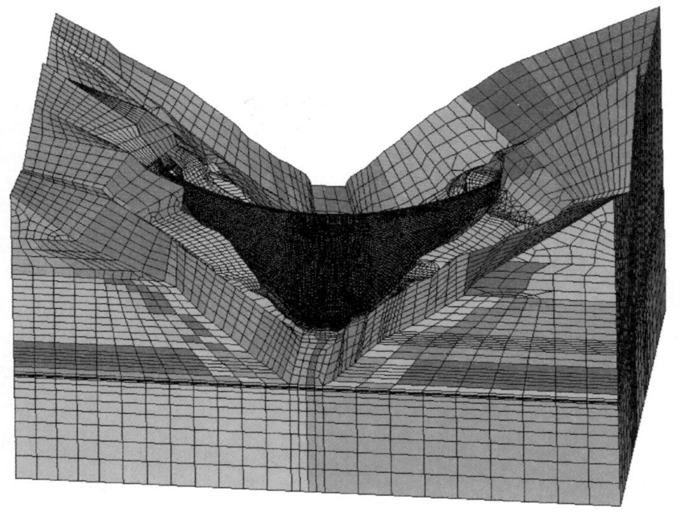

图 10.4-2　拱坝-地基系统整体网格

图 10.4-3　拱坝网格

模型中考虑的主要地质条件及坝体结构缝包括：①岩层、风化及卸荷分界；②主要断层 F_7、F_{11}、F_5、F_{10}、F_{20}；③蚀变带 E_4、E_5、E_9、E_1、E_{10}、E_8；④Ⅳ级结构面 f_{34}、f_{30}、f_{19}、f_{17}、f_{12}、f_{11}、f_{10}、f_{64-1}；⑤高程 1245.00～930.00m 坝基部位岩体开挖卸荷松弛区；⑥坝肩抗力岩体处理实施方案；⑦坝体横缝；⑧坝体诱导缝；⑨坝体裂缝；⑩上游、下游贴角混凝土与基岩接触缝。

10.4.2.2　计算条件

按照实际的坝基开挖、坝体浇筑、水库蓄水过程（图 10.4-5～图 10.4-7），持续仿真模拟至 2014 年 10 月 8 日。

10.4.3　关键力学参数反演

10.4.3.1　基岩流变力学参数

为了能够真实地反映坝基开挖松弛的位移回弹过程，首先对已有的监测成果进行过程追踪，反演得到合理的松弛区岩体流变参数，进而实现对回弹变形的长远预测。在已知岩

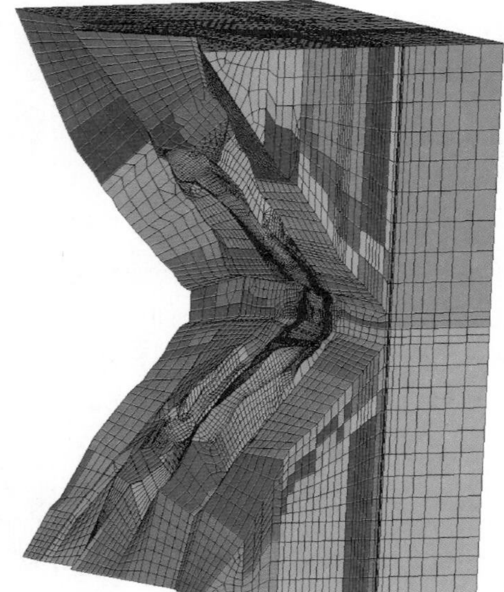

(a) 坝基未开挖

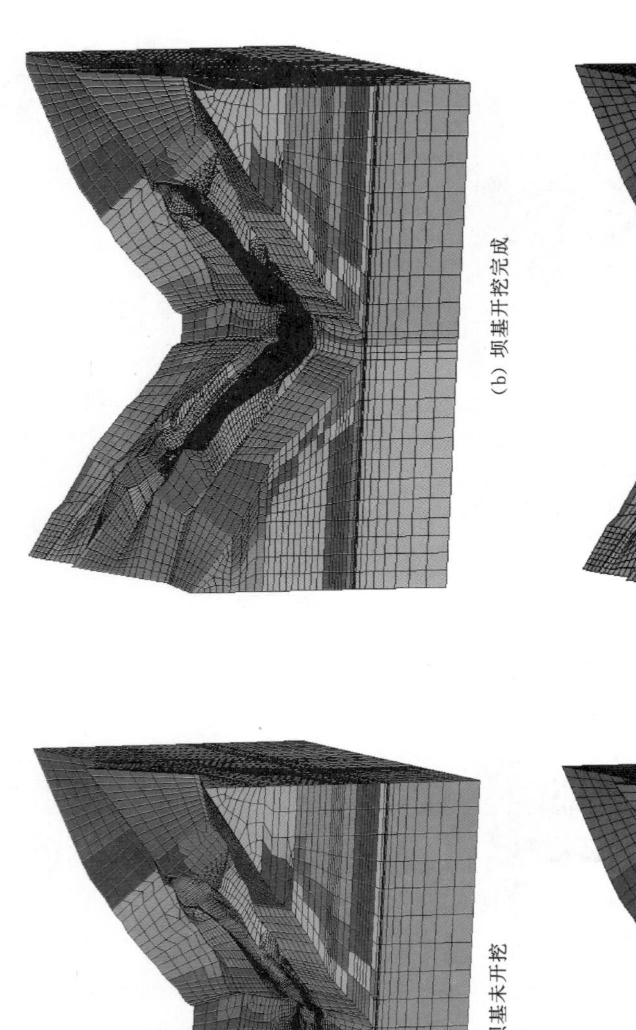

(b) 坝基开挖完成

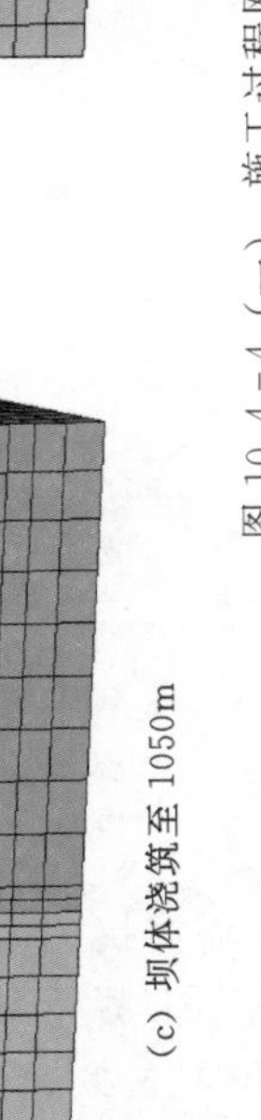

(c) 坝体浇筑至 1050m

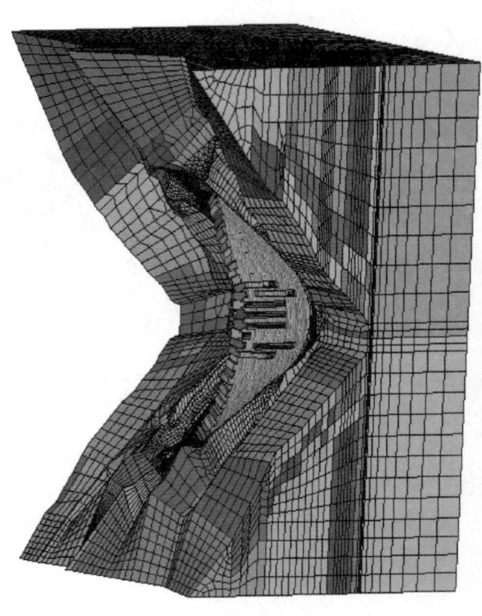

(d) 坝体浇筑至 1160m

图 10.4-4（一） 施工过程网格模型

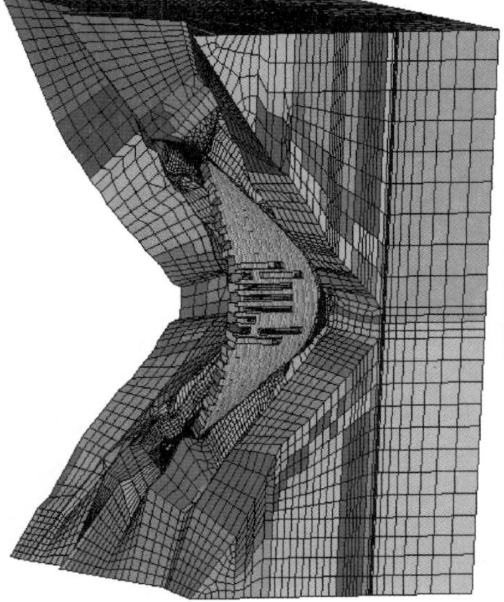

(e) 坝体浇筑至 1188m

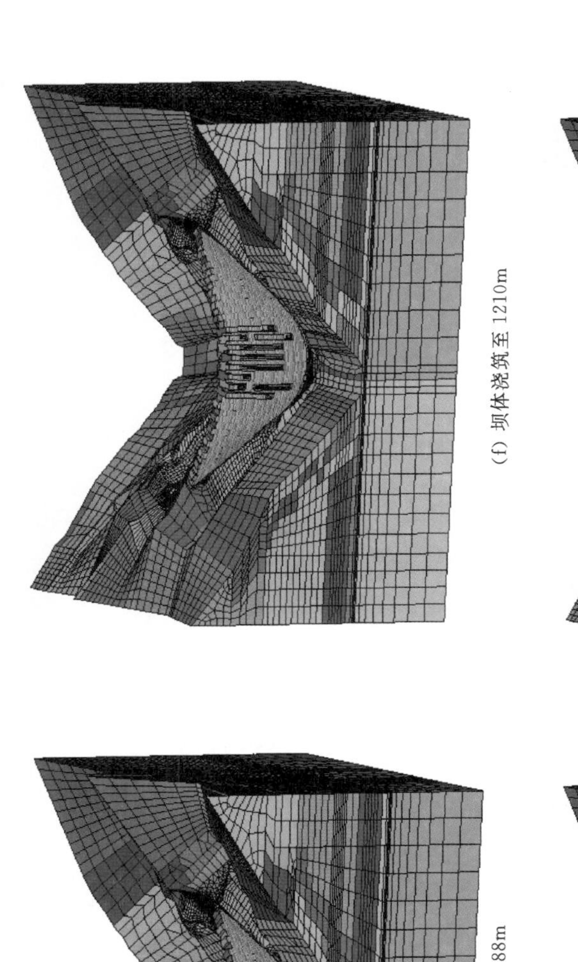

(f) 坝体浇筑至 1210m

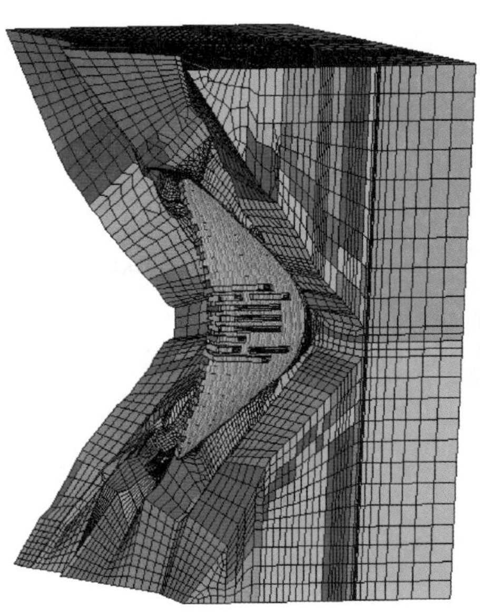

(g) 坝体浇筑至 1230m

(h) 坝体浇筑至坝顶 1240m

图 10.4-4（二） 施工过程网格模型

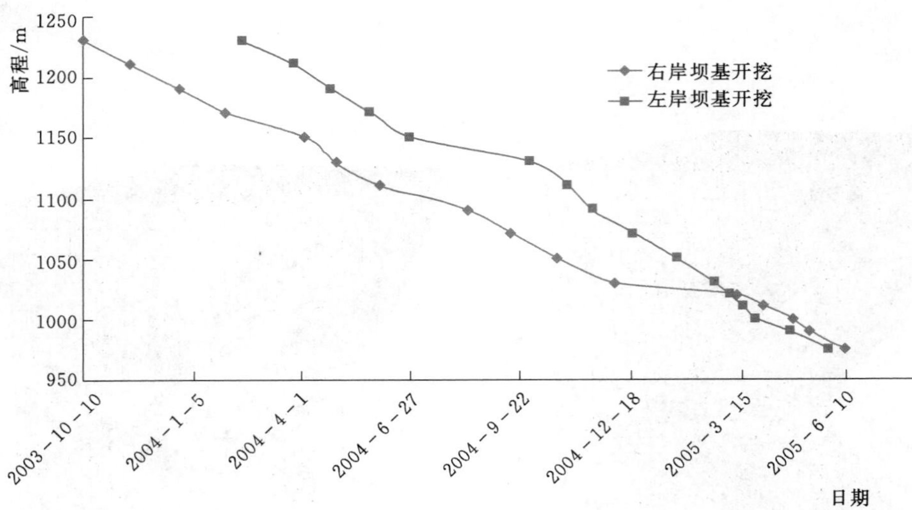

图 10.4-5　坝基开挖过程线

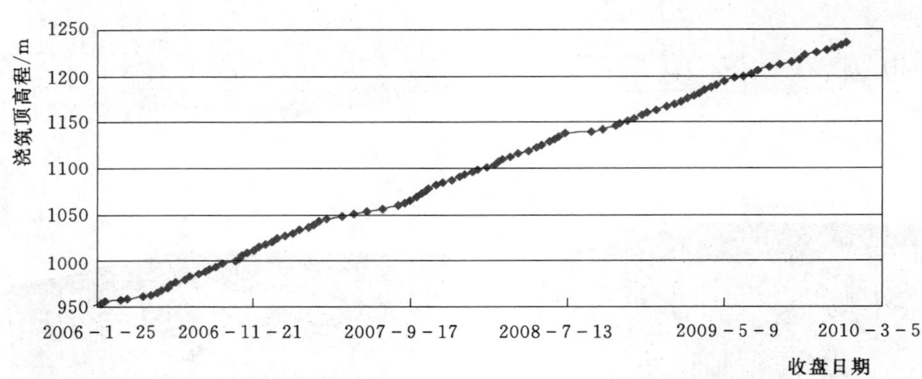

图 10.4-6　22 号坝段浇筑过程线

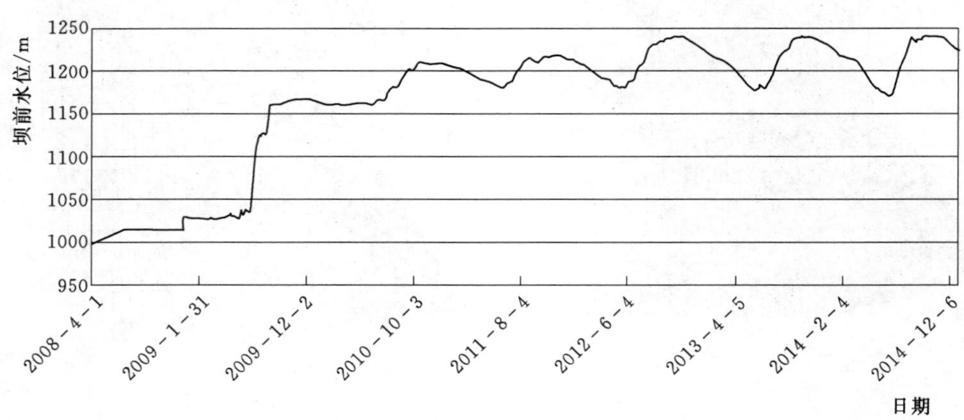

图 10.4-7　蓄水过程线

体松弛前后弹性指标和强度指标的前提下，通过多组不同流变系数进行试算，并通过典型坝段松弛区测点铅直向位移增量的计算值与监测值对比，反演岩体流变系数。

反演结果表明，当坝基松弛区岩体的流变系数取为 9.0×10^{-5}[1/(MPa·d)]时，21号坝段滑动测微计顶部测点的最终铅直向位移增量 2.926mm，最接近监测值 2.958mm。图 10.4-8 为 21 号坝段滑动测微计顶部测点计算值与监测值对比曲线。可以看出，计算曲线与监测曲线规律基本一致，均随着时间的变化而逐渐增大，且在量值上吻合较好。

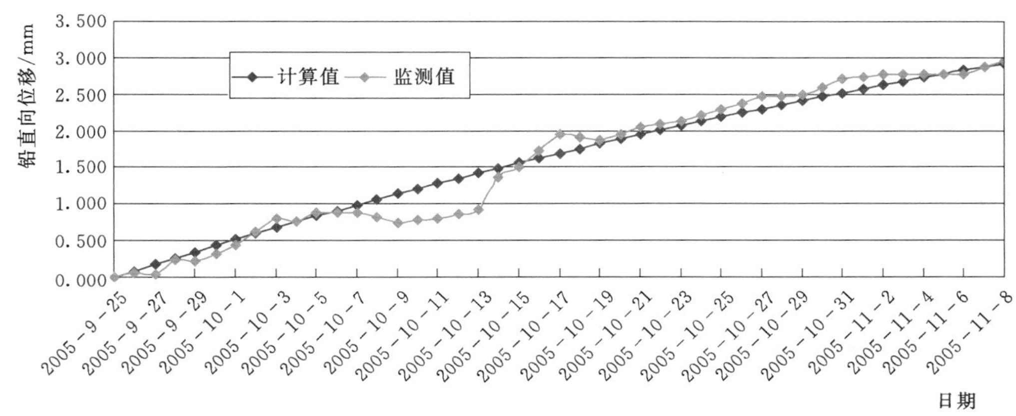

图 10.4-8　距孔口 0m 测点（高程 953m）铅直向位移计算值与监测值对比曲线

10.4.3.2　坝体混凝土弹性模量

坝体混凝土弹模是影响仿真计算变形值的最主要因素。在按照设计参数进行仿真分析的计算成果中，正垂线监测点的径向变形明显大于监测值，且随着测点高程的增加，计算与监测的差异逐渐扩大；切向变形量值虽较小，但也普遍存在计算值大于监测值的现象。为了真实反映大坝的变形特性，根据正垂线测点的监测成果，结合坝体混凝土钻孔取芯的试验资料，拟定多组弹性模量值进行试算，最终选取将坝体混凝土设计弹模提高 30%后的值作为写实仿真分析的参数，坝体混凝土弹性模量的时空规律见图 10.2-16。

反演分析结果表明，弹性模量提高后，坝体径向变形的计算值与监测值的差异得到明显改善（图 10.4-9～图 10.4-12）。径向变形计算值比反演前降低约 20%，下部高程测

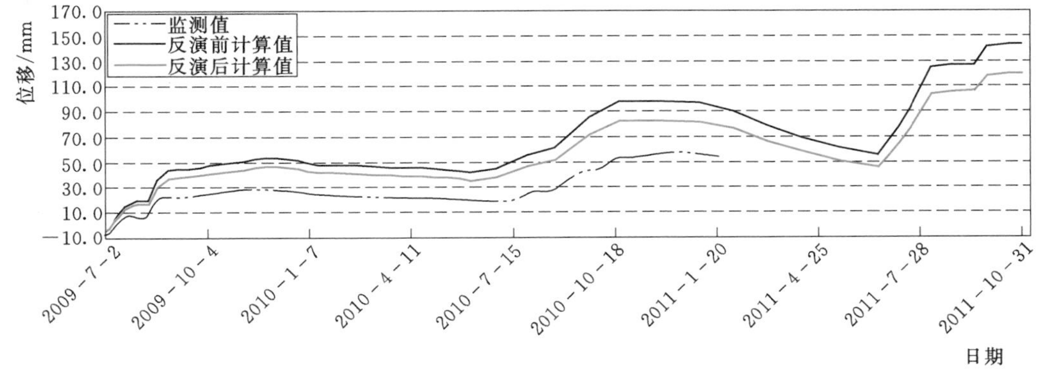

图 10.4-9　A22-PL-02 正垂线径向计算与监测对比

点与监测值吻合较好，上部高程测点与监测值相差约10%（2010年11月30日）；切向变形计算值与反演前相比也有较明显的降低，更加接近监测值。

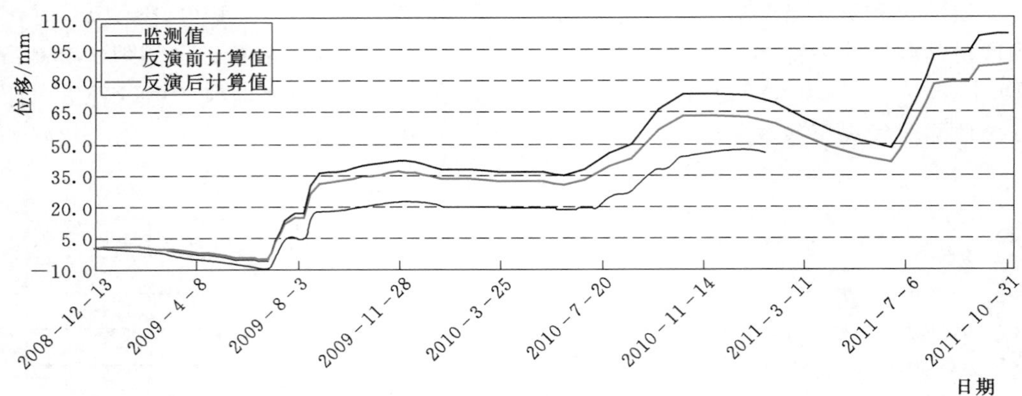

图10.4-10 A22-PL-03正垂线径向计算与监测对比

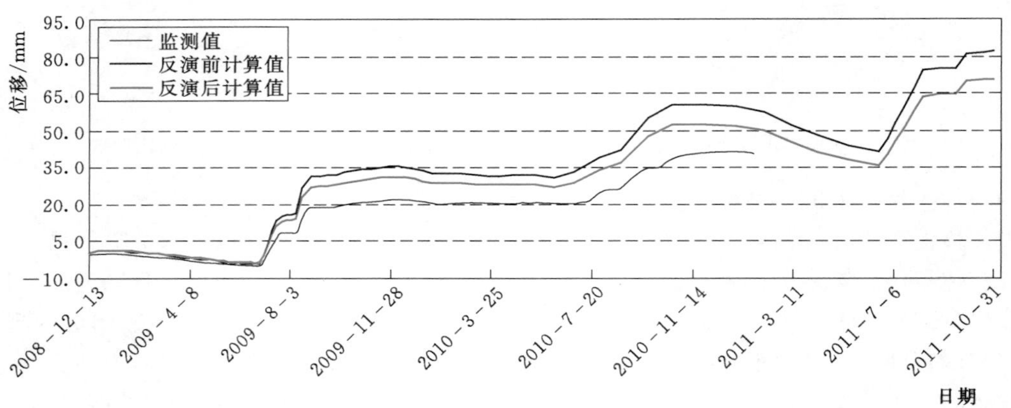

图10.4-11 A22-PL-04正垂线径向计算与监测对比

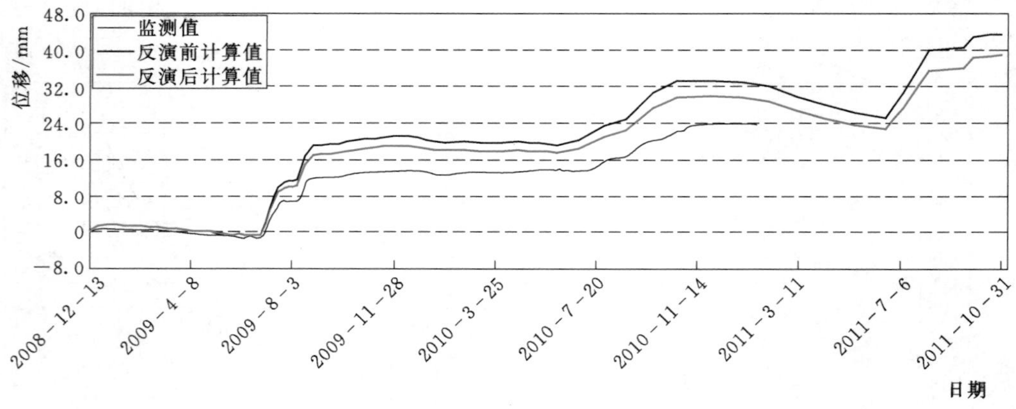

图10.4-12 A22-PL-05正垂线径向计算与监测对比

10.4.3.3 缝面刚度系数

（1）横缝。鉴于在坝体浇筑过程中各坝段交错上升，后浇坝段的左、右侧面直接以先浇坝段为模板，且横缝处采用球形键槽，因此，实际横缝在封拱灌浆前具有典型的传压不传拉的接触面特性。在传统的计算分析中，通常假定在封拱灌浆前各坝段独立工作，即，横缝既不传压也不传拉，可能会导致坝体在施工期的变形及应力失真。为此，考虑横缝在封拱灌浆前的接触面特性，采用内嵌接触面的复合单元模拟。计算过程中，需要横缝的缝面刚度参数，该参数无法通过试验得到，只能根据监测资料进行反演分析。

在反演分析过程中，首先拟定多组横缝缝面刚度值，将仿真分析的横缝开度过程曲线与实际监测资料进行对比，最终选取横缝缝面的法向刚度系数为 1×10^{6}MPa/m，切向刚度系数为 4×10^{5}MPa/m。

图 10.4-13 给出 22 号坝段不同高程处的横缝开合度历时曲线。浇筑开始时横缝的初始缝宽为 0，缝面闭合。二期冷却后坝体温降收缩使横缝张开，温降对横缝的影响分为两部分：第一部分温降用于抵消早期混凝土在温升过程中的压应力；第二部分温降在压应力被抵消后使横缝逐渐张开，二期冷却结束时坝体温度接近最低值，横缝开合度达到最大值。横缝灌浆后，横缝开度一直保持不变，坝体在水泥残余水化热的作用下温度有所回升，同时水库蓄水也使拱圈向产生了压应力，因此横缝灌浆后一直处于受压状态。反演值与监测吻合较好。

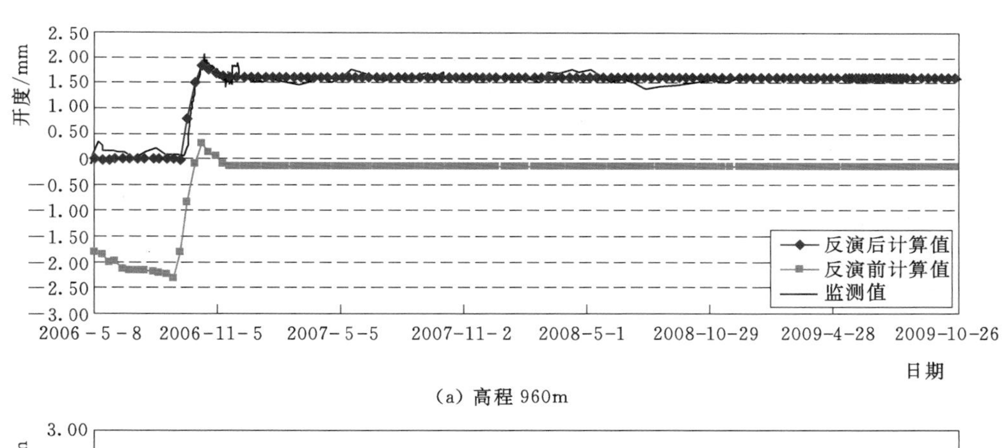

(a) 高程 960m

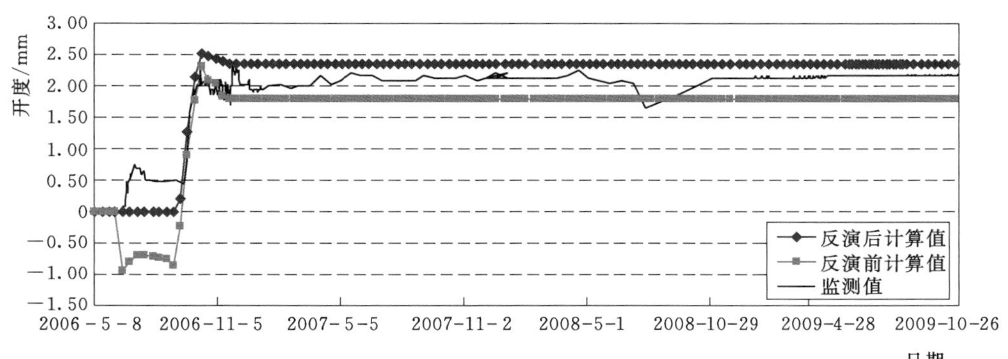

(b) 高程 970m

图 10.4-13　22 号坝段不同高程处的横缝开合度历时曲线

(2) 裂缝。坝体内的温度裂缝长度及开度均存在很大的差异，在化学灌浆处理过程中的充填及胶结程度也不一致，其缝面刚度系数很可能各不相同，需要经过反演分析得到。

根据各裂缝开度的监测资料，拟定多组裂缝的刚度系数，并将仿真分析结果与监测结果进行对比分析，最终选定各坝段裂缝的缝面刚度系数见表 10.4-1。

表 10.4-1　各坝段裂缝的缝面刚度系数反演值

坝　段	法向刚度系数 /(MPa/m)	切向刚度系数 /(MPa/m)	备　注
13	1.0×10^5	4.0×10^4	
15	1.0×10^4	4.0×10^3	
18	2.5×10^4	1.0×10^4	
21	1.5×10^5	6.0×10^4	高程 1055m 之下
21	5.0×10^4	2.0×10^4	高程 1055m 之上
25	1.7×10^4	6.8×10^3	
27	5.0×10^4	2.0×10^4	

图 10.4-14～图 10.4-20 中的计算和监测都反映出几乎所有的裂缝都处于受压状态。采用反演得到的裂缝刚度系数之后，计算值明显接近监测结果，较反演前有较大的改善。

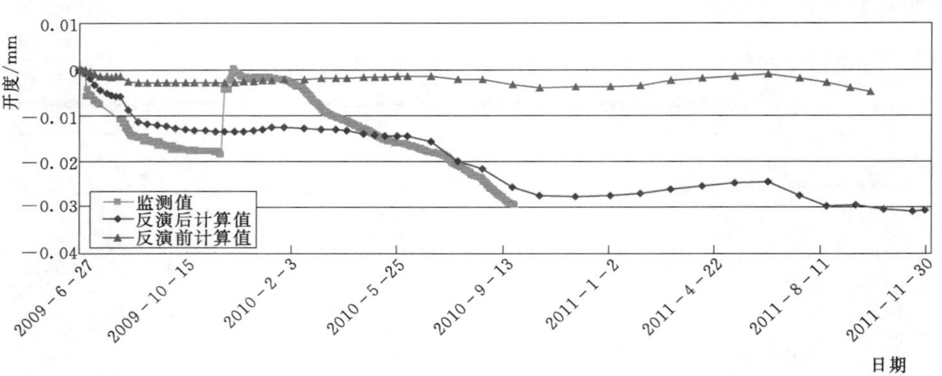

图 10.4-14　C4-A13-LF2-J01 测点裂缝开度计算与监测对比过程线

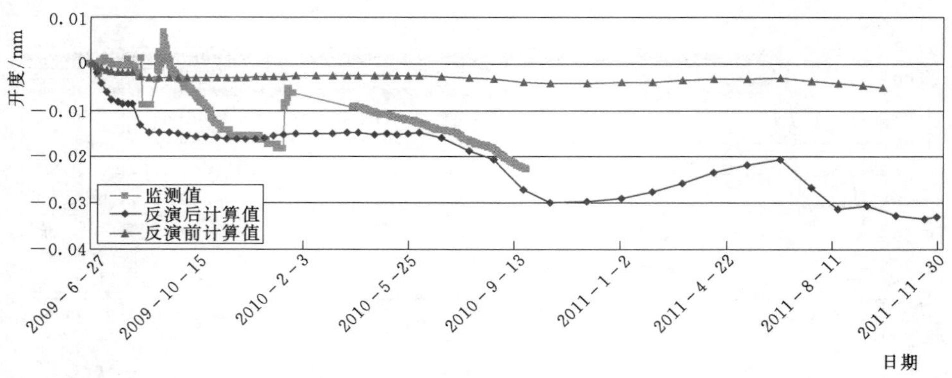

图 10.4-15　C4-A15-LF2-J06 测点裂缝开度计算与监测对比过程线

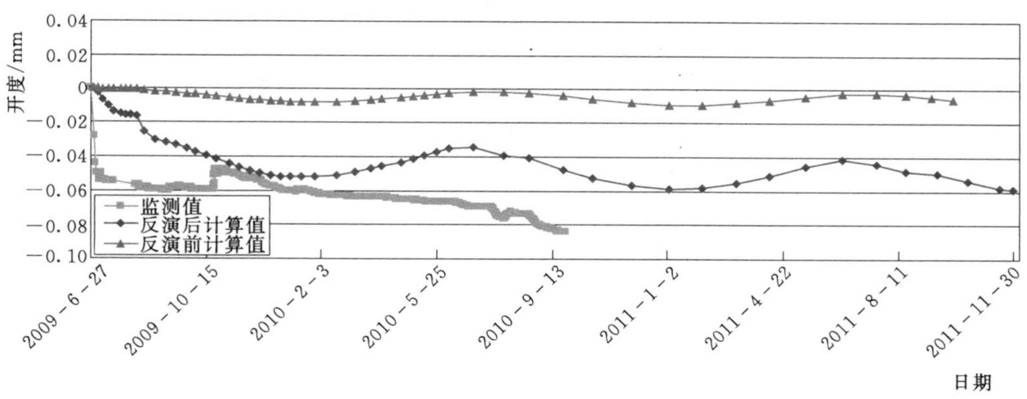

图 10.4-16 C4-A18-LF2-J02 测点裂缝开度计算与监测对比过程线

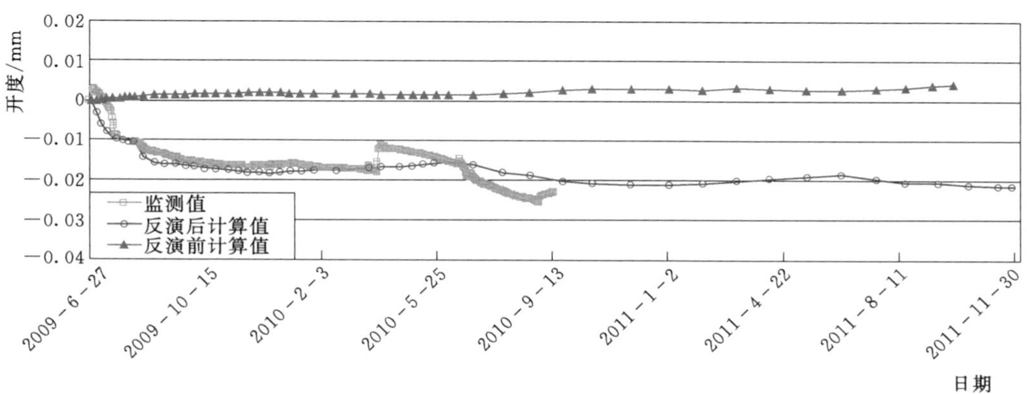

图 10.4-17 C4-A21-LF2-J01 测点裂缝开度计算与监测对比过程线

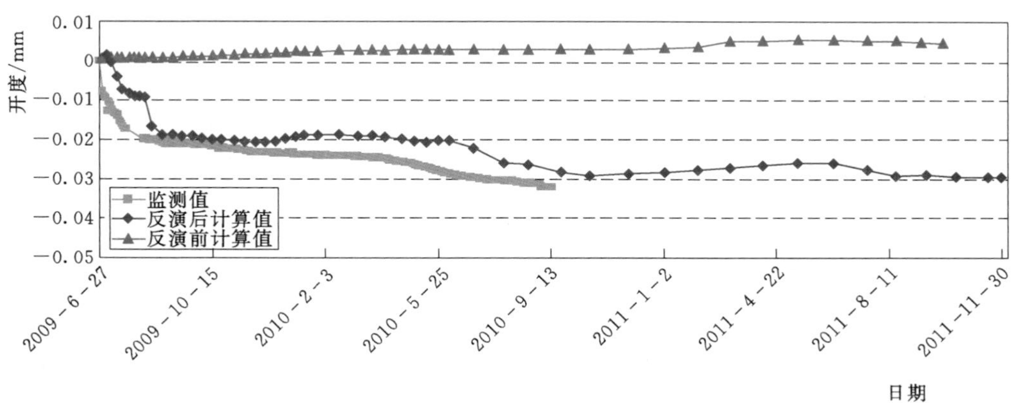

图 10.4-18 C4-A21-LF2-J04 测点裂缝开度计算与监测对比过程线

（3）贴角混凝土接触缝。在拱坝的坝踵和坝趾部位均设置了贴角混凝土，以扩散该部位的坝体应力。然而，在坝体浇筑及水库蓄水过程中，上、下游贴角混凝土与基岩接触面可能存在反复开合的状态，其力学机理复杂，且接触缝面的刚度系数获取困难。在传统的

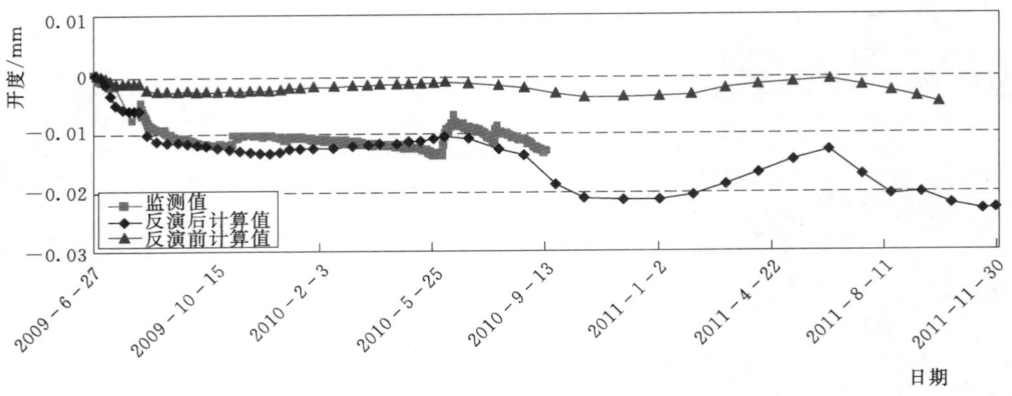

图 10.4-19 C4-A25-LF2-J02 测点裂缝开度计算与监测对比过程线

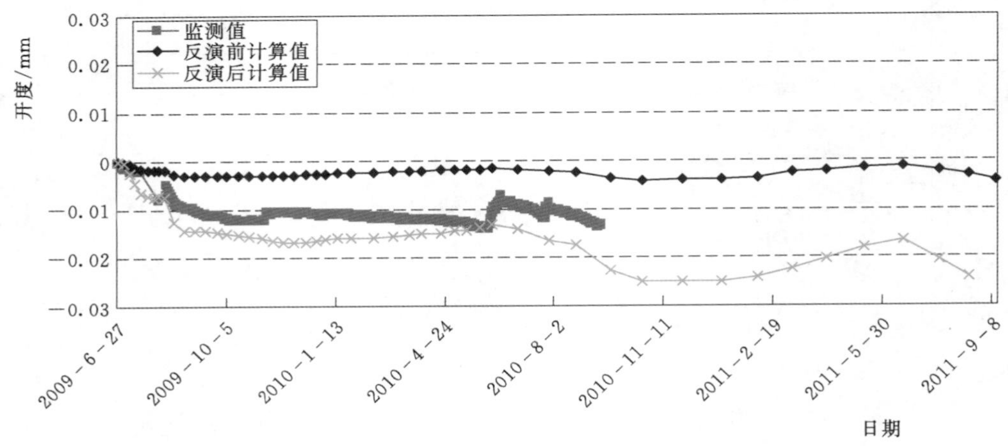

图 10.4-20 C4-A27-LF2-J04 测点裂缝开度计算与监测对比过程线

计算分析中，将贴角混凝土与基岩接触面视为胶结良好的连续面，不符合工程实际，可能会导致对坝体变形及坝踵与坝趾应力状态的误判。因此，须模拟缝面的实时张开及闭合过程，并根据实际监测资料，对贴角混凝土与基岩接触缝的刚度系数进行反演分析，以尽可能真实地反映坝踵及坝趾附近的局部变形及应力状态。

经过反演分析，选取上、下游贴角混凝土与基岩接触面的法向刚度系数为 1.0×10^4MPa/m，切向刚度系数为 4.0×10^3MPa/m。在坝体浇过程中，由于坝体倒悬，坝踵压应力较大，采用反演后的参数，计算的坝踵压应力值比反演前的值大，更加接近监测值；在水库蓄水过程中，由于仿真分析中考虑了坝体上游贴角混凝土与基岩接触面的张开效应，计算得到的靠近坝踵部位的九向应变计测点的顺河向压应力有所增加，更加接近监测值。

10.4.4 坝基岩体变形时空效应

取坝基岩体的极限拉伸应变 $\varepsilon_l=20\times10^{-5}$，按照第 4 章介绍的岩体松弛有限单元法进

行坝基岩体变形时空效应分析。

10.4.4.1 大坝浇筑前坝基岩体回弹变形

坝基部位赋存较高地应力，随着开挖下切，应力释放，建基面岩体逐渐出现开挖卸荷松弛现象（详见第 2 章），当开挖至河床底部（高程 953.00m）时，这一现象尤为显著。岩体以向拱肩槽内变形为主，上游侧的变形量普遍比下游侧大，见图 10.4-21 和图 10.4-22。由于坝址区存在近南北向构造应力，导致各平切高程应力矢量图中南北向主应力量值均略比东西向大，在河床部位的建基面附近，应力集中较为明显，见图 10.4-23 和图 10.4-24。

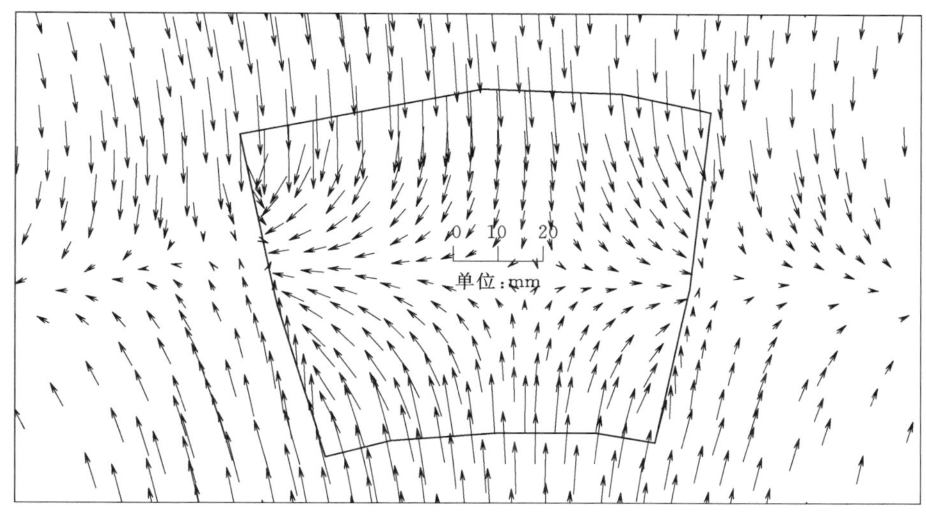

图 10.4-21 开挖松弛后高程 953m 平切位移矢量图

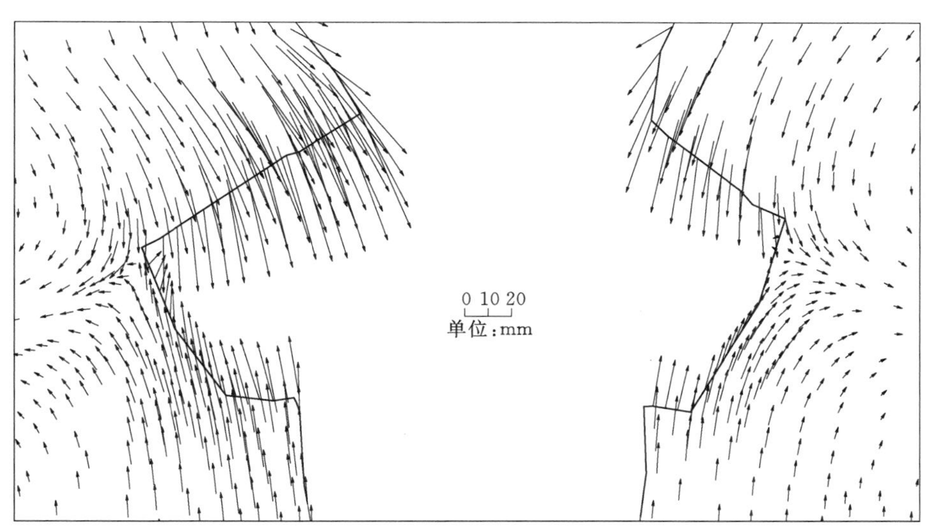

图 10.4-22 开挖松弛后高程 990m 平切位移矢量图

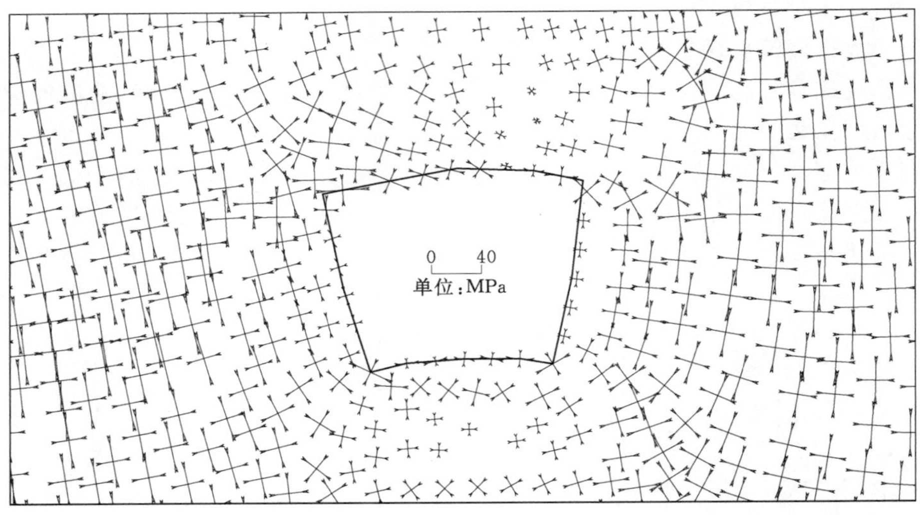

图 10.4-23 开挖松弛后高程 953m 平切应力矢量图

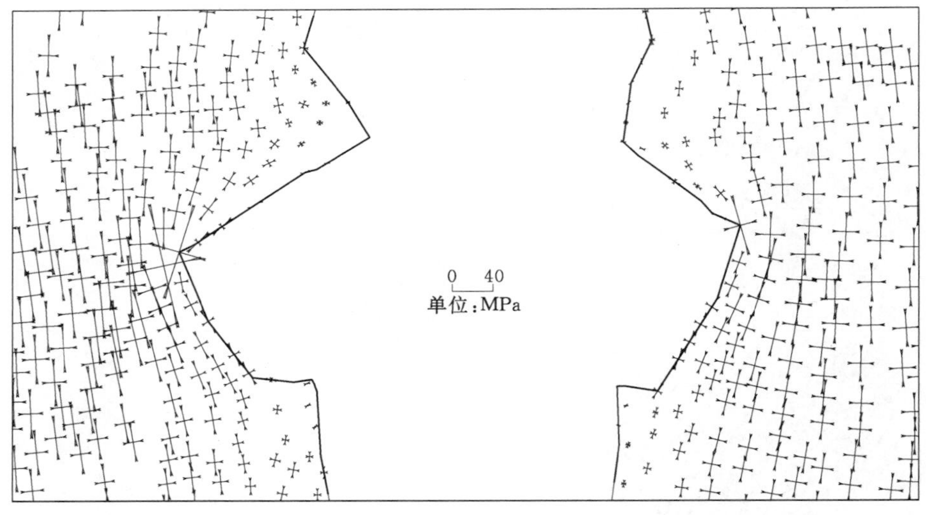

图 10.4-24 开挖松弛后高程 990m 平切应力矢量图

坝基开挖后，建基面附近普遍出现主拉应变，低高程大于高高程（图 10.4-25），高程 975m 以下均超过 2.0×10^{-3}。建基面以下岩体第一主应变沿深度方向逐渐减小，且逐渐由拉应变过渡为压应变，说明开挖主要引起建基面浅层岩体损伤松弛，对深度较大的岩体影响甚微。

选取监测历时相对较长滑动测微计在 44d 内的监测资料作为松弛区岩体流变系数的主要反演依据。通过反演得到，当开挖面以下 20m 范围的松弛岩体流变系数取为 2.4×10^{-5}/(MPa·d) 时，在滑动测微计顶部测点处，仿真计算最终铅直向位移约 2.989mm，监测值为 2.958mm，二者非常接近，而且所反映出的岩体流变规律与监测曲线基本一致，见图 10.4-26。

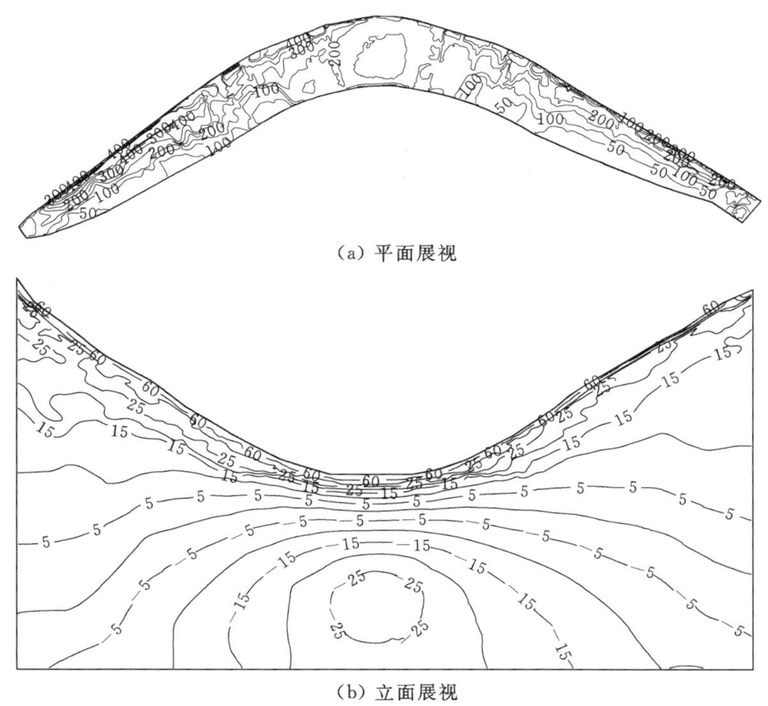

(a) 平面展视

(b) 立面展视

图 10.4-25 坝基松弛后主拉应变等值线图（沿开挖面中心线展开，单位：1.0×10^{-5}）

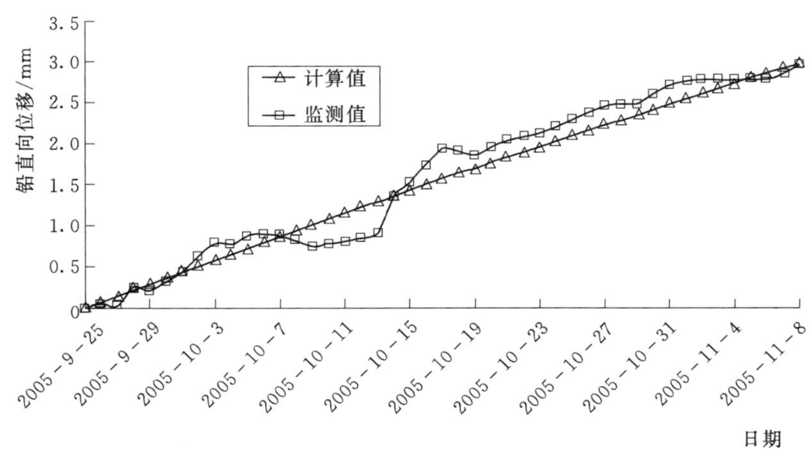

图 10.4-26 铅直向位移计算值与监测值对比曲线

针对这一严重的开挖卸荷松弛现象，对高程 975.00m 以下的坝基进行了全面的规则性二次扩挖，企图依靠挖除的方式解决坝基岩体的松弛问题。但扩挖后，尽管已采取了系统锁口和及时锚固措施，坝基岩体仍出现了新一轮的卸荷松弛，且松弛程度及时效性比首次开挖更强烈。为抑制岩体的松弛进一步扩展，迅速完成清基便开始浇筑大坝混凝土。

为评价坝基岩体松弛回弹位移对整个坝体-地基系统的影响程度，对开挖完成后不考虑坝体浇筑混凝土的最终收敛位移进行估算。图 10.4-27 为利用上述演出的流变参数计

算达到收敛时的铅直向位移流变曲线，可以看出，若不考虑开挖面以上坝体浇筑混凝土的影响，松弛区顶部测点铅直向收敛位移约为 20.63mm，完成时间要至 2008 年，尚需 3 年，而坝体混凝土开始浇筑时（2005 年 12 月）的铅直向回弹位移仅完成了 4.96mm，这个位移差的时效性将对大坝的应力与变形产生影响。

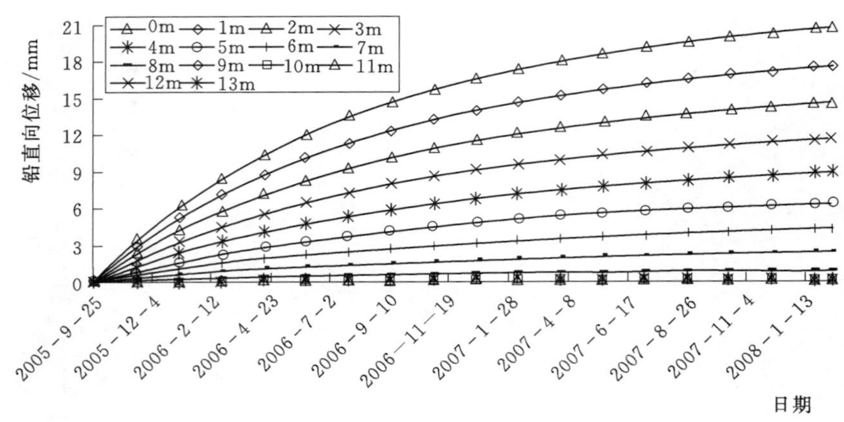

图 10.4-27　最终收敛时距孔口不同深度测点铅直向位移计算曲线

实施证明，在坝体浇筑至约高程 990.00m，浇筑高度约达 10～50m 以后，5 个监测坝段（18 号、20 号、22 号、26 号、27 号）滑动测微计铅直向位移监测值均出现了最大回弹，量值范围为 1～7mm，见图 10.4-28。随着坝体浇筑高度的上升，回弹位移被抑制，建基面从上抬变形逐渐转为向下变形，但峰值回落的幅度并不大，大部分坝段铅直向最终仍有 2～4mm 的向上残留变形，导致部分坝段的混凝土在浇筑初期出现了局部仓面裂缝，见图 10.4-29。

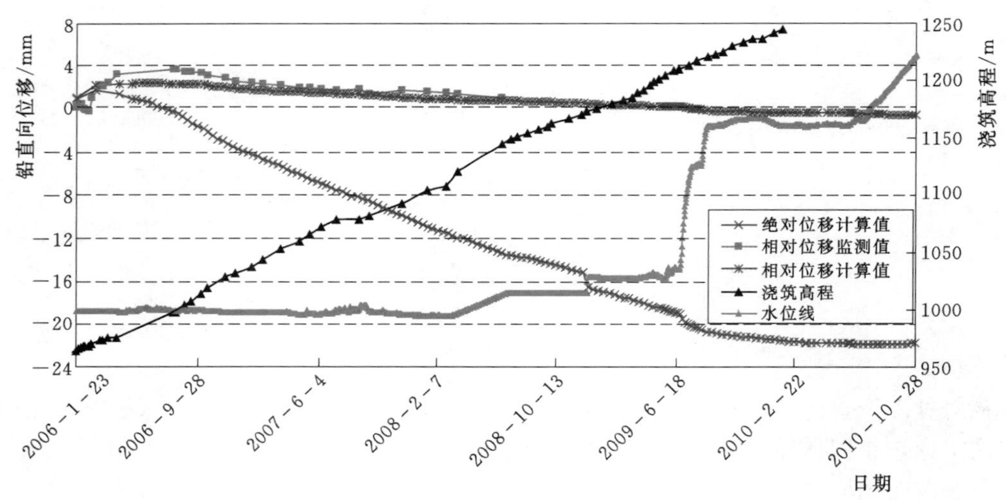

图 10.4-28　建基面铅直向位移时程曲线

从滑动测微计资料来看，河床坝段的大坝混凝土压重层厚约 10m 左右即可抑制坝基

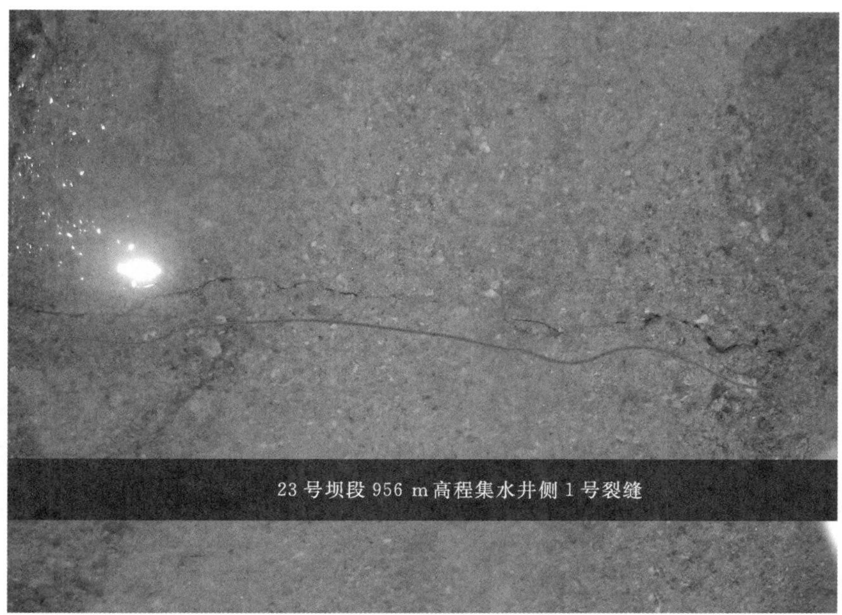

图 10.4-29 拱坝混凝土浇筑初期发现的典型仓面裂缝

岩体继续回弹，岸坡坝段由于斜坡原因，其上大坝混凝土压重层厚约 20～30m 左右才能抑制坝基岩体继续回弹。之后经历约半年左右压缩趋势明显减缓，一年后混凝土最大浇筑层厚达 90～130m，坝基岩体压缩变形趋于平稳，平均每米混凝土层厚对坝基压缩变形速率为－0.02～－0.03mm/m。

除松弛岩体的回弹变形外，其坝基抗剪变形也是工程关注的重点。为作对比分析，按照相同的网格模型，采用仿真及常规一次性加载进行建基面剪切变形计算（图 10.4-30），计算结果表明，仿真计算的坝基剪切变形较常规一次性加载有限元计算的要小，说明坝基实际的抗剪裕度比设计估算的要大。

通过上述分析，可以得到以下认识：

（1）岩体坚硬完整、地应力较高的高山峡谷地区，坝基开挖引起的地应力释放，会导致岩体产生严重的卸荷松弛。

（2）完成清基后立即开始浇筑大坝混凝土，有利于抑制坝基岩体卸荷松弛的继续发展，但尚未释放完全的地应力，对坝体混凝土具有上抬作用，会导致混凝土浇筑初期出现局部仓面裂缝。因此，大坝混凝土浇筑的时机十分重要，择机恰当，既能起到抑制卸荷松弛继续发展的作用，又不致引起坝体混凝土开裂。

（3）仿真计算的坝基剪切变形较常规一次性加载有限元计算的要小，说明坝基实际的抗剪裕度比设计估算的要大。

10.4.4.2 蓄水前坝基变形

蓄水前坝基变形见图 10.4-31 和图 10.4-32。随着坝体浇筑，自重引起水平向变形，使开挖卸荷松弛过程中产生的岩体向拱肩槽内的变形明显减小。高程 952.50m 坝基最大

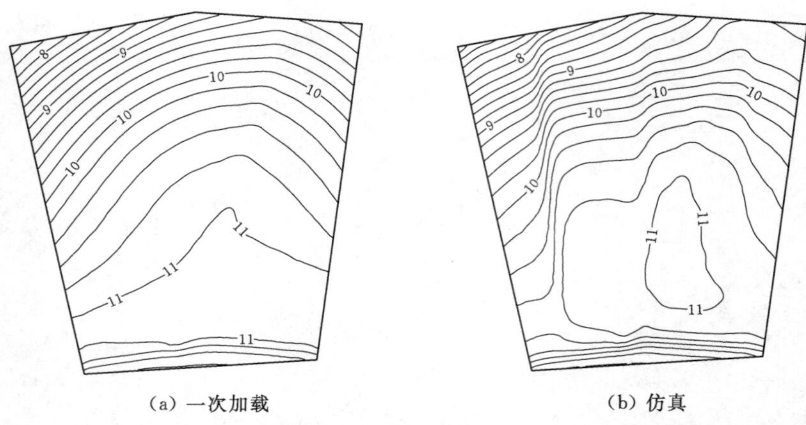

(a) 一次加载　　(b) 仿真

图 10.4-30　蓄水至 1240m 时建基面剪切变形等值线（单位：mm）

水平向合位移约为 3.57mm，位于右岸坝趾附近拱肩槽开挖面，近似指向上游偏左岸方向；高程 990.00m 坝基最大水平向合位移约为 7.35mm，位于右岸拱肩槽上游侧边坡开挖面，近似指向下游偏左岸方向。

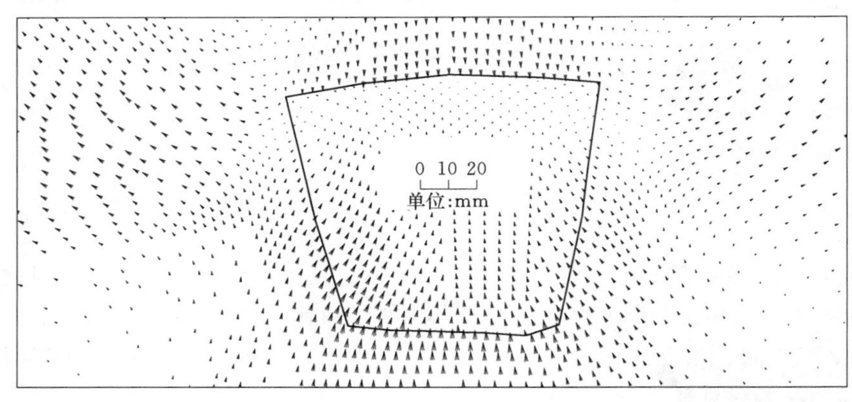

图 10.4-31　蓄水前高程 952.5m 平切位移矢量图

10.4.4.3　蓄水后坝基变形

蓄水后坝基变形见图 10.4-33 和图 10.4-34。在上游水荷载作用下，坝基变形均指向下游，且左右岸基本对称。在正常蓄水位下，高程 952.50m 坝基最大水平向合位移约为 28.10mm，位于左岸坝踵附近拱肩槽开挖面，近似指向下游方向，至 F_7 断层部位的变位约为 21.31mm；高程 990.00m 坝基最大水平向合位移约为 28.86mm，位于右岸坝轴线附近拱肩槽开挖面，近似指向下游方向，至 F_7 断层部位的变位约为 18.59mm。

综上所述，坝基在开挖过程中由于开挖卸荷松弛的作用，出现向拱肩槽内的变位，在铅直方向表现为建基面向上回弹。随着坝体浇筑高度的上升，回弹位移被抑制，建基面从上抬变形逐渐转为向下变形，回弹变形基本被压回，随后逐渐进入承载压缩变形阶段。水库蓄水后，随着水位增加，坝基沉降不断增大。在水平方向，随着坝体浇筑高度的上升，自重引起坝基水平向变形，使岩体在开挖卸荷松弛过程中产生的向拱肩槽内的水平向变形

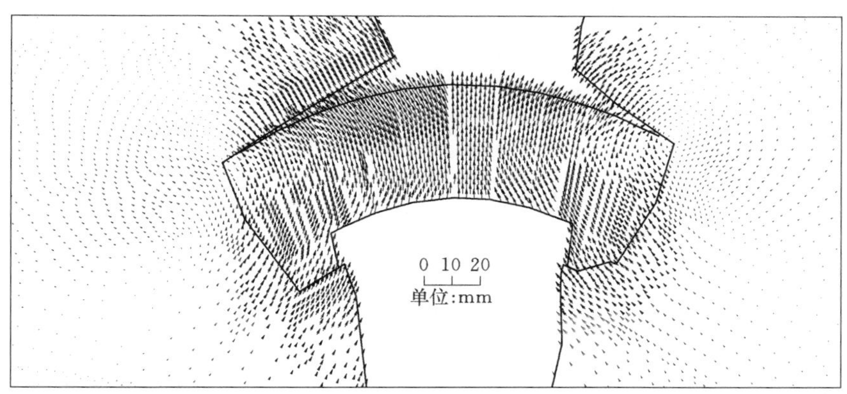

图 10.4-32　蓄水前高程 990m 平切位移矢量图

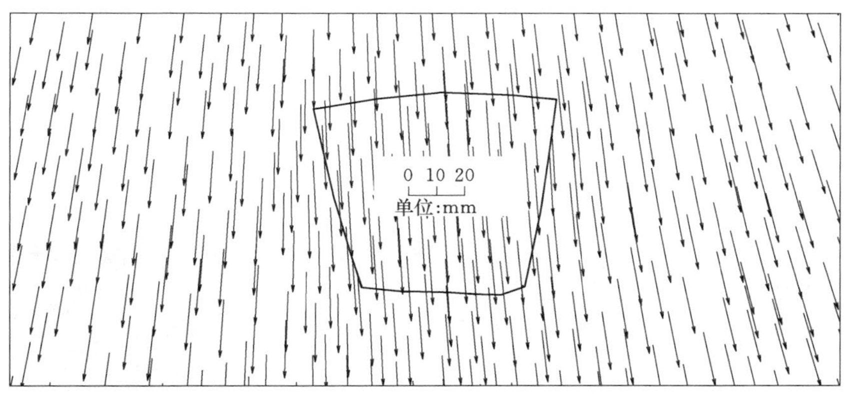

图 10.4-33　蓄水至 1240m 时高程 952.5m 平切位移矢量图

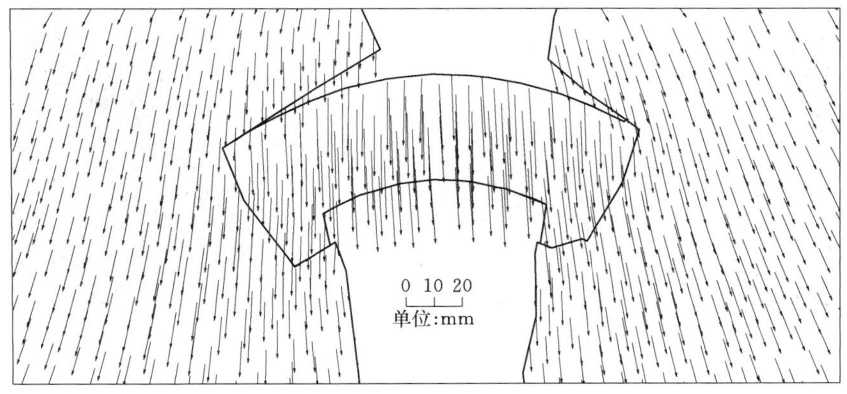

图 10.4-34　蓄水至 1240m 时高程 990m 平切位移矢量图

逐渐减小。水库蓄水后，随着水位增加，坝基水平向变位逐渐指向下游，在正常蓄水位下达到最大，高程 952.50m 最大水平向合位移约为 28.10mm，位于左岸坝踵附近拱肩槽开挖面，方向近似指向下游。

仿真计算与常规有限元计算对比建基面950.50m高程位移结果见表10.4-2。可以看出，仿真顺河向位移坝踵处7.40mm，坝趾处9.25mm，常规顺河向位移坝踵处8.46mm，坝趾处10.10mm。仿真铅直向位移坝踵处−21.16mm，坝趾处−22.28mm，常规铅直向位移坝踵处−17.14mm，坝趾处−21.84mm。坝踵处与坝趾处铅直向位移仿真比常规均匀。

表10.4-2 **坝踵坝趾铅直向位移对比表** 单位：mm

位　置	仿真结果	常规结果
坝踵	−21.20	−17.14
坝趾	−22.32	−21.84

注 铅直向位移铅直向上为正。

总体上，仿真铅直向位移大于常规，顺河向位移小于常规。说明对低高程坝基而言，考虑施工与蓄水过程后，地基受压效应增加、剪切效应减小，实际情况于地基浅层稳定相对有利。

10.4.5 坝体变形时空分布规律

10.4.5.1 最大空库状态坝体变形

最大空库状态坝体见图10.4-35～图10.4-37。

图10.4-35 坝体最大空库侧视（库水位约1027m，2009年3月16日）

拱坝体形设计中，为改善拱座受力条件，坝体水平向曲率受到限制，只能充分利用纵向曲率来降低坝踵区的拉应力水平，加大了坝体中下部高程的倒悬度（详见第5章），在2009年3月，当坝平均浇筑至高程1188.00m，坝前水位为1028.00m，坝体中下部处于向上游倒悬变形的最大时期，见图10.4-38～图10.4-41和表10.4-3。坝体基本均向上游变形，最大值为−13.46mm，位于1030m拱冠处。

图 10.4-36　坝体最大空库上游面（库水位约 1027m，2009 年 3 月 16 日）

图 10.4-37　坝体最大空库下游坝面（库水位约 1027m，2009 年 3 月 16 日）

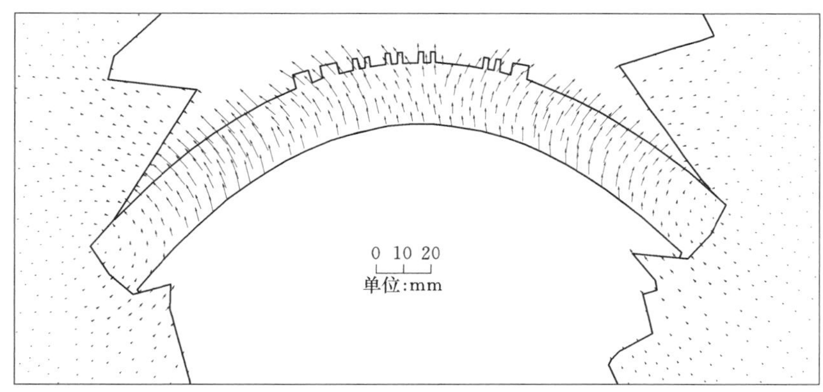

图 10.4-38　高程 1110m 平切位移矢量图

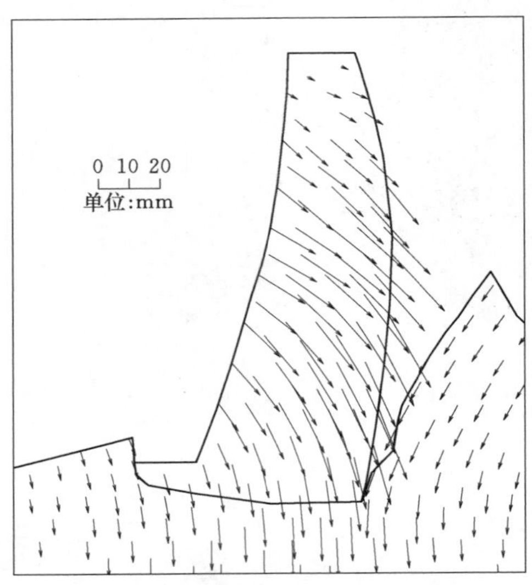

图 10.4-39 15号坝段径向剖面位移矢量图

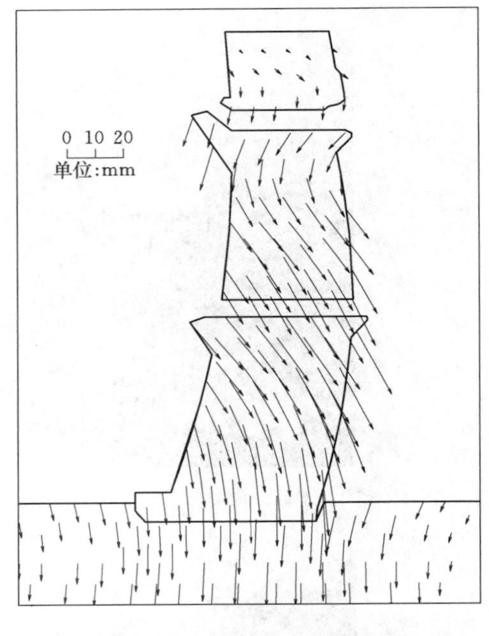

图 10.4-40 22号坝段径向剖面位移矢量图

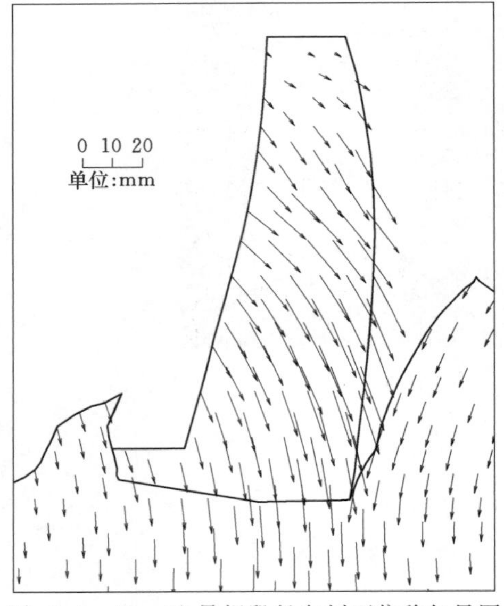

图 10.4-41 29号坝段径向剖面位移矢量图

10.4.5.2 蓄水过程坝体变形

图 10.4-42 显示了 2010 年 3 月 8 日封顶、库水位蓄至 1160.00m 时的大坝全貌。各典型坝段蓄水至 1125.00m 及 1166.00m 的变位值及变位矢量见表 10.4-4 和表 10.4-5 及图 10.4-43～图 10.4-47。随着水位上升，坝体中下部指向上游的倒悬变形逐渐减小。当水位蓄至 1125.00m 时，坝体左右岸坝段中下部高程仍向上游变形，而上部高程已转向下游；河床坝段变形已全部转向下游，最大值为 27.49m，位于高程 1130.00m 拱冠处。当水位蓄至 1166.00m 时，坝体整体变形均转向下游，径向最大变位为 56.33mm，位于高程 1190.00m。在整个蓄水过程中坝体左右岸变位基本对称。

表 10.4-3 22号坝段拱冠处顺河向变形成果表

高程/m	顺河向变形/mm	高程/m	顺河向变形/mm
950.50	−0.60	1010.00	−7.97
975.00	−2.05	1030.00	−13.46
990.00	−2.90	1050.00	−11.65

续表

高程/m	顺河向变形/mm	高程/m	顺河向变形/mm
1070.00	−10.02	1130.00	4.43
1090.00	−10.68	1150.00	1.61
1110.00	−6.89	1170.00	−2.43

注 1. 变形值取下游面上的点。

2. 顺河向位移以指向下游为正。

图 10.4-42 大坝封顶、库水位蓄至1160m大坝全貌（2010年3月8日）

表 10.4-4 蓄水1125m时22号坝段变位成果表

高程 /m	顺河向位移 /mm	铅直向位移 /mm	横河向位移 /mm	合位移 /mm
950.50	8.97	−13.97	1.04	16.63
975.00	10.25	−20.03	1.60	22.56
990.00	11.57	−20.83	1.78	23.89
1010.00	9.44	−17.12	1.02	19.58
1030.00	6.27	−16.05	−0.02	17.23
1050.00	9.57	−13.96	−0.16	16.93
1070.00	12.01	−13.68	−0.03	18.20
1090.00	11.80	−12.27	−0.44	17.03
1110.00	15.77	−11.78	0.13	19.68
1130.00	27.49	−13.20	1.50	30.53
1150.00	25.31	−5.64	1.71	25.99
1170.00	20.74	−1.02	1.64	20.83
1190.00	25.16	0.72	2.26	25.27

注 1. 变形值取下游面上的点。

2. 顺河向位移以指向下游为正，铅直向位移以指向上为正，横河向位移以指向左岸为正。

表 10.4－5　　蓄水 1166m 时 22 号坝段变位成果表

高程 /m	顺河向位移 /mm	铅直向位移 /mm	横河向位移 /mm	合位移 /mm
950.50	14.85	－14.83	1.51	21.04
975.00	18.18	－21.62	2.13	28.33
990.00	21.40	－22.57	2.42	31.20
1010.00	22.30	－18.85	1.88	29.26
1030.00	22.42	－17.23	1.11	28.30
1050.00	28.11	－14.59	1.20	31.69
1070.00	33.31	－13.92	1.57	36.14
1090.00	35.61	－11.80	1.39	37.54
1110.00	41.64	－10.75	2.16	43.06
1130.00	55.02	－11.65	3.74	56.36
1150.00	54.12	－4.00	4.12	54.42
1170.00	50.93	0.60	4.20	51.11
1190.00	56.33	2.42	4.93	56.60
1210.00	31.37	0.96	2.90	31.52

注　1. 变形值取下游面上的点。
　　2. 顺河向位移以指向下游为正；铅直向位移以指向上为正；横河向位移以指向左岸为正。

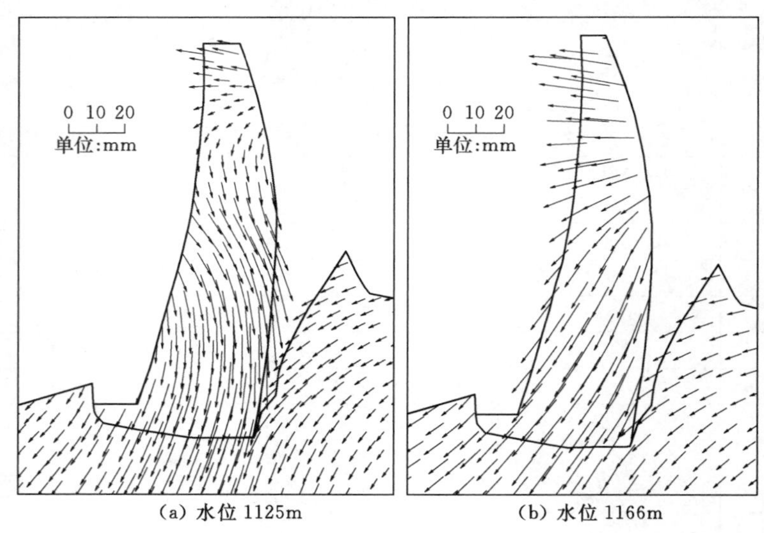

(a) 水位 1125m　　(b) 水位 1166m

图 10.4－43　15 号坝段径向剖面位移矢量图

各典型坝段蓄水至 1181.00m 及 1210.00m 的变位值及变位矢量见表 10.4－6 和图 10.4－48～图 10.4－52。随着水位上升，坝体向下游的变形持续增大，至 1210.00m 水位时，坝体最大径向变位为 100.0mm，位于高程 1190.00m。在整个蓄水过程中坝体左右岸变位基本对称。

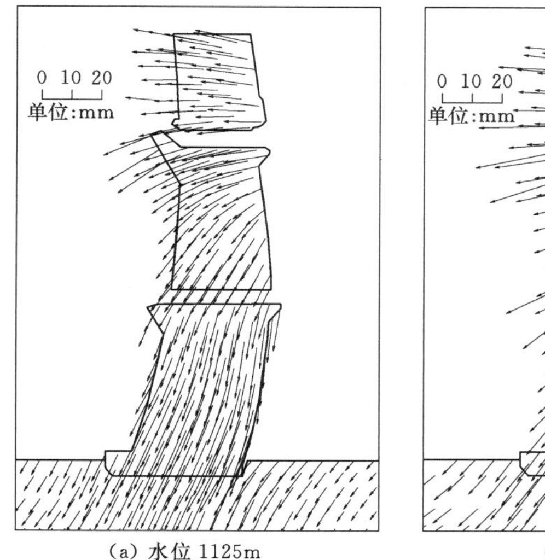

(a) 水位 1125m

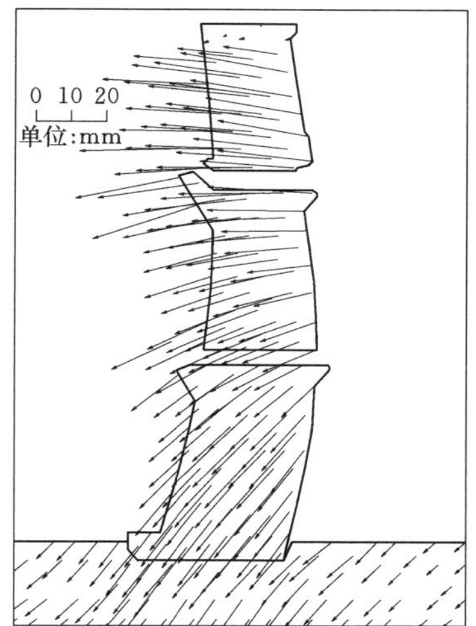

(b) 水位 1166m

图 10.4-44　22 号坝段径向剖面位移矢量图

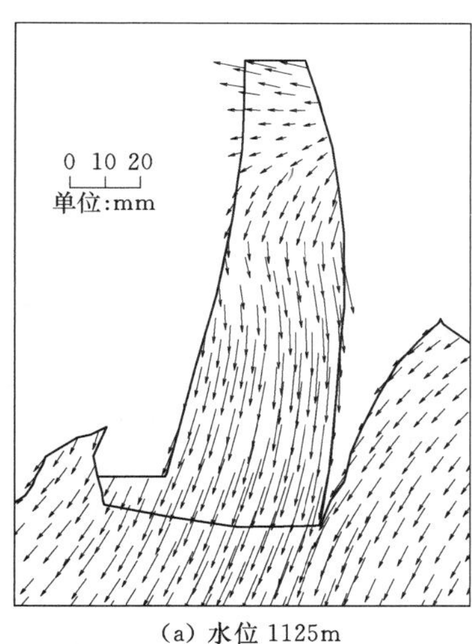

(a) 水位 1125m

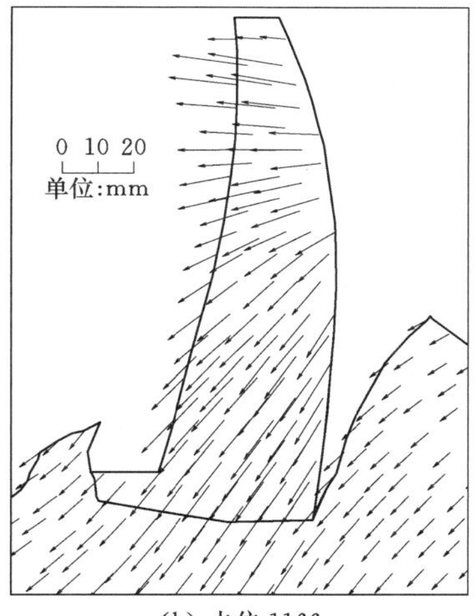

(b) 水位 1166m

图 10.4-45　29 号坝段径向剖面位移矢量图

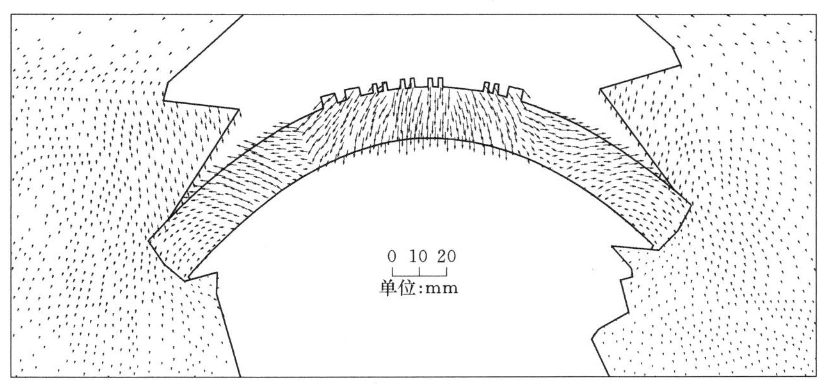

图 10.4-46　蓄水至 1125m 时高程 1110m 平切位移矢量图

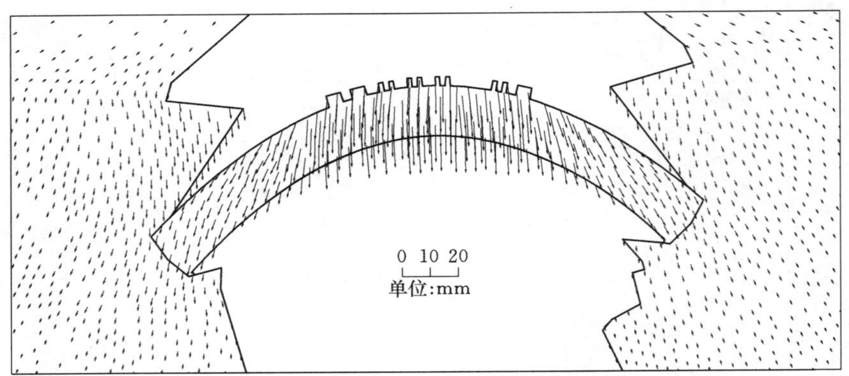

图 10.4-47 蓄水至 1166m 时高程 1110m 平切位移矢量图

表 10.4-6　　22 号坝段拱冠处顺河向变形成果表

高程/m	顺河向变形/mm		高程/m	顺河向变形/mm	
	水位 1181.00m	水位 1210.00m		水位 1181.00m	水位 1210.00m
950.50	17.03	21.49	1110.00	50.73	76.14
975.00	21.22	27.40	1130.00	64.35	92.42
990.00	25.31	33.11	1150.00	63.50	94.16
1010.00	27.38	38.01	1170.00	60.35	93.31
1030.00	28.74	42.46	1190.00	65.25	100.00
1050.00	35.36	51.76	1210.00	40.47	76.40
1070.00	41.34	60.67	1230.00	7.49	44.68
1090.00	44.30	66.76	1245.00	13.41	51.38

注 1. 变形值取下游面上的点。
2. 顺河向位移以指向下游为正。

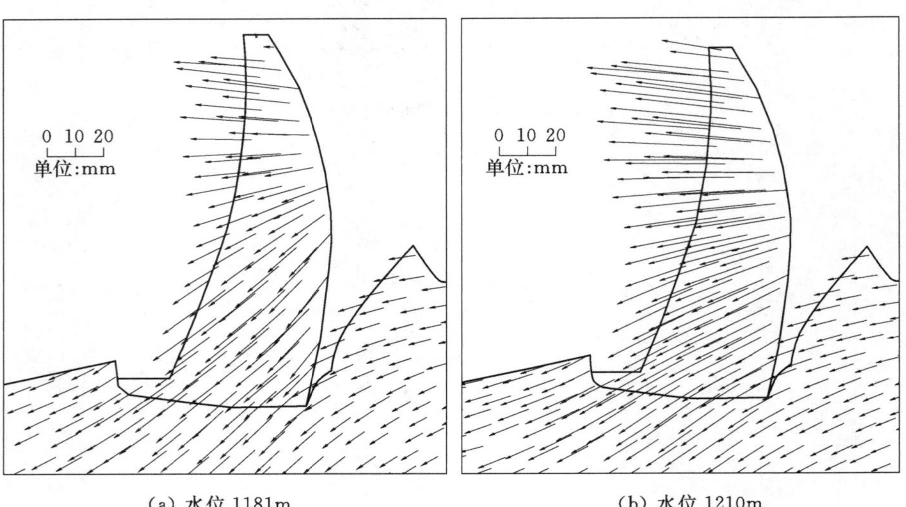

(a) 水位 1181m　　(b) 水位 1210m

图 10.4-48 15 号坝段径向剖面位移矢量图

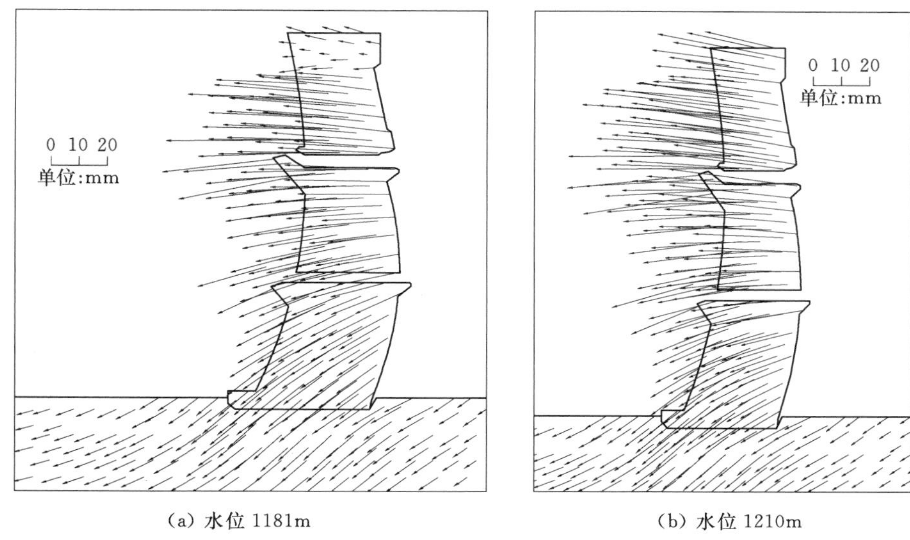

(a) 水位 1181m　　(b) 水位 1210m

图 10.4-49　22 号坝段径向剖面位移矢量图

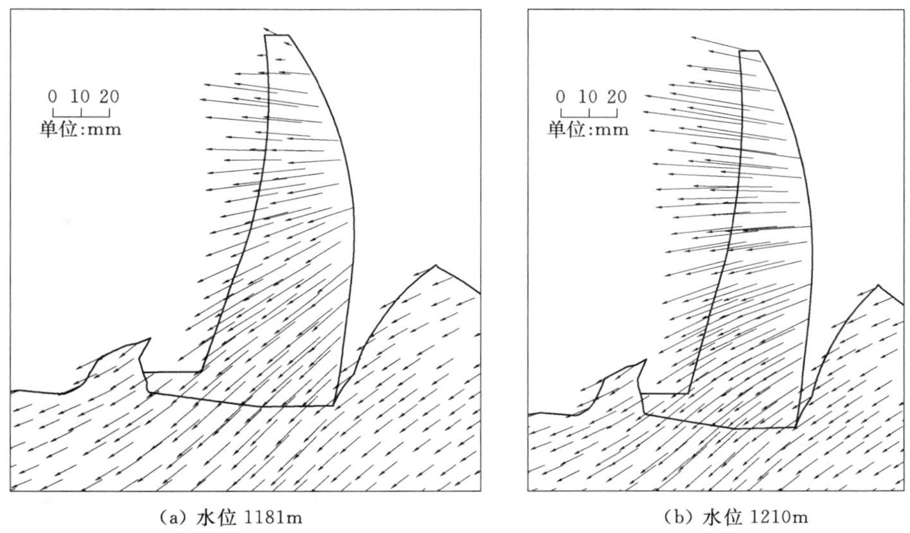

(a) 水位 1181m　　(b) 水位 1210m

图 10.4-50　29 号坝段径向剖面位移矢量图

10.4.5.3　正常高水位坝体变形

图 10.4-53 显示了 2013 年 11 月 1 日库水蓄至正常蓄水位 1240.00m 时的大坝全貌。各典型坝段蓄水至正常高水位时的变位值及变位矢量见表 10.4-7 和图 10.4-54～图 10.4-58。当水蓄至正常高水位时，坝体向下游的变形达到最大。此时，河床坝段变位最大，越接近岸坡变位越小；近 4/5 高程处变位最大，坝顶次之，坝基附近最小。最大径向变位为 142.9mm，位于高程 1190.00m。

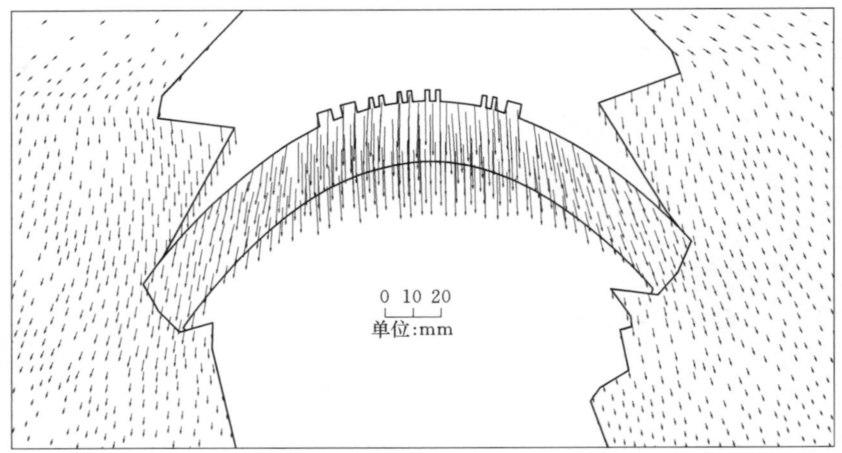

图 10.4-51　蓄水至 1181m 时高程 1110m 平切位移矢量图

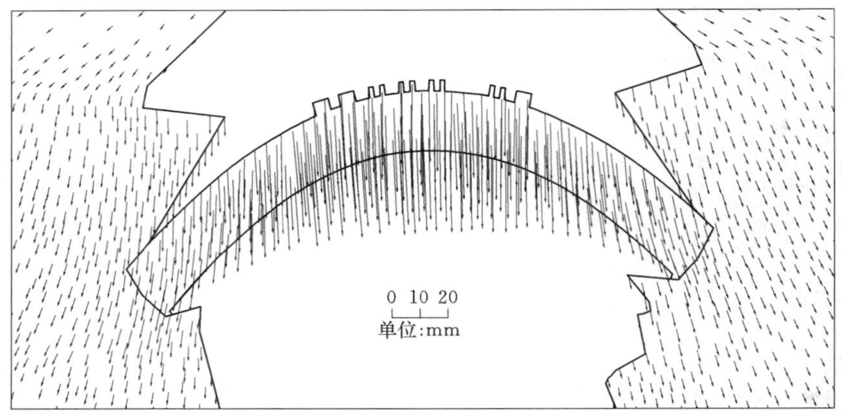

图 10.4-52　蓄水至 1210m 时高程 1110m 平切位移矢量图

图 10.4-53　蓄至正常蓄水位 1240m 大坝全貌（2013 年 11 月 1 日）

表 10.4-7　　蓄水至 1240m 时 22 号坝段拱冠处顺河向变形成果表

高程/m	顺河向变形/mm		
	15 号坝段	22 号坝段	29 号坝段
950.50		26.23	
975.00		34.25	
990.00		42.01	
1010.00	30.42	50.12	27.86
1030.00	34.98	58.26	34.23
1050.00	41.75	70.59	40.92
1070.00	44.73	82.89	45.57
1090.00	54.27	92.66	55.76
1110.00	59.89	105.60	58.59
1130.00	69.34	125.10	73.92
1150.00	83.56	130.10	83.91
1170.00	94.77	132.80	92.21
1190.00	102.40	142.90	100.40
1210.00	113.90	121.80	110.60
1230.00	102.80	91.81	78.94
1245.00	83.32	99.43	84.75

注　1. 变形值取下游面上的点。
　　2. 顺河向位移以指向下游为正。

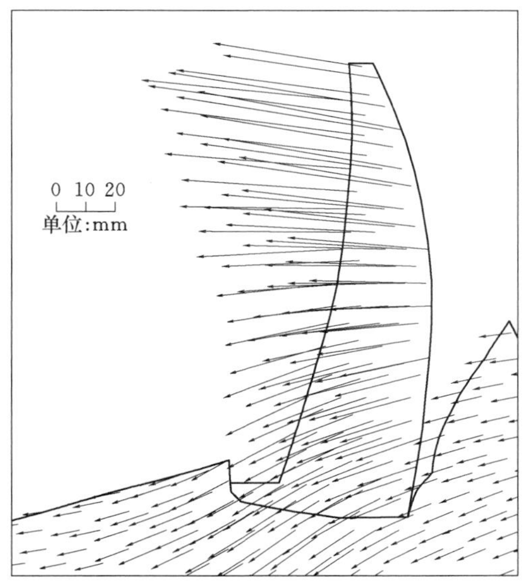

图 10.4-54　蓄水至 1240m 时 15 号坝段径向剖面位移矢量图

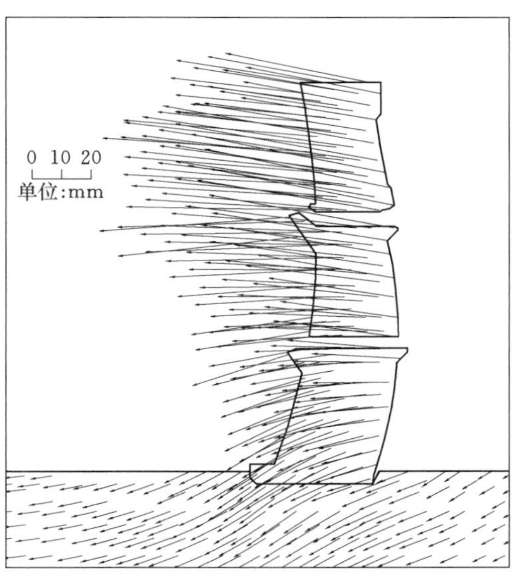

图 10.4-55　蓄水至 1240m 时 22 号坝段径向剖面位移矢量图

10.4.5.4 坝体变形时空分布规律

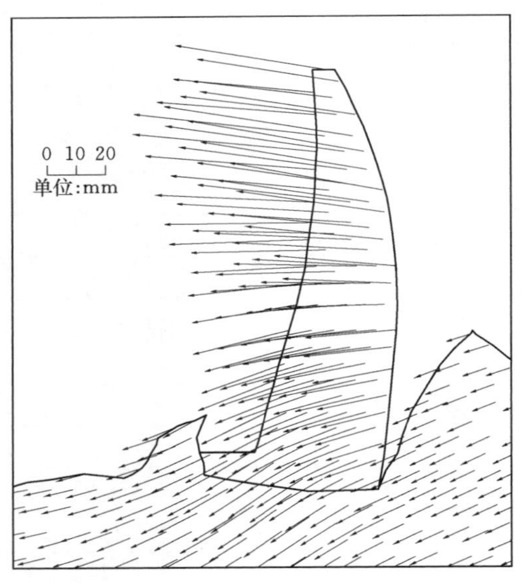

图 10.4-56 蓄水至1240m时29号坝段径向剖面位移矢量图

从径向看（图 10.4-59），随混凝土浇筑，坝体变形从倾向下游转为倾向上游，并持续增加，当最大浇筑高度约240m时，倾向上游的变形达到最大，最大径向变位约为18mm；随着混凝土继续浇筑及水库蓄水，坝体变形逐渐倾向下游；当水蓄至正常高水位时坝体变形达到最大，最大径向变位为142.90mm，最大变位并不位于坝顶，而是出现在高程1190.00m；进入正常运行期，坝体倾向下游的变形周期性变化。在混凝土浇筑过程、蓄水过程以及正常运行期，坝体的变形左右岸基本对称，坝内变位变化均匀过渡。

为作对比分析，采用相同的网格模型，按照传统的一次性加载有限元方法进行计算，其结果表明（图 10.4-59），坝体变位无论是分布规律还是数值均存在差别，传统的一次性加载计算结果偏大，一方面说明传统的一次性加载计算难以准确反映坝体的真实变形过

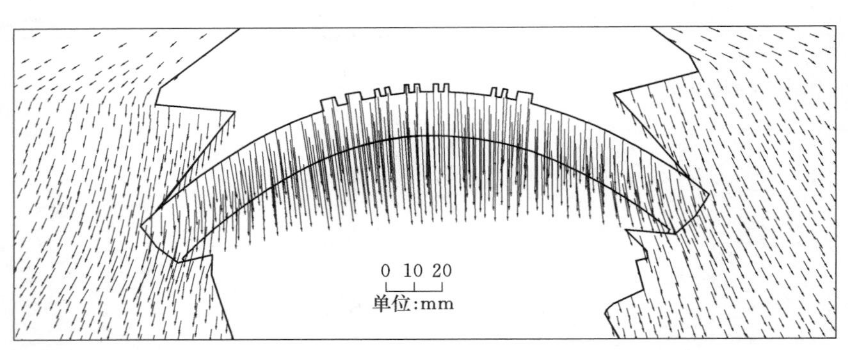

图 10.4-57 蓄水至1240m时高程1110m平切位移矢量图

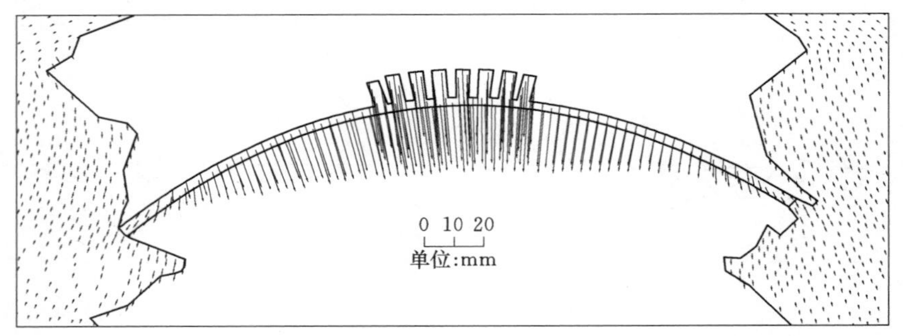

图 10.4-58 蓄水至1240m时高程1245m平切位移矢量图

程及变位值，得出的坝体变位总体上偏保守；另一方面说明小湾拱坝整体安全裕度比原设计预计的大。

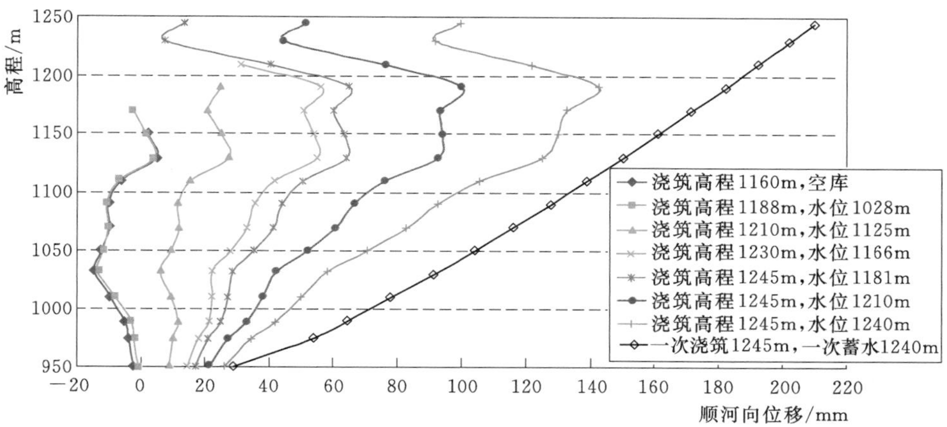

图 10.4-59　22 号坝段拱冠梁剖面下游点径向位移

从竖向看（图 10.4-60），随混凝土浇筑，坝体沉降持续增加。当浇筑高度超过 230m 之后，随着坝体继续浇筑及水库蓄水，坝体竖向变位在高程 1050.00m 上下出现分化，在高程 1050.00m 以下沉降继续增加，但是在高程 1050.00m 以上沉降逐渐减少，甚至在高程 1150.00m 以上变位逐渐从向下转为向上；当水蓄至正常高水位时，沉降达到最大，约为 25mm，出现在高程 990.00m 附近，同时向上的变位也达到最大，约为 14mm，出现在坝顶；进入正常运行期，坝体竖向变位呈周期性变化。

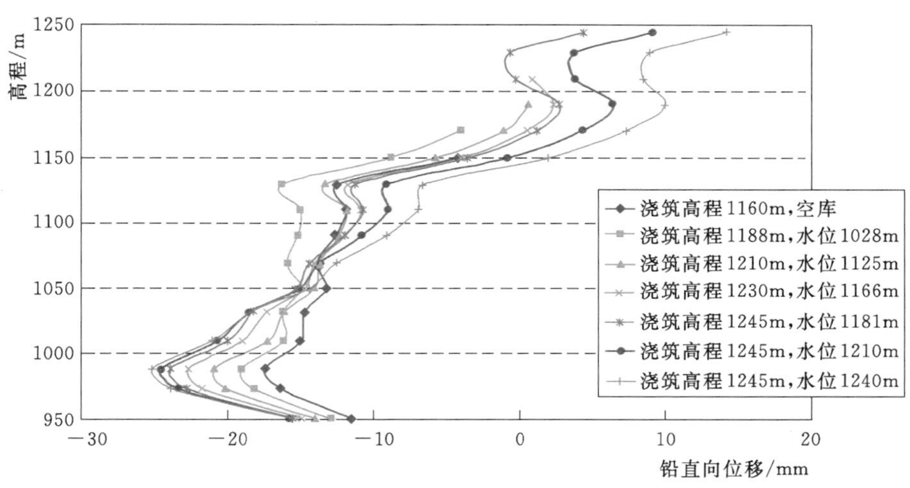

图 10.4-60　22 号坝段拱冠梁剖面下游点铅垂向位移

从横河向看（图 10.4-61），水库蓄水之后，坝顶横河向变形相对于 24 号坝段基本呈现左右岸对称，左岸向右岸变形，右岸向左岸变形，量值上右岸略大；当水蓄至正常高水位时，变位达到最大，约为 21mm，出现在 14 号坝段，方向指向左岸；进入正常运行期，坝体横河向变位呈周期性变化。

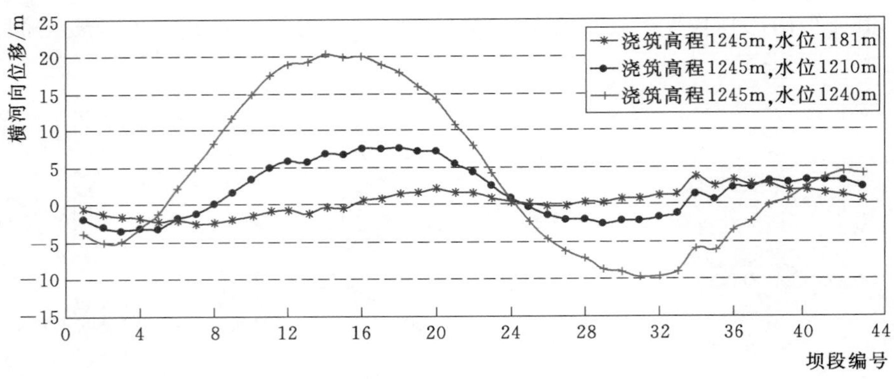

图 10.4-61 22 号坝段拱冠梁剖面下游点横河向位移

10.4.5.5 数值计算与监测对比

用于监测坝体变位的垂线和表面监测点是在坝体浇筑至顶之后才安装到位并投入使用，其测值为基于投入使用时的相对值，而计算值为从大坝混凝土开始浇筑时起算的绝对值，二者在分布规律上必然存在差别，将计算值与监测值时空对应后，二者呈现出一致的变化规律，量值也比较接近，见图 10.4-62～图 10.4-72。由此说明，将数值计算结果直接与监测成果作对比分析有失偏颇，只有将数值计算结果与监测成果在时空上对应后，方能讨论数值计算与监测的吻合问题。在充分考虑坝基岩体及坝体混凝土时空特性、精细模拟坝体浇筑及蓄水过程的前提下，仿真计算揭示的坝体变位接近真实，可以以此推求大坝运行安全的变位监控指标。

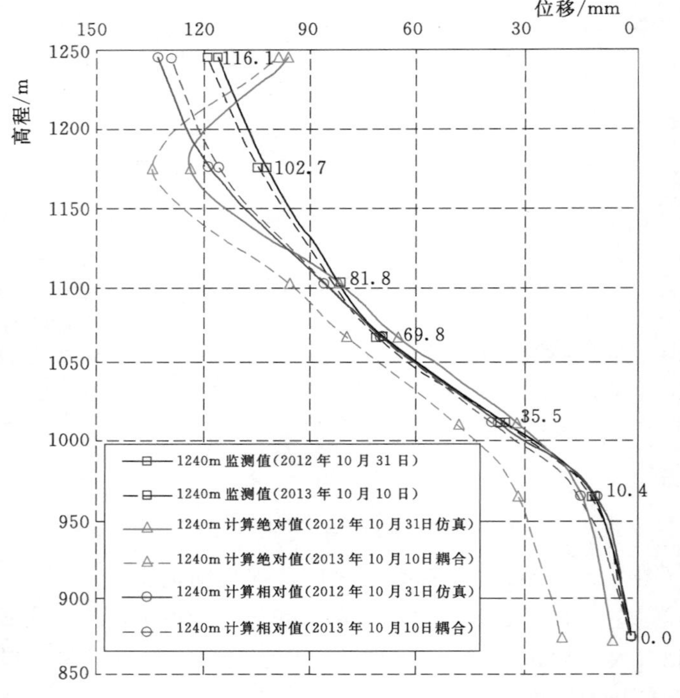

图 10.4-62 22 号坝段水位 1240m 计算与监测对比曲线

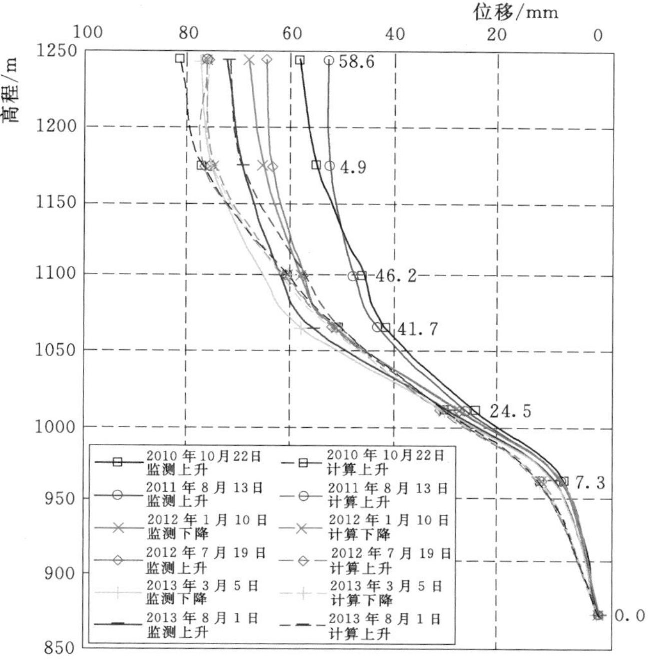

图 10.4-63 22 号坝段水位 1210m 计算与监测对比曲线

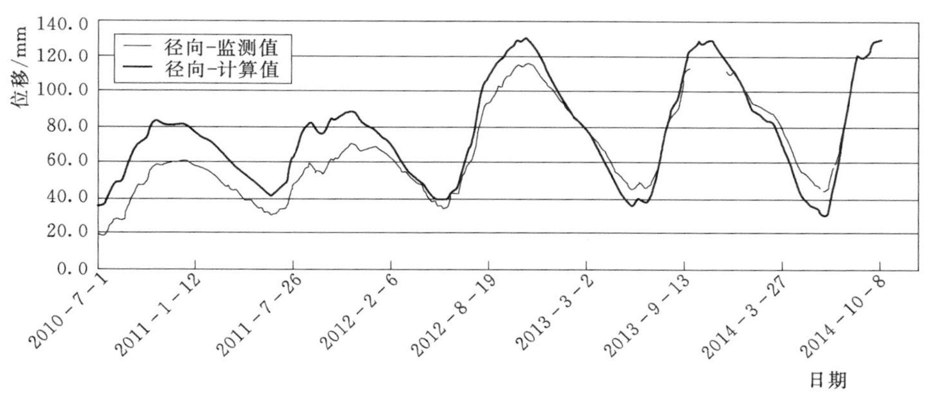

图 10.4-64 A22-PL-01 正垂线径向计算与监测对比

从图 10.4-62 和图 10.4-63 可以看出，在大坝初期运行阶段，坝体变位呈现明显的时效性，随时间推移，变位逐渐趋于稳定，计算值与监测值也更加接近。

从图 10.4-62 可以看出，在考虑渗流场与坝体应力场耦合的情况下，计算值与监测值更加接近，说明渗流场对坝体工作性态有一定影响。

从图 10.4-63 可以看出，大坝进入正常运行期，在相同水位下，由于受气温和水温等因素的影响，库水位处于上升或下降期间的坝体变位不尽相同。

通过上述分析，可以得到以下认识：

(1) 当坝体平均浇筑至高程 1188.00m，坝前水位为 1028.00m 时，坝体处于最大空

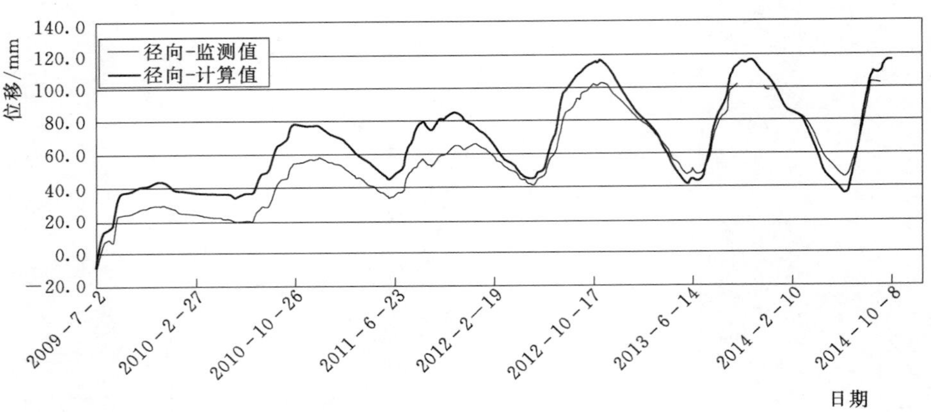

图 10.4-65 A22-PL-02 正垂线径向计算与监测对比

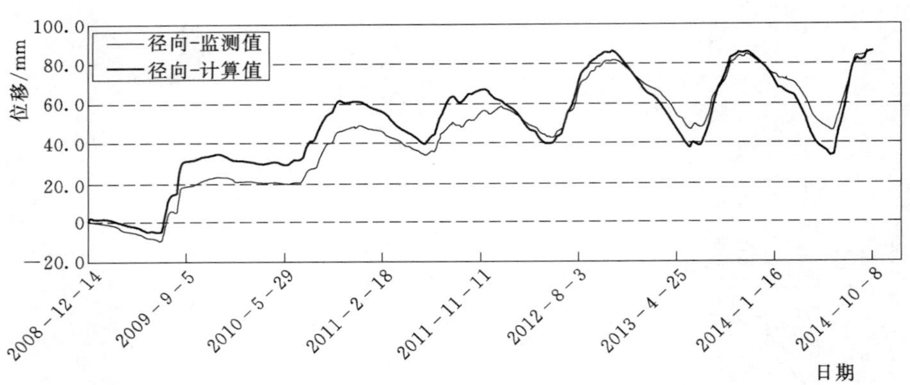

图 10.4-66 A22-PL-03 正垂线径向计算与监测对比

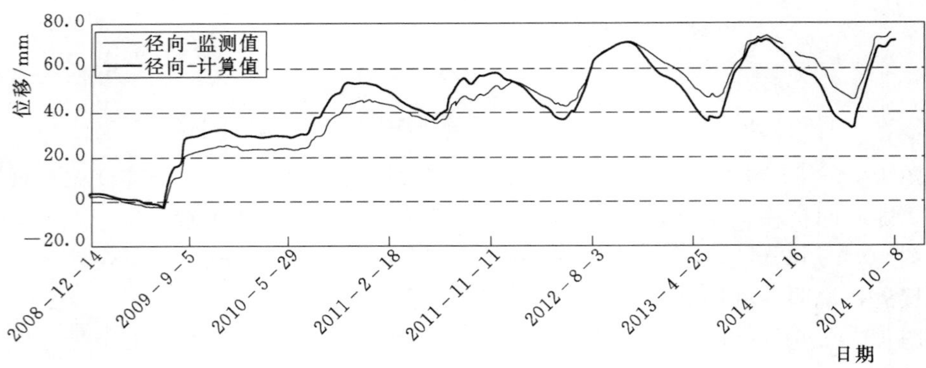

图 10.4-67 A22-PL-04 正垂线径向计算与监测对比

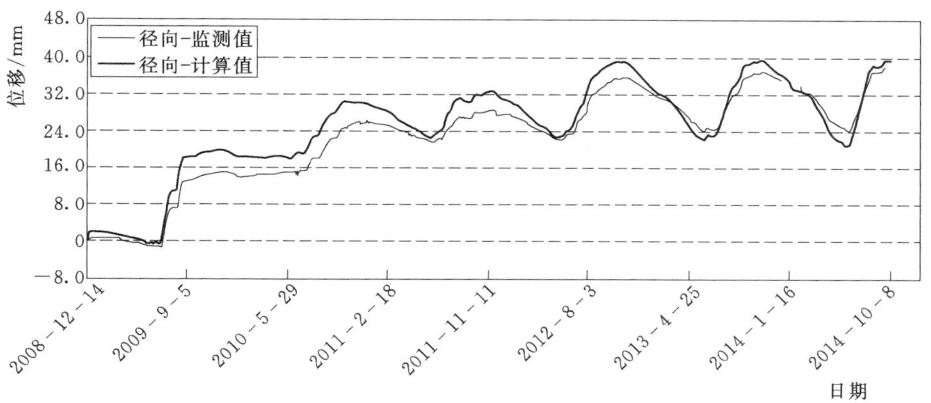

图 10.4-68 A22-PL-05 正垂线径向计算与监测对比

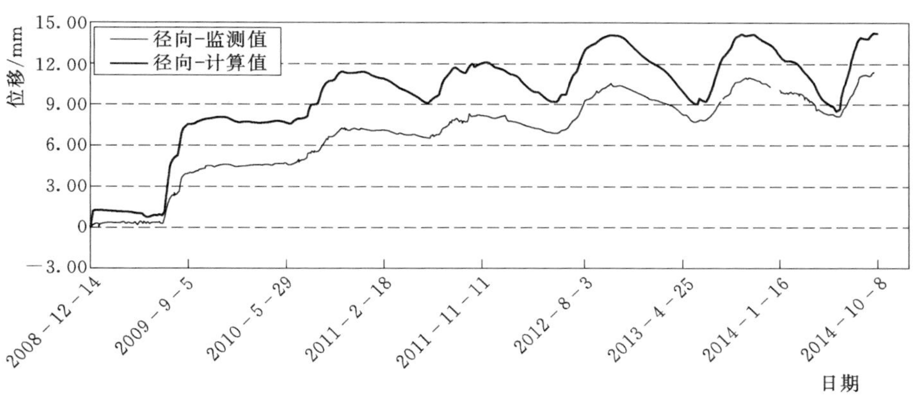

图 10.4-69 A22-IP-03 倒垂线径向计算与监测对比

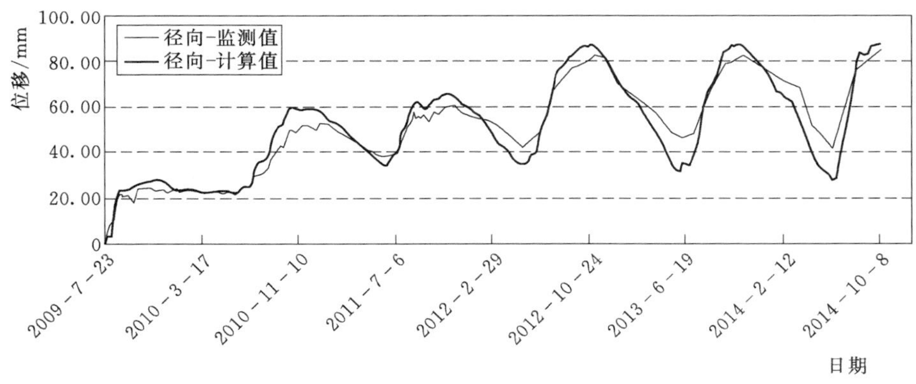

图 10.4-70 22 号坝段径向计算与表面监测点对比

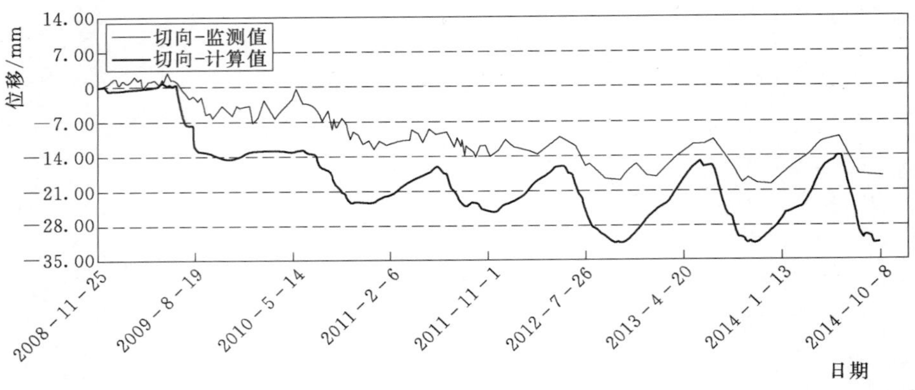

图 10.4-71　14 号坝段切向计算与表面点监测对比

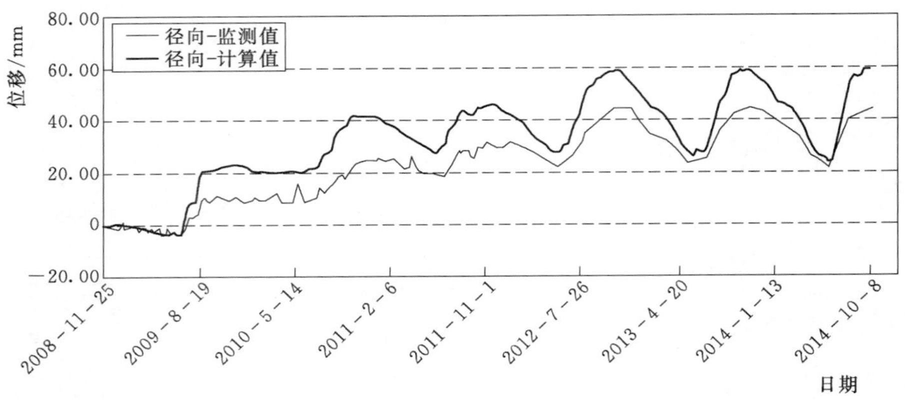

图 10.4-72　14 号坝段径向计算与表面监测对比

库状态，倾向上游的变形达到最大，最大值径向变位为－14.44mm，位于高程 1030.00m 拱冠处。随坝体继续浇筑和蓄水，坝体变形逐渐转向下游，至正常高蓄水位时，坝体倾向下游的变形达到最大，最大径向变位为 142.90mm，出现在高程 1190.00m；沉降变位为 25mm，出现在高程 990.00m 附近；横河向左岸向右变形，右岸向左变形，量值上右岸略大，最大值为 21mm；高程 952.50m 坝基最大水平向合位移约为 28.10mm，在 F_7 断层部位的变位约为 21.31mm，对 F_7 断层的影响较小，说明将坝体布置于距 F_7 断层约 50m 处是合适的。

（2）尽管坝体在上部高程左岸弧长稍大于右岸，且地质条件也比右岸差一些，但经坝线精心选择、体形优化设计以及在左岸顶部高程设置推力墩，在混凝土浇筑过程、蓄水过程以及正常运行期，坝体的变形左右岸基本对称，坝内变位变化均匀过渡，仅横河向变形左岸比右岸略大一点。从坝体变形时空变化规律看，坝线选择及拱坝体形设计非常合适。

（3）常规一次性加载有限元计算难以准确反映坝体的真实变形过程及变位值，得出的坝体变位总体上偏保守，拱坝整体安全裕度比原设计预计的要大。

（4）将仿真计算值与监测值（无论是垂线还是表面监测点）时空对应后，二者呈现出一致的变化规律，量值也比较接近。说明仿真计算与监测在反映坝体变形时空变化规律方面，吻合程度很高，仿真计算揭示的坝体变位接近真实，可以以此推求大坝运行安全的变位监控指标。

10.4.6　坝体应力时空分布规律

10.4.6.1　建基面应力

沿建基面，当坝体浇筑高度约240m时，22号坝段坝踵处铅直向压应力达到最大，约为－23.07MPa（为了避免应力集中，选取紧邻坝踵几何角点的节点提取应力，见图10.4－73，应力随高程的变化见表10.4－8）。可以看出，诱导缝以下坝体与贴角连为整体浇筑，应力扩散作用非常明显。

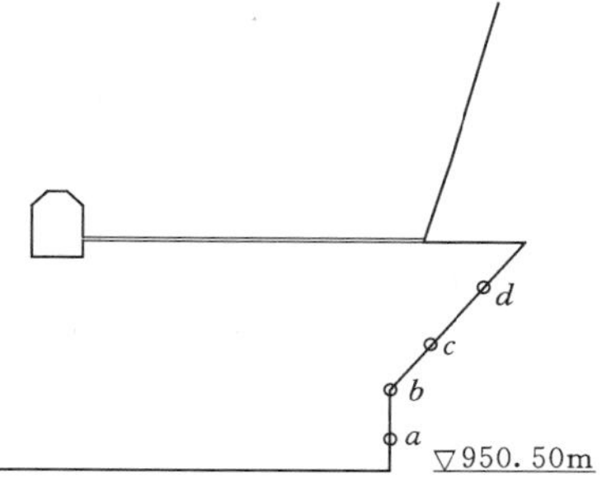

图10.4－73　特征点位置示意图

表10.4－8　特征点压应力值

节点	高程/m	距建基面高度/m	铅直向压应力/MPa	最大主压应力/MPa	备注
d	956.13	5.63	－1.47	－3.38	
c	954.38	3.88	－2.25	－2.85	
b	953.00	2.50	－14.96	－15.71	
a	951.50	1.00	－23.07	－23.38	"坝踵最大铅直向压应力"点

随着水库蓄水以及坝体继续浇筑，坝踵处压应力逐渐减小，而坝趾处的压应力逐渐增大。当坝浇筑至顶，水位蓄至1210.00m时，坝踵、坝趾处的压应力基本接近。此后，随着水库水位继续上升，坝趾处的压应力逐渐大于坝踵，当水蓄至正常高水位时达到最大，约为－5.39MPa，而坝踵由压应力转为拉应力，约1.61MPa，见图10.4－74，图中节点取自高程951.50m。

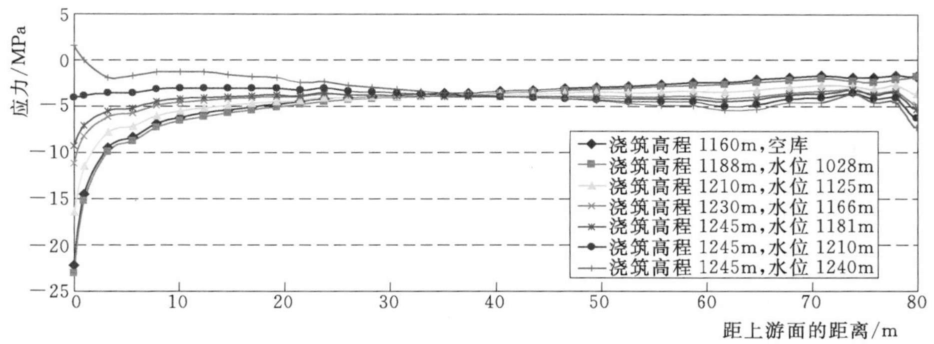

图10.4－74　拱冠梁剖面建基面铅直向应力分布曲线

建基面应力左右岸基本呈现对称分布。当水蓄至正常高水位时，坝踵区沿中下部高程出现拉应力，主拉应力方向与坝轴线近似呈45°夹角且倾向上游。同时，坝趾区压应力达到最大，主压应力方向与坝轴线也近似呈45°夹角但倾向下游，见图10.4－75和图10.4－76。

图10.4－77和图10.4－78为沿建基面监测点处的压应力计算值与监测值，二者规律一致，数值接近。随着坝体浇筑上升，坝踵压应力逐渐增大，蓄水至1160m附近，坝踵压应

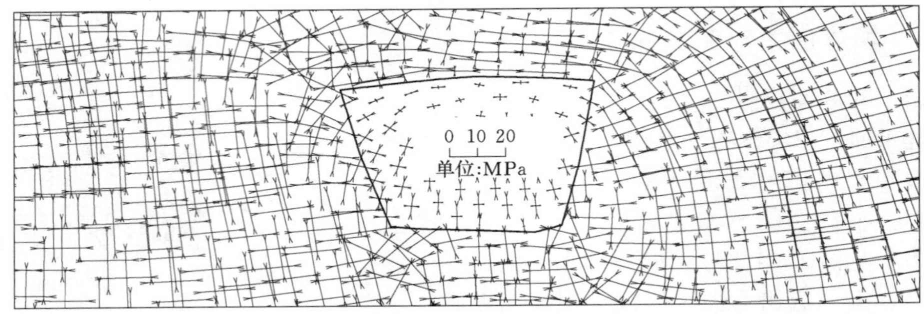

图 10.4-75 蓄水至 1240m 时高程 952.5m 平切应力矢量图

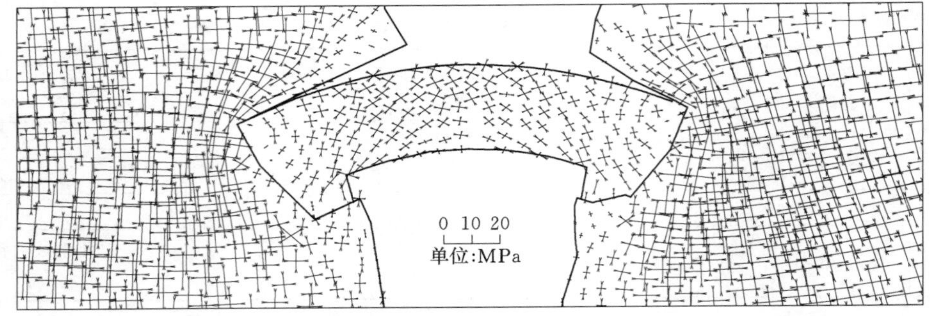

图 10.4-76 蓄水至 1240m 时高程 990m 平切应力矢量图

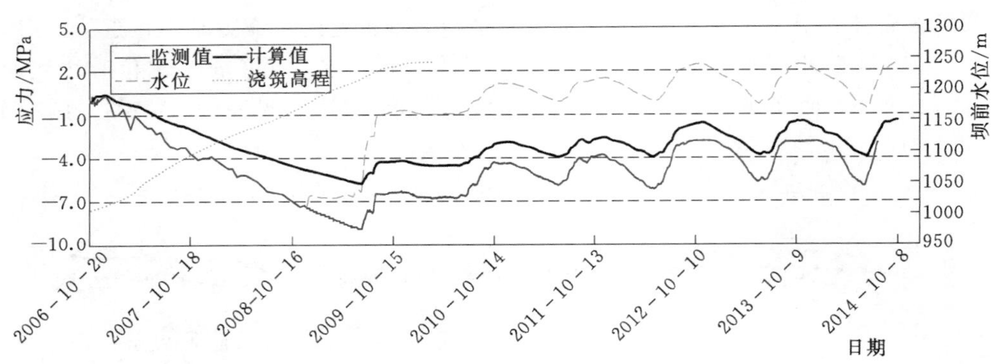

图 10.4-77 15 号坝段坝踵压应力过程线

力达到最大，15 号坝段测点处计算值约－4.5MPa，监测值约－9.0MPa，随蓄水上升，坝踵压应力逐渐减小，计算值与监测值逐渐接近，当水位达正常蓄水位时，测点处坝踵压应力计算值约－1.3MPa，监测值约－2.6MPa。坝趾压应力从坝体浇筑开始持续逐渐增大，当水位达正常蓄水位时，测点处坝趾压应力计算值约－3.5MPa，监测值首次也是约－3.5MPa，但第 2 次和第 3 次有增大趋势，分别为－3.8MPa 和－4.0MPa，反映出一定的实效性。

沿诱导缝以下的坝体连同上下游贴角是作为整体一起浇筑的，从图 10.4－77 和图 10.4－78 中可以看出，这些部位沿建基面的应力扩散效果明显，无论是最大空库状态上游坝踵的压应力，还是正常蓄水位下坝趾的压应力和坝踵拉应力均比诱导缝以上的小，坝趾最大压应力小 2.0MPa 左右。说明采取整体浇筑的方式，对降低建基面的压应力水平是

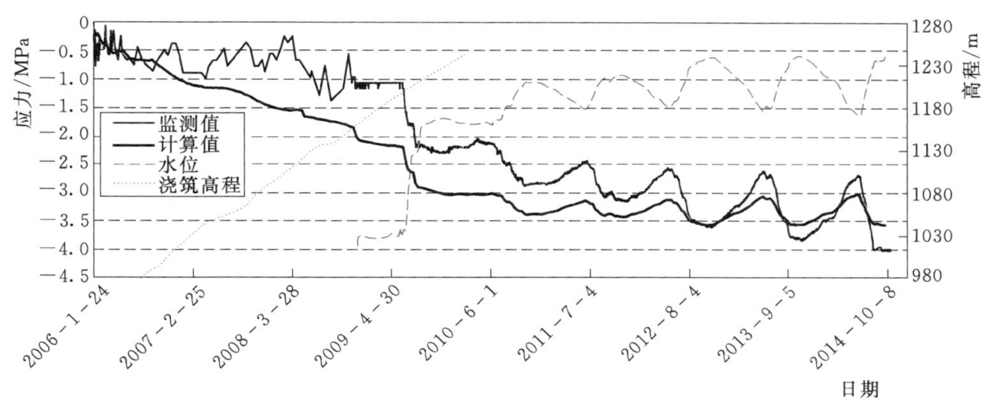

图 10.4-78 22 号坝段坝趾压应力过程线

有效的。

上述压应力均为铅直向压应力，且监测点埋设处距坝面及基面均有 2.5m，图中反映的最大应力值均不是坝体的最大值，推求至坝面和基面，当库水位达正常蓄水位时，铅直向应力约为−1MPa，而第一主应力已为拉应力，这些拉应力导致坝基岩体中存在的节理裂隙张开，拉应力随即得以释放。从图 10.4-77 中可以看出，坝踵压应力监测值在蓄水位第二次达高水位时略有减少，随后水位下降后压应力略有所增加，说明建基面应力有所调整，这与坝基岩体中节理裂隙张开，拉应力释放相关，而第三、第四次蓄水位达高水位时，这样的调整已到位，建基面应力基本没有再发生变化。

总之，在蓄水位首次达高水位时，坝体底部高程的坝踵区及附近坝基岩体内出现存在拉应力，但由于节理裂隙在受拉后张开，拉应力随即得以释放，压应力有所调整，这些部位的实际拉应力水平及范围比常规有限元计算分析结果要小。

10.4.6.2 坝体应力

(1) 最大空库状态坝体应力。在拱坝体形设计中，为改善拱座受力条件，坝体水平向曲率受到限制，只能充分利用纵向曲率来降低坝踵区的拉应力水平，加大了坝体中下部高程的倒悬度（详见第 5 章）。基于多拱梁法及传统的一次性加载有限元法计算成果，为控制施工期下游面拉应力，要求坝体平均浇筑至 1160m 时，水位至少应蓄到 1056.00m。

在实际实施中，坝体平均浇筑高程已达 1188.00m 时，水库尚未开始真正蓄水，坝前水位仅为导流洞下闸水位（1028.00m）。此时，坝体处于向上游倒悬的最大时段，较大的压应力集中在河床两侧的坝踵区，最大值主应力约为−30.17MPa，位于 27 号坝段高程 972.00m 附近（为了避免应力集中，选取紧邻坝踵几何角点的节点提取应力，见图 10.4-79）。各坝段坝踵主压应力随高程的变化见表 10.4-9 及图 10.4-80，典型坝段

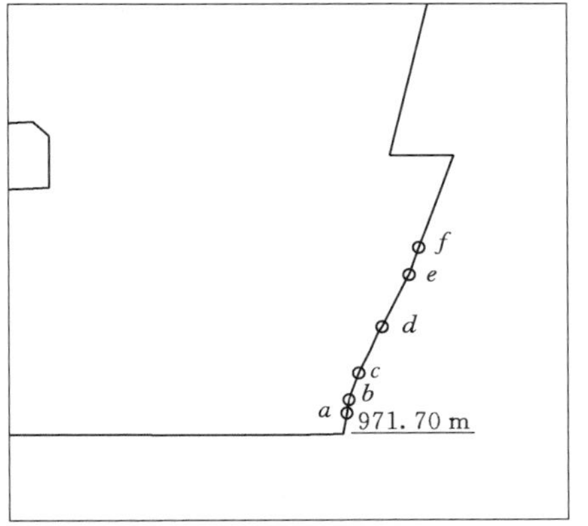

图 10.4-79 特征点位置示意图
(27 号坝段坝踵)

主压应力分布见图 10.4-81～图 10.4-83。

表 10.4-9　　特征点主压应力值

节点	高程/m	距建基面高度/m	主压应力/MPa	备　注
f	977.40	5.70	−5.38	
e	976.57	4.87	−7.31	
d	975.00	3.30	−9.24	
c	973.60	1.90	−16.85	
b	972.78	1.08	−22.38	
a	972.38	0.68	−30.17	"坝踵最大主压应力"点，位于27号坝段

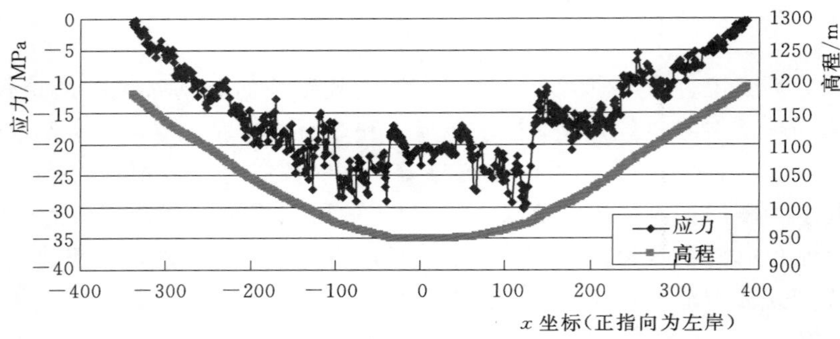

图 10.4-80　坝体浇筑高程 1188m、水位 1028m 时各坝段坝踵主压应力分布曲线

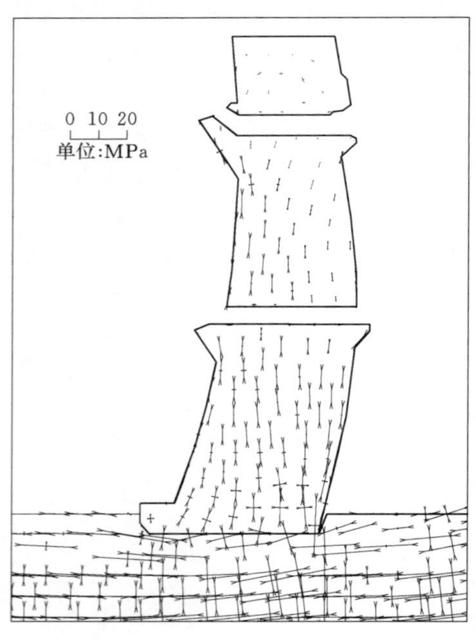

图 10.4-81　22 号坝段坝体应力矢量（浇筑高程 1188m，蓄水位 1028m）

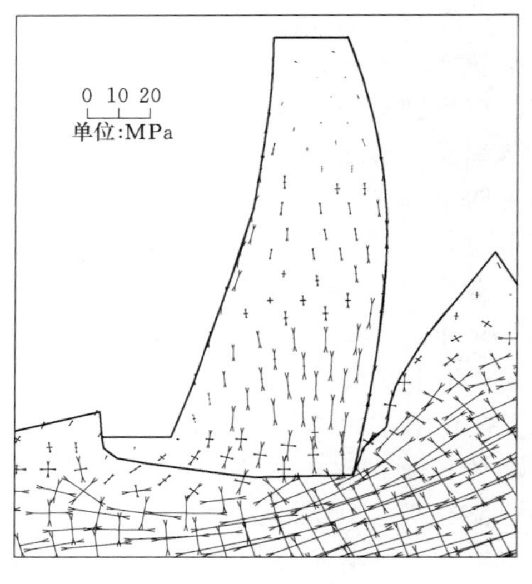

图 10.4-82　15 号坝段坝体应力矢量（浇筑高程 1188m，蓄水位 1028m）

在高程 1050.00m 附近，下游坝面出现0.2～1.3MPa 的拉应力，见图 10.4－84 和图 10.4－85。埋设于相应坝段坝趾部位的监测成果显示，见图 10.4－86，该部位坝体基本处于小于－0.5MPa的三向压应力状态或接近 0.5MPa 的拉应力状态。由于监测仪器埋设于距下游坝面 5m 处，距建基面也有一定距离（大于 5m），且监测值均为分项应力，在各项应力合成主应力后必然大于分项应力，实测到的数值并非坝趾处的应力极值。据此推测，在计算值出现 1.3MPa 主拉应力的部位，坝体内确实有接近或大于 1.0MPa 的拉应力区，混凝土存在开裂风险。

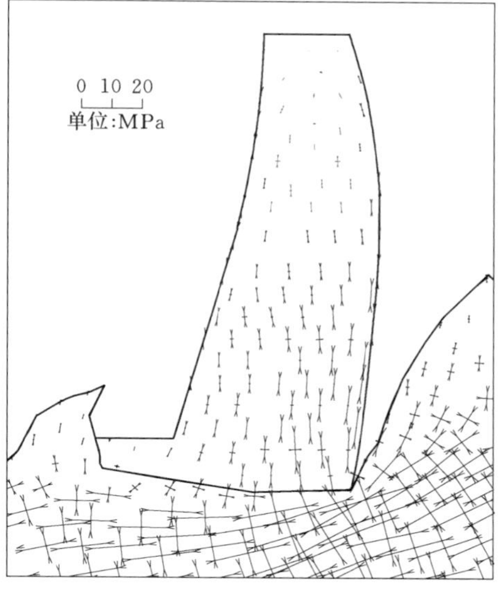

图 10.4－83　29 号坝段坝体应力矢量（浇筑高程 1188m，蓄水位 1028m）

鉴于出现大于 1.0MPa 拉应力的区域为大坝运行期承受压应力较大的部位，确保结构完整十分重要。为此，及时提出了预警和立即抬升水位的要求。但在尚未抬升水位的情况下，坝体仍继续向上浇筑。随即，在拉应力分布区域相继出现了明显正交于主拉应力方向的裂缝，见图 10.4－87 和图 10.4－88。

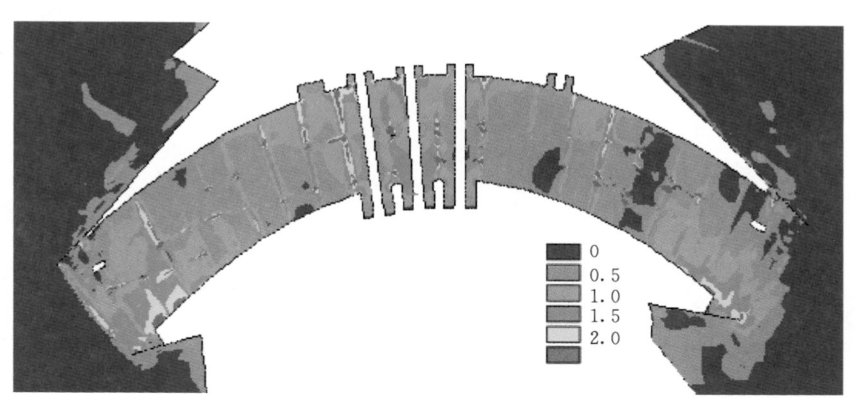

图 10.4－84　坝体 1050m 高程第一主应力（浇筑高程 1188m，蓄水位 1028m）

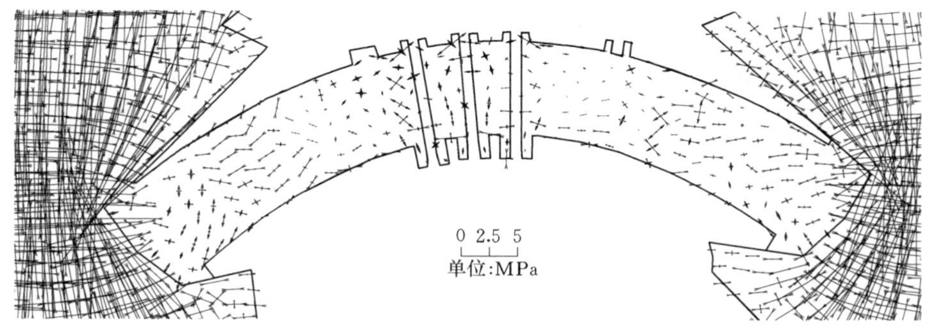

图 10.4－85　坝体 1050m 高程主应力矢量图（浇筑高程 1188m，蓄水位 1028m）

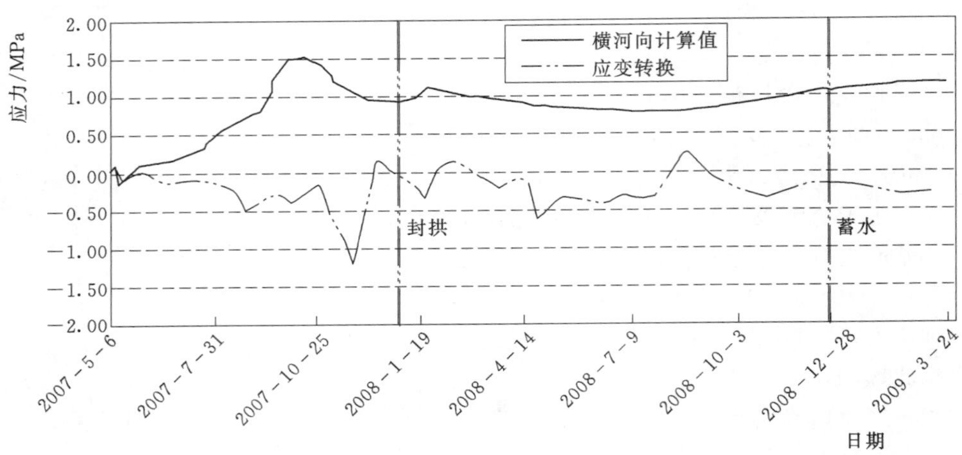

图 10.4-86 横河向应力监测过程线

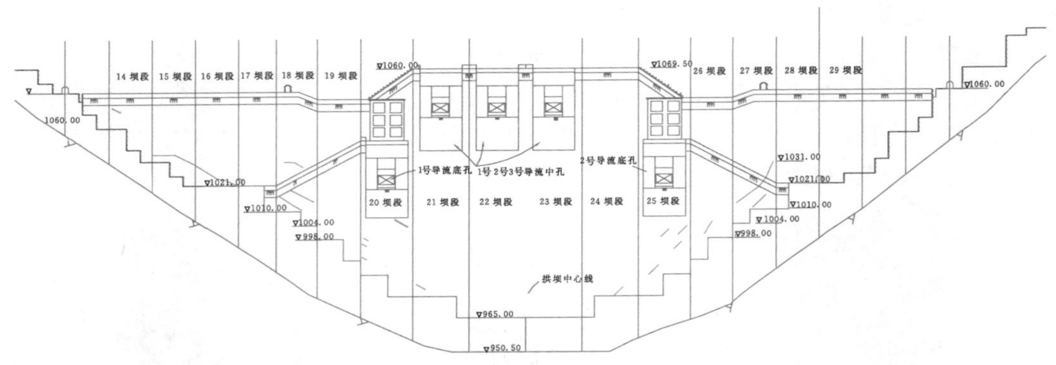

图 10.4-87 拱坝低高程下游坝面斜裂缝分布示意图

(a) (b)

图 10.4-88 2009 年 3 月坝体最大空库状态下游坝面裂缝照片（浇筑高程 1188m，蓄水位 1028m）

通过上述分析，可以得到以下认识：①仿真计算揭示了坝体的实际应力状态，提出的坝体最大空库预警非常及时；②多拱梁法及常规的一次性加载有限元法计算成果偏保守，

当坝体最大空库高度超过其控制要求约 40m 后，下游面实际拉应力才超过混凝土的抗拉强度，出现开裂现象。

（2）蓄水过程坝体应力。当坝浇筑至高程 1205.00m 和 1215.00m，蓄水至 1125.00m 和 1166.00m 时，坝体处于三向受压状态，最大压应力仍主要为铅直向，其次是横河向、顺河向。坝踵部位的压应力比最大空库状态明显减小，坝趾部位压应力则明显增加，坝踵部位压应力仍大于坝趾部位。坝趾部位已无拉应力，见图 10.4-89～图 10.4-95。

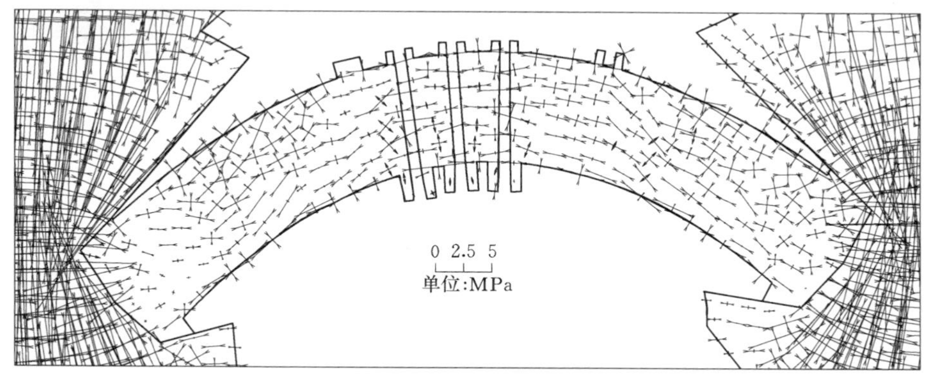

图 10.4-89　高程 1050m 平切应力矢量图（蓄水位 1125m）

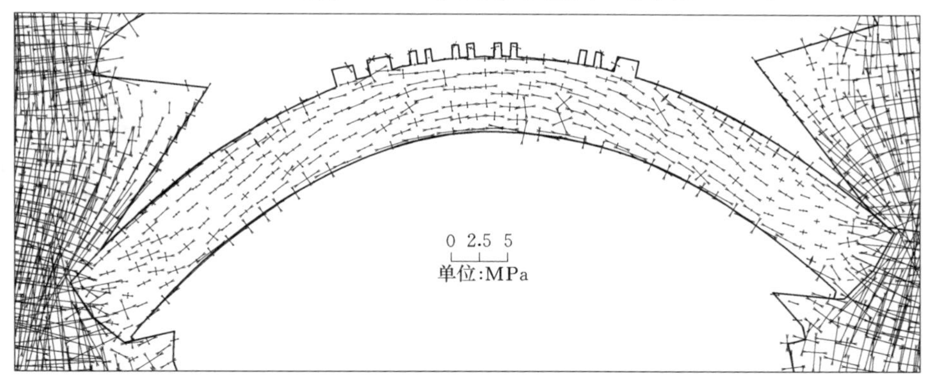

图 10.4-90　高程 1110m 平切应力矢量图（蓄水位 1125m）

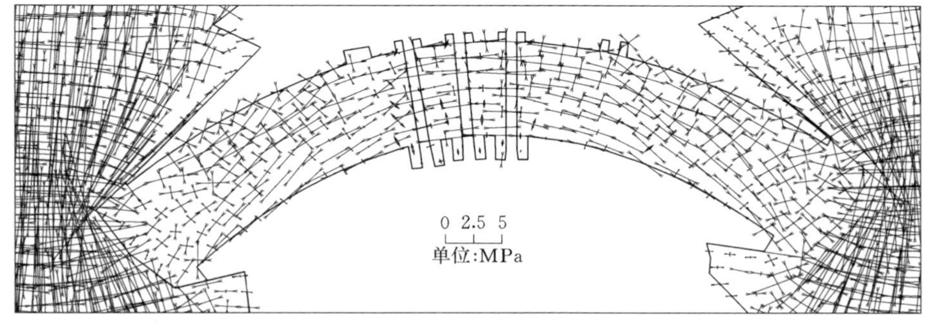

图 10.4-91　高程 1050m 平切应力矢量图（蓄水位 1166m）

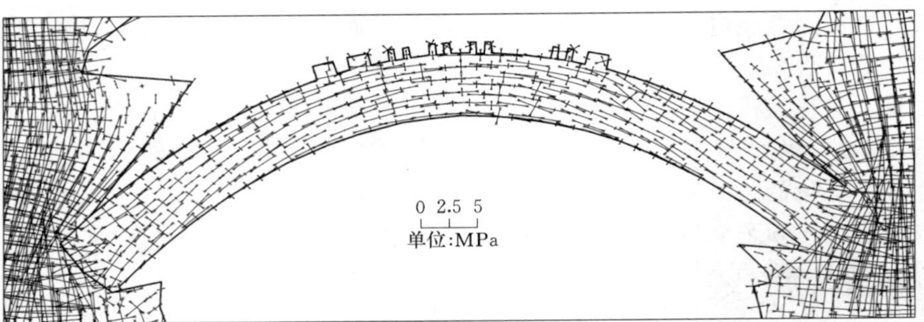

图 10.4-92 高程 1110m 平切应力矢量图（蓄水位 1166m）

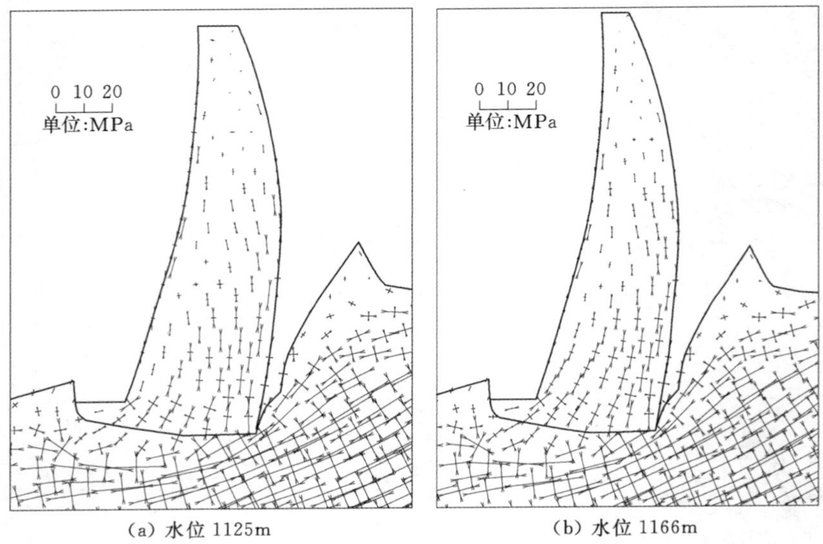

(a) 水位 1125m　　(b) 水位 1166m

图 10.4-93 15 号坝段径向剖面应力矢量图

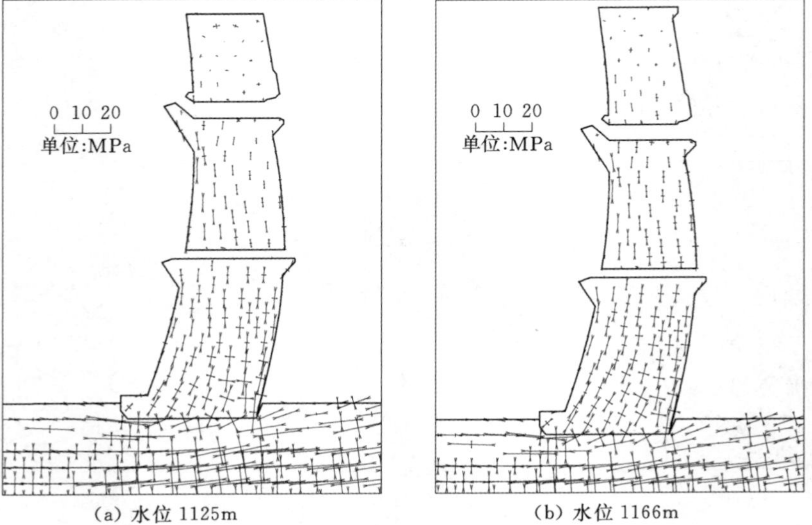

(a) 水位 1125m　　(b) 水位 1166m

图 10.4-94 22 号坝段径向剖面应力矢量图

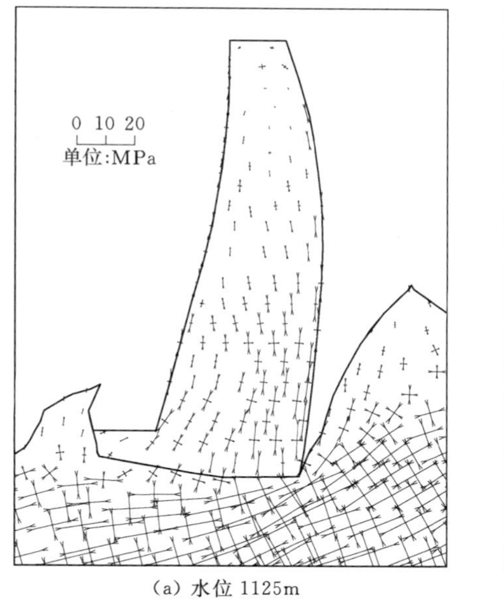

(a) 水位 1125m

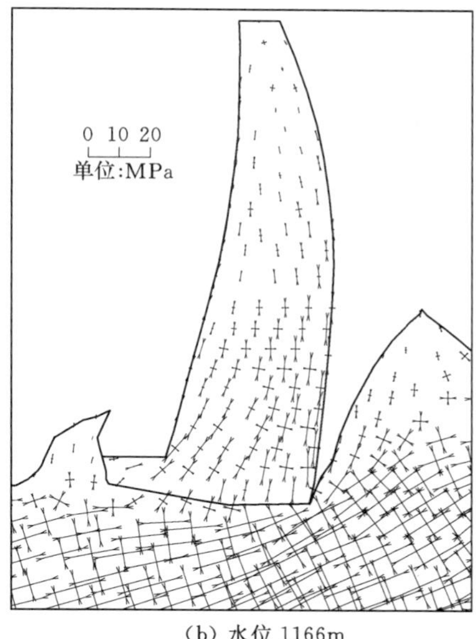

(b) 水位 1166m

图 10.4-95　29 号坝段径向剖面应力矢量图

当坝浇筑至顶，水位蓄至 1181.00m 时，坝体为最佳受力时段，整体处于较均匀的三向受压状态，横河向和径向应力较蓄水初期明显增加，而铅直向应力有所减少，上游侧和下游侧、坝踵和坝趾压应力基本接近，3 个方向的最大压应力基本维持在－4.0MPa 水平，见图 10.4-96～图 10.4-98。

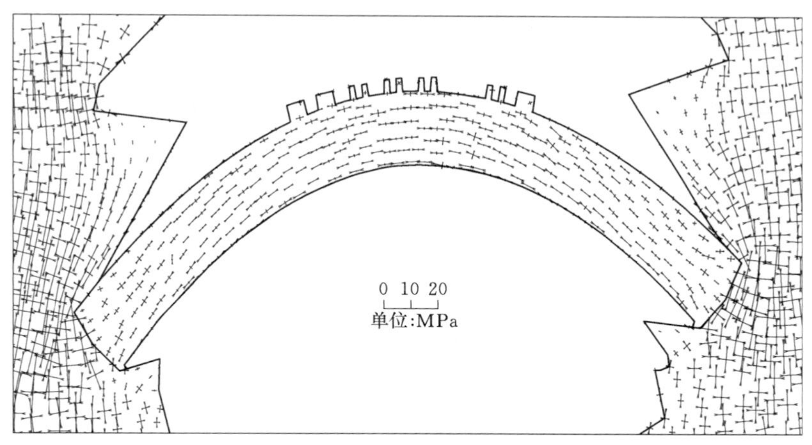

图 10.4-96　高程 1110m 平切应力矢量图（浇筑高程 1245m，蓄水位 1181m）

（3）正常高水位坝体应力。当水位继续上升，坝体逐渐进入高水位运行阶段，坝踵区较大的压应力开始转向坝趾区，横河向及径向应力持续增大。当水蓄至正常高水位时，坝趾区压应力达到最大，较大压应力集中在河床两侧坝段，见图 10.4-99～图 10.4-101。各坝段坝趾主压应力分布见图 10.4-102、图 10.4-103 及表 10.4-10。图 10.4-104～图 10.4-109 分别展示了大坝浇筑高程 1245.00m 并且蓄水位到 1240.00m 时，典型坝段及拱圈的主应力等值线及云图。图 10.4-110～图 10.4-113 为各高程平切应力矢量图。图

10.4-114为高程957.00m左右岸拱端下游角点的主压应力时程曲线。

表10.4-10　　特征点主压应力值

节点	高程/m	距建基面高度/m	主压应力/MPa	备　注
f	958.51	2.12	−7.93	
e	958.21	1.82	−9.80	
d	957.89	1.50	−11.40	
c	957.50	1.11	−12.24	
b	957.19	0.80	−16.73	
a	956.81	0.41	−24.61	"坝踵最大主压应力"点，位于20号坝段

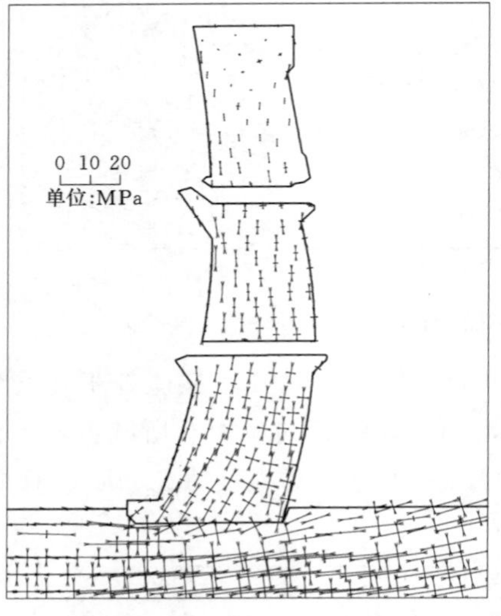

图10.4-97　22号坝段坝体应力矢量
(浇筑高程1245m，蓄水位1181m)

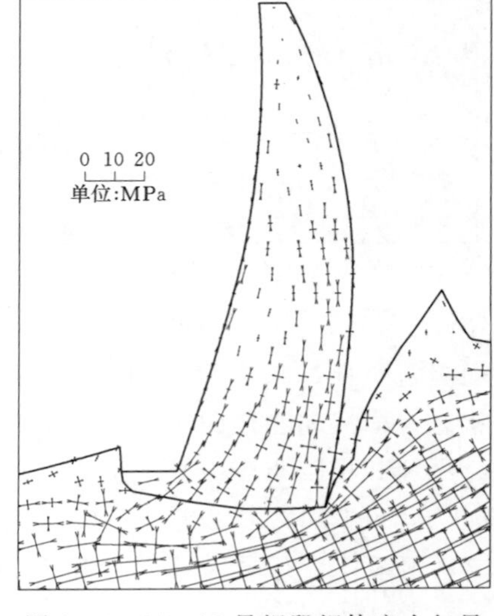

图10.4-98　15号坝段坝体应力矢量
(浇筑高程1245m，蓄水位1181m)

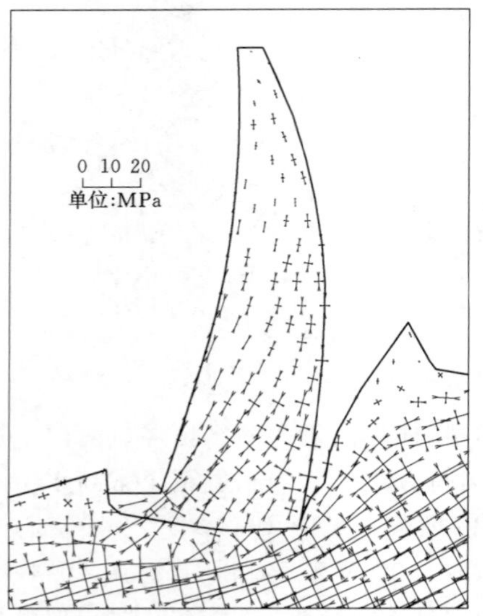

图10.4-99　15号坝段坝体应力矢量图
(浇筑高程1245m，蓄水位1240m)

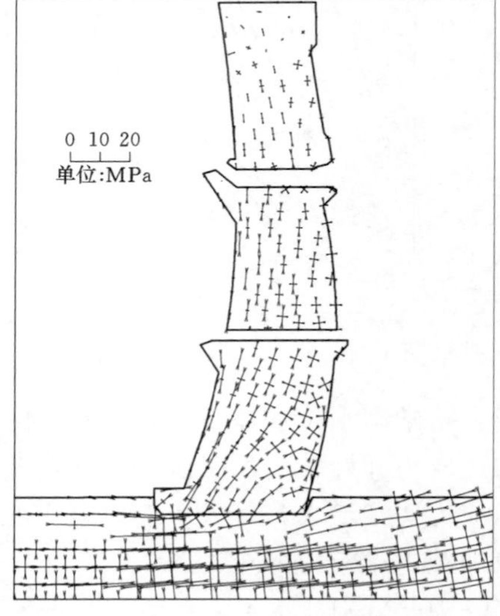

图10.4-100　22号坝段坝体应力矢量
(浇筑高程1245m，蓄水位1240m)

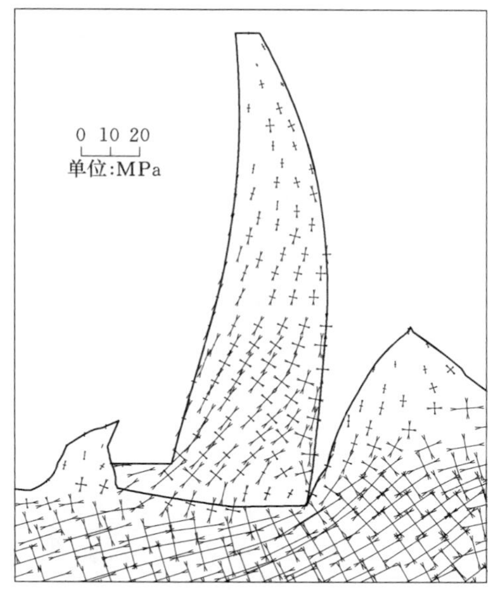

图 10.4-101　29 号坝段坝体应力矢量图
（浇筑高程 1245m，蓄水位 1240m）

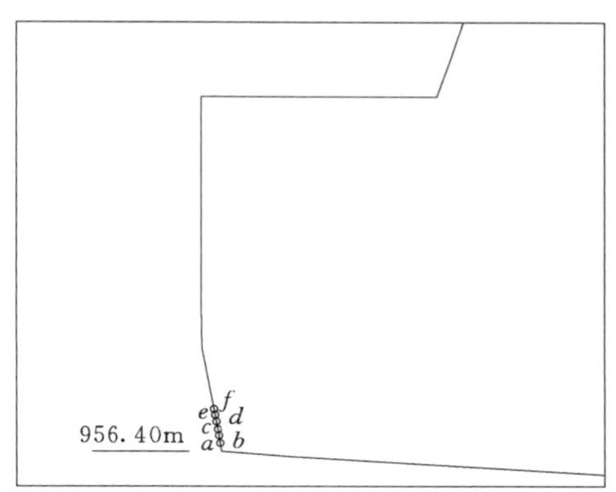

图 10.4-102　特征点位置示意图
（20 号坝段坝趾）

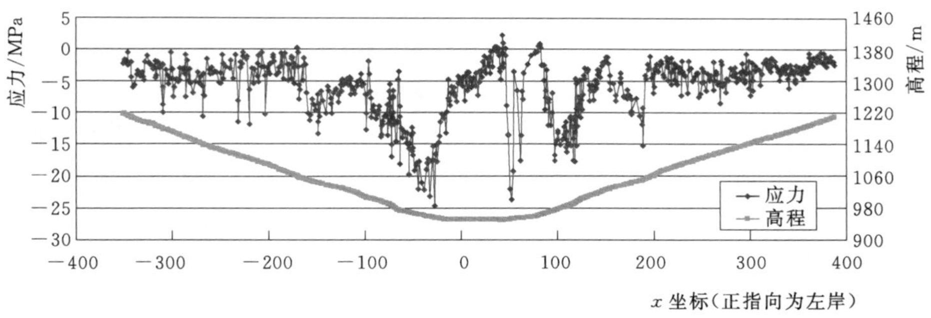

图 10.4-103　各坝段坝趾主压应力分布曲线（浇筑高程 1245m，蓄水位 1240m）

右岸坝趾最大主应力约为−24.61MPa，位于 20 号坝段高程 957.00m 附近，左岸坝趾最大主应力为−23.58MPa，位于 24 号坝段高程 953.00m 附近。坝踵区沿中下部高程出现拉应力，较大值也集中在河床两侧，大于 1.0MPa 的拉应力区约占底厚的 3%。远离建基面的坝体应力主要以受压为主，最大压应力主要为竖向，其次是拱向和径向。竖向应力分布总体上呈现低高程比高高程大的规律。

总之，在正常高水位工况下，坝趾最大压应力为−24.61MPa，低于混凝土的设计强度，在仿真计算揭示坝体应力接近真实的情况下，坝体混凝土抗压安全系数仍达 1.83，混凝土的设计抗压强度偏于保守。

（4）数值计算与监测对比。用于监测下游坝趾的应变计组布置在 5 个典型坝段，但大部分被损坏，无测值或测值不可信，仅有埋设于 22 号坝段高程 1000.00m 的测点正常工作，图 10.4-115 为该测点处坝趾仿真计算与监测的对比图。由图可见，仿真计算值与监测值

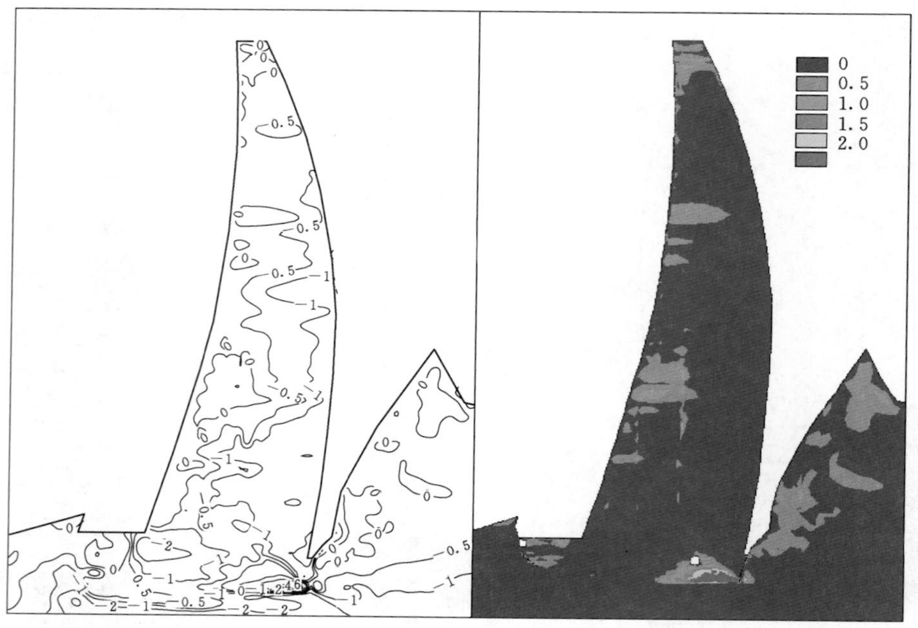

图 10.4-104　15 号坝段坝体第一主应力（浇筑高程 1245m，蓄水位 1240m，单位：MPa）

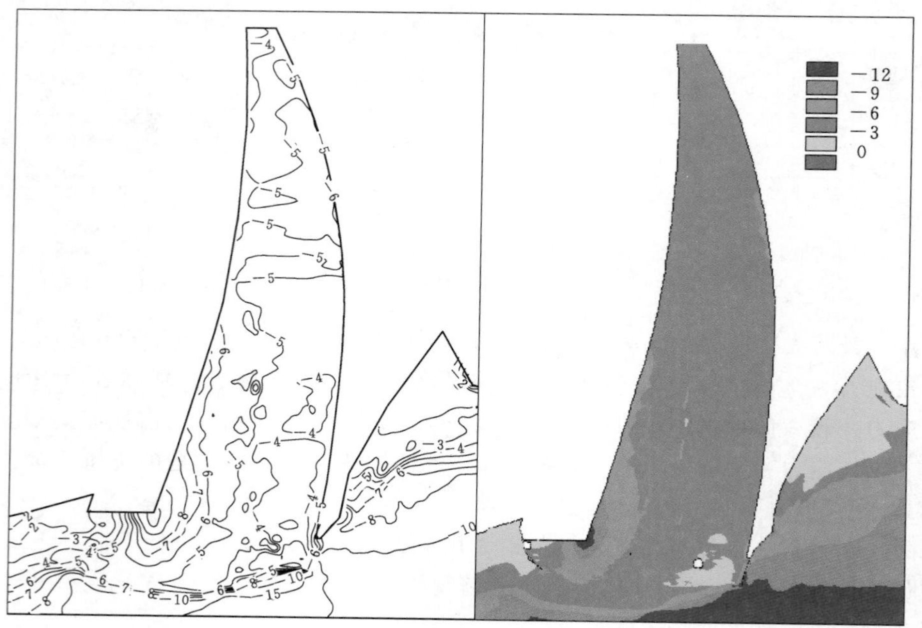

图 10.4-105　15 号坝段坝体第三主应力（浇筑高程 1245m，蓄水位 1240m，单位：MPa）

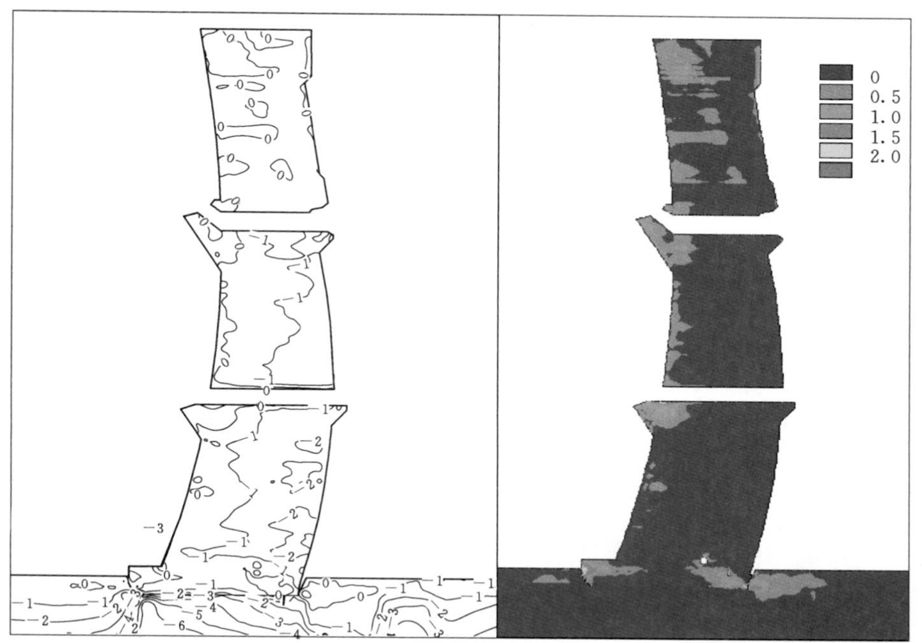

图 10.4-106　22 号坝段坝体第一主应力（浇筑高程 1245m，蓄水位 1240m，单位：MPa）

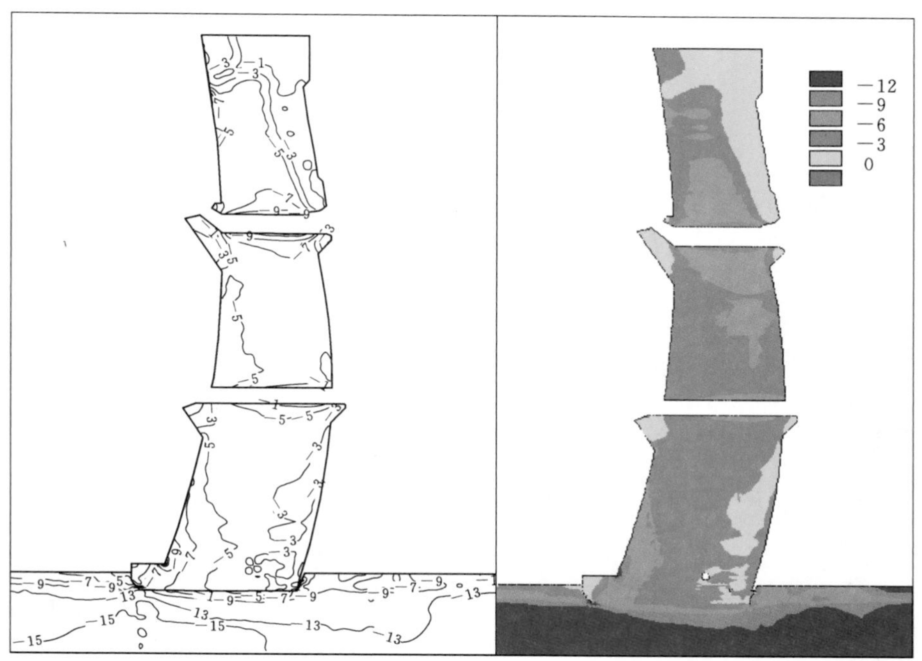

图 10.4-107　22 号坝段坝体第三主应力（浇筑高程 1245m，蓄水位 1240m，单位：MPa）

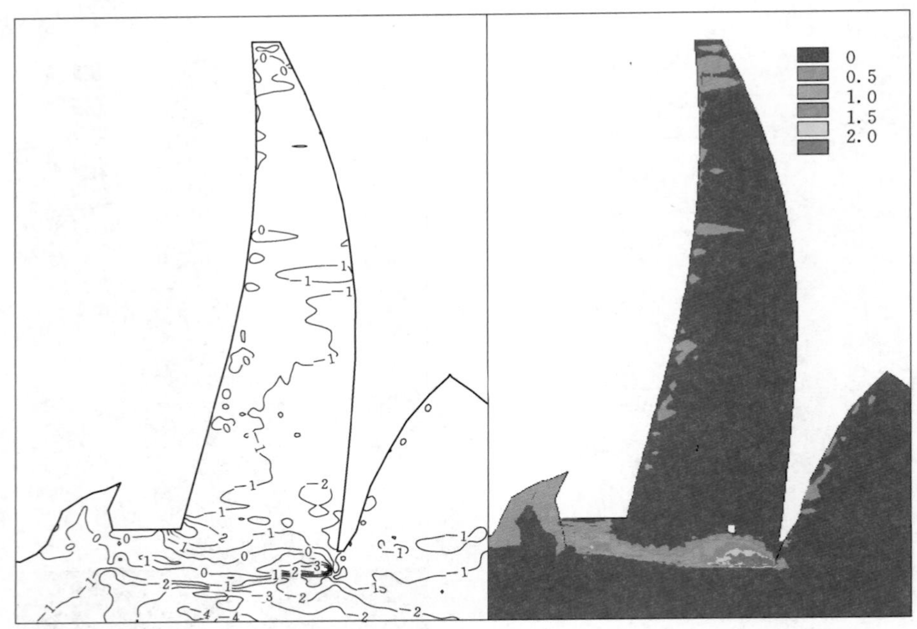

图 10.4-108　29 号坝段坝体第一主应力（浇筑高程 1245m，蓄水位 1240m，单位：MPa）

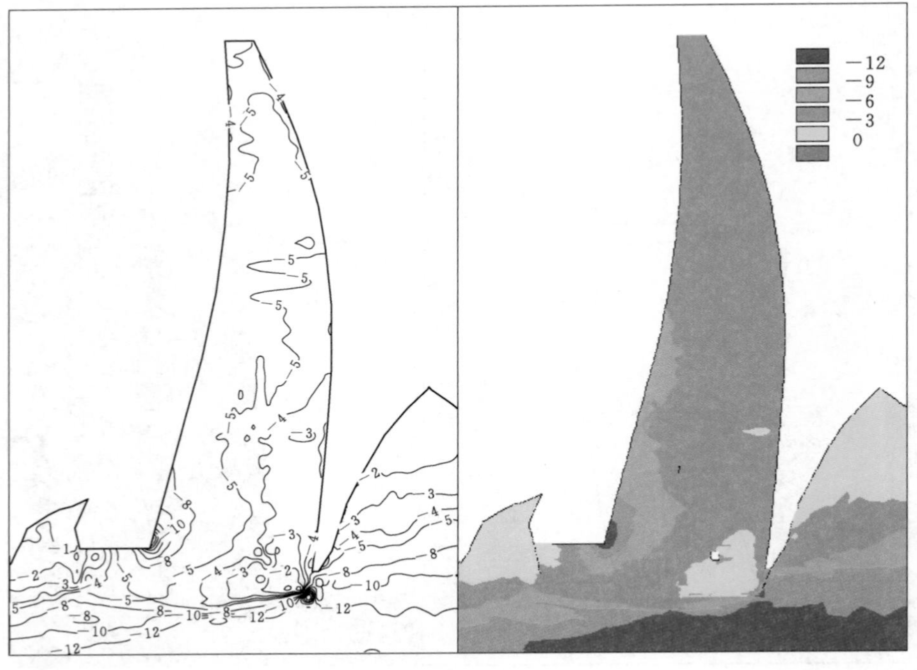

图 10.4-109　29 号坝段坝体第三主应力（浇筑高程 1245m，蓄水位 1240m，单位：MPa）

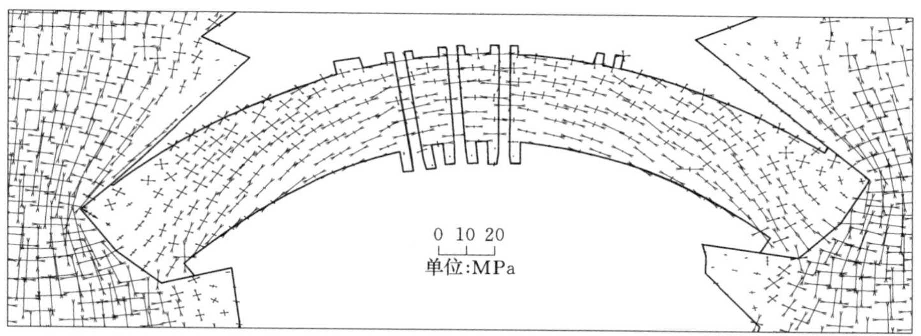

图 10.4-110　高程 1050m 平切应力矢量图（浇筑高程 1245m，蓄水位 1240m）

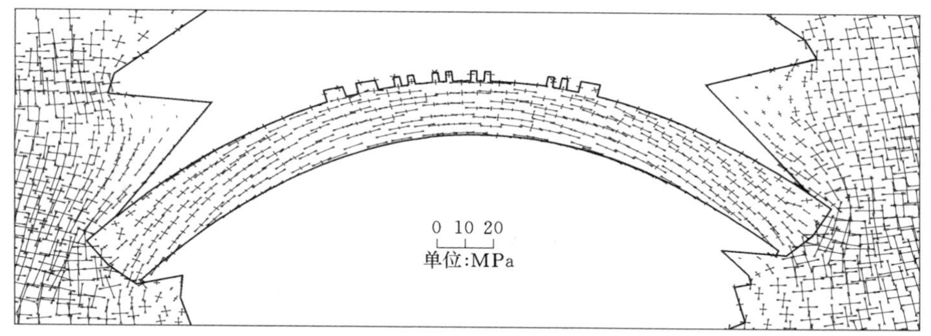

图 10.4-111　高程 1110m 平切应力矢量图（浇筑高程 1245m，蓄水位 1240m）

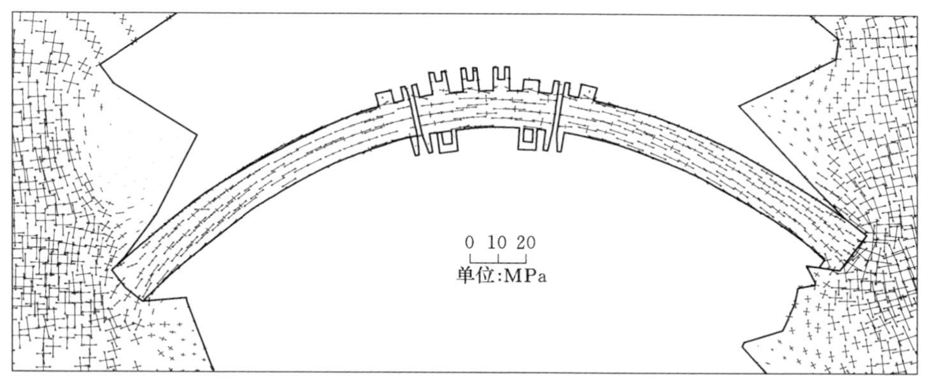

图 10.4-112　高程 1170m 平切应力矢量图（浇筑高程 1245m，蓄水位 1240m）

规律一致，数值接近（坝趾最大压应力并不位于该处），说明计算揭示的坝趾应力接近真实，可以用来评价坝趾的受力性态。

10.4.6.3　诱导缝应力

随着坝体浇筑上升，诱导缝处的压应力持续增加，仿真计算值与监测值非常接近，见图 10.4-116。当坝体平均浇筑至高程 1188.00m，库水蓄至 1028.00m 时，压应力达到最大，监测值略大于计算值，在监测点处监测值约为－11.0MPa，计算值约为－9.8MPa；随库水

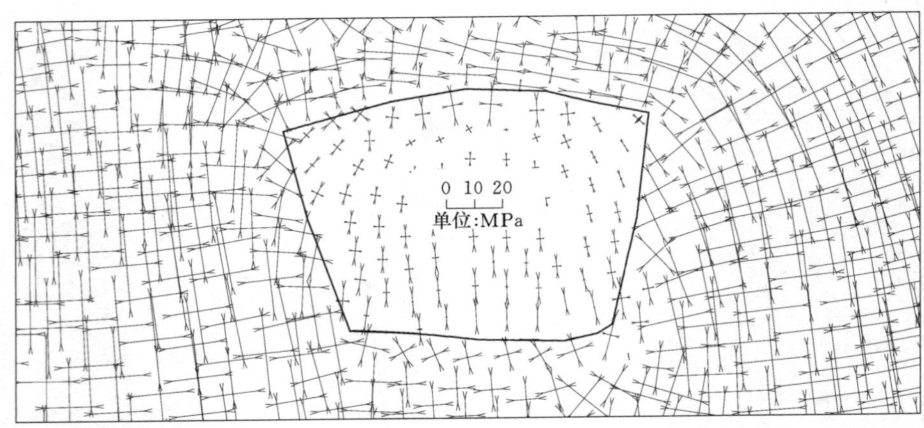

图 10.4-113 坝体浇筑 1245m 水位 1240m 时高程 957m 左右岸拱端主应力矢量图

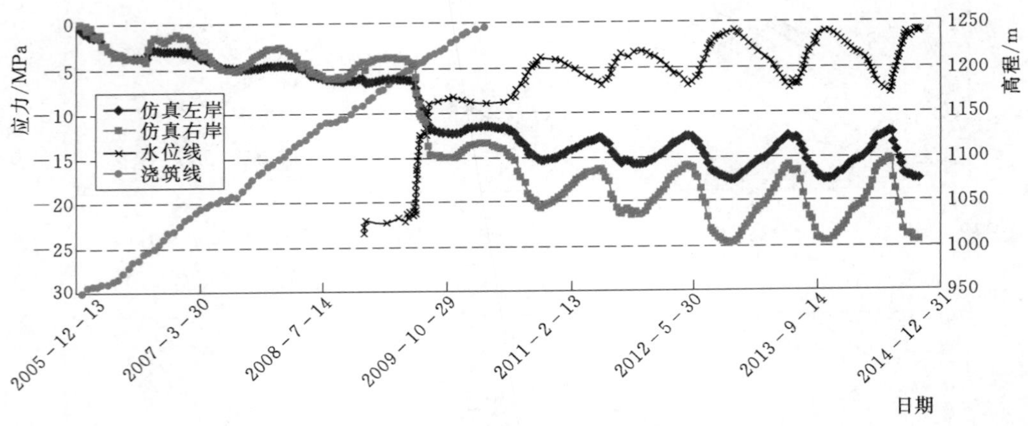

图 10.4-114 高程 957m 左右岸拱端下游角点的主压应力时程曲线

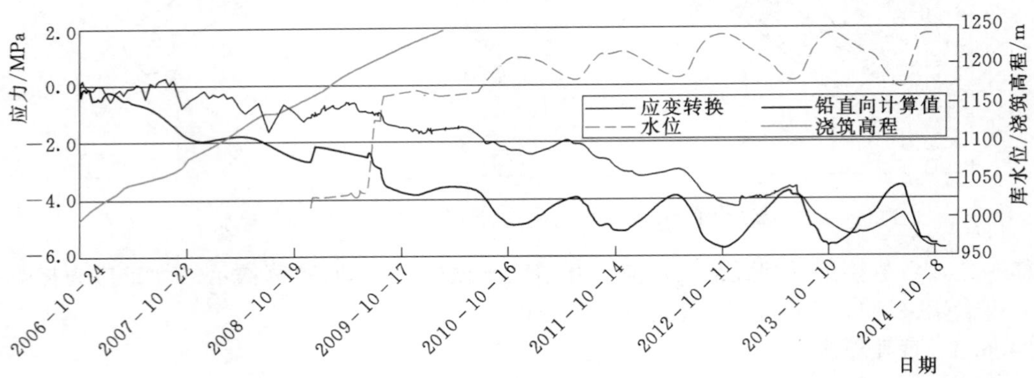

图 10.4-115 典型坝段坝趾应力计算与监测对比曲线

位迅速上升，压应力快速减少；当库水达正常高水位 1240.00m 时，压应力减至最小，在监测点处监测值约为－4.8MPa，计算值约为－2.2MPa。监测点埋设于距上游坝面 2.5m 处，推算至坝面，诱导缝处的法向应力基本接近零。即，就诱导缝法向受力而言，在正常高水位作用下，在靠近坝面部位基本处于拉压临界状态。

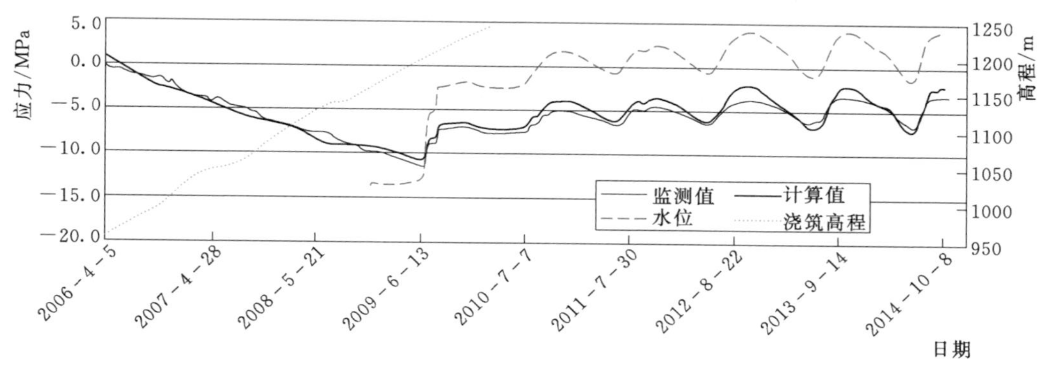

图 10.4－116　C4－A23Y－C－01 诱导缝压应力过程线

从诱导缝处应力矢量（图 10.4－117）分析，在正常蓄水位作用下，坝踵区存在拉应力，但拉应力方向与缝面呈近 45°交角，法向拉应力比传统计算得出的数值要小。一方面表明诱导缝缝面实际处于拉剪状态，张开的几率比预计的要小；另一方面，这些拉应力的存在，会导致诱导缝以下的坝体混凝土开裂，形成与缝面斜交的裂缝，诱导缝的设置恰好阻隔了这样的裂缝向坝面延伸，诱导缝发挥的这一作用超出了原设想。

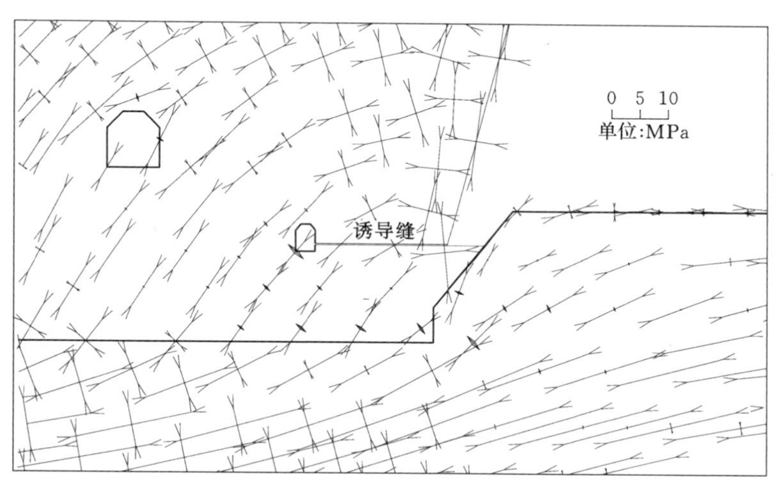

图 10.4－117　拱冠处应力矢量图（浇筑至坝顶，水位 1240m）

通过上述分析，可以得到以下认识：

（1）在高水位作用下，底部高程坝踵区（河床坝段或紧邻河床两侧坝段）及附近坝基岩体内存在拉应力，但拉应力方向与缝面呈近 45°交角，法向拉应力比常规计算得出的数值要小。诱导缝缝面实际处于拉剪状态，张开的几率比预计的要小。

（2）当库水位达 1240.00m 正常高水位时，就诱导缝法向受力而言，在靠近坝面附近基本处于拉压临界状态。这一结果表明，拱坝设计充分发挥了空间双曲结构的优势，将高水位作用下坝踵区的拉应力降低至最合理的水平，一方面拱坝体形设计非常完美，安全经济；另一方面，在正常运行工况下，诱导缝处于似张开或似闭合状态，坝体基本不受诱导缝的影响，但当遭遇非正常工况（如地震或超标洪水）时，诱导缝在防范坝踵开裂及阻隔其下混凝土可能存在的裂缝向坝面延伸将发挥双重作用，使拱坝具有足够的安全裕度，确保长期运行安全。

10.4.6.4　坝体应力时空分布规律及体形设计评价

（1）坝体应力随混凝土浇筑过程、蓄水过程及正常运行期变化，在时空上呈均匀平稳过渡，在整个过程中左右岸应力基本对称。当坝体浇筑高度约240m，蓄水位为1028.00m时，坝踵压应力达到最大，较大的压应力集中在河床两侧坝段的坝踵区，最大主压应力约为－30.17MPa；随着水库蓄水以及坝体继续浇筑，坝踵处压应力逐渐减小，而坝趾处的压应力逐渐增大，当坝浇筑至顶，水位蓄至1181.00m时，坝体为最佳受力时段，整体处于较均匀的三向受压状态，坝踵坝趾压应力基本接近，3个方向的最大压应力基本维持在－4.0MPa水平；当水位继续上升，坝体逐渐进入高水位运行阶段，坝踵区较大的压应力开始转向坝趾区，当水蓄至正常高水位时，坝趾区压应力达到最大，较大压应力集中在河床两侧坝段，最大主应力约为－24.61MPa，坝踵区沿中下部高程出现拉应力，较大值也集中在河床两侧坝段，大于1.0MPa的拉应力区约占底厚的3%（比常规有限元计算值要小，详见第4章）。

（2）沿诱导缝以下的坝体连同上下游贴角作为整体一起浇筑，这些部位沿建基面的应力扩散效果明显，无论是最大空库状态上游坝踵的压应力，还是正常蓄水位下坝趾的压应力和坝踵拉应力均比诱导缝以上的小，坝趾最大压应力要小2.0MPa左右。说明采取整体浇筑方式，对降低建基面的压应力水平是有效的。

（3）坝体最大压应力出现在最大空库时的上游坝踵（－30.17MPa），而不是正常蓄水时的下游坝趾（－24.6MPa），这与传统概念上拱坝最大压应力位于坝趾是有差别的，尽管属于短暂工况，但在特高拱坝设计中需引起重视。在正常高水位工况下，坝趾最大压应力为－24.61MPa，低于混凝土的设计强度，在仿真计算揭示的坝体应力接近真实的情况下，坝体混凝土抗压安全系数仍达1.83，说明混凝土的设计抗压强度偏保守。此外，即便在最大空库高度超过设计控制高度，在短暂工况下坝踵压应力起控制作用的情况下，坝体混凝土仍具有足够的安全裕度。

（4）在高水位作用下，底部高程坝踵区（河床坝段或紧邻河床两侧坝段）及附近坝基岩体内存在拉应力，但拉应力方向与缝面呈近45°交角，法向拉应力比常规有限元计算得出的数值要小。诱导缝缝面实际处于拉剪状态，张开的几率比预计的要小。

在正常高蓄水位工况下，靠近坝面附近的诱导缝基本处于拉压临界状态。这一结果表明，拱坝体形设计充分发挥了空间壳体结构的优势，将高水位作用下坝踵区的拉应力降低至最合理的水平，一方面体形设计非常完美，安全经济；另一方面，在正常运行工况下，诱导缝处于似张开或似闭合状态，坝体基本不受诱导缝的影响，但当遭遇非正常工况（如地震或超标洪水）时，诱导缝在防范坝踵开裂及阻隔其下混凝土可能存在的裂缝向坝面延伸将发挥双重作用，使拱坝具有足够的安全裕度，确保长期运行安全。

10.4.7 拱座应力时空分布规律

10.4.7.1 拱座应力

从时间分布上看，随坝体混凝土浇筑，拱座应力逐渐增加，当水库水位维持在1028.00m以前，拱座应力增加速率较为缓慢。在坝体浇筑至向上游倒悬最大阶段，尽管坝体仍在上升，但拱座应力基本未增加。当坝体浇筑至1210.00m高程以上、水位蓄至1125.00m以前，拱座应力增加速率有所加大。当坝体浇筑至顶、水位超过1210.00m以后，拱座应力迅速加大，达正常高水位1240.00m时，拱座应力达到最大。

从空间分布上看，左右岸拱座受力状况基本对称，受力部位主要集中在拱端附近，向山里延伸应力很快扩散、衰减。当库水位维持在1028.00m以前，拱座沿径向应力比较均匀，上下游拱端应力基本接近，数值均较小，见图10.4-118；随水库蓄水，下游拱座应力逐渐增加，而上游拱端逐渐减小。顶部拱座应力很小，中下部高程拱座应力较大，最大位于高程957.00m附近。在正常高水位作用下，高程957.00m下游点处左拱端的主压应力为－17.62MPa，右拱端为－24.61MPa，见图10.4-119。

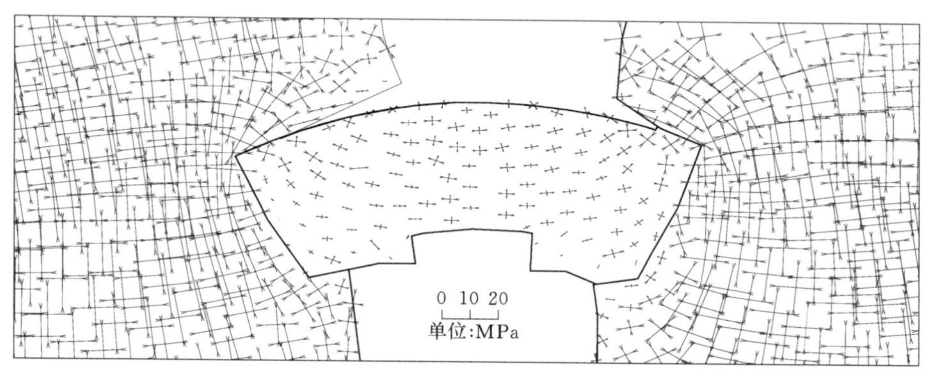

图10.4-118 坝体浇筑高程1188m水位1028m时高程972m平切应力矢量图

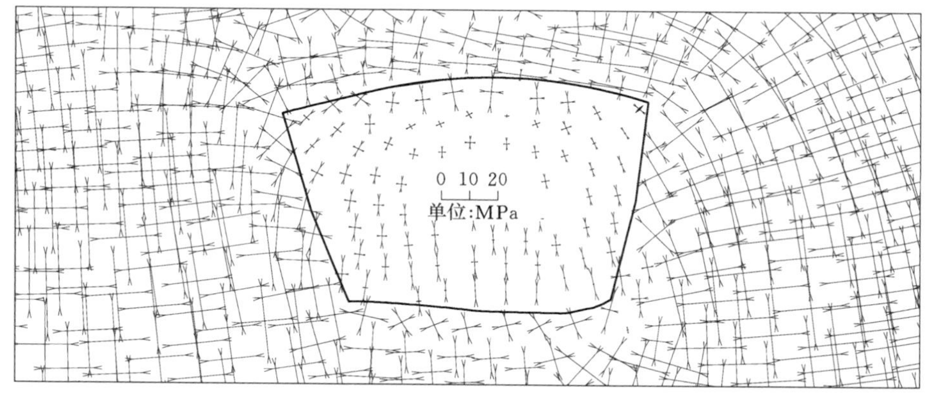

图10.4-119 坝体浇筑1245m、水位1240m时高程957m左右岸拱端主应力矢量图

常规限元计算与仿真计算的对比分析见表10.4-11。以拱座中部（高程1010.00～1150.00m）统计成果为代表进行比较。在1240.00m正常高水位下，拱端最大水平位移

仿真计算左岸为 13mm、右岸为 16mm，常规计算左右岸均为 24mm，均指向山体内部，但仿真计算水平位移与拱坝中线的交角相对较大。可以看出，计入施工过程的变形和应力路径及蓄水过程影响后，仿真计算较常规计算呈现变形减小、应力加大的现象，总体表明常规计算对拱座刚度及整体性有所低估。

表 10.4-11　常规与仿真拱座高程 1010～1150m 最大水平位移成果比较表

项目	常规模型		仿真模型			
	水位 1240m		水位 1200m		水位 1240m	
	水平位移/mm	与拱坝中心线的夹角/(°)	水平位移/mm	与拱坝中心线的夹角/(°)	水平位移/mm	与拱坝中心线的夹角/(°)
左岸	24	12～31	8	21～55	13	23～38
右岸	24	8～28	10	16～40	16	16～30

10.4.7.2 拱座地质缺陷处理效果分析

在拱座范围分布有一些力学指标较低的地质缺陷，为此针对性采用了地下洞井塞置换、高压固结灌浆、复杂的渗控系统、坡面保护、坝后锚固等综合措施进行处理。并且在实施过程中，密切跟踪开挖揭示的实际地质情况，及时进行优化调整，提高了处理措施的针对性和有效性（详见第 6 章）。

右岸拱座范围内分布的 F_{11} 断层及蚀变带性状较差，且靠近拱端，是置换处理的重点。在拱座受力最大时段（正常高水位下），作用于高程 1130.00～1170.00m 拱端附近置换部位的最大水平向压应力小于－3.0MPa，向山里延伸，很快扩散、衰减，至置换开始处仅约－0.5MPa，见图 10.4－120。尽管高程 1050.00～1090.00m 拱座受力增大，但 F_{11} 断层逐渐远离拱端，作用于高程 1090.00m 置换部位的最大水平向压应力也未超过－3MPa，而在高程 1050.00m 处小于－2MPa。作用于 F_{10} 断层置换部分最大水平向压应力小于－1MPa，见图 10.4－121。

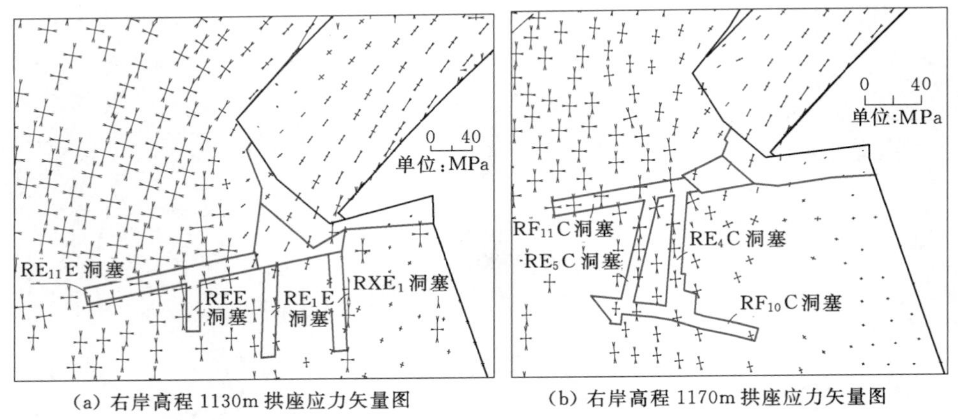

(a) 右岸高程 1130m 拱座应力矢量图　(b) 右岸高程 1170m 拱座应力矢量图

图 10.4－120　正常高水位下右岸拱座水平向应力矢量

从图 10.4－120 中还可以看到，对出露于基面的地质缺陷采取扩挖置换的方式非常有效，而深入山体内进行的洞塞置换效果有限。

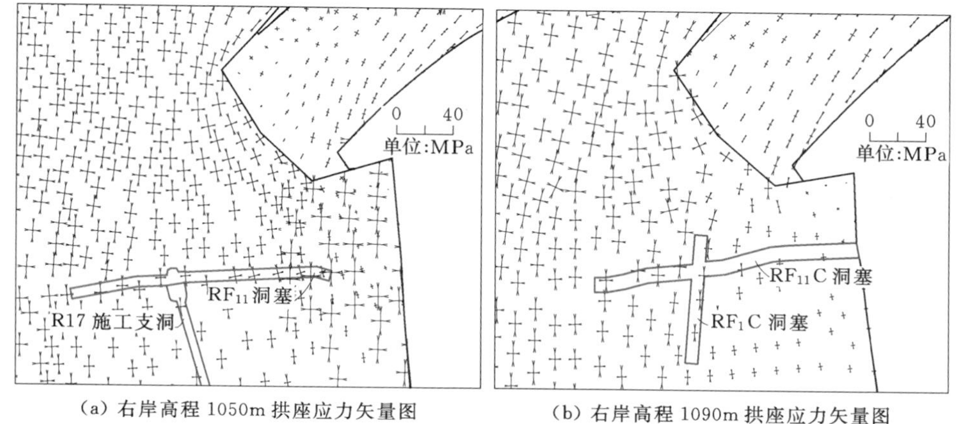

(a) 右岸高程1050m拱座应力矢量图　　(b) 右岸高程1090m拱座应力矢量图

图10.4-121　正常高水位下右岸拱座水平向应力矢量

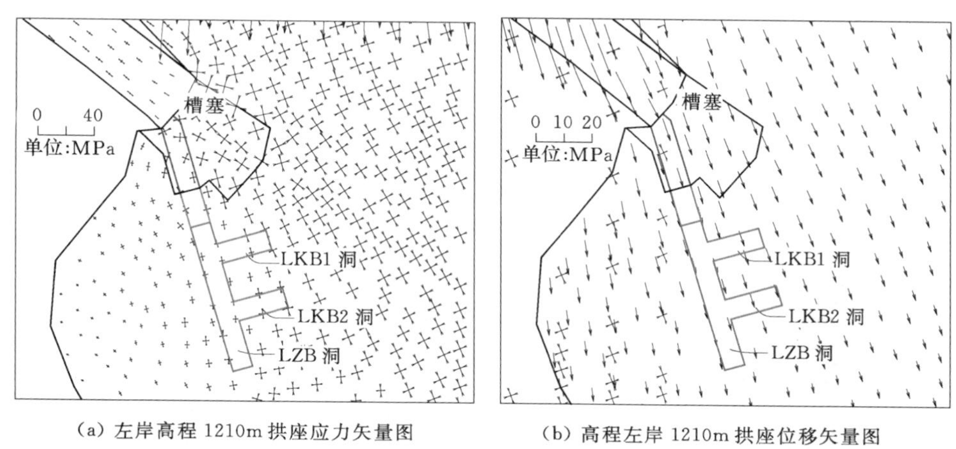

(a) 左岸高程1210m拱座应力矢量图　　(b) 高程左岸1210m拱座位移矢量图

图10.4-122　正常高水位下左岸拱座水平向应力及变位矢量

左岸拱座上部高程分布有发育较深的卸荷岩体，为尽量使拱坝对称，改善拱座受力条件，在高程1210.00m及以上设置了一个与拱坝平顺连接的推力墩。推力墩扩散应力的作用非常明显（图10.4-122），其下游角点处的最大水平向压应力小于-1.0MPa，变位小于2mm，作用于推力墩后的传力洞的应力及变位就更小。然而，在开挖该传力洞（断面尺寸为10m×10m，长约100m）时，实测的围岩松弛变形大于8mm。由此可见，在推力墩后再设置传力洞，所要“传”的力非常微小，而开挖扰动带来的损伤，对本来性态就较差的这部分岩体来说造成的危害很大。

从理论上讲，对地质缺陷的置换，当然是越彻底越好，但置换是一把“双刃剑”，在洞井塞开挖过程中，尽管已采取严格的控制措施，但监测成果显示对围岩的扰动在所难免，扰动引起的围岩松弛变形（一般为5～8mm）、天然地应力状态的改变以及降低的变形模量，依靠后期灌浆难以完全恢复（详见第6章）。

通过上述分析，可以得出以下认识：

（1）蓄水至1240.00m正常高水位时，坝体传至地质缺陷洞井塞置换部位的应力与岩体天然状态下的地应力相比并不大，引起的变位也较小。而常规一次性加载有限元计算结果在一定程度上夸大了拱座的受力状态。

（2）对出露于基面的地质缺陷采取扩挖置换的方式非常有效，而深入山体内作洞井塞置换的效果有限，处理程度偏保守，在一定程度上存在弊大于利的问题。

（3）左岸顶部高程推力墩后再设置传力洞，开挖导致的围岩松弛变形远大于拱坝投入运行拱座受力后的变形，其处理的必要性及合理性值得反思。

10.4.8 坝身孔口应力

（1）坝身泄洪孔口。坝身布置有2个导流底孔和3个导流中孔，导流任务完成后即用混凝土进行封堵与拱坝形成整体。导流中底孔属于临时孔口，其使用期间拱坝尚未浇筑至顶，挡水水头也较低，拱坝应力水平不高，孔口周边应力集中现象不明显。

坝身布置有2个放空底孔、6个泄洪中孔、5个泄洪表孔。2个放空底孔底板高程1080.00m，承受水头160m，孔身断面尺寸为5m×8m，6个泄洪中孔底板高程1140.00～1165.00m，承受水头100m，孔身断面尺寸为5m×9m，5个泄洪表孔布置在坝体顶部，堰顶高程1225.00m，孔口尺寸11m×15m，跨缝布置。

放空底孔和泄洪中孔承受水头高、孔内流速高，全部采用钢板衬砌。由于孔口为方孔，钢衬不承担内水压力，只起防渗和抗冲蚀作用。

图10.4-123和图10.4-124显示了坝身泄洪的情景。

图10.4-123　坝身表孔泄洪

在正常高水位下，坝内应力以拱向应力为主，竖向应力较小，因此孔口上下游边基本为压应力、孔口左右岸边出现了较大拉应力；泄洪中孔与放空底孔相比，拱向应力与竖向应力的差别在泄洪中孔更大，因此最大主拉应力位于泄洪中孔的左右岸边，最大值约为2.88MPa，超出混凝土的抗拉强度，存在开裂风险，见图10.4-125～图10.4-130。

图 10.4-124　坝身表孔+中孔联合空泄洪

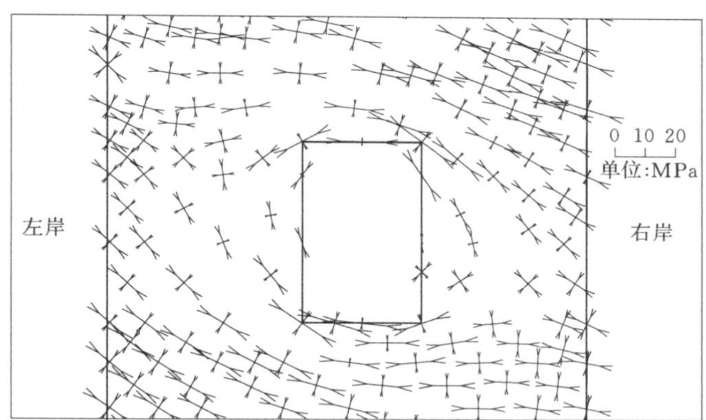

图 10.4-125　1号放空底孔横河向剖面应力矢量图（水位 1240m，孔内无水工况）

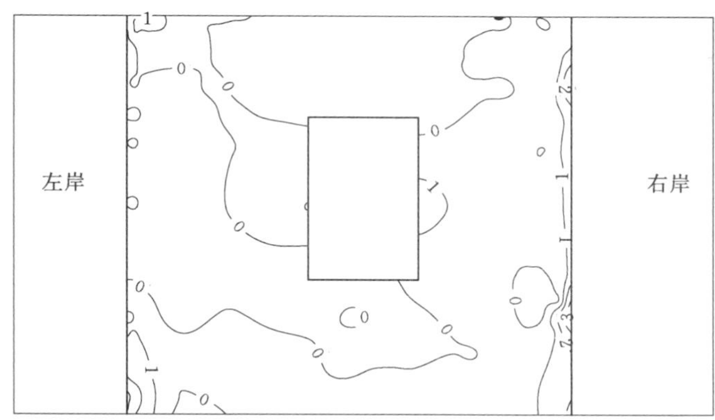

图 10.4-126　1号放空底孔横河向剖面主拉应力等值线图（水位 1240m，孔内无水工况，单位：MPa）

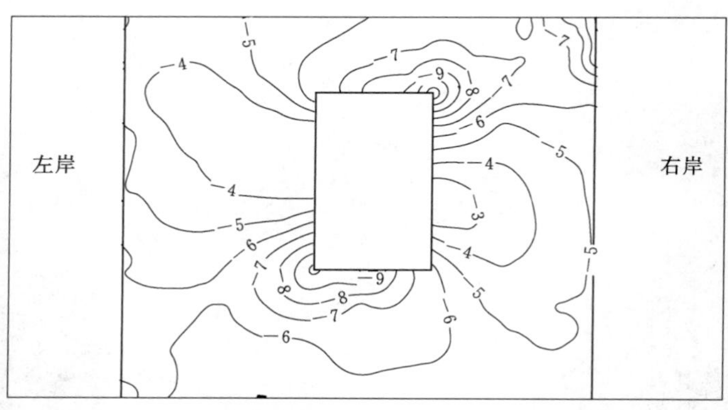

图 10.4-127 1 号放空底孔横河向剖面主压应力等值线图（水位 1240m，孔内无水工况，单位：MPa）

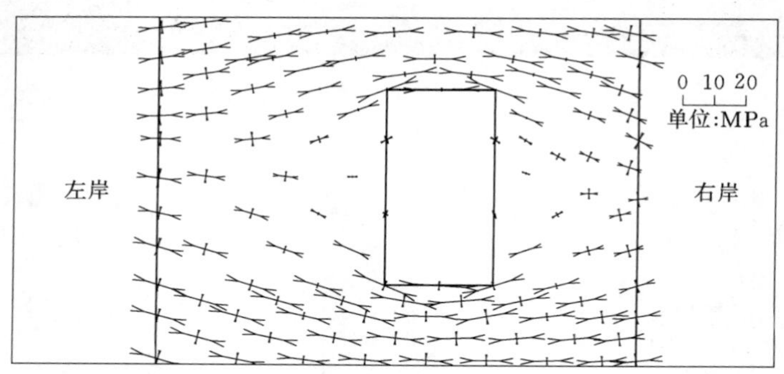

图 10.4-128 1 号泄洪中孔横河向剖面应力矢量图（水位 1240m，孔内无水工况）

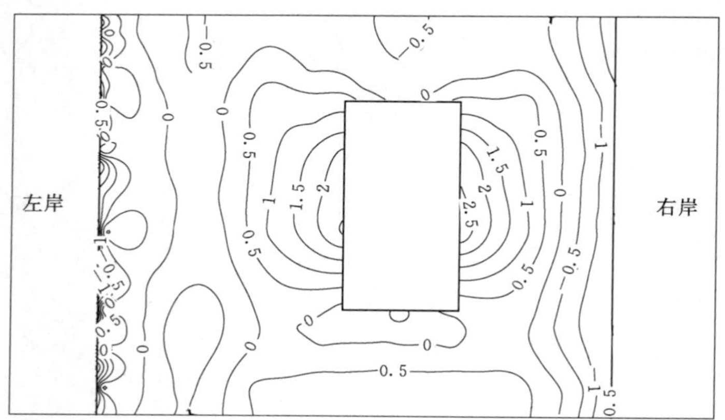

图 10.4-129 1 号泄洪中孔横河向剖面主拉应力等值线图（水位 1240m，孔内无水工况，单位：MPa）

（2）电梯井及楼梯井。在 28 号坝段和 27 号坝段各布置一台电梯井和楼梯井。电梯井和楼梯间高程范围为 1010.00～1245.00m。电梯井尺寸为 2.5m（横河向）×2.8m（顺河

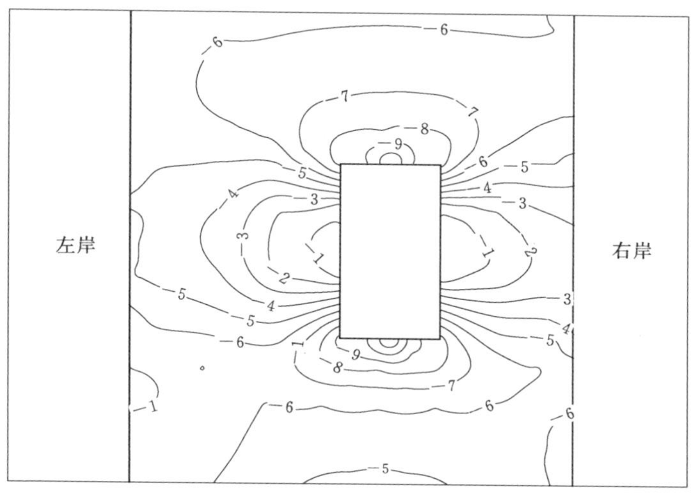

图 10.4-130 1号泄洪中孔横河向剖面主压应力等值线图（水位 1240m，孔内无水工况，单位：MPa）

向），楼梯井尺寸为 6.0m（横河向）×2.5m（顺河向），电梯井和楼梯井之间墙壁厚 1m。电梯井和楼梯井与大体积的坝体相比属于小孔口，存在小孔口应力集中问题。

在正常高水位下，高程 1100.00m 以下由于坝内径向应力和切向应力基本相当，孔口上下游边和左右边基本上均为压应力，高程 1100.00m 以上由于坝内应力以切向即拱向应力为主，径向应力较小，两者相差 6 倍以上，孔口上下游边均为压应力、孔口左右岸边均出现了较大拉应力，见图 10.4-131。

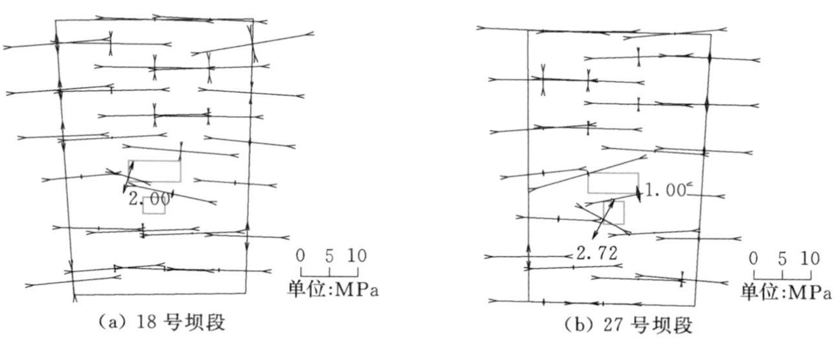

图 10.4-131 1190m 高程应力矢量图（水位 1240m，2012 年 10 月 31 日）

18 号坝段楼梯井左岸井壁典型高程的应力时程曲线见图 10.4-132～图 10.4-135。由图可以看出，应力随水位上升下降呈周期性变化，总体变化趋势是：高程 1060.00m 左岸、右岸及高程 1100.00m 右岸井壁中点处顺河向应力为压应力，随水位上升，径向压应力增大；高程 1150.00m 及以上左岸、右岸井壁中点处径向应力为拉应力，随水位上升，径向拉应力增大。最大拉应力出现在高程 1150.00m 左岸、右岸井壁中点处，分别约为 3.2MPa、2.41MPa，均超出混凝土的抗拉强度，存在开裂风险。

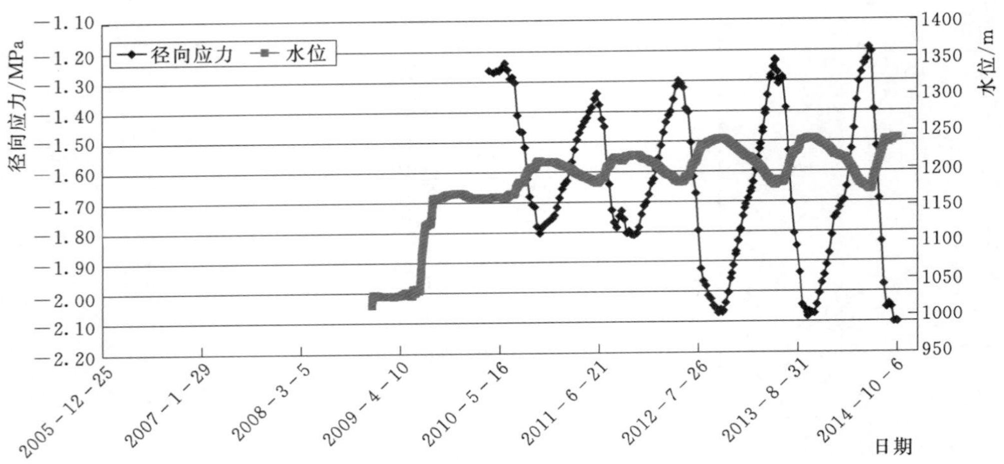

图 10.4-132 18号坝段高程1060m楼梯井左岸井壁中点顺河向应力时程曲线

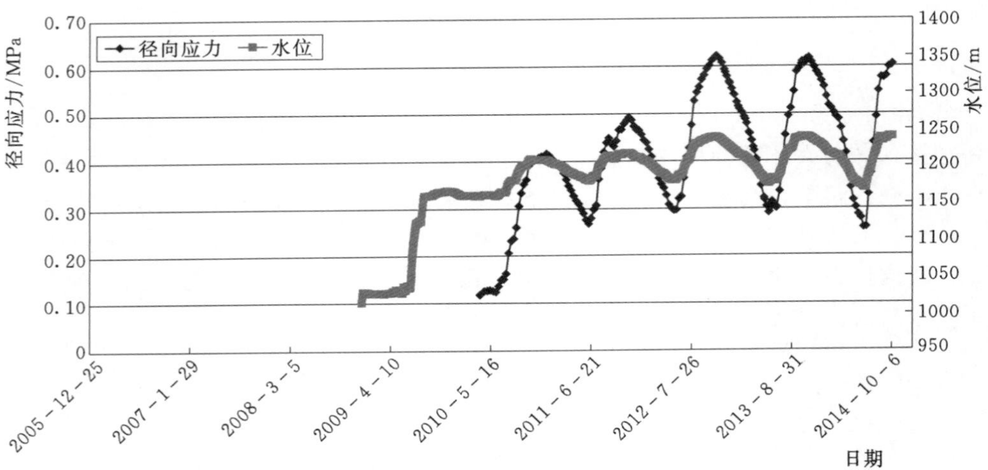

图 10.4-133 18号坝段高程1100m楼梯井左岸井壁中点顺河向应力时程曲线

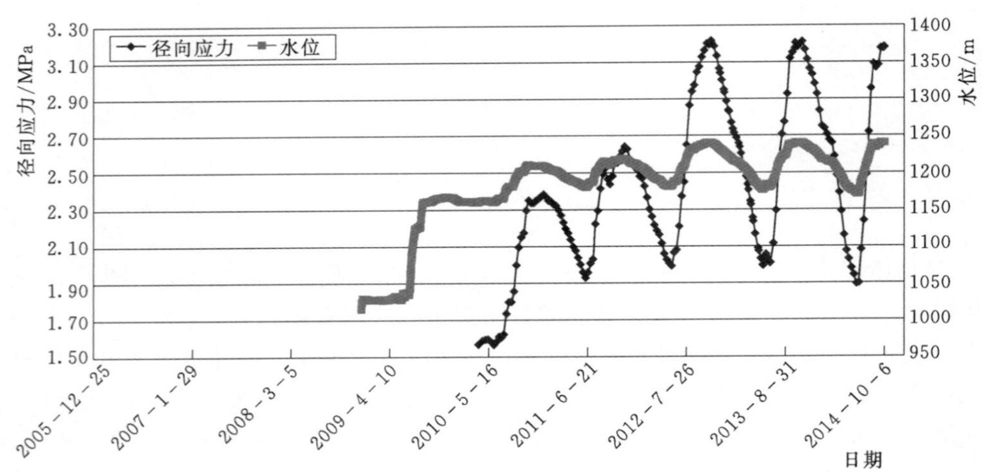

图 10.4-134 18号坝段高程1150m楼梯井左岸井壁中点顺河向应力时程曲线

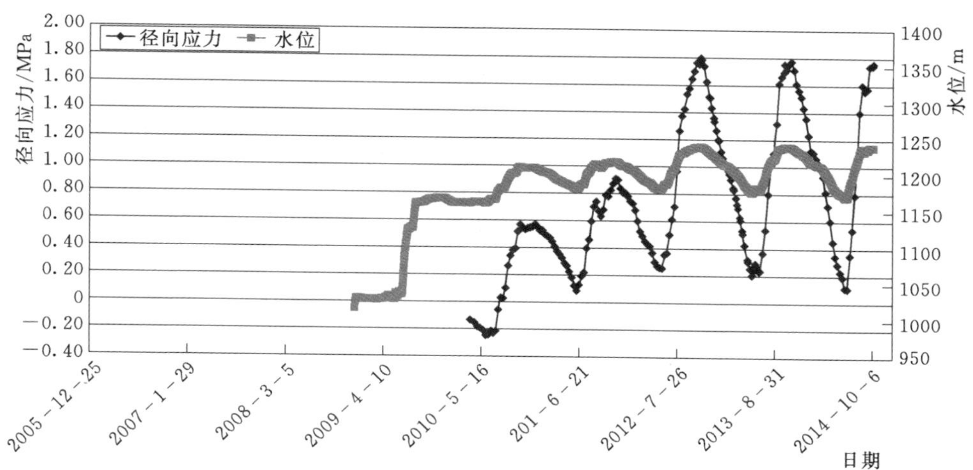

图 10.4-135　18 号坝段高程 1190m 楼梯井左岸井壁中点顺河向应力时程曲线

10.5　坝体混凝土温度裂缝

引起拱坝混凝土开裂，其内因是温度变化，外因是结构约束。根据国际大坝委员会(ICOLD) 1988 年统计，243 座毁灭性破坏的混凝土坝，有 30 座主要由温度应力引起。混凝土温控防裂的理论框架，在 20 世纪 50 年代已基本形成。改革开放后，中国一批大中型水利电力工程相继上马，大体积混凝土施工的温控技术逐步得到提高。由于每座高混凝土坝均具有自身独特的技术难点，一些工程在施工过程中还是出现了不同程度、不同类型的裂缝。这些问题表明，混凝土大坝的开裂机理还远没有被彻底掌握，混凝土材料的某些热学和力学特性尚未被完全认知，有待于进一步深入研究与探索。

目前国内外拱坝混凝土温控设计中，力学参数一般是基于湿筛混凝土室内试验数据，我国现行拱坝设计规范建议以此对应的抗裂安全系数采用 1.3～1.8。全级配混凝土试验所揭示的力学特性与湿筛混凝土存在差异（详见第 3 章），但由于试件大，测试较困难，目前尚未建立完整的体系标准。目前国内普遍采用的混凝土绝热温升试验设备无法准确跟踪混凝土发热过程，绝热温升根据前 28d 室内试验数据拟合得到。徐变参数也是在标准试验条件下获得的。传统的、规范建议的施工期温度应力计算方法是采用影响线法，或用有限元法进行浇筑块的应力计算，基本沿用的是混凝土重力坝计算方法。

混凝土拱坝的温控措施主要包括优选混凝土原材料和配合比、预冷混凝土、控制拌和楼出机口温度和入仓温度、控制浇筑块最高温升、实施混凝土表面保护及养护等。控制浇筑块最高温升一般采用通水冷却方式，我国现行拱坝规范关于通水冷却，仅规定通水冷却时坝体降温速度不宜大于 1℃/d，混凝土与冷却水之间温差不宜超过 20～25℃，对控制一期冷却后的温度回升以及二期冷却时沿高程方向的同冷范围及冷却梯度没有明确规定。国内外已建的大多数拱坝均采用通仓浇筑，一般进行一期冷却和二期冷却，中期冷却通常只在入冬或蓄水前为减小冷击而进行。

小湾拱坝混凝土工程量大（851 万 m^3）、强度等级高（$C_{180}40W_{90}14F_{90}250$）、最大浇筑块长近 100m，混凝土材料及温控问题突出，难度大。在前期勘测设计阶段以及开工建设后，基于传统方法的分析计算成果及现行规程规范，并借鉴国内已建拱坝经验，制定了相关控措施（详见第 7 章）。当大坝浇筑至中下部高程时相继发现温度裂缝，逐渐查明裂缝在水平面上基本沿坝轴线方向展布，部分贯穿多个坝段，在铅直方向上接近于垂直分布，连通性较强，部分贯穿多个横缝灌区，见图 10.5－1。

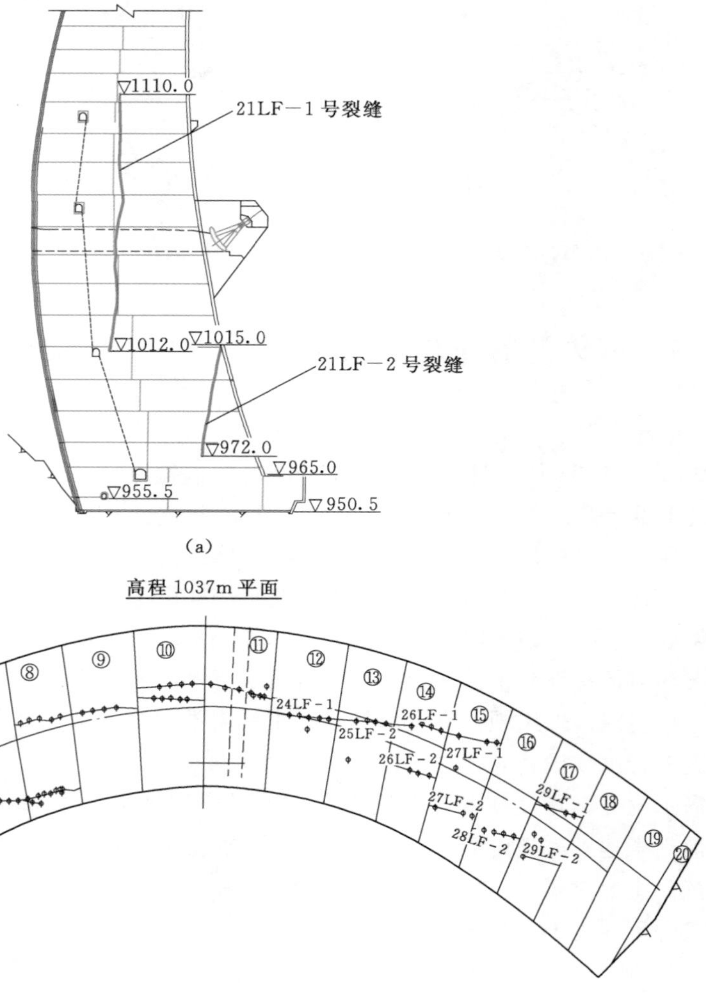

(a)

高程 1037m 平面

(b)

图 10.5－1　典型温度裂缝分布示意图

按照以往拱坝建设经验，出现此类裂缝的几率应该很小。为此，突破传统和现行规范，运用“数值小湾”全过程写实仿真混凝土浇筑及冷却过程，分析计算大坝温度场和应力场的时空分布，结合对混凝土材料时空特性的研究，探讨裂缝的成因机制，并以此提出对温控措施的调整。

10.5.1 裂缝产生及发展时段

10.5.1.1 混凝土温度与温控措施

自 2005 年 12 月开始至 2008 年 3 月，拱坝共浇筑混凝土约 440.5 万 m^3，浇筑坝段有 8～36 号共 29 个坝段，最高浇筑至高程 1134.00m，平均浇筑至高程 1118.00m，最大浇筑高度 183.5m。2007 年 11 月至 2008 年 4 月，在坝体高程 1000.00～1095.00m 范围内相继发现裂缝。

根据现场检测资料，混凝土出机口混凝土温度控制较好，绝大部分仓次机口温度合格率都是 100%，绝大多数仓次的浇筑温度合格率都在 95%以上，混凝土内部最高温度出现的时间一般在浇筑后第 3～7d，监测到的混凝土最高温度一般在 22～29℃，满足设计要求。22 号坝段不同高程典型温度计测温过程线见图 10.5-2。

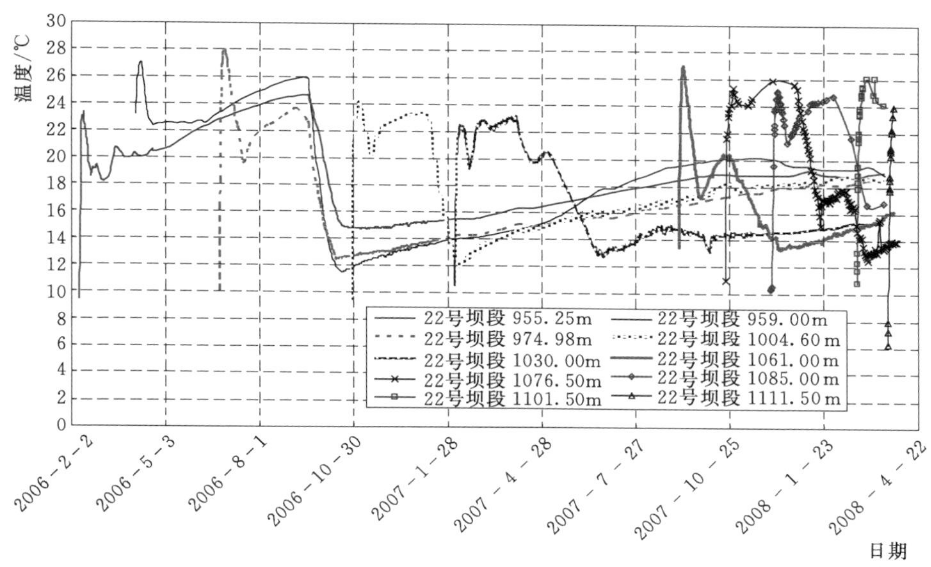

图 10.5-2　22 号坝段典型高程温度计测温过程线

混凝土一期冷却通水天数 15～25d 不等，平均 18d，进水水温在 6.9～9.9℃之间，通水流量在 1.3～1.4m^3/h 之间，一冷结束后的混凝土平均温度约束区一般为 18～20℃，非约束区一般为 20～24℃。

从图 10.5-2 可知，混凝土在一冷结束后温度普遍存在较大温度回升，根据温度监测资料统计，最大回升值约 9.20℃，平均值 4.23℃，多数在 3～5℃之间。

截至 2007 年 12 月，大坝共完成了 8 个批次的二期冷却，冷却范围为 1071.50m 高程以下坝体。根据施工资料统计的二期通水冷却情况见图 10.5-2，22 号坝段二期冷却具体实施情况见表 10.5-1。

高程 1001.00m 以下混凝土共进行了两个批次二期冷却。左、右岸大坝第一批二期冷却于 2006 年 9 月 15 日同时开始，冷却范围为 18～26 号坝段，左岸冷却顶高程为 989.00m，最大冷却高度 38.5m；右岸冷却顶高程为 985.00m，最大冷却高度 34.5m。左、右岸大坝

表 10.5-1　　22号坝段二期冷却具体情况

批次	冷却分区	高程/m	封拱温度分区	开冷时混凝土龄期/d	开始日期	结束日期	平均进口温度/℃	平均出口温度/℃	流量/(m³/h)	闷温结果/℃
第1批	拟灌区	950.5～977	22-1-Ⅰ 22-2-Ⅰ	83～240	2006-9-15	2006-10-18	7.2	12.3	1.3	11.7
			22-1-Ⅱ 22-2-Ⅱ	83～240	2006-9-15	2006-10-11				13.6
			22-1-Ⅲ 22-2-Ⅲ	83～240	2006-9-15	2006-9-30				14.8
		950.5～967.5	22-1-Ⅳ	111～240	2006-9-15	2006-9-30				15.2
	盖重区	977～985	22-3-Ⅰ	39～65	2006-9-15	2006-10-18	7.2	12.3	1.2	11.8
			22-3-Ⅱ	39～65	2006-9-15	2006-10-11				13.6
			22-3-Ⅲ	39～65	2006-9-15	2006-9-30				15.1
第2批	拟灌区	985～989	22-3-Ⅰ	25～39	2006-10-25	2006-12-5	7.2	12.3	1.2	11.6
			22-3-Ⅱ	25～39	2006-10-31	2006-11-30				13.4
			22-3-Ⅲ	25～39	2006-11-16	2006-11-30				14.9
	盖重区	989～1001	22-4-Ⅰ	23～59	2006-10-25	2006-12-5	7.3	12.1	1.6	11.7
			22-4-Ⅱ	23～65	2006-10-31	2006-11-30			1.2	12.6
			22-4-Ⅲ	32～81	2006-11-16	2006-11-30			1.5	15.4
第3批	拟灌区在第2批二冷时已冷却至设计封拱温度（高程989～1001m）									
	盖重区	1001～1013.5	22-5-Ⅰ	51～78	2007-1-9	2007-2-8	7.2	11.8	0.67	11.2
			22-5-Ⅱ	51～78	2007-1-9	2007-2-5			0.81	13.5
			22-5-Ⅲ	62～91	2007-1-22	2007-2-5			0.95	15.8
第4批	拟灌区在第3批二冷时已冷却至设计封拱温度（高程1001～1013.5m）									
	盖重区	1013.5～1025.5	22-6-Ⅰ	49～86	2007-2-23	2007-3-27	7.7	11.9	0.68	11.4
			22-6-Ⅱ	54～91	2007-2-28	2007-3-27			0.80	13.4
			22-6-Ⅲ	64～101	2007-3-10	2007-3-27			0.97	16.2
第5批	拟灌区在第4批二冷时已冷却至设计封拱温度（高程1013.5～1025.5m）									
	盖重区	1025.5～1031.5	22-7-Ⅰ	43～71	2007-4-1	2007-7-13	7.8	11.8	0.69	11.5
			22-7-Ⅱ	48～77	2007-4-6	2007-7-13			0.82	13.6
			22-7-Ⅲ	58～87	2007-4-16	2007-7-13			0.86	14.4
第6批	拟灌区	1031.5～1037.5	22-7-Ⅰ	135～162	2007-7-28	2007-9-3	7.8	11.8	0.70	11.6
			22-7-Ⅱ	140～167	2007-8-2	2007-9-3			0.81	13.5
			22-7-Ⅲ	150～177	2007-8-12	2007-9-3			0.88	14.6
	盖重区	1037.5～1043.5	22-8-Ⅰ	111～135	2007-7-28	2007-9-3	7.6	11.6	0.70	11.6
			22-8-Ⅱ	116～140	2007-8-2	2007-9-3			0.75	12.5
			22-8-Ⅲ	126～150	2007-8-12	2007-9-3			0.80	13.4
	过渡区	1043.5～1048.5	22-8-Ⅰ	61～85	2007-7-28	2007-8-12	8.8	15.7	0.00	
			22-8-Ⅱ	66～90	2007-8-2	2007-8-12			0.00	
			22-8-Ⅲ						0.00	

续表

批次	冷却分区	高程/m	封拱温度分区	开冷时混凝土龄期/d	开始日期	结束日期	平均进口温度/℃	平均出口温度/℃	流量/(m^3/h)	闷温结果/℃
第7批	拟灌区	1043.5～1048.5	22-8-Ⅰ	111～135	2007-9-16	2007-10-15	7.4	10.8	0.69	11.5
			22-8-Ⅱ	116～140	2007-9-21	2007-10-15			0.75	12.5
			22-8-Ⅲ	126～150	2007-10-1	2007-10-15			0.81	13.5
	盖重区	1048.5～1054.5	22-9-Ⅰ	65～109	2007-9-16	2007-10-15	7.5	10.6	0.68	11.4
			22-9-Ⅱ	70～114	2007-9-21	2007-10-15			0.70	11.6
			22-9-Ⅲ	80～124	2007-10-1	2007-10-15			0.75	12.5
第7批	过渡区	1054.5～1059.25	22-9-Ⅰ	混凝土龄期不满足要求，未冷却						
			22-9-Ⅱ							
			22-9-Ⅲ							
第8批	拟灌区	1054.5～1059.25	22-9-Ⅰ	69～101	2007-11-2	2007-12-5	7.7	10.2	0.70	11.6
			22-9-Ⅱ	75～107	2007-11-8	2007-12-5			0.69	11.5
			22-9-Ⅲ	85～117	2007-11-18	2007-12-5			0.75	12.5
	盖重区	1059.25～1065.5	22-10-Ⅰ	60～69	2007-11-2	2007-12-5	7.7	10.2	0.69	11.5
			22-10-Ⅱ	66～76	2007-11-8	2007-12-5			0.76	12.6
			22-10-Ⅲ	76～86	2007-11-18	2007-12-5			0.82	13.6
	过渡区	1065.5～1071.5	22-10-Ⅰ	混凝土龄期不满足要求，未冷却						
			22-10-Ⅱ							
			22-10-Ⅲ							

第二批二期冷却分别于2006年10月25日和2006年10月29日开始，冷却范围为17～28号坝段，左、右岸冷却顶高程均为高程1001.00m。

左、右岸大坝第一批二期冷却沿上下游方向划分的3个封拱温度分区均同步开始冷却；左岸第2批冷却沿上下游方向划分的3个封拱温度分区均同步开始冷却，但右岸大坝第2批冷却（即高程985.00～1001.00m）沿上下游方向划分的3个封拱温度分区不同步，从上游到下游相邻分区开始二冷的间隔时间分别为6d和16d。

总体来说，高程1001.00m以下左、右岸混凝土二期冷却基本同步开始，且同时冷却的混凝土高度范围相对较大。除右岸大坝第2批二冷（高程985.00～1001.00m）外，沿上下游方向划分的封拱温度分区均同步开始冷却。

高程1001.00～1071.50m混凝土共进行了第3～第8批共6个批次二期冷却。各批次分别同时进行冷却的混凝土高度范围一般都为10～12m，左、右岸坝段都出现最小冷却层高度只有6m的情况，且沿上下游方向划分的不同封拱温度分区冷却开始时间不同步较多，相邻分区开始二冷的间隔时间一般为5～15d，最长达30余天，左、右岸坝段同高程混凝土开始冷却的时间也不同步，最长间隔时间达50余天。

第9批二期冷却分别于2007年12月27日和2007年12月25日开始通水，均于2008

年1月18日暂停，2008年2月10日恢复通水，分别于2008年2月29日和2008年3月2日结束，冷却范围分别为24～33号坝段、高程1059.25～1089.50m和11～23号坝段、高程1065.50～1089.50m。2008年5月15日，拱坝11～32号横缝接缝灌浆至高程1071.50m。2008年5月17—20日闷温检查时发现高程1071.50～1089.50m范围内混凝土温度已有较大的回升，因此，在第十批二冷时对此部分混凝土再次进行冷却以达到封拱灌浆温度要求。虽然1071.50m是实施调整后二期冷却方案的起始高程，但高程1071.50～1089.50m范围内混凝土二期冷却处于技术要求调整阶段，过程较其他部位复杂，经历了通水→停水→温度回升→又通水→再回升→再通水的过程。

温度场仿真分析结果见图10.5-3～图10.5-5，由此看出，在产生裂缝时段，温度场在时空上急剧变化。

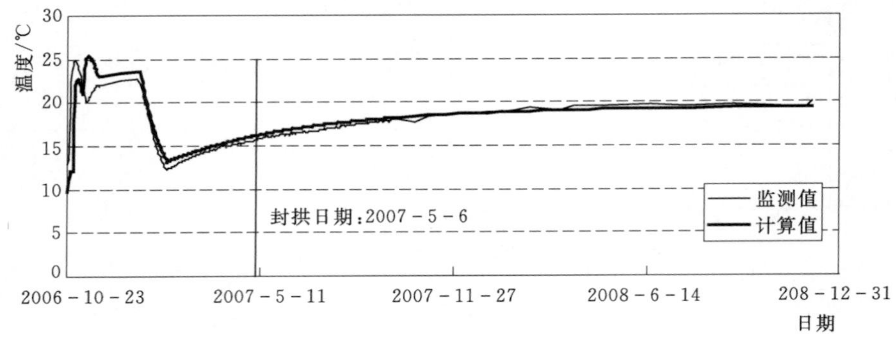

图10.5-3 典型温度历程曲线（高程1010m）

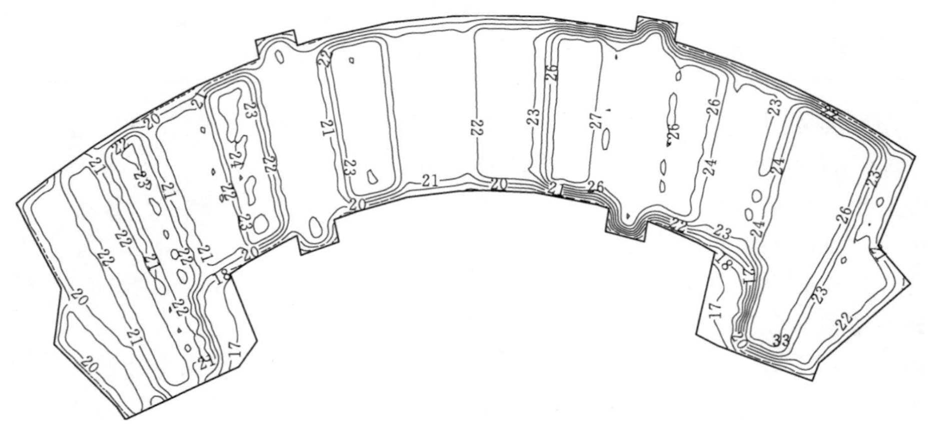

图10.5-4 高程1010m平切面温度等值线图（二冷开始时刻）

坝体高程1071.50m以下二期冷却期间降温幅度较大，最大降温幅度达14℃左右；二期冷却结束后温度回升幅度也较大，一般在6℃左右，最大回升达8℃。在高程1001.00～1065.50m范围内，混凝土实际同时二期冷却的高度大多在10～12m，最小只有6m，在高程方向未形成相对均匀过渡的温度梯度，二期冷却结束时二冷区与上部新浇混凝土区之间存在较大的温度梯度，温差约6～10℃。

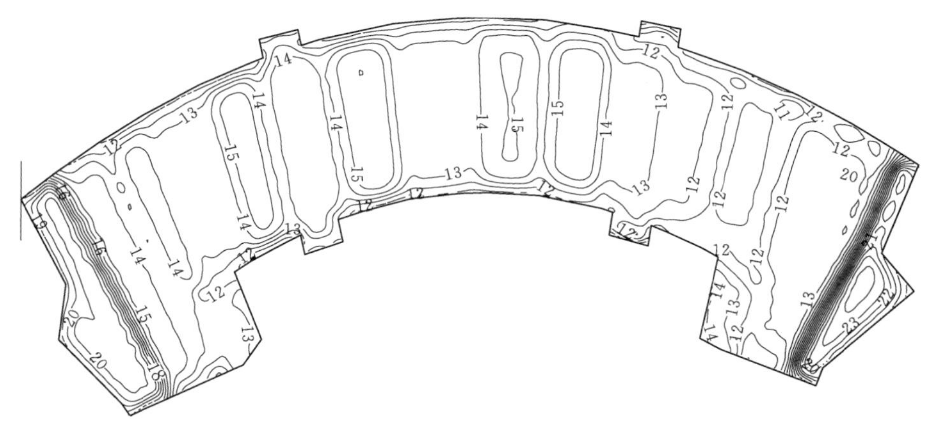

图 10.5-5 高程 1010m 平切面温度等值线图（二冷结束时刻）

根据上述分析，此阶段二期冷却实施过程中存在如下问题：①一期冷却以后混凝土内部温度回升较大，二期冷却降温幅度偏大；②同时冷却的混凝土高度范围太小且未在高程方向上形成相对均匀的温度梯度；③同坝段沿上下游方向划分的不同封拱温度分区混凝土及左右岸大坝混凝土二期冷却不同步。

总之，实施的初期温控措施（A 版）在针对性及合理性方面存在不足，导致这一时段坝体温度场在时空上急剧变化，是产生裂缝的内因。

10.5.1.2 坝体应力状态与裂缝

在裂缝产生及发展时段，坝体应力状态见图 10.5-6。

针对上下游面、三分点、坝体中部的特征点处，对裂缝部位的径向主拉应力值进行统计归纳，拟定导致混凝土可能开裂的拉应力值分别为 1.2MPa、1.4MPa、1.6MPa。统计结果表明，吻合率分别为 69%、74%和 74%。再考虑徐变取修正值，可以推断，坝体混凝土实际应在 1.4～1.6MPa 拉应力条件下开裂。

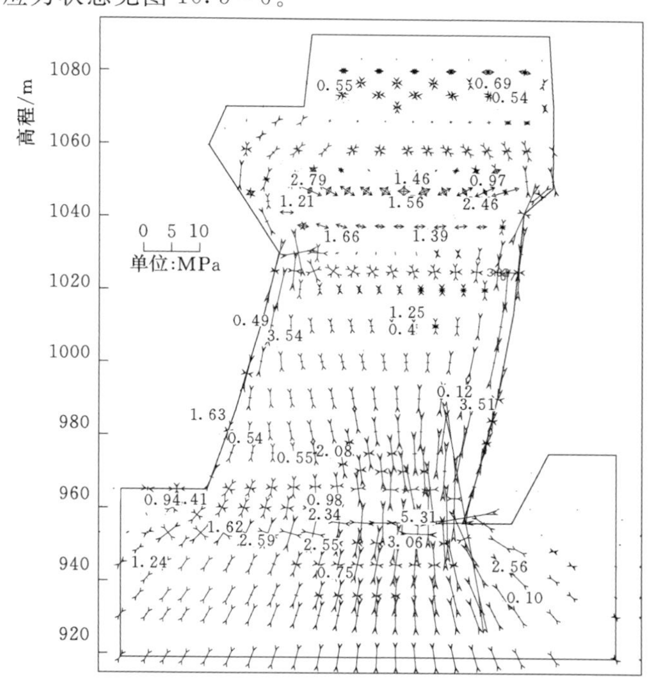

图 10.5-6 典型剖面应力矢量图

从图 10.5-7 典型坝段的裂缝位置与坝体中心线处沿高程方向的第一主应力包络线可以看出，当拉应力首次约达于 1.4MPa 时，裂缝便开始产生。从纵向上看，裂缝沿高程向拉应力分布较大的部位发展；从横向上看，见图 10.5-8，裂缝基本为近平行拱圈方向分布，且具有一定连通性，沿拱圈厚度方向在中部区域较为集中，以高程 1050.00m 附近应力沿拱圈方向的分布情况看，各坝段的拉应力水平均较高，仅 21 号、23 号坝段拉应力相对较小，约 0.5MPa，其余坝段均接近或超过 1MPa，最大达到约 2.2MPa。

裂缝首先在应力较大的部位产生，混凝土一旦开裂，受其特性、温度变化及坝体结构等诸多内外因素的影响，在发展趋势范围内只要存在一定的拉应力环境（比起裂时的拉应力小），裂缝便会继续延伸或扩展。从图 10.5-7 和图 10.5-8 中可以看出，裂缝一直延伸至拉应力小于 1.0MPa 的区域。

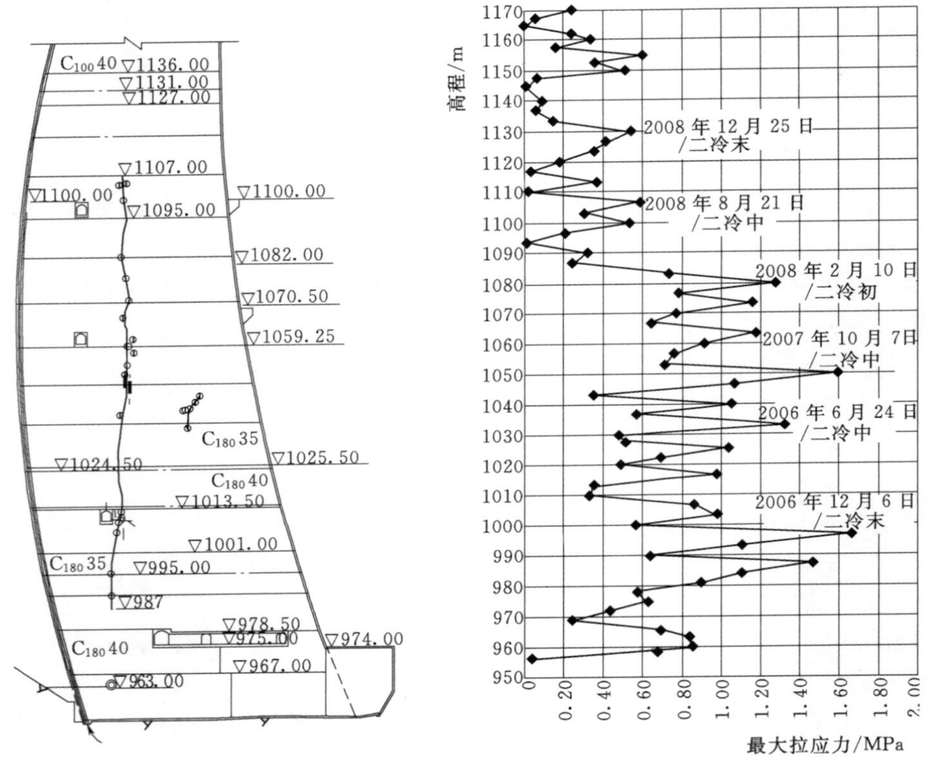

图 10.5-7 裂缝位置与坝段中心线处第一主应力包络线沿高程分布对比图

10.5.1.3 混凝土抗裂安全度

裂缝位于坝体中下部高程混凝土 $C_{180}35$ 区和 $C_{180}40$ 区，出现裂缝时混凝土裂缝位于坝体中下部高程混凝土 $C_{180}35$ 区和 $C_{180}40$ 区，出现裂缝时混凝土的龄期大约为 100～350d，截至 2008 年 12 月的现场实测湿筛混凝土抗拉强度统计值见表 10.5-2，$C_{180}35$ 混凝土 180d 龄期劈拉强度和轴拉强度分别为 3.07MPa 和 3.43MPa，$C_{180}40$ 混凝土 180d 龄期劈拉强度和轴拉强度分别为 3.32MPa 和 3.67MPa，劈拉强度总体低于轴拉强度。

现行拱坝规范对施工期混凝土温度应力是按极限拉伸值与弹性模量的乘积并考虑安全系数后进行控制的。混凝土极限拉伸值的标准值和混凝土弹性模量标准值较难取得（尤其是原型或全级配），此值若选取湿筛混凝土室内试验成果，通常情况，两者的乘积大于混

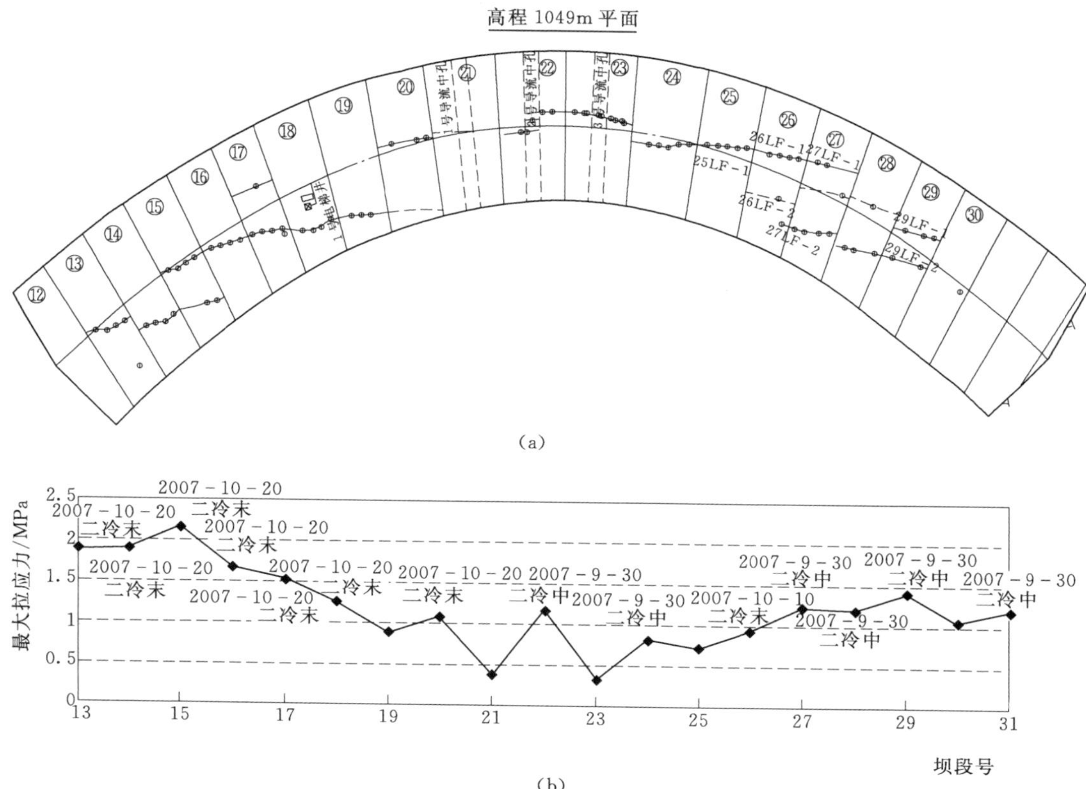

图 10.5-8　裂缝沿横河向的分布与各坝段最大应力对比图

凝土抗拉强度，因此采用现场机口混凝土取样实测劈拉强度统计值作为混凝土抗拉强度计算安全系数。

表 10.5-2　　机口取样混凝土抗拉强度统计结果（截至 2008 年 12 月）

混凝土	$C_{180}40$					$C_{180}35$				
	7d	28d	90d	180d	365d	7d	28d	90d	180d	365d
劈拉强度/MPa	2.18	2.34	3.02	3.32	3.63	2.06	2.13		3.07	3.17
轴拉强度/MPa		2.48	2.99	3.67	4.38		2.33	2.97	3.43	4.18

取典型坝段应力较大部位的仿真计算应力结果，计算抗拉安全系数见表 10.5-3，15 号、19 号、22 号、25 号、29 号 5 个典型坝段最小抗裂安全系数为 1.51～1.78，规范允许值为 1.3～1.8，满足规范要求。以此推论，此阶段坝体不应出现裂缝。而且，若按规范中的单坝段计算方法，得出的拉应力水平比仿真计算值要小，安全系数更大，22 号坝段单坝段计算的最大应力及安全系数列于表 10.5-4，单坝段计算得 22 号坝段最小安全系数为 1.82。即原设计的混凝土抗裂安全系数被放大了。

混凝土施工期温度应力的大小受徐变参数的影响较大，而徐变参数一般是根据规范要求在标准试验条件下获得的。但实际上混凝土徐变特性不仅受水泥、掺合料、骨料、外加

剂等的影响，还与混凝土的受力情况、水化过程、试件尺寸、养护条件等有密切关系。据小湾工程实际施工情况，施工期混凝土自重产生的压应力小于同龄期室内试验施加极限抗压强度30%左右的恒定压应力，可见施工期大坝混凝土抗压徐变度小于室内试验徐变度。同时，相关试验表明，在水灰比相同、原材料性质相同的情况下，单位应力的徐变与灰浆率成正比，即全级配混凝土的徐变值比室内标准条件下湿筛混凝土的徐变值要小。

表10.5-3　典型坝段应力较大部位按湿筛混凝土抗拉强度计算的抗裂安全系数

坝段	高程/m	混凝土分区	最大应力值/MPa	最大应力出现时混凝土龄期/d	抗拉强度/MPa	安全系数
15号	1003	$C_{180}40$	1.78	98	3.05	1.71
	1070	$C_{180}35$	1.50	231	3.10	2.07
19号	977	$C_{180}40$	1.98	175	3.30	1.67
	1062	$C_{180}35$	1.7	224	3.09	1.82
	1077	$C_{180}40$	2.4	394	3.63	1.51
22号	993	$C_{180}35$	1.19	100	2.58	2.17
	1034	$C_{180}35$	1.42	215	3.09	2.18
	1057	$C_{180}40$	2.1	573	3.63	1.73
25号	988	$C_{180}40$	1.54	149	3.22	2.09
	998	$C_{180}35$	1.62	168	3.00	1.85
	1032	$C_{180}40$	1.56	141	3.19	2.04
	1050	$C_{180}35$	1.72	182	3.07	1.78
29号	1008	$C_{180}40$	2.15	224	3.39	1.58
	1060	$C_{180}35$	1.66	208	3.08	1.86

表10.5-4　22号坝段单坝段计算应力较大部位按湿筛混凝土抗拉强度计算的抗裂安全系数

高程/m	混凝土分区	最大应力值/MPa	最大应力出现时混凝土龄期/d	抗拉强度/MPa	安全系数
993	$C_{180}35$	0.99	110	2.64	2.67
1034	$C_{180}35$	1.24	200	3.08	2.48
1057	$C_{180}40$	2.0	560	3.63	1.82

因此，综合考虑以上因素，对徐变度按照标准条件试验值的50%进行修正。采用修正值计算的各坝段拉应力均有所增加，最大拉应力增加0.2～0.3MPa，约增加15%。相应的5个典型坝段抗裂安全系数见表10.5-5，各典型坝段最小抗裂安全系数为1.32～1.55，已接近规范规定1.3～1.8的下限值。

表10.5-5　典型坝段应力较大部位按湿筛混凝土抗拉强度计算的抗裂安全系数（徐变取修正值）

坝段	高程/m	混凝土分区	最大应力值/MPa	最大应力出现时混凝土龄期/d	抗拉强度/MPa	安全系数
15号	1003	$C_{180}40$	2.05	98	3.05	1.49
	1070	$C_{180}35$	1.73	231	3.10	1.79

续表

坝段	高程/m	混凝土分区	最大应力值/MPa	最大应力出现时混凝土龄期/d	抗拉强度/MPa	安全系数
19号	977	$C_{180}40$	2.28	175	3.30	1.45
	1062	$C_{180}35$	1.96	224	3.09	1.58
	1077	$C_{180}40$	2.76	394	3.63	1.32
22号	993	$C_{180}35$	1.37	100	2.58	1.88
	1034	$C_{180}35$	1.63	215	3.09	1.90
	1057	$C_{180}40$	2.42	573	3.63	1.5
25号	988	$C_{180}40$	1.77	149	3.22	1.82
	998	$C_{180}35$	1.86	168	3.00	1.61
	1032	$C_{180}40$	1.79	141	3.19	1.78
	1050	$C_{180}35$	1.98	182	3.07	1.55
29号	1008	$C_{180}40$	2.47	224	3.39	1.37
	1060	$C_{180}35$	1.91	208	3.08	1.61

根据全级配混凝土性能试验研究成果（详见第 3 章），全级配混凝土的劈拉强度和轴拉强度均明显低于湿筛混凝土，按照全级配与湿筛混凝土 180d 劈拉强度比为 0.85 进行换算，见表 10.5-6，典型坝段最小抗裂安全系数减小至 1.28～1.51；如按照最不利的全

表 10.5-6 典型坝段应力较大部位按全级配混凝土抗拉强度计算的抗裂安全系数

坝段	高程/m	徐变取标准试验值		徐变取修正值	
		按照全级配与湿筛混凝土劈拉强度比为 0.85 计算的抗裂安全系数	按照全级配与湿筛混凝土轴拉强度比为 0.55 计算的抗裂安全系数	按照全级配与湿筛混凝土劈拉强度比为 0.85 计算的抗裂安全系数	按照全级配与湿筛混凝土轴拉强度比为 0.55 计算的抗裂安全系数
15号	1003	1.45	0.94	1.27	0.82
	1070	1.76	1.14	1.52	0.98
19号	977	1.42	0.92	1.23	0.80
	1062	1.55	1.00	1.34	0.87
	1077	1.28	0.83	1.12	0.73
22号	993	1.84	1.19	1.60	1.03
	1034	1.85	1.20	1.62	1.05
	1057	1.47	0.95	1.28	0.83
25号	988	1.78	1.15	1.55	1.00
	998	1.57	1.02	1.37	0.89
	1032	1.73	1.12	1.51	0.98
	1050	1.51	0.98	1.32	0.85
29号	1008	1.34	0.87	1.16	0.75
	1060	1.58	1.02	1.37	0.89

级配与湿筛混凝土 180d 抗拉强度比为 0.55 进行换算，典型坝段最小抗裂安全系数减小至 0.83～0.98，均小于 1。再考虑徐变修正值后，相应最小抗裂安全系数仅分别为 1.12～1.32 和 0.73～0.85。

与标准条件按现行规范计算的安全系数相比较，考虑蓄水前施工情况对徐变进行修正后，计算所得安全系数降低约 15%；按照全级配与湿筛混凝土劈拉强度比为 0.85 和全级配与湿筛混凝土轴拉强度比为 0.55 计算时，计算所得安全系数降低明显；考虑徐变修正并取全级配与湿筛混凝土轴拉强度比为 0.55 条件下，最小安全系数仅为 0.73，较设计取值 1.8 差 1.1 左右，安全系数平均减小了约 52%，混凝土的实际抗裂安全系数要低得多。

总之，混凝土的实际抗裂安全度严重偏低，甚至可以说并无安全度可言，混凝土开裂势在必行。

10.5.1.4 裂缝成因机制

（1）温度场在时空上急剧变化。一期冷却结束至二期冷却开始之间的温度回升大、二期冷却降温幅度及降温速率较大；在高程方向未形成相对均匀过渡的温度梯度，二期冷却结束时冷却区与上部尚未冷却区之间的温差较大；左右岸大坝二期冷却不同步，在二期冷却过程中左右岸坝段分界处均存在温差；在沿上、下游方向划分的不同封拱温度区，二期冷却开始时间不同步，冷却过程中在上、下游方向存在温差。

（2）二期冷却区混凝土层高较薄，处于上部尚未进行二期冷却的混凝土和下部已经接缝灌浆形成整体结构的较大约束之中。

（3）混凝土实际抗拉强度偏低。

总之，温度场在时空上急剧变化以及二期冷却区混凝土层高较薄，处于上部尚未进行二期冷却混凝土和下部已经接缝灌浆形成整体结构的较大约束之中，导致在二期冷却过程中或结束时，在二期冷却区中上部产生了较大的拉应力，而混凝土的实际抗拉强度偏低。因此，产生了基本沿拱轴向规律性较强、在纵向上延伸较长的温度裂缝。

10.5.2 控制裂缝时段

10.5.2.1 混凝土温度与温控措施

基于裂缝成因，及时对温控措施作了针对性调整，主要是增加了中期冷却，采用多次小温差二期冷却方式，严格控制一期冷却闷温结束至二期冷却开始时的温度回升；增加冷却分区高度，并设置二期冷却过渡区，严格控制二冷期间沿高程方向的冷却梯度等（详见第 7 章）。二期冷却分批循环示意见图 10.5－9。

在温控措施调整的过渡高程内，二期冷却总降温幅度在 10℃左右，由于采取了分步二冷，温度随时间的降低梯度较平缓；二期冷却结束时，盖重区与过渡区及过渡区与上部未二冷区间的温差约 6～8℃，见图 10.5－10～图 10.5－13，高程方向温度的分布梯度也较平缓。总体上，温度场在时空上的变化逐渐趋于平缓，较之前有明显改善。

10.5.2.2 坝体应力状态与裂缝

在温控措施调整阶段，最大主拉应力分别降至 1.1MPa（徐变试验值）、1.4MPa（徐

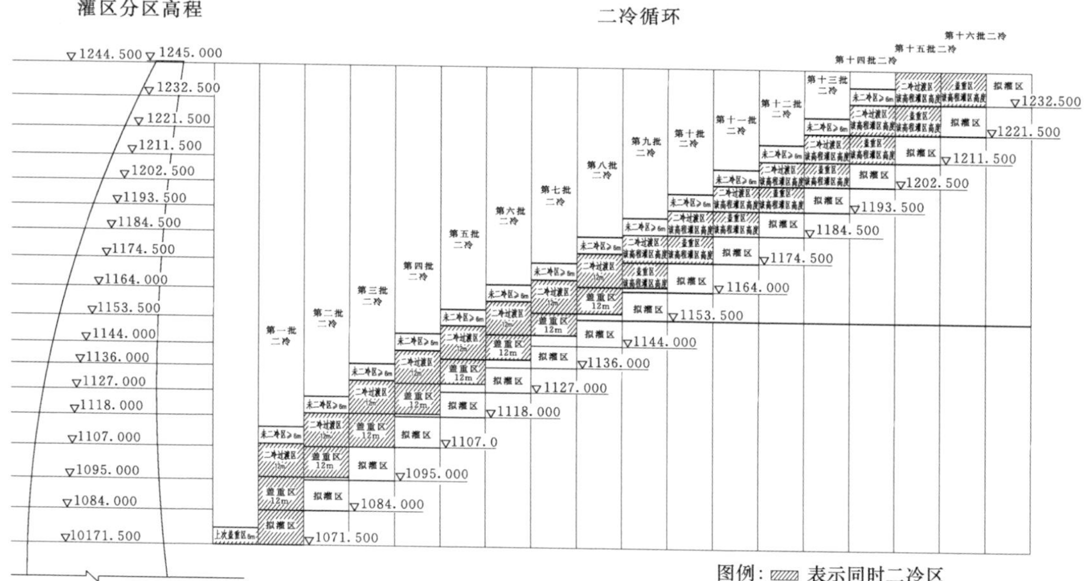

图 10.5-9 二期冷却分批循环示意图

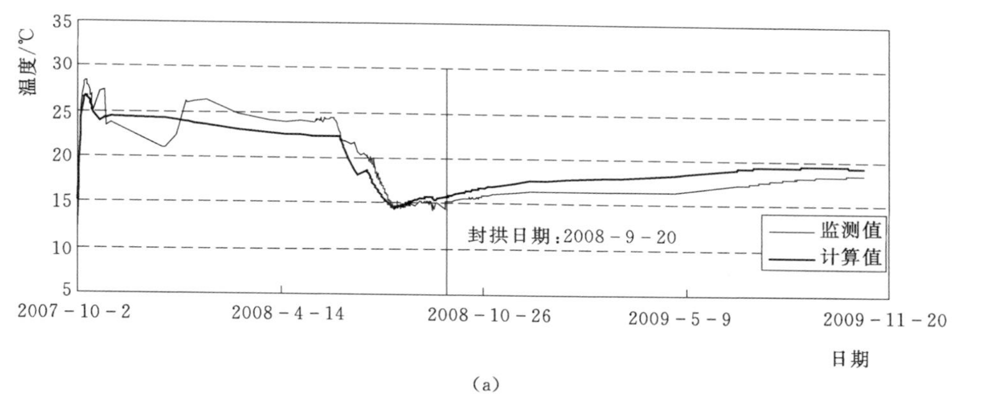

(a)

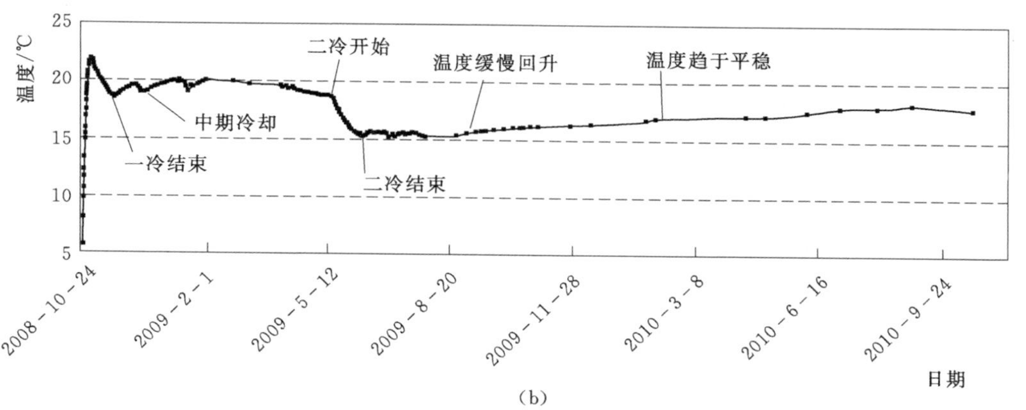

(b)

图 10.5-10 特征点温度历程曲线（高程 1090m）

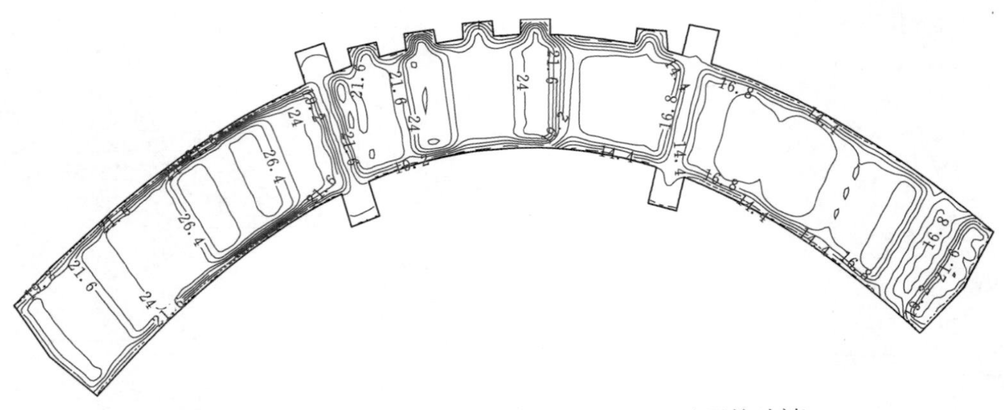

图 10.5-11 1090m 平切面温度等值线图（二冷开始时刻）

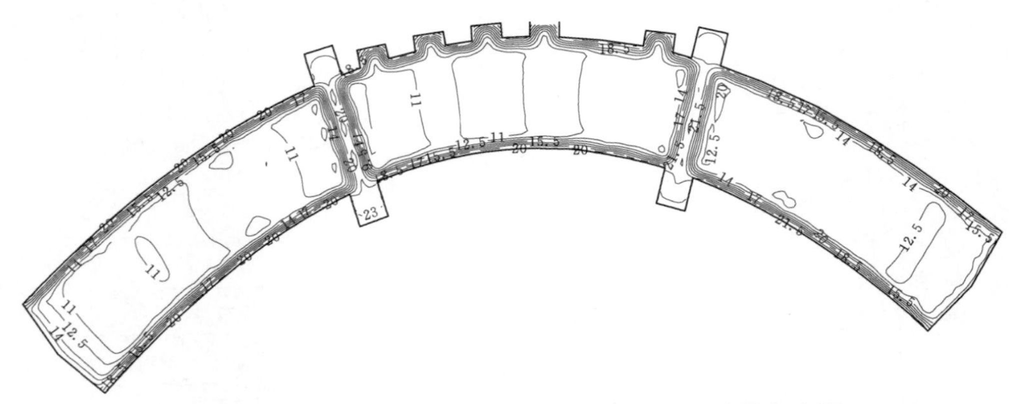

图 10.5-12 高程 1090m 平切面温度等值线图（二冷结束时刻）

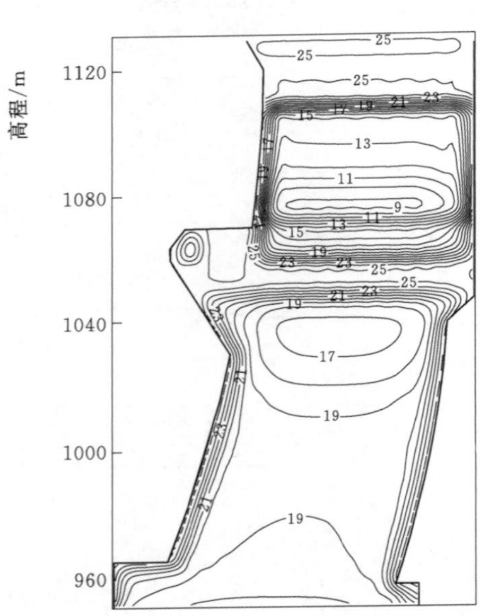

图 10.5-13 典型剖面二冷结束后温度场（2008 年 7 月 31 日高程 1071.5～1084m）

变修正值），但仍存在约 1.0MPa 的拉应力环境（图 10.5-14），已有的裂缝继续在这些部位延伸，见图 10.5-8 中高程 1080.00～1110.00m 的裂缝，在个别坝段仍出现了新的裂缝。

10.5.3 裂缝受控时段

10.5.3.1 混凝土温度与温控措施

严格按照调整后的温控措施实施后，二冷温度降幅在 7℃以内，见图 10.5-15。二期冷却结束时，盖重区与过渡区及过渡区与上部未二冷区间的温差约 5℃，见图 10.5-16 和图 10.5-17。相关温度指标得到有效控制，温度场在时空上平稳过渡。

10.5.3.2 坝体应力状态与裂缝

严格按照调整后的温控措施实施后，应力沿横河向的分布见图 10.5-18。最大主拉应力分别

降至 0.95MPa（徐变试验值）、1.1MPa（徐变修正值），多数部位为 0.5～0.8MPa，拉应力水平得到有效控制，见图 10.5－7 中高程 1110.00m 以上的应力包络线。

埋设于高程 1110.00m 的无应力计换算得到的实测应力，基本已小于 1.0MPa，接近为零，仿真计算值与监测值接近（图 10.5－19），大量的钻孔监测资料表明未再发现新的裂缝。一方面说明温控措施调整的合理性和有效性，坝体的拉应力水平已降至不足以导致裂缝产生的程度；另一方面说明仿真计算确实揭示了坝体应力的实际时空性态。

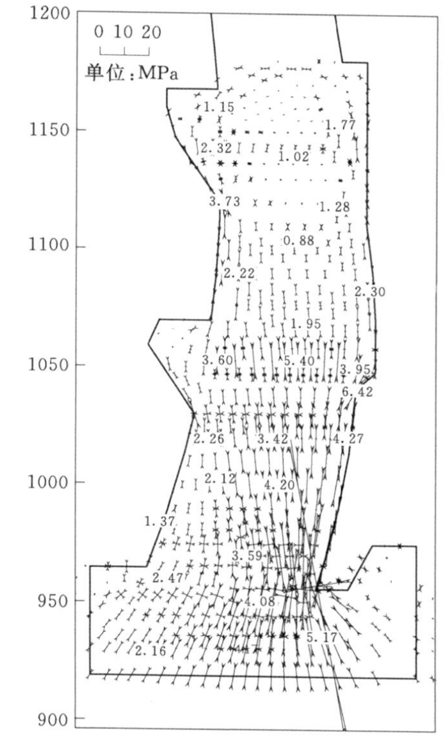

图 10.5－14　典型剖面应力矢量图

10.5.4　裂缝影响及稳定性评价

10.5.4.1　裂缝分布及处理

自发现裂缝后，采用钻孔方式，经过初查、详查和补充检查 3 个阶段，检查孔总深逾 70000m，查清了裂缝的空间分布状况，见图 10.5－1。从拱圈平切面看，裂缝基本沿轴线方向分布，且不连通，在横缝处错开。左右岸各有一条呈贯通趋势近横河走向的裂缝；从纵向看，裂缝主要分布在高程 1100.00m 以下的 B 区（$C_{180}35$）混凝土范围，裂缝高度大多为 20～50m。裂缝宽度不大于 1mm 约占 13.3%，宽度在 1～2mm 范围内约占 56.1%，宽度在 2～3mm 范围内约占 27.6%，宽度不小于 3mm 约占 3.1%，裂缝平均宽度约 1.7mm。裂缝底缘未延伸至基础，也未延伸至坝踵诱导缝，且上端均止于铺设的限裂钢筋高程以下。

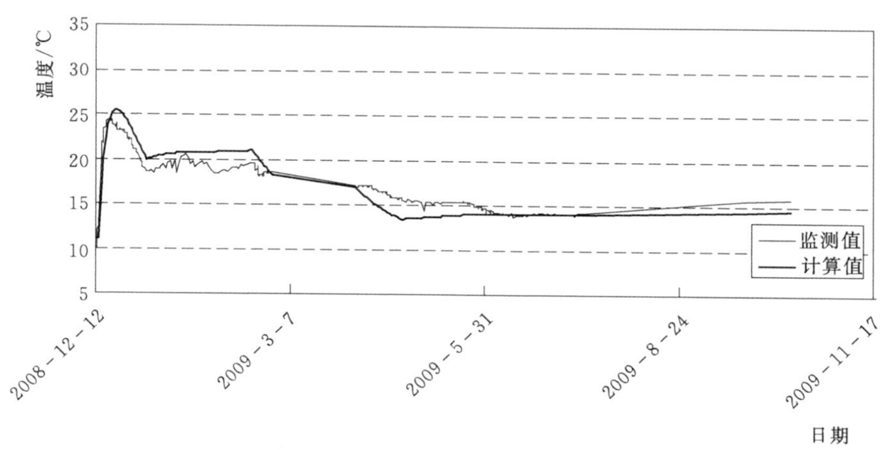

图 10.5－15　典型温度历程曲线（高程 1160m）

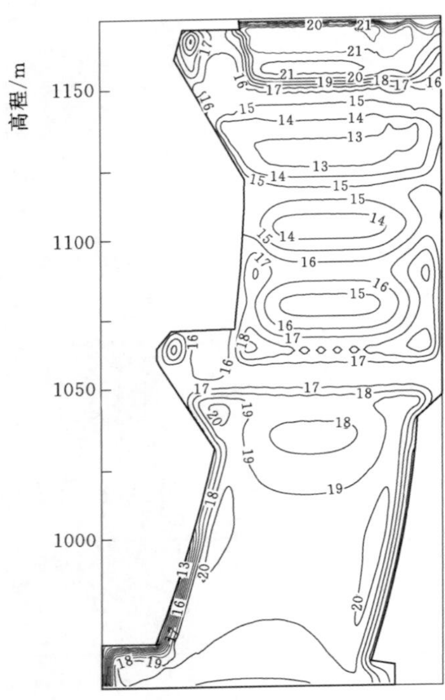

图 10.5-16 典型剖面温度等值线图
（高程 1151～1160m，二冷开始时刻）

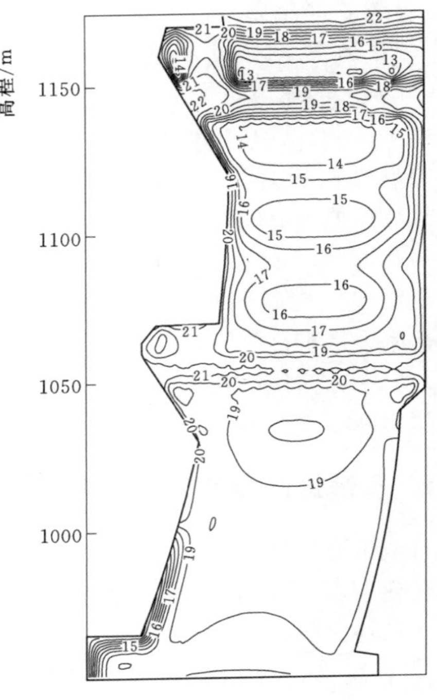

图 10.5-17 典型剖面温度等值线图
（高程 1151～1160m，二冷结束时刻）

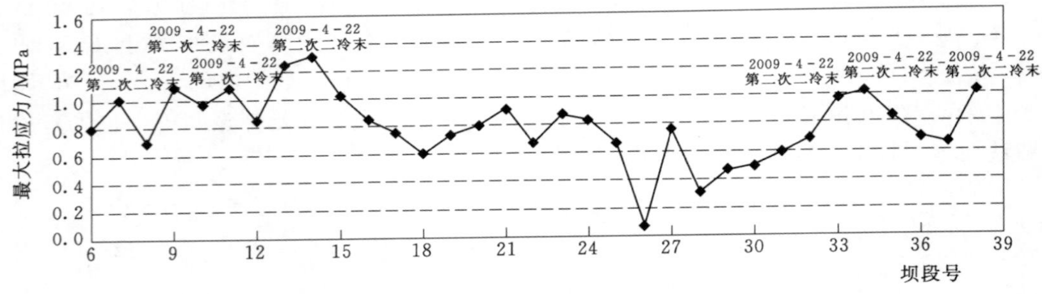

图 10.5-18 最大应力沿横河向的分布（高程 1150m）

由于裂缝贯穿深度较大，隐蔽性较强，难以通过在混凝土外露缝面或混凝土表面打设浅孔进行化学灌浆。因此，主要采用钻深孔打穿裂缝进行化学灌浆的处理方式。

根据裂缝的性状及分布特点，主要利用坝后马道、栈桥、排架及检查廊道打设化学灌浆孔，钻孔孔径介于 56～60mm 之间。两岸岸坡坝段主要利用下游坝面打设水平灌浆孔，河床坝段主要利用高程 1010.00m、1060.00m、1100.00m 三层检查廊道打设灌浆孔。灌浆孔穿过裂缝的间排距基本按 6.0m（高差）×4.0m（间距）控制，如裂缝压水检查串通性差可进行加密。灌浆孔分为先导孔和后续灌浆孔，所有孔均做孔内数字成像测试和压水试验，并根据先导孔物探及压水检查资料揭示的裂缝分布情况，再明确后续灌浆孔钻孔参数。

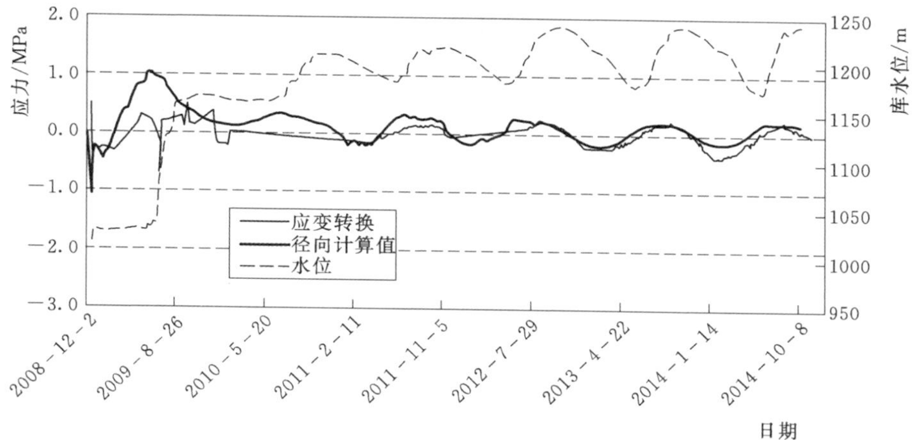

图 10.5-19 典型应力历程曲线

化学灌浆采用环氧树脂浆液。通过现场生产性试验和招标选用深圳市帕斯卡系统建材有限公司 PSI-500 灌浆材料和中国科学院广州化学研究所的 YDS 灌浆材料。

化灌主要施工工艺要求如下：

(1) 鉴于裂缝范围较大，为保证灌浆质量，对裂缝分灌区进行灌浆。灌区水平方向一般按单个坝段划分；高程方向根据裂缝深度及灌浆孔布置综合考虑划分，若裂缝高度大于 30m，灌区高差范围一般按 30～50m 控制。

(2) 灌区裂缝下缘应基本查明后才能进行化学灌浆，总体按从裂缝底部自下而上的灌浆原则。灌浆一般采用孔口封闭灌浆法，灌浆孔设置一根进浆管和一根回浆管。

(3) 采用小流量、低压慢灌的原则进行灌浆。化学灌浆进浆压力 0.5～0.8MPa，回浆压力 0.3～0.6MPa。当浆液注入量小于 0.01L/min 后，保持设计压力再屏浆 120min 可以结束灌浆。

通过取芯检查及对取芯孔孔内数字成像检查成果表明（图 10.5-20），在有效的 173 个化学灌浆检查孔中，芯样裂缝充填率 93.7%，芯样裂缝充填良好率 89.4%，物探分析充填率 97.4%，物探分析充填良好率 93.1%，芯样黏结良好率 77.8%，透水率合格率 100%；能够做力学性能检测的芯样数为 41 个，检测成果说明化学灌浆材料对裂缝有一定

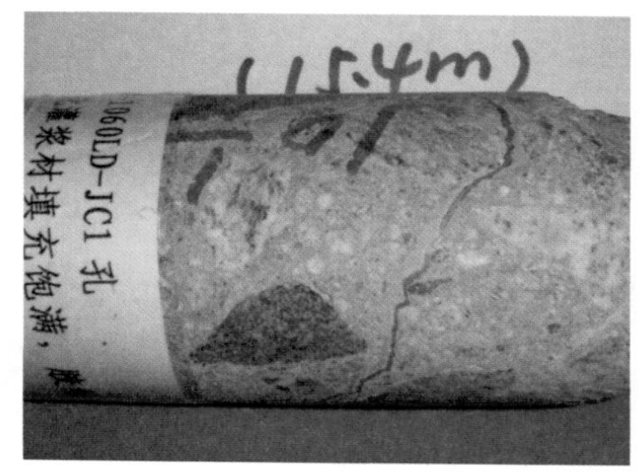

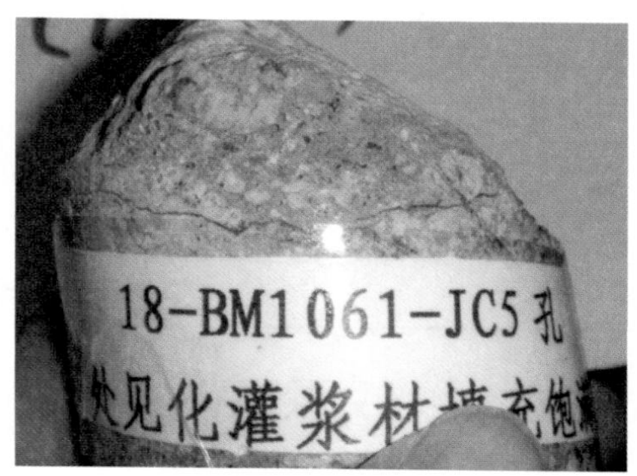

图 10.5-20 裂缝化灌检查孔芯样照片

的黏结强度。综合分析，裂缝内化学灌浆浆液充填较好，缝面黏接质量分批次逐步提高，除芯样黏接抗拉强度外，坝体内部温度裂缝化学灌浆施工质量总体满足设计要求。

裂缝的存在，在一定程度上削弱了大坝的整体刚度，影响坝体内部应力分布的连续性，易导致应力集中，分析评价裂缝对大坝工作性态的影响，为裂缝处理提供理论依据十分重要。

10.5.4.2 数值仿真计算

(1) 裂缝参数。

1) 不处理条件下的力学参数。在坝体廊道钻孔取芯109块，制样22组，进行室内大型直剪试验，主要成果见表10.5-7。

表10.5-7 抗剪强度试验成果表

峰值强度				残余强度			
平均值		小值平均值		平均值		小值平均值	
f'	c'/MPa	f'	c'/MPa	f	c/MPa	f	c/MPa
1.34	4.73	1.18	3.95	0.86	1.69	0.76	1.27

现场机口取样劈拉试件化灌模拟抗剪试验成果：残余强度小值平均为$f=0.94$、$c=0.39$MPa，峰值强度平均值为$f'=1.314$、$c'=4.02$MPa（小值平均$c'=2.74$MPa）。

裂缝主要系混凝土拉裂形成，未进行处理时，缝面受压后混凝土裂面本体直接接触。参考芯样本体及劈拉试件的试验成果，数值分析计算中对裂缝不处理情况下的强度参数偏保守取残余强度的小值平均值，$f=0.76$、$c=0.40$MPa。

2) 化学灌浆处理后的力学参数。裂缝经化学灌浆处理后，数值计算的基本强度参数为：$f'=1.12$、$c'=0.90$MPa。敏感分析强度参数取值，分别以不超出混凝土本体$f'=1.40$、$c'=1.60$MPa和裂缝不处理$f=0.76$、$c=0.40$MPa为上、下限，在85%充填率及填充材料40%黏结良好基本情况下，将充填率分别上下浮动5%和15%、填充材料黏结良好比例分别上下浮动10%和20%，对应换算相应的强度指标。

裂缝面化灌后基本值为$f'=1.12$、$c'=0.90$MPa，对应85%充填及其中40%黏结良好情况。往不利的方面估计，取$f'=1.05$、$c'=0.70$MPa，对应80%充填及其中30%黏结良好情况；最不利取$f'=0.92$、$c'=0.40$MPa，对应70%充填及其中20%黏结良好情况。往好的方面估计，往上取$f'=1.18$、$c'=1.20$MPa，对应90%充填及其中50%黏结良好情况；最好情况取$f'=1.31$、$c'=1.50$MPa，对应100%充填及其中60%黏结良好情况。

对所获取的5组（25块）直径约130mm芯样、化灌裂缝倾角稍缓的芯样进行剪切破坏试验，成果见表10.5-8。

表10.5-8 裂缝化灌芯样抗剪试验成果表

试验点数/点	峰值强度					
	大值平均值		小值平均值		平均值	
	f'	c'/MPa	f'	c'/MPa	f'	c'/MPa
25	1.273	4.017	1.065	2.375	1.103	3.231

裂缝化灌的实际施工检测成果表明，芯样黏结良好率为77.8%。按“77.8%×(芯样试验强度)+22.2%×(裂缝未处理强度)”加权折减处理，经计算得到试验折算强度为：f'=1.00MPa（峰值强度/小值平均），c'=1.94MPa（峰值强度/小值平均）。对比分析表明，裂缝处理后数值计算采用的基本强度f'值略高于试验折算值，但试验折算c'值远大于计算采用值；试验折算值包含在计算强度参数敏感性分析水平范围内，计算选用参数、敏感性分析范围基本合理。

（2）裂缝影响评价。为全面、客观评价裂缝对大坝变形及应力的影响，对比分析以下3种工况：①无裂缝；②裂缝不处理；③裂缝采用化学灌浆处理。3种工况中均将大坝浇筑及蓄水过程概化为6个计算步，其中裂缝在大坝浇筑至高程1160.00m时一次性植入，工况②中的裂缝取化学灌浆前的参数，工况③中的裂缝取化学灌浆后的参数。

表10.5-9列出了22号坝段上游面不同高程的特征点变形，表10.5-10和表10.5-11分别列出了典型高程坝踵第一主应力和坝趾第三主应力。图10.5-21和图10.5-22为典型坝段及典型高程平切应力矢量图，图10.5-23为各坝段典型裂缝屈服区分布的下游立视图。计算结果表明：

表10.5-9　　蓄水1240m时22号坝段变位成果表

高程/m	顺河向变位/mm			铅直向变位/mm			横河向变位/mm		
	有缝		无缝	有缝		无缝	有缝		无缝
	处理	未处理		处理	未处理		处理	未处理	
975	−18.33	−18.78	−18.15	−19.24	−18.82	−19.27	1.58	1.44	1.59
1010	−29.64	−31.36	−29.34	−20.10	−19.12	−19.93	3.01	3.10	3.05
1050	−49.88	−53.11	−50.57	−1.84	−1.83	−1.43	4.27	4.49	4.31
1090	−64.72	−67.45	−65.93	−4.85	−5.11	−4.58	5.34	5.38	5.42
1130	−101.2	−103.1	−101.4	12.22	12.08	12.27	7.73	7.65	7.77
1170	−133.2	−134.8	−133.2	24.89	24.82	24.89	10.30	10.17	10.30
1210	−131.8	−132.2	−131.8	18.70	18.72	18.70	9.40	9.38	9.40
1245	−119.3	−119.4	−119.3	15.71	15.71	15.71	8.64	8.63	8.64

注　顺河向位移以指向上游为正，横河向位移以指向左岸为正，铅直向位移以向上为正。

表10.5-10　　坝体浇筑1245m/蓄水1240m时坝踵等效应力成果表

高程/m	左岸应力/MPa			右岸应力/MPa		
	有缝		无缝	有缝		无缝
	处理	未处理		处理	未处理	
975	0.505	0.518	0.508	0.321	0.274	0.317
1020	0.483	0.372	0.464	0.033	−0.166	0.009
1050	−0.533	−0.586	−0.543	0.086	−0.028	0.071
1100	−0.364	−0.375	−0.366	0.421	0.407	0.420
1150	−0.092	−0.103	−0.092	0.498	0.478	0.498
1200	−0.392	−0.392	−0.392	0.084	0.079	0.084
1245	0.001	0.001	0.001	0.000	0.000	0.000

注　按照DL/T 5346—2006《混凝土拱坝设计规范》进行等效处理，应力均以拉为正。

表 10.5-11 坝体浇筑 1245m/蓄水 1240m 时坝趾等效应力成果表

高程/m	左岸应力/MPa			右岸应力/MPa		
	有缝		无缝	有缝		无缝
	处理	未处理		处理	未处理	
975	−5.258	−5.098	−5.227	−5.858	−5.962	−5.617
1020	−5.953	−5.872	−5.896	−6.164	−5.889	−6.132
1050	−5.092	−5.097	−5.074	−5.295	−5.270	−5.258
1100	−5.392	−5.420	−5.392	−4.917	−4.960	−4.917
1150	−3.828	−3.842	−3.828	−4.119	−4.147	−4.120
1200	−2.063	−2.067	−2.063	−3.218	−3.224	−3.218
1245	−0.532	−0.532	−0.531	−2.048	−2.051	−2.048

注 按照 DL/T 5346—2006《混凝土拱坝设计规范》进行等效处理，应力均以拉为正。

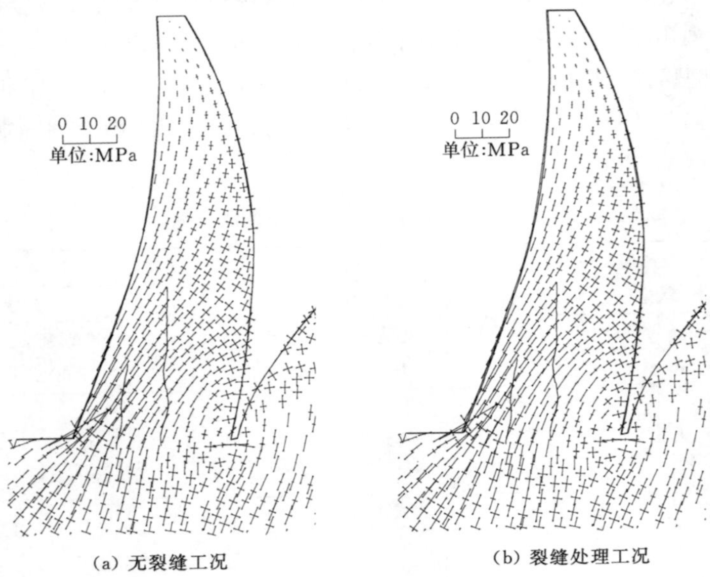

(a) 无裂缝工况　　(b) 裂缝处理工况

图 10.5-21 典型坝段径向剖面主应力矢量图

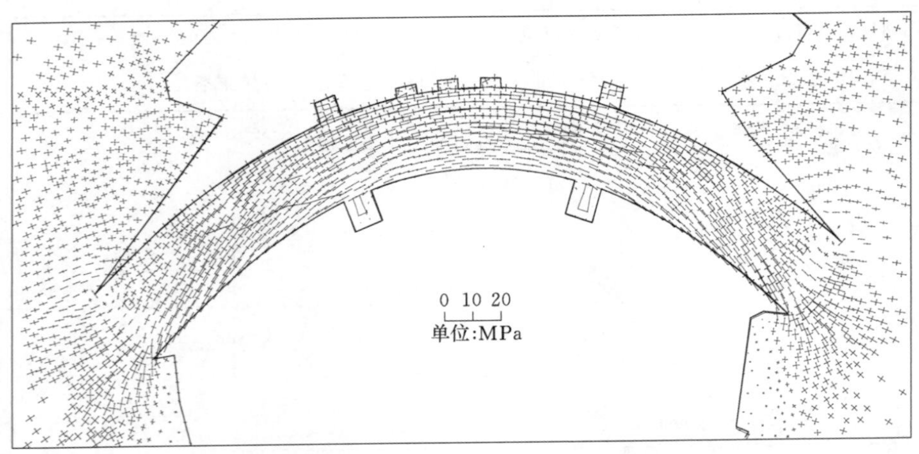

(a) 无裂缝工况

图 10.5-22（一） 典型高程平切面主应力矢量图

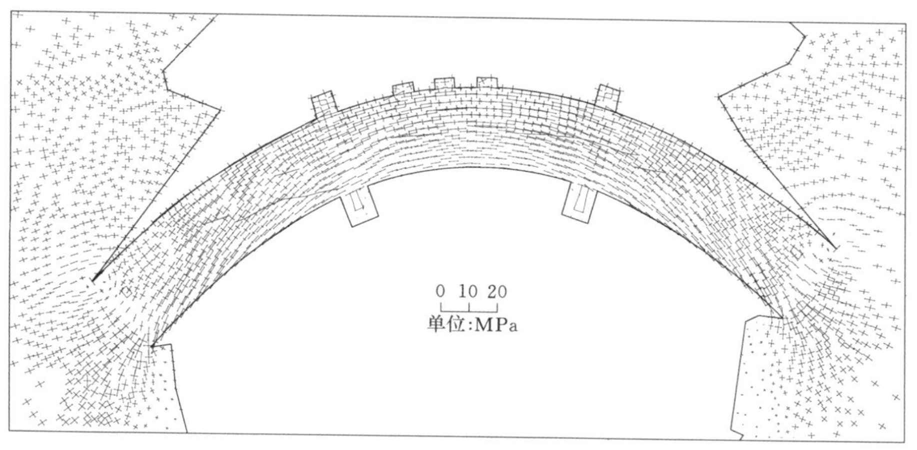

(b) 裂缝处理工况

图 10.5-22（二）　典型高程平切面主应力矢量图

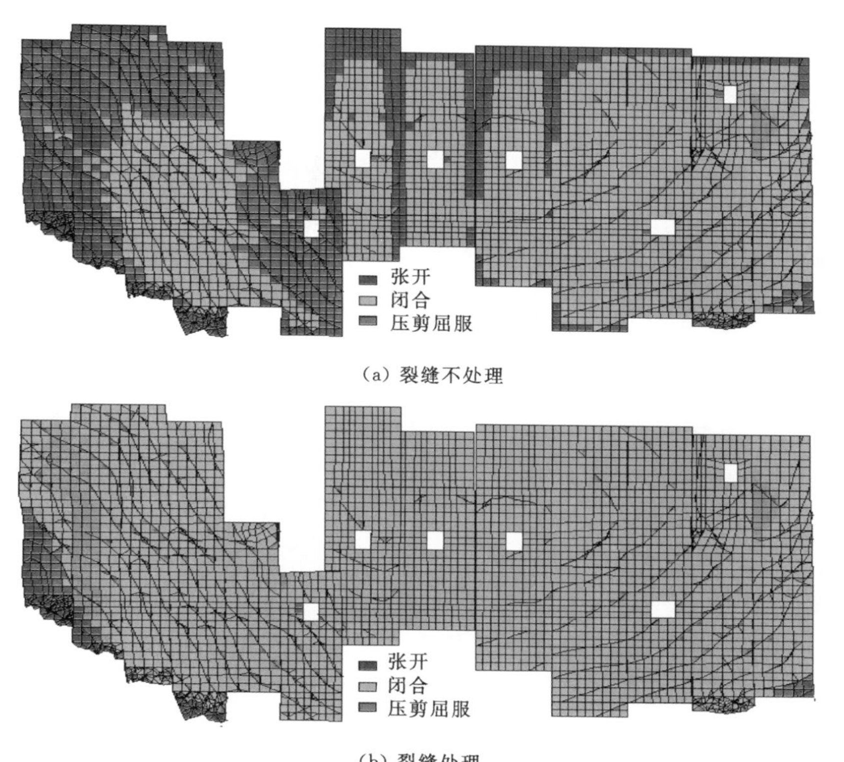

(a) 裂缝不处理

(b) 裂缝处理

图 10.5-23　典型裂缝面屈服区分布

1）3 种工况下的大坝整体变形规律一致；裂缝对坝体顺河向变位的最大影响约为5%，经过化学灌浆处理后，大坝的整体性得到恢复，蓄水引起的坝体变形与无裂缝时一致。

2）3 种工况下的大坝应力总体分布规律基本一致，但裂缝附近的局部应力变化明显，裂缝对各高程坝踵和坝趾等效应力的最大影响约为 4%。裂缝不处理时，裂缝底端附近坝体存在显著的应力集中现象，裂缝面不能或仅能部分传递近水平向压应力。经过化学灌浆处理后，裂缝底端附近坝体的应力集中程度明显降低，裂缝面附近坝体的近水平向压应力分布规律与无裂缝时非常接近。

3）裂缝不处理，蓄水后裂缝基本闭合，但部分裂缝压剪屈服。经过化学灌浆处理后，裂缝压剪屈服范围显著减小。

总之，裂缝对大坝变形及应力的影响为局部的，量级很小。经化学灌浆处理后大坝的整体性得到恢复，仅局部存在压剪屈服。

（3）裂缝稳定性评价。为了得到比较准确的应力场以评价裂缝稳定性，以前述工况③的有限元模型为基础，按照实际坝体浇筑、横缝灌浆、裂缝化学灌浆及水库蓄水过程，进行带缝拱坝施工期及运行期的全过程精细仿真，并同步进行典型坝段裂缝的子模型分析，见图 10.5-24。在坝体浇筑初期，以 1 个浇筑块作为 1 个计算步（2～3d/步）；水库开始蓄水后，以 1 天作为 1 个计算步。

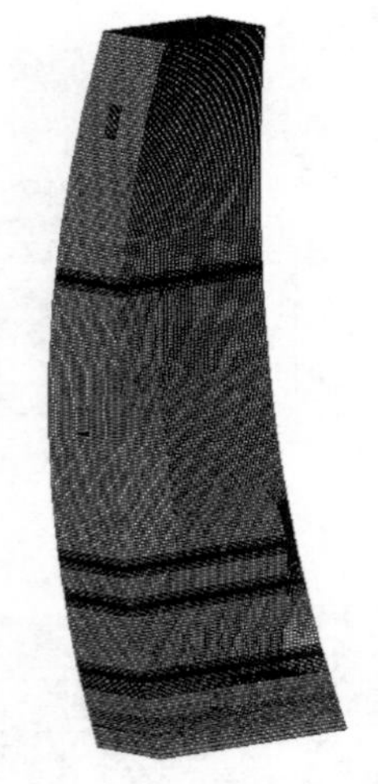
(a) 子模型网格

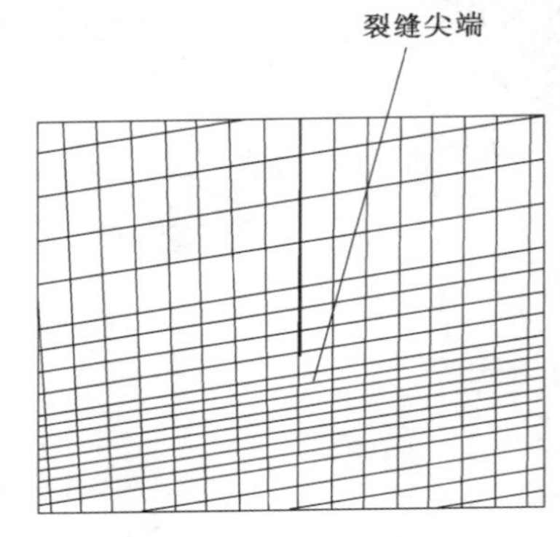

(b) 裂缝尖端局部网格

图 10.5-24 典型坝段子模型

图 10.5-25 为典型坝段裂缝下端径向应力过程线。二期冷却期间，径向拉应力迅速增加；随着二期冷却结束温度回升，拉应力减小，并逐渐转为压应力；随着上部高程坝体浇筑，径向压应力呈减小趋势；经化学灌浆处理后，尽管上部高程坝体仍继续浇筑，但水库已开始蓄水，径向压应力迅速增加；坝体浇筑结束后，随着水库继续蓄水，径向压应力持续增加，裂缝面处于压紧闭合状态。

图 10.5-26 为典型坝段裂缝开度时程曲线的计算与监测对比图。二期冷却期间，裂缝形成且开度迅速增加；随着二期冷却结束温度回升，裂缝开度逐渐减小；随着上部高程坝体浇筑，裂缝开度又开始逐渐增加；经化学灌浆处理后，尽管上部高程坝体仍继续浇

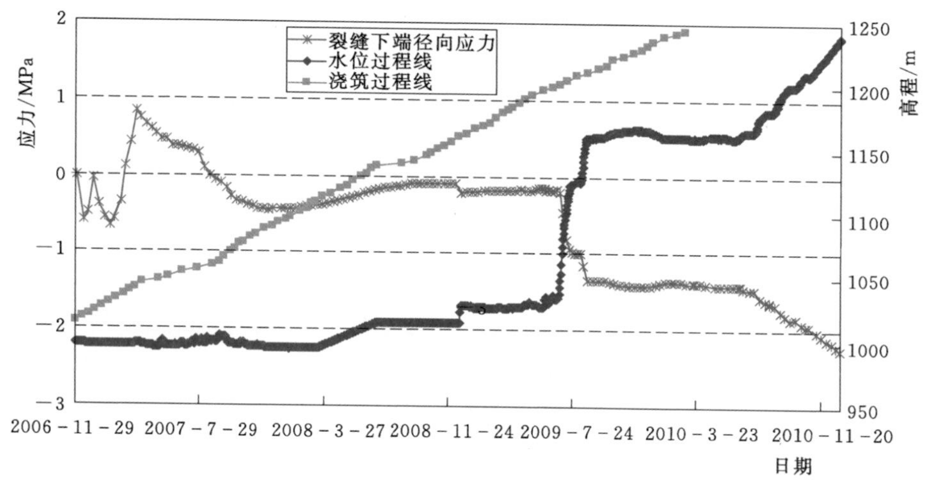

图 10.5-25 典型坝段裂缝下端径向应力过程线

筑，但水库已开始蓄水，裂缝开度基本保持不变。尽管测缝计安装较晚，但监测结果也显示，随着水库继续蓄水，裂缝开度呈减小趋势。

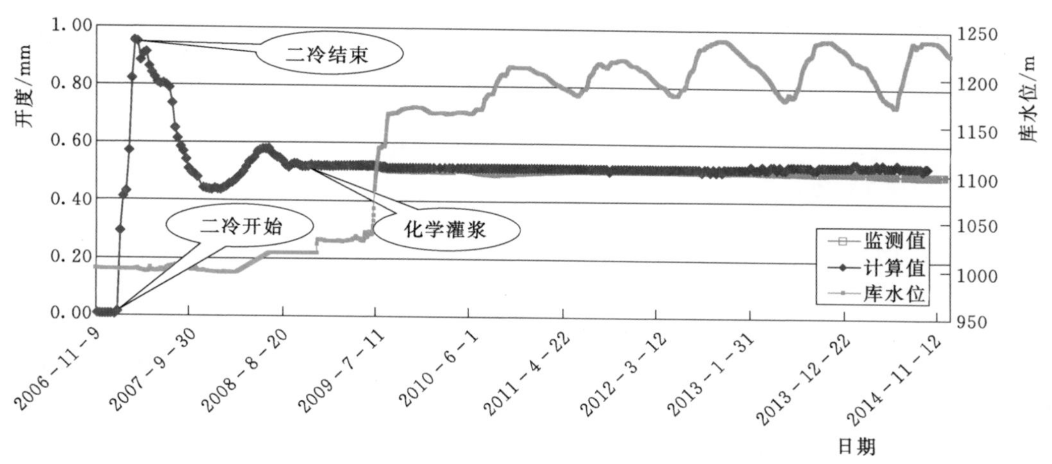

图 10.5-26 典型坝段裂缝开合度历时曲线

图 10.5-27 为典型坝段裂缝下端的应力强度因子［由式（10.5-1）计算］过程线。裂缝在二期冷却期间或结束时形成，随着二期冷却结束温度回升，Ⅰ型应力强度因子迅速减小，但Ⅱ型、Ⅲ型应力强度因子有所增加；随着上部高程坝体浇筑，Ⅰ型应力强度因子转而逐渐增加，而Ⅱ型、Ⅲ型应力强度因子则有所减小；化学灌浆处理后，应力强度因子基本不变；水库蓄水，应力强度因子有减小的趋势。

总之，随着水位的上升，裂缝逐渐压紧，下端应力强度因子也有减小趋势，裂缝整体处于稳定状态。

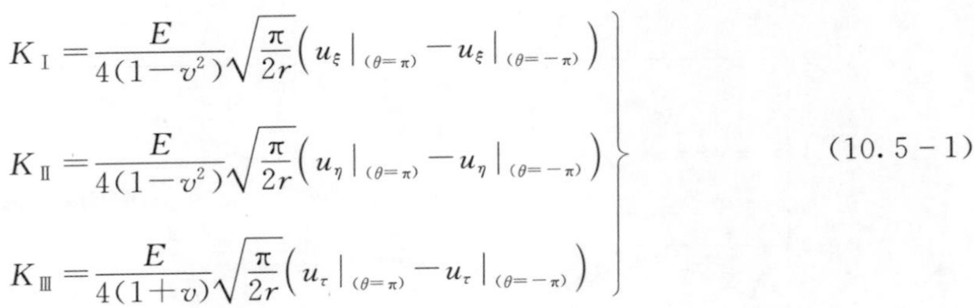

$$\left.\begin{aligned}K_{\mathrm{I}}&=\frac{E}{4(1-v^2)}\sqrt{\frac{\pi}{2r}}\left(u_{\xi}\big|_{(\theta=\pi)}-u_{\xi}\big|_{(\theta=-\pi)}\right)\\K_{\mathrm{II}}&=\frac{E}{4(1-v^2)}\sqrt{\frac{\pi}{2r}}\left(u_{\eta}\big|_{(\theta=\pi)}-u_{\eta}\big|_{(\theta=-\pi)}\right)\\K_{\mathrm{III}}&=\frac{E}{4(1+v)}\sqrt{\frac{\pi}{2r}}\left(u_{\tau}\big|_{(\theta=\pi)}-u_{\tau}\big|_{(\theta=-\pi)}\right)\end{aligned}\right\}\qquad(10.5-1)$$

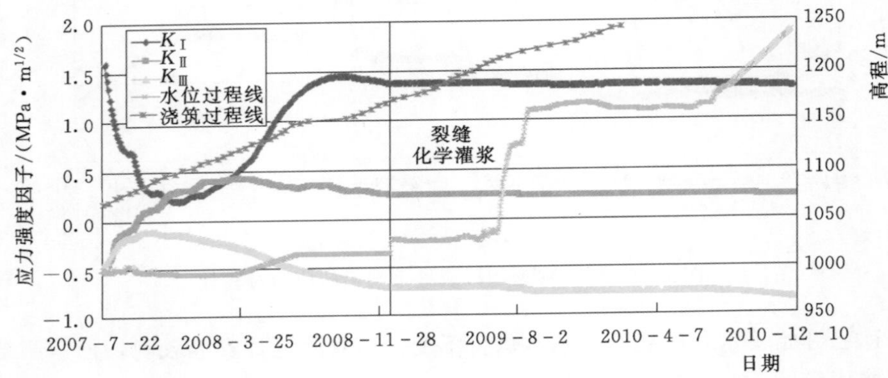

图 10.5-27　典型坝段裂缝下端应力强度因子过程线

综上所述，裂缝对大坝变形及应力的影响为局部的，量级很小。经化学灌浆处理后大坝的整体性得到恢复，仅局部存在压剪屈服。随着库水位的上升，裂缝面逐渐受压，整体处于压紧、闭合、稳定状态。

10.5.5　相关认识

(1) 传统的、规范规定的拱坝施工期温度应力计算方法，无法准确反映拱坝，尤其是特高拱坝的三维整体效应以及施工过程中应力状态的时空特性，计算出的拉应力偏小。

(2) 考虑到小湾拱坝的重要性，设计抗裂安全系数已取了高限 1.8，相关的温控技术要求依此而制定。但按全级配混凝土的抗拉强度换算，出现裂缝部位的最小抗裂安全系数已小于 1.0，若再考虑实际施工中的质量离散性、养护条件的差异等因素，混凝土的实际抗拉强度更低。因此，就特高拱坝而言，依据湿筛混凝土试验确定设计参数时，采用1.3～1.8 的抗裂安全系数偏低。

(3) 混凝土徐变特性不仅受原材料的影响，还与混凝土的受力状况、水化热过程、试件尺寸、养护条件等密切相关。计算采用的标准试验条件下的徐变值以及规范规定的徐变引起的应力松弛系数（近似取 0.5）与施工期实际情况存在差异，偏小。

(4) 小湾拱坝调整后的温控措施非常严格，其程度远超过以往任何工程，对施工要求很高、难度大，工期压力增大，在施工工艺上也突破了传统，相关工程造价随之增加。尽管成功控制住未再产生裂缝，但个别部位仍存在接近或大于 1.0MPa 的拉应力，这些部位最大浇筑块长约 50m，而出现裂缝部位最大浇筑块长达 70 余 m，且又靠近基础，若采取同样的温控措施，能否控制住不产生裂缝，尚值得探讨。若再从严控制，就目前施工手段

而言已较难实现了。

小湾拱坝裂缝成因机制的分析研究以及据此调整的温控措施，在传统的基础上有所创新和突破，成功控制住了坝体混凝土未再产生新的温度裂缝，使我国的高拱坝温控技术和仿真分析计算水平上了一个新的台阶。其经验及教训已成为水电工程界的宝贵财富，在建的特高拱坝相继及时调整了相关设计并付诸实施，收到良好效果，未再出现类似的温度裂缝。

10.6 坝体横缝灌浆

拱坝是按分坝段浇筑，通过接缝灌浆封拱，形成空间壳体的。灌浆效果关系到拱坝的整体性，至关重要，而横缝灌浆时机的选择、封拱温度和灌浆工艺是决定封拱效果及控制坝体封拱后的拉应力水平的关键。

10.6.1 横缝灌浆设计

拱坝于 2005 年 12 月 12 日开盘浇筑首仓混凝土，坝体共分 42 条接缝灌浆横缝。最高河床坝段水位横缝共有 27 层接缝灌浆区。在高程 1118.00m 以下每个灌区高度约为 11～12m，高程 1118.00～1232.00m 灌区高度约为 8～10m，高程 1232.00m 以上顶拱灌区高度为 12m。共有约 1792 个灌区，最大灌区面积 610m^2。总灌浆面积达 36.64 万 m^2。

高程 1136.00m 以下每层灌区分为上游和下游两个独立灌区，基础部位有贴角处贴角部分再单独设一个灌区。每个灌区各有一套独立的灌浆系统。高程 1136.00～1202.50m 每层为一个灌区，考虑到该部分罐区上下游方向长度较长，每个灌区设有两套灌浆系统。高程 1202.50m 以上每层亦为一个灌区，每个灌区仅设有一套灌浆系统。此外，对上游止水片间的区域也要求进行接缝灌浆。

大坝横缝灌浆系统采用预留水平进浆槽、回浆槽、升浆管和预埋连接在进浆槽上的进浆管、预埋连接在回浆槽上的排气回浆钢管组成。V 形水平进浆槽设在灌区底部，V 形水平回浆槽设在灌区顶部，分别连接进浆管和排气回浆管。采用“灌浆槽＋2m 间距升浆管”灌浆，即接缝灌浆采用线、面出浆方式，升浆管采用塑料拔管成孔。

接缝灌浆主要要求如下：

(1) 接缝灌浆采用 42.5 级中热硅酸盐水泥。

(2) 横缝开度大于 1.0mm 的横缝，直接采用 0.45：1 单一水灰比灌注，浆液加高效减水剂，浆液马什漏斗黏度控制在 40s 左右。

(3) 横缝开度在 0.3～1.0mm 之间时，采用 0.6：1、0.45：1 两级水灰比灌注，0.6：1 水灰比浆液马什漏斗黏度控制在 30s 左右。

(4) 任何灌浆层即将施灌前，在灌浆缝起压的同时，邻缝也应进行通水平压，平压压力保证顶部压力一般不超过 0.2MPa，并保证灌浆区横缝增开度不超过 0.5mm。灌浆前、灌浆中及灌浆后，该灌区上层灌区保持通水循环至少 6h。

(5) 有盖重灌区顶层排气槽回浆管口处压力控制在 0.25～0.35MPa；灌区底层进浆管口

压力控制在 0.55～0.65MPa。坝顶部位无盖重灌区顶层排气槽回浆管口压力为 0.10～0.15MPa，同时严格控制缝面增开度不大于 0.5mm。

（6）接缝灌浆时混凝土龄期，在 2007 年 5 月以前要求为不少于 60d，2007 年 5 月以后根据温控对混凝土二期冷却开始时间的调整，要求接缝灌浆时混凝土龄期不少于 4 个月。

（7）接缝灌浆时两侧混凝土温度必须达到设计封拱温度。

拱坝封拱温度在高程 1071.50m 以下采用了上、中、下游形成梯度的封拱温度。鉴于实际实施难以按照设计要求进行这样 3 个分区的冷却，拱坝出现温度裂缝后，对高程 1071.50m 以上未二冷的混凝土不再实行上、中、下游方向形成梯度的冷却方式。因此，1071.50m 高程以上按平均温度封拱。拱坝非孔口坝段设计封拱温度见表 10.6－1。孔口部位封拱温度较相应部位封拱温度低 1～2℃。

表 10.6－1　　无孔口坝段设计封拱温度　　单位：℃

高程	950.5～989m	989～1037.5m	1037.5～1071.5m	1071.5～1107m	1107～1184.5m	1184.5～1245m
上游区	12	12	12	14	15	16
中间区	14	14	14			
下游区	16	17	18			

10.6.2　高程 1161m 以下接缝灌浆

拱坝混凝土二期冷却后横缝开度分布图见图 10.6－1，分高程横缝开度最大值、平均值和最小值见图 10.6－2。高程 1161.00m 以下、以上横缝开度区间所占比例见图10.6－3。

高程 1161.00m 以下接横缝开度小于 0.5mm 的比例为 3.2%，0.5～1.0mm 的占 9.1%，大于 1mm 的占 87.7%，说明高程 1161.00m 以下接横开度张开较理想，有利于横缝接缝灌浆，接缝灌浆质量也容易保证。高程 1161.00m 以下接缝灌浆没有采取特殊措施，顺利灌浆。

10.6.3　高程 1161m 以上接缝灌浆

10.6.3.1　蓄水至高程 1125m 实测横缝开合度

水库从 2009 年 6 月 29 日开始蓄水（坝前水位 1039.00m），于 7 月 20 日达到 1125.00m。实测横缝开合度见表 10.6－2 和表 10.6－3。

从表 10.6－2 中可以看出，蓄水至 1039.00m 时，高程 1159.50m 横缝张开度平均值为 1.45mm，蓄水至 1125.00m 时，高程 1179.50m 横缝张开度平均值为 0.95mm，减小了 0.5mm。

根据表 10.6－3 中最后一栏数据：蓄水至 1039.00m 时，1153.00～1164.00m 层灌区横缝张开度平均值为 1.352mm，蓄水至 1125.00m 时，1164.00～1174.00m 层灌区横缝张开度平均值为 1.046mm，减小了 0.306mm。

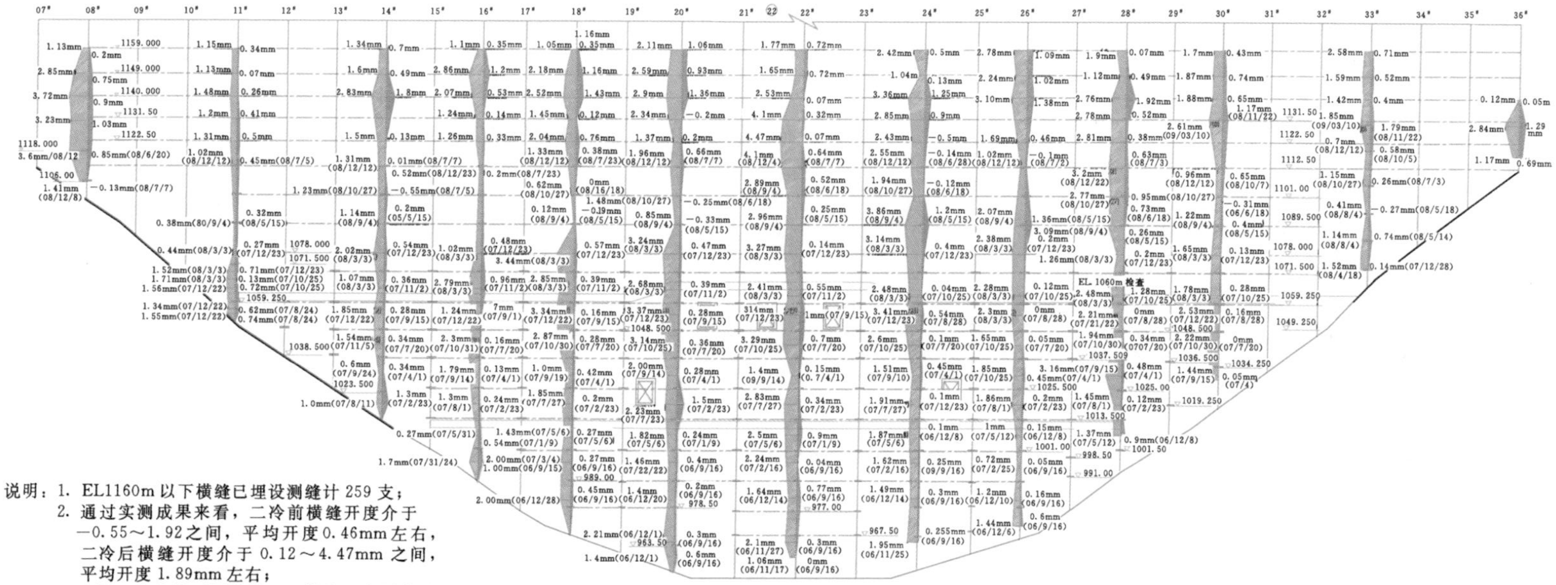

说明：1. EL1160m以下横缝已埋设测缝计259支；
2. 通过实测成果来看，二冷前横缝开度介于−0.55～1.92之间，平均开度0.46mm左右，二冷后横缝开度介于0.12～4.47mm之间，平均开度1.89mm左右；
3. 在同一高程的不同灌浆区，横缝开度测值统计取两者大值。
4. 图●：▬二冷后横缝开度▬二冷前横缝开度

图10.6－1　拱坝二期冷却后横缝开度分布图（单位：mm）

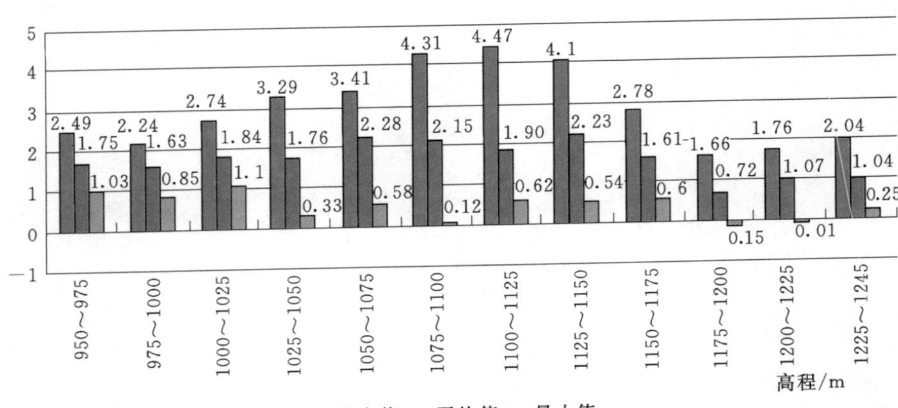

图 10.6-2 拱坝二期冷却后横缝开度分高程统计图（单位：mm）

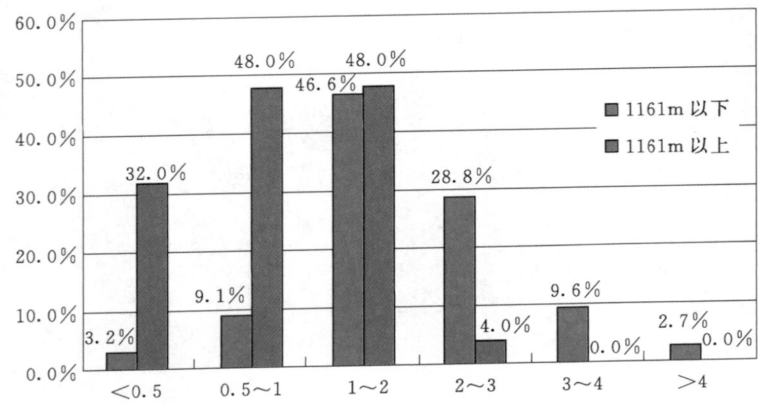

图 10.6-3 拱坝二期冷却后高程 1161m 以下及以上横缝开度分高程统计图

表 10.6-2　　　不同蓄水位对不同高程测缝计二冷结束横缝张开度

横缝编号	水位 1039m、高程 1159.5m 测缝计			水位 1125m、高程 1179.5m 测缝计		
	测点编号	开合度/mm	温度/℃	测点编号	开合度/mm	温度/℃
8	A9-J-11	0.99	13.08	A9-J-12	0.27	14.29
11	A12-J-18	1.09	14.3	A12-J-19	0.75	15.54
14	A15-J-22	1.34	14.67	A15-J-23	0.4	18.84
16	A17-J-22	0.76	13.55	A17-J-23	0.27	15.33
18	A19-J-29	1.12	14.6	A19-J-30	0.92	13.82
20	A21-J-30	1.85	15.86	A21-J-31	1.27	15.06
22	A22-J-40	1.7	14.02	A22-J-41	1.7	14.55
24	A25-J-28	2.21	13.33	A25-J-29	0.73	16.06
26	A27-J-26	2.31	13.33	A27-J-27	1.32	15.27
28	A29-J-26	—	—	A29-J-27	1.6	14.69
30	A31-J-16	1.41	15.43	A31-J-17	1.2	15.48
33	A34-J-12	1.16	14.99	A34-J-13	0.93	18.02
	平均	1.45		平均	0.95	

表 10.6-3　人工量测二冷结束横缝张开度

横缝编号	水位 1039m，1153～1164m 层灌区		水位 1125m，1164～1174m 层灌区	横缝编号	水位 1039m，1153～1164m 层灌区		水位 1125m，1164～1174m 层灌区
	缝面张开度/mm		缝面张开度/mm		缝面张开度/mm		缝面张开度/mm
	张开度	增开度			张开度	增开度	
4	1.50	0.065	0.75	22	1.35	0.076	1.25
5	0.73	0.054	0.85	25	1.03	0.195	1.06
6	1.30	0.032	0.7	26	2.71	0.120	1.12
7	1.60	0.04	0.65	27	1.02	0.146	1.04
8	0.59	0.038	0.8	28	1.56	0.155	1.08
9	0.59	0.03	0.75	29	1.04	0.100	1.04
10	1.50	0.024	0.98	30	1.84	0.213	1.08
11	0.81	0.022	0.75	31	1.08	0.177	1.07
12	1.00	0.025	0.85	32	1.12	0.182	1.07
13	1.10	0.25	0.93	33	1.29	0.110	1.04
14	1.06	0.03	1.01	34	1.12	0.150	1.06
15	1.10	0.026	1.03	35	1.05	0.188	1.08
16	1.10	0.042	1.15	36	1.04	0.158	1.04
17	1.00	0.095	1.5	37	1.06	0.141	1.17
18	0.70	0.064	1.4	38	1.10	0.184	1.18
19	2.30	0.053	1.2	39	2.89	0.254	1.64
20	1.78	0.033	1.1	40			1.09
21	1.50	0.04	1.05				

注　水位 1039m 下，1153～1164m 层灌区平均横缝开度 1.352mm；1125m 水位下，1164～1174m 层灌区平均横缝开度 1.046mm。

10.6.3.2　蓄水至高程 1160m 计算横缝开度

（1）计算工况。计算水位①：水库水位从 1125.00m 蓄到 1160.00m；计算水位②：水库水位从 1125.00m 蓄到 1160.00m，再加度汛水位 1173.00m。

计算工况①：假定未接缝灌浆的横缝宽度为 3～5mm（或根据自身模型确定初始缝宽，保证能真实反应横缝开度变化），计算上述两种水位方案情况时横缝张开度变化，通过比较横缝开度变化判断蓄水对未灌浆横缝的影响。

计算工况②：假定未接缝灌浆的横缝是接触紧密的，计算上述两种水位方案情况时横缝面上的水平正应力，通过比较横缝面上应力情况判断蓄水对未缝灌浆横缝的影响。

（2）计算成果。计算成果表明（表 10.6-4～表 10.6-7），当蓄水至 1160.00m 时，高程 1184.00m 以上灌区横缝有压缝现象，且河床坝段压缝程度高于岸坡坝段，最大横缝压缩量在 1.4mm 左右，在接缝灌浆最高高程位置的方向压应力最大约 1MPa。若水位达到 1173.00m（100 年一遇洪水）时，最大横缝压缩量增加至 2.2mm，在接缝灌浆最高高程位置的方向压应力最大约 1.5MPa。

表 10.6-4　典型坝段横缝开合度成果表（水位 1160m）　单位：mm

高程		12 号横缝	17 号横缝	22 号横缝	27 号横缝	32 号横缝	37 号横缝
1210m	上	0.6801	0.9613		1.0069	0.5452	0.2304
	下	0.764	0.6484		0.6349	0.7568	0.6471
1200m	上	0.6747	1.0077	1.3744	1.0155	0.5361	0.2062
	下	0.7945	0.6606	0.569	0.6387	0.7704	0.6714
1190m	上	0.5679	0.8962	1.2001	0.8905	0.4434	0.1557
	下	0.7173	0.6143	0.488	0.594	0.6959	0.5948

表 10.6-5　典型坝段横缝法向应力成果表（水位 1160m）　单位：mm

高程		12 号横缝	17 号横缝	22 号横缝	27 号横缝	32 号横缝	37 号横缝
1180m	上	−0.3358	−0.6437	−0.9543	−0.6127	−0.28	−0.0691
	下	−0.5776	−0.4638	−0.3263	−0.4306	−0.5612	−0.4891

表 10.6-6　典型坝段横缝开合度成果表（水位 1173m）　单位：mm

高程		12 号横缝	17 号横缝	22 号横缝	27 号横缝	32 号横缝	37 号横缝
1210m	上	1.0732	1.5601		1.6217	0.8570	0.3171
	下	1.1304	1.0780		1.0520	1.1123	0.9561
1200m	上	1.0747	1.6129	2.2070	1.6312	0.8492	0.2849
	下	1.1702	1.0843	1.0590	1.0491	1.1249	0.9970
1190m	上	0.9046	1.4152	1.8980	1.4160	0.7181	0.2157
	下	1.0691	0.9938	0.8880	0.9636	1.0268	0.8908

表 10.6-7　典型坝段横缝法向应力成果表（水位 1173m）　单位：mm

高程		12 号横缝	17 号横缝	22 号横缝	27 号横缝	32 号横缝	37 号横缝
1180m	上	−0.5296	−0.9866	−1.4503	−0.9400	−0.4438	−0.0936
	下	−0.8250	−0.7228	−0.5706	−0.6668	−0.7994	−0.7291

高程 1164.50～1184.50m 混凝土基本在 2008 年 10 月至 2009 年 3 月之间浇筑，属低温季节浇筑，最高温度控制较好，基本在 20～27℃之间，多数在 22～25℃的。因此，横缝开度与其两侧坝块的最高温度有一定相关性，总体降温幅度较小是导致高程 1164.50～1184.50m 某些部位横缝开度偏小的一个主要因素。

综合考虑，温度及蓄水作用均不同程度影响横缝开合度变化，导致横缝有 0.3～0.5mm 的压缩变形量。随着水位上升至 1160.00m 时，压缝效应会更加显著。

10.6.3.3 蓄水至高程 1160m 实测横缝开度

由表 10.6-8 结合典型横缝开度-温度-水位历时曲线来看（图 10.6-4 和图 10.6-5），表明水位从 1125.00m 上升到 1167.00m 期间，高程 1198.00m 横缝同时受水位上升、温度下降等因素的相互影响，横缝开度变化规律不明显；自 2009 年 11 月 30 日以来，水位和温度均持续下降，均为有利于横缝的张开的因素，横缝开度测点共计 16 点，呈张开趋势 9 点，

约占 56.25%，呈闭合趋势 5 点，约占 31.25%，基本不变化 2 点，约占 12.5%。其中，张开测点平均缝开度变化 0.159mm，闭合测点平均缝开度变化−0.26mm。

表 10.6-8　　典型水位下 1198m 横缝开合度变化统计表

高程/m	横缝	测点编号	2009 年 7 月 29 日（水位 1125.00m）		2009 年 9 月 10 日（水位 1160.8m）		2009 年 9 月 21 日（水位 1161.1m）		2009 年 11 月 30 日（水位 1167.0m）		2010 年 1 月 20 日（水位 1161.0m）		变化量/mm	
			开合度/mm	温度/℃	开合度/mm	温度/℃	开合度/mm	温度/℃	开合度/mm	温度/℃	开合度/mm	温度/℃	高程 1125～1167m	高程 1167～1161m
1199	2 号	A03-J-03			0.32	25.10	0.45	24.56	0.71	21.74	0.52	19.52	0.39	−0.19
1199	2 号	A03-J-04			0.12	23.39	0.09	22.92	0.57	16.98	0.67	16.11	0.45	0.10
1198	8 号	A09-J-13	−0.19	20.77	−0.39	18.16	−0.23	18.64	−0.31	16.23	−0.28	16.34	0.08	0.03
1199.6	11 号	A12-J-20	0.15	17.73	0.26	17.36	0.03	17.25	0.18	14.36	0.18	15.06	−0.08	0.00
1198	14 号	A15-J-24	0.47	19.56	0.63	18.62	0.51	18.35	0.39	16.20	0.35	15.87	−0.24	−0.04
1198	16 号	A17-J-24	0.45	20.08	0.12	18.76	0.19	18.76	0.77	16.42	0.25	15.91	0.65	−0.52
1197	18 号	A19-J-31	0.41	17.75	0.61	17.40	0.27	17.54	0.68	13.92	0.34	14.89	0.07	−0.34
1198	20 号	A21-J-32	0.26	19.87	0.19	18.50	−0.01	18.22	−0.15	15.41	−0.08	15.55	−0.34	0.07
1198	22 号	A22-J-42	1.69	19.07	1.49	17.55	1.42	17.26	0.94	14.79	0.74	15.08	−0.55	−0.20
1198	24 号	A25-J-30	−0.14	21.76	0.32	20.01	0.25	19.66	0.52	16.22	0.98	16.08	0.20	0.46
1198	26 号	A27-J-28	−0.06	20.74	0.12	18.63	0.25	18.05	0.18	15.37	0.24	15.44	0.06	0.06
1198	28 号	A29-J-28	0.34	22.59	0.37	20.79	0.49	19.26	0.20	17.67	0.41	17.03	−0.17	0.21
1197	30 号	A31-J-18	0.14	19.37	−0.01	18.19	0.14	18.51	0.02	14.98	0.28	15.52	0.03	0.26
1197	33 号	A34-J-14	0.18	20.37	0.22	18.33	0.25	18.43	0.36	15.47	0.44	15.79	0.14	0.08
1199.5	36 号	A37-J-09	0.70	22.00	0.50	19.61	0.66	19.40	0.73	17.17	0.89	16.59	0.23	0.16
1199	39 号	A40-J-04	0.00	21.68	0.06	18.61	0.20	19.11	0.53	15.26	0.53	15.26	0.47	0.00
		平均值	0.31		0.31		0.31		0.40		0.40		0.09	0.01
		最大值	1.69		1.49		1.42		0.94		0.98		0.65	0.46
		最小值	−0.19		−0.39		−0.23		−0.31		−0.28		−0.55	−0.52

由表 10.6-9 结合典型横缝开度-温度-水位历时曲线（图 10.6-6 和图 10.6-7）来看，表明水位从 1125.00m 上升到 1167.00m 期间，高程 1216.00m 横缝因距离坝前最高水位有 50m 的超高，横缝开度主要受温度下降等因素的影响，横缝开度均呈张开趋势，平均缝开度 0.42mm，与坝前水位 1125.00m 时的高程 1180.00m 横缝平均开度 0.45mm 较为接近；自 2009 年 11 月 30 日以来，水位和温度均持续下降，均为有利于横缝的张开的因素，目前的横缝开度测点共计 15 点，呈张开趋势 12 点，约占 80%，呈闭合趋势 3 点，约占 20%。其中，张开测点平均缝开度变化 0.48mm，闭合测点平均缝开度变化−0.27mm。

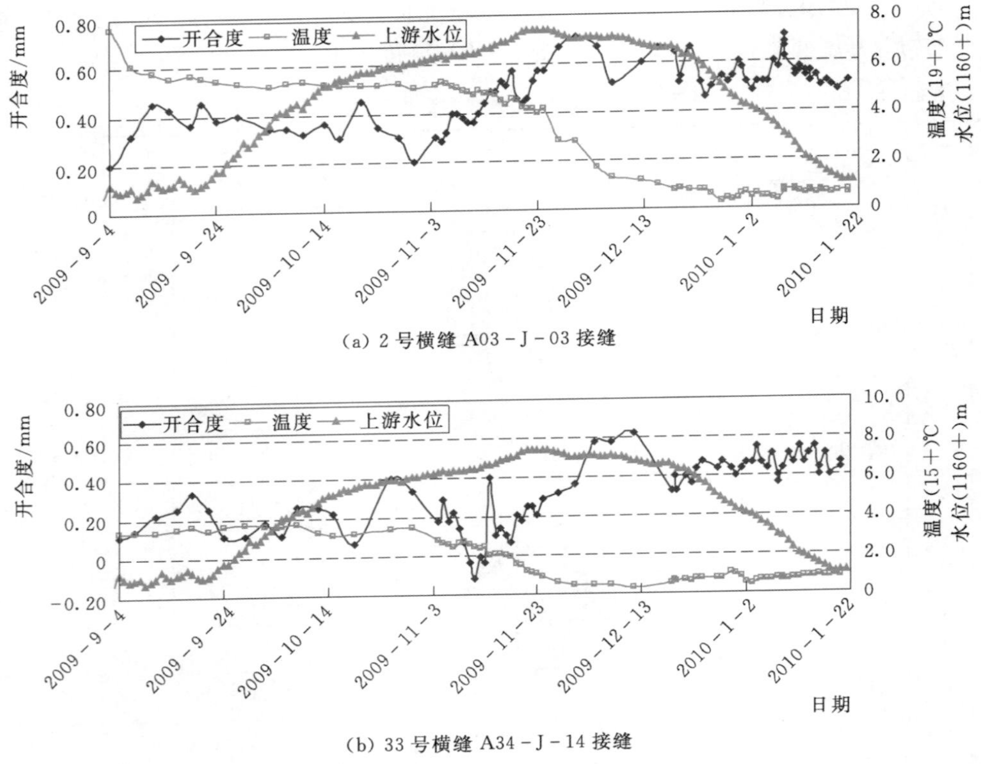

(a) 2 号横缝 A03-J-03 接缝

(b) 33 号横缝 A34-J-14 接缝

图 10.6-4 高程 1197m 横缝典型横缝开度-温度-水位-时间曲线

表 10.6-9 典型水位下 1216m 横缝开合度变化统计表

高程/m	横缝	测点编号	2009 年 7 月 29 日（水位 1125.0m）		2009 年 9 月 10 日（水位 1160.8m）		2009 年 9 月 21 日（水位 1161.1m）		2009 年 11 月 30 日（水位 1167.0m）		2010 年 1 月 20 日（水位 1161.0m）		变化量/mm	
			开合度/mm	温度/℃	开合度/mm	温度/℃	开合度/mm	温度/℃	开合度/mm	温度/℃	开合度/mm	温度/℃	高程 1125～1167m	高程 1167～1161m
1214.5	5 号	C4-A06-J-09			0.24	22.25	0.29	21.61	0.33	20.26	0.36	17.99	0.09	0.03
1216	8 号	C4-A09-J-14			0.55	17.86	0.27	17.93	0.89	18.70	0.48	16.38	0.34	−0.41
1216	11 号	C4-A12-J-21	0.20	23.28	0.60	19.27	1.39	18.64	0.79	15.18	0.99	16.63	0.19	0.20
1217.5	14 号	C4-A15-J-25	0.00	24.85	0.12	19.25	0.44	19.53	0.38	19.11	0.63	16.73	0.26	0.25
1216	16 号	C4-A17-J-25	−0.33	24.37	−0.40	21.03	0.00	20.95	0.06	19.32	−0.34	17.09	0.46	−0.40
1218	18 号	C4-A19-J-32			0.28	22.77	0.35	20.81	0.91	19.79	0.98	17.18	0.63	0.07

续表

高程/m	横缝	测点编号	2009年7月29日（水位1125.0m）		2009年9月10日（水位1160.8m）		2009年9月21日（水位1161.1m）		2009年11月30日（水位1167.0m）		2010年1月20日（水位1161.0m）		变化量/mm	
			开合度/mm	温度/℃	开合度/mm	温度/℃	开合度/mm	温度/℃	开合度/mm	温度/℃	开合度/mm	温度/℃	高程1125～1167m	高程1167～1161m
1216	20号	C4-A21-J-33					−0.25	22.17	0.06	18.94	0.05	16.44		−0.01
1217.5	22号	C4-A22-J-43							1.00	21.24	1.87	17.71		0.87
1217	24号	C4-A25-J-31							0.54	17.17	1.44	17.44		0.90
1217	26号	C4-A27-J-29			−0.40	26.60	0.00	22.86	0.20	20.85	0.53	19.05	0.60	0.33
1218	28号	C4-A29-J-29			−0.46	23.15	−0.06	23.44	0.60	20.85	1.39	18.19	1.06	0.79
1216.5	30号	C4-A31-J-19							0.13	20.52	1.29	18.33		1.16
1215.8	33号	C4-A34-J-15			1.02	23.54	1.29	23.18	1.56	19.42	2.17	17.18	0.54	0.61
1215.4	36号	C4-A37-J-10			1.06	20.16	0.07	19.79	0.77	17.56	1.26	16.07	−0.29	0.49
1217.5	39号	C4-A40-J-05							0.53	18.96	0.63	17.96		0.10
		平均值	−0.04		0.26		0.34		0.58		0.92		0.42	0.35
		最大值	0.20		1.06		1.39		1.56		2.17		1.06	1.16
		最小值	−0.33		−0.46		−0.25		0.06		−0.34		−0.29	−0.41

10.6.3.4 工程措施

（1）温度控制。高程1184.50m以上封拱灌浆温度为16℃，最大拉应力在1.0MPa左右，分别考虑湿筛混凝土抗拉强度及全级配混凝土抗拉强度，计算不同强度等级混凝土120d龄期抗裂安全系数见表10.6-10。在接缝灌浆温度为16℃时，按较不利的全级配混凝土与湿筛混凝土轴拉强度比为0.55考虑，计算得$C_{180}40$、$C_{180}35$、$C_{180}30$混凝土抗裂安全系数仅分别为1.82、1.66和1.52，$C_{180}35$、$C_{180}30$混凝土抗裂安全系数低于设计取值(1.8)。

高程1184.50m以上封拱灌浆温度较1184.5m高程以下提高1～2℃，会对横缝开度产生一定影响。接缝灌浆温度提高2℃，横缝开度可减小0.1～0.2mm，加上蓄水等方面因素影响，会出现开度小于0.3mm的情况。在此条件下采取超冷措施可以使横缝开度有所增大，但混凝土内部拉应力也会因二冷降温幅度增加而增大。

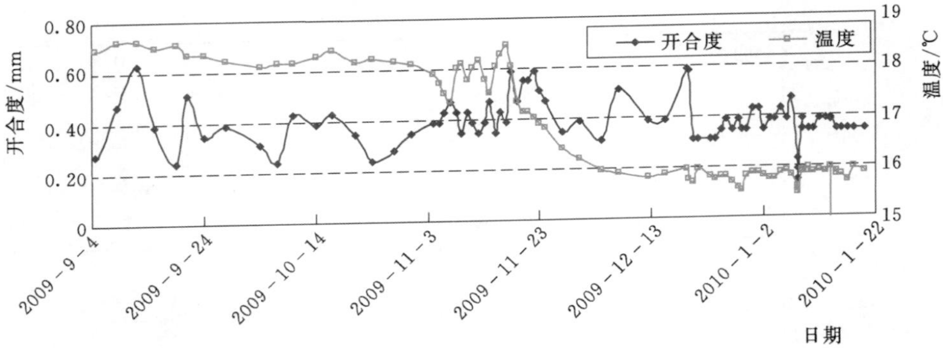

(a) 14 号横缝 A15－J－24 接缝

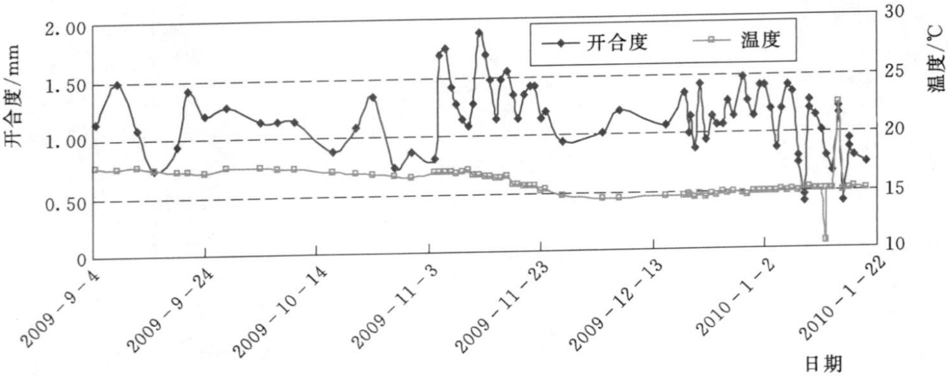

(b) 22 号横缝 A22－J－42 接缝

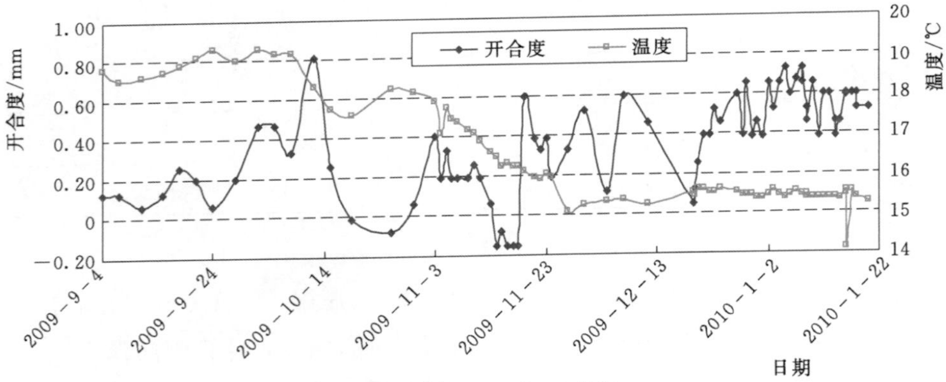

(c) 39 号横缝 A40－J－04 接缝

图 10.6－5 高程 1197m 横缝典型横缝开度-温度-时间曲线

高程 1150.00m 附近封拱灌浆温度为 14℃，最大拉应力为 1.1MPa。高程 1184.50m 以上如果超冷 2℃，则总体降温幅度与高程 1150.00m 附近区域相当，可能产生的最大拉应力以 1.1MPa 考虑，分别按湿筛混凝土抗拉强度及全级配混凝土抗拉强度计算不同强度等级混凝土 120d 龄期抗裂安全系数见表 10.6－11。C_{180}40、C_{180}35、C_{180}30 混凝土最小抗裂安全系数仅分别为 1.65、1.51 和 1.38，较设计取值（1.8）已降低较多。

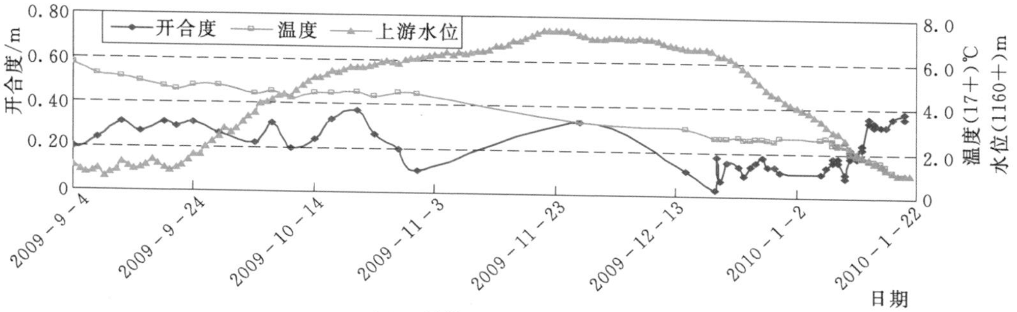

(a) 5号横缝A06-J-09接缝

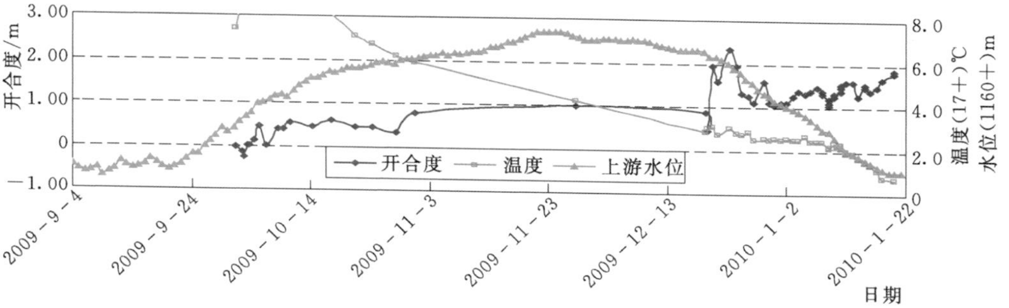

(b) 22号横缝A22-J-43接缝

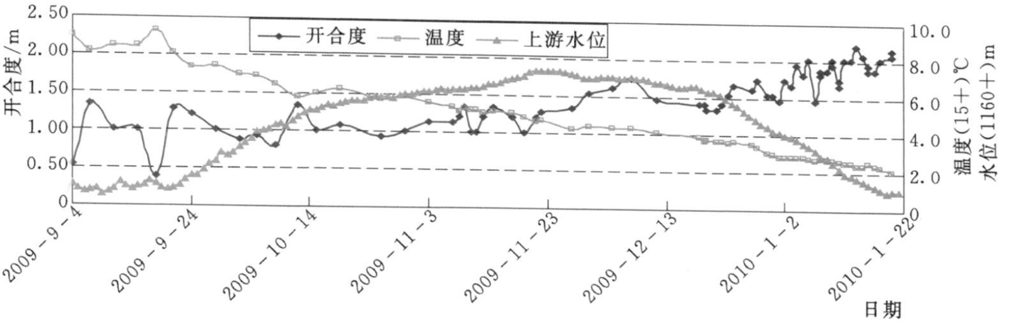

(c) 33号横缝A34-J-15接缝

图10.6-6　高程1216m横缝典型横缝开度-温度-水位-时间曲线

表10.6-10　　不同强度等级混凝土抗裂安全系数

强度等级		$C_{180}40$	$C_{180}35$	$C_{180}30$
湿筛混凝土	抗拉强度	3.31	3.02	2.76
	安全系数	3.31	3.02	2.76
全湿比0.85	抗拉强度	2.81	2.57	2.21
	安全系数	2.81	2.57	2.21
全湿比0.55	抗拉强度	1.82	1.66	1.52
	安全系数	1.82	1.66	1.52

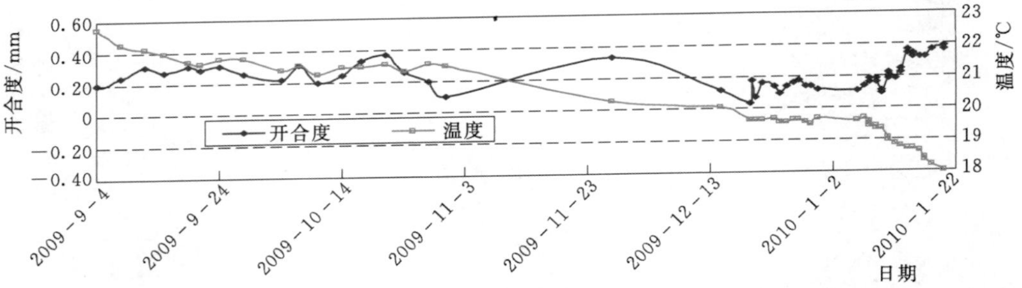

(a) 5 号横缝 A06－J－09 接缝

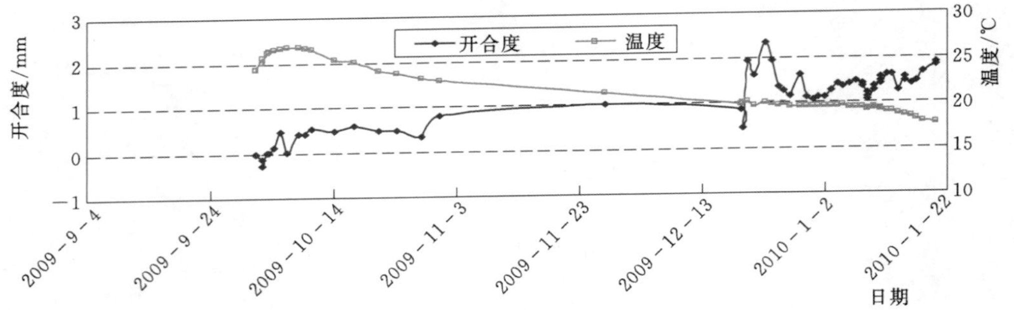

(b) 22 号横缝 A22－J－43 接缝

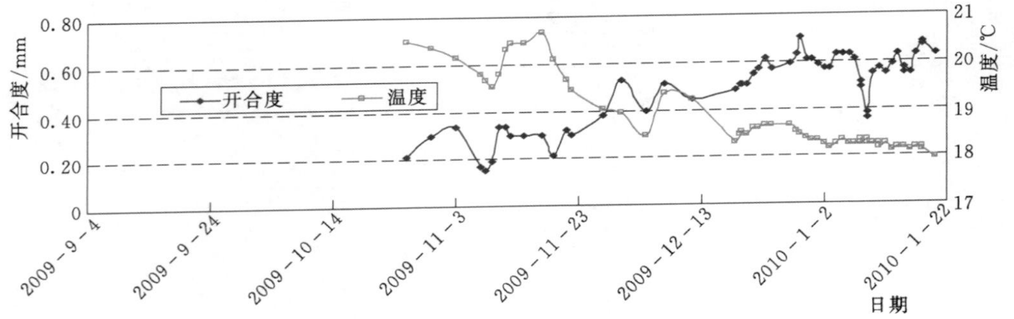

(c) 39 号横缝 A40－J－05 接缝

图 10.6－7　高程 1216m 横缝典型横缝开度-温度-时间曲线

表 10.6－11　　**不同强度等级混凝土抗裂安全系数**

强　度　等　级		$C_{180}40$	$C_{180}35$	$C_{180}30$
湿筛混凝土	抗拉强度	3.31	3.02	2.76
	安全系数	3.01	2.75	2.51
全湿比 0.85	抗拉强度	2.81	2.57	2.21
	安全系数	2.56	2.33	2.01
全湿比 0.55	抗拉强度	1.82	1.66	1.52
	安全系数	1.65	1.51	1.38

综上所述，采取超冷措施增加横缝开度，一方面效果有限，超冷2℃，横缝开度仅可能增大0.1～0.2mm；另一方面，降低了混凝土抗裂安全性。因此，不宜采取超冷措施来满足灌浆要求。

(2) 接缝灌浆措施。当横缝开度小于1mm，大于0.3mm时，应严格相关要求，采用磨细硅酸盐水泥，按0.6：1、0.45：1两级水灰比进行灌浆。

左岸、右岸大坝高程1184.50～1193.50m横缝在大坝蓄水至高程1166.00m后，根据上述分析出现了横缝压紧的情况，据此采取以下针对性措施：

1) 在满足发电水头的前提下，将水库水位由1166.00m降低到1160.00m水位，减小拱坝的水荷载，减小横缝的压缩程度。

2) 对高程1184.50～1211.50m范围内的混凝土采取超冷，具体见表10.6-12。

表10.6-12　高程1184.5～1211.5m范围内的混凝土超冷控制表　单位：℃

冷却分区	封拱温度	允许超冷温度	超冷后温度
高程1184.50～1190.50m（高度6m）	16	1	15
高程1190.50～1202.50m（高度12m）	16	2	14
高程1202.50～1211.50m（高度9m）	16	1	15

3) 灌区横缝张开度小于0.3mm，排气管口单开流量在25～40L/min的灌区选择采用滇西中热水泥0.6：1和0.45：1的两级水灰比的湿磨水泥浆液进行灌浆。采用湿磨水泥灌浆右岸8～9区、14～17区、15～18区及左岸25～22区、29～17区、30～16区。

4) 灌区横缝张开度小于0.3mm，在封闭性压水检查时灌区不畅通，增大压力后单开流量仍小于25L/min，采取了化学灌浆措施。化学浆液采用帕斯卡－500，灌浆方式采用低压慢灌、逐级升压的方式。化灌的横缝为右岸11～14区及12～15区，左岸31～15区及36～8区采用化学浆液施灌。

5) 灌浆压力按照正常灌区的设计压力上限值控制，并可在保证缝面增开度不超过0.5mm的情况下适当提高灌浆压力，但最高排气压力不得超过0.8MPa。

其余灌区横缝均采用0.6：1、0.45：1两级水灰比中热水泥施灌。

图10.6-8给出了22号坝段高程960.00m处的横缝开合度历时曲线。浇筑开始时横缝的初始缝宽为0，缝面闭合。二期冷却后坝体温降收缩使横缝张开，温降对横缝的影响分

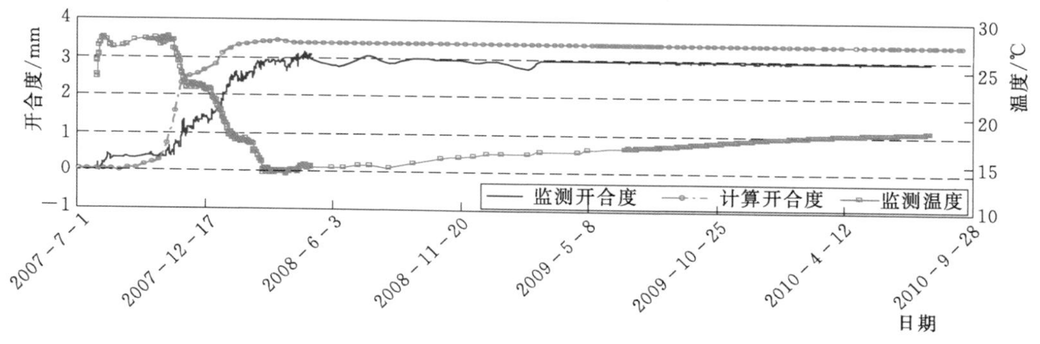

图10.6-8　横缝开合度过程线

为两部分：第一部分温降用于抵消早期混凝土在温升过程中的压应力；第二部分温降在压应力被抵消后使横缝逐渐张开，二期冷却结束时坝体温度接近最低值，横缝开合度达到最大值。横缝灌浆后，横缝开度一直保持不变，坝体在水泥残余水化热的作用下温度有所回升，同时水库蓄水也使拱圈向产生了压应力，因此横缝灌浆后一直处于受压状态。

10.7　有关问题讨论

10.7.1　拱坝变形规律与监测成果

（1）拱梁分载法和常规一次性加载有限元方法计算出的坝体变位无论是分布规律还是数值均与实际情况存在一定的差别，结果偏大。即，依据传统设计理论，特高拱坝的实际整体安全裕度较大。

（2）坝体变位监测值为基于投入使用时的相对值，而计算值为从大坝混凝土开始浇筑时起算的绝对值，二者在分布规律及数值上必然存在差别。将数值计算结果直接与监测成果作对比分析有失偏颇，只有将数值计算结果与监测成果在时空上对应后，方能讨论数值计算与监测的吻合问题。在充分考虑坝基岩体及坝体混凝土时空特性、精细模拟坝体浇筑及蓄水过程的前提下，仿真计算揭示的坝体变位接近真实，可以以此推求监控大坝安全运行的变位指标。

10.7.2　特高拱坝体形设计与应力控制标准

（1）拱梁分载法力学概念清晰，计算结果能够反映坝体整体应力水平及总体分布规律，以此作为特高拱坝应力控制标准相匹配的分析方法是合适的。但是，拱梁分载法得出的并非坝体的真实应力，尤其是沿基面的最大应力。现行拱坝规范控制坝体在正常运行工况下的主拉、主压应力不得大于1.2MPa和10MPa的规定，就特高拱坝而言偏严，导致体形设计或混凝土强度设计偏保守，不仅存在经济合理性问题，更重要的是增加了温度控制的难度，带来一系列混凝土防裂问题及安全隐患。基于特高拱坝的真实工作性态，可以适当降低应力控制标准。

特高拱坝在施工期最大空库状态下坝踵压应力较大，甚至超过正常蓄水位下坝趾的最大压应力，这一问题需在体形设计中予以重视。

（2）拱梁分载法计算方便快捷，计算软件也已成熟可靠。采用拱梁分载法进行基本体形设计，结合充分考虑坝基岩体及坝体混凝土时空特性、精细模拟坝体浇筑及蓄水过程的仿真计算成果，对基本体形及混凝土设计强度作优化调整，应是特高拱坝体形设计及应力分析的发展方向和途径。

10.7.3　特高拱坝坝踵开裂风险防范

对于河谷较宽，总水推力较大的特高拱坝，在坝体底部高程沿坝踵设置结构诱导缝，是防范坝踵开裂及阻隔其下混凝土可能存在的裂缝向坝面延伸的有效措施，可以使拱坝具有抵御非正常工况的安全裕度，确保长期运行安全。

10.7.4 拱座稳定与地质缺陷处理

（1）常规一次性加载有限元计算在一定程度上高估了拱座受力状态，其成果总体偏保守。充分考虑坝基岩体及坝体混凝土时空特性、精细模拟坝体浇筑及蓄水过程的仿真计算，揭示的拱座受力状态接近客观实际，宜作为拱座变形稳定及整体安全性评价的主导分析计算手段，以及确定加固处理措施的主要依据。

（2）从理论上讲，对地质缺陷的置换，当然是越彻底越好，但置换是一把“双刃剑”，在洞井塞开挖过程中，对围岩的扰动在所难免，扰动引起的围岩松弛变形、天然地应力状态的改变以及岩体降低的变形模量，依靠后期灌浆难以完全恢复。拱座受力主要集中在拱端附近，离开拱端，应力的扩散和衰减非常明显，对出露于基面的地质缺陷采取扩挖置换的方式非常有效，而深入山体内作洞井塞置换的效果有限，应以不扰动岩体天然受力状态的固结灌浆为主，避免弊大于利的处理方式。

10.7.5 拱坝温度场及温度应力

高拱坝混凝土从拌和、浇筑开始，一方面经历复杂的物理化学反应过程，温度场时空变化显著；另一方面受拱坝特定环境的约束，是在浇筑、封拱、承载过程形成强度的，其热学性能和力学性能随之持续变化，具有显著的时空特性，与试验环境条件下得出的恒定结果存在非常大的差异。基于某一特定龄期的热学、力学指标和常规有限元计算，无法揭示高拱坝，尤其是特高拱坝温度场及温度应力的时空特性及变化规律，面临的关键问题主要有：

（1）混凝土材料在真实条件下发热规律及数学模型，这一问题依赖于对混凝土材料热学特性的认识程度。

（2）关于混凝土浇筑块体新旧结合面的热交换模式和对冷却水管冷却效应的模拟是有限单元法计算拱坝温度场的难点。对于特高拱坝，在现有的软件和硬件条件下采用离散模拟几乎不可能实现，目前主流方法是采取以牺牲精度换取难度的思路，用等效模拟是较为有效的途径，也已有许多研究成果。近年来，陈胜宏等人针对这一问题提出了复合单元法并取得了很好的模拟效果，应该是一条值得未来研究的方向。

（3）以往对于坝体表面的边界条件，如日照的热辐射，库水温度，表面散热等，均采取了相当程度的简化，尚未达到适时准确的模拟程度。

（4）常规的拱坝施工期温度应力计算方法，无法准确反映高拱坝，尤其是特高拱坝的三维整体效应以及施工过程中坝体应力的时空特性，计算出的拉应力偏小。

研究大体积混凝土热学、力学性能在其特定赋存环境下的时空演化规律；对混凝土浇筑过程、温控措施、边界环境等进行逼近真实的模拟仿真，揭示拱坝温度场及温度应力的时空特性及变化规律，是研究制定特高拱坝有效温控措施的重要途径。

10.7.6 拱坝温控措施

（1）传统的温控设计，对于通水冷却主要强调其削减温升及冷却至目标温度的作用，规范关于通水冷却仅对降温速率和通水水温与混凝土温度之差作了规定，对冷却分期、分区及温度梯度控制等没有明确规定。对于特高拱坝，混凝土在经历分层浇筑、分期分批冷却、分批封拱、分期蓄水的复杂过程中，若未对通水冷却过程提出精细化要求，往往会出现冷却后温度回升、同时冷却高度过低，冷却降温幅度过大、冷却降温速率过快等问题，在时间和空间上不可避免产生较大的温度梯度，从而带来开裂风险。因此，在现行规范基础上，根据具体工程条件，制定通水冷却过程的精细化控制指标，是特高拱坝值得重视的问题。

(2) 小湾拱坝出现温度裂缝后调整后的温控措施非常严格，其程度远超过以往任何工程，对施工要求很高、难度大，工期压力增大，在施工工艺上也突破了传统，相关工程造价随之增加。尽管成功控制住未再产生裂缝，但坝体个别部位仍存在接近或大于1.0MPa的拉应力，这些部位最大浇筑块长约为50m，而出现裂缝部位最大浇筑块长达70余m，且又靠近基础，若采取同样的温控措施，能否控制住不产生裂缝，尚值得探讨。若再从严控制，就目前施工手段而言已较难实现了。

10.7.7 坝身孔口与工程措施

(1) 拱坝中布设的基础廊道、检查廊道、排水廊道等方圆形孔口，尺寸一般较小，布置范围较广，部分廊道靠近基础和边界，应力分布十分复杂，要全面计算清楚每一个部位廊道的应力并按应力来配筋并不现实，也没必要。这些廊道可根据工程经验配筋即可。

(2) 坝内电梯、楼梯间是矩形孔口，尽管孔口尺寸不大，但两孔口紧密相邻，且从坝底延伸至坝顶。受拱坝应力时空效应的影响，孔口角缘应力集中现象明显，易产生裂缝，加强两孔口周边配筋是必要的。

(3) 坝内泄洪孔口一般布置在坝体中上部高程的拱冠附近，孔口尺寸较大，多为矩形孔口。孔口周边应力除按无限域中的小孔口理论计算外，尚需考虑拱坝应力时空效应的影响，需加强孔口周边配筋。

10.7.8 坝基防渗帷幕

基于常规有限元法分析计算结果，小湾拱坝坝踵区拉应力数值及范围较大，坝踵存在开裂风险。为了防范帷幕不致被拉裂，将帷幕灌浆廊道布置于距上游坝踵20m处，且在廊道内只布设帷幕灌浆孔，未布设排水孔，排水孔布设在距帷幕廊道下游约10m的排水廊道内。

拱坝真实工作性态表明，在蓄水位首次达高水位时，坝体底部高程的坝踵区及附近坝基岩体内出现拉应力，由于岩体节理裂隙在受拉后张开，拉应力随即得以释放，压应力有所调整，这些部位的实际拉应力水平及范围比常规有限元分析计算结果要小。因此，将帷幕灌浆廊道布置于距上游坝踵较远处以及在帷幕廊道内不设排水孔的方式，从坝基实际受力状况看，偏保守，而这样的布置对防渗及排水效果有一定的不利影响。实际上，在帷幕灌浆廊道中布置倾向下游的排水孔是可行的，有利于降低坝基及建基面的扬压力。

10.7.9 监测与数值仿真

监测成果在时间上是相对的、在空间上是不连续的，所反映的即非拱坝的实际效应

量，也不一定是效应量极值，且具有离散性及不确定性，直接依据监测成果评价拱坝的安全性存在一定的合理性问题。数值仿真计算所揭示的是拱坝的绝对效应量及其在时空上的分布，在时间上和空间上均是连续和相互关联的，应以数值仿真计算成果来评价拱坝的安全性及推求拱坝安全运行控制指标。但数值仿真计算的可靠性和合理性必须通过与监测成果匹配对应后加以校验，计算模型需经反复调整和修改完善，所揭示的拱坝工作性态才能接近真实。

将监测系统与数值仿真计算系统紧密结合，共同建立分析判断及评价体系，可提出具有可操作性、明确的大坝安全监控定量指标，实现从“安全监测系统”到“安全监控体系”的飞跃，到达对拱坝实施全过程安全监控的目的。